Walter Bachmann
Rolf Roosen (Hrsg.)

Praxishandbuch Jagd

Erfolgreich jagen und hegen

Aktualisiert und bearbeitet
von Ekkehard Ophoven

KOSMOS

Inhalt

Teil 1 – *Das Wild*

TEIL 2 – *Das Revier*

TEIL 3 – *Die Jagd*

TEIL 4 – *Die Jagdhunde*

TEIL 5 – *Die Jagdtrophäen*

Mitarbeiter dieses Buches

Folgende namhafte Autoren – Jagdpraktiker und Experten aus Land- und Forstwirtschaft, Wildbiologie sowie weiteren Fachbereichen – arbeiteten an diesem Praxishandbuch mit:
Walter Bachmann, Forstdirektor a. D. – Reinhard Behrendt, Wildmeister – Dr. Karl-Heinz Betz, Biologe – Dr. Albrecht von Braunschweig, Veterinär – Peter Diekmann, Fachjournalist – Friedrich K. von Eggeling, Forstmann – Ernst Eick, Forstmann – Heimo van Elsbergen, Jagdreferent von Nordrhein-Westfalen – Prof. Dr. R. M. Hadlok, Veterinär – Klaus von Hippel, Landwirt – Christian Graf von Holck, Land- und Forstwirt – Dr. Herbert Kalchreuter, Wildbiologe – Karl Krautwurst, Forstmann – F. Labhardt, Wildbiologe – Dr. Bernd Lindner, Veterinär – Dr. Beate Ludwig, Wildbiologin – Dr. Peter Meyer, Forstdirektor a. D. – Ekkehard Ophoven, Forstmann – Prof. Dr. Zygmunt Pielowski, Jagdwissenschaftler – Helmut Roosen, Oberforstrat a. D. – Prof. Dr. Christian Saar, Veterinär – Wolfgang Sailer, Landwirt – Dr. Jobst von Schaaffhausen, Land- und Forstwirt – Dr. Karoline Schmidt, Wildbiologin – Dr. Dietrich Stahl, Forstoberrat – Jürgen Steinhoff, Revieroberjäger – H. Sykowski, Fachjournalist – M. Tandler, Rüdemann – T. Trede, Fachjournalist – Dr. Friedrich Türcke, Forstdirektor a. D. – Dr. E. Ueckermann, Jagdwissenschaftler – Klaus Urbschat, Fachjournalist – Veljko Varicak, Jagdrat CIC – Hilmar Wichmann, Revieroberjäger

TEIL 1

Das Wild

Rotwild

Biologie und Verhalten

Erst Grundkenntnisse über die Biologie des Rotwildes, über Lebensraum, Lebensweise, Verfärben, Fährte, Äsung, Brunft und Losung etc., ermöglichen dem Jäger, das Rotwild wildbiologisch richtig zu hegen und zu bejagen. Dies aber ist erforderlich, um unserem Edelwild einen angemessenen und dauerhaften Platz in der heimischen Wildbahn zu sichern.

Stellung im zoologischen System

Wie alle jagdbaren Tiere Mitteleuropas zählt das Rotwild zum Stamm der Wirbeltiere, der sich unter anderem in die Klassen der Säugetiere und Vögel unterteilt.

Bei den Säugern bilden die Paarhufer eine Ordnung für sich. Sie laufen auf den Schalen der dritten und vierten Zehe, haben den zweiten sowie fünften Zeh als Afterklauen oberhalb der Schalen am Lauf zurückgebildet und den Daumen – den ersten Zeh – ganz verloren.

Zu dieser Ordnung gehören als Unterordnung die Wiederkäuer, deren charakteristischer Verdauungsvorgang im Pansen und den drei Vormägen zu ihrer Bezeichnung führte. Ein gemeinsames Merkmal aller wiederkäuenden Hirschartigen bilden in der Regel die Geweihe der männlichen Tiere. Beim Rothirsch ist das Geweih als „Imponierorgan" besonders stark entwickelt.

Hier werden alle Hirsche in einer Familie erfasst, die zoologisch in sieben Unterfamilien eingeteilt ist. Eine hiervon sind die Echthirsche, zu denen bei überwiegender Verbreitung in Asien und Europa neben dem Dam- und Sikahirsch auch der Rothirsch als Art gehört.

Das Reh, das zur Unterfamilie der Trughirsche zählt, ist bloß entfernt mit Rot-, Dam- und Sikawild verwandt. Die nächsten Verwandten des Rehwildes sind die amerikanischen Weißwedel- und Maultierhirsche.

Als einzige Hirscharten leben Rothirsch und Reh bereits seit dem Rückzug des Eises in unserer Heimat.

Rotwild ist also autochthon, auch wenn als Ursprungsland aller Echthirsche Zentralasien gilt.

Die Kenntnis der zoologischen Zugehörigkeit des Rothirsches hilft dem biologisch interessierten Jäger vielfach bei seinen Beobachtungen in Wald und Feld.

Das Schaubild verdeutlicht die systematische Stellung des Rothirsches noch einmal.

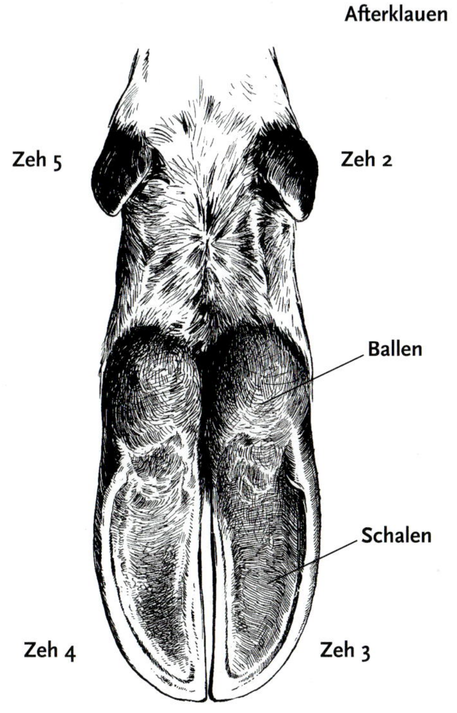

Rotwildlauf (nicht maßstabsgerecht). Die Schalen sind Hornbildungen der Haut.

SYSTEMATISCHE STELLUNG DES ROTHIRSCHES

Stamm: Wirbeltiere
↓
Klasse: Säugetiere
↓
Ordnung: Paarhufer
↓
Unterordnung: Wiederkäuer
↓
Familie: Hirsche
↓
Unterfamilie: Echthirsche
↓
Art: Rothirsch

Nach Alter und Geschlecht bezeichnet der Jäger beim Rotwild die männlichen beziehungsweise die weiblichen Stücke

- im 1. Lebensjahr: Hirschkalb bzw. Wildkalb,
- im 2. Lebensjahr: Schmalspießer bzw. Schmaltier,
- im 3. Lebensjahr und älter: Hirsch bzw. Alttier.

Verbreitung

Europa: Größere europäische Verbreitungsgebiete befinden sich von Spanien bis nach Polen und dem angrenzenden Russland sowie von den Balkanländern bis nach Schottland und Südnorwegen. Bützler (2001) unterscheidet dabei acht verschiedene Rothirschformen, das heißt Unterarten, hält aber eine saubere, örtliche Trennung für unmöglich.

Zu den rotwildfreien oder fast rotwildfreien Ländern und Regionen zählen Finnland, Mittel- und Nordschweden, Norwegen sowie im Süden Italien und Griechenland.

Deutschland: In Deutschland besiedelt das Rotwild nur noch einen geringen Teil seines ehemaligen Verbreitungsareals. Für das Jahr 2018 sind die Rotwildvorkommen in einer Karte der Deutschen Wildtier Stiftung nach Dichte je 1 000 Hektar (Anhang Seite 650) dargestellt. Schwerpunkte liegen in den westlichen und zentralen Bundesländern vor allem in den Zentren der größeren Mittelgebirge. Bedeutende Vorkommen existieren auch in den waldreichen Teilen Nordost- und Ostdeutschlands und hier vor allem in Brandenburg, Mecklenburg und Teilen Sachsen-Anhalts. Die südlichsten Rotwildvorkommen liegen in den Alpen, die nördlichsten in Schleswig-Holstein.

Wildbiologen bereiten die zunehmende Be- und Zersiedlung sowie Industrialisierung in ganz Europa Sorgen, denn dies führt zu einer Verinselung der Rotwildpopulationen und verhindert weitgehend deren (auch genetischen) Austausch. In zahlreichen Bundesländern Deutschlands wird die Art sogar von Rechts wegen ausdrücklich nur in sogenannten Rotwildgebieten oder -bezirken geduldet! Deren Größe reicht von lediglich 5 000 bis hin zu 200 000 Hektar. Hier gegenzusteuern, wird zunehmend wichtiger, doch das ist schwer. Hinzukommt, dass die heute fast überall vorrangigen Ziele der Waldwirtschaft einer Rotwildverbreitung in allen geeigneten Lebensräumen entgegenstehen. Deshalb müssen Maßnahmen zum Erhalt und zur Förderung der Art auf landschaftliche und landeskulturelle Erfordernisse abgestimmt werden. Solche Planungen nennen Wildbiologen jagdliche Raumordnung.

Lebensraum

Aus der Arbeit Benindes (1937) über die Entwicklungsgeschichte des Rotwildes erfährt man Folgendes sehr anschaulich: Gegen Ende der Braunkohlen- bis zum Beginn der Eiszeit begann die freie Landschaft, eine fast baumlose Steppe, den Rothirsch zu einer großen Hirschform zu prägen; einer Hirschform mit aufgerichtetem Geweih sowie hervorragendem Lauf- und Geruchsvermögen.

Heute wird Rotwild unter dem Einfluss des Menschen in Europa zurückgedrängt, und zwar auf größere Waldflächen mit einem Angebot an Deckung, Äsung und Ruhe.

Eine Ausnahme stellt das schottische Rotwild dar, das noch heute wie während der Eiszeit in nahezu waldlosem Hochland lebt. Es kommt auf westlich vorgelagerten Inseln sogar ohne Baum- und Strauchvegetation aus.

Körpermaße und Gewicht

Ein Rothirsch gilt in unseren Breiten etwa vom sechsten Lebensjahr an als ausgewachsen, ein Alttier schon vom dritten Jahr an. Rotwild kann 18 bis 20 Jahre alt werden.

Die Maße des Hirsches schwanken landschafts- und ernährungsbedingt. Die Körperlänge liegt zwischen 200 sowie 250 Zentimetern, die Schulterhöhe zwischen 120 und 150 Zentimetern. Das Gewicht beträgt 80 bis 180 Kilogramm aufgebrochen. Beninde wies bereits vor Jahrzehnten nach, dass diese Werte in Europa von Südost – Ungarn – nach Nordwest – Schottland – klimabedingt abnehmen.

Die Durchschnittsgewichte der Alttiere liegen zwischen 60 und 90, die der Schmaltiere zwischen 40 und 60 Kilogramm. Kälber wiegen im Dezember zwischen 30 und 45 Kilogramm.

Haar

Das rotbraune Sommerhaar gab dem Rotwild seinen Namen. Nur der deutlich hellere, von rostbraunen und dunkleren Haaren eingefasste Spiegel sowie der Aalstrich – ein schwarzer Streifen auf dem Rücken der Schmaltiere, seltener auch der Alttiere – weichen von der Grundfärbung ab. Ende September beginnt der Haarwechsel, das Rotwild verfärbt nun. Die doppelt so langen, harten, graubraunen Winterhaare brechen durch. Junge und gesunde Stücke verfärben in der Regel 14 Tage früher als ältere oder geschwächte.

Zur Brunft wachsen dem Hirsch am Träger oft besonders lange, kräftige Haare. Diese Mähne täuscht beim Imponiergehabe Größe vor, soll also Rivalen beeindrucken.

Der Wechsel zum Sommerhaar vollzieht sich im Mai und ist auffälliger, weil das lange Winterhaar oft in größeren Flocken abgestoßen wird. Jeder aufmerksame Beobachter findet es in dieser Zeit häufiger im Revier.

Das frisch gesetzte Kalb besitzt ein wolliges, hellbraunes Haarkleid mit hellen Tupfen, die sich erst im August/September beim Wechsel zum Winterhaar verlieren. Es ist bemerkenswert, welch gute Tarnung das Haar dem Kalb verschafft.

Losung

Die Losung, auch Lorbeeren genannt, ist eichel-, walzen- oder auch beerenförmig und schwarz. Im Sommer ist sie oft zu Haufen zusammengeklumpt. Größe und Form schwanken je nach Stärke des Einzelstückes, Jahreszeit und aufgenommener Äsung. Eine Unterscheidung nach Geschlechtern – etwa nach Näpfchen und Zäpfchen bei der Hirschlosung – ist nicht möglich.

Fährte

Von der Fährte des Rothirsches geht bis heute eine fast magische Wirkung auf den Jäger aus. Viele „hirschgerechte Zeichen“ wurden schon vor 200 Jahren daraus abgelesen. Die Bedeutung mancher von ihnen ist in der Jagdpraxis immer noch eine wichtige Hilfe.

Ziehendes Rotwild drückt Schalen und Ballen ab. Rund ein Drittel des Abdruckes entfällt dabei auf den Ballen. Das Geäfter gibt nur in besonders weichem Boden, bei der Flucht und dem kranken Stück Halt. Nur dann werden auch die Schalen gespreizt. Das Geäfter ragt nicht wie beim Schwarzwild über die Breite der Schalen hinaus. Eine Verwechselung der Fährten ist also vermeidbar (siehe Illustration.)

Die Fährten von Hirsch und Rottier unterscheiden sich in der Stärke und den ganz leicht ge-

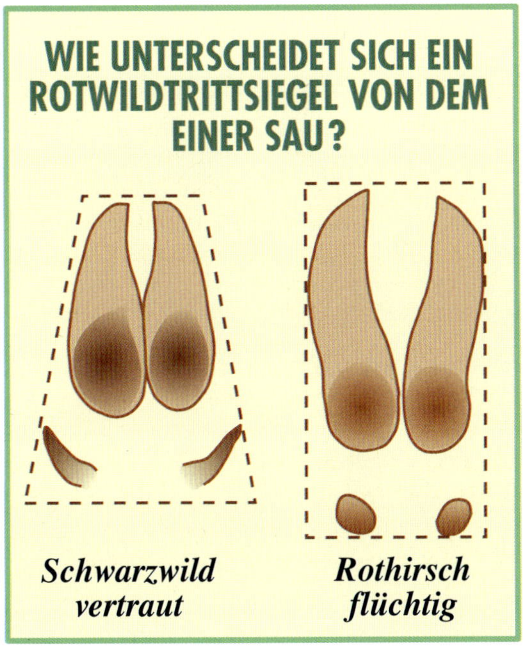

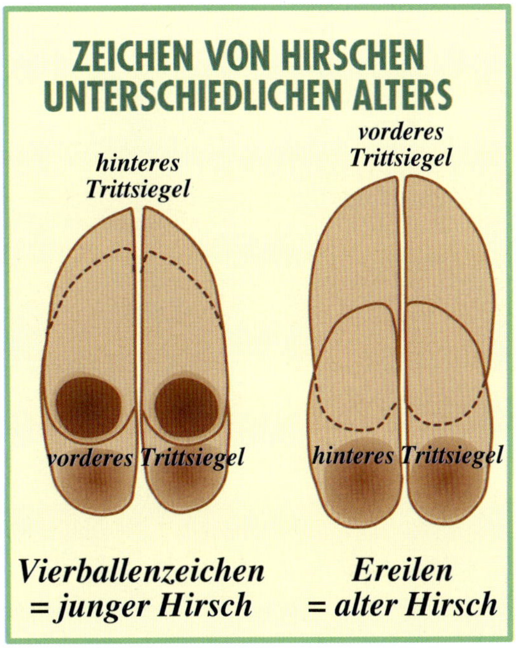

Links: Schalen und Geäfter bilden bei Saufährten ein Trapez, bei flüchtigem Rotwild dagegen ein Rechteck. Rechts: Junger oder alter Hirsch? Das Fährtenbild bietet Aufschluss.

spreizten Schalenspitzen der weiblichen Stücke. Beim Hirsch führt der *Zwang*, das stärkere Zusammendrücken der Schalen während des Ziehens, zum deutlicheren Zusammenhalt der beiden Schalenhälften. Mit zunehmendem Alter werden die Schalenspitzen runder. Dadurch entstehen die Stümpfe, eines der sichersten Kennzeichen eines alten Hirsches.

Der Tritt des Hinterlaufes wird beim langsamen Ziehen genau in den des Vorderlaufes gesetzt, der Hirsch macht den *Schluss*.

Tritt der Hirsch dabei mit dem Hinterlauf über den Abdruck des Vorderlaufs hinweg, so *übereilt* er. Meist handelt es sich dabei um einen flotten, jüngeren Hirsch. Das Trittsiegel zeigt dann das *Vierballenzeichen*, eine Folge des *Übereilens*. Ältere Hirsche ziehen in der Regel steifer, sie bleiben zurück, *hinterlassen* oder *ereilen*, d.h. sie bleiben mit den Tritten der Hinterläufe hinter denen der Vorderläufe zurück oder erreichen sie nur teilweise. Noch einmal: Die Fährte kann dem Jäger einen Hinweis darauf geben, ob der Hirsch alt (= Hinterlassen oder Ereilen) oder jung (= Vierballenzeichen) ist.

Beleibte Feisthirsche sowie hochbeschlagene Alttiere setzen häufig den Tritt des Hinterlaufes außen neben den des Vorderlaufes. So entsteht der *Beitritt*.

Wird ein Hirsch aus dem Bett hoch, so setzt er dabei einen Hinterlauf in seinen Ruheplatz. Ist der Jäger überraschend dicht an einen ruhenden Hirsch herangekommen, etwa bei einer Nachsuche, kann er diesen *Schlosstritt* sogar hören.

Sinne

Das Gehör und vor allem der Geruchssinn sind beim Rotwild gut ausgeprägt. Insbesondere der pirschende Jäger muss dies besonders berücksichtigen. Bewegungen eräugen Hirsche weitwinklig sowie sehr schnell mit der „Brennlinie" ihrer Lichter. Sehr schmal ist bei ihnen die Zone, in der die Sehfelder beider Lichter überlappen und daher räumliches Sehen möglich ist. So wird der wirklich bewegungslos verharrende Beobachter vom Rotwild in freier Wildbahn bei gutem Wind oft auf erstaunlich kurze Entfernung passiert.

Lichter, Lauscher und vor allem der Windfang des Kahlwilds prüfen die Umgebung.

In der Zeit der Geweihneubildung dienen den Kolbenhirschen unter anderem die Vorderläufe dazu, die soziale Rangordnung im Rudel herzustellen.

Beginnt Rotwild aber zu sichern, ist es misstrauisch geworden. Lichter, Lauscher und Windfang konzentrieren sich auf das Unbekannte. Als Nächstes folgt meist die Flucht.

Laute

Beide Geschlechter haben einen tiefen, rauen, sehr lauten Warnlaut, das *Schrecken*. Zudem gibt es einen weichen, leisen Verständigungston zwischen Mutterstück und Kalb oder auch Jungwild, das *Mahnen*, und einen gellenden Schmerzruf, das *Klagen*. Ertönt es, muss der Jäger die Notsituation des Wildes rasch beenden. Beim Brunftruf des Hirsches unterscheidet man einige Grundformen: Das *Orgeln*, *Röhren*, oder *Melden* zeigt an: Ich bin hier. Es ist tief im Ton und weit zu hören. Der *Sprengruf*, ein ruckartiger, kurzer, harter Laut, ertönt beim Treiben des Tieres oder Vertreiben der Beihirsche. Das *Trenzen* ist ein leiser, verhaltener Ton, der meist in engem Kontakt zum brunftigen Tier ausgestoßen wird. Das *Knören* ist schließlich ein leises, lang gezogenes „Öh", welches der Hirsch – oft im Bett sitzend – nur so vor sich hin ausstößt. Grundsätzlich ist zu berücksichtigen, dass jeder Hirsch ein individuelles Schreiverhalten zeigt, welches dem jeweiligen Brunftgeschehen angepasst ist. Nicht immer werden dem Jägerohr diese Unterschiede deutlich.

Lebensweise

In ungestörten Lebensräumen kann man Rotwild als Tagtier beobachten. Unter dem Einfluss des Menschen ist es aber in Europa überwiegend zum Dämmerungs- und Nachttier geworden. Es lebt in kleinen Familienverbänden, dem Alttier mit Kalb, manchmal auch zusätzlich dem Vorjahreskalb, oder in Rudeln.
Kahlwildrudel bestehen stets aus mehreren Mutterfamilien. Die Führung eines Rudels übernimmt immer ein führendes Alttier, das *Leittier*. Es bestimmt an der Spitze des Rudels sämtliche Aktivitäten im Tagesrhythmus wie Äsungssuche und Auswahl der Ruheplätze, aber auch das Fluchtverhalten. Verliert das Leittier sein Kalb, gibt es die Führungsposition ab. Die zumeist ausgeprägte Rangordnung in diesem Kahlwildrudel ist durch Alter, Körpergröße und soziale Stellung der Tiere bedingt. Der Rang der Kälber wird von dem der Mutterstücke mitbestimmt.
Auch die *Hirsche* schließen sich zu *Rudeln* oder *kleineren Trupps* zusammen. Nur selten steht ein Hirsch – häufig der alte – lange Zeit im Jahr allein. Zu größeren Rudeln finden sich meist Hirsche jüngeren Alters – die zwei- bis fünfjährigen – zusammen. Ältere Hirsche dagegen ziehen meist nur zu zweit oder zu dritt. Im Revier bestätigen dabei aber eine Menge Ausnahmen diese Regeln, zumal es beim Rotwild oft zu vo-

Der Zyklus stellt ein erheblich vereinfachtes Schema dar. Je nach Umweltsituation kann er variieren. Er veranschaulicht aber, dass Äsung und Ruhe für das Wohlbefinden des Rotwildes ausschlaggebende Faktoren sind.

rübergehenden Zusammenschlüssen kommt. Im Hirschrudel wird die soziale Rangfolge besonders deutlich. Körper- sowie Geweihgröße, die Kampfbereitschaft, vor allem aber das Alter sind hier entscheidend. Die Führungsposition hat nie ein Hirsch der sozialen Spitzenstellung, sondern stets ein jüngerer inne. Bei akuter Gefahr verwerten die älteren Hirsche allerdings ihre Erfahrungen in der Regel unabhängig vom Verhalten des Leithirsches.

Beim Winterhirschrudel sprengt der Abwurf des Geweihs im Februar/März stets die Rangfolge im Rudel, denn die Geweih tragenden, meist jüngeren Hirsche verjagen die Hirsche ohne Geweih oft rücksichtslos und über weite Strecken. Erst wenn bei allen Hirschen die Kolben zu wachsen beginnen, findet sich das Rudel wieder zusammen. Sind alle gesund geblieben, tritt in der Regel die alte Rangordnung in Kraft. Die Aktivitäten, die den Tagesrhythmus bestimmen, hängen eng mit der Äsung zusammen. Besonders in ungestörten Lebensräumen ist

dies gut zu beobachten. Aufsuchen der Äsungsplätze, Nahrungsaufnahme und Wiederkauen während der Ruheperioden wechseln mehrmals täglich. Gleichlange Perioden von etwa sechs bis

Zur Brunft plätzt der Rothirsch mit den Vorderläufen in einer flachen Suhlenmulde. Hier findet der König der Wälder ein wenig Kühlung und Ruhe.

acht Stunden gelten der Äsung und der Ruhe. Während der zahlreichen, notwendigen Kaubewegungen beim Wiederkäuen sitzt das Stück in der Regel im Bett, das es sich mit den Vorderläufen freigeschlagen hat.
Kälber und junge Tiere spielen und toben gerne miteinander – je mehr im Rudel stehen, desto häufiger geschieht dies. Es geht dann flink im Kreis herum oder ungehemmt kleine Hügel hinauf und wieder hinunter.
Beim jungen Hirschen erlebt man dabei auch das *Scherzen*, Scheinkämpfchen, bei denen sie sich mit ihren Geweihen hin- und herschieben. Sicher wird so auch die soziale Rangfolge mitbestimmt.
Alles Rotwild suhlt gerne, sowohl im Schlamm als auch in Sandkuhlen. Besonders die Hirsche kühlen sich während der Brunft gerne ab. An schwülen Sommertagen besuchen allerdings auch kleine Rudel oder Trupps gemeinsam ein „Familienbad". Da wird es dann oft eng. Wer das schon einmal erleben durfte, hat Bilder von vertrautem Rotwild im Kopf, die er nicht vergisst. Rotwild nimmt im Unterschied zum Schwarzwild selten Malbäume an.

Äsung

Rotwild äst weniger wählerisch als Rehwild, der „Konzentratselektierer", aber auch weniger systematisch als Muffelwild, der „Raufutterfresser". Es bedarf größerer Mengen einer sogenannten Mischäsung, nämlich ungefähr zwölf Kilogramm pro Tag. Sie besteht im Wald zwar überwiegend aus bodennahen Gräsern und Kräutern, aber auch aus Knospen, Blättern, Nadeln, Trieben, Früchten sowie schließlich – zum Leidwesen des Waldbauern – aus den Rinden der Bäume.
Der Verdauungsrhythmus ist auf einen hohen Anteil von Zellulose sowie Fasern eingestellt.

Wildschäden und Schadensabwehr

In die Feldmark locken das Rotwild Hafer- und Weizenfelder in der Milchreife, Rüben- und Kartoffelschläge, auch Maiskolben und – vom Sommer bis in den Winter hinein – der Raps. Rotwild sucht die Feldflächen in der Regel nachts auf.

Daneben verursacht Rotwild vor allem im Wald Wildschäden.
Schälschäden: Der schwerwiegendste Schaden entsteht durch das Schälen. Mit Hilfe der Schneidezähne erfasst das Rotwild Rindenteile von Stämmen oder Wurzelanläufen, presst sie gegen die Gaumenplatte des Oberkiefers und reißt sie ab. Gefährdet sind alle Baumarten, selbst die früh verborkende Eiche.
Beim Nadelholz unterscheidet man die langstreifige *Sommerschäle* sowie die kürzere *Winterschäle*. Wegen der größeren Verwundung des Baumes ist die Sommerschäle von den Waldbauern besonders gefürchtet.

Erst außerhalb der Reichhöhe des Äsers kann sich diese Fichte zu einem Baum entwickeln. Der mehrfache Verbiss der Seitentriebe hat zu ihrer deutlichen „Verbuschung" geführt.

Schälschäden sind nie vollständig zu vermeiden und entsprechende waldbauliche Zugeständnisse notwendig. Die Schäden sind Bestandteil der Nahrungsaufnahme des Rotwilds im Wald. Ihr Ausmaß steigt bei hoher Wilddichte und/ oder Störung der täglichen Nahrungszyklen. Die hieraus resultierenden Folgen für die heranwachsenden Stämme sind der häufigste Grund für eine drastische Reduzierung von Rotwild in vielen Verbreitungsgebieten.
Verbissschäden: Der Verbiss von Baumtrieben ist ebenfalls ein arteigenes Äsungsverhalten des

Der starke Verbiss der Buchen hat Zuwachsverluste und eine extreme Deformation der jungen Bäumchen zur Folge.

Rotwildes im Wald. Es trifft den Waldbauern besonders unangenehm beim Anbau von Mischbaumarten auf kleiner Fläche.

Fege- und Schlagschäden: Schäden durch Abfegen des Bastes vom Geweih im Juli und August sowie durch Schlagen mit dem fertigen Geweih haben im Vergleich zu den vorgenannten Schäden zumeist nur geringe Bedeutung. Das Schlagen ist ein Imponierverhalten des Hirsches, das verstärkt in der Brunft zu beobachten ist.

Die anfangs genannten *Schäden im Feld* sind leichter einschätzbar als diejenigen im Wald, weil sie sich nur auf die Ernte eines Jahres beziehen. Der volle gesetzliche Schadenersatz hilft hier viel, um die Spannungen zwischen Landwirten einerseits sowie Jägern andererseits abzubauen.

Eine entscheidende *Maßnahme zur Verringerung von Wildschäden* in Wald und Feld ist das Herstellen einer *angemessenen Wilddichte*. Als flankierende Maßnahme kann ein *Verbessern der Äsungsbedingungen* gelten. Beispiele bilden die Anlage und Pflege von ruhigen Wildäsungsflächen in Wald und Feld (auch letzteres ist möglich und notwendig) oder eine entsprechende Aufbereitung der Wegebankette.

Direkte Abwehrmaßnahmen sind eine scharfe Bejagung an den Schadflächen, der Flächenschutz durch Zäunung sowie mechanischer oder chemischer Einzelschutz von ausgewählten Bäumen. Entscheidend im Kontext mit den gerade angeführten Problemen ist jedoch die Einsicht aller, nämlich der Landwirte, der Waldbauern und der Jäger, dass Wildschäden nur gemindert, nie aber völlig ausgeschaltet werden können. Räumt man dem Rothirsch einen Anspruch auf einen Platz in unserer Wildbahn ein, ist Toleranz gegenüber seinen Schäden zwingend. Deren Grenzen zu finden – darin besteht die Kunst.

Brunft und Nachkommen

Die Brunft des Rotwilds beginnt in Mitteleuropa etwa am 20. September und endet am 10. Oktober. Unter dem kontinentalen Klima Ungarns liegen die Termine dort ungefähr zwei bis drei Wochen früher, in Schottland mit dessen atlantischem Klima etwa zwei Wochen später.

Schon Ende August lösen sich die Feisthirschrudel auf. Die ersten Hirsche, meist altersreife, beginnen zu melden und suchen nun das Kahlwild. Die Alttiere werden erst später brunftig. Sie sind zum Beschlag bereit, wenn sie ihren Wedel leicht anheben und nach vorne abgebückt stehen bleiben. Ein Teil der Schmaltiere wird nicht brunftig. Dieses *Übergehen* kommt der körperlichen Kondition zugute, weil das Trächtigwerden eine starke körperliche Belastung für die jungen Tiere bedeutet.

Bei größerer Rudelbildung findet die Brunft meist auf einer übersichtlichen, ebenen Fläche statt. Der Platzhirsch sichert sein Brunftrudel auf dem Brunftplatz mit lautem Röhren und Imponiergehabe. Er vertreibt die Beihirsche und kommt zum Beschlag. Bei geringerem Rotwildvorkommen verläuft die Brunft oft unauffälliger, stiller.

Gleichrangige Hirsche kämpfen durch frontalen Zusammenstoß mit ihren Geweihen nach vorherigem Imponiergehabe und festen Regeln oft bis zur Erschöpfung. Ein tödlicher Ausgang ist sehr selten, das Kampfritual streng geregelt: Wer flüchtet, darf entkommen.

Obwohl schon Schmalspießer geschlechtsreif sind, kommen junge Hirsche nur selten zum Beschlag. Bei ausgewogenem Altersaufbau des Bestandes gelingt dies meist erst Hirschen ab dem sechsten Kopf, also denjenigen, die ihre volle Körpergröße erreicht haben.

Die Brunft ist für einen Hirsch sehr energieaufwendig. Er kann zwischen 15 und 20 Kilogramm an Gewicht verlieren, da er in dieser Zeit kaum Nahrung aufnimmt.

Die Tragzeit dauert 34 Wochen. Ein, selten zwei Kälber werden von dem Tier zwischen dem 20. Mai und dem 15. Juni gesetzt und bis in den Januar gesäugt. Kälber, die von den Mutter-

Nach dem Parallelmarsch, einem Bestandteil der ritualisierten Auseinandersetzungen zwischen zwei Rivalen während der Brunft, sind die Geweihe beider Hirsche blitzartig gegeneinander gestoßen: Der frontale Schiebekampf beginnt.

Mit ruckartigen Kopfstößen erschließt sich das Kalb die Milchquelle.

stücken abgelegt werden, drücken sich in den ersten Lebenstagen, sobald Gefahr droht. Die Fluchtreaktion tritt erst ab dem zehnten Lebenstag ein. Die mütterliche Fürsorge für das Kalb ist in diesen Tagen besonders ausgeprägt. Sie reicht bis zur energischen Verteidigung mit den Vorderläufen.

Feinde und Feindverhalten

Natürliche Feinde des Rotwildes sind vor allem der Wolf und für schwächere Stücke auch der Luchs. In Ausnahmefällen gehören auch Bär und Steinadler dazu. In Mitteleuropa führt heute der Verkehr auf Straße sowie Schiene zunehmend zu Abgängen. Gelegentlich bereiten auch wildernde Hunde Ärger.

In den ersten Lebenstagen drückt sich – wie erwähnt – das Kalb. Bei gesenkter Herzfrequenz gibt es dann nur wenig Wittrung ab. Alle stärker riechenden Körperteile sind im zusammengerollten Zustand abgeschirmt.

Sämtliche älteren Stücke suchen in langen, aber kontrollierten Fluchten Abstand zwischen sich und den Feind zu bringen. Die nächste Deckung ist ihr erstes Ziel. Der Hirsch setzt sich, zum Beispiel gegenüber dem stellenden Hund, mit dem Geweih zur Wehr, das Kahlwild schlägt mit den Schalen und Vorderläufen. Beide Waffen sind wirkungsvoll.

Das Geweih des Rothirsches

Geweihaufbau und -entwicklung

Im ersten Lebensjahr schiebt das Hirschkalb noch kein Geweih. Erst im nächsten Frühsommer beginnt die Bildung des ersten Geweihes auf den Stirnzapfen des Schmalspießers. In direkter Fortsetzung dieser Rosenstöcke werden bis in den September hinein Spieße geschoben, die grundsätzlich *keine* Rosen aufweisen. Stärke und Länge der Spieße werden durch eine hohe soziale Stellung des Muttertieres deutlich positiv beeinflusst. Im April des Folgejahres werden die Spieße abgeworfen.

Im dritten Lebensjahr schiebt der Rothirsch immer ein Geweih *mit* Rosen, das in der Regel mehrendig ist. Es kommen Gabel-, Sechser-, Achter- oder sogar schon Zehnergeweihe vor. Der junge Hirsch fegt nun sein Geweih in den ersten zehn Augusttagen, in höherem Alter dann bereits in der letzten Juliwoche.

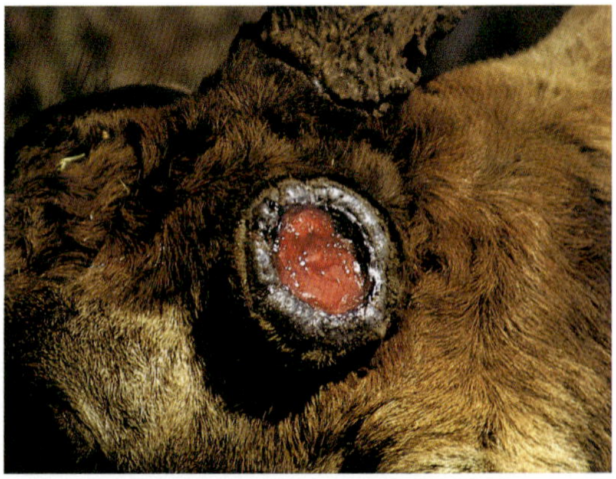

Bei starken Geweihen schweißen mitunter die Abwurfflächen an den Rosenstöcken. Selten fallen die Stangen gleichzeitig ab, zumeist liegen ein paar Stunden dazwischen.

Nach dem Abwerfen wird die Abwurffläche von Knorpelgewebe überwallt. Rose und Kolbenansatz werden gebildet. Das Spitzenwachstum des Geweihs hält bis zum Beginn des Sommers an.

Im Bast wirken Geweihe viel stärker, als sie sind.

Im Winter lösen sich unmittelbar unter der Rose in einer dünnen Schicht die Knochenzellen von außen nach innen auf. Sobald der Halt zwischen Rosenstock und Stange zu gering wird, bricht diese ab. Der Abwurfzeitpunkt ist individuell sehr verschieden. In der Regel wirft ein älterer Hirsch schon im Februar ab, ein jüngerer erst im März.

Unmittelbar nach dem Abwerfen wird die Bruchstelle auf den Rosenstöcken von einem stark durchbluteten Knorpelgewebe überwallt. Dieses bildet zunächst die Rosen und wächst dann als Kolben aufwärts. Durch erste Teilungen des Kolbens werden zuerst die Sprossen, nämlich Aug-, Eis- und Mittelsprosse, gebildet. Ein Ausgleichsknick sorgt für die arteigene Geweihform des Rothirsches. Bei der Eissprosse kann er fehlen. Im oberen Stangenteil setzt sich in gleicher Weise die Bildung der Kronenenden fort. In der Regel gut erkennbar, entsteht jede Krone durch Teilung der endständigen Gabel, wobei sich das hintere, durchlaufende Stangenende als teilungsfreudiger erweist.

Der Geweihaufbau entsteht also als reines *Spitzenwachstum*. Am fertigen Geweih sind die Kronenenden die jüngsten Stangenteile.

Solch abnorme Geweihe sind beim Rothirsch selten.

Während des Geweihwachstums wird zur Festigung des knorpeligen Eiweißgewebes Kalk eingelagert, der teilweise den Röhrenknochen entzogen wird. Blutgefäße, die man am gefegten Geweih als Furchen wiedererkennen kann, transportieren unter dem Bast die Aufbaustoffe zu den Wachstumszellen.

Bei ausgewachsenen Rothirschen ist der Aufbau des Geweihs im Juli abgeschlossen. Der

Von der Seite betrachtet beschreiben die Stangen des jungen Zukunftshirsches ein Rechteck, die des abschussnotwendigen Junghirsches dagegen ein Dreieck.

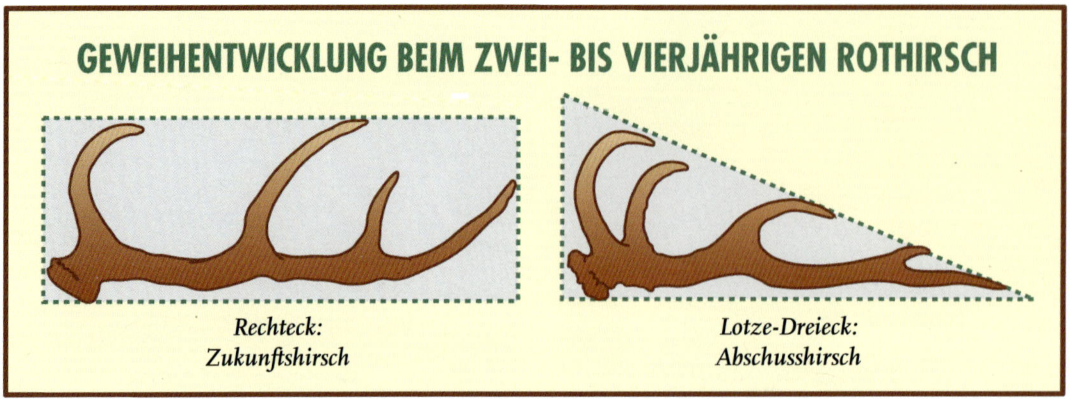

Bast wird abgerieben, der Hirsch *fegt*. Durch Pflanzensäfte werden der anfangs noch helle Knochen dunkelbraun bis schwarz gefärbt, die Endenspitzen durch weiteres Schlagen hell poliert. Im Januar/Februar verlieren die Geweihe der jungen Hirsche deutlich ihre dunkle Farbe. Sie werden wieder heller. Ältere Hirsche „halten" die dunkle Färbung viel ausgeprägter.

Geweihkulmination und Zurücksetzen

Der Rothirsch trägt sein stärkstes Geweih im Alter von 12 bis 14 Jahren. Bei guter Entwicklung zeigt dieses Geweih beidseitig eine Krone und hat ein Gewicht von sechs bis sieben Kilogramm sowie eine Stangenlänge von bis zu 110 Zentimetern (zur Bewertung des Geweihs siehe Seite 634 ff.). Anschließend lassen Endenzahl, dann Stangenlänge und schließlich auch Geweihmasse nach, der Hirsch *setzt zurück*. Uralte Hirsche tragen mitunter nur noch Geweihstümpfe. Selten kommen „Mönche" oder „Plattköpfe" vor – Hirsche, denen auf Grund eines Erbdefektes der Kopfschmuck fehlt.

Die Geweihe dienen den Rothirschen als Blickfang. Sie ermöglichen ihnen gegenseitiges Erkennen sowie wechselseitiges Imponieren. Jüngere Hirsche stellen mit dem spielerischen Messen ihrer Kräfte – dem bereits erwähnten *Scherzen* – die Rangordnung im Rudel her. Ernsthafte Kämpfe mit dem Geweih finden fast nur während der Brunft nach festem Ritual statt. Ein tödlicher Ausgang ist sehr selten. Verletzungen kommen häufiger vor, das *Verkämpfen* – ein unlösbares Verkeilen zweier Geweihe – bildet eine Ausnahme.

Das Geweih als Abschusskriterium

Lotze (1993) unterscheidet bei den zwei- bis vierjährigen Hirschen anhand der Mittelsprosse die Zukunftshirsche von den abschussnotwendigen. Obwohl bei dieser Beurteilung die Trophäe stark in den Vordergrund rückt, ist sie für die notwendigen Eingriffe in die Jugendklasse hilfreich. Ist die Mittelsprosse so kurz, dass eine gedachte Linie von der Augsprossenspitze bis zum Stangenende durch diese Sprosse nicht unterbrochen wird, entsteht das sogenannte „Lotze-Dreieck" und der Hirsch kann erlegt werden. Ist dagegen eine lange, schwungvolle Mittelsprosse ein Geweih bestimmendes Merkmal eines jungen Hirsches, kann dem Träger eine gute Zukunft vorausgesagt werden (vgl. Zeichnung oben).

Rotwildhege

Tragbare Bestandshöhe

Ziel der Rotwildhege ist der Erhalt des Rotwildes in freier Wildbahn. Zahl und Zusammensetzung eines Rotwildbestandes sollen zum einen das körperliche Wohlbefinden und arteigene Verhalten dieser Wildart fördern. Zum anderen müssen sie aber abgestimmt sein auf den Wald, den wichtigsten Lebensraum des Rotwildes. Auch die Schäden im Feld müssen in erträglichen Grenzen bleiben.

Der Zustand der Vegetation ist also der entscheidende ökologische Weiser für die Tragbarkeit eines Rotwildbestandes. Auf diesen Weiser ist die Bestandesregulierung auszurichten und nicht mehr auf eine rein zahlenmäßig festgesetzte „zulässige Wilddichte von 1,5 oder 2,5 Stück Rotwild auf einer Fläche von 100 Hektar". In der jagdlichen Praxis helfen derartige Zahlen nämlich nicht weiter: Wenn Wilddichten aufgrund von Zählungen an Fütterungen, der Fährten im Schnee oder der Kälber festgesetzt werden, führt das beinahe immer zum Unterschätzen des tatsächlichen Rotwildbestandes. Wer aus solchen Zahlen den Zuwachs errechnet und dies dann als Grundlage für seine Abschussplanung nimmt, macht sich etwas vor – die Rotwildpopulation wird unweigerlich ansteigen. Hinzukommt, dass Rotwild in allen Bundesländern großflächig gehegt und bejagt wird, eine gleichmäßige Verteilung des Wildes auf den riesigen Arealen jedoch Illusion ist und damit eine Abschussplanung ad absurdum geführt wird, die auf einer rein zahlenmäßig festgelegten Wilddichte basiert. Eine solche „zulässige Wilddichte" hat sich denn auch in den Praxis als eher theoretischer Wert erwiesen. Heute bringt man – mit der notwendigen Toleranz gegenüber den Schäden – einen Rotwildbestand mit der Vegetation in Einklang. Der wird dann in dieser jeweils vor Ort festgelegten Höhe bei gleichbleibendem Abschuss erhalten, und dies ohne genaue Kenntnis seiner Individuenzahl.

Rotwildgebiete/-bezirke

Auf Landesebene sind heute in Deutschland großflächige und voneinander abgegrenzte Lebensräume für das Rotwild festgelegt worden (siehe Seite 12 und 650). In den Bundesländern Berlin, Brandenburg, Mecklenburg-Vorpommern, Niedersachsen, Sachsen, Sachsen-Anhalt und Schleswig-Holstein darf sich das Rotwild über seiner bisherigen Areale hinaus ausbreiten, in den übrigen Ländern wird es außerhalb der ausgewiesenen Rotwildbezirke nicht geduldet. In den festgelegten Rotwildgebieten wird unter Berücksichtigung von Landschaft, Landeskultur sowie Lebensansprüchen der Menschen über einen längeren Zeitraum Rotwild gehegt und bejagt.

Die sehr unterschiedliche Größe dieser Rotwildgebiete beginnt bei etwa 5 000 Hektar. Wichtig ist, dass hier einer Population von mindestens 200 Stück langfristig Raum gegeben wird, um einen lebensfähigen Bestand zu bilden. Für den Umgang mit diesen Wildtieren sind in erster Linie die Jäger verantwortlich. Dabei spielen ihr biologisches Wissen, ihr Streben nach Sachkenntnis vor Ort sowie ihr jagdliches Können eine entscheidende Rolle.

Das gemeinsame Planen und Handeln (sowie die aktive Kontrolle) von Grundstückseigentümern, Forstleuten, Jägern und Behörden in den Rotwildgebieten verlangt allerdings darüber hinaus die Abstimmung vieler, teils einander widersprechender Interessen. Es handelt sich also um eine schwierige Aufgabe.

Neben der Hege sind im jagdlichen Bereich der Abschuss und seine Verteilung im gesamten Rotwildgebiet wichtig. Dieses verlangt zwin-

Zweifellos gilt „Wald vor Wild", jedoch nur mit dem Zusatz „kein Wald ohne Wild". „Naturnaher Wald mit Rotwild" – so muss die Devise lauten.

Nicht nur in rotwildfreien Gebieten kann dieser Sechser vom zweiten Kopf ohne Bedenken geschossen werden.

gend Erfahrung, Ortskenntnis und Fingerspitzengefühl aller Verantwortlichen. Daneben wird in den südlichen Bundesländern eine räumliche Steuerung des Rotwildes angestrebt, das heißt eine Verdünnung des Bestandes in den Kerngebieten und ein Hineindrängen in die Randzonen. Hier sind dem Jäger sehr enge Grenzen gesetzt, die Erfolge überall dürftig. Denn die Tradition der Familienverbände des Rotwildes, bestimmte Streifgebiete immer wieder aufzusuchen, lässt sich nicht kurzfristig ändern.
Außerhalb der Rotwildgebiete erfolgt eine scharfe Bejagung. Hier können innerhalb der Jagdzeit alles Kahlwild sowie die geringen, kronenlosen Hirsche erlegt werden. Außerdem bieten sich in den Hegegemeinschaften als Anpassung an die örtliche Raumordnung einige „flankierende Maßnahmen“ an. So wird noch viel zu wenig für den Erhalt der natürlichen Äsung getan: Jeder Revierinhaber kennt doch Bestandsflächen, unbefestigte Wege, Wald- und Wegeränder, auf denen Rotwild immer wieder äsend zu beobachten ist. Hier möglichst keine Veränderungen zu schaffen, muss das Ziel sein.

Aufwändiger dagegen sind Anlage und Pflege der Äsungsflächen von Menschenhand. Häufig werden diese Flächen durch das Rotwild nicht so angenommen, wie man es erwartet oder erhofft. Örtliche Erfahrungen sind zu sammeln, nachbarlicher Rat tut sicher gut. Eine optimale Verteilung dieser Flächen im Rotwildbezirk ist anzustreben. Ihr Anteil sollte ein halbes bis ein Prozent der Holzbodenfläche betragen.

Ruhezonen

Wenn es gelingt, Teile der Waldflächen als Ruhezonen auszugliedern, dient dies dem Wohlbefinden des Rotwildes mit Sicherheit. Aus solchen Ruhezonen sollten alle Menschen, die im Walde Erholung, Sport, Pilze, Beeren, Abwurfstangen oder Fotomotive suchen, möglichst das ganze Jahr fernbleiben. Das gilt auch für den Jäger! Sein Jagddruck nämlich sorgt örtlich oft für erhebliche Unruhe.
Ruhezonen einzurichten, ist in unserer Kulturlandschaft dringend erforderlich. Der Gesetzgeber tut sich – mit ständigem Seitenblick auf den Wähler – mit dieser Aufgabe sehr schwer. Denn weite Kreise der Bevölkerung sehen in dem freien Betretungsrecht des Waldes zum Zwecke der Erholung etwas, das ihnen jederzeit und unbedingt zur Verfügung stehen muss.
Aufklärung über den Sinn der Ruhezonen, die kleinstandörtlich nicht allein dem Rotwild, sondern der gesamten Tier- und Pflanzenwelt dienen, tut deshalb dringend not. Die örtliche Presse kann dabei helfen, beteiligte Behörden sind zu überzeugen, der Waldbesucher vor Ort muss mit Hinweisschildern angesprochen werden. Bis zur Akzeptanz von Ruhezonen, deren Grenzen für jedermann ersichtlich sein müssen, wird einige Zeit verstreichen. Vielleicht gelingt es aber auf diese Weise, dem Rotwild Areale zu verschaffen, in denen es wieder tagaktiv werden kann.
Da der Jagddruck in der Zeit vom 1. Mai bis zum 31. Januar anhält, ist es sehr sinnvoll, wenn in möglichst vielen Revieren von den Jagdausübungsberechtigten – am besten flächendeckend – Ruhezeiten vereinbart werden. Morgen- und Abendansitz haben in diesen festgelegten Phasen zu unterbleiben. Auch hier hilft nur ver-

ständnisvoll abgestimmtes Handeln mehrerer Revierinhaber. Sie sollten festsetzen, wann dem Rotwild die Wege zur und von der Äsung wirklich ungestört zur Verfügung stehen sollen und auch die Phase des Wiederkauens in Ruhe vollzogen werden kann.

Füttern und Kirren

Heute hat sich vielfach die Auffassung durchgesetzt, dass – von einigen schneereichen Hochlagen unserer Heimat abgesehen – eine Winterfütterung von Rotwild bei unserem milden atlantischen Klima nicht notwendig ist. Die im Winter knappen Äsungsverhältnisse bestehen schon seit der letzten Eiszeit. Der Pansen des Rotwildes hat sich dieser Situation angepasst. Hierüber liegen wissenschaftliche Arbeiten vor. Ebenso abzulehnen ist eine Kirrung von Rotwild, um es an das Revier zu binden. Sie führt oft zu Wildkonzentrationen und damit zu erhöhten Wildschäden und wird verstärkt dazu genutzt, das Wild leichter schießen zu können. Dies schadet dem Ansehen der Jäger in der Öffentlichkeit ganz außerordentlich.

Eine wildtiergerechte Entscheidung gegen das Füttern, das in einzelnen Bundesländern ohnehin nur noch mit Genehmigung oder auf Anordnung der Jagdbehörde zulässig ist, muss durch zweierlei begleitet werden bleibt. Zunächst sollten die Jagdzeiten allen Schalenwildes – vielleicht außer der für Sauen – am 31. Dezember enden. Außerdem sollte dem Rotwild vom Januar bis in den Sommer ein Maximum an Ruhe gewährt werden, soweit es der Forstbetrieb im Walde zulässt. Die Passion vieler Waldbesucher steht dem entgegen: So lassen sich Stangensucher kaum bremsen, doch mit Aufklärungsarbeit und Lenkungsmaßnahmen kann man hoffentlich auch hier einiges bewirken.

Ansprechen im Revier

Nur im Revier lernt der Jäger das Ansprechen des Rotwildes. Langjährige Übung und Erfahrung sind erforderlich. Doch auch sie verhindern nicht, dass selbst dem Fachmann immer mal wieder Fehlurteile unterlaufen.

Kahlwild

Beim Kahlwild sind im Sommer Alttier, Schmaltier, Kalb an der unterschiedlichen Körpergröße noch leicht zu unterscheiden. Da es aber auch körperlich schwach entwickelte Alttiere gibt, hat der Jäger, der die körperliche Verfassung zum Kriterium des Schmaltierabschusses im Juni/

Deutlich tritt die helle, weich behaarte Spinne zwischen den Keulen des Alttieres hevor.

Juli macht, folgende Pflicht: Er *muss* dem Stück spitz von hinten zwischen die Keulen schauen! Das Gesäuge bzw. die Spinne des Alttieres ist hell sowie weich behaart und tritt gut erkennbar zwischen den breiter stehenden Keulen hervor. In der Sommerdecke der Schmaltiere sind im Übrigen häufig noch die Kälberflecken vom Vorjahr erkennbar.

Im Winter gibt das Verhalten des Kahlwildes in den Familienverbänden einen guten Anhalt. Das Kalb „klebt" förmlich am Mutterstück, das gilt besonders bei der Flucht. Im Februar/März hat sich das Körperwachstum des Jungwildes in erstaunlichem Maß an das der Alttiere angeglichen.

Hirsch- und *Wildkalb* lassen sich in den ersten sechs Monaten nur schwer voneinander unterscheiden. Das sicherste Merkmal ist das Nässen (Hirschkälber nässen unter, Wildkälber hinter sich), was man jedoch nur selten beobachten kann. Später geben beim Hirschkalb die dunkle Bauchdecke, der hirschähnliche Kopf sowie die stärkere Trägerbehaarung einen ersten Anhalt.

Alttiere nach ihrem Alter anzusprechen, gelingt erst, wenn sie wirklich alt geworden sind. Ihre Häupter sind dann lang und schmal, das Gesicht wirkt trocken mit recht dicht anliegender Haut und sehr heller Behaarung, die Knochen treten unter der Decke deutlich erkennbar hervor. Diese „alten Damen" sichern ungewöhnlich häufig, führen aber oft noch gut entwickelte Kälber und dies Jahr für Jahr.

Hirsche

Beim Rothirsch bietet sich lediglich als Anhalt folgendes Ansprechschema an: Man unterscheidet zwischen zwei- bis vier- (Kategorie I), fünf- bis zehn- (Kategorie II) sowie elfjährigen und älteren (Kategorie III) Hirschen.

Kategorie I: Junge Hirsche besitzen zumeist ein noch spitzes und schmales Haupt. Ihr Träger ist schlank und meist steil aufgerichtet, die Rückenlinie verläuft gerade, die Rumpfmasse ist gleichmäßig über Vorder- und Hinterläufe verteilt. Die Trittsiegel laufen vorne spitz zu. Diese jungen Hirsche verfegen meist erst Anfang August. Manchmal stehen sie noch beim Kahlwildrudel, häufiger schon in kleinen Hirschrudeln für sich.

Dieses Schema kann nur der Orientierung dienen. Das Ansprechen ist nur im Revier und nie in Perfektion zu erlernen.

Kategorie II: Mittelalte Hirsche haben in der Regel ein breiteres, stumpferes Haupt und einen breiten, gestreckt getragenen Träger. Die Rückenlinie ist durch den Widerrist über den Blättern gebogen. Die Rumpfmasse beginnt, sich nach vorne zu verlagern. Der Hirsch ist mit dem sechsten Lebensjahr ausgewachsen. Die Trittsiegel werden breiter bzw. stumpfer. Diese mittelalten Hirsche verfegen Ende Juli und bilden meist nur kleinere Trupps.

Kategorie III: Das Haupt alter Hirsche ist dreieckig und wirkt bullig. Es ist häufig heller ge-

Die Sprossen überalterter Hirsche sind oft „wingerig". Zeigen die Stangen den Altersknick, ist ihr Träger wirklich alt.

färbt als der Rumpf. Um die Lichter bildet sich gelegentlich ein weißer Haarkranz, die sogenannte Brille. Der Träger wird fast waagerecht getragen, die Rückenlinie fällt nach hinten ab. Das Gewicht scheint mehr auf den Vorderläufen zu ruhen. Mit Mähne wirkt der Hirsch „vorne wie ein Löwe, hinten wie eine Katze". Die Stümpfe des Trittsiegels sind jetzt rund. Alte Hirsche fegen in den letzten beiden Juliwochen. Den ganz alten Hirsch trifft man auch einmal als Einzelgänger im Revier.

Erst das Geweih des *alten Hirsches* weist gelegentlich Merkmale auf, die recht sichere Zeichen für seine Reife darstellen: Zum einen wirkt eine Sprosse – oder aber mehrere – wie mit der Brennschere onduliert. Die Sprosse „wingert", zeigt also eine leicht wellige Form und läuft zudem häufig noch besonders spitz zu. Nach LOTZE gibt es ferner bei sehr alten Hirschen einen deutlichen „Altersknick" der Stange dort, wo die Augsprosse abzweigt. Dieser Knick ist oftmals mit einer kleinen Mulde in der Stange verbunden. Um beide Altersmerkmale am Geweih erkennen zu können, müssen eine gute Optik, ausreichendes Licht und möglichst auch eine geringe Beobachtungsentfernung zusammenkommen.

Es ist aus rauer Praxis noch einmal zu betonen, dass obiges Schema zum Ansprechen der Hirsche wirklich nur einen Anhalt liefern kann – nicht mehr.

Das Kernproblem beim Ansprechen von Rothirschen besteht wohl darin, dass der ausgewachsene Hirsch vom siebten bis achten Kopf an hinsichtlich des Körperbaus für eine genaue Altersansprache nicht viel hergibt. Zu sehr bildet sich der Körperbau individuell aus: Der eine Hirsch wirkt schon früh massig und stark und wird deshalb leicht zu alt geschätzt. Der andere bleibt sein Leben lang gering und sein Alter wird häufig unterschätzt.

Eine ausgeprägte Mähne verführt während der Brunftzeit und danach zum Überschätzen, ihr Fehlen zum Unterschätzen des Alters. Ein eindrucksvolles, starkes Geweih auf dem Haupt des Hirsches hat ähnliche Wirkung im Vergleich zu dünnen, „spilligen" Stangen: Der Hirsch wird für älter gehalten, als er ist.

Ansprechhilfen für den Erntehirsch

Wenn für einen Rotwildbestand aus wildbiologischen Gründen und nicht zuletzt der Trophäe wegen ein Zielalter von 12 bis 14 Jahren für den reifen Erntehirsch angestrebt wird, kann man drei Hinweise wagen, die helfen können, einen alten Hirsch als solchen anzusprechen:

1. Der Blick

Der reife Hirsch wirkt selbstbewusst, abweisend, fast griesgrämig. Deutlich wird das vor allem in der Brunft, während der dieser Hirsch ranghoch auftritt. Wie bei allem wirklich alten Schalenwild ist es gerade dieser Blick, der das Urteil „alt" erlaubt. Gutes Licht und ein gutes Glas sind zu einwandfreiem Ansprechen erforderlich.

2. Rosenstock und Rosen

Ein gutes Glas sowie optimale Lichtverhältnisse sind ebenso Voraussetzungen, um folgende Merkmale des alten Rothirsches festzustellen: Das Geweih sitzt auf ganz kurzen Rosenstöcken, fast auf der Decke des Hauptes. Die Rosen kippen leicht nach außen weg.

3. Die Stümpfe der Schalen

Ein vorne stark abgerundetes, möglichst auch männerhand-, also etwa acht Zentimeter breites Trittsiegel ist wohl das eindeutigste Kennzeichen des alten Hirsches. Der Jäger muss diese gute Ansprechmöglichkeit nur nutzen.

Altersermittlung am erlegten Stück

Gebissentwicklung

Das Alter eines Stück Rotwildes wird nach wie vor an der Entwicklung und Abnutzung der Zähne im Ober- sowie Unterkiefer ermittelt.

Bestimmt werden kann es nur bis zu einem Alter von etwa 28 Monaten. Dann ist der *Zahnwechsel* vom *Milch-* zum *Dauergebiss* bei den Schneide- und Vormahlzähnen beendet und auch der dritte Molar hat die Kaufunktionshöhe erreicht.

Der hirschgerechte Jäger erkennt:

- Das *Kalb* hat bis zum September neben den drei Prämolaren und der Milchgrandel auch den ersten Molar geschoben.

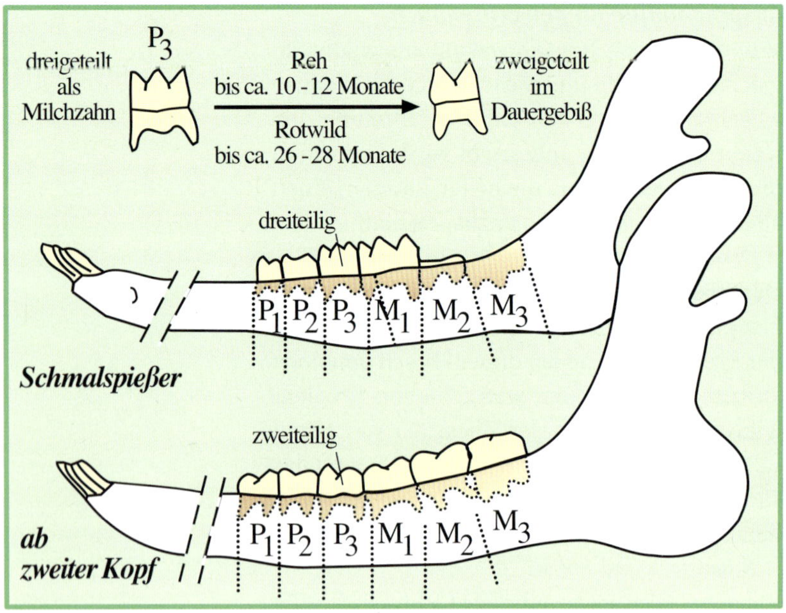

Wie beim Dam- und Rehwild ist der dritte Molar des Rotwildes als Milchzahn drei- und als Dauerzahn zweiteilig. Im Dauergebiss hat Rotwild 34 Zähne.

- Das *Schmaltier* besitzt seit Mai den zweiten Molar und wechselt im Herbst die schmale, nadelspitze Milchgrandel gegen die stumpfe, größere Dauergrandel. Der dritte Prämolar ist als Milchzahn immer noch dreiteilig.
- *Alttier* und *Hirsch* vom zweiten Kopf (zweijährig) tragen etwa vom 28. Lebensmonat an das vollständige Dauergebiss: Der dritte Prämolar ist jetzt zweiteilig.

Anschließend ist das Alter des erlegten Stückes nur noch am Abnutzungsgrad der Zähne in der Praxis zu schätzen.

Abnutzungsgrad und Zementzonenverfahren

Dem interessierten Jäger, der das Alter mehrjährigen Rotwildes anhand des Abnutzungsgrades der Zähne ohne Hilfsmittel abschätzen möchte, helfen drei Richtwerte, die er auch im Revier parat haben sollte:

Richtwert 1 – Alter zweieinhalb Jahre: Das Gebiss ist vollständig ausgebildet. Die Zahnfleischlinie liegt besonders am dritten Molar noch hoch.

Richtwert 2 – Alter sechs bis sieben Jahre: Das Zungendentin im dritten Molar ist dunkelbraun, von weißem Schmelz umgeben, auf schmalrhombische Form abgeschliffen.

Richtwert 3 – Alter zehn bis elf Jahre: Der Abschliff des Zungendentins im dritten Molar ist auf ovale bis kreisrunde Form angewachsen. Die Kunde im Vorderteil des ersten Molaren, in der Regel zweiteilig, ist abgenutzt oder fast abgenutzt.

Die zwischen diesen drei Werten befindlichen Jahre sind nun relativ leicht einzuschätzen. Der erreichbare Genauigkeitsgrad von plus/minus einem Jahr bis zum Alter von zehn und von plus/minus zwei Jahren bei einem Alter über

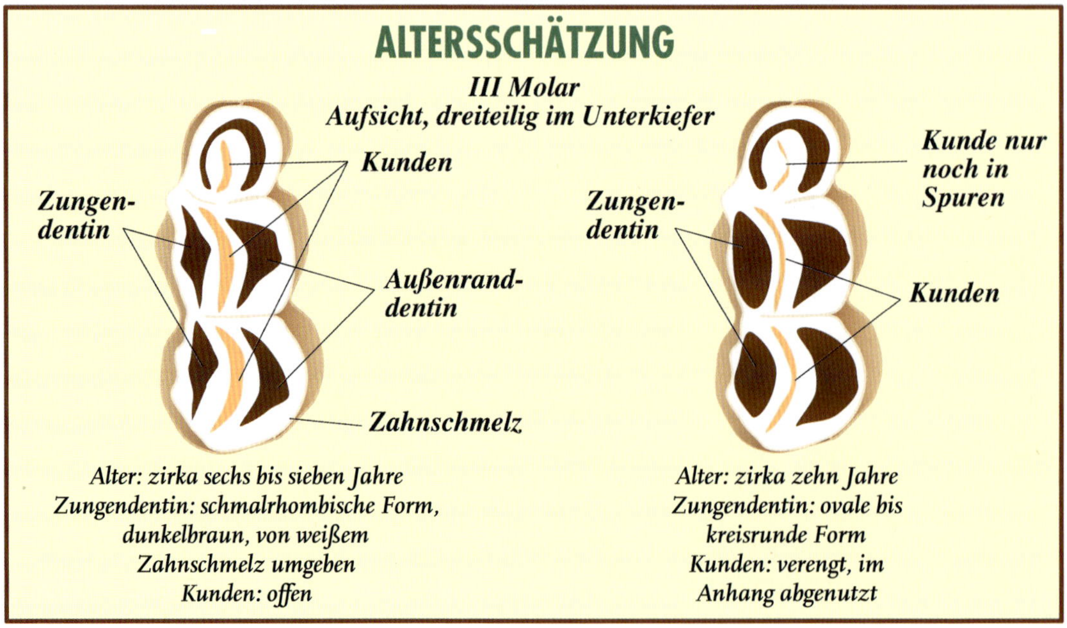

In der Praxis helfen grobe Richtwerte, um das Alter am erlegten Stück näherungsweise zu ermitteln.

zehn Jahren ist für die Praxis in aller Regel ausreichend.
Von den Fachinstituten, zu denen heute die Unterkiefer eingeschickt werden können, wird bei dieser Methode jeder der sechs Backenzähne auf seinen Abschliff untersucht.
Daneben wird dort noch das Zementzonenverfahren angewandt: Rotwild legt im Wurzelbogen des zweiteiligen ersten Molaren Zahnzement zu seiner Stabilität an. Dies erfolgt in dunklen Winter- und hellen, breiteren Sommerzonen, die mit acht- bis zwölffacher Vergrößerung ausgezählt werden können, sobald dieser Zahn mit einer feinen Säge im Unterkiefer durchtrennt und herausgezogen ist. Zu der ermittelten Zahl der Jahresringe wird ein Jahr hinzuaddiert, um das wirkliche Alter zu bestimmen.

Nomogrammmethode

Recht gute Ergebnisse bei der Altersbestimmung liefern die von Stubbe und K.-W. Lockow für die häufigsten Schalenwildarten entwickelten sogenannten Nomogramme. Eingangsmessgrößen sind beim Rothirsch die Höhen des 1. und 2. Unterkiefermolaren sowie Durchmesser und/oder Höhe des Rosenstocks. Dem Interessierten sei Spezialliteratur empfohlen.

Bejagung

Jagdzeiten

In Deutschland hat der Bund mit dem Bundesjagdgesetz die Rahmenvorschriften für das Jagdwesen erlassen. Zu den Bestimmungen, die von den einzelnen Bundesländern ausgefüllt und ergänzt werden können, zählt die Bundesverordnung über die Jagdzeiten, zuletzt geändert am 25. April 2002.
Abweichung von dieser Bundesverordnung gibt es in den 16 Bundesländern zuhauf. So nutzen die Länder ihre Befugnis, Jagdzeiten zu verkürzen, aber auch Schonzeiten für bestimmte Gebiete oder einzelne Jagdbezirke aufzuheben.
Der Jäger wird sich immer wieder neu über die Jagd- und Schonzeiten informieren müssen, die in dem Bundesland, in dem er die Jagd ausübt, aktuell gelten. Er muss also aufmerksam sein, will er eine Verletzung der diesbezüglichen jagdrechtlichen Bestimmungen vermeiden.
Die Jagdzeiten auf Rotwild insgesamt betragen nach der Bundesjagdzeitenverordnung, neun Monate. Das ist nach Auffassung der Fachwelt eindeutig zu lang. Es wurde empfohlen, die Jagdzeit auf wenige Monate zu verkürzen und sie dabei auf die Jagdzeiten anderer Wildarten abzustimmen. Dort, wo Rotwild regelmäßig vorkommt und ihm als jagdlicher Leittierart Vorrang eingeräumt wird, bietet sich eine Schonzeit vom 1. Januar bis zum 31. Juli an (Rotwildsymposium 2002). Der Jagddruck wäre um fünf Monate verkürzt – ein lohnendes Ziel für die Gesetzgeber!

JAGDZEITEN DES ROTWILDES NACH DER BUNDESJAGDZEITENVERORDNUNG

Kälber	*1. August bis 28. Februar*
Schmalspießer	*1. Juni bis 28. Februar*
Schmaltiere	*1. Juni bis 31. Januar*
Hirsche und Alttiere	*1. August bis 31. Januar*

Außerdem gilt das Verbot, Rotwild zur Nachtzeit (zwischen 1½ Stunden nach Sonnenuntergang und 1½ Stunden vor Sonnenaufgang) zu erlegen.

Das entscheidende Ziel einer fachgerechten Bejagung von Rotwild auf biologischer Grundlage ist eine dem Lebensraum angepasste Regulierung der Wilddichte. Sie muss dem Rotwild arteigenes Leben ermöglichen und seinen Lebensraum Wald erhalten.
Diese beiden Forderungen sind gleichzeitig Ziel der Hege und der Jagd. Jeder verantwortungsbewusste Jäger sollte sie im Auge haben. Erst dann kann die Hege mit der Büchse, ein qualitatives Jagen, einsetzen.

Altersklassenaufbau

Es ist ein Altersklassenaufbau anzustreben, der einen genügend großen Anteil mittelalter und alter Stücke beider Geschlechter beinhaltet. Die natürliche Alterspyramide des Rotwildes, welche Jäger aus dem Harz schon vor vier Jahrzehnten vorstellten, wird aufgrund neuerer Kenntnisse Jahr für Jahr in eine Säule umgewandelt. Die Zahl der männlichen und weiblichen Stücke in der *Jugendklasse* muss zu diesem Zweck hart reduziert werden. Aus der *Mittelklasse* – dem Rotwildbestand der Zukunft – werden nur die Stücke entnommen, bei denen dieses unbedingt notwendig ist. Die *Altersklasse* kappt man beim Zielalter von zwölf Jahren.

Natürlich klingt dieses Ziel sehr theoretisch und das ist es vielleicht auch, aber andererseits beinhaltet es unser gesamtes derzeitiges Wissen um den richtigen Altersaufbau beim Rotwild.

Beim Geschlechterverhältnis sollen die männlichen Stücke ein wenig überwiegen. Beides – ein säulenartiger Altersklassenaufbau und ein nahezu ausgewogenes Geschlechterverhältnis – in der Praxis zu erreichen, ist kein einfaches Unterfangen. Denn es setzt unbedingt revierübergreifendes, gemeinsames, fachliches Handeln voraus. Die Rotwild-Jahresstrecke betrug im Jagdjahr 2020/2021 in Deutschland 76 458 Stück.

Abschusskriterium: Mehr Alter, weniger Geweih

Das Geweih muss als Orientierungspunkt beim Abschuss der jungen Hirsche vom ersten bis zum vierten Kopf deutlich geringer bewertet werden als es lange der Fall war. Nicht die Stangenlänge eines Schmalspießers ist entscheidend, nicht ein Kronenendchen hier oder zwei Eissprossen dort – ausschlaggebend ist vielmehr, dass in dieser Altersklasse zirka 80 Prozent vom Plansoll aller Hirsche gestreckt werden. Sicherlich werden auch ein paar Hirsche „besserer Qualität“ darunter sein müssen. Hier ist der Jäger gefordert, hier muss er konsequent sein.

Die Mittelklasse braucht er dann nur mit fünf bis sieben Prozent am Abschuss zu beteiligen: Diese fünf- bis neunjährigen Hirsche bilden – in ausreichender Zahl – den Grundstock für einen gut aufgebauten männlichen Rotwildbestand. In diesem Alter sollten nur schwachstangige, kronenlose Hirsche erlegt werden. Alle langsprossigen, starkstangigen und vielendigen Kronenhirsche sind wirklich die „Zukunftshirsche“ einer Population.

Altersreife Hirsche können nun die angestrebte Grenze von zehn Prozent erreichen oder sogar überschreiten.

Eine solche Abschusszusammensetzung zeitigt gleich drei Erfolge: Dem Wald tut sie – wegen der frühen Entnahme der jungen Hirsche – sehr gut, das Rotwild profitiert von der wildbiologisch angemessenen Altersgliederung und der Jäger schließlich von stärkeren und ansprechenden Trophäen.

Bejagungszeitraum

Der Jagdbeginn kann gar nicht früh genug einsetzen. Würde dieser Grundsatz beherzigt, wären Mondscheinnächte im Januar zur Abschusserfüllung nicht notwendig. Wenn sich die Bejagung vorrangig am Rotwild orientieren und weniger vom Beutetrieb der Jäger bestimmt werden soll, ist auf die Nachtjagd zu verzichten.

Wildbiologisch sinnvoll ist es, im Juni und Juli aus den zu dieser Zeit meist noch kleinen Familienverbänden Schmaltiere oder Schmalspießer herauszuschießen. Alttier und Kalb bleiben dann in sozialem Zusammenhalt. Außerdem ist es ausgesprochen sinnvoll, vor der Brunft energisch mit dem Kahlwildabschuss zu beginnen. Schwache Kälber sind gut ansprechbar. Eine saubere, schnelle Dublette sollte auch das dazugehörige Mutterstück erfassen. Gelingt dies nicht, ist Geduld gefragt. Irgendwann kommt jedes Alttier zurück, um sein Kalb zu suchen. Aus diesem Grund bietet sich hierfür eher der Morgen als der Abend an.

Während der *Feistzeit* geht es außerdem auf den Hirsch. Das morgendliche Einwechseln der Hirsche kann nach kurzer Sommernacht meist schon bei gutem Licht beobachtet werden. Der Jäger muss dazu natürlich verflixt früh aus den Federn. An schwül-heißen Tagen zwingen die stechenden Plagegeister die Hirsche in die Suhlen. Hier kann der Waidmann sowohl morgens als auch abends mit gutem Anblick rechnen.

Ansitz und Pirsch

Die frühe Bejagung zu Beginn der Jagdzeit ist die Zeit von Ansitz und Pirsch. Dabei gilt die

Faustregel unserer Altvorderen unverändert: „Es werden mehr Hirsche ersessen als erlaufen.“ So wird der Jäger in der Regel abends verstärkt ansitzen, morgens aber bei ausreichender Reviergröße (Anhalt: mindestens 1 000 Hektar) gerne eine kleine Stehpirsch unternehmen. Die vielen Pausen an aussichtsreichen Stellen bringen oft guten Anblick. Immer muss aber ein Minimum an Störung für das Rotwild Ziel des Jägers sein. Sein Können tritt zu Tage, wenn ihm dieses gelingt.

Voraussetzung hierfür ist eine genaue Kenntnis der Einstände, Wechsel, Äsungsplätze etc. des Rotwildes. Der Wind ist wie beim Ansitz genauestens zu beachten. Günstig fürs Pirschen sind Pulverschnee oder feuchte Witterung und leichter Wind, der geringe Geräusche übertönt. Zudem wird man auch nach starken Gewittergüssen Rotwild in Anblick bekommen.

„Wenn der Wind jagt, soll der Jäger nicht jagen.“ Bei Sturm macht die Pirsch keinen Sinn, denn dann zieht das Wild nicht. Günstig sind – wie erwähnt – die frühen Morgenstunden nach dem Hellwerden. Hat man ein Rudel ausgemacht, wird aus der Pirsch ein Heranschleichen. Jetzt gelten die beiden großen „L“: Langsam und Leise. Berücksichtigt der Jäger beides, kann er das Verhalten des Rotwildes oftmals gut beobachten, denn nicht immer muss der Schuss den Abschluss einer erfolgreichen Pirsch bilden.Der Ansitz auf Rotwild in der Nähe der Tageseinstände, an Äsungs- oder Brunftplätzen, an Suhlen oder Wechseln ist bei genauer Kenntnis des Revieres wie des Verhaltens des Wildes erfolgversprechend. Bei der Wahl des Ansitzplatzes gilt es, den Wind zu beachten – Rotwild besitzt ein äußerst feines Wittrungsvermögen!

Wind, Deckung und Tageszeit

Der Windfang ist das entscheidende Sinnesorgan des Rotwildes für die Feindvermeidung. Hat es den Menschen damit ausgemacht, flieht es, ohne zu zögern. Beim Lauschen und Äugen geschieht das nicht mit gleicher Konsequenz. Aus diesem Grund ist der Ansitzplatz in erster Linie nach dem Wind zu wählen. Achtung: Kein Hochsitz ist hoch genug, um außer Wind sitzen zu können – auch eine Höhe von elf Metern genügt nicht. Hochstände in Rotwildrevieren brauchen deshalb „nur“ drei bis fünf Meter hoch zu sein.

Das Rotwild darf vom Jäger folglich weder auf der Beobachtungsfläche noch beim An- oder Abwechseln Wind bekommen. Zudem ist eine gute Deckung erforderlich, da Rotwild ein „Bewegungsseher“ ist.

Die günstigste Zeit für den Ansitz liegt in den frühen Morgen- und den Abendstunden. In wenig beunruhigten Revieren können auch insbesondere die späten Vormittagsstunden aussichtsreich sein. Entscheidend ist, rechtzeitig zu sitzen – im Zweifelsfall ist eine Stunde früher immer richtig.

Benutzt der Jäger einen Ansitzplatz – Hochsitz, Leiter oder Schirm – zu häufig, stellt sich ein

Langsam und Leise – wer diese beiden großen „L“ nicht berücksichtigt, wird vergeblich pirschen.

In kleinen Revieren verbietet sich die Pirsch, hier muss der Jäger sitzen. Zudem hat man beim Ansitz meist genügend Zeit, um sorgfältig anzusprechen und einen sicheren Schuss abzugeben.

„Abnutzungseffekt" ein: Erfahrene Stücke umgehen diesen Platz, sie meiden ihn. Dann sitzt der Jäger oft vergebens.

Auch während eines Ansitzes gilt die eiserne Regel: Keine hastigen Bewegungen! Langsame, gleitende Bewegungen zeichnen den guten Jäger beim Aufbaumen aus. Zudem bewegt er weder seinen über die Brüstung ragenden Kopf ruckartig, noch dreht er sich hastig. Schließlich greift er immer ruhig und beherrscht zu Fernglas und Waffe.

Ansitz und Pirsch zur Brunftzeit

Zur Brunftzcit gilt die Jagd dann überwiegend den Hirschen. Sie sind rogelig geworden. Alte Hirsche – sie sind meist zuerst aktiv – werden gesehen, vielleicht sogar wieder erkannt. Gerne sind sie wieder am alten Brunftplatz. Das Angehen des Hirsches – mit oder ohne Hirschruf – ist für viele Jäger die Krone der Jagd. Es verlangt viel Erfahrung und Können, Mut und Entschlusskraft, birgt aber verstärkt die Gefahr eines Fehlabschusses in sich. Es muss halt manchmal sehr schnell gehen.

Immer wieder wird man beim Angehen feststellen, wie sehr sich der Hirsch – selbst auch der alte, erfahrene – auf das brunftige Stück sowie das Brunftgeschehen überhaupt konzentriert. Der Jäger muss folglich in erster Linie auf das Kahlwild achten, wenn er ungestörte Brunftbilder genießen will.

Die Jagd auf den Brunfthirsch ist in Deutschland meist eine Kombination aus Ansitz und Pirsch. Beide werden auch in der Verbindung mit dem Hirschruf ausgeübt. Häufig sitzt man zunächst an, um zu verhören. Sobald ein Hirsch meldet, versucht man, ihn anzupirschen, wenn ein Angehen möglich und aussichtsreich erscheint.

Am günstigsten für die Jagd auf den Brunfthirsch ist der frühe Morgen. Der Jäger gerät nicht unter den Zeitdruck, den ihm die einfallende Dämmerung abends bereitet. Die Örtlichkeit und die Gewohnheiten des Rotwildes entscheiden, ob man schon bei Dunkelheit verhört oder erst bei Büchsenlicht. Störungen des Rotwildes lassen sich bei Licht besser vermeiden.

Schreit ein Hirsch anhaltend, gilt es, möglichst rasch an ihn heranzukommen, wenn es denn irgend möglich ist. Dabei muss man – wie schon erwähnt – besonders das Kahlwild im Auge behalten.

Einem suchenden und dabei flott ziehenden Hirsch hinterherpirschen zu wollen, ist hoffnungslos. Sein Tempo ist zu hoch, der Jäger wird nicht Schritt halten können.

Falls das brunftige Stück morgens mit dem schreienden Hirsch bereits in Richtung Einstand wechselt, kann es bei guter Revierkenntnis gelingen, „sich vorzulegen": Der Jäger schneidet dem Wild den Weg ab und erwartet es an übersichtlicher Stelle. Das sind meist aufregende Minuten, denn vertraute Stücke lassen sich beim Aufsuchen der Tageseinstände oft eine Menge Zeit. Hat der Hirsch zwischenzeitlich verschwiegen, braucht der Jäger wieder Geduld und Glück.

Rufjagd

Die besten Chancen, einen Brunfthirsch zu strecken, haben die Jäger, die die Jagd mit dem Hirschruf verstehen. Es gibt verschiedene Instrumente, um den Hirschruf nachzuahmen. In der Praxis haben sich neben der Muschel das

Herakleum-Rohr bzw. PVC-Rohre mit einem Durchmesser von vier bis fünf Zentimetern durchgesetzt. Das Herakleum-Rohr ist ein 30 bis 35 Zentimeter langer Stängelabschnitt des Riesen-Bärenklau.

Es bedarf sehr feiner Beobachtungsgabe, großer Erfahrung und fleißiger Übung, um den Ruf erfolgreich handhaben zu können. Einmal muss man die Stimme eines Rothirsches in all ihren Nuancen nachahmen können. Zum anderen bedarf es der richtigen Interpretation des Röhrens: Nur wer weiß, in welcher Stimmung sich der Hirsch befindet – zum Beispiel durch einen Nebenbuhler gereizt oder auf der Suche nach einem Tier –, wird ihm richtig antworten bzw. eine bestimmte Reaktion bei ihm auslösen können. Die Handhabung des Rufes lässt sich eigentlich nicht beschreiben, sie muss im Revier – am besten mit Unterstützung eines versierten Rufjägers – erlernt werden. Auch hier macht erst Übung den Meister!

In der Praxis sind drei Varianten des Rufeinsatzes gängig.

Einmal wird gerufen, um den oder die Hirsche zum Schreien anzuregen, die man in nahen Einständen vermutet. Meldet nämlich erst einmal ein Hirsch, beginnen bald auch weitere zu schreien – auch wenn sie weiter entfernt sind.

Zum anderen ruft man, um einen suchenden Hirsch heranzulocken. Dieser wird aber nur dorthin ziehen, wo er Kahlwild erwartet. Deshalb muss der Jäger den Ruf eines beim Rudel stehenden Hirsches nachahmen.

Einen Hirsch, der beim brunftigen Stück steht, kann man nur schwer zum Zustehen bewegen. Ihn muss man angehen. Hier kommt die dritte Rufvariante zum Einsatz: Der Jäger ahmt einen sich langsam nähernden Hirsch nach, und zwar einen in der Stimme etwas geringeren als den Platzhirsch. Ist er auf Büchsenschussentfernung herangekommen, sucht er sich Deckung und vor allem gutes Sicht- sowie Schussfeld. Dann lässt der Jäger den Sprengruf ertönen, ahmt das Mahnen des Alttieres nach, schlägt auch mal mit einem Knüppel in Äste und Sträucher – so, wie es der echte Hirsch mit seinem Geweih tut. Das alles führt oft zum Erfolg und der Hirsch steht zu. Bisweilen kommt er dabei im Troll sowie mit deutlichem Imponiergehabe. Manchmal „schleicht" er jedoch heran, und der Jäger hört nur das Streichen der Stangen an den unteren Randästen. Jetzt muss die Entscheidung fallen …

Das Angehen mit dem Hirschruf setzt den wahren Könner voraus.

Drück- und Stöberjagden

Nach der Brunft werden in vielen Revieren Drück- oder auch Stöberjagden abgehalten, zwei sehr unterschiedliche Arten der Gesellschaftsjagd.

Jagd vorbei. Der Lichtschein brennender Fackeln verleiht dem Ende der Stöberjagd Feierlichkeit.

Beim Drücken geht es leise auf kleiner Fläche zu, vier bis fünf Büchsen genügen. Der Erfolg hängt weniger von den abgestellten Jägern ab – sie brauchen nur geduldig still zu stehen. Vielmehr muss derjenige sein Können unter Beweis stellen, der die Einstandsdickung durchdrückt. Es gibt Meister dieses Faches. Sie regen das Rotwild nur an und vermeiden dessen Flüchtigwerden, indem sie dem Wild scheinbar die Wahl des Fluchtweges überlassen. Sie verhalten sich also nicht wie ein Treiber, sondern vielmehr wie zum Beispiel ein Pilzsucher. Haben diese Leute genug Zeit zum Drücken, kommt das Rotwild oft langsam und vertraut. Ein Ansprechen und der Kugelschuss sind dann nicht schwer.

Ganz anders verlaufen die Stöberjagden. Auf großer Fläche, mitunter mehreren tausend Hektar, werden viele Jäger abgestellt. Die Fläche wird zwei bis drei Stunden von mehreren Hunden durchstöbert, auf Treiber wird mitunter ganz verzichtet. Das Wild kommt oft recht flott vor den Hunden, gute Kugelschützen sind notwendig: Die Sozialverbände des Rotwildes werden gesprengt, die Aktivitäten der Hunde und Jäger bewirken einen harten Eingriff. Größere Rotwildstrecken sind auf diese Weise durchaus möglich. In großen Staatsforsten, die oft in Kombination mit anliegenden Revieren, die nur kleinere Waldflächen besitzen, bejagt werden, lässt eine solche Jagd bei durchdachter Auswahl der Stände für Hundeführer und Schützen eine vollständige Abschusserfüllung für ganze Revierteile zu. Wenn eine (wegen überhöhter Bestände) gegebenenfalls notwendige reine Reduktionsphase in den Vorjahren schon durchlaufen ist, können bei Jagdbeginn regelmäßige Beschränkungen, zum Beispiel beim Alttierabschuss, vereinbart werden.

Wer Stöberjagden gut organisiert durchführt, verlängert die Ruhezeiten für das Rotwild erheblich. Licht (der Jagddruck wird, über das Jahr gesehen, vermindert) und Schatten (Rotwild-Sozialverbände werden während der Jagd gesprengt) sind also auch bei dieser Jagdart gegeben. Ein Vorteil der Stöberjagden ist zudem: Eine weitgehende Abschusserfüllung ist beim Einsatz guter Stöberhunde, mit versierten Kugelschützen und vor allem aber geeigneter

Standauswahl möglich. Dagegen ist eine bessere Verteilung des Rotwilds in seinem örtlichen Vorkommen durch diese Jagdart nicht zu erreichen. Verbreitungsschwerpunkte müssen akzeptiert werden. Dieser Einsicht bedarf es, vor allem bei Forstleuten.

Der erfahrene Jäger, welchem auf einer solchen Stöberjagd ein Rudel Kahlwild im scharfen Troll durchs Altholz kommt, handelt vielfach so:

Ohne eine Optik zur Hilfe zu nehmen, sucht er sich das schwächste Stück im Rudel aus – es ist in aller Regel ein Kalb – und konzentriert sich ganz darauf. Dann schießt er es entschlossen auf einer vorher ausgesuchten Bestandeslücke. Liegt das Kalb, bemüht er sich, auch noch das zugehörige Alttier zu erlegen. Diese doppelte Entnahme stört das Sozialgefüge im Rudel nicht und hilft, den Abschuss zu erfüllen.

Kommt das Kahlwildrudel dagegen sehr geschlossen, wird er versuchen, das letzte Stück zu strecken. Das ist meist ein Schmaltier oder ein nicht (mehr) führendes Alttier.

Auf einem Stand mehr als zwei Stück Rotwild zu erlegen, ist bei bereits reduzierten Beständen nicht erforderlich.

Bis Weihnachten sollten dann wirklich nur noch kleine „Nachlesen“ durch den Jäger erfolgen. Hier wird ein verwaistes Kalb bekannt, dort ein Bratenstück unbedingt noch gebraucht, vielleicht während eines Reviergangs auch einmal ein interessanter Abschusshirsch gesichtet. Die Freude an der „Einzeljagd auf Sparflamme“ kann der Jäger sich so erhalten.

Waffe und Kaliber

Um Waffen- und Kaliberwahl für das Rotwild wird unter Jägern kontrovers diskutiert. Hier ein paar Hinweise aus der Praxis:

Für Pirsch und Ansitz ist eine elegante Kipplaufbüchse angebracht. Sie ist meist leicht und führig. Aber schon eine Dublette fällt damit selbst dem versierten Kugelschützen schwer, weil das Nachladen dieser Waffe zu viel Zeit kostet. Gute Anstreichmöglichkeiten vorausgesetzt, leisten die Kaliber von 6,5 bis 9,3 Millimeter ihren Dienst. Das Geschossgewicht sollte allerdings wenigstens zehn Gramm betragen. Die Geschossform ist bei guten Kammerschüssen, die man unter den obigen Bedingungen verlangen kann, weniger wichtig.

Ganz anders stellt sich die Sachlage bei Nachsuchen und Stöberjagden dar. Hier sind Repetierer, für Liebhaber auch Doppelbüchsen, geeignet, denn es kann zu Situationen kommen, in denen mehrere Schüsse fallen müssen. Da es dabei öfter auch „ins Dicke“ geht, ist ein Kaliber nicht unter 7,62 mm ratsam. Ein Geschossgewicht nicht unter elf Gramm ist für diese Jagdart dringend zu empfehlen. Anstelle der früher gern verwendeten Teilmantelrundkopf-Geschosse sind in einigen Bundesländern per Gesetz, in anderen bei vielen Jagden seitens der Jagdleitung nur noch geeignete bleifreie Geschosse erlaubt.

Bittet der Jäger einen Schweißhundführer um Hilfe, muss er bei allen Angaben zum Schuss strikt bei der Wahrheit bleiben.

Damwild

Biologie und Verhalten

Für viele Jäger gilt die Jagd auf den Rothirsch als Krone des Waidwerks. Anderen geht dagegen nichts über den Damschaufler. In der Tat macht vieles das Damwild für den Jäger hochinteressant: So ist es beispielsweise tagaktiv, kaum krankheitsanfällig, liefert schmackhaftes Wildbret und bietet herrliche Brunftbilder ...

Stellung im zoologischen System

Ist der Damhirsch eine eigene Gattung oder ist er es nicht? Darüber streiten die Gelehrten noch. Zumindest ist die Art als Echthirsch näher mit dem Rotwild verwandt als mit dem Reh.

SYSTEMATISCHE STELLUNG DES ROTHIRSCHES

Stamm: Wirbeltiere
↓
Klasse: Säugetiere
↓
Ordnung: Paarhufer
↓
Unterordnung: Wiederkäuer
↓
Familie: Hirsche
↓
Unterfamilie: Echthirsche
↓
Art: Damhirsch

Historisches und Verbreitung

Vor der letzten Eiszeit war Damwild Teil der heimischen Fauna. Danach zog es sich nach Kleinasien, vor allem in die heutige Türkei, zurück. Damwild wurde bereits in frühgeschichtlicher Zeit im Mittelmeerraum eingebürgert. Es wird vermutet, dass schon die Römer Damwild als Opfertiere auch mit nach Deutschland brachten.

Im Mittelalter war es nördich der Alpen verhältnismäßig weit verbreitet. Später wurde es an den Höfen gehalten, auch in Klostergärten und fürstlichen Wildparks. Von hier gelangte es dann in die freie Wildbahn.

Europa: Das Damwild ist inselartig in Europa verbreitet. Recht große Bestände gibt es in Großbritannien, Deutschland, der ehemaligen Tschechoslowakei, Dänemark und Ungarn.

Deutschland: Bedeutende Damwildvorkommen existieren in Brandenburg, Niedersachsen, Mecklenburg-Vorpommern, in Schleswig-Holstein, Sachsen-Anhalt, Nordrhein-Westfalen und Südhessen. In der Bundesrepublik wurden 2020/2021 über 66 500 Stück Damwild erlegt. Damwild liefert schmackhaftes Wildbret und lässt sich gut in Gattern halten: So existierten im Jahr 2020 allein im Bundesland Bayern rund 2 500 landwirtschaftliche Wildgehege, in denen überwiegend Damwild gehalten wurde.

Lebensraum

Das europäische Damwild ist in freier Wildbahn zumeist auf mischwaldreiche Landschaften in den Niederungen und im Hügelland – in aller Regel nicht über 800 Meter NN – klimatisch milder Regionen beschränkt. Es meidet nach Möglichkeit reinen, großflächigen Nadelwald. Kleinere Nadelholzpartien im Dickungs- oder Stangenholzalter werden allerdings vom Damwild recht gerne als Einstände angenommen, weil sie gute Deckung bieten.

Der natürliche Lebensraum des Damwildes ist der Mischwald klimatisch milder Regionen. In rauen Gebirgslagen kommt es nicht vor.

Dort, wo Felder, Wiesen und Weiden an Wald grenzen oder von Wald umgeben sind, findet das Damwild optimale Lebensbedingungen vor.

Körpermaße und Alter

Die Schulterhöhe des Damwildes beträgt im Durchschnitt gut 70 Zentimeter. Das durchschnittliche Gewicht des Hirsches liegt bei aufgebrochen 60 bis 70 Kilogramm, das des Alttieres bei 30 bis 40 Kilogramm. Diese Gewichte variieren je nach Lebensraum und Jahreszeit allerdings erheblich.

Damwild kann zwischen 15 und 20 Jahre alt werden.

Haar

Im Sommerhaar ist die normale Wildfarbe hellrotbraun – zum Rücken hin dunkler – mit weißen Fleckenlängsreihen, heller Unterseite (bis hinab auf die Innenseite der Läufe) sowie einem schwarzen Aalstrich. Kennzeichnend ist der 16 bis 25 Zentimeter lange, oberseits schwarze und unterseits weiße Wedel.

Außerdem gibt es häufig Farbabweichungen: weiß, isabellfarbig, hellbraun, aber auch dunkelbraun und schwarz. Sie sind vermutlich das Ergebnis der jahrhundertelangen Gefangenschaft und Zucht des Damwildes.

Im Winter verfärbt die Decke dunkelgraubraun. Das Winterhaar ist deutlich länger sowie dichter, außerdem im Ton stumpfer und einheitlicher als das Sommerhaar. Die Flecken heben sich dann bloß noch schwach ab. Bisweilen sind sie, insbesondere gegen Ende des Winters, kaum mehr wahrnehmbar.

Damwild verfärbt in Deutschland Anfang Mai bis Ende Juni sowie von Ende September bis Anfang November. Das Verfärben beginnt an Haupt, Träger und Läufen.

Losung

Die Winterlosung ist in der Regel fest, die Frühjahrs- und Sommerlosung dagegen oft breiig. Die Kotperlen sind – wie beim Rotwild – ohne Näpfchen oder Zäpfchen. Die Losung des Hirsches ist größer als die des Tieres.

Fährte

Die Damwildfährte ähnelt der des Rotwildes. Verwechslungen zwischen einem stärkeren Stück Dam- sowie einem schwächeren Stück Rotwild sind möglich. Der Damwildtritt ist jedoch länger und spitzer als der des Rotwildes (eher länglich eiförmig). Ein sicheres Unterscheidungskriterium bildet die Ballenlänge. Beim Damwild macht sie etwa die Hälfte des Trittsiegels aus, beim Rotwild nur rund ein Drittel.

Die Fährte des Damtieres ist zugespitzt.

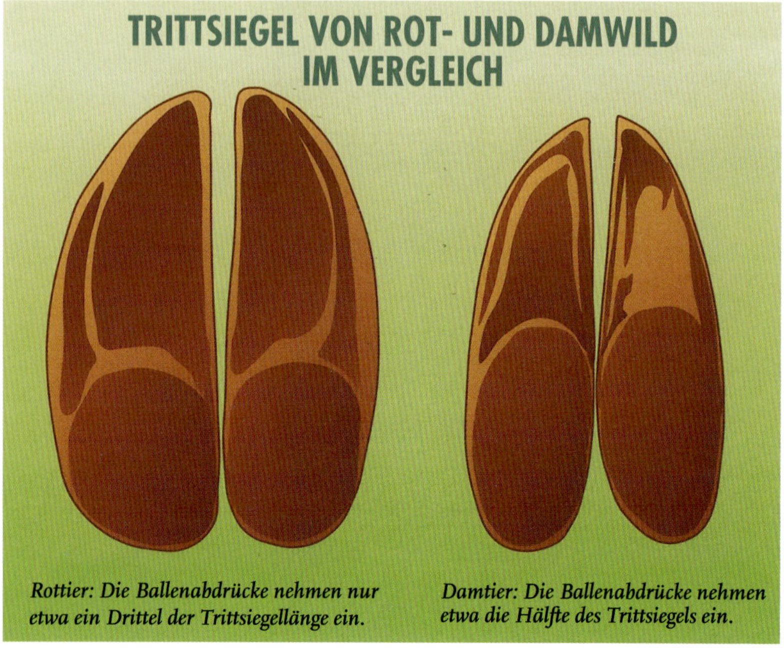

Sinne und Wedel

Damwild tritt auch am Tage zur Äsung aus (tagaktiv). Es ist sehr standorttreu, allerdings unsteter und unruhiger als das Rotwild. Wird ein Rudel Damwild beunruhigt, zieht es sich sofort dicht zusammen und äugt in Richtung Gefahr. Auf Störungen reagiert es teilweise sehr früh und flüchtet dann in seine Einstände. Diese auffällige Verhaltensweise ist in der hervorragenden Entwicklung aller Sinne begründet. Damwild übertrifft das Rotwild im Eräugen und Erkennen.

Flüchtend zeigt Damwild emporschnellende Sprünge, der Wedel ist ständig in Bewegung. Damwild suhlt niemals und schreckt bei Störungen, deren Ursache es nicht erkennen kann. Es schreckt, ähnlich wie das Rehwild, mehrmals

Die Damtiere haben aufgeworfen. Der Wedel des rechten Stückes signalisiert bereits „Feindverdacht".

hintereinander, jedoch in tieferer Tonlage. Das Schrecken klingt wie ein kurzes, explosives Bellen.

Wenn Damwild den Wedel locker herabhängen lässt und nur gelegentlich bewegt, ist es entspannt. Ruhig ziehende Tiere lassen den Wedel ebenfalls locker herabhängen oder drücken ihn leicht an den Spiegel. In Erregung wird der Wedel betont weit vom Körper abgespreizt. Bei Feindverdacht wird er – in sich leicht nach oben gekrümmt – bis in die Waagerechte gehoben. Bei Prellsprüngen oder beim Flüchten ist der Wedel steif waagerecht bis senkrecht gestellt, gelegentlich sogar auf den Rücken geklappt. – Der Wedel offenbart dem Jäger also recht gut, in welcher Stimmung sich das Damwild befindet.

Lebensweise

Das Damwild lebt rudelweise. Außerhalb der Brunftzeit stehen Kahlwild- und Hirschrudel oft räumlich weit getrennt voneinander. Es gibt Reviere, in denen die Hirsche nur vor und nach der Brunft stehen, und solche, in denen bis zur Brunft nur Tiere sowie einige Spießer zu beobachten sind. Alte Hirsche sind gelegentlich Einzelgänger. Damhirsche können Hindernisse bis zu 1,8 Metern, Damtiere bis zu 1,5 Metern Höhe überspringen.

In größeren Parkgattern wird das Damwild vertraut, in Gehegen zu Bettlern am Drahtzaun, um sich von den Besuchern füttern zu lassen.

Äsung und Tagesrhythmus

Damwild äst überwiegend Gräser, aber auch große Anteile an Raufutter. Allerdings bevorzugt es weichere Pflanzen als das Rotwild. Bei reichlicher Baummast nimmt Damwild besonders gerne Kastanien, außerdem auch Bucheckern und Eicheln. Es sucht mit Vorliebe Wildäcker und Salzlecken auf.

Damwild bevorzugt Endtriebe von Laubbäumen. Das Sichaufrichten ist typisch.

In der Feldflur kann Damwild erhebliche Schäden verursachen. Dort bevorzugt es Getreide in der Milchreife sowie Mais. Während trockener Perioden werden gerne Rüben herausgeschlagen, um so den Wasserbedarf zu decken. Im Winter ziehen Rapsflächen die Damwildrudel an.

Nahrungsaufnahme, Wiederkäuen und Ruhen folgen über Tag oft sehr dicht aufeinander, ohne dass sich im Unterschied zum Rotwild ein festes Schema erkennen lässt.

Mehr und mehr setzt sich zurzeit die Auffassung durch, dass eine Winterfütterung von Damwild bei unserem milden atlantischen Klima nicht notwendig ist.

Schäden und Schadensabwehr

Verbissen werden vom Damwild insbesondere Laub- und Nadelholzverjüngungen, die zwischen oder in der Nähe von Einstandsgebieten liegen. Laubholzkulturen – besonders junge Eichen oder Eschen – müssen bei hoher Wilddichte gegattert werden. Nur die Roterle kommt dann ohne Zaun hoch. Junge Alleebäume sind einzeln zu schützen. Im Winter können beschnittene Knickhölzer dem Damwild zusätzliche Äsung bieten.

Im Sommer schält Damwild bisweilen zwischen den Wurzelanläufen von Eschen oder Rotbuchen. Während der Hauptsaftzeit reißt es gerne Rindenfetzen von Hainbuchen sowie Linden herunter. Im Winter schält es von Laubhölzern bevorzugt die Esche, kaum dagegen den Bergahorn und Nadelholz. Die Sommerschäle ist ein eindeutiger Hinweis auf einen zu hohen Wildbestand.

In Damwildrevieren können Schäden dadurch entstehen, dass junge Pflanzen in Heistergröße umgeknickt werden. Fege- und Schlagschäden fallen in der Regel kaum ins Gewicht.

Brunft

Die Brunft des Damwildes beginnt in Deutschland Mitte Oktober und reicht bis in den Monat November, ihr Höhepunkt fällt in die Zeit vom 25. bis zum 30. Oktober. Sie spielt sich während des ganzen Tages ab. In der Regel finden sich die Damhirsche schon Anfang bis Mitte Oktober in unmittelbarer Nähe der angestammten Brunftplätze ein, bei sehr großen Beständen mehrere starke Schaufler an einem Ort. Bis zum Brunftbeginn sind sie recht heimlich. Brunftplätze und Einstandsgebiete sind häufig weit – unter Umständen mehrere Kilometer – voneinander entfernt.

Die Brunftplätze liegen überwiegend im Wald – vornehmlich in Mast tragenden Althölzern mit reichlich Deckung spendendem Unterwuchs oder in gemischten Jungbeständen –, nur selten im freien Gelände. Dort, wo keine größeren Waldflächen vorhanden sind, weicht Damwild auf Feldgehölze etc. aus. Sobald die Brunft einsetzt, hält sich der Platzhirsch zu jeder Tageszeit bei seinem Brunftplatz auf. Fallweise und vor allem in Brunftrevieren mit hohen Feldanteilen ziehen Hirsche aber auch mit dem Kahlwildrudel, schreien nachts an wechselnden Orten und folgen dem Kahlwild tagsüber in die Deckung.

Der Brunftplatz wird frühzeitig durch Plätzen markiert und dessen Brunftgruben frisch hergerichtet. Die Brunftkuhlen kennzeichnet der Hirsch durch Hineinnässen. Sie liegen häufig in respektvoller Entfernung und doch in Sichtkontakt zu Rivalen.

Das Schlagen von sogenannten Brunftkuhlen, die sich hinsichtlich ihrer Anlage und insbesondere der Tiefe stark voneinander unterscheiden, ist für den alten Damhirsch typisch. In diesen frei geschlagenen Bodenvertiefungen tut er sich immer wieder nieder. Um ihn steht das Kahlwild. Die Brunftkuhlen und -plätze werden vom Damhirsch akustisch, durch Imponieren und Drohen sowie durch Verjagen und Kampf mit dem Geweih verteidigt. Anders als beim Rotwild sucht der Damhirsch nicht das brunftige Kahlwild, sondern die Tiere kommen zu den Hirschen auf die Brunftplätze.

Während der Brunft sind Rangeleien zwischen Damhirschen nicht selten. Die Kontrahenten schreiten im Stechschritt parallel zueinander her. Bisweilen genügt dieses Imponieren, um einen der beiden dazu zu bewegen, sich in sein Areal zu verziehen. Andernfalls kann es zu erbitterten Kämpfen kommen, die mehrere hundert Meter weit zu hören sind. Ein feister Schaufler kann während der Brunft bis zu 20 Kilogramm an Gewicht verlieren. Gegen Ende der Brunft werden insbesondere alte, abgekämpfte Schaufler oft Opfer jüngerer Hirsche.

Während der Brunft zieht das Kahlwild umher, um – in strenger Familienordnung – zu den verschiedenen Hauptbrunftplätzen zu wechseln. Es sucht sich den Damhirsch seiner Wahl aus. Brunftige Alt- oder Schmaltiere treibt der Platzhirsch in seinem Areal recht ruhig, bis er den Beschlag richtig ausführen kann.

Bei etwa gleichstarken Rivalen rückt der „Parallelmarsch" allein selten die Verhältnisse zurecht.

In diesem Fall folgt ein erbitterter Schiebekampf mit den Geweihen.

Der Höhepunkt der Brunft liegt im Oktober. Nachbrunften sind bis zum März möglich.

Der Brunftschrei des Damhirsches ist ein dumpfes Grunzen. Er klingt wie ein Rülpsen beziehungsweise rasselndes Schnarchen. Damhirsche schreien während der Brunft Tag und Nacht, am stärksten jedoch morgens und abends.

Tragzeit und Nachkommen

Damtiere tragen 33 Wochen. Sie setzen normalerweise Ende Juni oder Anfang Juli jeweils ein Kalb. Zwillingskälber sind selten. Die Kälber können schon bald der Mutter folgen (*Laufjunge*). Sie bleiben jedoch zirka drei Wochen in schützenden Verjüngungen oder Dickungen, wo sie vom Alttier abgelegt werden. Später suchen Alttier und Kalb dann Anschluss an das Rudel. Damwildkälber werden dreieinhalb bis vier Monate gesäugt. Bis zum folgenden Frühjahr besteht eine enge Bindung zwischen Tier und Kalb. Annähernd ausgewachsen ist Damwild im Alter von zwei Jahren.

Wildverluste

Beträchtliche Verluste erleidet das Damwild durch den Straßenverkehr. Insbesondere während der Brunft kommt es zu Zusammenstößen mit Fahrzeugen, im Unterschied zu anderen Wildarten vielfach am helllichten Tag. Eine weitere Gefahrenquelle bildet Draht.

Geweih und Schaufeln

Das Geweih des Damhirsches ist ein knochiger Auswuchs der Rosenstöcke, die auf dem Stirnbein des Hirsches sitzen. In der Regel entwickelt es sich wie folgt:

Spießer, Löffler, Knieper

In den Wintermonaten des ersten Lebensjahres entstehen beim Damhirschkalb die *Rosenstöcke*. Sie sind etwa bis Mitte Februar des Folgejahres ausgebildet. Hierauf wachsen – in der Regel ab Anfang März – die durchweg rosenlosen *Spieße*. Die Spieße kennzeichnen sich durch eine *keu-*

Ein gut entwickeltes Kalb, das in damwildtypischer Stellung säugt.

Kurz nach dem Fegen sieht das Geweih erst hellhornig und oft schweißig aus. Der Schweiß verschwindet bald.

Die gestrichelte rote Linie zeigt die Lage der breitesten Stelle der Schaufel. Diese Stelle ist ein Altersmerkmal.

Die rechte Schaufel ist mittellang und hat ihre optimale Breite in der unteren Hälfte (9-jährig).

Das Geweih ist 11-jährig (9 + 13 : 2 = 11-jährig).

Die linke Schaufel ist lang und läuft keilförmig aus. Sie befindet sich in der Rückbildung (13-jährig).

Das Alter des Damhirsches kann nach seinem Geweih ermittelt werden. Zum Höhepunkt der Geweihentwicklung verschiebt sich die breiteste Stelle der Schaufel nach oben. Ab dem 9. Jahr befindet sich die größte Breite in der unteren Schaufelhälfte, im 10. etwa auf halber Höhe, ab dem 11. Jahr in der oberen Hälfte, danach im obersten Schaufeldrittel.

184,5 Punkte brachte dieser 11-jährige Schaufler. Zwischen den beiden Schaufeln besteht ein Entwicklungsunterschied von vier Jahren. Die linke Schaufel entspricht der Erwartung eines 13-jährigen, die rechte der eines 9-jährigen Hirsches. Gemittelt ergibt sich das wirkliche Alter.

lenartige Verdickung oberhalb der Rosenstöcke, die sogenannten Zwiebeln.

Die Ausmaße der Verdickung hängen von der Stärke der Rosenstöcke ab, und diese stehen meist in Relation zum Wildbretgewicht.

Das Erstlingsgeweih wird Ende Juli bis Mitte August gefegt. Etwa Mitte Mai des darauffolgenden Jahres werden die Spieße abgeworfen. Danach schiebt der Damhirsch erstmalig ein Geweih mit Rosen, Aug- und Mittelsprossen sowie bei guter Veranlagung eine geringe Schaufel. Die Schaufel wird mit zunehmendem Alter meist länger und breiter und nimmt an Masse zu. Gut veranlagte zwei- oder dreijährige Damhirsche schieben oft bizarre Geweihformen: So bilden o- und v-förmige sowie andere Einkerbungen in der Schaufel die Regel.

Angehende Schaufler

Vom fünften bis zum siebten Lebensjahr (vierter bis sechster Kopf) ist die Schaufel noch kurz, sie nimmt von Jahr zu Jahr an Breite zu. Das Gewicht der Einzelstange erhöht sich deutlich. Der gut veranlagte Damhirsch sollte mit dem fünften Lebensjahr beidseitig je eine volle Schaufel ausgebildet haben.

Halbschaufler

Vom achten bis zum zehnten Lebensjahr sind die Schaufeln schon beachtlich lang. Sie machen etwas mehr als die Hälfte der Stangenlänge aus. Die Einzelstangen nehmen weiter an Gewicht zu. Die Auslage ist korb-, v- oder u-förmig. Dom und Schaufelenden sind beiderseits kräftig entwickelt.

Vollschaufler

Beim zehn- bis zwölfjährigen Hirsch nehmen Stangen und Schaufeln erheblich an Wucht und Masse zu. Die breiteste Stelle der lang angelegten Schaufel hat sich mit dem zwölften Lebensjahr (elfter Kopf) in die obere Schaufelhälfte verlagert. Das erweckt den Eindruck, die Schaufel wüchse nach vorne. Die größte Schaufelbreite des zwölfjährigen Damhirsches befindet sich schließlich im oberen Drittel.

Zwischen elftem und 13. Lebensjahr (zehntem und zwölftem Kopf) erreichen Stangenlänge, -stärke sowie Schaufelbreite ihre optimalen Ausmaße. Die Stangenlänge beläuft sich dann auf 65 bis 75 Zentimeter; allein zwischen 35 und 45 Zentimeter davon – mehr als die Hälfte – entfallen auf die Schaufeln. Sie sind etwa 15 bis 20 Zentimeter breit. Die Rosenstöcke haben einen Durchmesser von über 40 Millimeter. Das Geweihgewicht liegt in Deutschland zwischen zweieinhalb und drei Kilogramm. Bei Spitzenhirschen beträgt es um vier Kilogramm.

Der Verlust der Mittelsprosse in Verbindung mit einer Wolfssprosse ist in aller Regel Kennzeichen für den zurücksetzenden Hirsch. Damschaufler werden etwa im Alter von 14 oder 15 Jahren unter Rückbildung der Schaufeln zu Stangenhirschen mit kurzen Augsprossen.

Abwerfen

In der Regel werfen Damhirsche zwischen dem 5. April sowie dem 10. Mai ihr Geweih ab. Im Unterschied zum Rotwild geschieht dieses bei jungen und alten Damhirschen nahezu gleichzeitig.

Damwildhege

Für Hege und Abschuss des Damwildes muss der Zustand der Vegetation als Weiser genommen werden. Der Jäger, der seinen Bestand ermitteln will, wird vor Ort ein zusätzliches Verfahren wählen. Er wird das Damwild – am besten in den Monaten März und April – zu zählen versuchen. Dieser Zeitraum ist günstig, weil Hirsch- und Kahlwildrudel dann am stärksten sowie häufig ganztägig in der Feldmark anzutreffen sind. Wer sich bei Wildzählungen auf die Haupteinstandsgebiete konzentriert, ver-

Beim ausgewachsenen Damhirsch sind die Schaufeln etwa 15 bis 20 cm breit und ca. 35 bis 45 cm lang.

meidet Doppelzählungen eher. Eine gewisse Dunkelziffer ist grundsätzlich aber zu unterstellen. Sie wächst mit der Größe der zusammenhängenden Waldflächen.
Ein Geschlechterverhältnis von 1 : 1 bildet nach Auffassung von Experten das Ziel der Damwildhege. In der Praxis ist allerdings meist ein Überhang an Kahlwild zu beobachten.

Ansprechen im Revier

Folgende Tipps zum Ansprechen von *Damhirschen* und *Kahlwild* stammen von Praktikern und erleichtern den Wahlabschuss:

Kälber

Damkälber können von den Alt- bzw. Schmaltieren aufgrund ihrer geringeren Größe unterschieden werden. *Wild-* und *Hirschkälber* richtig anzusprechen, ist erst im November problemlos möglich. Denn nun lässt sich beim normal entwickelten Hirschkalb der *Pinsel* bereits gut ausmachen.

Schmal- und Alttiere

Damschmaltiere ziehen in den Damwildrudeln meist hinter den Kälbern. In diesem Verbund kann man sie leicht ansprechen.
Führende *Alttiere* sind – spitz von hinten – an ihrem vergrößerten Gesäuge (*Spinne*) im Sommer gut zu erkennen.

Hirsche

Damhirsche kann man aufgrund ihres Körperbaues ansprechen: Sie unterliegen während der Jagdzeit jedoch großen Gewichtsschwankungen. Allerdings ist bei wirklich alten, reifen Hirschen das *Gewicht* deutlich *nach vorne verlagert*, der *Träger* wirkt *stark* sowie *kurz*, der *Kopf breit* und *bullig*. Wegen des massigen Wildkörpers scheinen die Läufe recht kurz zu sein.
Einen jagdbaren Damschaufler allein nach dem Geweih anzusprechen (siehe auch Seite 43 f.), ist mit etwas Übung möglich. Bevor man sich zu einem Abschuss entschließt, ist der Hirsch wiederholt zu beobachten. Die Lichtverhältnisse spielen im Übrigen beim Ansprechen der Schaufeln eine große Rolle: Eine Schaufel wirkt nämlich auf freier Fläche ganz anders als in einem Altholzbestand.
Berücksichtigt man dieses, ist die *Altersschätzung* bei älteren Damhirschen *anhand des Geweihes* gut machbar. Es hilft dem Damwildjäger die von Ernst-Iver Hansen erstmalig beschriebene Regel, dass sich die breiteste Stelle der Schaufel zum Höhepunkt der Geweihentwicklung immer weiter nach oben verschiebt.

Ein so feister Schaufler kann während der Brunft bis zu 20 Kilogramm an Gewicht verlieren.

Beim Ansprechen nach dieser Methode ist allerdings Folgendes zu bedenken: Auf gleich starken Rosenstöcken haben beide Stangen denselben Entwicklungsstand. Bei ungleichen Rosenstöcken verläuft die Entwicklung unterschiedlich. *Die Schaufel auf dem stärkeren Rosenstock hat durchweg einen Entwicklungsvorsprung.* Dieses Phänomen muss als Regel betrachtet werden. Sonst kommt es zu Fehlansprachen.

Bei der Altersansprache von Damhirschen mit ungleichen Schaufeln muss die Entwicklung jeder Schaufel einzeln sowie von allen Seiten sorgfältig überprüft werden. Aus dem Mittel beider Ergebnisse kann dann das Alter abgeleitet werden. Der Entwicklungsunterschied zwischen den beiden Schaufeln kann bis zu vier Jahre betragen. Werden Schaufler der mittleren Altersklasse und unterschiedlicher Stangenbildung scharf bejagt, beträgt der Unterschied gewöhnlich nur zwei Altersklassen.

In der Regel erreichen die Schaufeln eines Damhirsches ab dem elften Lebensjahr (zehnten Kopf) ihre optimalen Ausmaße. Die größte Breite befindet sich beim neunjährigen Hirsch in der unteren Schaufelhälfte, ab dem zehnjährigen dann auf halber Höhe. Beim elfjährigen Hirsch hat die Schaufel weiter an Masse zugenommen und auch die Stangenstärke. Die Trophäe eines alten und starken Damhirsches zeichnet sich dadurch aus, dass man die Stangen mit einer Hand gerade umfassen kann. Die größte Schaufelbreite liegt in der oberen Hälfte.

Beim zwölfjährigen Hirsch (im zwölften Kopf oder 13. Lebensjahr) hat sich die größte Schaufelbreite weiter nach oben verlagert und tritt deutlich im oberen Drittel in Erscheinung. Die Schaufeln wirken deshalb kopflastig. Schaufler dieser Altersklasse haben in der Regel den Höhepunkt ihrer Geweihentwicklung erreicht. Bisweilen kommt es allerdings vor, dass dieser Entwicklungsstand im 14. Lebensjahr (13. Kopf) noch gehalten wird oder Stangen und Schaufeln sogar noch an Masse wie an Wucht zunehmen. Zwischen dem elften und 13. Lebensjahr ist die Auslage des Geweihs gewöhnlich u-förmig und bei starker Neigung nach innen in der oberen Hälfte herzförmig.

Altersermittlung am erlegten Stück

Die Altersermittlung anhand des Abnutzungsgrades der Zähne im Unterkiefer ist beim Damwild ebenso genau wie bei den anderen Schalenwildarten. Daneben sind auch bei diesem Wild das Zementzonenverfahren und die Nomogramme nach Stubbe und Lockow anwendbar. Beim Damhirsch werden die gleichen Messwerte wie beim Rothirsch erhoben (S. 29), für weibliches Damwild existieren außerdem Nomogramme, basierend auf der Höhe des 1. Molaren sowie der Unterkiefer- oder auch Zahnreihenlänge.

Gebissentwicklung

Sicher ist die Altersbestimmung des Damwildes bloß bis zum 26. Monat möglich, dann ist das Dauergebiss vollständig. Mit knapp einem halben Jahr bricht beim Damwild der erste Molar des Dauergebisses durch, mit gut einem Jahr sind der zweite Schneidezahn und der zweite Molar des Dauergebisses vorhanden. Mit zirka 16 Monaten sind schließlich die Eckzähne sowie der dritte Schneidezahn ausgetauscht. Mit ungefähr zwei Jahren wechseln zuletzt die Prämolaren. Denn der dritte Molar ist dann bereits vorhanden.

Zahnabnutzung

Nach Abschluss des Zahnwechsels ist bei mehrjährigen Stücken nur eine Altersschätzung möglich. Hier können zwei grobe Werte helfen, die dem Praktiker einen Anhalt geben:

- Im Alter von vier Jahren ist das Zungenrand-Dentin des dritten Molars schmalrhombisch.
- Bei acht- bis neunjährigen Hirschen ist das Zungenrand-Dentin dagegen oval.

Bejagung

Von den Bundesjagdzeiten für das Damwild weichen die meisten Länder geringfügig ab. Sie haben vor allem das Jagdzeitende auf 31. Januar vorverlegt. So wurde fachlich klug ein Teil der Notzeit von der Jagdzeit getrennt.

Kälberabschuss

Zunächst sind selbstverständlich kranke oder verletzte Tiere beziehungsweise Kälber zu schießen. Außerdem werden von Praktikern *weiße Stücke*, alles *Kahlwild mit geringen Wildbretgewichten* und *überalterte* Tiere grundsätzlich gestreckt – Letztere schon deshalb, weil sie häufig nachbrunftig werden und dann sehr schwache Kälber setzen.

Geringe Kälber werden ohne Rücksicht auf ihr Geschlecht geschossen. Bei sehr schwachen Kälbern erlegt der versierte Schütze zudem das Alttier, und zwar in der Reihenfolge Kalb, Tier. Am zweckmäßigsten erfolgt die Auslese schwacher Kälber – aber auch die der Tiere – aus dem Rudel, weil hier die besten Vergleichsmöglichkeiten für den Jäger bestehen.

In der Entwicklung zurückgebliebene Kälber lassen sich in der Regel gut ansprechen: Sie haben nämlich den Haarwechsel in den ersten Dezembertagen noch nicht ganz beendet und sind deshalb an den zottigen Haaren („Hungerhaaren") in den teilweise noch hell gefleckten Partien der Winterdecke an den Flanken auszumachen. Es handelt sich zumeist um spät gesetzte Kälber überalterter Tiere oder aber um die ersten Kälber von schwachen, jungen Alttieren. Kälber mit einem Gewicht unter zwölf Kilogramm sind grundsätzlich zu strecken, solche mit einem von über 25 Kilogramm prinzipiell zu schonen.

Abschuss des übrigen Kahlwildes

In gepflegten Revieren werden gut veranlagte *Schmaltiere* generell geschont, andernfalls überaltern die Damwildbestände leicht. Man schießt bloß diejenigen Schmaltiere, die im Vergleich zu gut entwickelten Hirschkälbern abfallen.

Der Grundsatz der Kahlwildbejagung lautet: *Der Wahlabschuss beginnt von unten.*

Hirschabschuss

Entscheidendes Kriterium bei der Bejagung von Damspießern ist die Rosenstockstärke. Sie lässt sich anhand der Ausmaße der keulenartigen Verdickung oberhalb der Rosenstöcke („Zwiebeln") leicht einschätzen. Bei Spießern mit geringen Wildbretgewichten fehlt diese Verdickung zumeist oder sie ist bloß andeutungsweise vorhanden. Man tut gut daran, diese in der Entwicklung zurückgebliebenen Spießer vorrangig zu erlegen: Sie holen – bei gleich bleibenden Äsungsverhältnissen – den Entwicklungsrückstand nicht mehr auf.

JAGDZEITEN DES DAMWILDES NACH DER BUNDESJAGDZEITENVERORDNUNG

Kälber	*1. September bis 28. Februar*
Schmalspießer	*1. Juli bis 28. Februar*
Schmaltiere	*1. Juli bis 31. Januar*
Hirsche und Alttiere	*1. September bis 31. Januar*

Schwache Kälber und Schmaltiere sowie spät setzende Alttlere sind bevorzugt zu erlegen.

Basis erfolgreicher Hege ist die *intensive Bejagung der zweijahrigen Damhirsche.* Denn in diesem Alter fallen die Ausmaße der Stangen stark unterschiedlich aus, wiederum in Abhängigkeit von der Stärke der Rosenstöcke.
Zukunfts- und Abschusshirsche lassen sich anhand ihrer Geweihentwicklung leicht voneinander unterscheiden. Gut veranlagte Hirsche zeigen bereits eine geringe Schaufel auf noch dünnen Stangen. Hirsche mit dünnen Rosenstöcken bringen es dagegen nur zu einem Stangengeweih. Wer starke Schaufler heranhegen will, wird die zweijährigen Hirsche erlegen, deren dünne Stangen oben in einem Spieß oder einer Gabel auslaufen.

Der Lohn langjähriger Hegebemühungen. Welcher Jäger hätte nicht gern einen dieser altersreifen Schaufler erlegt?

Selbstverständlich richten sich die Grenzen zwischen Zukunfts- und Abschusshirschen nach dem jeweiligen Entwicklungsstand eines Vorkommens. In dieser Altersklasse (zweiter Kopf) sind ungleich entwickelte Stangen überhaupt kein Abschussgrund.
Ab drei Jahren gelten Hirsche mit einseitiger Schaufelbildung als abschussnotwendig. O- (*Krebsschere*) und v-förmige (*Schlitzschaufel*) Einkerbungen bilden dagegen keinen Grund, sie zu erlegen.
Der vierjährige Damhirsch muss eine geschlossene, kurze Schaufel aufweisen. O- und v-förmige Einkerbungen erfordern keinen Abschuss, weil sie sich erfahrungsgemäß im Alter noch schließen können.
Zu den Abschusshirschen gehören unter den drei- bis neunjährigen Hirschen vorrangig Schaufler mit einseitiger Stangenbildung oder aber völlig zerrissenen Schaufeln, die keine o- oder v-förmigen Einkerbungen erkennen lassen. Hoch angesetzte geringe Schaufeln sowie fehlende Aug- und Mittelsprossen sind unerwünscht. Fehlende Dome oder gegabelte Augsprossen sind kein Abschussgrund.
Abgebrochene Stangen stellen kein Abschusskriterium dar; sie kommen bei Damhirschen häufiger als bei Rothirschen vor.

Ansitz und Pirsch

Damwild wird üblicherweise vom Hochstand aus erlegt. Der *Ansitz* auf den heimlichen Feistschaufler ist sehr reizvoll. Noch vor dem ersten Weltkrieg war es in Schleswig-Holstein im Übrigen gang und gäbe, Feisthirsche zu bejagen. Die Jagd auf den Brunftschaufler war verpönt.
Während der Brunft lässt sich Damwild gut vom *Hochstand* oder *Schirm* aus bejagen. Danach ist das Ansitzen auf Hirsche oder Tiere an Waldrändern, in Knicks, an Waldwiesen oder in Laubholzbeständen – besonders in Mastjahren – erfolgversprechend. Dann nämlich zieht Damwild oft schon am zeitigen Nachmittag zur Äsung.
Nach einem Schuss wird man keinesfalls eilig abbaumen, um zu vermeiden, dass das Damwild Mensch und Hochsitz mit dem Schuss in Verbindung bringt. Damwild reagiert auf das Verhalten des getroffenen Stückes, weniger auf den Büchsenknall. Oft sammelt sich das Rudel – nach kurzer Flucht – wieder beim verendeten Stück. Nach einer Weile zieht es dann ruhig, jedoch sehr aufmerksam ab. Es ist ratsam, erst dann abzubaumen, wenn das Rudel außer Sichtweite ist.
Pirschen auf Damwild ist äußerst anspruchsvoll, weil das Wild hervorragend äugt und den Jäger kaum auf Schussentfernung herankommen lässt. Rotwild geht im Unterschied zum Damwild bei Störungen flüchtig ab und trollt eine größere Strecke fort. Damwild hingegen zieht

vielfach nur eine kürzere Strecke weiter, um erneut flüchtig zu werden, wenn ihm der Jäger unvorsichtig nachpirscht.
Einzelne Stücke oder schwächere Rudel lassen sich im Allgemeinen viel einfacher anpirschen als stärkere Rudel. Bei bedecktem Himmel ist die Stehpirsch auf Damwild deutlich erfolgversprechender als bei grellem Sonnenschein. Wie immer bei der Pirsch gilt auch beim Damwild der Grundsatz vom „Pirschen*stehen*".

Die Jagd auf den Brunftschaufler

Anders als beim Rotwild kann man den Damhirsch nicht reizen, das heißt, ihn mit dem Ruf heranlocken.
Wer einen schreienden Schaufler angehen will, wird sich sehr geschickt und gewandt heranmachen. Denn er wird nicht nur auf guten Wind, sondern zudem auf sehr gute Deckung achten. Der beste Zeitpunkt für das Anpirschen reifer Schaufler sind die frühen Morgenstunden. Beim ersten Büchsenlicht trifft man sie häufig plätzend im Umfeld ihres Brunftplatzes an.
Der Ansitz ist erfolgversprechend, wenn er an einem guten Wechsel zwischen zwei Brunftplätzen liegt. Hier kann man insbesondere den Wahlabschuss bei den schlecht veranlagten jüngeren Hirschen durchführen, was in der jagdlichen Praxis jedoch höchst selten geschieht.
Der auf seinem Brunftplatz bestätigte Ernteschaufler wird vom Beobachtungsschirm, dem Hochsitz oder einer Leiter aus gestreckt. Hierfür ist die Zeit zwischen 11 und 14 Uhr sehr geeignet, weil die Lichtverhältnisse ein sicheres Ansprechen auch in Jungholzbeständen ermöglichen, wenn dort der Brunftbetrieb stattfindet.
Am Brunftplatz wird in Spitzenrevieren grundsätzlich nicht aufgebrochen, um nichts zu verstänkern. Um möglichst wenig zu beunruhigen, wird hier nur der reife Hirsch – andere nicht – gestreckt.

Drück- und Ansitzdrückjagd

Bei der Drück- oder Ansitzdrückjagd auf Damwild gilt es, einige Besonderheiten zu beachten: Damwild ist im Vergleich zu Rot- oder Schwarzwild wesentlich schlechter „kalkulierbar". So beeinflusst die Windrichtung das Wechsel- und Fluchtverhalten des Damwildes kaum. Außerdem hält Damwild selbst bei starker Beunruhigung zäh im Rudelverband zusammen.
Ist Gefahr im Verzug, schieben sich die Stücke bei jedem Verhoffen eng zusammen. Ein risikofreier Schuss auf ein einzelnes Stück ohne Gefährdung weiterer Stücke ist dann kaum möglich. Außerdem springt Damwild hochflüchtig gazellenhaft sowie in ausgeprägten Bocksprüngen, was den Kugelschuss erschwert.

Damwild lässt sich gut von Leitern oder Hochständen aus erlegen, wenn man mit seinen Wechseln und Äsungsplätzen vertraut ist.

Bei der Jagd auf den Schaufler ist der Ansitz am Brunftplatz am aussichtsreichsten.

Damwild hält sich bevorzugt an der dem Wind abgewandten Seite seiner Deckung auf. Hier gehen die Treiber dann auch an. Bei geeignetem Wetter wird Damwild schon bei geringem Druck locker und zieht, immer wieder verhoffend, umher. Bei nicht zu starkem Druck wird es durchweg versuchen, die nächste Deckung – meist innerhalb des ihm vertrauten Einstandgebietes – auf kürzestem Weg zu erreichen.
Bei der Auswahl der Stände ist dem arttypischen Verhalten des Damwildes Rechnung zu tragen. So werden Schützen nur, wenn es nicht anders machbar ist, hart an den Dickungsrändern postiert. Sie dürfen dann allerdings nur nach einer Seite schießen. Bewährt hat es sich, Standplatzschirme möglichst weit an sicher eingehaltenen Wechseln zu errichten. Vorteilhaft ist zudem, wenn die gesamte Fläche (Anhaltswert: zwischen 100 und 400 Hektar) in ein, zwei oder höchstens drei Scherentreiben bejagt werden kann.
Die Schützen bleiben während der ganzen Jagd möglichst auf ihren Ständen. Die Treiber rühren das Damwild an. Nach den Treiben bleiben die Schützen noch ungefähr eine halbe bis eine Stunde sitzen, ohne dass weiter beunruhigt wird. In dieser Phase haben sie häufig beste Chancen, erneut zu Schuss zu kommen.

Bei Hartschnee lohnt es nicht, eine Jagd durchzuführen, weil das Wild dann kaum bereit ist, zu ziehen. Sehr geeignet ist dagegen offenes Wetter auf weichem Schnee: Hier ist das Anstellen ohne betonte Vorsicht problemlos machbar. Waidmannsheil haben vor allem die Schützen, die sich auf ihren Ständen so wenig wie möglich bewegen, denn Damwild orientiert sich als Bewegungsseher in erster Linie visuell.

Waffen und Munition

Grundsätzlich gilt hier Entsprechendes wie beim Rotwild (siehe Seite 35). Allerdings ist Damwild hart im Schuss, was bei der Wahl von Kaliber und Geschoss zu berücksichtigen ist. Im Folgenden werden– trotz heftiger Diskussion in Fachkreisen – einige Empfehlungen aus der Jagdpraxis gegeben.
Bei einem Kaliber ab 7 × 57 wird ein guter Schütze kaum Probleme bekommen. Das Geschossgewicht sollte nicht nur bei Drückjagden oder Nachsuchen mindestens 10,5 Gramm betragen. Wichtiger als Kaliber und Form des Geschosses ist aber ein sauberer Kammerschuss. Treffen ist immer noch das beste Geschoss!
Für die Jagd im Wald empfiehlt sich eine Einschussentfernung von 100 Metern, in der Feldmark ist eine von 150 Metern anzuraten.

Bei Drück- oder Ansitzdrückjagden genügen wenige revierkundige Treiber, die durch die Einstände gehen, um das Damwild behutsam zu beunruhigen.

Sikawild

Biologie und Verhalten

Sikawild ist mit dem Rotwild eng verwandt, stellt jedoch eine eigene Art dar.

Stellung im zoologischen System

SYSTEMATISCHE STELLUNG DES SIKAHIRSCHES

Stamm: Wirbeltiere
↓
Klasse: Säugetiere
↓
Ordnung: Paarhufer
↓
Unterordnung: Wiederkäuer
↓
Familie: Hirsche
↓
Unterfamilie: Echthirsche
↓
Art: Sikahirsch

Aufgrund dieser engen Verwandtschaft sind unter bestimmten Voraussetzungen Kreuzungen zwischen Rot- und Sikawild möglich. Bei artgerechter Sozialstruktur in freier Wildbahn verhindern die unterschiedlichen Verhaltensmuster allerdings oft eine Verbastardierung, insbesondere des Japan-Sikas, mit Rotwild.

Verbreitung und Rassen

Das natürliche Verbreitungsgebiet des Sikawildes umfasste ursprünglich die östlichen Küstenregionen Asiens zwischen Südvietnam und Amur sowie die diesem Kontinent vorgelagerten Inseln Japan und Taiwan. Innerhalb dieses Gebietes werden mehrere Unterarten (Rassen) unterschieden, deren Körper- und Geweihgrößen von Nord nach Süd abnehmen.
In Europa ist das Sikawild auf wenige kleine Kolonien verteilt. Das größte deutsche Vorkommen existiert im Arnsberger Wald (Sauerland, Nordrhein-Westfalen), weitere Vorkommen gibt es in Schleswig-Holstein, im Weserbergland (Niedersachsen) und im Klettgau (Baden-Württemberg). 2020/2021 wurden in Deutschland

Die hellen Haarbürsten an den Hinterläufen sind für das Sikawild charakteristisch.

2453 Stück erlegt. Wer diese reizvolle Wildart kennenlernen möchte, hat in Irland, England, Schottland, Frankreich, Tschechien und Polen Möglichkeit, auf Japan-Sika, und in den zur ehemaligen Sowjetunion gehörenden Ländern die Chance, auf Dybowski-Hirsche zu jagen.

Anfänglich unterschied man in der Wissenschaft über 70, gegenwärtig kennt man nur mehr zehn Unterarten. Hiervon sind inzwischen vier ausgerottet oder vermutlich ausgestorben. Der Praktiker differenzierte schon damals zwischen dem größeren Dybowski-Wild, das am Ussuri und auf Hokkaido lebt, und dem kleineren Japan-Sika.

Einbürgerungen

Sikawild kam Mitte des vorigen Jahrhunderts nach Europa: In Irland und England suchte man zum Beispiel nach attraktivem Parkwild oder einer weiteren Wildart für die Parforcejagd, in Deutschland einen Hirsch zur Aufstockung der in Folge der Revolution von 1848 ausgeschossenen Wildbahnen. Einige Bestände gehen schließlich auf Geschenke (zum Beispiel des Japanischen Kaisers an Frankreich und Österreich und Hagenbecks an den Deutschen Kaiser) zurück.

In Westeuropa – ohne ehemalige GUS – wurden fast nur Japan-Sikas angesiedelt, in der damaligen Sowjetunion ausschließlich Dybowski-Hirsche aus Fernost – meist aus Hirschfarmen, teilweise mit Einkreuzung von Rotwild. Der Erstbesatz fast aller Sikakolonien stammte vom Tierhandel, aus Wildparks oder aus Zoos.

In Deutschland gab es ursprünglich nur zwei Vorkommen mit Dybowski-Hirschen, nämlich in Mecklenburg (Blücherhof) und im Weserbergland. Ersteres erlosch nach dem letzten Weltkrieg.

In allen anderen deutschen Vorkommen leben überwiegend Japan-Sikas. Deren Kolonien befinden sich im Arnsberger Wald (Nordrhein-Westfalen), im Hochrheingebiet (Baden-Württemberg), in Ostangeln, Schwansen sowie den Hüttener und Duvenstedter Bergen (Schleswig-Holstein). Ehemalige Vorkommen in Hessen (Schlitz) und Bayern (Höchstadt) sind wahrscheinlich erloschen.

Körperbau und Körpermaße

Der Körper des Sikas ist kompakt sowie gedrungen und hinten leicht überbaut. Die Vorderläufe wirken aufgrund der muskulösen Unterarme stämmig. Haupt und Lauscher sind ziemlich kurz. Der Hals ist gedrungen, der Wedel etwas länger als der Spiegel. Kurze Läufe und eine relativ kleine Milz lassen anhaltende Fluchten nicht zu.

Im Herbst werden große Feistdepots, auch in der Muskulatur, als Winterreserve angelegt. Für viele Gourmets rangiert das leicht durchwachsene Wildbret deshalb weit vor dem des Damwildes.

Kahlwild ist mit etwa vier, Hirsche sind mit zirka acht Jahren ausgewachsen. Dybowski-Wild hat eine durchschnittliche Schulterhöhe zwischen 95 und 110, Japan-Sikas zwischen 71 und 77 Zentimetern. Tiere und Hirsche des Dybowski-Sikas wiegen aufgebrochen zwischen zirka 70 und 115 Kilogramm, die des Japan-Sikas zwischen knapp 30 und gut 50 Kilogramm.

Haar und Losung

Der Haarwechsel findet im Mai/ Juni sowie im Oktober/November statt.

Das *Sommerhaar* ist fuchsrot bis kastanienfarbig mit mehr oder weniger stark ausgeprägten hellen Fleckenreihen – besonders entlang ihrer Wirbelsäule – und durchgehendem oder in Teilen vorhandenem tief dunklem Aalstrich.

Kälber sind – wie Rotwildkälber – gefleckt. Ihre Flecken verlieren sie im August/September.

Im *Winterhaar* sind Sikas dunkelbraun oder braun gefärbt. Gelegentlich finden sich – vornehmlich entlang der Wirbelsäule – verwaschene Punkte, zudem der durchgehende oder in Teilen vorhandene Aalstrich. Hirsche (Hirschkälber ab Dezember/Januar) sind dunkler gefärbt als weibliches Wild. Sie haben oft bereifte Haarspitzen. Die Brunftmähne, deren Haare aufgerichtet werden können, beginnt im Juni zu wachsen.

Bei spätem Sommerhaarwechsel kann das sogenannte *Herbstkleid* entstehen, eine Zwischenform von Sommer- und Winterdecke.

Während der Brunft besitzen Hirsche oft helle oder haarlose Ringe um die Lichter.

Ein Japan-Sikahirsch – im dunklen, meist fleckenlosen Winterhaar – verhofft.

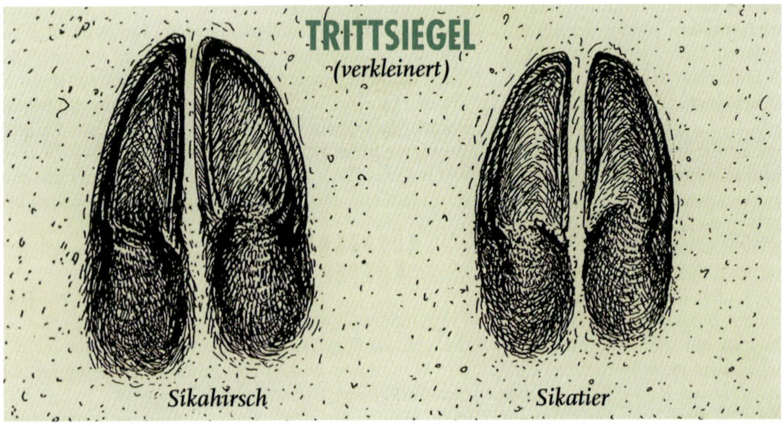

Das Trittsiegel des Sikawildes ist länglich und stark gespreizt. Die Ballen sind deutlich erkennbar.

Der weiße Spiegel ist mehr oder weniger schwarz umrandet. Das Spiegelhaar kann bei Erregung oder Gefahr aufgerichtet und gespreizt werden (Alarmsignal). Bei Dybowski-Hirschen ist der Spiegel klein, bei den Japan-Sikas hingegen groß.

An den unteren Außenseiten der Hinterläufe befinden sich helle Bürsten, die durch ausgetretene Sekrete gelblich gefärbt sein können. Sie bilden ein eindeutiges Merkmal, um Sika- und Damwild voneinander zu unterscheiden.

In der *Losung* werden die zentimetergroßen Kotperlen als Würste oder Klumpen abgesetzt. Im Frühjahr und Sommer ist die Losung bisweilen breiig.

Lebensweise

Sikawild ist ein „Waldrandbewohner", der auch in dichtester Vegetation vorkommt. Obwohl genetisch dem „Läufer" Rotwild nahestehend, ähnelt es morphologisch eher dem „Schlüpfer" Rehwild. Es verhält sich teilweise wie Reh-, aber auch wie Rotwild.

Sikawild passt sich unterschiedlichsten Lebensräumen an: In seinem natürlichen Verbreitungsgebiet bewohnt es artenreiche Laubwälder, in Schottland Heideflächen, in anderen Kolonien Fichten-Wirtschaftswälder und in Ostangeln ein intensiv bewirtschaftetes Agrargebiet mit nur wenig Wald. Selbst in Westsibirien und Marokko wurde Sikawild mit Erfolg eingebürgert. Es ist eine anspruchslose Wildart.

Zu den bevorzugten Einständen gehören Laub- und Nadelholzdickungen sowie Stangenhölzer. Mit Einständen von etwa 150 Hektar – bei deutlicher Massierung in den Kerngebieten – gehört Sikawild zu den sehr standorttreuen, nicht zur Abwanderung (Migration) neigenden Wildarten. Es kann deshalb selbst in kleineren Vorkommen gehegt werden. Neue Gebiete werden nur sehr zögernd, zuerst von Schmaltieren und jungen Hirschen besiedelt. Auch nach Jahrzehnten ist die räumliche Ausbreitung in allen Vorkommen gering.

Im Sommer besiedeln Sikas die größte Fläche. Das weibliche Wild steht dann in Familienverbänden, Hirsche in kleinen Trupps, oft nach Alter getrennt. Im Spätsommer – kurz vor Beginn der Brunft – wandert das Wild wieder in das Zentrum des Vorkommens zurück, wo es auch überwintert. Mit Beginn der Brunft ist das weibliche Wild gerudelt, die älteren Hirsche werden zu Einzelgängern. Im Frühjahr breitet sich der Bestand dann wieder aus.

Sikawild ist tagaktiv. In der morgendlichen Dämmerung endet je nach Jahreszeit und Witterung eine erste Äsungsperiode. Es folgt eine längere vom frühen bis späten Vormittag und weitere am späten Nachmittag sowie nachts. An heißen, schwülen Sommertagen werden Wildwiesen tagsüber nur kurz aufgesucht. In dieser Zeit weichen Hirsche möglichst in höhere, windige Lagen aus.

Das Kahlwild klebt zusammen. Oft „verschachteln“ sich Tiere und Kälber zu einem Pulk mit „vielen Hälsen“.

Sinne, Feindreaktion und Laute

Sikawild wittert, vernimmt, äugt und schwimmt gut. Auch größere Wasserflächen werden ohne Not durchronnen. Zäune von 150 Zentimeter Höhe überspringen Hirsch und Tier aus dem Stand.

Verunsicherte Stücke – meist bei Tieren zu beobachten – pendeln mit dem Haupt, äugen dabei zur Störquelle, stampfen mit dem Vorderlauf und spreizen den Spiegel. Gelegentlich ziehen sie im Stechschritt in Richtung der vermuteten Gefahr oder rücken zu einem Pulk zu-

Das Hirschrudel geht flüchtig ab. Die weit gespreizten Spiegel signalisieren Gefahr.

Sikawild stellt geringere Äsungsansprüche als das Rotwild, kann jedoch auch Verbiss- und Schälschäden verursachen.

sammen. Ist die Gefahrenquelle nicht zu identifizieren, erfolgt ein kurzer Warnlaut, der an das Brechen eines trockenen Astes erinnert. Die nächste Alarmstufe ist ein kurzer, schriller, oft mehrmals wiederholter Pfiff, der in einem stöhnenden Laut enden kann und meist die Flucht auslöst. Ist die Gefahrenquelle nicht einzusortieren, beginnt die Flucht mit hüpfenden Orientierungssprüngen.

An den Lockruf von Rebhähnen, aber abgehackter, erinnern Laute, die bei Zwistigkeiten unter Tieren oder während der Brunftkämpfe zu hören sind. Der Klagelaut klingt wie der durchdringende und schrille Schmerzschrei eines Kleinkindes.

Reaktionen auf menschliche Störungen können zwischen den Vorkommen sehr differieren und hängen insbesondere von der Intensität der Bejagung ab. Schwach bejagte Bestände sind tagaktiv und vertraut, man kann fast sagen neugierig. Mit zunehmendem Jagddruck ändert sich das Verhalten grundlegend. Das Wild verlegt seine Aktivitäten mehr in die Nachtstunden. Die Äsungsdauer unter Tag wird reduziert, die Zeiten für das Sichern nehmen deutlich zu. Ebenso kann sich das Verhalten nach häufigen Treibjagden verändern. Genügen anfänglich leichte Störungen in den Einständen, um das Wild herauszudrücken, sind für „treibjagderfahrenes“ Wild Treiberketten und große Hunde notwendig. Trotzdem versuchen Sikas die Treiberlinie zu durchbrechen (wie das Rehwild). Sie drücken sich auch zum Beispiel in „Downstellung“ an Rändern oder ruhigeren Stellen.

Äsung und Schäden

Obwohl sich die Nahrung von Rot- und Sikawild ähnelt, ist Sikawild die anspruchslosere Art. Kräuter, Himbeeren, Brombeeren sowie Knospen sind sehr beliebt.

Sikas verursachen Schäden durch Verbiss, Sommer- und Winterschäle sowie durch Beäsen oder Niedertreten von Getreide.

Brunft und Nachkommen

Die Brunft beginnt Anfang, ihr Höhepunkt liegt um den 20. Oktober. Sie endet Anfang November. Gelegentlich fängt sie früher an und hört erst im Dezember auf.

Zu Beginn der Brunft ziehen die älteren Hirsche zu ihren meist vorjährigen Brunftplätzen in die Einstände der Tiere. Falls die männliche Population eine optimale Altersgliederung zeigt, was selten der Fall ist, kann es dabei gelegentlich zu Auseinandersetzungen kommen. Das Brunftterritorium wird mittels Brunftkuhlen markiert. Bis die Hirsche abgebrunftet haben, verbleiben sie auf ihrem Brunftplatz und stellen sich dann zur Regeneration in ruhigen Revierteilen ein. Junge Hirsche werden im Territorium geduldet, treiben oder bespringen auch gelegentlich ein Tier, ohne es aber tatsächlich zu beschlagen.

Die in der Rangordnung unter den Platzhirschen angesiedelten Sikahirsche halten sich anfänglich zwischen den Brunftplätzen auf. Unter ihnen kommt es des Öfteren zu Schiebekämpfen, die mit einem „Fußtritt" des Siegers enden. Diese Beihirsche sind es auch, die für die akustische Untermalung der Brunft sorgen, einem meist dreimal wiederholten Pfiff, der im Röhren endet. Hat der Platzhalter abgebrunftet, übernehmen die nächsten Ränge den Brunftplatz. Dementsprechend werden die „Platzhirsche" mit fortschreitender Brunft immer jünger. Das Brunftgeschehen belastet die ausgewachsenen Hirsche am stärksten. Dieses verhindert, dass noch im Wachstum stehende Hirsche erhebliche Energiereserven einbüßen, die sie kurz vor Winterbeginn nicht mehr aufstocken könnten.

Die Tragzeit beträgt 30 bis 31 Wochen. Hauptsetzzeit ist der Juni, selten setzt Sikawild im (April) Mai oder August (September). Derartig gestreckte Setzzeiten verhindern zum Beispiel, dass ein ganzer Jahrgang infolge Unwetters vernichtet werden kann. In den meisten Vorkommen werden alle Schmaltiere beschlagen, so dass die Tiere ab dem zweiten Lebensjahr im Regelfall jährlich ein Kalb setzen. Zwillingsgeburten gehören zu den absoluten Ausnahmen. Tiere mit zwei und mehr Kälbern sind „Kindergärtnerinnen".

Die Säugezeit dauert bis zur nächsten Setzzeit. Die Milch ist sehr fetthaltig.

Das Geweih

Ausgewachsene Hirsche schieben ihr Geweih zwischen den Monaten April und August. Der Bast – dünn sowie schwach behaart – kann braun, schwarz oder rötlich gefärbt sein. Seine Farbe vermag sich während des Schiebens zu verändern. Unmittelbar vor dem Fegen ist der eingetrocknete Bast papierdünn, also kaum mehr zu erkennen. Dieses kann dazu führen, dass Hirsche mit ungefegten Geweihen erlegt werden.

Sikahirsche fegen ab August, meist in der Erde und krautigem Bewuchs, und ein zweites Mal kurz vor dem Abwerfen an Holzgewächsen. Erst nach dem Fegen verknöchert das Geweih allmählich vollständig. Sie werfen im März/ April ab.

Der Jährling hat in der Regel Spieße, gelegentlich sechs bis acht Endchen an kurzen Stangen. Die Enden können auch außerhalb des Bauplanes erscheinen. Zweijährige Sikahirsche

Die Geweihe der Sikas erreichen in vielen Kolonien nur die Achterstufe.

sind zumeist Sechser, in manchen Regionen kurzstangige Achter. Ab dem vierten Lebensjahr sind Sikahirsche schließlich Achter mit Aug-, Mittelsprosse und einem nach innen stehenden Achterende. Die Spitze wird als achtes Ende gezählt.

In den ersten fünf Lebensjahren nimmt die Länge der Stangen schnell zu. Ab etwa acht – bis über zwölf – Jahren legt das Geweihvolumen zu, außerdem werden die Stangen weiterhin länger. In freier Wildbahn lässt sich beides jedoch kaum erkennen.

Entsprechend der Körpergröße unterscheiden sich Japan-Sikahirsche und Dybowski-Hirsche aufgrund der Stangenlänge. Die der Ersteren liegen um 50, die der Letzteren um 70 Zentimeter.

Sehr alte Hirsche einiger Vorkommen schieben gelegentlich verkümmerte Eissprossen, in anderen wird die Achterstufe überschritten, beispielsweise in Ostangeln mit bis zu 14 Enden. Endenzahl und Geweihstärke werden von der Güte des Lebensraumes bestimmt. So stehen zum Beispiel die Hirsche Ostangelns während des Sommers in großen Getreideschlägen mit allen vier Läufen in der Äsung. Außerdem genießen sie Ruhe. Ruhe und Äsung sind die Gründe, weshalb sie starke, endenreiche Geweihe schieben. Die verhältnismäßig kurzen Stangen bleiben aber mit gut 45 Zentimetern für den Japan-Sika typisch.

Hege des Sikawildes

Anzustreben ist ein Geschlechterverhältnis von 1 : 1; nicht wegen der Trophäen, sondern um Zuwachs und Jagddruck zu senken. In der Praxis lässt sich das kaum realisieren, denn in unbejagten Beständen ist das Geschlechterverhältnis immer zugunsten der Tiere verschoben. Biologisch macht das Sinn, denn zur Erhaltung der Population sind weniger Hirsche als Tiere erforderlich. Die „zulässige Wilddichte“ als Zahl – zum Beispiel drei bis vier Stück Sikawild pro 100 Hektar Waldfläche – ist nur ein Anhalt. Die tragfähige Wilddichte richtet sich nach dem Zustand der Vegetation.

Äsungsverbesserung

Als Nutzer des Jagdrechts hat der Jäger keinen großen Einfluss auf die Gestaltung des Lebensraumes, dessen Qualität nicht nur beim Sikawild vom Nahrungs-, Deckungs- und Ruheangebot abhängt. Für ihn lohnt es sich aber, im Einvernehmen mit den Grundeigentümern Äsungsflächen anzulegen sowie Schneisen und Bankette einzusäen. Artenreiche Wiesen mit Sämereien von alten Heuböden, nicht landwirtschaftliche „Kunstwiesen“, sind Wildäckern vorzuziehen.

Ansprechen im Revier

Das Ansprechen hat seine Tücken und setzt große Erfahrung voraus. Im Unterschied zu Rot- oder Damwild kann dem Jäger bei den Sikas kein Ansprechschema an die Hand gegeben werden. Die folgenden Bemerkungen veranschaulichen, warum Sikawild besonders schwer anzusprechen ist.

Kahlwild

Männliche und weibliche Kälber sind in freier Wildbahn nur selten voneinander zu unterscheiden. Führende Stücke können unter günstigen Umständen nur kurz nach dem Setzen an der dann noch sichtbaren Spinne erkannt werden. Schon wenige Wochen später ist sie von Wedel und Haaren verdeckt. Die früh beginnende Selbstständigkeit der männlichen Kälber hat zur Folge, dass ihre Mütter alleine stehen, also mit Schmaltieren verwechselt werden können. In einem Familienverband kann das Schmaltier stärker als das Alttier sein.

Hirsche

Anhand des Geweihs sind der mittelalte und alte Hirsch nicht zu unterscheiden. Die bis über den zwölften Kopf zunehmenden Längen und Stärken sind zwar messbar, aber in der freien Wildbahn nicht ohne weiteres zu erkennen. Alte Hirsche können nur nach der Figur angesprochen werden. (Ähnliche Kriterien wie beim Rothirsch, siehe Seite 26 f.) Ein Fernglas ist dazu meist nicht erforderlich. Probleme gibt es

Hirsch- oder Wildkalb? – Das lässt sich im Revier oftmals nicht unterscheiden.

am Ende der Brunft, wenn mittelalte Hirsche mit aufgestellter Brunftmähne „uralt“ wirken.

Altersermittlung am erlegten Stück

Zahnwechsel

Bis zum vollständigen Wechsel des Milchgebisses kann das Alter bestimmt, danach nur noch geschätzt werden. Das Kalb zeigt vier Backenzähne auf jeder Unterkieferseite, von denen der dritte dreiteilig und der vierte deutlich größer ist. Der Jährling hat fünf Backenzähne. Ein sechster ist vielleicht im Durchbruch, der dritte dreiteilig. Mit 27 Monaten ist der Zahnwechsel mit sechs Backenzähnen auf jeder Unterkieferseite abgeschlossen. Der dritte Backenzahn ist zweiteilig.
Im Milch- und Dauergebiss wird eine kleine Grandel ausgebildet.

Mehrjährige Stücke

Ab etwa zweieinhalb Jahren kann das Alter nur noch geschätzt werden. Die Altersschätzung nach dem Zementzonenverfahren hat sich bewährt, ist jedoch sehr aufwändig.
Dem Praktiker bietet die Verinselung (Isolation) der Kunden Anhaltspunkte für die Einschätzung des Lebensalters: Sind beide Kunden des ersten Molars verinselt, kann ein Alter von etwa fünf Jahren angenommen werden; sind die des zweiten Molars verinselt, von sieben Jahren und beim dritten von neun Jahren. Eine nicht sehr genaue, aber in der Jagdpraxis hilfreiche Methode.

Bejagung

Jagdzeiten

Wie beim Damwild hat der überwiegende Teil der Bundesländer im Rahmen ihrer Befugnis nach §22 Absatz 1 Bundesjagdgesetz die Jagdzeiten für das Sikawild leicht modifiziert und

JAGDZEITEN DES SIKAWILDES NACH DER BUNDESJAGDZEITENVERORDNUNG

Kälber	*1. September bis 28. Februar*
Schmalspießer	*1. Juli bis 28. Februar*
Schmaltiere	*1. Juli bis 31. Januar*
Hirsche und Alttiere	*1. September bis 31. Januar*

das Ende der Jagdzeit generell auf 31. Januar bestimmt. Die Beweggründe waren die gleichen wie beim Damwild.

Pirsch und Ansitz

Das tagaktive Wild kann ohne „Eulenaugen" bejagt werden. Die Jagd muss nicht unbedingt vor dem ersten Frühstück beginnen.

In großen Revieren mit mannigfaltig gegliederten Waldbeständen oder in bergigen Regionen lohnt die Stehpirsch am Vormittag, wenn die Einstände bekannt sind. In kleineren Revieren, in denen sich eine Pirsch von selbst verbietet, ist dem Vormittags- und Abendansitz der Vorzug zu geben. Frühansitze können stören, weil sich das Wild schon oft auf dem Einwechsel befindet.

Nach dem Ansitz bringt eine Stehpirsch oft guten Erfolg, weil Sikas tagaktiv sind.

Jagd auf den Brunfthirsch

Die Jagd auf den Brunfthirsch gestaltet sich weitaus schwieriger als beim Rothirsch. Denn der Sikahirsch zieht nicht mit dem weiblichen Rudel, sondern verbleibt in seinem Brunftterritorium. So kann ihn der Jäger nur in einsehbaren Einständen oder auf Schneisen überlisten, am besten zu Beginn der Brunft, wenn er zuzieht, oder – noch mehr dem Zufall überlassen –, wenn er den Brunftplatz wieder verlässt. Danach ist er wochenlang unsichtbar. In Südengland und Japan wird auch mit dem Ruf gejagt. Darauf stehen allerdings weniger die Platz- als vielmehr die Beihirsche zu.

Waffe und Munition

Sikawild ist besonders schusshart. Sehr empfehlenswert sind die Kaliber 7×57 oder 8×57. Zu starke Kaliber, vor allem jedoch hochrasante Patronen, sind nicht sehr tauglich: Sie neigen bei weichen Schüssen oder schwachen Stücken zum „Durchblasen". Was die Wahl der Waffe angeht, gilt Entsprechendes wie beim Rotwild: Demnach bietet sich eine Kipplaufbüchse für Ansitz und Pirsch, eine Doppelbüchse oder ein Repetierer für Gesellschaftsjagden und Nachsuchen an.

Zwölf- bis 13-jähriger Hirsch mit stark zurückgesetztem Geweih.

Gamswild

Biologie und Verhalten

Die Gamsjagd steht seit jeher nicht nur bei Alpenbewohnern hoch im Kurs.

Der Gams ist ein faszinierendes Wild: Seine Sprungkraft ist äußerst beeindruckend, sein Klettervermögen hervorragend, seine Schneesicherheit ungewöhnlich. Gamswild äugt und windet ausgezeichnet. Nicht nur deshalb ist die Gamspirsch eine jagdliche Herausforderung, wie es sie in unserer Kulturlandschaft sonst kaum mehr gibt.

Stellung im zoologischen System

Das Gamswild gehört zoologisch weder zu den Schafen noch zu den Ziegen – zu denen der Steinbock zählt – noch zu den Antilopen. Seinen „Stammbaum" gibt das Schaubild wieder.

SYSTEMATISCHE STELLUNG DES GAMSWILDES

Stamm: Wirbeltiere
↓
Klasse: Säugetiere
↓
Ordnung: Paarhufer
↓
Unterordnung: Wiederkäuer
↓
Familie: Hornträger
↓
Unterfamilie: Gämsenartige
↓
Art: Gams

Im Unterschied zum Muffelwild tragen beim Gamswild stets beide Geschlechter Hörner.

Verbreitung

In *Vorderasien* lebt Gamswild im Pontusgebirge, im Taurus und Antitaurus, in *Europa* in den Alpen – dort ist das Hauptvorkommen –, in den Pyrenäen, Karpaten, in der Hohen Tatra, den Abruzzen sowie in den Gebirgen des Balkans. Teilweise handelt es sich hierbei um verschiedene Rassen unterschiedlichen Aussehens. So ist zum Beispiel die Karpatengams im Winter schwarz gefärbt, die Abruzzengams dagegen bräunlich, vermischt mit Gelbbraun.

Im Schwarzwald, auf der Schwäbischen Alb, im Elbsandsteingebirge, in den Vogesen sowie im Schweizer Jura und Französischen Jura ist Gamswild erfolgreich ausgewildert worden, desgleichen im Altvatergebirge und in der Niederen Tatra.

Der neue Lebensraum mit Bergwäldern, felsigen Steilhängen sowie einem reichen Äsungsangebot sagte dem Wild zu. Es hat sich überall gehalten und vermehrt. Seit einigen Jahren lebt Gamswild auch im Flachland (Allgäu).

In Neuseeland wurden um die Jahrhundertwende zirka zehn Gams ausgesetzt. Sie vermehrten sich ganz rapide und wurden dann als „Schädlinge" verfolgt.

In der Bundesrepublik wurden im Jagdjahr 2020/2021 knapp 4600, in Österreich über 20400 Stück Gamswild erlegt.

Lebensraum

Gams sind heute vor allem Bewohner des Hochgebirges, kamen neueren Untersuchungen zufolge regional auch in höhergelegenen Waldgebieten natürlich vor. Sie kommen dort in der oberen Waldregion vor, jedoch auch darüber – in Arealen mit alpinen Rasen, Schotterfluren sowie Zwergstrauchgesellschaften. In den Zentralalpen lebt Gamswild zum Teil ganzjährig oberhalb der Waldgrenze (*„Gratgams"*). In den deutschen Alpen bevorzugt es während des Sommers Einstände in den Hochlagen sowie in der „Kampfzone" des Bergwaldes. Im Winter zieht es dann entweder in die tiefer gelegenen Waldregionen oder auf steile, sonnenseitige und apere Hänge.

In den Vorbergen mit Höhenlagen unterhalb der Baumgrenze gibt es reine *Waldgams*. In den Lebensräumen der Waldgams sind allerdings zumeist Felseinsprengungen vorhanden.

Äsung, Deckung und *Ruhe* entscheiden darüber, wo der Gams seinen Einstand sucht.

Zäh und widerstandsfähig, sind Gämsen – bis auf Kitze – kaum durch Kälte und Schnee gefährdet. Lawinen und Steinschläge reißen jedoch manche Gams in den Tod.

Der Winter hat an der Baumgrenze Einzug gehalten, wenn die hohe Zeit des Gamswildes beginnt. Die Jagd während der Brunft ist sicher die Krone des Waidwerks auf Gams. Der Jäger erlebt dann urige Situationen: Die hochbrunftige Gais „steht“. In seiner Erregung steckt der Bock seinen Lecker weit aus dem Äser heraus.

Gewicht, Haar und Laute

Gamsböcke wiegen aufgebrochen durchschnittlich zwischen 20 und 35, Gaisen zwischen 18 und 25 Kilogramm.

Im Sommer trägt der Gams eine gelblich-graue bis fahlgelbe Decke mit einem dunklen Aalstrich auf dem Rücken vom Haupt bis zum Wedel. Im Winter ist die Decke dunkelbraun bis fast schwarz. Dann sind auch das Oberhaar besonders lang und das Unterhaar sehr dicht.

Die Barthaare auf dem Rücken längs des Aalstreifes sind beim Bock im Hochwinter teilweise über spannenlang, zum Teil haben sie deutlich sichtbare, helle Haarenden, den sogenannten *Reif*. Am längsten sind diese Haare am Hinterrücken. Sie liefern den *Gamsbart*.

Augenfällig ist sommers wie winters die hell-dunkle Gesichtsmaske. Der dunkel gefärbte Backenstreifen, *Zügel* genannt, erstreckt sich von den Lichtern bis zum Äser. Kohlgams sind – mit Ausnahme einer weißen Blesse auf der Stirn – vollkommen schwarz. Sie gelten als Mutation. *Kohlgams* sind nur im Winter auffällig. Im Sommerhaar sind sie nur für den wirklichen Gamsspezialisten vom normal gefärbten Gams zu unterscheiden.

Gamswild verhärt ab etwa Anfang Mai bis spätestens Ende Juni. Bereits Ende August beginnt beim Gams der Wechsel vom Sommer- zum Winterhaar. *Gams in guter Kondition verhären stets vor schwachen Stücken.*

Gams verfügen wegen der – etwa im Vergleich zum Reh – weit seitlich stehenden Lichter über einen großen Gesichtskreis, zudem über ein gutes Bewegungssehen. Sie winden ausgezeichnet und vernehmen sehr gut. Der Gamsjäger muss vornehmlich auf den Wind achten und möglichst lautlos pirschen. Gebietsfremde Geräusche – wie zum Beispiel das Anschlagen der Metallspitze eines Bergstocks auf Stein („Gamsglockenläuten“) – lassen Gams sehr schnell flüchten. Natürliche Geräusche spielen im Hochgebirge dagegen keine große Rolle: Hier gehen immer einmal wieder Steine ab usw. Das Gamswild erträgt sie häufig ohne Reaktion.

Gaisen vermögen über 20 Jahre alt zu werden, Böcke erreichen dieses Alter dagegen so gut wie nie.

Ein braver Platzbock in Positur: Blädernd und mit aufgestelltem Wachler droht er seinen Rivalen, er „imponiert" ihnen.

Drei Lautäußerungen sind vom Gamswild zu vernehmen: Ein ziegenähnliches *Meckern*, mit dem sich Gais und Kitz verständigen, das *Blädern* der Böcke während der Brunft und ein *Pfeifen* als Warnlaut bei Störungen.

Zwischen den Schalenabdrücken des Gamswildes befindet sich stets ein großer Zwischenraum. Das Trittsiegel wirkt keilförmig und lang gestreckt.

Losung

Die Losung des Gamswildes ist Ziegenkot sehr ähnlich und kann von ihm nicht mit Sicherheit unterschieden werden. Gamslosung ist leicht oval, manchmal beinahe kugelförmig (Durchmesser der Kugel zirka eineinhalb Zentimeter). Nur im Frühjahr – bei der Nahrungsumstellung – wird sie in zusammengedrückter Form abgesetzt, sonst zerfällt sie.

Fährte

Im Unterschied zum übrigen Schalenwild sind die Schalenabdrücke im Trittsiegel nicht geschlossen, sondern weisen einen größeren Zwischenraum auf. Die Tritte des Gamswildes wirken keilförmig zugespitzt und lang gestreckt. Die derben, weit spreizbaren Schalen sind Schneeschuhen vergleichbar: Sie erleichtern etwa das Ziehen auf Schneefeldern.

Lebensweise

Gams sind ausgesprochene *Tagtiere*. Aufgrund massiver Störungen – etwa durch Touristen – können sie jedoch nachtaktiv werden. Sie ruhen unter Tag bei starker Sonneneinstrahlung meist in schattigen Felsregionen.

Die großen *Gamsrudel* bestehen den Sommer und Herbst über bis zur Brunft aus Gaisen, Kitzen und Jährlingen. Böcke stehen bei diesen Rudeln nur ausnahmsweise, und wenn dies einmal der Fall ist, sind es jüngere. Gamsrudel haben in den ruhigeren Revierteilen („Gamsmutter" oder „Gamshoamatl") ihren Einstand. Sie sind keine starren Einheiten, ihre Zusammensetzung wechselt häufig. Den Kern eines Rudels bilden immer Gamsgaisen und Kitze.

Das Rudel wird von einer Leitgais geführt. Während der Setzzeit im Mai lösen sich die Rudel auf. Die Gaisen sondern sich ab und dulden nicht einmal die Vorjahreskitze bei sich.

Die jüngeren bis mittelalten Böcke im Alter von drei bis fünf Jahren bilden in den Sommertagen, der Feistzeit, kleinere Trupps (*Junggesellenrudel*). Sie halten sich fern vom *Scharwild*. Die älteren, etwa sieben- bis zwölfjährigen Böcke sind meistens Einzelgänger. Bisweilen stehen sie auch zu zweit oder – seltener – zu dritt zusammen.

Gams sind während der meisten Zeit des Jahres sehr gesellige Tiere, die sich größtenteils in Rudeln zusammenschließen. Kitze und Gaisen haben dabei stets den engsten Zusammenhalt.

Gams sind bewunderswerte Kletterer und Springer. Sie zeigen auf der Flucht hohe Gewandheit und Schnelligkeit. Ihre harten sowie scharfrandigen Schalen finden auf kleinsten Felsvorsprüngen Halt. In Verbindung mit ihrer bereits erwähnten Spreizbarkeit ermöglichen sie es der Gams, Steilhänge und schwierige Felspartien leicht zu überwinden. Das wird durch die weichen, haftenden Ballen unterstützt.

Im Winter wechselt der Gratgams wegen der Äsung in die tiefer gelegenen Bergwälder oder lichteren Bestände der Täler. Findet er jedoch oben abgewehte Grate oder nach Lawinenabgang freie Hänge, bleibt er durchaus dort.

Während der Flucht verhofft das Gamswild immer wieder – sogenanntes *Haberl machen* – und sichert zur Störquelle zurück. Vielfach endet die Flucht auf Felsvorsprüngen oder an Gegenhängen, von denen aus das Gefahrengebiet mit den Lichtern kontrolliert werden kann. Die Fluchtdistanz ist je nach dem Beunruhigungsgrad in einem Revier recht unterschiedlich. Sie hängt auch von der Art der Störung ab. Regelmäßige Störungen wirken auf das Gamswild weniger beunruhigend als plötzlich und unkalkulierbar auftretende. So schaden – um ein Beispiel zu nennen – Touristen auf festen Bergwanderwegen deutlich weniger als Paragleiter.

Krankheiten

Das Gamswild ist besonders durch *Gamsräude* und *Gamsblindheit* bedroht (siehe Kapitel „Wildkrankheiten“). Während des Spätherbstes und Winters kann es zu *Lippengrind* (Papillomatose) kommen: Dabei bilden sich vornehmlich am Windfang, am Geäse und zwischen den Schalen warzenförmige Wucherungen. Befallene Stücke können oft nicht mehr ausreichend Äsung aufnehmen und magern stark ab oder verhungern. Sie müssen erlegt werden.

Ein recht zuverlässiger *Weiser für den Gesundheitszustand* eines Stückes ist die Decke. Spät verhärende Stücke wird der Jäger zu strecken suchen.

Brunft und Nachkommen

Hauptbrunftmonat ist im Hochgebirge der gesamte November. Dauert die Brunft auch im Dezember noch deutlich an, ist dies entweder eine Ausnahmeerscheinung oder ein Indiz für ein ungünstiges Geschlechterverhältnis im Bestand. Es gibt dann zu wenig reife Böcke und einen zu großen Überhang an Gaisen.

In tieferen Lagen beginnt und endet die Brunft früher. Gamsböcke beteiligen sich erstmalig im Alter von drei bis vier Jahren aktiv am Brunftgeschehen; es sei denn, es fehlt an alten wie mittelalten Böcken. Gaisen werden überwiegend erst ab dem dritten Lebensjahr beschlagen. Im Einzelfall kann dieses jedoch bereits bei Jährlingsgaisen geschehen.

Anzeichen für den Brunftbeginn bestehen darin, dass die Böcke ihre Einstände verlassen und an Stellen erscheinen, wo der Jäger sie zuvor nicht beobachten konnte. Dann gesellen sie sich allmählich zu den Rudeln.

Der *Platzbock* hält sein Rudel nicht so stark zusammen wie der Platzhirsch. Er verhält sich auch anders als der Rothirsch: Gamsböcke kämpfen nicht Horn an Horn, was sehr viel Energie kosten würde. Die Krucken werden nur im „Übereifer des Gefechts" benutzt und dann in die Weichen des Gegners gestoßen. Der Streit wird zunächst mit Drohgebärden ausgetragen, häufig auf weite Entfernung (mehrere hundert Meter). Dabei versucht der Bock, größer als der Widersacher zu erscheinen: Der Gamsbart wird aufgestellt, der Kopf hochgestreckt. Oft entscheiden sich Auseinanderset-

Der Zusammenhalt von Gais und Kitz ist sehr eng. Im Ziehen oder in der Flucht folgt das Kitz dicht hinter der Gais oder hält sich unmittelbar neben ihr. Bei Gefahr stellt es sich zwischen die Läufe des Muttertieres.

Verfolgungsjagden spielen sich vornehmlich zwischen etwa gleichstarken Böcken ab. Sie dauern bisweilen minutenlang.

zungen bereits in dieser Phase. Anderenfalls attackiert ein Bock den Rivalen, der in rasender Flucht davonstürzt. Es kommt zu einer wilden Verfolgungsjagd, zunächst bergab, dann im Halbkreis wieder bergauf. Wenn beide Böcke etwa gleich stark sind, kann sich das Blatt wenden: Der gejagte Gamsbock wirft sich herum und verfolgt nun seinen Verfolger. Diese wechselseitigen Hetzjagden dauern so lange, bis einer der beiden Kontrahenten aufgibt.
Bei Gamswild, das sich lebhaft hetzt, handelt es sich zumeist um Böcke. Gaisen, die nicht mehr oder noch nicht brunftig sind, trollen nur vor dem Bock weg. Sind sie brunftig, lassen sie sich ohne Widerstand beschlagen.
Die Böcke sind während der Brunft außerordentlich lebhaft und sehr viel auf den Läufen. Sie können bis zu einem Drittel ihres Gewichtes verlieren. Ein Bock, der in der Vollfeiste (September) noch über 30 Kilogramm gewogen hat, kann bis auf 20 Kilogramm herunterkommen.
Nach einer *Tragzeit* von 24 bis 26 Wochen werden in der Regel ein, äußerst selten zwei Kitze gesetzt. In den ersten Lebenswochen haben sie noch keinen arteigenen Geruch – eine Schutzmaßnahme gegen Fressfeinde wie zum Beispiel den Fuchs.
Die Kitze werden etwa sechs Monate lang gesäugt, also praktisch die gesamte Jagdzeit über. Ein nasskaltes Frühjahr (*Setzzeit*) führt zu sehr hoher Kitzsterblichkeit. Dieses gilt insbesondere bei späten Schneefällen Ende Mai oder Anfang Juni, die in den Bergen häufig auftreten. Auch Adler und Kolkrabe schlagen manches Kitz.

Brunftfeigen und Reviermarkierung

Hinter den Krucken von Gamsböcken und -gaisen befinden sich zwei Drüsen, die sogenannten *Brunftfeigen*. Sie sind mit einem scharf riechenden Talg gefüllt.
Gamswild – der Bock insbesondere während der Brunftzeit – setzt Geruchsmarken, indem es die Brunftfeigen mit schräg gestelltem Kopf an verschiedenen Pflanzen reibt. Außerdem markieren Gams durch das sogenannte Hornen: Sie scheuern ihre Krucken recht kraftvoll an Büschen, stärkeren Ästen sowie Bäumen. Intensives Hornen an harzenden Pflanzen führt zu „*Pech*ablagerungen“ an den Krucken. Sie sind infolge ihrer Unregelmäßigkeit gut zu erkennen.

Äsung und Wildschäden

Im Sommer äsen Gams vor allem Gräser, verschiedene Kleearten sowie die Kräuter der Bergmatten, im Winter Lahnergras als „Naturheu“, Baumflechten und Knospen von Laubbäumen und Zwergsträuchern, aber auch Triebe von Nadelhölzern. Gamswild ist im Sommer eher „Konzentratselektierer“, im Winter dagegen mehr „Raufutterfresser“. Es äst nicht flächig, sondern wählt einzelne Pflanzen oder deren Teile aus.
Fütterung spielt beim Gamswild so gut wie keine Rolle. Das liegt nicht daran, dass Gams Fütterungen nicht annähmen. Vielmehr entbehren diese im Gebirge jeglicher Tradition und wären in den meisten Gamsgebieten auch nur schwer durchführbar.
Gamswild kann auf Waldverjüngungsflächen beträchtlichen Schaden durch Verbiss anrichten. Bevorzugt verbeißt es die Weißtanne. Besonders schwer wiegt der Verbiss im *alpinen Schutzwald.*

Die Gamskrucken

Männliche und weibliche Gams tragen schwarz gefärbte, oben nach hinten gehakelte, also gekrümmte, Krucken. Dabei handelt es sich um hohle Hornschläuche, die auf *Stirnzapfen* sitzen und nicht abgeworfen werden. Bei ausgewachsenen Stücken füllt der Stirnzapfen die Höhlung des Schlauches beinahe aus. Der Hohlraum ist mit einer blutähnlichen Flüssigkeit gefüllt. Bei jüngeren Stücken ist dieser recht groß. Jedes Jahr wird eine neue *Horntüte* gebildet, welche die des Vorjahres nach oben schiebt. Es handelt sich also um ein *Basiswachstum*, da die älteren Schichten von den jüngeren vorangeschoben werden.
Die Krucke wächst im Großen und Ganzen von Mai bis Dezember. Die der reifen Gams ist zwi-

Porträt eines kapitalen Bockes mit ausgeprägt gehakelten Krucken. Doch auch „bockkruckige“ Gaisen kommen in der Praxis immer wieder einmal vor.

schen 21 und 26, bei Spitzentrophäen bis zu 32 Zentimeter lang. (Zum Vergleich: Der Lauscher hat in der Regel eine Länge von rund acht Zentimetern.)

Beim frisch gesetzten Gamskitz ist die Stelle, an der sich später die Krucke entwickelt, zunächst nur mit Haaren überwachsen. Im zweiten Lebensmonat trägt es bereits kleine, stumpfe Hornkegel (*Jugendhorn*). Im Laufe des ersten und am Beginn des zweiten Lebensjahres bilden sich die Hornkegel zur fertigen Kruckenspitzen aus.

Im zweiten Jahr zeigt die Krucke in aller Regel das stärkste Längenwachstum. In diesem Alter bekommt sie einen richtigen Haken. Zuvor war sie nur nach hinten gebogen.

Im dritten Lebensjahr fällt das Längenwachstum meist schon deutlich geringer aus. Es nimmt bis zum fünften Jahr ständig ab. Das Hauptwachstum ist beendet. Zwar wird auch in den folgenden Jahren neue Hornmasse gebildet, aber die jährliche Zunahme beläuft sich nur auf ein bis zwei Millimeter.

Ab dem fünften Lebensjahr verengt sich die zuvor breite Kruckenbasis deutlich, die Krucke „schließt“ sich. Zur Basis hin wirkt sie wie eingeschnürt. Ein Merkmal für Stücke, die älter als fünf bis sechs Jahre sind. Eine Altersansprache anhand der Trophäe ist also möglich. In der Praxis zählt man zur Altersermittlung die deutlich abgesetzten Millimeterringe und addiert fünf Jahre hinzu, um das Gesamtalter zu erhalten.

Die Krucken sind beim Bock stärker sowie ausgeprägter gehakelt als bei der Gais: Die Kruckenspitzen der Gaisen weisen bei normaler Körperhaltung in aller Regel auf den Rücken- oder Keulenbereich, bei Böcken dagegen zumeist auf Träger oder Haupt. Aber Achtung – Ausnahmen bestätigen die Regel: Es gibt gaiskruckige Böcke und bockkruckige Gaisen!

Beim erlegten Stück können die oben erwähnten Pechablagerungen an den Krucken die Altersansprache erschweren.

Die Lauscher sind zirka acht Zentimeter lang – und die Krucken?

Gamswildhege

Die wichtigste Hegemaßnahme im Bergwald besteht im Schutz der Gams-Wintereinstände. Das größte Übel ist hier eindeutig der Massentourismus. Skitrassen und Seilbahnen, Wanderwege, Berghotels, Siedlungen und Gebirgsstraßen verändern den Lebensraum des Gamswildes nachteilig.

Die Trophäe einer reifen Gams ist dem Jäger ein Stück erlebte und eingefangene Bergwelt.

In den meisten gesunden Populationen gibt es einen leichten Gaisenüberhang. Das Geschlechterverhältnis liegt etwa bei 1 : 1,5 bis 3. Wird der Gaisenüberhang zu groß, führt das regelmäßig dazu, dass sich die Brunft überlang hinauszieht. Die brunftenden Böcke sind dann in der Regel ziemlich ausgezehrt und laufen Gefahr, den Winter nicht zu überleben. Bei einem ausgeglichenen Geschlechterverhältnis kommen die Böcke dagegen weniger abgebrunftet durch den Winter und überstehen ihn leichter: Je mehr Böcke im Alter zwischen sechs und zehn Jahren vorhanden sind, desto kleinere Brunftrudel bilden sich. Das verringert den Kräfteverschleiß der Böcke und wirkt sich positiv auf ihre Kondition aus.

Eine falsche Bejagungspraxis führt zwangsläufig zu überhöhten Gamsbeständen. Dazu kommt es, wenn in Revieren, abgesehen von kranken Stücken, vornehmlich der Bock ab dem fünften Jahr aufwärts sowie einzelne Gaisen mit guten Trophäen geschossen werden. Die Grundregeln naturgerechter Gamswildbejagung lauten dagegen: Hoher Jungwildabschuss mit einem deutlichen Schwerpunkt bei Kitzen und Jährlingen, größtmögliche Zurückhaltung in der Mittelklasse sowie Ernte des Altwildes.

Böcke mit gutem Bart stehen bei vielen Jägern hoch im Kurs, denn der Bart ist neben den Krucken als Trophäe äußerst begehrt. Die besten Bartböcke sind allerdings in aller Regel in der Vollkraft ihrer Jahre. Trophäe oder Schonen der gesündesten Böcke? – Die Verantwortung trägt der Gamsjäger, er entscheidet.

Als Abschusskriterium besitzen Krucken nur untergeordnete Bedeutung. Ausschlaggebend ist die Kondition der Gams. Nur starke und gesunde Stücke kommen durch den Winter. Geringes Gamswild wird bevorzugt bejagt. Im Übrigen gelten Deformationen der Krucke – etwa durch Steinschlag – nicht als alleiniges Abschusskriterium.

Ansprechen und Altersermittlung

Im Revier

Da männliches und weibliches Gamswild Krucken trägt, ist das Ansprechen nicht einfach, zumal die Gaiskrucke manchmal deutlich höher sein kann als die des Bockes.

Am Pinsel ist eindeutig der Bock zu erkennen. Je länger der Pinsel ist, desto älter ist in der Regel sein Träger.

Das Ansprechen von jungen Gams ist kinderleicht: Das Gesicht wirkt kurz, die Krucken sind kaum entwickelt.

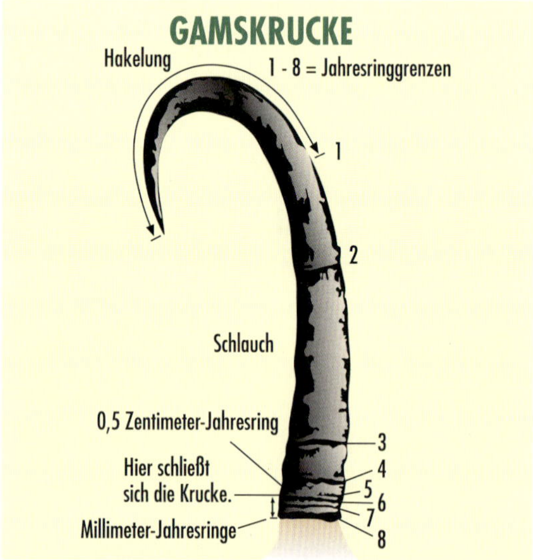

Die Jahresringe der Krucken ermöglichen die Altersbestimmung.

Fachgerechtes Ansprechen gehört zweifelsfrei zum schwierigsten Teil der Gamsjagd. Im Winter hat es der Jäger insoweit leichter, als ihm Sichtbarwerden von Bart (aber: *kein Alters*zeichen) und Pinsel (ein langer Pinsel spricht für einen älteren Bock) eine Hilfe zur Unterscheidung der Geschlechter bieten. Böcke haben zudem meist eine runde Schlauchbasis, kräftigere Schläuche und eine stärkere Hakelung.

Die Krucke ist aber – abgesehen von den ersten drei Jahren – kein verlässliches Merkmal, um das Alter einer lebenden Gams anzusprechen. Denn ihre Höhe kann recht unterschiedlich ausfallen. Außerdem nimmt sie ab dem vierten Jahr nur beinahe unmerklich zu. Andererseits gilt: Überragen die Krucken nicht die Lauscher, so handelt es sich immer um ein jüngeres Stück. Bei uralten Stücken sind die *Zügel* zur Altersansprache geeignet. Sind diese Streifen an den Rändern verwaschen, also nicht mehr scharf von der hellen Grundfärbung des Gesichtes abgehoben, handelt es sich um ein wirklich altes Stück, das sich im zweiten Lebensjahrzehnt befindet.

Kitze sind bis in den Spätwinter unverkennbar. Sie sind klein, ihre Krucken noch kaum entwickelt. Beim Jährling sind die Krucken halb- bis lauscherhoch. Kitze und Jährlinge stehen häufig im Scharl, das heißt kleineren Rudeln von Gaisen und Jungwild. Hier lässt sich prima vergleichen: Die schwächeren Stücke, die mit schlechter Kondition, werden zuerst geschossen.

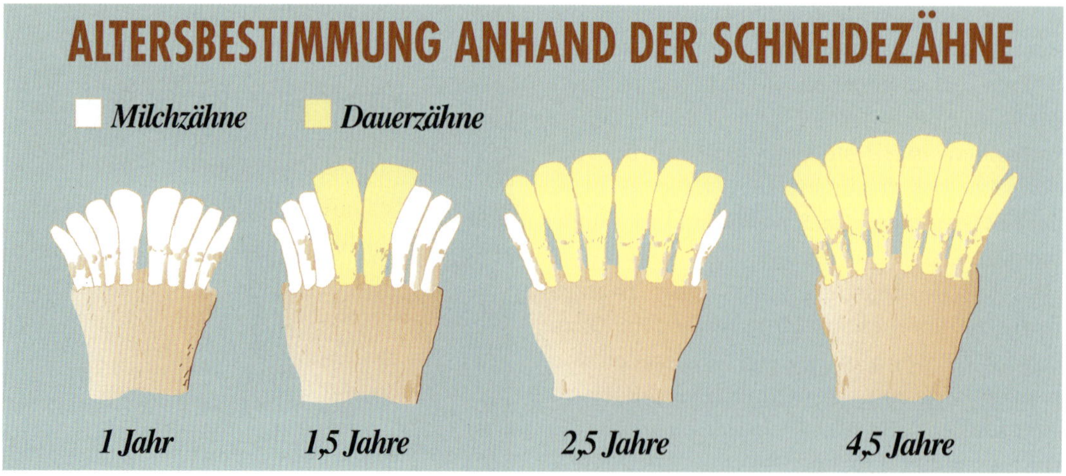

Bei Gams- und Muffelwild lässt sich das Alter bis zu viereinhalb Jahren aufgrund des Wechselns der Schneidezähne leicht und sicher bestimmen.

Am erlegten Stück

Wie erwähnt, bieten die *Krucken* eine Möglichkeit, das Alter einer Gams zu bestimmen: Die Jahresringe sind deutlich abgesetzt. *Pechkrucken* können Schwierigkeiten bereiten, wenn man das Alter eines Stückes ermitteln will: Der Pechbelag kann die Jahresringe überdecken. Ihn zu entfernen hieße, die Eigenart der Krucke zu zerstören.

Das *Gebiss* wird bei der Gams *nur selten* zur Altersermittlung benutzt. Wie beim Muffelwild lässt sich das Alter bis zu einem Alter von viereinhalb Jahren am sichersten anhand des Wechselns der Schneidezähne bestimmen.

Bejagung

Jagdzeiten

In *Österreich* wurden 2020/2021 fast 4,5-mal so viele Gams geschossen wie in der Bundesrepublik. Viele Jäger reisen aus diesem Grund in unser Nachbarland, um dort einen Gamsbock zu strecken. Die Schusszeit auf Gamswild ist in den einzelnen Bundesländern Österreichs unterschiedlich geregelt. In Niederösterreich beginnt sie mit dem 1. Juli (mehrjährige Gaisen und Kitze 1. August) zuerst, sie endet am 31. Dezember. In den meisten übrigen Ländern reicht sie vom 1. August bis zum 31. Dezember. Diesen Zeitraum nennt auch die bundesdeutsche Verordnung über die Jagdzeiten für das Gamswild, doch weichen auch hiervon einige Länder ab. In einigen deutschen Bundesländern ist Gamswild ganzjährig geschont.

Da die Hauptbrunft im Hochgebirge im November stattfindet, wird der waidgerechte Jäger den Gamsabschuss in seinem Revier bis Ende dieses Monats erfüllt haben. Das Wild hat so mehr Ruhe. Außerdem kann der Dezember in den Alpen häufig schon zur reinen Notzeit werden. Und Notzeit ist Hege-, nicht Jagdzeit!

JAGDZEITEN DES GAMSWILDES NACH DER BUNDESJAGDZEITENVERORDNUNG

Alles Gamswild	*1. August bis 15. Dezember*

Auf einem Felskopf macht der Bock ein „Haberl" und lässt den Blick rundum schweifen

Ansitz und Pirsch

Bejagt wird der Gams auf der Pirsch – vor allem der Waldgams –, beim Ansitz – vor allem in Mittelgebirgen – oder aber in Kombination aus beidem.

Während einer ganztägigen *Pirsch* sitzt man an geeigneten Plätzen eine Zeit lang an. In jedem Fall sind gute Kenntnisse über die Gewohnheiten des Wildes, seine Einstände und Äsungsplätze von größtem Vorteil. Insbesondere die Pirsch erfordert eine gute Kondition des Jägers. Denn oft verläuft sie anders als geplant: Der Gams sucht je nach Witterungsverhältnissen unterschiedliche Einstände und Äsungsplätze auf. Hiernach muss man die Pirsch – notfalls auch kurzfristig – ausrichten.

In der Brunftzeit im November lohnt sich die Pirsch vor allem auf den Bock.

Schneefall verhindert keine Gamsjagd, solange der Wind passt und noch Sicht gegeben ist. Bei Nebel verbietet sich die Pirsch – nicht ohne Grund heißt er „großer Gamshüter".

Neben der Sicht spielt bei der Gamspirsch der Wind eine wichtige Rolle. Außer der Hauptwindrichtung ist im Gebirge der Berg- und Talwind zu berücksichtigen. Der Bergwind – vom Berg zum Tal – herrscht meist nach Sonnenuntergang bis zum frühen Morgen, zudem ganztägig an Schattenseiten. Die Ausnahmen von dieser Regel sind allerdings zahlreich: So geht der Wind in Talkesseln häufig im Kreis und ändert hier oft seine Richtung. Frühmorgens wird man jedoch zumeist bergauf pirschen.

Pirschen auf Gamswild lohnt besonders während des Sommers zur Feistzeit, aber auch im November während der Brunft. An kühlen Tagen oder in den Frühstunden sind sonnenbeschienene Hänge hierzu gut geeignet. Ist es schwül, zieht Gamswild in höhere Lagen und steht oft schattenseitig.

Während einer Gamspirsch muss häufig in Situationen geschossen werden, die zumindest für einen Flachlandjäger ungewöhnlich sind, nämlich liegend oder angestrichen am eingeklemmten Bergstock. Wer den Erfolg bei der Gamsjagd nicht leichtfertig aufs Spiel setzen will, der wird vorher den Schuss im Liegen üben. Denn ein solcher Schuss – dazu noch auf weite Entfernung – ist bei der Bergjagd gang und gäbe.

Folgende Tipps haben sich für den Schuss in rauer Praxis bewährt: Wichtig sind erstens eine gute Gewehrunterlage und -polsterung durch Rucksack oder Kotze. Zweitens sollte der Jäger nahe am Abzugsbügel auflegen. Und drittens hilft es, wenn der Schütze die Hand vom Lauf fernhält.

Im September sitzt man auf den dann seinen Einstand haltenden Feistbock häufig erfolgreich an. Ein *Ansitz* lohnt sich auch, wenn man zum Beispiel den Zug eines Sommerrudels zu dessen Äsungsplätzen kennt. Auch während der Brunft ist er erfolgversprechend. Dabei kann es nach schweißtreibendem Aufstieg recht kalt werden. Meist sitzt der Jäger an einem abgewehten Hang, einem gut einsehbaren Wechsel oder an einem Kar. Da der Gams den ganzen Tag auf den Läufen ist, bestehen gute Chancen auf Waidmannsheil.

Treibjagd

Treibjagden auf Gamswild wurden besonders in früherer Zeit ausgeübt, heute haben sie für die Masse der Gebirgsjäger keine Bedeutung mehr.

Gründe dafür liegen in dem erheblichen Aufwand an Organisation, Zeit, Menschen und Gelände einerseits und in der Verkleinerung vieler Reviere andererseits. Treibjagden wurden in offenem Gelände – in der Fels-, Latschen- oder Almregion – abgehalten. Um das Gamswild hoch zu machen und daran zu hindern, sich zu drücken oder rückwärts durchzubrechen, war eine stattliche Treiberwehr erforderlich. Sie rückte mit großem Spektakel vor. Die Zahl der Schützen war ebenfalls sehr hoch. In der Schweiz sind solche Treibjagden verboten.

Riegeln oder Drücken

Auch die Riegeljagd wird praktisch nicht mehr betrieben. Im Unterschied zu den Treibjagden geschah das Riegeln oder Drücken leise und in bedecktem Gelände. Wenige Treiber gingen unter Vermeidung überflüssigen Lärms meist ein bestimmtes Rudel oder einen Bock in der Feistzeit an. Der Gams fühlte sich sicher und wechselte die wenigen abgestellten Jäger an. Voraussetzung für ein erfolgreiches Riegeln bildeten gute Kenntnisse des Reviers sowie der Gewohnheiten des Rudels beziehungsweise des Bockes.

Verhalten bei Gewitter

Der versierte Bergjäger wird in den meisten Fällen die Wetterlage richtig einschätzen und bestehende Umschwünge rechtzeitig erkennen. Der Jagdgast kann sich also seinem Führer beruhigt anvertrauen.
Wird der Jäger von einem Gewitter überrascht und kann weder sein Auto noch eine Hütte erreichen, setzt er sich auf freien Boden und legt alle Metallgegenstände in mindestens 40 Meter Entfernung ab. Mit den Armen umschließt er seine angezogenen Knie.

Ausrüstung und Schuss

In den Alpen ist ab November mit Schnee zu rechnen; außerdem ist der Jäger im Hochgebirge weit ab von jeder Zivilisation. Deshalb will die Gamsjagd sorgfältig vorbereitet sein. Eine solide Ausrüstung ist unabdingbar. Hier einige wenige Tipps:
Der Jäger benötigt gute Bergstiefel, Gamaschen aus Walkloden (im Sommer Segeltuchgamaschen), Schafwoll-, Baumwollsocken, weit geschnittene Flanellhemden sowie ebenfalls weit geschnittene Loden- oder Cordhosen. Hinzukommen Lodenmantel, -kotze und Rucksack (mit wasserdichter Einlage). Ein Hut beschattet das helle Gesicht. Entscheidend bei der Gamspirsch ist im Übrigen, dass die Kleidung weder zu hell noch zu dunkel ist. Grün muss sie nicht unbedingt sein, denn Schalenwild ist nahezu farbenblind.
Im Rucksack befinden sich Wechselkleidung, Handschuhe, eine Feldflasche mit Wasser, eine zehn Meter lange Reepschnur, eine Sonnenbrille, trockenes Papier, Feuerzeug, Verbandszeug, Alu-Rettungsdecke, Waffenöl, Putzlappen, Patronen usw. Schließlich braucht der Jäger einen Mündungsschoner, Jagdglas, Spektiv (mit 25- bis 30facher Vergrößerung) und Bergstock. Für Optik und Waffen gilt gleichermaßen: Der Bergaufstieg ist schweißtreibend, deshalb müssen sie leicht an Gewicht sein.

Mit dem Doppelglas sucht man zunächst das Gelände ab. Angesprochen wird das Gamswild dann mit Hilfe des Spektivs.

Der Bergstock dient nicht nur als Schießhilfe, sondern auch als Gehstütze. Ein Strick erleichtert das Bergen einer Gams bei Schnee.

Bedingungen:

Kaliber: 6,5 × 57; 6 g
Schussentfernung: 100 ◆
200 ★, 300 ●
Schusswinkel: 0
Höhenlage: o
Treffpunktlage: (TPL): + 4 cm
Visierhöhe: 50 mm
Windstärke: 3 (= 5 m/sek)
Windrichtung: 3 Uhr

	100 m	200 m	300 m
TPL zu Haltepunkt	3,9 cm	0 cm	-21,3 cm
Abdrift	2 cm	13 cm	35 cm

Eine Kugel wird seitlich umso stärker abgelenkt, je mehr Angriffsfläche sie dem Wind bietet, je leichter sie ist und je langsamer sie fliegt. Rasante Geschosse sind relativ windunempfindlich.

Über die Wahl von Waffen und Patronen lässt sich trefflich streiten. Dennoch: Für die Gamsjagd empfiehlt sich ein leichter und führiger Repetierer, der nicht zu filigran ist, also hin und wieder einen Schlag oder Stoß vertragen kann. Eine Büchse ab Kaliber 6,5 Millimeter ist günstig. Zweckmäßigerweise ist sie mit einem Zielfernrohr vom Format 3 bis 10×42, maximal 48 ausgerüstet. Das Geschossgewicht sollte nicht unter sechs Gramm betragen. Taugliche Geschossarten sind – sofern noch gestattet, da bleihaltig – Teilmantelspitz, Kegelspitz oder Nosler, auf jeden Fall also ausgesprochen rasante Patronen.

Es wird kaum so viel gefehlt wie auf den Gams. Ein Kontrollschuss auf 200 Meter vor Ort ist für Gastjäger unerlässlich. Gegebenenfalls muss die Waffe neu eingeschossen werden. Die alte Regel „Bergauf halt drauf und bergrunter halt drunter“ ist falsch! Auch ihre abgewandelte Form „Steil bergauf und steil bergrunter, halte immer drunter“ ist überholt! Knaus und Schröder schreiben mit Recht: Praktische Erprobung ist aller Theorie vorzuziehen. Sie benennen drei Forderungen, die bei der Jagd im Gebirge an Waffe und Munition zu stellen sind:

1. Gestreckte Flugbahn,
2. rasch tötende Wirkung und
3. ein Minimum an Streuung (Streukreisdurchmesser auf 100 Meter nicht über 7,5 Zentimeter).

Beim Schießen im Gebirge ist schließlich der Wind einzukalkulieren, will man Fehlschüsse vermeiden. Die Seitenabweichung eines Geschosses durch den Wind ist umso größer, je leichter das Geschoss und je weiter das Ziel entfernt ist. Deshalb verzichten erfahrene Gamsjäger auf überleichte Geschosse. Ein Sechs-Gramm-Geschoss im Kaliber 6,5×57 weicht bei Windstärke 3 – Laubblätter werden dabei leicht bewegt – auf 300 Meter um 35 Zentimeter ab! Der Gams zeichnet übrigens oft nur verhalten auf den Schuss. Das Schießen einer Gams ist jedoch ein Kinderspiel im Vergleich zum Bergen, wenn das Stück an schwer zugänglicher Stelle liegen bleibt. Der versierte Gamsjäger bedenkt deshalb immer, wohin es aller Wahrscheinlichkeit nach stürzen wird.

Muffelwild

Biologie und Verhalten

Das Muffelwild ist erst recht spät in das Blickfeld der europäischen Jäger gelangt. Woher stammen Mufflons? Was äsen und wann brunften sie? Wie bejagt man Muffelwild am besten, wie spricht man es an? Diese und weitere Fragen sollen im folgenden Kapitel beantwortet werden.

Stellung im zoologischen System

Der Europäische oder Thyrrhenische Mufflon ist die kleinste der weltweit über 40 existierenden Wildschafformen.

SYSTEMATISCHE STELLUNG DES MUFFELWILDES

Stamm: Wirbeltiere
↓
Klasse: Säugetiere
↓
Ordnung: Paarhufer
↓
Unterordnung: Wiederkäuer
↓
Familie: Hornträger
↓
Art: Wildschafe
↓
Unterart: Mufflon

Im Unterschied zu Rot-, Dam- und Sikahirsch wirft der Muffelwidder seinen Kopfschmuck nicht ab. Er hat kein Geweih, sondern Hörner, die als Schnecken bezeichnet werden.

Verbreitung

Europa: Größere europäische Muffelwildbestände existieren in Tschechien, in der Slowakei, in Ungarn, Österreich, Deutschland, Frankreich, Spanien, Italien sowie auf dem Balkan. In anderen europäischen Staaten – wie etwa Polen – existieren kleinere Bestände.

Deutschland: In der Bundesrepublik Deutschland leben nennenswerte Muffelwild-Bestände in den Ländern Brandenburg und Sachsen-Anhalt, Thüringen, Sachsen, Niedersachsen, Rheinland-Pfalz und Nordrhein-Westfalen, kleinere Vorkommen auch in Bayern und Baden-Württemberg. Im Jagdjahr 2020/2021 kamen in der Bundesrepublik knapp über 8 100 Stück Muffelwild zur Strecke.

Einbürgerungen

Es ist umstritten, ob Korsika und Sardinien das natürliche Verbreitungsgebiet des Muffelwildes gewesen sind. Es könnte auch zu Beginn der Jungsteinzeit vom Menschen als Haustier dort eingeführt und dann verwildert sein. Im übrigen Europa ist Muffelwild bereits im 16. Jahrhundert in österreichischen Tiergärten gehalten worden. Etwa seit 1730 kam es in Österreich zu den ersten Auswilderungen auf dem europäischen Festland. In Deutschland begann die Einbürgerung 1902, als im Eulengebirge Mufflons ausgesetzt wurden. 1903/04 wilderte man es in der Göhrde (Lüneburger Heide), 1906 im Harz aus. Später folgten Auswilderungsversuche in der Eifel, im Odenwald, im Thüringer Wald sowie an verschiedenen anderen Orten.

Im Zuge der Einbürgerungen in Europa kam es zu verschiedenen *Einkreuzungen* mit Hausschafen – mit Heidschnucken oder Zackelschafen – sowie mit asiatischen Wildschafen. Deshalb gibt es in Europa heute kaum noch reinblütiges Muffelwild aus den ursprünglichen Vorkommen Sardiniens und Korsikas.

Mufflons sind zwar in Deutschland nicht autochthon, stellen deshalb aber noch lange keine „Faunenverfälscher" dar. Eine Forderung nach Totalabschuss des Muffelwildes wäre nach Lutz Briedermann (1993) in ihrer Radikalität nicht weit davon entfernt, auch auf Kartoffel- und Maisäcker, auf Douglasie und Robinie sowie auf viele andere Nutz- und Wildpflanzen oder -tiere zu verzichten, ohne die wir uns unsere Heimat gar nicht mehr vorstellen mögen.

Lebensraum

Mufflons sind von Natur aus Bewohner karstiger Gebirge. Das Ursprungsgebiet der deutschen Populationen sind die Felshöhen Korsikas und Sardiniens, wo das Muffelwild heute praktisch ausgerottet ist. Auch in den Gebirgen Asiens bis zur Ostmongolei sowie Nordameri-

Die Muffelwildvorkommen auf dem europäischen Festland gehen auf Einbürgerungen aus Sardinien und Korsika zurück.

kas kommen Wildschafe vor. In den Bergen bewohnen sie Hochflächen und -täler (offene Waldgebiete). Die Schneegrenze wird vom Muffelwild nicht überschritten.

In Mitteleuropa bevorzugen Mufflons sonnige, warme Hanglagen, zusammenhängende Waldflächen in Mittelgebirgen und in der Ebene trockene Standorte in Kieferngebieten. Gute Äsungsbedingungen bieten lockere Baumbestände in Laub-, Misch- oder Kiefernwäldern, die reichlich mit Gräsern und Sträuchern unterwachsen sind. In den Regionen, in denen Mufflons vorkommen, fallen idealerweise bei einer durchschnittlichen Jahrestemperatur von plus sechs Grad Celsius zwischen 700 und 800 Millimeter Niederschlag pro Jahr. Zudem sind nicht mehr als 50 Schneetage und eine Vegetationsdauer von 140 bis 160 Tagen zu verzeichnen. Je trockener und steiniger eine Region ist, desto besser ist sie für Mufflons geeignet.

Muffelwild lebt überwiegend im Wald. Hier bevorzugt es Lichtungen und Blößen. Deckung sucht es in Laub- oder Nadelholzdickungen. Mufflons sind tagaktiv und wechseln häufig „unstet" umher.

Maße, Gewicht, Haar und Laute

Muffelwidder wiegen aufgebrochen normalerweise zwischen 30 und 35 Kilogramm. Allerdings können auch wesentlich höhere Werte erreicht werden. Schafe kommen auf ein Körpergewicht von aufgebrochen 20 bis 25 Kilogramm. Auch hier können die Zahlen in einzelnen Populationen schwanken. Das Stockmaß beträgt bei Widdern bis zu 80, bei Schafen beläuft es sich auf ungefähr 65 Zentimeter.

Kapitale Widder: Deutlich zu erkennen ist ihr typischer Sattelfleck, die sogenannte Schabracke.

Widder sind im Allgemeinen dunkler und lebhafter gezeichnet als Schafe. Sie tragen auf den dunkelbraun gefärbten Körperseiten in der Regel je einen großen, graugelblichen bis weißen Sattelfleck, die *Schabracke.* Es gibt jedoch auch sogenannte *Schwärzlinge.* Der Rücken ist fuchsig rostbraun mit dunklem Anflug. Die Lauscher sind innen weiß und außen grau umrandet. Spiegel, Innenseite der Läufe sowie die Bauchdecke sind weiß gefärbt.

Die Schafe sind – wie erwähnt – nicht sehr auffällig gezeichnet. Ein Sattelfleck ist kaum ausgebildet. Farbbestimmend ist ein Graubraun.

Die anfangs dunkle Gesichtsfärbung wird mit zunehmendem Alter – infolge der Ausdehnung weißer Flächen – am Windfang sowie um die Lichter bunter und schließlich weiß. Diese Verfärbung ist jedoch kein sicheres Alterskriterium, da Mufflons diesbezüglich individuell zu stark variieren.

Die *Stimme* des Muffelwildes ist der des Hausschafes ähnlich. Lämmer *meckern* in hoher Tonlage, Schafe *bähen.* Das *Blöken* der Widder vernimmt man nur selten, ebenso das *Flehmen* des brunftigen Widders, einen gurgelnden, brummenden Laut.

Während der Brunft schlagen die Widder mancher Populationen ihre Schnecke an Bäume, um so lautstark ihre Reviere zu markieren. Um Artgenossen zu warnen, stoßen Mufflons, vor allem die Leitschafe, einen zischenden *Pfeifton* aus. Häufig wird er durch kurzes Aufstampfen mit dem Vorderlauf bekräftigt. Auf diesen Warnpfiff hin flüchtet das gesamte Rudel unmittelbar.

Losung und Fährte

Die Losung setzt sich aus zentimetergroßen Kugeln zusammen. Die Kugeln sind zu Klumpen oder Würsten zusammengedrückt. Die Losung des Muffelwildes ist der von Hausschafen sehr ähnlich.

Der Schalenabdruck des Muffelwildes ist insgesamt schmal. Die Fährte des Muffelwildes unterscheidet sich von der anderen Schalenwildes durch dreierlei: Die Spitzen des Trittsiegels sind erstens durchweg stark gespreizt. Zweitens sind die Schalen nur selten gleichlang und meist deformiert. Das Geäfter ist drittens auch bei der Fährte flüchtigen Muffelwildes nicht sichtbar, im Tiefschnee allerdings sehr wohl erkennbar.

Im Unterschied zum Tritt des Hausschafes ist der Schalenabdruck des Muffels stets stark gespreizt.

Lebensweise

Muffelwild ist außerordentlich beweglich sowie flink. Es springt sehr gut, äugt ausgezeichnet und ist überwiegend scheu.
Mufflons leben gesellig und haben einen ausgeprägten Herdentrieb. Den Kern der jeweiligen Populationen bilden Schafrudel mit Lämmern und bis zu drei- oder vierjährigen Widdern.

Schafrudel werden stets von einem Leitschaf geführt. Während diese Rudel sehr kopfstark sein können, stehen Widder mit zunehmendem Alter bloß in kleinen Gruppen zusammen.

Ältere Widder leben zeitweise für sich, in *Widderkohorten* oder *-clans*. Als Bergwild sind Mufflons vornehmlich *tagaktiv*. Am aktivsten sind sie während der Morgen- und Abendstunden. Werden sie stark beunruhigt, ziehen sie in der Dunkelheit zur Äsung. Letzteres gilt vor allem, wenn sie Feldflächen aufsuchen. Mufflons äsen am liebsten in engem Verbund. Dabei sind sie permanent in Bewegung.
Wiewohl Mufflons in ihrem Lebensraum „herumzigeunern", sind sie meist doch standorttreu. Bisweilen halten sie sich wochenlang in einem bestimmten Waldbestand auf, der unter Umständen nicht größer als ein halbes Hektar ist. Charakteristisch ist zudem eine Art „innere Barriere": Einige Populationen überwinden nämlich fast nie Autostraßen, Eisenbahnlinien oder selbst kleine Wasserläufe. Fallwildverluste durch Straßen- oder Schienenverkehr kommen deswegen selten vor.

Krankheiten

Parasitosen sind beim Muffelwild verbreitet. Besonders bedroht ist die Wildart durch das sogenannte *Schalenauswachsen*, das nicht mit der vor allem von Hausschafen bekannten, aber auch bei Mufflons mitunter auftretenden *Moderhinke* verwechselt werden darf. Meist gutartig verläuft die *Maul- und Klauenseuche*. Von den heimischen Schalenwildarten ist vor allem das Muffelwild für die *Blauzungenkrankheit* anfällig.

Äsung

Mufflons bevorzugen würzige Äsung von Kräutern, Gräsern und Sträuchern. Sie sind keineswegs reine „genügsame Grasfresser", wie sie in der Fachliteratur oft genannt werden.
In der Vegetationszeit bis Frostbeginn ernährt sich Muffelwild in hohem Maße von Kräutern. Holzartige Gewächse – Triebspitzen, Blätter, Nadeln, Früchte oder Samen – äst es ganzjährig. Im Winter nehmen Mufflons hauptsächlich Gräser – hier besonders die Drahtschmiele – auf. Gerne äsen sie auch Eicheln, Bucheckern und Pilze wie überhaupt die meisten Waldfrüchte.
Auch an Wälder angrenzende Feldgebiete mit frischer Äsung werden vom Muffelwild aufgesucht. Getreide in der Milchreife sowie Raps ziehen es an.

Wildschäden

Schälschäden: Baumrinde bildet – je nach Standortflora – von November bis in den April hinein einen festen Bestandteil der Äsung mancher Muffelwildpopulationen. Buchen, Weiden, Pappeln und Wildobst stehen dabei an der Spitze; sie werden häufig ringsherum geschält. Schälschäden werden insbesondere dann für den Waldbauern unerträglich, wenn das Gebiet äsungsarm ist und Weichlaubhölzer fehlen. Muffelwild schält nicht nur Stämme, sondern auch Wurzelanläufe.

Verbiss: Mufflons verbeißen Laub- sowie Nadelhölzer. Vornehmlich davon betroffen sind Weide, Aspe, Roteiche, Pappel, Eiche, Hainbuche, Buche und Tanne, Strobe, Kiefer sowie Fichte. Je nach Holzartenverteilung im Revier sind die Verbissschwerpunkte unterschiedlich: In Nadelholzrevieren werden hauptsächlich Laubhölzer, im Laubholzrevier vorwiegend Nadelhölzer verbissen. Folgen des Verbeißens sind nicht allein Zuwachsverluste, sondern auch Zwieselbildung sowie Schaftdeformierungen.

In landwirtschaftlichen Kulturen entstehen – insbesondere bei starker Rudelbildung – Schäden durch Verbiss, besonders aber Trampel- oder Lagerschäden durch das rudelweise Auftreten des Muffelwildes.

Im ersten Lebensjahr sind Widder- und Schaflämmer gleich groß und schwer. Beide sind zudem einheitlich graubraun gefärbt.

Brunftzeit und Nachkommen

Die *Brunft* findet im Oktober und November statt. Die Widder treten zu den Schafrudeln, wobei starke Widder dann die mittelstarken verdrängen. Zwischen gleichstarken Widdern kommt es oft zu harten Kämpfen. Dabei stürzen die Widder schließlich aufeinander los, bis die Schnecken mit gehöriger Wucht gegeneinander prallen. Die Sieger sondern anschließend die deckungsbereiten Schafe aus.

Nach einer *Tragzeit* von 21 bis 22 Wochen wird zumeist im April/Mai ein Lamm gesetzt, nur selten zwei. Zur Geburt trennen sich die Schafe vom Rudel. Die Lämmer werden vier bis fünf Monate gesäugt. Das Schaf erkennt sein Lamm an dessen Wittrung, das Lamm seine Mutter hingegen mit den Lichtern. Starke und gesunde Schafe führen bis ins hohe Alter Lämmer.

In einem kleinen Eiffelrevier mit besonders vitalem Muffelwildvorkommen wurden im Oktober Altschafe mit einem zweiten Lamm beobachtet. Auch der fruchtbare Beschlag von Lämmern kommt dort verstärkt vor, so dass der jährliche Zuwachs auf 100 bis 120 Prozent des weiblichen Bestandes anwachsen soll.

Feinde und Feindvermeidung

In ihrem ursprünglichen Verbreitungsgebiet stellen insbesondere Adlerarten den Mufflons nach. Muffelschafe beobachten deshalb ständig den Luftraum. Bodenfeinde, vornehmlich der Lämmer, sind Wolf, Luchs, Fuchs sowie wildernde Hunde. Die Zuwanderung des Wolfs in Deutschland hat bisher unter dem Wild den gravierendsten Einfluss auf lokal bestehende Muffelwildvorkommen gehabt, sei es durch deren Dezimierung oder gar Auslöschung, sei es in Form von Habitatsverschiebungen infolge Abwanderung der Wildschafe. Wölfe und Hunde können gerade auch den Widdern nach der Brunft bei Schnee gefährlich werden.

Anders als Rotwild sind Mufflons nicht zu lang anhaltenden Fluchten fähig. Selbst nach kurzen Hetzen brauchen sie viel Zeit, um ihren Atem wieder zu regulieren.

Dem Widder dient die Schnecke als Rammwaffe, wenn er einen Kontrahenten – zum Beispiel während der Brunft – frontal anrennt. Dem Jäger ist sie als Trophäe besonders wertvoll, wenn sie von einem alten, reifen Stück stammt.

Aus zufälligen und gezielten Kreuzungen von Haus- und Wildschafen entstanden Bastarde, die in viele Muffelpopulationen einflossen. Vier unterschiedliche Typen haben sich herausgebildet.

Die Widderschnecke

Widder tragen schneckenförmig gewundene Hörner. Schafe sind entweder hornlos oder besitzen kurze, nicht gewundene Hörner, sogenannte *Stümpfe*.

Die Schnecken entwickeln sich auf Stirnzapfen. Die jeweils jüngsten Teile der Schnecken befinden sich an deren Basis – ein deutlicher Unterschied zum Spitzenwachstum der Geweihe von Rot- oder Rehwild (siehe Kapitel „Rotwild" und „Rehwild"). Auf ihrer Oberseite bilden sich verhornte Schichten, die im Lauf der Jahre und infolge des weiteren Schneckenwachstums tütenförmig nach oben geschoben werden. Dabei erhalten sie ihre charakteristische Drehung und Krümmung.

Der Stirnzapfenwinkel ist für die Stellung der Schnecken ausschlaggebend. Spitzentrophäen haben einen Winkel von zirka 90 Grad. Man unterscheidet bei den Schnecken zwischen Original-, Argali-, Zackel- und Heidschnucken-Typ (siehe Zeichnung).

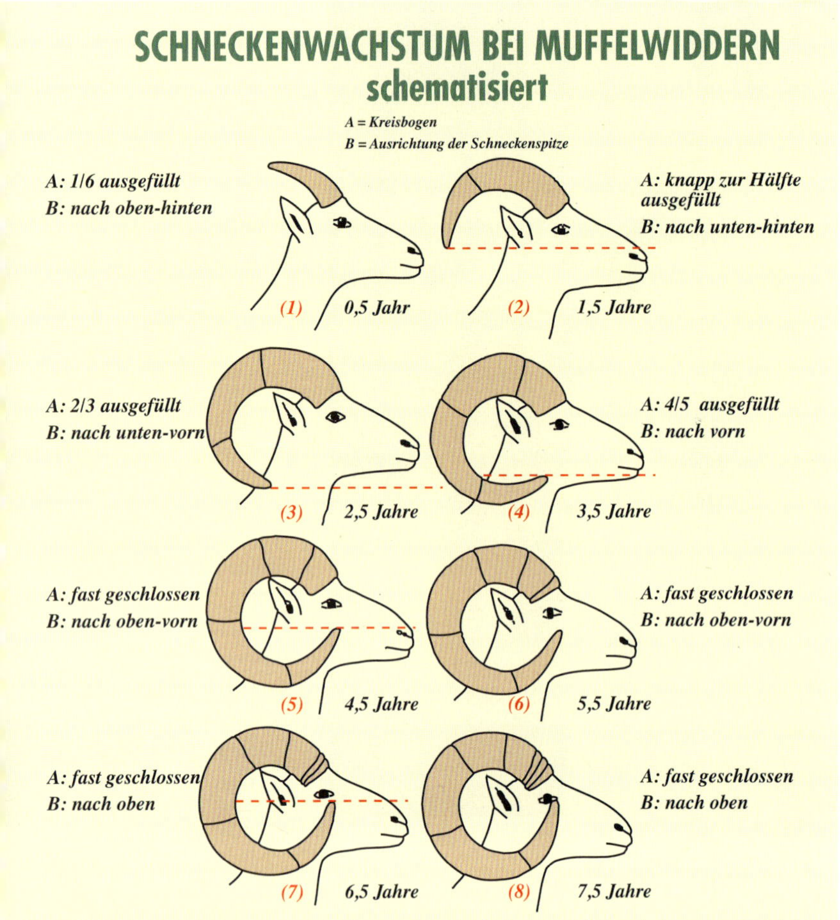

Von der Seite betrachtet, wächst die Schnecke in einem Kreisbogen, nach deren Länge das Alter eines Widders in den ersten Lebensjahren angesprochen werden kann.

Beim normal veranlagten Jährling (= Jungwidder im zweiten Lebensjahr) haben die Schneckenspitzen etwa Lichterhöhe erreicht (2). Der Stirnwinkel ist gut erkennbar und beträgt zirka 90 Grad. Im dritten Lebensjahr ist der hintere Kreisbogen durchzogen (3). Die Schneckenenden stehen – von der Seite aus betrachtet – in Trägerhöhe. Im vierten Lebensjahr befinden sich die Schneckenenden dann im unteren oder erreichen bereits den vorderen Kreisbogen (4). In der Regel wird die Höhe des Unterkiefers erreicht. Die grobe Basisrillung ist gut erkennbar. Im fünften bis sechsten Lebensjahr schiebt sich der Kreisbogen in die Höhe zwischen Äser und Lichter (5). Ab dem siebten Lebensjahr verlangsamt sich das Schneckenwachstum sehr. Die Schneckenenden erreichen Lichterhöhe oder sie stehen darüber (7). Jetzt tritt die feine Basisrillung markant hervor.

Die Schnecken zeigen im ersten, zweiten und dritten Lebensjahr das stärkste Längenwachstum. Mit Ende des vierten Lebensjahres haben sie in der Regel mehr als Dreiviertel des Kreisbogens erreicht. Im Alter verkürzen sich die Zuwachsschübe; die Schmuckwülste werden deutlich schmaler. Widder müssen sich im Lamm- und Jährlingsalter durch möglichst große Schübe auszeichnen. Geringes Längenwachstum während dieser Phase kann im fortschreitenden Alter nicht mehr ausgeglichen werden.

Im Spätherbst jeden Jahres wird die Hornbildung unterbrochen, dies hängt mit dem Ende der Vegetationszeit zusammen. Infolgedessen bilden sich sogenannte Jahresringe aus, mittels derer das Alter der Widder geschätzt werden kann (siehe Zeichnung). Zwischen den Jahresschüben befinden sich die Schmuckwülste: in den ersten Jahresabschnitten liegen zwischen zehn und dreizehn dieser Wülste, später werden es weniger (grobe Faustregel: je Monat ein Schmuckwulst).

Die Schneckenlänge jagdbarer Widder kann über 90, die Auslage über 50 Zentimeter betragen. Im Mittel beläuft sie sich auf 85 beziehungsweise zirka 45 Zentimeter. Der Basisumfang der Schnecke kann 25 Zentimeter (Mittelwert 23 Zentimeter) erreichen.

Hege, Abschussplanung und Altersermittlung

Raumordnung

Kenner des Muffelwildes empfehlen, dass Muffelons im Kern ihres jeweiligen Lebensraumes nur zusammen mit Reh-, eventuell auch Schwarz- oder Gamswild bewirtschaftet werden. Kommen neben Muffelwild auch Rot- oder Damwild bestandesbildend vor, ist eine Überlastung der Vegetation unvermeidlich. In solchen Revieren entstehen dann nicht zu tolerierende Verbiss- und Schälschäden. Der Waldbauer wird eine Wildart als Leittierart fördern, die anderen dagegen auf unbedeutende Zahlen reduzieren.

Als anzustrebende Wilddichte werden in der Literatur in Abhängigkeit von der Lebensraumgüte und dem Vorkommen weiterer Schalenwildarten zwischen zwei und sechs Stück Muffelwild je 100 Hektar Waldfläche genannt. Eine isolierte Muffelwildpopulation sollte aus wenigstens 60 bis 100 Stück bestehen. Geht man von diesen beiden Voraussetzungen aus, dann

vermag ein Waldgebiet von der Größe zwischen 1000 und 2000 Hektar einer Population ausreichend Lebensraum zu bieten.
Da neben den Mufflons in aller Regel zusätzlich auch Rehe im Revier sind, sind dem Waldbauern diese Zahlen in der Regel zu hoch. Weiser für eine tragbare Muffelwilddichte muss also in erster Linie die Vegetation sein (Vegetationsgutachten). Das gilt insbesondere in Regionen, in denen noch weitere Schalenwildarten vorkommen.

Lämmer

Es empfiehlt sich, alle Widderlämmer zu strecken, deren Schläuche ab Oktober nicht wenigstens 15 bis 20 Zentimeter lang sind. Darüber hinaus sind eng ausgelegte Schläuche ein Abschusskriterium. Bei den Schaflämmern gilt es, in erster Linie die geringen Stücke zu strecken. Das allein aber reicht nicht aus, denn der Eingriff in die Klasse der Lämmer beträgt in guten Muffelwildrevieren etwa 80 Prozent des Abschusssolls.

Schafe

Der Jagdpraktiker wird führende Schafe bei normalem Körperzustand nicht vor dem 1. Dezember erlegen (Ausnahme: Dublette Lamm plus Schaf). Erst dann sind die Lämmer im Rudel integriert und bedürfen jeweils nicht mehr der Führung durch das Mutterschaf. In Muffelwildrudeln bietet sich die Chance, jeweils schwache, kranke oder überalterte Stücke zu schießen. Stümpfe bei Schafen sind kein Abschusskriterium.

Widder

Für den sogenannten „Normal-Typ" des Widders hat Karl Krautwurst ein Ansprechschema entwickelt (Zeichnung gegenüber).
Einwachser und *Scheurer* sind grundsätzlich immer zu strecken. Bei ihnen sind die Schneckenspitzen nach innen gegen den Träger gerichtet. Sie schubbern zunächst die Decke am Träger auf (Scheurer) und „wachsen" dann „ein". Aber Vorsicht: Das Einwachsen der Schläuche lässt sich in aller Regel erst ab dem dritten Lebensjahr feststellen.

Für *mittelalte Widder* gelten vorrangig folgende Abschusskriterien:

- zu geringes Längenwachstum der Schnecke,
- zu geringe Schlauchstärke,
- starke Asymmetrie der Schnecke,
- auffallend helle Schneckenfarbe,
- helle Schalen,
- wolliges Vlies,
- zu geringe (unter 40 Zentimeter) oder zu weite Auslage der Schnecke,
- zu enger Kreisbogen der Schnecke oder starke Schlauchverletzungen.

Fehlende Schabracken bei Widdern stellen grundsätzlich keinen Abschussgrund dar.
Reife Widder weisen ein recht sicheres Ansprechmerkmal auf: Die Schläuche sind an der Basis besonders eng gerillt. Breite Wülste an der Schneckenbasis zeigen dagegen an, dass es sich

In guten Muffelwildrevieren werden auch normal veranlagte Widderlämmer (Bildmitte) erlegt, um den Abschuss zu erfüllen.

Stümpfe bei Muffelschafen sind kein Abschusskriterium. Das linke Schaf ist recht stark – ein guter Jäger Fachmann wird es schonen.

Ein etwa fünfjähriger Widder mit gut nach außen und oben geschwungenen Schneckenspitzen, deren Enden noch nicht abblättern. Fazit: noch zwei Jahre älter werden lassen!

um einen Widder handelt, der das Reifealter noch nicht erreicht hat. Um dieses zu erkennen, ist bestes Licht sowie ein gutes Glas erforderlich. Außerdem stehen bei jagdbaren Widdern die Schneckenspitzen auf Lichterhöhe oder darüber. Aufgrund ihres massigen Körperbaus wirken sie gedrungen und kurzläufig.

Altersermittlung am erlegten Stück

Bei allen Horn tragenden Schalenwildarten kann man zumindest das Alter der männlichen Stücke anhand der Trophäe bestimmen. Bei Muffelwiddern werden die *Jahresabschnitte* an den Schnecken ausgezählt (siehe Zeichnung Seite 82). Um das Alter des Widders einzuschätzen, wird von der so ermittelten Zahl ein Jahr abgezogen, weil die Widder zur Jagdzeit das jeweilige Lebensjahr nicht vollendet haben. Stichtag ist der 1. April.

Das Ergebnis kann anhand der *Entwicklung der Schneidezähne* überprüft werden. Mit eineinhalb Jahren wird der erste Schneidezahn und erst mit zweieinhalb Jahren werden der zweite und dritte gewechselt. Der Eckzahn, der bei sämtlichen Wiederkäuern an die Schneidezahnfront versetzt ist, wird sogar erst mit dreieinhalb Jahren ausgetauscht. Er ist erst nach viereinhalb Jahren voll hochgewachsen.

Bejagung

Jagdzeiten

Manche Jäger treten dafür ein, die Jagdzeit auf Muffelwild freiwillig zu verkürzen. Ihrer Ansicht nach sprechen verschiedene Gründe dafür, einerseits Muffelwidder nur in der Zeit vom 1. September bis zum 31. Januar zu bejagen und andererseits auf Schafe sowie Lämmer nur vom 1. September bis zum 31. Dezember zu waidwerken: Erstens zeigt die Widderdecke im August nämlich noch nicht die prächtige Färbung wie zur Brunftzeit. Speziell der Sattelfleck ist zu dieser Zeit noch nicht voll ausgeprägt. Zweitens setzen sich Schneckenwachstum und das Ausbilden der Schmuckwülste – besonders bei jungen Widdern – noch bis in den August hinein fort. Die Schafe sind drittens bereits Ende Januar hoch beschlagen und setzen teilweise schon ab Mitte März. Viertens sind schließlich in vielen anderen europäischen Ländern mit Muffelwildvorkommen die Jagdzeiten aus wildbiologischen Gründen auf 1. September bis zum 31. Januar festgesetzt. Und ein fünftes sowie letztes Argument besteht wie bei anderen Schalenwildarten darin, dass der Jagddruck auf das Muffelwild gesenkt würde.

Pirsch

Die Pirsch auf Muffelwild im Bestand ist in aller Regel wenig aussichtsreich. Mufflons äugen hervorragend. Sie orientieren sich in hohem Maße visuell und eräugen den Jäger oft auf weite Entfernung. Sind Mufflons erst einmal misstrauisch geworden, beruhigen sie sich erst nach sehr langer Zeit wieder. Sie flüchten weit. Wer dennoch eine Chance haben will, Mufflons an Äsungsflächen anzupirschen, sollte zuvor tunlichst ein System von Pirschwegen unter besonderer Beachtung der Hauptwindrichtung sowie der Deckung angelegt haben.

Ansitz

Trotz ihrer Unstetigkeit pflegen Mufflons zu gewissen Zeiten sowie bei bestimmten Wetterlagen und Windverhältnissen, spezifische Geländeteile aufzusuchen – im Winter und Frühjahr zum Beispiel Südhänge.

Wegen des hervorragenden Gesichts- und Geruchssinnes des Muffelwildes empfiehlt es sich, das Revier mit einer ausreichenden Zahl geschlossener Kanzeln (Muffelwild äugt viel nach oben) auszustatten. So ist man den Lichtern und dem Windfang des Wildes am ehesten entzogen. Zudem kann man von einer geschlossenen Kanzel aus in Ruhe sowie aus bester Schussentfernung ansprechen.

Es erfordert oft viel Geduld, bis man auf das einmal ausgewählte Stück zu Schuss kommt, denn äsende Mufflons sind ständig in Bewegung und wechseln laufend ihre Stellung im Rudel. Man behält deshalb das mit dem Fernglas ausgesuchte Stück gut im Auge. Der Jäger wartet, bis das Stück frei und breit steht, bevor der Schuss bricht.

Wo Muffelwild tagaktiv ist, genügt es, morgens mit dem ersten Licht zu sitzen. An aussichtsreichen Plätzen kann man Anlauf bis in die späten Vormittagsstunden haben. Für den Abendansitz ist es angebracht, zirka zwei Stunden vor dem Sonnenuntergang den Hochsitz zu besetzen.

JAGDZEITEN DES MUFFELWILDES NACH DER BUNDESJAGDZEITENVERORDNUNG

Alles Muffelwild	*1. August bis 31. Januar*

Gesellschaftsjagden

Lutz Briedermann rät von Gesellschaftsjagden auf Muffelwild ab. Er begründet dies damit, dass sauberes Schießen auf die in der Regel flott im Rudel anwechselnden Mufflons meist unmöglich sei.

Der Jäger, der im Flüchtigschießen geübt ist, kann über dieses Argument wohl nur „lächeln“: Wenn das Rudel nicht weiter als 60 bis 70 Schritt an ihm vorbeiwechselt, nimmt er ein passendes Stück ins Visier, hält Tempo, wartet bis es frei ist und bleibt beim Schuss vorne.

Über die Bauweise von Hochsitzen kann man sich streiten. Ganz besonders im Muffelwildrevier sollte man sie allerdings gedeckt angehen können.

Zur Nachsuche auf das schussharte Muffelwild gehören wie überhaupt bei Nachsuchen ein guter Hund und Geduld. Droht einsetzende Dämmerung, wird erst am nächsten Morgen nachgesucht, immer aber wartet der Jäger mindestens zwei Stunden bis zur Anschusskontrolle.

Schusswaffen und Patronen

Trotz sehr unterschiedlicher Ansichten von Spezialisten sollen auch hierzu ein paar Tipps gegeben werden: Für Ansitz und Pirsch empfiehlt sich eine leichte und führige Kipplaufbüchse. Wer das schnelle Nachladen trainiert hat, dem kann sogar mit dieser Waffe eine Dublette auf Mufflons glücken.

Gute Anstreichmöglichkeiten vorausgesetzt, leisten die Kaliber von 6,5 bis 8 Millimeter guten Dienst. Das Geschossgewicht sollte mindestens acht Gramm betragen, die Form des Geschosses ist bei guten Kammerschüssen weniger wichtig. Eine Anstreichmöglichkeit vorausgesetzt, wird ein Kammerschuss dem Muffelwildjäger kein Problem bereiten.

Bei Nachsuchen haben sich Repetierer oder Doppelbüchsen bewährt. Denn hierbei ist der Schütze öfter gezwungen, mehrere Schüsse rasch hintereinander abzugeben. Da außerdem auch schon einmal Gräser oder Blätter „im Weg" sein können, sind ein Kaliber ab 7,62 Millimeter und ein unempfindliches Gschoss anzuraten. Ein Geschossgewicht von 10 Gramm sorgt für die nötige Durchschlagskraft und ist deshalb sinnvoll.

Schusshärte und Verhalten nach dem Schuss

Muffelwild ist besonders schusshart. Meist zeichnet es, auch bei gutem Sitz der Kugel, kaum. Außerdem flüchtet es auch mit tödlichen Treffern vielfach noch ziemlich weit im Rudel mit. Aus diesen Gründen ist stets eine gründliche Kontrollsuche angebracht; also auch bei vermeintlichen Fehlschüssen!

Mufflons verbinden Schüsse mit dem Jäger, wenn dieser nach dem Knall zu früh sichtbar wird. Deshalb wird man nach einem abgegebenen Schuss so lange in der Deckung ausharren, bis das Rudel abgezogen ist. Anderenfalls werden erfahrene Leitschafe ihre Rudel bald in weiten Abständen an den Kanzeln vorbeiführen.

Muffelwild ist schusshart, eine Kontrollsuche deshalb nach jedem Schuss angezeigt. Hier wurde daraus eine erfolgreich beendete Nachsuche.

Schwarzwild

Biologie und Verhalten

Unter Jägern sind die Schwarzkittel äußerst beliebt. Sind sie doch in weiten Teilen Europas das letzte wehrhafte Wild. Auf die wichtigsten Aspekte der Biologie und Bejagung soll in diesem Kapitel eingegangen werden.
Auch beim Schwarzwild bestätigt sich die Bergmannsche Regel, denn die Stärke der Wildschweine nimmt von den Karpaten im Osten zum Elsass im Westen und von Pommern im Norden zu den Pyrenäen im Süden ab.

Stellung im zoologischen System

Sauen rechnen als einzige unserer heimischen Schalenwildarten nicht zu den Wiederkäuern. Das Schwarzwild zählt zur Klasse der Säugetiere, zur Ordnung der Paarhufer und ist in der Familie der Schweine eine eigene Art.

SYSTEMATISCHE STELLUNG DES SCHWARZWILDES

Stamm: Wirbeltiere
↓
Klasse: Säugetiere
↓
Ordnung: Paarhufer
↓
Familie: Echte Schweine
↓
Art: Wildschwein

Verbreitung

Wildschweine sind außerordentlich weit verbreitet und dehnen ihren Lebensraum seit Jahrzehnten immer weiter aus. In Europa fehlen sie heute nur in Großbritannien, in Mittel- und Nordschweden, in der Nordhälfte Finnlands und in Norwegen. Von Zentral- und Mittelasien bis zu den Sunda-Inseln kommen Sauen ebenso vor wie in Afrika im Niltal und im Küstenstreifen entlang des Mittelmeeres.
Erfolgreiche Ansiedlungen von Wildschweinen wurden aus Brasilien und Argentinien, aus Nordamerika sowie aus Australien und Neuseeland gemeldet.
Nahrung, Deckung und Klima sind grundsätzlich natürliche Regulatoren ihrer Verbreitung. Die Klimaveränderung mit einer zunehmenden Häufung von Baummasten und vergleichsweise milden Wintern sowie die Intensivierung der Landwirtschaft und vor allem des Maisanbaus (Energiemais!) haben entscheidend dazu beigetragen, dass die Zahl der Schwarzkittel zugenommen hat. Das wird in Deutschland insbesondere anhand der explosionsartigen Entwicklung der Jagdstrecken in den letzten 50 Jahren deutlich. Wurden 1957/1958 noch rund 26 600 Sauen erlegt, waren es in 2020/2021 fast 690 000, im Jahr zuvor sogar über 882 200 Stück!
Noch vor gut 100 Jahren war das Schwarzwild so stark dezimiert, dass es beispielsweise in den Niederlanden fast völlig ausgerottet war.

Lebensraum

Da Schwarzwild äußerst anpassungsfähig ist, besiedelt es auch sehr unterschiedliche Lebensräume. Im Norden und in den Hochgebirgszonen bilden hohe Schneelagen sowie starke Kälte natürliche Grenzen. Hierbei spielt eine Rolle, dass Sauen kurzläufig sind und zumeist sehr früh im Jahr frischen. Im Süden finden sie in Wüsten und Steppen zu wenig Nahrung.
In Deutschland bieten der hohe Waldanteil sowie der intensive Anbau von Mais, Getreide und Hackfrüchten den Wildschweinen fast überall gleichzeitig Schutz und Fraß. Die Sauen können im Herbst ausreichend Weiß bilden. Ihre Winterschwarte ist der hiesigen Kälte angepasst. So vermögen sie Frostperioden, in denen sie nicht brechen können, gut zu überstehen.
Immer schon war die Mast von Eichen, Buchen und regional Esskastanie als Winternahrung und für die Zuwachsrate des Schwarzwildes entscheidend. Kamen solche Masten in hiesigen Breiten früher etwa alle drei bis sechs Jahre vor, sind sie heute nicht selten alle zwei Jahre oder gar jährlich festzustellen. Aufgrund bester Ernährung werden Frischlingsbachen oft so früh geschlechtsreif, dass sie bereits an der Rausche teilnehmen und mit einem Jahr selbst schon

Das anpassungsfähige Schwarzwild kommt in den unterschiedlichsten Lebensräumen vor. Geringe Schneehöhen behindern sie weder bei der Fraßsuche noch in der Fortbewegung.

Frischlinge führen. In optimalen Jahren können Schwarzwildpopulationen so einen Zuwachs von über 300 Prozent erreichen.

Von 2000/2001 bis 2020/2021 schwankten die bundesdeutschen Strecken zwischen gut 287 000 Sauen (2006/2007) und über 882 200 Sauen (2019/2020) – eine gewaltige Steigerung im Vergleich zu den Vorkriegsjahren: Von 1936 bis 1939 wurden durchschnittlich nur gut 10 000 Sauen jährlich erlegt.

Körpermaße und Gewicht

Ein ausgewachsenes Stück Schwarzwild steht auf kurzen Läufen und hat einen massigen, ge-

In reich gegliederten Waldgebieten, die zu jeder Jahreszeit Fraß bieten, unternimmt das Schwarzwild keine weiten Wanderungen. Es ist standorttreu. Unstet wird es bei übermäßiger Beunruhigung.

In der Winterschwarte sind sie sich sehr ähnlich. Das ist der Tod vieler Bachen.

Die Schulterhöhe der Keiler liegt im Mittel bei etwa 80, die der Bachen bei 70 Zentimeter.

drungenen Körper, bei dem alle Partien von Kopf über Hals und Rumpf bis zu den Keulen fast gleich stark ausgebildet sind. Sie wirken kompakt, ja wuchtig. Keine andere Wildart zeigt das.

Aufgrund des ausgedehnten Verbreitungsareals schwanken die Körpermaße gleichalter Stücke beträchtlich (Bergmannsche Regel). So übertrifft ein reifer ostpolnischer Keiler den aus Spanien um das Dreifache an Gewicht. Hier stehen 250 etwa 80 Kilogramm gegenüber. Selbstverständlich ist auch die Jahreszeit von großer Bedeutung: Bei guter Herbstmast ist das Gewicht von Oktober bis Dezember hoch. Mit Ende der Rauschzeit sowie nach langen, harten Wintern erscheinen die Rücken der Keiler oft „dünn wie Bretter". Der Gewichtsverlust beträgt zwischen 15 und 20 Prozent. In *Mitteleuropa* gelten für einen vier- bis fünfjährigen *Keiler* folgende Durchschnittswerte im Herbst: Er hat eine Schulterhöhe von 75 bis 85 Zentimeter und ein Gewicht zwischen 100 und 150 Kilogramm (aufgebrochen). Spitzenwerte liegen deutlich höher. Die Werte *weiblicher Stücke* sind durchschnittlich um etwa 30 bis 50 Prozent niedriger als die der Keiler. Ein *Frischling* erreicht im Dezember etwa 25 bis 35 Kilogramm. Hier ist die Frischzeit ausschlaggebend.

Veranlasst nur die Neugier den Keiler, das Holzpolter näher zu untersuchen, oder findet er hier Fraß?

Haar

Schon etwa zehn Tage vor der Geburt besitzen Frischlinge ihr hellbraunes Erstlingshaar, in dem gelbliche Längsstreifen von den Blättern bis zu den Keulen reichen. Nach drei bis vier Monaten erfolgt der erste Haarwechsel zu einem einfarbig bräunlichen, groben Deckhaar, unter dem nur wenig Wollhaar zu finden ist. Ihr erstes Winterkleid, welches schon aus langen, schwarzen Borsten und fettiger Unterwolle besteht, tragen die Jungtiere dann ab Januar. Deck- und Wollhaare fallen dem Überläufer im Mai aus. Die kurze, hellgraue, wollhaarfreie Sommerschwarte bestimmt nun das Bild. Oft sieht der Jäger die Haut der Sauen durchschimmern. Ab November ist die überwiegend schwarze Winterschwarte bei den nun eineinhalbjährigen Stücken wieder zu beobachten. Derbe „Federn" auf Nacken und Rücken sind besonders lang gewachsen. Beim Imponieren gegenüber Artgenossen oder Hunden werden sie aufgestellt; ein eindrucksvolles Bild.

Gefleckte Sauen finden sich in fast allen Populationen. In recht unterschiedlicher Größe sind bei ihnen hellgelbe, weißliche oder auch dunkle Punkte, Streifen oder Platten unregelmäßig über die normal gefärbte Schwarte verteilt. Schon Lutz Briedermann (1990) erkannte, dass die Scheckung auf Vermischungen mit Hausschweinen zurückzuführen sei, die wiederum schon sehr lange zurückliegen können.

Losung

Die Losung des Schwarzwildes ist leicht zu erkennen. Sie besteht aus dunkelbraunen bis schwarzen Würsten, deren Ballen im Frühjahr sowie Sommer bei wasserhaltiger Nahrung breiig auseinander fallen, im Winter jedoch fest zusammenhalten.

In der Rotte wird die Losung häufig nach Ruhezeiten gemeinsam abgesetzt. Beide Geschlechter nehmen dabei eine Kauerstellung mit leicht gespreizten Hinterläufen und gebogenem Rücken ein. Heinz Meynhardt (1990) berichtet sogar von festen Harn- und Kotplätzen in den Einständen der von ihm beobachteten Rotte.

Fährte

Der Einzeltritt eines Wildschweines lässt stets das Geäfter dicht hinter den Schalen erkennen. Im Unterschied zum flüchtigen Rotwild überragt es die Schalenabdrücke auf beiden Seiten. Zudem wirkt es halbmondförmig. Darüber hinaus stehen die Schalenspitzen der Schwarzkittel immer deutlich weiter auseinander als beim Rotwild (siehe Zeichnungen Seite 13). Beim Ziehen setzen Wildschweine oft den Hinterlauf nicht exakt in den Tritt des Vorderlaufes. Dann erscheint das Geäfter auf jeder Seite doppelt, was in der nebenstehenden Zeichnung klar zu erkennen ist.

Bei jüngeren Sauen ist die Außenschale meist erkennbar länger abgedrückt als die innere. Sobald hier beim Einzeltritt ein Ausgleich stattgefunden hat und die Trittbreite zirka sieben bis acht Zentimeter beträgt, ist die Sau in unseren Breiten fünf bis sechs Jahre alt.

Wenn eine Sau durch Tiefschnee gezogen ist, erkennt man dieses leicht daran, dass mit dem Rumpf eine regelrechte Furche gezogen wurde. Die Läufe sind eben kurz.

Die massigen Sauen mögen plump erscheinen. Sie sind es nicht. Teller und Windfang helfen ihnen, Gefahren frühzeitig zu bemerken.

TRITTSIEGEL EINER GROBEN SAU

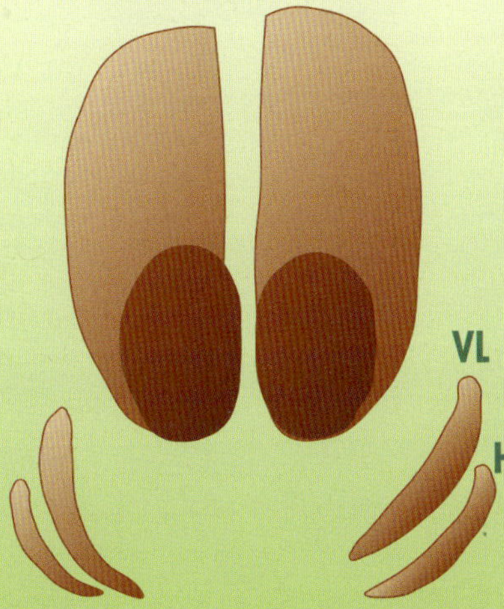

Beim Ziehen ist durch das „Zurückbleiben" gelegentlich das Geäfter von Vorder- und Hinterlauf hintereinander erkennbar.

Sinne

Der Windfang des Schwarzwildes ist mit einer ungewöhnlich hohen Zahl von Riechzellen ausgestattet. Er dient der Nahrungsfindung und -unterscheidung, dem Verhalten im Sozialverband, bei der Rausche und hilft vor allem bei der Feindvermeidung entscheidend. Bei Verdacht wird die Luft – hörbar – mehrfach und verstärkt eingesogen. Auf diese Weise können Sauen noch nach drei Stunden eine Feindspur sicher wahrnehmen. Viele Wildbiologen setzen die Nasenleistung des Schwarzwildes der der Hunde gleich und glauben, höhere Leistungen als beim Rotwild nachweisen zu können.

Die äußere Schale ist bei jüngeren Sauen meist länger abgedrückt als die innere.

Sauen äugen zwar räumlich, allerdings insgesamt recht schlecht. Ganze Rotten passieren Jäger und Hund auf kürzeste Entfernung, falls diese stillstehen. Wenn ein Stück Schwarzwild aufwirft, um das Umfeld mit den Lichtern zu kontrollieren, ist das für den sich anpirschenden Waidmann in aller Regel folgenlos. Insbesondere bei Mondschein kann man Sauen gut bis auf Schussnähe angehen.

Sie vernehmen ausgezeichnet. Die großen Teller verhelfen ihnen aufgerichtet zu guter Ortung. Bei Feindverdacht drehen die Stücke meist spitz auf die Geräuschquelle zu und sichern mit sämtlichen Sinnesorganen. Bestimmte Geräusche, etwa das Einstechen einer Waffe oder das Anschlagen eines Riemenbügels an den Gewehrlauf, veranlassen die Sauen zu sofortiger Flucht ohne weitere Überprüfung. Andere, wie beispielsweise das Tuckern eines Rückeschleppers, akzeptieren sie ohne Furcht. Brechend oder ziehend machen Sauen ordentlich Krach, manches Fremdgeräusch geht dann unter.

Laute

Das tiefe, leise lockende *Grunzen* der Bache und das ständige, helle *Quieken* der Frischlinge sind die ersten Kontaktlaute zwischen Mutter und Kind. Sie dienen wechselseitig dem sicheren Wiedererkennen.

Den Alarm- oder Warnlaut der Wildschweine kennt jeder Jäger. Es ist ein kurzes, aber lautes „Wuff". Anschließend fliehen die Stücke in aller Regel. Wer noch zu Schuss kommen will, muss jetzt äußerst schnell handeln.

Wenn Sauen Hund oder Mensch angreifen, geschieht dieses meist lautlos. Bisweilen geht dem Angriff auch ein drohendes Brummen der Bache voran, nämlich dann, wenn man dem Wurfkessel zu nahe kommt.

Ganz selten ist beim Keiler einmal das *Wetzen* zu vernehmen. Dabei schlagen Unter- und Oberkiefer wiederholt aufeinander. Dieses Geräusch geht jedem Jäger, der der Wundfährte folgt, durch Mark und Bein. Auch während der Rauschzeit hallt dieser Laut weit durch den Wald, wenn Keiler sich begegnen.

In hoffnungsloser – zum Beispiel gelähmter – Lage knirschen Sauen im Anblick ihrer Feinde mit den Zähnen. Ist dabei Wut oder Angst bestimmend?

Das *Klagen*, der Schmerzensschrei des Schwarzwildes, ist ein hoher, gellender Laut, der meist nur von jüngeren Stücken ausgestoßen wird. Bisweilen zeigt er Knochentreffer an. Öfter ist er zu hören, wenn Hunde ein Stück halten und dabei energisch zupacken. Der Frischling stößt in solchen Situationen häufig zusätzlich einen dunklen Grunzlaut in schneller Tonfolge aus.

In der Nähe dichter Deckung fühlt sich Schwarzwild auch am Tage an der Ablenkfütterung „sauwohl".

Er signalisiert wohl mehr Angst als Verteidigungsbereitschaft.

Lebensweise

Außer den einzeln gehenden Keilern leben Wildschweine in Familienverbänden. HEINZ MEYNHARDTS (1990) Beobachtungen belegen, welch strenge soziale Rangfolge in den Rotten herrscht. Ab dem zehnten Lebensmonat nehmen Frischlinge die niedrigsten, alte Bachen dagegen hohe Ränge ein. Entscheidend für die Rangfolge ist also das Alter. Die *ranghöchste Bache* ist in der Regel auch die älteste. Sie übernimmt Leitfunktion in allen Lebensbereichen. Wer eine *Leitbache* schießt, zerstört den sozialen Zusammenhalt der Rotte nachhaltig. NORBERT HAPP (2017) geht ausführlich auf die überragende Bedeutung der Leitbache ein.

Mit ihren beweglichen, gummiartigen und derben Würfen wühlen die Sauen den Wiesenboden auf, sie „brechen".

Schwarzwild rinnt ausgezeichnet und badet gerne.

Die Aktivitäten des Menschen machten die Sauen Mitteleuropas dämmerungs- und nachtaktiv. Vor allem der Jagddruck sorgte dafür: Sauen ruhen am hellen Tage ganzjährig in Dickungen, wenn man vom suchenden Keiler in der Rauschzeit einmal absieht. Die Aktivitätsphase beginnt abends. Die Leitbache bestimmt den Aufbruch vom Ruheplatz, die An- und Rückmarschwege zu den Suhlen, Malbäumen und Fraßplätzen und schließlich diese selbst. Alter, Stärke und Erfahrung der Leitbache werden respektiert. Ein energischer, kurzer Laut von ihr genügt, und die Jungtiere beenden schlagartig ihre Spielereien und Sozialkämpfchen.

Rottenfremde Sauen werden im Streifgebiet nicht geduldet. Auch der männliche Nachwuchs einer Rotte wird spätestens im Überläuferalter vertrieben. So bilden sich kurzfristig kleine *Überläuferrotten* mit eigenen Einständen. Diese männlichen Stücke werden jedoch bereits zur Rauschzeit, knapp zweijährig also, zu Einzelgängern.

Sauen *suhlen* vornehmlich in den Abendstunden von April bis August. In Ausnahmefällen hört der Jäger auch das Eis des Weihers spritzen, wenn Sauen sich hineinwerfen. Wildschweine suchen sehr gerne *Malbäume* auf. Sie befinden sich meist in unmittelbarer Nähe der Suhlen. In der Zeit des Haarwechsels findet man solche Scheuerbäume aber auch fern von Wasserstellen an den Wurzelanläufen von Kiefer oder Fichte.

Fraß

Im Vergleich zu den vier Mägen der Wiederkäuer ist der Magen des Schwarzwildes sehr einfach gebaut. Hier wird der Fraß im Wesentlichen verdaut. Sauen schlucken ihre Nahrung rasch herunter, sie kauen nur wenig. Aus diesem Grund benötigen sie leicht verdauliche Kost. Verholzte Pflanzenteile, die im Winter als Notnahrung aufgenommen werden, werden nur unzureichend verdaut. Sie finden sich noch gut erkennbar in der Losung wieder.

Im Jahresverlauf ist der Fraß sehr unterschiedlich. Im Sommer bevorzugen Sauen meist Feldfrüchte: Grünäsung, milchreifes Getreide, Mais, Kartoffeln, Rüben und Hülsenfrüchte. Im Herbst liefern Eicheln, Bucheckern und Kastanien in Mastjahren die Nahrungsgrundlage. Tierische Nahrung wird nur in sehr geringem Maß aufgenommen. Nach BRIEDERMANN macht ihr Anteil insgesamt zehn Prozent aus: Mäuse, Bodeninsekten, Gelege, Aas und – soweit erreichbar – Jungwild sind hier zu nennen. Das ein oder andere nicht voll fluchtfähige Rehkitz wird von einem ausgewachsenen Stück Schwarzwild sicherlich gerissen. Nicht ohne Grund schrecken die Ricken im Mai so anhaltend, wenn Schwarzkittel erscheinen.

Schäden und Schadensabwehr, Nutzen

Schäden in der Feldmark: Fast alle Anbaupflanzen in der Feldflur sind Nahrung des Schwarzwildes. Sauen bevorzugen Mais, Hafer, Roggen, Weizen, Kartoffeln und Rüben. Sie nehmen auch Grünäsung wie Klee, Raps oder Lupinen, auf. Auf der Suche nach Insekten und Larven brechen sie Wiesen und Weiden um. All diese Schäden führen bereits seit Jahrhunderten zu berechtigten Klagen der Landwirte. Sie sind der Hauptgrund für die intensive Schwarzwildbejagung.

Schäden im Wald: Im Wald verursachen Sauen hauptsächlich Schäden an Eichenkulturen, in denen sie gelegte Eicheln – teilweise sogar die Jungpflanzen – aufnehmen. Probleme bereiten auch „indirekte" Schäden durch Schwarzwild in Form größerer Löcher, die es sich in Kulturgattern schafft. Rehe, aber auch Dam- oder Rotwild, finden so wieder Zugang zu Kulturen, von denen sie ferngehalten werden sollen.

Jäger *beugen* diesen *Schwarzwildschäden vor*, wenn sie eine angemessene Zahl von Sauen strecken. Hilfreich ist auch das Anlegen von *Ablenkfütterungen* und Wildäsungsflächen. Hier bietet man den Sauen in der Nähe ihrer Einstandsdickungen – in möglichst großem Abstand zum Feld – Nahrung an, die sie beschäftigen und Tagesaktivität bewirken soll. Stetiges Beschicken und Ruhe sind hierbei entscheidend. An Ablenkfütterungen fällt selbstverständlich kein Schuss. Die Erfolge sind erstaunlich: Feldschäden werden erheblich verringert, die Stammrotte wird zum Standwild und erscheint auch schon einmal vertraut bei Sonnenschein. Ablenkfütterungen bedürfen allerdings in einigen Bundesländern der Genehmigung durch Jagdbehörden.

Sauklappen im Zaun helfen, Wildschäden in Forstkulturen zu mindern: Rot- und Rehwild bleiben draußen, das Schwarzwild findet Fraß und Ruhe.

Sauen haben an diesem Malbaum ihre Schwarte kräftig gescheuert. Der Schlamm ist in den heißen Sommertagen rasch getrocknet.

Der direkten Schadensabwehr im Feld dienen – wie beim Rotwild – Elektrozäune, Blinklichter, Knallapparate, vor allem aber der nächtliche Ansitz bei Mondschein an der Schadfläche. Im Wald hilft eine stabile Einzäunung der Kulturen und deren regelmäßige Kontrolle.

Schwarzkittel verursachen jedoch nicht nur die vorgenannten Schäden, sondern sie *nutzen auch* dem Forstmann in großen, zusammenhängenden Waldgebieten. Sie vertilgen dort die Larven und Puppen vieler forstschädlicher Insekten, und auch Mäuse. Schließlich lockert und durchlüftet ihr Brechen den Waldboden.

Rauschzeit und Nachkommen

In Mitteleuropa beginnt die Rauschzeit bei einer intakten Rotte im November oder Dezember mit der Rausche der Leitbache. Da allerdings gestreifte oder milchabhängige Frischlinge inzwischen das ganz Jahr hindurch beobachtet werden können, ist die Rauschzeit nicht mehr streng an diesen Zeitraum gebunden. Etwa 14 Tage vor der Rausche markiert die Führungsbache Zweige, junge Stämmchen, auch Malbäume, mit ihrem Speichel und dem Sekret der Augendrüsen. Die zur Rotte gehörigen weiblichen Stücke – sie sind in diesem Familienverband alle mit der Leitbache verwandt – beginnen daraufhin innerhalb weniger Tage gleichfalls zu markieren. MEYNHARDT nennt dieses Phänomen *Rauschzeitsynchronisation*. Es handelt sich offensichtlich um eine „Geruchsbotschaft" an die Keiler: Bitte bereithalten! So steuert das Leittier beim Schwarzwild auch während der Rauschzeit sämtliche Verhaltensabläufe in der Rotte.

Auf dieses Signal hin suchen die Keiler die Rotte und markieren in ähnlicher Form. Der stärkste unter ihnen, der oft in harten Rangkämpfen ermittelt wird, kommt zum Beschlag.

Die Frischlinge werden nach einer Tragzeit von 114 bis 118 Tagen im Regelfall im März/April in einem Wurfkessel geboren, der abgedeckt, trocken und warm ist. Ältere Bachen bauen bessere Kessel als jüngere. MEYNHARDT ermittelte eine durchschnittliche Wurfstärke zwischen zwei und neun Frischlingen, in Abhängigkeit von Alter der Bache und den Lebensbedingungen. Bis zu knapp 40 Prozent davon können in den ersten acht Monaten verenden. Häufigste Todesursache ist in niederschlagsreichen Frühjahren die Unterkühlung in den ers-

Rauschzeit – der Keiler (links im Bild) ist stark erregt. Im schnellen Wechsel bewegt er den Unterkiefer nach links und rechts und erzeugt so Speichelschaum, den er zum Markieren verwendet.

Silbergrau ist die Sommerschwarte der Bache, gelbweiß sind die Längsstreifen auf der rötlichen Schwarte der Frischlinge.

ten Lebenswochen. Ein zweites Frischen innerhalb eines Jahres beobachtete MEYNHARDT nur, wenn die Frischlinge vorzeitig zu Tode gekommen waren. Andere Beobachtungen widersprechen dem jedoch. Zweitfrischen ist wohl selten.

Feinde, Verluste, Krankheiten

Als natürlicher Feind der Sauen kommt nur *Großraubwild* in Frage, also Bär, vor allem Wolf, Luchs und in Asien der Tiger. Ihnen werden vornehmlich die Jungtiere zur Beute, deren Kraft weder zur Verteidigung noch für eine weite Flucht reicht. Dem Fuchs gelingt es kaum, einen jungen Frischling zu reißen – die Bache beschützt ihre Jungen zu gut.

Unfälle auf Straße oder Schiene sind oftmals dadurch charakterisiert, dass hier mehrere Stücke gleichzeitig angefahren werden. Dazu kann es kommen, wenn die Rotte dicht geschlossen bei der Führungsbache bleibt.

Im Norden ihres Verbreitungsgebietes führen *hoher Schnee* und lang anhaltender *Frost* zu Winterverlusten unter dem Schwarzwild, die bei fehlenden Weißreserven besonders hoch sind. Im mitteleuropäischen Bereich leiden Frischlinge in den ersten 14 Lebenstagen besonders unter *nasskalter Witterung*. Sie führt zur Unterkühlung. Bei mangelnder Fürsorge durch junge Bachen ist dieses eine Ursache für erhebliche Frischlingsabgänge.

Das Schwarzwild ist durch die Schweinepest, vor allem die Afrikanische Schweinepest (ASP) gefährdet. Von deren Erstauftreten in Deutschland im September 2020 wurden bis zur Drucklegung des Buchs über 2 700 Fälle in Brandenburg, Sachsen sowie Mecklenburg- Vorpommern verzeichnet. Auch die Sarkoptesräude zählt zu den Gefahren für das Schwarzwild (siehe auch Kapitel „Wildkrankheiten“).

Waffen und Schwarte

Gute Keilerwaffen und Bachenhaken sind Jagdtrophäen vom Schwarzwild, dazu die Winterschwarte älterer Stücke und der Saubart.

Gewehre und Haderer

Die Eckzähne sind besonders bei älteren Keilern kräftig ausgebildet. Zu Recht bezeichnet der Jäger sie als „Gewaff“. Die Schleifflächen der Gewehre werden scharf und kantig, so dass sie, für Hunde und Jäger gleichermaßen, gefährliche

Die Eckzähne im Unterkiefer – Gewehre – sind die eigentlichen Waffen des Keilers. Die Haderer im Oberkiefer halten sie durch permanentes Schleifen scharf.

Keiler wie dieser sind überaus ernst zu nehmende Gegner, wenn sie in die Enge getrieben werden und annehmen.

Waffen des annehmenden Keilers darstellen. Die Dauereckzähne im Unterkiefer männlicher Stücke werden als *Gewehre*, die im Oberkiefer als *Haderer* bezeichnet. Beständig wachsen beide in die Länge, indem sich fortlaufend Dentin an der Zahnbasis anlagert. Dabei werden sie nach vorne geschoben. Da die Gewehre an den Haderern gewetzt werden, bilden sich an beiden Zähnen Schleifflächen, die bei den Gewehren spitz zulaufen. So werden sie zu echten Waffen.

Wann aber nehmen Sauen Menschen oder Hunde an? Gesunde Stücke vermeiden das in aller Regel. Ausnahmen sind „selbstbewusste“ Schwarzkittel, die – aus welcher Stimmung heraus auch immer – zum Angriff übergehen. Infolge der Intensivierung von Bewegungsjagden mit Hunden und vermutlich der Gewöhnung der Sauen daran ist das in den letzten Jahren häufiger zu beobachten.

Zwei Gründe gibt es, die quasi zwangsläufig dazu führen, dass eine Sau annimmt: Die Bache *verteidigt* zumeist (nicht jede) ihre *Frischlinge*, vor allem in der *Nähe des Wurfkessels*. Hier hilft es schon, wenn man sich rasch und weit entfernt. Sobald eine krankgeschossene Sau – etwa am Wundbett – Hund und Herrn attackiert, kann die Situation wirklich kritisch werden, vor allem in dichtem Bewuchs. Der Hundeführer hat den Hund am Riemen, hört aufgrund der Eigengeräusche wenig, seine Büchse hängt auf dem Rücken, der Angriff der Sau kommt überraschend und flott. Ein erfahrener Begleiter mit

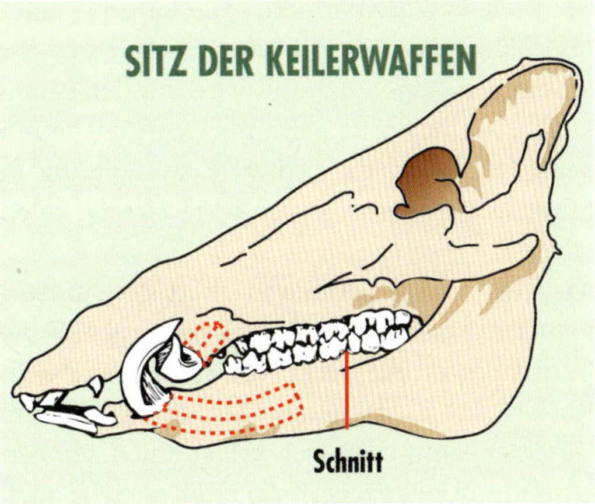

Die Gewehre stecken normalerweise zu zwei Drittel im Unterkiefer. Ihre Beschädigung vermeidet der Jäger, indem er die Unterkieferäste vor dem Abkochen jeweils hinter dem fünften Backenzahn durchsägt.

Die Waffen sind kein Zierrat. Täglich benutzt, werden sie bei älteren Keilern oft an den Spitzen beschädigt.

guter Reaktion ist dann wertvoll.
Bei alten, starken Keilern beträgt die *Länge der Gewehre* über den Außenbogen gemessen 19 bis 20 Zentimeter. Ihre Breite beläuft sich an der stärksten Seite auf 22 bis 25 Millimeter. Der Umfang der wesentlich kürzeren Haderer, die ab einem Alter von vier bis fünf Jahren deutlich gekrümmt sind, ist dann auf sieben bis siebeneinhalb Zentimeter angewachsen. Alle Werte, die darüber liegen, sind Spitzenwerte und werden nur selten erreicht.
Leider kommt es recht häufig vor, dass vordere Teile eines Gewehres in höherem Alter abbrechen. Bei den Haderern ist das nur selten einmal der Fall.
Auf einem runden, dunklen und nicht zu großen Brett aufgesetzt, präsentieren sich Keilerwaffen sehr eindrucksvoll.

Winterschwarte und Saubart

Winterschwarten des Schwarzwildes schmücken bei vielen Waidmännern Jagdzimmer oder Hausflure. Drei bis vier Jahre bleiben sie sehr ansehnlich. Ein Junghund wird sie fleißig anknabbern und später gerne als Liegestatt benutzen. Dabei wird die Schwarte zwangläufig in Mitleidenschaft gezogen und ihre Borsten fallen aus.
Aus den *Federn* gebunden, ziert der *Saubart* manchen Jägerhut. Im Winter tragen gerade die Überläufer oft die längsten Borsten auf ihrem Rücken. Mit Zwirn, gutem Klebstoff und etwas Geschick kann man sich selbst einen solchen Hutschmuck in Fächerform binden (siehe auch Kapitel „Trophäen“).

Schwarzwildhege

In guten Revieren kann man jedes Jahr einen braven Rehbock, je nach Region in einem Jahrzehnt auch einen starken Hirsch schießen, aber höchstens ein- oder zweimal im Leben ein wirkliches Hauptschwein. Ist eine Hege reifer Keiler überhaupt möglich? Wie viele Frischlinge und Überläufer werden in gepflegten Revieren geschossen? Wann ist der Ansitz bei Mondschein, wann die Drückjagd erfolgversprechend?
Das dazu notwendige Überdenken der Einstellung dem Schwarzwild gegenüber auf Seiten der Jäger ist ein langwieriger Prozess. Jahrhunderte lang fand eine rüde, unwürdige Verfolgung der Sauen statt. Die hohen Feldschäden durch diese Wildart waren der Grund dafür.

Schwarzwildringe

Hegegemeinschaften für das Schwarzwild haben vorrangig folgende Aufgaben: Zum einen verfolgen die in ihnen zusammengeschlossenen Jäger möglichst genau die Entwicklung der Bestände in ihren Revieren und somit der Population in der betreffenden Region. Dabei kann nur der jeweilige Trend erfasst werden, denn exakte Zählungen sind bei dieser Wildart nicht durchführbar. Erhebliche Schwankungen der Bestandeshöhen sind nämlich alleine schon durch den Einfluss von Eichel- und Buchelmasten auf

Geringe Jungendsterblichkeit, milde Winter und die Zunahme des Fraßangebotes fördern die Fortpflanzungrate des Schwarzwildes seit 20 Jahren deutlich.

Einstandswahl und Zuwachs vorprogrammiert. Übermäßiger Vermehrung wird der Jäger immer energisch entgegenwirken, um Wildschäden auf Feldern, Wiesen und Weiden weitgehend zu verhindern.

Zum anderen dienen ein gemeinsames Planen der Bejagung und das sorgfältige Erfassen der Strecken als Arbeitsgrundlage der Hegegemeinschaften. Ausschlaggebend ist dabei, dass von Fall zu Fall die Möglichkeit gewährleistet ist, dass erlegte Stücke durch sachkundige Vertrauensleute besichtigt werden. Dieses wird hier und da als unzumutbar empfunden. Doch wenn die Strecken nicht offen gelegt werden, schwindet das gegenseitige Vertrauen rasch. Sämtliche Bemühungen um eine sinnvolle sowie artgerechte Bejagung des Schwarzwildes drohen dann zu scheitern.

Werden Sauen großflächig nach einheitlich festgelegten Regeln bejagt, verlangt dies Disziplin und oftmals auch Verzicht auf den eigenen Jagderfolg. Sind wir dazu bereit, werden wir viel für das Schwarzwild erreichen. Ehrliches, waidmännisches Verhalten und persönliches Verantwortungsbewusstsein jedes einzelnen Jägers entscheiden über die Höhe, die Gliederung und die Qualität eines Schwarzwildvorkommens.

Was kein Ruhmesblatt für die Jäger ist und den Sauen wenig dient: Die Mehrzahl der mit viel Idealismus gegründeten Schwarzwildringe wurde mittlerweile wieder aufgegeben.

Ziele und Grenzen der Hege

Manche Jäger glauben, das Wort „Hege“ sei in Zusammenhang mit unseren Sauen nur vorsichtig zu verwenden. Zu viele Menschen verbinden mit diesem Begriff das Heranziehen großer Bestände und eine zwangsläufige Zunahme der Feldschäden. Hier tut Aufklärung not. Denn schon Teuwsen, der Vater des *„Lüneburger Modells“*, definierte das Hegeziel wie folgt: Aufbau beziehungsweise Erhalt eines gesunden Schwarzwildbestandes, der mit ausgewogener Altersgliederung in seiner Höhe für die Landeskultur tragbar ist und nachhaltig eine angemessene Bejagung ermöglicht.

Das Zielalter von fünf Jahren und älter muss eine angemessene Anzahl von Sauen erreichen. Hege des Schwarzwildes bedeutet also: Bei Berücksichtigung der Familienstrukturen will der Jäger eine tragbare Wilddichte von ein bis zwei Sauen im Frühjahr auf 100 Hektar Biotopfläche erreichen und damit in allen Revieren einen verbesserten Altersaufbau der Populationen verbinden. Außerdem bemühen sich die engagierten Heger, einerseits Feldschäden zu minimieren und andererseits das Nahrungsangebot im Wald zu maximieren. Gelingt dies alles, können Sauen auf reizvolle Art und Weise

Kopf, Hals und Rumpf bilden eine Einheit von geballter Kraft. Ein richtiger „Watz“. Auch ein Hegeziel des „Lüneburger Modells“.

sowie mit hohem Wildbretertrag bejagt werden. Auch der Anteil der jagdbaren reifen Erntekeiler wird dann steigen.

Ablenkfütterung und Kirrung

Eine gezielte Winter- oder Erhaltungsfütterung ist angesichts der Entwicklung der Schwarzwildbestände und des überreichen Nahrungsangebots überflüssig, eher kontraproduktiv und in manchen Bundesländern verboten.

Sauen nehmen gerne Dauergrünlandflächen an. Besitzen diese einen hohen Kleeanteil und sind sie richtig gedüngt, weiden Schwarzkittel darauf wie Kühe. Wildäcker haben sich weniger bewährt. Deren Anlage und Unterhalt sind teuer, und die Sauen gehen in kurzer Zeit zu verschwenderisch mit dem Dargebotenen um. Das Pflegen und Freistellen von Mast tragenden Baumarten – wie Eiche und Buche, Esskastanie

Die quer zum Hochsitz angelegte Streifenkirrung macht einen sauberen Schuss leichter als plätzeweise ausgebrachtes Kirrgut.

und Wildobst – ist sinnvoll, aber kein entscheidender Faktor für die Ernährung der Sauen. Zu gering ist oft die Menge, zu unregelmäßig ihr zeitlicher Anfall.

Zur Minimierung von Schäden im Feld können – sofern die landesrechtlichen Voraussetzungen erfüllt sind – wie schon erwähnt, Ablenkfütterungen sinnvoll sein, sofern sie tief im Wald liegen und – möglichst täglich – breitwürfig mit den jeweils zugelassenen Futtermitteln beschickt werden. Fällt an ihnen ganzjährig kein Schuss, werden die Schwarzkittel ortsgebunden, tagaktiv und sehr vertraut. Beobachtungssitze an diesen Ablenkfütterungen ermöglichen dann gute Einblicke in das Verhalten des Schwarzwildes.

Kirrungen, also Lockfütterungen, dienen der gezielten und effektiven Bejagung der Sauen. Sie dürfen nur mit geringen, nach Landesrecht zulässigen Futtermengen und -mitteln beschickt und nicht ortsfest angelegt werden. Quer zur Ansitzeinrichtung angelegte Streifenkirrungen sind geeigneter als punktuelle Kirrplätze, da die Sauen an Ersteren meist breit zum Jäger stehen und einander selten verdecken.

Das „Lüneburger Modell"

Die Richtlinien des „Lüneburger Modells" sind einst auf freiwilliger Basis im Kreis Lüneburg erstellt und 1980 neu gefasst worden. Dieses Modell bildet vielfach heute noch die Arbeitsgrundlage für Schwarzwildhegegemeinschaften in Deutschland, wobei Anpassungen an örtliche Besonderheiten möglich sind. Eine einheitliche Schwarzwildbejagung soll dabei auch der Hege dieser Wildart dienen.

Entscheidend sind diese *sieben Grundsätze* des „Lüneburger Modells":

1. Grundsätzlich ruht die Jagd auf Sauen vom ersten Februar bis zum 15. Juni. Zum Abwenden von unzumutbaren Feldschäden in dieser Zeit können geringe Sauen erlegt werden.
2. Die Mittelklasse – die zwei- bis vierjährigen Stücke, zumeist mit Gewichten zwischen 50 und 100 Kilogramm aufgebrochen – wird ganzjährig geschont.
3. Aus einer Rotte schießt der Jäger zunächst

Hier fällt die Entscheidung leicht: Die führende Bache pardoniert der Jäger.

immer das schwächste Stück. Frischlinge werden früh und scharf bejagt.
4. Sämtliche gesunde, männliche Überläufer werden geschont.
5. Ab dem fünften Lebensjahr oder wenn sie 100 Kilogramm (und mehr) aufgebrochen wiegen, gelten Keiler als jagdbar. Sie werden entweder als Gruppen-Keiler oder revierweise ab dem 1. September freigegeben.
6. Jüngere Bachen dürfen erst ab dem 1. November und nur in begrenzter Zahl sowie auf der Einzeljagd, aber ohne Gewichtsbeschränkung, geschossen werden. Alte, erfahrene Leitbachen sind zu schonen.
7. Man strebt eine Strecke in folgender Gliederung an: (mindestens) 75 Prozent Frischlinge, (höchstens) 15 Prozent Überläufer und zehn Prozent Keiler sowie Bachen.

In der jaglichen Praxis sind diese Vorgaben heutzutage nicht mehr ohne Abstriche einzuhalten. Wie bei allen Schalenwildarten bejagen Jäger Sauen dann „naturnah", wenn sie so viele Frischlinge schießen wie möglich. Da mittlerweile Frischlings- beziehungsweise dann Überläuferbachen einen sehr großen Anteil zur Reproduktion der Populationen beisteuern, muss die Bejagung der Frischlinge so scharf und konsequent erfolgen, „als wolle man sie ausrotten", wie NORBERT HAPP es treffend formuliert. Übrig bleiben sicher noch genug.

Die Mittelklasse wird möglichst geschont. Altersreife männliche Stücke werden erlegt, wenn die Jäger sie denn finden. Den Führungsbachen gönnen wir ein langes Leben, ein gewisser Teil nachgeordneter Bachen, also älterer Reproduktionsträger, wird erlegt. Letzteres sah immer schon auch das Lüneburger Modell vor.

Dass viele Jäger vorstehend genannte Forderungen noch längst nicht erfüllen, müssen wir bekennen – den Sauen zuliebe.

Ansprechen im Revier

Das Ansprechen von *einzelnen Sauen* im Revier hat seine Tücken. So liefert ihr Gewicht kaum einen Altersanhalt. Schon im Dezember erreicht der gut entwickelte Überläuferkeiler 70 Kilogramm aufgebrochen und nähert sich damit dem Gewicht der ausgewachsenen Schwarzkittel. Weil die Geschlechter in der Winterschwarte ähnlich ausschauen, lassen sich Einzelstücke nur schwer voneinander unterscheiden. Wechseln die Sauen in einer Rotte an, fällt das Ansprechen dagegen leicht. Der Jäger kann dann sehr gut vergleichen.

Frischlinge und Überläufer

Auch die *Frischlinge* bereiten keine Probleme. Bis in den August hinein verraten sie ihre hellen Längsstreifen, danach bei geringer Größe ihre rotbraune Herbstschwarte. Aber schon Ende Januar, in der Winterschwarte, wirken sie recht erwachsen.

Überläuferkeiler sind im Sommer leicht anzusprechen. Lässt der Pflanzenwuchs den Blick auf die Bauchdecke zu, erkennt der Jäger den Pinsel. Da sie im Frühsommer gerade selbstständig geworden sind, fallen Überläuferkeiler durch ihr vergleichsweise unbekümmertes Benehmen in den frühen Abend- und späten Morgenstunden auf.

Überläuferbachen bleiben dagegen meist bei der Mutterrotte. Manchmal führen sie sogar schon Frischlinge. Ist die Bauchdecke im Sommer glatt – also ohne Striche – wird sie der Feldjäger

Bei so gutem Licht fällt das Ansprechen leicht.

schießen. Auf diese Weise kann er nämlich die Rotte gut vertreiben, ohne in ihr sozialen Schaden anzurichten.
In der Winterschwarte kann im Übrigen die noch gerade Rückenlinie der Überläufer eine Ansprechhilfe sein.

Auch hier ist die Entscheidung einfach: Beide Stücke sind braun und gering. Sie können bedenkenlos erlegt werden. Der Jäger wird einen „Doppeltreffer" vermeiden, aber eine Dublette versuchen.

Die Mittelklasse

Ob ein Stück zur *Mittelklasse* – also den *zwei- bis vierjährigen* Sauen – zählt, erfordert dann genaues Beobachten, wenn bloß ein Einzelstück dahergetrollt kommt. Bei guter Beleuchtung lässt der helle Backenbart und das heranwachsende Gewaff des Keilers meist eine richtige Altersschätzung zu. Die Länge des Pürzels und die Stärke der Quaste differieren bei den einzelnen Stücken dagegen sehr, sie sind kein geeignetes Ansprechmerkmal.
Der Kopf wirkt bei den *Bachen* jetzt im Vergleich zum Keiler länger und schmaler, der ganze Rumpf gestreckter. Führen sie, sind sie entweder das Spitzentier in ihrer Familiengruppe, hinter dem die Frischlinge kommen, oder aber Teil eines großen Familienverbands, in der eine Leitbache das Kommando hat. Sie wechseln ihr Haarkleid zur Sommerschwarte erst spät und haben oft noch im Juni schwarze lange Winterborsten streifenweise auf dem Rücken. In dieser Zeit sind die *Striche* des Gesäuges gut zu sehen, wenn milchabhängige Frischlinge geführt werden. Das Alter dieser Mittelklassebachen anzugeben, vermag der Jäger nur, wenn er seine Stammrotte Jahr für Jahr beobachten kann.

Reife Keiler

Der wirklich *altersreife Keiler* lässt sich sehr leicht ansprechen. Im Herbst und Frühwinter wirkt er aufgrund von Hängebauch und Karpfenrücken „so hoch wie lang". Den Kopf trägt er meist leicht gesenkt. Die Waffen sind ohne langes Suchen gut erkennbar. Sie wirken mehr gelblich als weiß. Im Gesicht haben die hellen Töne in der Winterschwarte deutlich zugenommen. Pürzel und Quaste sind beide meist lang und ausgeprägt, aber eben nur in der Regel.

Altersermittlung am erlegten Stück

Die Altersermittlung an einer erlegten Sau erfolgt an den Zähnen des Unterkiefers.

Gebissentwicklung und Zahnwechsel

Bis zum Alter von 22 bis 24 Monaten lässt die Zahnentwicklung eine genaue Altersbestimmung zu. Bei Frischlingen ist nach fünf bis sechs Monaten das Milchgebiss mit 24 Zähnen vollständig ausgebildet und der erste Molar als Dauerzahn vorhanden. Im späten Winter bezweifeln Jäger bisweilen das Alter eines erlegten, starken Frischlings. Hier hilft ein Blick ins Gebrech weiter: Sind die beiden inneren Schneidezähne an den Spitzen schon deutlich abgenutzt, die äußeren (dritten) aber stiftförmig, ist das Stück kein Überläufer, sondern ein neun bis zehn Monate alter Frischling. Nur vier Backenzähne sind außerdem in Funktion (der zweite bis vierte Prämolar und der erste Molar).
Mit Beginn des zweiten Lebensjahres wird auch der zweite Molar sichtbar. Der Wechsel der Milchzähne zum Dauergebiss setzt ein. Zunächst werden die äußeren Schneidezähne und die Eckzähne ersetzt, mit etwa 14 Monaten auch die inneren Schneidezähne und die Prämolaren. Als letzten Milchschneidezahn verliert der Überläufer den zweiten Schneidezahn mit etwa 18 bis 20 Monaten. Der dritte Molar erscheint als letzter Dauerzahn. Bis er vollständig durchgebrochen ist, vergehen mehrere Monate. In Kaufunktion tritt er meist erst mit 22 bis 24 Monaten.

Ältere Sauen

Da die Zahnoberfläche des Dauergebisses mehr und mehr beansprucht wird, schleift sich der dünne, aber harte Zahnschmelz mit zunehmendem Alter immer stärker ab. Das dunkle Dentin tritt hervor. Die Zähne werden kürzer, das Alter kann nur noch geschätzt werden.

Nach BRIEDERMANN bilden folgende Merkmale einen Altersanhalt:

- Zirka vierjährig: Die Schmelzschlingen des ersten Molars sind abgerieben, das dunkelbraune Dentin tritt flächig hervor. Der Schmelz aller vier mittleren Schneidezähne (der ersten und zweiten) ist deutlich angeschliffen, ihr Dentin klar erkennbar.
- Etwa fünfjährig: Der zweite Molar hat eine ebene Oberfläche. Beim dritten Molaren zeigen sich sternförmige Dentinflecken.
- Ungefähr sechs- bis siebenjährig: Die Schneidezähne sind stark verkürzt. Der dritte Molar weist jetzt auch eine fast ebene Oberfläche auf, sein Dentin tritt nunmehr punktförmig bis kleinflächig hervor.

STUBBE und LOCKOW haben auch für Schwarzwild Nomogramme entwickelt. Als Eingangsgrößen werden dazu Unterkieferbreite und die Höhen definierter Prämolaren oder Molaren oder auch bei Keilern der Durchmesser der Gewehr-Austrittsöffnung gemessen.

Bejagung

Jagdzeiten

Frischlinge, deren Anteil am Gesamtabschuss mindestens 80 Prozent betragen sollte, müssen fast das ganze Jahr hindurch bejagt werden. In Rot- oder Damwildrevieren wird zur Brunftzeit sicher Zurückhaltung geübt. Auch kurz vor einer Bewegungsjagd lässt man die Sauen im Wald eine Zeitlang unbehelligt, schließlich soll an diesem Tag Strecke gemacht werden. Zuletzt gönnen die Jäger möglichst allem Wild auch in den Monaten März und April Ruhe, denn in keiner anderen Jahreszeit ist der Jagddruck leichter zu mindern. Baden-Württembergs neues „Jagd- und Wildtiermanagementgesetz“ sieht eine gesetzliche Schonzeit im März und April auch für sämtliches Schwarzwild vor. Frischlings-, beziehungsweise später Überläuferbachen sind auch bei ganzjähriger Jagdzeit zu schonen, wenn sie selbst Nachwuchs führen und diesen noch säugen, denn dann sind sie „für die Aufzucht notwendige Elterntiere“ im Sinne des § 22 Abs. 4 BJagdG.

JAGDZEITEN DES SCHWARZWILDES NACH DER BUNDESJAGDZEITENVERORDNUNG

Frischlinge und Überläufer	*ganzjährig*
Mehrjährige Keiler und Bachen	*16. Juni bis 31. Januar*

§ 22 Abs. 4 Bundesjagdgesetz: Dessen Bestimmungen zum Erlegungsverbot aller für die Aufzucht von Jungtieren notwendigen Elterntiere gilt selbstverständlich auch für führende Frischlings- und Überläuferbachen.
§ 19 Abs. 1 Nr. 4 Bundesjagdgesetz: Danach ist auf Schwarzwild die Nachtjagd erlaubt (Nachtzeit: von 1½ Stunden nach Sonnenuntergang bis 1½ Stunden vor Sonnenaufgang).

Frischlinge müssen vor allem im Herbst und Winter mit größter Konsequenz bejagt werden. Seit BRIEDERMANN wissen wir, dass ein zu geringer Frischlingsanteile am Ist-Abschuss nicht durch einen erhöhten Überläuferabschuss im nächsten Jahr ausgeglichen werden kann.

Bejagungsgrundsätze

Frischlinge: Der Nachwuchs wird intensiv be-

Im September gefrischt, im November erlegt: In dieser Jahreszeit kommen bei hoher Bestandesdichte in vielen Revieren noch gestreifte Frischlinge vor.

Ein prächtiges Bild: Vertraut bricht der Keiler im Tiefschnee.

jagt. Frischlinge aus dem Frühjahr bringen ab Ende Juli zehn bis zwölf Kilogramm auf die Waage. Bis in den Januar hinein werden sie kräftig reduziert. An der Gesamtstrecke haben sie im Idealfall pro Revier einen Anteil von 80 Prozent, besser mehr. Hier liegt also eindeutig das Schwergewicht des Abschusses.

Überläufer: Sie werden von Mai bis September überwiegend im Feld erlegt, wenn sie dort zu Schaden gehen. Im Wald gilt es vor allem körperlich schwachen Überläufern, die im Vorjahr nicht als Frischlinge geschossen worden sind. Aber Achtung: Überläuferbachen können bereits führen. Gesunde, starke Überläufer wachsen in gepflegten Revieren in die Mittelklasse ein. Ihr Streckenanteil bleibt möglichst unter 15 Prozent.

Mittelklasse: Ihr gehören alle zwei- bis vierjährigen Sauen an. Im Idealfall sind diese stark und gesund und werden dann geschont, denn sie sind die „tragende Säule" einer gesunden, stabilen Wildpopulation. In der Praxis sind Abgänge durch Fehlansprachen und Verkehrsunfälle leider nicht immer zu vermeiden.

Keiler: In gepflegten Revieren werden Keiler mindestens fünf Jahre alt oder 100 Kilogramm schwer. Jedes Jahr und jedes Kilogramm darüber hinaus erfreuen uns Jäger. Fünf Prozent Streckenanteil strebt man an, leicht erreichbar sind sie in rauer Praxis allerdings nicht.

Bachen: Führungs-, vor allem aber Leitbachen, werden grundsätzlich ganzjährig geschont. Um die örtliche Population jedoch in Grenzen zu halten, muss der Jäger ab erstem November *auf der Einzeljagd einige Bachen* erlegen. Kirrungen bieten gute Gelegenheiten, um hierbei richtig auszuwählen. Fünf Prozent wird der Anteil der Bachen an der Gesamtstrecke betragen. Fehlabschüsse tragen dazu bei.

Im *Feld* bejagt man das Schwarzwild schwerpunktmäßig in den Sommer- und Herbstmonaten. Hier ist der Wildschaden im Interesse der Landwirte zu minimieren. Mondphasen nutzt der Jäger fleißig aus, weil dann die Erfolgschancen sehr hoch sind. Gewissenhaftes Ansprechen tut im Übrigen gerade hierbei not. Vielmals ragt bloß der Rücken der Bache aus den Rüben oder dem Hafer. Die Frischlinge sind kaum zu sehen. Hier hilft nur längeres Beobachten. Führungslose Frischlingsrotten belegen leider nur zu oft, wo es an der notwendigen Geduld und Vorsicht gefehlt hat.

Im *Wald* verringern (zulässige!) Ablenkfütterungen den Sommer über die Schäden im Feld deutlich. Herbst- und Winterjagd bilden hier den Schwerpunkt, oft in Gemeinschaft vieler Jäger. Den Abschuss an Kirrungen und die Nachtjagd wird der verantwortungsbewusste Jäger im Wald nicht übermäßig betreiben. Die weit verbreitete Unsitte, Sauen in erster Linie nachts vom Hochsitz aus an der Kirrung zu schießen, schadet dem Ansehen der Jäger beträchtlich.

Schwarzwildringe sind zur Absprache über die Ziele einer gemeinsamen Hege und Bejagung der Sauen auf 10 000 bis 20 000 Hektar unerlässlich. Am besten funktionieren solche Hegeringe, in denen vereinbart wurde, dass erlegte Sauen besichtigt werden.

Ansitz

Der Ansitz ist am Wald-Feld-Rand besonders erfolgversprechend, aber auch an Feldflächen, die erste Schäden aufweisen. Mais-, Getreide-,

DER SCHWARZWILDBESTAND - EIN SOZIALER ORGANISMUS IM LEBENSRHYTHMUS DER SONNE

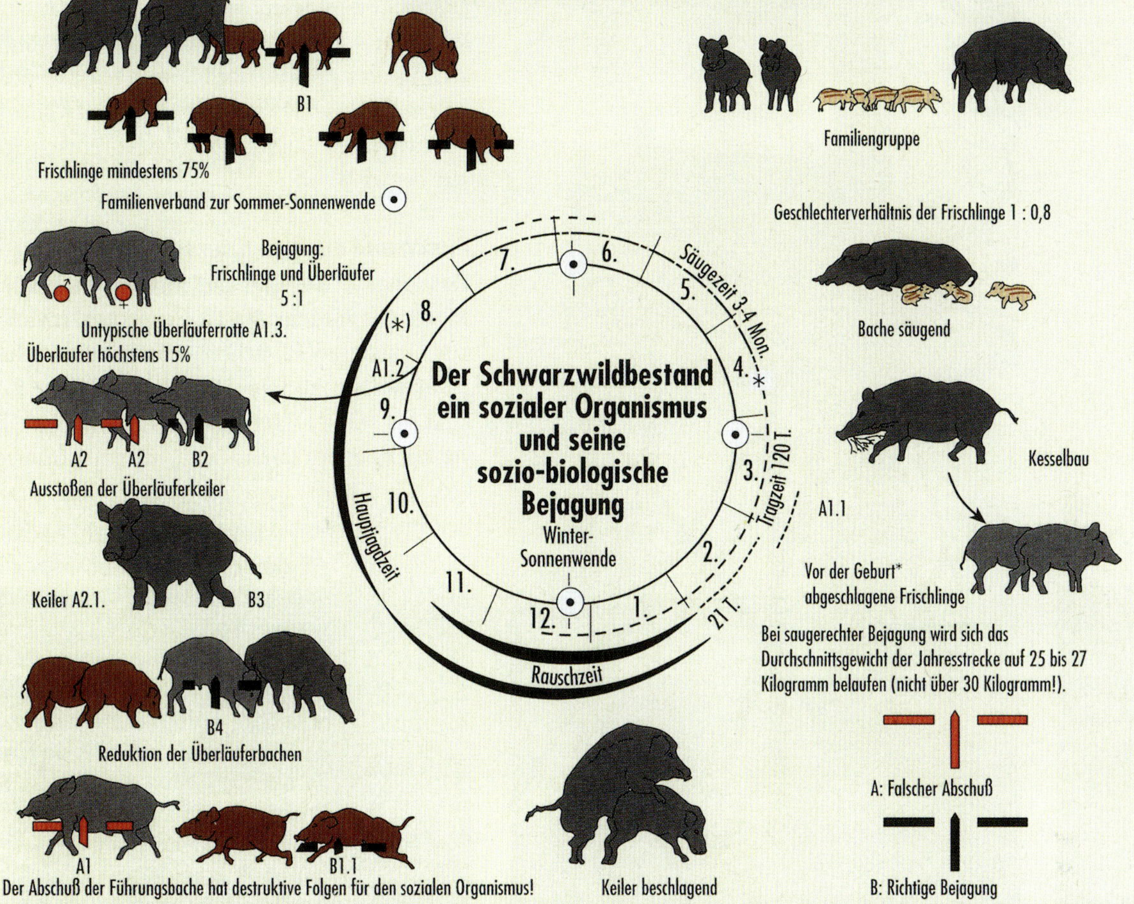

Zeitgemäße Rauschzeit zur Winter-Sonnenwende. Tragzeit 108 -120 Tage (- - -). Normale Frischzeit (*) zur Tag- und Nachtgleiche. Säugezeit (–·–·–). Zusammenziehen der Familiengruppen zu Familienverbänden zur Sommer-Sonnenwende (⊙).

A: Falscher Abschuss:
A1 Der soziale Organismus der Schwarzwildbestände wird durch den Abschuss der Führungsbachen nachhaltiggeschädigt! Die Rauschzeitsynchronisation unterbleibt: Durch den Fehlabschuss der ältesten, ranghohen Führungsbache wird der gleichzeitige Rauschzeittermin auf die rangniederen Bachen in der Familiengruppe nicht ausgelöst. Bei den gleichalten Geschwisterbachen dominiert die Führungsbache. **Die Folgeschäden:** A1.1 Erhebliche Streuung, Verlängerung der Rauschzeit (...). A1.2 Geburt der Frischlinge zur Unzeit, ganzjährig ((*)). A1.3 Untypische Rottenbildung von Überläuferbachen und Überläuferkeilern. *Der Hinweis auf eine verantwortungslose, asoziale, destruktive Jagd!*
A2 Der überhöhte Abschuss der Überläuferkeiler, die aus dem Familienverband ausgestoßen werden, schwächt den Keilerbestand (minus A2.1) und zerstört das natürliche Geschlechterverhältnis.
B: Richtige Bejagung
B1 Die Hauptjagdzeit beginnt im Juli. Der hohen Zuwachsrate entsprechend (bis zu 300 % des Frühjahrgesamtbestandes) wird frühzeitig mit der Bejagung der Frischline begonnen. Der Streckenanteil der Jugendklasse (Frischlinge ohne Gewichtsbegrenzung und Überläufer) muss mehr als 80 Prozent erreichen, und hier der weit überwiegende Teil bei den Frischlingen liegen (Pfannenstiel 2014, Kosmos).
B2 Die aus dem Sozialverband ausgestoßenen Überläuferkeiler werden schonend bejagt, um einen ausreichenden, im Alter reifen, für die Sozialstruktur wichtigen Keilerbestand aufzubauen (**B3**). Schonzeit der vermeintlich nicht führenden Bachen, durch die späte Freigabe einzeln ziehender Keiler? ab September.
B4 Notwendige Erlegung von Überläuferbachen, wenn sie nicht führen oder nicht mehr laktieren. Führende Bachen sind keine Führungsbachen! Die Führungsbache führt die Frischlinge der erlegten Überläuferbache. Verantwortungsvolle Bejagung älterer Bachen erfolgt nur bei der Ansitz- und Pirschjagd.
A1 Wird die Rotte bei der Drückjagd gesprengt, so wird auch bei Nichtfreigabe der führenden Bachen öfter die Führungsbache fälschlich als Keiler geschossen.
Zeichnung und Text: nach G. Wandel, „Die Pirsch" 16 (1994), S. 37

Um einen solchen Keiler auf die Schwarte zu legen, braucht's halt viel Sitzfleisch und noch mehr Dusel.

Buchenholzteer hat sich als Kirrmittel für Sauen bewährt, besonders wenn der Jäger Malbäume damit bestreicht. Die Erfolgschancen sind hoch.

Er hat die Sauen angegangen. Klein ist seine Beute, doch groß seine Freude.

Rüben- und Kartoffelschläge behält der Jäger im Auge. Für den Ansitz eignen sich ferner Kirrungen, Suhlen und Wechsel zwischen den Einständen.

Im Sommer sind Morgen- und Abendansitze gleich ergiebig. Häufig kommen die Sauen dann bei gutem Licht in Anblick. An schwülen Augusttagen lohnt sich der Abendansitz an Suhlen. Im Herbst und Winter setzt sich der Spezialist im Wald an Flächen an, auf denen Eicheln oder Bucheckern zu finden sind. Selbst bei geringer Mast ziehen solche Bestände – oder auch einzelne, alte Mastbäume – Sauen stark an. In der Feldmark suchen Schwarzkittel in dieser Zeit vor allem die maschinell abgeernteten Kartoffel- und Rübenschläge gern ab. Hier hilft nur der Nachtansitz: Der jetzt höher herauskommende Halb- oder Vollmond sorgt für ausreichende Beleuchtung.

Wenn er seinen Ansitzplatz auswählt, berücksichtigt der Könner vor allem die außerordentlich hohe Nasenleistung des Schwarzwildes. Die Deckung des Jägers ist nicht so entscheidend wie bester Wind.

Pirsch und Ausgehen der Fährte

Das gerade Gesagte gilt analog auch für die *Pirsch*. Oft wird der Jäger von seinem Ansitzplatz aus pirschen. Vielleicht möchte er nur noch eine frühe Morgenstunde ausnutzen, oder die Sauen sind für seine Kugel zu weit ausgezogen oder – vor allem in der Rauschzeit – nur zu hören, aber von der Kanzel aus nicht ins Zielfernrohr zu bekommen. Selbst größere Rotten kann der Jä-

ger bei gutem Wind leicht anpirschen. Das Sehvermögen der Sauen ist halt recht schlecht. So kann er in hellen Mondnächten über freie Flächen Rotten oft bis auf gute Schussentfernung angehen. Nachts werden das deutlich unter 100 Meter sein. Liegt im Winter Schnee, ist bei der Mondpirsch ein geflecktes, nicht leuchtend weißes Schneehemd sehr hilfreich.

Außerordentlich reizvoll ist das morgendliche *Ausgehen einer Fährte*, nachdem in der Nacht eine Neue gefallen ist. Auf den großen Truppenübungsplätzen oder überhaupt in Waldgebieten mit verlichteten Beständen gelingt dies bisweilen. Auch hierbei spielt der Wind die entscheidende Rolle. Langsam und leise folgt der Jäger der Fährte, seine Augen suchen immer möglichst weit voraus. Rutscht dann der Keiler aus dem Ameisenhaufen, in den er sich der Kälte wegen eingeschoben hat, staubt der Schnee. Trifft zudem die schnelle Kugel schön vorne, ist das höchste Jägerslust.

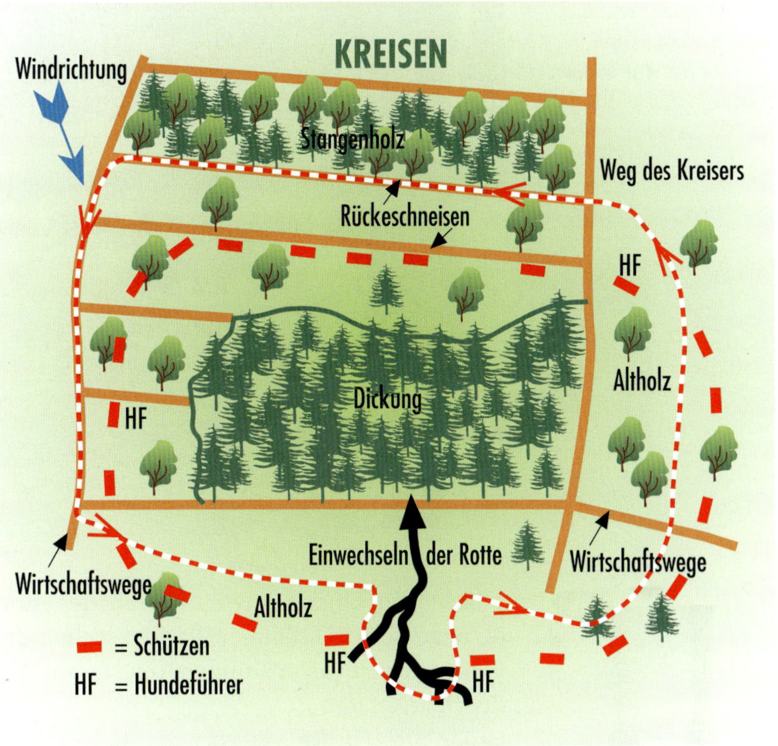

Leise und weiträumig wird am Vormittag gekreist, ebenso am frühen Nachmittag abgestellt. Nun jagen die Jäger „bestätigt".

Kreisen und Stöberjagden

Ist über Nacht im Schwarzwildrevier frischer Schnee gefallen, kann der Jäger durch Umschlagen von Einstandsdickungen ermitteln, ob sich Sauen darin gesteckt haben. Ausschlaggebend für den Erfolg beim *Kreisen* ist, einen ausreichenden Abstand zum Dickungsrand einzuhalten, damit der Wind oder knirschender Schnee unter den Füßen des Kreisers die Sauen nicht vorzeitig rege macht. Fährtet sich eine Rotte hinein, geht man ihre Fährte rückwärts aus. So ermittelt man die Zahl der Sauen und wie sich die Rotte nach starken und schwachen Stücken zusammensetzt. Beim morgendlichen Einziehen halten die Schwarzkittel nämlich die Kiellinie nicht überall ein. Steckt die Rotte, jagen Waidmänner bestätigt. Es ist immer wieder erstaunlich, wie schnell sich auch die „Vielbeschäftigten" dann am Nachmittag für ein paar Stunden frei machen können.

Wintertage sind kurz. Mit einfallender Dämmerung verlassen die Sauen ihre Deckung immer widerwilliger. Also strebt der Jagdleiter an, möglichst früh am Nachmittag die Dickung leise (!) und weiträumig zu umstellen. An die Engpässe kommen flinke Schützen, die weniger Geübten stehen dort, wo mehr Platz zum Ansprechen und Schießen ist.

Das Treiben beginnt nach der Uhr. Da die Rotte gesprengt werden soll, sind scharfe Hunde von Vorteil. Die Hundeführer schnallen sie vom Stand aus, die besten in der Nähe des Einwechsels der Sauen. Geht ein Hundeführer mit ins Dichte und feuert lauthals an, wenn die Hunde stellen, gelingt es am besten, die Sauen zu sprengen. Gelingt das, kommen mehrere Gäste zu Schuss. Der Hundeführer bläst in Fühlungnahme mit dem Jagdleiter ab, sobald er so gut wie sicher ist, alle Schwarzkittel dazu gebracht zu haben, auszuwechseln. Schnee hilft nun prima bei den Anschusskontrollen.

Der Sozialverband der Sauen wird an solchen Tagen natürlich oft durcheinandergewirbelt. Möchte der Jagdleiter am Ende nur schwache Stücke auf der Strecke liegen sehen, setzt er bei der Freigabe ein Gewichtslimit. Bei disziplinierten Schützen liegen dann auch nur schwache Stücke. Fehlabschüsse passieren, aber zu häufig dürfen sie auch bei mehreren Gesellschaftsjagden nicht sein. Führungsbachen sind immer tabu, auch wenn sie allein kommen! Das ge-

So nah und breit im Troll… Eine prima Chance für eine saubere Kugel.

schieht beim Einsatz schwarzwildscharfer Hunde nicht selten: Erfahrene Bachen ziehen die Hunde gezielt auf sich und locken sie von den Frischlingen fort.

Große *Stöberjagden*, örtlich auch Riegeljagden genannt, werden auf Schwarzkittel meist mit anderen Schalenwildarten zusammen abgehalten. Sie bedürfen langfristiger und gründlicher Vorbereitung (siehe auch Kapitel „Gesellschaftsjagden", Seite 454 ff.).

Auf einer Fläche von 800 bis 2 000 Hektar mit möglichst vielen Einstandsdickungen werden für 30 bis 60 Schützen Stände ausgesucht und markiert. Deren genaue Lage bestimmt weitgehend örtliche Erfahrung. Die Stände der Hundeführer befinden sich überwiegend im Zentrum der Jagdfläche. Gäste ohne Hunde sitzen meist in den äußeren Bereichen. Die Mehrzahl der Stände wählt der Jagdleiter so aus, dass andere Jagdteilnehmer nicht gesehen, geschweige denn gefährdet werden können. Alle Stände werden vormittags gleichzeitig bezogen und für zwei, besser drei Stunden streng beibehalten. Nur einzelne Hundeführer helfen in vorher genau festgelegten Dickungen ihren Hunden, wenn deren Standlaut anhält. Oft wird hier ein Fangschuss oder Abfangen notwendig sein.

Treiber können also fehlen. Die Jagd steht und fällt mit der Qualität der Stöberhunde. Sie bejagen fährtenlaut die Fläche von innen nach außen. Dabei ist der anhaltend jagende, schnelle und zuverlässig schwarzwildscharfe Hund gefragt, der auch beim Gegenangriff dranbleibt und immer wieder versucht, die einmal gefundene Sau in Bewegung zu halten. Der wilde, blind zugreifende Packer überlebt dagegen meist nicht das dritte Jahr seines Einsatzes. Der Jagdverstand des Stöberhundes und viel Übung machen hier die Meister. Trotzdem geht es oft nicht ohne Blessuren ab. Die Möglichkeit, geschlagene Hunde rasch durch einen Tierarzt versorgen zu können, gehört also zwingend zu einer guten Vorbereitung einer solchen Stöberjagd. Angenehm für den Hundeführer ist ferner, wenn sein Hund während der Stöberjagd sporadisch Verbindung zu ihm sucht, wichtiger noch, dass sich der Hund nach der Jagd möglichst bald und sicher wieder am Stand einfindet.

Das „Überjagen" der Hunde wird heute vielfach moniert. Eine vernünftig arrondierte Fläche, zu der auch alle Jagdnachbarn beigetragen haben, deren Reviere nur kleinere Waldflächen besitzen, lässt dieses Problem kaum aufkommen. Außerdem genießen Jagdhunde gesetzlichen Schutz.

Nach harter Stöberarbeit darf er jetzt ruhig ein paarmal zupacken – aber hinten sollte er's möglichst nicht tun. Seine hell leuchtende Warnhalsung ist ein bewährter Schutz auf großen Gesellschaftsjagden.

Waffe, Kaliber und Schuss

Ausgewachsene Sauen sind schusshart. Dieser Binsenweisheit wird der Jäger bei der Wahl von Waffe und Kaliber Rechnung tragen.

Verkneift er sich beim Ansitz jedes Risiko bei

der Schussabgabe, sitzt also die Kugel stets in der Kammer, genügen ihm für die Schwarzwildbejagung auch diejenigen Kaliber und Geschossgewichte, die an der gesetzlichen Untergrenze liegen. Über die Form des Geschosses braucht man dann nicht zu diskutieren oder gar streiten. Ebenso nicht über die Wahl des Gewehrs, die je nach Geschmack und Portemonnaie auf eine Kipplaufwaffe oder einen Repetierer gefallen ist.

Wenn Sauen bei der Flucht richtig schnell werden, dann kann aber die Kugel schon einmal hinten fassen. Der Jäger benötigt eine zweite oder dritte Patrone. Hier ist die Repetierbüchse die richtige Wahl. Im Dichten wie auf kurze Entfernung wird zudem ihre offene Visierung benötigt. Das Korn kann dann gar nicht grob genug sein. Die Kaliber von 8 und 9,3 Millimeter sind jetzt gefragt, dazu ein Geschossbrocken von mindestens 11 Gramm Gewicht mit stabiler Geschossform. Sie versprechen am ehesten die erwünschte Wirkung, auch wenn in der Eile einmal nur die Keule getroffen wurde. Optimal ist es, wenn dem Schweißhund und seinem Führer auch bei diesem Kugelsitz ein deutlicher Anschuss geliefert wird. Der Heckteil des Geschosses muss deshalb zusammenhalten und möglichst den Ausschuss bringen.

Wie bei allem Schalenwild ist der Schuss auf die breit stehende Sau der beste. Weil die Wirbelsäule tiefer liegt, als es den Anschein hat, und in der Winterschwarte die langen Federn „oben viel Sau" vortäuschen, versucht der Profi im unteren Drittel, also relativ tief, abzukommen. Das gilt ebenso für Schüsse schräg von vorne oder von hinten. Wo der tödliche Schuss beim Schwarzwild sitzen muss, veranschaulicht die Darstellung oben. Der Schuss spitz von hinten unterbleibt selbstverständlich. Nur auf kranke Stücke ist er zulässig, denn in diesem Fall zählt jede Kugel, die trifft. Spitz von vorn wird der Saujäger nur schießen, wenn ihn ein Stück annimmt. In der Regel wird er dann nur eine Kugel los, und die nah, oft auch noch im dichten Bewuchs. Findet das Geschoss die Stelle zwischen den Lichtern, bricht die Sau im Knall zusammen.

Schusszeichen, wie wir sie in oft typischer Art und Weise bei Rot-, Dam- und Rehwild erkennen, sind beim Schwarzwild selten. Hat die Sau die Kugel, bricht sie häufig laut hörbar durch Dick und Dünn davon.

Fehlt der Jäger, vermag sich ein einzelnes Stück nach ein paar Schreckfluchten ganz leise davonzustehlen. Brechen starke Sauen im Feuer zusammen, empfiehlt es sich, heranzulaufen, wenn dies möglich ist. Mit nachgeladener Waffe ist der Jäger, nur wenige Schritte vom Stück entfernt, viel besser Herr der Lage und ein eventuell notwendiger Fangschuss fällt leichter.

Die blaue Linie kennzeichnet den schusswirksamen Körperbereich. Die Zeichnung verdeutlicht: Der häufig empfohlene Schuss „mitten auf das Stück" birgt die Gefahr von Weidwundschüssen.

Hat die Sau einen tödlichen Schuss erhalten, kann auch der Jagdhelfer ungefährdet „sein Mütchen" kühlen.

Rehwild

Biologie und Verhalten

In Europa ist das Rehwild die meistverbreitete und zahlenstärkste Schalenwildart. Im Unterschied zum Rotwild ist das Reh ein ausgesprochener Kulturfolger und zeigt außerdem ein ganz anderes Sozialverhalten. Es kann mit Fug und Recht als „Anpassungskünstler" bezeichnet werden.

Stellung im zoologischen System

Rehwild ist die kleinste autochthone, aber häufigste Hirschart in Mitteleuropa. Es gehört zur Unterfamilie der Trughirsche und ist damit Elch und Rentier sowie den amerikanischen Maultier- und Weißwedelhirschen näher verwandt als dem Rot-, Dam- oder Sikawild.

Lebensraum

Bei großer Anpassungsfähigkeit an sehr unterschiedliche Lebensräume bevorzugt Rehwild als „Grenzlinienbewohner" Landschaften mit vielschichtigen Aufwuchsformen. In möglichst kleinstandörtlichem Wechsel sind Übergangszonen beliebt, zum Beispiel von der Forstkultur zur Dickung, von Heide oder Moor zum Altholz, von Wiese oder Weide zu Mais oder Getreide. Diese Grenzlinienbereiche bieten Äsung, Deckung und Ruhe. Außerdem entsprechen sie gut dem artspezifischen Fluchtverhalten der Rehe. Als „Schlüpfer" entzieht sich Rehwild seinen Feinden gerne schnell und unauffällig in eine nahegelegene Deckung, die gar nicht großflächig ausfallen muss. Oftmals verharren die Rehe hier zunächst: Sie warten das Ausmaß der Störung erst einmal ab. Das ist ein deutlicher Unterschied zu dem in der Regel anhaltend und weit flüchtenden Rotwild.

SYSTEMATISCHE STELLUNG DES REHWILDES

Stamm: Wirbeltiere
↓
Klasse: Säugetiere
↓
Ordnung: Paarhufer
↓
Unterordnung: Wiederkäuer
↓
Familie: Hirsche
↓
Unterfamilie: Trughirsche
↓
Art: Rehwild

Ob im Hochgebirge oder an Meeresküsten, in Wald oder Feld – Rehwild fehlt in kaum einem Revier.

Verbreitung

Seit Ende der letzten Eiszeit besiedelt das Reh in Mitteleuropa alle Landschaften von der oberen Baumgrenze der Hochalpen bis zu den Küstenstreifen an Nord- und Ostsee. In den geschlossenen Waldgebieten der Mittelgebirge kommen Rehe ebenso vor wie auf den deckungsarmen Feldgroßflächen der Magdeburger Börde. Als typischen Kulturfolger findet man Rehwild auch in den Randlagen von Großstädten.

Körpermaße und Gewicht

Bei einem ausgewachsenen Reh schwankt in Mitteleuropa die Körperlänge zwischen 100 und 130 Zentimeter. Die Schulterhöhe beträgt etwa 60 bis 70 Zentimeter, das Gewicht 14 bis 15 Kilogramm (aufgebrochen). Aus Südschweden, Polen und Weißrussland berichten Jäger sogar über Gewichte erlegter Böcke, die zwischen 25 und 35 Kilogramm liegen. Überall sind in der Regel die Böcke etwas schwerer als gleichalte Ricken.

Kitze wiegen im Dezember zwischen acht und dreizehn Kilogramm.

Haar

Das *Sommerhaar* des Rehwildes ist relativ kurz und von rotbrauner bis gelblich roter Farbe. Schwarz heben sich nur das stets feuchte, haarlose Nasenfeld um den Windfang und die dunklen Haarbürsten an den Außenseiten der Hinterläufe ab. Unter ihnen sitzen Schweißdrüsen, deren Duftstoffe an höherem Pflanzenwuchs abgestreift werden. Helle Zeichnungen findet man gelegentlich im Gesicht der Rehe, nämlich als Muffelfleck oberhalb des Windfanges oder als Brille um die Lichter meist älterer Böcke. Der Spiegel zeichnet sich im Sommer nur schwach ab.

Rein schwarzes Rehwild kommt inselförmig in Norddeutschland vor. Braun-weiße Schecken und Albinos sind äußerst selten.

Ähnlich dem Rotkalb hat auch das frisch gesetzte Kitz in den Sommermonaten braunes, wolliges Haar mit hellen Tupfen. Dieses Haarkleid tarnt das Jungwild gut, obwohl es doch eigentlich auffallen müsste. Anfang September verfärben die Kitze ins Winterhaar und verlieren ihre Flecken.

Vor allem in norddeutschen Moorgebieten kommen schwarze Rehe vor.

TRITTSIEGEL DES REHWILDES

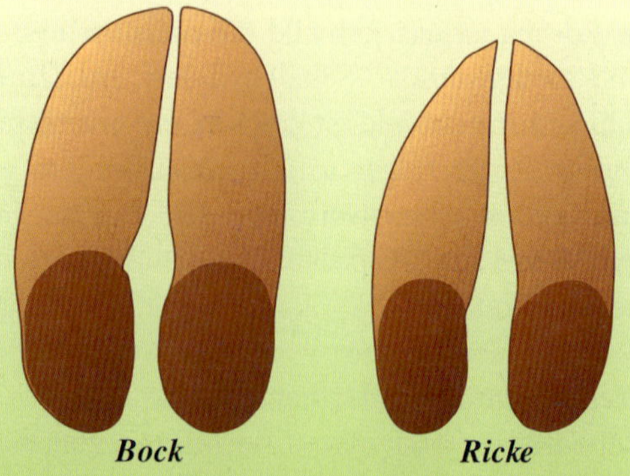

Bei der Ricke läuft der Tritt geringfügig spitzer zu, die Schalen stehen etwas mehr auseinander, die Breite nimmt insgesamt um ein bis zwei Millimeter ab. Diese Angaben bieten nur einen Anhalt.

Das *Winterhaar* des Rehwildes ist länger, derber und graubraun. Jetzt hebt sich der weiße Spiegel viel deutlicher ab als im Sommer. Dabei kann der Jäger die Schürze gut erkennen: ein Haarbüschel, das das Feuchtblatt des weiblichen Rehes abdeckt. Rickenkitz und Bockkitz sind dadurch ebenfalls einwandfrei zu unterscheiden.

Allen Stücken eines Sprungs dient der weitgespreizte Spiegel bei der Flucht als hell leuchtende Orientierung. Im Winterhaar besitzen ausgewachsene Rehe vielfach einen weißen Fleck an der Halsunterseite, der auch doppelt untereinander vorkommen kann. Dieser sogenannte Drosselfleck fehlt den Kitzen.

Im April/Mai verlieren die Rehe ihr graues Winterhaar. Oft fällt es – ähnlich wie beim Rotwild – büschelweise in flächigen Partien aus. Das beginnt an Kopf und Träger. Von hier aus setzt es sich bis zu den Keulen fort. Das Sommerhaar wechseln Rehe im September/Oktober deutlich rascher und unauffälliger. *Gesunde Stücke verfärben zuerst*, kranke und körperlich belastete später. Dieses kann der Jäger besonders im Herbst bei den führenden Ricken gut beobachten. Von der bekannten Regel „junge Böcke verfärben vor den alten“ gibt es in der Praxis sehr viele, individuell bedingte Ausnahmen. *Spätes Verfärben* ist kein verlässliches Merkmal für hohes Alter, sondern nur ein grober Anhalt hierfür.

Losung

Die Losung des Rehwildes ist beeren- bis walzenförmig und meist dunkel gefärbt, die einzelne „Lorbeere" bei ausgewachsenen Stücken etwa 14 Millimeter lang und acht Millimeter stark. Wie bei allen Pflanzenfressern hängen im Sommer die einzelnen Losungsteile – da feucht und klebrig – stärker zusammen. Im Winter fallen die Beeren dagegen eher auseinander und liegen dann voneinander getrennt, da der Anteil wasserhaltiger Nahrung immer geringer wird.

Sinne

Wie Rotwild äugen Rehe mit einer Brennlinie. Sie sind Bewegungsseher und vermögen nur in einem sehr kleinen Bereich dreidimensional zu beobachten. Sie vernehmen gut, ihr Wittrungsvermögen ist ausgezeichnet. Mit dem Windfang entscheiden sie in vielen Fällen über ihr Feindverhalten. Sobald mit dessen Hilfe Klarheit über die Störungsursache geschaffen ist, setzt das angemessene und arteigene Fluchtverhalten ein. Besonders der pirschende Jäger achtet auf diese unterschiedlich ausgeprägten Sinnesleistungen des Rehwildes.

Laute

Fünf Lautäußerungen sind im Revier von Rehen zu vernehmen.
Das *Fiepen*, ein heller Stimmlaut, dient zum einen der Verständigung zwischen Kitz und Ricke. Es wird aber auch in deutlich tieferer Tonlage von der Ricke ausgestoßen, wenn sie vom Bock in der Brunft energisch getrieben wird.
Rehe *schrecken* oder *schmälen* mit kurzen, lauten, rauen „Ö"-Tönen. Sie werden mehrfach hintereinander ausgestoßen und bekunden eine Störung, die von Sau, Fuchs oder auch vom Menschen ausgehen kann.
Den gellenden, hohen Schmerzschrei, das *Klagen*, stößt ein Reh in höchster Not aus, wenn es beispielsweise von Hunden gehalten wird oder – im Draht verfangen – die Annäherung eines Menschen wahrnimmt. Auch bei schlechten Knochentreffern – etwa beim tiefen Vorderlaufschuss – klagen Rehe. Um dieses Stück schnell von seinen Qualen zu erlösen, hilft entweder ein rascher Fangschuss oder ein scharfer, schneller Hund.
In der Blattzeit vernimmt der Jäger das *Keuchen* des Bockes, der anhaltend eine brunftige Ricke treibt. Äußerst selten erlebt er es ebenfalls in dieser Zeit auch einmal bei einem weiblichen Stück.
Das *Husten*, meist in Verbindung mit Niesen, ist bei Stücken zu vernehmen, deren Nasen- und Rachenhöhlen von Larven der Rachenbremse verengt sind. Oft hört man gerade diese Laute, noch bevor das Reh die sichtschützende Deckung verlassen hat.

Halbspitz von hinten wird der Jäger nicht auf den Bock schießen, denn das wäre unwaidmännisch. Zudem bekäme das weibliche Stück vielleicht Splitter.

Lebensweise

Das Streifgebiet eines Rehes ist deutlich kleiner als das des Rotwildes. 10 bis 30 Hektar beträgt es anhaltsweise im Waldrevier. Jahreszeit und Örtlichkeit bestimmen mit Anspruch auf Deckung und Äsung die Form des Aktionsraumes. Zur Brunft erweitern Böcke ihren Aktionsradius erheblich.
Ein ausgeprägtes Territorialverhalten finden wir bei Bock und Ricke vom Frühjahr bis zum Ende der Brunft. Der ausgewachsene Bock verteidigt seinen Einstand energisch gegen andere Böcke. Durch Plätzen, Schlagen oder dem Abstreifen des Drüsensekretes seiner Stirnlocke markiert

er häufig die Außengrenzen seines Wohngebietes. Auch die Ricke duldet zur Setzzeit und während der ersten Aufzuchtwochen ihrer Kitze in ihrem Streifgebiet weder ihre Vorjahreskinder noch andere weibliche Stücke und vertreibt sie entschlossen. Bei beiden Geschlechtern wird dieser strenge Gebietsanspruch nach der Brunft mehr und mehr aufgegeben.

Rehe leben nicht allein in Waldlandschaften (*Waldrehe*). In Revieren mit großen Feldanteilen bilden sich im Winter sogar größere Sprünge, lockere Zusammenschlüsse von mehreren Familienverbänden, zu denen auch Böcke stoßen. Die Sprünge lösen sich meist im März/April wieder auf. Man spricht hier von *Feldrehen*. Sie bleiben das ganze Jahr über in der Feldmark und haben sich an die spezifische Situation ihres Lebensraumes gut angepasst. Ähnlich den Steppenantilopen stellen sie „Wachposten" auf, wenn Teile des Sprungs äsen oder wiederkäuen. Zudem orientieren sie sich – anders als Waldrehe – mehr mit den Lichtern als mit dem Windfang und den Lauschern.

Rehe äsen mit Vorliebe nährstoffreiche Pflanzenteile, Knospen und Triebe oder Früchte wie Bucheckern und Eicheln. Sie pflücken auch einzelne Blätter ab, so dass der Eindruck entsteht, sie seien sehr naschhaft.

Gegenwärtig führt die versteckte Lebensweise der Rehe eher dazu, dass ihre Zahl unterschätzt wird. Überall herrschen land- und forstwirtschaftlicher Verkehr, aber auch Jagddruck, und überall hin drängen die bestens motorisierten Menschen nach Feierabend. Selbst dickfellige Vertreter des Kulturfolgers Rehwild bevorzugen dann Deckung. Es gibt nur noch ganz wenige Gebiete, in denen Rehe am Tag auf Freiflächen äsen können.

Äsung

Die Äsungsansprüche der Rehe unterscheiden sich deutlich von denen des Rot- oder Muffelwildes. Ein Reh äst deutlich wählerischer. Es bevorzugt Einzelpflanzen wie Rotklee, Kräuter, Knospen und Blätter. Von Wildbiologen ist deshalb der Begriff „Konzentratselektierer" geprägt worden. Die leicht verdauliche, nährstoffreiche Nahrung wird in dem relativ einfach gebauten Pansen schnell verwertet. Der Pansen dient den Rehen nicht als Nahrungsspeicher, die Wiederkauphasen sind relativ kurz. Die Nahrungsaufnahme erfolgt in geringeren Mengen und häufiger am Tage als bei Rot- oder Damwild. So kann man Rehe zu allen Tageszeiten auf Blößen und Schlägen beim Äsen beobachten, wenn sie ungestört sind.

Besonders in der Feldmark wird die Äsung im Herbst knapp, im Winter dürftig. Nach derzeitigem Kenntnisstand ist allerdings eine hochwertige Sommer- und Frühherbstäsung – bei ausreichender Ruhe – für die Kondition der Rehe ausschlaggebend. Im Herbst und Winter ist der Energiebedarf der Rehe deutlich herabgesetzt.

Wasser schöpfende Rehe sind selten zu beobachten. Sie decken ihren Wasserbedarf wohl weitgehend durch Aufnahme grüner Pflanzenteile und mit Morgentau.

Wildschäden und ihre Ursachen

Rehe verbeißen bevorzugt Knospen, vor allem von Laubhölzern. In ruhigen Lagen, an sonnigen, windgeschützten Hängen leiden Eichen, Eschen, Ahorn, Buche, aber auch Kiefer und Fichte unter Verbiss. Besonders bei kleinflächig und künstlich eingebrachter Verjüngung fällt er

ins Auge. Da Rehe die selteneren Pflanzen bevorzugen, kommt es zu einer Entmischung junger Waldflächen, die aus waldbaulicher Sicht besonders kritisch zu bewerten ist. Das Streben nach ungleichaltrigen, kleinflächigen und stabilen Mischbeständen wird dadurch erschwert.

Das Fegen und Schlagen mit dem fertigen Gehörn fällt unter forstlichem Aspekt kaum ins Gewicht. Nur dort, wo dieses Imponierverhalten des Bockes die wenigen, künstlich eingebrachten Mischbaumarten trifft, kann dieses den Aufbau stabiler Jungbestände stören.

Weil Rehe – entwicklungsgeschichtlich bedingt – Keimlinge und Knospen äsen, tolerieren staatliche Forstverwaltungen meist einen Verbissschaden bis zu einer Höhe von 20 Prozent aller vorkommenden Baumarten. Einigen Privatwaldbesitzern sind Ausfälle bis zu diesem Prozentsatz schon zu hoch. Übertrifft der Schaden vor Ort die gesetzte Grenze, wird der Abschuss erhöht.

In allen Bundesländern gilt der Einfluss des Rehwilds auf die neuerlich angestrebte, baumartenreiche, kleinflächige und möglichst ungleichaltrige (also naturgemäße) Verjüngung des Waldes als Problempunkt Nummer eins. Dabei wird von Forstleuten gerne übersehen, dass in unserem Jahrhundert Waldbau zu lange auf großen Einzelflächen mit gleichalten Beständen häufig nur einer Baumart, in sogenannten Monokulturen also, betrieben wurde. Zu streng war ihr Auge auf möglichst hohen Zuwachs, zu einseitig oft nur auf betriebswirtschaftliche Ziele ausgerichtet. Kahlschläge waren gang und gäbe. Die Kahlhiebsflächen wurden künstlich wieder aufgeforstet und dabei die Instabilität reiner Nadelholzbestände in Kauf genommen. Im Schutz dieser großflächigen Dickungen wuchsen die Rehbestände seit Ende des letzten Weltkrieges an. Der hohe Stickstoffeintrag bescherte den Rehen Äsung in Hülle und Fülle.

Körpergewicht und Gehörnstärke des Rehbockes werden in erster Linie vom Äsungsangebot bestimmt.

Der Jährling schlägt mit seinem schwachen Gehörn an einer Kiefer – er markiert sein Revier. Es von anderen Böcken freizuhalten wird diesem Böckchen aber nicht gelingen.

In einem reich strukturierten Wald spielen Fege- oder Schlagschäden – wie hier an einer Lärche – nur eine untergeordnete Rolle. Naturnaher Wald mit wenigem und gesundem Rehwild – so muss die Devise lauten.

Die Forstverwaltungen in Deutschland versuchten, diesen Waldbau mit hohen Schalenwilddichten in Einklang zu bringen. Das misslang. Die Lage wurde brenzlig, als nach den Katastrophen der achtziger Jahre verstärkt der Umschwung zur naturgemäßen Waldwirtschaft einsetzte. Im Nachhinein gibt es keinerlei Zweifel daran, der Forstmann muss es gestehen: Das Problem Wald – Wild wurde von den meisten Forstverwaltungen ein halbes Jahrhundert lang verdrängt und unterschlagen. Auf diesen berechtigten Vorwurf dürfen sie nun nicht mit extremen Lösungen zu Lasten der Rehe reagieren. Vor Ort sind nur dann vernünftige Lösungsvorschläge erzielbar, wenn einer neuen Abschussfestsetzung ein gemeinsamer Waldbegang von Waldbesitzern, Jägern und Forstbeamten vorangeht. Dabei ist kompromissbereit miteinander zu reden, sonst leiden Wald und Rehe. Eine an der Vegetation orientierte Rehdichte ist optimal für den Wald.

Schadensabwehr

Als direkte Abwehrmaßnahmen gegen Rehschäden kennt man im Wald den Einzel- sowie den Flächenschutz. Das Einzäunen von Kulturflächen muss sich auf Ausnahmen beschränken. Zu viel Einstands- und Äsungsfläche geht dem Wild sonst verloren. Auch der Einzelschutz der Kulturpflanzen – mechanisch oder chemisch – ist für den Waldbesitzer mit hohem finanziellen Aufwand verbunden. Wenn auf vielen Flächen große einschichtige Bestände in kleinflächige, naturgemäße Waldteile umgewandelt werden, dann sind diese Kosten für den Waldbauern zu hoch. An gefährdeten Flächen ist die Zahl der Rehe durch Schwerpunkbejagung zu senken. Der Verbiss kann so in seiner Intensität verringert werden.

Brunft und Nachkommen

Die Rehbrunft ist eine typische Einzelbrunft, das heißt der Bock steht immer nur bei einem brunftigen weiblichen Stück. Selbst die zugehörigen Kitze verlieren in dieser Zeit den engen Kontakt zum Muttertier.

Die *Brunftzeit* der Rehe umfasst etwa eine Dauer von drei Wochen. In Mitteleuropa liegt dieser

Zeitraum um den 1. August herum. Die brunftige Ricke wird vom Bock anhaltend verfolgt. Zu Beginn, solange sie den Beschlag noch nicht zulässt, oft in hohem Tempo. Später werden die Fluchten langsamer. Manchmal geht es dabei im Kreis herum, und im Gras oder Getreide entstehen dann sogenannte Hexenringe. Schließlich bleibt die Ricke, nach vorn abgeknickt, mit leicht gesenktem Haupt stehen. Der Beschlag erfolgt. Dieser wird oft mehrmals wiederholt, wobei der männliche Partner auch wechseln kann. Kämpfe zwischen Böcken sind, bedingt durch die Einzelbrunft, recht selten, Forkelverluste unbedeutend.

Die *Tragzeit* des fruchtbar beschlagenen weiblichen Stückes gliedert sich in eine Vortragzeit von etwa vier Monaten und eine Austragzeit von knapp sechs Monaten. In der Vortragzeit wächst das befruchtete Ei nur unwesentlich, es gelangt noch nicht in den Tragsack, die Schwangerschaft ist durch einen Test nicht nachweisbar. Erst ab Dezember setzt dann die Entwicklung des Eies zum Embryo ein.

Anfang Dezember wird gelegentlich die *Nachbrunft* eines weiblichen Rehes beobachtet. Es kann auch jetzt noch fruchtbar beschlagen werden. Ein Wachstumshormon ermöglicht dann eine sofortige Embryonalentwicklung. Aus freier Wildbahn liegen Beobachtungen vor, nach denen zu dieser Jahreszeit sogar markierte

Der Jäger kennt zwei Arten des Treibens: einmal das großräumige Treiben in rasender Fahrt, zum anderen das Treiben auf kleinem Raum, bei dem die sogenannten Hexenringe entstehen.

Sobald die weiblichen Stücke brunftig sind, wird es lebhaft. Ricken und Schmalrehe lassen sich von den Böcken anhaltend treiben, bevor sie sich zum Beschlag stellen.

Das Absuchen von Wiesen am Tag vor dem Mähen ist eine gute Methode, um Kitze vor dem Mähtod zu retten. Gefundene Kitze trägt man nicht mit bloßen Händen, sondern mit Hilfe von Grasbüscheln aus der Gefahrenzone.

Kitze aus demselben Jahr schon fruchtbar beschlagen werden können.
Die Ricke setzt – abhängig von ihrer Brunft – zwischen Mitte Mai bis Mitte Juni ein, häufig zwei, selten drei Kitze. Diese wachsen in engem Kontakt zum Mutterstück heran. Bis Ende November hat die Ricke Milch im Gesäuge, aber schon nach zwei bis drei Wochen nimmt das Kitz erste pflanzliche Kost auf.
Das Kitzwachstum ist für die Körperentwicklung eines Rehes insgesamt entscheidend. Ein gutes Biotop, eine Mutter mit sozial hohem Rang und wenig Störung sind hier die entscheidenden positiven Faktoren.

Feinde und Feindverhalten

Die natürlichen Feinde des Rehes sind vor allem der Wolf als Hetz- und der Luchs als Pirsch- und Lauerjäger. Kitze werden sicher auch von Altfuchs und Sauen gegriffen, solange bei ihnen in den ersten Lebenstagen der Drück- den Fluchtreflex überwiegt.
Das Verhalten den Feinden gegenüber ist arttypisch. Die Kitze drücken sich etwa bis zum zehnten Lebenstag fest auf den Boden. Sie vertrauen dabei instinktiv ihrer guten Tarnfarbe und sehr geringen Wittrung, die sie in zusammengerolltem Zustand abgeben. Hier ist das Verhalten von Rotkalb und Rehkitz gleich.

Bereits kurz nach der Geburt besteht bei Kitzen eine Nachfolgereaktion. Aber erst nach einigen Wochen begleiten sie die Ricke ständig. Dabei versuchen sie, möglichst dicht bei ihr zu stehen.

Schon ab Ende der zweiten Woche werden Kitze flüchtig. Dies geschieht – wie bereits geschildert – nicht weiträumig, sondern nach Schlüpfer-Art meist in die nächstgelegene Deckung, um dort zu verhoffen. Erst wenn der Feind aufgerückt ist, geht die Flucht weiter. Bei fährtenlauten, kurzläufigen Stöberhunden kann der Jäger gut beobachten, wie wirkungsvoll diese kurzräumige Entziehungstaktik der Rehe ist. Selbst auf kürzeste Entfernung lassen sie den lauten, fährtentreuen Hund passieren.
Eine direkte Abwehr des Feindes ist dem Reh wohl nur beim Fuchs möglich. Insbesondere führende Ricken sind bei der Verteidigung ihrer Kitze mit den Schalen der Vorderläufe beobachtet worden. Nicht immer ist ihnen der Erfolg sicher. Der kranke Bock wehrt den stellenden, kurzläufigen Jagdhund mit dem Gehörn bei gesenktem Haupt ab. Ein solches Bild ist aber selten.

Wildverluste

In den dicht besiedelten Gebieten Mitteleuropas entstehen hohe Verluste vor allem durch den Verkehr auf Straße und Schiene, durch Mähmaschinen – vornehmlich durch Kreiselmäher – und wildernde Hunde.

Am Kreiselmäher nutzen „Wildretter" als Anbaugeräte heute nur wenig, weil die Arbeitsbreite der Mäher zu groß und deren Geschwindigkeit zu hoch ist. Um Kitze zu retten, wird die zu mähende Wiese am Vortag nur angemäht, das heißt, man schneidet einen sechs Meter breiten Randstreifen um die Wiese herum frei. Eine andere Möglichkeit sind Wildscheuchen, die ebenfalls am Vortag aufgestellt werden. Hier genügen leere Papier- oder Düngersäcke. Optimal ist es, die Wiese – in Abstimmung mit dem Landwirt – mit mehreren Helfern und einem wesensfesten und wildgehorsamen Gebrauchshund gegen den Wind abzusuchen. Die gefundenen Kitze werden in den Nachbarbestand getragen. Der Erfolg dieser Maßnahmen ist nicht immer sicher. Da sich die Kitze selbstständig ablegen, können sie sich bereits nach kurzer Zeit wieder in der Wiese befinden.

Das Gehörn des Rehbockes

Der Kopfschmuck des Rehbockes ist aus zoologischer Sicht ein Geweih und kein „Gehörn". Er wird jährlich abgeworfen, wächst also nicht ständig weiter wie der Hauptschmuck der Horntiere. Das Gehörn zeigt ein *Spitzenwachstum* und ist aus den gleichen chemischen Substanzen aufgebaut wie die Geweihe von Rot- und Damhirsch. Im Sprachgebrauch der deutschen Jäger hat allerdings das Wort Gehörn seinen festen Platz gefunden.

Gehörnformen und -entwicklung

Im Verhältnis zu seiner Körpergröße ist das Gehörn eines Rehbockes recht klein. Es ist an das Fluchtverhalten des Schlüpfers angepasst: Mächtige Gehörne würden beim Untertauchen ins Dickicht nur behindern. So beträgt die Stangenlänge im Durchschnitt zwischen 20 und 25 Zentimeter, das Gehörngewicht durchschnittlich 200 bis 300 Gramm. Alle Werte darüber kennzeichnen schon einen auffallend starken Kopfschmuck. Stärke, Form und Farbe eines Gehörns können sehr variieren, sowohl zwischen Böcken einer Population als auch bei einem Bock in den verschiedenen Lebensjahren.

An Gehörnstufen unterscheiden Jäger je nach Ausbildung der Vorder-, Hinter- und Ober- bzw. Endsprosse: Spießer, Gabler, Sechser und sehr selten auch Achtergehörne. Bei der Stangenstellung differenziert der Praktiker zwischen drei Grundformen, nämlich der Korb-, der V- und der Herzform (siehe Zeichnung). In der Praxis sind viele Übergänge dieser Gehörnformen zu finden.

Erstlingsgehörn und Jährlingsgehörn

Nach der Entwicklung der Rosenstöcke im Spätsommer und Herbst des ersten Lebensjahres schieben nur die gut entwickelten, starken *Bockkitze* kleine, drei bis zehn Millimeter hohe Knöpfchen auf den Rosenstöcken. Im November/Dezember brechen diese Knöpfchen durch die Decke und leuchten weiß. Sie besitzen keine Rosen. Schon Anfang Februar werden sie wieder abgeworfen. Körperlich schwache Bockkitze

Ein starkstangiger, ungerader Achter. Sein Gehörn wird zur besonderen Trophäe.

Die drei Grundformen des Rehbockgehörns kommen in Reinform und in Übergängen in allen Revieren vor. Gut veranlagte Jährlinge zeigen bereits eine dieser Grundformen.

schieben ein solches *Erstlingsgehörn* nicht, eine Besonderheit beim Rehwild.

In seinem zweiten Lebensjahr trägt der Rehbock sein *Jährlingsgehörn*, das in der Regel erst im Mai/Juni gefegt wird. Es kann aus Spießen bestehen, aber auch schon gute Endenbildung aufweisen und dabei Rosen besitzen. Manche Jährlinge tragen jedoch nur rosenlose Knöpfe oder kurze Spieße. Sind es diejenigen, die im Vorjahr als schwache Bockkitze kein Erstlingsgehörn geschoben haben? Eine Antwort auf diese Frage kann derzeit noch kein Fachmann geben.

Neben individuellen Unterschieden ist wohl dreierlei für die Ausbildung des Jährlingsgehörns entscheidend. Einmal ist die verwertbare Energie ausschlaggebend, die der Bock in der Zeit des Schiebens in seinem Streifgebiet aufnimmt und die in die Gehörnbildung investiert werden kann. Zweitens scheinen Ruhe und sonnige Tage förderlich zu sein. Vermutlich wirken sich drittens die soziale Stellung des Bockes und die seiner Mutter positiv auf die Gehörnbildung aus. Abgeworfen wird dieses Jährlingsgehörn meist erst im November.

Fegen und Abwerfen

Mehrjährige Böcke fegen in der Regel im März/April. Aus dem frühen Fegen im März ein Altersmerkmal abzuleiten, kann nicht empfohlen werden, denn es gibt zu viele Ausnahmen von dieser Regel. Unmittelbar nach dem *Fegen* ist

Der Jäger unterscheidet zwischen Fegen und Schlagen. Beim Fegen entfernt der Bock den Bast von seinem Gehörn. Mit dem fertig verfegten Gehörn bearbeitet – schlägt – er Sträucher oder Bäumchen, um sein Revier zu markieren.

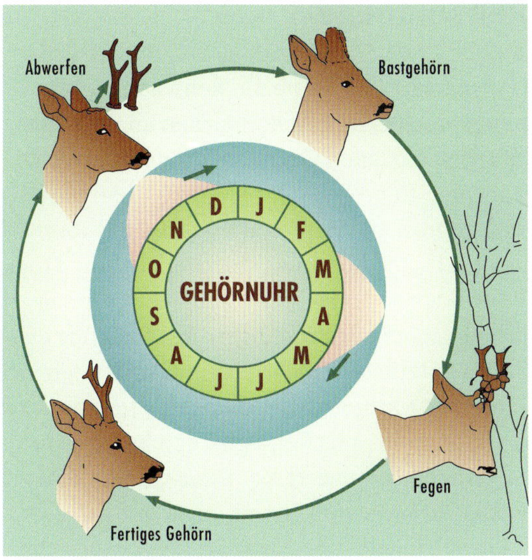

Das Schema veranschaulicht den jährlichen Zyklus der Gehörnbildung beim Rehbock.
Die alten Lehrsätze „alte Böcke werfen zuerst ab“ und „junge Böcke verfegen nach den alten“ werden heute in Frage gestellt.
Fege- und Abwurftermin taugen als Altersindizien wenig.

das Gehörn knochenfarben hell. Es verfärbt sich dann beim weiteren Schlagen unter dem Einfluss von Pflanzensäften. Die Färbung des Gehörns fällt je nach Pflanzenart, die in einer Region häufig ist oder vom Bock bevorzugt gefegt wird, unterschiedlich aus. Sie variiert von tiefschwarz bis hellbraun.
Abwurftermin für die Gehörne ist die Zeit von Ende Oktober bis Anfang Dezember. Das *Abwerfen* der beiden Stangen kann dabei bis zu drei Wochen versetzt erfolgen. Auch der Abwurftermin ist als Altersmerkmal wenig brauchbar, zumal die meisten Jäger ihn kaum feststellen können. Das Schieben der neuen Gehörne fällt in den Winter.

Gehörnabnormitäten

Besondere Gehörnformen sind bei Jägern als Trophäen sehr beliebt. Dazu rechnet zum Beispiel der *Kreuzbock*, bei dem Vorder- und Hintersprosse ein- oder beidstangig in gleicher Höhe abzweigen und so mit dem Hauptspross ein Kreuz bilden.
Mechanische Verletzungen am Gehörn vermag der Rehjäger recht häufig zu beobachten. Es kommt dann – infolge von Verletzungen des Bastgehörns während des Schiebens – beispielsweise zur Teilung von Stangen oder Enden oder dazu, dass sich irreguläre Enden bilden.
Beim *Pendelgehörn* hängt – meist infolge eines Bruches des Rosenstocks – in der Regel nur eine Stange bloß noch lose mit der Decke verbunden herab. Sogenannte *Mehrstangengehörne* entstehen, wenn der Rosenstock verletzt oder aber der Keimsaum während des Schiebens beschädigt wurde. Ursache des *Einstangengehörns* können der Bruch der fehlenden Stange oder – sehr viel

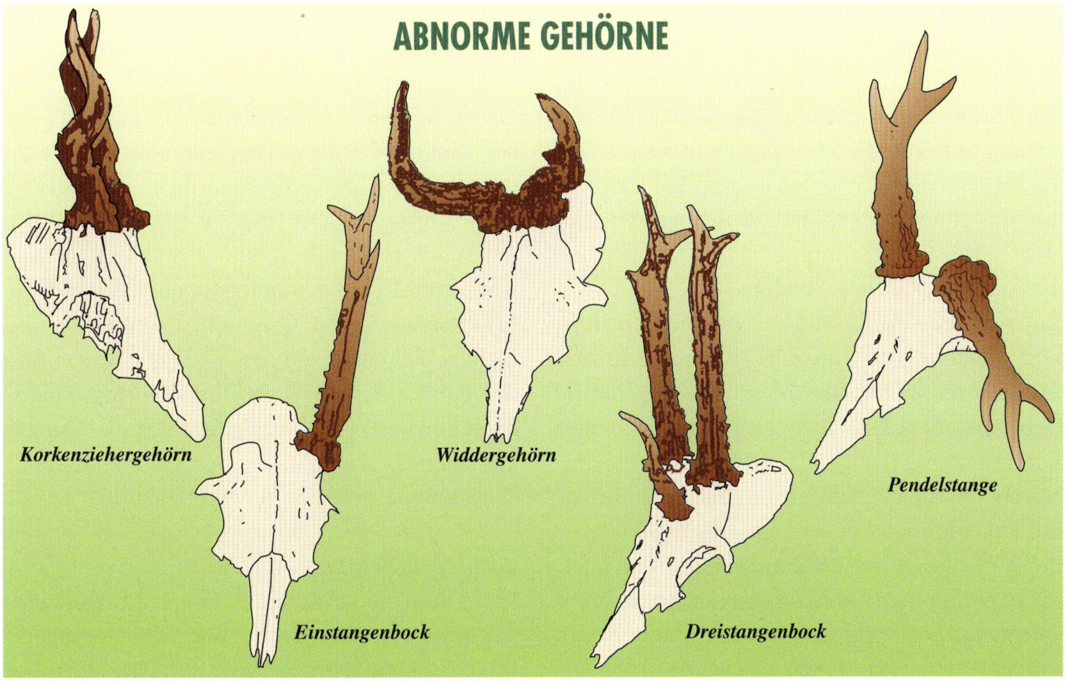

Abnorme Gehörne erregen seit jeher die Aufmerksamkeit vieler Jäger.

Bei Rot- oder Damhirsch sind sie sehr selten, bei Rehböcken kommen Perücken dagegen öfter vor. Zur Perückenbildung kommt es, wenn das Sexualhormon ausgeschaltet ist. Das Bastgehörn wird nicht mehr abgeworfen, es wächst immer weiter.

seltener – ein verkümmerter oder fehlender Rosenstock sein.

Wird bei der Gehörnbildung des Rehbockes das Wachstums- nicht mehr durch das Sexualhormon gebremst (meist infolge einer Verletzung des Kurzwildbrets), wächst das Gehörngewebe ständig weiter und verfestigt sich nur zum Teil. So überwuchert es im Laufe der Zeit langsam das Haupt des Bockes. Ein *Perückengehörn* entsteht. Die Wucherungen führen schließlich dazu, dass der Bock verendet.

Lagern sich Kalk, Phosphor und Magnesium unzureichend und unregelmäßig ein, während das Gehörn geschoben wird, entstehen gedrehte Gehörnformen. Der Jäger nennt sie *Widder* oder *Korkenzieher*. Hier gelten Stoffwechselstörungen als Ursache, vielfach infolge starken Befalls mit Parasiten.

Bei meist jüngeren Böcken bemerkt der Jäger ganz selten einen *Doppelkopf*. Hier hat sich neben oder um das nicht abgeworfene Gehörn des Vorjahres ein neues Gehörn geschoben.

Rehwildhege

Gar mancher tut heute die Rehwildhege mit einem verächtlichen Achselzucken ab. Er hält sie aus verschiedenen Gründen für überflüssig: Die Zahl der Rehe sei schwer einzuschätzen und viel zu groß, die Reproduktionsrate des Rehwildes hoch, der Abschuss von drei bis fünf Stück Rehwild pro 100 Hektar Waldfläche deutlich zu gering und die Bestrebungen, Rehbestände qualitativ aufzubessern, hätten in den letzten 60 Jahren fast nirgendwo gefruchtet. Hieraus wird dann geschlossen: Rehe gibt es überall genug. Sie brauchen keine Hege. Erfolge sind nicht zu erwarten.

Hegegemeinschaften und Lebensraumgutachten

Der vorstehend geschilderten Auffassung treten zahllose Waidmänner und in vielen Bundesländern *Hegegemeinschaften* entgegen. In ihnen haben sich Jäger – im Idealfall mit Jagdgenossen und Waldbesitzern – auf landesgesetzlicher Basis oder aber freiwillig zusammengeschlossen, um Rehwild nach gemeinsam erarbeiteten Grundsätzen zu hegen und zu bejagen.

Die Fläche einer Hegegemeinschaft liegt optimalerweise bei 5 000 bis 8 000 Hektar und ist durch örtliche Gegebenheiten wie Flussläufe, Bundesautobahnen oder Eisenbahntrassen sinnvoll begrenzt.

Grundlage zeitgemäßer Rehwildhege ist in Hessen ein von Niederwildhegegemeinschaften zu erstellendes *Lebensraumgutachten*, in dem die Verhältnisse vor Ort und die Belastbarkeit des Lebensraumes dokumentiert werden. Erfasst werden darin unter anderem in der Feldmark die Flächenanteile von Acker, Weide, Wiesen und kleinen Feldgehölzen, im Wald die Verteilung der Baumarten, der Anteil der Verjüngungsflächen sowie die Waldbesitzverhältnisse. Hinzukommen Ortslagen, bedeutsame Verkehrs- und Wasserwege sowie die Revierverteilung.

Verbissgutachten

In kurzen, regelmäßigen Zeitabständen wird auf den Kulturflächen im Wald der Verbiss erfasst und gutachtlich bewertet. Das Verbiss-

gutachten beziehungsweise Forstliche Gutachten lässt Rückschlüsse auf die relative Dichte des Rehbestandes zu. Maßstab moderner Rehhege ist der Zustand der Vegetation – und nicht mehr eine „zulässige Wilddichte auf 100 Hektar“ – gestaffelt nach guten, mittleren sowie schlechten Standorten. Wird die Vegetation von den Rehen in zu tolerierenden Grenzen beeinflusst, stabilisiert man den Abschuss auch ohne eine genaue Kenntnis der Rehzahl. Die Population wird in ihrer relativen Höhe erhalten.
Die Höhe der Rehwildbestände wird also auf der Grundlage von Vegetationsweisern hergeleitet. Das Verbissgutachten bildet die Basis, auf der funktionierende Hegegemeinschaften zusammenarbeiten.

Rehe leben versteckt. Es ist unmöglich, ihre Zahl exakt zu ermitteln. Maßstab für einen angemessenen Rehwildbestand ist deshalb der Zustand der Vegetation.

Rehwildbejagung ohne Abschussplan

Wurden auch für das Rehwild jahrzehntelang Abschusspläne erstellt, sind viele Bundesländer, auch im Sinne einer Entbürokratisierung, mittlerweile zur „Rehwildbejagung ohne behördlichen Abschussplan“ übergegangen. Der behördliche Plan wird dabei durch Absprachen zur Abschussgestaltung zwischen Jagdrechtsinhabern und Jagdausübungsberechtigten ersetzt.

Hegeziel und Fütterung

Grundsätzliches *Hegeziel* ist heute, den Lebensraum der Rehe – also fast die gesamte Landschaft in nahezu allen Teilen Deutschlands und in weiteren Bereichen Europas – so zu erhalten und, wenn machbar, zu verbessern, dass die Lebensbedürfnisse möglichst gesunder Rehe gesichert sind und der Verbiss sich in erträglichen Grenzen hält. Hierbei hilft vor allem eine artgerechte, naturnahe Nahrung in Wald und Feld. Gerade in der Feldmark fehlen den Rehen im Spätherbst und Winter Äsungsmöglichkeiten. Die fachgerechte Anpflanzung einer Feldholzinsel, die Einsaat von Rotklee im Spätsommer, ein Rapsschlag am Waldrand, aber auch Wildäcker in Fichtenmeeren sind Schritte in die richtige Richtung. Sie führen vielleicht schon nach kurzer Zeit dazu, dass sich die Rehe in Feld und Wald besser verteilen.
Wildbiologisch sinnvoll handeln Jäger, die in ihrem Revier einen sozial ausgeglichenen und in seiner Höhe auf den Zustand der Vegetation ausgerichteten Rehwildbestand heranhegen und zudem rehgerechte Jagdzeiten sowie Jagdarten (siehe dazu Seite 128 ff.) wählen. So halten sie einerseits den Jagddruck möglichst gering und bewältigen andererseits Zahl- sowie Wahlabschuss erfolgreich.
Noch einmal: Der Abschuss des Rehwildes dient in erster Linie den Rehen selbst. *Ziel* ist ein *dem Lebensraum angepasster, gesunder, altersmäßig abgestufter* und auf dieser Basis möglichst zahlreicher *Bestand*. Die relative Vielzahl der Rehe ermöglicht dem Jäger dann vielfältige jagdliche Freuden.
Um das Füttern von Rehen wird seit längerem erbittert gerungen. Zahlreiche Wildbiologen halten es in weiten Teilen Deutschlands für überflüssig. Diese Auffassung hat sich mittlerweile weitgehend durchgesetzt. In einzelnen Bundesländern ist die Schalenwildfütterung nur noch unter besonderen Voraussetzungen (überörtliche Konzeption und/oder Genehmigung beziehungsweise Anordnung der zuständigen Jagdbehörde) zulässig – daher Landesrecht beachten!
Erfahrungen aus Gattern belegen, dass Rehböcke bei Dauerfütterung übermäßig starke Trophäen schieben. Der naturnah jagende Waidmann erfreut sich aber am standörtlich und ohne Fütterung möglichen Gehörn.

Noch hat dieser Bock Äsung in Hülle und Fülle. Ab Spätherbst aber sind die Felder leergeräumt. Rapsschläge können ihm dann durch den Winter helfen.

Die Erfahrungen, die Franz Vogt in den dreißiger Jahren im Gatter Schneeberg machte, beweisen, dass Rehböcke bei optimaler sowie ganzjähriger Fütterung übermäßig starke Gehörne schieben. Sicher sind kapitale Trophäen der Traum vieler Jäger. Doch wird der naturnah jagende Waidmann auf das Füttern verzichten und sich am standörtlich möglichen Gehörn erfreuen.

Wenn konsequent gefüttert wird, kommt es zu einer übermäßigen Vermehrung der Rehe. Auch das schwächste Stück übersteht dann den Winter. Und der Verbissdruck auf die Vegetation steigt im Frühjahr erheblich an.

Alte und neue Wege der Hege

Rehwild wird seit vielen Jahrzehnten in Deutschland und Österreich intensiv gehegt. Die Hegeerfolge blieben dennoch bescheiden. Woran lag oder liegt das? Zum einen gab es zu viele Rehe. Nur der Lebensraum begrenzte ihre Zahl, nicht die Eingriffe der Jäger mit einem Abschuss von drei bis fünf Stück je 100 Hektar. Zum anderen glaubten die Rehjäger, allein durch die selektive Entnahme der schwachen, kümmernden, kranken oder überalterten Stücke ihre Rehbestände fachgerecht zu regulieren. Zum Dritten lässt die Einzelbrunft der Rehe Auslesemöglichkeiten der Jäger bei den Böcken weit weniger zu, als es die Brunft bei Rot- und Damhirschen gestattet. Und viertens herrscht in vielen Revieren ein zu hoher Jagddruck, weil beinahe das ganze Jahr über (siehe auch Seite 128) und nur kleinräumig den Rehen nachgestellt wird. Kleinräumig ist die Jagd auf Rehe, weil die Bundesländer die Mindestgrößen der Eigen- und der gemeinschaftlichen Jagdbezirke sehr niedrig festgesetzt haben, meist sind es nur 75 beziehungsweise 150 Hektar.

Auf Basis dieser Erfahrungen lauten die neuen Wege der Hege: Der Rehbestand wird zahlenmäßig auf die Vegetation ausgerichtet. Der Jäger sorgt sich – nach Kräften – um einen im Alters- und Geschlechterverhältnis ausgeglichenen Rehwildbestand in seinem Revier. Er beschränkt sich in seinen Ansprüchen bei der Gehörnqualität auf das örtlich Erreichbare. Und er hält den Jagddruck möglichst gering.

Diese Feldrehe sind körperlich gut entwickelt. Das ist ein eindeutiges Zeichen für einen gesunden, nicht überhöhten, sozial ausgeglichenen Rehbestand.

Dieses bedarf des Umdenkens vieler Jäger. Sicher ein langer Prozess, doch einige Jäger sind von ihm überzeugt. Manche von ihnen übertreiben allerdings stark und nehmen jedes Reh, das den Grind aus der Dickung steckt, ohne Kenntnis seines Alters, seiner sozialen Stellung, ja unter bewusster Missachtung bestehender gesetzlicher Bestimmungen unter Feuer. Gewiss, Waldbau hat per Gesetz Vorrang, ein rücksichtsloses Zerstören von Rehbeständen ist dennoch völlig fehl am Platz. Waidgerechtes Jagen ist gefragt, auch wenn dieses an Hochschulen und Universitäten nicht mehr im erforderlichen Umfang gelehrt wird.

Ansprechen im Revier

Kitze, weibliche und männliche Stücke

Rehkitze sind ganzjährig gut zu erkennen. Erst Anfang September verlieren sich die weißen Flecken in ihrer Decke. Danach sind die Kitze noch lange Zeit deutlich geringer als die Mutterstücke, deren Nähe meist einen guten Größenvergleich zulässt. Auch das sehr kurze Haupt der Kitze, das, von der Seite betrachtet, fast dreieckig wirkt, unterscheidet sich deutlich vom längeren Haupt der ausgewachsenen Rehe.

Die Geschlechter der Rehe zu unterscheiden, bereitet dem Jäger meist keine Mühe. Im Frühjahr und Sommer trägt der Bock sein Gehörn, im Winter lässt der helle Spiegel sicheres Erkennen zu: Wirkt er bohnenförmig und geschlossen, ist das Stück männlich. Ist der Spiegel dagegen herzförmig und durch das Haarbüschel der Schürze „gestielt“, handelt es sich um ein weibliches Reh. Auch bei den Spiegeln der Kitze wird dieser Unterschied deutlich.

Mehrjährige Rehe

In der Altersansprache stoßen Jäger an die Grenzen ihres Könnens, wenn sie ehrlich sind. Zu individuell ist die Entwicklung des Einzelrehes. Markierte Rehe, die in freier Wildbahn aufwachsen, beweisen: Sichere Merkmale, um ein dreijähriges von einem fünfjährigen Reh zu unterscheiden, gibt es nicht. Eine Tatsache, die sich in allen Revieren bestätigt.

Schon am Spiegel erkennt man Bock (bohnenförmig) und Ricke (herzförmig mit Schürze).

Unten: Das Ansprechen fällt hier kinderleicht: Die Spinne ist deutlich zu erkennen, die Ricke also führend.

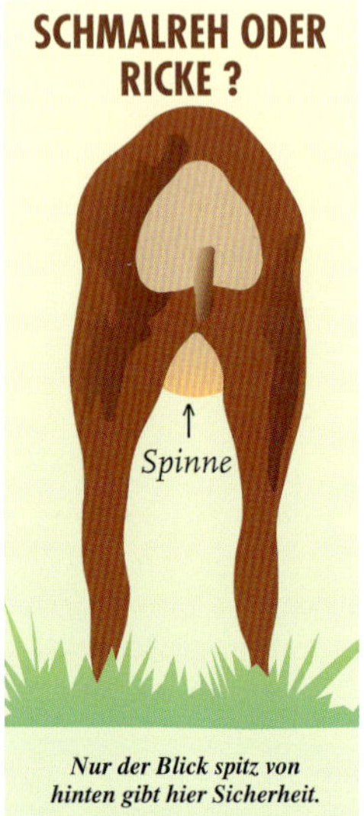

Das Schema rechts bietet dem Jäger einen Anhalt, um sein Rehwild anzusprechen, aber keine Sicherheit.

Dennoch seien ein paar Kriterien genannt, die dem Jäger einen Altersanhalt liefern: Der junge Bock hat in der Regel einen dünnen Hals und eine gerade Rückenlinie. Spitz von vorne angeblickt, stehen seine Vorderläufe eng beieinander. In seinem Gesicht sind die Farben schwarz, weiß und rot recht scharf gegeneinander abgesetzt, bisweilen ist es jedoch auch fast einfarbig dunkelgrau. Die Lichter wirken groß. Das Gehörn steht meist „unten eng und oben weit". Dieses ist durch die leicht nach innen geneigten, noch dünnen und hohen Rosenstöcke bedingt. Der junge Bock verhält sich wenig vorsichtig, selbstbewusst oder gar territorial.

Der alte Bock – etwa ab dem fünften Lebensjahr – ist in der Figur deutlich massiger. Der Träger ist dick, die Vorderläufe stehen durch den breiten Brustkorb weit auseinander. Die Rückenlinie kennzeichnet sich durch einen Buckel über den Blättern. Im Gesicht fließen die (drei) Farben ineinander, wobei helle Farbtöne überwie-

gen. Die Lichter wirken schmal, der Blick fast abweisend. Das Gehörn steht jetzt auf kurzen und dicken Rosenstöcken, die stärker nach außen weisen. Die Gehörnform ist also unten weit. Im Frühsommer verhält sich der alte Bock besonders an seinen Reviergrenzen territorial. Beim ausgewachsenen weiblichen Reh sind diese Alterskriterien ähnlich.
Wirklich alte Rehe (= ab dem siebten Lebensjahr) lassen sich sehr gut ansprechen. Das Gesicht hilft dem Jäger weiter, wenn er es bei gutem Licht mit dem Fernglas näher betrachtet: Das Haupt des Stückes wirkt lang, die Decke liegt dicht an, die Muskulatur tritt hervor, und der Blick aus schmalen Lichtern scheint gelangweilt, grießgrämig und unabhängig.

ALTERSSCHÄTZUNG AM REHUNTERKIEFER

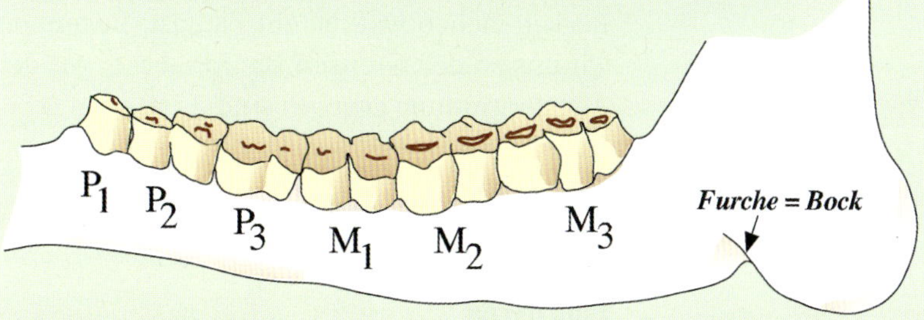

Die vordere Kunde im ersten Molar (M1) ist fast abgerieben, die hintere nur noch strichförmig. Das bedeutet je nach Farbe des Dentins: hellbraun = 3- bis 4-jährig
braun = 4- bis 5-jährig
schwarzbraun = 5- bis 7-jährig

Altersermittlung am erlegten Stück

Die Altersermittlung am erlegten Reh wird an den Zähnen des Unterkiefers vorgenommen. Das ist nach wie vor die beste und praktikabelste Methode.
Eine genaue Altersbestimmung ist bis zum Wechsel der Vormahlzähne, der Prämolaren, möglich. Er geht zwischen dem zehnten und vierzehnten Lebensmonat des Rehes vonstatten. Der dritte Prämolar ist als Milchzahn dreigeteilt, im Dauergebiss dagegen nur zweigeteilt (vgl. Zeichnung im Kapitel „Rotwild", Seite 28 oben). Etwa zur selben Zeit erreicht der dritte Molar Kaufunktionshöhe. Hiernach setzt die *Altersschätzung* ein. Denn markierte Rehe in großen, gut beobachteten Revieren beweisen: Am erlegten Stück kann man vom zweiten Lebensjahr an das Alter nicht mehr mit hundertprozentiger Sicherheit ermitteln. Doch haben sich folgende Orientierungshilfen zur Altersschätzung in der Praxis bewährt:
1. Mit dem Alter nutzen die Zähne zunehmend ab. So verschwindet die Kunde im vorderen Teil des ersten Molaren etwa im vierten oder fünften Lebensjahr.
2. Eine dunkelbraune bis schwarze Farbe des vom weißen Schmelz eingeschlossenen Dentins signalisiert dessen große Härte, ein Hellgelb weicheres Material. Bei gleichem Abnutzungsgrad ist ein Reh mit dunklem Dentin zwei bis vier Jahre älter als eines mit hellem.
3. Die Zahnfleischlinie reicht bei zwei- bis dreijährigen Rehen noch hoch hinauf zu den Zähnen, was besonders am dritten Molar auffällt.
Alle diese Hilfen lassen auch bei gewissenhafter Anwendung nur zu, dass der Jäger Altersspannen angibt, zum Beispiel drei- bis vierjährig oder sieben- bis neunjährig. Genauer geht es in jagdlicher Praxis nicht! Wer auf Gehörnschauen

Im Alter von vier oder fünf Jahren schwindet die Kunde im vorderen Teil des ersten Molars.

NASENFORM UND STELLUNG DER ROSENSTÖCKE BILDEN EINEN ALTERSANHALT

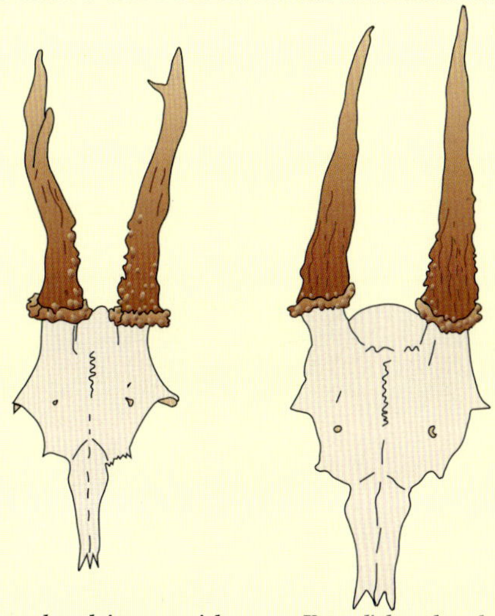

Dünn und nach innen gerichtet sind die Rosenstöcke dieses zweijährigen Gabelbockes. Der Nasenrücken ist schmal und hochgewölbt.

Kurz, dick und nach außen gerichtet sind die Rosenstöcke dieses alten Spießers. Die Nase ist breit und flach geworden.

Die Stellung und Stärke der Rosenstöcke und die Breite und Wölbung des Nasenknochens sind Kriterien, um das Alter grob zu schätzen.

an Hand des Unterkiefers eine Grenze zwischen den dreijährigen und den vierjährigen Böcken ziehen will, ist ein Fantast. Bekennen wir uns zu den Grenzen, die mit dieser Art der Altersermittlung gegeben sind.

Bejagung

Jagdzeiten

Dass das Reh in Deutschland nahezu flächendeckend vorkommt und gleichsam die Brotwildart der Jagd ist, verdeutlichen auch die Streckenzahlen. Sie überschritten die Millionengrenze schon vor 20 Jahren und erreichten im Jagdjahr 2020/2021 mit über 1 285 500 Stück einen neuen Höchstwert.

In den meisten Bundesländern werden Böcke und Schmalrehe ab dem 1. Mai bejagt, in einzelnen bereits ab 1. oder 16. April. Ricken, Schmalrehe und Kitze haben in der Mehrzahl der Bundesländer vom 1. September bis 31. Januar Jagdzeit, manche Länder weichen auch in diesem Punkt ab.

Lange forderten manche Jäger eine Verlängerung der Jagdzeit auf Rehböcke bis zum 31. Januar, um bei Gesellschaftsjagden im Herbst und Winter alle Rehe erlegen zu können, ohne zuvor erst „hintendrauf" schauen zu müssen.

Einzelne Länder haben diese Forderung bereits umgesetzt: So hat der Rehbock in Brandenburg bis 15. Januar Jagdzeit, in den meisten anderen sogar bis Ende Januar. Ein Rehbock auf der Drückjagdstrecke ist dort kein Vergehen mehr. In der Praxis fiel bei Bewegungsjagden immer schon einmal ein Bock. Wildbiologisch spricht auch nichts gegen die Erlegung eines gehörnlosen Bockes, zumal kein Jäger gezwungen ist, einen solchen zu erlegen. Werden die erwähnten rehgerechten Jagdtermine genutzt, kann der Finger auf Drück- und Stöberjagden auf Böcke ohnehin gerade bleiben. Deren Abschuss ist dann nämlich bereits erfüllt.

Die Jagdzeit für Rehwild ist zweifelsohne sehr lang, im Interesse des Wildes wäre ein frühzeitiges Ende des Jagddrucks, nach Möglichkeit schon im Dezember. Gerade im Winter kann das Rehwild diesen Druck nicht gebrauchen, denn es begegnet ja der Äsungsknappheit mit möglichst wenig Energieverbrauch, d. h. der Vermeidung von energiezehrender Bewegung. Jeder Jäger hat es selbst in der Hand, dem Reh so frühzeitig wie möglich Ruhe zu gönnen. Wer rehgerecht jagt, hat seinen Abschuss bis spätestens Weihnachten erfüllt.

Das entscheidende Ziel einer fachgerechten Bejagung von Rehwild auf biologischer Grundlage ist eine dem Lebensraum angepasste Regulierung der Wilddichte. Sie muss dem Rehwild arteigenes Leben ermöglichen und dem Wald als Lebensraum dienen.

Diese beiden Forderungen sind gleichzeitig Ziel der Hege und der Jagd. Jeder verantwortungsbewusste Jäger muss sie fest im Auge haben. Erst dann kann wirklich die Hege mit der Büchse – ein qualitatives Jagen – einsetzen.

JAGDZEITEN DES REHWILDES NACH DER BUNDESJAGDZEITENVERORDNUNG

Kitze	*1. September bis 28. Februar*
Schmalrehe	*1. Mai bis 31. Januar*
Ricken	*1. September bis 31. Januar*
Böcke	*1. Mai bis 15. Oktober*

Artgerechte Bejagungsstrategie

Rehgerechte Bejagung weist drei zeitliche *Schwerpunkte* auf. Zum einen setzt sie früh und energisch ab Anfang Mai ein, um den notwendigen Abschuss der männlichen und der weiblichen Jährlinge bis zum 10. Juni mit möglichst 80 Prozent des Abschusssolls zu erfüllen. Abgeschlagen von ihren Muttertieren, die sich jetzt ausschließlich um den neuen Nachwuchs kümmern, suchen Schmalrehe und Jährlinge in dieser Zeit nach freien Einständen und gelegentlich nach neuem sozialem Kontakt und sind deshalb viel auf den Läufen. Der Jäger hat es einfach. Bis zur Blattzeit kann die Rehbejagung dann ruhen. Am besten vereinbaren alle Revierinhaber dieses für ihren Hegebezirk.

Die Brunft bringt erneut Bewegung ins Rehrevier. Der Jäger, der sich aufs Blatten versteht, sieht jetzt wieder Böcke, die in der Feistzeit „faul" waren und fast unbemerkt blieben. Diese Zeit wird er tüchtig nutzen und höchstwahrscheinlich manchen interessanten Bock in Anblick bekommen und gegebenenfalls erlegen.

In den September fällt der dritte Schwerpunkt der Rehbejagung. Er ist der wichtigste. Dabei hat sich seit langem die Erkenntnis durchgesetzt, dass neben kranken und schwachen Rehen auch normal entwickelte fallen müssen. Das noch geringe Gewicht der Kitze hindert den Jäger nicht, denn gerade ihre frühzeitige Entnahme ist entscheidend. Bei schnellem Nachladen oder geduldigem Warten kann oft mit den Kitzen die Ricke erlegt werden. Recht sicher kommt sie einmal zurück, um ihre Kitze zu suchen. Der versierte Praktiker bejagt deshalb früh am Abend oder, besser noch, in den Morgenstunden seine Kitze. Dann schränkt das Büchsenlicht die Wartezeit nicht ein. Die vollständige Entnahme eines Familienverbandes stört im Rehbestand überhaupt nicht.

Hält sich der Jäger an diese drei Phasen rehgerechter Bejagung, wird es ihm nicht schwer fallen, – bei ein wenig Nachlese – bis Weihnachten seinen Abschussplan zu erfüllen. Der Januar wird als Jagdzeit nicht mehr benötigt, obwohl seine bereits wieder längeren Tage jagdlich sonst recht ergiebig sind. Der Jagddruck auf die Rehe entfällt nun für fast fünf Monate – ein lohnendes Ziel.

Zwei Sätze noch zum Wahlabschuss bei Rehböcken: Pielowsky berichtet aus einem Untersuchungsrevier in Polen, dass eine konsequente Schonung von sogenannten Zukunftsböcken keinen positiven Einfluss auf die Gehörnqualität erkennen ließ. Die „Hege mit der Büchse" blieb also erfolglos.

Die bundesdeutsche Jahresstrecke stieg über Jahre kontinuierlich und erreichte im Jagdjahr 2020/2021 mit fast 1,3 Millionen Rehen ihren bisherigen Höchstwert (vgl. auch S. 271).

Ansitz und Pirsch

Ansitz und Pirsch erlauben dem Jäger fröhliches Jagen.

Der *Ansitz* ist die Bejagungsform, bei der das Revier am wenigstens beunruhigt wird. Er ermöglicht in der Regel ein ruhiges Ansprechen und – bei guter Auflage – eine sichere Kugel. Bei der Wahl des Ansitzplatzes, der zumeist in der Nähe von Äsungsflächen, Wechseln oder Dickungsrändern liegt, berücksichtigt der versierte Rehjäger an erster Stelle den Wind, dann die Deckung. Kanzeln, Leitern und Schirme sind dabei hilfreich.

Nach zwei bis drei Jahren tritt bei Ansitzeinrichtungen oft ein gewisser Abnutzungseffekt ein. Die Altrehe umgehen diese Plätze dann gezielt. Doch der Rehjäger weiß sich zu helfen: Er platziert im Altholz ein Sitzkissen in das Wurzelgestühl einer mächtigen Buche und steckt einige Birkenreiser als Deckung davor. Solch ein Ausweichpatz bringt ihm dann wieder den erhofften Anblick. Besonders in der späten Morgensonne bummeln Rehe dort gern umher.

Ausschlaggebend ist der Wind, nicht die Höhe einer Kanzel. Der Rehjäger prüft ihn vor dem Ansitz und entscheidet sich dann für seinen Sitzplatz.
Bezogen wird der Ansitz gut eine Stunde vor dem erwarteten Austreten der Rehe.

Zum *Pirschen* gehört eine gewisse Reviergröße. Aber wenn der Jäger morgens nach dem Frühansitz pirschen*steht*, sich also langsam und leise, immer mal wieder für längere Zeit verweilend, vorwärts schiebt, genügen für eine solche Pirsch auch 50 bis 60 Hektar. Die Kilometerfresser beim Pirschen vertreten viel mehr, als sie in Anblick bekommen. Ein auf der Pirsch erlegtes Reh zeugt natürlich von höherem jagdlichem Geschick als ein Abschuss über die Kanzelbrüstung. Der Jäger wird auf der Pirsch bisweilen stehend freihändig und schnell auf kurze Entfernung schießen. Darin liegt der besondere Reiz der Pirsch.

Unentbehrliches Hilfsmittel – insbesondere in der Feldmark – ist ein *Zielstock*. Er erlaubt dem Jäger, überall und sofort anzustreichen. Bäume, Koppelpfähle etc. sind ja nicht immer passend vorhanden. Gut daumenstarke, zirka eineinhalb bis zwei Meter lange Haselnuss- oder Hartholzstecken lassen sich leicht beschaffen. Das untere Ende des Zielstocks wird mit einem Gummifuß versehen – dies hat zwei Vorteile. Einmal lässt sich der Stock leise aufsetzen, zum anderen wird das Holz nicht so stark abgenutzt. Ein führiger und erfahrener Jagdhund – gleich welcher Rasse, aber in möglichst gedeckter Farbe – ist ein idealer Begleiter des pirschenden Jägers. Denn er zeigt seinem Herrn bei der Pirsch gegen den Wind häufig Wild an, lange bevor der es bemerkt.

Pirscht man zu zweit, geht vorne stets der „älteste Indianer", also der mit der besseren Ortsund Wildkenntnis, mit dem wacheren Auge, dem sichereren Tritt. Der Hintermann passt sich an. Eine gute, gemeinsame Pirsch, die gar Erfolg hat, bringt Jäger einander sehr nahe, näher als manches Bier.

Die Birkenstämme leuchten hell. So fallen hier Gesicht und Hände des Jägers nicht auf.

Blattjagd

Die Lockjagd auf den Rehbock, das *Blatten*, ist in Deutschland stark verbreitet und äußerst beliebt. Der Blattjäger lockt dabei mit Hilfe der Stimme des Wildes dieses heran. Das Fiepen der brunftigen Ricke wird vom Jäger mit dem Buchen- oder Fliederblatt oder einem käuflichen Blatter nachgeahmt. So versucht er, den Bock zum Zustehen zu veranlassen.

Windstille Tage gegen Ende der Brunft, also etwa die erste bis zweite Augustwoche, gelten als die beste Blattzeit: Die Brunft ist schon fortgeschritten, die Rehböcke suchen nun nach weiteren brunftigen Ricken oder Schmalrehen. Beim Zustehen verhalten sich die Böcke sehr verschieden: Der eine springt stürmisch und schnell, der andere lässt sich viel Zeit und zieht langsam sowie geräuschlos gegen den Wind, der dritte reagiert offenbar gar nicht auf die verlockenden Töne.

Beim erfolgreichen Blatten ist stets die Nähe des Bockes der entscheidende Faktor, zumal er auf den Meter genau der Stelle zustrebt, an die er gerufen wird. Übersichtliche Alt- und Stangenhölzer sind als Blatt-Standorte zu empfehlen. Gute Deckung, freies Schussfeld und langsame Bewegungen des Jägers beim Griff zu Glas und Büchse sind wichtig. Der erfahrene Blattjäger achtet sehr darauf, dass er die Böcke nicht *verblattet*: So wird er nur sparsam blatten, seinen Stand mit Bedacht wählen und ihn nicht schon ungeduldig nach zehn Minuten verlassen. Häufig verführt der Anblick des herangeblatteten Bockes den Jäger zu raschem Schuss. Das kostet so manchen Bockjüngling das Leben. Der erfahrene Bockjäger handelt aus diesem Grund zwar schnell, aber nicht unüberlegt. Er ist, bei aller Freude, dass er den roten Bock überlistet hat, stets bemüht, ihn sorgfältig anzusprechen.

Während der Blattzeit lohnt auch das *Plätzen*. Hierbei ahmt man die Geräusche nach, die vom Bock beim Plätzen mit den Vorderläufen in der Laubstreu und dem Schlagen mit dem Gehörn im Gesträuch verursacht werden. Die Deckung des Rehjägers muss dabei besonders gut gewählt und der Bock sehr nahe sein. Dies ist ein weiteres Beispiel dafür, wie viel Sorgfalt der erfahrene Blattjäger auf die Auswahl eines geeigneten Blattstandes verwendet.

Drück- und Stöberjagden

Bei Gesellschaftsjagden können Rehe durchaus wirkungsvoll und artgerecht bejagt werden. So kann etwa ein kleiner Kreis von Jägern weiträumig einen Reheinstand abstellen. Ein oder zwei spurlaut jagende Dackel bringen dann die Rehe in Bewegung. Diese kontrollieren ihre kleinen Verfolger recht genau, verhoffen immer mal wieder und bieten so mehrfach gute Gelegen-

Ein firmer Jagdhund ist dem Jäger bei Äser- oder Laufschüssen ein unentbehrlicher, bei Totsuchen ein zuverlässiger Helfer.

heit zum Ansprechen und Schuss.
Die größeren Drück- und Stöberjagden auf Rot- und Schwarzwild können ebenfalls der Rehbejagung dienen. An diesen Tagen werden durch den Einsatz der schnellen, spurlauten Wachtel und Terrier auch die kleinen Familienverbände der Rehe gesprengt. Der Jagdleiter kann Einfluss nehmen, indem er die Bejagung ausgewachsener, starker Rehe für die Schützen zeitlich oder örtlich beschränkt. Auf diesen Jagden muss ja nicht jede Ricke, die einzeln und versprengt dahergetrollt kommt, geschossen werden, es sein denn, der Abschuss hinkt noch beträchtlich hinter dem Soll her. Bei wohl organisierten Drück- oder Stöberjagden werden dann abends neben dem Hochwild auch mehrere Rehe auf der Strecke liegen. Wenn zuvor eine zeitgerechte Bejagung im Revier stattfand, ist diese Form der Rehwildbejagung eine durchaus vertretbare Nachlese.

Eindrucksvolles Porträt eines Bockes mit knuffigem Gehörn. Welches Jägerherz schlägt da nicht höher?

Waffe und Kaliber

Die Waffenwahl für die Rehbejagung ist eine Geschmacksfrage. Mancher Jäger möchte das ganze Jahr über nur mit einer kombinierten Waffe jagen und gilt im Kreise seiner Freunde nicht umsonst als verlässlicher, sicherer Schütze. Beim Kugelkaliber wird er einen Kompromiss suchen. Denn eine gleich gute Eignung für das schwache Kitz von acht Kilogramm aufgebrochen und den dicken Keiler von 100 Kilogramm kann man von keinem Geschoss verlangen. Der Waffennarr kauft sich eine Extra-Büchse für Rehe. Vor Augen steht dann eine leichte Kipplaufbüchse oder ein führiger, kurzläufiger Stutzen im Kaliber von 5,6 bis 6,5 Millimeter. Hier ist erhöhte Präzision gegeben, und der Jäger kann auch mal etwas weiter hinlangen.
Aber auch für stärkere Kaliber wie 7 oder 8 Millimeter werden heute spezielle Rehwildlaborierungen gefertigt. Leichte Geschosse von sechs bis neun Gramm sind dabei üblich. Um Rehe gut verwerten zu können, will man ja große Blutergüsse vermeiden, welche die superschnellen „Bleistiftgeschosse" nun einmal mit sich bringen. Also werden Pulverart und -menge auf eine Geschoss-Mündungsgeschwindigkeit (V_0) von 600 bis 700 Meter pro Sekunde abgestimmt. Der Ungarnjäger im Mai wird aber höhere Werte für Weitschüsse brauchen, denn die sind dort im Feld häufig notwendig.
Das Geschoss und dessen zielballistisches Verhalten müssen für die Rehjagd keine besonderen Ansprüche erfüllen. Große Energieabgabe und Zerlegungsbereitschaft im Körper sind bei diesem Wild nicht nötig. Außerdem hält der Jäger so den Ausschuss im Regelfall möglichst klein. Es bedarf also keines Spezialgeschosses.

Feldhase

Biologie und Verhalten

Kaum eine andere Wildart ist bei uns so volkstümlich und allgemein bekannt wie der Hase. Erinnert sei bloß an die zahlreichen Fabeln, Tiergeschichten und Volksbräuche (Osterhase), in denen dieses Tier eine Rolle spielt. Dennoch wissen wir nur wenig über den Feldhasen. Wildbiologen schenkten ihm lange Zeit kaum Beachtung. Das änderte sich erst Mitte der siebziger Jahre des 20. Jahrhunderts.

Stellung im zoologischen System

Feldhase und Kaninchen zählen nicht zu den Nagetieren, sondern bilden eine eigene Ordnung der Hasenartigen. Sie zeichnen sich durch zwei zusätzliche kleine stiftförmige Schneidezähne aus, die hinter den breiten, scharfen Nagezähnen des Oberkiefers sitzen. Diese fehlen den Nagetieren.

Verbreitung und Lebensraum

Das gegenwärtige Verbreitungsgebiet des Feldhasen umschließt den Raum vom Mittelmeer bis zum Polarkreis und von den britischen Inseln bis hinter den Ural. In diesem Areal werden die Vertreter der Art in Richtung Norden und Osten großwüchsiger (Bergmannsche Regel), was mit dem Klima zusammenhängt. Ursprünglich war der Feldhase ein Bewohner der Steppe. Heute lebt er in unserer vielfältigen Kulturlandschaft beinahe überall, wenn auch – abhängig vom Habitat – in unterschiedlichen Siedlungsdichten. Hasen bevorzugen die offene Feldlandschaft. In größeren Waldgebieten kommen sie selten vor, wobei sie sich lieber in den Randzonen aufhalten. Im Gebirge ist ihr Vorkommen auf Höhen bis etwa 1500 bis 1600 Metern begrenzt.

Ideale Bedingungen für hohe Hasendichten sind bei Erfüllung von sieben Voraussetzungen gegeben (siehe Kasten unten).

Der ursprüngliche Steppenbewohner Feldhase bewohnt heute – in unterschiedlichen Dichten – unsere vielfältigen Kulturlandschaften.

SYSTEMATISCHE STELLUNG DES FELDHASEN

Stamm: Wirbeltiere
↓
Klasse: Säugetiere
↓
Ordnung: Hasenartige
↓
Familie: Hasen
↓
Art: Feldhase

SIEBEN VORAUSSETZUNGEN FÜR HOHE HASENDICHTEN

- *durchschnittliche Jahresmitteltemperatur > 8 °C*
- *durchschnittlicher Jahresniederschlag < 500 mm*
- *Höhenlagen ≤ 300 m über NN*
- *luftige, schnell trocknende (warme) und fruchtbare Böden*
- *Habitate mit kleinräumigen Feldparzellen ohne größere Waldkomplexe in der Nähe*
- *ein möglichst niedriger Besatz an Beutegreifern (Fressfeinden)*
- *schonende Bejagung.*

Im Jagdjahr 2020/2021 wurden in der Bundesrepublik 145 282 Hasen erlegt und damit 60 Prozent weniger als noch zehn Jahre zuvor. Anfang bis Mitte der 1970er-Jahre betrug die Hasenstrecke dagegen allein in den alten Bundesländern zwischen einer Million und 1 330 000. Zurzeit haben wir also ein „Hasentief", dessen Ursachen komplexer Natur sind. In vielen Feldrevieren lässt der Hasenbesatz eine Gesellschaftsjagd nicht mehr zu. Das gilt selbst für Weinberge, in denen das Biotop unverändert geblieben ist. Dort, wo der Feldhase in Gefahr gerät, auf die Rote Liste zu kommen, werden wir uns auf ein oder zwei Küchenhasen beschränken und zudem das Raubwild, besonders den Fuchs, kurz halten.

Balgfarbe, Körperform und Gewicht

Der Balg ist auf dem Rücken graubraun-erdfarben und besitzt hinten einen leicht silbernen Anflug. Körperseiten und Keulen zeigen einen rostroten Anflug. Die Bauchseite ist weiß. Die Oberseite der Blume und die Löffelspitzen sind schwarz.

Der Körper des Feldhasen ist länglich, sein Brustkorb sehr schmal und hoch. Die kräftigen Hinterläufe sind doppelt so lang wie die Vorderläufe und sehr stark entwickelt – sie kennzeichnen das typische Fluchttier. Die Fußsohlen des Hasen sind mit bürstenartigen, längeren Haaren bewachsen. Sie bilden eine ausgezeichnete Wärmeisolierung.

Feldhase und Wildkaninchen lassen sich leicht voneinander unterscheiden: Beim Feldhasen sind die Löffel länger, beim Wildkaninchen kürzer als der Kopf. Der Balg des Kanins ist grau, seine Löffel haben – im Unterschied zu denen des Feldhasen – keine schwarzen Spitzen. Im Vergleich zu den Läufen des Feldhasen sind die des Wildkanins recht kurz. Kaninchen wiegen ausgewachsen zirka eineinhalb bis zwei, Feldhasen drei bis fünf Kilogramm. Wenn Hasen hoppeln, zeigt die Blume nach unten (schwarze Oberseite sichtbar), bei flüchtigen Kaninchen dagegen nach oben (weiße Unterseite sichtbar). Kreuzungen zwischen Kanin und Feldhase sind unmöglich.

Mit etwas Übung kann der Jäger im Übrigen das Geschlecht eines erlegten Hasen leicht ermitteln. Der Penis des Rammlers ist schlauch-, die Klitoris der Häsin rinnenförmig (siehe Zeichnung Seite 140 unten).

Lange und im Vergleich zu den Vorderläufen deutlich kräftigere Hinterläufe weisen den Feldhasen als Fluchttier aus.

HASENSPUR

Die Spuren von Hasen und Kanin sind – abgesehen von der Größe – gleich.

Spur

Sämtliche Hasenartige bewegen sich aufgrund ihres Körperbaus bei langsamem Tempo hoppelnd vorwärts. Dabei setzen sie stets die Vorderpfoten hintereinander. Die Hinterläufe „übereilen". So stehen deren Pfotenabdrucke nebeneinander vor denen der Vorderläufe. Der *Hasensprung* entsteht (siehe Zeichnung).

Losung

Sie besteht aus runden, festen Kugeln von zirka 15 bis 20 Millimetern Durchmesser, die meist einzeln oder in geringer Menge abgesetzt werden. Im Sommer ist die Losung sehr dunkel, bisweilen nahezu schwarz. Sie ist aufgrund der saftreichen Äsung weicher als die gelbbraune Winterlosung. Je länger die Losung der Sonne ausgesetzt ist, desto heller wird sie.

Sinne und Laute

Feldhasen vernehmen ausgezeichnet. Sie spüren Bodenerschütterungen in ihrer Sasse, wenn etwa ein Spaziergänger sich nähert. Sie wittern recht gut und sind ausgeprägte *Bewegungsseher*. Verharrt also der Waidmann bei gutem Wind regungslos, läuft ihm der Feldhase mitunter bis „vor die Stiefelspitzen".

Misstrauisch geworden, versucht der „Mümmelmann", sich Klarheit zu verschaffen. Gleich wird er das Hasenpanier ergreifen.

Zum Beispiel bei der Krähenabwehr oder bei „Rammelschlachten" kann der Jäger ein leises Fauchen oder Knurren hören. Bei Schmerz klagt der Feldhase. Dieses Klagen erinnert stark an das Geschrei eines Kleinkindes. Der Jäger nutzt es gerne zum *Fuchsreizen*. Wollen sie sich genauer orientieren, machen der Hase und auch das Kanin einen *Kegel*, das heißt sie richten sich auf den Hinterläufen auf.

Lebensweise

Feldhasen sind standorttreue Pflanzenfresser. Um zu überleben, müssen sie vielfältigen Gefahren entgehen. Dazu sind sie gut ausgestattet. Denn sie verfügen über ein ausgezeichnetes Gehör und sind schnelle sowie ausdauernde Läufer.
Grundsätzlich versucht der Feldhase zunächst, sich vor einem anrückenden, mit den Löffeln georteten Feind zu drücken. Reicht das nicht aus, sucht er sein Heil in der Flucht. Dabei kann er bis zu achtzig Stundenkilometer schnell werden. Rückt ihm ein Verfolger zu dicht auf den Balg, schlägt er Haken, um ihn abzuschütteln.
Tagsüber liegen Hasen meist in ihrer *Sasse*, einer selbst gescharrten Bodenvertiefung, die dem Körper genau angepasst ist. Mehrere von ihnen befinden sich jeweils in dem Einstandsgebiet eines Hasen. Er benutzt sie je nach Wetter und Wind. Dabei liegt er immer so in der Sasse, dass der Kopf mit eng an Kopf und Rücken angelegten Löffeln gegen den Wind gerichtet ist. Bevor sich der Hase in die Sasse legt, macht er einen weiten Absprung von seiner Spur unter Wind, so dass eventuelle Verfolger desorientiert werden.
Bei starkem Wind suchen Feldhasen geschützte Lagen auf, wo sie unter Wind liegen können. Bei Tauwetter rückt der Waldhase ins Feld, bei Laubfall ins Nadelholz. Hasen werden erst gegen Abend mobil. Nur während der Rammelzeit sind sie auch tagsüber auf den Läufen.
Hasen sind Einzelgänger, selbst die Beziehung zwischen einer Häsin und ihren Jungen ist nur locker und kurzfristig. Allerdings finden sich Hasen an Äsungsstellen verträglich zusammen.

Die Sasse ist flach. Ungeschützt der Witterung ausgesetzt liegt der Hase darin. Seine Hinterläufe sind unter dem Körper angewinkelt, so dass er bei Gefahr erstaunlich schnell auffahren und fliehen kann.

Äsung

Feldhasen äsen vornehmlich verschiedene Wildkräuter, darunter auch Heilkräuter („Hasenapotheke"), und Ackerpflanzen, aber auch Gräser, Knospen, Triebe sowie Baum- und Strauchrinde. Insgesamt sind zirka 80 verschiedene Äsungspflanzen des Feldhasen bekannt.

Die Häsin äst während der Milchbildungsphase selektiv, das heißt bevorzugt Pflanzen mit hohem Fettgehalt. Findet sie diese, hat ihre Milch in der Säugezeit einen Fettgehalt von 20 Prozent und mehr. Auch ihr Mengenbedarf an Äsung erhöht sich jetzt um 50 Prozent.

Generell – so haben Wiener Forscher herausgefunden – reagieren Hasen sehr empfindlich auf eine Verschlechterung der Äsungsqualität.

Schäden, Schadensabwehr und Fütterung

Mit Vorliebe verbeißt der Hase junge Triebe oder Knospen verschiedener Gehölze, besonders von Obstbäumen. Er schält auch deren Rinde. In der Feldmark bevorzugt er Kohl, Raps und Rüben. Wein-, Obst- und Gemüsebauern klagen mancherorts über Hasenschäden.

Winterschäden lassen sich durch Füttern reduzieren. Hasen nehmen sehr gerne *Prossholz* an, bevorzugt von Obstbäumen, aber ebenso Zweige von Aspe, Sal-, Kopfweide, Ahorn, Esche, Weißbuche sowie Robinie. In Notzeiten kann der Jäger den Hasen mit *hochwertigen, wasserreichen Futtermitteln* über den Winter helfen, also mit Zuckerrüben, Mohrrüben, Äpfeln, winterharten Kohlarten und anderem mehr. Dabei

Nicht nur Sauen mögen Mais, auch diesem Hasen mundet er vorzüglich. Hoch aufgerichtet geben ihm seine Vorderläufe Halt am Maisstängel, den Kolben benagt er ausgiebig.

Rammler und Häsin prügeln sich wie die Kesselflicker. Erst nach wiederholtem Schlagabtausch kann schließlich „Hasenhochzeit" gefeiert werden.

Zwei Junghasen an „Mutterns Brust". Sie werden nur einmal täglich gesäugt. Lediglich etwa ein Viertel aller Junghasen überlebt bis zum Winter.

spielt es keine Rolle, wenn solches Saftfutter gefriert. Verdorbenes Futter ist allerdings schädlich für den Hasen!

Heute sind Schutzmaßnahmen im Wald gegen den Hasen eher die Ausnahme. Kaninchen können dem Waldbauern dagegen örtlich große Probleme bereiten.

Rammelzeit und Junghasen

Die Rammelzeit erstreckt sich vom Januar bis in den August oder gar den September. Hierbei bilden sich größere „Hochzeitsgesellschaften", und es kommt den ganzen Tag über zu lebhaften Verfolgungstreiben zwischen Rammlern und Häsinnen. Dabei lernen sich die einzelnen Hasenpaare kennen. Häufig bleiben sie auch nach der Begattung zusammen.

Im Laufe des Frühjahrs und Sommers begattet der Rammler die Häsin dann weitere Male, allerdings ohne dass es dabei wieder zu lebhaften Paarungstreiben kommt. Wiewohl der Rammler sich nicht um die Aufzucht der Junghasen kümmert, leben Hasen eher in *Einehe* und nicht – wie lange Zeit vermutet – in Vielehe. Gelegentliche Partnerwechsel sind gleichwohl möglich.

Die *Tragzeit* dauert 40 bis 42 Tage. Die Häsin setzt ein bis vier, meist nur zwei Junghasen. Pro Jahr werden von einer Häsin durchschnittlich *sechs* bis *sieben Junge* in *drei*, selten *vier Sätzen* zur Welt gebracht.

Die ersten Sätze bestehen in aller Regel nur aus ein bis zwei Jungen (Februar/März). Die weiteren Sätze folgen dann im Abstand von zirka zwei Monaten. Eine erneute Befruchtung am

Ende der Tragzeit, die *Superfötation*, ist möglich.

Bis zu achtzig Prozent der Junghasen gehen durch Witterungseinflüsse, meist nasskaltes Frühjahrswetter, natürliche Feinde oder aber Krankheiten bis zum ersten Winter zugrunde.

Die Junghasen werden sehend und gut entwickelt gesetzt und werden sofort selbstständig aktiv (*Laufjunge*). Die ersten zwei bis drei Tage liegen sie beieinander, danach zerstreuen sie sich bereits. Auf diese Weise ist die Gefahr gemindert, dass der gesamte Wurf einem Beutegreifer zum Opfer fällt. Die Häsin ist zwar in der Nähe ihrer Jungen, hält sich aber nicht unmittelbar bei ihnen auf. Sie säugt ihre Jungen 20 bis 30 Tage lang, meist erst nach Einbruch der Dunkelheit und meist im gleichen Gebiet. Sobald die Junghasen ausreichend bewegungsfähig sind, kommen sie zum „Säugeplatz“. Vorher sucht die Häsin sie einzeln auf.

Feinde, Krankheiten und Verluste

Sämtliches Raubwild stellt dem Hasen nach: Marder, Iltis, Wiesel, Habicht, Bussard greifen Junghasen, Krähe und Kolkrabe dezimieren bei dann noch geringem Bewuchs vor allem die ersten Junghasensätze. Der Hauptfeind des Hasen ist allerdings der Fuchs. Insbesondere wenn es wenige Mäuse gibt, ernährt er sich und seine Welpen stark von Jung-, aber auch von Althasen.

Dr. Goretzki, Eberswalde, empfiehlt daher als „das kurzfristig Machbare“ eine scharfe Fuchsbejagung zum Schutz des Hasen. KALCHREUTER führt als Beweis für den Einfluss der Fressfeinde einen dreimal so hohen Zuwachs des Hasen auf den räuberfreien Inseln Dänemarks an.

Am stärksten setzt den Hasen die *Kokzidiose* zu, die vor allem Junghasen gefährdet. Tödlich ist ein starker Befall mit *Magen-* sowie *Lungenwür-*

„Menschen, Hunde, Wölfe, Luchse, Katzen, Marder, Wiesel, Füchse, Adler, Uhu, Raben, Krähen, jeder Habicht, den wir sehen, Elstern auch nicht zu vergessen – alles, alles will ihn fressen.“ (Forstmeister von Wildungen).

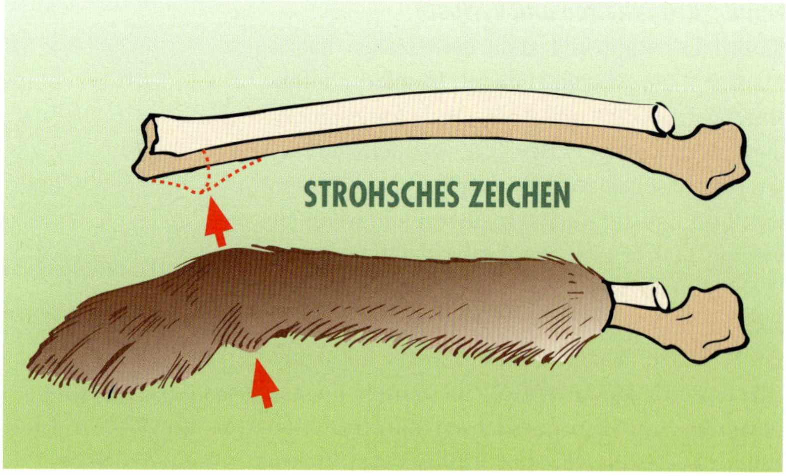

Der Knorpel – das Strohsche Zeichen – ist an der Außenseite des Vorderlaufs, hart oberhalb des Fußgelenks, zu fühlen.

mern, außerdem *Pseudotuberkulose*, *Pasteurellose* und *Brucellose*. Neuerdings kommt es auch zu Abgängen durch eine infektiöse Leberentzündung, die Fachleute als *European Brown Hare Syndrom* (EBHS) bezeichnen (vgl. Kapitel „Wildkrankheiten").

Doch nicht nur natürliche Feinde und Krankheiten sind Ursachen dafür, dass die Hasenstrecken in den vergangenen Jahrzehnten stark gesunken sind. Landwirtschaftliche Großmaschinen mit hohem Arbeitstempo und neue großflächige Anbaumethoden (keine Brache und Stoppel, weniger Grünland und Klee, verstärkter Maisanbau) trugen zu diesem Rückgang bei. Der Chemieeinsatz in der Landwirtschaft scheint dagegen den Hasen – und insbesondere seine Fortpflanzungsleistung – nicht negativ zu beeinflussen. Das belegen neue Forschungsergebnisse aus Gießen.

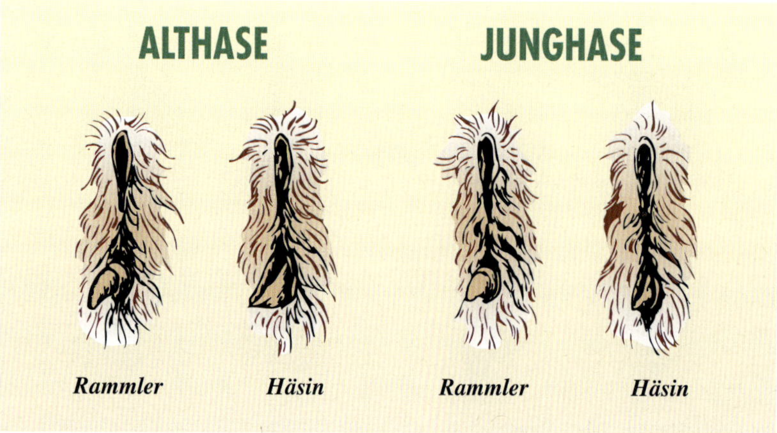

Diese Unterschiede an den Geschlechtsteilen sind auch bei Kaninchen zu erkennen.

Viele Feldhasen fallen auch dem Straßenverkehr zum Opfer.

Großen Einfluss auf die Hasenstrecken hat schließlich das Wetter: Nasskalte Frühjahre oder ebensolche Sommer fordern einen hohen Tribut an Junghasen. Extrem schädlich ist schließlich, wenn trotz geringen Besatzes intensiv und länger als bis etwa Mitte Dezember gejagt wird.

Altersermittlung am erlegten Hasen

Die *durchschnittliche Lebenserwartung* des Hasen beträgt eineinhalb Jahre. In freier Wildbahn werden nur wenige Hasen älter als vier oder fünf Jahre.

Die Hausfrau wird es uns danken, wenn wir nach der Jagd mit einem zarten Braten nach Hause kommen. Junge Hasen stehen bei Feinschmeckern hoch im Kurs. Bis Ende November ist es sehr leicht, sie von alten zu unterscheiden – allerdings nur dann, wenn sie erlegt sind.

Strohsches Zeichen: An den unteren Abschnitten der Vorderläufe des Junghasen befindet sich an den Außenseiten eine knorpelige Erhebung des Knochens, das sogenannte Strohsche Zeichen (siehe obere Zeichnung). Es lässt sich durch den Balg gut ertasten und befindet sich etwa einen Zentimeter über dem Fußgelenk.

Augendorn: Ein Knorpel im Sehwinkel des Hasen, der sogenannte Augendorn, gibt außerdem Aufschluss darüber, ob es sich um einen jungen (weicher Augendorn) oder einen alten Hasen (harter Augendorn) handelt. Beim Junghasen lässt sich der Augendorn leichter eindrücken und nach hinten verschieben. Ausgewachsen ist der Hase im Übrigen mit zehn bis zwölf Monaten.

Geschlechtsorgane: Schließlich lassen sich Alt- und Junghase auch an der Ausbildung ihrer *Geschlechtsorgane* unterscheiden (siehe Zeichnung).

Die Hege des Feldhasen

Der Jäger kann dem Feldhasen helfen, indem er für ein reiches, gehaltvolles Nahrungsangebot im Sommer sorgt. Während sich Hasen im

Hasen sind fast überall seltener geworden. Der Jäger kann helfen, indem er mit für ein besseres Nahrungsangebot sorgt sowie dem Raubwild mit Falle und Flinte energisch nachstellt.

Herbst, Winter und Vorfrühling vornehmlich und gut von Kulturpflanzen ernähren, bevorzugen sie im Sommer Wildkräuter und -gräser. Gerade dann herrscht in der Feldmark großer Mangel an vielfältiger und frischer Grünäsung.

Verbesserung des Äsungsangebotes

Diesen Engpass kann der Waidmann – in Absprache mit den Landwirten – im Wege der Biotopverbesserung aufweiten, indem er beispielsweise Ausgleichsflächen mit Wildkraut- und Wildgräserbewuchs anlegt. Gute Voraussetzungen bot hierfür die im Jahr 2009 EU-weit abgeschaffte Flächenstilllegung mit obligatorischen Prozentsätzen still zu legender Flächen und Direktzahlungen. Seither existiert nur noch eine freiwillige Flächenstilllegung, für die bei Einhaltung sogenannter Cross-Compliance-Regelungen Prämienzahlungen gewährt werden. Zwischenfruchtanbau ist auch ideal. Hilfreich ist es außerdem, wenn Feldraine, Wegränder oder Heckensäume erhalten, neu angelegt oder aber verbreitert werden. Hier dürfen dann keine Herbizide zum Einsatz kommen. Nicht zuletzt bieten auch Graswege den Hasen Äsung.
Auflaufendes Ausfallgetreide ist nach der Ernte von Wintergerste im Juli/August eine ausgezeichnete und vom Hasen gern angenommene frisch-grüne Äsungsquelle. Werden derartige Flächen erst später in die weitere Bodenbearbeitung einbezogen, kann ihr Bewuchs die Nahrungslücke bis zum Auflaufen der neuen Wintersaat schließen.

Jagd

Jagdzeiten

Die Jagdzeit auf den Hasen beginnt je nach Bundesland am 1. oder 16. Oktober. In elf Ländern darf er bis 31. Dezember bejagt werden, in weiteren vier bis 15 Januar (Berlin: ganzjährig geschont). Doch auch in diesen Ländern halten nur wenige Revierinhaber heute noch Treibjagden im Januar ab, wenn sie nicht ohnehin ganz darauf verzichten. Wissen sie doch, dass die Hasen bereits im Januar wieder zu rammeln beginnen. Sammeln sich die Tiere dazu auf den „Rammelplätzen“, kommt es bei derart spät angesetzten Gesellschaftsjagden zur Übernutzung des Besatzes. Unabhängig vom gesetzlichen Jagdzeitende heißt es in gepflegten Hasenrevieren spätestens ab Jahreswende: „Hahn in Ruh’!“ Drei Monate Jagdzeit genügen.

So genügt den meisten Jägern im Januar der Anblick eines jeden gesunden Hasen. Ab jetzt soll er sich tüchtig vermehren, zumal noch weitere Winterverluste wahrscheinlich sind.

JAGDZEITEN NACH DER BUNDESJAGDZEITEN-VERORDNUNG

Feldhase	*1. Oktober bis 15. Januar*

Die Grundsätze artgerechter Hasenbejagung

Wer seinen Besatz pfleglich bejagen will, muss pro Jagdjahr ein Drittel der „hasentauglichen Fläche" schonen. Er sollte keine Fläche seines Reviers zweimal im Jagdjahr bejagen und die Jagdflächen möglichst jährlich wechseln. Wer schließlich jeden besonders fest sitzenden Hasen, oft Häsinnen, pardoniert, hat wichtige Voraussetzungen für einen ausreichend starken Feldhasenbesatz in seinem Revier geschaffen.

Verantwortungsbewusste Revierinhaber laden nur dann zur Treibjagd ein, wenn Hasen in ausreichender Zahl vorkommen. Ideal ist es, wenn für jeden mitjagenden Gast durchschnittlich zwei gestreckte Hasen zu erwarten sind. Dies lässt sich am einfachsten mit der sogenannten *Scheinwerfertaxation* ermitteln.

Diese Zählmethode verläuft wie folgt: Nachts werden mit einem Fahrzeug im Schritttempo zuvor festgelegte Linien abgefahren und die Geländestreifen links und rechts davon mit Scheinwerfern abgeleuchtet. Die Fahrtroute wird so gewählt, dass die benachbarten Taxationsstreifen möglichst lückenlos aneinandergrenzen. Der Jäger kann 60-Watt-Autohalogenscheinwerfer einsetzen, die mit speziellen Handgriffen versehen und mit einem Kabel über den Zigarettenanzünder an die 12-Volt-Batterie des Autos angeschlossen werden. Die Scheinwerfer leuchten in flachem, nicht mit Knicks, Feldgehölzen etc. durchsetztem Gelände zwar bis etwa 250 Meter. In der Regel nimmt man Hasen jedoch nur auf eine Entfernung von bis zu 150 Meter wahr.

Zu den Zählergebnissen gelangt man wie folgt: Die Größe der Fläche, auf der Hasen erfasst worden sind (mindestens zehn Prozent der Revierfläche), ergibt sich, wenn wir 150 Meter (Breite des Taxationsstreifen in Metern) mit der Zahl der abgefahrenen Kilometer multiplizieren. Dann dividieren wir die Gesamtzahl der im Scheinwerferlicht ausgemachten Hasen durch die zuvor ermittelte Hektarzahl und erhalten die Zahl der Hasen je Hektar. Das Ergebnis braucht dann bloß noch auf 100 Hektar hochgerechnet zu werden.

Zu sehr genauen Ergebnissen führt diese Zähl- und Beobachtungsmethode, wenn die frühen Nachtstunden in der Zeit von November bis etwa Mitte April (also die Zeit, in der die Vegetationshöhe auf den Feldern niedrig ist) ausgenutzt werden.

Es empfiehlt sich, eine Taxation im Frühjahr und die andere unmittelbar vor der angesetzten Treibjagd durchzuführen. So ist der Revierinhaber über die Entwicklung des Hasenbesatzes informiert. Er entscheidet, ob er eine Jagd veranstalten kann oder nicht. In der Praxis kann nach Expertenmeinung ein gutes Drittel der kurz vor der Jagd (ein bis zwei Wochen vor dem Termin) gezählten Hasen erlegt werden.

Ansitz und Pirsch

Der *Ansitz* ist eine reizvolle, in guten Hasengegenden allerdings nicht gern gesehene Jagdart. Er empfiehlt sich jedoch in Revieren mit niedrigeren Hasenbesätzen, wenn man sich auf den einen oder anderen Küchenhasen beschränkt. Der Jäger postiert sich mit gutem Wind an den Waldrand in die Nähe der meist stark ausgetretenen Pässe (siehe Zeichnung). Der Morgenanstand ist in der Regel erfolgversprechender als der Abendansitz, denn das Licht wird dann von Minute zu Minute besser. Besonders günstig sind Orte, in deren Nähe Raps- oder Kohlfelder liegen. Die Deckung ist weniger ausschlaggebend, entscheidend ist vielmehr, dass der Jäger sich auf seinem Stand ruhig verhält. Starker Wind hält den Hasen im Übrigen davon ab, in die Feldmark zu hoppeln.

Die *Pirsch* auf den Hasen ist unüblich, da das Wild Bodenerschütterungen zu gut wahrnimmt.

Zwei Küchenhasen genügen ihm im Jahr. Frühmorgens auf dem Pass am Waldrand hat er sie erlegt.

Allerdings bereitet es Freude, bei Schnee und Vollmond im Schneehemd auf einen Küchenhasen zu pirschen und ihn mit sauberem Kopfschuss zu erbeuten.

Brackieren

Brackiert wird auf Hase oder Fuchs. Hierbei werden meist Deutsche Bracken, Westfälische oder aber Alpenländische Dachsbracken – seltener weit jagende Stöber- oder Dachshunde – lautjagend auf der „Fährte", wie der Brackenjäger die Spur von Hase und Fuchs bezeichnet, eingesetzt. Sie hängen der „Fährte" von Fuchs oder Hase „fährtentreu" und ausdauernd nach. Der Gesetzgeber hat die Brackenjagd wegen ihrer Weiträumigkeit auf einer Fläche von weniger als 1 000 Hektar untersagt (§ 19 Abs. 1 Nr. 16 Bundesjagdgesetz). Die Länder sind nicht befugt, diese Vorschrift zu erweitern oder einzuschränken (§ 19 Abs. 2 Bundesjagdgesetz). Es können sich übrigens mehrere kleinere Reviere zum Brackieren zusammentun. Mit Brackenjagd meint der Gesetzgeber das Brackieren, nicht das Jagen mit Bracken schlechthin. Erlaubt ist es also, Bracken bei großflächig angelegten Bewegungsjagden auf Schalenwild einzusetzen, auch wenn diese auf einer Fläche von weniger als 1 000 Hektar stattfinden.

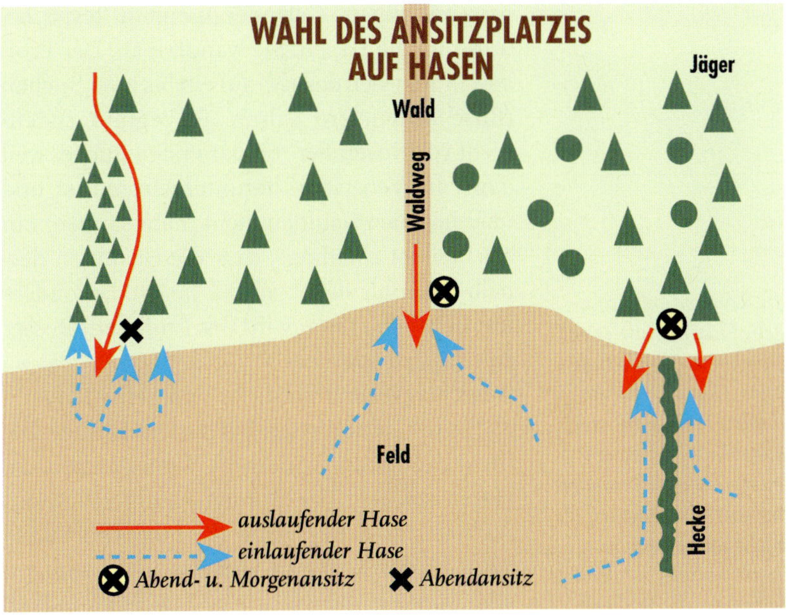

Drei Tipps zur Wahl der Ansitzplätze. Vor Ort wird man gerne selber herausfinden, wo es „passt".

Wo die Jagdart ausgeübt wird, brackiert klassischerweise ein einzelner, revierkundiger Jäger mit seinem Hund. Er stellt sich am Hasenpass in bergigem, waldreichem Gelände mit Zwangswechseln und vorhersehbaren Pässen an. Dann lässt er seine eingejagte, laut jagende Bracke die „Fährte" arbeiten. Der Hund nimmt die Nachtfährte auf und sticht den Hasen.

Aufgrund seiner ausgeprägten Treue zum Einstand sucht der Hase diesen in weitem Bogen wieder auf – und das gewöhnlich auf einem der bekannten Pässe. Hier erwartet ihn der Brackenjäger vor dem laut jagenden Hund. Liegt der Hase dann im Feuer, ist die Freude des Brackenjägers groß – vor allem über die gute Arbeit seines Hundes.

Bracken, die auf Verleitfährten oder -spuren von Rehwild oder anderen Hasen wechseln, taugen für diese Jagdart nicht.

Brackiert wurde früher vor allem dort, wo Hasen seltener waren (waldreiche Mittelgebirge).

Dieses eigentliche Brackieren wird heute nur noch selten ausgeübt.

Suche und Buschieren

Bei diesen Jagdarten auf den Hasen kann der Jäger das Suchen und Vorstehen seines Hundes genießen und nur mit ihm kann er sie ausüben. Wiederholtes Suchen (im Feld) oder Buschieren (im „buschigen" Gelände) in einem Revier beunruhigt die Hasen: Sie wandern ab. Der Profi beschränkt sich deshalb auf ein bis zwei Suchen (Buschkaden) pro Saison. Er beginnt zudem nicht vor November mit der ersten Suche, weil dann die Vegetation heruntergefroren ist und überdies die Häsinnen nicht mehr säugen. Ein Nachteil ist allerdings, dass die Häsinnen deshalb fester als die Rammler liegen. Besonders fest liegende Hasen wird der Profi dem Besatz zuliebe also schonen.

Ausschlaggebend für diese Jagdmethoden ist – wie so oft – das Wetter. Bei hartem Schnee, bei frostklarem oder windigem Wetter halten die Hasen schlecht. Sie werden häufig schon außerhalb der Schussweite flüchtig. Die Suche lohnt in der Regel an regnerischen, nebligen oder warmen und windstillen Tagen besonders. Der Jäger braucht zwar nicht früh aufzustehen, wird aber auf sein Mittagessen verzichten müssen: Von 10 bis 15 Uhr ist's richtig gut.

Es empfiehlt sich, den Hund in einem Gelände arbeiten zu lassen, das dem Hasen Deckung bietet: Auf blankem Acker halten die Mümmelmänner den Hund viel schlechter aus.

Fasan, Waldschnepfe und Kaninchen können beim Suchen oder Buschieren vor dem Hund fein mit geschossen werden. Dann wird die Strecke bunt.

In Revieren mit geringem Hasenbesatz lohnt sich keine Gesellschaftsjagd. Den ein oder anderen Hasen kann der Jäger hier vor seinem buschierenden Hund erlegen. Dabei bereitet nicht nur der erlegte Hase Freude, sondern vor allem die saubere Arbeit des Hundes.

Vorstehtreiben

Vorstehtreiben im Feld und anderen übersichtlichen Geländeformen sollten großflächig angelegt sein – am besten über 300 Meter breit und doppelt so lang. Die Stände legt der Jagdleiter vorher fest. Die Schützen stehen nicht weiter als 60 Meter auseinander, denn die maximale Schussentfernung auf Hasen beträgt 35 Meter. Die Treiber laufen je nach Gelände im Abstand von 10 bis 20 Metern.

Schützen und *Treiber* werden getrennt zu ihrem Ablaufpunkt gefahren. Erstere dürfen entweder sofort nach Besetzen ihres Standes oder erst nach dem Anblasen schießen. Nach dem Signal „Hahn in Ruh!" entladen sie die Waffe und tragen sie gebrochen. Wer seinen Hasenbesatz pfleglich behandeln will, stellt keine Schützen auf den Rückwechseln an.

Die Schützen erwarten an der Front und deren Flügeln das von Treibern hochgemachte Niederwild – jetzt zeigt sich, wer heute den meisten Anlauf hat. Während des Treibens verlassen die Schützen ihre Stände nicht.

Jagdgäste werden von revierkundigen Jägern oder sogar dem Jagdleiter auf ihren Stand eingewiesen. Das heißt, sie werden darüber informiert, aus welcher Richtung die Treiber kommen (Verlauf des Treibens) und ab wann und wie lange in welche Richtungen geschossen werden darf. Schließlich wird die Richtung angegeben, in die der Schütze nach Beendigung des Treibens zu gehen hat, die sogenannte Folge also.

Die *Treiber* werden in Linie von einem erfahrenen „Obertreiber" durch das Treiben bzw. den abzugehenden Revierteil geleitet. Diese wichtige Aufgabe übernimmt häufig auch ein erfahrener sowie revierkundiger Jäger. Jäger innerhalb der Treiberwehr geben keinen Schuss ab. Hunde werden nicht geschnallt.

Die Treiber gehen nach dem Anblasen auf Anweisung des Obertreibers abschnittsweise vor. Dabei rufen sie oder verwenden Hasenklappern und bleiben immer wieder einmal stehen. Das führt oft dazu, dass auch fest liegende Hasen hoch werden. Zudem kann sich die Treiberwehr wieder ausrichten.

Kranke, nicht mehr fortflüchtende Hasen werden mit einem Stockhieb oder kräftigem Handkantenschlag ins Genick schnell abgeschlagen. Das ist den Treibern vorher zu zeigen. Ebenso müssen sie wissen, dass und wie man erlegte Hasen ausdrückt.

Gibt es reichlich Hasen und gelingt die eine oder andere Dublette, so ist das höchste Jägerlust. Der Jäger schöpft hier aus dem Vollen.

In *bewaldeten Gebieten* lassen sich größere Hasenjagden nur als Vorstehtreiben durchführen. Die Größe der Treiben und damit die notwendige Anzahl von Schützen und Treibern richten sich nach den örtlichen Gegebenheiten. Ansonsten gilt Entsprechendes wie bei Vorstehtreiben in der Feldmark.

Streife

Bei den Streifen unterscheiden wir die Feld-, die Wald- und die Böhmische Streife. Erstere ist bei niederen Besätzen und wenigen Schützen heute in Deutschland die Regel.

Bei Streifen wird das Gelände von mehreren Jägern in „Schützenlinie", also nebeneinander, durchkämmt. Hochgemachtes Wild wird beschossen. Streifen setzen ein einigermaßen übersichtliches Gelände und eine sorgfältige Vorbereitung seitens der Jagdleitung voraus. Auf ein und derselben Fläche wird pro Saison nur einmal gejagt. Alles andere schadet dem Besatz.

Feldstreifen: Bei diesen Streifen verzichtet der Jagdleiter bisweilen auf die beiden Flügel und lässt nur in einer Front streifen. Dabei entkommt der ein oder andere Mümmelmann seitlich, was in schlechteren Hasenjahren sehr sinnvoll ist. Zudem bietet sich diese einfache Form an, wenn der Jagdherr nur wenige Gäste einladen will oder wenn ein Treiben nicht sehr tief bzw. das Gelände unübersichtlich ist.

So kann ein Vorstehtreiben in der Feldmark angelegt sein. Es gehen keine Schützen in der Treiberwehr mit. Der zurückgehende Hase bleibt unbeschossen. So ist es pfleglich für den Besatz.

Der Verlauf einer Streife liegt fest. In der Regel wird sie mit Vorsteh- und/oder Kesseltreiben abwechseln. Größe, Ausformung und Bewuchs des Geländes bestimmen die Jagdform. Wild, das im Feuer liegt, nehmen die Treiber auf. Entscheidend bei der Streife ist, dass Richtung gehalten wird.

Böhmische Streife: Sie entspricht in Schützen- und Treiberaufstellung einem breitgezogenen U, also einer breiten Front mit vorgezogenen Flügeln. In gepflegten Hasenjagden schießen die Frontschützen überwiegend nach vorne, die Flügelschützen bloß nach außen. Das U bewegt

Zwei Deutsch-Drahthaar haben gleichzeitig einen kranken Hasen gefasst. Auf solche unschönen Bilder kann auf der Hasenjagd verzichtet werden!

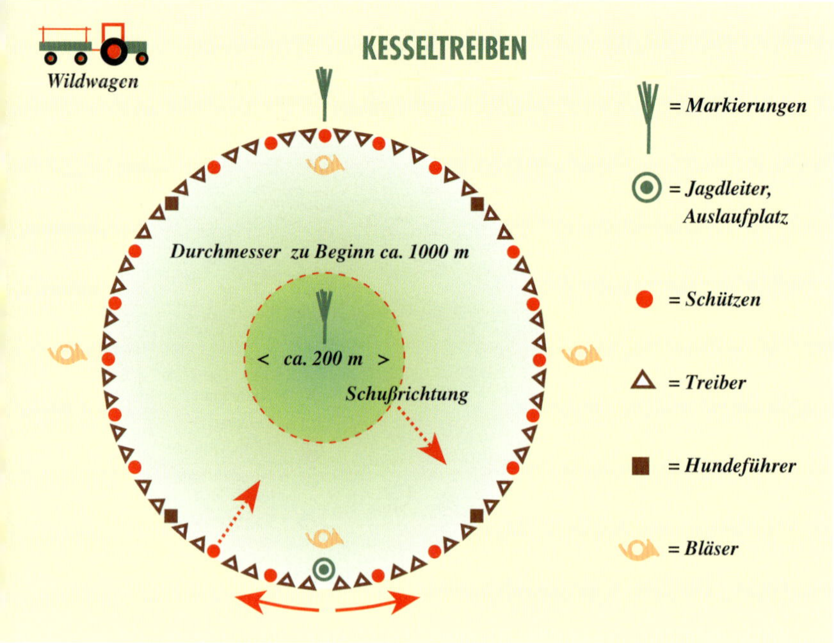

Hasen werden überwiegend in der Feldmark erlegt. Kesseltreiben sind speziell darauf zugeschnitten. Bei gutem Besatz und straffer Organisation bereiten sie allen Teilnehmern große Freude.

sich in Richtung seiner offenen Seite. Hunde bleiben grundsätzlich an der Leine, das Nachsuchen übernehmen einige qualifizierte Jagdgebrauchshunde mit ihren Führern, die hinter der Front nachziehen. Sie schießen grundsätzlich nicht mit. Böhmische Streifen eignen sich besonders für größere Feldreviere mit guten oder sehr guten Hasenbesätzen, weil sie sich im Idealfall über mehrere Kilometer hinziehen. Dann nämlich flüchten die Hasen zunächst von der Front weg, kehren aber später wieder zurück (Standorttreue) und können wegen der Flügel nicht mehr ausbrechen.

Waldstreifen: Sie verlaufen wie Feldstreifen. Allerdings sind die Schützenlinien kürzer und stets ohne Flügel. Bei straffer Leitung und umsichtigem Schießen bereiten sie allen Teilnehmern außerordentliche Freude, besonders wenn zusätzlich Kanin, Schnepfe oder Fasan vorkommen und frei sind.

Kesseltreiben

Kesseltreiben auf Hasen stellen heute eher eine Ausnahme dar, weil andere hier beschriebene Jagdarten deutlich besatzschonender sind. Fachgerecht und sauber durchgeführt, sind sie aber reizvoll. Bejagt wird dabei alles Niederwild, soweit es Jagdzeit hat und vom Jagdleiter freigegeben ist.

Kesseljagden sind Winterjagden. Die Felder sind abgeerntet, die Hasen ausgereift und die Böden möglichst leicht überfroren.

Bei wohl organisierten Kesseljagden kommen auf einen Schützen zwei bis drei Treiber. So haben die Hasen eine reelle Chance. Wer nicht in der Lage ist, genügend Treiber zu organisieren, verzichte tunlichst auf die Kesseljagd. Die Zahl der Schützen richtet sich nach Wildbesatz und Gelände. Allerdings lohnt ein Kessel unter 15 Jägern nicht, weil die Hasen bei zu geringem

Die auslaufenden Jäger winken sich zu, der Kessel ist geschlossen. Sind die Abstände zwischen Treibern und Jägern überall ausgeglichen, ertönt das Signal „Das Ganze langsam treiben“. Ein Foto aus alter Zeit: Nach der heute gültigen UVV Jagd hätte der Jäger Signalfarben tragen müssen.

Kesseldurchmesser aufstehen, bevor sich der Kreis geschlossen hat. Mehr als 35 Schützen tun auch nicht gut, da die Jagd zu unübersichtlich würde. Wenn in der letzten Phase der Kessel geschlossen ist und die Schützen nur noch nach außen schießen dürfen, beträgt der Abstand zwischen den Flinten idealerweise noch zirka 40 Meter.

Der Mittelpunkt des Treibens ist mit einer Stange oder Ähnlichem markiert. Bei sehr großen Kesseln (ab 25 Schützen) ist es zweckdienlich, auch den Auslaufkreis mit Markierungen zu versehen. Ausgelaufen wird nach rechts und links, bei besonders großen Kesseln auch von zwei gegenüberliegenden Seiten. In diesem Fall benötigt die Jagdleitung vier Flügelmänner.

Bei Kesseltreiben sind Jagdhörner unentbehrlich. Die Flügelmänner blasen „Das Ganze“, sobald sie zusammengetroffen sind, sich der Kreis also geschlossen hat. Sobald dann die Abstände zwischen Treibern und Schützen ausgeglichen sind, lässt die Jagdleitung „Das Ganze langsam treiben“ blasen. Wenn Schützen und Treiber etwa 100 Meter vom Mittelpunkt des Kessels entfernt sind, ertönt von der Jagdleitung das Signal „Treiber in den Kessel“. Die Jagdleitung entscheidet auch, wann abgeblasen wird.

Grundsätzlich gilt: Vom Moment des Anblasens bis zum Signal „Treiber in den Kessel“ wird in den Kessel hineingeschossen und auch nach außen. Ist das Signal „Treiber in den Kessel“ ertönt, bleiben die Schützen stehen und drehen sich um. Jetzt schießen sie nur noch nach außen! Nur die Treiber stoßen weiter in die Mitte des Kessels vor.

Wer „Säcke“ bildet, also etwas zurückbleibt, handelt unfair, weil die Hasen ihn stark anlaufen werden. Das Nachsehen haben seine Mitjäger. Hier sind Disziplin und Fairness gefordert.

Der Schuss auf den Hasen

Um Hasen zu schießen, genügt im Wald eine *Schrotstärke* von drei, im Feld und bei nasser Witterung von dreieinhalb Millimetern.

Entscheidend ist, dass der Jäger Hasen auf nicht zu weite Entfernung – höchstens 35 Meter – beschießt. Wegen der Streuung der Schrotgarbe werden die Hasen sonst angebleit, entkommen scheinbar gesund, verenden später aber doch und gehen der Strecke verloren. Die Gefahr von *Weitschüssen* besteht insbesondere in der Feldmark, da hier die Entfernung oft falsch eingeschätzt wird.

Der waidgerechte Jäger verzichtet darauf, Hasen *spitz von hinten* zu beschießen. Zu groß ist die Gefahr von Keulenschüssen. Läuft ein Hase den Schützen *spitz von vorne* an, so kann der weniger geübte Jäger laut „Hopp“ rufen. Der Hase dreht dann in aller Regel ab und wird für ein paar Fluchten breit. Nun heißt es mitfahren …

Ein Hase wurde gestreckt – auf zum nächsten Treiben!

Luftig schaukelt die Strecke auf dem Wildwagen. So bleibt sie gut verwertbar.

Wildkaninchen

Biologie und Verhalten

Das Wildkaninchen ist zweifellos eine der umstrittensten Wildarten. Mal gehegt, mal mit allen Mitteln verfolgt, kommt es in unterschiedlichsten Gebieten vor, denn Kaninchen sind Überlebenskünstler: Sie produzieren ihre eigenen „Vitaminpillen", graben einen Bau, um sich vor extremer Witterung zu schützen, und vermehren sich sprichwörtlich. Trotz Seuchen, Bekämpfungen und Umweltveränderungen hat sich das Kanin behauptet – ein Allerweltskerl!
Sämtliche Mitglieder der Familie der Hasen zeichnen sich dadurch aus, dass sie ihren Blinddarmkot – kleine, weiche, von Schleim überzogene Kügelchen mit einem Durchmesser von sieben bis zehn Millimeter – aufnehmen, sobald sie aus dem Waidloch treten. Im Vergleich zu dem normalen Kot der Hasentiere enthalten sie die doppelte Eiweißmenge, die dreifache Menge an Bakterien und lebenswichtige Vitamine.

Stellung im zoologischen System

Zwei zusätzliche kleine stiftförmige Schneidezähne hinter den Nagezähnen des Oberkiefers weisen das Wildkaninchen wie den Feldhasen als Vertreter der Hasenartigen aus und unterscheiden es von den Nagetieren.

SYSTEMATISCHE STELLUNG DES WILDKANINCHENS

Stamm: Wirbeltiere
↓
Klasse: Säugetiere
↓
Ordnung: Hasenartige
↓
Familie: Hasen
↓
Art: Wildkaninchen

Verbreitung

Nacheiszeitlich lebten Wildkaninchen nur in Nordafrika und auf der Iberischen Halbinsel.

Das Wildkaninchen kommt mittlerweile in weiten Teilen Europas vor. Aufmerksam geworden, macht dieser „Lapuz" einen Kegel.

Europa: Der Mensch führte Wildkaninchen in viele europäische Länder ein. Heute besiedelt die Art ganz Süd-, West- und Mitteleuropa.
Deutschland: Der älteste Nachweis von Kaninchen in Deutschland stammt aus dem Jahre 1149, in dem das Kloster Corvey in Westfalen zwei Paar Kaninchen vom Abt des Klosters St. Solinac (Frankreich) geschenkt bekam. Besonders kaninchenreich sind bei uns die Bundesländer Brandenburg, Niedersachsen, Nordrhein-Westfalen und Schleswig-Holstein. Im Jagdjahr 2020/2021 kamen in der Bundesrepublik gleichwohl nur noch wenig mehr als 77 500 Kanin zur Strecke. Nur zehn Jahre zuvor waren es noch über 261 300 Stück.
Wildkaninchen wurden in zahlreichen überseeischen Ländern ausgewildert. Dieses führte oft zu Plagen mit schweren ökologischen und wirtschaftlichen Schäden. Bekannte Beispiele sind Australien und Neuseeland. Aber auch in Feuerland fanden die Einwohner kein Mittel gegen das sich rasant vermehrende Wildtier. Erst die Bekämpfung mit dem Myxomatose-Virus brachte hier und andernorts Erfolg.

Karnickel brauchen Nahrung in der Umgebung des Baus. Beim systematischen Abäsen bewegen sie ihren Kopf im Halbkreis hin und her und rücken langsam in Zickzack-Linien vor.

Lebensraum und Lebensweise

Wildkaninchen meiden feuchte Böden, Gebirge, Regionen, die ständig starkem Wind ausgesetzt sind, und größere Waldkomplexe. In Höhenlagen über 500 Meter kommen sie nur bei besonders günstigen Bedingungen vor. Dem Kanin behagen warme, grabfähige Sandböden mit geringem Lehmanteil. Sie sind in Dünen der Küstengebiete, Nadelholzdickungen, den Rändern von Kiefernwäldern, dichten Hecken, Knicks, Gestrüpp, Parkanlagen, Friedhöfen, Vorstadtgärten, auf Flugplätzen, in Industriegebieten usw. zu finden.

Ausschlaggebend ist durchweg, dass sich genügend grüne Äsungsfläche in der Nähe befindet. Ideal sind mildes Klima, leichte Böden sowie Deckung in dichtem Bodenbewuchs, also Hecken, Ödland oder Forstkulturen.

Wildkaninchen bewohnen in aller Regel selbst gegrabene Erdbaue. In Kolonien finden sich meist Großbaue mit wirklich vielen (bis 30 und mehr) Röhren (Haupt- und Nebenröhren). Sie haben stets einen, oft auch mehrere Kessel. Einzelbaue finden wir eher im Wald oder in dichter Deckung, Baukolonien dagegen vornehmlich im offenen Gelände. Der Jagdpraktiker weiß: Zwischen der Röhrenzahl sowie der Besatzdichte besteht kein Zusammenhang. Neben den normalen schrägen Einfahrten finden sich vielfach senkrechte Fallröhren. Sie dienen vor allem der raschen Flucht in den und aus dem Bau.

In Regionen mit ungünstigen Bedingungen für das Graben von Bauen – etwa mit hohem Grundwasserstand – und ohne Füchse leben Wildkaninchen auch rein oberirdisch. Dann legen sie Sassen unter Gebüsch, in hohlen Bäumen etc. an.

Karnickel leben sehr gesellig in Kolonien. Diese unterteilen sich in sozial gegliederte Gruppen von acht bis zwölf Tieren mit fester Rangordnung. Jede Gruppe wird von einem Rammler und einer Häsin dominiert.

Das gesellige Miteinander dient unter anderem dazu, sich gegenseitig zu bewachen bzw. vor Feinden zu warnen.

An windstillen, sonnigen Tagen liegen Kaninchen gerne außerhalb ihrer Baue in geschützten Sassen. Bei einer Störung oder Gefahr suchen sie Zuflucht im Bau.

Balgfarbe, Körperform und Gewicht

Am Nacken des Kaninchens hebt sich ein brauner Fleck vom ansonsten mehr grauen Haarkleid ab. Kehle sowie Bauch sind blaugrauweiß. Die Blume ist meist hochgereckt, so dass ihre leuchtend weiße Unterseite auffällt. Die Läufe sind deutlich kürzer als beim Feldhasen. Wildkaninchen wiegen zwischen eineinhalb und zwei Kilogramm.

Spur

Die Spur des Kaninchens gleicht der des Hasen (siehe Zeichnung Seite 136). Die Einzeltritte von Hasen und Kaninchen kann der Ungeübte verwechseln. Eine Zündholzschachtel hilft ihm notfalls weiter: Deckt sich die Breite des hinteren Fußtritts mit der der Streichholzschachtel, dann handelt es sich um einen Hasentritt. Nimmt sie nur zwei Drittel ein, ist es der Tritt eines Kanins (siehe Zeichnung rechts).

Losung

Während der Feldhase seine Losung meist vereinzelt absetzt, findet man bei Wildkaninchen besonders in Baunähe mit der Zeit größere Mengen Kot. Die Losung des Kanins ist – bei einem Durchmesser von sieben bis zehn Millimeter – stets kugelförmig. Bei Grünäsung ist sie schwarz, bei Trockenäsung bräunlich.

Sinne und Laute

Der Gehörsinn ist ausgezeichnet entwickelt, so dass der Jäger sich selbst auf kurzem Trockenrasen oder im Sand nur an sie heranpirschen kann, wenn er dabei sehr langsam und leise vorgeht. Zudem sind Karnickel hervorragende Bewegungsseher. Das Wildkanin äugt sehr gut und übertrifft dabei den Feldhasen bei weitem. Altkaninchen warnen durch ein kurzes, aber kräftiges Klopfen mit den Hinterläufen auf den Boden. Ertönt dieses Warnsignal, ergreifen alle in der Nähe befindlichen Kanin die Flucht.
Stimmlaute sind beim Wildkaninchen nur wenig entwickelt. Dort, wo ein Kanin nach dem Schuss pfeift, liegt es auch verendet. Während die Klage des Hasen ein Schmerzlaut ist, zeigt der Pfeifton stets an, dass das Kanin verendet oder sein Tod unmittelbar bevorsteht.

Ein Hasentritt deckt eine Zündholzschachtel, während ein Kaninchentritt nur zwei Drittel der Schachtelbreite ausfüllt.

So einfach kann man Kaninchen- und Hasentritt voneinander unterscheiden.

Äsung, Schäden und deren Abwehr

Bei der Äsung sind Karnickel nicht wählerisch. Sie nehmen zahlreiche Kräuter und Gräser, junge Saaten, Raps, Rüben, Möhren, Klee, Lupinen, Kartoffeln oder reifes Getreide.
Darüber hinaus äsen sie die Knospen und Triebe nahezu sämtlicher Holzarten. Besonders bei hoher Schneelage schälen sie unverborkte Rinde von Laubbäumen. Der angerichtete Schälschaden ist allerdings meist geringer als der von Rehen oder Mäusen, deren Fraßbilder gelegent-

Hinsichtlich ihrer Äsung sind Wildkaninchen nicht wählerisch.

Rot- und Rehwild „fasern" beim Verbiss. Hase und Kanin machen einen „glatten Schnitt".

lich mit denen der Wildkaninchen verwechselt werden.

In der Nähe von Kolonien „fressen" Kaninchen ihre Äsungsplätze regelrecht „kahl". Starker Besatz führt in der Regel zu höheren Ertragseinbußen auf den Randstreifen von landwirtschaftlich genutzten Flächen, vor allem bei Saaten. Schaden entsteht auch in Parkanlagen, auf Friedhöfen, in Hausgärten usw. Unbeliebt ist das Kanin ferner bei Obst- und Gemüsebauern. Schließlich können Kaninchen Bundesautobahnen etc. unterminieren, wenn sie vor Ort massenhaft auftreten und Baue anlegen.

Mittels intensiver Bejagung bekommt der Jäger die Schäden nur schwer in den Griff. Echte Abhilfe schafft meist nur die periodisch auftretende Myxomatose. Vorbeugend wirken Einzäunungen. Umfriedungen sind allerdings nur dann karnickelsicher, wenn sie einerseits recht hoch (einen Meter) und andererseits tief (mindestens 20 Zentimeter) in den Boden reichen. Schließlich darf die Maschenweite nicht unter 40 Millimeter betragen.

Jungkaninchen in der Satzröhre

Rammelzeit und Junge

Die Vermehrungsfähigkeit der Kaninchen ist sprichwörtlich. Ihre Rammelzeit erstreckt sich in aller Regel von Februar/März bis in den Spätsommer hinein. Jede Häsin wird drei- bis fünfmal hitzig. Nach einer Tragzeit von 28 bis 31 Tagen bringt sie in einem gepolsterten Nest zwischen drei und sechs nackte sowie blinde Junge zur Welt. Sie werden zumeist in speziellen Satzröhren geboren, die 40 Zentimeter tief und eineinhalb Meter lang sein können. Die Häsin sucht diese Satzröhren ein- oder zweimal pro Tag für zirka eine Viertelstunde auf, um ihre Jungen zu säugen. Anschließend verschließt sie stets den Röhreneingang. Nach etwa einem Monat siedeln die Jungkaninchen in den Wohnbau um und werden fortan nicht mehr gesäugt. Die Häsinnen können bereits in den ersten Tagen nach der Geburt wieder erfolgreich belegt werden. Sie tragen dann den nächsten Satz aus, während sie den vorherigen noch säugen. Zum gleichzeitigen Austragen zweier Sätze, der *Superfötation*, kommt es beim Kaninchen nicht.

Feinde und Krankheiten

Natürliche Feinde sind vornehmlich Iltis, Marder, Wiesel, Mäusebussard, Habicht und Sperberweib, aber ebenso Fuchs sowie Dachs. Auch wildernde Katzen schlagen so manches junge Wildkaninchen.

Erhebliche Verluste entstehen infolge von *Kokzidien* und *Magenwürmern*, ferner durch *Pseudotuberkulose*, *Staphylokokkose* sowie *Brucellose*. Zwischen 95 und 98 Prozent eines Besatzes können der *Myxomatose* erliegen. Innerhalb

Vor dem Bau zu sonnen und zu toben erlaubt den Jungkaninchen auch jederzeit die schnelle Flucht.

kürzester Zeit kann auch die Chinaseuche oder RHD (*Rabbit Haemorrhagic Disease*) ganze Kaninchenvorkommen weitgehend auslöschen (siehe dazu auch Kapitel „Wildkrankheiten").
Die Wilddichte der Kanin wird zudem stark vom Wettergeschehen beeinflusst. Nasskalte Tage dezimieren die Besätze, vor allem Jungkaninchen überstehen sie nicht.

Altersermittlung

Karnickelwildbret ist Geschmacksache. Gleichwohl munden junge besser als alte. Auch beim Wildkaninchen dient wie beim Hasen das sogenannte Strohsche Zeichen (siehe obere Zeichnung Seite 140) als Merkmal, um ein junges von einem alten Kanin einwandfrei zu unterscheiden. Schließlich kann man – ebenfalls wie beim Hasen – Alt- und Jungkanin auch an der Ausbildung ihrer Geschlechtsorgane erkennen (siehe untere Zeichnung Seite 140).

Kaninchenhege

In der Fachliteratur finden sich überwiegend Hinweise darauf, wie der Jäger die Kaninchen in seinem Revier kurzhalten kann. Hegemaßnahmen werden zumeist nicht erwähnt. Die Autoren gehen in der Regel davon aus, dass auftretende Schäden jegliche hegerische Maßnahmen verbieten. Die Lust am Frettieren, an der Arbeit des Gebrauchshundes oder am hingeworfenen Schrotschuss garantieren, dass Jäger überall wenigstens einen tragbaren Besatz erhalten. Das erfordert örtlich oft Hegemaßnahmen.

Deckung und Äsung

Wie bei beinahe sämtlichen Wildarten sind für das Kanin Äsung und Deckung maßgeblich. Je lichter ein Bestand wird, desto geringer auch der Kaninchenbesatz. Also schafft der Heger *Deckung*, etwa durch Anpflanzen von Brombeeren, Ginster, Dauerlupine oder Ähnlichem. Im Wald sind auch Halbschatten-Holzarten wie Weißtanne, Douglasfichte, Fichte, Weymouthskiefer oder Wacholder (je nach Bodengüte) geeignet.
Äsungspflanzen sind unter anderem Serradella, Süßlupine, Weißklee oder Raps. In bergigem Gelände wird der Profi bei der *Anlage von Wildäckern* flache Lagen bevorzugen und steile Hänge meiden. Je trockener der Boden ist, desto weniger werden Krankheiten oder Seuchen auftreten. Die Nähe von „dichtem Zeugs", also von Deckung, ist sehr vorteilhaft.

Wer Wildkaninchen in seinem Revier hat und etwas für den Besatz tut, dem bieten sich vielfältige jagdliche Freuden.

„Hab' ich das nicht fein gemacht?"

Raubwildbejagung

Will der Revierinhaber ein kleines Vorkommen erhalten oder aufstocken, ist das Standardrezept die intensive Raubwildbejagung mit Falle und Flinte. Das Aussetzen von Kaninchen hat der Gesetzgeber untersagt (vergl. § 28 Abs. 2 Bundesjagdgesetz).

Jagd

Jagdzeit

Kaninchen dürfen in den meisten Bundesländern ganzjährig erlegt werden. Allerdings stehen in der Setzzeit die zur Jungenaufzucht notwendigen Eltertiere unter Schutz (§ 22 Abs. 4 BJG). Die Häsinnen genießen dann also Schonzeit.

Der waidgerechte Jäger wird ab Mitte Februar die Flinte ohenhin im Schrank lassen. Er greift nur dort gezielt ein, wo der Schaden auf Saatflächen, Salatfeldern oder in Wein- und Obstgärten zu hoch wird. Zur Schadensminderung erlegt er den einen oder anderen gut erkennbaren Rammler mit wildbretschonendem Kopfschuss.

Ansitz und Pirsch

In der Nähe von größeren Bauen oder an Äsungsflächen hat der Jäger guten Anlauf. Hervorragende Möglichkeiten bieten Waldränder, wenn Felder mit guter Äsung unmittelbar angrenzen. Ebenso sind Schneisen in gut besetzten Dickungen ideal. Die Morgen- und Abendstunden sind am günstigsten für den *Anstand* oder den *Ansitz* auf das Kanin. Windiges oder stürmisches Wetter erschweren den Jagderfolg. Überhaupt muss der Jäger den Wind sorgfältig prüfen, bevor er seinen Ansitzplatz bezieht. Bewährt hat es sich, den vierläufigen Gefährten mit zum Anstand oder zum Ansitz zu nehmen. Er kann ein krank geschossenes Kanin greifen, bevor dieses den Bau erreicht und verloren ist.

Erscheint zunächst nur ein Kaninchen „auf der Bildfläche", wartet der erfahrene Jäger, bis es nicht mehr sichert und äst. Meist werden zwischenzeitlich weitere Kanin erschienen sein. Das ist dann eine Chance für eine Dublette.

Entscheidet sich der Jäger in der Waffenfrage für die *Flinte*, wird er eine Schrotgröße von zweieinhalb Millimeter wählen und nicht über 30 Meter Entfernung schießen. Bevorzugt er die

Kleinkaliberbüchse, ist sie idealerweise mit Zielfernrohr auf 50 bis 60 Meter eingeschossen. Die Freude an einer sauberen Kugel ist groß, insbesondere wenn das Kanin mit wildbretschonendem Kopfschuss zur Strecke kommt. Der Knall des Kleinkalibers stört kaum.

Pirschenstehen auf Kanin ist ausgesprochen reizvoll, kommt jedoch in der Praxis kaum vor.

Stöbern

Hierfür sind – im Unterschied zur Treibjagd (siehe Seite 157f.) – keine großen Vorbereitungen erforderlich.

So kann sich der Jagdherr das Wetter aussuchen, welches für diese Jagdart am vorteilhaftesten ist: An klaren, windstillen Sonnentagen oder an Tagen mit leichtem, trockenem Frost halten sich die meisten Kaninchen außerhalb der Baue auf und laufen prima.

Jagen mehrere Personen gemeinschaftlich, wird die abzujagende Fläche größer sein, als wenn ein Jäger für sich jagt. Wer sein Revier kennt und mit den örtlichen Gewohnheiten der Kaninchen vertraut ist, wird die richtigen Stände problemlos auswählen können. Besetzt werden die natürlichen Pässe. Der beste Stand ist durchweg die kürzeste Verbindungsstrecke zwischen zwei Dickungen. Sehr erfolgversprechend sind auch die Stände in deren Inneren an Bauen oder aber die Rückpässe.

BUNDESJAGDZEITENVERORDNUNG UND BUNDESJAGDGESETZ

*§ 1 Abs. 2 der **Verordnung über die Jagdzeiten** bestimmt: „Vorbehaltlich der Bestimmungen des § 22 Abs. 4 des Bundesjagdgesetzes darf die Jagd das ganze Jahr ausgeübt werden auf... Wildkaninchen und Füchse."*

*§ 22 Abs. 4 des **BJG** führt aus: „In den Setz- und Brutzeiten dürfen bis zum Selbstständigwerden der Jungtiere die für die Aufzucht notwendigen Elterntiere, auch die von Wild ohne Schonzeit, nicht bejagt werden. Die Länder können für Schwarzwild, Wildkaninchen ... Ausnahmen bestimmen. ..."*

Bei Wallhecken, Knicks oder Streifen ist es am geschicktesten, wenn zwei Jäger diese zwischen sich nehmen. Sie rücken dann mit dem darin stöbernden Hund gemeinsam vorwärts. Die Kaninchen flüchten in der Regel längs dieser Streifen. Meist finden sich jedoch lückige Stellen, wo Schnappschüsse gut möglich sind. *Achtung*: Ständige Lautverbindung unter den beiden Schützen ist absolut notwendig.

Buschieren

Während der Hund beim Stöbern das Kanin selbstständig sucht und hochmacht und der Jäger auf seinem Stand Kaninchen erwartet, ge-

Hier geht es durchs „Dichte". Der Schuss auf den grauen Flitzer will da gekonnt sein.

hen beim Buschieren Herr und Hund gemeinsam durch das zu bejagende Gelände. Wer buschiert, benötigt einen Gebrauchshund, der absolut sicher vorsteht.

Gute Strecken wird der Jäger an sonnigen Tagen erzielen, wenn er mit seinem Vorstehhund Kulturen, Sandgruben, Stangenhölzer usw. absucht. Es trägt wesentlich zum Erfolg bei, wenn der Hund sorgfältig sucht, flüchtigen Kaninchen nicht nachhetzt und sicher apportiert. Der Hund muss stets in Sichtverbindung mit seinem Herrn bleiben, am zweckmäßigsten im Schussbereich der Flinte, also um 20 bis 35 Meter.

Ist ein Kanin in voller Fahrt, hält der Schütze Tempo und schwingt je nach Geschwindigkeit und Entfernung vor. Viel braucht das gar nicht zu sein, wenn er die Verbindung mit dem Stück hält.

Die Schützen sind abgestellt, jetzt kommt das Frettchen zum Einsatz. Es wird in den Kaninchenbau schliefen.

Frettieren

Die Monate November bis Mitte Februar eignen sich zum Frettieren. In diesen Wintermonaten lohnt es sich, die Zeit von 9 bis 14 Uhr tüchtig auszunutzen.

Die Erfolgschancen hängen insbesondere vom Wetter, aber auch vom Gelände ab. Nur wenn die Kaninchen im Bau stecken, können die Frettchen sie auch heraustreiben. Die meisten Baue sind bei feuchtem, nebligem oder regnerischem Wetter befahren. Das gilt auch bei Neuschnee, Raureif oder scharfem sowie kaltem Ostwind.

An windstillen und sonnigen Tagen oder bei trockenem Frost kann mit gutem Erfolg frettiert werden, wenn das Umfeld der Baue zuvor – am besten mit Hilfe von Hunden – beunruhigt worden ist. Stellt sich dabei der eine oder andere Jäger in der Nähe oder auf den Bauen an, wird er bereits im Vorfeld jagdliche Freuden genießen. Allerdings besteht dann die Gefahr, dass ein krank geschossenes Kanin noch den Bau erreicht. Dieser wird dann mit dem Frett nicht gearbeitet.

Nach Wetterumschwüngen sind die Kaninchen sicher im Bau. Springen sie bei günstigem Wetter einmal nicht, steht am nächsten oder übernächsten Tag ein Wetterumschwung bevor.

Bevor das Frettchen einschlieft, verhalten sich alle Beteiligten ruhig. Ein eingearbeiteter Hund zeigt an, ob die Baue befahren sind oder nicht. Die Schützen stehen so verteilt, dass sie sich gegenseitig nicht behindern, um jede Gefährdung zu vermeiden – am besten Rücken an Rücken.

Man kann diese Jagdart auch mit Netzen betreiben. Solche sogenannten Kaninchenhauben werden vor den Bauausfahrten befestigt, so dass sich die ausfahrenden Karnickel lebend darin fangen.

In der Praxis ist Frettieren meist eine Jagd mit der Flinte, die dem geübten, reaktionsschnellen Schrotschützen höchstes jagdliches Vergnügen bereitet: Mit seiner Waffe bestens vetraut, lässt er ein Kaninchen nach dem anderen roulieren. Jägerherz, was willst du mehr?

In der Regel wird auf die kurze Entfernung sehr schnell geschossen, weil die Kaninchen sonst in einer anderen Röhre oder in geeigneter De-

EXKURS: FRETTCHEN

Man unterscheidet bei den Frettchen zwischen verschiedenen Farbschlägen. Am bekanntesten sind Albino- (gelbweiß mit roten Augen) und Iltisfrettchen (iltisfarben). Das Frettchen wird vor seinem Einsatz gezielt halb satt gefüttert, damit es weder zu träge noch zu gierig wird.

Bei längerer Jagddauer oder großen Bauen werden mehrere Frettchen eingesetzt. Allein der Frettchenhalter lässt sein Tier – nachdem die Schützen postiert sind – in den Bau einschliefen und nur er nimmt es in der Regel auch nachher wieder auf. Der Frettchenführer zählt nach Möglichkeit nicht zu den Schützen.

Bewährt hat es sich, dem Frettchen Schellen (Glocken) oder einen Beißring anzulegen. So kann das Frett kein Kanin reißen, um anschließend im Bau ein ausgedehntes Schläfchen zu halten. Der Nachteil von Beißring oder Maulkorb ist allerdings, dass sich das Frett gegen Iltis oder Marder nicht zur Wehr setzen kann.

Ein schöner Jagdtag bei Sonne und Schnee ist vorüber. Das Frettchen leistete prima Arbeit. Nun findet es in der Transportkiste die verdiente Ruhe und Wärme.

ckung verschwinden. Für das Frettieren sind Flinten mit weit gebohrten Läufen vorzüglich geeignet. Bei eng gebohrten Läufen wählt der Profi Streupatronen mit einer Schrotstärke von maximal zweieinhalb Millimeter.

Treibjagd

In aller Regel werden Dickungen und unterwuchsreiche Stangenhölzer als Vorstehtreiben getrieben. Besonders an klaren, sonnigen Wintertagen liegen die Kaninchen gerne in Brom-, Himbeeren, im Gras, Farnkraut etc. Wer erfolgreich Karnickel bejagen will, wird sehr kleine Treiben wählen, unter keinen Umständen mehr als ein Hektar groß. Andernfalls gehen die Kaninchen zurück oder flüchten in ihre Baue.

Entscheidend ist zudem das richtige Anstellen. Der Jagdleiter benötigt hierzu gute Gelände- und Menschenkenntnis, damit nicht der falsche Mann am „richtigen Platz“ steht. Besonders zu berücksichtigen sind die Hauptpässe: Sie bilden – wie schon erwähnt – in der Regel den kürzesten Weg zwischen zwei Lieblingseinständen (meist Dickungen) der Kaninchen.

Optimal angestellt ist, wenn jeder Schütze seinen Nachbarn sehen kann. Stehen sie auf einer Linie mit mehrfachen Krümmungen, werden die Schützen aus diesem Grund stets an den Eckpunkten postiert. Es bringt deutlich höhere Erfolge, wenn die Schützen an Pässen statt nach Schema F abgestellt werden. Schließlich gilt bei Kaninchentreiben der bewährte Grundsatz, dass die Schützen nicht weiter als 30 bis 40 Meter auseinander und möglichst dicht am Treiben stehen, unabhängig davon, ob sie dieses einsehen können (Stangenholz) oder nicht (Dickung). Bei engen Schneisen hat sich einseitiges Schießen bestens bewährt. Es erleichtert die Konzen-

Die Wintersonne strahlt, der Kaninchenbesatz ist gut, die Jagd wohl organisiert: Der Wildwagen füllt sich.

tration. Die Schussentfernung beträgt dann höchstens 25 Meter.
Die Treiber gehen möglichst geschlossen, in gerader Linie, langsam und still durch. Etwa alle zehn Meter bleibt die Treiberwehr stehen. Und jeder von ihnen trampelt mit den Füßen auf den Boden oder trommelt mit einem dicken Stock auf ihn. Dieses Dröhnen veranlasst die Kanin am ehesten, nach vorne zu flüchten. Während des Durchgehens schlagen sie mit den Stöcken auf Reisig, Gestrüpp usw., unter denen die Kaninchen ja bevorzugt liegen.

Waffe und Schuss

Bei der Karnickeljagd sind häufig nur Schnappschüsse – meist auf nahe Entfernung – möglich. Dafür eignen sich besonders kurzläufige, führige Flinten mit englischer Schäftung und offener oder Skeetbohrung. Wer unten bzw. rechts zweieinviertel oder zweieinhalb und oben bzw. links zweieinhalb oder 2,7 Millimeter (Skeet-Patronen) stopft, wird gut klarkommen.Wer Kaninchen möglichst nicht unter einer Entfernung von 15 Meter beschießt (beim Frettieren gelingt dieses nicht durchweg), wird kaum zerschossenes Wild nach Hause tragen.

Beizen mit dem Habicht

Kurze Überfälle mit ungemein hoher Anfangsgeschwindigkeit kennzeichnen den Jagdstil des Habichts. Er ist ideal geeignet für die Beize in bedecktem Areal und auf Bodenwild. Überall

Blitzschnell ist der Beizhabicht auf das Kaninchen hinuntergestoßen und hat es gebunden.

dort, wo man die Suche auf Kanin ausüben kann (Schlagflächen, Ginsterbreiten etc.), ist auch bestes Beizgelände. Optimal sind Reviere, in denen verstreut Dickichte eingebettet liegen, während die dazwischen gelegenen Flächen möglichst kahl – etwa Wiesen oder Weiden – sind.

Die Kaninchen werden entweder mit Stöberhunden aufgestöbert oder mit Hilfe von Frettchen aus den Bauen gesprengt. Der Habicht lernt schnell, wie Hunde beziehungsweise Frettchen arbeiten, und verfolgt gespannt deren Bewegungen.

Im Wald bietet sich neben der Arbeit mit dem Faustvogel auch an, den Habicht „frei folgen“ zu lassen. Der Falkner geht dabei mit seinem Vorstehhund „im Busch buschieren“. Der Habicht folgt dem Vogelhund in den Bäumen und behält ihn ständig im Auge. Dann steht der Hund vor und der Habicht weiß aus Erfahrung: Es wird Ernst! Macht der Hund nun ein Kaninchen hoch, stößt er von oben herab, um es zu schlagen.

Nicht immer hat der Habicht Erfolg. Kanin sind flink in der nächsten Deckung.

Wer mit einem Habicht auf Karnickel arbeitet und mehrere Kanin beizen will, gibt seinem Beizvogel nach jedem erfolgreichen Flug – sobald das Kaninchen abgefangen ist – ein wenig warmen Schweiß und ein kleines Stück von der Leber. Dann gönnt der Habichtler seinem Vogel eine kurze Pause, bevor sie gemeinsam weiterjagen. Eindrucksvolle Bilder sind zu sehen.

Rotfuchs

Biologie und Verhalten

Füchse sind nicht „spitzfindig“ und „verschlagen“, wie es in den Fabeln dargestellt wird. Allerdings sind sie außergewöhnlich instinktsichere Raubsäuger, die Gefahren rasch erkennen. So ist der Fuchs bei Treibjagden häufig der „Königsmacher“. Und wer einen Winterfuchs nach Hause bringt, hat bewiesen, dass er sein jagdliches Handwerk versteht.

Stellung im zoologischen System

Die Art Rotfuchs zählt zur Ordnung der Raubsäuger und zur Familie der Hunde. Charakteristisch für das Raubwild ist sein *Gebiss*. Es besteht aus schwachen, kleinen Schneidezähnen – vornehmlich zum Abbeißen und für die Körperpflege benutzt –, kräftigen, spitzen und großen Eckzähnen, den Fangzähnen zum Fassen und Töten von Beutetieren, sowie spitzhöckrigen Backenzähnen, vor allem den Reißzähnen. Sie dienen dem Zerbeißen und Zerkauen von Knochen, Fleisch und Früchten.

Verbreitung und Lebensraum

Weltweit: Der Fuchs ist beinahe in ganz Nord- und Mittelasien sowie Nordamerika verbreitet, nur auf Island, den Balearen, Malta, Kreta und einigen kleineren Inseln des Mittelmeeres fehlt er. In den Alpen kommt er bis auf Höhen zwischen 2600 und 3000 Metern vor. In Australien wurde er erfolgreich eingebürgert.

Deutschland: Der Rotfuchs ist die häufigste und am weitesten verbreitete Raubwildart in unseren Revieren. Reineke kommt in Deutschland nahezu flächendeckend vor, also in der Tiefebene wie im Hochgebirge, in zusammenhängenden Waldgebieten ebenso wie auf der Feldflur. Auch in großen Städten ist er zunehmend, vor allem in deren Randbereichen, zu beobachten und findet dort ein reichhaltiges Nahrungsangebot. All das verdeutlicht, wie anpassungsfähig der Rotfuchs ist, und wie gering seine Ansprüche an spezielle Revierverhältnisse sind. Hohe Siedlungsdichten des Kulturfolgers par excellence bestehen in abwechslungsreichen Feld-Wald-Landschaften, nach neueren Untersuchungen aber auch in Siedlungsbereichen.

Reineke im Herbstwald. Nach drastischem Anstieg der Fuchsbesätze ist der Kulturfolger auch in Dörfer und Städte vorgedrungen.

2020/2021 kamen in der Bundesrepublik knapp über 459300 Füchse zur Strecke – über 454000 waren es auch im Jagdjahr zuvor – und, wie erwähnt, nur knapp 145300 Feldhasen.

Balg und Farbvarianten

Generell ist der Fuchs rot-braun gezeichnet. Das „Fuchsrot“ des Rückens ist jedoch vielfach unterbrochen und durch Grannenhaare mit weißlicher Binde verwischt, so dass der *Fuchsbalg* mehr oder minder stark mit Weiß überlaufen, weiß gespitzt, ist.

Die Außenseiten der Gehöre, die Vorderfronten der Läufe und die Branten sind schwarz, Teile der Lefzen, Kehle und Luntenspitze weißlich, der Bauch grau-weiß.

Neben dieser vorherrschenden Färbung existieren viele Farbvariationen:

- Der *Birkfuchs* besitzt einen grellroten Rücken, Bauch und Kehle sind grauweiß, die Blume ist weiß gefärbt.
- Der *Kohlfuchs* ist braunrot, seine Blume ist schwarz. Bauch und Kehle sind grauschwarz.
- *Brandfüchse* nenn der Jäger tiefrote Füchse.

Die Sommerbehaarung der Füchse ist kurz und stumpf, die der Jungfüchse graubraun sowie wollig. Sommerbälge sind wertlos. Übergangsbälge zwischen Herbst und Winter – vor dem ersten Frost – bezeichnet der Kenner als „grün“ oder „grünledrig“, wenn die Innenseite der Bäl-

Reineke im Winterbalg. Für einen Fuchsmantel benötigt man 15 bis 20 solcher Bälge.

ge noch nicht völlig weiß ist. Im Fachhandel werden die Winterbälge des Fuchses sowie anderen Raubwildes als *Rauchware* bezeichnet. Der Winterbalg des Rotfuchses ist langhaarig und glänzend.

Gewicht

Füchse werden zwischen viereinhalb bis ausnahmsweise achteinhalb Kilogramm schwer. Rüden bringen in aller Regel mehr auf die Waage (im Durchschnitt zirka sieben Kilogramm) als Fähen (durchschnittlich etwa sechs Kilogramm). Im Sommer wiegen beide rund ein halbes Kilogramm weniger.

Sinne

„Schläue" und „List" des Rotfuchses sind sprichwörtlich. Sie gründen in seiner *Reaktionsschnelligkeit*, seiner Fähigkeit, *Wahrnehmungen* rasch zu verwerten und auch zu behalten, und schließlich in seiner ausgeprägten *Sinnenschärfe*. Füchse äugen, wittern und vernehmen ausgezeichnet. Beim Mausen orientiert sich der Rotfuchs vornehmlich mit Hilfe seines Gehörs: Darüber „timt" er seinen Beutesprung. Den verharrenden Jäger nimmt Reineke eher wahr, als dies etwa Rotwild vermag.

Laute

Bei territorialen Auseinandersetzungen drohen die Rüden untereinander oft und intensiv, indem sie *keckern*. Während der *Ranzzeit* vernimmt der Jäger das helle, dreisilbige *Bellen* der Rüden. Bei Knochentreffern *klagt* der Fuchs schreiend.

Spur

Während Hunde kreisförmige Tritte hinterlassen, sind diese beim Rotfuchs oval. Zwischen den Außen- und den Mittelzehen lässt sich quer ein gerader Strich ziehen, beim Hund hingegen ein flaches V einlegen (siehe Zeichnung). Hauptsächliche Gangart des Fuchses ist das *Schnüren*, die einzelnen Tritte sind – fast ohne Schrank – wie an einer Schnur aufgezogen.

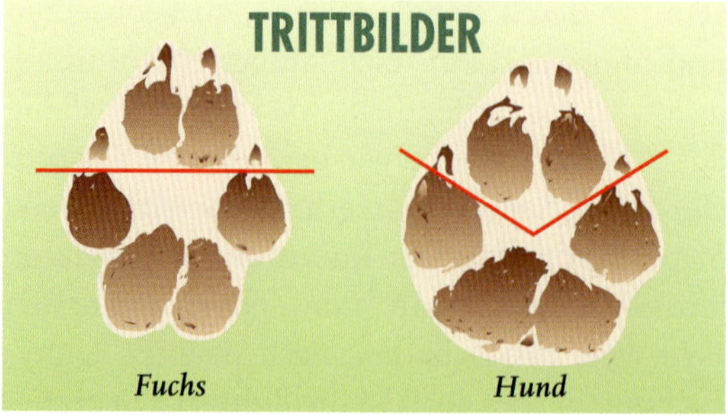

Zeichnung rechts: Die beiden vorderen Ballen lassen sich im Tritt des Fuchses durch einen waagrechten Strich, in dem des Hundes durch ein V „abtrennen".

Losung

Die graubraun bis schwarz gefärbte Fuchslosung ist in der Regel mit Haaren der Beutetiere – meist von Mäusen – Chitinpanzer sowie Flügeldecken von Insekten, Wildobstkernen, Knochen- und Beerenresten durchsetzt. Die wurstförmige, etwa fingerdicke bis daumenstarke Losung läuft in einer Spitze aus. Der Jäger findet sie im Revier häufig an erhöhten Stellen, also auf Baumstubben, Stocksulzen oder Grenzsteinen, aber auch an Wegrändern. Losung und Urin dienen zur *Reviermarkierung*.

Die Losung des Rotfuchses läuft in einer Spitze aus und ist etwa fingerdick.

Fraß

Rotfüchse sind Allesfresser, wobei allerdings über das ganze Jahr hinweg die tierische Nahrung stark überwiegt. Vornehmlich ernähren sie sich von Mäusen, zudem von Insekten, Würmern, Schnecken, Wildkaninchen, Hasen, Rehkitzen, von Bodenbrütern und deren Gelegen, Aas, Fischkadavern, schließlich auch von Früchten, Beeren und landwirtschaftlichen Produkten oder sogar Abfällen aus Mülltonnen.

Als Einzeljäger beschafft sich der Fuchs den Großteil seiner Nahrung auf nächtlichen Beutezügen. Ist er satt gefressen und noch Fraß übrig, vergräbt der Fuchs den Rest seiner Beute, um ihn in den Folgenächten vielleicht wieder aufzusuchen, sofern ihm kein Artgenosse zuvorgekommen ist.

Lebensweise

Der Rotfuchs galt lange Zeit als Einzelgänger. Ein Meuteverhalten ist nicht entwickelt. Füchse jagen zudem immer alleine. Unter Füchsen in zoologischen Gärten, aber auch in freier Wildbahn (England) ist allerdings bisweilen eine soziale Hierarchie zu beobachten.

Während der Aufzucht der Welpen, also im Frühjahr und Sommer, leben Füchse in Familienterritorien. Füchse – entweder ein Paar oder ein Rüde und mehrere Fähen – bewohnen nach dem britischen Zoologen David MacDonald ein Revier, welches sie nur in Ausnahmefällen –

Fähe beim „Mausprung". Vom Gehörsinn geleitet, schnellt sie in hohem Bogen auf ihre Beute.

Er genießt die wärmenden Strahlen der Wintersonne.

aufgrund von Hunger – verlassen. Dessen Größe schwankt zwischen 30 und 1300 Hektar. Während der Ranz verlassen Rüden ihr Territorium allerdings durchaus, wenn eine läufige Fähe sie lockt.

Füchse sind aufgrund des Jagddrucks vorwiegend nachtaktiv. Erst mit Einbruch der Dämmerung suchen sie nach Beute. Am hellen Tage schlafen sie in der Regel, außer während der Ranz und bei Hunger. Tagsüber steckt der Fuchs gerne in Laubholzverjüngungen, Nadelholzdickungen, Feldgehölzen, Getreidefeldern etc. Hier sucht er sich einen trockenen und windgeschützten Platz. Er rollt sich dann wie ein Hund zusammen und schlägt seine Lunte um den Körper.

Im *Bau* hält er sich während des Winters und bei speziellen Witterungsbedingungen wie Sturm, Laubfall oder während des ersten Schnees auf.

Der Bau

Baue liegen häufig an Waldrändern oder an Böschungen in Südhanglage. Sie befinden sich auch in Dickungen, Stangenhölzern oder im raumen Altholz. In Gebieten mit harten Böden hausen Füchse häufig in Dachsbauen, auch solchen, die von Grimbart bewohnt sind. Im Wohnbau befinden sich meist an den tiefsten Stellen die ungepolsterten, festgetretenen Kessel.

Ranzzeit

In der *Ranzzeit*, die sich mit regionalen Unterschieden von Mitte Dezember bis Mitte Februar mit Schwerpunkt im Januar/Februar erstreckt, sind die Rüden viel auf den Läufen. Oft folgen mehrere Rüden einer hitzigen Fähe. Tagsüber stecken dann mehrere Rüden mit einer Fähe im Bau. Die Begattung – mit *Hängen* nach Art der Hunde – findet außerhalb des Baus statt. Ranzzeit ist also die hohe Zeit des Bodenjägers.

Welpen und Jungfüchse

Die Fähe geht etwa 52 Tage dick und wölft dann im Mittel fünf bis sechs *Welpen*, und zwar oft im März/April. Sie kommen behaart und als typische „Nesthocker" blind zur Welt. Ihre Seher öffnen sie nach etwa vierzehn Tagen. In dieser Zeit genügt den Welpen die Muttermilch. Danach erbricht die Fähe halb verdauten Nahrungsbrei. Später – die Welpen spielen dann bereits vor dem Bau – stürzen die Jungen sich auf jede Beute, die die Fähe heranträgt.

Die Rüden beteiligen sich mehr oder minder stark an der Aufzucht der Jungen, indem sie überwiegend Beute heranschleppen. Nach drei Monaten sammeln die Jungfüchse ihre ersten jagdlichen Erfahrungen. Anfangs ist es vielleicht ein Regenwurm oder ein Käfer, den sie erwischen, irgendwann folgt dann die erste Maus. Jungfüchse, vor allem die Rüden, müssen das elterliche Wohngebiet verlassen. Dies geschieht vornehmlich im Oktober. Die Wanderstrecke beträgt zwischen zehn bis hundert Kilometer, ausnahmsweise auch mehr.

Feinde, Krankheiten und Verluste

Natürliche Feinde des Fuchses sind oder waren in Europa Steinadler und Uhu, im Osten vor allem der Wolf.

Tollwut, *Räude* und der *Fuchsbandwurm* (vgl. Kapitel „Wildkrankheiten") fallen dem Jäger ein, wenn er an Krankheiten oder Schmarotzer beim

Neugierige Fuchswelpen: Vier Wochen nach ihrer Geburt beginnen sie, den Eingang ihres Baus sowie die nähere Umgebung zu erforschen. Die Fähe ist gerade auf der Jagd.

Rotfuchs denkt. Aufgrund der Schluckimpfung gegen die Tollwut nahmen die Fuchsbesätze erheblich zu und offenbar parallel dazu das verstärkte Auftreten des Fuchsbandwurms.
Bei hoher Siedlungsdichte fallen in den letzten Jahren viele Rotfüchse nachts dem *Straßenverkehr* zum Opfer.

Bejagung des Fuchses

Jagdzeiten

In sechs Bundesländern hat der Fuchs entsprechend § 1 Abs. 2 der Bundesjagdzeitenverordnung noch ganzjährig Jagdzeit, in den übrigen genießen Altfüchse eine gesetzliche Schonzeit. In einigen von ihnen haben auch Jungfüchse eine Schonzeit. Für aufzuchtnotwendige Elterntiere gilt natürlich in allen Ländern der Schutz nach § 22 Abs. 4 BJG.

Jungfüchse

Das Graben oder Erlegen junger Füchse verabscheut so mancher Jäger. Warum eigentlich messen wir hier mit zweierlei Maß? Wir schießen doch auch Kitze und Frischlinge. Und die Jagd auf Jungfüchse ist aus Gründen der Niederwildhege von großer Bedeutung.
Zu diesem Zweck lohnt der Ansitz am Heckbau der Fähe im Mai oder Juni. Die Welpen verlassen ihren Bau bevorzugt zur Mittagszeit, insbesondere an sonnigen Tagen, um zu spielen oder sich zu sonnen. Sitzt der Jäger dann getarnt, bewegungslos und bei gutem Wind, kann er zunächst die Geheckgröße ermitteln.
Dann macht möglichst eine Dublette den Anfang. Steckt die Fähe nicht im Bau, können mit etwas Geduld und Glück auch weitere Jungfüchse erlegt werden. Wer aber nicht alle Welpen erlegt, muss davon ausgehen, dass die Fähe ihre überlebenden Jungen bei Nacht an einen

Ein hoch passionierter Fuchsjäger. Von Mitte Januar bis Mitte Februar hat er sich ganz der Fuchsjagd verschrieben. Kälte macht ihm nichts aus.

anderen, sicheren Ort bringt. Das gilt auch dann, wenn sie eine Gefahr für ihren Nachwuchs in der Nähe des Baus erkannt hat, ohne dass ein Schuss gefallen ist.

Am Bau besteht auch die Möglichkeit, Jungfüchse mit speziellen Jungfuchsfallen zu fangen. Diese Fallen werden von Ende April bis ca. Mitte Mai die Einfahrt des Heckbaus geschoben. Da die Fuchswelpen jetzt bereits mehrfach am Tag ans Tageslicht drängen, fangen diese Fallen oft in sehr kurzer Zeit.

Ab Jahresmitte bestehen gute Chancen, die immer selbstständiger werdenden Jungfüchse auf ihren ersten Streifzügen zu erlegen. Sie sind in der Regel recht unbekümmert und bei vollem Tageslicht zu beobachten. Gern stecken sie am Tage in Feldhecken oder auch in Maisschlägen. Der erfahrene Praktiker sitzt dann vor allem auch an frisch gemähten Wiesen oder gerade abgeernteten Getreideschlägen an, da Jungfüchse hier gern nach Mäusen suchen.

Schonzeiten für Jungfüchse

Bei der Jagd auf Jungfüchse sind gegebenenfalls Schonzeiten zu beachten! In Berlin und Baden-Württemberg dürfen Jungfüchse erst ab 1. Mai, im Saarland erst ab 1. Juli bejagt werden.

Ansitz am Pass

Der Ansitz lohnt sich an Pass, Bau und Luderplatz. Wer *am Pass* ansitzt – insbesondere in der Feldmark – braucht eine gehörige Portion Sitzfleisch. Frisch gepflügte oder mit Mist eingestreute Äcker, Misthaufen, Feldgehölze und Strohmieten sucht der Rotfuchs zielstrebig auf. Hier verhält er sich viel unvorsichtiger als an der Wald-/Feldkante. An der Wald-/Feldkante kommt der Fuchs dem Jäger abends in der Regel erst nach dem Einbruch der Dämmerung, im Feld wird der Waidmann bis nach Mitternacht ausharren müssen, während der Fuchs im Wald durchaus schon bzw. noch bei gutem Büchsenlicht zu beobachten ist. Erfolgversprechend ist der morgendliche Ansitz am Waldrand bei windstillem Wetter. Oft schnürt der Rotrock erst nach Tagesanbruch wieder der Deckung zu. Dem Jäger, der seinen Ansitzplatz bei völliger Dunkelheit bezogen hat, bleibt dann genügend Zeit, sich entsprechend einzurichten.

Ansitz am Bau

Ergiebig ist es, sich am Bau anzusetzen. Die Leiter oder Kanzel befindet sich etwa zwanzig Meter von den Hauptröhren entfernt. Der Jäger hat Rückendeckung, außerdem stimmt der Wind. Den Fuchs erwartet er mit der schussbereiten Waffe. Sobald der Fuchs erscheint, gleitet die Waffe langsam an die Schulter. Geschossen wird allerdings nur, wenn der Fuchs noch oder schon weit genug von der Einfahrt entfernt ist. Denn ist er einmal nicht tödlich getroffen, versucht Reineke seinen Bau zu erreichen. Der abendliche Ansitz am Bau lohnt nur, wenn der Fuchs steckt. Während der Ranz ist der Bauansitz während des ganzen Tages aussichtsreich.

Am Luderplatz

Die karge winterliche Speisekarte des Fuchses macht sich der Jäger zunutze, indem er *Luderplätze* anlegt. Sie befinden sich meist auf freien Flächen, etwa Waldwiesen oder in der Feldflur: Je mehr Rundumsicht Reineke hat, desto sicherer fühlt er sich.

Kalt war es beim Ansitz am Luderplatz, doch süß ist die Last …

Die Luderplätze liegen in der Nähe geschlossener Kanzeln unter Berücksichtigung der Hauptwindrichtung. Ein heller Untergrund, beispielsweise ein Saatacker, hat sich bewährt, wenn der Mond den Luderplatz einmal nicht voll ausleuchtet. Eine Luderhütte oder -kanzel am Bach bringt den Vorteil, dass Bäche zum einen natürliche Pässe des Raubwildes sind und zum anderen das Geräusch des fließenden Wassers die Geräusche des Jägers übertönt. Kreuzt ein Rotrock die Spur des Jägers oder bekommt Wind von ihm, hat der durchweg das Nachsehen.

In guter Schrotschussentfernung, also auf 30 bis 35 Meter, graben wir Aufbrüche, überfahrenes Kleinwild usw. in kleinen Portionen etwa 15 Zentimeter tief ein und decken sie ab – hinsichtlich des zulässigen Ludermaterials und dessen Ausbringung sind aber immer die gesetzlichen Bestimmungen zu beachten!

Bis zehn solcher *Luderstellen*, auf ein paar Quadratmeter verteilt, sind effektiver als ein großer *Luderschacht*, da sie den Rotfuchs länger beschäftigen. Außerdem werden Luderschächte schnell zu reinen Markierungsplätzen, unter anderem weil sich das Betonrohr bei Regen mit Wasser füllt und der Inhalt zu einer stinkenden Brühe verkommt. Entscheidend ist nicht der Gestank, sondern das regelmäßige Beschicken mit erreichbarem Fraß!

Beschickt wird der Luderplatz schon vom Sommer an, dort angesessen ab Ende November, sobald der Balg reif ist.

Wie auch immer ein Luderplatz gestaltet wird, ob mittels eines Rohrs oder auch durch Vergraben des Luders: Es ist zwingend, dass das Luder

Der Lohn eines Morgenansitzes am Bau. Zwei stramme Winterfüchse. Nach dem heißen Morgenkaffee geht's ans Streifen.

unzugänglich für Schwarzwild ist. Das setzt beim Vergraben wohl eine entsprechende „fuchsdurchlässige“, aber schwarzwildsichere Einzäunung der Luderstellen voraus.
Pro Luderplatz kann man nach Expertenmeinung mit einem Einzugsbereich von 250 bis 400 Hektar rechnen.

Reizen

In windstillen, verschneiten Mondnächten, am sonnigen Tag oder beim winterlichen Abendansitz im Wald gelingt es, den Fuchs mit Hilfe von Hasen-, Kaninchenklage oder Mauspfiff heranzulocken. Künstliche Lockinstrumente sind Wind hat. Der Stand wird nach dem Prinzip „Sehen, aber nicht gesehen werden!“ ausgesucht, also zum Beispiel im raumen Altholz und – niemals am Wald- oder Dickungsrand. Nach einer Pause von etwa zehn bis zwanzig Minuten, reizt der Jäger zunächst mit dem Mauspfiff. Bleibt das ohne Erfolg, wird es der Könner mit der *Hasenklage* versuchen.
Bevor nicht mindestens eine gute Stunde vergangen ist, verlässt der erfahrene Jäger den Reizstand oder Hochsitz nicht: Bisweilen erscheint der Rotrock zwar wie aus der Pistole geschossen, in der Regel aber muss der Jäger Geduld aufbringen.

Reineke ist auf den Mauspfiff auf Schrotschussentfernung herangeschnürt. Seine Sinne sind aufs Äußerste gespannt.

im Fachhandel erhältlich. Das klappt auch bei nachmittäglichen Ansitzen im Spätwinter hervorragend: Füchse liegen während dieser Jahreszeit nämlich oft in sonnigen Dickungen und stehen leicht zu. Gute Chancen sind grundsätzlich nach Einbruch der Dämmerung oder in heller Nacht gegeben.
Dem Anfänger wird es vor allem mit *Mäuseln* gelingen, einen Fuchs heranzulocken. Nachteilig ist dessen „begrenzte Reichweite“: Das Mäuseln ist nicht sonderlich weit zu vernehmen.
Ausschlaggebend ist, dass der Jäger den *Reizstand* möglichst geräuschlos erreicht und guten

Der Erfolg bleibt aus, wenn der Waidmann sich nicht ruhig genug verhält oder falsche Klagetöne von sich gibt. Einzelne „Reizjagdvirtuosen“ haben schon über zehn Füchse in einer Nacht herangereizt!

Fuchsdrücken

Überaus spannend ist das Fuchsdrücken. Es erfordert nur wenig „Personal“: Ein, zwei Treiber und ebenso viele Schützen genügen.
Durchgedrückt werden bekannte Fuchseinstände, wobei nur die Pässe des Fuchses mit Schützen besetzt sind.

Die *vorstehenden Schützen* sind unter Wind und möglichst gedeckt postiert. Sie bewahren äußerste Ruhe und lassen den Fuchs möglichst dicht herankommen – rührt der Jäger sich nämlich zu früh, ist der Fuchs verschwunden. Wer mit den Füßen scharrt oder sich schneuzt, ist der beste Verbündete des Fuchses. Den Nachbarn auf einen Fuchs aufmerksam machen zu wollen, etwa durch Winken oder Zuruf, geht auch regelmäßig schief: Reineke ist alarmiert und dreht ab – ohne „Schrecksekunde" und Verharren. Gute Resultate erlauben windstille, sonnige Wintertage nach einer Neuen, weil die Füchse dann gerne draußen liegen.

Die durchgehenden „Treiber" gehen lautlos, mit dem Wind und im Zickzack durch die Dickung. Manchmal halten sie länger an und räuspern sich leise. Nur dann kommt der Fuchs den vorgestellten Schützen langsam und „verdrückt" sich nicht nach hinten. Fachmännisches Fuchsdrücken ist eine wirkliche Leistung!

Bodenjagd am Naturbau

Um den Erhalt der Bodenjagd wird heftig gerungen, von manchen Seiten ein Totalverbot gefordert. Baden-Württemberg hat als erstes Bundesland im Jahr 2014 die Baujagd am Naturbau verboten und damit auf Kunstbaue beschränkt. Kurz darauf zog Nordrhein-Westfalen nach und verbot die Baujagd am Natur- und sogar am Kunstbau. Letztere ist mittlerweile aber zeitlich begrenzt wieder erlaubt.

Nachfolgend wird auch die Bodenjagd am Naturbau behandelt, wenngleich ihre Zukunft unklar ist.

Voraussetzung für erfolgreiche Baujagd ist, die befahrenen Fuchsbaue im Revier zu kennen. Januar und Februar sind die besten Monate für diese Jagdart. Um genügend Zeit für eventuell notwendige Einschläge zu haben, beginnen erfahrene Baujäger vormittags mit dem Sprengen. Nachmittags geht es nur noch an Baue, aus denen die Füchse erfahrungsgemäß rasch springen, wie zum Beispiel Kunstbaue.

Schützen und Hundeführer nähern sich dem Bau unter Wind und absolut leise bis auf 15 oder 20 Meter. Die Schützen dürfen nicht in die Ausfahrten sehen können, sonst springt der Fuchs nämlich leicht um. Der Hundeführer lässt nun den abgehalsten Teckel oder Terrier einschliefen. Verschwindet der Hund ohne Zögern im Bau und wird er unter der Erde laut, wird es spannend. Wann springt der Fuchs …?

In kleinen Bauen kommt nur ein Hund zum Einsatz, bei sehr großen haben sich zwei möglichst aufeinander eingejagte Hunde bewährt, da sich Altfüchse in solchen Anlagen gerne hin- und hertreiben lassen, ohne zu springen.

Ist der Fuchs nach 30 Minuten nicht gesprungen und gelingt es, den Hund abzutragen, warten die Schützen noch eine halbe Stunde:

Zu dicht an der Ausfahrt – blitzschnell hat Meister Reineke kehrt gemacht. Dem Erdhund ist die Arbeit damit unnötig erschwert worden.

Er ist nicht zu rabiat und kein „Kläffer": Alle Situationen der Bodenjagd meistert er souverän.

Liegen Ein- und Ausfahrt nebeneinander, lässt es sich leichter jagen. Wir brauchen uns nur auf eine Stelle zu konzentrieren.

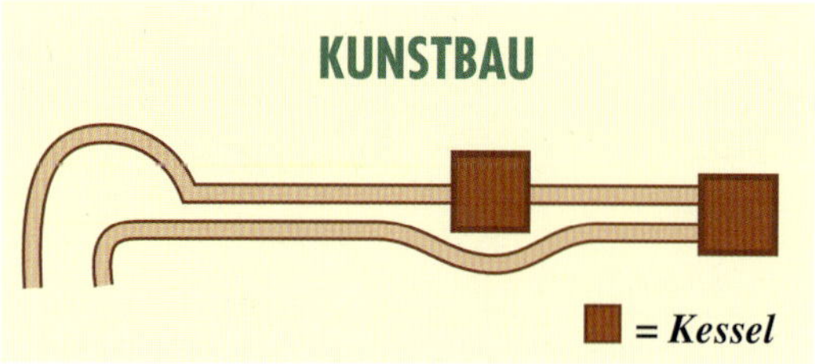

Gewöhnlich springt der Rotrock dann, denn Störungen und Hundegestank im Bau sind ihm zuwider.

Neben völliger Ruhe lautet das zweite Erfolgsgeheimnis der Baujagd: Nerven bewahren! Solange sich der Fuchs in der Nähe der Einfahrt aufhält, wird sich weder bewegt noch wird geschossen.

Weder rabiate Würger noch wesensschwache Kläffer taugen für die Baujagd. Der ideale *Bauhund* ist der schneidige *Flieger*: Er attackiert den Fuchs mutig aus verschiedenen Richtungen, lässt sich jedoch möglichst nicht auf langwierigen Beißereien ein. Gefährlich wird es für den Erdhund, wenn ein Dachs im Bau steckt (siehe dazu Seite 183 f.).

Kunstbaue sind für manche Überraschung gut!

Der Kunstbau

Besonders in reinen Feldrevieren, in denen sich Füchse überwiegend nachts einstellen, empfiehlt es sich, Kunstbaue zwischen Hecken, in Feldgehölzen, Böschungen und ähnlichen Landschaftsstrukturelementen anzulegen. Je geringer das Angebot an Deckung ist, desto wahrscheinlicher wird der Kunstbau dann von den Rotröcken angenommen.

In rauer Praxis haben sich Kunstbaue mit zwei Röhren und ein oder zwei Kesseln bewährt (siehe Zeichnung).

Ein- und *Ausfahrt* liegen möglichst nicht weit voneinander und zeigen nach Süden oder Südosten. So braucht sich der Schütze nur in eine Richtung zu konzentrieren. Der *Kessel* – mindestens 50, besser 80 Zentimeter im Quadrat – bildet in der Regel den höchsten Punkt der Anlage, weil er völlig trocken sein muss. Er wird gut abgedichtet und isoliert. Die *Länge* der *Röhren* beträgt nicht unter sechs Meter, wenn sich die Investition lohnen soll.

Als Bausteine sind die speziell für Kunstbaue entwickelten Sechseck-Hohlsteine ideal, denn sie lassen sich – nach verschiedenen Grundmustern – einfach zusammenfügen. 20er oder 25er Betonröhren gehen jedoch auch. Verlegt werden Hohlsteine oder Betonröhren stets vom Kessel aus. Die beiden letzten Meter werden mit Gefälle gelegt: Das unterbindet Zugluft und hält außerdem Kaninchen davon ab, die Röhren zuzuscharren.

An neuen Kunstbauen hilft die *„Urinspritze"*. In der Nähe der Einfahrt drückt der Jäger die Blase eines erlegten Rotrocks aus.

Wer einen Kunstbau anlegt, wird umfangreiche Grabarbeiten vornehmen müssen. Deshalb ist die Genehmigung des Grundstückseigentümers einzuholen.

Kunstbaue bieten dem Jäger vielfältige Überraschungen. So kommen ihm nicht nur Füchse, sondern gelegentlich auch Steinmarder, Iltis oder Waschbär vor die Flinte. Vor allem die Jäger, die die Gefahren für den eigenen Hund in großen Naturbauen bereits kennen gelernt haben und langes Warten bei Wind und Wetter vermeiden wollen, wissen, welche Vorteile der Kunstbau bietet.

Die buschige Lunte des Fuchses signalisiert dem Jäger nach dem Schuss Treffer oder „Fahrkarte".

Waffe und Munition

Für den Ansitz an Bau oder Luderplatz empfiehlt sich eine *kombinierte Waffe*. Damit kann der Jäger je nach Situation auf Kugel oder Schrot zurückgreifen. Geeignete Kugelpatronen sind sämtliche speziellen Rehwildkaliber. Eine getreckte Flugbahn und hohe Eigenpräzision garantieren dabei die .222 Remington sowie die 5,6×50R Magnum.

Der Rumpf des Fuchses ist schmal. Der passionierte Fuchsjäger hat deshalb seine *Büchse* haargenau eingeschossen. Seine Waffe ist zudem mit einem Zielfernrohr – mit mindestens sechsfacher Vergrößerung – ausgestattet. Er wählt ein kaum deformierendes oder splitterndes Geschoss, um den Balg zu schonen. Das bedeutet umso mehr: auf sicheren Kugelfang achten!

Selbstverständlich reicht prinzipiell auch die Hornet für den Kugelfuchs. Doch verfügt sie über deutlich schwächere Leistungsreserven als die zuvor genannten Kaliber. Die Energie der .22 Magnum reicht dagegen für den Fuchsansitz in der Regel nicht aus.

Stimmt die Treffpunktlage, bleibt es gleich, ob der Jäger *Schrotkaliber* 12, 16 oder 20 führt. Auftreffwucht und Deckung von Drei-Millimeter-Schrot – im Winter wegen des dichten Winterhaars dreieinhalb Millimeter– sorgen dafür, dass der breit stehende Rotrock blitzartig verendet. Voraussetzung ist jedoch, dass der Jäger nicht weiter als 35 Schritt schießt. Der Schuss spitz von vorne ist nur auf kürzeste Entfernung wirkungsvoll, der Schuss spitz von hinten taugt gar nicht.

Schusszeichen

Wird ein Fuchs gefehlt, schwingt er bisweilen die Standarte kreisförmig, er „winkt Ade". Eine nach dem Schuss starr und hoch erhoben getragene Lunte zeigt einen Treffer an.

Fährt der Fuchs im Kreis herum und beißt nach der Standarte oder den Keulen, ist er weidwund getroffen. Mit dem zweiten Schuss darf dann nicht gezögert werden!

Klagt der Fuchs – was höchst selten der Fall ist –, deutet dies auf einen Knochentreffer hin. Überschlägt er sich, um anschließend sofort flüchtig abzugehen, ist er nur leicht gekrellt.

Rouliert der Fuchs und rührt er dann keinen Lauf mehr, ist das höchste Jägerslust ...

Fang

Zum Fangen von Füchsen eignen sich besonders der *Schwanenhals*, die *Betonrohrfalle* und die *Ahrenshorster Rohrfalle*. Dem Fang des Raubwildes ist ein eigenes Kapitel gewidmet.

Übriges Raubwild und Nutria

Biologie und Merkmale der Raubwildarten

Uns Jäger haben Räuber-Beute-Beziehungen seit jeher besonders interessiert. Zum einen, weil wir Jäger im Sinne der Ökologie selber auch Räuber sind, zum anderen, weil Raubsäuger und Greifvögel sich und uns Beute „streitig machen". Wir können also von den Mardern, von Hermelin, Mauswiesel und Waschbär eine Menge lernen ...

HAARRAUBWILD

Rotfuchs
Dachs
Baummarder
Steinmarder
Hermelin
Mauswiesel[1]
Iltis
Wildkatze
Luchs
Fischotter
Waschbär
Marderhund
Mink[2]
Seehunde[1]

[1] *Das Mauswiesel ist in den meisten, der Seehund in allen Bundesländern ganzjährig vollgeschont.*
[2] *Der Mink unterliegt nicht in allen Ländern dem Jagdrecht.*

Von dem in §2 Bundesjagdgesetz aufgeführten oder zumindest länderweise dem Jagdrecht unterliegenden Haarraubwild (siehe Kasten) beschränken wir uns in diesem Kapitel auf die Arten, die in allen oder einigen Bundesländern auch eine Jagdzeit haben. Der Rotfuchs ist bereits auf den Seiten 36 bis 49 ausführlich behandelt worden.

Stellung im zoologischen System

Innerhalb der Ordnung der Raubtiere gehören die im Folgenden vorgestellten Raubwildarten den Familien der Kleinbären, der Hunde- und der Marderartigen an.

FAMILIEN DER ORDNUNG RAUBTIERE

Familie: Kleinbären
↓
Art: Waschbär

Familie: Hundeartige
↓
Arten: Rotfuchs, Marderhund

Familie: Marderartige
↓
- **Gattung: Eigentliche Marder**
  Arten: Baummarder, Steinmarder
- **Gattung: Wiesel, Iltisse und Nerze**
  Arten: Hermelin, Mauswiesel, Waldiltis
- **Gattung: Echte Dachse**
  Arten: Dachs

Zu der Ordnung der Raubtiere zählen unter anderem die Familien Kleinbären, Hundeartige und Marder. Charakteristisch für alle Raubsäuger ist ein Gebiss mit Reißzähnen, wie es im Kapitel „Rotfuchs" beschrieben ist (S. 161).

Baum- und Steinmarder

Vorkommen: *Baummarder* bewohnen in fast ganz Europa Wälder des Flachlandes sowie des Mittelgebirges. Nach neuen Studien sind sie keine so ausgeprägten Kulturflüchter, wie lange vermutet, sondern leben auch in Wäldern und Feldgehölzen geringer Größe und tauchen auch im Randbereich von Siedlungen auf. Als Tagesunterschlupf dienen ihnen hohle Bäume, verlassene Krähen- und Greifvogelhorste sowie Eichhörnchenkobel, vielfach auch Holzpolter.
Steinmarder kommen in ganz Deutschland vor und sind anpassungsfähige Kulturfolger. Sie leben nicht nur im Wald, sondern auch in der Feldmark (Strohmieten, Steinhaufen), in Gehöften, Dörfern und Städten, und dort oft auf Dachböden. Im Bereich von Siedlungen bereiten sie uns als „Automarder" einigen Ärger.
Erkennungsmerkmale: Kommen Stein- und Baummarder während Pirsch oder Ansitz in Anblick, können wir sie anhand verschiedener Merkmale problemlos voneinander unterscheiden (siehe Tabelle Seite 174). Die Bälge sind bis etwa Ende Februar verwertbar, zurzeit aber leider nicht begehrt. Kreuzungen zwischen Baum- und Steinmarder gibt es nicht.

UNTERSCHEIDUNGSMERKMALE BAUM- UND STEINMARDER

	Baummarder	**Steinmarder**
Balg	*kastanienbraunes Oberhaar deckt gelbe Unterwolle ab*	*graufarbenes Oberhaar mit durchschimmernder weißer Unterwolle (mit Grannen)*
Kehlfleck	*rundlich, goldgelb*	*rein weiß und bis zur Mitte der Innenseiten der Vorderläufe gegabelt*
Nasenschwamm	*schwärzlich dunkelbraun*	*rötlich fleischfarben*
Gehöre	*fast dreieckig, enger beieinander stehend als beim Steinmarder*	*abgerundet und relativ kürzer als beim Baummarder*
Figur	*schlanker als Steinmarder*	*gedrungener als Baummarder*
Brantensohlen	*nackt*	*behaart*

„Goldkehlchen": Der gelbliche Kehlfleck unterscheidet den Baummarder deutlich von „Weißkehlchen", dem Steinmarder.

Der Edelmarder wiegt im Durchschnitt eineinhalb Kilogramm, der Hausmarder wird ein wenig schwerer. Die *Losung* beider Marder ist wurstförmig gedreht und läuft spitz zu. Sie wird meist auf erhöhten Plätzen abgesetzt.

Lebensweise und Ernährung: Marder sind vorwiegend nachtaktiv. Sie fressen Mäuse und andere Kleinsäuger, Vögel, Eier, Käfer, Schnecken, Beeren und Obst. Lieblingsbeute des Baummarders ist das Eichhörnchen.

Spielende Steinmarder, Ausdruck von Kraft, Eleganz und Tempo. Eine herrliche Beobachtung!

Ranz und Junge: Ranzende Marder beobachtet der Jäger in aller Regel in der Zeit von Juni bis August. Während der Ranz rauben Steinmarder manchem Hauseigentümer oder Mieter den Schlaf, weil sie über Dachböden toben (Verfolgungsjagden). Dabei schreien sie katzenähnlich.

Nach einer *Tragzeit* von etwa neun Monaten (Eiruhe) wirft die *Fähe* dann im März/April *zwei* bis *vier Junge*. Die behaarten, etwa 38 Tage blinden Jungen werden acht Wochen gesäugt. Spielende Jungmarder bieten ein Bild von Kraft, Eleganz und Tempo: Das sind Sternstunden der Beobachtung.

Iltis

Vorkommen: Iltisse sind in nahezu ganz Deutschland vertreten, sogar im Hochgebirge. Wir finden sie in Hecken, Feldgehölzen, Waldsäumen, in Schilfgürteln, Gräben, an Bachläufen und Flussufern. Am Tag bevorzugen sie Kaninchenbaue und Reisighaufen als Aufenthaltsort. Auch in Scheunen und Bauernhöfen kommt der Iltis häufig vor.

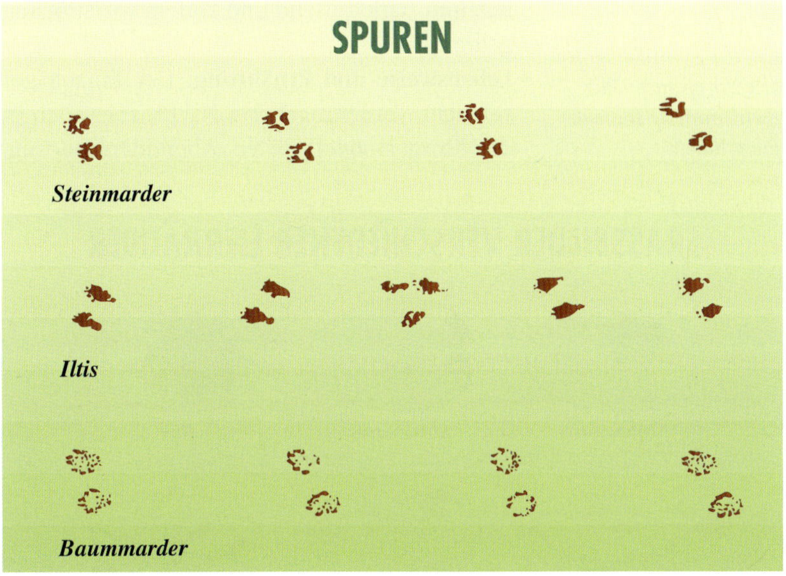

Erkennungsmerkmale: Während Baum- und Steinmarder unterseits hell und oberseits dunkel gefärbt sind, ist es beim Iltis genau andersherum, was in der Sprache der Jäger treffend als *„Verkehrtfärbung"* bezeichnet wird. Zudem fehlt ihm der Kehlfleck. Seine Rute ist kürzer. Den

Häufiger als bei den Mardern zeigt das Spurenbild des Iltis den „Dreisprung", drei Trittsiegel schräg nebeneinander.

Ein außergewöhnlicher „Schnappschuss“: Während der nächtlichen Jagd „überfliegt“ der Iltis einen schmalen Bach.

Kopf kennzeichnen eine helle Gesichtsmaske und helle Gehöre. Branten und Kehle sind schwarz. Die Unterwolle schimmert hell durch die locker stehenden, dunkelbraunen Deckhaare. Iltisse können bis zu 1200 Gramm auf die Waage bringen. Die *Losung* des Iltis ist schwärzlich und stark duftend und zudem wurstförmig gedreht.

Lebensweise und Ernährung: Der Einzeljäger versucht, vornehmlich bei Nacht, aber auch in der Morgen- oder späten Abenddämmerung, Beute zu machen. Hauptnahrung bilden Amphibien sowie Mäuse. Außerdem ernährt er sich von Ratten, Hamstern, Kaninchen, Würmern, Schnecken und Gelegen. Vögel erwischt er so gut wie nie, da er mit der Nase jagt. Iltisse legen Vorratskammern an. Sie bestehen größtenteils aus durch Biss gelähmten Fröschen oder anderen Lurchen.

Bei Gefahr macht der Iltis einen krummen Rücken und entleert ein gelbliches, stinkendes Sekret aus den gut entwickelten Analdrüsen. Daher stammt der Name *Stänker*.

Ranz und Junge: Iltisse ranzen März bis Anfang Juni. Die *Tragzeit* beläuft sich auf sechs Wochen. Die *vier* bis *acht Jungen* sind ungefähr vier bis fünf Wochen lang blind.

Nicht immer ist es so eindeutig: Im Revier finden wir oft nur völlig zertrümmerte Reste der Eierschalen.

FRASSBILDER VERSCHIEDENER EIERRÄUBER

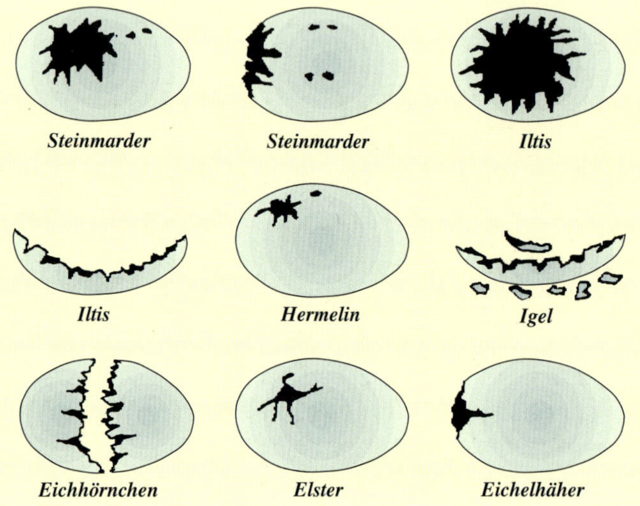

Hermelin

Vorkommen: Die Großen Wiesel kommen in beinahe sämtlichen bundesdeutschen Revieren vor, also in aufgelockerten Wäldern, Waldrändern, Wiesen, steinigem Gelände, aber auch Gärten und Parks. Sie bevorzugen allerdings die Feldflur – und sind dort oft zahlreicher, als viele Jäger annehmen.

Erkennungsmerkmale: Hermeline wechseln ihren Balg zweimal pro Jahr. Im Sommer ist ihr *Balg* oberseits braun, unterseits gelbweiß. Im Winter – etwa ab Dezember bis Februar – sind Hermeline weiß gefärbt, in warmen Regionen aber ganzjährig braun. Die *Rutenspitze* ist sowohl im Sommer- als auch im Winterbalg *schwarz*. Männliche Hermeline sind deutlich größer als die Fähen. Sie bringen es durchschnittlich auf ein *Gewicht* von 250 Gramm. Die *Losung* ist dünn, schwarz sowie länglich gedreht.

Oben links: Hermelin oder Großes Wiesel im Sommerhaar auf erfolgreicher Mäusejagd. Oben: Mäntel aus dem Winterbalg des Hermelins kleideten die Könige Europas.

Lebensweise und Ernährung: Wiesel sind äußerst geschickt. Sie können geradlinig auf Bäume klettern, zum Beispiel auf Kopfweiden, um an Entengelege zu kommen. Die tagaktiven Räuber werden als *Mäusevertilger* von Landwirten sehr geschätzt. In Fasanenrevieren ist Wieselfang Pflicht!

Ranz und Junge: Hermeline ranzen zwischen Mai und Juli. Die *Tragzeit* beträgt bis zu elf Monaten. Die Fähe wölft *vier* bis *zehn* weiß behaarte, fünf bis sechs Wochen lang blinde *Junge*, die mit drei Monaten selbstständig sind.

Mauswiesel

Vorkommen: Der kleinste Raubsäuger der Erde ist über fast ganz Europa verbreitet. Im Unterschied zum Hermelin trägt das Mauswiesel im Sommer und Winter einen oberseits braunen und unterseits weißen *Balg ohne schwarze Rutenspitze*. Lediglich in den Alpen sowie in Skandinavien verfärben Mauswiesel im Winter weiß. Sie werden nur 30 bis 60 Gramm schwer. Die *Losung* ist sehr dünn, länglich gedreht sowie schwärzlich.

Lebensweise und Ernährung: Alle Mauswiesel sind tag- wie nachtaktiv und ernähren sich fast ausschließlich von Mäusen. Das Mauswiesel tötet seine Beute durch einen Biss in den Hinterkopf.

Ranz und Junge: Mauswiesel ranzen vornehmlich im Frühjahr und haben eine *Tragzeit* von nur fünf Wochen. Im Mai/Juni werden *drei* bis *sieben* blinde, weiß behaarte *Junge* gewölft. Sie können nach vier Wochen sehen und werden sieben Wochen gesäugt. In guten Mäusejahren kann während des Spätsommers ein *zweiter Wurf* das Licht der Welt erblicken.

Der Name passt: Aus einem Mauseloch kroch das Mauswiesel hervor. Hoch aufgerichtet holt es sich eine „Portion Vitamine“.

Dachs

Vorkommen: Dachse sind über ganz Eurasien – mit Ausnahme des hohen Nordens – verbreitet, und zwar bis 2 000 Meter Höhe. Sie besiedeln vornehmlich Feld-/Waldzonen und sind in reinen Nadelwäldern seltener.

Erkennungsmerkmale: Der Kopf des Dachses ist auffällig weiß-schwarz gestreift. Die *Schwarte* hat weiches Unterhaar und langes steifes Grannenhaar. Sie ist im Oktober reif und wird einmal im April/Mai, zum anderen im September gewechselt. Sie ist oben silbergrau und unterseits schwarz gefärbt (*Verkehrtfärbung*). Meister Grimbart wirkt aufgrund seiner kurzen Läufe plump. Sein Körper ist keilförmig gedrungen. Er wird im Herbst bis zu 20 Kilogramm schwer.

Dachslosung ist grob wurstförmig und ohne Spitze. Sie ist – je nach Fraß – mit Knochen-, Insekten- oder Pflanzenteilen durchsetzt. In der Nähe des Baus legt der Dachs Kotgruben an, die *Dachsaborte*.

Lebensweise: Dachse leben sehr gesellig, und zwar nur in größeren Familienverbänden. Kommt ein fremder Dachs, gibt es Ärger. Er wird rausgebissen. Dachse versehen ihre Streifgebiete mit Duftmarken.

Sie sind nachtaktiv und verschlafen den Tag im *Bau*. Die Baue sind in der Regel nach Süden ausgerichtet und oft uralt. Bisweilen bestehen sie aus mehreren Etagen, deren obere mitunter von Fuchs oder Wildkaninchen bewohnt werden. Im Unterschied zum Fuchsbau ist der Kessel des Dachsbaus ständig mit Laub, Moos oder Farn ausgepolstert.

Ob ein Dachsbau befahren ist, erkennt der Jäger einmal an den „*Geschleifen*“ und Rinnen, die beim Einbringen des Polstermaterials entstanden sind, zum anderen an der meterweit ausgeworfenen Erde bei den Hauptröhren und schließlich an den stark ausgetretenen *Pässen*.

Wenn es im Herbst kälter wird, ist auch Meister Grimbart nicht mehr sehr aktiv. Im Winter wird der Jäger ihn kaum vor die Flinte bekommen, denn er hält häufig eine mehrwöchige *Winterruhe* und zehrt von seinen Fettreserven.

Ernährung: Dachse sind *Allesfresser*. Sie ernähren sich von Regenwürmern, Mäusen, Jung-

Erst in später Dämmerung verlassen Dachse ihren Bau.

kaninchen und Schnecken, Insekten, Gelegen, Weizen, Mais, Hafer, Obst, Beeren sowie Wurzeln. Sie durchwühlen – stechen – dabei wie Schwarzwild den Boden. Im Getreide kommt es dabei zu Wildschaden.

Ranz und Junge: Einjährige Fähen ranzen erstmalig meist im Hochsommer, mehrjährige Fähen werden überwiegend gleich nach dem Werfen der Jungen erneut begattet. Es kann jedoch während des ganzen Jahres zur Paarung kommen. Der *Ranzschrei* der Dachse ist laut und unheimlich. Nach einer variabel verlängerten *Tragzeit* – Eiruhe wie bei Reh, Seehund und den „echten Mardern" – wirft die Fähe *zwei* bis *fünf Junge* in einem ausgepolsterten warmen *Kessel*. Der Jäger weiß: „Es bringt im Monat Februar/ die Dächsin ihre Jungen dar." Sie können erst nach fünf Wochen sehen und spielen ab Mitte April vor dem Bau.

Verwertung: Der geräucherte Kern des Dachses wie auch Dachsschinken sind für manche Delikatessen. Anderen „stinkt" schon Dachsfett als Schuhpflegemittel. *Achtung: Trichinenschau* ist vom Gesetzgeber vorgeschrieben! Rasierpinsel aus Dachshaar stehen hoch im Kurs. Die gegerbte, unterfütterte Schwarte ist dekorativ.

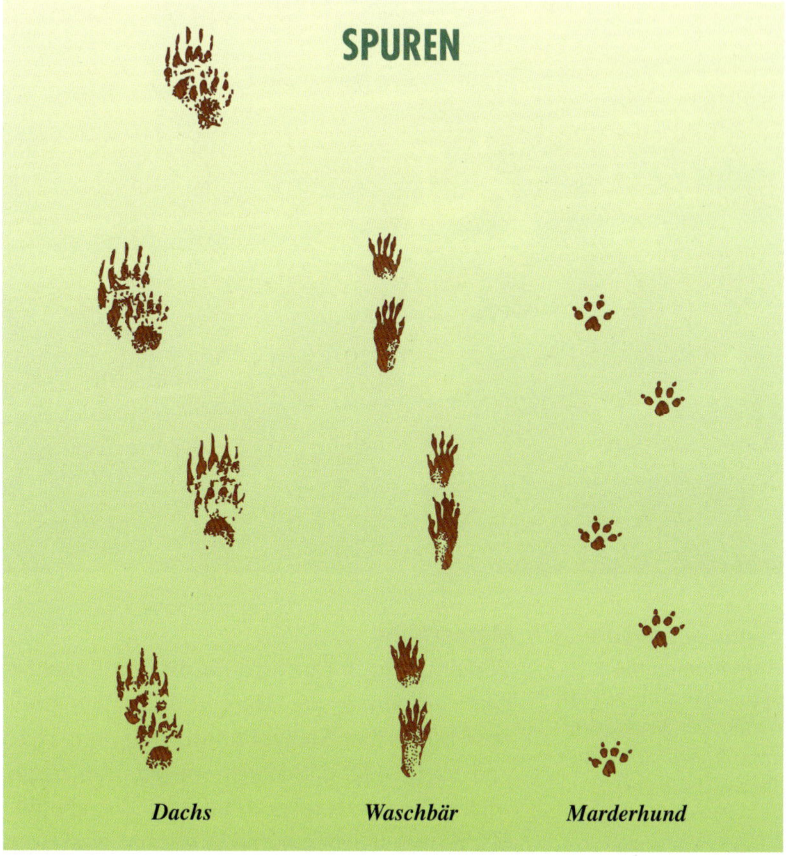

Deutlich erkennbar sind die „Nägel" des Dachses, die Sohlen des Waschbärs und die „sternförmige" Spur des Marderhundes.

Waschbär

Vorkommen: Der *Neubürger* (ein „invasives" *Neozoon*) aus Nordamerika wurde in den 1930er-Jahren in Hessen ausgewildert und entkam zudem aus Pelztierfarmen. Inzwischen ist er in der freien Wildbahn ganz Deutschlands verbreitet. Waschbären besiedeln bevorzugt wasserreiche Waldgebiete, dringen zunehmend aber auch in menschliche Siedlungen vor.

Erkennungsmerkmale: Der eisengraubraune Balg des Waschbären nur einmal pro Jahr, in der Zeit von Mitte April bis Juni, gewechselt. Charakteristisch für das Tier sind das schwarze Band, das sich über Wangen und Seher zieht und einer Maske ähnelt, sowie die buschige, schwarz geringelte Rute. Im Sommer wiegen Waschbären sechs bis acht Kilogramm. Ihre Losung ist wie die des Fuchses gedreht, rund und spitz auslaufend.

Lebensweise und Ernährung: Waschbären sind nachtaktiv, sie klettern und schwimmen ausgezeichnet. Die Tiere leben als Einzelgänger; bei hohen Dichten teilen sich Fähen auch ein gemeinsames Gebiet, während sich Rüden in Gruppen zusammenschließen. Als Tagesunterschlupfe dienen ihnen Erd- und Baumhöhlen, aber auch Dachs- oder Fuchsbaue sowie dicht belaubte Bäume, verlassene Scheunen, Ställe oder Gebäude. Die sehr wehrhaften Waschbären sind im Bau für jeden Erdhund gefährliche Gegner. Sie halten keinen Winterschlaf, aber eine Art Winterruhe. Dafür legen sie sich ein Fettpolster zu. Die Allesfresser bevorzugen Jungtiere, Bodenbrüter, Gelege, Mais, Obst und Beeren. In Gefangenschaft wird beobachtet, wie sie ihre Nahrung in Wasser hin- und herbewegen. Die frühere falsche Deutung dieser Leerlaufhandlung verlieh dem Waschbären seinen Namen.

Ranz und Junge: Die Ranzzeit fällt in den Spätwinter (Februar/März) und kann sich bis Mai/ Juni erstrecken. Nach 63 Tagen Tragzeit werden zwei bis fünf Junge geworfen. Die Nesthocker sind zwei bis vier Wochen blind.

Gestellt und verbellt: Aufgebaumt faucht der Waschbär zum Hund herab. Der Neubürger kommt heute überall in Deutschland vor.

Ein Marderhund bei Tageslicht – ein außergewöhnlicher Anblick.

Marderhund

Vorkommen: In Ostchina, Japan und Korea beheimatet, wurde der Marderhund, auch Enok oder asiatischer Steppenhund, zwischen 1929 und 1953 in der damaligen Sowjetunion ausgewildert. Von dort eroberte er die Bundesrepublik. Marderhunde leben gerne in ebener, wasserreicher Landschaft mit Schilf- und Gehölzbeständen. Reine Nadelwälder meiden sie.

Erkennungsmerkmale: Der in Deutschland wertlose Balg ist dunkel(grau)braun mit schwarzem Anflug. Das Haar ist lang und zottig, die Unterwolle sehr dicht. Mit seinen kurzen Läufen wirkt der Enok plump. Seine Gesichtsmaske ist der des Waschbären ähnlich, seine Lunte ist jedoch einfarbig. Marderhunde können gut neun Kilogramm schwer werden. Ihre Losung ist grauschwarz und ohne Spitze.

Lebensweise und Ernährung: Enoks sind nachtaktiv und leben sowohl als Einzelgänger als auch gesellig. Sie klettern nicht. In Deutschland halten sie eine Winterruhe in Dachs- oder Fuchsbauen. Der Räuber ernährt sich überwiegend von pflanzlicher Kost, nimmt gelegentlich auch junges oder krankes Niederwild, Nager, Frösche, Fische oder Eier.

Ranz und Junge: Ranzzeit ist von Februar bis April. Nach rund 62 Tagen kommen bis zu acht Welpen zur Welt, die von beiden Elterntieren betreut werden. Die Jungen öffnen ihre Augen nach etwa zehn Tagen (Nesthocker) und werden mit acht bis zehn Monaten geschlechtsreif.

Nutria

Vorkommen: Die Nutria (auch „Sumpfbiber") stammt aus Südamerika und zählt in Europa ebenfalls zu den *invasiven Neozoen*. Der hiesige Bestand geht auf Ausbrüche aus Pelztierfarmen wie auch auf Auswilderungen ab etwa den 1930er-Jahren zurück. In Deutschland kommt die oft wenig scheue Nutria mittlerweile im ganzen Land an etlichen Gewässern vor. Ihre Zahlen haben sich Erhebungen zufolge in den letzten zehn Jahren mehr als verdoppelt.

Erkennungsmerkmale: Die Nutria hat einen rötlich braunen Balg mit leicht gräulicher Unterseite. Aus Pelztierzuchten entflohene Tiere zeigen auch farbliche Abweichungen. Die 30 bis 40 Zentimeter lange, schuppenbedeckte Rute ist rund – im Gegensatz zur ober- und unterseits abgeplatteten Biberkelle und zur seitlich abgeflachten Rute des Bisam. Zwischen den ersten vier Zehen der Hinterfüße tragen Nutrias Schwimmhäute, die fünfte Zehe liegt frei. An erwachsenen Tieren sehr auffällig ist die orange bis hellrote Farbe der kräftigen Nagezähne, die durch Eiseneinlagerung hervorgerufen wird.

Lebensweise und Ernährung: Die sowohl tag- als auch dämmerungs- und nachtaktiven Nut-

Die markante Färbung der Schneidezähne des Sumpfbibers rührt von Eiseneinlagerung her.

rias leben paarweise oder in Familiengemeinschaften, mitunter auch Kolonien. Sie legen im Uferbereich von Gewässern Erdbaue an, deren Eingänge oberhalb der Wasserlinie liegen, oder bauen „Nester“ aus Pflanzenmaterial. Sie ernähren sich vorwiegend pflanzlich von Blättern, Stängeln, Wasserpflanzenwurzeln und Hackfrüchten. Durch die Unterhöhlung von Deichanlagen verursachen sie ebenso erhebliche Schäden wie durch den Fraß von Röhricht, dem Lebensraum seltener Arten, und Hackfrüchten.
Fortpflanzung und Junge: Die monogamen Sumpfbiber können sich zu jeder Jahreszeit fortpflanzen. Nach gut vier Monaten bringt das Weibchen sechs bis acht sehende und behaarte Junge zur Welt. Zwei bis drei Würfe pro Jahr sind möglich.

Die Jagd auf übriges Raubwild und Nutria

Im Jagdjahr 2020/2021 wurden in Deutschland 86745 Dachse, 200163 Waschbären, 33010 Marderhunde und mehr als 101100 Nutrias erlegt. Bei allen drei Arten sind diese Werte vorläufige Endergebnisse über viele Jahre fast kontinuierlich gestiegener Erlegungszahlen.

Jagdzeiten

Die Bestimmungen des § 22 Abs. 4 Bundesjagdgesetz gelten selbstverständlich auch für das Raubwild. Die Länder können „für nach Landesrecht dem Jagdrecht unterliegende Tierarten“ unter bestimmten Voraussetzungen „Ausnahmen bestimmen“. Davon haben die Länder Gebraucht gemacht: Das Mauswiesel ist in zahlreichen Bundesländern ganzjährig geschont. Waschbär und Marderhund unterliegen in allen Bundesländern dem Jagdrecht, der Mink in den meisten; je nach Land haben diese Arten ganzjährige oder zeitlich begrenzte Jagdzeit.

Baum- und Steinmarder

Marderjagd hat häufig etwas Zufälliges. Aber gerade das macht ihren Reiz aus. Neben der Fallenjagd (siehe dazu Kapitel „Fangjagd“) lohnen Ausneuen, Sprengen, Ansitz am Luderplatz oder Pass und insbesondere Marderburgen.
Ausneuen: Marder auszuneuen heißt, ihrer Spur im Schnee zu folgen. Frisch muss die (nächtliche) Spur sein. Also nutzen wir die Zeit nach Schneefällen zum *Ausneuen.* Fällt der Neuschnee bis in die frühen Morgenstunden, deckt er die Spuren der Marder allerdings zu.

DIE „NEUE“

Der erste Schnee ist keine „Neue“! Denn in den ersten 24 Stunden nach dem ersten Schneefall des Jahres bewegt sich Wild wenig. Von einer „Neuen“ spricht der Jäger immer dann, wenn auf alten Schnee frischer Schnee gefallen ist.

RAUBWILDJAGDZEITEN NACH JAGDZEITV

Stein- und Baummarder	16. Oktober bis 28. Februar
Iltisse	1. August bis 28. Februar
Hermeline	1. August bis 28. Februar
Mauswiesel	1. August bis 28. Februar
Dachse	1. August bis 31. Oktober

** Das Mauswiesel ist in fast allen Ländern ganzjährig geschont. Die Neozoen Waschbär, Marderhund, Mink und Nutria sind in einigen Ländern jagdbar und haben je nach Land und Alter der Tiere ganzjährig oder befristete Jagdzeit.*

Der Kirrplatz war mit Bedacht gewählt. Im Hagel lag erst der Baummarder, später auch der Steinmarder. Ein seltenes Waidmannsheil.

Unten: Freudig apportiert der Deutsche Wachtelhund den Steinmarder.

Ist der Marder fest, braucht es oft Geduld, denn meist hat er sich sehr gut versteckt. Also Augen auf! Ausneuen ist sehr reizvoll, aber lange nicht so erfolgsträchtig, wie es in vielen Jagdzeitschriften zu lesen ist.

Sprengen: Wer sein Revier kennt, ist auch über die möglichen Tagesunterschlüpfe der Marder grob orientiert. Bei Schnee werden dann Feldscheunen, Holzpolter usw. umschlagen.

Steckt der Marder, wird der Schlupfwinkel mit drei, vier Schützen umstellt und der Hund geschnallt. Der beste Stand ist häufig in der Nähe des Einschlupfes. Effektiv ist auch die Jagd in Feldscheunen. Nicht nur das setzt voraus, dass wir die Erlaubnis des Eigentümers (grundsätzlich einholen) haben. *Achtung:* Siedlungen sind befriedete Bezirke, in denen die Jagd ruht!

Ein eingespieltes Team mit einem Helfer und einem Teckel oder Terrier wird den Marder auf die Läufe bringen. Bisweilen springt der Marder rasch, häufig aber erst nach schweißtreibendem Umschichten von Strohballen oder Holz, weil er Lunte gerochen hat.

Die für diese Jagdmethode auch übliche Bezeichnung „Ausklopfen" ist eigentlich unglücklich, da Krach tunlichst zu vermeiden ist. Nur in Zwischenböden können einige gezielte Schläge auf Holzbretter den Marder zum augenblicklichen Springen bringen.

Ansitz am Luderplatz: Ausdauernde und aufmerksame Jäger setzen sich in mondhellen Nächten gerne am Versteck des Marders an. Denn insbesondere Steinmarder halten ihre Pässe sehr treu ein.

Ludern können wir Weiß- und Gelbkehlchen mit Hilfe von Pflaumen, Dörrobst und anderen „Süßigkeiten" und mit Aufbrüchen. Wie beim Fuchs ist auf die gesetzlichen Bestimmungen hinsichtlich des zulässigen Ludermaterials zu achten! Liegt der Luderplatz an Hecken, Bachläufen usw., also strategisch guten Orten, und scheint der Mond bei Schnee, ist Waidmannsheil wahrscheinlich.

Marderburg: Im Wald, in Feldgehölzen sowie Hecken nehmen Marder gerne *künstliche Burgen* an, wenn sie neben einem regelmäßig genutzten Pass stehen.

Gern versteckt sich der Iltis in Reisighaufen. An solchen Stellen ist ihm mit der Falle gut beizukommen. Vor die Flinte kriegt ihn der Jäger selten, zufällig eben.

Als Basis für eine Marderburg dienen drei Paletten. In die mittlere kommt ein kräftiges Rundholz, welches später als Hebel dient. Die Anlage wird mit ortsüblichem Material überreich getarnt, um es in ihrem Inneren warm und trocken zu bekommen. Außerdem wird sie mit attraktiven Leckerbissen beschickt.

Kontrollieren wir die Burg ohne Schnee oder Hund, genügt es, wenn wir an der Stange kräftig rütteln: Der Marder wird springen.

Wer in seinem Revier sechs bis sieben Marderburgen errichtet hat, wird – mit minimalem Aufwand – fröhliche Jagderlebnisse haben.

Iltis

Meist wird der Iltis in *Fallen* gefangen, nur gelegentlich mit der Flinte gestreckt. Wie der Steinmarder lässt er sich *sprengen*.

In Entenrevieren wird der Iltis oft geschont, weil er Wanderratten intensiv nachstellt und die Wanderratte unter Jungenten großen Schaden anrichtet. Auch über Gelege macht sie sich gerne her.

Hermelin und Mauswiesel

Wiesel werden nur selten mit der Flinte geschossen, weil der Jäger ihnen nur zufällig begegnet. Systematisch können sie mit Fallen gefangen werden. Der Fang wird sich in der Regel auf das Hermelin beschränken, da Mauswiesel selten geworden, jagdlich unbedeutend und in zahlreichen Bundesländern ganzjährig geschont sind. Zudem stellen sie fast ausschließlich Mäusen nach, was Landwirte und Waldbauern freut.

Dachs

Wer dem Dachs an die Schwarte will, der kann zwischen zwei praktikablen Möglichkeiten wählen: dem *Ansitz* an Bau, Pass oder Fraßplätzen und dem *Dachsgraben*. Denn der Dachs springt bekanntlich nur in Ausnahmefällen vor Dackel oder Terrier und muss gegraben werden.

Dachsgraben: Noch im letzten Jahrhundert war das Dachsgraben die am häufigsten betriebene Form der Bodenjagd. Heute wird diese recht aufwändige Jagdart nur noch sehr selten praktiziert. Dachsgraben erfordert einmal einen hohen Zeitaufwand und kann zum anderen den einen oder anderen Erdhund das Leben kosten. Zu scharfe Hunde wie so manche Terrier werden häufig schwer geschlagen. Bedrängt der Bauhund dagegen nicht hart genug, wird der Dachs sich verklüften.

Wer Dachse graben will, der benötigt dazu einen zähen, ausdauernden und nicht überscharfen *Vorlieger*. Dieser wird versuchen, den Dachs in eine Endröhre zu drängen. Genau darauf kommt es an. Jetzt nehmen wir den Einschlag auf den „Standlaut unter Tage“ vor.

Sobald die Röhre geöffnet ist, gilt es, schnell und energisch zu handeln. In aller Regel wird nämlich einmal der Hund verschärft angreifen, da er sich der Unterstützung seines Herrn gewiss ist. Zum anderen versucht der Dachs bei Lichteinfall auszuweichen.

Ansitz: Zeitaufwändig, aber einfach ist es, in den frühen Morgen- oder späten Abendstunden am Dachsbau anzusitzen. Bis in den Spätherbst hinein verlässt der Dachs jeden Abend seinen Bau, so dass wir ihn bei Mondschein leicht erlegen können. Die Leitern stehen dabei niemals den Hauptröhren gegenüber, vielmehr hinter oder an Hängen oberhalb von ihnen. An unübersichtlich gelegenen Bauen können wir – ohne Bedenken – störendes Strauchwerk etc. entfernen. Dachse sind nicht so empfindlich wie Rotröcke.
Geschossen wird erst, wenn sich der Dachs wenigstens 20 Gänge von der Ausfahrt entfernt hat. Morgens wird der Jäger ihn nicht zu dicht an den Bau herankommen lassen, da er sonst für einen eventuell notwendigen zweiten Schuss kaum Zeit findet.
Dreieinhalb oder vier Millimeter Schrot sind optimal: Auf bis zu 30 Schritt Schussentfernung wird der Dachs sofort verenden. Fährt er dennoch ein, muss der Bau stückweise aufgegraben werden. In Felsbauen ist der Dachs verloren.

Zwei Dachse in einer Nacht. Da strahlt der junge Jäger. Kaum tragen kann er sie.

Waschbär
Infolge seiner nächtlichen Lebensweise kommt der Waschbär dem Waidmann trotz starker Zunahme immer noch eher selten vor die Flinte. So werden die meisten in Fallen gefangen, zumal sie auf Obst und Backpflaumen gut zustehen. Im Bau sind Waschbären, aber auch Marderhunde, gefährliche Kämpfer. Sie springen nur schwer und gefährden die Erdhunde stark. Am Tage sind sie im Übrigen recht „dickfellig". Hat der Jäger einen Waschbären ausgemacht, kann er ihn kunstlos vom Baum schießen oder in der Deckung erlegen.

Marderhund
Der Marderhund wird meist nur zufällig auf der Einzeljagd erlegt, etwa bei später Dämmerung, auf dem Frühansitz oder Morgenjagd. Auch der Ansitz an Bäumen mit reifem Obst kann Erfolg bringen, wenn dort Kratzspuren und angebrochene Fruchtreiser bestätigt wurden. Der Fang mit Fallen ist weit erfolgreicher. Trotzdem scheint die rasante Ausbreitung des Marderhundes nur durch seuchenartig verlaufende Krankheiten wie zuletzt die Staupe vorübergehend gebremst zu werden.

Nutria
Die Jagd auf Nutria ist ein vergleichsweise neu für den Jäger, sodass sich Methoden zukünftig sicher noch weiterentwickeln werden. Angesichts der massiven Ausbreitung der Art, verbunden mit ebenso massiven Schäden, ist ihre intensive Bejagung gleichwohl geboten.
Fangjagd: Die Jagd mit den je nach Landesrecht notwendigen Befähigungsnachweisen und zulässigen Fallen ist besonders effektiv, weil damit mehrere Plätze zur gleichen Zeit und rund um die Uhr bejagt werden können. Ideale Fangplätze sind die Umgebung von Nutriabauen oder Zwangswechseln auf den Wegen zu den Fraßplätzen. Beködert werden die Fallen mit Obst und Gemüse wie Äpfeln und Möhren.
Ansitz: Auch bei der Einzeljagd werden die Nutrias am besten auf ihren Wechseln zu den Fraßplätzen abgepasst oder an Kirrplätzen bejagt. Geeignetes Kirrgut ist neben Obst und Gemüse auch Mais.

Ringel- und Türkentaube

Biologie und Verhalten

Wildtauben schmecken gut. Ihre Bejagung macht Freude. In den dreißiger Jahren noch weniger häufig, treten Ringeltauben heute im Norden Deutschlands massenhaft auf und auch die Türkentaube hat sich in Teilen Deutschlands dauerhaft etabliert.

Alle heimischen Wildtauben unterliegen dem Jagdrecht (§ 2 Absatz 1 Bundesjagdgesetz). Bejagt werden dürfen nur Ringel- und Türkentauben. *Hohl-* und *Turteltauben* sind *ganzjährig geschont*. Da Türkentauben sich vorwiegend in Ortsnähe, also in Parkanlagen oder Feldgehölzen, aufhalten, sind sie jagdlich bedeutungslos. In der Bundesrepublik wurden im Jagdjahr 2020/2021 gut 303 000 Wildtauben – fast ausschließlich Ringeltauben – erlegt.

Stellung im zoologischen System

Ringel- und Türkentauben gehören zur Klasse der Vögel, zur Ordnung der Taubenvögel und zur Familie der Tauben. Sie sind schnelle Flieger mit auffällig kleinem Kopf und jeweils charakteristisch gurrenden Stimmlauten.

Verbreitung und Lebensraum

Ringeltauben: Unsere häufigste Wildtaubenart ist über ganz Europa – mit Ausnahme des hohen Nordens – verbreitet. Mitteleuropa und England besiedelt sie stellenweise außerordentlich dicht. Ringeltauben leben als Kulturfolger nicht nur in Wäldern, sondern auch in Parks oder in Stadtrandlagen, etwa in Hausgärten. Zudem kommen sie in der fast baumlosen Feldmark ebenso vor wie auf Inseln oder an der Küste. Je nach der Härte des Winters und nach Mastjah-

Links: Die Halsschilder der adulten Ringeltaube wirken von weitem wie ein weißer Ring – daher ihr Name.

Rechts: Schwarz-weiß geschuppt ist der Halsseitenfleck der Turteltaube.

Links: Bei der Hohltaube glänzt der Halsseitenfleck grün

Rechts: Das schwarze Nackenband ist für Türkentauben charakteristisch.

ren sind Ringeltauben Stand-, Strich- oder Zugvögel.
Die Tages- und Nachteinstände der Ringeltauben richten sich nach den örtlichen Verhältnissen. Wald oder Feldgehölze sind die Regel. Der revierkundige Jäger kennt sie. Uralte „Taubeneichen“ kennen Generationen von Jägern im Revier. Tauben besetzen gerne höhere Nadelbäume, auch Eichen- und Buchenüberhälter, in Feldnähe. Sind diese nicht vorhanden, nehmen sie auch höhere Laubholzbestände an, sofern ihnen diese genügend Sicht bieten. In Mastjahren ziehen masttragende Eichen oder Buchen die Ringeltauben an. Auf den Feldern locken im Frühjahr insbesondere Erbsen und Raps, im Spätsommer die frisch geernteten Felder mit Getreideresten sowie Raps-, Grün- und Rosenkohlfelder.
Türkentauben: Ursprünglich in Vorderindien beheimatet, ist die Türkentaube über den Balkan Mitte des 19. Jahrhunderts bei uns eingewandert. Sie hat sich zunächst gut vermehrt. Seit etwa 20 Jahren ist ihr Bestand in etwa gleichbleibend. Türkentauben halten sich eng an menschliche Siedlungen. Sie meiden den geschlossenen Wald und brüten vielfach in Bäumen größerer Hausgärten, an Gebäuden, in ortsnahen Gehölzen oder aber auch an Waldrändern. Als Standvogel überwintert die Türkentaube bei uns und erfreut viele Vogelfreunde, da sie die Futterplätze für Singvögel annimmt. Türkentauben sind auffällig zutraulich.

Federkleid und Gewicht

Ringeltaube: Kopf und Obergefieder der Ringeltaube sind taubenblau. Nur Hals und Nacken leuchten grünlich mit purpurrotem Schimmer. Unterseits sind sie grauweiß bis schiefergrau. Gut erkennbar sind die weißen Schwingenränder. Sie wirken im Flug wie weiße Bänder. Den Stoß kennzeichnet eine schwarze Endbinde, die bürzelwärts von einer etwas breiteren weißen Binde abgelöst wird. Die Tauben haben schon ab Herbst des ersten Lebensjahres einen beiderseits *weißen Halsfleck*, der zwar ihren Namen begründet, aber kein Ring ist. Die weißen Halsschilder fehlen den Jungtauben nur etwa bis zur zehnten Lebenswoche.

Die verschiedenen Bänderungen der Wildtauben am Schwingenbug und am Stoßende können wir auf kurze Entfernung erkennen.

Die Geschlechter sind gleich gefärbt, äußerlich also nicht zu unterscheiden. Die Augen haben einen gelben Augenring. Der Schnabel ist gelb, die Ständer sind rot.
Ringeltauben bringen 400 bis 600 Gramm auf die Waage.
Türkentauben: Nur 160 bis 200 Gramm wiegen Türkentauben, gerupft sind sie ungefähr drosselgroß. Für eine Mahlzeit braucht es also mindestens zwei Türkentauben pro Person.
Im Vergleich zu den Ringeltauben wirken Türkentauben klein und schlank. Sie haben ein sandfarbenes, hellgraues Gefieder und einen weißen Unterstoß, der im Flug gut erkennbar ist. Brust und Bauch sind zart rötlich gezeichnet. Der Schnabel ist schwarz. Iris und Ständer sind rot. Charakteristisch ist das schmale, *schwarze Nackenband*, das den Jungtauben fehlt.

Lebensweise

Ringel- und Türkentauben sind tagaktiv. Außerhalb der Brutzeit leben Wildtauben gesellig in Flügen. Alle Tauben fliegen ausgezeichnet, schnell und gewandt. Ihren Flug beginnen sie zumeist mit klatschenden Flügelschlägen.

Laute

Ringeltauben balzen oder locken „gurrend“ und „rucksend“. Die erste Strophe ihres „Reviergesangs“ ist viersilbig. Es folgen drei fünfsilbige Strophen, die mit einem kurzen „Rug“ beschlossen werden. Wenn sie der Jäger bei der Taubenpirsch vertreten hat, dann „klappern“ Ringeltauben mit klatschendem Flügelschlag ab.

Der Ruf der *Türkentaube* ist dreisilbig, wobei die zweite Silbe betont ist.

Äsung und Schäden

Wildtauben bevorzugen Teile von Grünpflanzen, Beeren, Früchte, Sämereien von Getreide, Eicheln sowie Bucheckern. Sehr selten äsen sie Schnecken und Insekten. Die aufgepickten oder abgerissenen Nahrungsstücke werden unzerteilt, Samen mit Hülse, in den Kropftaschen gesammelt. Dort werden sie zunächst aufgeweicht. Sand und Magensteine dienen der Verdauung. Da der Kropfinhalt schnell gärt, wird der Jäger ihn bei einer erlegten Ringeltaube sofort ausnehmen. Indem wir den zwischen 30 bis 75 Gramm wiegenden Kropfinhalt untersuchen, stellen wir zudem fest, was gerade ihr Lieblingsfutter ist.

Der Salz- und Wasserbedarf der Ringeltauben ist hoch. Sie trinken nicht schluckweise, sondern saugen das Wasser durch den eingetauchten Schnabel an. Salzlecken werden gerne angenommen.

Tauben können erhebliche Schäden in landwirtschaftlichen Kulturen verursachen, etwa durch Körneraufnahme und Pflanzenausriss bei Erbsen, durch Frucht- und Blattaufnahme beim Raps, Blattaufnahme beim Rosenkohl und anderes mehr. Den größten Schaden richten sie an, wenn sie im Winter oder im Vorfrühling in großen Schwärmen auftauchen und Saatgut oder aber keimende Pflanzen flächendeckend aufnehmen. Von Wildtauben angerichtete Wildschäden sind im Unterschied zu den Fasanenschäden gemäß § 29 Bundesjagdgesetz nicht ersatzpflichtig. Der Revierinhaber wird dem Landwirt helfen, indem er die Tauben tüchtig bejagt, etwa in Form von Taubentagen (siehe Seite 193).

Anhaltendes Flügelpicken und Schnäbeln leiten die Kopulation – hier zweier Türkentauben – ein. Sie findet auf dem Nest oder in dessen Nähe statt.

Balz und Brut

Ab Ende Januar können wir bereits erste Balzflüge der Tauber beobachten, bei deren Höhepunkt sie laut mit den Flügeln klatschen. Dennoch beginnt die Balz erst im Februar/März. Die Brut erstreckt sich von April bis in den August. Nach der Balz lebt das Taubenpaar in Jahresehe.

Das ungeordnete Nest wird von Tauber und Taube aus trockenen Reisern recht durchsichtig gebaut. Es ist ungepolstert.

Ringeltauben: Sie brüten auf Bäumen oder seltener in höherem Gebüsch in Wäldern, Feldgehölzen oder in Parkanlagen. Das Paar bebrütet die zwei rein weißen, lang-elliptischen Eier abwechselnd 15 bis 17 Tage lang, der Tauber meist von 10 bis 16 Uhr. In der Regel kommt es zu zwei, bisweilen zu drei Jahresbruten. Sie überlappen einander oft (*Schachtelbruten*): Während die Taube schon das nächste Gelege bebrütet,

Ringeltauben brüten in einem einfachen, ungeordneten Reisignest. Bisweilen schimmern die weißen Eier durch.

betreut der Tauber noch die Jungen der letzten Brut. Nach KALCHREUTER regelt die Anzahl der Jahresbruten die Fortpflanzungsrate der Tauben. Die Jungen werden ungefähr vier Wochen lang von beiden Eltern zunächst mit Kropfmilch, später mit Sämereien aus dem Kropf gefüttert. Mit fünf Wochen sind die Jungen dann voll flugfähig.

Türkentauben: Auch diese Taubenart vollzieht zwei bis drei Bruten im Jahr, die von beiden Partnern großgezogen werden. Die beiden ebenfalls weißen, lang-elliptischen Eier werden 14 bis 16 Tage von Tauber und Taube abwechselnd bebrütet. Die Jungen bleiben drei bis vier Wochen Nesthocker und sind 14 Tage Ästlinge.

Feinde und Krankheiten

Das Gelege von Ringel- oder Türkentaube rauben Marder, Eichhörnchen, Krähen, Elstern sowie Eichelhäher. Junge Tauben werden von Habicht sowie Sperberweib gegriffen. Wanderfalke, Sperberweib und Habicht schlagen ausgewachsene Wildtauben. Der Marder erbeutet gelegentlich Tauben auf deren Schlafbäumen. Gefährliche Krankheiten sind Geflügelpocken und Ornithose (siehe auch Kapitel „Wildkrankheiten").

Jagd

Exkurs: Die Vogelschutzrichtlinie der EU

Die Europäische Union hat zwar keine Weisungsbefugnis hinsichtlich der Jagdpolitik und des Jagdrechts ihrer einzelnen Mitgliedsländer, nimmt aber heute mit der Vogelschutzrichtlinie in der kodifizierten Fassung vom 30. November 2009 entscheidenden Einfluss auf die Bejagung wild lebender jagdbarer Vogelarten. Das gilt vor allem für den länderübergreifenden Schutz von Zugvogelarten, die als „gemeinsames Erbe" angesehen werden. Nur bei 82 Vogelarten lässt die Richtlinie eine zeitlich beschränkte Bejagung zu, die insbesondere Balz, Brut und Jungenaufzucht nicht stören darf. Außerdem muss sich die Jagd in ökologisch wertvollen Gebieten den Erhaltungszielen der hier ausgewiesenen Schutzgebiete anpassen.

DIE VOGELSCHUTZRICHTLINIE

Richtlinie 2009/147/EG vom 30. November 2009 über die Erhaltung der wild lebenden Vogelarten.

Die Vogelschutz-Richtlinie betrifft die Erhaltung sämtlicher wild lebenden Vogelarten in den europäischen Gebieten der EU (ausgenommen Grönland).

- *Anhang I der Vogelschutz-Richtlinie umfasst insgesamt 193 Arten. Es sind dies vom Aussterben bedrohte Arten, aufgrund geringer Bestände oder kleiner Verbreitungsgebiete seltene oder durch ihre Habitatsansprüche besonders schutzbedürftige Arten.*
- *In Anhang II, Teil A angeführte 24 Arten dürfen im gesamten Gebiet gejagt werden, 58 Arten aus Teil B nur in den bestimmten Mitgliedsländern.*
- *Anhang III umfasst jene Arten, die unter bestimmten Voraussetzungen gehandelt werden dürfen. Davon betroffen sind auch Teile oder Erzeugnisse dieser Arten.*
- *Anhang IV führt die verbotenen Jagd- und Fangmethoden an.*
- *Anhang V benennt Themen, über die verstärkt geforscht werden soll.*

Wichtigste Maßnahme zur Erreichung der Ziele der Vogelschutz-Richtlinie ist der Gebietsschutz. Zum Schutz der wild lebenden Vogelarten ist die Einrichtung von Schutzgebieten (Special Protection Areas; Natura 2000-Gebiete) vorgesehen. Diese Schutzgebiete sind von allen Mitgliedsstaaten für die in Anhang I aufgelisteten Vogelarten einzurichten.

KALCHREUTER geht mit der Vogelschutzrichtlinie hart ins Gericht. Insbesondere fordert er, die Bejagung ziehender Flugwildarten beim Heimzug *nur dann zu untersagen*, wenn sich diese *ungünstig* auswirkt. Kalchreuter kritisiert, dass die Richtlinie nur für Europa gilt, obwohl die betroffenen Flugwildarten über die Grenzen des Kontinents hinaus brüten und ziehen, und dass der Richtlinie der Erkenntnisstand der 1970er-Jahre des letzten Jahrhunderts zu Grunde liegt.

Das Prinzip der nachhaltigen jagdlichen Nutzung wird zwar mit dieser Richtlinie – noch – erhalten, aber die einzelnen Bundesländer Deutschlands lassen unter deren Einfluss eine Bejagung der Tauben wie auch der Rabenvögel und der Waldschnepfe erst ab Herbst zu und meist schon Mitte Februar wieder enden.

Nur bei starken Wildschäden durch Ringeltauben – beispielsweise im Raps – können die örtlich zuständigen Jagdbehörden regional begrenzt die Jagdzeit für diese Art ausnahmsweise bis in den April hinein verlängern.

Jagdzeiten

Ringel- und Türkentauben hatten früher nach der Bundesjagdzeitenverordnung nur zwei Monate Schonzeit. Das war eindeutig zu wenig. Brüten doch beide Taubenarten bei uns oft dreimal im Jahr bis weit in den Sommer hinein. Viele Taubenjäger bejagten daher – auch ohne gesetzlichen Zwang – dieses Wild nicht vor Mitte August.

JAGDZEITEN DER WILDTAUBEN NACH DER BUNDESJAGDZEITENVERORDNUNG

Ringel- und Türkentauben	*1. November bis 20. Februar*

Haustauben dürfen wir in vielen Bundesländern zur Saatzeit, also im Frühjahr und Herbst, erlegen, wenn sie auf Feldern Saatgut auflesen. Landesgesetze und örtliche „Taubensperren“ sind dabei zu beachten. *Brieftauben* sind unbedingt zu schonen!

Balzjagd

Für viele Jäger ist die Jagd auf den balzenden Tauber höchste Waidmannslust. Die Balzjagd auf den scheuen, äußerst scharfäugigen Vogel im erwachenden Frühjahr ist besonders stimmungsvoll und verlangt jagdliches Können.

Je nach Gelände wird der Jäger entweder in die Nähe eines rucksenden Taubers pirschen, um diesen mit dem nachgeahmten Lockruf zum Zustehen zu bringen, oder aber er pirscht den rufenden Tauber an.

Der Tauber ruft, um den Artgenossen seinen vorgesehenen Brutplatz anzuzeigen. Diese Gewohnheit nutzt der Lockjäger aus. Angepirscht wird schrittweise. Wir bewegen uns nur, solange der Tauber ruft. Verschweigt er, erstarren wir zur „Salzsäule“. Jede sich bietende Deckung, etwa starke Buchenstämme oder eingesprengte Fichten, nutzen wir möglichst aus, um uns an den Tauber heranzuarbeiten. Nicht umsonst wird diese Jagdart scherzhaft auch als das „Anspringen des kleinen Hahns“ bezeichnet.

Der Jäger pirscht sich an den Tauber bis auf nähere Entfernung, etwa 100 Meter, heran. Dann ahmt er durch Blasen auf den zu einer Hohlkugel geschlossenen Händen oder mit Hilfe eines künstlichen Taubenlockers den Balzgesang (siehe Seite 188) nach.

Künstliche Locker sind im Fachhandel erhältlich. Prima und ohne jede „Hilfe“ lockt es sich auch mit dem reinen Stimmlaut. Dabei haben wir dann die Hände frei, um unsere Waffe schnell gebrauchen zu können.

Dem Ringeltauber signalisiert der Balzruf einen Rivalen im Revier, den es zu vertreiben gilt. Oft antwortet er erregt. Manchmal steht er auch zu und setzt sich in die Krone des Baumes, unter dem der Lockjäger – an den Stamm gedrückt – Deckung genommen hat. Nicht immer fällt der zustehende Tauber schussgünstig ein. Versuchen Sie einmal, ihn bereits im Anflug zu erlegen. Das ist selbst für den geübten Flintenschützen eine Herausforderung.

Auf den balzenden Tauber sind 3 mm-Schrot eine gute Wahl. Und die Flinte hat möglichst eine enge Bohrung. Die sitzende Ringeltaube ist nämlich recht schusshart. Bei einer schussgerechten Entfernung von nicht über 35 Meter durchschlagen die genannten Schrote die schützenden Schwingenfedern und decken außerdem genügend. Der Schuss mit dem Kleinkaliber bedarf vor Abgabe stets der Kontrolle: Wohin fliegt das Bleigeschoss? Der Himmel ist kein Kugelfang!

Ansitz und Pirsch

Der Ansitz auf Ringeltauben an Suhlen, Tränken, Stoppelfeldern, Buchweizen- oder Rapsschlägen ist erfolgversprechend, wenn der Jäger in guter Deckung – etwa einem gut verblendeten Schirm – hockt. Da die Vögel gegen den Wind einfallen, wird der Taubenjäger darauf achten, den Wind im Nacken zu haben. Er erwartet die Ringeltauben am Vor- sowie späten Nachmittag. Der erste „Frühstrich" ist oft der beste!

In wasserarmen Revieren lohnt es, eine Tränke mit Hilfe einer Plastikfolie anzulegen. Sie wird mit Kies aufgeschüttet. Für das Anlegen einer Salzlecke braucht es nur eine ungefähr fünf Meter lange Rinne, in die grobes Salz gestreut wird. Im Herbst und Winter fallen Ringeltauben gerne in alten Bäumen kleinerer Wäldchen oder Feldgehölze ein. An diesen Schlafbäumen stellt sich der Jäger am frühen Abend an. Einfallende Tauben beschießt er mit Schrot Nummer 6. Im Sommer und Herbst fallen feldernde Tauben übrigens auch am Tage in kleine, hohe Baumgruppen oder -reihen ein, wenn ihre Kröpfe gefüllt sind. Gruppieren wir im Umfeld einige Locktauben, erhöhen wir unsere Chancen. In Mastjahren ist der Anstand etwa an Eichen sehr erfolgversprechend, wenn der Jäger die „Taubenbäume" seines Revieres kennt.

Flügge Jungtauben lassen sich prima in der Dämmerung bejagen, wenn sie sich auf die Außenzweige von Horstfichten begeben. In taubenreichen Regionen pirscht der geübte Flintenschütze gerne an Baumgruppen entlang, um abklappernde Ringeltauben zu erlegen.

Lockjagd mit Attrappen

Für diese Jagdart benötigen wir folgende Utensilien: Zehn bis zwölf Plastiktauben – je mehr, desto besser –, zwei oder drei Tarnnetze von zwei mal drei Meter Größe, einen Sitzstock,

Bei klarem, gutem Wetter hielt der Tauber frühmorgens seine „Sonnenbalz" ab. Auf den Lockruf des Jägers ist er zugestanden. Nur klein ist die Beute, aber viel Freude dabei.

STÄBE FÜR TRANSPORTABLE SCHIRME

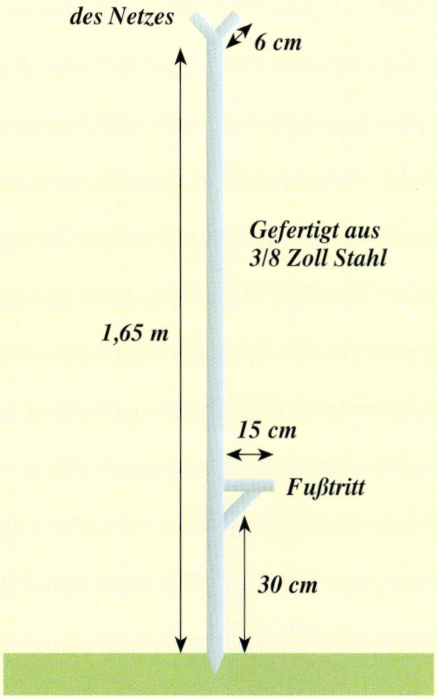

Fünf solcher Stäbe und drei Tarnnetze genügen, um in vier Minuten einen Stand aufzubauen.

Die weißen Halsschilder leuchten dank Tipp-Ex kräftig. Ein simpler Trick, um die Lockwirkung der Attrappe zu erhöhen.

eine Gartenschere, um den Stand notfalls besser verblenden zu können, vier spezielle Eisenstangen oder spitze, oben mit einem Nagel versehene Holzstäbe zum Halten der Netze und schließlich ausreichend Munition. Denn wer ist bei gutem Flugbetrieb schon gerne „leergeschossen“? Gute „Taubenflinten“ schießen dicht und gleichmäßig. Im Feld ein Muss, da wir oft „weit hinlangen“ und die Taube einen guten Schuss braucht.

Den breiten „Korridor“ benutzen die Ringeltauben bevorzugt beim Erkundungsflug.

Erst wird ausgekundschaftet, wo die Tauben bevorzugt einfallen. Haben wir dann einen Getreideschlag gefunden, der von Tauben stark besucht wird, richten wir unseren gut getarnten Stand her: Wir können zum Beispiel zwölf Strohballen – vier Lagen hoch mit rechteckigem Innenraum – aufstellen. Ein dreizehnter Ballen dient als Sitz. Natürlich geht es auch anders, etwa mit Tarnnetzen: Siehe dazu Seite 200 f. und 380.

Anschließend platzieren wir die Locktauben in etwa 25 Meter Entfernung vom Stand. Sie stehen ungefähr zwei Meter auseinander und sind mit der Brust gegen den Wind gerichtet. Bewährt hat es sich, in der Mitte dieses Arrangements ein „Loch“ zu belassen. Dieses fliegen anstreichende Ringeltauben bevorzugt an. Erlegte Ringeltauben werden zusätzlich als Lockvögel genutzt: Wir setzen sie zwischen unsere

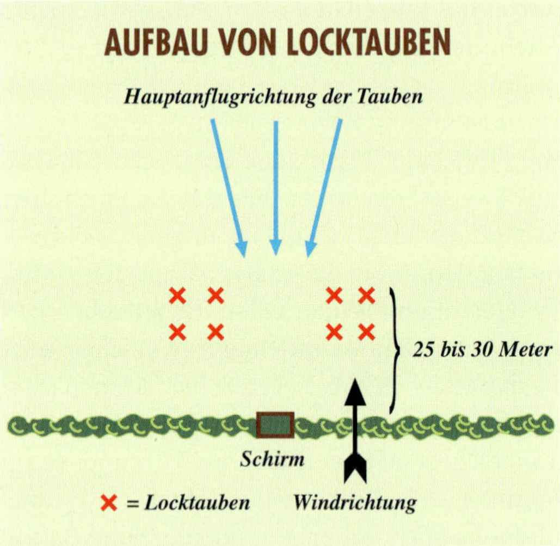

Geschossene Tauben sind gute Lockvögel: Einfach ein Stöckchen unter oder in ihren Unterschnabel stecken.

Nach kurzer Zeit diese Strecke: Locktauben machen es möglich.

Locktauben. Ihr Kopf wird mit einem kleinen Holzstöckchen in Stellung gebracht.

Locktauben sind im Fachhandel in verschiedenen Versionen erhältlich, beispielsweise als Vollplastiken oder als auf Haltestöcken befestigte Halbplastiken. Erstere wirken deutlich besser.Sobald wir sitzen, wird oft schon die erste Taube am Horizont sichtbar. Eräugt sie unsere Lockvögel, verliert sie mit angelegten Schwingen an Höhe. Noch ein kleiner Bogen und sie ist auf 30 Meter heran. Der Schuss bricht. Läuft es gut, geht es Schlag auf Schlag ...

Ringeltauben äsen bevorzugt am Vor- oder Spätnachmittag. Zwei gute Zeitpunkte für die Lockjagd mit Attrappen, vor allem wenn stärkerer Wind weht. Bei windstillem, klarem Wetter läuft es schlechter.

Taubentage

Gesellschaftsjagden auf Tauben werden dort abgehalten, wo Ringeltauben merkbare Schäden an Feldfrüchten oder Gemüse anrichten, beispielsweise am Niederrhein oder in Westfalen. Vor allem zur Zugzeit finden sich örtlich größere Schwärme ein. In Waldrevieren lohnen solch größer angelegte Jagden in aller Regel nicht.

Möglichst auf Hegeringebene, also auf großer Fläche, werden Feldgehölze und Taubenbäume an einem zuvor festgelegten Termin revierweise abgestellt. Dabei darf es „keine toten Ecken im Revier“ (Bruno Hespeler) geben, in die sich die Tauben während der Jagd „verziehen“ können. Aufgrund der großflächigen Bejagung werden die Wildtauben ständig in Bewegung gehalten. Sie fliegen von einem Revier in das nächste, fallen immer wieder ein und können dann erfolgreich beschossen werden. Taubentage werden optimalerweise mit Abendanständen in den Übernachtungsgehölzen kombiniert. Da Tauben bekanntlich „auf jeder Feder ein Auge haben“, ist gute Deckung für die Schützen selbstverständlich.

Damit es auch bei kommenden Taubenjagden allen Freude macht und die Strecke ansehnlich wird, findet nach der Jagd ein Erfahrungsaustausch statt. Denn so können die folgenden Jagdtage optimiert werden. Alle vierzehn Tage können derartige Hegeringjagden auf Tauben durchaus stattfinden.

Solche Taubentage sind nicht nur jagdlich effizient, sie bieten darüber hinaus auch revierlosen Jägern Jagdgelegenheit. Neu hinzugekommene Jungjäger können sich bewähren.

Wird im Hegering überall gleichzeitig gejagt, bleiben die Tauben ständig in Bewegung. Gibt es zudem keine „toten Ecken“ in den Revieren, werden die Jäger reichlich zu Schuss kommen.

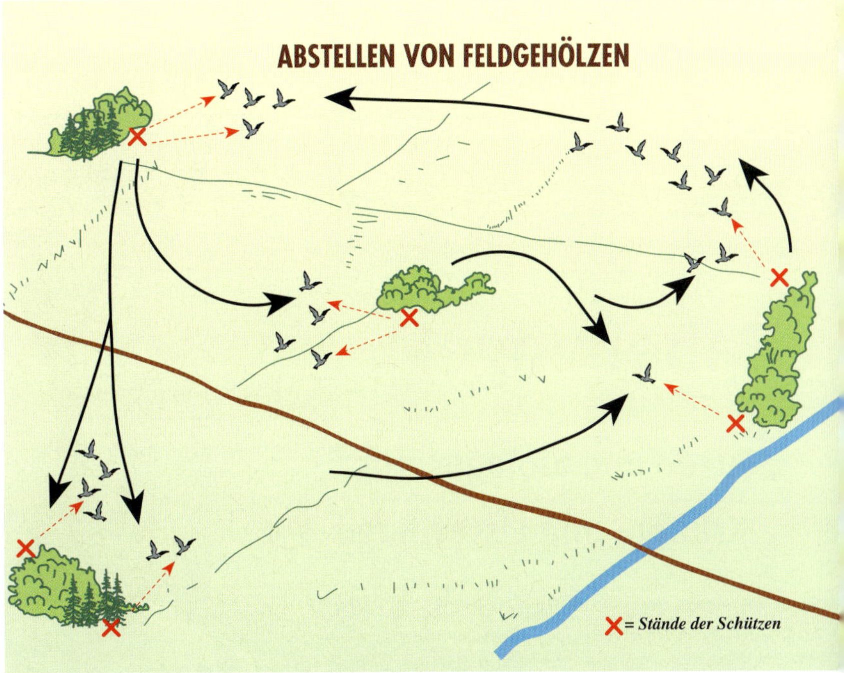

Rabenvögel

Arten und Biologie

Früher ganzjährig ungeschützt, dürfen von den Rabenvögeln heute nur noch in wenigen Bundesländern Rabenkrähen und Elstern – in Bayern auch der Eichelhäher – eingeschränkt beziehungsweise nur mit behördlicher Erlaubnis bejagt werden.

Zoologische Stellung

Rabenkrähe, Elster und Eichelhäher sind eigene Arten der Familie der Rabenvögel. Sie gehören zur Ordnung der Sperlingsvögel in der Klasse der Vögel. Sie sind größere Singvögel, deren Geschlechter äußerlich nicht zu unterscheiden sind.

Rabenkrähe

Sie ist der häufigste Rabenvogel. Rabenkrähen sind über ganz Europa mit Ausnahme Islands verbreitet. Als Kulturfolger besiedeln sie die verschiedensten Lebensräume.

In Westeuropa sind Rabenkrähen schwarz, östlich der Elbe werden Rücken- und Bauchpartie zunehmend heller. Allmählich geht dies dann in die Farbvariation der Nebelkrähe über. Nebel- und Rabenkrähen sind folglich zwei geographische Rassen derselben Art. Nebelkrähen dringen während der Wintermonate bisweilen sogar weit nach Westdeutschland vor.

Aufgrund ihrer grauen Rücken- und Bauchpartie sind Nebelkrähen leicht von Raben- oder Saatkrähen zu unterscheiden.

Der Laie kann Raben- und Saatkrähen leicht miteinander verwechseln. Der Jäger weiß, dass der *Schnabelgrund* von *Rabenkrähen* stets *befiedert*, bei *älteren Saatkrähen* dagegen *nackt* ist.

Rabenkrähen sind überwiegend ortstreu. Im Winter vergesellschaften sie sich. Wenn sie dann in Schwärmen an Müllkippen oder Luderplätzen auftauchen, muss der Jäger genau

Als Allesfresser schaffen sich Rabenkrähen ein „Suchbild“. So spezialisieren sie sich etwa zur Zeit der Fasanenbrut auf deren Gelege und halten über Wochen nach dieser Beute Ausschau.

Im Unterschied zu Nebel- oder Rabenkrähen ist bei den Altvögeln der Saatkrähen der Schnabelgrund unbefiedert. Die Federn sind dort nur als „Blutkiele“ angelegt. Sie werden abgescheuert, da Saatkrähen mit ihrem Schnabel viel im Erdreich bohren.

hinschauen, um nicht versehentlich eine geschützte Saatkrähe zu erlegen.

Das Nahrungsspektrum der Rabenkrähe ist breit gefächert. Dazu zählen unter anderem Sämereien wie Getreidekörner, Abfälle, Aas, Gelege, Jungvögel und kleinere Säugetiere bis zu Junghasengröße. Oft jagen Krähen Möwen oder Greifvögeln die Beute ab. Im Winter finden wir sie vielfach an Müllplätzen, die sie nach allen möglichen Abfällen durchsuchen.

Im März können wir die turbulenten Balzflüge der Rabenkrähen gut beobachten. Der Nestbau der in Dauerehe lebenden Vögel ist kärglich. Im Unterschied zu Saatkrähen brüten sie nicht in Kolonien, sondern einzeln. Im März bis Juni bebrütet das Paar abwechselnd drei bis sechs schmutzig grünliche, mit verschiedenen Brauntönen gefleckte Eier für 18 bis 20 Tage.

Beide Elternteile füttern ihre Jungen, deren Nestlingszeit vier Wochen beträgt. Im Juli löst sich der Familienverband auf. Dann bilden Rabenkrähen oft größere Gesellschaften, die im Winter zu großen Flügen anwachsen können.

Rabenkrähen sind wichtige „Nestlieferanten“ für andere Vogelarten, etwa Turmfalken oder Waldohreulen. Darin gründet unter anderem das Verbot, Nester auszuschießen.

Natürliche Feinde aller Rabenvögel sind Habicht, Wanderfalke und Uhu. Auf Schlafbäumen sind auch Marder gefährlich, die zusätzlich Gelege und Nestlinge rauben.

Elster

Die Elster ist in ganz Europa – abgesehen von Island, Kreta und Großteilen Sardiniens – Jahresvogel. Als typischer Kulturfolger bevorzugt sie die halboffene, baum- und buschdurchsetzte Landschaft. Sie ist auch häufig in Dörfern und Städten anzutreffen. Vielfach scheint sie die Nähe der Menschen geradezu zu suchen.

Das Gefieder der Elster fällt durch scharf voneinander abgegrenzte weiße und schwarze Partien auf. Schultern, Flanken und Bauch sind hellweiß. Die schwarzen Schwingen glänzen häufig blau, die schwarzen, weichen Stoßfedern grünlich-violett. Letztere sind mit einer Länge von etwa 20 Zentimetern charakteristisches Merkmal der Elster. Jungvögel haben einen kürzeren Stoß, außerdem schillert ihr Gefieder noch nicht.

Elstern sind auch den Winter über in der Regel Standvögel. Sie erweitern in dieser Zeit ihr Revier beträchtlich und „vergesellschaften“ sich. Elstern vermeiden es möglichst, über größere Geländeabschnitte zu streichen, da sie sehr langsam fliegen.

Dieses Verhalten nutzt mancher Jäger: Er stellt sich an das Ende einer Hecke oder eines Knicks. Ein zweiter Schütze „treibt“ von der entgegengesetzten Seite. Die Elstern lassen den „Treiber“ nicht auf Schrotschussentfernung herankommen. Von Strauch zu Strauch, von Ast zu Ast geht es schackernd in die andere Richtung, bis der vorgestellte, gut gedeckte Schütze seine Chance bekommt.

Auch fast allen Städtern dürfte der schackernde Ruf der Elster vertraut sein. Wir können ihn mit einer halb gefüllten Streichholzschachtel nachahmen, indem wir sie kräftig schütteln. Auf diese Weise eine Elster anzulocken, gelingt in rauer Praxis jedoch höchst selten.

Die Allesfresser leben vorwiegend von Insekten und anderen Kleintieren. Sie sind Nesträuber, die bei hoher Dichte sogar die Gelege der eigenen Art zu Selbstregulation plündern. Im Winter nehmen sie Sämereien, Früchte und Aas an. So kann man sie – wie Rabenkrähen und Bussarde – oft in der Nähe belebter Verkehrsstraßen beobachten, wo sie mit überfahrenen Tieren aufräumen. Der Jäger kann sie mit Aas

Hase entdeckt! Zuerst hackt die Elster ihm die Seher aus.

ludern, doch ist diese Methode nicht sehr ergiebig.

Zur Brutzeit leben Elstern paarweise. Die Nester befinden sich in höheren Bäumen von Feldgehölzen, an Waldrändern oder Alleen sowie Parkanlagen. Das Paar baut meist mehrere Nester, sogenannte Spiel- oder Schlafnester. Eines wird dann sorgfältig ausgebaut und oft im kommenden Jahr wieder bezogen: Die Nestmulde ist mit Lehm und Pflanzenteilen etc. dick ausgekleidet und mit sperrigem Reisig kuppelförmig überdacht.

Elstern bebrüten ihre fünf bis acht weiß-gelblichen, gleichmäßig braun gesprenkelten Eier in der Zeit von März bis Mai 17 bis 18 Tage. Die Jungen werden von beiden Eltern versorgt und sind nach vier bis fünf Wochen flügge.

Feinde der Elster sind Eichhörnchen, Marder, Habicht, Sperberweib, Wanderfalke und Rabenkrähe.

Eichelhäher

Außer im hohen Norden kommen Eichelhäher in ganz Europa vor. Sie finden sich in Laub-, Misch- und Nadelwäldern mit abwechslungsreicher Struktur, in größeren Feldgehölzen und zunehmend in Ortschaften. Eichelhäher suchen bevorzugt Eichen auf, ab Spätsommer gezielt, um Vorräte anzulegen. Sie meiden freies Gelände und bewegen sich in kurzen Flügen von Baum zu Baumund von Strauch zu Strauch.

Im Ästlingsstadium hocken die Geschwister ganz eng beieinander. Noch wirken sie niedlich und harmlos. Löst sich der Familienverband auf, muss sich jeder Vogel allein behaupten.

„Markwart" ist ein bunter Vogel. Der weiße Bürzel und weiße Flügeldecken bilden einen lebhaften Kontrast zum schwarzen Schwanz und den dunklen Schwingen. Besonders auffällig und bei Jägern als Hutschmuck beliebt sind die leuchtend blauen, schwarz und weiß gebänderten Flügeldecken. Erregt sich der Eichelhäher, etwa über einen pirschenden Waidmann, richtet er seine Scheitelfedern zur Holle auf und rätscht. Seine kurzen, breiten Flügel ermöglichen es ihm, behände durch Astgewirr zu manövrieren. Andererseits sind sie auch der Grund für den ungeschickt flatterigen Flug über längere Strecken bei freiem Gelände.

Das *Rätschen* des Eichelhähers ist ein Warn- oder Schreckruf, den er immer dann ausstößt, wenn sich ihm etwas Unbekanntes zeigt oder er

Jeden Herbst macht der Eichelhäher seinem Namen alle Ehre. Er sammelt Eicheln und versteckt sie im Waldboden, um Wintervorräte anzulegen. Nicht jede findet er später wieder und so kommt es zur „Hähersaat".

einen Feind wahrnimmt. Durch das Rätschen werden nicht nur Artgenossen gewarnt, sondern auch andere Tiere, vor allem Säuger. Rehwild wirft beispielsweise oft auf, sobald des Eichelhähers Ruf ertönt. Eichelhäher sind äußerst stimmbegabt. So ahmen sie andere Vogelrufe nach, etwa den miauenden Schrei des Bussards. Während der Balz im Vorfrühling vernimmt der Jäger im Wald oft ihren schwätzenden Gesang.

„Einemsen" nennt es der Jäger, wenn der Häher sein Gefieder durch Ameisen pflegen lässt.

Im Frühjahr rauben Eichelhäher unter anderem die Nester kleinerer Singvögel aus. Während des Sommers leben sie überwiegend von Insekten und anderen Kleintieren. Eichelhäher nehmen bevorzugt auch die nährstoffreichen Samen von Gehölzen auf.

Den Waldbauern erfreut die „Hähersaat": Da die Vögel viele Bucheckern und Eicheln als Wintervorrat verstecken, jedoch nicht sämtliche Verstecke wiederfinden, tragen sie zur Vermehrung von Eichen und Buchen bei – und das über Strecken, über die der schwere Samen sonst nicht verfrachtet werden könnte.

Eichelhäher balzen in den Monaten Februar/März. Das sehr gut versteckte, flache Nest besteht aus Reisig und Halmen. Die Nestmulde ist mit Haaren ausgelegt. Das Gelege setzt sich aus drei bis sechs hellgrau-braunen und dunkel gesprenkelten Eiern zusammen. Das Paar bebrütet die Eier im März bis Juni für 16 bis 17 Tage. Nach drei Wochen sind die Jungen flügge.

Hauptfeind des Eichelhähers sind Habicht, Sperberweib und, als Gelegefeinde, Krähen.

Krähen- und Elsternjagd

Jagdzeiten

Die Jagd auf Rabenkrähen und Elstern war in Anpassung an die EU-Vogelschutzrichtlinie (siehe auch Kapitel „Ringel- und Türkentaube", Seite 189 f.) zeitweise untersagt. Rabenkrähen und Elstern sind inzwischen in einigen Bundesländern in das Jagdrecht aufgenommen und haben dort Jagdzeit, der Eichelhäher hat nur in Bayern eine Jagdzeit, zählt aber auch in Sachsen zum jagdbaren Wild. In den anderen Bundesländern wird die Jagd auf Krähen und Elstern in beschränkter Form von den örtlich zuständigen Jagdbehörden erlaubt, sobald diese Arten überhand nehmen.

Sowohl Rabenkrähen als auch Elstern sind typische Kulturfolgerarten und selbst durch intensive Bejagung nicht zu gefährden. Sie örtlich kurzzuhalten, ist sinnvoll und gelingt ohnehin in aller Regel nur unvollkommen.

Pirsch

Wer hat es schon geschafft, sich an die wachsamen Rabenkrähen auf Schrotschussentfernung heranzupirschen? – Kein einfaches Unterfangen! Aber in den Wintermonaten während der Abenddämmerung ist es möglich, wenn sie gesellig in ihren Schlafgehölzen – meist in Nadelwaldpartien – nächtigen. Besonders gut gelingt das bei schlechtem Wetter. Das Anpirschen feldernder Rabenkrähen glückt sehr selten, beispielsweise wenn ein Maisfeld dem Jäger Deckung bietet.

Mit der Kugel auf feldernde Krähen

Das ein oder andere Mal wird es uns sicherlich gelingen, Rabenkrähen in freier Feldmark oder an Müllkippen mittels eines gekonnten Kugelschusses zu erlegen. Flach muss die Flugbahn des Geschosses und gut eingeschossen die Büchse sein.

Oft wird es an der notwendigen Deckung fehlen oder aber an der Hinterlandgefährdung scheitern. Schließlich werden Krähen rasch extrem scheu, wenn sie ein paar Mal beschossen worden sind. Es scheint so, als könnten sie zwischen Spaziergängern und Jägern gut unterscheiden.

Hüttenjagd

Bei der Hüttenjagd nutzt der Jäger die zwischen Nachtgreifen und Rabenvögeln bestehende „Feindschaft“ aus. Dabei wird ein künstlicher Uhu auf eine Jule gesetzt – einen Pfahl mit Querleiste, welcher möglichst auf einer Anhöhe steht, damit er von den Rabenvögeln auch aus der Ferne erkannt wird.

In günstiger Schussentfernung – etwa 20 bis 25 Meter – bauten unsere Altvorderen sich eine ganz oder größtenteils in die Erde gegrabene Hütte. Durch deren Schusslöcher wurden die den Auf hassenden oder auf einen Fallbaum aufhakenden Krähen und Elstern geschossen.

Solche Hütten sind aufwändig im Bau und erlauben keine „schwingenden Schrotschüsse“. Außerdem bedarf es der Einwilligung des Grundeigentümers. Besser als eine Hütte sind ein perfekt getarnter Stand oder ein kurzfristig errichteter und schnell wieder abgebauter Tarnschirm, die einerseits gute Deckung verschaffen und andererseits Platz genug für ungehindertes Schwingen mit der Flinte bieten. An die Stelle der klassischen Hüttenjagd ist heute also der Ansitz im Schirm getreten.

Der Schuss mit der kleinen Kugel gegen den Himmel ist selbstverständlich unzulässig. Wenn etwas passiert – und der Teufel ist, laut Volksmund, ein Eichhörnchen –, führt an grober Fahrlässigkeit kein Weg vorbei. Der Schrotschuss ist deshalb auf erhöht sitzende Krähen der einzig zulässige. Ob aus Bock- oder Querflinte spielt keine Rolle, solange wir mit unserer

Zur Hüttenjagd auf Krähen darf heute nur noch eine Uhu-Attrappe wie diese verwendet werden.

Die Schießluke ist mehr breit als hoch. Nur so kann der Schütze mitschwingen. Denn beim Hassen der Krähen und Elstern auf den Uhu muss das Flintenkorn so mancher schnellen Wendung folgen können.

Tarnung ist bei der Jagd auf die scharfäugigen Rabenkrähen ein Muss. Wer Beute machen will, benötigt eine enge Bohrung, Schrot Nr. 5, eine sichere Hand und viel Dusel.

Waffe vertraut sind. Bewährt haben sich Schrot Nummer 5 und unten 8/10- sowie oben Voll-Choke, da wir gerade im Feld öfter mal weit hinlangen müssen.

Geschossene Rabenkrähen oder Elstern brauchen wir nicht einzusammeln. Sie schrecken nicht ab. Hilfreich ist es allerdings, wenn wenigstens eine Krähe oder ein Krähenflügel unten am Uhu befestigt ist. Graf Schönburg schreibt mit Recht: Ein einziger, am unteren Ende der Uhuattrappe baumelnder Krähenflügel wirkt nicht minder stark als ein Dutzend um ihn herum verstreut liegender, toter Krähen! Und die müssen wir erst einmal bekommen ...

Noch ein Wort zum Lock-Uhu: Entscheidend ist dessen Silhouette. Haare und Federn sind deutlich besser als reines Plastik. Eine Extravorrichtung zum Schwingenschlagen braucht es nicht. Entweder bekleben wir also einen im Fachhandel erworbenen Plastik-Uhu mit Federn oder wir bauen uns einen eigenen Lockvogel.

Lockjagd mit Attrappen

Aussichtsreicher als die Lockjagd mit Feindbildern aus Uhu- oder auch Fuchsattrappe ist die Jagd mit sogenannten freundlichen Lockbildern aus arteigenen Attrappen, also Lockkrähen. Der Jäger weiß, wo in seinem Revier die Krähen bevorzugt streichen. Meist sind es frisch gepflügte, gerade mit Gülle gedüngte oder mit Mais bepflanzte Äcker. Hier baut er seinen Stand auf. In fremden Revieren empfehlen sich einige Erkundungsfahrten vor der Lockjagd. Günstig sind vor allem die Vormittagsstunden. Auch der Spätnachmittag ist aussichtsreich.

Das A und O bei der Lockjagd auf Krähen ist ein perfekt getarnter Stand. Wo möglich, wird er in den natürlichen Bewuchs, etwa in den Rand eines Feldgehölzes integriert. In jedem Fall bauen wir ihn so, dass die Konturen verschwimmen, er folglich nicht eckig wirkt. Das erreichen wir leicht, indem wir zwei bis drei Tarnnetze von zwei mal drei Metern Größe mit Zweigen, Stroh, also natürlichem Material des Umfeldes, dekorieren. Eine kleine Handsäge leistet dabei vorzügliche Dienste. In Augenhöhe befindet sich ein winziges „Schauloch" – wenn wir auf dem Sitzstock Platz genommen haben. Der obere Deckungsrand ist mindestens brusthoch, so dass wir im Stehen mühelos über ihn hinwegschießen können.

Etwa 25 bis 30 Schritte vor dem Stand stellen wir zwei bis drei Lockkrähen auf ein Saatfeld, eine frischgemähte Wiese oder ein gerade abgeerntetes Feld. Die Brust der Lockkrähen zeigt gegen den Wind. Zwischen ihnen wird ein weißes Hühnerei platziert. Besser noch eine tiefgefrorene oder eine zuvor geschossene Ringeltaube. Sie wird auf den Rücken gelegt, ausgerupfte Brustfedern werden großzügig um sie verteilt.

Erfahrungsgemäß kommen die Rabenkrähen dann einzeln oder paarweise, selten in Trupps, und melden sich mit lautem Krächzen an. Anflug hat der Schütze etwa alle 15 bis 30 Minuten. Er lässt die Krähe(n) möglichst dicht heran, dann versucht er es mit Schrot Nummer 5 (3 mm), denn Krähen sind hart im Nehmen.

Der Flintenschütze ist hier voll gefordert, weil Rabenkrähen sehr „vorsichtig" sind. In aller Regel kreisen sie bloß einmal und „kippen" sofort „ab", wenn sie den Jäger ausgemacht haben. Der Schütze muss also schnell reagieren und oft weit hinlangen. Nur selten fallen Krähen ein. Zu scharf beobachten sie das Umfeld und suchen rasch wieder das Weite. Die Jagdchancen steigen deutlich, wenn wir mehrere Stände pro Revier errichten und gleichzeitig besetzen. Hilfreich ist zudem, wenn dann noch eine Person von Zeit zu Zeit durch die Feldmark fährt und die Krähen aufscheucht. Zudem nutzt es, wenn wir geschossene Krähen nicht einsammeln, sondern bei den Lockvögeln liegen lassen.

Sogenannte freundliche Lockbilder versprechen mehr Erfolg als die Jagd mit Feindbildern.

Doppelte Chance: Im Vordergrund Lockkrähe mit Kanin, links im Hintergrund Locktauben. Das klappt meistens recht gut.

Krähenbeize

Krähenbeize ist höchste Kunst, da nicht jeder Wanderfalke Krähen schlägt. „Krähenfalken" sind in der Regel spezialisierte Weibchen und werden vielfach auf kein anderes Wild geführt.

Verstößt sich der Falke, hilft der Sender, um ihn wieder ausfindig zu machen.

Der Falkner geht mit seinem Vogel möglichst gedeckt eine oder mehrere im freien Feld stehende Krähen an. Wird die Krähe hoch, wirft er den Beizvogel direkt aus der Haube heraus an das Flugwild. Nun beginnt eine atemberaubende Jagd, bei der sich der Falke oft eine durch Mauserlücken behinderte oder einzeln zurückbleibende Krähe aussucht.

Gelingt es dem Falken, eine Krähe zu binden, eilt der Falkner, so schnell ihn seine Beine tragen, zu seinem Beizvogel, um ihm notfalls zu helfen, die Krähe zu töten. Gerade Rabenkrähen wehren sich mit Schnabel und Klauen mannhaft unter dem griffhaltenden Fang des Falken. Erfahrene Beizfalken sind allerdings oft rasche Sieger.

Waldschnepfe

Biologie und Verhalten

Aufmerksamen Naturfreunden und Jägern ist der Vogel mit dem langen Gesicht ersehnter Frühlingskünder, ein Bote neu erwachenden Lebens. Wer Gelegenheit dazu hat, genießt Jahr für Jahr die Suchflüge und Balzlaute der Schnepfen, auch ohne Flinte. In der Abenddämmerung oder den ganz frühen Morgenstunden bieten sich herrliche Bilder.

Stellung im zoologischen System

Zur Familie der Schnepfenvögel rechnen unter anderem Brachvogel, Strand- und Kampfläufer. Nahe Verwandte sind Bekassine, Pfuhl-, Ufer-, Doppel- sowie Zwergschnepfe. In Deutschland unterliegt nur die Waldschnepfe dem Jagdrecht.

Bei der Waldschnepfe ist der dicke Kopf hell quer gebändert.

SYSTEMATISCHE STELLUNG DER WALDSCHNEPFE

Klasse: Vögel
↓
Ordnung: Wat- und Möwenvögel
↓
Familie: Schnepfenvögel
↓
Art: Waldschnepfe

Verbreitung und Lebensraum

Abgesehen vom hohen Norden und der iberischen Halbinsel ist die Waldschnepfe in ganz Europa verbreitet. Die Bestände in Deutschland sind zweifelsfrei gesichert. Die Jahresjagdstrecken der vergangenen fünf Jahre in Deutschland liegen – bei recht starken – Schwankungen bei durchschnittlich 9 000 Schnepfen.

Waldschnepfen bevorzugen naturbelassene Auelandschaften sowie ruhige, größere Waldgebiete – Laub- vor Nadelholz, wenn möglich – mit feuchten, morastigen Böden, Quellen und kleineren Bächen. Optimaler Einstand ist feuchtes Biotop, allerdings ohne Staunässe. Zudem ist ausreichender Bodenbewuchs erforderlich, damit sich die Schnepfen – ungefährdet durch Fuchs oder Marder – hier tagsüber aufhalten können. Dort ruhen sie im Schutz von Bäumen oder Büschen.

Federkleid und Trophäen

Der knapp hohltaubengroße Vogel besitzt eine hervorragende, laubbraune Tarnfärbung. Auffällig sind der gedrungene Körper, der dicke Kopf sowie der lange Stecher. Der Kopf der Waldschnepfe ist hell quer gebändert, wohingegen die Bekassine längs verlaufende, rahmfarbene Kopfstreifen hat, die sich über den Rücken fortsetzen. Die Stoßfedern der Schnepfe sind kurz und schwarz mit weißer Spitze. Sie leuchtet bei der Bodenbalz der Hähne hell.

Das Geschlecht kann der Waidmann außer anhand der Laute (siehe Seite 208) bloß bei im Frühjahr erlegten Schnepfen feststellen. Hoden oder Eierstock findet er in der Bauchhöhle.

Dagegen verlaufen bei der Bekassine die Kopfstreifen wie die Rückenstreifen längs.

Als Trophäen sind die beiden kleinen, steifen, spitzen Federchen der äußeren Handschwingen, die *Malerfedern*, sowie der *Schnepfenbart*, das kleine Federbüschel auf der Bürzeldrüse, begehrt. „Schnepfendreck" (die Eingeweide) ist – scharf gebraten auf geröstetem Weißbrot – angeblich eine Delikatesse.

Lebensweise

Schnepfen leben – gut getarnt im Wald – sehr heimlich. Sie sind Einzelgänger ohne feste Bindung. Ob sich Schnepfen in seinem Revier befinden, erkennt der Jäger unter anderem an Stichstellen.

Waldschnepfen verlassen ihre Brutgebiete in der Regel im Herbst, um im Frühjahr zurückzukehren. Abgesehen von dieser Zugzeit sowie der Balzzeit ist der Schnepfenstrich selten zu beobachten. Kurz und stumm sind die Flüge, weil „Wohn-" und „Esszimmer" meist dicht beisammen liegen.

Waldschnepfen halten sich vornehmlich am Boden auf. Werden sie gestört, streichen sie ab. Ihr schneller, schaukelnder Zickzack-Flug bringt meist schnell und geschickt eine Deckung zwischen sich und den Störenfried.

Unser geringes Wissen über Lebensweise und Populationsdynamik der Waldschnepfe bedarf dringend weiterer Forschung.

Die Farbzeichnung von Stoß- und Schwingfedern verändert sich bei der Waldschnepfe mit zunehmendem Alter.

In feuchtem Untergrund bewährt sich der lange Stecher.

Eine brütende Schnepfe zu entdecken, gehört zu den Sternstunden. Wie oft latschen wir vorbei?

Laute

Während der Balz puitzt und quorrt der Schnepfenhahn, um den Hennen und Rivalen deutlich zu machen: Ich bin hier. Hennen quorren nicht. So kann der Jäger die Geschlechter während des Balzfluges sicher voneinander unterscheiden.

Nahrung

Erdwürmer bilden die Hauptnahrung der Schnepfen, ferner Insekten und Schnecken. Sie suchen überwiegend nachts ihre Nahrung. Erst im Schutz des ausgetriebenen Laubs der Baumkronen wurmen sie auch bei Tage. Deshalb wird der Jäger selten wurmende oder stechende Schnepfen beobachten. Dabei bohrt die Waldschnepfe ihren Schnabel vollständig in weichen Waldboden. Findet sie Beute, biegt das vordere Drittel des Oberschnabels auf. Die Schnepfe fasst den Wurm und zieht ihn aus der Erde.

Balz und Junge

Eines der schönsten Naturschauspiele ist der Schnepfenstrich im knospenden Frühjahr, der Suchflug der Hähne während der Morgen- und Abenddämmerung. Er ist in unseren Breiten von Anfang März bis Ende Juli zu beobachten. Daraus kann auf eine zweite Brut geschlossen werden. Je weiter der Sommer fortschreitet, desto früher und in aller Regel auch höher streichen die Schnepfenhähne. Beim Abendansitz auf den Rehbock erlebt der Jäger dann freudige Bestätigung: Schnepfen im Revier. Das sind dann wirkliche Standschnepfen.

Für den Frühjahrsstrich kennen wir Jäger folgende grobe Faustregel, die sich auf die Sonntage vor und nach Ostern bezieht: *Reminiscere*

– putzt die Gewehre, *Oculi* – da kommen sie, *Laetare* – das ist das Wahre, *Judika* – sie sind auch noch da, *Palmarum* – Lirumlarum, *Quasimodigeniti* – halt Jäger, halt! Nun brüten sie.

An den Balzflug schließt sich die Bodenbalz an, sofern eine Henne gefunden worden ist. Dann begattet der Schnepf die Schnepfe.

Nach Kalchreuter ziehen im Jahr zweimal etwa 15 Millionen Schnepfen über Mittel- und Osteuropa hinweg. Millionen werden jährlich erlegt, ganz überwiegend in den Winterquartieren Frankreichs und Englands. In Deutschland waren es 2020/2021 dagegen nur 4 197 Stück. Diese Entnahme verkraften die Brutpopulationen, die zudem eine erhebliche Zahl an „Reservehähnen" aufweisen.

Die Henne legt in der Regel vier hellbraune, dunkel gefleckte Eier, die sie im April etwa drei Wochen bebrütet. Das einfache, mit Moos und Laub ausgelegte Muldennest befindet sich auf dem Erdboden. Die Henne sitzt sehr fest („*Brutstarre*"). Nach ungefähr fünf Wochen werden die Jungen selbstständig. Im Juni kann es zu einer zweiten Brut kommen.

Das Hauptbrutgebiet der Waldschnepfen liegt in Nord- und Osteuropa. In Mitteleuropa brüten sie in geringeren Dichten.

Feinde

Feinde sind Fuchs, Marder, Dachs, Iltis, Hermelin, Waschbär und Eichhörnchen. Schwarzwild vergreift sich gern an denGelegen. Gefiederte Feinde sind Habicht und Sperberweib.

Jagd

Die Bejagung der Waldschnepfe im Frühjahr ist für uns Jäger seit Jahrzehnten tabu. In einzelnen Bundesländern ist die Schnepfe ganzjährig geschont, in den anderen hat sie Jagdzeiten von 1./16. Oktber bis 31. Dezember/15. Januar.

Schnepfenstrich

Das hektische Berufsleben zu vergessen und den erwachenden Frühling zu genießen, das war für viele Waidmänner Grund genug für den Schnepfenstrich. *Schnepfenstrich* – jeder äl-

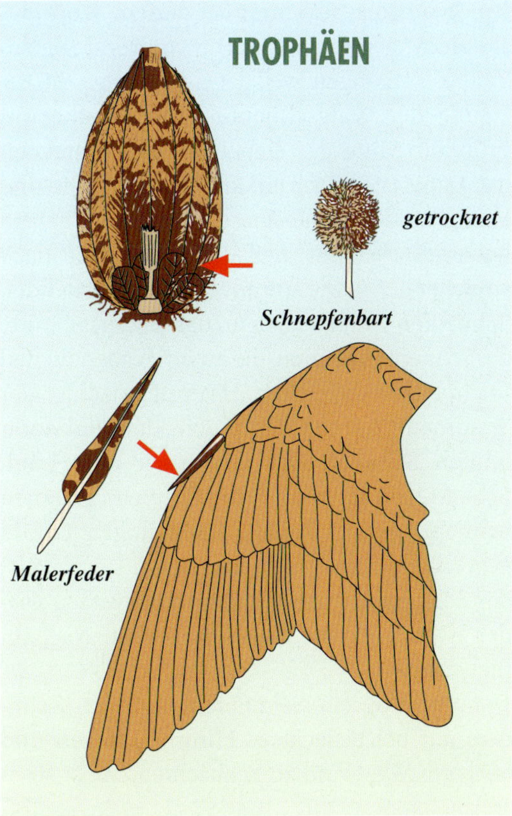

Die Federchen des Schnepfenbarts kleben fettend zusammen. Erst 14 Tage in Löschpapier getrocknet, wird daraus ein „Rasierpinsel". Die Malerfedern, die „Daumen" an den Schwingen, dienten einst den Künstlern für besonders feine Striche.

Schnepfenstrich: In Schweden ist die Jagd zu dieser Zeit wieder erlaubt. Nachahmenswert!

tere Waldjäger bekommt bei diesem Wort glitzernde Augen und schwärmt von vergangenen Zeiten. Vergangen, weil der Gesetzgeber die Bejagung der Waldschnepfe beim Balzflug im Frühjahr Mitte der siebziger Jahre untersagt hat. Dabei ist es doch ein Kinderspiel, Hahn und Henne zu unterscheiden. Als die Frühjahrsjagd noch gestattet war, ließ der Könner die flach streichenden sowie stumm oder nur puitzenden Schnepfen am Leben, denn das sind in aller Regel Schnepfenhennen, die zu ihren abendlichen Stichplätzen streichen. Dampf machte der Waidmann nur auf den puitzenden und quorrenden Schnepf. Das ist immer ein Hahn. Schießt kein Jäger im Frühjahr mehr als einen Schnepf, gibt es keinen stichhaltigen Grund gegen den Frühjahrsabschuss. In Osteuropa ist der Schnepfenstrich erlaubt, in Schweden wieder – nach einem längeren Verbot. Nachahmenswert!

Der Suchflug der Schnepfenhähne ist besonders gut bei bedecktem Himmel, Regen und leichtem Westwind zu beobachten. Meist streichen die Hähne in der Nähe feuchter Revierteile an Altholzrändern entlang. Der Jäger postiert sich an Blößen mit Stockausschlägen oder an Jungwuchsflächen, etwa Erlenbrüchen oder Buchenrauschen, möglichst mit angrenzenden älteren Baumhölzern.

Im braunen Herbstlaub war die Schnepfe kaum zu finden. Doch seine Nase half.

Am Abend streichen Schnepfen oft erst, wenn Amsel, Singdrossel, Rotkehlchen usw. nicht mehr singen und der helle Abendstern Venus, der „Schnepfenstern“, am Himmel blinkt. In der ersten Morgendämmerung findet ein meist kürzerer Strich statt. Gelegentlich streichen Schnepfen auch während des Herbstzuges, dann allerdings in der Regel stumm. Beste Tage für den Frühjahrsstrich sind windstille, regnerische Abende. Dann hört der Jäger die Balzlaute weit.

Buschieren

Schon beim Schnepfenstrich bedarf es eines firmen Gebrauchshundes zum Apportieren in der Dämmerung. Das Buschieren geht ohne ihn gar nicht. Kurz muss der Hund suchen – „unter der Flinte“ nennt es der Praktiker – und bombenfest vorstehen, bis wir heran sind. Gestopft wird zwei Millimeter. Die Praxis zeigt immer wieder, erfolgreiches Buschieren hat vier Voraussetzungen: gute Ortskenntnisse des Jägers, exzellente Hundearbeit und entschlussfreudiges, flottes Schießen. Zuerst aber müssen die Schnepfen auf ihrem Zug „angekommen“ sein.

Besonders lohnend ist die Suche im angehenden Oktober an möglichst warmen und regenverheißenden Herbsttagen. Dann liegen die Schnepfen ziemlich fest.

An solchen Tagen pfeift der Jäger seinem Vorstehhund und buschiert mit ihm am Rande größerer Wälder. Im Idealfall sind sie von bruchigen Partien durchzogen, weisen jedoch auch durchsonnte, licht bestockte Flächen mit Jungwuchs auf.

In Frankreich rüsten buschierende Jäger ihre Hunde mit einem Glöckchen aus. Verstummt das Schnepfenglöckchen, steht der Hund vor. Der Schütze eilt zu seinem Vorstehhund und tritt die Schnepfe heraus. Jetzt zeigt sich, ob auch er etwas kann ...

Treiben

Spezielle Treiben auf Schnepfen, wie sie Altmeister Diezel noch ausführlich beschrieb, sind passé. Dennoch ist die Schnepfe hochbegehrte Gelegenheitsbeute bei Herbstjagden auf Niederwild, so sie noch freigegeben wird.

Kommt eine Schnepfe im Treiben vor und wird mit „Tiro" angekündigt, beschleunigt sich der Puls der Schützen ... Im Treiben hochgemacht, bleibt die Schnepfe immer recht flach, schwenkt gerne um Bäume herum und fällt bereits nach kurzer Zeit wieder in Deckung ein. Im Vergleich zu Fasan, Krickente oder Turteltaube ist sie nicht übermäßig schnell, aber eben im Wäldchen „schnell weg". Also Augen auf, sonst ist sie rasch „verpasst".

Gröberer Schrot tut im Übrigen nicht Not, da die Schnepfe weich ist. Der Schuss auf über 30 Meter Entfernung ist kritisch. Von nun an fehlt vielen Flinten nämlich die notwendige gleichmäßige Deckung.

Dürfen wir sie wohl irgendwann wieder im Frühjahr bejagen?

„Heh, da streicht sie ja!"

Jagdfasan

Biologie und Verhalten

Fasanen sind weltweit ein beliebtes Jagdwild. Die heute in Europa lebenden Fasanen sind eine Mischung verschiedener Rassen des Jagdfasans. Die Urheimat des Jagdfasans liegt in Asien und erstreckt sich vom Schwarzen Meer bis zum Pazifik. Im deutschsprachigen Raum ist der Fasan bereits seit dem Mittelalter beheimatet. Wie der Mais oder die Kartoffel ist er aus unserer Landschaft nicht mehr wegzudenken.

Stellung im zoologischen System

Fasanen gehören zur Ordnung der Hühnervögel, die mit etwa 250 Arten über die gesamte Erde verbreitet ist. Die Art Jagdfasan rechnet zur Familie der Fasanenvögel und zur Unterfamilie der Glattfußhühner.
Ihr Körperbau weist sie als Waldvögel aus. Kurze Schwingen und ein langer Stoß kennzeichnen sie im Unterschied zu den Rebhühnern, die als Federwild der offenen Landschaft lange Schwingen und einen kurzen Stoß haben.

Verbreitung und Lebensraum

Ursprünglich stammt der Fasan aus Asien, in Europa ist er aber schon seit dem Mittelalter beheimatet. Im großen Stil wurde er seit Mitte des 18. Jahrhunderts eingebürgert. Reine Wald- oder Feldreviere sind für Fasanen ungeeignet. Hohe, lang anhaltende Schneelagen vertragen sie schlecht. Wer die Vögel in solchen Regionen auswildert, füttert nur Habicht sowie Fuchs und fördert das „Verstreichen" der Fasanen.
Jagdfasanen meiden Regionen mit Höhenlagen von über 300 Metern und bevorzugen Landschaftsräume mit je einem Drittel Wald, Wiese und Feld. Der Anbau von Weizen, Hafer oder Hackfrüchten in der Feldmark ist ihrem Vorkommen förderlich.
Um vor Raubwild aller Art Schutz zu finden, benötigen Jagdfasanen schließlich Deckung. Außerdem brauchen sie Wasser, etwa beschilfte Gewässer oder Wassergräben, Grünäsung und Schlafbäume, beispielsweise Fichtenstangenhölzer.
Eine bewährte *Faustregel* lautet: Es behagt dem Fasan dort, wo er *die fünf W's* vorfindet, also Wald, Wiese, Weizen, Wasser und Wärme. Der Kenner weiß, dass gute Fasanenbiotope einerseits sichere Deckung und andererseits offene Äsungsflächen und Balzplätze aufweisen.

Federkleid

Die Henne ist schlicht gelblich braun bis braun gefärbt und dunkel gefleckt oder getupft. So gut getarnt, wird sie vom Jäger oder Fuchs nur schwer eräugt. Sie hat einen kürzeren Stoß als der Hahn. Den farbenprächtigen Hahn kennzeichnen scharlachrote Rosen und – bei fast allen Rassen –kurze *Federohren*, sogenannte *Hörner*. Die Farbe ihres Federkleides ist bei den einzelnen Rassen (siehe Tabelle Seite 212) und Rassenkreuzungen recht verschieden.

Das gelbbraune Federkleid der Henne ist ein guter Tarnanzug.

In freier Wildbahn haben sich die verschiedenen Fasanenrassen vermischt. Reinformen sind sehr selten.
Es gibt Fasanenähne mit und ohne Halsring (siehe Tabelle Seite 212). Meist wurde der ringlose Kupfer- oder Böhmische Jagdfasan, die älteste in Deutschland beheimatete Rasse, mit dem Dunklen oder dem Hellen Ringfasan (siehe Tabelle Seite 212) gekreuzt. Je nach Anteil der Ursprungsrassen sind Gestalt, Färbung und Verhalten verschieden.

RASSEN DES JAGDFASANS – KENNZEICHEN UND MERKMALE

Colchicus-Fasanenhahn *oder Kupferfasan (Böhmischer Jagdfasan)*	**Torquatus-Fasanenhahn** *oder Heller Ringfasan*	**Mongolicus-Fasanenhahn** *oder Dunkler Ringfasan*	**Tenebrosus-Fasanenhahn** *oder Dunkelfasan*	**Versicolor-Fasanenhahn** *oder Japanischer Buntfasan*
ohne Halsring, grün bzw. violett schimmernder Hals	*schmaler, weißer, am Nacken unterbrochener Halsring*	*breiter, weißer, am Nacken unterbrochener Halsring*	*ohne Halsring*	*ohne Halsring*
braunes Bauchgefieder	*braunes bis gelbliches Bauchgefieder*	*grünliches Bauchgefieder*	*blau schillerndes Bauchgefieder*	*dunkel schillerndes Bauchgefieder*
ohne weiße Schulterflügel	*helle Schulterflügel*	*weiße Schulterflügel*	*braunes Schultergefieder*	*rotbraunes Schultergefieder*
winterhart	*nicht winterhart*	*nicht winterhart*	*winterhart*	*winterhart*
bevorzugt Wald als Lebensraum	*bevorzugt Feldebenen mit Hecken und Feldgehölzen*	*bevorzugt gemischte Feld-/Waldreviere*	*bevorzugt Wald als Lebensraum*	*bevorzugt Wald und dichte Deckung*
		beliebter Zuchtfasan; im Verhalten oft unvorsichtig		*schwer zu züchten*

Dass Fasanen abends aufbaumen, ist nicht mehr überall zu beobachten. Eine gute Bodendeckung wird ihrem Sicherheitsbedürfnis gleichermaßen gerecht.

Lebensweise

Fasanen sind tagaktiv. In dichter Deckung suchen sie Gefahren oder Störungen eher zu Fuß als fliegend zu entgehen. Ungestört fliegen sie nur kurze Strecken. Hohe und schnelle Fasanen, von denen der Jäger träumt, sind also getriebene Fasanen, da die Treiber sie zu dieser Flugweise veranlassen. Ihr Flug ist in der Startphase schwerfällig und geräuschvoll, über weite Strecken aber schnell.

Wie Rebhühner oder unsere Haushühner „baden" auch Fasanen gern in Sand oder Staub, sie *hudern.*

Fasanen sind Bodenvögel und übernachten in aller Regel auf Bäumen oder in höheren Büschen, oft aber auch in der guten Deckung von Schilf oder Rübenblättern. Im Sommer bevorzugen sie häufig die Nähe von Wasser.

Laute

Hähne melden beim abendlichen Aufbaumen und schrecken mit „Göckgock!", wenn sie aufgejagt werden. Ihre zweisilbigen Rufe sind laut und werden im Stakkato vorgetragen. Hennen stehen mit einem feinen Pfeifton oder aber stumm auf.

Geläuf

Der Tritt ist dem des Haushuhns recht ähnlich und doppelt so stark wie der des Rebhuhns. Die Hinterzehe zeigt nach innen und ist oft in ganzer Länge abgedrückt (siehe Zeichnung Seite 215). Die einzelnen Tritte werden ziemlich genau hintereinander gesetzt.

Nahrung

Die Äsung des Fasans ist vielfältiger als die des Rebhuhns. Je nach Jahreszeit besteht sie aus Getreide, Mais, Eicheln, Unkrautsämereien, grünen Pflanzenteilen, Insekten und anderen Kleintieren.
Wie beim Rebhuhn ernähren sich die Küken in den ersten drei Lebensmonaten vornehmlich von Insekten, aber auch Schnecken und Würmern.
Im Herbst und Winter bevorzugen Fasanen Beeren aller Art.
Wer seinen Fasanen durch den Winter helfen will, pflanzt Beerensträucher und Frucht tragende Bäume wie zum Beispiel etwa Sanddorn, Hagebutte, Vogelbeere, Weißdorn, Vogelkirsche, Liguster oder Schneebeere.

Balz und Küken

Im März vernimmt der Jäger das „Göckgock!“ und den darauf folgenden, schwirrenden Schwingenschlag des Hahnes, einen polternden Flügelwirbel – die Balz beginnt und das Brutgebiet wird abgesteckt! Kämpfe zwischen rivalisierenden Hähnen sind jetzt an der Tagesordnung.
Während der *Balzzeit* sind die Rosen der Hähne stark vergrößert und leuchten förmlich. Wie bei den Haushühnern zeigt der balzende Hahn den Hennen einen Nahrungsbissen. Neben dem Futterlocken imponiert er seiner gerade Auserwählten mit seinen bunten Federpartien, wobei er die Henne umkreist.

Jungenfürsorge wird bei der Fasanenhenne groß geschrieben. In den ersten Lebenswochen leben die Küken überwiegend von Insekten und nehmen auch Schnecken und Würmer.

Wenn die „Kirschen des Nachbarn" locken, werden auch Fasanengockel zu Streithähnen. Flügel schlagend kämpfen die Kontrahenten minutenlang erbittert um die Vorherrschaft.

Fasanen leben polygam. Im Territorium eines Hahnes leben mehrere Hennen, die von ihm getreten werden. Während Balz und Brutperiode verteidigt der Hahn sein Territorium heftig. In gut besetzten Revieren brüten bis zu fünf Hennen in dem Wohngebiet eines Hahns.

Das Muldennest einer Fasanenhenne. Nachgelege enthalten weniger Eier als das Erstgelege.

Das *Gelege* der Bodenbrüter, eine flache Mulde, befindet sich in Wiesen, Weiden, Hecken oder Gehölzen. Es ist in einer Krautschicht versteckt oder gut abgedeckt und besteht aus zehn bis zwölf grau-grünen Eiern. 24 Tage bebrütet die Henne die Eier allein. Auch das Gesperre zieht allein die Henne auf, der Hahn beteiligt sich also nicht an der Brutpflege. Doch kommt seine Wachsamkeit gegenüber Feinden auch den Hennen zugute, weil er bei Gefahr seinen lauten Warnruf ertönen lässt.

Die *Küken* sind Nestflüchter. Bereits in der zweiten Woche nach dem Ausfallen können sie bei Gefahr kurze Strecken mit der Henne abstreichen. Mit rund drei Wochen baumen auch sie auf. Bis zum Herbst bleibt das Gesperre in loser Gemeinschaft zusammen.

Wird das erste Gelege vernichtet oder die Henne während der Brut verjagt, kann es bis zu zwei Nachgelege geben.

Altersbestimmung

Jungvögel gleichen bereits nach der Herbstmauser, wenn die Gesperre auseinander fallen, den Alten in Größe und Färbung.

Bis zu einem Alter von 18 Monaten sind bei Junghähnen die *Sporne* (siehe Zeichnung) als Alterskriterium tauglich. Bis dahin sind diese nämlich stumpf und annähernd kegelförmig, während ältere Fasanenhähne spitze Sporne besitzen. Aber weder die Biegung noch die Länge der Sporne oder gar die Anzahl ihrer Hornringe geben genauen Aufschluss über das Lebensalter, auch wenn das immer wieder behauptet wird.

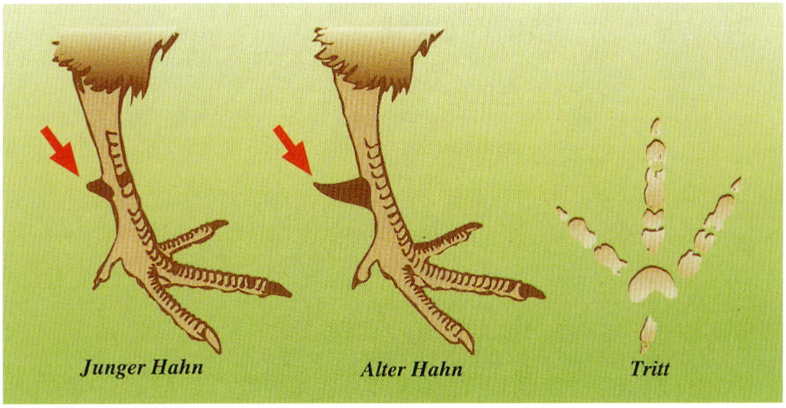

Der Sporn des Junghahns ist stumpf-, ab etwa 18 Monaten dann spitzkegelig. Die Länge des Sporns stellt kein verlässliches Altersindiz dar.

Feinde und Krankheiten

Fasanen und deren Gelege sind Leckerbissen nicht nur für das Raubwild.

Eier werden von Dachs, Marder, Krähe, Elster, Wanderratte und Igel aufgenommen. Gültigkeit hat außerdem der alte Jägerspruch „Sauen oder Fasanen".

Über die *Küken* machen sich wildernde Katze, Fuchs, Wiesel, Iltis, Marder, Habicht und Sperberweib gerne her.

Den *ausgewachsenen Fasan* schlagen der Habicht – von den Eierräubern einmal abgesehen, ist er der *Hauptfeind* des Fasans – und seltener auch der Wanderfalke. Außerdem werden Fasanen von Fuchs, Marder und Katze gerissen.

Krankheiten interessieren nur den Fasanenzüchter. In freier Wildbahn treten sie bei Fasanen nicht seuchenhaft auf.

Fasanenhege

Kein Wildtier bedarf so vielfältiger Hegemaßnahmen wie der Fasan. Maßnahmen der Biotopverbesserung, intensive Raubwildbejagung, die Rettung ausgemähter Gelege sind nur einige von ihnen. Unsere Altvorderen wussten bereits, dass sich Fasanen im Revier gut halten, wenn sie vor dem Raubwild geschützt sind und ihnen die Nahrungsaufnahme in der Nähe sicherer Deckung ermöglicht wird. Das ist das „ganze Geheimnis" guter Fasanenreviere.

Stolz präsentiert sich der „Gockel" seinen Hennen. Ein Geschlechterverhältnis von 1:4 ist gut. Es zeugt von günstigen Lebensbedingungen und einem guten Fasanenbesatz im Revier.

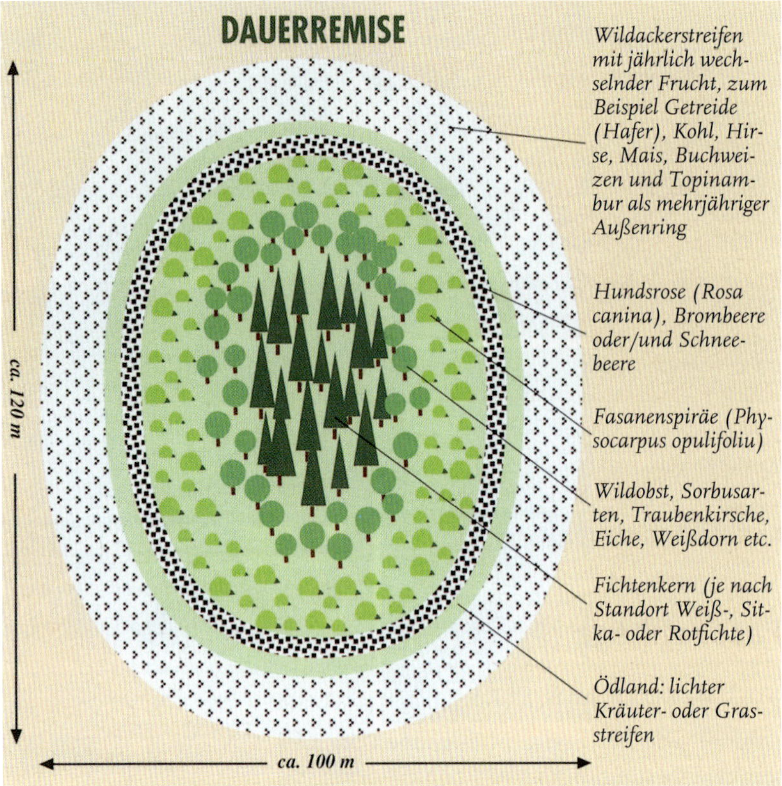

Ein „Fasanenparadies“: Dauerremisen bieten den Vögeln Deckung, Äsung und Ruhe.

Vor der Ernte ist der Tisch für Fasanen reich gedeckt, danach in vielen Regionen dann aber blitzblank. Zudem fehlt es an Deckung vor Habicht und Fuchs. Der hegende Jäger hilft, indem er im Revier ein natürliches Nahrungsangebot sowie ausreichende Deckung für die Fasanen schafft und/oder sie füttert.

Erst wenn diese Möglichkeiten ausgeschöpft sind, ist an eine Besatzverbesserung durch Auswilderung zu denken.

Biotop- und Äsungsverbesserung

Erhalt vorhandener Landschaftsstrukturen: In der offenen Feldmark ist schon viel gewonnen, wenn es gelingt, vorhandene Feldgehölze, Hecken, Wegraine, Tümpel und Ödländereien zu erhalten. Solche Landschaftsstrukturen werden – soweit möglich – mit Mast tragenden Sträuchern und Bäumen oder mit Deckung bietenden Nadelbäumen bereichert. Das ist kostengünstiger als völlig neue Flächen anzulegen.

Dauerremisen: Die Anlage solcher Äsungs- und Deckungsflächen ist optimal, aber leider nicht überall machbar.

Der Profi baut Dauerremisen breit und stufig auf (siehe Zeichnung). Das heißt: Kern ist ein Fichtenhorst, der den Fasanen als Aufbaummöglichkeit dient und Schutz vor Greifvögeln sowie rauer Witterung bietet. Mast tragende Bäume wie Ebereschen, Eichen, Traubenkirschen in dessen Außenbereich sorgen für wertvolle Herbst- und Winteräsung.

An den Kern schließt sich optimalerweise ein flacherer Bereich an, in dem Fasanenspiräe, Brombeere, Scheinquitte etc. stehen.

Ganz außen folgt dann ein Wildackerstreifen, dessen Fruchtfolge jährlich wechselt. Geeignete Früchte sind zum Beispiel Hafer, Hirse, Mais, Kohl oder Topinambur. Angebaut werden möglichst zwei bis drei Pflanzenarten. Auf armen, leichten Böden leistet aber auch schon ein Lupinen-/Sonnenblumengemenge gute Dienste.

Fütterung

Neben der Anlage von Flächen, die außer Deckung auch natürliche Äsung bieten, gibt es verschiedene Wege, dem Fasan gezielt zusätzliches Futter bereitzustellen.

Futterautomaten: Diese im Fachhandel erhältlichen Futterspender taugen nur für kleinere Fasanenbesätze. Bei größerer Besatzdichte bekommt der einzelne Fasan an ihnen nicht genügend Futter. Außerdem wandern Hähne ab: Die rangniederen, weil sie nicht am Futter teilhaben können, und die ranghöheren, weil sie mit vollem Kropf gerne weite Strecken laufen.

Fasanenschütten: Schütten sind Futterautomaten vorzuziehen! Sie schützen zum einen das Futter vor Nässe und Schnee, zum anderen können die Fasanen unter dem Dach der Schütte im aufgelockerten Boden hudern.

Schütten stehen ausgezeichnet, wenn sie den Fasanen Deckung bieten und ihnen zugleich ermöglichen, die nähere Umgebung zu beobachten. Nur dann können die Vögel rechtzeitig vor Habicht oder Fuchs fliehen, denn die Fasanenansammlungen ziehen zwangsläufig auch Feinde an. Dichte Stangenhölzer in Feld- oder Schilfnähe sind solche geeigneten Schüttenstandorte im Revier. Die Wahl des Standortes für eine Fasanenschütte ist ungleich wichtiger als deren Bauweise (Zeichnung Seite 217).

MATERIAL FÜR EINE FASANENSCHÜTTE

- *2 Pfähle 80–120 cm lang, 10–12 cm Durchmesser*
- *2 Pfähle ca. 120 cm lang, 10–12 cm Durchmesser*
- *2 Rundholzabschnitte (für Querhölzer), 200 cm lang, 8–10 cm Durchmesser*
- *6 Rundholzstangen, 150 cm lang, 5–7 cm Durchmesser*
- *6 Plastiksäcke*
- *einige 120er und 100er-Nägel*
- *Pappnägel zur Befestigung der aufgeschnittenen Düngersäcke*

Das schräg an die Schütte gelegte Reisig schützt die Fasanen wirksam vor Greifvögeln.

Vier Pfähle werden im Geviert von 110 auf 160 Zentimeter so eingegraben, dass ein Pultdach von zirka eineinhalb auf zwei Meter darauf befestigt werden kann. Das Dachgerüst wird regendicht abgedeckt und anschließend mit Nadelholzreisig, Grassoden oder anderen Naturmaterialien verblendet.

Schütten in der Dauerdeckung werden ab Herbst bis ins Frühjahr mit Fallen gegen Raubwild geschützt. In Kleindeckungen sichern wir die Schüttenseiten gegen Greifvögel, indem wir sperrige, laubfreie Äste oder Nadelholzwipfel schräg an das Schüttendach anlegen (siehe Zeichnung).

Futterbahnen: Solche in Deckung angelegten, zirka einen Meter breite Gänge haben sich bewährt. Sie werden von Laub und Reisig frei gemacht, dann mit Kaff oder Stroh-Häcksel bestreut. Dann wird das Futter hineingeschüttet. Faustregel für typische Fasanenreviere: Pro Fasan wird idealerweise ein halber Meter „Futterbahn“ angelegt.

Auswildern von Fasanen

Am Anfang aller Überlegungen zur Auswilderung von Fasanen muss immer die Frage stehen, ob das Revier überhaupt fasanentauglich ist. Nur bei einem klaren Ja macht das Auswildern Sinn. Fasanen kurz vor Treibjagden aus der Voliere zu entlassen, um für ausreichend Strecke zu sorgen, hat mit ernstgemeinter Förderung des Fasanenbesatzes wenig zu tun. Bevor wir Fasanen im Revier auswildern, ist es sinnvoll, den Biotop zu verbessern – gerade so, wie auch der Landwirt seinen Acker bearbeitet, bevor er das Saatgut ausbringt. Wer hier tätig werden will, wird Hecken, Feldholzinseln, Ackerrandstreifen, Remisen und ähnliches anlegen und/oder pflegen. All das reicht aber noch nicht: Rechtzeitig vor dem Auswildern müssen wir dem Raubwild energisch mit Falle und Flinte nachstellen.

Es gibt verschiedene Formen der Aufzucht und des Auswilderns, wobei letzteres kurz und bündig behandelt wird.

Wildfasanerien: In diesen Anlagen werden gesammelte oder aus Fasanerien gekaufte Eier durch Hühner- oder Putenglucken erbrütet. Die Küken verwildern allmählich in dem ihnen zugedachten Lebensraum. Eine gute, aber nicht überall durchführbare Methode.

In solchen Freilandvolieren werden Zuchtfasanen langsam auf ihr Leben in freier Wildbahn vorbereitet. Ob's immer gelingt?

Kleinfasanerien: Hier werden die Fasaneneier künstlich erbrütet. Junghähne und -hennen entlässt man ab einem bestimmten Alter in die freie Wildbahn. Ab dem 15. Lebenstag werden sie zuvor in Freilandvolieren mit durchgehender Vegetationsdecke aufgezogen und auf die freie Wildbahn vorbereitet. In diesen Freilandvolieren können sie das spätere Überleben bereits trainieren, denn in guten Volieren finden sie ausreichend Möglichkeiten zum Verstecken und Aufbaumen.Beide Methoden sind recht aufwändig und bedürfen intensiver täglicher Betreuung der Jungfasanen. Wie es im Einzelnen geht, ist in einschlägiger Speziallitertur nachzulesen.

Ankauf aus Großfasanerien: Eine dritte, letztlich kostengünstigere Methode besteht im Ankauf von Jungvögeln aus Großfasanerien. Dort, wo wir die späteren „Fasanenecken" im Revier raubzeugfrei halten und ausreichenden Schutz vor Fuchs und Habicht bieten können, wildern wir mindestens zehn bis zwölf Wochen alte Jungtiere aus. In raueren Witterungsgebieten, etwa in Norddeutschland oder in Mittelgebirgslagen, sollten die Fasanen 14 bis 16 Wochen alt sein, wenn sie in die Freiheit entlassen werden. In jedem Fall ist es zweckmäßig, die angekauften, mehrwöchigen Jungtiere in sogenannten Auswilderungsvolieren an die örtlichen Revierverhältnisse anzupassen. Dies sollte mindestens acht Tage, kann aber durchaus auch vier Wochen dauern. Der betreuende Heger muss und wird den rechten Zeitpunkt für die Entlassung aus der Voliere erkennen.

Die gesetzlichen Vorschriften der einzelnen Bundesländer sind zu beachten. Aus ihnen ergeben sich manche Einschränkungen. Alle Möglichkeiten jedoch, die das Gesetz zulässt, sollten wir auch ausschöpfen.

Noch ein wichtiger Hinweis: Wer zu zaghaft vorgeht, wenn er seine Fasanenbesätze saniert, erleidet meist Schiffbruch. Wer über mehrere Jahre Fasanen haben will, wird nicht unter 50 bis 100, besser ab 200 Stück dieses herrlichen Flugwildes auswildern.

Bejagung

Jagdzeiten

Die in der Bundesjagdzeitenverordnung für Fasanen festgelegte Jagdzeit ist zu lang. Wer nutzt schon die erste Oktoberhälfte zur Jagd auf den

Gockel? Die Hähne sind dann noch gar nicht voll beflogen und Hähne aus Nachgelegen noch nicht einmal ausgeschildert. Auch die ersten zwei Januarwochen Jagdzeit sind unnötig, denn überzählige Hähne haben wir bis dahin tunlichst längst entnommen. Zweieinhalb Monate Jagdzeit würden also vollauf genügen.
Die Gesperre, die unter Führung der Henne groß werden, sind weitaus lebenstüchtiger als Volierefasanen. Jäger in allen Bundesländern berücksichtigen dies schon seit Jahrzehnten, indem sie Hennen entweder voll schonen oder nur beschränkt – eine oder zwei pro Schützen – freigeben.
Nach einer zwischenzeitlichen Belebung sind die Gesamtstrecken in Deutschland seit Jahren wieder rückläufig.Mit 52 074 Fasanen fielen sie 2020/2021 sie auf ihren vorläufigen Tiefpunkt.

Vorstehtreiben

In noch gut besetzten Fasanenrevieren werden die Hähne in Form von Vorstehtreiben bejagt. In den übrigen gilt die Suche mit dem Vorstehhund den überzähligen Gockeln. In beiden Fällen erleben die Jäger herrliche Bilder: Hier der hoch und schnell streichende Gockel – dort die Arbeit der Hunde vor und nach dem Schuss.
Klassische Fasanenjagden à la Ungarn werden als Vorstehtreiben durchgeführt. Sie bereiten den Schützen große Freude, wenn sie wohl organisiert und straff durchgeführt werden. Bei guten Schützen sind die Strecken vielfach recht groß.
Um Fasanen in Felddeckungen zu halten, muss in den Remisen, insbesondere in den Wochen vor der Treibjagd, weitgehend Ruhe herrschen. *Geeignete Treiben* sind dauerhafte Feldgehölze oder mit Mais, Topinambur oder Sonnenblumen bestellte, einjährige Niederwildäcker. Sind sie rechteckig lang gestreckt, lassen sie sich besser treiben.
Die *Schützenstände* werden so ausgewählt, dass die Schützen das Flugwild rechtzeitig sehen, das heißt ungefähr 50 bis 70 Meter von der Deckung entfernt. Stehen die Schützen dichter an der Deckung, bemerken die anlaufenden Fasanen sie zu früh: Die Vögel laufen dann entweder zurück oder drücken sich bis zum Schluss, um gemeinsam aufzustehen.
Die Schützenstände befinden sich in einem Abstand von 45 Metern zueinander. Bei der Auswahl der Stände wird berücksichtigt, dass Fa-

JAGDZEITEN NACH BUNDESJAGDZEITEN-VERORDNUNG

Fasan (Hähne und Hennen)	*1. Oktober bis 15. Januar*

In Revieren mit gutem Fasanenbesatz bieten Vorstehtreiben noch vielen Jägern Gelegenheit, gemeinsam zu jagen.

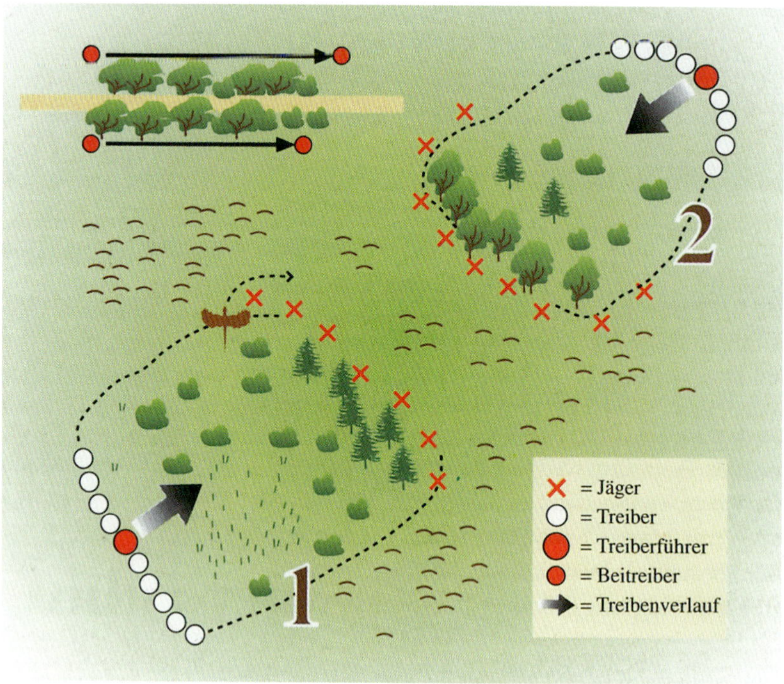

Remisen werden am besten so getrieben, dass die Fasanen von Treiben 1 ins Treiben 2 streichen.

sanen am liebsten zur nächsten Deckung streichen. Zudem haben die Schützen die Sonne möglichst im Rücken.

Die *Schützen* werden mit dem Gesicht zur Deckung, also zum Treiben abgestellt und können

Erst wenn die in Sichtweite liegenden Fasanen eingesammelt sind, werden die Hunde zum Verlorenbringen geschnallt.

bei den hoch sowie schnell heranstreichenden Hähnen ihre Treffsicherheit zeigen. Hunde bleiben an der Leine. Die Schützen beschießen Fasanenhähne möglichst spitz von vorn, über Kopf oder seitlich. Der Schuss auf den abstreichenden Hahn, also spitz von hinten, unterbleibt.

Die *Treiber* gehen nach dem Anblasen – in engen Abständen zueinander – langsam vor und klopfen mit Stöcken die Deckungen sorgfältig ab. Andernfalls bleiben zu viele Fasanen sitzen, drücken sich also. Entscheidend ist, dass die Treiber gut Linie halten, weil ansonsten etliche Fasanen die Treiberlinie nach hinten durch- und weglaufen. Kommen zu viele Fasanen auf einmal über die Schützen, lässt der Obertreiber die Treiberwehr halten. Nach einer kurzen Pause geht es dann weiter.

Die *Hunde* werden nach dem Abblasen erst dann zur Nachsuche bzw. zum Verlorenbringen geschnallt, wenn alle sichtbar erlegten Hähne bereits eingesammelt worden sind.

Krank geschossene Fasanen töten wir rasch und fast unauffällig, indem wir mit einer Hand den Hahn am Hals fassen und den Halswirbel festhalten. Dann drehen wir ruckartig den Kopf des Fasans herum, so dass Kopf und Halswirbel getrennt werden.

Suche und Stöbern

In schwächer besetzten Fasanenrevieren und zur frühzeitigen Entnahme überzähliger Hähne bereitet die Suche mit dem firmen Vorstehhund während goldgelber Herbsttage jagdlichen Genuss: Der Fasan hält dann gut. Überdies ist der aufstehende Fasan leichter zu erlegen als der baumhohe und pfeilschnelle Gockel.

Auch wenn wir den Hund dichte Schilfpartien oder Schwarzdornhecken selbstständig durchstöbern lassen, fällt der Schuss in der Regel nicht schwer. So kommt mancher Jungjäger zu seinem ersten Hahn.

Der Schuss auf den Fasan

Schrot Nummern 6 und 5, also zweidreiviertel und drei Millimeter stark, sind auf Fasanen recht. Die ideale Schrotschussentfernung liegt über 15 und unter 35 Metern.

Der Fasanenhahn drückt sich vor dem firmen Vorstehhund.

„Tire haut". Überhol' ihn von hinten, bleib' beim Drücken im Tempo vorne. Dann klappt's.

Auf aufgebaumte Fasanen, sogenannte *Kavalleristen*, oder in ein *Bukett* – einen Trupp gleichzeitig aufstehender Fasanen – schießt der waidgerechte Jäger ebenso wenig wie auf *Infanteristen*, also laufende, gesunde Hähne.

Schusszeichen

Geflügelte Fasanen, die wir anhand des Schusszeichens oft nicht erkennen, machen es dem Hund in deckungsreichem Gelände oder großen Schlägen schwer. Sie laufen schnell und weit. Außerdem drücken sie sich nicht so fest wie das Rebhuhn. Vom Hund wird dann in hohem Maß Spurwille und -treue verlangt. Verfügt der Vierläufer über Erfahrung, sind die Verluste an kranken Hähnen gering – ganz vermeiden können wir sie wohl nie. Mit anderen Worten: Für den Praktiker ist der Jagdgebrauchshund erst dann vollwertig, wenn er auch unter schwierigen Bedingungen einen geflügelten, weit gelaufenen Fasan mit großer Sicherheit arbeitet, findet und bringt.

Der Fangschuss auf den geflügelten Fasan ist nach dem zuvor Gesagten also statthaft. Nur ist er in vielen Fällen unmöglich, weil der Hahn jede Deckung ausnutzt und im Nu außer Reichweite der Schrote gelangt.

Zeichnung: Je nach Sitz der Schrote zeichnet der Fasan anders. Nicht immer ist es so typisch zu beobachten.

Die Kamera schaut dem Jäger zweimal über die Schulter und zeigt: Erst ist der Hahn nur geständert, dann fällt er mausetot herab. – „Apport, mein Hund!“

Tödlich in die Brust getroffene Fasanen fallen wie ein Stein mit herunterhängendem Kopf zu Boden, nachdem sie zuvor in der Luft „klein geworden“ sind.

Waidwund getroffene Fasanen plustern sich auf. Sie wirken größer und senken den Stoß in aller Regel etwas nach unten. Meist gehen sie im Gleitflug – häufig allerdings erst nach geraumer Zeit – zu Boden. Der Schütze muss sich die Stelle genau einprägen, um dort mit dem Hund nachzusuchen – das ist in der Praxis nicht immer leicht.

Himmelnde oder *geständerte Fasanen* verhalten sich ebenso wie geständerte oder himmelnde Hühner (siehe Seite 234).

Rebhuhn

Biologie und Verhalten

In den letzten 25 Jahren sind die Rebhuhnbesätze in den meisten Revieren Deutschlands drastisch zurückgegangen, obwohl dort seit Jahren kein Schuss mehr fiel. Die Jäger hatten die Gefahr erkannt. Sie erhalten und pflegen geeignete Biotope, sie schützen das Rebhuhn vor Raubsäugern, sie füttern intensiv zur Notzeit und halten sich an die wissenschaftlichen Erkenntnisse und Ausführungen zur Bestandsdichte (z. B. KALCHREUTER). Erfolg haben die Hegebemühungen nur in wenigen Revieren gezeitigt. Der ebenfalls notwendige, maßvolle Eingriff in die Populationen von Habicht und Bussard ist den Jägern gesetzlich untersagt.

In der Bundesrepublik wurden im Jagdjahr 2020/2021 etwas über 2 000 Rebhühner geschossen. Vor gut 45 Jahren, 1974/1975, waren es dagegen 306 601 Stück. Ein dramatischer Rückgang, der verschiedene Ursachen hat.

Als typischer *Steppenvogel* bewohnt das Rebhuhn zwar die offene *Agrarlandschaft*, bedarf aber zugleich kleinflächiger Vegetationsstrukturen. Sie gewähren ihm Deckung und Nahrung. In ausgeräumter Kulturlandschaft gibt es folglich keine hohen Hühnerdichten.

Der Einsatz von Herbiziden verringert die Pflanzenvielfalt. Vor allem Wildkräuter verschwinden und damit auch Insektennahrung für das Rebhuhn, die für die Küken in den ersten Lebenstagen überlebensnotwendig ist.

Hohe Dichten von Fuchs, Habicht und Rabenvögeln sind ein weiterer Grund für niedrige Besätze. Auch nasskalte Frühsommer sind nachteilig für Brutgeschäft und Jungenaufzucht.

Eine Ursache für die heute sehr geringen Rebhuhnstrecken dürfte aber auch der freiwillige Verzicht auf Bejagung sein, der in vielen Revieren seit langem geübt wird.

Stellung im zoologischen System

Anders als der Fasan, der zur Unterfamilie der Glattfußhühner zählt, ist das Rebhuhn ein Vertreter der Feldhühner, der zum Beispiel auch die Wachtel angehört.

Optimaler Lebensraum der Rebhühner ist die offene, aber parzellierte Feldflur. Die Feldhühner benötigen nicht zwingend Deckung durch Hecken.

SYSTEMATISCHE STELLUNG DES REBHUHNS

Klasse: Vögel
↓
Ordnung: Hühnervögel
↓
Familie: Fasanenvögel
↓
Art: Rebhuhn

Federkleid

Rebhühner wiegen zwischen 300 und 400 Gramm und sind etwa taubengroß.

Sie besitzen eine ausgeprägte bräunliche Tarnfärbung. Hals und Brust sind grau, Scheitel, Rücken, Flügeldecken, Bürzel und Stoß braun gefleckt. Die Flanken sind unregelmäßig grau-rostfarben gestreift. Besonders auffällig sind die orangefarbenen Wangen und Kehlen sowie das dunkelbraune hufeisenförmige Brustschild. Es kann bei beiden Geschlechtern auftreten. Ausgewachsene Hähne besitzen es immer, alte Hennen manchmal.

Die Geschlechter sind schon bei jungen Hühnern ab zwei Monaten anhand der Schwingendeckfedern zu unterscheiden. Diese Federn weisen bei der Henne einen Schaftstrich mit Querbänderung auf, beim Hahn dagegen nur den Schaftstrich (siehe Zeichnung). Es gilt der Merksatz: „Der Hahn steigt auf die Leiter."

Lebensweise

Rebhühner zählen mit gutem Grund zu den Feldhühnern, denn im Wald wird sie der Jäger vergeblich suchen. Rebhühner baumen niemals auf. Sie sind Bewohner der offenen Feldflur und brauchen möglichst kleinere, lang gestreckte, vielfältig bestellte Äcker. Große Schläge meiden sie.

Erkenntnisse aus England belegen: Bei der Revierwahl im Frühjahr sollte zwischen den Paaren kein Sichtkontakt bestehen. Deshalb sorgen Knicks und Hecken dafür, dass mehr Hühner auf gleicher Fläche leben können. Hühner sind Standvögel. Die Jungen verlassen selten den Raum ihrer Geburt.

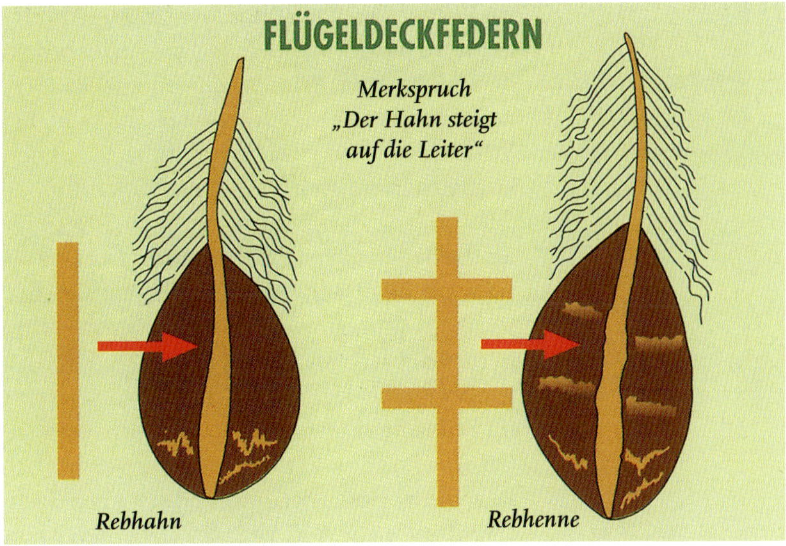

Die Federn an der Schulterpartie sind das beste Kriterium, um Rebhahn und -henne zu unterscheiden.

Während der Nacht liegen sie zusammengeduckt auf mehrere Quadratmeter verteilt, meist in einer windgeschützten Mulde; im Sommer in Deckung, im Winter oft auf freiem Feld. Die Köpfe des Volkes – so berichtet STUDINKA aus Ungarn – zeigen dabei in verschiedene Richtungen, um gegenüber Feinden von allen Seiten abgesichert zu sein.

Am frühen Morgen locken sich die Rebhühner wieder zusammen. Der Jäger *verhört* dann die „Kontaktlaute" der einzelnen Ketten. So bereitet er die Suche am Vormittag vor.

Streichende Hühner: Rasche Flügelschläge und kurze Gleitflüge wechseln einander ab.

Im Winter sind die Hühner zu *Ketten* – Althühner mit Jungen aus einem Gelege – oder besonders in strengen Wintermonaten zu *Völkern* – mehreren Ketten – zusammengeschlossen. Bei Schneelage fallen sie dem Waidmann und den Greifvögeln im freien Feld als dunkle Punkte auf.

Starke Ketten überstehen den Winter besser als schwache. Eine schwache Kette besteht aus etwa sechs bis acht, eine starke aus 15 bis 20 Hühnern. Schwache Ketten lassen auf Kükenverluste oder Nachgelege schließen. Erst zur Paarzeit im Frühjahr lösen sich diese Familienverbände auf.

Rebhühner laufen behände und streichen flach, allerdings nicht sehr weit ab. Dabei wechseln rasche Flügelschläge und kurze Gleitflüge einander ab. Ohne Störung streichen Hühner kaum. Althühner sind sehr wachsam. Sie hören und äugen ausgezeichnet.

Laute

Der Kontakt- und Revierruf, das „Ker-reck", ist morgens sowie abends, auch bei Dunkelheit, zu hören. Im Auffliegen rufen Rebhühner mehrsilbig „Rebrebreb" – daher ihr Name.

Nahrung

Rebhühner ernähren sich vorwiegend pflanzlich, nämlich von Knospen, Blattspitzen, Gräsern, Kohl, Klee, Unkrautsamen und den Körnern verschiedener Getreidearten. Vor der Brutzeit fressen sie überwiegend Insekten, Würmer und Schnecken. Dies gilt auch für die Küken in ihren ersten Lebenswochen, die in dieser Zeit zwingend auf tierische Kost angewiesen sind.

Am frühen Morgen locken die Althühner mit hartem „Ker-reck" ihr Volk wieder zusammen. Weit hallt es übers Feld.

Brut und Küken

Rebhühner führen eine streng *monogame Ehe*. Bereits im Februar/März beginnt die *Paarzeit*. Bei der Partnerwahl herrscht reger Betrieb.
Wild lebende Rebhühner verpaaren sich grundsätzlich nicht innerhalb ihrer Familie, nur das Elternpaar bleibt zusammen. Junghühner suchen sich also immer ihren Partner aus anderen Ketten. Dadurch wird Inzucht vermieden.
Damit die Fortpflanzung gesichert ist, müssen pro Jagdrevier möglichst mehrere Ketten vorhanden sein und miteinander Kontakt aufnehmen können.
Jedes Paar verteidigt sein Revier energisch. Ab Ende April/Anfang Mai – grobe Regel: „Der erste Mai, das erste Ei" – legt die Henne fast täglich eines von insgesamt etwa 12 bis 20 olivbraunen Eiern in Klee, Wiesen, wachsendes Getreide oder unter Hecken. Nur die Henne brütet, während der Hahn in der Nähe Wache hält.
Das *Nest* ist eine einfache Mulde, das mit wenigen dürren, nie frisch grünen Halmen ausgelegt wird. Die Henne baut oft mehrere Nester, sogenannte „Scheinnester". So „erprobt" sie die sicherste Stelle für ihr Brutgeschäft.
Nach 24 oder 25 Tagen sind die Jungen ausgebrütet. Geht das erste Gelege in frühem Brutstadium verloren, kommt es zu einem Nachgelege. Ein solches beinhaltet dann allerdings deutlich weniger Eier.
Die *Küken* sind Nestflüchter und können bereits nach zwei bis drei Wochen fliegen. Schon mit zirka vier Wochen schildern die jungen Hähne. Das kann der Jäger gut am Brustgefieder erkennen.
Die Lebensgemeinschaft aus Eltern mit ihren Jungvögeln bleibt nun bis zur nächsten Paarzeit im kommenden Frühjahr zusammen.

Feinde und Gefahren

Fuchs, Dachs, Marder, Hermelin und Greifvögel erbeuten vor allem ausgewachsene Rebhühner. Krähenvögel, Igel und Wanderratten plündern vornehmlich die Gelege. Vor Gefahren aus der Luft drücken die Hühner sich bei ausreichender Deckung. Vor Feinden auf dem Boden laufen sie weg und stehen erst in einiger Entfernung auf.

Hohe Schneelagen mit Harschschneedecken können zu massiven Verlusten führen, wie etwa im Winter 1978/79 in ganz Mitteleuropa. In solchen Situationen ist das Füttern von Rebhühnern zwingend.
Gefahr droht den Hühnern auch im Frühjahr: Während die Rebhennen Anfang Mai legen, werden – insbesondere in Regionen mit Stallfütterung – bereits die ersten Futterschläge gemäht. Überhaupt geht der Trend zu immer früheren Mähterminen, so dass sogar Gelege in Wiesen gefährdet sind.

Zwischen 12 und 20 Eier legt die Rebhenne in eine Mulde, die mit den Resten vorjähriger Pflanzen ausgekleidet ist. Eiraub und Kükensterblichkeit beeinflussen den Bruterfolg.

Bei Gefahr drücken sich Rebhühner häufig, dabei hilft ihnen ihr tarnendes Federkleid.

Anhand der Handschwingen können auch bei anderem Federwild, etwa den Wildgänsen, junge von alten Vögeln unterschieden werden.

Altersermittlung

Wer sich nicht die Mühe macht, erlegte alte und junge Rebhühner voneinander zu unterscheiden, wird bei der Mittagstafel vielleicht böse überrascht: Das Wildbret alter Hühner ist zäh, mit Sehnen und sehnenartiger Muskelhaut stark durchsetzt.

Junge Rebhühner: Sie besitzen gelbe bis gelbgraue Ständer, besonders auffällig ist dies an den Zehenballen. Ihr Schnabel ist schwarz. Die Handschwingen laufen spitz zu (siehe Zeichnung). Ihr Halsgefieder ist im unteren Bereich gelb. Sie haben einen aschgrauen, glatten Augenring – ohne rote Rose.

Alte Rebhühner: Die Ständer älterer Hühner sind blau- bis schiefergrau. Alte Hühner haben außerdem einen grauen, harten Schnabel. Ihre erste Handschwinge wirkt stumpf und abgerundet. Das Halsgefieder ist aschgrau. Hennen besitzen eine kleine, Hähne eine größere, zur Balzzeit hochrote Rose.

Rebhuhnhege

In der ersten Hälfte unseres Jahrhunderts, als die Landwirtschaft noch in abwechslungsreicher Form, kleinflächig und mit langsam gezogenem Gerät betrieben wurde, gab es für die Rebhühner auch im Winter Deckung und Äsung. Gefüttert wurde bereits damals intensiv. Heute sind die Hühner verstärkt auf Deckungs- und Äsungsbeschaffung angewiesen.

Rebhühner sind auf Äsung und Deckung in der Kulturlandschaft angewiesen.

Lange, schneereiche Winter mit Harschschneedecken machen Rebhühnern arg zu schaffen. Der Heger füttert sie in dieser Notzeit.

Das Hauptaugenmerk der Rebhuhnhege muss wie beim Fasan dem Erhalt und der Pflege günstiger Biotopstrukturen und der Biotopverbesserung, soweit sie möglich ist, dienen.

Fütterung

Früher war das Kaff – der Druschabfall – ein Universalfutter für Ente, Fasan und Rebhuhn. Alle drei konnten von den im Getreideabfall enthaltenen Körnerresten und Sämereien in der Feldmark gut leben. Außerdem war Kaff preiswert.

Heute blasen die Mähdrescher die Spreu in die Landschaft. Diese Spreu verschwindet rasch, denn hinter dem Mähdrescher zieht der Pflug. Das, was früher zu einem entscheidenden Teil Herbst- und Vorwinternahrung der Fasanen und Hühner war, wird viel zu schnell vernichtet. Also tut Fütterung not. Sie bildet einen Ersatz für die den Hühnervögeln entzogenen Druschabfälle. Der Jäger wird deshalb entweder Flugwildfutter kaufen oder aber selbst anbauen.

Gefüttert werden Rebhühner von Ende Oktober bis in den März hinein, insbesondere in langen, schneereichen Wintern. Optimales Hauptfutter ist alles *feinkörnige Getreide*. So bevorzugen Hühner *Hirse*. Wer in seinem Revier geeignete Flächen zur Verfügung hat, kann Hirse als Sommer- und Herbstdeckung selber anbauen und den Winter über als Äsungshilfe stehen lassen. Sinnvoll ist außerdem der Anbau von *Markstamm-* oder *Westfälischem Furchenkohl*. Sowohl Hühner als auch Fasanen nehmen diese beiden winterharten Kohlarten als „Grünäsung“ an. Auch *Winterraps* eignet sich.

Wenn keine Anbaufläche zur Verfügung steht, werden an verschiedenen Stellen im Revier *Schütten* errichtet und ab Herbst mit *Abfallgetreide* und/oder *Unkrautsämereien* beschickt.

MATERIAL FÜR EINE REBHUHNSCHÜTTE

- 14 m (laufend) Kreuzrahmen, 5 × 6 cm
- 4 m (laufend) Knotengitter (Wildzaun) oder Maschendraht
- 2 m Spanndraht, 0,8–1 mm stark.

Diese speziellen „Rebhuhn-Schutzdächer" haben sich als Fütterungen sehr bewährt. Sie sind „Hühner-Magnete". Der dünne Spanndraht auf dem Dach verhindert, dass Greifvögel aufblocken.

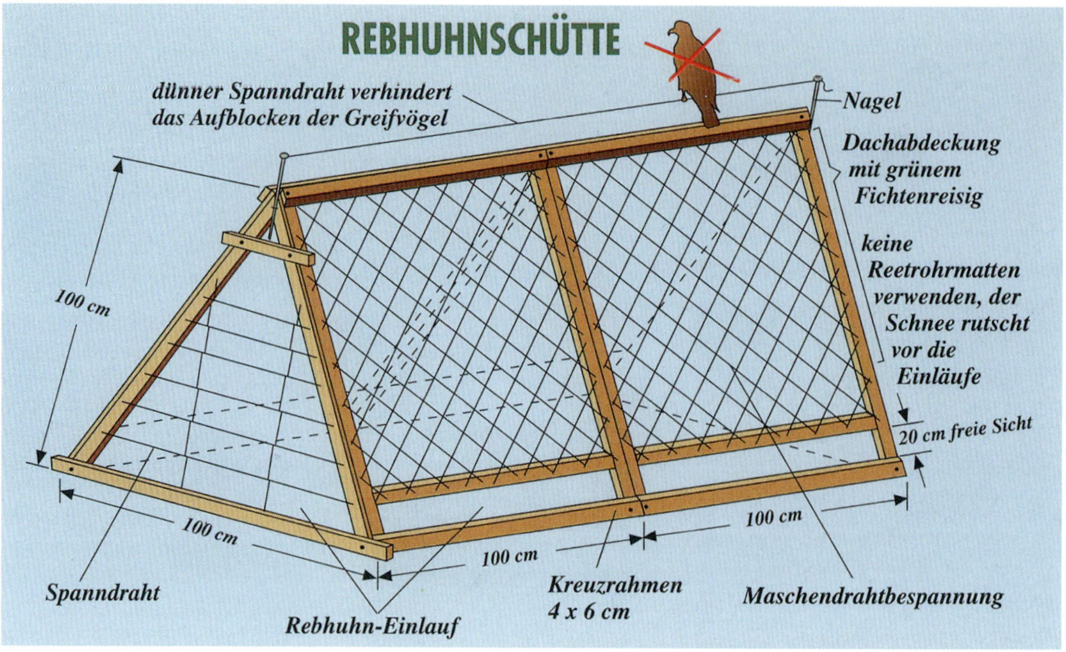

In der Nähe dieser Schütten befinden sich kleine Haufen mit Fein- und Grobsand. So finden Fasanen und Hühner in der Nähe schützender Deckung Magensteine. Der Sand dient als Huderstelle ihrer Gefiederpflege. Rebhuhnschütten werden entweder in der freien Feldmark oder in Anlehnung an Hecken platziert.

Wichtig bei der Anlage einer Schütte ist, sie dort zu errichten, wo die Rebhühner im vergangenen Sommer gelebt haben. Hühner lassen sich nämlich nicht wie Fasanen zu weiter entfernten Futterstellen locken.

Wie alle Hühnervögel nehmen auch Rebhühner gerne ein Sand- oder Staubbad. Entsprechende Möglichkeiten dazu werden in der Nähe der Schütte geschaffen.

Bäume dürfen nicht in der Nähe sein, da hier Greifvögel sonst aufhaken. Der Eigenbau von Rebhuhnschütten ist einfach (siehe Zeichnung).

Auswildern von Rebhühnern

Ausgemähte Rebhuhngelege können künstlich erbrütet werden. Genauere Hinweise hierzu liefert weiterführende Spezialliteratur.

Die Aufzucht der Küken ist nicht mehr so schwierig wie noch vor gut 20 Jahren. Leider hat das Auswildern von Rebhühnern bislang keine dauerhaften Erfolge gezeigt. Entscheidend für gute Rebhuhnbesätze ist heute die vielerorts kaum gewährleistete Lebensraumqualität.

Bejagung

Jagdzeiten

Die in der Bundesjagdzeitenverordnung sehr lang bemessene Jagdzeit haben zahlreiche Bundesländer auf 1. September bis 31. Oktober verkürzt. In anderen endet die Jagdzeit aber erst im November oder Dezember.

Die Suche mit dem Vorstehhund im September und Oktober gibt uns neben jagdlicher Freude Aufschluss über Zahl und Stärke der Völker. Unser jagdlicher Eingriff bleibt regulierbar, das

Ziel „nicht mehr als 20 Prozent“ haben wir dabei stets vor Augen.
Im Winter erfreut uns dort, wo wir in Gesellschaft den Kessel auslaufen, das noch zweistellige Volk, das uns purrend über den Kopf streicht. Die Flinten bleiben auf der Schulter, obwohl uns der Schuss vor eine reizvolle Aufgabe stellen würde.

Hühnersuche

Wo es genügend Hühner gibt, bejagen ein oder zwei Jäger sie im September gemeinsam mit einem guten Vorstehhund.
In Revieren mit gutem Besatz ist die Suche mit dem eingearbeiteten Vorstehhund eine herrliche Jagdart. Hühnersuche ohne saubere Hundearbeit vor dem Schuss ist Stümperei.
Ideal sind sonnige, schwachwindige Septembertage. Überall ist noch reichlich Deckung gegeben und die Rebhühner halten hervorragend. Ausgewachsen müssen die Junghühner allerdings schon sein. Solche Tage sind oft anstrengend für Jäger und Hund, so dass des Öfteren Pausen eingelegt werden. Der Hund darf Wasser schöpfen, sein Führer im Schatten eines Baumes ruhen. Weniger Spaß macht es dem Gespann bei Regen: Der eine bekommt das Wasser ständig in die Nase, der andere dauernd in den Hemdkragen.
Ob auf Rebhuhn oder Hase – die Suche ist eine Jagdart für wenige Schützen. Mehr als vier machen keinen Sinn. Dazu gehören dann mindestens zwei Gebrauchshunde. Je kleiner die Jagdgruppe, desto größer sind Harmonie, Erfolg und vor allem die Freude an der guten Hundearbeit.
Je später im Jahr wir die Suche betreiben, desto schlechter halten die Rebhühner, denn ab Oktober wird die Deckung im Felde rar. Die Hühner, gern in niedriger Deckung liegend, streichen dann schon früh ab und bleiben für unsere Schrote unerreichbar oder sie verschwinden in einem der oft riesigen Maisschläge.

JAGDZEITEN NACH BUNDESJAGDZEITEN-VERORDNUNG

Rebhühner (Hähne und Hennen)	*1. September bis 15. Dezember*

Bei der Hühnersuche steht der Hund – hier ein Magyar Vizsla – bombenfest vor. Ein herrliches, angesichts stark rückläufiger Rebhuhnbesätze aber leider nur noch seltenes Bild.

Ein Bild für die Götter: Die Hühner in der Nase, starrt der Rüde voll konzentriert in deren Richtung.

Gelernt ist gelernt: Gordon Setter auf der HZP. Zuverlässige Verlorenbringer sind für die Hühnerjagd unverzichtbar!

Gesucht wird immer in offenem Gelände, nach Rebhühnern gerne in Rüben-, Kohl- oder Kartoffelfeldern, und stets gegen den Wind. Die Arbeitsbreite der Quersuche beträgt je nach Rasse und Kondition des Hundes 100 bis 200 Meter. Erstaunliches auf diesem Gebiet leisten vor allem die Pointer und Setter. Sie sind nun einmal Spezialisten.

Bei der Suche arbeitet der Vorstehhund in engem Kontakt mit seinem Herrn. Die wenigen Kommandos von hier kommen bei Blickverbindung mit Handzeichen, auch nach Zuruf oder kurzem Pfiff. Zu Beginn der Jagd oder beim jungen Hund ertönt nicht selten ein beruhigendes „Laaangsaaam“ über die Felder. Hat der Hund die Hühner in der Nase, reißt es den Könner förmlich herum. Er steht vor oder zieht langsam nach, wenn die Kette vor ihm läuft. Stehen die Hühner beim vorsichtigen Aufrücken der Jäger auf, kommen die Flinten zum Einsatz. Nun beginnt für den Hund die Arbeit nach dem Schuss. Auf Zuruf apportiert er die erlegten Hühner, die er in der Regel hat fallen sehen. Ist ein geflügeltes dabei, muss er verlorensuchen. Oft ist das kranke Wild in den Rüben- oder Kartoffelreihen ein gehöriges Stück gelaufen. Jetzt bewährt sich die gute Nase des Hundes. Flattert das Huhn vor ihm hoch, greift es der Jagdhund. Das ausgiebige Lob seines Herrn ist dem Vierbeiner sicher, wenn er mit dem Huhn im Fang heranprescht.

Das erste aufstehende Huhn der Kette pardoniert der erfahrene Jäger, denn es ist meist eines der führenden Elterntiere. Der Könner schießt aus dem Volk die außen streichenden Hühner und bezielt sauber jedes einzelne Huhn. In die sogenannten „Vollen“ des aufpurrenden Volkes zu halten, ist streng verpönt und wenig effektiv. Die abstreichenden Rebhühner werden scharf im Auge behalten. So erkennen wir das Verhalten der beschossenen Hühner und sehen, in welchen Schlag sie wieder eingefallen sind. Manchmal tut ein leichtes Fernglas hierbei gute Dienste.

Wenn im Spätherbst die Hühner nicht mehr gut halten, soll es helfen, bei der Suche einen Drachen zu benutzen. Die Hühner liegen dann angeblich fest. Heute gibt es Drachen, die einem Greifvogel täuschend ähnlich sehen. Aber wer mag sich solch einer Prozedur schon unterziehen?

Streife

Bei einer Feldstreife marschieren sechs bis acht Jäger mit einer Handvoll Treiber in gerader Linie durch die Feldflur, um Hühner zu schießen. Hierbei geht aber das Wesentliche der Hühnerjagd verloren: Die Arbeit des Hundes vor dem

Schuss. Die Rebhühner werden überraschend hoch, die Schussergebnisse sind in der Regel schlechter als bei der Suche. Das Herzklopfen beim langsamen Aufrücken zum vorstehenden Hund und die Bereitschaft zum Schuss fehlen. Die Hunde apportieren nur noch und suchen lediglich die krank geschossenen Hühner nach. Bei den naturgemäß vielen Jagdteilnehmern besteht dann die Gefahr, dass ein krankes Einzelhuhn nicht in wünschenswerter Weise mit viel Geduld nachgesucht wird. Ein wirklicher Nachteil der Streife auf Hühner.

Treiben

In manchen Gegenden war es üblich, Rebhühner bei Vorsteh- und Kesseltreiben auf Hasen mit zu schießen. Der Schuss auf die schnell, oft aber flach heranstreichenden Hühner ist außerordentlich reizvoll, Dubletten sind selten. Hierbei ist immer besonders auf die Gefährdung anderer Jagdteilnehmer aufmerksam zu achten, braust die Kette doch meist nur in doppelter Mannshöhe heran.

Bei der Streife beschränkt sich der Hundeeinsatz auf die Arbeit nach dem Schuss. Vorbildlich sitzt der Deutsch-Kurzhaar vor seinem Herrn, das Huhn im Fang.

Beim Schuss auf flach streichende Hühner ist allergrößte Vorsicht geboten!

Der Schuss auf das Rebhuhn

Weil Jäger bei der Hühnersuche weite Strecken zurücklegen, belastet jedes Gramm Gewicht. Also wählen wir eine leichte, führige, gut liegende Flinte und Schrot Nummer 7, also zweieinhalb Millimeter stark. Auf das kleine Flugwild schießen wir dabei nicht zu nah, vor allem aber nicht über 35 bis 40 Schritt hinaus.

Schusszeichen

Geständerte Hühner streichen in der Regel weit. Der oder die verletzten Ständer hängen herab. Sind derart verletzte Hühner wieder eingefallen, drücken sie sich fest und stehen nur schwer wieder auf.

Beim *geflügelten* Huhn ist – wie bereits dargestellt – allein der Hund entscheidend. Der Jäger kann das Huhn nicht finden, geschweige denn greifen. Oft hat er nicht einmal gemerkt, dass nur eine Schwinge getroffen ist. Erst am Verhalten des Hundes, der mit tiefer Nase dem Geläuf des wunden Huhnes möglichst flott folgt, erkennt er dann seine mäßige Schussleistung.

Das *himmelnde* Huhn ist besonders scharf im Auge zu behalten. Meist hat es nur ein Schrotkorn in der Lunge. Dort, wo es zu Boden geplumpst ist, liegt es mausetot verendet. Ist es in deckungsreichem Gelände zur Erde gegangen, lassen wir dem Hund ausreichend Zeit. Er wird es schon bringen.

Findet der Hund gefallene Hühner nicht sofort, wiederholen wir die Nachsuche nach ein bis zwei Stunden und einer Erholungspause. Dann hat es unser vierläufiger Freund leichter. Die aufsteigende Wundwittrung hilft ihm bei seiner Arbeit.

Jäger und Hund haben das gut getroffene Huhn im Auge. Erst auf Kommando läuft der Hund los – er wird das Huhn bringen.

Wildenten

Biologie und Verhalten

Die Stockente ist die häufigste Entenart Mitteleuropas. Ihr Besatz wird auf etwa zwei Millionen geschätzt. Sie lebt überall dort, wo sie Wasser und Nahrung findet, als typischer Kulturfolger auch in Menschennähe. Hier wird sie oft handzahm. Ihr klingelndes Schwingengeräusch auf dem Entenstrich fasziniert den Jäger. Über die Flintenläufe sucht sein Auge nach den herangleitenden Silhouetten.

Systematik und Arten

Mit den Gänsen und Schwänen bilden die Enten die Ordnung der Entenvögel (*Anseriformes*). Enten sind Wasservögel. Sie paaren sich auf dem Wasser und sind bei der Aufzucht der Jungen an Wasser gebunden.

In Mitteleuropa gibt es dreizehn Entenarten, die mehr oder minder regelmäßig als Brutvögel vorkommen. Stock-, Schnatter-, Löffel-, Pfeif-, Spieß-, Krick- und Knäkenten sind *Schwimmenten*. Zu den *Tauchenten* rechnen Kolben-, Tafel-, Reiher-, Berg-, Moor- sowie Schellenten.

Schwimmenten starten unmittelbar vom Wasser aus. Tauchenten müssen erst Anlauf nehmen.

In der Art ihres Nahrungserwerbes und durch den Körperbau unterscheiden sich Schwimm- oder Gründelenten deutlich von den Tauchenten (siehe Zeichnung unten).

Die *Meeresenten* brüten an Seen oder Flüssen der Arktis oder an nördlichen Küsten. Selten kommen sie ins Binnenland. Zu ihnen zählen Eider-, Samt-, Trauer- und Eisente. Alle Enten fein säuberlich auseinander zu halten, vermögen nur hochinteressierte Ornithologen. Jäger sollten sich bemühen, die Entenarten ihrer Region unterscheiden zu können.

Gefieder und Mauser

Bei sämtlichen Wildentenarten sind die Erpel etwas stärker als die Enten. Häufig tragen sie etwa in der Zeit von Oktober bis Juni ein sehr farbenreiches Prachtkleid (siehe Zeichnung gegenüber). Die Enten sind im Unterschied hierzu sehr viel schlichter gefärbt. Die weiblichen Exemplare mancher Arten sind einander ähnlich.

Die Sommermauser beginnt nach der Brutzeit. Sie fällt in die Monate Juni bis August und ist eine Vollmauser, während der die Enten auch die Schwungfedern wechseln. In dieser Zeit sind Erpel und Ente zirka vier bis fünf Wochen flugunfähig.

Bei den Erpeln beginnt die Sommermauser Mitte Juni. Bei den Enten setzt sie später ein, sobald die Jungenten beflogen sind. Häufig reicht ihre Mauser sogar bis in den September – den Beginn der Schusszeit – hinein.

Das Sommerkleid der Erpel ist schlicht; es ähnelt dem der Enten sehr.

Während der Herbstmauser verlieren Erpel sowie Enten einen Teil ihres Sommergefieders, die Jungenten ihr Jugendkleid. Sie erhalten dann ihr dichtes, auf der Unterseite fest anliegendes Wintergefieder. Die Herbstmauser ist Anfang November beendet.

Schwimmenten halten sich tagsüber in seichtem Wasser auf oder im Schilf verborgen. Die Tauchenten liegen bevorzugt auf dem offenen Wasser. Alle Enten streichen, schwimmen und tauchen sehr gut. Aufgrund ihrer kurzen, weit hinten eingelenkten Ruder laufen sie nur sehr unbeholfen.

Jede Entenart lässt sich anhand charakteristischer Merkmale ihres Prachtkleides gut ansprechen.

WILDENTEN AUF EINEN BLICK

Schwimmenten

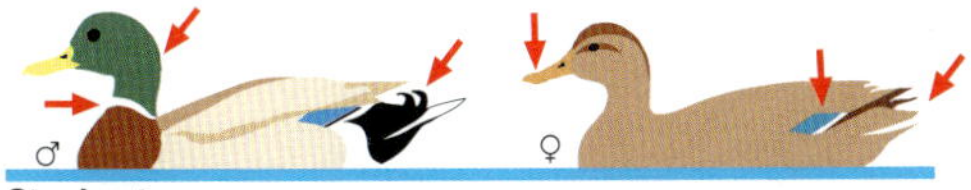

Stockente
♂ glänzend grüner Kopf mit weißem Halsring, schwarze Erpellocken auf dem Stoß, tief rotbraune Brust
♀ orangener Schnabel, blauer Spiegel, seitlich weiß gesäumter Stoß

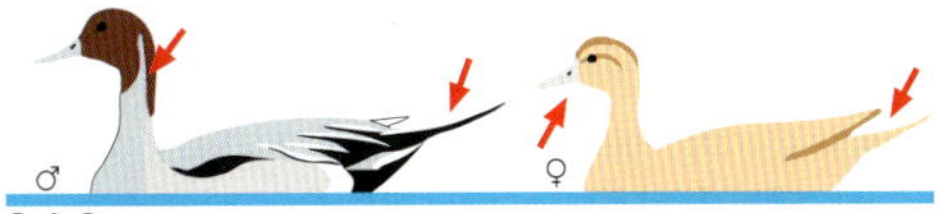

Spießente
♂ weißer Halsstreifen auf schokoladenbraunem Kopf; langer, spitzer Stoß
♀ grauer Schnabel; langer, spitzer Stoß

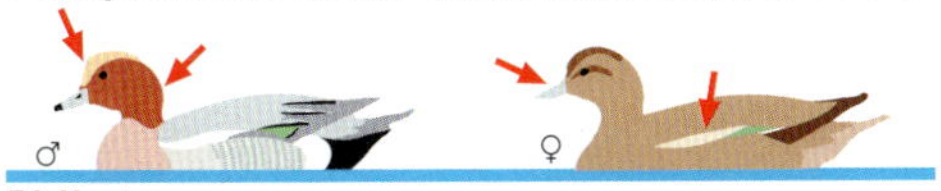

Pfeifente
♂ rötlicher Kopf mit rahmfarbenem Scheitel
♀ kurzer, blaugrauer Schnabel, helles Schultergefieder

Schnatterente
♂ nahezu völlig graues Federkleid, schwarzer Stoß, weißer Flügelspiegel
♀ orangegelber Schnabel, weißer Spiegel

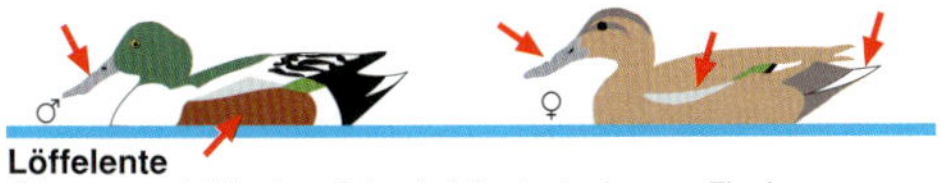

Löffelente
♂ langer spatelförmiger Schnabel, kastanienbraune Flanken
♀ langer spatelförmiger Schnabel, blaugraues Schultergefieder, weiß gesäumter Stoß

Krickente
♂ rotbrauner Kopf mit grünem, durch weiße Linien abgesetztem Augenstreifen; weiße Schulterstreifen, gelber Fleck am Heck ♀ grüner Spiegel

Knäkente
♂ weißer Kopfstreifen und grüner Spiegel
♀ verwaschener grüner Spiegel

Tauchenten

Bergente
♂ schwarzgrüner Kopf mit hellgelben Augen, schwarze Brust und ebensolcher Stoß, hellgrauer Rücken
♀ weißer Fleck an der Schnabelbasis

Schellente
♂ tiefgrüner Kopf; runder, weißer Fleck zwischen Schnabel und Auge
♀ brauner Kopf mit gelben Augen, weißes "Halsband"

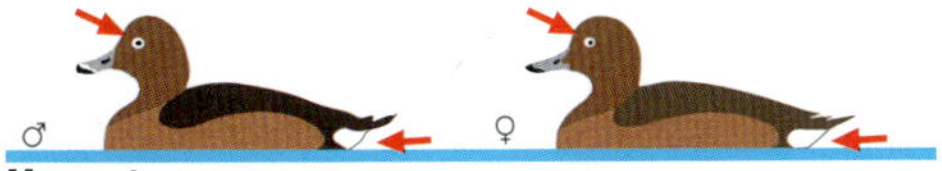

Moorente
♂ und ♀ insgesamt stark mahagonifarben, weiße, runde Augen, weißer Fleck am Heck

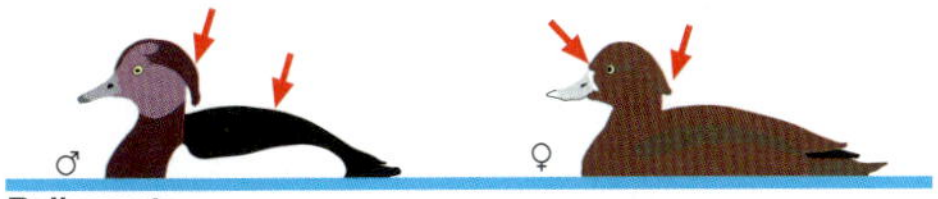

Reiherente
♂ schwarzer Kopf mit herabhängendem Scheitel, völlig schwarzer Rücken
♀ brauner Kopf mit (kürzerem) Scheitel, an der Schnabelbasis etwas weißlicher

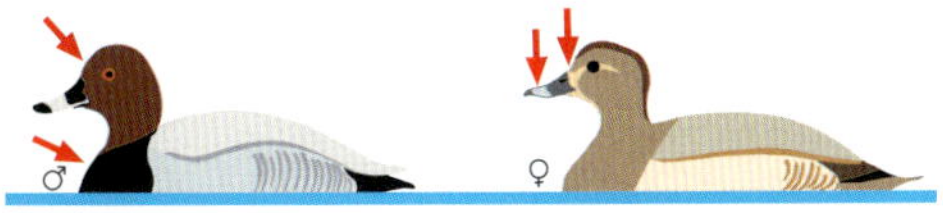

Tafelente
♂ rotbrauner Kopf, schwarze Brust, Rücken und Flanken grau
♀ blaugraues Schnabelband, hellere Färbung um Schnabelbasis und Augen

Kolbenente
♂ orangebrauner Kopf, hellroter Schnabel, weiße Flanken
♀ hellbraune Wangen und dunklerer Scheitel, rötliche Schnabelspitze

Brandente oder Brandgans
♂ roter Schnabel mit Höcker, rotbraunes Brustband
♀ roter Schnabel ohne Höcker, weiß an der Schnabelbasis

Eisente
♂ im Sommer: braun mit weißem Fleck um die Augen, spitzer Stoß
♂ im Winter: weißer Kopf mit braunem Wangenfleck, weiße Flanken
♀ im Winter: weißer Kopf mit kleinem braunen Wangenfleck, brauner Rücken

Samtente
♂ ganz schwarz mit weißem Fleck unterhalb des Auges, weiße Flügelspiegel
♀ insgesamt dunkelbraun mit hellbraunem Wangenfleck, weiße Flügelspiegel

Trauerente
♂ ganz schwarz, markanter schwarzer Schnabelhöcker
♀ ganz braun mit dunklerem Scheitel sowie großen hellbraunen Wangen

Eiderente
♂ oberseits weiß und unterseits ganz schwarz, Oberkopf schwarz, Schnabel reicht weit in den Vorderkopf hinein
♀ ganz braun und markant quer gestreift, Schnabel reicht weit in den Vorderkopf hinein

Reihzeit und Fortpflanzung

Anders als Schwäne oder Gänse kennen Enten kein ausgeprägtes Familienleben. Nur vorübergehend leben sie in Paaren. Der Reihzeit im Frühjahr geht bereits eine Art „Verlobungszeit" voraus, die im Spätherbst einsetzt und eine erste, noch sehr lockere Verbindung zwischen Erpel und Ente erkennen lässt. Ein zu großer Überhang an Erpeln stört das Brutgeschäft. Denn während der Reihzeit geht der Erpel gerne „fremd" und belästigt andere Enten. Aus diesem Grund werden in gepflegten Entenrevieren überwiegend Erpel geschossen.

Weil während der Paarungszeit vielfach mehrere Erpel in einer Reihe hinter einer Ente herstreichen, heißt sie „Reihzeit". In der Reihzeit tragen die Erpel ihr Prachtkleid und bemühen sich in auffälligen Balzritualen um die Weibchen. Mit eigenartigen Bewegungen, Wasserspritzen und Aufplustern des Gefieders versuchen sie zu imponieren. Reih- und Brutzeit sind den jeweiligen klimatischen Verhältnissen angepasst. Bei uns gilt:

Nahrung

Enten sind Allesfresser, allerdings überwiegt die pflanzliche Nahrung. *Schwimmenten* suchen im Schlamm und seichtem Wasser nach Wasserlinsen, Grasspitzen, Sumpfpflanzen; außerdem nach Insekten, deren Larven, Würmern, Schnecken, Laich, kleinen Fischen und Fröschen. Während des Herbstes fallen gerade die Stockenten abends gerne auf abgeernteten Feldern ein, um Körner aufzunehmen. *Tauchenten* holen sich ihre Nahrung vom Grund des Gewässers, oft mehrere Meter tief.

Brutverhalten und Jungenten

Die Ente bestimmt das *Brutgebiet*. Den *Nistplatz* suchen Ente und Erpel gemeinsam. Er liegt in der Regel in deckungsreichem Gelände und in Wassernähe, an Gewässerrändern, auf Inseln, in Mooren oder Sümpfen, gelegentlich aber auch in Dickungen fernab von jedem Gewässer. Dabei bevorzugen die Enten natürliche Mulden auf dem Boden unter Sträuchern, auf Kaupen und Bülten. Gerne nisten sie auch über dem

BRUTGESCHEHEN DER WILDENTEN

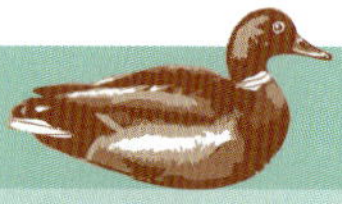

Entenart	Reihzeit	Brutzeit	Gelegegröße	Eierfarbe- und form
Stockente	März/April	März–Juli, 26–29 Tage	7–12 Eier	hellgrau-grün
Krickente	April/Mai	Mai–Juni, 21–25 Tage	8–10 Eier	hellgelblich, länglich
Knäkente	April/Mai	April/Mai, 21–23 Tage	8–10 Eier	hellgrau, länglich
Spießente	April/Mai	April–Juni, 21–23 Tage	7–9 Eier	grünlich-bläulich, länglich
Pfeifente	April/Mai	Mai/Juni, 22–25 Tage	7–9 Eier	leicht grünlich
Schnatterente	April/Mai	Mai–Juli, 25–27 Tage	8–12 Eier	cremefarben, länglich-elliptisch
Löffelente	April/Mai	Mai/Juni, 25–27 Tage	8–12 Eier	olivfarben, elliptisch
Reiherente	Mai/Juni	Mai–August, 23–25 Tage	5–12 Eier	braun-oliv
Kolbenente	Mai	Mai/Juni, 26–28 Tage	6–12 Eier	bräunlich oliv, länglich
Tafelente	April/Mai	Mai/Juni, 24–26 Tage	6–11 Eier	olivbräunlich, elliptisch
Schellente	April/Mai	April–Juli, 27–32 Tage	4–6 Eier	bräunlich, hühnereigroß
Eiderente	April/Mai	Mai/Juni, 25–26 Tage	7–14 Eier	gelblich braun

„Köpfchen in das Wasser, Schwänzchen in die Höh" – so nehmen Schwimm- oder Gründelenten Nahrung auf.

Boden, bevorzugt auf Kopfweiden, gelegentlich sogar in verlassenen Greifvogel- oder Krähenhorsten. Die *Schellente* ist *Höhlenbrüter*. Enten nehmen auch künstliche Brutgelegenheiten an (siehe Seite 241 f.).

Das Nest ist ein kunstloser Bau aus trockenen Pflanzenteilen, aus Schilf, Binsen, Gras oder Reisig, jeweils dem Material der Umgebung. Die Ente baut das Nest alleine. Unmittelbar danach beginnt sie mit der Eiablage. Täglich wird ein Ei gelegt. Verlässt die Ente ihr Nest, deckt sie das Gelege mit Nestmaterial ab. Erst wenn das letzte Ei gelegt ist, beginnt die Ente zu brüten. Der Erpel beteiligt sich nicht an der Brut.

Mit Beginn der Brutzeit setzt bei der Ente die sogenannte Brutmauser ein. Sie verliert Daunen an der Bauchseite, mit denen sie das Nest auspolstert und beim Verlassen abdeckt.

Jungenten sind *Nestflüchter*. Geschlüpfte Küken verlassen schon nach sechs bis zwölf Stunden ihr Nest. Sie können sofort schwimmen. Schon nach wenigen Tagen können sie tauchen, nach sechs bis acht Wochen sind sie flugfähig.

Altersermittlung

Alle jungen Stockenten haben dunkle Latschen von graugrünlicher Farbe. Mit zunehmendem Alter werden sie hellgelb, vom zweiten Jahr an orangerot. Diese Entwicklung ist beim Stockentenerpel markanter als bei der Ente. Jungenten haben außerdem einen rötlich-hornfarbenen Schnabel.

Die Aufzucht des Nachwuchses ist allein Sache der Ente.

Das Blässhuhn macht der Stockente die Brutplätze streitig. Mit spitzem Schnabel verjagt es den Breitschnabel.

Feinde und Krankheiten

Natürliche Feinde der Wildenten sind Wanderratte, Rabenkrähe, Seeadler, Rohrweihe, Wanderfalke, Habicht, Elster, Wiesel, Fuchs, Iltis, Marder und Hecht. Außerdem geht der Entenbesatz mit zunehmendem Besatz an Blässhühnern zurück. Deren spitzer Schnabel und ihre Unverträglichkeit wirken sich aus. Größten Schaden fügen den Wildenten Wanderratte sowie Rabenkrähe zu. Während die Rabenkrähe in der Brutzeit die Gewässerufer systematisch nach Gelegen absucht, macht sich die Wanderratte über Enteneier und Jungenten her.

Verschiedene *Wildkrankheiten* kommen bei den Enten vor. Ein Problem kann der *Botulismus* bilden. Es ist ein Bakterium, welches unter Sauerstoffausschluss wächst und bei Mensch und Tier zu tödlichen Vergiftungen führt. Bei großer Hitze vermehren sich Botulismusbakterien in schlammigen Teichen mit faulenden Pflanzen und bilden Gift. Dabei kann es zu *Massensterben* von Wasservögeln kommen.

Entenhege

Die Faktoren: Ruhe, Äsung und Brutgelegenheiten

Wer Enten hegen will, wird sich in seinem Revier um dreierlei bemühen: um Ruhe, Nahrung und Brutgelegenheit. Den Faktor *Ruhe* können wir nur bedingt beeinflussen, etwa durch koordinierte, mäßige Bejagung, oder indem wir uns bemühen, Störungen durch Mensch oder Beutegreifer vom Lebensraum der Enten möglichst fernzuhalten, obwohl Stockenten als klassische Kulturfolger oft in unmittelbarer Nähe zu menschlicher Behausung brüten. Äsung finden Stockenten beinahe überall. Sie sind außerdem gewohnt, weite Strecken zwischen Wohngewässer und Nahrungsplatz zurückzulegen.

Mit den Brutmöglichkeiten ist das anders. Zwar ist die Ente auch hier nicht wählerisch. So brütet sie etwa bisweilen in bachfernen Wiesen oder Dickungen von Fichte und Kiefer. Ungeeignete Nistplätze fordern allerdings alljährlich einen hohen Tribut an Jungenten, vor allem, wenn der erste Tagesmarsch der Nestflüchter über Straße oder Schiene zum nächsten Gewässer führt.

Bruthabitate

Optimale Brutstellen zeichnen sich dadurch aus, dass einmal genügend Nahrung in Gelegenähe vorhanden ist und dass zum Zweiten ausreichende Deckung den Feinddruck mindert. Im Gewässer entscheidet die Äsung, nicht dessen Breite. Schmale, mit viel Laichkraut, Wasserpest oder Hahnenfuß bewachsene Wiesenbäche bieten mehr Nahrung als starkströmende, bewuchsfreie Gebirgsbäche. Alte, stehende, völlig verwachsene Gräben sind als Lebensraum für Jungenten sehr geeignet. Die Form der Bruthilfe werden wir an der Landschaft orientieren. Sie soll sich in die Landschaft einfügen und schützen.

Erst die Vielzahl der aufgestellten Bruthilfen sichert den Erfolg. Das gilt gleichermaßen für die Zahl pro Fläche als auch für die Form der Bruthilfen. Nicht jede wird angenommen. Und so wird jeder Revierinhaber erst örtliche Erfahrungen sammeln müssen.

Natürliches Brutplatzangebot

Natur ist aller Technik vorzuziehen, jedenfalls bei Bruthilfen. Ideale Entenrefugien entstehen, wenn Wiesenbäche mit Weiden begrünt werden. Die Weiden müssen regelmäßig geköpft, am besten geknickt werden, damit sie unten fein dicht bleiben.

Den Weiden als Brutschutz ebenbürtig sind Brennnesseln. Ein meterbreiter Streifen entlang der Uferkante genügt. Wenn der Grund nicht zu nass und der Boden stickstoffangereichert ist, einfach aussäen und anfangs mit etwas Stickstoff düngen. Haben die Brennnesseln einmal Fuß gefasst, bedürfen sie unserer Hilfe nicht mehr. Sie schützen die Enten gleichermaßen vor Haar- und Federraubwild. Weil die Nesseln zu Brutbeginn erst austreiben, unterstützen wir das Anlegen von Gelegen mit Hilfe von Reisigzelten.

Künstliche Bruthilfen

Bruthütten können wir aus ungehobelten Brettern leicht selber zimmern (siehe Materialliste und Bauanleitung im Kasten Seite 242). *Brutkörbe* – aus Korbweiden geflochtene, flaschenähnliche Körbe mit idealem Binnenklima – sind über den Fachhandel zu beziehen. Sowohl die Bruthütten als auch die -körbe lassen sich auf verschiedene Weise anbringen. Im Flachwasser- oder Schilfbereich werden sie auf Pfähle gestellt, die wir zuvor in den Grund rammen. Die Pfähle ragen so weit aus dem Wasser, dass die Gelege auch bei Hochwasser nicht überflutet werden. Wenn im Herbst oder Winter das Wasser abgelassen oder zugefroren ist, sind diese Arbeiten leichter. Brutkörbe werden immer fest auf ein Brettstück gebunden.

Was den Nistplatz angeht, ist die Stockente nicht wählerisch. Hier brütet eine in einer alten Weide.

Im Uferbereich können wir – nach Rücksprache mit dem Eigentümer – auch Erle oder Weide absägen und die Stumpen als Pfähle verwenden. Sie haben den Vorteil, dass sie sofort wieder ausschlagen und die Nisthilfe begrünen. Unbedingt notwendig: Alle aus trockenem Boden ragenden Unterlagen, Stumpen und Pfähle werden gegen Ratten, Marder oder Iltis mit einer zirka 20 Zentimeter breiten Blechmanschette umnagelt. Alternativ können wir zwi-

Stahlmanschetten oder umgestülpte Eimer schützen die Entenbrut vor Ratten, Mardern und dem Iltis.

BAUANLEITUNG BRUTHÜTTE

Aus ungehobelten, 18 mm starken Brettern und einigen Dachlatten fertigen wir mit 16er Nägeln und einem Stück Teerpappe leicht eine Bruthütte (siehe Zeichnung).

Maße

- *Seitenwände: 40 × 30 cm*
- *Boden: 60 × 30 cm*
- *Dach: 40 × 30 cm*
- *Rückwand: 30 × 26,4 cm*

Auf jedem Teil wird vorne und hinten (schmalseitig) ein Dachlattenstück aufgenagelt. Auf das Dachteil ziehen wir ein Stück Teerpappe auf. Wenn wir die Hütten im Herbst bauen, streichen wir sie noch mit Karbolineum. Dessen Gestank verfliegt bis zum Frühjahr. Je mehr Hütten wir im Revier anbieten, desto eher finden wir sie angenommen. Also bauen wir viele.

schen Pfahl und Nesthöhle auch einen alten, umgestülpten Eimer befestigen, der in der Landschaft möglichst wenig auffallen sollte. In freiem Wasser ist diese Schutzmaßnahme ebenfalls erforderlich.

Fütterung

Die Besatzsituationen der meisten Wildentenarten sind günstig. Gewässer im städtischen Bereich, beispielsweise in Parks und Friedhofsanlagen, bieten gute Brutmöglichkeiten. Das Auswildern aufgezogener Wildenten ist daher ebenso überflüssig wie in aller Regel das Füttern. So lässt das neue „Jagd- und Wildtiermanagementgesetz" von Baden-Württemberg die Fütterung von Wildenten (-gänsen und -schwänen) auch nur noch unter bestimmten Voraussetzungen (zum Beispiel Anordnung wegen Futternot) zu.

Soweit wir bei anhaltendem Frost oder hohem Schnee also füttern, tun wir dies mit Mais oder Getreide und nur in Mengen, die in einer Nacht aufgenommen werden. Das Futter wird am Ufer oder auf Futtertischen im Gewässer so ausgebracht, dass es nicht ins Wasser gelangen kann. So will es der Gesetzgeber.

Nach Kalchreuter ist langfristig die höchste Strecke zu erzielen, wenn vierzig Prozent des Stockentenbesatzes erlegt werden.

Jagd

Im Jagdjahr 2020/2021 lag die Jagdstrecke an Wildenten in Deutschland bei 221797 Stück. Daran hatte die Stockente den Löwenanteil. Kalchreuter geht davon aus, dass diese Entnahme angesichts des gewaltigen Entenvorkommens der Nordhalbkugel unbedeutend ist.

Entenstrich

In vielen Revieren werden Enten auf dem Abendstrich bejagt, wenn sie zu ihren Äsungsplätzen streichen. Gute herbstliche Äsungsplätze stellen überschwemmte Wiesen dar, aber auch kleine, unscheinbare Wiesenbäche, wo die Enten gründeln oder zum „Grasen" an Land watscheln können. Auch Maisfelder zur Kolbenreife und niedergedrückte Getreideschläge fliegen sie gerne an.

Ungefähr eine Stunde vor Beginn der Dunkelheit sind wir vor Ort; beim Morgenstrich, der die Enten sehr früh wieder zurück zu ihren Tages-

einständen führt, unbedingt schon vor dem Hellwerden. Da Enten ungemein gut äugen, begeben wir uns – unter Berücksichtigung des notwendigen Sicht- und Schussfeldes – in Deckung. Gepflegte Entenreviere haben zumeist feste Stände: Einfache Schirme aus Schilf oder Brettern mit einem Sitzbrett sind gerade so hoch, dass wir im Stehen gut oben hinaus schießen können. Einige dieser alten Stände werden die Enten jedoch meiden. Dann suchen wir uns einen neuen, gut gedeckten Stand, vielleicht in einer vorspringenden Schilfpartie, möglichst ohne dabei die Gummistiefel voll zu schöpfen. Empfohlen wird oft, auf einzeln anstreichende Enten nicht Funken zu reißen. Der Entenjäger bezeichnet sie als „Spione". Auch wenn sie ihre Aufgabe keinesfalls bewusst erfüllen, so kommen doch im Schlepp solch einzelner Erkunder meist andere nach. Gerade einzeln einfallende Enten ziehen durch ihr Rufen und ihre Bewegung andere Enten nach. Nebel, Schneefall und Windböen sind für den Strich besonders günstig. Dann streichen die Enten flach sowie mehrfach hin und her. Das sind dann Stunden, um Beute zu machen.

JAGDZEITEN DER WILDENTEN NACH DER BUNDESJAGDZEITENVERORDNUNG

Stockente	1. September bis 15. Januar
Übrige Wildenten[1]	1. Oktober bis 15. Januar

1 außer Brand-, Eider-, Eis-, Kolben-, Löffel-, Moor-, Schell- und Schnatterente

Maßvoll jagen

Das A und O guter Entenjagd ist die Selbstbescheidung. Denn eine zu häufige Bejagung ein und desselben Gewässers schmälert den Jagderfolg überproportional. Die Enten werden gegenüber den anschleichenden Jägern wachsamer, streichen vorzeitig ab oder schrauben sich

Ein idyllisches Bild, aber etwas dürftig ist die Deckung für die zwei. Wollen sie Strecke machen, müssen sie den Anstandsplatz tiefer im dichten Schilf wählen.

In Revieren, in denen es „ententrächtige", schmale Fließgewässer gibt, bietet sich das Abklappern der Bäche und Gräben mit dem suchenden Hund an.

so hoch, dass sie außerhalb der Flintenschussweite ausbrechen können. Mit anderen Worten: Wer mehrmals wöchentlich auf seinem Stand herumballert, bringt wenig Beute heim. Und sein Revier ist binnen kürzester Zeit entenleer. Es empfiehlt sich, ein großes Kerngebiet, am besten die Tageseinstände der Enten, unbejagt zu lassen oder dort nur ein- oder zweimal in größerem Kreise intensiv zu jagen, um es in der übrigen Zeit unbehelligt zu lassen. Der Abendstrich an entfernt liegenden Äsungsflächen bringt dann die kleinen Freuden auch ohne große Strecke.

Lockjagd

Erfolg mit Lockenten hat man auf offenen, sichtigen Gewässern, das heißt auf Teichen, Seen oder überschwemmten Wiesen. Die ausgelegten Lockenten wirken gut festgebunden auch vorzüglich in fließenden Gewässern, wenn sie für streichende Breitschnäbel gut sichtbar sind. Vielfach wollen die hoch und schnell daherkommenden Enten überraschend plötzlich bei den Lockenten einfallen. Dann kommen wir gut zu Schuss.

Lebende *Lockenten* sind am wirkungsvollsten, doch ist ihr Gebrauch in der Bundesrepublik untersagt. Gebräuchlich sind im Fachhandel beziehbare Lockenten aus Holz oder Kunststoff. Eine alleine wirkt kaum. Vier oder fünf sollten es schon sein. Es gilt: Mehr Lockvögel fallen auch mehr auf.

In Deutschland ist die Jagd mit dem *Entenlocker* kaum üblich, anders etwa in Nordamerika. Gute Erfahrungen wird man mit ihm an den Stellen machen, wo Lockenten von ihren lebenden Artgenossen nicht eräugt werden, also an Bächen oder in reich bewachsenem Gewässer. Optimal ist es, wenn wir Lockenten und Entenlocker gleichzeitig einsetzen können.

Suche

Für den Einzeljäger oder die kleine Jagdgruppe ist die Entensuche eine wunderschöne Jagdart. Wie schon gesagt: Enten äugen und vernehmen vorzüglich. Ihre Aufmerksamkeit ist an Kleingewässern, bei Hochwasser oder in wenig deckungsreichen Bächen am besten zu beobachten. Wer die am Bach bevorzugten Entenplätze kennt, geht deshalb nicht am Wasser entlang, sondern stößt immer wieder senkrecht auf die bevorzugten Liegeplätze. Werden die Enten hoch, ist stets das Hinterland gefährdet. Die Schüsse fallen häufig in flachem Winkel. Also, Augen auf!

Bildet der Bach oder Fluss ausgerechnet die Reviergrenze, wird der Nachbar hoffentlich mit von der Partie sein. Bisweilen empfiehlt es sich, einige Mitjäger etwas weiter entfernt und gegen den Wind am Wasser vorzustellen. Denn hochgemachte Enten nehmen nach einer Schlaufe in der Regel wieder gerne den Lauf des Wassers an, kommen dann allerdings hoch und schnell daher. Dann gilt's zu zeigen, was man kann.

Treibjagd

Wenn sie straff organisiert sind, sind Ententreiben für alle Teilnehmer hocherfreulich. Voraussetzung für sie bilden größere, umschilfte Weiher. Außerdem müssen die Schützen unbemerkt auf ihre Stände gelangen können. Andernfalls gehen die argwöhnischen Enten schon vor Beginn des Treibens in einem Pulk hoch und davon.

Mit dem Treiben ist das so eine Sache: Häufig wird ringsherum ein Riesenkrach gemacht, und die Hunde werden von allen Ständen aus gleichzeitig ins Schilf geschickt. Nach weniger als fünf Minuten und einer einzigen, riesigen Flintensalve ist alles vorüber. Geschickter und für den

Die wirklich schnelle und hohe Ente, die nach dem Schuss mausetot ins Wasser platscht, macht immer wieder Freude.

Jagderfolg viel besser ist es, wenn sich die Schützen ruhig verhalten und ein Kahn von der „harmlosen" Seite am Schilf entlang fährt. Mit etwas Glück steigen die Enten dann nicht geschlossen, sondern nach und nach auf. Hat das Boot das Schilf umrundet, werden die meisten Enten hoch sein. Erst jetzt werden die Hunde geschnallt.

Auf großen, schilfreichen Wasserflächen herrscht auch nach kräftigem Flintendonner ein nachhaltiges Kommen und Gehen. Jetzt zeigt sich der Profi. Er empfängt die zurückkehrenden Enten in guter Deckung nicht bereits bei ihrer ersten Schleife mit Schrot. Dann sind sie immer „zu hoch". Erst wenn ihre Schwingen schon einfallbereit stehen und die Farbe des Gefieders gut zu erkennen ist, knallt's. Beherrschung ist also angesagt, denn kaum eine Wildart wird so oft zu weit beschossen wie Ente und Gans. Auch darf der Kahn nicht mehr auf der Bildfläche sein!

Legen wir solch ideale Ententreiben auf den späten Nachmittag, bietet es sich an, dass wir für den Abendstrich gleich auf unseren Posten bleiben.

Jagdhunde für die Wasserarbeit

Bei der Wasserjagd sind qualifizierte, also „jagdlich brauchbare" Hunde unabdingbar! Auch der Gesetzgeber will es so. Für größere, besonders stark umschilfte Gewässer eignen sich Wachtel und Spaniel, vor allem aber die hochläufigen Jagdgebrauchshunde. Bei unseren so schlechten Niederwildbesätzen ist Wasserarbeit für jene beinahe das letzte große Einsatzgebiet.

Wasserarbeit fordert stets den ganzen Hund, vor allem in fließendem Gewässer oder im Schlick und bei dichtem Schilf. So sind Pausen für ihn

Oben: Wasserarbeit ist immer anstrengend für unseren vierläufigen Helfer. Überlasten wir ihn nicht! Vor allem aber loben wir ihn, wenn er mit sauberem Griff sicher aus tiefem Wasser bringt!

Oben rechts: Das Herz des Hundeführers lacht. Aus tiefem Wasser hat er den Erpel gebracht.

unerlässlich. Natürlich muss gegebenenfalls auch der Jäger im Kahn einen guten Hund bei sich haben, um ihn tiefer im Schilf liegende Enten von der Wasserseite her suchen zu lassen.

Die Bedingungen für den Einsatz der Hunde bestimmen auch die Grenzen der Wasserjagd. Wenn gefährliches Treibeis geht oder die Temperaturen so sind, dass wir die Gesundheit unserer vierbeinigen Gefährten aufs Spiel setzen, wird nicht gejagt. Muss der Hund ausnahmsweise trotzdem ins eiskalte Nass, lassen wir ihn anschließend auslaufen, frottieren ihn gründlich ab und fahren dann schleunigst ins Warme mit ihm.

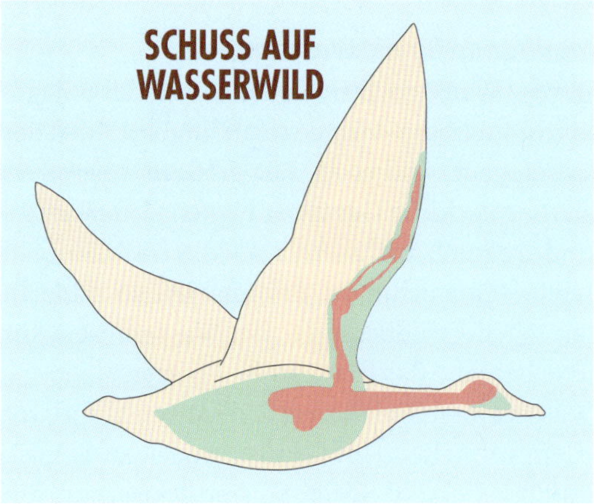

Die Silhouette täuscht. Der Körper eines Wasservogels ist sehr klein. Nur im rötlichen Bereich führt die Garbe zum raschen Verenden oder zur Flugunfähigkeit.

Waffe und Schuss

Zur Reduzierung der Schadstoffbelastung von Gewässern ist die Verwendung von Bleischroten an und über ihnen seit geraumer Zeit verboten. Der Jäger muss hier auf Weicheisen- bzw. Stahlschrote, auf Zink-, Tungsten- oder Bismutschrote zurückgreifen. Entenjäger bevorzugen langläufige, eng gebohrte Flinten, meist im Kaliber 12. Auch dann sollte nicht weiter als 35 bis 40 Meter geschossen werden. Geeignet sind Schrotstärken von drei Millimetern, im Spätherbst und Winter vor allem an der Küste auch dreieinhalb Millimeter.

Geflügelte, wegtauchende Enten beschießt der Praktiker bei jeder sich bietenden Gelegenheit. Die nächste Deckung erreicht die Ente nach Möglichkeit nicht mehr. Das kostet oft viel Munition. Die Enten liegen sehr flach im Wasser. Der Jäger erkennt nur den Kopf in einer dünnen Bugwelle – und der wird nur schwer getroffen.

Besonderer Beachtung bedarf selbstverständlich der nachschwimmende Hund. Wird sein Abstand zur Ente zu knapp, bleiben die Schrote im Lauf. Es wird – wie bei der Nachsuche auf Schalenwild – gerne gesehen, wenn nur der Hundeführer die Fangschüsse anbringt.

Wildgänse und übriges Wasserwild

Biologie und Verhalten der Wildgänse

Kräftige Hornzähne sind typisch für den Gänseschnabel.

Alle Wildgänse sind ausdauernde und schnelle Flieger, die auf ihrem Zug im Herbst oder Frühjahr täglich weite Strecken zurücklegen. Ziehen sie dann über uns hinweg, lässt schon ihr Ruf uns innehalten und den Himmel absuchen – selbst dann, wenn wir es mitten im Stadtverkehr eilig haben. Finden wir den Flug, vergessen wir für kurze Zeit die Hast des Tages. Jedes Mal vermitteln die Gänse dort oben ihre Souveränität und ein wenig „Sehnsucht nach Ferne".

Zoologische Systematik und Arten

Die Gänse werden mit den Schwänen und Enten in der Familie der Gänsevögel zusammengefasst. Sie fliegen und schwimmen gut und ausdauernd, laufen trotz ihrer kurzen Beine recht schnell, tauchen allerdings nicht. Ihr Schnabel mit den kräftigen Hornzähnen eignet sich hervorragend zum Abrupfen von Gräsern.

WILDGÄNSE – MERKMALE IM ÜBERBLICK

	Graugans	*Saatgans*	*Kurzschnabelgans*	*Blässgans*	*Kanadagans*	*Weißwangengans*	*Ringelgans*
Kopf	*grau*	*dunkelgrau*	*sehr dunkel*	*graubraun mit weißer Stirnblässe*	*schwarz mit breitem, weißem Band von der Kehle bis über die Wangen*	*schwarz mit rahmfarbenen Kopfseiten und Stirn*	*schwarz*
Schnabel	*gelb-rosa*	*orangegelb mit schwarzem Schnabelgrund*	*schwarz mit rosa Binde*	*rosa*	*schwarz*	*schwarz*	*schwarz*
Nagel (des Oberschnabels)	*weißlich*	*schwarz*	*schwarz*	*weißlich*	*schwarz*	*schwarz*	*schwarz*
Hals	*grau*	*von Weitem dunkelgrau wirkend*	*sehr dunkel*	*dunkler als Graugans*	*lang, schwarz*	*schwarz*	*kurz, schwarz mit weißlichem, halbmondförmigem Halsring*
Bauch	*blassgrau*	*von Weitem dunkelgrau wirkend*	*heller als der Hals*	*graubraun*	*hellbraun*	*hellgrau*	*dunkelgrau*
Ruder	*blass fleischfarben*	*rotgelb*	*rosa*	*orange*	*schwarz*	*schwarz*	*schwarz*

WILDGÄNSE AUF EINEN BLICK

Graugans
Kennzeichen:
groß, heller als Saatgans, mit hellgrauen Vorderflügeln. Rosafarbene Füße. Zwei Rassen.

Saatgans
Kennzeichen:
groß, dunkel,
orangefarbene Füße,
schwarz-gelber Schnabel.

Kurzschnabelgans
Kennzeichen:
kleiner als Saatgans,
Füße rosa, schwarze
Schnabelzeichnung.

Blässgans
Kennzeichen:
Schnabel ungezeichnet rosa, Füße orangegelb, Altvögel am Bauch schwarz quergebändert, mit weißer Stirn.

Kanadagans
Kennzeichen:
groß, schwarzer Hals mit weißem Kehlfleck.

Ringelgans
Kennzeichen:
klein, sehr dunkel mit weißem Fleck am Hals,
östliche Rasse mit hellem Bauch.

Weißwangengans
Kennzeichen:
schwarzer Hals und weißes Gesicht,
kleiner als Kanadagans.

Ihre Beine sind mit kleinen Hornplatten besetzt. Nach Lebensweise und Vorkommen wird zwischen Feld- und Meergänsen unterschieden. *Meergänse* – bei uns Ringel-, Weißwangen- oder Nonnen- sowie Kanadagans – finden wir an den Küsten oder in deren Nähe. All diese Arten haben schwarze Ruder und kurze Schnäbel.

Feldgänse dagegen ziehen Binnengewässer vor. Hierzu zählen Graugans, Saatgans, Kurzschnabelgans, Bläss- und Zwerggans. Sie besitzen fleisch- oder orangefarbene Ruder. Charakteristisch für die Feldgänse sind außerdem ihre langen Schnäbel und die streifenförmig verlaufenden Rillen im Halsgefieder.

Mit etwas Übung lassen sich die Arten anhand ihrer lauten Rufe unterscheiden. Streichen sie tief, „verrät“ sie ihre Zeichnung.

Federkleid und Mauser

Bei den Gänsen sind Männchen und Weibchen gleich gefärbt. Der Ganter ist geringfügig stärker als die Gans. Während der Sommermauser im Juni/Juli sind Altgänse zirka fünf Wochen lang flugunfähig. Gänse mausern nur einmal im Jahr, Enten dagegen zweimal. Sobald sie Ende Juli oder Anfang August ihre Flugfähigkeit wieder erlangt haben, sind auch die Junggänse beflogen. Die ersten gemeinsamen Ausflüge stehen nun auf dem Programm.

Lebensweise

Gänse fliegen auf langen, breiten Schwingen mit langgestrecktem Hals. Zur Zugzeit streichen die Schofe in schrägen Linien oder keilförmig geordnet. Wildgänse sind besonders ausdauernde Flieger, die auf ihrem Zug zwischen Winter- und Brutgebieten im Frühjahr und Herbst weite Strecken zurücklegen können.

Gänse verfügen über ausdrucksreiche Stimmlaute, zeigen ein ausgeprägtes Sozialverhalten und führen ein ausgesprochenes Familienleben. Es dauert fort, wenn sich die Schofe zu Beginn der Zugzeit zu größeren Flügen zusammenfinden. Aufgrund von Gefangenschaftsbeobachtungen nimmt man an, dass sie gelegentlich in lebenslänglicher Einehe leben. Im jagdlichen Schrifttum wird oft behauptet, verwitwete Gänse verpaarten sich nicht noch einmal. Das trifft nicht zu. Einige Beispiele für Neuverpaarungen konnten auch bei Wildpopulationen an beringten Gänsen nachgewiesen werden.

Gänse sind sehr *standorttreu*. Das einmal gewählte Brutgebiet suchen sie Jahr für Jahr wieder auf, auf der Suche nach Weideplätzen streichen sie indes weit umher.

Anders als die Wildenten sind Gänse *Tagvögel:* Sie streichen morgens zu ihren Nahrungsgründen auf Wiesen oder Feldern. Abends kehren sie zu ihren Ruheplätzen – meist größeren Wasserflächen – zurück. Enten verhalten sich genau umgekehrt.

Wildgänse leben bevorzugt in den kalten Zonen Europas. Sie sind deutlich weniger streng an Wasser gebunden als Schwäne und Enten.

Weil sich viele Gänsearten fast ausschließlich an Land ernähren, sind sie die besten Läufer unter den Schwimmvögeln.

Äsung und Schäden

Überwiegend ernähren sich alle Gänse von *pflanzlicher Nahrung*. Vor Beginn der energiezehrenden großen Wanderungen bevorzugen sie energiereiches Futter, im Sommer und Herbst auch Getreidekörner und Sämereien. Im Frühjahr ernähren sie sich vom jungen Grün der Wiesen, Weiden und Getreidesaaten. Meergänse leben vornehmlich von Seegras, -tang, Algen und Moorpflanzen.

Ringel- und andere Meeresgänse äsen Seegras und -tang, Algen und Moorpflanzen, gehen aber vor allem auf den Nordseeinseln auch auf Grasland zur Weide.

Das Gössel genießt Wärme und Schutz bei „Muttern".

Während der Aussaat des Wintergetreides können wir Scharen von weidenden Gänsen auf frisch gedrilltem Getreide beobachten. Blässgänse finden sogar eingedrilltes Getreide. Mit ihrem Schnabel durchfurchen sie Drillreihen, wobei die Körner aus dem Erdreich herausgesiebt werden.

Schäden richten Wildgänse im Küstenbereich auf den winterlichen Getreidesaaten an, wo sie frische Triebe und Blätter abbeißen. Auf Grasland, vor allem auf den Nordseeinseln, konkurrieren sie mit dem Vieh um das spärliche Gras. Hauptsächlich die Ringelgänse bedrohen hier und anderswo die Grasnarbe und damit die Existenz vieler Landwirte. Das ist der Grund, weshalb sie in Schleswig-Holstein Jagdzeit haben.

Balz und Brut

Grau- und Kanadagans brüten an unseren Binnengewässern, die übrigen Arten überwiegend im hohen Norden, nämlich in der Arktis, von Nordskandinavien bis Nordsibirien. Grau- und Kanadagans sind damit einheimisch beziehungsweise eingebürgert, die übrigen Arten im Wesentlichen Wintergäste im Küstenbereich der Niederlande bis Norddeutschland sowie in den Niederungen am Unterlauf größerer Ströme.

Gänse brüten erst ab dem vierten Lebensjahr von April bis Juli 28 oder 29 Tage am Boden im Uferbewuchs von Gewässern. Das Nest wird aus trockenen Wasserpflanzen überhöht angelegt. Die Nestmulde ist je nach Gänseart mehr oder weniger stark ausgepolstert. Während die Gans auf den fünf bis acht gelblich weißen Eiern hockt, bewacht der Ganter streng das Brutgebiet. Die Jungen sind Nestflüchter, tragen ein warmes Daunenkleid, gehen gleich ins Wasser und sind schnell bei der Futtersuche. Sie werden von beiden Eltern geführt. Schon mit acht Wochen sind sie selbstständig, bleiben aber noch weiter im Familienverband.

Alters- und Geschlechtsbestimmung

Bei Gänsen unterscheiden sich die Geschlechter kaum. Auch die Jungvögel sehen den Altgänsen sehr ähnlich, sobald sie ausgewachsen sind. Sie lassen sich anhand der *Hand-* und *Armschwingen* voneinander unterscheiden: Die der Jungvögel sind fein zugespitzt, die der Altvögel gerundet. Die *Schwanzfedern* der Junggänse sind an der Spitze leicht eingekerbt, im Unterschied hierzu laufen die der Altgänse in einer zipfelförmigen Spitze aus. Diese Merkmale helfen dem Jäger, die Bratzeit seiner Beute festzulegen.

Feinde und Krankheiten

Natürliche Feinde haben die Gänse in Mitteleuropa außer dem Seeadler kaum. In trockenen Jahren raubt der Fuchs das eine oder andere unbewachte Gelege.

Wildkrankheiten spielen bei Gänsen in freier Wildbahn keine nennenswerte Rolle.

Gänsehege

Die „Ramsar Konvention"

Hege der Gänse bedeutet an erster Stelle Schutz ihrer natürlichen Brutvorkommen. Gefährdet werden sie durch Wassertouristen, Fotografen, Eiersammler und andere mehr. Aber auch in ihren Rast- und Überwinterungsplätzen brauchen Gänse Schutz. Das ist lange Zeit gefordert worden, aber erst 1971 kam es mit der sogenannten „Ramsar-Konvention" zu einem Durchbruch. Gut 40 Jahre danach haben 164 Staaten dieses Abkommen ratifiziert und sich damit verpflichtet, ihre Feuchtgebiete von internationaler Bedeutung zu schützen und deren gefiederte Bewohner zu hegen. Nachhaltige Nutzung ist wesentliche Triebfeder bei der Erhaltung von Feuchtgebieten. Wasserwild kennt keine Grenzen. Hege hat hier immer internationale Dimension. Und genau darin liegt die große Bedeutung der „Ramsar-Konvention".

Äsung zur Brutzeit, Nistplätze und Brutdeckung sind für die Nachwuchsrate der Wildgänse ausschlaggebend.

Umsetzung in Deutschland

Inzwischen haben die meisten Länder mehrere international bedeutsame nasse Biotope benannt. In der Bundesrepublik sind es 20 Gebiete, darunter Teile des Wattenmeers an der Nordsee, der Dümmer, das Steinhuder Meer, Teile des westlichen Bodensees, des Ammersees, Chiemsees und Starnberger Sees. Weltweit wurden fast 800 Gebiete benannt, immerhin mit einer Gesamtfläche von über 50 Millionen Hektar.

Jagd auf Wildgänse

Für den passionierten Wasserwildjäger sind Gänse das, was für den Schalenwildjäger das Rotwild ist. Gänsejagd bietet dem Jäger mit weit reichender Büchse oder langläufiger Flinte unvergessliche jagdliche Freuden.

Im Jagdjahr 2020/2021 wurden in Deutschland gut 116 000 Wildgänse erlegt, 2011/2012 waren es mit rund 71 000 Gänsen noch 39 Prozent weniger.

In manchen Ländern sind einzelne Wildgansarten mit Jagdzeit nach Bundesjagdzeitverordnung ganzjährig geschont, mit Jagdzeit neu ins Landesjagdrecht gestellt wurde in vielen Ländern die Nilgans. Als sehr erfolgreiches Neozoon hat sich diese Halbgansart stark in Deutschland ausgebreitet.

Pirsch

Gänse äugen ganz ausgezeichnet. Am Tage äsen sie durchweg in offener Landschaft auf Feld- und Wiesenflächen. Während sich das Gros des Fluges gütlich tut, sind Einzelgänse als „Wächter" aufgestellt – da hat es der pirschende Jäger schwer. Er muss kriechen und robben, jede noch so kleine Deckung ausnutzen und oft weit hinhalten. Verstärkt gilt es hierbei, den Kugelfang zu beachten. Die Pirsch bringt meist nur Einzelerfolge. Aber die so erlegten Gänse bleiben dem Jäger im Gedächtnis.

Gänsestrich

Morgens streichen die Gänse von den Wasserflächen, wo sie übernachtet haben, zu ihren

JAGDZEITEN DER WILDGÄNSE NACH DER BUNDESJAGDZEITENVERORDNUNG

Graugans	*1. bis 31. August und 1. November bis 15. Januar*
Bläss-, Saat-, Ringel- und Kanadagans	*1. November bis 15. Januar*

Dem Jagdrecht unterliegt in vielen Bundesländern inzwischen auch die Nilgans.

Äsungsplätzen. Abends geht es wieder zurück. Oft sind die Luftkorridore Jahr für Jahr dieselben. Dort erwartet sie der Jäger in guter Deckung. Erfolgversprechendes Gänsewetter ist Sauwetter. Stürmisch muss es sein, neblig und diesig, regnen kann es. Dann ziehen die Gänse tief, oft unruhig mehrfach hin und her. Jetzt kommen sie in den Bereich der Flinte des wartenden Jägers.

Bei Hochdruck und blitzblauen Himmel kann der Jäger häufig nur die wunderschönen Bilder der großen Flüge beobachten. Ihre Höhe lässt auch bei engster Bohrung der Läufe waidgerechtes Schießen nicht zu. Also bleiben die Schrote im Lauf.

Im Felde nutzen Tarnnetze nur wenig. Zu argwöhnisch sind die Gänse. Hier hilft es, wenn wir uns am Tage vor der Jagd ein Ansitzloch graben. Der Aushub muss möglichst unauffällig verteilt sein, die Grube unten breiter als oben. Gänse registrieren jede deutliche Veränderung und fallen – einmal misstrauisch geworden – nicht ein. Wenn wir die Gänsegrube ausheben, berücksichtigen wir, dass die Gänse wie alles Flugwild gegen den Wind einfallen. Aus schlechten Erfahrungen lernen Gänse schnell. Dort, wo es mehrfach in kurzen Abständen heraufdonnert, verändern sie ihre Zugstraßen oder suchen sich neue Äsungsplätze.

Die jagdliche Nutzung von Wasserwild ist für ihn eine Selbstverständlichkeit.

Lockjagd mit Attrappen

Künstliche Lockgänse werden auf den bevorzugten Äsungsplätzen aufgestellt. Diese hat der Jäger ein paar Tage zuvor ausgekundschaftet. Hierhin streichen Wildgänse am frühen Morgen.

Die aufgestellten Attrappen täuschen den Gänsen Sicherheit vor. Sie stehen in lockerem Verband etwa 20 bis 30 Meter vor unserem Ansitzloch, grundsätzlich mit dem Kopf gegen den Wind. Der Jäger erwartet die Gänse also in guter

Die Lockjagd mit Attrappen auf Äsungsflächen ist eine gute Methode, um Wildgänse zu erbeuten.

Deckung (siehe oben). Er sitzt tief und unbeweglich, um nicht vorzeitig eräugt zu werden. Mit klopfendem Herzen lässt er die Gänse heranstreichen. Dabei empfiehlt es sich, im Abstand von 30 Metern, der maximalen Schussentfernung, Markierungen anzubringen, die wir auch aus der Grube erkennen können. So vermeiden wir eher zu weites Schießen, wozu die große, scheinbar so langsame Gans immer wieder verführt, insbesondere in der Dämmerung. Die Lockjagd mit Gänseattrappen auf Äsungsflächen ist die sicherste Methode, um mehrfach Beute zu machen.

Waffe und Munition

Eine wirklich eng schießende Doppelflinte im Kaliber 16 oder 12 und Schrotstärken von dreieinhalb bis vier Millimetern (an Gewässern bleifreies Schrot) sind bei der Jagd auf Gänse üblich. Berücksichtigen müssen wir dabei, dass unsere Waffe im Schlick und in der Grube verstärkt unter Nässe und Sand leidet. Gründliche Pflege tut dann allabendlich not.

Für die Pirsch empfiehlt sich eine *kleinkalibrige Büchse* – etwa im Kaliber 5,6 oder 6,5 Millimeter –, die das *Geschoss* bis 170 Meter auf den Punkt bringt. Für ein sechs- bis acht- oder zehnfach vergrößerndes Zielfernrohr ist das die ideale Einsatzmöglichkeit.

Gänse sind sehr schusshart, denn sie besitzen ein sehr dichtes Gefieder. Das gilt besonders im Winter, wenn sie voll durchgemausert sind. Der Durchschlag der Schrote ist entscheidend, weniger deren Deckung. Weil Gänse viel schneller fliegen als es „auf den ersten Blick“ scheint, schwingen wir gut vor und tun so, als bestünde die Gans bloß aus Kopf und Hals. Einige „Spezialisten“ unter den Gänsejägern laden zur besseren Deckung zweieinhalb Millimeter.

Sonstige Wasserwildarten

Blässhuhn und Höckerschwan sowie einige Möwenarten haben in Deutschland Jagdzeit, der Fischreiher nur in Bayern. Im jagdlichen Alltag spielen diese Arten allerdings keine große Rolle. Kormoran und Fischreiher bereiten den Teichwirten vielerorts arge Probleme. Möwen, Höckerschwäne und „Zappen“ gibt es regional so häufig, dass ein Eingriff in ihre Populationen dort Not tut.

Der Tod vieler Wildgänse ist für Hunderttausende ein Segen: Sie verdanken es den Jägern, dass ihre Rastplätze erhalten bleiben.

MÖWEN – MERKMALE IM ÜBERBLICK

	Lachmöwe	*Silbermöwe*	*Sturmmöwe*	*Heringsmöwe*	*Mantelmöwe*
Kopf	*Sommer: schokoladenbraun; Winter: weiß mit kommaförmigem Fleck hinter dem Auge*	*weiß*	*weiß, runder als bei der Silbermöwe, im Winter sind Oberkopf, Nacken und Wangen fein dunkel gestrichelt*	*Sommer: rein weiß; Winter: fein gestrichelt*	*weiß*
Schnabel	*Altvögel: dunkelrot; Jungvögel: bräunlich fleischfarben*	*gelb mit rotem Fleck am Unterschnabel*	*im Brutkleid hellgrün ohne roten Fleck*	*gelb*	*gelb mit rotem Fleck am Unterschnabel*
Oberseite	*hellgrau*	*silbergrau*	*zart bläulich grau*	*schiefergrau (heller als Mantelmöwe)*	*dunkelgrau*
Unterseite	*weiß, graue Schwungfedern*	*weiß*	*weiß*	*weiß*	*weiß*
Ruder	*wie Schnabel*	*fleischfarben bis rosa bei Altvögeln*	*Sommer: grünlich; Winter: hellgrau*	*zur Brutzeit: gelb; Jungvögel: schwach gelb bis fleischfarben*	*Altvögel: fleischfarben; Jungvögel: braun*

Möwen

Vorkommen und Kennzeichen: In Deutschland kommt rund ein halbes Dutzend verschiedener Möwenarten – oft in großen Mengen – vor. Teils handelt es sich dabei um Gäste auf dem Zug. Wir beschränken uns auf die Möwen, die bejagt werden dürfen, nämlich Lach-, Sturm-, Mantel-, Silber- und Heringsmöwe.

Möwen sind langflügelige Seevögel und gewandte Flieger. Auch zu Land oder auf dem Wasser bewegen sie sich behände. Bei sämtlichen Arten ist Weiß die Grundfarbe. Allerdings sind die Jungen häufig bis in das zweite Lebensjahr hinein – bei manchen Möwenarten noch länger – braun-grau gezeichnet. Der Stoß der Jungmöwen weist eine dunkle Binde auf. Bei den Altvögeln ist er rein weiß. Die Geschlechter sind gleich gefärbt.

Lebensweise: Möwen leben gesellig und brüten in Kolonien. Oft kann man Hunderte von Paaren auf Inseln, Dünen oder Klippen ausmachen. Sie ernähren sich überwiegend von tierischer Kost, von Muscheln, Krebsen, Fischen, Würmern und Weichtieren, aber auch von Eiern und Jungvögeln. Zudem nehmen sie Abfälle jeglicher Art auf. So sind sie häufig auf Schuttplätzen oder Müllkippen anzutreffen.

Fortpflanzung: Je nach Art wird eine Möwe im Alter von zwei bis vier Jahren geschlechtsreif. Alle Arten leben in Einehe. Beide Partner lösen sich beim Brüten ab. Die Brutdauer beträgt je nach Art zwischen 21 und 28 Tagen. Das Gelege befindet sich in einem kunstlosen Nest und besteht nahezu immer aus drei Eiern. Die mit Daunen befiederten Jungen können alsbald laufen und schwimmen. Bis zur Flugfähigkeit – je nach Möwenart unterschiedlich, spätestens jedoch nach sieben Wochen – bleiben sie in Nestnähe, wo sie von ihren Eltern gefüttert werden. Sie stehen also zwischen Nesthockern und -flüchtern.

Jagd: Fischereihäfen und Müllplätze ziehen Möwen stark an. In deren Umfeld verspricht ein Ansitz guten Erfolg. Auch die Beize mit dem abgetragenen Wanderfalken ist erfolgversprechend. Mit ihm kann der Falkner auch an Stellen beizen, wo der Schuss mit der Flinte problematisch ist.

Laut Bundesjagdgesetz dürfen die Eier von Ringel- und Türkentauben sowie von Silber- und

Sturmmöwen sind Brutvögel an der Nord- und Ostseeküste. Vereinzelt brütet sie aber auch weit im Binnenland.

Rechts: Die etwa bussardgroße Silbermöwe ist an der Küste die auffälligste Möwe.

Die dunkelbraune Maske ist für die Altvögel der Lachmöwe kennzeichnend. Lachmöwen sind etwa taubengroß und kommen häufiger als die verwandten Arten im Binnenland vor.

Rechts: Braun gefärbte Möwen sind fast immer Jungvögel der einheimischen Großmöwen, im Bild eine Heringsmöwe mit Jungen.

Die Mantelmöwe – hier an einem verendeten Seehund – ist die größte einheimische Möwe.

Lachmöwen gesammelt werden, was nach den Gesetzen der Länder aber nicht mehr gestattet ist. Das Sammeln von Möweneiern half früher neben der Bejagung dabei, den Möwenbesatz zu verringern. Zudem waren Möweneier als beliebte Delikatesse gut abzusetzen. Um keine angebrüteten Eier mit nach Hause zu bringen, sammelte man in der Regel, bevor das dritte Ei gelegt war. Dann sammelte man die Eier regelmäßig – jeden zweiten Tag –, und das möglichst lange.

Blässhuhn

Systematik und Kennzeichen: Blässhühner gehören zur Ordnung der Rallen. Die schwarz bis aschgrauen Vögel wiegen zwischen 600 und 800 Gramm. Charakteristisch ist das weiße Stirnschild, welches den Jungvögeln bis zur Herbstmauser fehlt.

Blässhühner verlassen nur ungern das Wasser. Beim Auffliegen vom Gewässer nehmen sie „Anlauf": Dabei laufen sie rasant patschend und spritzend über das Wasser. Während sie schwimmen – oft langsam sowie kopfnickend – liegen sie hoch im Wasser.

Lebensweise und Ernährung: „Zappen" lieben vegetationsreiche, flache, große Binnenseen und leben gesellig. Sie vertragen sich nicht mit anderen Uferbewohnern. So brüten beispielsweise Wildenten nicht in ihrer Nähe. Blässhühner ernähren sich überwiegend pflanzlich, nämlich von Sprossen, Wurzeln und Früchten der Wasserpflanzen. Schnecken, Insekten und sogar Eier verschmähen sie nicht.

Fortpflanzung: Ab April legen „Belchen" fünf bis zehn gelb-grünliche, zart dunkel getupfte Eier in ein meist schwimmendes Nest, das am Wasserrand im Altschilf verankert ist. Sie werden zwischen 21 und 24 Tagen bebrütet. Beide Elterntiere verteidigen Nest und Brut energisch.

Jagd und Verwertung: Bejagt werden Zappen, sofern nicht ganzjährig geschont, entweder mit der Flinte oder mit Kleinkaliber, jeweils vom Ufer aus. Auf größeren Gewässern, wo Blässhühner zahlreich vorkommen, kann man sie im Herbst vom Boot aus bejagen. Dabei fahren mehrere, mit Jägern besetzte Boote in recht dichtem Abstand nebeneinander her. Die Blässhühner weichen zunächst schwimmend aus. Werden sie gegen das Ufer gedrängt, streichen sie, da sie ungerne über Land fliegen, über die Boote zurück. Weil das Gefieder der „Belchen" recht locker ist, genügen zweieinhalb Millimeter. Wenn wir der Hausfrau keine tranigen Blässhühner bringen wollen, werden wir die Vögel nicht rupfen, sondern sie – wie Tauchenten – abziehen. Sie schmecken allerdings trotzdem „moderig".

Im Frühjahr kommt es zu heftigen Revierkämpfen zwischen den Blässhühnern. Jedes will das beste Brutrevier.

Ein Familienidyll: Blässhuhn mit zwei Jungen.

JAGDZEITEN NACH DER BUNDESJAGDZEITEN-VERORDNUNG

Lachmöwen	*16. Juli bis 30. April*
Sturm-, Silber-, Mantel- und Heringsmöwe	*16. August bis 30. April*
Blässhuhn	*1. September bis 15. Januar*
Höckerschwan	*1. September bis 15. Januar*

Auf Müllplätzen, in Häfen, hinter Traktoren oder auf Ausflugsdampfern – als Allesfresser finden Möwen nahezu überall Nahrung.

Höckerschwan

Kennzeichen: Höckerschwäne gehören zu den größten flugfähigen Vögeln. Sie klaftern 235 Zentimeter und erreichen ein Gewicht von 13 bis 14 Kilogramm. Die Männchen werden größer als die Weibchen. Ihr schwarzer Höcker an der Schnabelwurzel ist zudem höher.

Lebensweise und Ernährung: Schwäne bevorzugen große Seen mit breiten, bewachsenen Ufern. So sind sie als Kulturfolger in vielen Stadtseen anzutreffen. Sie äsen vornehmlich Wasserpflanzen, die sie sich mit langem Hals aus großer Tiefe herausholen können.

Mit Schwingenschlägen und Schnabelbissen vermögen sich Höckerschwäne wirksam zu verteidigen. So sind sie etwa für Hunde im Wasser gefährliche Gegner. Erst nach längerem „Anlauf" erhebt sich der Schwan vom Wasser und fliegt mit laut „singendem" Fluggeräusch.

Fortpflanzung: Im Spätwinter können wir ein ausgeprägtes Balzspiel beobachten: Schnabeleintauchen, Kopfnicken und -wenden. Die Geschlechter sind in der Regel jahrelang verpaart. Der Schwan legt in ein Bodennest im Schilf fünf bis sieben blassgrüne Eier. Die Jungvögel schlüpfen nach 35 Tagen. Sie sind in der Regel bis zu drei Jahre grau. Der Altschwan verteidigt seine Brut gegen andere Schwäne, natürliche Feinde und auch Menschen heftig.

Jagd: Dort, wo es Überbesätze gibt und es rechtlich möglich ist, sind Eingriffe in die Population angebracht. Das ist leichter geschrieben als in die Tat umgesetzt, denn Höckerschwäne leben zunehmend halbwild an stark von der Öffentlichkeit frequentierten Gewässern. Dort gelten sie als Zierde. Wo deshalb die Jagd unmöglich ist, können wir den Schwanenbesatz reduzieren, indem wir Eier anstechen. Schwäne sind sehr hart. Deshalb beschießen wir sie mit Schrot nur auf kurze Distanz. Geeigneter ist eine kleinkalibrige Kugel. Bevorzugt werden wir Jungschwäne schießen, deren Wildbret schmackhaft sein soll.

Graureiher

Kennzeichen: Grau- oder Fischreiher sind tag- und nachtaktive, storchengroße Vögel, die zwischen eineinhalb und zwei Kilogramm schwer sind. Ihre Oberseite und die Schwingen sind hellgrau, Kopf und Unterseite weiß. Den Kopf ziert eine lange, strähnige, eng anliegende Hau-

Ein wassernder Höckerschwan bietet ein Bild von majestätischer Eleganz. Mit Schwingenschlägen und Schnabelbissen können Schwäne sich wirksam verteidigen!

Zwei Schwäne hat er erbeutet. Ob ihm sein Dackel dabei wohl helfen konnte?

be. Die Ständer sind wie der lange, spitze Schnabel gelb. Graureiher streichen mit s-förmig eingezogenem Hals, oft mit den Flügeln wuchtig rudernd. Während des Fluges lassen sie häufig ihren laut krächzenden Ruf ertönen.

Lebensweise und Ernährung: Graureiher sind Anstandsjäger. Sie stehen oft lange und bewegungslos am oder im Wasser, bis der Schnabel schnell und zielsicher vorstößt. In zum Teile großen Zahlen sehen wir sie auch auf Saaten oder abgeernteten Feldern. Sie fressen Frösche, Reptilien, Insekten, vor allem aber Mäuse und Fische. Deshalb hießen sie früher auch Fischreiher. Sie bevorzugen schlanke, feinschuppige, zwischen 10 und 15 Zentimeter lange Weißfische. Etwa ein halbes Kilogramm tierische Kost braucht der Reiher täglich. Nur jeder zweite Fangversuch ist erfolgreich.

Fortpflanzung: Graureiher leben in Jahresehe. Sie horsten häufig in Kolonien. Reiherkolonien sind vielfach sehr alt. Die Brutzeit liegt im März/April. Die in der Regel vier blass blaugrünen Eier werden von beiden Eltern 25 bis26 Tage bebrütet. Die Nestlingszeit beträgt sechs Wochen. Sobald die Jungen geschlüpft sind, herrscht in Reiherkolonien ein „Heidenlärm". Die Nestjungen werden mit vorverdauter Nahrung aus dem Kehlsack der Altvögel versorgt. Nach neun Wochen sind die Jungvögel gut beflogen.

Jagd: Bejagt werden darf der Graureiher nur aufgrund von Sondergenehmigungen, außer in Bayern. Hier darf er in der Zeit vom 16. September bis zum 31. Oktober in einem Umkreis von 200 Metern um geschlossene Gewässer erlegt werden. Der Eingriff ist im Interesse der Teichwirte. Am Geschmackswert des Wildbrets scheiden sich die Zungen. Für die einen ist Reiherbrust eine Delikatesse, die anderen kann man „damit jagen".

Wie eine Statue verharrt er minutenlang an einem Fleck. Dann stößt sein spitzer Schnabel blitzschnell zu. Als Mahlzeit wird ihm der Aal für diesen Tag sicher reichen.

Eine typische Pose: Nach erfolgreichem Tauchgang hockt der Kormoran auf einem toten Ast und breitet seine Schwingen aus, um sein Gefieder zu trocknen.

Brauchbare Jagdhunde sind bei der Wasserwildjagd ein Muss. So will es der Gesetzgeber. Für den Praktiker ist das ohnehin eine Selbstverständlichkeit.

Schutz von Fischzuchten: Selber helfen können die Teichwirte sich, indem sie ihre Fischteiche mit Netzen überspannen oder am Gewässerrand zwei Stolperdrähte aus Nylonschnur spannen. Hilfreich können zudem Böllerschüsse oder Klangattrappen sein, die entweder das arteigene Angstgeschrei oder den Ruf des Seeadlers nachahmen.

Steil abfallende Ufer, die in mindestens 60 Zentimeter tiefe Teiche führen, werden von den Reihern gemieden.

Kormoran

Systematik und Kennzeichen: Der Kormoran zählt zoologisch zu den Scharben. Dabei handelt es sich um schlanke, dunkel gefiederte Tauch- und Schwimmvögel. Kormorane sind beinahe gänsegroß und besitzen einen langen, vorne gehakten Schnabel. Ihr Stoß ist kurz und breit. Kurz sind auch die Ständer (mit Schwimmhäuten). Beide Geschlechter sind schwarz, dunkelblau glänzend.

Entgegen der weitverbreiteten Meinung, Komorane besäßen keine Bürzeldrüse, fetten auch sie ihr Gefieder regelmäßig ein. Aufgrund der Struktur nehmen die Federn des Kormorans aber trotzdem Wasser auf, was den Auftrieb des Vogels unter der Wasseroberfläche verringert. So kann der „Seerabe" kurzfristig rascher tauchen. Allerdings muss er sein Gefieder nach einem Tauchgang länger trocknen. Dazu sitzt er meist in für ihn typischer Pose mit ausgebreiteten Schwingen auf abgestorbenen Baumkronen oder Pfählen.

Lebensweise und Ernährung: Kormorane leben in der Nähe von möglichst fischreichem Süß- oder Salzwasser, da sie auf Fischfang spezialisiert sind. Ihr Tagesbedarf liegt bei 750 Gramm Fisch. Wie alle Scharben erbeuten sie Fische unter Wasser.

Fortpflanzung: Kormorane brüten im April bis Juni auf Bäumen in Kolonien, bisweilen auch mit Graureihern zusammen in gemischten Kolonien. Beide Eltern bauen ein Reisignest und bebrüten die vier bis fünf hellblauen Eier. Die Brutzeit beträgt 23 bis 24 Tage.

Jagd: Kormorane unterliegen derzeit nicht dem Bundesjagdrecht. Bei den in den vergangenen Jahren verstärkt auftretenden Problemen, welche die Vögel vor allem den Teichwirten bereiten, ist also die Naturschutzbehörde zuständig. Zur Abwehr erheblicher fischereiwirtschaftlicher Schäden sind in den meisten Bundesländern nach behördlicher Genehmigung sogenannte Vergrämungsabschüsse außerhalb der Brut- und Aufzuchtzeit möglich („Kormoranerlasse").

Sonstiges: In Ostasien werden Kormorane zum Fischfang verwendet, eine Attraktion für Touristen. Eine Leine am Bootsrand und ein „Stoppring" am Hals verhindern, dass sie mit dem erbeuteten Fisch wegtauchen beziehungsweise ihn verzehren.

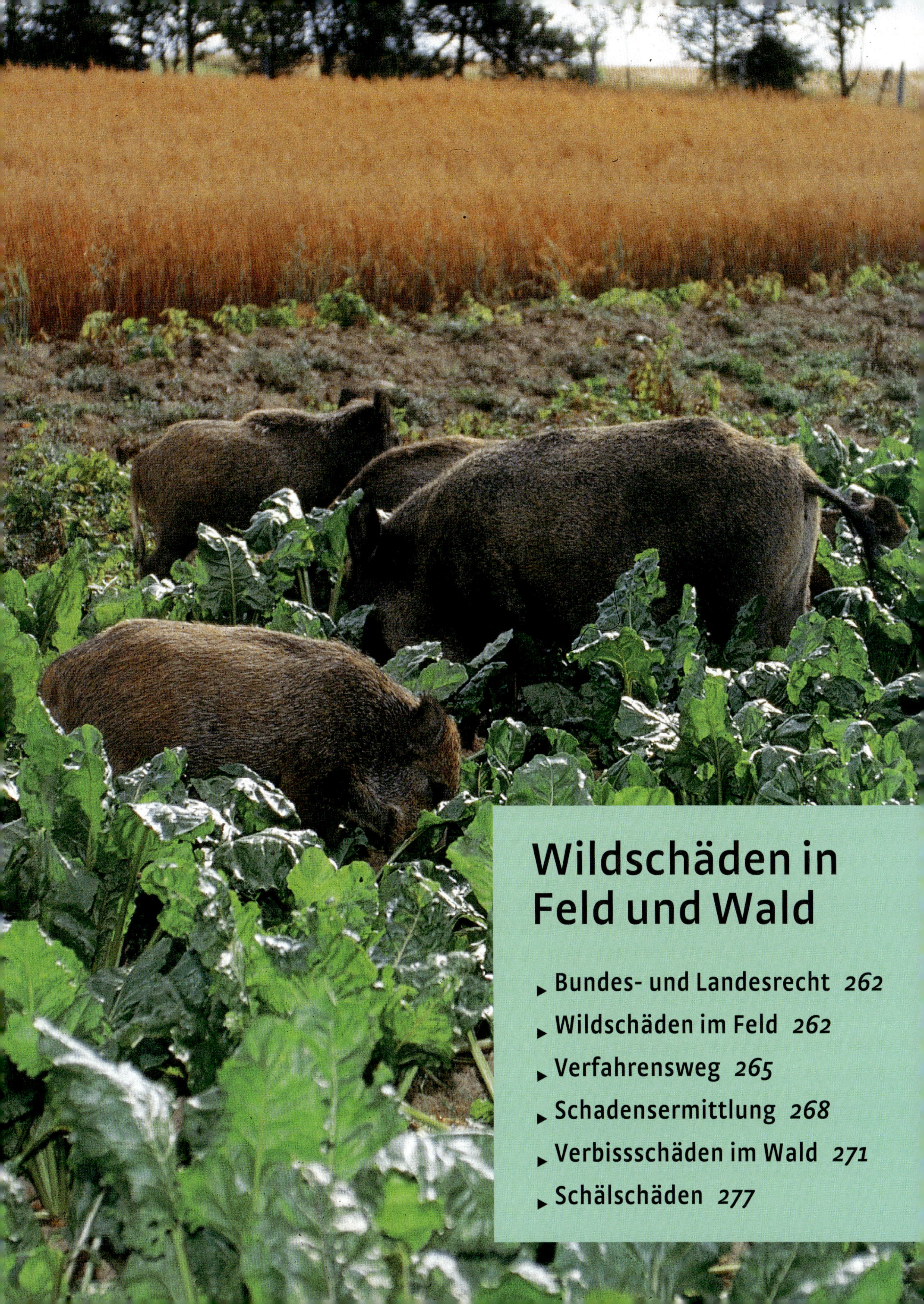

Wildschäden in Feld und Wald

Bundes- und Landesrecht

Das Bundesjagdgesetz lässt als Rahmengesetz im Abschnitt „Wild- und Jagdschaden"(§§ 26–35) den Bundesländern weitgehende Freiheit zur Verfahrensregelung. Die Unterschiede im Einzelnen darzustellen, würde den Rahmen sprengen. Hier das Wesentliche in Kürze:
Die zuständigen Dienststellen, bei denen Wild- und Jagdschäden gemeldet werden, sind je nach Bundesland die zuständigen Gemeinden, die Unteren Jagd- oder Forstbehörden oder die Ordnungsbehörden.
Beim ersten amtlich anberaumten *Feststellungstermin* am Schadensort wird häufig noch kein Wildschadensschätzer hinzugezogen. In manchen Bundesländern wird er jedoch geladen, wenn eine *gütliche Einigung* von vornherein zweifelhaft ist.
Eine schriftlich niedergelegte und von den Beteiligten unterschriebene gütliche Einigung bietet die Grundlage einer Zwangsvollstreckung. In den meisten Ländern ist die *Vollstreckbarkeit* sofort nach Zustellung an die Beteiligten möglich oder nach einem bestimmten Zeitraum (ein bis drei Wochen).
Ansonsten wird ein zweiter Termin anberaumt. Ein *amtlicher Schätzer* begutachtet den Schaden. Die schriftlich niedergelegte Schätzung dient als sofort vollstreckbarer *Vorbescheid*.
In einzelnen Bundesländern wird kein Vorbescheid erteilt, da die amtliche Schätzung nochmals eine gütliche Einigung bewirken soll. Bei Scheitern wird die Niederschrift den beteiligten Parteien mit einer Rechtsbelehrung über den Klageweg zugestellt.
Gegen den Vorbescheid bzw. die amtliche Niederschrift kann innerhalb einer bezeichneten Frist nach Zustellung (meist zwei Wochen) beim Amtsgericht geklagt werden.

Wildschäden im Feld

In Deutschland hat sich die Wildschadensregelung in rund 150 Jahren entwickelt. Heute definiert das Bundesjagdgesetz die Begriffe Wild- und Jagdschaden. Einzelne Bundesländer haben dieses Rahmengesetz unterschiedlich stark präzisiert und ergänzt. Wildschäden werden möglichst schon im Vorfeld vermieden oder minimiert. Der Jagdausübungsberechtigte sorgt dafür, dass die Höhe der Wildbestände eine ordnungsgemäße Forst-, Land- und Fischereiwirtschaft nicht wesentlich beeinträchtigt.

MELDESTELLEN DER LÄNDER FÜR WILD- UND JAGDSCHÄDEN

Bundesland	**Meldestellen**
Baden-Württemberg, Bayern, Hessen, Niedersachsen, Rheinland-Pfalz	*Gemeinden (schriftlich oder zur Niederschrift)*
Brandenburg, Nordrhein-Westfalen, Thüringen	*Gemeinden, sofern nicht Eigentümer der geschädigten Flächen; in letztem Fall Aufsichtsbehörde der Gemeinde*
Bremen	*Ortsbehörden der Ortsamtsbezirke, ansonsten Untere Jagdbehörde*
Hamburg	*Behörde für Ernährung und Landwirtschaft*
Saarland	*Gemeinden, bei Amtszugehörigkeit der Amtsvorstand*
Brandenburg, Mecklenburg-Vorpommern, Schleswig-Holstein	*Örtlich zuständige Ordnungsbehörde*

Grundsätzliches

Sowohl der Jagdausübungsberechtigte als auch der Nutzungsberechtigte eines Grundstücks sind berechtigt, Wild von Grundstücken abzuhalten oder zu verscheuchen. Starke Wildschäden aufgrund überhöhten Wildbestands können einen rigorosen Reduktionsabschuss erfordern. Die zuständige Jagdbehörde trifft dann gegenüber dem Jagdausübungsberechtigten eine entsprechende Anordnung: *Handlungsfrist* und *Abschusssoll* werden festgesetzt, unter Umständen sogar *ohne Rücksicht auf Schonzeiten*. Kommt der Beständer dieser Anordnung nicht nach, hat die Jagdbehörde das Recht, andere Jäger mit der Reduktion des Wildbestands zu beauftragen. Anfallende Kosten lasten auf dem Jagdausübungsberechtigten. Von diesem Recht wird in der Praxis kaum Gebrauch gemacht.

Das Verhindern untragbarer Wildschäden begrenzt die Hege. So dürfen beispielsweise Schwarzwild und Wildkaninchen nicht ausgesetzt werden. Die Länder können das Hegen und Aussetzen weiterer Wildarten beschränken oder verbieten sowie das Füttern von Wild untersagen oder beschränken. Dies haben zum Beispiel die Bundesländer Baden-Württemberg und Saarland getan.

Wildschadensabwehr

Nach Bundesjagdgesetz ist nur Schaden zu erstatten, der durch Schalenwild, Wildkaninchen und Fasanen an Grundstücken entsteht, die zu einem gemeinschaftlichen Jagdbezirk gehören oder einem Eigenjagdbezirk angegliedert sind. Diese Regelung ist im Zusammenhang mit dem im Jahr 2012 ergangenen Urteil des Europäischen Gerichtshofs für Menschenrechte von Bedeutung. Das Gericht beurteilte die Zwangsmitgliedschaft in einer Jagdgenossenschaft als Verstoß gegen die Menschenrechte, sofern ein Grundeigentümer die Jagd aus ethischen Gründen ablehnt.

Die Länder können die Wildschadensersatzpflicht beschränken oder auf weitere Wildarten ausdehnen. Letzteres kann auch im Jagdpachtvertrag geschehen. Baden-Württemberg zum Beispiel hat in seinem neuen „Jagd- und Wildtiermanagementgesetz“ die Ersatzpflicht für Wildschaden an Maiskulturen auf 80 Prozent begrenzt, wenn der Geschädigte keine üblichen und zumutbaren Schadensabwehrmaßnahmen nachweist. Auf weitere Wildarten ausgedehnt werden kann die Wildschadensersatzpflicht auch im einzelnen Jagdpachtvertrag.

1. Land- und forstwirtschaftliche Kulturen: Soweit sie durch Wild stark gefährdet sind, werden sie mit üblichen *Schutzvorrichtungen* versehen. *Gatter* oder *Zäune* reichen unter gewöhnlichen Umständen zur Schadensabwehr aus. Im Bundesjagdgesetz sind solche Kulturen aufgeführt:

Rotwild schädigte den Winterraps im Aufwuchsstadium. Das Feld reift ungleich.

Hasenschäden sind über den gesamten Sonnenblumenacker verteilt. Kaninchen suchen nur Teilflächen heim.

„Visitenkarten“ des Besuchs von Sauen werden eingeebnet.

- Im Feld: Weinberge, Gärten, Obstgärten, Baumschulen, Alleen, einzeln stehende Bäume, Freipflanzungen von Garten- oder hochwertigen Handelsgewächsen
- Im Wald: Kulturen, die durch Einbringen anderer als der im Jagdbezirk vorkommenden Hauptholzarten einer erhöhten Gefährdung ausgesetzt sind.

2. Gartengewächse: Hierunter verstehen wir hauptsächlich in Gärtnereien gezogenes Grün wie Salate, Bohnen, Erbsen, Gurken, Zwiebel- und Kohlarten, Lauch, Meerrettich, Möhren, Rettiche, Kohlrabi, rote Beete, Schwarzwurzeln, Tomaten, Paprika und Spinat. Gehören diese Pflanzen in einer großen Region zum traditionellen Feldanbau, entfällt die Auflage für mechanischen Schutz. In der Rechtsprechung ist jedoch sehr umstritten, wann dieser feldmäßige Anbau beginnt.

3. *Hochwertige Handelsgewächse:* Darunter fallen Hopfen, Tabak, Arznei-, Farb- und Gewürzpflanzen.

Landesrechtliche Vorschriften verlangen als mechanischen Schutz oft wilddichte Zäune. Meist beträgt die vorgegebene Mindesthöhe bei Muffelwild zweieinhalb Meter, bei Rot- und Damwild 1,8 Meter, bei Reh- und Schwarzwild 1,5 Meter.

Um Schwarzkittel abzuwehren, muss der Zaun außerdem so im Boden befestigt sein, dass er von den Sauen nicht hochgehoben werden kann.

Schutz vor Kaninchen bietet ein Drahtgeflechtzaun von maximal 40 Millimeter Maschenweite mit einer Höhe von 1,3 Meter. Zusätzlich wird er noch bis zu 30 Zentimeter tief in die Erde eingelassen, damit sich die Karnickel nicht unter dem Zaun durchgraben. Beim Einzäunen wird der Profi natürlich auch darauf achten, dass das Tor der Zaunhöhe entspricht. Sinnigerweise sind Lücken im Boden- und Seitenbereich nicht größer als die Maschenweite des Zauns.

Trotz angemessener Schutzvorrichtung ist ein auf dem Grundstück angerichteter Wildschaden dennoch ersatzpflichtig. Der Jagdschutzberechtigte achtet hierbei die Rechte des Grundstückseigentümers bzw. -nutzers. Er wird vor allem das Grundstück nicht beschädigen.

Auf Stubengröße plattgewalzt und der Ähren beraubt. Der Ernteausfall bei diesem Weizenfeld wird beträchtlich.

Eingeerntete Erzeugnisse

Nicht zu ersetzen sind eingeerntete Erzeugnisse, wie beispielsweise Futter-, Zuckerrüben oder Kartoffeln in Feldmieten, Erd- und Foliensilos sowie Ballensilage im Feld. Der Landwirt ist angehalten, seine eingeernteten Erzeugnisse so zu schützen, dass Wild keinen Schaden anrichten kann. Ein geschädigter Land- oder Forstwirt kann ebenfalls keinen Schadensersatz verlangen, wenn er Schutzmaßnahmen des Jagdausübungsberechtigten zur Wildschadensabwehr unbrauchbar gemacht hat.

Jagdschaden

Schaden an Grundstücken, der bei Ausüben der Jagd und der Hege durch Jagdausübungsberechtigte, bestellte Jagdaufseher oder Jagdgäste, Treiber oder Jagdhunde angerichtet wird, ist Jagdschaden. Dafür steht einzig der Jagdausübungsberechtigte gerade. Treibjagden auf Feldern mit reifender Halm- oder Samenfrucht sowie mit Tabak unterbleibt, um Jagdschaden zu vermeiden. Besäte Felder und nicht abgemähte Wiesen werden ebenfalls verschont. Denn wir beachten bei der Jagd und der Hege die Interessen der Grundstückseigentümer und Nutzungsberechtigten.

Gütliche Einigung

Verärgert steht Bauer Markus Meier auf seinem frisch gedrillten Maisacker. Die Sauen haben den über Nacht heimgesucht und großen Schaden angerichtet. Der Landwirt überschlägt den Schaden und ist sich noch unschlüssig, ob er den Acker umbrechen und neu einsäen wird. Klar ist ihm hingegen, dass er diesen Wildschaden unverzüglich und schriftlich beim Gemeindevorstand anmelden muss. Es soll ihm nicht wie im Vorjahr ergehen, als er beim neuen Jagdpächter den Kürzeren zog, nur weil er das sogenannte Vorverfahren nicht beachtet hatte. Beim vorherigen Jagdpächter hätte es das nicht gegeben. Da ging man gemeinsam zum geschädigten Grundstück und handelte die Entschädigungssumme aus. Ein Handschlag war Garantie dafür, dass der vereinbarte Wildschadensbetrag zur Erntezeit auf Heller und Pfennig erstattet wurde.

Eine *gütliche Einigung* zwischen dem Geschädigten und dem Ersatzpflichtigen ist durchaus möglich. Sie ist vom Gesetzgeber gern gesehen und ist in jedem Stadium des Wildschadensverfahrens möglich. Unterbleibt sie, greifen weitere gesetzliche Bestimmungen. Nur ein Befolgen macht Wildschadensvergütung durchsetzbar.

Verfahrensweg

Der Geschädigte meldet landwirtschaftlichen Schaden *binnen einer Woche* nach Kenntnisnahme bei der Behörde schriftlich an, die für das Grundstück zuständig ist. Entweder schickt er einen Schadensbericht oder er sucht das Amt auf und unterschreibt dort den nach seinen Angaben verfassten Bericht.

Nochmals: *Schriftlich* und *zügig* – sonst ist der Anspruch verwirkt! Denn nur rasches Feststellen sowie Anmelden des Wildschadens ermög-

Treten Kaninchen derart massiert auf, bleiben Schäden nicht aus.

Die grauen Flitzer kommen aus der Hecke. Abend für Abend äsen sie sich in den Winterweizen-Acker hinein.

licht es, neutral zu prüfen, ob er von einer „entschädigungspflichtigen" Wildart verursacht wurde. Benachrichtigt er den Jagdausübungsberechtigten oder dessen Jagdaufseher mündlich, reicht das nicht aus.

Der Nutzer muss sein Grundstück sorgfältig überwachen: Das bedeutet nicht, dass er täglich, aber auch nicht, dass er bloß halbjährlich sein Grundstück in Augenschein nimmt.

Schäden im Wald sind *zweimal im Jahr*, nämlich zum *1. Mai* beziehungsweise *1. Oktober* bei der zuständigen Behörde schriftlich anzumelden.

Ersatzpflichtige Personen

Beim Anmelden des Wildschadens wird angegeben, gegen wen sich der Anspruch der Ersatzpflicht richtet. Das ist primär die Jagdgenossenschaft, in der Regel aber der Jagdpächter: Die Ersatzpflicht des Wildschadens wird normalerweise im Jagdpachtvertrag von der Jagdgenossenschaft beziehungsweise dem Eigenjagdbesitzer auf den oder die Jagdpächter übertragen.

Ist der Jagdpächter nicht in der Lage, den Schaden zu begleichen, fällt die Ersatzpflicht an die Jagdgenossenschaft oder den Eigenjagdbesitzer (bei Angliederungsflächen) zurück. Deshalb enthält jede Satzung einer Jagdgenossenschaft das Recht, Umlagen von den Jagdgenossen zu erheben. Eine Jagdgenossenschaft ist nämlich nicht verpflichtet, Rücklagen zu bilden.

Wildschaden wird in der Regel zum Erntezeitpunkt der geschädigten Frucht in Geldform ersetzt. Ist der Ersatzpflichtige in der Lage, Naturalersatz zu leisten, kann der Geschädigte nicht auf Geld pochen. Bei *Naturalersatz* gilt: Der Ersatzpflichtige liefert die gleiche Frucht in derselben Qualität, die der geschädigten Frucht entspricht.

Das Vorverfahren

Das Bundesjagdgesetz ermächtigt die Länder, vor Beschreiten des ordentlichen Rechtsweges in Wild- und Jagdschadenssachen ein Vorverfahren durchzuführen. Hiervon haben die Bundesländer – beispielsweise Hessen – Gebrauch gemacht.

Der Schaden ist in Hessen bei dem Gemeindevorstand schriftlich anzumelden, der für das beschädigte Grundstück zuständig ist. Dieser führt unverzüglich am geschädigten Grundstück einen ersten *Ortstermin* durch. Dazu lädt er den Geschädigten sowie den Ersatzpflichtigen. Der Vertreter des Gemeindevorstands ermittelt am Grundstück den Schaden und wirkt auf eine gütliche Einigung hin. Dieser erste Ortstermin findet auch dann statt, wenn eine oder beide Parteien fehlen. Jede Partei darf ein Verlegen des ersten Ortstermins auf einen späteren Zeitpunkt, meist kurz vor der Ernte, verlangen. Dem muss stattgegeben werden. Dies empfiehlt sich vor allem, wenn die Kultur in sehr frühem Stadium geschädigt wurde. Dann bleibt die Frage offen, ob sich dieser Wildschaden bis zur Ernte noch vergrößert oder verringert oder gar auswächst.

Eine gütliche Einigung während des ersten Ortstermins wird in einer *Niederschrift* festgehalten; ebenso, wie und zu welchem Zeitpunkt der Schaden ersetzt und wie die Kosten des Verfahrens erstattet werden sollen. Einigen sich beide Parteien noch nicht, beraumt der Gemeindevorstand unverzüglich einen *zweiten Ortstermin* an. Zu diesem werden wiederum beide Parteien sowie zusätzlich ein örtlicher *Wildschadensschätzer* geladen. Der stellt nun den entstandenen Schaden fest. Eine gütliche

Einigung ist erneut möglich. Kommt sie wiederum nicht zustande, setzt der Gemeindevorstand den Schaden aufgrund der Schätzung des Wildschadensschätzers durch einen *Vorbescheid* fest. Er kann dabei die Kosten des Verfahrens nach billigem Ermessen einer oder beiden Seiten auferlegen.

Der begründete Vorbescheid enthält eine *Rechtsmittelbelehrung*. Er wird den Beteiligten zugestellt. Aufgrund der Niederschrift über die Einigung sowie des Vorbescheids ist eine *Zwangsvollstreckung* nach der *Zivilprozessordnung* möglich.

Klage

Gegen den Vorbescheid können die Beteiligten innerhalb einer im Bescheid bestimmten Frist nach der Zustellung *Klage* beim zuständigen *Amtsgericht* erheben.

Der Geschädigte kann gegen den Ersatzverpflichteten auf Zahlung eines Mehrbetrages klagen. Der Ersatzverpflichtete kann gegen den Ersatzberechtigten auf eine Aufhebung des Vorbescheides und anderweitige Entscheidung über den Anspruch klagen. Das Gericht legt im Schlussurteil die Kosten des Verfahrens nach eigenem Ermessen einer oder beiden Parteien auf.

Zeugen: Jede Seite kann sachkundige Personen zur eigenen Beratung zuziehen. Jagdpächter sind in landwirtschaftlichen Fragen oft überfordert. Sie ziehen dann einen sachkundigen Landwirt oder in schwierigen Fällen sogar einen *vereidigten landwirtschaftlichen Sachverständigen* hinzu. Beide können im Vorverfahren zur gütlichen Einigung beitragen, wenn beide Parteien damit einverstanden sind. Im Klagefall dienen sie als Zeugen. Ebenso nützen eventuell von ihnen angefertigte Gutachten. Die Kosten hierfür trägt allein der Auftraggeber.

Zeichnet sich ein Klageverfahren ab, ist wichtig, dass weitere Zeugen zur Verfügung stehen, die sich den Schaden angesehen haben und vor Gericht sachdienlich aussagen können.

Beweismittel: Das Anfertigen von Foto- oder Videoaufnahmen vom Wildschaden kann lohnen. Aus Beweisgründen ist das geschädigte Grundstück dabei deutlich erkennbar. Aus demselben Grund werden etwaige spätere Zeugen im Schadensbereich aufgenommen. Bei Aufnahmen, die kleine Details des Wildschadens zeigen, ist es gut, wenn ein Zollstock oder beispielsweise eine Streichholzschachtel mit abgelichtet werden: Dies verdeutlicht Größenverhältnisse.

Bei Schwarzwildschaden bilden wir sachkundige Zeugen auf Beweisfotos mit ab.

Kaninchenschaden in Nahaufnahme. Der Zollstock verdeutlicht die Relationen.

Wildschadensschätzer

Die Länder können Wildschadensschätzer bestellen. So bestellt beispielsweise die Jagdbehörde in Hessen im Einvernehmen mit jeder Gemeinde sachkundige Personen als Wildschadensschätzer auf die Dauer von vier Jahren. Diese Bestellung kann von der Jagdbehörde jederzeit widerrufen werden, wenn entsprechende Gründe vorliegen. Von landwirtschaftlichem Fachwissen als Voraussetzung abgesehen: Ein Bestellen zweier Gutachter pro Gemeinde, die miteinander weder verwandt noch verschwägert sind, gewährleistet, dass auch dann ein unabhängiger Wildschadensschätzer zur Verfügung steht, wenn der andere selbst Wildschaden hat. Für Schäden im Wald bestimmt die Jagdbehörde Forstsachverständige, die in der Lage sind, den Wild- und Jagdschaden zu schätzen.

Schadensermittlung

Um festzustellen, ob es sich um einen entschädigungspflichtigen Wildschaden handelt, ist ein möglichst früher Ortstermin wichtig. Nur so wird hinlänglich ermittelt, welche Wildart den Schaden angerichtet hat, ob ein Verschulden des Bewirtschafters vorliegt, der Schaden mit einer Ersatzmaßnahme gemindert oder ausgeglichen werden kann.

Auf zehn Meter Breite, vom Waldrand an gemessen, liegt Totalschaden im Weizen vor.

Flächenumfang

Handelt es sich um einen entschädigungspflichtigen Wildschaden, wird zunächst das Grundstück (Gemarkung, Flur, Flurstück) bezeichnet und die Flächengröße des gesamten, geschädigten Grundstücks festgestellt. Dies geschieht meist anhand von Unterlagen des Geschädigten. Liegt die Flächenangabe nicht vor, muss die Größe des Grundstücks ebenso wie die Größe der Schadflächen ausgemessen und errechnet werden. Oft reicht einfaches Abschreiten aus. Bandmaß oder Feldzirkel bieten genauere Daten. Unterschiedlich geschädigte Teilflächen werden getrennt erfasst.

Geminderter Ertrag

Welchen Ertrag hätte das Grundstück ohne Wildschaden gehabt? Dies lässt sich am leichtesten durch unbeschädigte Teilflächen des Grundstücks beweisen. Dort wird durch Schätzen – dazu gehört Erfahrung – oder durch Messen, Zählen und Wiegen der Ertrag je Quadratmeter oder Pflanze ermittelt und dann für das Grundstück hochgerechnet.
Ist das gesamte Grundstück geschädigt, zieht der Gutachter den Ertrag vergleichbarer Grundstücke, eventuell den von Nachbargrundstücken, heran. Vergleichbar ist ein solches Grundstück aber nur dann, wenn es nach Lage, Bodenart, Sorte der Anbaufrucht, Düngung usw. dem geschädigten Grundstück entspricht. Fehlen Vergleichsflächen, werden Buchführungsergebnisse über frühere Ernten, Versuchsergebnisse des zuständigen Landwirtschaftsamtes sowie Ernteermittlungen des Beratungsringes und Ähnliches für die Schätzung des Ertrages herangezogen.
Einige Früchte kommen oft sofort nach der Ernte zum Verkauf, werden deshalb gewogen. In solchen Fällen nützen die Wiegeergebnisse. Ebenso ist der Feuchtigkeitsgehalt, beispielsweise bei Getreide, Körnermais oder Körnerraps, zu berücksichtigen, wenn der Ertrag berechnet wird. Er kann leicht mit entsprechenden Messinstrumenten des örtlichen Landhandels festgestellt werden.
Bei manchen Früchten, zum Beispiel Getreide, werden nicht nur die Körner, sondern auch das

Stroh oder bei Zuckerrüben die Blätter geerntet und verwertet. Dann ist zusätzlicher Nutzenertrag festzustellen und bei der Errechnung des Wildschadens zu berücksichtigen.

Zusatzkosten

Ist der Ertragsausfall festgestellt, wird überlegt, ob für den Geschädigten zusätzliche Kosten entstehen: beispielsweise, wenn zusätzliche Arbeitskräfte erforderlich sind oder mehr Gerätestunden des Mähdreschers anfallen als gewöhnlich. Dazu zählt auch der Gebrauch der Scheibenegge nach dem Abernten von Silo- oder Körnermais, um am Boden liegende Maisstängel klein zu schneiden, damit eine ordnungsgemäße Saatbettbereitung für die nachfolgende Frucht möglich wird. Ergänzende Unkrautbekämpfungs- oder Düngemaßnahmen können ebenfalls „zusätzlicher Aufwand" sein. Derartige Kosten werden dem Geschädigten zusätzlich zum Ertragsausfall erstattet.

Abzug einsparbarer Kosten

Am Beispiel eines Totalschadens sind einsparbare Kosten am einfachsten darzustellen: Handelt es sich um einen Weizenacker, sind die Kosten des Mähdreschers, die Abfahrt- sowie Vermarktungskosten für die Körner einzusparen. Diese Kosten sind einzeln ermittelbar. Sie werden bei der Entschädigungsrechnung abgesetzt.

Geminderter Schaden

In manchen Fällen sorgen geeignete Maßnahmen dafür, dass sich der Wildschaden verringert oder gar auswächst. Dann ersetzt beispielsweise der Beständer dem geschädigten Landwirt die Kosten eines zusätzlich benötigten Düngers und dessen Ausbringung, ebenso zusätzliche Kosten beim Bekämpfen von Unkraut. Trotz dieser Maßnahmen kann ein Minderertrag entstehen, der dann ebenfalls zu berechnen und zu entschädigen ist.

Ein weiteres Beispiel: Ist ein Acker kurz nach dem Stecken von Saatkartoffeln durch Schwarzwild total geschädigt worden, kann der Schaden durch nochmaliges Ausbringen von Saatkartoffeln gemindert werden.

Manchmal ist ein Nachsäen der gleichen Frucht nicht möglich: Sei es, dass kein Saatgut mehr zur Verfügung steht, oder, dass es hierfür zu spät ist. Auch in diesen Fällen ist zu überlegen, ob mit der Aussaat einer anderen – vom Geschädigten verwertbaren – Frucht eine Ersatzsaat vorgenommen werden kann. Dann erstattet der Revierinhaber die Kosten der neuen Saatbettbereitung, der Saatgutkosten sowie die Aussaatkosten, ebenso eventuellen Minderertrag. Im Fall einer Ersatzfrucht ist vom Totalschaden der Betrag abzuziehen, den die Ersatzfrucht dem Geschädigten eingebracht hat.

Sauenbesuch im Mais. Hat der Geschädigte keine Abwehrmaßnahmen getroffen, ist in Baden-Württemberg die Ersatzpflicht mittlerweile auf 80% der Schadenssumme begrenzt.

Zahlungszeitpunkt

Gewöhnlich erfolgt ein Entschädigen in Geld. Dem Geschädigten steht die Entschädigung zu dem Zeitpunkt zu, an dem er üblicherweise seine Ernte vermarktet oder im eigenen Betrieb einsetzt. Dies gilt ebenso für Naturalersatz derselben Sorte und Qualität.

Erleichternde Richtsätze

Landwirtschaftliche Einrichtungen wie Landwirtschaftsämter, Landwirtschaftskammern und Bauernverbände veröffentlichen regelmäßig „Richtsätze zur Ermittlung von Schäden an landwirtschaftlichen Kulturen". Sind beide Seiten mit der Anwendung derartiger Richtsätze einverstanden, kann der Schaden anhand der darin enthaltenen Tabellen rasch und einfach festgestellt werden. Diese Tabellen enthalten die jeweiligen Quadratmeterpreise, abgestellt auf die Ertragsfähigkeit des Standortes für die einzelnen landwirtschaftlichen Kulturen. Es ist lediglich der Umfang der geschädigten Fläche festzustellen und mit dem Quadratmeterpreis zu multiplizieren. Ist eine der beteiligten Seiten mit der Anwendung derartiger Tabellen nicht einverstanden, so muss der Schaden für das geschädigte Grundstück im Einzelnen errechnet werden.

LANDWIRTSCHAFTLICHE GRUNDDATEN

Kulturpflanze	Saatzeit	Saatmenge [kg/ha]	Ertrag [dz/ha]	Verhältnis Korn : Stroh Knolle : Blatt	Bemerkungen
Winterweizen	Okt.–Dez.	180–220	50–95	1 : 1,2	
Winterroggen	Sept.–Okt.	90–180	45–90	1 : 1,6	
Wintergerste	Sept.–Okt.	100–180	50–90	1 : 1,1	
Sommerweizen	Febr.–März	150–240	50–90	1 : 1,2	
Braugerste	März	120–180	45–75	1 : 1,0	
Hafer	März	100–160	45–75	1 : 1,2	
Körnermais	April–Mai	15–25	65–95		
Raps	August	4–10	25–50		
Zuckerrüben	März–April	6–9	400–650	1 : 0,8	
Kartoffeln	April	1800–2400	250–400		75% Speisekartoffeln, 25% Futterkartoffeln
Gehaltsrüben	März–April	6–9	600–800	1 : 0,3	
Maserrüben	März–April	6–9	700–1100	1 : 0,3	
Luzerne		18–28	70–120		1. Schnitt = 40%, 2. Schnitt = 40%, 3. Schnitt = 20%
Rotklee		14–20	70–120		1. Schnitt = 60%, 2. Schnitt = 40%
Kleegras			70–120		1. Schnitt = 60 %, 2. Schnitt = 40%
Wiese			40–120		1. Schnitt = 50%, 2. Schnitt = 30%, 3. Schnitt = 20%
Silomais	April–Mai	25–40	350–800		

Umsatzsteuer

Landwirte berechnen meist die Umsatzsteuer nach Durchschnittssätzen. Ein Teil der Landwirte wird nach den Allgemeinen Vorschriften des Umsatzsteuergesetzes veranlagt.
Wird der Landwirt nach Umsatzsteuer-Durchschnittssätzen besteuert, ist die Umsatzsteuer im Bruttoverkaufspreis enthalten. Im Fall der Besteuerung des Landwirtes nach den Allgemeinen Vorschriften des Umsatzsteuergesetzes ist der erzielbare Bruttoverkaufspreis um die enthaltene Mehrwertsteuer zu reduzieren. In diesem Falle liegt Schadenersatz vor, der nicht umsatzsteuerbar ist.

GUTES EINVERNEHMEN ZÄHLT

Gutes Einvernehmen zwischen Jäger und Landwirt bietet die beste Gewähr dafür, dass Wild- und Jagdschaden nach Möglichkeit verhindert und im Schadensfall gerecht und reibungslos entschädigt wird. Wir wollen den Streit letztendlich nicht auf dem Rücken des Wildes austragen.

Gefegt hat er schon, aber sein graues Winterhaar hat er erst am Träger weitgehend verloren. April wird es sein.

Verbissschäden im Wald

Verbissschäden im Wald – in erster Linie durch Rehe – führen regelmäßig zu Zerwürfnissen zwischen Forstleuten und Jägern. Erstere sehen durch den selektiven Verbiss bestimmter Baumarten und eine Entmischung der Verjüngung ihre waldbaulichen Ziele gefährdet, die Jäger verweisen darauf, dass Rehwild ganz ohne Verbiss nicht zu haben ist, und wehren sich gegen immer höhere Abschuss-Solls. Sie haben auch schon einiges getan: Jahrzehntelang stiegen die bundesdeutschen Rehwildstrecken kontinuierlich. 1991/1992 überschritten sie die Millionengrenze, 2020/2021 erreichten sie ihren vorläufigen Höchstwert (vgl. S. 129).
Am ehesten beruhigen sich die Gemüter, wenn sich die Beteiligten zu einem „Rehgespräch" im Wald treffen. Rehe gibt es überall und ein jeder kennt sich aus mit Fährten, Losung, Betten, Fegestellen. Alles ist bekannt, natürlich auch der Verbiss der Waldvegetation. Artgemäß nennt der Biologe das mit Rehen nun einmal einhergehende Äsen von Knospen und Blättern. Und genau um diesen Verbiss geht es bei Verbissgutachten und auch anderen Verfahren: Ab

Schon immer ästen Rehe Knospen und frisches Grün von Laubhölzern besonders gern.

Die Fegestelle eines Rehbocks ist ein ebenso klassisches Pirschzeichen wie es Fährten, Losung oder Verbiss sind.

welcher Stärke wird er für die Pflanzen belastend? Welche Folgen hat er, auch für das Biotop insgesamt? Wie lässt sich das möglichst objektiv erfassen und über mehrere Jahre verfolgen?

Beispiel Baden-Württemberg

Baden-Württemberg zieht mehrere Verfahren und Betrachtungsebenen – also nicht nur den einzelnen Jagdbezirk – zur Beurteilung der Verbissbelastung in den Wäldern des Landes heran: Waldinventuren, das Forstliche Gutachten und das Kontrollzaunverfahren. Zur monetären Bewertung solcher Schäden hat die Forstliche Versuchs- und Forschungsanstalt (FVA) ein zusätzliches „FVA-Verfahren" entwickelt, das hier nicht näher behandelt werden soll. Den Weg zur Gesamtbeurteilung der Verbissbelastung beschreibt detailliert eine 2012 erschienene Broschüre, die der Landesbetrieb Forsten (ForstBW), die Forstliche Versuchs- und Forschungsanstalt (FVA), der Landesjagdverband, die Forstkammer des Landes und gemeinsam erarbeitet haben. Er soll Förstern, Jägern, Waldbesitzern oder interessierten Laien die Möglichkeit bieten, „das für die jeweilige Fragestellung geeignete Verfahren auszuwählen und durchzuführen".

Waldinventuren

Großinventuren wie die von 2011 bis 2013 zum dritten Mal durchgeführte Bundeswaldinventur (BWI) haben nicht das Ziel, Daten über die Verbisssituation in einzelnen Jagdrevieren oder gar Waldbeständen zu liefern. Sie sollen vielmehr Aussagen über die Bundesrepublik, Baden-Württemberg oder große Landschaftsteile wie zum Beispiel den Schwarzwald liefern. Neben zahlreichen waldwirtschaftlichen Parametern wird dazu in den Rasterpunkten auch die Verbissbelastung erfasst.
Betriebsinventuren (BI) finden in der Regel in zehnjährigen Intervallen im Vorjahr der Forsteinrichtung statt und erstecken sich auf einzelne Forstbetriebe. Sie erfolgen mithilfe konzentrischer Stichproben, die in einem Raster von in der Regel 100 mal 200 Meter über den Betrieb gelegt sind, und sollen statistisch abgesicherte Ergebnisse über forstliche Wirtschaftsparameter und auch die Verbisssituation liefern. Bezugsfläche sind die gesamten Forstbetriebe, also große Flächen, wie bei der BWI aber nicht einzelne Waldbestände.

Forstliches Gutachten

Eine wichtige Entscheidungsgrundlage für die Rehwildabschussplanung auf der Betrachtungsebene des Jagdreviers – und damit das für den Revierinhaber wichtigste Verfahren – ist das in dreijährigem Turnus durchgeführte Forstliche Gutachten. Es wird erstellt in Jagdbezirken, für die ein Abschussplan bestätigt oder festgesetzt werden soll (staatliche Verwaltungsjagden, verpachtete Staatsjagden, gemeinschaftliche Jagdbezirke und kommunale Eigenjagdbezirke). Das Gutachten trifft noch keine Aussagen zum Zustand der Waldverjüngung in Einzelbeständen, eine zentrale Auswertung der Einzelgutachten soll aber auch Hinweise auf die Verbissbelastung und Intensität der Schutzmaßnahmen in großräumigeren Einheiten wie Naturräumen, Regionen oder auch Bundesländern liefern.

Vorrangige Aufgabe des Forstlichen Gutachtens ist es, eine Diskussionsgrundlage für die Festsetzung der dreijährigen Rehwildabschussplanung, sofern sie noch erfolgt (vgl. Seite 123), zu schaffen. Beurteilt wird die Verbissbelastung dazu vor allem hinsichtlich einer Gefährdung waldbaulicher Verjüngungsziele.

Bei den Erhebungen werden nur Baumarten mit einem Anteil von mehr als fünf Prozent des Gesamtbestands oder mehr als einem Hektar Verjüngungsfläche berücksichtigt. Verjüngt sich eine Baumart im Jagdbezirk im Zaun leicht natürlich und fehlt sie ansonsten wegen Wildverbiss, wird das ebenfalls bewertet. Begutachtet werden ungeschützte Leit- bzw. Terminaltriebe und ihr Zustand je Baumart für den Zeitraum der letzten drei Jahre in drei Stufen beurteilt (s. Kasten). Einzuschätzen ist dabei die durchschnittliche Verbissbelastung für den gesamten Jagdbezirk.

Aus den Ergebnissen wird im folgenden Schritt dann die Erreichbarkeit der waldbaulichen Verjüngungsziele in drei Stufen beurteilt:

- Ziele können flächig ohne Schutzmaßnahmen erreicht werden,
- Ziele können lokal nicht oder nur mitSchutzmaßnahmen erreicht werden,
- Ziele können flächig nicht oder nur mitSchutzmaßnahmen erreicht werden.

Nach einer abschließenden Beurteilung der Entwicklung des Verbisses in den letzten drei Jahren spricht der Gutachter eine Empfehlung zur Festsetzung des Rehwildabschuss aus. Dies geschieht nicht in Form absoluter Abschusszahlen, sondern in folgenden vier Kategorien:

- Abschuss senken
- Abschuss belassen
- Abschuss moderat erhöhen
- Abschuss deutlich erhöhen

In Gesprächen und bei gemeinsamen Waldbegängen von Jäger, Förster und Waldbesitzer sollen schließlich die Ursachen für die Verbissbelastung und Wege zu deren Beseitigung gefunden werden. Eine Erhöhung des Abschusses muss nicht immer die Lösung des Problems darstellen. Die Ergebnisse des gemeinsamen Begangs werden in einem Protokoll festgehalten (siehe Seite 274).

VERBISSBELASTUNG UNGESCHÜTZTER TERMINALTRIEBE (BSP. BADEN-WÜRTTEMBERG)

gering	*0–20 % der Triebe verbissen*
mittel	*21–50 % der Triebe verbissen*
stark	*über 50 % der Triebe verbissen*

Kontrollzaunverfahren

Das Kontrollzaunverfahren wurde von der FVA als „Vergleichsflächenverfahren" entwickelt. In der Praxis wird es auf freiwilliger Basis durchgeführt. Betrachtungsebene dieses Verfahrens ist der Waldbestand. Die Ziele sind im Wesentlichen, Probleme in beginnenden Verjüngungen zu erkennen, Verbiss an Sämlingen festzustellen und Grundlagen zur Beurteilung der Vegetationsentwicklung zu gewinnen. Das Kontrollzaunverfahren soll einer objektiveren und realistischeren Beurteilung der Wald-Wild-Situation insgesamt dienen und Konflikte zwischen Jägern, Forstleuten und Grundbesitzern versachlichen.

Voraussetzung hierfür ist jedoch die sachgerechte Anlage der Kontrollzäune und die ebenso sinnvolle Auswahl der Vergleichsflächen. Innerhalb der ausgewählten Waldbestände werden im Abstand von fünf bis 20 Metern zwei standörtlich und hinsichtlich der Bedingungen für die Waldverjüngung vergleichbare Flächenpaare (gezäunt und ungezäunt) in einer Größe von je zwölf mal zwölf Metern ausgewählt. Die Flächen müssen möglichst repräsentativ für den Bestand sein. Als wichtigste Größen werden erhoben:

1. eine Beschreibung des Altbestandes,
2. Baumarten und Verbiss: Für jede Baumart werden Anzahl, Höhe und der Verbiss erhoben. Je Bäumchen wird dabei ebenfalls der Terminaltriebverbiss der letzten drei Jahre angesprochen. Unterschieden werden dabei drei Stufen:

- ohne Terminaltriebverbiss
- einmaliger Terminaltriebverbiss
- mehrfacher Terminaltriebverbiss

Forstliches Gutachten - Protokoll Begang

UFB-Nr.	Stadt-/Landkreis	Jagdbezirk	Rev.Nr	lfd. Nr.

Begang am:		**Teilnehmende:**	**Pächter** ☐	**Verpächter** ☐
Orte des Begangs:				

I. Problemdarstellung **Beschreibung der Verbissproblematik und der waldbaulichen Zielsetzung**: Welche Baumarten sind wo verbissgefährdet und in welchen Bereichen ist für diese aufgrund von Verbiss die Erreichung der waldbaulichen Zielsetzung nicht, bzw. nur mit Schutzmassnahmen möglich? Erläuterung der waldbaulichen Verjüngungsziele und –schwerpunkte.
II. Ursachenanalyse Für den Verpächter/Jagdausübungsberechtigten und die untere Forstbehörde ***stimmige* bzw. *strittige* Ursachen** für die oben genannten Probleme.

Ort/ Datum:	**Unterschrift:**
Ort/ Datum:	**Unterschrift:**
Ort/ Datum:	**Unterschrift:**

FORSTLICHE GUTACHTEN UND KONTROLLZAUNVERFAHREN – WICHTIGE UNTERSCHIEDE

Merkmale	*Forstliches Gutachten*	*Kontrollzaunverfahren*
Zweck	*Flächendeckende und subjektive Einschätzung des durchschnittlichen Verbisses und der waldbaulichen Situation als einer Grundlage für die Festlegung der Abschusshöhe*	*1. Demonstrationsfläche zur Überprüfung der lokalen Situation* *2. Feststellung des Wildeinflusses auf die Waldvegetation, insbesondere Keimlingsverbiss*
Gegenstand der Betrachtung	*Ausmaß des durchschnittlichen Verbisses an der Waldverjüngung im Jagdrevier*	*Waldverjüngung und Bodenvegetation in einer gezäunten und einer nichtgezäunten Fläche im Bestand*
Wiederholungsturnus/Betrachtungszeitraum	*Alle drei Jahre/die Verbissbelastung der letzten drei Jahre wird beurteilt*	*Sinnvoller Turnus der Aufnahmen alle drei Jahre; Durchführung, wenn in vorhandener Naturverjüngung akute Verbissbelastung, insbesondere auch Keimlingsverbiss angenommen wird.*
Stärken	*Relativ geringer Zeit- und Kostenaufwand; leichte Handhabung; Transparenz; rasche Verfügbarkeit der Ergebnisse; Entwicklung des Verbisses wird aufgezeigt; wichtige Grundlage für Kommuniaktion und Problemlösung*	*Zeigt Verjüngungspotential (Waldverjüngung und Bodenvegetation) eines Standortes und die Auswirkungen des Verbisses auf; Keimlingsverbiss wird erfasst*
Schwächen	*Keine Aussagen über die waldbaulichen Einflüsse des Wildes auf Waldbestandsebene; keine Grundlage für Wildschadenbewertung; nur subjektive Beurteilung*	*Situation im Zaun ist künstlich. Daher ist keine direkte waldbauliche und monetäre Bewertung möglich und die Herleitung von SOLL-Werten schwierig sowie die Interpretation der Ergebnisse aufwändig. Hohe (laufende) Kosten;Schwierigkeiten imSteilhang*

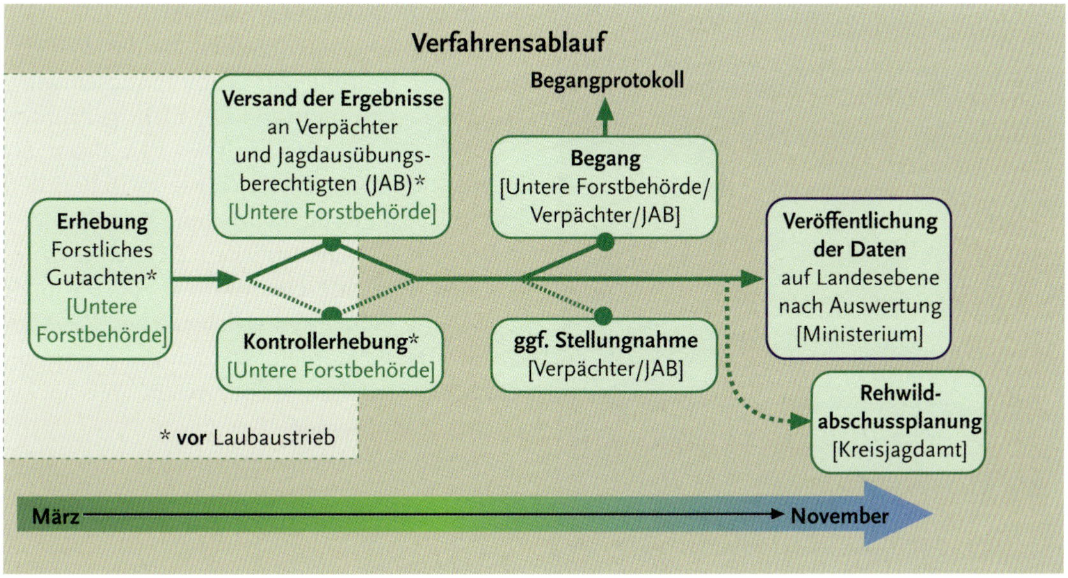

Verfahrensablauf des Forstlichen Gutachtens in Baden-Württemberg

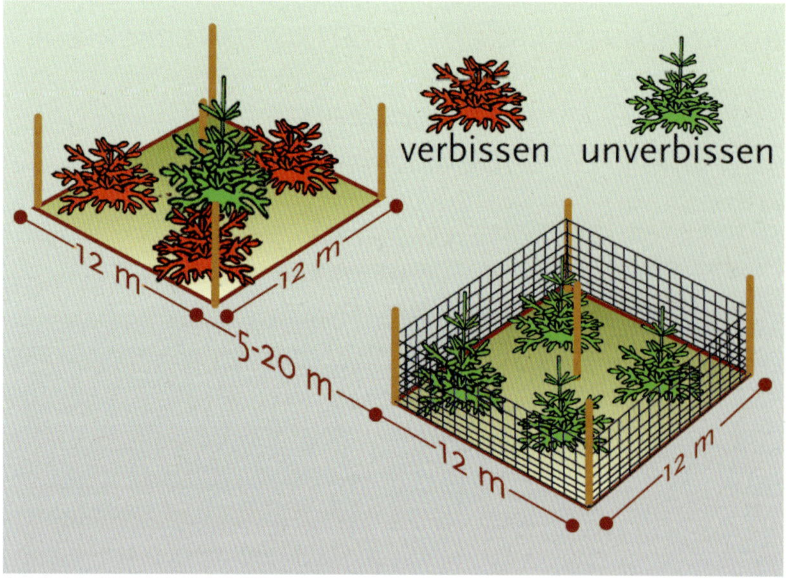

Die Anlage des Kontrollzauns mit Vergleichsfläche

Wiederholungsaufnahmen finden wie beim Forstlichen Gutachten nach Möglichkeit alle drei Jahre statt.

Der Vergleich der gezäunten mit der ungezäunten Fläche führt grundsätzlich zu folgenden drei Ergebnissen:

- Keine Auswirkung von Verbiss: keine Unterschiede zwischen gezäunter Fläche und ungezäunter Fläche.

Leit- und Nebentriebe dieser Fichtensetzlinge sind „kurz und klein" verbissen.

VERBISSGUTACHTEN – WICHTIGE KRITERIEN

1. *Regionaler Schwerpunkt des Verbisses*
2. *Vergleich mit früheren Erhebungszahlen*
3. *Notwendigkeit von Schutzmaßnahmen bei der Verjüngung bestimmter Baumarten*
4. *Bewertung der Verbissbelastung für jeden Jagdbezirk nach den Verbissstufen*

- Negative Auswirkung von Verbiss: in der Zaunfläche eine deutlich bessere Verjüngungsentwicklung.
- Positive Auswirkung von Verbiss: in der Zaunfläche eine deutlich schlechtere Verjüngungsentwicklung

Die Urteile „negative" und „positive Auswirkung" beziehen sich natürlich immer auf das vom Menschen festgelegte Verjüngungsziel, das heißt die von ihm gewünschte Entwicklung der Baumvegetation. Diese Festlegung erfolgt auch nach wirtschaftlichen Kriterien und ist nicht unbedingt die Waldentwicklung, die sich natürlicherweise auf einem Standort einstellen würde.

Nach einer Definition waldbaulicher Soll-Ziele und dem Vergleich mit dem Ist-Zustand erfolgt die Interpretation in drei Schritten:

1. Hat Rehwild einen Einfluss auf die Waldverjüngung? Prüfung der Verjüngungsentwicklung der gezäunten und der nicht gezäunten Flächen anhand verschiedener Parameter. Ergeben sich keine Unterschiede zwischen den zwei Flächen, ist die Beurteilung beendet.
2. Werden die waldbaulichen Ziele ohne Wildeinfluss erreicht? Überprüfung, ob die über Soll-Werte definierten waldbaulichen Ziele im Zaun erreicht werden. Werden die waldbaulichen Ziele im Zaun nicht erreicht, müssen sie neu definiert werden!
3. Werden die waldbaulichen Ziele trotz Wildverbiss erreicht? Überprüfung, ob die waldbaulichen Ziele außerhalb des Zaunes erreicht werden können.

Schälschäden

Entstehung und Folgen

Das Abnagen von Rinde an stehenden oder frisch gefällten Bäumen bezeichnen Jäger als Schälen. Dies erfolgt beim Schalenwild in den Jungbeständen meist in Kopfhöhe. Gelegentlich sind auch die Wurzelanläufe betroffen, da ihre feine Rinde besonders leicht ablösbar ist.

Mit den Schneidezähnen des Unterkiefers wird die Rinde entweder streifenweise abgezogen, zum Beispiel bei der Sommerschäle an Fichten. Fest sitzende Rinde wie bei der Buche wird stückweise abgebissen. Neben diesen beiden Baumarten sind vor allem Esche, Ahorn und Douglasie stark betroffen. Gleiches gilt für Kiefer und Eiche bis zu deren Verborkung.

Rot-, Dam- und Muffelwild sind die Hauptverursacher von Schälschäden. Rehwild schält nur selten und geringfügig. In Nordhessen beispielsweise ist das nur an Lärchen im Winter beobachtet worden.

Schon immer hat Wild geschält, um Nahrung aufzunehmen. Nicht schälende Populationen der erwähnten Arten gibt es nicht, auch wenn dies ältere Literatur gelegentlich behauptet.

Für Waldbäume ist Schälen der schwerwiegendste Schaden, den Wildtiere ihnen zufügen können. Fege-, Schlag- oder Trittschäden treten dagegen zurück. Selbst der Verbiss wiegt nicht so schwer. Werden die Schälstellen über sechs Zentimeter breit, vermag der Baum diese nicht zu überwallen. Pilze dringen ein. Rotfäule bei der Fichte, Weißfäule bei der Buche sind die Folge. Die Instabilität der Bäume, in Rotwildkerngebieten ganzer Bestände, nehmen sorgenerregende Formen an. Der Holzwert sinkt. Vier Faktoren bestimmen das Ausmaß der Schälschäden (siehe Kasten).

Will der Jäger Schälschäden minimieren, und dazu ist er dem Wald gegenüber verpflichtet, strebt er Folgendes an:

1. Eine angemessene Zahl von Rot-, Dam- und Muffelwild. Der Kompromiss hängt von den örtlichen Gegebenheiten ab.
2. Eine möglichst gleichmäßige Verteilung der Wildarten über den Lebensraum – ein besonders schwieriges Unterfangen.

SCHÄLSCHADENSFAKTOREN

1. *Größe des örtlichen Bestands an Rot-, Dam- und Muffelwild*
2. *Konzentration der Wildarten auf engem Raum*
3. *Äsungsreichtum des Gebiets*
4. *Beunruhigung der Tageseinstände, in denen die Tiere mehrmals am Tag über längere Zeit Äsung aufnehmen*

3. Verbesserte Äsung in Feld und Wald über das ganze Jahr hinweg.
4. Ruhezeiten und Ruhezonen für die drei Wildarten über die Schonzeiten hinaus.

Alle diese Maßnahmen können Schälschäden immer *nur vermindern, nicht verhindern.* Jeder Kompromiss zwischen Wald auf der einen Seite sowie Rot-, Dam- und/oder Muffelwild auf der anderen schließt Schälschäden ein. Hier wird Ehrlichkeit verlangt. Forstleute, die überhaupt keine Schälschäden zu tolerieren bereit sind, müssen damit auf die genannten Schalenwildarten ganz verzichten.

Die kleinstandörtliche Rotwild-Konzentration beeinflusst das Ausmaß der Schälschäden in Tageseinständen.

Einzelschutzmaßnahmen verursachen zu hohe Lohnkosten. Ein einzelner starker Schlagschaden ist aber bei insgesamt gut gelungener Naturverjüngung zu verkraften.

Hase und *Kaninchen* verursachen gelegentlich auch beachtliche Schälschäden in Obstplantagen, Weinhängen, Laubholzkulturen und Hausgärten. Da hilft nur eine Einfriedung, bei Kleinflächen auch der Einzelschutz. Die hohen Lohnkosten bei diesen Schutzmaßnahmen sind heute jedoch kaum zu decken. Das gilt ebenso im Hochwildrevier.

Die Einregulierung der Bestandshöhe aller schälenden Wildarten muss daher immer Vorrang haben, so hart dies auch die Jägerschaft ankommen mag. Alle „flankierenden Maßnahmen“ können nur dann sinnvoll greifen, wenn die Bestandszahlen des Wildes passen.

So können auch Ruhezonen und Grünäsungsstreifen in den Einständen immer nur dann Erfolg haben, wenn dort eine angepasste Zahl an Tieren lebt. Bei überhöhten Beständen massieren sich sonst dort Kahlwild und Hirsche. Die vielseitigen Aufgaben des Waldes, die allen Menschen in unserem Land dienen, haben nun einmal Priorität. Ein bewusst markiger Abschlusssatz, der aber die Realitäten wiedergibt.

Das Gattern wertvoller Laubholzverjüngungen bleibt bei überhöhten Wildbeständen häufig „der Weisheit letzter Schluss“ gegen Wildschäden.

Wildkrankheiten

Grundlagen

Wildkrankheiten werden von vielen Jägern als „weniger wichtig“ abgetan. Im Revier sind sie oft jahrzehntelang ohne Bedeutung. Erst durch einen Seuchenzug, der erheblich in eine örtliche Wildtierpopulation eingreift, werden die Waidmänner dann plötzlich wach.

Im jagdlichen Schrifttum nehmen Wildkrankheiten einen breiten Raum ein. Auch in den Jägerprüfungen werden Jungjäger Jahr für Jahr mit Fragen aus diesem Gebiet oft über Gebühr strapaziert.

Nachstehend werden verschiedene, nach Häufigkeit und Bedeutung ausgewählte Wildkrankheiten behandelt: acht Viruskrankheiten sowie sechs bakterielle Erkrankungen und zehn der wichtigsten Parasitosen.

Wer sich über diesen Rahmen hinaus informieren will, sollte auf spezielle Fachliteratur zurückgreifen.

Sauber bricht er die starke Sau nach der Schlachtermethode auf. Eine genaue Organuntersuchung ist der nächste Schritt.

Auftreten von Krankheiten

Wildkrankheiten sind Erkrankungen, die nicht nur bei Wildtieren auftreten. Vielmehr handelt es sich bei ihnen um Krankheiten, die bei Mensch und bei Haus- sowie Wildtier in verschiedener Intensität vorkommen können. Dabei gibt es solche wie die Tollwut, die alle Säugetiere treffen kann, aber auch Krankheiten wie die Schweinepest, die nur Haus- oder Wildschweine befällt.

Bestimmte, besonders die durch Parasiten verursachten Erkrankungen sind permanent im Wildbestand vorhanden. Sie treten nur dann stärker auf, wenn die Lebensbedingungen für eine Population ungünstig sind. Junge oder überalterte Stücke werden häufiger befallen.

Das Dreieck Wirt – Erreger – Immunität ist für das gesamte Krankheitsgeschehen in der Natur entscheidend. Es befindet sich nie in stabilem Zustand und hängt vom Klima, den Nahrungsgrundlagen, der Wilddichte und weiteren Komponenten ab. Vögel wie Säugetiere können nur dann Immunität gegen eine Krankheit erlangen, wenn sie zuvor Kontakt mit dem jeweiligen ganz spezifischen Krankheitserreger hatten. Immunität bedeutet, dass der Organismus gegen ganz bestimmte Krankheitserreger widerstandsfähig ist – etwa ein Kaninchen gegen Myxomatose, wenn es diese einmal überstanden hat. Resistenz besteht, wenn eine Tierart durch einen bestimmten Krankheitserreger nicht gefährdet ist. So sind etwa Rehe gegen die Schweinepest resistent, denn das Schweinepestvirus vermag nur Wild- und Hausschweine zu infizieren.

Die Pflichten des Jägers

Es gibt drei Grundregeln, um Wildkrankheiten erkennen zu können. Sie sind sehr einfach.

1. Wichtige Anhaltspunkte gibt dem Jäger das Verhalten des lebenden Stückes Wild. Krankes Wild „benimmt“ sich oft ungewöhnlich. Es ist unsicher, apathisch oder dem Menschen gegenüber auffällig vertraut. Außerdem ist sein gestörtes Allgemeinbefinden – zum Beispiel ein verschmutzter Spiegel, der verzögerte Haarwechsel, Husten oder Abmagerung – ebenfalls eindeutiges Indiz.

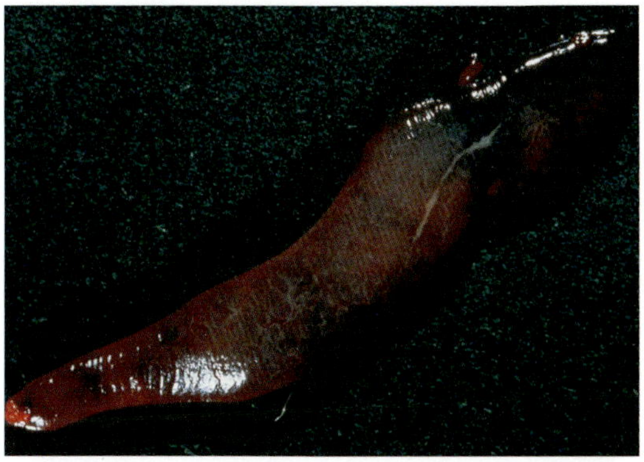

Die Milz bietet stets einen Hinweis darauf, ob ein Stück gesund oder krank ist. Bei dieser Milz vom Hasen besteht kein Anlass zu Bedenken. Sie ist normal ...

Diese Milz ist mit Eitergeschwülsten übersät. Der Mümmelmann litt unter der Nagerpest.

2. Am erlegten Wild mustert der Jäger sämtliche Organe bei gutem Licht auf Größe, Farbe und Konsistenz.

3. Geprüft werden dann die dazu gehörigen Lymphknoten, die in den Aufhängebändern der einzelnen Organe liegen. Anders formuliert: Wir ziehen an dem Organ, welches wir untersuchen wollen. Im Zugstrang bzw. an der Aufhängestelle finden wir dann den zugehörigen Lymphknoten. Wie normale Organe ausschauen, prägen wir uns ein, indem wir die Organe jeden erlegten Stückes Wild genau anschauen und uns ihren Zustand merken. Erst dann lassen sich Abweichungen von der Norm erkennen.

Ein sehr wichtiges Indikatororgan ist bei allem Wild die Milz. Sie liegt auf der linken Seite des Magens. Als Produktionsstätte der weißen Blutkörperchen ist sie ein empfindliches Abwehrorgan und bei bakteriellen Erkrankungen oft vergrößert. Ist das der Fall, ist Vorsicht geboten, weil das entsprechende Stück aufgrund einer bakteriell bedingten Krankheit als bedenklich anzusehen ist. Die genaue Diagnose ist Sache des Fachmannes, nicht die des Jägers.

Um schnell und sicher an die zutreffende Diagnose zu gelangen, senden wir das erlegte Stück oder das Fallwild an das nächste staatliche Veterinäruntersuchungsamt oder an ein tierärztliches Hochschulinstitut für Pathologie. Entsprechende Adressen sind heute rasch im Internet in Erfahrung zu bringen. Dorthin muss das Fallwild auf die schnellste Art und Weise gelangen, also per Bahnexpress oder mit dem eigenen Wagen. Ein kurzes Anschreiben gehört dazu, damit dem Untersuchungsamt Beobachtungen und Wünsche des Einsenders bekannt werden.

Viruskrankheiten

Allgemeines

Bei Viruserkrankungen gibt es eine Regel: Große Seuchenzüge, etwa die *Myxomatose* bei Wildkaninchen, sind für die Population, in die sie einbrechen, zunächst verheerend. In den ersten Jahren ist die Sterblichkeitsrate enorm hoch. Sie sinkt dann aber stetig ab und hält sich schließlich auf einem für den Wildbestand erträglichen Grad. Sobald eine Viruskrankheit stationär wird, sinkt folglich die Sterblichkeitsrate. Nur die *Tollwut* bildet eine Ausnahme von dieser Regel. Das resultiert aus dem meist großen Zeitraum zwischen Infektion, also der Ansteckung, und dem Ausbrechen der Krankheit.

WICHTIGE VIRUSERKRANKUNGEN UNSERES WILDES

- *Tollwut*
- *Aujeszkysche Krankheit*
- *Europäische und Afrikanische Schweinepest*
- *Myxomatose*
- *RHD (Rabbit Haemorrhagic Disease oder Chinaseuche)*
- *EBHS (European Brown Hare Syndrom oder Virale Leberentzündung) Geflügelpocken*
- *Blauzungenkrankheit (Wiederkäuer)*
- *Zeckenenzephalitis (Mensch)*

Der Rotfuchs: Er ist in Europa der Hauptüberträger der Tollwut.

Würde der Virus seinen Wirtsbestand zu hundert Prozent töten, würde er sich selbst vernichten.

Eine tollwütige Ricke. Die Scheuerwunden am Kopf sind typisch.

Zerbissen ist der Fang dieses Fuchses. Das Tier fand ein fürchterliches Ende.

Tollwut

Erreger ist ein kleines Virus, welches eine nichteitrige, tödlich verlaufende Gehirnentzündung bei allen Säugetieren, also auch beim Menschen, verursacht. In Europa sind die Hauptträger der Tollwut die kleinen Nager, der entscheidende *Überträger* oder Verbreiter ist der Rotfuchs.

Tollwut wird beinahe ausschließlich durch Biss- oder Kratzwunden erkrankter Tiere übertragen. Es besteht die Gefahr, dass infektiöser Speichel bereits infizieren kann, obwohl beim Tollwutträger die Tollwut noch gar nicht ausgebrochen ist. Die *Inkubationszeit*, also die Phase vom Biss bis zum Ausbruch der Krankheit, ist lang. Sie liegt in der Regel zwischen 20 bis 60 Tagen, maximal sogar bei über einem halben Jahr. Aufgrund der langen Inkubationszeit kann sich die Tollwut gut ausbreiten, weil immer genügend infizierte Tiere leben.

Von Ende des 20. Jahrhunderts bis zuletzt 2008 wurden in den tollwutgefährdeten Teilen Deutschlands am Boden und aus Flugzeugen in freier Wildbahn großflächig Impfköder zur oralen Immunisierung des Fuchses ausgebracht.

Diese Maßnahme hat deutliche Wirkung gezeigt: Nach den Kriterien der Weltorganisation für Tiergesundheit (OIE) gilt Deutschland mittlerweile als tollwutfrei, nach den strengeren Maßstäben der Weltgesundheitsorganisation (WHO) allerdings nicht.

Seit 2008 traten nur noch vereinzelte Tollwutfälle an Hunden auf, die zuvor aus dem Ausland eingeführt worden waren. Auch aufgrund solcher Fälle kann ein neuerliches Aufflackern der auch für den Menschen fast immer tödlichen Krankheit vermutlich nicht mit völliger Sicherheit ausgeschlossen werden.

Die erfolgreichen Impfaktionen trugen natürlich zu dem rasanten Anstieg der Fuchsdichten bei und damit indirekt zur Verbreitung des Fuchsbandwurms (S. 299). Für Mensch und

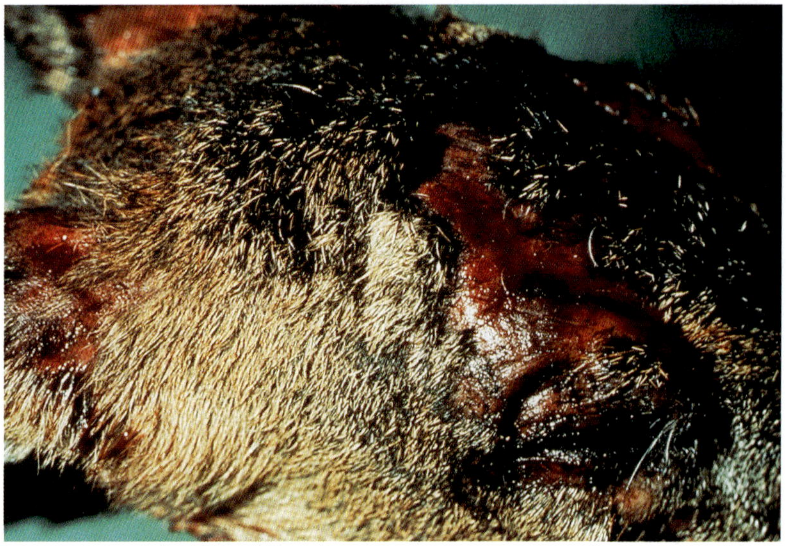

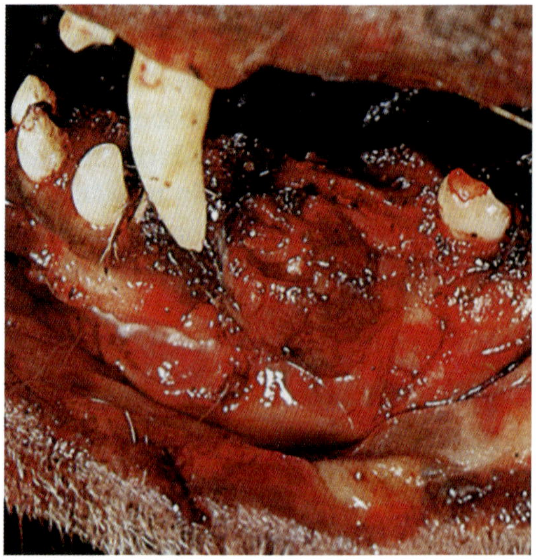

Tier gibt es heute gut verträgliche, wirkungsvolle aktive und passive Impfstoffe gegen die Tollwut. Wenn der Jäger durch ein tollwutverdächtiges Tier verletzt wurde, ist er so schnell wie möglich zu impfen. Das bloße Berühren von tollwutkranken Tieren erfordert keine Schutzimpfung.

Tollwutverdacht liegt vor, wenn Tiere sich vertraut, anomal oder apathisch verhalten, außerdem bei anhaltend heiserem Klagen oder Bellen sowie bei Lähmungserscheinungen, vor allem bei Unterkieferlähmung. Dieses sind Anzeichen für die sogenannte „stille Wut".

Bei der selteneren Variante der „rasenden Wut" irren die Tiere planlos umher, rennen Gegenstände über den Haufen, scheuern sich Balg oder Decke an der Stirn ab oder beißen wild um sich. Nach Ausbruch der Krankheit sind die betroffenen Tiere meist innerhalb weniger Tage dem Tod geweiht.

Ob ein Tier von der Tollwut befallen ist, kann durch staatliche Untersuchungsstellen mittels einer fluoreszenzmikroskopischen Untersuchung innerhalb weniger Stunden sehr sicher festgestellt werden. Dazu ist das Haupt vom Amtstierarzt an das zuständige Veterinäruntersuchungsamt einzusenden. Grundsätzlich ist zu empfehlen, jedes verendete Stück, bei dem die offensichtliche Todesursache unbekannt ist, einem staatlichen Veterinäruntersuchungsamt zuzuführen, selbst wenn kein unmittelbarer Seuchenverdacht vorliegt.

Pseudowut oder Aujeszkysche Krankheit

Befallen werden hauptsächlich Schwarz-, Rehwild und Dachse, außerdem Hunde sowie Katzen. Wie bei der Schweinepest spielt das Hausschwein die zentrale Rolle im Seuchengeschehen. Die Infektion erfolgt über die Nahrung.

Juckreiz, Ruhelosigkeit, Speichelfluss und taumelnder Gang sind Indizien für die Pseudowut. Aufgrund eines rapiden Kräfteverfalls tritt der Tod beim Hund sehr rasch nach etwa zwei Tagen ein.

Europäische und Afrikanische Schweinepest

Die Europäische oder Klassische Schweinepest (ESP/KSP) ist in Deutschland schon häufiger an Hausschweinen aufgetreten und hat in mehreren Fällen auf Wildschweinbestände übergegriffen. Zu einer zunehmenden Bedrohung ist die ursprünglich in Afrika beheimatete Afrikanische Schweinepest (ASP) geworden, die bei Drucklegung des Buchs nach einigen östlichen Nachbarstaaten und Belgien im Jahr 2020 auch den Nordosten Deutschlands erreichte. Über 2700 Fälle wurden seither in Brandenburg, Sachsen sowie Mecklenburg-Vorpommern bestätigt. Von der ASP können ebenfalls Haus- und Wildschweine befallen werden. Beide Formen sind fieberhafte, hoch ansteckende

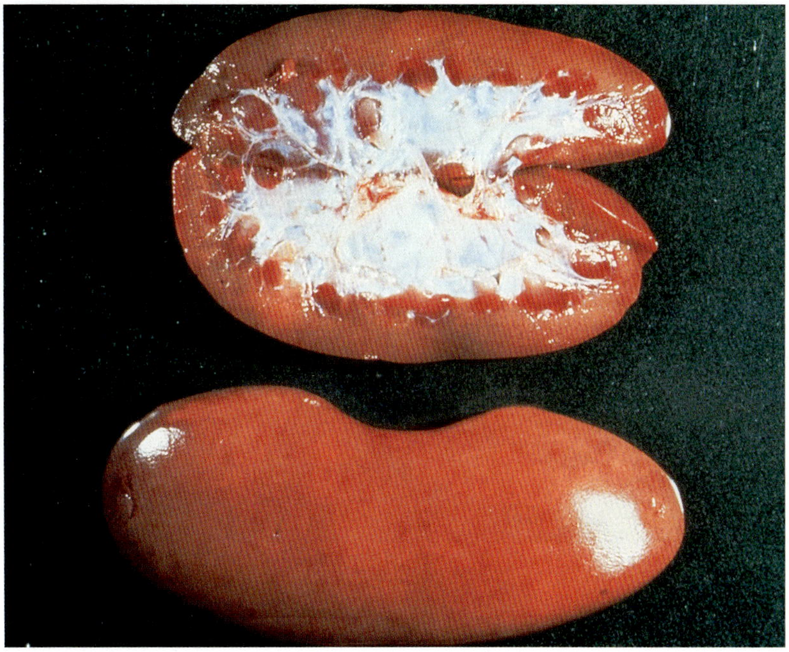

So schaut eine gesunde Niere bei der Sau aus.

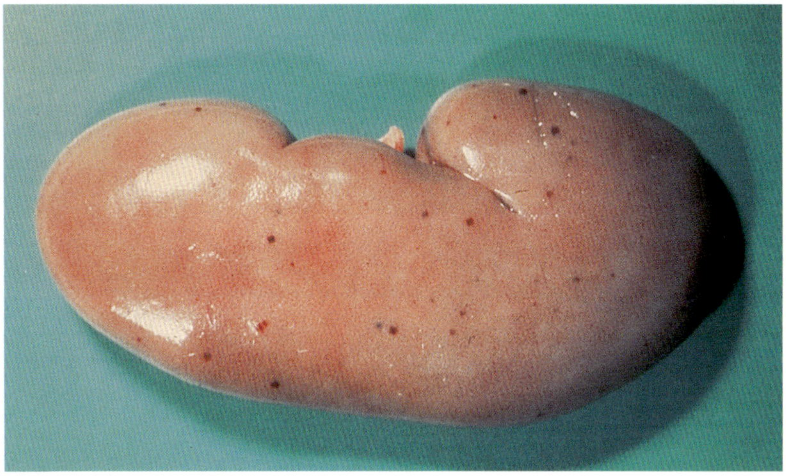

Die zahlreichen, punktförmigen Blutungen auf der Niere dieses Wildschweins sind kennzeichnend für die Schweinepest.

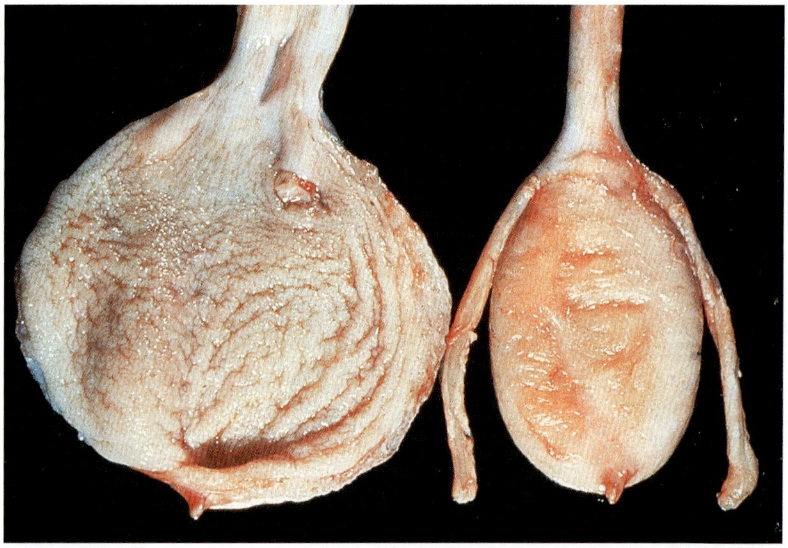

Gesunde Harnblase von einer Sau, im Bild links geöffnet und rechts geschlossen.

Allgemeinerkrankungen mit seuchenhaftem Verlauf. Die Sterblichkeit liegt bei der ASP mit nahezu 100 Prozent allerdings wesentlich höher als bei der ESP; ein Grund unter anderen, weshalb sie als deutlich gefährlicher gilt. Beide Formen sind anzeigepflichtig, sind also der Veterinärbehörde zu melden.

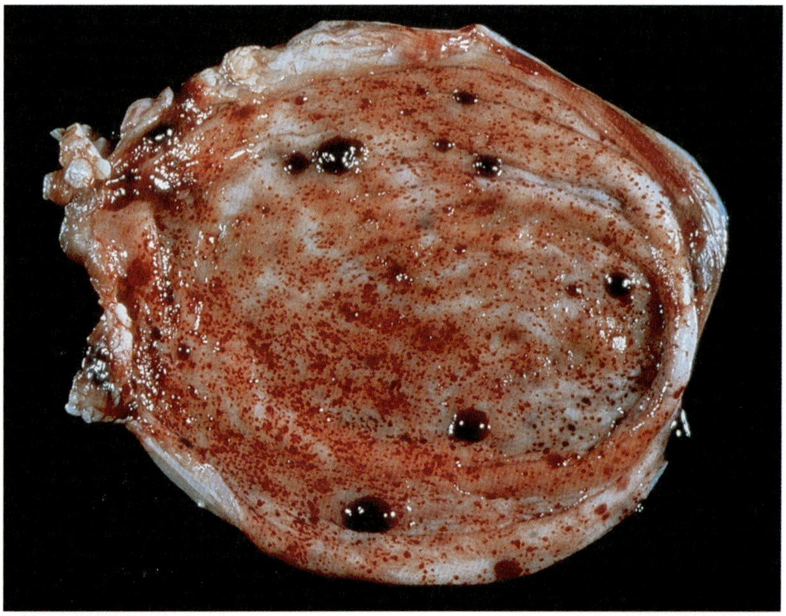

Zahlreiche Blutungen in der geöffneten Blase erwecken Verdacht auf Schweinepest.

KSP und ASP lassen sich am äußerlichen Krankheitsbild befallener Tiere nicht unterscheiden. Symptome sind Durchfall, Lungenentzündung, hohes Fieber und feine Blutungen in allen Schleimhäuten, vor allem in Kehlkopf, Blase und Darm, sowie in Nieren und Lunge. Das charakteristischste Merkmal der Schweinepest ist die blutige Durchtränkung sämtlicher Lymphknoten. Infolge einer Gehirnentzündung verlieren die Tiere mitunter auch ihre Scheu vor Menschen. Ein chronischer Verlauf zeitigt Fieber und Durchfall, Abgeschlagenheit und oft hohe Anfälligkeit gegenüber bakteriell bedingten Krankheiten. Geheilt werden stärkere Stücke häufiger als Frischlinge.

Die Viren gelangen durch Hausschweinkadaver, mit Stallmist oder Küchenabfall in die freie Wildbahn und sind hochinfektiös. Da ein Kontakt zwischen zwei Tieren genügt, verbreiten sich die Krankheiten rasch. Ansteckend sind auch Ausscheidungen jeglicher Art, nicht durchgekochte Fleischwaren kranker Schweine, etwa Küchenabfälle, Schinken oder Rohwürste. Hier hält sich das Virus bis zu sechs Monaten infektiös. Faule Kadaver von erkrankten Schweinen bleiben bis zu 15 Tagen, Jauche nur ein bis zwei Tage ansteckend. Schweine können auch chronisch erkranken und dann lange Zeit den Virus in sich tragen und ausscheiden.

Eine Bekämpfung der Schweinepest besteht vor allem aus der Beseitigung von Infektionsquellen wie Fallwild, soweit möglich. Der Schwarzwildbestand muss zudem großräumig stark reduziert werden. Kontraproduktiv ist es, durchseuchte Populationen durch Drückjagden stark zu beunruhigen, zu sprengen und so in andere Reviere zu „treiben".

Tritt Schweinepest in Haustierbeständen einer Region auf, empfiehlt es sich, das Schwarzwild präventiv scharf zu bejagen. Greift die Schweinepest auf einen niedrigen Sauenbestand über, läuft sie sich nämlich bald von alleine tot. Das haben Pestausbrüche in Schwarzwildbeständen gezeigt.

Eine Impfung gegen Schweinepest ist EU-weit untersagt und nur in Ausnahmefällen zulässig.

Blauzungenkrankheit

Diese anzeigepflichtige Viruserkrankung und Tierseuche trat erstmalig 2006 in Mitteleuropa auf. Durch Stechmücken übertragen, befällt sie Wiederkäuer wie Schafe, Rinder und Ziegen,

Myxomatose beim Kanin. Der „Löwenkopf" beweist es zweifelsfrei.

aber auch verschiedene Schalenwildarten. Wichtigstes Symptom ist die namengebende blaue Zungenfarbe befallener Tiere. Für den Menschen besteht keine Ansteckungsgefahr, Fleisch- und Milchprodukte können bedenkenlos verzehrt werden.

Myxomatose

Erreger ist ein Virus, das nur für Haus- und Wildkaninchen hochinfektiös ist. Es breitet sich durch direkten Kontakt von Kanin zu Kanin oder durch stechende Insekten aus. Im Sommer sind dies vor allem Mücken, im Winter Kaninchenflöhe. So kommt es gerade während des Sommers öfter zu Myxomatoseausbrüchen weit entfernt von bereits erkrankten Beständen. Mücken legen eben größere Entfernungen zurück. Anzeichen von Myxomatose sind schnell auftretende Verluste im gesamten Karnickelbesatz. Sie gehen mit einer schweren Bindehautentzündung und gallertartiger Unterhautverdickung der befallenen Kanin – vor allem an Kopf und Ohrmuscheln – einher. Kleine Knoten in den Löffeln sind dem Jäger ein erstes Alarmsignal.
Erkrankte Stücke vermag der Jäger häufig am hellen Tag in offenem Gelände zu beobachten. Mit dem Fernglas können wir uns leicht Klarheit verschaffen: Die Köpfe der Karnickel wirken stark geschwollen, wie „Löwenköpfe" schauen sie aus. Die Krankheit läuft in Form einer Sepsis ab, das heißt einer Virusausbreitung in sämtlichen Geweben. Myxomatose dauert in der Regel 8 bis 14 Tage pro Tier.
Haben Kaninchen die Myxomatose überstanden, können noch einige Wochen danach haarlose Stellen in den unteren Partien der Löffel auf die Erkrankung hinweisen. Versuche, Kaninchen mit Hilfe der Myxomatose auszurotten, sind durchweg fehlgeschlagen. Wer in seinem Revier die Auswirkungen der Myxomatose eindämmen will, hält die Kaninchen kurz – verhindern kann er die Ausbreitung des Virus nicht.
Das Wildbret erkrankter Kanin ist für den Verzehr ungeeignet, obwohl sich der Mensch nicht an Myxomatose anstecken kann.

Chinaseuche oder RHD des Kaninchens

Die Chinaseuche, kurz RHD (*Rabbit Haemorrhagic Disease*) genannt, führt bei uns seit 1984 zu sehr hohen Verlusten in Kaninchenpopulationen. Der Verdacht auf Chinaseuche stellt sich ein, wenn wir in schwer erkrankten Kaninchenbesätzen Myxomatose und Leberkokzidiose ausschließen können. Der Kaninchenbesatz (Alt- und Jungtiere) nimmt innerhalb kürzester Zeit außergewöhnlich schnell ab. Unser Verdacht muss durch eine serologische Untersuchung in einem Veterinäruntersuchungsamt gesichert werden. Eine Heilbehandlung existiert bislang nicht. Das Wildbret befallener Kaninchen ist genussuntauglich.

Den Feldhasen befällt nicht nur das European Brown Hare Syndrom (EBHS), sondern auch viele andere Krankheiten. Warum ist gerade er so anfällig? Auf diese Frage wissen wir heute noch keine Antwort.

Virale Leberentzündung der Hasen

Die EBHS (*European Brown Hare Syndrom*) tritt auch erst seit den achtziger Jahren in Deutschland auf. Erhebliche Hasenverluste aller Altersstufen sind die Folge. Besonders stark ist die Leber der Tiere betroffen. Sie ist geschwollen und auffallend hellbraun-gelblich.

Die Hasenbesätze sind regional stark durchseucht. Eine Heilbehandlung ist unbekannt.

Ganz junge Ringeltauben wirken immer etwas „struppig", das allein ist noch kein Hinweis auf eine Krankheit. Diese hier ist vermutlich kerngesund.

Geflügelpocken

Unter Geflügelpocken – es gibt verschiedene Arten – verstehen wir eine Viruserkrankung der Hühnervögel. Sie befällt die unbefiederte Haut der Vögel, selten die Schleimhaut im Schnabelraum. Pocken treten vor allem am Schnabel auf. Am häufigsten kommen Geflügelpocken bei Rebhühnern in Form von Schnabeldeformationen vor.

Weit verbreitet sind zudem die *Taubenpocken* unter den Wildtaubenbesätzen. Anzeichen von Taubenpocken sind Pocken am Schnabelansatz sowie eine abgestorbene Deckhaut der Zehen. Im akuten Stadium sitzen die erkrankten Tauben, meist Jungtauben, unaufmerksam und mit gesträubtem Gefieder herum. Man sieht ihnen an, dass sie krank sind. Die Sterblichkeitsrate ist in aller Regel gering.

Zeckenenzephalitis

Aufgrund von Zeckenbissen kann eine Hirnhautentzündung oder Zeckenzephalitis bzw. Frühsommer-Meningoenzephalitis (FSME) auf den Menschen übertragen werden. Diese Viruskrankheit hat bereits einige Menschen das Leben gekostet. Wer an Zeckenenzephalitis erkrankt ist, leidet zunächst an denselben Symptomen wie bei einer Sommergrippe. Nach schweren Kopfschmerzen und Brechreiz treten schließlich Lähmungen auf. Das Fieber steigt auf über 40 Grad Celsius.

Wir können uns vorbeugend immunisieren. Zwei Injektionen im Monatsabstand schützen uns ein ganzes Jahr. Eine jährliche Auffrischung ist erforderlich.

Bakterielle Erkrankungen

Allgemeines

Pseudotuberkulose und Pasteurellose sind die weitest verbreiteten bakteriellen Wildkrankheiten und treten vornehmlich beim Feldhasen auf. Sie können zu hohen Verlusten führen.

Hinsichtlich der gesetzlich vorgeschriebenen Fleischbeschau sind die bakteriell bedingten Erkrankungen besonders bedeutsam. Milz-, Lymphknoten- und Leberschwellungen kom-

WICHTIGE BAKTERIELLE ERKRANKUNGEN UNSERES WILDES

- *Pseudotuberkulose*
- *Hämorrhagische Septikämie*
- *Salmonellosen*
- *Nagerpest (Tularämie)*
- *Staphylokokkose*
- *Borreliose (Mensch)*

men recht häufig vor. Sie sind die entscheidenden „Anzeiger".

Pseudotuberkulose der Hasen- und Nagetiere

Pseudotuberkulose ist eine weit verbreitete Krankheit der Hasen- und Nagetiere, kommt allerdings auch bei Vögeln, Rehwild, Haussäugetieren sowie beim Menschen vor. Erreger ist ein stäbchenförmiges Bakterium, das durch Kochen sofort abgetötet wird.

Die Krankheit verläuft akut in Form einer Blutvergiftung, die innerhalb weniger Tage tödlich endet. In den meisten Fällen geht dies mit einer akuten Lungen-Magen-Darmentzündung einher. Zudem ist die Milz vergrößert. Verläuft die Krankheit chronisch, bilden sich massenhaft – zunächst feine, später größere – gelbe Knötchen in Leber, Lunge, Milz, Nieren, Lymphknoten und Darm. In der Mitte sind die Knötchen mit einer gelben, käsigen Masse gefüllt. Die befallenen Tiere magern stark ab und gehen meist aufgrund völliger Entkräftung ein. Sie infizieren sich über bakteriell verunreinigte Äsung (Losung) oder durch Kontakt mit verseuchten Artgenossen (Atemwege).

Die Pseudotuberkulose bricht in der Regel nur aus, wenn die Hasen kräftig infiziert wurden oder wenn sie aufgrund von schlechter Witterung, Parasitenbefall, Trächtigkeit oder Hunger körperlich stark belastet sind. Die Epidemie erlischt wieder, sobald diese ungünstigen Lebensbedingungen nicht länger wirksam sind.

Eine Bekämpfung der Pseudotuberkulose ist kaum möglich, allenfalls indirekt durch Biotopverbesserungen. Das Wildbret erkrankter Hasen ist wegen der möglichen Infektionsgefahr für den Menschen nicht verwendbar.

Hämorrhagische Septikämie

Diese Pasteurellose trat in der Vergangenheit auch beim Schalenwild auf. Heute kommt sie massiert nur noch bei Hasen, Kaninchen oder – als sogenannte Geflügelcholera – bei Wildgeflügel vor, wenn die Lebensbedingungen für diese Wildtiere schlecht sind.

Erreger ist ein stäbchenförmiges Bakterium. Es kann im Blut und allen Organen in großen Mengen nachgewiesen werden und führt zu einer Blutvergiftung. Trockenheit oder Sonnenlicht vernichten das Bakterium rasch.

Die Wildtiere stecken sich über die Atmungs- oder Verdauungswege an. Die Milz ist weniger geschwollen als bei der Pseudotuberkulose. Die Leber sieht trüb und verwaschen aus, gelbe Herde sind meist nicht zu entdecken. Der Herzmuskel erscheint braun sowie brüchig. In der Mehrzahl der Fälle besteht eine schleimig-wässerige Magen-Darmentzündung. Liegen diese Merkmale vor, ist der Krankheitsverlauf nicht allzu rasch gewesen (*subakut*).

Bei *akuter* Krankheit findet man in den inneren Organen oft nur feinste Blutungen, außerdem ist die Milz gering vergrößert. Magen und Darm sind dann fast durchweg entzündet. Eine sichere Diagnose kann nur mittels einer bakteriologischen Untersuchung gestellt werden. Der

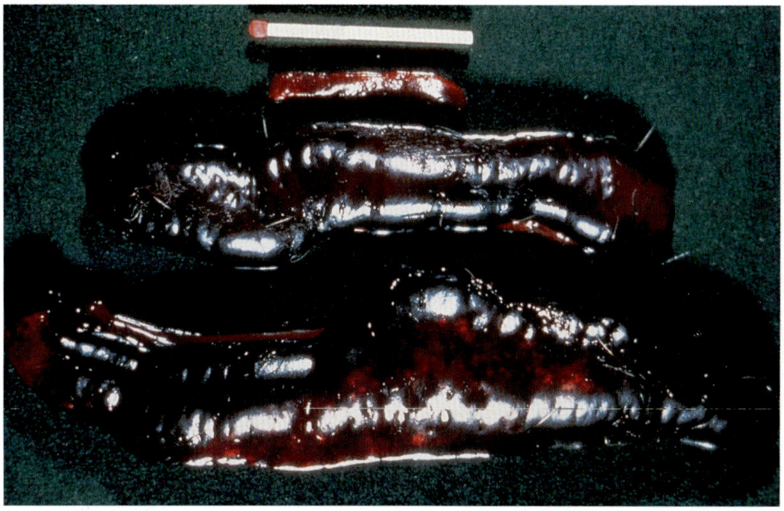

Die obere Hasenmilz ist normal, die untere dagegen vergrößert und mit Knötchen durchsetzt. Größe und Knötchen sind Indizien für Pseudotuberkulose.

In dieser Hasenleber sind die Eitergeschwülste gut erkennbar. Der Mümmelmann verendete an einer Pasteurellose oder Hämorrhagischen Septikämie.

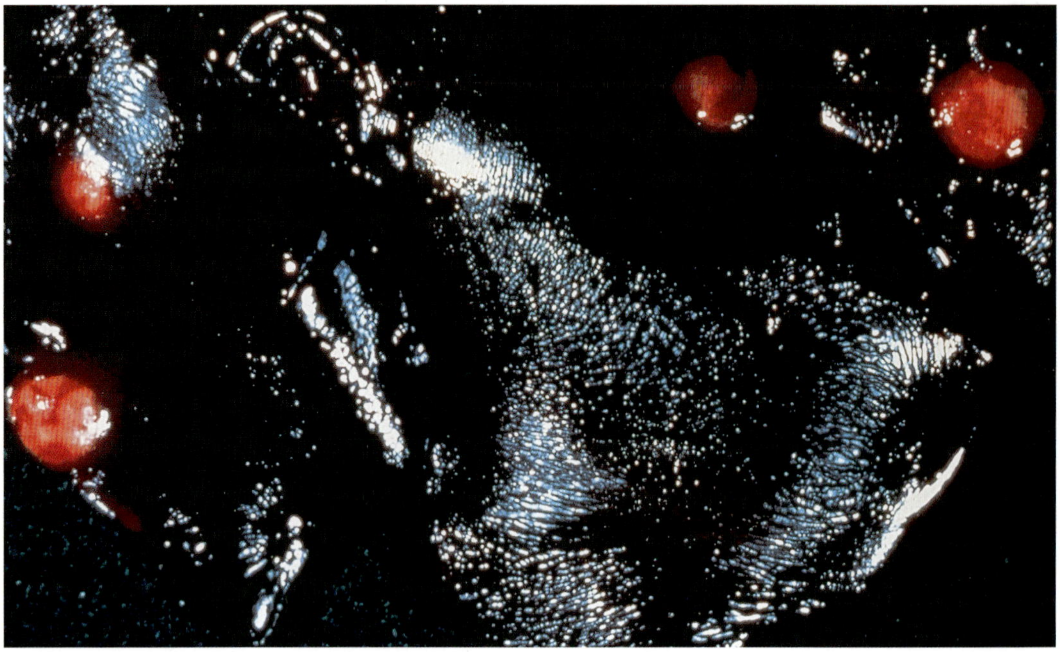

Volierenfasanen sind für Krankheiten besonders anfällig, etwa für Salmonellosen wie die rote und die weiße Kükenruhr.

Jäger wird diese Erkrankung vermuten, wenn er folgende Szenen beobachtet: Hasen sitzen offen in der Feldmark herum, ohne sich zu drücken. Auf der Flucht bewegen sie sich taumelnd. Die Hasen sind sehr matt und brechen häufig zusammen.

Die Hasenseuche oder Pasteurellose ist eine der häufigeren Hasenkrankheiten. Bei Äsungsmangel, Nässe oder Parasitenbefall, also unter für Feldhasen erschwerten Existenzbedingungen, führt sie zu großen Verlusten.

Salmonellosen

Die Salmonellen sind eine recht artenreiche Bakterienfamilie. Es handelt sich in der Regel um Erreger von Darmerkrankungen sehr vieler Tierarten.

Häufig verursachen Salmonellen keine Krankheitssymptome und verbleiben in mäßiger Zahl im Darm. Nehmen sie dort allerdings überhand, kommt es zur extrem raschen, tödlich verlaufenden Blutvergiftung. So gelangen die Salmonellen ins Wildbret. Verzehrt der Mensch davon etwas, wird er vergiftet, weil viele Salmonellenarten Toxine enthalten. Aus diesem Grund sind Salmonellen in Lebensmitteln so gefürchtet.

Eine Salmonellose, die für Fasanerien zur großen Gefahr werden kann, ist die sogenannte weiße *Kükenruhr* oder *Pullorumseuche*. An ihr kann der gesamte Kükenbestand binnen kurzer Zeit verenden. Vornehmlich durch Haushühner wird die Kükenruhr auf Fasanen in der Wildbahn übertragen.

Nagerpest oder Tularämie

Verursacher ist ein sehr kleines, auch für den Menschen hochinfektiöses Bakterium. Nach Europa wird die Nagerpest hauptsächlich durch Zugvögel aus dem Norden eingeschleppt.

Besonders anfällig ist der Hase. Er stellt auch die Hauptinfektionsquelle für den Jäger dar. Beim Mümmelmann führt die Nagerpest nach längerer Dauer zu einer ungewöhnlich starken Vergrößerung der Milz und auch der Lymphknoten. In Letzteren, in der Milz und in der Leber finden wir abgestorbene oder verkäste Herde. Wegen der ähnlichen Krankheitsbilder ist es möglich, die Nagerpest mit der Pseudotuberkulose zu verwechseln.

Hat sich der Mensch infiziert, sind hohes Fieber, Lymphknoten- und Milzschwellung die Folge. Nach Überstehen dieser Krankheit erholt er sich in der Regel nur sehr langsam.

Staphylokokkose

Staphylokokken sind weit verbreitete Eitererreger. Der Jäger findet sie am häufigsten beim Hasen in Form von eiternden Wunden oder vereiterten Lymphknoten. Aber auch bei vielen anderen Wildarten führen Staphylokokken vielfach zu Eiterungen.

Einige Staphylokokkenarten sind für den Hasen sehr gefährlich, weil sie dessen natürliche Abwehrschranken, die Lymphknoten, überlasten, um dann in die Blutbahn einzubrechen. Die Staphylokokkose verläuft meist chronisch.

Borreliose

Die Borreliose oder Lyme-Krankheit ist wie die Zeckenezephalitis weniger für unser Wild als vielmehr für den Menschen von Bedeutung. Da der Jäger sich im Revier damit infizieren kann, soll auch sie hier kurz behandelt werden.

Der Erreger der Borreliose kann ebenfalls durch einen Zeckenbiss auf den Menschen – und auch den Jagdhund – übertragen werden. Erste und wichtige Symptome sind eine ringförmige, in der Mitte verblassende oder auch homogene Hautrötung, die sich zwischen dem 3. und 30. Tag nach dem Zeckenbiss an dessen Ort ausbreitet, teilweise Flecken oder Pusteln, außerdem Mattigkeit und grippeähnliche Symptome. Die Hautrötung tritt nicht immer auf, bei ca. einem Viertel der Patienten entwickelt sie sich nicht! Frühzeitig erkannt, ist die Krankheit zumeist mit Antibiotika gut in den Griff zu bekommen. Unbehandelt kann sie zu zahlreichen, sehr unangenehmen Folgeerscheinungen wie Gelenk- und Muskelschmerzen, geschwollenen Lymphknoten, Gesichtslähmung, Schwindel und Gleichgewichtsstörung bis hin zu Herzrhythmusstörungen führen. In letztem Fall endet sie unter Umständen sogar tödlich.

Der Befall mit Borreliose kann eine gewisse Zeit nach dem Zeckenbiss mittels Blutuntersuchung nachgewiesen werden.

Ein Impfstoff gegen Borreliose wurde in der jüngsten Vergangenheit für Hunde entwickelt, für Menschen ist noch kein solcher zugelassen.

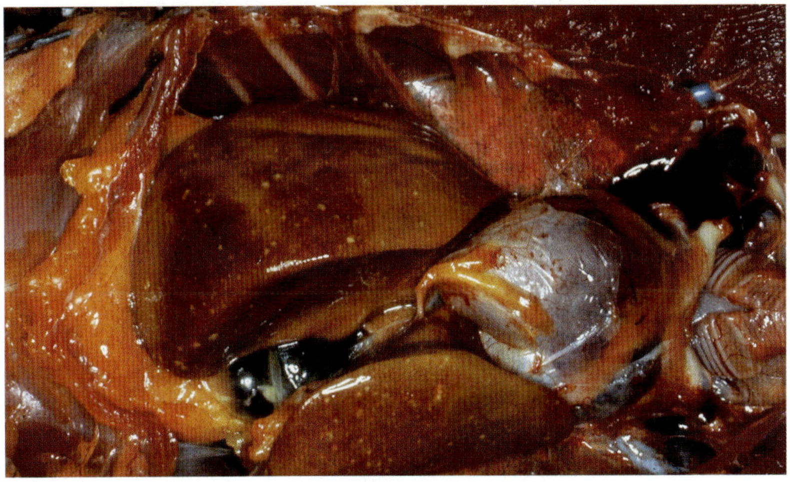

Die Leberentzündung des Fasanenhahns rührt von Salmonellen her.

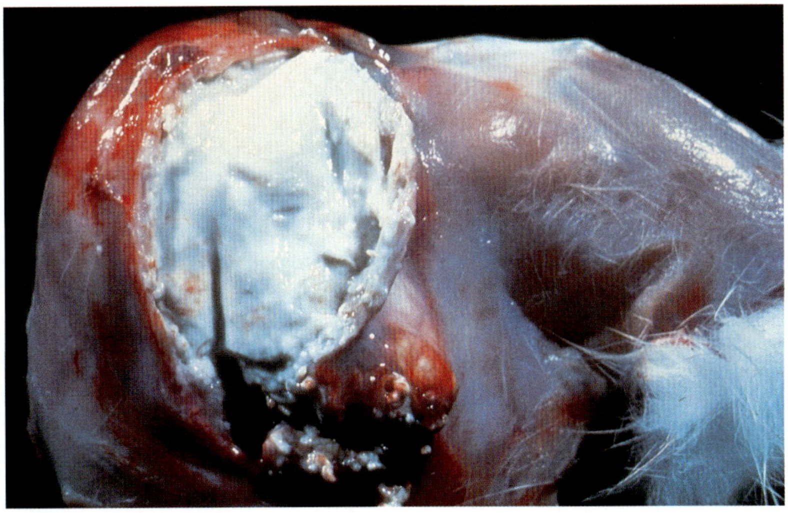

Wir erkennen Eitergeschwülste in der Unterhaut eines Karnickels. Der Rammler ist an Staphylokokkose erkrankt, sein Wildbret damit genussuntauglich.

WILDKRANKHEITEN AUF EINEN BLICK

Die Tabelle bietet wichtige Informationen für das Erkennen und Beurteilen von Wildkrankheiten. Hier können sich Jäger und Jägerin zunächst grob orientieren. Details – etwa der Krankheitsverlauf oder Maßnahmen zur Bekämpfung – können in diesem Kapitel genauer nachgelesen werden.

Parasitäre Krankheiten	Tierart	Verluste	Zwischenwirt	Sitz im Wirt	Krankheitsmerkmale
Kokzidien (Einzeller)	Hase	sehr hoch bei Jungwild		Dünndarm	Fast nur Junghasen, weiße Herde im Dünndarm, Darmentzündung
	Fasan	hoch bei Jungwild		Dünndarm	in Fasanerien sehr bedeutsam
	Kaninchen	hoch bei Jungwild		Leber, Darm	Durchfall, Leberkokzidiose, Todesfälle selten
	Reh	in Gehegen hoch		Dünndarm	Durchfall
Magen-Darm-würmer (Rundwürmer)	Reh	hoch		Labmagen und Darm	Durchfall, Blutarmut, Abmagerung, verzögerter Haarwechsel
	Mufflon	hoch		Labmagen und Darm	zäher Schleim auf Losungskugeln
	Hase	mittel		Magen und Darm	
	Rot-/Damwild	gering		Labmagen und Darm	
	Schwarzwild	gering, hoch in Gattern	keine, zum Teil Mistkäfer	Magen und Darm	
Lungenwürmer (Rundwürmer)	Reh, Mufflon	chronische Dauerschäden	Große Lungenwürmer keine	hauptsächlich in den hinteren Lungenbereichen	chronische herdförmige Lungenentzündung, chronische Bronchitis, häufig ausgebreitete Lungenentzündungen als Folgeerkrankungen mit tödlichem Ausgang
	Rotwild, Damwild	hoch	Kleine Lungenwürmer Schnecken	Bronchien	
	Hase	mittel	Schnecken	Bronchien	bei Hasen in Höhenlagen
	Schwarzwild	mittel	Regenwürmer	Bronchien	
Rotwurm (Rundwurm)	Fasan, Rebhuhn	hoch bei Küken	keiner, Sammelwirt - Regenwürmer	in der Luftröhre an deren Gabelung	sehr bedeutsam in Fasanerien, Niesen, Kopfschlenkern, Atemnot
	viele Vogelarten	gering			Ersticken, Luftröhrenentzündung
Haarwürmer (Rundwürmer, lang und dünn)	Hühnervögel	hoch	keine/Regenwürmer	Kropf und Schlund, Darm	Blutarmut, Darm- oder Kropfentzündung
	Bussard	mittel		Schlund	Blutarmut, Darmentzündung
	Enten	mittel		Darm	Blutarmut, Darmentzündung
	Rotwild	gering		Dünndarm	Blutarmut, Darmentzündung
	Mufflon	gering		Dünndarm	keine
	Dachs	?	?	Magen	chronische Magenschleimhautentzündung
	Fuchs	gering	?	Blase	schwache Blasenentzündung
Trichine (Rundwurm)	Fuchs, Ratte, alle Fleisch- und Allesfresser	gering	wechselseitig	Würmer im Darm, Larven in Muskeln	Muskelentzündung und große Schmerzen, gefährlich für den Menschen
Großer Leberegel (Saugwurm)	alles Schalenwild, Hase	hoch	Zwergschlammschnecke	in den Gallengängen	Durchfall, Abmagerung, Leberentzündung
Kleiner Leberegel (Saugwurm)	Wiederkäuer und Schalenwild	gering	Schnecken und Ameisen (zwei Zwischenwirte)	Gallengänge	Durchfall, Leberentzündung
	Hase, Kanin	gering			
Bandwürmer	Hund, Fuchs	gering	Schalenwild, Kaninchen	Dünndarm	Durchfall beim Wirt; bei Echinococcus (Kleiner Fuchsbandwurm) schwere Leber- oder Lungenschäden, beim Zwischenwirt durch die Finne
	Wiederkäuer,	gering	Moosmilben	Dünndarm	
	Schalenwild	gering			
	Vögel	mittel	in der Nahrung	Dünndarm	Durchfall, Darmentzündung
Räude (Sarkoptes-Milben)	Gämse	hoch		Oberschicht der Haut	Hautverdickung mit dicken, grauen Borken
	Fuchs	gering, örtlich höher		Oberschicht der Haut	Juckreiz, Abmagerung, Beginn meist am Kopf
	Schwarzwild	gering		Oberschicht der Haut	Juckreiz, Abmagerung, Beginn meist am Kopf
Rachenbremsen	Reh	mittel	Reh	Rachen- und Nasenraum	harter Husten, Rachenentzündung mit Vergrößerung der Lymphknoten
	Rotwild	gering	Rotwild		
Kreuzlähme (Rundwurm)	Rotwild	mittel	Schnecken	Zentralnervensystem	zunehmende Lähmung der Hinterhand, Sägebockstellung, tödlicher Ausgang

Viruskrankheiten	*Tierart*	*Verluste*	*Krankheitsmerkmale*
Tollwut	Fuchs Marder, Dachs, Reh Katze, Hund Rind alle Säuger	hoch mäßig gering gering gering meist gering	Verlust der Scheu, Beißsucht, Lähmungen, Wasserscheu, rasende oder stille Wut heiseres Klagen, Verlust der Scheu, Kopfscheuerwunden, wenig Wasser im Magen, deshalb dort Futterballen so wie Fuchs oft sehr symptomarm, Magen-Darmstörungen, stille Wut Menschengefährdung durch Biss- oder Kratzwunden möglich
Schweinepest (KSP u. ASP)	Wild- und Hausschwein	sehr hoch (bei ASP nahe 100%)	hohes Fieber, erfasst in kurzer Zeit ganze Bestände, Abgeschlagenheit, Verlust der Scheu, Blutungen in allen Schleimhäuten und den Nieren, Blutinfiltrate in den Lymphknoten
Blauzungen-krankheit	Wiederkäuer (Schalenwild)		Blaufärbung (Zyanose) der Zunge infolge Blutungen im Maulbereich; vor allem bei Schafen seröser oder eitriger Nasenausfluss, Lahmheit
Myxomatose	Wild- und Hauskaninchen	anfänglich sehr hoch, später stark	hohes Fieber, erfasst sehr rasch ganze Bestände, schwere Bindehautentzündungen, gallertartige Massen in der Unterhaut vor allem von Ohren und Muschelgrund
Geflügelpest	alle Hühnervögel und viele andere Vögel	sehr hoch	hohes Fieber, erfasst in kurzer Zeit ganze Bestände, Blutungen in den Schleimhäuten
Taubenpocken	alle Tauben	mäßig	Die meisten Bestände sind durchgeseucht. Pocken am Schnabel, später Schnabelmissgestaltungen. Absterben der Haut an den Zehen
Hühnerpocken	Rebhühner	mäßig	Erscheinungen wie Taubenpocken
Papageienkrankh. (Ornithose, Psittakose)	sehr viele Vogelarten	mäßig	gesträubtes Gefieder, Lungenentzündung, Durchfall, geschwollene Milz, Gefährdung des Menschen durch Staub aus Gefieder
Zecken-enzephalitis	Reh, Rind u. v. m.	unbekannt	bei Tieren meist symptomlos; beim Menschen Gehirnhautentzündung

Bakterielle Krankheiten	*Tierart*	*Verluste*	*Krankheitsmerkmale*
Pseudo-tuberkulose	Hase und Nagetiere Reh Vögel Mensch	hoch gering sehr selten sehr selten	Seuchenzüge, Darmentzündung mit häufig akuter Bluvergiftung oder gelb-eitrigen Knoten in Leber, Nieren, Lunge, Darmlymphknoten, starke Milzvergrößerung fast immer chronischer Verlauf mit vielen kleinen Abszessen Darmentzündung oder Lungenabszesse Lymphknotenvergrößerung und Vereiterung, Blinddarmentzündung
Pasteurellose	Hase Fasan	zeitweise hoch zeitweise hoch	seuchenhafte Verluste nach Verschlechterung der Lebensbedingungen, akute Magen-Darmentzündung, kaum Abszesse in den Lymphknoten oder Organen (Unterschied zu Pseudotuberkulose), akute oder chronische Lungenentzündung chronische Form oft eitrig, Milz wenig vergrößert. Meist akuteDarmentzündung, Geflügelcholera
Salmonellosen (viele Arten)	viele Tierarten	gering	Salmonellen sind Erreger von schweren Darmentzündungen mit giftiger Wirkung (Toxinbildung); spezielle Erreger der weißen Kükenruhr mit sehr hohen Verlusten in Fasanerien, beim Menschen Lebensmittelvergiftung
Nagerpest (Tularämie)	Hase, Kaninchen Vögel Mensch	gering gering gering	akuter Verlauf mit Blutvergiftung, feinste gelbe Herde in der Leber; chronisch; riesige Vergrößerung der Milz mit gelben Herden, starke Lymphknotenvergrößerung Darmentzündung hochinfektiös, hohes Fieber, sehr lange Erholungszeit, Lymphknotenschwellung
Rotlauf	Wildschwein	gering	Blutvergiftung oder Herzklappenschäden, Milzvergrößerung
Staphylokokkose	Hase Mensch	gering selten	Eiterungen in allen inneren Organen nach Verletzungen durch Parasiten, vor allem in der Lunge oder im Darm, oder nach äußeren Verletzungen; Vereiterungen der zugehörigen Lymphknoten kann als Lebensmittelvergiftung in Erscheinung treten
Brucellosen	Hase Rind Schwein Mensch	gering fast getilgt getilgt selten	chronischer Verlauf: sehr starke Milzvergrößerung, Eiterungen in Geschlechtsorganen und Milz sind typisch, später Abszesse in Leber, Nieren und Lunge Fieber, Milzschwellung
Strahlenpilz (Aktinomykose)	viele Tierarten Reh Mensch	gering	Knochen- und Weichteilstrahlenpilz, Kieferknochenauftreibung durch viele knöchern ummantelte Abszesse; Weichteilstrahlenpilz selten im Gesäuge und Zunge fortschreitende Kieferabszesse
Tuberkulose	Schalenwild Fasan	sehr selten selten, in Fasanerien hoch	meist Infektion über Äsung im Darm mit kleinen, harten, gelben Knoten in Darmlymphknoten und Leber, Milzvergrößerung Darmabszesse, viele kleine gelbe Herde in Leber und Milz
Milzbrand	Schalenwild	bedeutungslos	sehr starke Milzvergrößerung
Gamsblindheit	Gämse	zeitweise hoch	Erreger zwischen Bakterien und Viren, schwere Bindehautentzündung mit nachfolgender Erblindung
Borreliose (Lyme-Krankheit)	Mensch, Hund	beim Menschen ist frühzeitige Antibiotika-Behandlung wichtig!	im Anfangsstadium ringförmige oder homogene Hautrötung im Bereich des Zeckenbisses (nicht immer!), Grippesymptome; ohne Behandlung später vielfältige und schwere Beschwerden

Ein Bock in bester Verfassung. So wünscht ihn sich jeder Revierinhaber.

Parasitäre Erkrankungen

Allgemeines

Parasitismus bedeutet: Leben eines Organismus auf Kosten eines anderen. Es gibt Parasiten, die sich lebenslang auf ihrem Wirt aufhalten, sich auf ihm vermehren und von ihm ernähren. Dazu gehören beispielsweise die Läuse.

Andere Parasiten beziehungsweise deren Larven, Eier oder anderen Entwicklungsstufen halten sich nur zeitweise auf oder in ihren Wirten auf. Zu dieser Gruppe gehören die meisten der Parasiten, die das Wild befallen (siehe Kasten). Bei Rachenbremsen und Dasselfliegen parasitieren die Larven im Wild. Die geschlechtsreifen Tiere sind freilebende Fliegen. Bei den im Kasten aufgezählten Wurmarten leben und entwickeln sich die Larven entweder im Freien (viele Kokzidien, Magen-, Große Lungenwürmer) oder in einem für ihr Fortkommen unabdingbaren Zwischenwirt (Kleine Lungenwürmer), bis sie invasionstüchtig sind.

Feuchtigkeit und Wärme fördern das Wachstum der Parasiten.

Die Entwicklung der Parasitenbrut im Freien oder im passenden Zwischenwirt bildet die Voraussetzung dafür, dass sich der Parasit im Endwirt bis zum geschlechtsreifen Tier fortentwickeln kann.

Den Zeitraum von der Invasion in den Wirt bis zum geschlechtsreifen Parasiten bezeichnet man als *Präpatenz*. Jede Parasitenart hat ihre eigene Präpatenz. Deren Kenntnis ist wichtig, wenn man vorbeugende Maßnahmen gegen bestimmte Parasiten ergreifen will.

PARASITEN-KREISLAUFSCHEMA

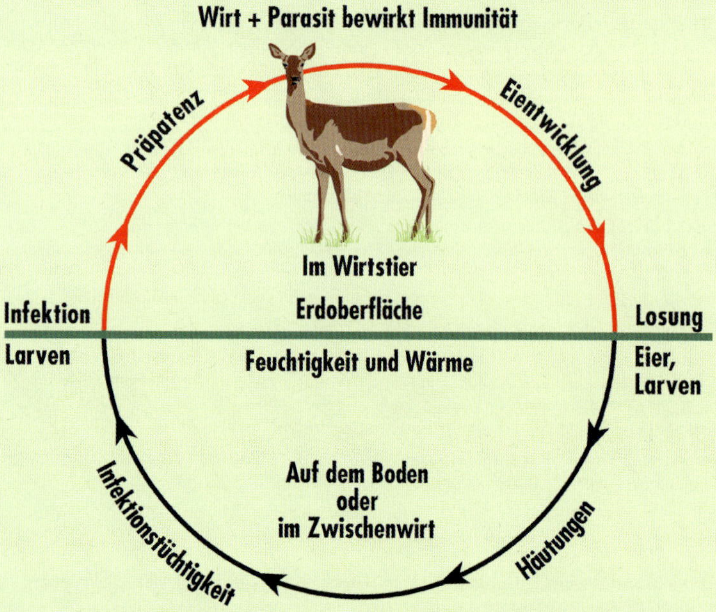

Das Schema lässt sich als Grundlage für viele Parasitenkreisläufe anwenden. Die Dreifarbigkeit des Parasitenkreislaufschemas wurde gewählt, um die Parasitenentwicklung im Wirt (rot) von der Parasitenentwicklung außerhalb des Wirtes entweder direkt im Freien (grün) bei Feuchtigkeit und Wärme oder über einen Zwischenwirt (schwarz) zu unterscheiden. Ohne ein Zusammenwirken sämtlicher Teile funktioniert der Parasitenkreislauf nicht. Die Bodenverhältnisse und klimatischen Bedingungen sind wesentlich für das Fortkommen von Wirt, Parasit und Zwischenwirt.

WICHTIGE PARASITEN UNSERES WILDES

- *Kokzidien (= Einzeller)*
- *Magen- und Darmwürmer (= Rundwürmer)*
- *Lungenwürmer (= Rundwürmer)*
- *Trichinen (= Rundwürmer)*
- *Haarwürmer (= Rundwürmer)*
- *Leberegel (= Saugwürmer)*
- *Bandwürmer und Bandwurmfinnen*
- *Rachenbremsen und Dasselfliegen (= Insektenarten)*
- *Räudemilben*
- *Zecken*

Beinahe alle Wildtiere sind von Parasiten befallen. Ob ein Stück daran Schaden nimmt, hängt vom Grad des Befalls und vom Allgemeinbefinden des Tieres ab. Ist es durch Viren oder Bakterien bereits vorgeschädigt, haben Parasiten leichtes Spiel. Denn die Abwehrkräfte des Stückes sind geschwächt. Natürlich kann es auch umgekehrt gehen: Parasiten schwächen ein Stück so, dass es zur „leichten Beute“ für Viren und Bakterien wird.

Feldhase und Wildkaninchen sind durch Kokzidienbefall besonders gefährdet. Im Bild sehen wir eine Darmkokzidiose bei einem Karnickel.

Kokzidiosen

Die Erreger der Kokzidiosen sind mikroskopisch kleine, einzellige Sporentierchen. Sie schmarotzen bei den meisten Wirtstierarten in den Deckzellen der Darmschleimhaut – zum Beispiel beim Hasen – oder auch in den Gallengängen der Leber, etwa beim Kanin.

Erkrankte Wildtiere scheiden mit ihrer Losung – die mit einer Hülle umgebenen – Dauerformen (*Oozysten*) der Kokzidien aus. Diese reifen in wenigen Tagen zu ansteckungsfähigen Formen heran, falls es in der Außenwelt feucht und warm genug ist.

Werden sie von einem geeigneten Wildtier aufgenommen („beschmutzte“ Äsung), dringen sie in dessen Darm ein, sobald sich die Hülle aufgelöst hat. Hier vermehren sie sich ungeschlechtlich, indem sie in zahlreiche Sichelkeime zerfallen. Diese werden frei und befallen neue Darmzellen, der Vorgang wiederholt sich mehrere Male, die Darmschleimhaut wird dadurch zerstört.

Als Folge daraus wird die Darmwand für ungeeignete Futterbestandteile durchlässig. Futterbestandteile gelangen in das Blut, dort reichern sich giftig wirkende Stoffe an. Darmentzündung und Herzschwäche sind die Folge, aus Ersterer resultiert dann Blutarmut.

Nach der ungeschlechtlichen Vermehrung des Parasiten entstehen weibliche und männliche Entwicklungsformen, die sich vereinigen, sich mit einer festen Hülle umgeben und nun die Dauerformen (*Oozysten*) bilden.

Kokzidiosen sind *Jungtierkrankheiten*. Alte Wildtiere sind fast immer immun. Während der Herbstmonate ist der Jungtierbesatz wegen noch fehlender Immunität ganz besonders betroffen. Deshalb finden Hasenjagden möglichst früh im Herbst statt. So wird die Strecke höher und die durch Kokzidiose verursachten Abgänge sind geringer. Die Kokzidiose mit Medikamenten zu bekämpfen, ist bislang nur bedingt möglich. Wirksam sind Amproliumpräparate, Sulfonamide und andere mehr.

Bei an *Darmkokzidiose* erkrankten Tieren ist der Dünndarm glasig verdickt. Durch dessen Wand erkennen wir kleine, weißliche Herde, meist in großer Zahl. Der Äsungsbrei im Darm ist sehr dünn und schleimig.

Bei der *Leberkokzidiose* treten zahlreiche Eitergeschwülste in den Gallengängen auf. Sie haben die Größe von Reiskörnern.

Die Leber zeigt es überdeutlich: Dieser Hase ist schwer von Leberkokzidiose befallen. Sein Wildbret ist genussuntauglich.

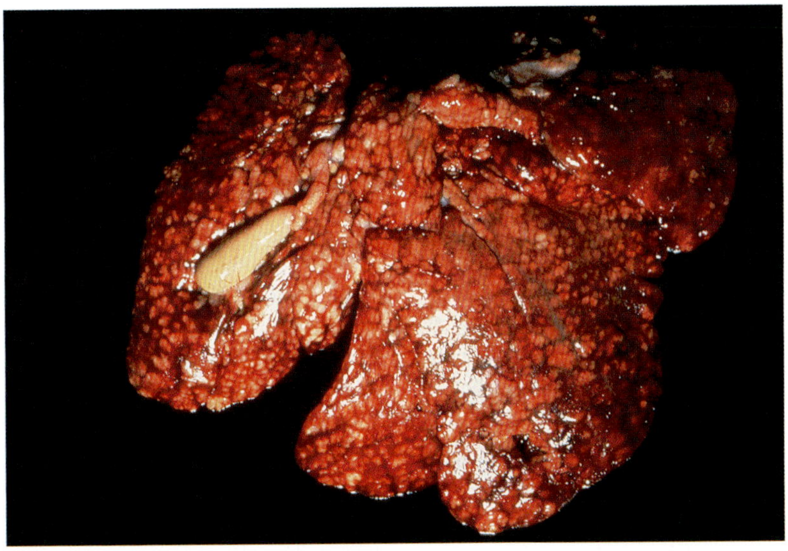

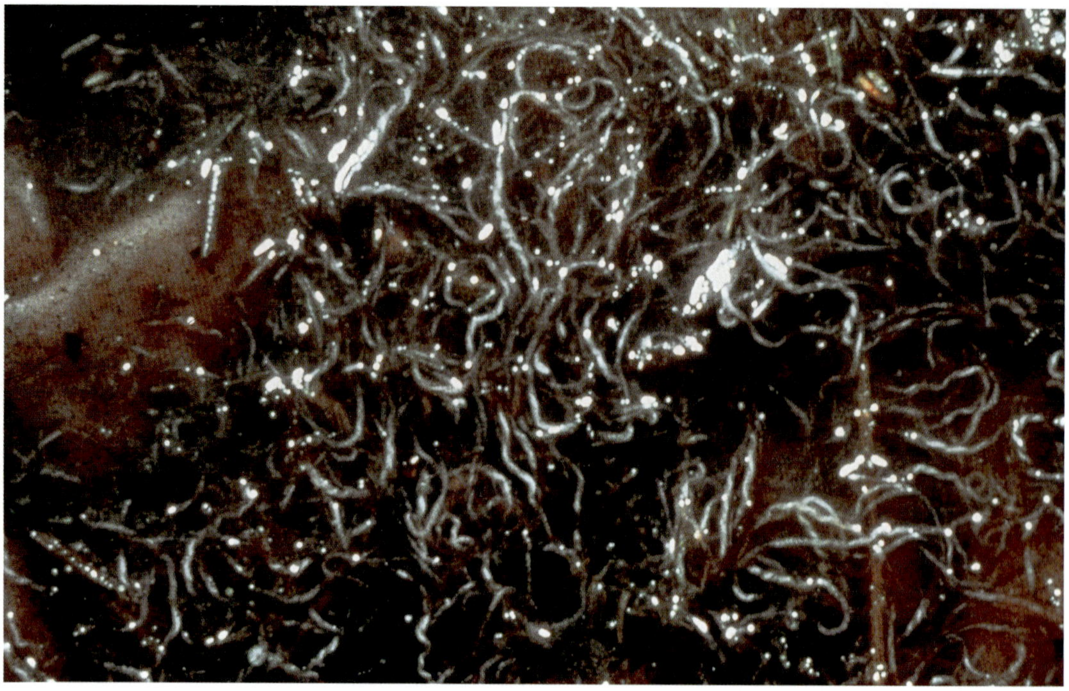

Labmagen eines Rehs, befallen von gedrehten Magenwürmern.

Bei chronischem Verlauf einer Kokzidiose magern die befallenen Tiere ab. Im Gefolge kommt es häufig zu anderen, meist bakteriellen Krankheiten. Der Mensch kann sich an den verschiedenen Kokzidiosearten nicht anstecken.

Magen- und Darmwurmbefall

Beide Befallsarten treten öfter und auch nebeneinander auf. Von Magenwürmern können Reh-, Muffel- und Gamswild sowie Hase und Kaninchen befallen sein. Jungtiere und überalterte Stücke sind die häufigsten Opfer. Schwere Verluste treten auf, wenn der Wildbestand überhöht ist oder die Äsungsbedingungen für das Wild unzureichend sind.

Bei befallenen Tieren finden wir weißlich oder aber rötlich erscheinende Rundwürmer in Magen und Darm. Zum Teil sind sie mikroskopisch klein, teilweise aber auch bis zu drei Zentimeter lang. In Magen und Darm bohren sie in der jeweiligen Schleimhaut. Außerdem saugen sie Blut. Es kommt zu Magen- und Darmentzündungen, zu Durchfällen und Blutarmut.

Die geschlechtsreifen Würmer legen im Magen-Darmkanal ihre Eier ab, die mit der Losung auf den Erdboden gelangen. Dort schlüpfen die Larven bei Feuchtigkeit und Wärme bereits nach wenigen Tagen. Am Erdboden häuten sich die Larven in der Regel zweimal und sind dann infektionstüchtig. Nun kriechen die Larvenformen an Gräsern empor und werden vom Wild mit der Äsung aufgenommen. Im Magen-Darmkanal entwickeln sie sich dann innerhalb von (neun bis) 23 Tagen bis zur Geschlechtsreife.

Nur bei wenigen Magenwurmarten gibt es einen Zwischenwirt im Entwicklungskreislauf, so den Mistkäfer bei Sauen. Die einzelnen Wurmarten sind – mit Ausnahme der Trichinen – wirtsspezifisch.

Das Muffelschaf ist krank und steht breit – hier gibt es kein Zögern!

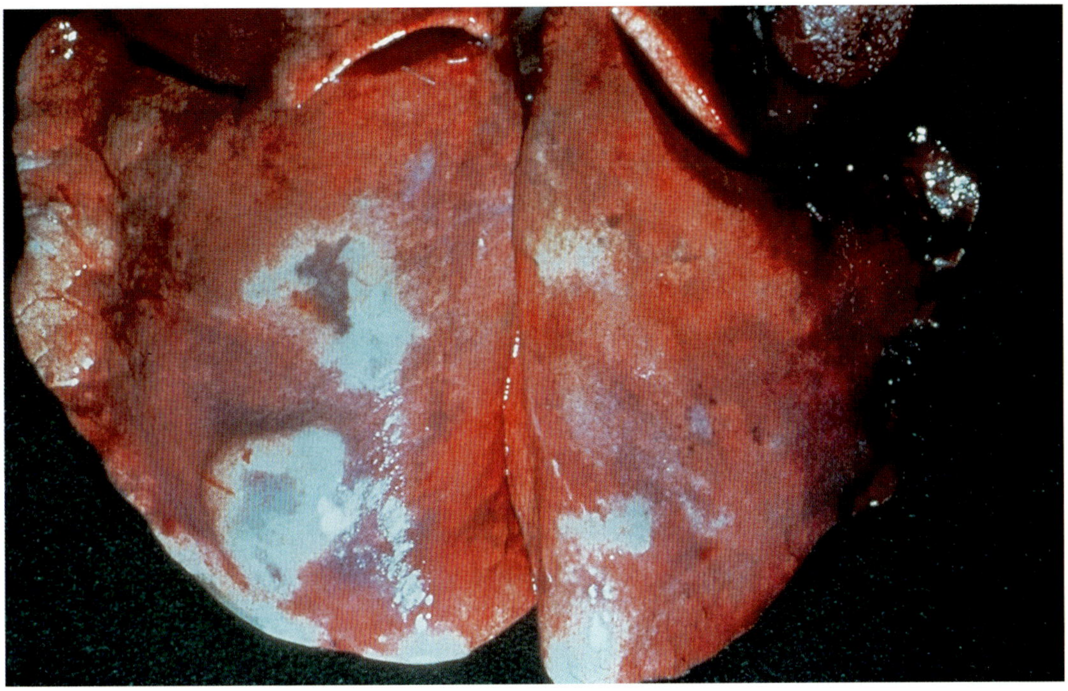

Diese Rehlunge weist mehrere weiße Brutknoten des kleinen Lungenwurms auf – kein seltenes Bild.

Bei überhöhter Wilddichte kommen Lungenwurmerkrankungen häufiger vor.

Lungenwurmbefall

Es gibt viele verschiedene Lungenwurmarten, die allerdings jeweils nur in spezifischen Tierarten parasitieren. Bei sämtlichen Schalenwildarten, bei Hasen und Seehunden kommt ein Befall mit Lungenwürmern häufiger vor. Er verläuft meistens chronisch und führt zu herdförmigen Entzündungen des Lungengewebes und der Bronchien. Das befallene Lungengewebe verliert seine Funktionstüchtigkeit in der Regel dauerhaft.

Das Lungenwurmweibchen legt seine Eier oder Larven bevorzugt in den hinteren Teilen der Lunge ab, aus denen sich teilweise bereits Larven entwickeln (der Rest entwickelt sich in der Losung). Sie werden in den Rachenraum gehustet, abgeschluckt und gehen durch den Magen-Darmkanal mit der Losung ab. Die Larven der großen Lungenwürmer der Wiederkäuer entwickeln sich am Erdboden weiter: Innerhalb weniger Tage häuten sie sich zweimal und sind dann infektionstüchtig. Sie können nun mit der Äsung aufgenommen werden. Bei Temperaturen von unter minus sechs Grad Celsius werden die Larven abgetötet.

Bei den meisten Lungenwurmarten entwickeln sich die Larven in einem Zwischenwirt. Bei Wie-

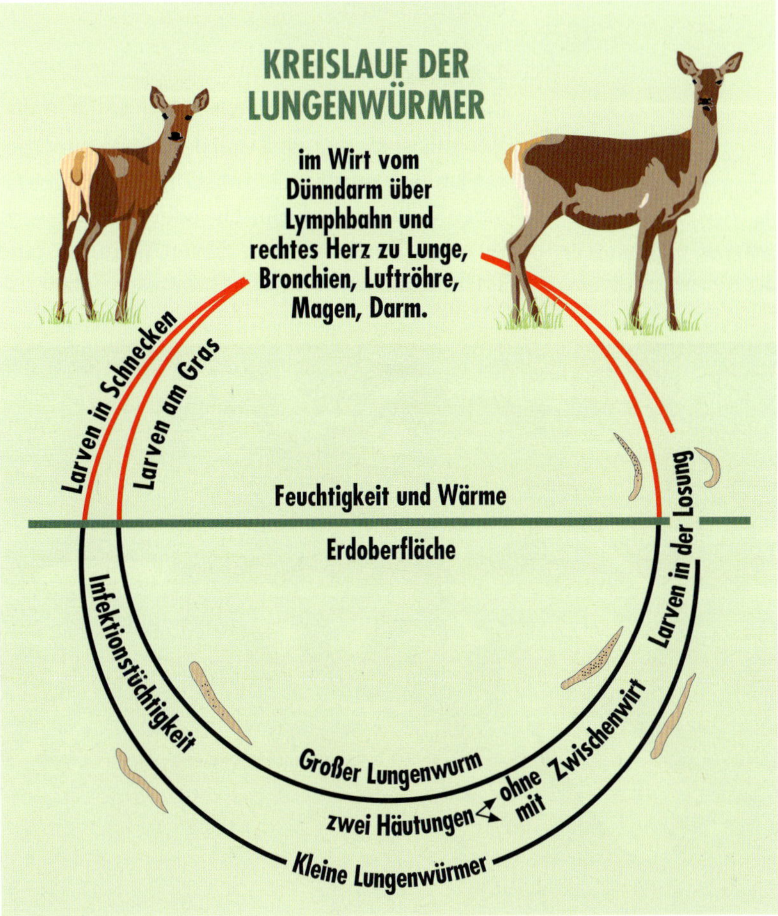

derkäuern und Hasen sind dies Schnecken, bei Sauen Regenwürmer. Das Wild nimmt den Zwischenwirt mit der Äsung auf. Im Endwirt bohrt sich die infektionstüchtige Larve durch die Dünndarmschleimhaut und wandert über die Darmlymphbahn zum Herzen. Von dort wird sie mit dem Blut in die Lunge eingeschwemmt. Hier reift sie innerhalb von 20 bis 25 Tagen zum geschlechtsreifen Wurm heran. Dort, wo das Weibchen seine Eier oder Larven in die Lunge ablegt, entstehen sogenannte Brutknoten (weiße Knoten) im Lungengewebe.

Eine Bekämpfung der Lungenwürmer ist schwierig. Die Zwischenwirte werden wir in den seltensten Fällen vernichten können, um so den Entwicklungskreislauf zu durchbrechen. Es ist immer gut, alles schwache und hustende Wild zu erlegen und für eine dem Revier angepasste Wilddichte zu sorgen. Lungenwurmerkrankungen treten dort am häufigsten auf, wo die Wilddichte überhöht ist oder in Revieren mit feuchten Lagen.

Trichinose

Sie spielt in freier Wildbahn fast keine Rolle. Wichtig ist sie nur, weil sich der Mensch infizieren kann, wenn er nicht vollständig durchgebratenes Wildbret von Fleisch- oder Allesfressern verzehrt. Deshalb ist bei diesen Tierarten eine Trichinenschau verbindlich vorgeschrieben.

Sofern entsprechend geschult, kann der Jäger die Trichinenproben nehmen, sonst muss es der Amtsveterinär tun.

TRICHINENPROBEN-ENTNAHME

Trichinenproben werden aus der Zwerchfellsäule – und der Vorderlaufmuskulatur – entnommen. Hier halten sich nämlich die Trichinenlarven bevorzugt auf. Beim Aufbrechen muss der Jäger also daran denken, die Zwerchfellsäule stehen zu lassen!

Trichinen sind nicht wirtsspezifisch. Sie leben als geschlechtsreife Würmer im Dünndarm und legen dort ihre Larven ab. Die Larven durchwandern die Darmwand und werden mit dem Blut in sämtliche Muskelgewebe eingeschwemmt. Dort rollen sich die Larven ein, kapseln sich ab und bleiben über Jahre infektionstüchtig.

Wildschweine, Füchse, Dachse und Ratten sind am häufigsten mit Trichinen befallen. Der Mensch kann nur so lange erfolgreich gegen Trichinen behandelt werden, wie sie sich noch in seinem Darm befinden, denn bis dahin töten Magenwurmmedikamente die Trichinen ab. Sind die Larven bereits in der Muskulatur, kommt jede Behandlung zu spät. Eine Trichinose ist für den Menschen immer sehr schmerzhaft und kann für ihn sogar tödlich sein.

Haarwurmbefall

Haarwürmer kommen bei vielen Tierarten vor. Sie gehören zu den Rundwürmern, sind sehr dünn und bis zu vier Zentimeter lang. Die meisten Haarwürmer schmarotzen im Dünndarm. Eine hochgradige Blutarmut der Wirtstiere ist die Folge. Rebhuhn und Fasan, Birk- und Auerwild – hier in Kropf und Schlund – sowie einige Greifvögel leiden besonders häufig unter diesen Parasiten. Sie kommen aber auch bei Rot-, Muffelwild und Dachs vor. Beim Fuchs finden wir sie häufig in dessen Blase.

Leberegelbefall

Bei uns gibt es zwei Arten von Leberegeln, den Großen und den Kleinen Leberegel. Sie leben in gänzlich verschiedenen Regionen.

Das ganze Jahr über kühlt unsere Sauen die Suhle. Sie und der Malbaum helfen gegen Außenparasiten.

Der *Kleine Leberegel* hält sich auf trockenen, kalkreichen Böden, weil hier seine beiden Zwischenwirte – Gehäuseschnecken und Ameisen – vorkommen. Er gefährdet Schafe, Hasen und Kaninchen.

Bedeutungsvoller ist der *Große Leberegel*, der sich vor allem auf nassen Wiesen, in Gräben oder auf Sumpfflächen hält. Er lebt in den Gallengängen der Leber und richtet dort schwere Schäden an. Er ist ein blattförmiger Saugwurm, zwei bis drei Zentimeter lang sowie acht bis dreizehn Millimeter breit und spitzt sich nach vorne und hinten zu. Der Große Leberegel bildet eine Gefahr für Weiderinder, Rot-, Dam-, Muffel-, Gams- und Rehwild. Auch Hasen sind sehr empfänglich. Zwischenwirt des Großen Leberegels ist die Zwergschlammschnecke.

Leberegel sind nicht endwirtsspezifisch. Deshalb kann sogar der Mensch befallen werden, wenn er an infiziertem Gras kaut.

Ob ein Stück Wild mit Leberegeln befallen ist, kann man am erlegten Tier mit bloßem Auge feststellen. Wir schneiden die Leber zweimal tief ein und sehen dann schon die stark verdickten, weißen Gallengänge. Drücken wir sie, entleert sich eine grauschleimige Masse, in der sich die Egel befinden.

Die Eier des Großen Leberegels gelangen mit der Galle in den Darm und von dort mit der Losung in die Außenwelt. Hier schlüpft nach zwei bis drei Wochen eine Flimmerlarve aus dem Ei. Sie dringt in eine Zwergschlammschnecke ein. Dort vermehrt sie sich in fünf bis 16 Wochen ungeschlechtlich sehr stark. Die Leberegelbrut ist spezifisch an diese eine Schneckenart gebunden. Aus der Schnecke wandern Schwanzlarven aus und schwimmen an einen Grashalm. Die Gräser müssen also im Wasser stehen. Dort heften sie sich als Zyste an, die etwa wie ein Sandkorn ausschaut. Nur in diesem Stadium kann es zu einer Infektion kommen: Entweder über das Gras auf der Weide

Leber eines Karnickels mit herausgedrückten Kleinen Leberegeln.

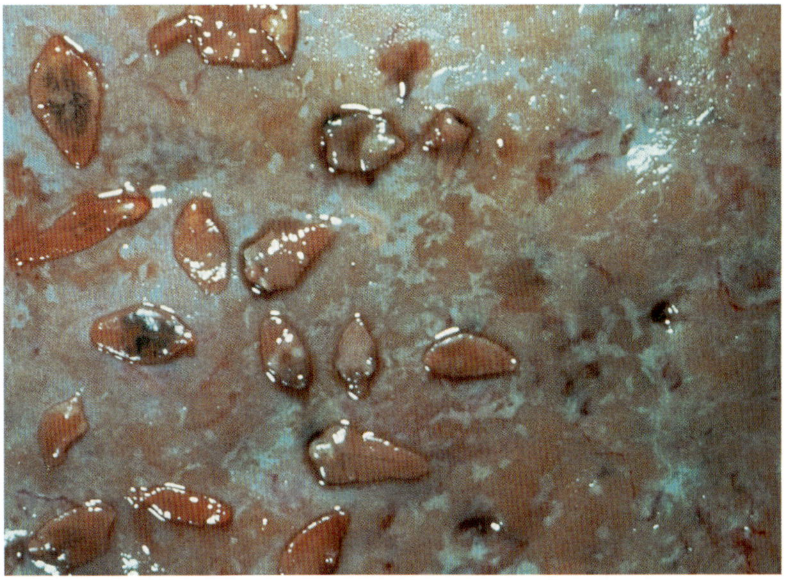

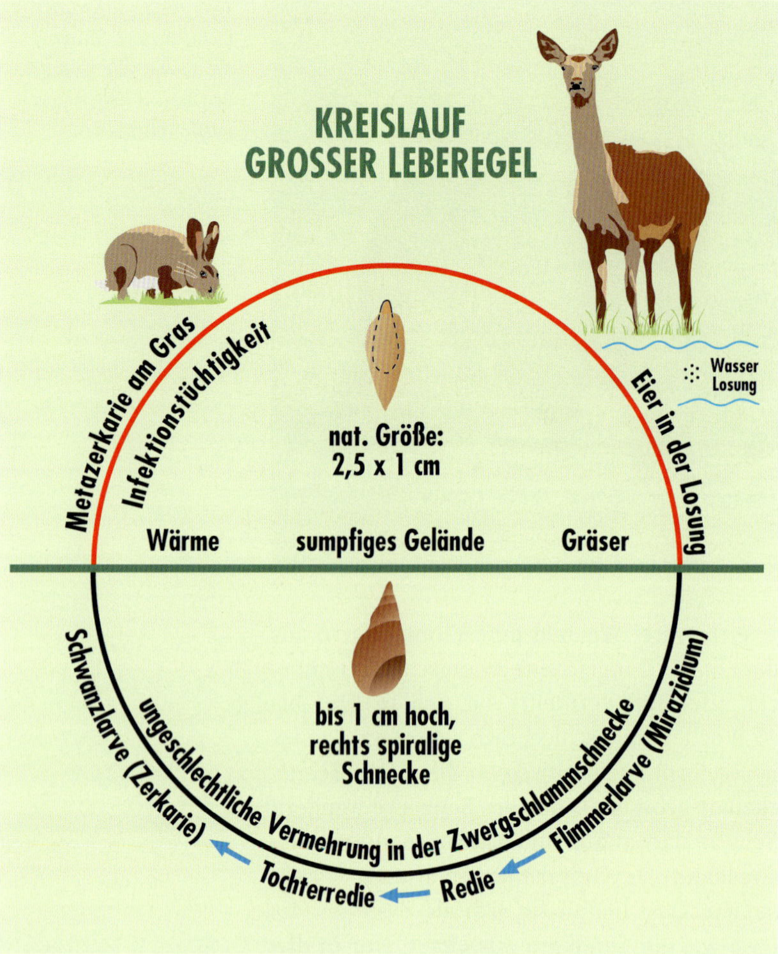

Vom Großen Leberegel werden vornehmlich Rehe und Rotwild, auch Hase und Kanin, befallen. Nasses, sumpfiges Gelände ist Biotop des Zwischenwirts.

oder über Heu, welches auf infizierten Weiden gewonnen wurde. An Gras sind die Zysten bis zu sechs Monaten infektiös.

Vom Darm des Endwirtes wandern die Leberegellarven über die Bauchhöhle in die Leber ein. Dort entwickeln sie sich in neun bis zwölf Wochen zu geschlechtsreifen Leberegeln. Ein Leberegel vermag bis zu elf Jahre alt zu werden und produziert während seines Lebens bis zu einer Million Eier.

Der Leberegel kann bekämpft werden, indem man den Zwischenwirt, die Zwergschlammschnecke, im Gelände vernichtet. Dies geht mit einprozentiger Natriumpentachlorphenolatlösung (20 Kilogramm pro Hektar). Allerdings ist das Mittel für Fische und Frösche giftig. Also verzichten wir heute auf das Bekämpfen des Leberegels. Ein Einsatz von Medikamenten ist möglich.

Bandwurm- und Bandwurmfinnenbefall

Bandwürmer kommen in sehr großer Zahl bei fast allen Wildtieren vor, sowohl bei Säugetieren als auch bei Vögeln. Es sind zwischen vier Millimeter bis mehrere Meter lange Plattwürmer. Sie leben vornehmlich im Dünndarm ihrer Wirtstiere. Bei den Bandwürmern sind Kopf, Hals und Glieder deutlich erkennbar. Die letzten Glieder lösen sich ab und gelangen mit dem Kot ins Freie. Sie enthalten viele Eier.

Bandwürmer benötigen für ihre Entwicklung *Zwischenwirte*. Diese nehmen mit der Nahrung Bandwurmeier auf, worauf sich in ihren Organen Zwischenstadien, die sogenannten *Band-*

WICHTIGE BANDWURM-FINNEN

1. Rehfinne (Bandwurm in Fuchs oder Hund): Diese Finne kommt selten bei Rot-, häufig bei Rehwild vor. Die Finnenblasen sitzen in der Muskulatur, im Zwerchfell, im Lecker und im Herzen. Sie sind bis erbsengroß.

2. Erbsenförmige Finne (vom Gesägten Bandwurm in Fuchs oder Hund): Die Finnen sitzen bei Feldhasen und Wildkaninchen – meist sehr zahlreich – im Darmgekröse und an den Bauchorganen. Wie ihr Name sagt, sind sie bis erbsengroß und kugelrund.

3. Dünnhalsige Finne (vom Geränderten Bandwurm in Hund, Fuchs oder Mardern): Sie finden sich bei Rot-, Dam-, Gams-, Reh- und Schwarzwild. Die Finnenblasen hängen tropfenförmig oder als Kugel an Organen der Bauch- und Brusthöhle. Sie sind durchscheinend, dünnwandig und bis gänseeigroß.

4. Echinokokken:

a) vom Dreigliedrigen Bandwurm des Hundes: Diese Finnen sitzen vornehmlich in der Leber, selten in der Lunge.

b) vom Fünfgliedrigen Bandwurm des Fuchses (Kleiner Fuchsbandwurm) oder – allerdings selten – des Hundes oder der Katze.

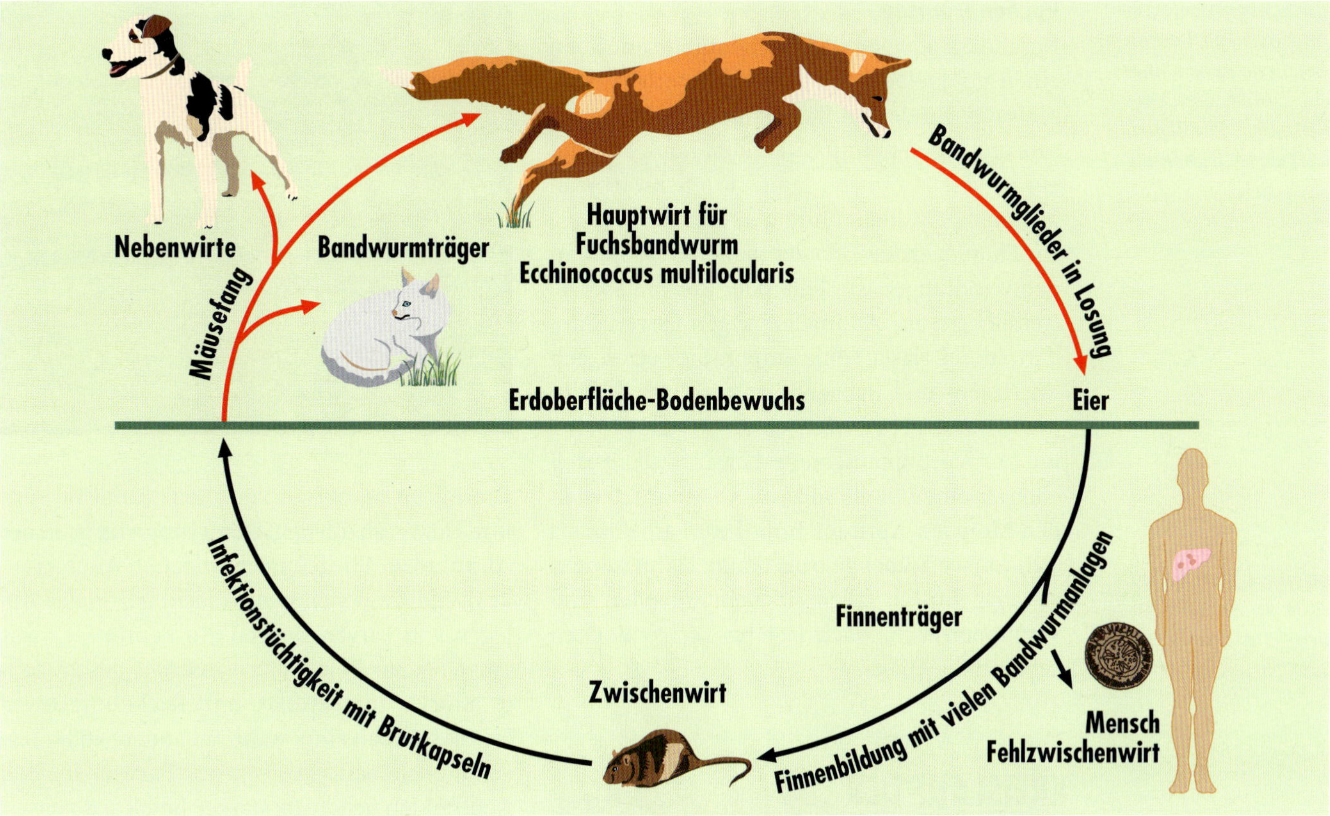

wurmfinnen, bilden. Aus den Bandwurmfinnen entwickeln sich Bandwürmer, wenn sie mit der Äsung in den Darm des Endwirtes gelangen. Zwischenwirte der Bandwürmer sind bei den Wiederkäuern vor allem Moosmilben, beim Raubwild deren Beutetiere, bei Vögeln sind es Schnecken, Käfer, Fliegen, Regenwürmer etc. Der für den Menschen gefährlichste Bandwurm ist der Kleine Fuchsbandwurm. Dessen Hauptzwischenwirte sind zwar Mäuse, doch kann auch der Mensch *Fehl*zwischenwirt sein. „Fehl-“, da die Infektion in diesem Fall nicht an den Endwirt weitergegeben wird. Die Finne des kleinen Fuchsbandwurmes wächst beim Menschen wie ein bösartiger Tumor meist in der Leber. Eine Infektion wird oft erst nach Jahren erkannt. Eine Früherkennung ist dann möglich, wenn wir eine Blutuntersuchung durchführen lassen. Ist der Mensch infiziert, kann ihm der Arzt – nicht immer mit Erfolg – helfen. Entweder wird das „Problem“ chirurgisch oder aber mit Mebendazol angegangen. Schlägt die Therapie nicht an, stirbt der Patient an Leberversagen.

Die Gefahr, die vom Fuchsbandwurm für den Menschen ausgeht, ist mit dem starken Anwachsen der Fuchspopulationen größer geworden.

Diese Finnenblasen des Hundebandwurmes wurden aus einer menschlichen Milz herausgeschnitten. Ein erschreckendes Bild.

Rachenbremsenlarven im Nasen-Rachenraum. Befallene Rehe schnarchen und husten vernehmlich. Der Jäger hört sie oft früher, als er sie sieht.

Rachenbremsen

Nasendasselfliegen oder Rachenbremsen haben einen goldgelben, behaarten Hinterleib, eine schwarze Binde von Flügelansatz zu Flügelansatz und einen plump wirkenden Kopf. Sie sind etwa zwölf Millimeter lang. Ihre Schwärmzeit liegt in den Monaten Juni bis August.

Im Flug legen sie larvenenthaltene Tropfen an den Windfängen von Reh- oder Rotwild ab. Die weißlichen, ein Millimeter langen Larven wandern in der Nasenhöhle empor. Sie setzen sich im Nasen- und Rachenraum fest, um dort zu überwintern. Hier wachsen sie in zehn Monaten zur Verpuppungsreife heran. Dabei erreichen sie eine Länge von 25 bis 30 Millimetern in den Monaten April bis Juni. Ihre Farbe ändert sich von weiß über gelb bis braun. Dann werden sie ausgehustet, fallen auf den Erdboden und verpuppen sich. Nach vier bis sechs Wochen schlüpft die Fliege.

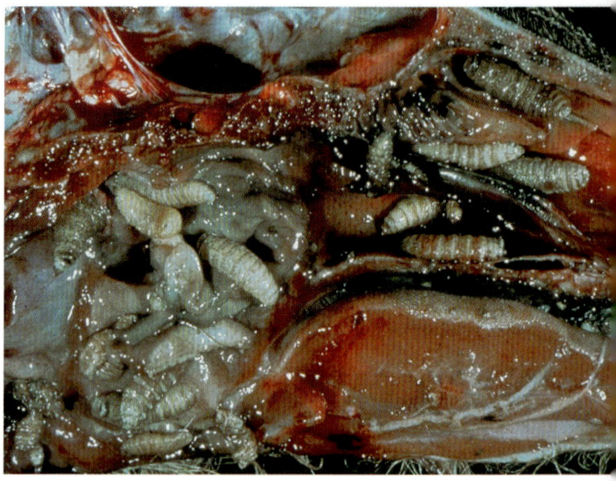

Von Rachenbremsen befallene Tiere leiden stark an Atembeschwerden, Hustenanfällen und Niesen.

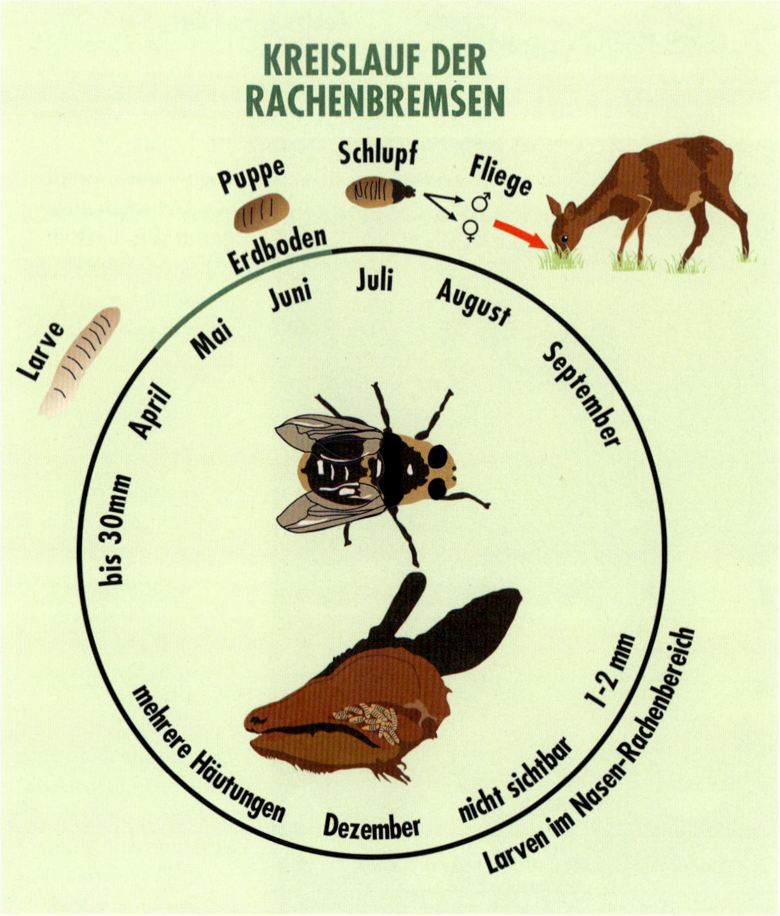

Die Fliege bevorzugt vor allem Jungwild, um ihre Larven abzulegen. Denn Jungwild ist in der Abwehr von Fliegen noch ungeübt. Auch krankes Wild kann sich nur schlecht gegen das Ablegen von Larven wehren. So kommt es, dass einzelne, zur Zeit der Larvenablage geschwächte Stücke massenhaft mit Rachenbremsenlarven befallen sind, während andere völlig verschont bleiben. 30 bis 50 Larven in den Kopfhöhlen gelten als starker Befall.

Zwecks Bekämpfung der Rachenbremse ist es wichtig, alle kranken und hustenden Stücke rechtzeitig, also vor dem Reifwerden der Larven, zu erlegen. In der Schonzeit ist dazu eine Sondergenehmigung erforderlich.

Dasselfliegen

Bei diesen Parasiten handelt es sich um elf bis zwölf Millimeter lange, schwärzlich-graue Fliegen mit gelbbraunen Beinen. Eine Fliege legt ihre Eier am Rehhaar ab, eine andere an dem des Rotwildes – die verschiedenen Dasselfliegen sind jeweils auf spezielle Tierarten angewiesen. Nach einigen Tagen schlüpfen aus den Eiern Larven. Sie bohren sich in die Decke ein und wandern allmählich zum Rücken des Wirtes.

Im Spätwinter erscheinen weißlich gegliederte Larven in der Unterhaut des Rückens. Sie wachsen bis zum April/Mai allmählich zu einer Länge von zweieinhalb und einer Dicke von einem halben Zentimeter heran. Durch die Decke hindurch bohren sie sich ein Atemloch. Im Sommer kriechen sie dann dort heraus, um auf den

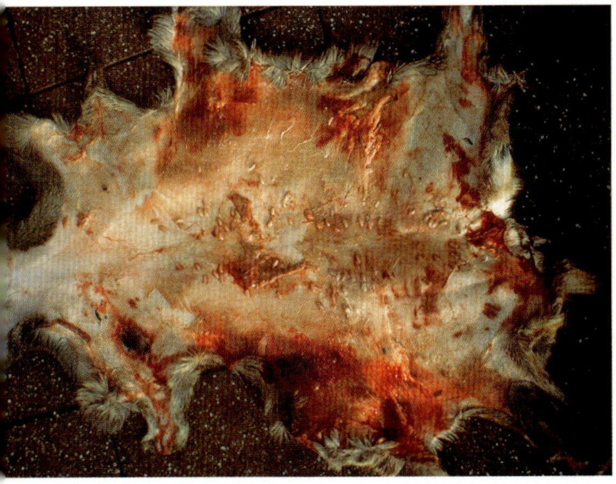

Winterdecke einer Ricke mit etwa einhundert Dassellarven.

Wiederholtes Kratzen und Scheuern an den von Räude befallenen Stellen fördern den Haarausfall. Trockene, harte Borken und Falten bilden sich hier.

Erdboden zu gelangen. Hier verpuppen sie sich drei bis vier Wochen lang. Danach schlüpft die fertige Dasselfliege.

Durch Parasiten oder andere Krankheiten geschwächte Stücke oder Jungwild, aber auch überalterte Stücke werden besonders stark von den Dasselfliegen heimgesucht. Hier kommt es häufig zu einem Massenbefall, weil diese Stücke sie nur schlecht abwehren können. Die Dasselbeulen auf den Rücken der Tiere eitern und schädigen damit deren Gesundheit stark.

Räude

Verschiedene wirtsspezifische Räudemilben verursachen die Räude bei den betreffenden Tierarten.

Unter diesen Räudemilben, die zu den Spinnentieren gehören, sind die sogenannten *Sarkoptesmilben* mit Abstand die bedeutendsten. Sie graben sich in die oberen Schichten der Haut ein und legen dort ihre Eier ab. Aus Letzteren schlüpfen wiederum die Larven. Räude verursacht aus diesem Grund starken Juckreiz, Haarausfall, borkige Hautverdickungen und Entzündungen, die meist am Kopf beginnen und dann auf den gesamten Körper übergreifen. Die Milben vermögen bis zu 14 Tagen ohne Wirt zu überleben.

Die *Sarkoptesräude* kann besonders Gämsen, Füchse sowie Schwarzwild treffen. Bei Waschbär, Marder, Iltis und Frettchen kommen Räudefälle seltener vor. Räudemilben sind ziemlich verbreitet, schwere Erkrankungen bei gesunden Tieren aber selten.

Eine Heilbehandlung ist nur möglich, wenn man der Stücke habhaft werden kann. Für die jagdliche Praxis bedeutet dies, dass wir offensichtlich erkrankte Stücke erlegen.

Zecken

Zecken oder Holzböcke sind Blutsauger. Die Männchen sind eineinhalb, die Weibchen vier Millimeter lang. Vollgesogen erreichen sie eine Länge von zwölf Millimetern. Zecken klettern an Grashalmen, Blättern von Sträuchern usw.

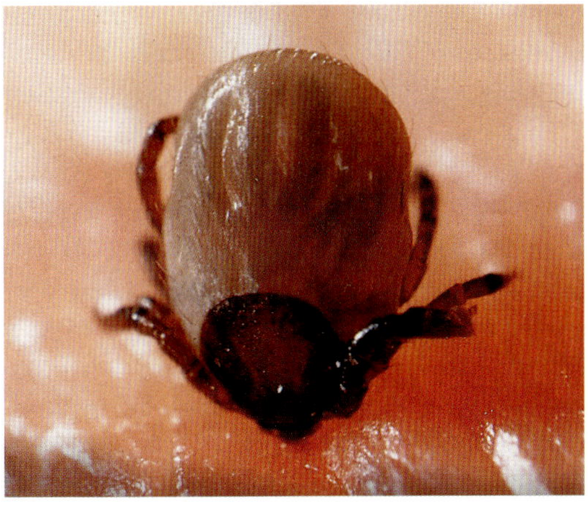

Ein Zeckenbiss genügt bisweilen, um den Menschen schwer an Hirnhautentzündung (S. 286) oder Borreliose (S. 289) erkranken zu lassen.

Ihn juckt's. Sind Läuse, Haarlinge oder Zecken der Grund? Der Hinterlauf erreicht auch diese Stelle.

empor. Von dort aus lassen sie sich auf die Körperoberfläche vorbeiziehender Wirtstiere fallen. Bevorzugt sitzen sie an Kopf und Hals des Wirtes. Wir finden sie bei Rot-, Reh- und Schwarzwild, bei Hunden und überhaupt allen Warmblütern.

Für unser Wild sind herkömmliche Zecken in erster Linie lästig, dem Menschen können sie mit ihrem Biss die Erreger von Hirnhautentzündung (Frühsommer-Meningoenzephalitis, siehe hierzu Seite 286) oder Lyme-Borreliose übertragen (siehe Seite 289).

Seit einigen Jahren wird in Mittel- und Nordeuropa und auch in Deutschland die Ausbreitung der bis zu zwei Zentimeter großen Hyalomma-Zecke beobachtet. Sie wird von Zugvögeln aus ihren Ursprungsgebieten Afrika, Asien und Südeuropa eingeschleppt. Diese Zeckenart ist schnell und lässt sich nicht abstreifen, sondern verfolgt ihren potenziellen Wirt aktiv und optisch, mitunter über Hunderte von Metern. Die Hyalomma-Zecke kann neben Babesien und anderem das Virus des Krim-Kongo-Fiebers und das bakteriell verursachte Zecken-Fleckfieber auf den Menschen übertragen.

Sonstige Erkrankungen

Vergiftungen

Vergiftungen einzelner Stücke Wild sind schwer zu diagnostizieren. Verdacht auf Vergiftung besteht immer, wenn verschiedene Wildarten zu gleicher Zeit im Revier verendet aufgefunden werden. Ursache sind dann extrem giftige Stoffe wie Insektizide, Mäusegifte, Herbizide, Blei- oder Quecksilberpräparate etc. in hoher Konzentration.

Dagegen sind chronische Vergiftungen durch Industrieabgase oder Gifte in kleinerer Dosierung für den Laien kaum erkennbar. Durch sie wird der gesamte Wildtierbestand mehr oder minder stark geschädigt und dadurch anfälliger gegen Krankheiten aller Art. Diese „Sekundärerkrankungen“ können die wahren Ursachen von Wildverlusten verschleiern.

Die Untersuchung von Wildtieren auf Vergiftung ist leider zeitaufwändig und kostspielig. Wer sie dennoch veranlasst – etwa wegen möglicher Schadenersatzforderungen –, sollte wenigstens Kropf-, Magen-, Darminhalt, Leber und Nieren, am besten aber das ganze Tier einsenden.

Geschwülste

Dabei handelt es sich um anomal wuchernde Gewebearten. Bei diesen *Tumoren* unterscheiden wir zwischen gut- und bösartigen.

Gutartige Geschwülste verdrängen aufgrund ihres Wachstums lediglich benachbarte Organe. *Bösartige* Geschwülste wachsen dagegen in das umliegende gesunde Gewebe. *Karzinome* sind bösartige Geschwülste des Deckgewebes, *Sarkome* solche des Bindegewebes.

Sind Tumorzellen einmal in die Blutgefäße eingebrochen, können diese Zellen mit dem Blut in sämtliche Körperregionen verschleppt werden und dort zu Tochtergeschwülsten, sogenannten *Metastasen,* führen. So finden sich dann Metastasen in der Regel auch in den großen Filterorganen, nämlich Nieren, Leber und Lunge.

Wiewohl es bei Wildtieren sämtliche Arten von Tumoren gibt, spielen sie für die Wildbestände in der Praxis keine Rolle. Am häufigsten kommen *Lymphsarkome* vor. An zweiter Stelle stehen *Gallengangskarzinome.*

Ein böses Bild. Nicht nur Infektionen verursachen Fallwild im Revier.

Verletzungen

Verletzungen sind – medizinisch gesehen – Zerstörungen des Körpergewebes aufgrund von Gewalteinwirkung, Verätzung, Verbrennung oder Erfrierungen. Verkehrsunfälle, Schüsse oder landwirtschaftliche Maschinen sind die häufigsten Gründe für Verletzungen des Wildes. Bei den Trophäenträgern von Rot-, Dam-, Sika- und Rehwild kommt es außerdem zu *Forkelverletzungen.* Speziell beim Rehbock wird bisweilen die Schädeldecke zwischen den Rosenstöcken durchstochen. Infolgedessen entwickelt sich eine eitrige, tödlich verlaufende Gehirnhautentzündung.

Frische Verletzungen sind durch Geweberisse gekennzeichnet, die von frischem, noch rotem Blut durchtränkt sind. Später verkrusten und verschorfen die Wunden. Schnittwunden heilen schneller als Quetschwunden.

Es soll vorkommen, dass eine Schusswunde nachträglich angebracht wird, etwa wenn der Ia-Schaufler gar nicht frei war. Nun – das ist leicht zu erkennen, weil in den Wundrändern und der Umgebung der Verletzung keine Blutungen zu sehen sind. Bei Schusswunden oder Knochenbrüchen, die nach dem Tod des Stückes vorsätzlich angebracht wurden, bemerken wir vielmehr eine leichte Rosafärbung, also keine echten Blutungen. Wenn wir das Wundrandgebiet mikroskopisch untersuchen lassen, gehen wir auf Nummer sicher. Täuschungen sind also einwandfrei nachweisbar.

Es ist schon erstaunlich, wie gut selbst starke Vorderlaufverletzungen bei Sauen ausheilen.

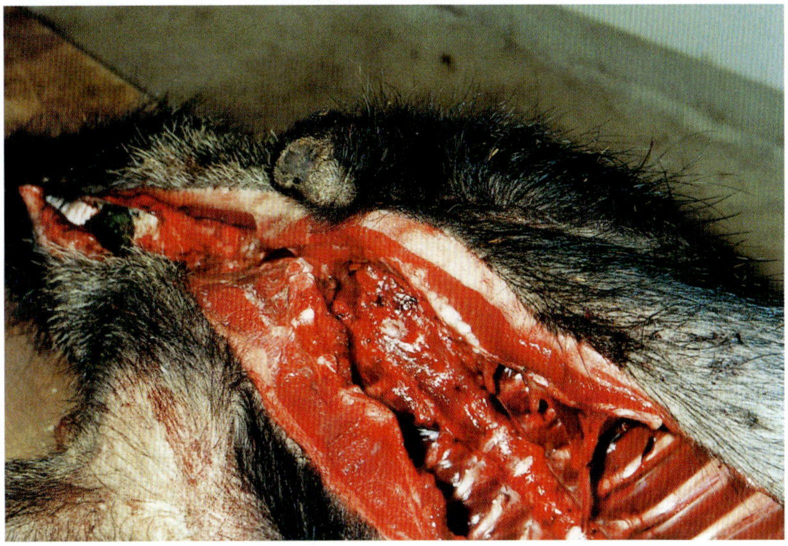

Gegen Wildkrankheiten ist Rotwild erfreulich wenig anfällig. Forkelverletzungen während der Brunft kommen selten vor. Die Kampfrituale werden von den Hirschen streng beachtet.

Missbildungen

Missbildungen sind angeborene Abweichungen (Anomalien) von der normalen Gestalt der Organe oder des Körpers. Sie kommen in freier Wildbahn recht selten vor. Missbildungen sind beispielsweise überzählige Gliedmaßen, Schnabelverbiegungen, Unterkieferverkürzungen,

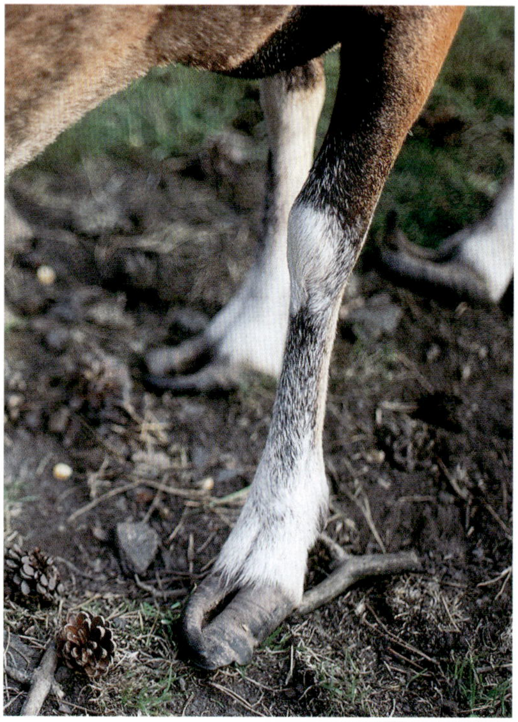

Das Schalenauswachsen wird örtlich zur Geißel der Mufflons. Es hat mit der bakteriell bedingten Moderhinke nichts zu tun.

Zwitterbildungen oder Albinismus, also das Fehlen von Farbpigmenten, so dass die Tiere oft weißfellig und rotäugig sind. Jagdbare Wildtiere mit erkennbaren Missbildungen werden wir tunlichst erlegen, um einer möglichen Vererbung der Anomalität vorzubeugen.

Wildtiere können auch im Laufe ihres Lebens Abnormitäten „erwerben“. Diese krankhaften Veränderungen an Körperteilen oder Organen sind Folgeerscheinungen von Entzündungen, Stoffwechselstörungen oder Verletzungen.

Häufig beobachtbar sind Veränderungen am Gehörn des Rehbocks, etwa Stangen- oder Rosenstockbrüche, Perückenbildung, Kümmerformen, Mehrstangigkeit usw.

Bedeutsam ist außerdem das Auswachsen der Schalen beim Muffelwild mit Fäulnis in den verlängerten Hornschuhen. Schließlich fault auch das Schalenbein. Damit wird der Prozess irreparabel. Die Mufflons lahmen und leiden sehr unter Schmerzen wegen der faulenden Zehenknochen. Die so geschwächten Muffel gehen dann meist infolge anderer parasitärer Krankheiten ein.

Pilzerkrankungen

Sie spielen in freier Wildbahn kaum eine Rolle, weshalb auf sie hier nicht näher eingegangen werden soll.

Topfit wirken beide Muffelwidder. Ein erfreulicher Anblick. Gesundes Wild ist in freier Wildbahn noch immer die Regel.

Teil 2

Das Revier

Das Niederwildrevier

Grundlagen der Lebensraumverbesserung

Über Jahrhunderte hinweg prägten Felder, Weiden und Wiesen mit ihren Büschen, Hecken und Baumalleen die mitteleuropäische Kulturlandschaft. Diese stellte so über lange Zeit einen idealen Lebensraum für sehr viele Wildtiere, eine „heile Welt", dar.

Verlust an Grenzlinien und Vielfalt

Mit der Landwirtschaft wandelte sich auch das Gesicht der Feldmark. Traktoren ersetzten die Pferde, der Mähdrescher die Sense. Die vielen – zugegeben oft zu vielen – kleinen Feldparzellen wichen den maschinengerecht ausgeräumten Großflächen. Wasserläufe wurden kanalisiert oder verschwanden in Rohren unter der Erde. Die Rückzugsgebiete, also die ökologischen Zellen der Wildtiere in einer ohnehin zunehmend lebensfeindlicheren Agrarlandschaft, wurden immer kleiner.

Anders formuliert: Aufgrund der Mechanisierung der Landwirtschaft sind die fürs Niederwild dringend notwendigen *Grenzlinien* drastisch vermindert. Die ehemals kleinen Parzellen wurden von den Bauern jeweils für sich gesondert bearbeitet. An den Grenzen bestanden viele Übergänge von großen zu kleinen Pflanzen, von lichtem zu dichtem Bewuchs. Die heute übliche, rentabel zu bewirtschaftende Großfläche ist auf 20 bis 30 Hektar einförmig mit einer Pflanzenart bestockt, also grenzlinienarm.

Das ganzjährige Angebot an natürlich vorkommenden Pflanzenarten ist so auf einige wenige Kulturpflanzen verringert. Gerste, Weizen, Roggen, Raps und Zuckerrüben dominieren – vor allem aber der allgegenwärtige Mais. Beinahe sämtliche Wildarten verfügen deshalb nur begrenzt über variable Nahrungsstoffe. Außerdem können sie den von Haus aus vorhandenen, natürlichen Lebensraum nur örtlich und zeitlich eingeschränkt nutzen. Förderprogramme der Landesjagdverbände, von Landschaftspflegeverbänden und von Bund und Ländern – Letztere mitunter von der EU kofinanziert – können die Feldflur immer nur punktuell wildtierfreundlich verbessern.

Mais, soweit das Auge reicht … Jeder Quadratmeter Land dient dazu, Erträge zu liefern. Das Wild „bleibt hier auf der Strecke".

Revierinhaber und Grundeigentümer im Zusammenspiel

Sofern er nicht Eigenjagdbesitzer ist, sind der Eigeninitiative eines Revierinhabers enge Grenzen gesetzt. Mitunter sind sie nur schwer zu überwinden. Solche Grenzen werden gezogen durch nicht ausgenutzte Möglichkeiten bei der Zusammenarbeit mit den Jagdgenossen, durch Unkenntnis effektiver und dennoch kostengünstiger Methoden zur Revierverbesserung und damit letztendlich durch den relativ hohen finanziellen Aufwand, der meist nicht mit der Pachtdauer im Einklang steht.

Gut für die Kartoffeln, schlecht für Insekten und Rebhühner.

„Kommst du heute Abend auf ein Glas Bier in den Dorfkrug?“

Das Jagdrecht wie auch andere Rechtsgrundlagen ermöglichen dem Revierpächter nur sehr beschränkt, ihm notwendig erscheinende Maßnahmen auf Wirtschaftsflächen unmittelbar zu ergreifen. Er ist immer an den guten Willen sowie das Verständnis der Grundbesitzer gebunden. Nur wenn dieser Kontakt besteht und auch funktioniert, kann er zum Beispiel auf Flurbereinigungsmaßnahmen mittelbar Einfluss ausüben oder Revieraufwertung über Biotopvernetzung erreichen.

Ein zünftiges Jagdessen mit Spanferkel am Grill und einem Fass kühlem Bier, ein kurzer Klönschnack mit dem Landwirt, der gerade die Stalltüre verschließt, ein Weihnachtsbraten für die Jagdgenossen, all das fördert die Sympathien für den Pächter.

Stimmt dann die „Chemie“, werden Grundeigentümer und Pächter so manches Problem einvernehmlich und ganz unbürokratisch lösen.

Der Revierpächter ist immer auf den guten Willen der Jagdgenossen angewiesen. Nur gemeinsam mit ihnen wird er etwa bei Flurbereinigungen erreichen, dass Deckungs- und Äsungspartien im Revier stärker vernetzt werden.

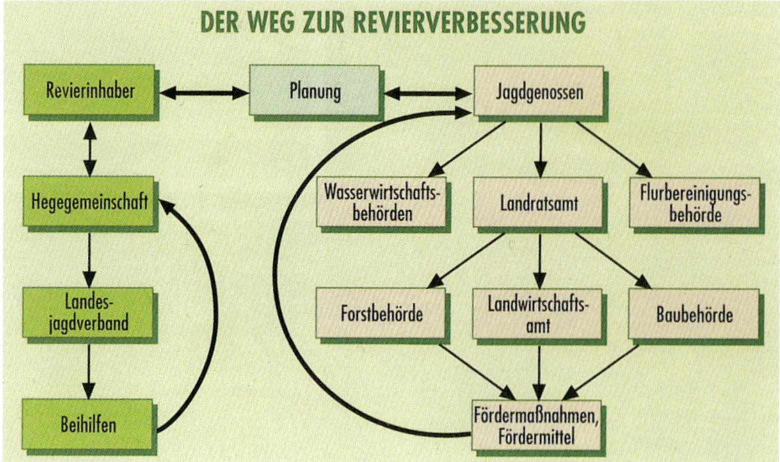

Revieranalyse

Grundlage für alle Planungen ist eine *Revieranalyse*. So wird ermittelt, welche Revierteile dem Wild derzeit die besten Lebensbedingungen bieten. Die entscheidenden Parameter sind: *Ruhe* und *artgerechte Ernährung* in enger Nachbarschaft.

Sind solche *Kernzonen* im Revier vorhanden, prüfen wir, wie wir sie erhalten oder ausweiten können. Existieren solche Zonen nicht, ist zu überlegen, wo und wie wir sie am geeignetsten schaffen können. Messlatte hierfür ist das sachlich, personell und finanziell Machbare.

Sachlich machbar sind Revierverbesserungen nur, wenn der Revierinhaber seine Pläne in enger Zusammenarbeit mit dem Jagdvorstand und mit den jeweiligen Grundeigentümern bespricht und beschließt. Bei grundlegenden Veränderungen der Revierstruktur, etwa durch Flurbereinigungen oder flächige Unterschutzstellungen von Landschaftsteilen als Landschafts-, Naturschutzgebiet oder Biosphärenreservat hat grundsätzlich nur die Jagdgenossenschaft ein Mitspracherecht in den entscheidenden Verhandlungen.

Es gibt aber auch kleinere Maßnahmen, die für die Struktur des Gesamtrevieres nicht so bedeutend, jedoch fürs Wild extrem wichtig sind. Dazu zählt etwa das Anlegen einer „Benjeshecke“ (siehe dazu Seite 325). Hier genügt die Absprache mit dem jeweils beteiligten Grundbesitzer. Die Praxis erweist: Jeder Revierinhaber, ob Eigentümer oder Pächter, bewirkt schon sehr viel, wenn er ein altes chinesisches Sprichwort beherzigt: Es ist besser, ein kleines Licht anzuzünden, als auf die Dunkelheit zu schimpfen.

Personeller und finanzieller Aufwand

Personell durchführbar sind Revierverbesserungen, wenn der Revierinhaber selber aktiv mitarbeitet und Mitpächter sowie Jagdgäste, Teilnehmer von Jungjägerlehrgängen, Schüler oder Aktive anderer Einrichtungen, wie zum Beispiel der dörflichen Feuerwehr, für die Mithilfe im Revier gewinnen kann.

Natürlich ist es mit dem Anlegen einer Remise oder eines Ententeiches nicht getan. Personell machbar bedeutet bei Revierverbesserungen also auch, dass wir das Geschaffene erhalten können. Hecken, Remisen und Teiche wollen gepflegt und beaufsichtigt sein. Nützlich ist es zudem, wenn die Maßnahmen zur Revierverbesserung von Land- oder Forstwirten, gegebenenfalls auch von Seiten des Naturschutzes, fachmännisch begleitet werden. Auf diese Weise können Fehler rechtzeitig aufgedeckt und ausgemerzt werden.

Ob und inwieweit Revierverbesserungen finanziell machbar sind, entscheidet allein der Revierinhaber. Er wird die laufenden Kosten ständig im Auge haben und dabei stets erneut prüfen, ob Plan, Ziel und Kosten im Einklang stehen. Außerdem wird er sich immer wieder darüber informieren, ob er Beihilfen aus Förderprogrammen beantragen oder sein Ziel nicht kostengünstiger erreichen kann. Oft genügt es schon, die kostenlosen „Kräfte der Natur“ mit einem kleinen Anstoß in Gang zu setzen.

Oben: Je ungestörter das Wild, desto besser. Ob die Bitte wohl erfüllt wird?

Erhalten und Gestalten

Wer Revierverbesserungen mit Sinn und Verstand angehen will, wird zunächst sorgfältig prüfen, ob im Revier deutlich ausgeprägte Ruhezonen vorhanden sind oder geschaffen werden können. Immer achtet er zudem darauf, ob diese Ruhezonen eng mit Revierteilen zu verknüpfen sind, die eine artgemäße Ernährungsgrundlage für die jeweils zu hegenden Wildarten bieten.

Ruhezonen sind vom Menschen, speziell von Wanderern, Joggern oder Mountain-Bikern, möglichst ungestörte Flächeneinheiten. Im Wald rechnen also Dickungen und Verjüngungsflächen, bewachsene Hoch- und Niedermoorflächen dazu, im Feld klein strukturierte Ackerflächen im Gemenge mit Grünland oder Feldrainen, Hecken und Feldgehölzen, also Anbaugebiete, die über einen hohen Grenzlinieneffekt verfügen.

Eine *artgemäße Äsungsgrundlage* besteht dann, wenn ein für die jeweils zu hegende Wildart arttypisches, breit gefächertes und möglichst ganzjährig verfügbares Nahrungsangebot vorhanden ist, welches nur im Ausnahmefall der Ergänzung durch Fütterung bedarf. Artgemäß kann eine Ernährungsgrundlage nur dann sein, wenn sie ohne größere Störungen vom Wild angenommen werden kann. Sie wird also stets in engem räumlichen Verbund mit dem Einstand – der Ruhezone – liegen. Bei dem derzeit weithin gestörten Raum-Zeit-Nutzungsverhältnis, vor allem der Schalenwildarten, ist es wenig sinnvoll, Ruhe- und Nahrungszone zu trennen und damit dem Wild weite sowie über viele Stunden des Tages unzumutbare Wege aufzuzwingen. Letztere sind oft Grund für vermehrte Wildschäden im Einstand oder dem Anwechselgebiet.

Das Rind stört den Hasen wenig, aber der Fotograf ist ihm unheimlich. In Marschgebieten gibt es beides noch satt: Hasen und Milchvieh.

Blühende Hecken erfreuen Mensch und Tier: Singvögel, Rebhuhn und Fasan brüten hier. Uns sind sie eine Augenweide.

Die teuerste Lösung ist durchaus nicht immer die beste. Dies gilt insbesondere bei der Anlage von Äsungsflächen im Wald.

Hier hat das Erhalten und Schaffen von Ruhezonen – gekoppelt mit auf den Standort abgestimmter, oft genug improvisierter Äsungsverbesserung – im Interesse der Wildschadensminderung und -vorbeugung Vorrang vor starrer Methodik beim Anlegen von Äsungsflächen. In der Feldmark schaffen wir vorrangig Brut- und Aufzuchtdeckung, die sich um Einstandskernzonen gruppiert. Dann folgt die ganzflächige Lebensraumoptimierung, welche überwiegend der Nahrungsverbesserung dient. Bietet sich hier ein Vernetzen von Kernzonen an, ist das mit Nachdruck zu betreiben.

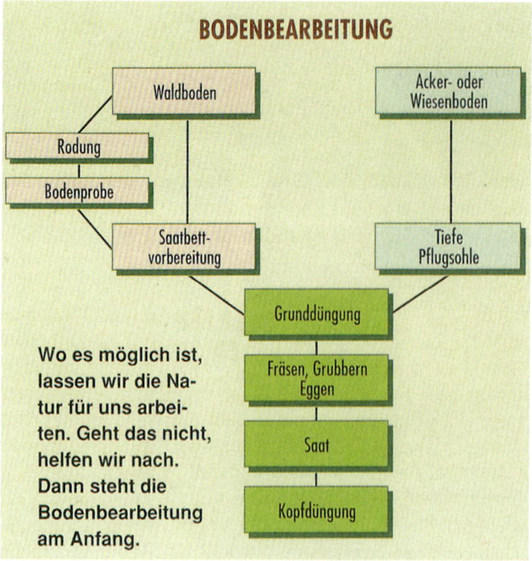

Anfängerfehler vermeiden

Bei der Anlage von Deckungs- und Verbissgehölzen, ebenso für die Wahl der Äsungspflanzen und Äsungspflanzenmengen helfen elf Tipps, um „Anfängerfehler“ zu vermeiden:

1. Raschwüchsigen Verbissgehölzpflanzen geben wir stets den Vorzug. Je schnellwüchsiger die Pflanze ist, desto kleinere Pflanzen – im Allgemeinen von 50 bis 80 Zentimeter Höhe – kann der Jäger verwenden (siehe Seite 333).
2. Anpflanzungen werden im Jahr so früh wie irgend möglich erfolgen. Jede Woche ab März, die wir früher mit einer Pflanzung beginnen, ist ein deutlicher Gewinn für deren Anwuchs.
3. Neuanlagen auf ehemaligem Waldboden bedürfen in aller Regel einer Bodenanalyse, zumindest aber des fachlichen Rates. Jede Gehölzdüngung mit phosphathaltigem Dünger provoziert sofort nachfolgenden Verbiss und zwingt zu Schutzmaßnahmen. Also düngen wir möglichst wenig.
4. Natürlich vorkommende Äsung werden wir stets unterstützen. Erst wenn das nicht geht, greifen wir auf kostenintensive Kunstmaßnahmen zurück.
5. Legen wir Äsungs- und Deckungsflächen in der Feldmark an, so hat Deckung grundsätzlich Vorrang. Wählen wir Pflanzen, die Klima und Boden nicht angepasst sind, ist das ineffektiv und führt zu unvertretbaren Kosten.
6. Bevor wir Deckungsflächen im Feld in Angriff nehmen, werden wir uns mit den Nachbarn einvernehmlich arrangieren. Zu groß ist die Gefahr, dass Wildkräuter aussamen.
7. Kostensenkend wirkt eine besonders gute Bodenvorbereitung, insbesondere eine sehr tiefe Pflugfurche, durch die die spätere Pflege erheblich vereinfacht wird, da schlafende Unkrautsämereien so „vergraben“ werden.
8. Bei den vorgesehenen Sämereien verwenden wir stets das Minimum der angegebenen Aussaatmengen. Im Allgemeinen genügt sogar die

Hälfte der Saatgutmenge völlig. Die Einzelpflanzen entwickeln sich kräftiger, Lager werden vermieden, Regennässe und Tau verschwinden rascher.

9. Volldüngern geben wir immer den Vorzug vor Düngern mit hohem Stickstoffanteil. Auf sauren Böden ist eine Grundkalkung erforderlich.

10. Die Pflege von Äsungsflächen im Feld beschränken wir darauf, dass wir streifenweise trockene Sonnenflächen schaffen und erhalten.

11. Nur, wenn durch ausfliegende Samen Nachbarfelder geschädigt werden könnten, erfolgt eine Unkrautbekämpfung.

Bei all diesen Maßnahmen zur Revierverbesserung wird der Fasanenheger grundsätzlich diese Erfahrung machen: Sie optimieren nicht allein die Lebensbedingungen für die Fasanen, sondern gleichzeitig für alles Raubwild. Wer dem nicht genügend Rechnung trägt, setzt alle seine Bemühungen in den Sand. Hier ist der Jäger gefragt, mit Büchse und Flinte, mit seinem Erdhund, vor allem aber mit der Falle.

Es würde den Rahmen dieses Kapitels sprengen, wenn hier Rezepturen für alle möglichen Varianten der Nahrungsverbesserung gegeben würden. Boden, Klima und Höhenlage entscheiden örtlich über die vorhandenen Möglichkeiten (siehe dazu Tabellen auf Seite 333). Nachfolgend werden gangbare Wege aufgezeigt, um Deckung und Äsung für Rehe, Fasanen und Rebhühner, Feldhasen und Wildkaninchen, Wildenten und -gänse zu verbessern. Sie dienen dem Praktiker mit normalem Geldbeutel als Weiser. Ein Anspruch auf Vollständigkeit wird nicht erhoben. Hier hilft nur örtliche Erfahrung weiter.

Deckung und Äsung für das Reh

Rehe sind „Konzentratselektierer", haben also einen – jahreszeitlich unterschiedlichen, stets aber relativ hohen – Bedarf an leichtverdaulichem Eiweiß, also proteinreicher Nahrung. Gleichzeitig sind Rehe sehr standorttreu und beanspruchen nur einen kleinen Lebensraum, der in der Regel über das ganze Jahr verteilt nur wenige Hektar umfasst. Optimale Lebensräume sind reich gegliederte Waldungen, die dem Reh aufgrund ihrer vielen Randlinien gute Grundnahrung und schnell erreichbare Deckung bieten. In der möglichst ganzjährig äsungsreichen Feldflur befinden sich dichte Hecken in guter Vernetzung mit Feldgehölzen und den deckungsreichen Waldrändern geschlossener Forsten.

Die offene Landschaft bietet letztgenannte Voraussetzungen nur selten. Deshalb kommt es im Winterhalbjahr vielerorts zu unerwünschten Wildkonzentrationen in feldnahen Wäldern. Das hat unverhältnismäßig hohe Verbissschäden zur Folge. Die Hauptaufgabe des Rehwildhegers liegt damit auf der Hand: Er wird nach Möglichkeiten suchen, um das jahreszeitliche Raumnutzungsverhalten zu entzerren.

Übers Jahr verteilt hat er Benjeshecken angelegt, Müll beseitigt und Sonnenflächen in Dauerbrachen angelegt. Jetzt gönnt er sich einen Jagdtag mit Hund und Flinte.

Im Feld

Bei angestrebten Nutzungsänderungen in der Feldmark wird der Revierinhaber in der Regel nur Anstoß und Motor sein. Nur selten ist er in der Lage, selbstständig Maßnahmen durchzuführen. Inwieweit das Ausführen genehmigter Maßnahmen von ihm später getragen und finanziert werden kann oder muss, ist situationsweise verschieden.

Feldrehe stehen oft in großen Sprüngen abseits von Baum und Strauch im heranreifenden Getreide.

Eine Hecke im Querschnitt. Sie erfüllt alle Anforderungen der Wildhege und sorgt für Windschutz.

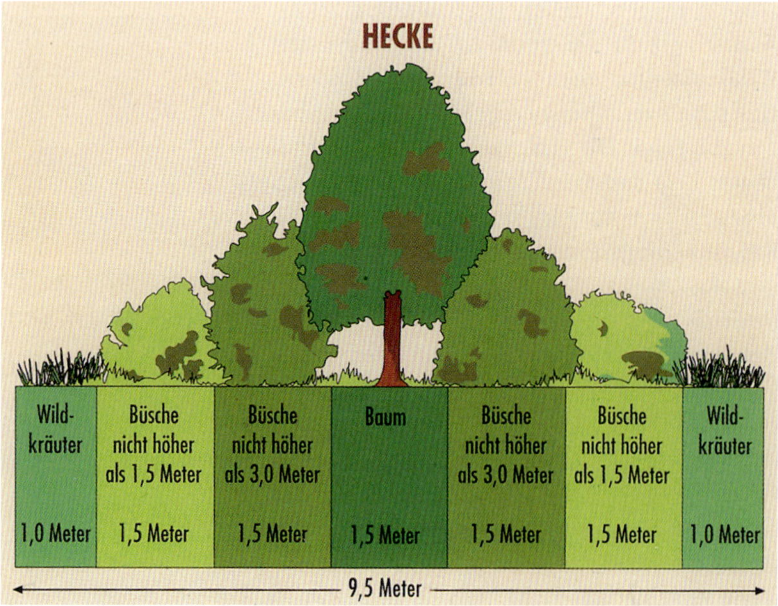

Manche Förderprogramme subventionieren das Anlegen von Feldholzinseln oder die Umwandlung von Geringland in Wald. Dahingegen werden Hecken und Windschutzstreifen oft als Ausgleichsmaßnahmen im Rahmen von Flurbereinigungen angelegt.

In beiden Fällen kann der Revierinhaber nicht direkt einwirken. Er hat aber über den Grundeigentümer oder über die Jagdgenossenschaft die Möglichkeit, seine Ansichten und Planung vorzutragen. Die Anlage von Feldgehölzen erfordert ab einer bestimmten Größe (oft 2 000 m²) eine Erstaufforstungsgenehmigung der zuständigen Forstbehörden. Deren Vorstellungen und die des Jägers decken sich aber oft. Die Behörden sind wohl immer mit wildfreundlichen Pflanzen einverstanden und verlangen oft eine Mischung von Licht- und Schattenbaumarten sowie eine Traufgestaltung und damit gute Deckung. Problematischer ist die wildgerechte Anlage von Hecken und Windschutzstreifen. Denn hier gehen auch ertragreiche Ackerböden verloren.

Hecken: Sie bieten nicht nur dem Rehwild, sondern allem Niederwild Deckung und Äsung. Die Neuanlage von Hecken ist für alle Wildarten nur dann sinnvoll, wenn die Hecke eine Mindestbreite von fünf Zeilen umfasst (siehe Zeichnung auf der nächsten Seite).

Fünf Zeilen entsprechen fünf Reihen mit je einem Abstand von eineinhalb Metern plus je einem Meter Hochstaudenflur an den Seiten. Dies ergibt dann eine Heckenbreite von fünf mal eineinhalb plus zwei Metern, insgesamt also 9,5 Meter. Jede schmalere Hecke wird zur „Marderrennbahn". Sie bietet weder ausreichend Deckung noch erzeugt sie genügend Eigenleben in ihrem Inneren. So trägt sie kaum zu einer echten Deckungs- und Nahrungsverbesserung für Rebhuhn und Fasan, für Hase oder Reh bei. Ist

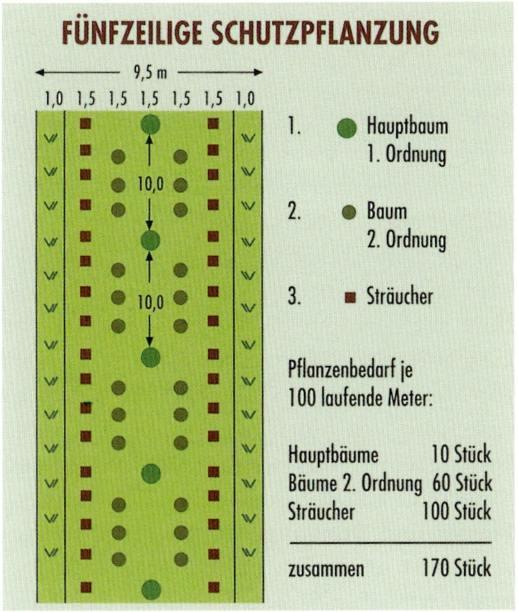

die Anlage einer fünfzeiligen Hecke unmöglich oder nicht durchsetzbar, sollten wir bei dreizeiligen Hecken darauf bestehen, dass die Reihenabstände zwei Meter betragen. Damit erreichen wir immerhin eine Gesamtbreite von drei mal zwei plus zwei, also insgesamt acht Metern.

Feldholzinseln: Brauchbare Feldholzinseln sind grundsätzlich so ausgelegt, dass sie an der schmalsten Stelle mindestens zwanzig Meter aufweisen. Und sie taugen nur, wenn die Außenränder buchtig gestaltet und die eingeschnittenen Buchten sich selbst überlassen werden. Die durch Buchtungen verlängerten Grenzlinien haben ein Spiel von Sonne und Schatten, von Windruhe und Prallhang zur Folge.

Wollen wir Ruhe- und Nahrungszonen miteinander koppeln, vernetzen wir im Idealfall Feldgehölze mit Hecken. Auf diese Weise ist es durchaus möglich, Rehwild ganzjährig in der Feldmark zu halten und damit auch den Wald zu entlasten.

Ob Feldgehölze und Hecken bei ihrer Anlage gezäunt werden müssen, entscheidet in vielen Fällen die bewilligende Behörde. Hat sie sich nicht fürs Gattern ausgesprochen, ist das oder aber wenigstens der Einzelschutz von Baumpflanzen dennoch in aller Regel geboten, vor allem dann, wenn die Pflanzung eine Startdüngung erhalten hat. In aller Regel genügt ein einfacher Maschendrahtzaun mit Sechseck- oder Viereckgeflecht in einer Höhe von eineinhalb Metern. Die Pfosten brauchen nicht hochdruckimprägniert zu sein. Eine Lebensdauer von fünf bis sieben Jahren reicht völlig aus.

Grundsätzlich gilt: Die Äsungsverbesserung in der Feldmark ist in den meisten Revieren nur für den Spätherbst und Winter notwendig. Absoluten Vorrang hat für uns hier, Deckung zu schaffen.

Lediglich in Gebieten mit sehr großflächiger landwirtschaftlicher Nutzung kann es erforder-

Vom Igel bis zum Rehbock – hier finden viele Tiere Unterschlupf.

Hier hat der Pächter „geschlafen". Unter den Hochspannungsmast gehört Dauerdeckung: Ginster, Bitterlupine oder Comfrey.

lich werden, im räumlichen Zusammenhang mit der Deckung auch Äsungsflächen anzulegen. Damit überbrücken wir dann den Nahrungsengpass zwischen Getreideernte und auflaufender Wintersaat von Raps, Roggen oder Weizen.

Als „Brücke" eignen sich die sogenannten „Wildland-Gemenge" am besten. Wir können sie problemlos über den Fachhandel beziehen. Sie gewährleisten für die Monate August bis in den November hinein eine vielseitige, nährstoffreiche Äsung. Die im Mai/Juni bestellten Flächen erhalten eine normale landwirtschaftliche Düngung und nach Möglichkeit im Juli noch eine mittlere Kopfdüngung mit einem Stickstoffdünger, der eine vorzeitige Annahme verhindert oder abbremst. Aufgrund dessen stehen die Flächen dem Wild dann ab etwa Mitte August voll und weitgehend unangerührt zur Verfügung.

Im Wald

Im Unterschied zum Feldjäger hat der Inhaber eines Waldreviers viele Möglichkeiten, dem Rehwild eine artgerechte Nahrung anzubieten. Er muss dies nur wollen. In der Praxis geschieht sehr wenig. Wüssten Waldbesitzer darum, wie einfach und effektiv verschiedene Maßnahmen sind, würden sie sich dafür stark machen. Mit ziemlich simplen, preiswerten Mitteln ist es möglich, Verbissschäden, vor allem im Sommer und Winter, zu vermindern. Patentrezepte, um den Vorfrühlings- und Frühjahrsverbiss zu vermeiden, gibt es nicht. Knospen und Triebe der Forstpflanzen sind in dieser Zeit schmackhafter als alle andere Äsung.

Der gewiefte Inhaber eines Rehwildrevieres wird seine Maßnahmen zur Äsungsverbesserung auf den Bereich der Wald-Feld-Grenze konzentrieren – bis zu einer Tiefe von 200 bis 300 Metern in den Wald hinein. Für ihn gibt es eine Reihe von Möglichkeiten, die nur wenig kosten, keinen Waldboden beanspruchen und somit ohne Schwierigkeiten durchführbar sind.

Einsaat und Düngung: Wollen wir die Waldvegetation besonders im Frühjahr entlasten, sorgen wir dafür, dass auch in dieser Zeit hochwertige, früh verfügbare Gras-, Klee- und Krautnahrung vorhanden ist. Als *Einsaatstellen* bieten sich *Schneisen* und *Erdwege* an, die durch Einstände, also Dickungen und Kulturen, führen. Außerdem sind *Holzlagerplätze, Böschungen* und *durchsonnte Altholzränder* geeignet. Fast immer genügt es, wenn diese Flächen eine phosphatreiche Düngung erhalten.

Aber Achtung: Düngen wir erst im Frühjahr, greift das dann, wenn den Rehen ohnehin ausreichend Äsung zur Verfügung steht. Schneisen, Wegränder und Lagerplätze wollen im Herbst gedüngt werden. Hier reichen etwa 50 Kilogramm eines Volldüngers völlig aus. Damit können wir rund 1500 Quadratmeter so abdüngen, dass die Wirkung im erwachenden Frühjahr einsetzt. Sie hat dann zur Folge, dass sich bereits im ersten Jahr danach – verstärkt im Jahr darauf – Kräuter und Leguminosen einstellen. Diese bieten weit früher als die sonstige Vegetation im und am Wald eiweißreiche Nahrung. Hier gilt es dann, weit gehend für Ruhe zu sorgen.

Ginster und Lupine: Böschungen und Altholzränder im Anschluss an Einstände gestalten wir mit einfachen Mitteln für das Rehwild attraktiv, indem wir Ginster und Lupinen einsähen. Ginster – und zwar nur der gelb blühende mitteleuropäische Ginster – ist eine ausgezeichnete Winteräsung. Gelegentlich äsen Rehe sogar des-

Die beiden haben es gut. Ihnen bietet der Wald Deckung und frische Äsung, soweit die Äser reichen.

Ein Ginstermeer. Vom Frühjahr bis in den Winter bietet es Bock und Ricke Deckung.

Sucht er hier nur seine Ruhe oder will er auch von den Blüten naschen?

sen Knospen und Blüten. Die mehrjährige Bitterlupine bietet im Juni Blütenäsung. Das Wild nimmt sie ab August auch gerne an.

Damit der *Ginster* keimt, müssen wir das Saatgut ritzen. Das geschieht am preiswertesten, indem wir einen Eimer zur Hälfte mit scharfem, schwach feuchtem Mauersand füllen und die andere Hälfte mit dem Samen aufschütten. Rühren wir drei Wochen lang die Mischung zweimal wöchentlich gut durch, erreichen wir eine ausreichende Ritzung. Anschließend bringen wir das Gemisch breitwürfig oder punktuell aus und kratzen es ein. Am geschicktesten ist es, wenn wir nach einem Fräsgang aussäen und einrechen. Bester Aussaatzeitpunkt ist der, wenn sich am Samen die ersten Triebspitzen zeigen.

Bei der *Lupine* ist das Ritzen nicht notwendig. Ihre Einsaat erfolgt nach demselben Muster wie beim Ginster.

Diese Maßnahmen können wir natürlich überall im Waldrevier, nicht nur im Waldrandbereich durchführen. Sie sind preiswert und gleichzeitig effektiv. Dagegen ist die Neuanlage und Pflege von Wildäckern und Wildwiesen allein für Rehwild kostspielig und oft genug auch mühsam. Denn hierfür benötigen wir nicht nur Grund und Boden, sondern auch entsprechendes Gerät. Nur wenige große Privatwaldbesitzer verfügen über die entsprechenden finanziellen Möglichkeiten.

Zum Abschluss sei nochmals mit Nachdruck auf die beim Rehwild beliebten *natürlichen Äsungsplätze* hingewiesen. Jeder Jäger kennt sie in seinem Revier. Immer wieder trifft er gerade hier Rehe beim Äsen an. Die ganze Kunst des Hegers besteht darin, an diesen Stellen keine Veränderungen vorzunehmen. Vielleicht gelingt es, den Rehen an diesen bevorzugten Plätzen ein wenig mehr Ruhe durch Sichtschutz zu gewähren.

Im Bärlauch hat er sich niedergetan. Ein sicheres, naturbelassenes Fleckchen. Solche Plätze wird der Heger nicht verändern.

Deckung und Äsung für Fasanen

Natürliche Vorkommen von Fasanen bestehen unter geeigneten Bedingungen ohne Hilfe fort und sind nicht auf Neu- oder Nachbesiedelung angewiesen. Sie konzentrieren sich auf nur wenige Landschaftstypen. Dies sind im Wesentlichen Flussauen mit dichtem Bewuchs – vor allem auch ausgedehnten Schilfbeständen –, landwirtschaftliche Gebiete mit kleiner Feldstruktur und reichlich vorhandenen Grenzlinien, etwa Gemüseanbaugebiete, Weinbauregionen, und schließlich Landstriche mit warmen Böden und einer idealen Verteilung von unterholzreichen Waldparzellen in der Flur. Alle diese Biotope zeichnen sich durch ein hohes Maß an Deckung aus. Sie ermöglichen den Fasanen, mit einem Minimum an Gefährdung Nahrungs- und Deckungsraum zu erreichen.

Vergleicht man die Jagdjahre 1971/72 und 2020/2021 miteinander, fällt auf: Im Jagdjahr 1971/72 wurden allein in den alten Bundesländern noch beinahe 1,4 Millionen Fasanen erlegt. Dagegen belief sich die Strecke des Jagdjahres 2020/2021 in allen Bundesländern auf nur noch gut 52 000 Stück. Ein dramatischer Rückgang! Er gründet entscheidend in einer stark intensivierten Landwirtschaft.

Die heute bei der landwirtschaftlichen Bodennutzung eingesetzten Maschinen fahren während der Arbeit wesentlich schneller und haben eine größere Arbeitsbreite als früher. Teilweise mähen oder roden sie auch nachts im Scheinwerferlicht. Jedes sich drückende Stück Wild ist verloren. Der erste und zweite Schnitt zur Heu- und Silagegewinnung und die Zuckerrübenernte durch Unternehmer sind klassische Beispiele hierfür.

Passionierte Jäger unter den Landwirten bestätigen übereinstimmend: Sie sehen keine Chancen, diese Wildverluste im Sommerhalbjahr entscheidend zu mindern. Darüber hinaus bieten die fadengerade gedrillten Reihen im Maisoder Rübenschlag dem Raubwild prima Gelegenheit zu erfolgreicher Pirsch.

Hinzukommen der über Jahrzehnte erheblich gestiegene Räuberdruck auf die Fasanen und die seitdem fortgeschrittenen Domestikationserscheinungen künstlich erbrüteter Fasanen. „Domestizierte Fasanen" verlegen ihre Eier, zeigen mangelndes Feindverhalten und vermögen nicht mehr aufzubaumen. Sie taugen nicht für die freie Wildbahn! Seit einigen Jahren haben die meisten Fasanerien allerdings ihre Zuchtbasis auf ein erheblich besseres Niveau abgestellt. Außerdem hat das unsinnige Aussetzen lebensuntüchtiger Vögel stark nachgelassen. Der hohe Feinddruck auf die Fasanen aber bleibt.

Wird in einem geeigneten Jagdrevier geplant, den derzeitigen Minimalbesatz allmählich wieder aufzubauen, sind im Vorfeld die fünf im Kasten aufgeführten Maßnahmen unbedingt notwendig.

Für diese Vorarbeiten benötigen wir mindestens drei Jahre. Erst dann werden sie wirksam.

AUSWILDERUNG – DIE FÜNF UNVERZICHTBAREN VORARBEITEN

- *Erhalten und Neuschaffen von Deckung im Sommer- und Winterlebensraum*
- *Vernetzung von Deckungs- und Äsungsraum*
- *Bereitstellung von Fluchtdeckung im Äsungsraum*
- *Reduktion des Feinddruckes: Fuchs, Marder, Großwiesel und Rabenvögel (soweit rechtlich möglich) halten wir in Fasanenrevieren kurz. Beim Habicht wäre dies ebenfalls nötig, doch untersagt uns das der Gesetzgeber schon lange.*
- *Umorientierung bei der Anlage von Fütterungen und beim Füttern*

Hast und Eile bedeuten nichts anderes als Geldverschwendung. Zunächst müssen wir für ein ausreichendes Lebensraumangebot sorgen. Sonst sind alle Wiederbesiedelungsmaßnahmen zum Scheitern verurteilt. Wie der Feinddruck gemindert werden kann, wurde in den Ausführungen zur Bejagung von Fuchs, Raubwild und Rabenkrähen bereits dargelegt. Hier werden die notwendigen Maßnahmen zur besseren Lebensraumgestaltung vorgestellt.

So mögen es die Fasanen. Dieses Revier sagt ihnen zu. Der Inhaber schuf erst geeigneten Lebensraum und wilderte dann aus.

Ihm behagen die fünf W's: Wiese, Wald, Wasser, Weizen und Wärme.

Ein Küken nur führt diese Henne. Wurden die Geschwister Beute von Fuchs, Hermelin oder Rabenkrähe? Oder wurden sie Opfer der nasskalten Witterung im Frühjahr?

Sommerlebensraum

Im Sommer werden die Fasanen durch Mäh- und Erntearbeiten dezimiert. Erhebliche Verluste entstehen außerdem, wenn sich zwischen dem Deckungs- und dem Äsungsraum ungedeckte Flächen befinden. Vor allem Jungvögel bis zum vierten Lebensmonat sind gezwungen, sie zu Fuß zu überbrücken. So werden sie zur leichten Beute für Greifvögel.

STECKHÖLZER

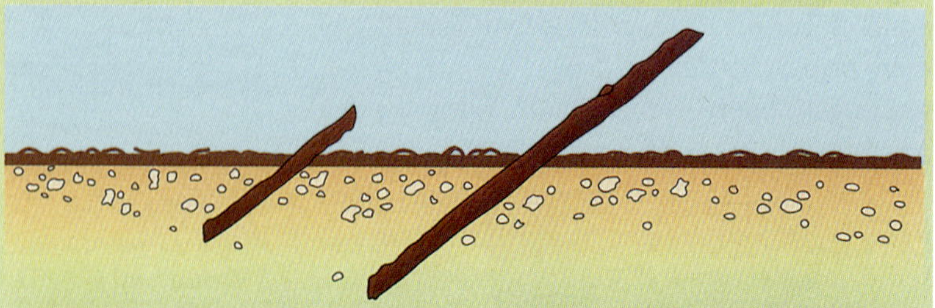

Steckhölzer müssen schräg in den Boden gesteckt werden, zwei Drittel im Boden, ein Drittel über der Erde.

Nur kräftige Steckhölzer bilden im ersten Jahr so lange Triebe, daß Gras- und Krautwuchs kaum mehr schaden.

Laufbahnen: Um einen Großteil der Jungfasanen bis in den Herbst zu bringen, werden gedeckte Laufbahnen – bis mindestens 100 Meter – von der Deckung entfernt angelegt. Solche Laufdeckung können wir ohne allzu große Schwierigkeiten schaffen, wenn auf die Mahd vorhandener Gräben verzichtet wird, der Landwirt Altgrasstreifen belässt oder das Gras in Wiesen in einer Breite von etwa drei Metern stehen lässt. Auf diese Weise werden Deckungs- und Äsungsfläche miteinander vernetzt.

Bestellung von Schmalflächen: Falls es uns gelingt, Schmalflächen anzupachten, können wir sie mit Mais bestellen: in günstigen Klimaten mit Kolbenhirse, gelegentlich auch mit Topinambur. Schließen solche Schmalflächen an ihrem Ende an Hecken oder Hegebüsche an, werden dort echte Lebensräume entstehen, die bis in den Winter hinein gegen Feinde aus der Luft Schutz bieten.

Sonstige Deckungsflächen: Haben wir die Chance, einige Flächen zu pachten, können wir auch Fasanendeckung im Sommerlebensraum schaffen. Dies ist ebenfalls möglich, wenn wir vorhandene Deckungsflächen entsprechend gestalten oder aber die Ernte auf dem Halm aufkaufen und sie damit verzögern. Am ehesten vermögen wir wohl schmale Feldstücke an der Schattenseite von Feldgehölzen anzupachten.

Feldgehölzgestaltung: Parallel dazu versuchen wir, mit den Landwirten zu vereinbaren, dass wir die Feldgehölze fasanengerecht gestalten dürfen. Hier bewähren sich unsere guten Kontakte zu den örtlichen Landwirten. Angepachtete Feldsäume können mit Mais oder – als Dauerdeckung – mit Topinambur bestellt werden, Waldränder mit Spiräe oder Polyganum traufartig unterbaut werden. Dass Feld- und Walddeckung unmittelbar aneinander anschließen, ist dabei entscheidend.

Stilllegungsflächen: Feldflächen, die freiwillig stillgelegt sind und begrünt werden sollen, können Saatgutmischungen aus dem Fachhandel erhalten. Sie bieten den Fasanen zugleich Deckung und Äsung. Die Flächen werden im Juli geschröpft oder gemäht. Andernfalls verlieren sie spätestens ab Mitte September, wenn der Tau nicht mehr abtrocknet, ihre günstige Wirkung auf alle Niederwildarten. Nach Ende der Brutzeit, also etwa ab Mitte Juli, müssen daher zirka zwei Meter breite Streifen durch die Stilllegungsflächen hindurch gemäht werden. Die Streifen verlaufen optimal in Ost-West-Richtung, weil sie dann Schatten und Sonne bieten. Auch Fasan, Hase und Rebhuhn schätzen ein warmes Plätzchen. Die Entfernung der Streifen zueinander beträgt 20 bis 30 Meter.

Dauerbrachen: Sofern solche Flächen heute noch bestehen, verlieren sie ihre Anziehungskraft auf alles Niederwild meist schon im zweiten Jahr, wenn die Samen tragenden Blühpflanzen von den Tiefwurzlern unterdrückt werden. Hier ist die streifenweise Mahd ausgesprochen nützlich, da durch sie auch die einjährigen Samen tragenden Pflanzen gefördert werden.

Am besten für eine optimale Fasanenhege ist natürlich der Kauf oder die langfristige Pacht von geeigneten Flächen, zumal wenn sie im Verbund mit Hecken oder Feldgehölzen liegen. Hier hat der Heger dann freie Hand und ist in der Lage, Dauerdeckung zu schaffen, indem er eine Remise anlegt (siehe Seite 216).

Steckhölzer: Die einfachste und zugleich preiswerteste Lösung ist das Bepflanzen solcher Flächen mit Weiden durch *Steckhölzer*. Sie können wir entweder selbst von vorhandenen Bachweiden gewinnen – Februarschnitt, in Bündeln in feuchtem Sand aufbewahrt –, oder von Baumschulen erwerben. Fast überall und auf beinahe sämtlichen Böden – ausgenommen sind nur sehr trockene Böden – gerät die Korbweide am besten. Wir schaffen innerhalb von zwei Jahren

Eine fest verankerte Baumweide im dritten Jahr nach ihrer Pflanzung. Pflanzen wir kreuzweise Baumweiden, ergibt sich eine undurchdringliche Deckung nach oben.

Dauerbrachen sind schon im zweiten Jahr weniger wert. Schälen wir sie streifenweise, bieten sie dem Wild wieder mehr.

Auf blankem Acker entgeht seinem scharfen Auge so schnell kein Fasan. Schaffen wir Sichtdeckung im Winterquartier, hat es der Habicht schwer, Fasanen zu schlagen.

eine fast undurchdringliche Deckung, wenn wir zwischen die Korbweiden Baumweiden im Verband von etwa drei Metern pflanzen. Dabei sind die Spitzen der zwischen 180 bis 220 Zentimeter hohen Bäumchen bis zur Erde herunter gebogen und dort verankert (siehe Zeichnung). Der gebogene Stamm treibt schon im ersten Jahr zahlreiche Hochtriebe aus schlafenden Augen. Fasanen, Hasen und Kaninchen können unter den Stämmen leicht hindurchschlüpfen. Für Mensch und Gebrauchshund wird die Anlage bald fast unbegehbar. Das Anlegen von Remisen mit Hochstämmen und/oder relativ langsamwüchsigen Straucharten sollte mit der Pachtdauer im Einklang stehen, da sich ihre Wirkung erst nach einer Reihe von Jahren zeigt.

Winterlebensraum

Im Winter stellt alles Raubwild den Fasanen nach. Wesentliche Verluste werden durch Greifvögel verursacht, vor allem durch den *Habicht.* Da er keine Jagdzeit hat, kommt es darauf an, ihm das Schlagen von Fasanen so schwer wie nur irgend möglich zu machen.
Um dieses Ziel zu erreichen, hat der Heger zwei Möglichkeiten.
Sichtdeckung: An erster Stelle muss der Jäger *Sichtdeckung* im Winterquartier schaffen. Am langwierigsten, aber auch am sichersten ist es, dichtes Unterholz, also Nadelbäume, Holunder, Spiräe, Brombeere – am Waldrand Riesenknöterich, Bärenklau, Topinambur und Mais – zu pflanzen und zu fördern. Auch wenn die letztgenannten Pflanzen im Schnee zusammenbrechen, bieten sie einen noch ausreichenden Schutz nach oben. Kombinieren wir beide Maßnahmen, wird dadurch die Zeit überbrückt, in der die Deckung im Wald erst wieder heranwächst. Oder es wird die Deckung dadurch wenigstens teilweise ersetzt, wenn der Waldbesitzer größere Unterbauten nicht gestattet. Im

Im Frühjahr und Sommer ist sein Tisch überreich gedeckt. Futterbahnen in guter Sichtdeckung helfen ihm über die karge Winterzeit.

Schilf hat sich das büschelweise Zusammenbinden von Schilfhalmen bewährt.

Futterbahnen statt Schütten: An zweiter Stelle – aber nicht weniger wichtig – wird der Heger die Art und Weise der *Fasanenfütterung* umstellen. Nicht mehr gedeckte Schütten, sondern *Futterbahnen* sind angesagt. Die in Mitteleuropa ursprünglich bewährte Art der Fütterung in gedeckten Schütten ist nämlich zu einem erheblichen „Verlustfaktor" geworden: Die Habichte fallen über der Schütte in Bäumen ein und haben so „leichtes Spiel". Auch der Wert von Futterautomaten ist umstritten. Die rangniederen Hähne neigen aus Konkurrenzneid und/oder Frustration dazu, abzuwandern. So ist das Anlegen von Futterbahnen in guter Sichtdeckung den Schütten oder Automaten vorzuziehen. Futterbahnen sollten etwa 15 bis 25 Meter lang und ungefähr einen Meter breit sein. Sie werden handhoch mit Strohhäcksel bestreut. Das Futter wird breitwürfig auf den Häcksel ausgebracht. Vor allem in den Niederlanden, Dänemark und Großbritannien wird beinahe ausschließlich auf Futterbahnen gefüttert. Sie gewähren den Fasanen gute Sicht nach oben, verhindern Konkurrenzneid und bieten ihnen ausreichend Möglichkeiten zum Scharren.

Die Nachteile von Futterbahnen bestehen darin, dass sie gelegentlich verschneien und dass sie in der Nachbarschaft neu angelegt werden müssen, wenn der Häcksel unansehnlich geworden ist. Insgesamt gesehen überwiegen jedoch die zuvor benannten Vorteile diese Nachteile bei weitem.

Deckung und Äsung für Rebhühner

Der Besatz an Rebhühnern ist – mit wenigen Ausnahmen – in den vergangenen dreißig Jahren erschreckend zurückgegangen. Große Gebiete sind heute rebhuhnleer. In vielen Regionen beträgt die Frühjahrsdichte deutlich unter einem Paar je 100 Hektar. Bei einem derart geringen Besatz führen schon wenige schlechte Aufzuchtjahre oder strenge Winter zum völligen Erlöschen der Population.

Voraussetzungen

Günstige Voraussetzungen, unter denen in manchen Landstrichen eine Stabilisierung oder mitunter sogar Zunahme des Rebhuhnbesatzes in der Vergangenheit festzustellen war, bestehen in Gebieten, in denen warme, durchlässige Böden vorhanden sind. Die landwirtschaftliche Fläche muss zu einem nennenswerten Anteil – idealerweise einem Drittel – als Wiesen genutzt werden und deren maximale Feldgrößen darf fünf Hektar nicht überschreiten. Das bestätigt eine von Wissenschaftlern vor allem in England längst erwiesene Tatsache: Optimale Rebhuhnbesätze finden wir nur dort vor, wo in der Agrarlandschaft viele Grenzlinien vorhanden sind und Altgrasbestände den Hühnern Nahrung und Deckung bieten.

Leider wird damit ebenso ein Zweites bestätigt: In großräumig bewirtschafteter Agrarsteppe – ohne Graslandanteile, Raine und Hecken – hat das Erhalten von Rebhuhnpopulationen keine Aussicht auf Erfolg. Die riesigen Feldschläge in der ungarischen Tiefebene – mit Mais, Getreide oder Sonnenblumen bestellt – beweisen dies. Überall dort jedoch, wo wir im Frühjahr feststellen, dass pro hundert Hektar landwirtschaftlicher Nutzfläche noch mehr als ein Paar Hühner vorhanden ist, die Junghühner verschiedener Ketten sich also im Frühjahr begegnen können,

Futter benötigen sie in dieser Jahreszeit nicht. Zusätzliche Deckung aber ist immer gut. Dazu können wir tatkräftig verhelfen.

Wer war wohl der Störenfried? Ohne ausreichende Deckung können Rebhühner kaum Fettreserven für den Winter anlegen.

wird es sich lohnen, über intensive Hegemaßnahmen nachzudenken. In solchen Fällen bietet der Lebensraum höchstwahrscheinlich immerhin noch ein Minimum an Chancen. Und die warten darauf, genutzt und ausgebaut zu werden. Voraussetzung hierfür ist das Mitwirken der örtlichen Landwirte.

Um noch vorhandene Lebensräume des Rebhuhns zu erhalten oder verloren gegangene Biotope wieder zu besiedeln, spielt mangelnde oder ungenügende Äsung so gut wie nirgends eine entscheidende Rolle. Vielmehr mangelt es fast immer und überall an *Deckung*. Die Deckung fehlt sowohl in der Paarungs- als auch in der Brutzeit und schließlich im Winterhalbjahr. Weil die Hühner im Frühjahr und Winter in etwa dieselben Anforderungen an die Deckung stellen, haben wir es mit unserer Hilfe recht leicht. Sie besteht darin, dass wir so viele Grenzlinien wie irgend möglich schaffen. Wir sorgen also im März für Sichtdeckung der Paare voreinander, für eine möglichst vielseitige Sommernahrung und im Winterhalbjahr für Deckung gegen Feinde.

LEBENSRAUMVERBESSERUNG FÜR REBHÜHNER

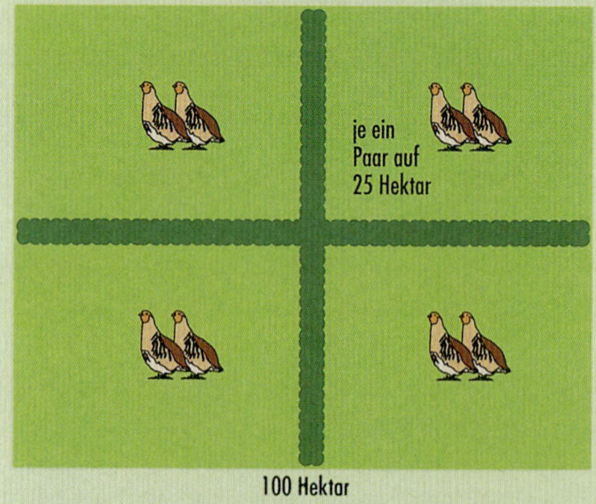

Sichtschutz im Frühjahr ist bestimmend für die Reviergröße der Rebhühner.

Rebhuhnhege ist kinderleicht, jedenfalls in der Theorie. In der Praxis ist sie ein oft steiniger Weg. Doch zeigt uns das Feuchtwanger Modell, dass er gangbar ist.

Das Feuchtwanger Modell

Wie das im Jahr 1985 angestoßene „Feuchtwanger Modell" zeigte, macht ein *Stufenplan* Sinn. Er muss von den betroffenen Landwirten gebilligt werden und bedarf der Mithilfe des Land-

wirtschaftsamtes, gegebenenfalls der Flurbereinigungsbehörde, der Naturschutzbehörde und des Landesjagdverbandes.
Dieser Stufenplan besteht aus drei Abschnitten.
1. **Stufe:** Hierzu gehören die Kartierung der vorhandenen Deckung, Maßnahmen zu deren Erhaltung oder Renaturierung, also Rückschnitt und Ergänzung von Hecken, Wiederherstellen der Wegränder, wo diese im Acker verschwunden sind, und Vereinbarungen darüber, Altgras an Böschungen, Wegen und Heckenrändern stehenzulassen.
2. **Stufe:** Sie sieht vor, dass landwirtschaftliche Flächen aus der Nutzung genommen und sinnvoll angelegt werden. Mit den Landwirten werden Absprachen getroffen, damit die geplanten Flächen möglichst winklig aneinanderstoßen oder an bestehende Deckung anschließen. Außerdem vereinbaren Jäger und Bauern, dass diese Flächen nicht vor Mitte Juli gemäht oder geschröpft werden und dass auf jeder Fläche auch danach ein oder mehrere Schmalstreifen längere Zeit ungemäht bleiben. Ein idealer Aufenthaltsort für die Hühner! Dabei wird mit den Landwirten abgesprochen, dass – ebenfalls in Anlehnung an vorhandene Deckung – Stoppelfelder oder Teile von Stoppelfeldern nicht alsbald umgebrochen werden, sondern bis über den Winter erhalten bleiben. Wegen der hieraus resultierenden Arbeitserschwernisse oder Ernteausfälle müssen die Landwirte entschädigt werden. Hierüber wird der Jäger mit den zuständigen Behörden verhandeln. Weil die geschilderten Hegemaßnahmen für das Rebhuhn ebenso vielen anderen Arten, auch aussterbenden Pflanzenarten, zugute kommen, zeigen die Behörden im Allgemeinen guten Willen zur Mitarbeit, natürlich nur im Rahmen ihrer verfügbaren Haushaltsmittel.
3. **Stufe:** In der dritten Phase werden dann endlich die natürlichen Strukturen verbessert, also Deckung neu angelegt. Dies geschieht, indem Hecken gepflanzt, Raine sowie Wegränder verbreitert, Bach- und Flussufer bepflanzt sowie Schutzstreifen an diesen entlang geschaffen werden. Für die Rebhuhnhege spielt dabei die sogenannte „Benjeshecke“ (siehe Kasten) eine ganz besondere Rolle.

DIE BENJESHECKE

Zur Anlage einer Benjeshecke wird lediglich Ausputzmaterial von Bäumen aller Art in einer Breite von rund drei Metern und einer Höhe von etwa eineinhalb Metern längs eines Wirtschaftsweges oder eines Bachlaufes angeschüttet. Diese zunächst tote Hecke begrünt sich in erstaunlich kurzer Zeit durch hineinfallende Sämereien aller Art. Und sie bietet von Beginn an eine hervorragende Deckung für viele Arten von Vögeln und Säugern.

Es liegt auf der Hand, dass der hier geschilderte Idealfall, wie er im „Feuchtwanger Modell“ verwirklicht wurde, nicht überall durchgeführt werden kann. Es ist aber schon viel getan, wenn es hier und da gelingt, Landwirte zu überzeugen, Altgrasstreifen ungemäht zu lassen, Hecken zu verjüngen und zu ergänzen sowie auf Stilllegungsflächen streifenweise die Begrünung stehen zu lassen oder umgekehrt – bei langjähriger Stilllegung – die Fläche streifenweise flach zu schälen oder zu grubbern. Es hilft auch, wenn Sonn- und Huderplätze geschaffen und die Sichtdeckung verbessert wird.

Ohne Wärme kein Leben. – Die raue Scholle bietet den beiden Rebhühnern Windschutz und Deckung.

Die Anlage von speziellen Äsungsflächen für Rebhühner ist kostspielig und hat sich nur in seltenen Fällen – etwa bei Hirse- oder Buchweizenanbau – bewährt.
Dass wir während der Aufbauphase das Raubwild intensiv mit Falle und Flinte bejagen, versteht sich von selbst.

Deckung und Äsung für das Wasserwild

Aufgrund des hohen Stickstoffeintrages in fast alle europäischen Gewässern und der wärmeren Sommer in Nordeuropa sowie Asien sind die Wasserwildpopulationen mit wenigen Ausnahmen stark angestiegen. Andererseits ist zu beobachten, dass vor allem an Flüssen, Bächen und Teichen im mitteleuropäischen Raum vielerorts die Brutdichte zurückgeht. Das gründet sowohl in wasserbaulichen Maßnahmen der Vergangenheit als auch im verstärkten Freizeitdruck durch Angler und Sportler.
Des Hegers Aufgaben liegen somit auf der Hand: Er wird dem bei uns brütenden Wasserwild vor allem bessere *Brut-* und *Aufzuchtdeckung* verschaffen. Dadurch wird der vorhandene Besatz stabilisiert. Die entsprechenden Maßnahmen sind:
1. Schaffen von Ruhezonen,
2. Verbessern des natürlichen Nahrungsangebotes und
3. das Ausbringen von Nisthilfen.

Da strahlt er. Einen am Waldrand gelegenen Teich ist er angegangen. Sein Terrier stöberte vorbildlich durchs dichte Schilf. So macht das Jagen Freude.

Ruhezonen

Das Schaffen von Ruhezonen bietet sich an, wenn Teiche neu angelegt oder vorhandene Gewässer entschlammt werden. Geeignet hierfür sind prinzipiell alle Flachgewässer. Im Vorfeld sind Absprachen mit dem Teicheigentümer oder -nutzer erforderlich. Er wird unseren Plan hoffentlich unterstützen.
An Fischteichen entstehen Ruhezonen von selbst, wenn auf der meist flacheren Einlaufseite, die ohnehin ertragsarm ist, das Schilf nicht mehr gemäht und der umlaufende Damm an dieser Seite mit einem Hinweisschild gesperrt wird. An allseits tiefen Teichen, Baggerseen oder Kieslöchern lassen sich Ruhezonen sehr preiswert und schnell anlegen, indem wir Weidenstecklinge schräg in die Uferwand, etwas über Normalwasserstand, setzen.
Bei der *Entschlammung* von Fischteichen empfiehlt es sich – auch wegen der Kosten –, das Material nicht nach außen zu verbringen, sondern in der Mitte des Gewässers eine Insel anzuschieben. Diese ragt nicht steil aus dem Wasser, sondern ist an den Seiten flach abgeböscht. Wegen des zu erwartenden Wasserschlages müssen die Ufer auch hier mit Weiden befestigt werden. Die Insel selbst können wir zum Beispiel mit Brombeere bepflanzen. Brombeeren bringen schnell Brutdeckung.

Neuanlagen von *Gewässern* aller Art bedürfen der Genehmigung, wenn Fließ- oder Grundwasser angeschnitten werden. Meist werden bereits im Genehmigungsverfahren Auflagen erteilt, die uns dazu verpflichten, Flachwasserzonen oder Inseln zu schaffen. Es ist unverhältnismäßig teuer und auch unsinnig, für Neuanlagen etwa Rohr-, Sumpf- oder/und Wasserpflanzen anzukaufen. Vielmehr sind Weiden, Brombeeren und Erlen unsere Wahl. Denn die meisten der künstlich eingebrachten Arten vergehen, da ihnen der Standort – noch – nicht behagt. Es ist daher besser, wenn wir die Anlage sich selbst überlassen: Erstaunlich ist immer wieder, wie schnell die Natur sich von selber völlig begrünt. Weit mehr noch als alle Entenarten ist die *Graugans* auf Ruhe und Deckung im Brutgebiet angewiesen. Ihr Lebensraum sind daher nur größere Gewässer mit breiten Schilfufern und Inseln. Da Gänse „Grasfresser“ sind, bevorzugen sie Gewässer, die in Wiesenflächen übergehen. Leider werden solche am Wasser gelegene Wiesen häufig nicht mehr gemäht. So versauern sie. Ihre Mahd anzuregen, gegebenenfalls auch zu bezahlen, ist für die Gänsehege unentbehrlich.

Ein künstlich angelegter Flachwasserteich mit angeschobener Insel, Schilf und Uferbewuchs. Die Begrünung übernimmt die Natur.

Natürliches Äsungsangebot

Das natürliche Nahrungsangebot, vor allem für Jungenten, hängt in Menge und Zusammensetzung vornehmlich von der Witterung ab. Je wärmer die Aufzuchtzeit ist, desto mehr Larven und Krebse sind auch verfügbar. Je reichlicher solche tierische Nahrung vorhanden ist, desto höher wird der Besatz an Entenschofen sein.

Graugänse sind noch viel stärker als die Enten auf Ruhe und Deckung im Brutgebiet angewiesen.

Schon ein kleiner Tümpel zieht Stockenten an. Kirren wir ein wenig am Ufer, werden wir sie auch binden.

Von natürlicher Deckung perfekt beschirmt, brütet sie ihre Küken aus. Und bis zum Wasser hat sie es auch nicht weit.

Der Heger kann nur indirekt auf die Insektenmenge Einfluss nehmen, indem er nach Möglichkeit deren Lebensräume, also Schwimmrasen und sonstige Wasserpflanzen, erhält. Auch hier liefern wieder Uferweiden mit ihrem besonderen Kleinklima zwischen Blättern und Wasseroberfläche ihren Beitrag zu besserer Ernährung.

Das Füttern von Enten ist problematisch und in Baden-Württemberg durch das neue Jagdgesetz nur noch auf Anordnung der Unteren Jagdbehörde oder zur Ablenkung außerhalb der Jagdzeit zulässig. Es muss immer am Ufer erfolgen; ins Wasser darf Futter niemals gelangen. Eine Rattenplage oder Übereutrophierung wären die Folgen und dadurch die Gefahr, dass Botulismus (S. 240) ausbricht. Nie wird mehr gefüttert, als an einem Tag aufgenommen wird. Schimmelndes Futter ist Gift für das Wasserwild!

Künstliche Nisthilfen

Bruthilfen auszubringen, macht nur Sinn, wenn die Wasserfläche unter normalen Witterungsverhältnissen mehrere Brutpaare von Enten verträgt. Es muss mit anderen Worten so reichlich Nahrung für die Jungenten vorhanden sein, dass die geschlüpften Küken auch durchkommen. Entenbrutkörbe können sowohl im Wasser als auch am Ufer angebracht werden. Immer werden wir sie nach unten gegen Ratten absichern (siehe Zeichnung Seite 241), immer auch werden wir eine Handvoll Heu oder Stroh einlegen. Wenn Stockenten im März ihren Nistplatz suchen, hat das Schilf noch nicht ausgetrieben. Aus diesem Grund stehen die Bruthilfen zu dieser Zeit meist deckungslos da. Wir schaffen Abhilfe, indem wir sie leicht mit Kiefern- oder Fichtenästen abdecken. Anfluglasche beziehungsweise -brett bleiben natürlich frei. Das aufwendige Anfertigen und Ausbringen von Schwimminseln aus Holz, Styropor oder dergleichen hat sich fast nirgends auf die Dauer bewährt. Brutkörbe werden dort besser angenommen.

Die Bepflanzung von Schwimminseln wird nämlich entweder in einigen Jahren von den Enten vernichtet, oder aber es setzen sich zu dicht wachsende Pflanzenarten durch, die den Enten das Eindringen auf die Insel erschweren. Dazu kommt noch, dass frisch geschlüpfte Jungenten es häufig nicht schaffen, die Holzumrahmung der Insel wieder zu erklettern. So gehen sie verloren, dies vor allem dann, wenn die Insel nicht im voll vor dem Wind geschützten Raum liegt und der Wellenschlag die kleinen Enten abtreibt.

Erfolgreiche Entenhege setzt voraus, dass wir die Ratten ständig und wirkungsvoll bekämpfen und das Raubwild, vor allem die Rabenkrähen – wo dies gestattet ist – scharf bejagen.

Deckung und Äsung für Feldhasen und Wildkaninchen

Wie bei allen Feld bewohnenden Wildtieren ist in den vergangenen Jahrzehnten auch beim Hasen der Besatz drastisch zurückgegangen. Im Jagdjahr 1975/76 kamen in Deutschland noch 1 118 484 Feldhasen zur Strecke, 2020/2021 dagegen nur noch knapp 145 300. Gründe hierfür sind: Vollmechanisierung der Landwirtschaft (siehe Seite 309, 329), verringerte Artenvielfalt der Äsungspflanzen, drastische Nahrungsengpässe nach der Getreideernte, mangelnde Deckung, Überhandnehmen der Feinde sowie hohe Verkehrsverluste.

Die Situation des Hasen

Hasen sind keine Nahrungsspezialisten, ihre Ernährungspalette ist breit gefächert. Allerdings beanspruchen sie als absolutes Muss eine ganze Reihe von medikamentösen Pflanzen, die sie zum Vorbeugen und Heilen bei einigen arttypischen Krankheiten benötigen. Dies sind vornehmlich Kokzidiose und Verwurmung. Beide gehen häufig Hand in Hand und verursachen erst in ihrer Kombination die bekannten hohen Herbstverluste unter Junghasen. In der großflächigen Agrarlandschaft sind die notwendigen Heilkräuter fast völlig verschwunden. Ihr Mangel wirkt sich verheerend auf den Hasenbesatz aus. Das gilt ebenso für den „Ernteschock“: Nach der Getreideernte haben die Hasen schlagartig kaum noch Deckung in der Feldmark. Außerdem müssen sie ihre Ernährung radikal umstellen. Was gestern noch in Fülle vorhanden war, fehlt nun völlig. Ihr Organismus wird so geschwächt und damit für Krankheiten anfälliger. In den vergangenen Jahren ist schließlich die Fuchspopulation stark angewachsen. Vor knapp 45 Jahren (Jagdjahr 1976/1977) wurden in Deutschland rund 280 000 Füchse erlegt, 2020/2021 waren es 64 % mehr. Zur Verdeutlichung: 2020/2021 wurden auf zehn Feldhasen fast 32 Füchse geschossen! Eine seit Beginn der Streckenstatistiken dramatische Entwicklung! Die Füchse setzen den Hasen stark zu. Ein hoher Anteil des Hasenbesatzes, darunter auch Althasen, wird im Winter und Frühjahr Beute des Rotfuchses. Hohe Verkehrsverluste dezimieren den Besatz zusätzlich.

Die Folge all dieser Negativfaktoren ist verheerend: Selbst unter günstigen Verhältnissen beträgt die Vermehrungsrate – bezogen auf den Frühjahrsbesatz – kaum mehr 100 Prozent. Meist liegt sie noch weit darunter.

In verschiedenen Landesteilen haben Zählungen sogar ergeben, dass der Herbstbesatz den Frühjahrsbesatz nicht übertraf. Ein Abschöpfen des entbehrlichen Zuwachses können Jäger nur dann guten Gewissens vertreten, wenn sie die Hasen in ihren Revieren auf stark verringerten Teilen der Gesamtfläche bejagen.

Ihm schmeckt es, dem Jäger weniger. – Mit allen zulässigen Jagdarten stellt der passionierte Pächter dem Fuchs energisch nach. Das hilft dem Hasen. Denn Maßnahmen zur Deckungs- und Äsungsverbesserung für den Mümmelmann allein reichen nicht aus.

Hege bedingt Zählung

Voraussetzung für eine effektive Hasenhege, die einen abschöpfbaren Zuwachs erbringen kann, ist, dass wir im Herbst und nachfolgenden Frühjahr die Hasen „zählen“. Die Methode wird im Kapitel „Feldhase“ auf Seite 142 beschrieben. Im Normalfall genügt auch ein Handscheinwerfer mit guter Leistung, um den Besatz zu ermitteln. Wichtig ist dabei, dass die Zählung zweimal im Abstand von wenigen Tagen durchgeführt wird. Witterung oder Störungen können nämlich das Ergebnis einer nur einmaligen Zählung stark verfälschen.

Die Herbstzählung vor oder nach der Jagd und die Frühjahrszählung im April ergeben, rechnet

Jeweils ein anderes Drittel des Reviers lassen sie liegen. So ist es pfleglich für den Besatz.

man die Jagdstrecke ab, ein deutliches Bild der Winterverluste. Wenn wir von dem gewonnenen Ergebnis noch etwa 15 bis 20 Prozent der gesehenen Hasen als Frühjahrs- und Sommerverluste abziehen und die verbliebene Zahl durch zwei dividieren, haben wir in etwa die Anzahl der Häsinnen ermittelt. Diese setzen im Jahresdurchschnitt ungefähr acht Junge, von denen aber in aller Regel kaum mehr als die Hälfte bis zum Beginn der Jagdzeit überleben.

Die Bausteine der Hasenhege

Engagierte Hasenhege zeichnet sich aus durch:
1. ein verbessertes Angebot an reichhaltiger und auch medikamentöser Nahrung, um so das Junghasensterben im Herbst zu verhindern,
2. ein Verringern der Häsinnenverluste im Frühjahr und Sommer und
3. das Erhöhen der Überlebenschancen von frisch gesetzten Junghasen.

Verbesserung des Äsungsangebotes

Je nach Revierstruktur können wir das Nahrungsangebot auf zweierlei Art verbessern. Ist unser Revier noch einigermaßen gut gegliedert, verfügt es also über Raine, Hecken und eine kleinflächige Feldstruktur, bietet sich eine einfache Lösung an: Wir pachten *schmale Streifen* an Hecken, Bachläufen, Waldrändern oder Feldgehölzen an und bestellen sie mit den im Handel befindlichen speziellen Hasen-Wildkräutergemengen. Zusätzlich vereinbaren wir mit den Landwirten, dass *Raine* und *Wegränder* nicht vor der Hackfruchternte gemäht werden. Dasselbe versuchen wir, auch für *Gras-* und *Hochstaudenfluren* entlang der Hecken zu erwirken.
Anders sieht es aus, wenn unser Revier nicht gegliedert ist und Ackerflächen von durchschnittlich mehr als zehn Hektar Größe aufweist. Dann müssen wir uns um Flächen bemühen, die aus der Nutzung genommen und zur Hasenhege genutzt werden können.
Dauerbrachen oder *Flächen*, die *im Juli* einmal ganz *gemäht* werden, aber schon im September wieder voll und stark begrünt sind, erweisen sich meist als extrem *wildfeindlich*: Sie halten den Tau bis in den Nachmittag hinein, bleiben so nasskalt und werden deshalb von allem Niederwild gemieden. Deshalb ist im Interesse einer optimalen Nutzbarkeit solcher Flächen für das Niederwild dringend anzuraten, alle diese

Als Kulturfolger bezog er die Äcker und Wiesen der Feldlandschaft. Eine reiche Krautvegetation ist die Basis für seine Ernährung.

Hier fühlen sie sich wohl – Äsung und Deckung liegen dicht beieinander. Leider ist es nicht überall so ideal für die Mümmelmänner.

Flächen zu gliedern, indem wir kreuzweise Schmalstreifen schälen oder grubbern. Auf ihnen kann sich das Wild trocknen. Und hier wächst nach der Bodenbearbeitung alsbald frisches Grün auf, das zum großen Teil aus einjährigen Kräutern mit hohem Anteil an medikamentösen Pflanzen besteht. Die Kosten für eine solche Bearbeitung liegen unter EUR 80,– je Hektar. Mit etwas Glück finden wir auch einen jagdlich interessierten Landwirt, der diese Arbeit in der relativ arbeitsextensiven Zeit nach der Getreideernte für uns kostenlos durchführt.

Verluste an Häsinnen senken

Häsinnenverluste im Frühjahr und Sommer zu vermindern, ist fast ausschließlich Sache des Hegers. Es gelingt ihm, wenn er während des Winters die Füchse intensiv bejagt und im Frühling den Jungfüchsen eifrig nachstellt.
In Zusammenarbeit mit den Jagdgenossen wird er außerdem alles daransetzen, um die Deckungsstruktur seines Revieres zu verbessern. Das geschieht vor allem durch Anlegen von Hecken und deren rechtzeitiger Verjüngung. Zudem wird der Revierinhaber mit den Jagdgenossen vereinbaren, dass Altgrasflächen in Streifen von mindestens zehn Metern Breite stehen bleiben. Es kann gar nicht nachdrücklich genug darauf hingewiesen werden, dass – wie Forschungen ergeben haben – bis zu 30 Prozent der Satzhäsinnen bereits vor dem Setzen vom Fuchs gerissen werden. Dahingegen sind die Junghasenverluste durch den Fuchs relativ gering. Intensive Fuchsbejagung ist deshalb die allerwichtigste Maßnahme, um einen Hasenbesatz zu heben.

Wer nicht bedenkt, dass Hegebüsche auch Magnete fürs Raubwild sind, hat bald ein wildleeres Revier.

Lebensraumverbesserung ist ein vorrangige Maßnahme der Hasenhege.

Ob ihm diese Distel mundet? Jawohl. Kaninchen sind bei der Wahl der Äsungspflanzen nicht wählerisch.

Verluste an Junghasen senken

Damit sich ihre Überlebenschancen deutlich erhöhen, bedürfen die frisch gesetzten Junghasen unabweislich einer sehr guten Deckung vor allem vor Greifvögeln aller Art, aber auch vor Fuchs, Marder und verwilderter Hauskatze. Alles, was der Deckungsverbesserung bei Fasan und Rebhuhn dient – insbesondere breite Hecken und Altgras –, ist auch für Junghasen förderlich. Mehr noch als bei Fasan oder Rebhuhn muss der Jäger allerdings darauf achten, dass die Hecken aufgrund von durchgewachsenen Bäumen nicht zu Ansitzplätzen für den Habicht werden. Heckenrückschnitt und Aushauen von Hochbäumen sind extrem wichtig: Vor allem Junghasen, die sich nur auf ihre eigenen Sinne verlassen können, halten sich nahezu immer in Deckungsnähe auf und sind so verstärkt gefährdet.

Kaninchenhege

Dort, wo die *Myxomatose* fast alljährlich den Kaninchen zusetzt, ist mitunter auch deren Hege notwendig. Nur so bekommen wir den verbliebenen Besatz ohne weitere Verluste in das nächste Frühjahr hinein. Dann wird der Heger einmal stark durchwachsene Hecken, vor allem mit Brombeere als Sichtdeckung nach oben, erhalten. Zum anderen wird er Marder und Großwiesel intensiv mit der Falle bejagen. Das sind die beiden wichtigsten Maßnahmen, die er für die Kaninchen tun kann.

Werden Kaninchen mit Ausputz und Prossholz gefüttert, geschieht dies nicht wie beim Hasen auf offener Fläche im Feld, sondern unmittelbar am, besser noch im Einstand, also in guter Sichtdeckung.

Böden und Pflanzen

Wer Land gestalten will, muss wissen, mit welchen Böden er es zu tun hat. Weiß er das nicht, ist der Misserfolg aller Maßnahmen in der Regel vorprogrammiert.

Auch ohne langwierige Bodenanalysen sagt uns die Natur, wie wir uns zu verhalten haben. Wer die Strauch- und Krautflora in Altholzbeständen, an durchsonnten Waldrändern, in Hecken und Knicks, auf Rainen und an Bachläufen beobachtet, dem zeigen Leitpflanzen, mit welchen Bodentypen er es dort zu tun hat.

Der obere Teil der Tabelle auf der folgenden Seite veranschaulicht das. Natürlich gibt es zwischen den aufgelisteten Bodentypen zahllose Übergänge. Oft wechselt in kürzestem Abstand ein Typ mit dem anderen oder geht fließend in ihn über. Vornehmlich in schmalen Talauen und an schmalen Unterhängen von Hügeln

können Hangwassereinzug und Sonneneinstrahlung, Überschwemmungen und Austrocknung zu untypischem Pflanzenaufbau führen. In der Revierpraxis aber reichen die in der Tabelle angegebenen Leitpflanzen für eine Beurteilung des Bodentyps aus.
Der untere Teil der Tabelle hilft uns beim Anlegen von Hecken, Feldgehölzen und Remisen oder beim Gestalten von Waldrändern (unbedingt eine Genehmigung einholen!). Die beste Mischung aus Baum- und Strauchgewächsen ist immer diejenige, mit der gleichzeitig Deckung und Äsung geboten wird. Sie zeichnet sich dadurch aus, dass Baum- und Strauchgewächse jeweils in getrennten Gruppen angepflanzt werden.

BÖDEN UND WEISERPFLANZEN

Nährstoffgehalt/Bodenreaktion	*Wasserhaushalt*	*Bodenart*	*Gründigkeit*	*Weiserpflanzen*
Nährstoffarm sauer = pH 2,5–3,5	*abflussgehemmt*	*Moor*	*flach*	*Moose, Birke*
Nährstoffarm sauer = pH 3,0–5,0	*guter Wasserzug Grundwasser 0,40–0,80 m*	*Niederungsmoor, Talaue*	*mittel*	*Stieleiche, Birke, Pappel, Weide, Fichte*
Nährstoffarm sauer = pH 3,5–5,5	*grundwasserfern, tiefer als 1,0 m*	*Sand*	*tief*	*Kiefer, Preiselbeere, Birke, Wacholder*
Nährstoffarm sauer = pH 4,0–6,0	*grundwasserfern, tiefer als 1,0 m*	*lehmiger Sand, sandiger Lehm*	*tief*	*Eiche, Kiefer, Heidelbeere, Brombeere, Himbeere, Eberesche, Weißdorn*
Nährstoffarm plus/minus = pH 4,5–6,5	*mäßig frisch bis frisch*	*lehmiger Sand, sandiger Ton*	*mittel bis tief*	*Buche, Kiefer, Heidelbeere, Himbeere, Farne*
Nährstoffarm plus/minus = pH 5,0–7,0	*frisch*	*sandiger Lehm lehmiger Ton*	*tief*	*Buche, Hainbuche, Waldmeister, Pfaffenhütchen, Schwarzer Holunder, Hirschholunder*
Nährstoffreich = pH 5,5–7,5	*frisch bis nass*	*lehmig-tonig, lehmig-kiesig*	*mittel bis tief*	*Erle, Weiden, Pappeln, Brennnessel*
Nährstoffreich = pH 5,5–7,5	*mäßig frisch bis frisch*	*lehmig tonig*	*tief*	*Buche, Eiche, Esche, Ahorn, Himbeere*
Nährstoffreich = pH 6,5–8,0	*trocken*	*Kalk*	*flachgründig*	*Wacholder, Schwarzdorn, Wildobst, Orchideen, Heckenrose*
Nährstoffreich = pH 6,5–8,0	*mäßig frisch bis frisch*	*Kalk*	*mittel bis tiefgründig*	*Hainbuche, Buche, Wildobst, Schneeball, Hartriegel, Heckenkirsche*

PFLANZUNG VON ÄSUNGS- UND DECKUNGSGEHÖLZEN

Pflanzenart	*Alter*	*Höhe/cm*	*Bedeutung*		
1. Leichte, schwach-saure Böden (Sandböden)					
Weißdorn	*3-jährig*	*50–80*	*D*		*B*
Eberesche	*3-jährig*	*50–80*	*A*		*B*
Stieleiche	*3-jährig*	*30–50*	*N*		*B*
Hundsrose	*2-jährig*	*50–80*	*D*		*B*
Brombeere	*2-jährig*	*–*	*D*	*A*	*B*
Himbeere	*2-jährig*	*–*	*D*	*A*	*B*
Apfelrose	*2-jährig*	*50–80*	*D*	*A*	*B*
Traubenkirsche	*2-jährig*	*50–80*	*D*		*B*
2. Lehmige, schwach-saure bis schwach-basische Böden					
Hasel	*3-jährig*	*50–80*	*D*	*A*	*B*
Schlehdorn	*2-jährig*	*50–80*	*D*		*B*
Hainbuche	*2-jährig*	*40–60*	*D*	*A*	
Brombeere	*2-jährig*	*–*	*D*	*A*	*B*
Salweide	*2-jährig*	*80–120*	*D*		*B*
dazu Feldahorn	*3-jährig*	*80–120*	*N*		*B*
Roter Hartriegel	*3-jährig*	*50–80*	*D*		*B*
Eberesche	*2-jährig*	*60–80*	*N*	*A*	*B*
Zitterpappel	*2-jährig*	*50–80*	*D*		*B*
3. Schwere Lehmböden					
Hasel	*3-jährig*	*50–80*	*D*	*N*	*B*
Rotbuche	*3-jährig*	*50–80*	*D*		
Stieleiche	*3-jährig*	*30–50*	*D*	*N*	*B*
Hainbuche	*2-jährig*	*40–60*	*D*	*A*	
Schlehdorn	*2-jährig*	*50–80*	*D*	*A*	*B*
Faulbaum	*3-jährig*	*50–80*	*A*		*B*
Bergahorn	*3-jährig*	*60–100*	*N*		*B*
Brombeere	*2-jährig*		*D*	*N*	*B*
Schw. Holunder	*2-jährig*	*50–80*	*N*		*B*
Wildbirne	*3-jährig*	*80–120*	*A*		*B*
Wildkirsche	*2-jährig*	*80–120*	*A*		*B*
Holzapfel	*3-jährig*	*80–120*	*A*		*B*
4. Kalkböden					
Heckenkirsche	*3-jährig*	*50–80*	*A*		*B*
Rotbuche	*3-jährig*	*50–80*	*D*		
Pfaffenhütchen	*3-jährig*	*50–80*	*A*	*N*	*B*
Schneeball	*3-jährig*	*50–80*	*A*	*N*	*B*
Weißdorn	*3-jährig*	*50–80*	*A*		*B*
Hundsrose	*2-jährig*	*50–80*	*D*	*A*	*B*
Schwarzdorn	*3-jährig*	*50–80*	*D*	*A*	*B*
Brombeere	*2-jährig*		*D*	*A*	*B*
Feldahorn	*3-jährig*	*80–120*	*D*		*B*
Roter Holunder	*2-jährig*	*50–80*	*D*	*N*	*B*
Mispel	*2-jährig*	*60–100*			*B*
Felsenbirne	*3-jährig*	*50–80*	*A*		*B*
Kornelkirsche	*3-jährig*	*50–80*	*A*	*N*	*B*
Kreuzdorn	*3-jährig*	*50–80*	*A*		*B*
Hasel	*3-jährig*	*50–80*	*D*	*A*	*B*
5. Moorböden					
Ohrweide	*1-jährig*	*50–80*	*N*		*B*
Grauweide	*1-jährig*	*50–80*	*N*		*B*
Birke	*3-jährig*	*60–100*			
Faulbaum	*3-jährig*	*80–120*	*A*		*B*
Schwarzerle	*3-jährig*	*100–140*	*D*		

A = Äsungsgehölz (Frucht, Same); D = Deckungsgehölz; N = Verbissgehölz; B = Bienennährgehölz

Das Hochwildrevier

Wild und Wald im Einklang

Auch ein standortgerechter, gesunder Wald verträgt bei naturnaher Bewirtschaftung nur einen zahlenmäßig begrenzten, artenreichen Wildbestand. Wald und Wild in Einklang zu bringen, stößt in der Praxis immer wieder an Grenzen. Einige praktikable Schritte in Richtung auf dieses Ziel werden in diesem Kapitel aufgezeigt.

Von Extrem zu Extrem

In Kreisen von Jägern und vor allem von Forstleuten ist der Begriff Wildhege gegenwärtig in Verruf geraten. Er entspricht so gar nicht mehr dem Zeitgeist dieses Jahrzehnts. Weite Teile der Bevölkerung verbinden dagegen mit dem Jäger immer auch den Heger. Sprechen Sie einmal mit Ihrem Frisör darüber.

Zugegeben: Zu oft wurden die Grenzen der Schalenwildhege in unserem Jahrhundert grob missachtet. Dieser Vorwurf – schon von Ulrich Scherping deutlich formuliert – trifft vor allem die Jäger in den Waldrevieren, also in der Mehrzahl die Forstleute. Rotwild wurde als Edelwild in hoher Zahl behütet – in viel zu hoher Zahl! Die Folgen, Schäl- und Verbissschäden – auch anderer Schalenwildarten –, trugen die Waldbesitzer, sei es Privatmann, Kommune, Land oder Bund.

Wer Rothirsch und Muffelwidder ausschließlich mit der Doppelbüchse „hegt", kennt nur eine Seite der Medaille. Hege ist mehr.

Wie wenig auf die wirtschaftlich und ökologisch so bedeutungsvollen Wildschäden Rücksicht genommen wurde, zeigt eine nordhessische Forsteinrichtung während der 1950er-Jahre. Bei den sonst so peniblen Bestandsaufnahmen wurden Schälschäden des Rotwildes und Verbissschäden der Rehe nicht erwähnt. Das übersah der Forsteinrichter geflissentlich. Vom Förster bis zum Oberlandforstmeister wurde es so gehalten.

Erst in der zweiten Hälfte des vergangenen Jahrhunderts schlug das Pendel um. Anfangs lang-

Fichtennaturverjüngung – wie Haare auf dem Hund, so dicht. Der Nachanbau der Buche eilt.

Auf einen knappen Nenner gebracht, bedeutet beim Schalenwild Hege zweierlei: 1. Ruhe und Äsung im Revier, 2. wildgerechte Bejagungsformen.

sam, dann energischer. Die Bewirtschaftung des Waldes wurde immer naturnäher. Das konnte nicht mit hohen Schalenwildbeständen einhergehen. Zunächst waren größere Privatforsten hier richtungsweisend. Die Landeswaldungen zogen nach. Unmissverständlich und knallhart kam das Abschusskommando: Zahl vor Wahl! Vielfach war das berechtigt und kam sogar zu spät. Nun aber wurde es mit deutscher Gründlichkeit knüppelhart durchgezogen. Damit war und ist leider überall eine qualitative Minderung der Schalenwildbestände verbunden. Insbesondere ihr Altersaufbau ging zum Teufel. Altersreife männliche wie weibliche Stücke fehlen. Eine bittere Erfahrung, die trotz starker Eingriffe in die Jugendklasse auch für erfahrene Jäger neu war.

Überall dort, wo die Reduktion gegriffen hat, wieder zu bremsen – rechtzeitig zu bremsen – fällt schwer. Es verlangt Mut gegenüber Oberen und Obersten Jagdbehörden. Die können – das sei eingeräumt – die Höhe der Schalenwildbestände örtlich wie auf Landesebene nur anhand der Höhe des Schalenwildabschusses ableiten. Deren Wert aber belegen viele offene, von ein wenig Alkohol gelockerte Gespräche am Kamin zu diesem Thema. Allein die Januarstrecken sprechen für sich. Körperliche Nachweise bereiten da kein Problem.

Es sei wiederholt: Sobald es gelungen ist, eine Schalenwildart der Zahl nach der örtlichen Raumordnung von Menschen, Pflanzen und Tieren wirklich anzupassen, muss dem harten Zahlabschuss Einhalt geboten werden. Eine Auswahl ist wieder möglich. Die Balance zwischen Zahl- und Wahlabschuss zu halten, ist so schwer doch nicht. Wenn ein Jäger es will, kann er es lernen. Der notwendige Zahlabschuss wird so auf die Altersklassen verteilt, dass das Schwergewicht zu 60 Prozent deutlich auf der Jugendklasse liegt. Bei den Mutterstücken wird in etwa so viel entnommen, dass der Zuwachs des Folgejahres zu keiner Bestandserhöhung führt. Das entspricht zirka 40 Prozent des weiblichen Wildes. Eine ständige aufmerksame Kontrolle des Bestandes tut not.

Ziel ist also: *der angemessene Erhalt einer frei lebenden Wildart.*

Dieser Leitsatz bestimmt jede Hegemaßnahme. Zweimal, so ist zu raten, sollte jeder Jäger ihn lesen.

Ruhe, Äsung und artgerechte Bejagung

Beim Schalenwild bedeutet Hege zweierlei:

1. Ruhe und Äsung im Revier: Gleichalte Monokulturen auf großer Fläche mit vorgelagerten Agrarsteppen sind widernatürlich. Hier sind Forst- und Landwirte gefordert. Wirtschaften sie naturnah, erweisen sie auch dem Wild einen großen Dienst. Der Jäger kann es ihnen aufzeigen. In der Landwirtschaft ist es aus ökonomischen Gründen in der Regel schwierig, von den maschinengerechten Monokulturen abzugehen. Auf welche Weise Bauern und Jäger dennoch dem Niederwild helfen können, wurde im letzten Kapitel dargestellt. Wie Forstleute und Jäger die Lebensräume fürs Schalenwild verbessern können, zeigen die folgenden Seiten auf. Dabei wird stets im Auge behalten, dass der Geldbeutel des Revierinhabers nicht über Gebühr strapaziert wird und der Jäger sich nicht auf das Wohlwollen der stets spröder werdenden Behörden verlassen muss.

Lichte Wälder mit trockenen, steinigen Böden sind ideale Habitate für sie, sofern Störungen nicht überhand nehmen …

Häufige Unruhe in seinen Einständen ist Gift für alles Wild, vor allem aber für Schalenwild. Zu Fuß, als Wanderer oder Pilzsammler, mit dem Rad oder gar dem Mountainbike und zu Pferd ist die Menschheit unterwegs. Je näher das Revier an der Stadt liegt, desto größer der Besucherstrom, der sich nach Feierabend oder an Wochenenden in den Wald ergießt. Keineswegs einfach ist es, hier lenkend einzugreifen. Initiative, Verhandlungsgeschick bei Behörden und Vereinen, zähes Durchhalten sind gefragt. Ohne Kompromisse wird es nicht gelingen.

2. Wildgerechte Bejagungsformen: Wildgerecht sind alle Jagdmethoden, die effektiv sind, geringen Zeitaufwand erfordern und die Sozialverbände möglichst erhalten. Örtlich gilt es also, die Zeit der Einzeljagd, etwa des Ansitzes oder auf den Brunfthirsch, und gemeinsame Stöberjagden miteinander abzustimmen. Tun Jäger dies nicht fachgerecht in Hegegemeinschaften auf größerer Fläche, können sich Wildtierpopulationen nicht artgemäß entwickeln. Gemeinsames Planen fällt uns Jägern leicht, das Durchführen leider schwer. Egoistisches Handeln im eigenen Revier ist zu überwinden, Zivilcourage nach eigenen Pannen zu zeigen. Mancher Hegeringverantwortlicher warf das Handtuch, weil die Sünden auf diesem Gebiet einfach zu viele wurden. An nachlassende Jagdmoral, die damit eng zusammenhängt, wollten sich diese Männer einfach nicht gewöhnen.

Streckelegen nach einer Stöberjagd. Wie viel Einzeljagdtage wären dafür nötig? Wie viel Störungen dann damit verbunden?

Schälen ist ebenfalls artgerechtes Verhalten des Rotwildes. Doch auch diese Schäden müssen im Rahmen bleiben.

Ruhe und Äsung für das Rotwild

Zur Situation des Rotwildes

Im Unterschied zum Rehwild, das in Deutschland flächendeckend vorkommt, ist das Rotwild auf zahlreiche, voneinander getrennte Lebensräume zurückgedrängt worden (siehe Seiten 12, 23 und 648). Die Rotwildgebiete sind durchweg an geschlossene Waldgebiete gebunden. Das Rotwild, einst reiner Steppenbewohner, hat sich im Laufe der Jahrhunderte an den Wald als Lebensraum gewöhnt. Leider steht ihm dort nur ein geringer Teil des Raumes uneingeschränkt zur Verfügung, dafür sorgen vielfäl-tige Störungen durch den Menschen und zahlreiche Kulturgatter.

Diese Aktivitätsbeschränkungen, gekoppelt an eine oft nur mäßige Äsungsgrundlage, haben für den Waldbauern dramatische Folgen, nämlich hohe Verbiss- und starke Schälschäden. Rotwild verbeißt und schält besonders dort, wo es gehindert wird, auch am Tage seinen Hunger zu stillen, oder wo es aufgrund menschlicher Aktivitäten bis in die Nacht hinein an seinen Einstand gebunden bleibt. Aus diesem Grund ist es in allen Rotwildgebieten erforderlich, dem Wild erstens Ruhezonen sowie -zeiten zu verschaffen und zweitens die Nahrungsgrundlage des Rotwildes – möglichst in dessen Einständen – zu verbessern. Der Praktiker wird beide Maßnahmen kombinieren. Nur so kann er Schäl- und Verbissschäden mindern. Zu *verhindern* sind diese Schäden *nicht*. Verbeißen und Schälen sind artgemäßes Verhalten des Rotwildes.

Wo Rotwild vorkommt, ist Verbiss nicht zu vermeiden. Naturverjüngungen müssen aber dennoch gelingen.

Außerdem bejagt der Praktiker das Rudeltier Rotwild artgerecht. Er achtet auf das Altersklassengefüge und die Rudelstruktur der Wildart (siehe hierzu Kapitel „Rotwild").

Rotwild ist, anders als das selektiv äsende Rehwild, ein „flächig weidender Grasfresser" mit keinesfalls hohen Qualitätsansprüchen an seine Äsung. Es nimmt also auch Pflanzen und Pflanzenteile auf, die Rehe verschmähen, etwa harte Gräser und holzige Krautpflanzen, die ihm in ihrem noch zarten Frühjahrs- und Frühsommerzustand eine Delikatesse sind. Nahrungsengpässe können ab dem Hochsommer auftreten und sich bis in das erwachende Frühjahr hineinziehen.

Ruhe durch Besucherlenkung

Am meisten können Revierinhaber eines Rot- oder Hochwildhegerings fürs Rotwild tun, wenn sie sich auf Ruhezeiten innerhalb ihres Hegeringes festlegen. Fällt im Juli und Januar kein Schuss auf Rothirsch oder Kahlwild, stehen dem Rotwild die Wege zur und von der Äsung wirklich ungestört zur Verfügung. Unterbleibt in diesen festgelegten Phasen der Morgen- und Abendansitz, ist viel Jagddruck genommen.

Der waidgerechte Jäger wird natürlich auch sonst mit gutem Beispiel vorangehen. Das heißt in unserem Fall: Es ist durchaus überflüssig, in jeder Woche alle Wechsel in den Einständen abzufährten und Menschenwittrung zu verbreiten – aus purer Neugierde.

und in den Versammlungen der Jagdgenossen seinen Standpunkt offen zu legen. Er macht den Verpächtern so klar, dass Waldberuhigung nichts mit Vermehrung des Wildbestands zu tun hat, sondern mit einer Minimierung von Schäden.

Hat er die Jagdgenossen oder den Eigenjagdbesitzer für seine Pläne gewonnen, wird es in den meisten Fällen nicht ausbleiben, dass er den Gang zu den verschiedensten Behörden und Vereinen nicht scheut. Gibt es doch kaum mehr ein einigermaßen geschlossenes Waldgebiet, durch das nicht Wander-, Reit- oder Fahrradwege, Skiloipen oder sonstige Pisten hindurchführen oder gar Geocacher querfeldein laufen. Wer auch immer der Betreiber dieser Anlagen

ANSITZE NICHT AN WEGEN

Ein vermeidbarer Fehler ist es, in Sichtweite von Wanderwegen Leitern und Kanzeln aufzustellen: Sie locken die Menschen wie ein Magnet an und sind schnell zu allen Tages- und Abendzeiten bevölkert. Folge: Das Wild wird misstrauisch und heimlich. Ansitze in den Haupteinständen des Wildes verstecken oder verblenden wir deshalb so, dass ein Fremder sie nicht sieht. Außerdem legen wir sie so an, dass wir, ohne zu stören, von ihnen in später Dunkelheit wieder verschwinden können. Am besten also, wir benutzen sie nur dann, wenn wir ernsthafte Absichten haben und lassen den ganzen Komplex ansonsten, so gut es nur geht, in Ruhe.

Wer ständig in seinem Revier herumpirscht, wird es bald wildleer haben. Hier gilt: Weniger ist mehr.

Mit weitergehenden Maßnahmen hat es der Besitzer einer Eigenjagd am leichtesten, gleich ob er die Jagd selbst ausübt oder verpachtet hat: Bei sämtlichen zu planenden Maßnahmen hat er es nur mit sich selbst zu tun. Er kann schnell und effektiv handeln.

In einem verpachteten gemeinschaftlichen Jagdbezirk hat es der Pächter hingegen deutlich schwerer. Er wird wahrscheinlich eine ganze Weile benötigen, um Überzeugungsarbeit zu leisten. Er hat viele Einzelgespräche zu führen

ist, Gemeinde, Kreis, Forstamt oder Verein, der Jäger wird mit den Verantwortlichen reden und nach einem Kompromiss suchen müssen, der sich mit gutem Willen wohl immer auch finden lässt. Ohne diesen guten Willen geht nichts – und das zum Schaden von Wald und Wild.

Oft genug bringt ein geringfügiges Verlegen einer Freizeitanlage für große Revierteile Ruhe. Das Lenken von Besucherströmen in zusammenhängenden Wäldern ist nach allen Erfahrungen einfacher, als man es sich zunächst vor-

Zur artgerechter Rotwildbejagung gehört, das Schwergewicht des Abschusses mit 60 Prozent eindeutig auf die Jugendklasse zu legen.

stellt. Die „Wegeführung“ muss nur klar verständlich sein, auch ohne Wanderkarte. Nur wenige Menschen halten sich nicht an die Markierungen. Aber auch sie können wir beeinflussen, etwa durch das Aufstellen von Schildern am Beginn der Wege oder Steige, die in Kinderstuben und Haupteinstände hineinführen.

Mit Hilfe der Schilder wird der Wanderer gebeten, diesen Weg oder Steig nicht zu benutzen, beispielsweise durch den Hinweis: „Achtung! Kinderstube des Rotwildes! Bitte nicht betreten!“ „In einem sehr langen Leben in Verantwortung für große Reviere habe ich es so gut wie nie erlebt, dass eine solche Bitte missachtet wurde“, so der renommierte Forstmann und passionierte Jäger von Eggeling zu diesem Thema.

Konzepte und Konsens

Fast immer wird es nötig sein, Forderungen im Interesse des Wildes und des Waldes von langer Hand und mit einem schlüssigen Konzept vorzubereiten. Hierzu gehört neben der selbstverständlichen Zustimmung der Waldbesitzer auch die Mitwirkung der Nachbarn im Rahmen der Hegegemeinschaft. Nur großräumige Konzepte haben für die Lebensverbesserung der Hochwildarten mit ihren zum Teil ausgedehnten Wanderbewegungen Sinn und versprechen optimalen Erfolg.

Werden Wander- oder Radwege geplant, sind die hierfür zuständigen Vereine und Körperschaften für die Belange des Wildes meist sehr aufgeschlossen. Und bereits kleinere Verlegungen der Routen bewirken oft sehr viel. Ähnli-

Ganz ernst scheinen sie die Joggerin nicht zu nehmen. Aufgeworfen haben aber alle. Ob sie auf der Äsungsfläche bleiben?

In langen Sätzen fliehen sie nach einer Störung in die nächste Dickung. Das kostet bei hoher Schneedecke viel Energie.

ches gilt auch fürs Verlegen bestehender Pisten und Wege, wenn wir ein schlüssiges und durchführbares Konzept vorlegen. Wie gesagt: Wirken bei derartigen Situationen alle Revierinhaber eines Rotwild- oder Hochwildhegerings zusammen, erreichen sie mehr, als jeder für sich allein tun könnte.

Ruhe im Einstand

Rotwildhege bedeutet auch, Ruhezonen zu schaffen, das daran gekoppelte natürliche Nahrungsangebot zu verbessern und ebenso hochwertige Nahrungsquellen überhaupt erst zu begründen.

Tageseinstände des Rotwildes sind fast immer größere, zusammenhängende Dickungs- beziehungsweise Verjüngungskomplexe oder angehende Stangenhölzer. Rotwild bevorzugt Dickungen oder Verjüngungen, in denen es zwischen Sonne und Schatten wählen kann. Das sind solche mit Fehlstellen, auf denen auch einige Äsung wächst. Allerdings suchen Feisthirsche in aller Regel die schattige und feuchte Dickung oder Verjüngung auf. Den Hauptäsungsraum des Rotwildes bilden im Wald krautreiche Althölzer und Kulturen.

Wenn der Fachmann Ruhezonen einrichten will, konzentriert er sich deshalb auf die vorhandenen Einstände und die Nahzone um diese herum. Das kann sowohl in Eigeninitiative erfolgen als auch mit Hilfe der Behörden, die Ruhezonen durch zeitweilige Betretungsverbote aussprechen können. Letzterer Weg ist für den Revierinhaber meist beschwerlich und scheitert häufig am „guten Willen“ der Behörden. Deshalb ist es besser, Eigeninitiative zu ergreifen.

Was können wir tun? Der Profi wird Rückeschneisen oder Wege, welche durch Einstände führen und für die Waldpflege nicht oder nur selten benötigt werden, an ihrem Beginn so „versperren“, dass sie für den Fußgänger

Beim Äsen gestört? Aufmerksam sichert das uralte, knochige Tier. Häufige Störungen auf den Äsungsflächen können zu verstärktem Schälen im Einstand führen.

schlecht begehbar sind. Mit einigen ineinander verschränkten Wipfeln von Fichten oder Kiefern bekommt er das sehr einfach, preiswert und wirkungsvoll hin. Die Kiefern- oder Fichtenkronen werden an der Einmündung der Rückeschneise in den Hauptweg zusammengeschoben, um die Schneisen für Fußgänger, Reiter und Radfahrer unattraktiv zu machen, ohne dass gleich eine Totalsperre entsteht. Gelingt es, diese „Sperre" so hoch zu legen, dass nur schwer über sie hinweggesehen werden kann, erreichen wir zusätzlich, dass sich auch das Wild auf dem so beruhigten Waldweg sicher fühlen kann.

BLINDZÄUNE

Mit einem einfachen Trick können wir den Anschein erwecken, dass der in den Einstand führende Weg verschlossen ist: Wir errichten nur auf dem Weg ein quer stehendes Gattertor, von dem nach rechts und links in die Dickung hinein ein Zaun führt. Dieser Zaun endet allerdings rasch – und für den Spaziergänger vom Hauptweg aus nicht zu sehen – bereits nach wenigen Metern blind ...

Hat das Hochwild in seinen Einstandsgebieten Ruhe, ist leider nur ein Teil dessen getan, was getan werden muss, um Wild wie Wald zu helfen. Mit Ruhe allein helfen wir im Wesentlichen nur dem Wild, wenngleich Ruhe hier und da auch eine gewisse Schadensminderung mit sich führen mag. Solange Rot-, Dam- und/oder Muffelwild gezwungen sind, ihren – im wahrsten Sinne des Wortes – unwirtlichen Einstand zu verlassen, um sich Nahrung zu verschaffen, vielleicht sogar weite Wanderungen unternehmen müssen, um zum gedeckten Tisch zu kommen, solange werden sie in ihren Tageseinständen verstärkt zu Schaden gehen.

Äsungsverbesserung

Wege und Wegränder: Die einfachste und preiswerteste Art der Äsungsverbesserung ist das Düngen von Wegen und Wegrändern innerhalb der Forstkulturen und Dickungen mit stark phosphorhaltigem Düngemittel im Herbst oder unmittelbar nach der Schneeschmelze. Ist der Waldboden sehr sauer, muss ein Düngen mit Kalk vorausgehen. Gras- und Krautwuchs werden dadurch so stark angeregt, dass bereits im Sommer nach der Düngung eine Mahd ansteht. Diese ist auch deshalb wichtig, weil hiermit das nährstoffarm gewordene Altgras entfernt wird.

Gedüngtes Beerkraut ist bis weit in den Winter hinein ein Magnet für Rot-, Dam- und Muffelwild.

So entsteht Platz für einen gehaltreichen Nachwuchs, der dann im Herbst bis in den Frost hinein gute Äsung liefert. Diese einfache und auch kostengünstige Art der Äsungsverbesserung kann natürlich nur relativ kleine Flächen – eben nicht mehr als Böschungen, Wegränder oder Bankette – umfassen und ist deshalb bloß ein Tropfen auf den heißen Stein.

In Einstandsnähe: Wesentlich mehr lässt sich schon im näheren Umfeld der Einstände machen, insbesondere dort, wo entweder Beerkraut unter älteren Beständen vorkommt oder wo beispielsweise in anmoorigen Gebieten reichlich an und für sich saure Gräser wachsen, all jene Gräser also, die vom Laien als „Bentgras" angesprochen werden.

Sommerliches Düngen von Blaubeerkraut etwa ab Anfang August mit einem Volldünger in geringer Menge – zirka ein bis maximal zwei Doppelzentner je Hektar – wirkt auf das Beerkraut wie ein Wunder und anschließend bis weit in den Winter hinein als Magnet für Rot-, Dam- und Muffelwild. Ein entsprechendes Düngen der Grasflora erfolgt zweckmäßigerweise im Vorfrühling, also vor deren Austreiben. So wird zum einen das Gras schmackhafter für das Schalenwild, zum anderen bleibt es länger in den Sommer hinein attraktiv für das Hochwild.

Rückewege eignen sich sehr gut, um die Äsung zu verbessern. Im Vorfrühling kann gekalkt werden, später die Hauptdüngung erfolgen.

Das weniger wählerische Rotwild nimmt solche schwach gedüngten Grasflächen begeistert an, vor allem dann und dort, wenn und wo solche Flächen versteckt liegen und auch bei Tage von der Deckung her unbesorgt aufgesucht werden können.

Elegant nimmt der Kolbenhirsch die Hürde. Wenn Forstkulturen schon gegattert werden, dann bitte in ausreichender Höhe: Zwei Meter sollten es beim Rotwild schon sein.

Das Ausbringen des Düngers wird im Allgemeinen mit der Hand erfolgen. Ein kräftiger Mann düngt einen Hektar in rund drei bis vier Stunden ab, je nach Geländebeschaffenheit und Bewuchs.

Rückewege und Äsungsschneisen: Hat der Pächter einen guten Draht zum Waldbesitzer, kann ohne großes Opfer bei Neubegründungen von Forstkulturen, aber auch bei bestehenden Kulturen bis zu acht Jahren, ungemein viel für das Wild getan werden. Anstatt nämlich den oder die in die Kultur eingeplanten Rückewege mit den üblichen drei bis dreieinhalb Metern Breite auszulegen, kann die Wegbreite – unbesorgt wegen forstlicher Ertragseinbußen – auf fünf Meter erweitert werden. Der Pächter nutzt diese Fläche – die ja im nächsten Jahrzehnt kaum benötigt wird –, um die Äsung zu verbessern.

Es dürfte auch möglich sein, den einen oder anderen Waldbesitzer zu überreden, in bereits bestehenden Dickungen die vorhandenen Schneisen zu verbreitern. Dann werden rechts und links je eine oder auch zwei Reihen Forstpflanzen entfernt und damit eine Wegbreite von rund sechs bis sieben Metern erreicht. Geringere Breiten in bestehenden Dickungen haben wenig Sinn, da ansonsten schon nach kurzer Zeit die Fläche aufgrund des Bestandswuchses zu stark beschattet würde. Ideal ist es natürlich, solche Äsungsschneisen in Nord-Süd-Richtung anzulegen.

Wo das nicht geht, muss der Pächter aber dankbar sein, wenn Äsungsschneisen überhaupt im Revier möglich sind. Natürlich wird er dann bedenken, dass jedes Abweichen von der Nord-Süd-Richtung eine längere Beschattung der Schneise bedeutet und damit eine unter normalen Umständen geringere Pflanzenvielfalt auf der Fläche zur Folge hat.

Dem Waldbesitzer sei gesagt, dass solche etwas breiteren Gliederungsschneisen die Sturmfestigkeit seines Waldbestandes erhöhen sowie gegebenenfalls auch das Bekämpfen von Waldbränden erleichtern. Der geringe Zuwachsverlust bei Schneisen über sechs Meter Breite wird durch die betrieblichen Vorteile bei weitem ausgeglichen.

WILDÄCKER SIND IN EINSTÄNDEN ÜBERFLÜSSIG

Es ist völlig unnötig, auf den innerhalb der Einstände gewonnenen Flächen eine Art von Wildackerbewirtschaftung zu betreiben. Das verursacht lediglich hohe Kosten und bringt nicht mehr Erfolg als eine hier beschriebene Wirtschaft mit geringem finanziellen Einsatz. Zudem besteht die große Gefahr, dass bei ackermäßigem Bestellen der Flächen – vor allem mit Raps- und Rübsenarten – Schälschäden im angrenzenden Jungbestand zunehmen. Das wird durch die strukturarme Äsung besonders im Herbst und Vorwinter geradezu provoziert. Außerdem gilt es, die gesetzlichen Vorschriften über den Anbau von Feldfrüchten im Wald zu beachten.

Begrünungstechnik

Um Wegstreifen oder Schmalflächen zu begrünen, gibt es zwei Methoden. Einmal können wir die Fläche im kalkarmen Boden mit kohlensaurem Kalk (Kalkmagnesia) abdüngen, was im Vorfrühling erfolgt. Sobald der Kalk in den Boden eingewaschen ist, was wir mit Hilfe eines Eggenganges beschleunigen können, erfolgt die Hauptdüngung mit einem Mehrnährstoffdünger (Volldünger blau).

Wir verwenden nicht mehr als – umgerechnet – zwei Doppelzentner je Hektar. Dann überlassen wir die Fläche sich selbst, machen also bis in den Juli hinein gar nichts. Schließlich wird gemäht, portionsweise oder auf ganzer Fläche, und erneut mit derselben Menge Volldünger wie im Frühjahr gedüngt. Etwa nach der Brunft, also um Anfang bis Mitte Oktober, kann ein zweites Mal gemäht werden. Im Allgemeinen reicht die Vegetation dann noch aus, um anschließend noch eine nahrhafte Äsung hervorzubringen.

Der Vorteil dieser Maßnahme besteht darin, dass sie enorm preiswert ist. Außerdem überlassen wir so der Natur, welche Gräser und Kräuter hier bevorzugt wachsen. Der Nachteil ist: Es dauert etwa drei Jahre, bis sich auf der Fläche ein völlig befriedigender Zustand eingestellt hat. Dann erst überwiegen die Süßgräser bei weitem. Klee hat sich eingestellt, und die Fläche bietet wirklich von Vegetationsbeginn an bis in den späten Herbst hinein kräftige Äsung. Die zweite – die teurere – Methode funktioniert so: Die Grünlandfläche, und sei es auch nur das Bankett in einem Meter Breite, wird gepflügt, erhält eine Grunddüngung aus Kalk und Volldünger. Alsdann wird sie mit einer Kleegrasmischung angesät, wie sie Samenhandlungen für die verschiedensten Böden anbieten. Das auflaufende Grün erhält im handhohen Zustand noch eine zusätzliche Kopfdüngung, der Einfachheit halber ebenfalls wieder mit Volldünger. Im Aussaatjahr wird die Fläche vermutlich erstmals gegen Mitte/Ende August gemäht werden müssen. In den Folgejahren wird eine zweimalige Mahd und Kopfdüngung erforderlich sein. Vorteil dieser Maßnahme ist, dass bereits im ersten Jahr der Anlage gute Äsung geschaffen wird. Nachteilig sind die erheblichen Kosten des Vollumbruches und der Saatbettbereitung. Sie betragen auf den Hektar umgerechnet bis zu EUR 3000,– und mehr, je nach Bodenart, Feuchtigkeitszustand und Vorhandensein von alten Wurzelstöcken. Praktiker empfehlen die erstere Methode, um die Äsung zu verbessern.

SONNENBAD WILLKOMMEN

Einstandsdickungen können wir zu „Schatzkästlein“ machen, wenn wir an geeigneter Stelle einige kleine Lücken hineinschlagen, nicht mehr als stubengroß, aber doch groß genug, um die Sonne hineinzulassen, selbst noch bei recht schrägem Abendstand. Das bringt eine Menge: Wissen wir doch alle, dass sämtliche Wildarten, vor allem aber die „Mütter mit ihren Kindern“, im Sommer jede sich bietende Möglichkeit nutzen, um die tau- oder regennasse Decke in der Sonne zu trocknen. Dass sich in solchen Lücken, die im Übrigen keine große forstliche Bedeutung haben, sehr schnell auch Gräser und Kräuter einfinden, ist ein durchaus wünschenswertes Nebenprodukt. Es lenkt das Rotwild vielleicht auch ein wenig vom Schälen ab.

Sie bedeutet zwar meist einen etwas höheren Zeitaufwand bei der Pflege, ist aber die natürlichere Art, bei der Rückschläge, etwa durch Auswintern oder Ausdörren, kaum vorkommen. Darüber hinaus bietet sie allen Schalenwildarten ein naturnahes Futter.

Damit sich Rot- und Schwarzwild wohl fühlen, braucht es Ruhe und Äsung im Revier – aber auch Suhlen.

Das Pflanzen von Verbissgehölzen ist kostspielig, ihre Pflege arbeitsintensiv. Kurzum: Im Verhältnis zu dem hohen Aufwand bringen sie viel zu wenig Äsungsmasse.

Verbissgehölze

Viele Autoren empfehlen, Verbissgehölze anzulegen. Verbissgehölze bringen im Verhältnis zum hohen Aufwand viel zu wenig Äsungsmasse. Das Anlegen sogenannter *Verbissgärten* ist *problematisch.*

Solche Gehölzpflanzungen setzen sich meist aus Robinie oder Weidenarten zusammen. Ihre Pflanzung ist kostspielig, denn sie verlangt mehrjährigen Zaunschutz. Die Pflege ist sehr arbeitsintensiv, weil sie meist per Handarbeit erfolgen muss, wenn man den alle zwei bis drei Jahre fälligen Rückschnitt nicht mit schwerem Häckselgerät erledigt. Obendrein ist immer wieder eine zumindest portionsweise Zäunung nötig, damit sich die Anlage erholen kann.

Wird ein Verbissgehölz nicht in der beschriebenen Art und Weise gepflegt, gerät es sehr bald außer Kontrolle, wächst nach oben durch, wird unten licht und bietet kaum noch nennenswerte Äsung.

Mastbäume

Ganz anders ist das Pflanzen Mast tragender Bäume zu bewerten, die sowohl im Rahmen normaler Forstkulturen als auch als Rand- oder Alleebepflanzung in und an den Wald gehören. Hier gilt es für uns Jäger, einmal über die Pachtperiode hinauszudenken. Die Förster machen dies meist schon von Berufs wegen. Geeignete Baumarten sind vor allem Roteiche, Rosskastanie und Wildobst.

GEEIGNETE MASTBAUMARTEN

Baumart	*Charakteristika*
Roteiche	▸ *v. a. auf ärmeren Böden* ▸ *trägt ab etwa Alter 30 regelmäßig Früchte*
Rosskastanie	▸ *trägt insbesondere als Einzelbaum in Alleen früh Früchte* ▸ *Früchte sind v. a. auch für Damwild attraktiv*
Wildapfel und -birne	▸ *gedeiht auf armen Böden (Ausnahme: reine Quarzsandböden)* ▸ *geeignet als Beibaumarten in Forstkulturen*
Wildkirsche	▸ *gedeiht auf kalkreichen Böden* ▸ *geeignet als Beibaumart in Forstkulturen*

Vor dem Anbau der Traubenkirsche wird gewarnt: Sie kann sich wie Unkraut verbreiten und ist dann kaum mehr zu bändigen.

Dass alle einzeln oder in der Allee gepflanzten Mastbaumarten des Einzelschutzes bedürfen, versteht sich von selbst. Auch hierfür werden vom Fachhandel relativ preiswerte Fertigprodukte angeboten. Beim Pflanzen aller Mastbaumarten achten wir darauf, dass ihnen genügend Platz gegenüber den schneller wachsenden Nadelbäumen belassen bleibt.

Schließlich sei noch der Anbau des *Ginsters* (Besenpfriem) erwähnt, der an südseitigen Waldrändern oder Trockenhängen und in Kies- und Sandgruben eine hervorragende Winteräsung für Rotwild und Hasen bietet. Die Kosten für Saatgut und dessen Ausbringung sind gering.

Wildschadensabwehr im Feld

In den meisten Regionen vermag das Rotwild des Nachts zu Felde zu ziehen. Hier kann es erhebliche Schäden anrichten, vor allem in Raps, Weizen, Mais und Hafer. Derartige Wildschäden sind nicht völlig zu vermeiden.

GUT ZU WISSEN

Am Waldrand brauchen wir keine Äsungsstreifen anzulegen, denn dort sind sie sinnlos! Rotwild meidet nämlich Äsungsflächen am Rand des Waldes. Es zieht in aller Regel vielmehr weit ins Feld hinein, weil es sich dort – vermutlich der besseren Rundumsicht wegen – sicherer fühlt.

Der Hirsch markiert. Gravierender als Schlagschäden an Bäumen können Rotwildschäden im Feld in Raps, Weizen, Mais und Hafer sein.

Elektrozäune werden zum Schutz der Feldfrüchte gegen Rotwild und Sauen aufgestellt. Sie bedürfen während der kritischen Tage fast täglicher Kontrollgänge. Dabei werden „Defekte" entdeckt. Eingedrungenes Wild, welches sich nun vielfach gefangen fühlt, kann jedoch herausgetrieben werden. Deshalb wird der Strom abgestellt und der Zaun auf Teilstrecken niedergelegt. Landwirte oder Grenznachbarn werden sich an der Wildschadensvorbeugung im Wald beteiligen, wenn wir dem Feldnachbarn gestatten, einen Teil seines Abschusses bei gutem Licht im Wald zu tätigen. Modelle dieser Art haben sich bestens bewährt.

Ruhe und Äsung für Dam- und Muffelwild

Dam- und Muffelwild haben eines gemeinsam: Sie sind innerhalb ihres Lebensraumes unstet. Nur Alttiere und Schafe kennen nach dem Setzen feste Einstände. Beide Arten neigen zur Großrudelbildung und können dann, wenn sie zu Felde ziehen oder gar den Tag über dort stehen, erhebliche Schäden verursachen. Im Wald richten sie im Allgemeinen geringere Schäden an. Problematisch wird es allerdings, wenn die Wilddichte zu hoch ist.

Was beim Rotwild zum Schaffen von *Ruhezonen* notiert worden ist, gilt in gleichem Maß auch fürs Dam- und Muffelwild. Ruhezonen für das Damwild werden vor allem die festen Brunftplätze sein. Sie werden wir in der Zeit von Anfang Oktober bis Mitte November vor unbefugtem Betreten schützen. Mufflons bevorzugen stark geneigte, felsige Südhänge als Tageseinstände. Das gilt insbesondere für Widderrudel, die in der Feiste wenig umherziehen und Ruhe benötigen.

Äsungsverbesserung für Damwild erreichen wir, wenn wir *Frucht* und *Mast tragende Bäume*, vor allem Wildäpfel und -birnen, aber auch Rosskastanien und in begrenztem Maß die spät blühende Traubenkirsche pflanzen.

Das Anlegen von *Prossholzplantagen* ist – wie oben geschildert – im Verhältnis zur Masseleistung zu aufwändig. Außerdem werden sie vom Dam- und Muffelwild ohnehin nur sporadisch angenommen. Sie sind kein Mittel, um die Standorttreue zu verbessern beziehungswei-

Bei hohen, lang anhaltenden Schneelagen wandern die Widder in tiefere Regionen ab. Wie das Rotwild braucht das Muffelwild Ruhe in seinem Lebensraum.

Starker Schaufler in der Brunft. Sein Interesse gilt jetzt ausschließlich dem Kahlwild. Später erfreut er sich gerne an Rosskastanien oder Wildobst. Mastbäume bereichern die Äsung des Damwilds und auch jedes Revier.

se um das „Herumstromern" zu unterbinden. Andererseits können wir – wie beim Rot- und Rehwild – den Verbissdruck vermindern, wenn wir Weichhölzer in den Forstkulturen stehen lassen.

Ruhe und Äsung für Schwarzwild

Lebensraumverbesserung für das Schwarzwild darf heute nicht mehr auf die Förderung im Sinne einer Erhöhung der Schwarzwildbestände abzielen, sondern muss letztendlich der Schadensminimierung in der Feldmark dienen. Entscheidend hierfür sind zwei Faktoren: zum einen ein ganzjährig gutes Fraßangebot im Wald zur dortigen Bindung der Sauen und zum anderen eine größere Vertrautheit dieses Wildes. Seien wir ehrlich: Wo sind Sauen noch Tagwild? Daueransitze haben die enorm lernfähigen Schwarzkittel bundesweit längst zum Nachtwild gemacht. Gelingt es, hier Abhilfe zu schaffen, kann der Jäger den notwendigen Wahlabschuss wirkungsvoll und fachlich sauber durchführen. Beide Faktoren entlasten die Feldflur und sind verhältnismäßig einfach umzusetzen. Denn kaum eine andere Wildart ist für die richtigen Hegemaßnahmen so dankbar wie das Schwarzwild. Sauen sind in weit höherem Maße, als gemeinhin angenommen wird, Grünfutterfresser. Vor allem im Frühjahr, wenn Gras und Klee voll im Saft stehen, weiden die Schwarzkittel regelrecht in der Flur. Führende Bachen entfernen sich noch nicht weit vom Wurfkessel und sind des-

Während des Spätherbstes oder Winters findet das Damwild auf den Ackerschlägen keine Deckung. Die bieten ihnen Knicks.

Elektrozäune dienen dem Schutz der Feldfrüchte vor Rotwild und Sauen. Während der kritischen Tage sind tägliche Kontrollgänge nötig.

halb unbedingt auf Grünäsung angewiesen. Die bei Rotwild erwähnten Abdüngungen von Wegen in Dickungen und Kulturen kommen daher auch dem Schwarzwild zugute. Sie können ganz wesentlich dazu beitragen, nächtliche Fehlabschüsse von Bachen in der Feldmark zu verhindern.
Demselben Zweck dienen auch Dauergrünlandflächen, wenn sie rechtzeitig gedüngt und gepflegt worden sind. Sie müssen dann allerdings stärker mit Phosphor und Kali versorgt werden als in Revieren, in denen Rotwild die alleinige Hochwildart ist.
Gelingt es auf diese Weise, Frühjahrswildschäden im Feld zu vermindern, kann sich der Heger noch lange nicht auf seinen Lorbeeren ausruhen. Noch wichtiger ist es nämlich, die Sommerschäden im Getreide und Mais zu unterbinden oder wenigstens erträglich werden zu lassen.
Ablenkfütterungen, sofern nach Landesrecht gestattet, sind hier ein „Wundermittel", wenn sie jeden Tag beschickt werden, den Sauen genug Beschäftigung bieten und hier kein Schuss fällt. Erfahrungen aus Niedersachsen beweisen: Wildschäden in Hafer-, Weizen- oder Maisfeldern können so gegen Null „heruntergeschraubt" werden.

Füttern und Wildäcker

Eine Hochwildjagd zu betreuen, bedeutet ein besonderes Maß an Verantwortung gegenüber Wild und Wald! Leider ist diese große Verantwortung fast immer eng mit hohen Ausgaben verknüpft. Damit ist nicht nur die höhere Pacht gemeint, sondern vor allem der Aufwand, der mit der Wildhege verbunden ist.

Gesetzliche Bestimmungen zur Fütterung

Die Fütterung ist in den letzten Jahren zunehmend in die Diskussion geraten. Besonders hart

Im Frühjahr, wenn Klee und Gras in vollem Saft stehen, weiden Sauen regelrecht. Schwarzkittel sind in weit höherem Maß als bislang angenommen Grünfutterfresser.

geführt werden die Auseinandersetzungen um die Kirrung, die einzelne Jäger – seien wir ehrlich – längst unter Missachtung der Grenzen des guten Geschmacks zur Fütterung umfunktioniert haben.

Wann muss, wann darf gefüttert werden? Diese Frage beantworten die Gesetzgeber der Bundesländer unterschiedlich. Alle Bundesländer sehen eine Fütterung des Schalenwilds in *Notzeiten* als Teil der Hegeverpflichtung nach §1 Abs. 2 BJG vor. Was aber ist eine Notzeit? Daran scheiden sich die Geister.

Rotwild muss nur bei extremen Witterungsbedingungen gefüttert werden. Hier gewährleistet ein Kälberstall, dass nur die Rotkälber ans Futter gelangen. So kommen auch sie gut durch den rauen Gebirgswinter.

So bestimmen einzelne Bundesländer den zulässigen Fütterungszeitraum kalendarisch (zum Beispiel Baden-Württemberg 1. Dezember bis 31. März, Hessen vom 1. Januar bis 30. April), andere verzichten auf eine nähere Definition des Begriffes Notzeit (zum Beispiel Bayern, Sachsen). Im Saarland darf Schalenwild in Notzeiten wieder nur mit Erlaubnis oder auf Anordnung der Jagdbehörde gefüttert werden.

Die Zulässigkeit und Voraussetzungen für eine Schalenwildfütterung außerhalb der Notzeiten sind wiederum länderweise verschieden geregelt. Auch die zulässigen Futtermittel sind in einigen Bundesländern klar definiert.

Damit wird klar: Jeder Jäger bzw. Jagdrevierinhaber muss sich genau nach den für sein Revier gültigen Bestimmungen erkundigen, will er nicht mit dem Gesetz in Konflikt geraten.

Einigkeit besteht allerdings in einer Hinsicht: Bei der Schalenwildfütterung wurde über viele Jahre und Jahrzehnte „des Guten zu viel" getan. Die Fütterung unseres Wildes ist nur in ausgesprochen rauen Klimaregionen wie im Gebirge oder in extrem harten Wintern notwendig. Und von beidem gibt es in Deutschland nicht viel.

Gut ist die Empfehlung: Wenn gefüttert wird, sind *Fütterungszeiten und Jagdzeit strikt zu trennen*.

Füttern nur mit Augenmaß

Leider verstehen viele Inhaber von Hochwildrevieren unter hohem Aufwand hohen Futteraufwand, eine – ausgenommen vielleicht in Hochgebirgsrevieren – weitgehend unnötige Ausgabe. Sie ist biologisch falsch, für den Waldbau gefährlich und in manchen Ländern verboten oder nur ausnahmsweise gestattet. Das Geld lässt sich sinnvoller verwenden, um die natürliche Äsung im und am Einstand des Wildes zu verbessern. Im Idealfall ist dies noch mit einem wildfreundlichen Waldbau gekoppelt. So werden örtliche Wildmassierungen und damit auch erhöhter Wildschaden am ehesten vermieden.

Alle heimischen Schalenwildarten sind in den Hunderttausenden von Jahren genetisch darauf eingerichtet, strenge Winter und Hungerperioden ohne menschliche Hilfe zu überstehen. Wir Menschen brauchen nicht mehr zu tun, als dem Wild diese Zeit nicht noch zu erschweren – ihm also Ruhe zu gönnen und ausreichend Äsung in der Nähe des Einstandes zu verschaffen.

Nur in wenigen Revieren ist es dem Hochwild verwehrt, zum Äsen in Felder oder Wiesen zu ziehen. Darüber hinaus ist in den meisten Revieren durch den erhöhten Stickstoffeintrag aus der Luft das Äsungsangebot im Wald stark gestiegen, so dass sich – mit Ausnahme von Extremsituationen (beispielsweise anhaltender Harschschnee) und im Hochgebirge – das althergebrachte Füttern fast immer erübrigt. Das Ausbringen selbst gewonnenen Heus als Erhaltungsfutter für Rotwild im Hoch- und Nachwinter reicht im Allgemeinen völlig. Wenige Ausnahmen bestätigen diese Regel.

Dennoch gibt es gute Gründe, vor allem dem Rotwild, gelegentlich auch dem Muffelwild, seltener dem Damwild, im und am Wald über die geschilderten Maßnahmen hinaus zusätzliche Äsung zu verschaffen. Es betrifft Reviere mit sehr geringen Böden und bislang einseitiger Forstwirtschaft, meist Kiefernreinbestände. Dasselbe gilt auch für reine Fichtenreviere auf Urgesteinsböden mit ihrer einseitigen und kalkarmen Nahrung für das Wild. Es kann aber auch Reviere betreffen, in denen erhebliche Feldwildschäden entstehen, die vermindert oder entzerrt werden sollen. Letzteres trifft vor allem für Schwarz- und Rotwildreviere zu.

Etwas Raufutter ist in Gebirgslagen durchaus vertretbar und sinnvoll. Der Jäger und sein Begleiter nutzen die Gelegenheit, um frische Bergluft zu schnappen.

Grünland aufwerten

Vor allen möglichen teuren Experimenten, die einem landwirtschaftlichen Futteranbau gleichkommen, ist es sinnvoller zu prüfen, ob nicht bereits mit einfachen Mitteln geholfen werden kann. Dies betrifft in erster Linie das Intensivieren der Wiesen- und Weidenflächen, die im oder am Wald liegen und sehr häufig in den vergangenen Jahren stillgelegt oder nur noch sehr extensiv genutzt wurden.

Solche stillgelegten Grünlandflächen ziehen – mit Ausnahme einer sehr kurzen Zeit im Frühjahr – das Wild nicht mehr an, da es nach wenigen Jahren die letzten Süßgräser herausgeäst hat. Diese Flächen können – selbst wenn sie schon sehr verwildert sind – mit relativ geringen Kosten „melioriert“ werden. Dazu werden sich in wohl jedem Landkreis Bauern bereit erklären, die für die Landschaftspflegeverbände arbeiten und die entsprechenden Maschinen besitzen. Die Kosten pro Hektar für gründliche Mahd und Verbringen des Mähgutes dürften sich bei einfachen Verhältnissen um ungefähr knapp EUR 1 000,– bewegen.

Diese Wildwiese wurde „melioriert“ und gedüngt. Hier wachsen jetzt wieder Süßgräser. Für Sauen und Rotwild ist sie nun interessant.

Mit Ablenkfütterungen können Wildschäden in Hafer-, Weizen- oder Maisfeldern gegen Null heruntergeschraubt werden, wenn sie täglich beschickt werden, die Sauen genügend beschäftigen und hier kein Schuss fällt.

Um die Fläche alsdann für das Wild wieder attraktiv zu machen, ist natürlich eine Grunddüngung vonnöten. Deren Zusammensetzung legt am besten die nächstgelegene landwirtschaftliche Beratungsstelle fest. Wir geben allerdings den Hinweis, dass auf der Fläche nicht Masse, sondern Qualität erzeugt werden soll. Dies kann gelegentlich eine Nachsaat erforderlich machen, meist aber genügt die richtige Dosierung des Düngers – bei der, wie bei allen Wildäsungsflächen, der Stickstoffgehalt so niedrig wie möglich zu halten ist.

Hat der Revierinhaber seine eigenen oder angepachteten Wildwiesen in Ordnung gebracht, mäht er sie portionsweise vom Frühsommer bis in den Herbst hinein. Auf diese Weise ist immer frisches Grün verfügbar. Und so hat er mit Sicherheit entweder einen erheblichen Schritt zur Verbissentlastung des Waldes gemacht oder zur Wildschadensminderung in der Feldmark während der Hauptschadensmonate Juni bis Oktober.

Wildäcker für Sauen – Klasse statt Masse

In Revieren mit starkem Schwarzwildvorkommen, möglicherweise noch zusätzlichem Bestand an Rotwild, kann sich der Jäger allerdings noch einige weitere Maßnahmen ausdenken. Hier, und nur hier, wird er auf die Anlage von Wildäckern im Wald nicht ganz verzichten können. Diese fungieren vor allem als Ablenkfütterungen für die Schwarzkittel.

Da hinreichend erwiesen ist, dass Wildackerfrüchte mit gering strukturiertem Gehalt Verbiss- und Schälschäden geradezu provozieren, wird der Revierinhaber sich hüten, Wildäcker einseitig mit Äsungsmasse produzierenden Pflanzen anzulegen. Viel vernünftiger und auch wild- sowie umweltgerechter ist es, dem guten Beispiel der alten Ostpreußen und Pommern nachzueifern. Die verlangten von ihren Äsungsflächen nicht mehr, als der karge Boden zuließ. Und sie gingen mit der Düngergabe – mit Ausnahme von etwas Phosphor und Kali – äußerst sparsam um.

Unterscheiden wir zwischen Neuanlagen auf frisch gerodetem Waldboden, also auf Lichtleitungsschneisen oder Brandgestellen, und Neuanlagen auf altem Acker- oder Wiesenboden. Zunächst wird eine Neuanlage mit Hilfe von Pflug, Grubber und Egge saatfähig gemacht und die notwendige Grunddüngung ausgebracht.

Anschließend werden wir nichts übertreiben, keine kostspieligen und fragwürdigen Experimente durchführen, sondern uns an das Althergebrachte und Sichere halten.
Sicher und althergebracht ist in diesen Fällen der Anbau von Waldstaudenroggen. Er bietet von Oktober an bis in das nächste Frühjahr und dann wieder ab der Milchreife Äsung.
Sicher ist auch die Einsaat von Hafer mit Seradella, und ziemlich sicher ist auf den meisten Böden auch eine Bestellung mit Süßlupine. Deren Schoten geben bis weit in den Winter hinein eine sehr nahrhafte Äsung ab. Wollen wir ihr frühzeitiges Aufplatzen verhindern und auch ein zu frühes Annehmen durch das Wild, so ist eine mäßige Stickstoffgabe – etwa 40 Kilogramm Stick pro Hektar – als Kopfdüngung bei etwa handhohem Aufwuchs sehr dienlich.
Haben wir es mit altem Acker- oder Wiesenboden zu tun, können wir – insbesondere wegen möglicher Nahrungsengpässe im Winter – von der Übernahme der Flächen an etwas mehr tun. Aber auch hier dürfen wir den Grundsatz nicht verlassen, dass Qualität und Vielseitigkeit weit vor Masse rangieren.
Deshalb ist es ratsam, nach altem Muster eine Dreiteilung der Flächen vorzunehmen.
Das ist bei Äsungsflächen von über einem halben Hektar immer möglich. Auf der einen Partie können wir Sommerfrucht bringen, etwa Hafer mit Seradella oder Buchweizen, auf den zweiten Teil kämen dann Kartoffeln oder Wrucken als Winteräsung. Und die dritte Partie ist als Daueräsungsfläche gedacht mit Kleegras oder auch Topinambur.
Beim Erstanbau von Tobinambur setzt der Profi mehrere Sorten nebeneinander und probiert aus, welche vom Wild bevorzugt wird und auch auf dem jeweiligen Boden am besten gedeiht, was leider höchst selten zusammenpasst. Mitunter wird es notwendig werden, den Acker oder nur Teile davon bis zur Freigabe an das Wild zu zäunen. Hierfür haben sich im Handel angebotene sogenannte „Schnellzäune" sehr bewährt. Sie können mit sehr wenig Mühe gesetzt und wieder entfernt werden und sind tatsächlich auch sehr viele Jahre lang immer wieder brauchbar.

Topinambur bietet Äsung und Deckung. Das Wild äst die Blätter und schlägt sich die Knollen frei.

ÄSUNGSFLÄCHEN SIND KEINE „SCHIESSÄCKER"

Das sollte sich von selbst verstehen: In den Einständen angelegte Äsungsflächen dürfen nicht als „Schießäcker" missbraucht werden! Allzu rasch verlieren sie sonst nämlich ihren Zweck. Auf Wildäckern regiert das eiserne Gebot der Jagdruhe: Solche Äsungsflächen dienen nur der Beobachtung, sie schulen das Auge des Jägers und vergrößern seine Sicherheit und Erfahrung beim Ansprechen.

Zum Abschluss noch einmal: Äsungsverbesserung innerhalb der Einstände ist – dies sei erneut hervorgehoben – keine Wild-„Fütterung", sondern dient einzig und allein dazu, dem Wild innerhalb des Einstandes die Möglichkeit zu geben, seinem Tagesrhythmus von Äsen, Wiederkauen und Ruhen nachgehen zu können. Auf diese Weise können Schäden an Kulturen und Dickungen durch Verbiss oder Schälen gemindert werden. Maßnahmen der geschilderten Art dienen unterstützend der Ruhestellung der Einstände und damit dem Wohlbefinden aller vorkommenden Schalenwildarten.

Revierbewertung

Entscheidungshilfe Revierbewertung

Der Wert eines Jagdreviers ist für viele Jäger subjektiv. Besonders Revierinhaber, die ihr Revier schon lange Zeit betreuen, interessieren sich nur wenig für Zahlenwerte oder darauf aufbauende wissenschaftliche Gutachten, die den Wert des Reviers zu erfassen suchen. Sie kennen ihr Revier, benötigen dazu keine Daten. Die vielen Erinnerungen – nicht nur jagdlicher Art – wiegen für sie schwerer als errechnete Bonuspunkte. Sie prägen den Wert eines Reviers ganz entscheidend mit, so emotional sie auch beeinflusst sein mögen.

Ganz anders verhält es sich mit der Frage der Revierbewertung, wenn Jäger Interesse an einem frei gewordenen Revier zeigen. Alles ist ja fremd und neu. Auch hier spielt sicher zunächst das Gefühl eine große Rolle. Die Vorliebe für bestimmte Wildarten oder die Entscheidung für beziehungsweise gegen ein Waldrevier haben hohe persönliche Bedeutung. Der Sohn eines Försters wird vielleicht ein Waldrevier bevorzugen, der passionierte Flintenschütze sicher ein Niederwildrevier. Spätestens aber wenn es ernst wird, das Gebot für die jährliche Jagdpacht auf den Tisch muss, möchte der Jäger aussagekräftige Zahlen und Daten zum Revier erhalten. Es gilt nun zu objektivieren, Vergleiche mit anderen Revieren zu ermöglichen.

Revieroberjäger Jürgen Steinhoff hat ein Verfahren entwickelt, mit dessen Hilfe der Jagdwert auf einigermaßen objektiver Grundlage einfach ermittelt werden kann. Kriterien werden erfasst. Sicher nur ein Modell. Aber es hilft, sich für oder gegen ein Revier zu entscheiden.

Reviergutachten gibt es schon länger. Bislang stellen sie sich zumeist jedoch aufwändig und mit hohen Kosten verbunden dar. Ohne Hilfe von Fachleuten kam bisher kein – zukünftiger – Pächter aus, der auf Nummer sicher gehen wollte. Das nachfolgende Verfahren versetzt jeden Pächter in die Lage, sich ohne fremde Hilfe den Wert eines Reviers „auszurechnen". Der unterliegt noch manch anderen Gesichtspunkten. Noch sind es viele Jäger, die ein Pachtinteresse bekunden. Für das nachfolgend dargestellte Verfahren wurde eine Berechnungsbasis anhand von 19 Kriterien geschaffen, um den ökologischen und jagdlichen Wert des Revieres beurteilen zu können.

Methode und Kriterien

Das Datenblatt auf Seite 361 macht erst richtig Sinn, wenn es vom Pächter und/oder Verpächter über mehrere Jahre hinweg gewissenhaft ausgefüllt wird. Nur dann lassen sich die Daten vergleichen. Den Beteiligten ist dabei hoffentlich klar, dass es letztlich niemandem hilft, wenn sie sich beim „Ermitteln" der Daten in die eigene Tasche lügen.

Die einzelnen Bewertungskriterien werden nach Punktwerten aufgeschlüsselt und für jede Position getrennt in das Datenblatt eingetragen. Es werden für jede Position getrennte Schlüssel verwendet. Die Punktwerte setzen sich dabei aus Basiswerten und Bonuspunkten zusammen. Bei einzelnen Kriterien wird eine maximale Punktwertzahl festgelegt, damit das Verhältnis der einzelnen Bewertungskriterien zueinander gewahrt bleibt. Damit werden auch die Bonuspunkte in Grenzen gehalten.

Dieser letzte Absatz klingt sicher ein wenig kompliziert. Das mag den einen oder anderen Leser vom Weiterlesen abhalten. Hält er aber bis zu den Erläuterungen zu den einzelnen Kriterien bzw. Tabellen durch, verliert er rasch die Scheu vor Tabellen und Punkten.

Im folgenden werden die einzelnen *Kriterien* (siehe Tabellenseiten 356 bis 360) erläutert.

1. Reviergröße

Die Tendenz, immer kleinere Reviere zu verpachten, ist ein Phänomen der neueren Zeit. Zwar werden mehr Jäger Pächter, aber klitzekleine Reviere sind nicht an den Lebensräumen des Wildes orientiert. Sie werden der ökologischen Bestandsregulierung kaum gerecht. Durch Bilden von Hegeringen versuchen Revierinhaber diesem schädlichen Trend entgegenzuwirken. Je größer ein Revier ist, desto höher ist es für die jagdliche Arbeit und das Wohl des Wildes zu bewerten.

REVIERGRÖSSE

Reviergröße	*Punkte*	*Bonuspunkte*
75 bis 150 ha	*10*	*0*
151 bis 300 ha	*20*	*0*
301 bis 450 ha	*30*	*0*
451 bis 600 ha	*40*	*0*
über 601 ha	*50*	*10*
Maximum (inkl. Bonus)	*60*	*–*

REVIERSTRUKTUR

Revierstruktur	*Punkte*	*Bonuspunkte*
Ackerflächen überwiegend größer als 5 ha	*–5*	*0*
Feldrevier im Verbund mit anderen Feldrevieren	*15*	*0*
Waldrevier umgeben von Feldrevieren	*20*	*0*
Wald-/Feldrevier (10–40 % Waldanteil)	*30*	*0*
Wald-/Feldrevier (41–80 % Waldanteil)	*50*	*0*
Reines Waldrevier im Verbund mit anderen Waldrevieren	*40*	*0*
Maximum (inkl. Bonus)	*50*	*–*

WASSERFLÄCHEN

Wasserflächen in % der Revierfläche	*Punkte*	*Bonuspunkte*
nicht vorhanden	*0*	*0*
0,1 bis 0,3 %	*4*	*1*
0,31 bis 0,5 %	*7*	*2*
0,51 bis 0,75 %	*9*	*2*
0,76 bis 1,0 %	*12*	*3*
1,1 bis 2 %	*15*	*4*
2,1 bis 5 %	*20*	*5*
5,1 bis 10 %	*20*	*5*
Maximum (inkl. Bonus)	*25*	*–*

Da die Größe des Reviers auch eine Basiszahl bildet, zu der viele der nachfolgenden Bewertungen ins Verhältnis gesetzt werden, ist sie von hoher Bedeutung.

2. Revierstruktur

Reich strukturierte Reviere sind wertvolle Lebensräume für die gesamte Flora und Fauna, also auch für Hoch- und Niederwild. Reine Feld- oder Waldreviere bieten eine geringere Artenvielfalt. Sie sind nicht nur für den Jäger weniger abwechslungsreich als gemischte Reviere.

Zur Struktur zählen sowohl das Verhältnis von Wald- und Feldanteil als auch die Ackergrößen sowie der Grenzlinienanteil.

3. Wasserflächen

Wasser ist Quell allen Lebens. Wasserflächen bieten mehr als nur interessante Jagdmöglichkeiten auf Enten. Gesamtökologisch gesehen sind sie sehr hoch zu bewerten. Libellen, Frösche und eine unschätzbare Zahl von Klein- und Kleinstlebewesen sind vom Wasser genauso abhängig wie Pflanzen und Wildtiere.

Die Punktvergabe erfolgt abhängig von der Reviergröße, damit kleine Reviere nicht zu sehr unterbewertet werden. Bonuspunkte werden vergeben, wenn die Wasserflächen im Revier verteilt liegen und nicht etwa nur aus einem großen See resultieren.

4. Natürliche Wasserläufe

Neben stehenden Gewässern und vom Menschen beeinflussten Fließgewässern sind auch natürliche Wasserläufe ein wichtiges Strukturmerkmal unserer Natur. Wenn diese Gewässer dem Wild zugänglich sind, werden sie an dieser Stelle bewertet. Für unbegradigte, also vom Menschen unbeeinflusste oder renaturierte Gewässer werden noch einmal Bonuspunkte verteilt.

5. Gatter im Wald

Gatterungen im Wald schränken den Lebensraum des Wildes ein. Zäune sind unnatürliche Hindernisse, die die Wechsel des Wildes „durchschneiden" und obendrein einzelne Flächen für

das Wild unzugänglich machen. Leider geschieht dies in oft übertriebener Weise.
Für das Bewerten der Biotop- und Revierqualität ist es in diesem Fall unerheblich, warum gegattert wurde oder wird. Zu hoher Wildbestand, Umstellen des Waldbaus oder genereller Gatterbau, diese Fakten gehen in andere Bewertungskriterien ein.

6. Baumartenverteilung

Die „naturnahe Waldwirtschaft" ist in aller Munde: Reich strukturierte Wälder, Mischbestände und standortgerechte Baumartenwahl sind hier die Stichworte.
Ein reines Nadelholzrevier bietet – ebenso wie ein reines Laubholzrevier – dem Wild schlechtere Lebensbedingungen als beispielsweise in Alter und Zusammensetzung der Baumarten reich strukturierte Bestände. Bonuspunkte werden einmalig vergeben, wenn sich das Revier aus mehr als drei standortgerechten Baumarten zusammensetzt.

7. Einstände

Unter Einständen (= Deckung in Prozent von der Revierfläche) wird hier jede Fläche verstanden, die dem Wild in der vegetationslosen Zeit Möglichkeiten bietet, sich zurückzuziehen und sich zu verbergen. Da Rehwild bundesweit die häufigste Schalenwildart ist, wird es als Mindestmaßstab gewählt. Es werden demnach sämtliche Flächen bewertet, die Wild ab der Größe von Rehwild als Einstand dienen können. Die geringere Bewertung bis zu fünfzig Prozent der Fläche gründet in dem Gedanken, dass dadurch die Reichhaltigkeit des Lebensraumes beeinträchtigt wird, zum Beispiel aufgrund von Fichtenschonungen. Bonuspunkte werden vergeben, wenn derartige Einstände gleichmäßig über das Revier verteilt sind.

8. Wildschaden

Wildschäden sind häufig ein Zeichen dafür, dass der Lebensraum nicht intakt ist, vielfältige Störungen vorkommen oder der Wildbestand zu hoch ist. Bewertet werden die Entschädigungen, die zur Regulierung des Schadens zu zahlen sind. Bei pauschaler Zahlung ist ein Aus-

NATÜRLICHE WASSERLÄUFE

Natürliche Wasserläufe	*Punkte*	*Bonuspunkte*
nicht vorhanden	0	0
bis 500 m pro 100 ha	5	5
über 500 m pro 100 ha	10	5
Maximum (inkl. Bonus)	15	–

GATTER IM WALD

Gatter im Wald (in % der Waldfläche)	*Punkte*	*Bonuspunkte*
mehr als 20 %	–10	0
20 bis 15 %	–5	0
14 bis 10 %	5	0
9 bis 5 %	10	0
4 bis 0 %	20	0
Maximum (inkl. Bonus)	20	–

BAUMVERTEILUNG

Baumartenverteilung in % des Waldteils	*Punkte*	*Bonuspunkte*
je standortgerechter Baumart mit mindestens 5 %	3	5
Maximum (inkl. Bonus)	65	–

EINSTÄNDE

Einstände (in % der Revierfläche)	*Punkte*	*Bonuspunkte*
über 75 %	10	15
74 bis 50 %	20	15
49 bis 25 %	30	15
24 bis 10 %	20	10
9 bis 5 %	10	10
4 bis 0 %	0	0
Maximum (inkl. Bonus)	45	–

WILDSCHADEN

Wildschaden je 100 ha	*Punkte*	*Bonuspunkte*
über 5 000 EUR	–10	0
4 999 bis 2 500 EUR	–5	0
2 499 bis 1 250 EUR	0	0
1 249 bis 500 EUR	10	0
499 bis 0 EUR	30	0
Maximum (inkl. Bonus)	30	–

REVIERBEUNRUHIGUNG

Revierbeunruhigung	*Punkte*	*Bonuspunkte*
stark, dauernd	–15	0
zeitweise	5	0
wenig, unerheblich	15	0
keine Beunruhigung	20	0
Maximum (inkl. Bonus)	20	–

REVIERAUFSICHT

Revieraufsicht	*Punkte*	*Bonuspunkte*
nicht vorhanden	0	0
Teilaufsicht	5	0
Jagdaufseher (hauptberuflich)	10	0
Berufsjäger (hauptberuflich)	20	0
Maximum (inkl. Bonus)	20	–

FÜTTERUNGEN

Fütterungen	*Punkte*	*Bonuspunkte*
nicht vorhanden	0	0
vorhanden, schlechter Zustand	5	0
vorhanden, ungünstiger Standort	5	0
vorhanden, Standort günstig Zustand in Ordnung	10	0
Maximum (inkl. Bonus)	10	–

punkten nach der Tabelle einfach, bei jährlicher Neufestsetzung gilt der Durchschnitt der letzten fünf Jahre als Basis. Bezugsgröße sind einhundert Hektar.

9. Revierbeunruhigung

Wohl jeder Jäger kennt die Situation: Während des Abendansitzes wechselt ein Jogger auf den Wildacker“ oder aber ein Mountainbiker stört die Ruhe des Waldes.

Revierbeunruhigungen sind ein nicht zu unterschätzender Faktor der Biotopqualität. Der Grad der Beunruhigung ist sicherlich nicht objektiv zu ermitteln, aber mit Hilfe einiger Mitjäger oder Ortskundiger lässt sich eine relative Kennzahl festlegen.

10. Revieraufsicht

Nicht jedes Revier braucht seinen eigenen, hauptberuflichen Berufsjäger. Insbesondere für kleinere Reviere reicht sicherlich auch ein nahebei wohnender Jagdaufseher aus. Einer Betreuung bedarf es aber in jedem Fall. Verunfalltes Wild bildet nur ein Beispiel dafür, wie notwendig ein ortsansässiger Jäger ist. Die Punkte ermitteln sich einerseits nach dem Vorhandensein einer Revieraufsicht und andererseits nach dessen Qualifikation.

11. Fütterungen

Fütterungen stehen immer stärker in der Kritik und sind länderweise nur noch unter bestimmten Voraussetzungen erlaubt. In die Bewertung solcher Reviereinrichtungen fließen daher verschiedene Kriterien ein. Dass sie der Fütterung des Wildes in der Notzeit und nicht „anderen Zwecken“ dienen, wird vorausgesetzt.

Bewertet werden der *bauliche Zustand* der Einrichtung und deren *Standort*. Dessen Eignung ist entscheidend. Denn nur wenn das Wild möglichst ungestört zur Nahrung ziehen und sie unter Wahrung seines Sicherheitsbedürfnisses aufnehmen kann, machen Fütterungen Sinn.

Eine Benachteiligung von Revieren, die ausreichend natürliche Winteräsung bieten und daher keine Fütterungen unterhalten – der Idealfall also – erfolgt nicht, da diese bei der entsprechenden Bewertung dort mehr Punkte erhalten.

12. *Kanzeln, Hochsitze, Leitern*

Das Vorhandensein von Kanzeln oder Leitern gibt Aufschluss über die Bejagung des Reviers. In der Regel vermindert der Ansitz den Jagddruck. Ein guter Zustand – Maßstab ist dabei die Unfallverhütungsvorschrift (UVV) der Länder – sollte dabei selbstverständlich sein. Reviereinrichtungen, die in die Landschaft integriert sind, erhalten einen Bonus.

13. *Natürliche Äsung*

Natürliche Äsung ist einer der wichtigsten Punkte der Biotopqualität eines Reviers. Um sie zu ermitteln, wird die vegetationslose Zeit als Basis herangezogen. Landwirtschaftliche Flächen zählen auch dazu, soweit sie im Winter Äsung bieten. Dieses ist besonders wichtig, da aufgrund der Äsungsverhältnisse entschieden wird, ob Sondermaßnahmen ergriffen werden müssen (Anlage von Äsungsflächen etc.).
Zur Auspunktung werden neben der reinen Flächenbetrachtung auch die Wildbretgewichte und der allgemeine Zustand des Wildes herangezogen.
Für natürliche Äsung, die nur zur Nachtzeit zur Verfügung steht, werden jeweils fünf Punkte abgezogen.

14. *Wildäcker, Wildwiesen, Verbissgehölze etc.*

Sind sie vorhanden, kommt dies auch den Lebensbedingungen des Wildes wie der Biotopqualität insgesamt zugute. Bei anhaltenden Störungen verlieren sie ihre Effektivität.
Die Praxis erweist, dass einige Reviere aufgrund natürlicher Deckung und Äsung keine Wildäcker anzulegen brauchen – wieder der Idealfall. Dieses wurde aber bereits (siehe Kriterium „Natürliche Äsung“) bewertet, so dass kein Nachteil entsteht.

15. *Vorkommende Wildarten (Diversität)*

Da es bei der hier vorgestellten Methode in erster Linie um das Bewerten von Schalenwildrevieren geht, werden lediglich die Schalenwildarten berücksichtigt. Um keine zu große Verschiebung aufkommen zu lassen, ist die Maximalpunktzahl auf 40 begrenzt.

KANZELN, HOCHSITZE, LEITERN

Kanzeln, Hochsitze, Leitern	***Punkte***	***Bonuspunkte***
nicht vorhanden	0	0
vorhanden, schlechter Zustand	0	0
vorhanden, min. 50 % guter Zustand	10	5
vorhanden, 100 % guter Zustand	15	5
Maximum (inkl. Bonus)	20	–

NATÜRLICHE ÄSUNG

Natürliche Äsung	***Punkte***	***Abzugspunkte***
nicht vorhanden	0	0
gering vorhanden	10	−5
ausreichend vorhanden	20	−5
Äsung voll abgedeckt	40	−5
Maximum (inkl. Abzug)	40	–

WILDÄCKER, WILDWIESEN, VERBISSGEHÖLZE

Wildäcker, Wildwiesen Verbissgehölze, etc. in % der Revierfläche	***Punkte***	***Bonuspunkte***
nicht vorhanden	0	0
0,5 bis 1,5 %	10	0
1,51 bis 2,5 %	20	0
über 2,5 %	30	0
Maximum (inkl. Bonus)	30	–

VORKOMMENDE WILDARTEN (DIVERSITÄT)

Vorkommende Wildarten	***Punkte***	***Bonuspunkte***
Niederwild, inkl. Rehwild	10	0
Schalenwild (je regelmäßig erlegbarer Art)	10	0
Maximum (inkl. Bonus)	40	–

STRECKENWERT NIEDERWILD

Streckenwert Niederwild (ohne Rehwild) pro Stück	*Punkte*	*Bonuspunkte*
bis 10	5	0
11 bis 25	10	0
26 bis 50	15	0
51 bis 75	20	0
76 bis 100	25	0
101 bis 150	30	0
151 bis 300	35	0
über 300	40	0
Maximum (inkl. Bonus)	40	–

STRECKENWERT SCHALENWILD

Streckenwert Schalenwild	*Punkte*	*Bonuspunkte*
je angefangene 5 Stück	5	0
Maximum (inkl. Bonus)	50	–

WILDSCHÄDEN

Verbissschäden in %	*Punkte*	*Bonuspunkte*
unter 10 %	40	15
11 bis 30 %	20	0
mehr als 30 %	0	0
Maximum (inkl. Bonus)	55	–

FALLWILD

Fallwild	*Punkte*	*Bonuspunkte*
je Stück Niederwild (ohne Rehwild)	–1	–1
je Stück Schalenwild	–4	–2
Maximum Niederwild	–20	–
Maximum Schalenwild	–40	–

16. Streckenwert Niederwild

Hier wird die Strecke pro Jahr bewertet, wobei das Rehwild unberücksichtigt bleibt. Die Nachhaltigkeit wird mittels Vergleiche der einzelnen Jagdjahre miteinander ermittelt.

17. Streckenwert Schalenwild

Hier erfolgt die Bewertung je angefangene fünf Stück erlegten Schalenwilds, ohne Unterscheidung der Arten. Die Höchstpunktzahl wird auf 50 festgelegt.

18. Wildschäden

Das Problem des Wildverbisses ist immer wieder Thema heißer Diskussionen, vor allem zwischen den Forstleuten und den Jägern. Zu hohe Wildbestände führen zu Schäl- sowie Verbissschäden. Die Ermittlung der Verbissprozente soll auf Grundlage der jeweils im Bundesland gültigen forstwirtschaftlichen Erhebungsmethoden erfolgen. Zwei bis drei Weiserflächen sind möglichst auszuwählen.
Bonuspunkte werden nur vergeben, wenn die Verbissschäden an weniger als zwanzig Prozent der Baumarten anzutreffen sind, sich eher gleichmäßig verteilen und nicht etwa auf eine Aufforstung mit Werthölzern konzentrieren.

19. Fallwild

Fallwild kann ein Indiz für Probleme im Revier sein. Einerseits steigen die Zahlen mit zunehmender Länge der Straßen, die durch das Revier führen, andererseits sind auch Störungen oder ein zu hoher Wildbestand Gründe für hohe Fallwildzahlen.
Abzugspunkte werden für massiertes Auftreten an immer derselben Stelle gegeben.

Nachdem alle diese Werte ermittelt worden sind, werden sie in das Datenblatt (siehe nächste Seite) aufgenommen und verrechnet. Dabei sind von der Gesamtpunktzahl die Ziffern für das Fallwild abgezogen. Das Ergebnis ist der Revierwert des betreffenden Jahres.
Besonders interessant wird die Revierbewertung nach einigen Jahren. Nun lassen sich Beziehungen verdeutlichen, interessante Zusammenhänge werden entdeckt.

REVIERBEWERTUNG

Revier: ____________ *Pächter:* ____________ *Erstes Erhebungsjahr:* ____________

Bewertungskriterium/Jahr					
Reviergröße					
Revierstruktur					
Wasserflächen					
Nat. Wasserläufe					
Gatterungen					
Baumarten					
Einstände					
Wildschaden					
Beunruhigung					
Revieraufsicht					
Fütterungen					
Kanzeln etc.					
Natürliche Äsung					
Wildäcker usw.					
Vorkommende Arten					
Niederwildstrecke					
Schalenwildstrecke					
Verbissschäden					
Fallwild					
Summe					

Reviereinrichtungen

Wahl des Ansitzplatzes

Ohne Kanzeln, Leitern und Schirme geht es heute vielerorts nicht mehr. Die Reviere sind klein geworden. Die Unruhe durch Menschen nimmt zu. Der Ansitz ist bevorzugte Einzeljagdart geworden, die Pirsch nur noch selten möglich. So braucht der Jäger diese jagdlichen Einrichtungen. Wo und wie wir sie einfach und selbst errichten können, veranschaulicht dieses Kapitel.

Die Reviergrenzen in Deutschland sind den Gemarkungen angepasst. Vielfach ist damit die Waldgrenze auch zur Reviergrenze geworden. Frei im Feld stehen dann da die „Türme", stattlich und hoch, einen Büchsenschuss voneinander entfernt. Der Landschaft angepasst? – Nur wenige ... So sind jagdliche Ansitzeinrichtungen oft berechtigter Kritik ausgesetzt.

Bei jeder Wildart ist die Wahl des Ansitzplatzes sehr wichtig. Enten auf dem Abendstrich schießen sich nun mal besser gegen den noch hellen Westhimmel. Ringeltauben im Herbst werden wir längere Zeit beobachten, um zu sehen, welche Schläge sie bevorzugen. Hoppelt der Hase morgens zur Sasse, erwartet der Jäger ihn am trockenen, sandigen Erdweg.

Bei allem Schalenwild entscheiden wir von Fall zu Fall. Ihr Tagesrhythmus besteht aus Ruhe- und Äsungsperioden sowie den Wechselzeiten von den Tageseinständen zu den Äsungsflächen. Optimal platziert sind also Kanzeln, Leitern oder Schirme an oder neben Wechseln, Suhlen, bevorzugten Äsungsschneisen, Brunftplätzen oder Einstandsdickungen.

Dabei gilt ein eiserner Grundsatz: So wenig Störung wie möglich! Wie erreichen wir das? Zum einen wählt der Jäger seinen Ansitzplatz so, dass seine Wittrung das Wild möglichst nicht erreicht. Dessen Nase bestimmt ja entscheidend das Feindverhalten. So ist es ein Muss, die örtliche Hauptwindrichtung zu berücksichtigen. Es ist ein Trugschluss, dass der Jäger, der elf Meter über dem Boden ansitzt, unabhängig

Zu offen und frei steht diese Kanzel im Gelände. Wie soll der Jäger sie erreichen oder verlassen, ohne Wild zu stören? Über ein Umsetzen der Kanzel an den Laubholzstreifen ist nachzudenken.

Drei wichtige Voraussetzungen für den Erfolg: Gedeckt muss der Ansitz stehen, sich möglichst harmonisch in die Landschaft einfügen und dennoch gut erreichbar sein.

Entdeckt? Perfekt getarnt ist dieser ebenerdige Ansitzplatz. Von hier aus sind auch Fuchs oder Krähe zu überlisten.

vom Wind sei. Das Schrecken des Alttieres, das Blasen der Sauen wird ihn eines Besseren belehren. Auch der „Küselwind" – im Mittelgebirge bei rasch wechselnden Hanglagen oder stark unterschiedlichen Bestandsformen – wird vielfach Kummer bereiten. Merkt der Jäger beim Prüfen des Windes, dass dieser immer wieder umschlägt und damit ihm hier heute gar nicht passt, wird er diesen Ansitzplatz möglichst rasch wieder verlassen. Zu gering wäre die Chance, nicht bemerkt zu werden.

Zum zweiten ist unser Ansitzplatz gut erreichbar. Je gedeckter und lautloser – auch bei völliger Dunkelheit – wir zu ihm kommen beziehungsweise ihn verlassen können, desto größer ist die Wahrscheinlichkeit, das Wild vertraut zu lassen. Nur dann sind auch Beobachtungen bei gutem Licht möglich. So sind Hochsitze, die im Wald mitten auf großen Kulturflächen postiert werden, nun wirklich nicht empfehlenswert.

Daneben bietet die gute Deckung und Erreichbarkeit des Ansitzplatzes auch stets den Vorteil, ihn gut in das Landschaftsbild einbinden zu können. Alle naturverbundenen Menschen wissen das zu würdigen. Ausnahmen werden dem Feldjäger dann zugebilligt, wenn auf großen Freiflächen überhaupt keine natürliche Deckung gegeben ist.

Und noch einen vierten Grundsatz werden wir bei der Wahl eines erfolgversprechenden Ansitzplatzes berücksichtigen. Ausblick und Schussfeld müssen gut sein. Diese beiden Kriterien sind wichtiger als der Faktor Deckung.

Für die einzelnen Wildarten seines Reviers wird jeder Jäger vor Ort die günstigsten Ansitzplätze herausfinden. Dazu bedarf es oft manches Jahr der Erfahrung. Deshalb ist es bisweilen zweckmäßig, erst eine transportable Leiter zur Erkundung aufzustellen, bevor man einen arbeitsaufwändigen Hochsitz mit einer Sitzbank für zwei bis drei Personen errichtet oder bauen lässt. Einfache, kleine, selbst gebaute Schirme erfüllen häufig denselben Zweck und verhelfen zu gutem Anblick. So manchen Fuchs kann der Jäger beim morgendlichen Einlauf, der eigentlich dem Küchenhasen galt, aus diesen einfachen Erdsitzen erlegen.

Geschlossene Kanzeln

Wenn wir im Feld auf Hochwild zu Schuss kommen wollen, werden wir einmal möglichst windunabhängig und zum anderen oft recht lange sitzen müssen. Daher sind bewährte Kanzeln um die sechs Meter hoch und außerdem so „dicht" wie möglich. Entsprechend stark wählen wir die vier Ständer. Schon einige Tage vor dem Kanzelbau haben wir sie bis in eineinhalb Meter Höhe satt mit einem geeigneten Holzschutzanstrich versehen, und das oft genug, denn sie sollen mehr als eine Pachtperiode überdauern. Aus der Vielfalt denkbarer Kanzelmodelle werden nachfolgend zwei einfache Bauvarianten vorgestellt. Für sie brauchen wir keine Zimmermeister zu sein. Es sind gewissermaßen Grundmodelle, die entsprechend der örtlichen Notwendigkeiten variiert werden können.

Kanzelmodell 1

Damit sich unsere Kanzel nicht kegelförmig verjüngt, legen wir zwei Ständer (A) parallel nebeneinander. Dann justieren und nageln wir die Querhölzer (B) auf die starken, aufgetrennten Stangen. Anschließend sind die Kreuzstreben (C) an der Reihe. Das zweite Ständerpaar erstellen wir ebenso. Zusätzlich nageln wir aber in Bodenhöhe zwei Hölzer (D) entsprechend den Maßen der Querhölzer (B) rechtwinklig auf und fixieren sie mit Bauklammern. Alle Nägel gehen jeweils durch beide Hölzer und sind gegen die Faser umgeschlagen. Alle kritischen Verbindungen sichern wir zudem mit Bauklammern. Nach diesen Arbeiten graben wir die „Startlöcher". Sie erleichtern uns das Aufstellen und geben der Kanzel den nötigen Halt. Einen knappen Meter tief sollten sie schon sein, kein einfaches Unterfangen in steinigem Gelände. Um sie in wirklich exaktem Maß und Winkel zu graben – nur dann sind später auch die Ständer genau im Winkel –, zimmern wir uns eine Schablone aus Dachlatten. Darüber hinaus müssen alle Löcher gleich tief sein. Zu diesem Zweck messen wir nicht von der meist unebenen Bodenfläche, sondern mit Hilfe der Wasserwaage. Auf einen Pfahl gelegt, leistet die Schablone auch hierbei beste Dienste.

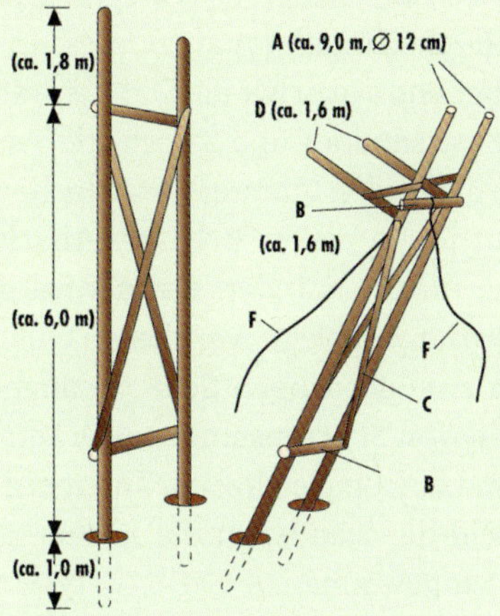

Die Ständerpaare können, noch auf dem Boden liegend, in der angegebenen Form vorbereitet werden. Nicht vergessen sollte man die Imprägnierung.

A = Ständer
B = Querhölzer
C = Kreuzstreben
D = Hilfshölzer
F = Seile

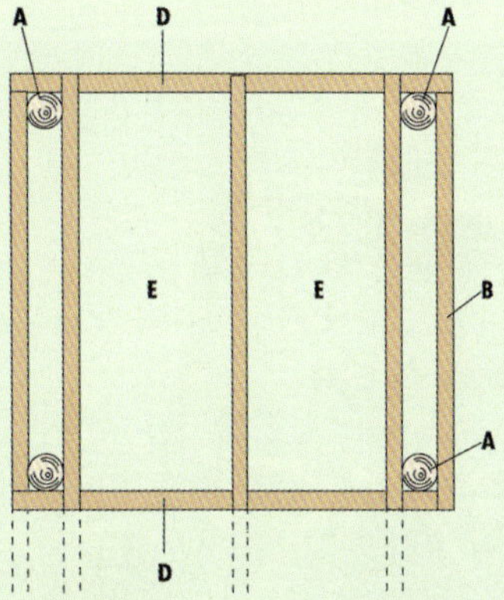

Nach dem Aufstellen der Ständerpaare werden diese mit der Schablone ausgerichtet und fixiert. Dann können auf dem oberen Kranz die den Boden tragenden Kanthölzer befestigt werden.

A = Stirnseite der Ständer
B + D = runde Querhölzer
E = Kanthölzer
gestrichelte Linie = Verlängerung für Balkon

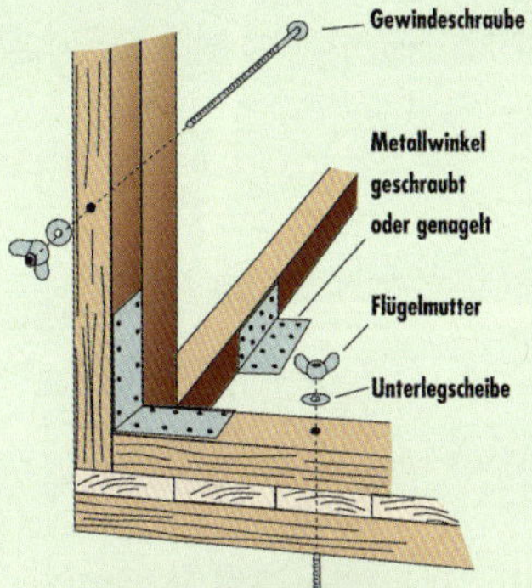

Zwei verschiedene Verbindungsmöglichkeiten, die je nach Neigung verwendet werden können: Die Metallwinkel sind in jeder notwendigen Form zu kaufen. Beim Verwenden von Gewindeschrauben empfiehlt sich ein Vorbohren der Löcher. Die Verbindung hat den Vorteil, dass eine Kanzel schnell wieder in ihre Bauteile zerlegt werden kann.

Die vollständig vorbereiteten Bauteile werden erst auf der Plattform miteinander verbunden. Der Innenausbau wird dann entsprechend den persönlichen Ansprüchen durchgeführt.

Lassen sich die Löcher, etwa wegen großer Stci ne, nicht gleichmäßig graben, messen wir aus. Anschließend sägen wir die Ständer mit der Motorsäge passend ab und teeren die Anschnitte neu. In die beiden hinteren „Startlöcher" stellen wir nun je ein dickes Brett als Anschlag und Rutsche für die Ständer. Dann wird das erste Ständerpaar vorgelegt. Am oberen Querholz (B) werden zwei der langen Seile (F) angebunden. Mit Hilfe von Scherenstangen drücken wir nun hoch und ziehen gleichzeitig an einem der Seile. Sobald die Ständer in die Löcher rutschen, haben wir gewonnen.

BEDARF FÜR EINE GESCHLOSSENE KANZEL

Material

- *Derbstangen oder Stämme mit mindestens 12 cm Durchmessser*
- *Bodenbretter, mindestens 30 mm stark*
- *Schalbretter, mindestens 18–20 mm stark*
- *Schwärtlinge*
- *Isolierteer*
- *Nägel von 70–250 mm Länge*
- *Bauklammern*

Werkzeug

- *Motorsäge*
- *Handbeil*
- *zwei Lattenhämmer*
- *Nageleisen*
- *Wasserwaage*
- *Senkblei mit langer Schnur*
- *2 Maßstäbe*
- *Rollmaßband*
- *Aluleiter*
- *vier mindestens 10 m lange Seile (ausgediente Bergseile)*

Arbeitskräfte

- *zwei bis drei Personen für den Zusammenbau*
- *vier, besser fünf Personen zum Aufstellen*

Zeitaufwand

- *sechs Stunden für Modell 1*
- *acht Stunden für Modell 2*
- *bei Materialwerbung zwei Tage*

Das Grundgerüst dieser Feldkanzel steht bereits. Ein hartes, schweißtreibendes Stück Arbeit. Nun geht es an den Aufbau.

Nun werden die Ständer mittels der Seile provisorisch gesichert. Zuschütten werden wir die Löcher allerdings noch nicht. Zuvor ziehen beziehungsweise drücken wir das zweite Ständerpaar hoch. Anschließend legen wir zwischen die vier Ständerpaare wieder unsere Schablone, richten aus und füllen loses Material in die Löcher.

Gegen das obere Querholz (B) des ersten Ständerpaares stellen wir die Aluleiter. Der leichteste „Gehilfe" steigt hinauf und legt die Schablone jetzt oben zwischen die Ständer. Nun haben wir wirklich exakte Form und haargenaues Maß! Die beiden D-Hölzer sind nun ausgesprochen hilfreich: Nur zwei Nägel, und wir haben eine feste Verbindung, ohne eine akrobatische Zirkusnummer einlegen zu müssen. Die Schablone hat ausgedient.

Ehe unser „Leichtgewicht" von der Leiter steigt, bindet er das Senkblei in die Mitte des oberen Querholzes (B). Nun können „Feinheiten" abgelesen und korrigiert werden. Die Löcher fül-

Leitern und Kanzeln haben einen riesengroßen Vorteil: Der Jäger kann die Waffe gut auflegen, den rechten Arm abstützen und so einen sicheren Schuss anbringen.

len wir jetzt vollends aus und stampfen den Erdboden fest. Geht's locker zu, ist dann erst einmal eine Brotzeit angesagt.

Als nächstes werden wir auf beiden Seiten Kreuzstreben (C) anbringen. Die sicherste Bauweise besteht darin, dass die Kreuzstreben der beiden Seiten über die beiden Ständer hinweg weit nach außen gezogen und verpflockt sind.

Auf dem oberen Kranz (B + D) aufliegend, allerdings innenseitig, werden die den Boden tragenden Kanthölzer (E) eingenagelt. Ein drittes Kantholz nageln wir aus Sicherheitsgründen in die Mitte. Werden diese Hölzer nicht haargenau mit der Wasserwaage eingemessen, besteht Gefahr, dass der gesamte Aufbau schief gerät. Soll die Kanzel einen Balkon erhalten, werden die Kanthölzer um jeweils 80 Zentimeter überstehen. Die Bodenbretter werden unten zugeschnitten, hochgezogen und anschließend dicht an dicht genagelt.

Der nächste Arbeitsschritt ist der Bau der Leiter. Planen wir einen Balkon, nageln wir ein langes, überstehendes Rundholz vor, auf welchem die Holme aufliegen. Ohne Balkon legen wir sie einfach auf eines der oberen Querhölzer (B oder D), wobei wir zur Sicherheit einen Leiterholm etwa 30 Zentimeter in die Kanzel hineinlaufen lassen und mit dem Ständer vernageln. An dieser Stelle erhält die Kanzeltür später eine Aussparung.

Leitern dieser Höhe müssen schwer sowie massiv sein. Aus diesem Grund stellen wir zunächst nur die eingekerbten Holme her, justieren sie und nageln anschließend die Sprossen auf. Als Sprossen verwenden wir aufgetrennte, dicke Rundhölzer, die wir UVV-konform mit Nägeln, Schrauben oder Bolzen fest mit den Holmen verbinden und mittels Winkel oder Ähnlichem nach unten abstützen. Zusätzlich stützen wir die Leiter wenigstens einmal in der Mitte ab, damit sie sich nicht durchbiegt.

Nun geht's an die Verschalung. Zunächst nageln wir unten – außenseitig und auf dem Boden liegend – einen Kranz Kanthölzer. Die Schalbretter sollen wegen Nässe später über die Bodenkante stehen. Dann wird der zweite Kranz oben aufgenagelt. Hierbei ist die Dachneigung zu berücksichtigen. Ehe wir die Bretter aufnageln, ziehen wir allerdings noch die beiden Türpfosten sowie die ebenfalls aus Kanthölzern bestehenden Rahmen für Fenster oder Luken ein.

FÜNF TIPPS ZUM SICHEREN HOCHSITZBAU

1. Als Baumaterial wählen wir nur gesundes, kräftiges und entrindetes Nadelholz.
2. Am Einstieg lassen wir die Leiter etwa einen Meter überstehen und bauen einen Handlauf, an dem wir uns festhalten können.
3. Wenn wir überhaupt Hölzer in den Boden einlassen, sind diese zuvor gegen Fäulnisbildung behandelt worden. In hohem Gras hält sich Feuchtigkeit sehr gut. Deshalb lassen wir Leiterfüße und Hauptholme nicht zuwachsen. Auch die Stellen am Holz, in denen sich Wasser sammeln könnte, werden satt imprägniert. Besser ist es aber, Hochsitzständer mittels einbetonierten Winkeleisen, eingegrabenen Fundamentpfählen oder eingeschlagenen Erdankern zu sichern.
4. Die Sprossen lassen wir nicht in Kerben im Holm ein, da sich in ihnen das Wasser sammelt. Runde Sprossen werden an den Auflagestellen abgeflacht, mit Nägeln, Schrauben oder Bolzen fest mit den Holmen verbunden und nach unten abgestützt. Wir lassen sie etwa zehn Zentimeter überstehen, damit sie beim Nageln bzw. Schrauben nicht reißen.
5. Bei offenen Kanzeln hat es sich bewährt, den Fußbodenbelag in einem Abstand von einem Zentimeter zueinander zu nageln. So kann Feuchtigkeit gut abziehen und ein Verspannen der Hölzer wird vermieden.

Nur ein paar Sprossen führen hinauf. Schon hier würde ein Handlauf mehr Sicherheit bei Auf- und Abstieg bieten.

Die Schalbretter werden am Erdboden grob auf Länge geschnitten, hochgezogen und dicht aufgenagelt. Rechtshänder beginnen am besten links von der Tür – im Uhrzeigersinn – zu nageln. Wir nageln jeweils drei bis vier Bretter auf, dann setzen wir gleich die Schwärtlinge über die Ritzen – später kämen wir nicht mehr dran. Auch das Dach wird am Erdboden fix und fertig gemacht: Kanthölzer, Bretter, Folie, Teerpappe, so wie auf den Seiten 369 ff. beim Bau der offenen Kanzel beschrieben. Es wird mit zwei Seilen hochgezogen und dann eingelegt.

Jetzt fehlt nur noch der Innenausbau und gegebenenfalls die Balkonsicherung. Der Innenausbau richtet sich nach Erfordernis und Geschmack. Vor den Luken ist ein etwa zehn Zentimeter breites, gepolstertes Auf- und Ablagebrett zweckmäßig. Wollen wir nach allen Seiten beobachten und schießen können, empfiehlt sich statt fester Bank und Lehne einfach ein auf zwei Hölzer schiebbares Bankbrett. Äußerst schalldämmend und warm wirkt die Auslage und der Beschlag mit Teppichboden. Reste sind preisgünstig zu erwerben. Alte Säcke tun's

zur Not auch. Sie bieten allerdings Mäusen und Ungeziefer mehr Brutmöglichkeit.
Die Tür wird unten maßgefertigt, mit Bändern versehen und oben bloß noch angeschraubt. Offene Luken bilden Windkanäle; hier zieht es mehr als auf offenen Kanzeln. Fenster hingegen reizen dazu, eingeworfen zu werden. In stadtnahen Revieren wird man deshalb vielleicht noch Läden anbringen. Dass Tür- und Fensterriegel geräuschlos zu öffnen und zu schließen sind, ist sonnenklar. Jetzt fehlen nur noch Handlauf und Balkongeländer.

Kanzelmodell 2

Leichtere Kanzeln bis maximal fünf Meter Höhe lassen sich nach demselben Schema bauen wie die weiter unten beschriebenen offenen Kanzeln. Allerdings braucht's dazu stärkere Ständer, deren Zopfstärke nicht unter zwölf Zentimeter liegt.
Zunächst jedoch fertigen wir auf einem ebenen Holz- oder Betonboden den Kanzelboden, die vier Seitenteile und das Dach. Kanthölzer bilden jeweils den Rahmen und werden mit dem in jedem Heimwerkermarkt erhältlichen Metallwinkel stabil und einfach verbunden. Auf die fertigen Rahmen werden die Bretter und Schwärtlinge aufgenagelt.
Erst jetzt bauen wir den auf Seite 372 gezeichneten bzw. beschriebenen Turm. Allerdings sind in diesem Fall alle vier Ständer exakt gleich lang. Der vorgefertigte Rahmen dient gleichzeitig als oberster Rahmen. So versehen, wird der Turm hochgedrückt. Entscheidend ist nun, dass der Kanzelboden absolut „im Wasser liegt".
Erst wenn der Turm fest verstrebt und die Leiter angenagelt ist, ziehen wir die fertigen Seitenteile hoch. Oben verschrauben wir Seitenteile, Boden und Dach mittels langer Gewindeschrauben und Flügelmuttern. Dies alles haben wir unten bereits vorbereitet. Alternativ können wir auch die schon erwähnten Metallwinkel benutzen. Sie gibt es in jeder erforderlichen Form.
Der so verschraubte Aufbau lässt sich jederzeit zerlegen und auf einen anderen Turm montieren. Gut imprägniert, hält er zwei Pachtperioden aus. Tür und Fenster werden nachträglich angeschraubt.

Offene und halb offene Kanzeln

Material

Ständer und Leiterholme: Grundmaterial jedes Hochstandes sind „gesundtrockene" *Fichten-* oder *Douglasienstangen.*
In Bodenhöhe liegt der Durchmesser der Stangen nicht unter zehn Zentimeter. Für die hier beschriebene Kanzel genügen maximal zwölf Stangen. Voraussetzung ist, dass sie am „Zopf", dem dünnen Ende, nicht schwächer als acht Zentimeter sind.
Bodenbelag, Sitzbank und Lehne: Wer es sich leisten kann, wird den Bodenbelag auf Kanthölzer von zirka sechs mal acht Zentimeter nageln. Als Bodenbelag wählen wir grundsätzlich Bretter; auch wenn sie teurer sind als Rundlinge. Ist der Abtrag nicht länger als sechzig Zentimeter, genügen solche mit einer Stärke von 24 Millimetern, besser sind 30.
Befindet sich ein Dach auf der Kanzel, halten die Bretter zwei Pachtperioden aus. Sie sind ja wieder verwendbar. Für Sitzbank und Lehne nehmen wir ebenfalls Bretter. Sie sind viel bequemer als Rundlinge.
Leitersprossen: Als Sprossen dienen uns getrennte Rundlinge. Die schwächsten sind mindestens zehn Zentimeter stark. Sie werden dort, wo sie auf den Leiterholmen aufliegen, etwas abgeflacht bzw. angeplattet. Besser ist es, etwas stärkere Rundlinge zu nehmen und die obere Kante zusätzlich mit der Kreissäge aufzubrechen. Auf solchen Sprossen hat der Jäger besten Halt. Nach der neuen Unfallverhütungsvorschrift aus dem Jahre 2000 (siehe Seite 377)

KEINE GRÜNEN STANGEN

Für den Bau von Ansitzeinrichtungen werden grundsätzlich keine grünen Stangen, also in der Saftzeit geschlagene Stangen verwendet. Erstens sind solche Stangen aufgrund ihres Feuchtegehalts viel zu schwer, zweitens harzen sie und drittens faulen sie unten deutlich rascher ab als vollständig abgetrocknete Stangen.

Auch in der Mittagssonne verhilft der sinnvoll gewählte Ansitzplatz zu gutem Anblick.

müssen die Leiterholme glücklicherweise nicht mehr eingekerbt werden: In den Kerben setzt sich nämlich Feuchtigkeit und Fäulnis fest.

Verbindungen: Die Sprossen werden wieder mit Nägeln, Schrauben oder Bolzen fest mit den Leiterholmen verbunden und nach unten abgestützt. Alle tragenden oder verstrebenden Teile verbinden wir immer so mit Nägeln, dass beide Holzteile durchdrungen werden. Dann werden die Nägel hinten quer zur Faser umgeschlagen.

Verkleidung und Anstrich: Mit schwachen Rundlingen lassen sich Kanzeln zwar naturnah, jedoch nur sehr arbeitsaufwändig verkleiden. Schneller und auch nicht übel geht es mit Schwärtlingen.

VERKLEIDUNG MIT TARNNETZ

Zum Verblenden offener Kanzeln leisten Tarnnetze (siehe auch Seite 380 f.) gute Dienste und minimieren den Erhaltungsaufwand! Ginster oder Fichtenreisig müssen ja ständig erneuert werden, wenn sie vertrocknet und damit sichtdurchlässig geworden sind. Außerdem schauen sie in dürrem Zustand nicht besonders vorteilhaft aus.

Wollen wir die Schalung der Kanzel streichen, empfiehlt sich hierzu ein braunes, gerucharmes Imprägniermittel. Grüne Lackfarbe ist auffallend hässlich.

Dach: Beim Dachbau nehmen wir zwei Kanthölzer von mindestens vier mal sechs Zentimetern. Darauf nageln wir 24er-Bretter. Über die Bretter legen wir zunächst eine Plastik-Plane und nageln dann die Teerpappe auf. Die seitlichen Kanten werden wegen des Windes unbedingt mit Dachlatten abgenagelt. Wegen des Wasserablaufes verwenden wir unten nur Dachpappenstifte.

Absolut haltbar sind auch Dächer aus ungesäumten, breiten, dachziegelartig überlappend genagelten Brettern ohne jeden Belag. Die Dachneigung muss dann allerdings wenigsten zwanzig Zentimeter vom vorderen zum hinteren Ständerpaar betragen. Zudem muss die Überlappung an der schmalsten Stelle mindestens fünf Zentimeter aufweisen (siehe Kasten und Zeichnung Seite 376).

Maße

Ständer: Die Länge der Ständer bestimmt sich durch die Höhe. Je nach Zweck und Gelände wird sie zwischen vier und zehn Metern betragen.

Von Kanzeln aus kann der Jäger aufgelegt schießen. Trotzdem sitzt die Kugel nicht immer mitten im Leben, so dass eine Nachsuche fällig wird.

Die Winkel und Längen aller übrigen Hölzer ergeben sich automatisch durch Brust-, Bodenholz und Höhe. Ein für zwei Personen gebauter Hochsitz hat in Brusthöhe (sitzend) idealerweise eine lichte Höhe von 120 Zentimeter. Dieses Holz nageln wir zuerst an. Bei der offenen, also dachlosen Kanzel bildet es den Abschluss. Bei halboffenen Hochsitzen ist seine Oberkante hinten zirka 70 und vorne etwa 100 Zentimeter vom Ende der Ständer entfernt.

Brüstung und Boden: Die Brüstung von 110 Zentimetern ist für einen Jäger durchschnittlicher Größe sowie für ebenes Gelände gedacht. Müssen wir in einen Hang hinaufschießen, bringen wir zusätzlich noch eine Auflage an. Müssen wir steil bergab schießen, wird an der entsprechenden Stelle das Brustholz eventuell schräg gesetzt. Die fiktiven Maße (siehe oben) dürfen dabei nicht verändert werden.

Das tragende Bodenholz sitzt 120 Zentimeter unter dem Brustholz und ist 140 Zentimeter lang. Diese beiden Hölzer werden zuerst angebracht. Sie bestimmen den Winkel und die Länge aller weiteren Hölzer.

Bei einer Bodenhöhe von drei Metern brauchen wir für den unteren, etwa 60 Zentimeter über dem dicken Ende der Stange sitzenden Kranz zirka 190 Zentimeter lange Hölzer.

Leiter: Die Leiterlänge der Kanzel errechnet sich aus der Bodenhöhe der Kanzel plus 50 Zentimeter. Eine Breite von 65 Zentimetern genügt vollauf und ist genau passend. Den Sprossenabstand messen wir mit dem Lattenhammer: eine Hammerlänge jeweils von Oberkante zu Oberkante. So können wir sehr schnell nageln.

Dach: Die Maße des Daches entsprechen mindestens denen der äußeren Bodenhölzer. Wir messen die Abstände zwischen den beiden hinteren und niedrigeren sowie den beiden vorderen und höheren Ständern. Nach diesen beiden Maßen werden die Kanthölzer des Daches fixiert. Auf dem Reißbrett lassen sich diese Maße nicht errechnen, weil die Ständer zuweilen Biegungen und Drehungen haben.

Die Sitzbänke haben – wie die Sitzfläche eines Stuhls – eine Höhe von 45 Zentimetern. Die Lehne fällt immer etwas schräg nach hinten.

Arbeitsablauf

Zunächst sortieren wir die Stangen. Dabei suchen wir die Ständer und zwei Leiterholme aus. Die beiden hinteren Ständer längen wir ab und legen sie nebeneinander. Mit Holzkreide zeichnen wir dann jeweils die Oberkanten von Brust-, Boden- und unterem Kranzholz an (siehe Abschnitt Maße). Nun werden Brust-, Boden- und

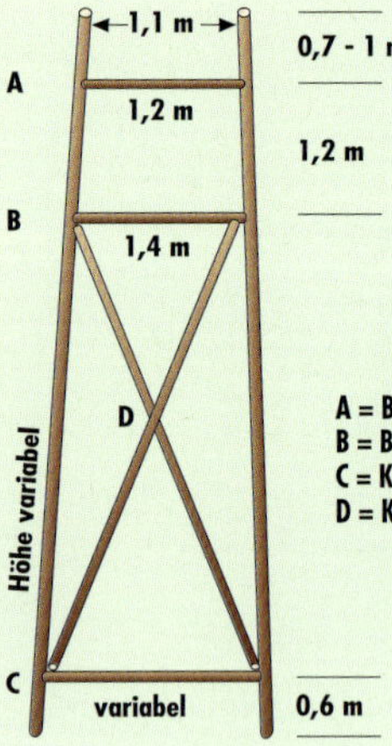

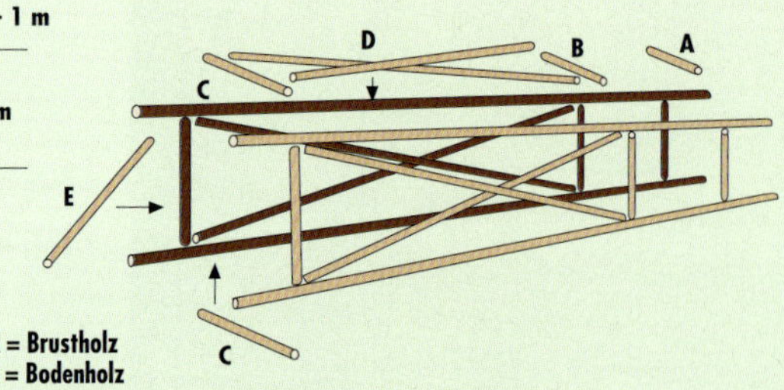

Fertiges Hinter- und Vorderteil nebeneinamder legen und abspreißen, dann von oben A, B, C und D auf-, unten innenseitig C ein- und in den unteren Kranz E quer durchnageln; Boden befestigen und die Kanzel drehen.

Zum Aufstellen der Kanzel müssen die unteren Streben gesichert werden. Beim Hochziehen sind Scheren sehr hilfreich.

Die jetz stehende Kanzel wir unten verpflockt un zusätzlich verstrebt. Zum Schluß noch aus-asten.

Kranzholz aufgenagelt (Reihenfolge beachten!). Danach richten wir erst die Winkel aus. Anschließend legen wir die Kreuzstreben ein, sägen sie passend und nageln sie an.

Nun werden die beiden vorderen Ständer abgelängt. Anschließend verfahren wir wie zuvor.

Sind diese beiden Teile fertig, stellen wir sie auf möglichst ebener Fläche nebeneinander und sichern sie durch Sprieße. Wir justieren die Winkel zueinander. Dann nageln wir Brust-, Boden- und Kranzholz obenauf. Die Kreuzstreben werden eingepasst. Sinngemäß müssten wir das auch mit der am Boden liegenden Seite tun, aber das geht ja noch nicht! Daher nageln wir das letzte Kranzholz innenseitig und verstreben den so entstehenden Quadratkranz durch ein kräftiges Holz quer. Das Quadrat kann sich nicht mehr verschieben.

Auf die Bodenhölzer kommen nun die Kanthölzer, obenauf gleich die Bretter. Jetzt drehen wir die Kanzel: Die untere Seite wird frei und mit Brust-, Bodenholz und Kreuzstrebe versehen. Das Kranzholz haben wir ja bereits innenseitig. Alle durchgehenden Nägel werden umgeschlagen. Wer vorsichtig ist, nagelt unter den Boden auch noch ein Querholz.

Kanzeln mit einer Bodenhöhe bis dreieinhalb Meter können wir bedenkenlos auf dem Boden fertig verschalen. Höhere Kanzeln müssen zuerst aufgestellt werden (siehe dazu Seite 365 f.). Jetzt fertigen wir noch die Leiter. Alle anderen Arbeiten erfolgen erst, wenn unser Sitz steht.

Aufstellen

Zunächst bedarf der Standplatz einer gründlichen Reinigung. Sämtliche Äste und Ähnliches werden entfernt.

Die Kanzel wird dann so gelegt, dass die am Boden liegenden Ständer gleich richtig aufgestellt werden können. Vor den Ständern graben wir kleine „Startlöcher". Vor jedes setzen wir ein 50 Zentimeter langes Dielenstück, dahinter zwei Pflöcke, damit die Ständer nicht wegrutschen können. Wir halten „Scheren" bereit, und zwar je zwei mit zwei und drei Meter Länge. Bei höheren Kanzeln sind Seil und Flaschenzug hilfreich. Wenn wir unter den Kanzelboden innenseitig ein starkes Querholz binden, können wir die Kanzel, nachdem sie ein kleines Stück aufgerichtet ist, ebenso mit der Seilwinde eines Traktors hochziehen. Vier Männern gelingt es auch, sie mit Hilfe der Scheren hochzudrücken. Bevor wir die stehende Kanzel fest mit dem Erdboden verbinden, gleichen wir Unebenheiten aus, kürzen eventuell die Ständer und bringen so die Bodenfläche in die Waage.

Durch die Spreizung der Ständer, deren Abstand zueinander am Boden größer ist als am oberen Ende, besitzt die Kanzel bereits eine gewisse Standsicherheit. Lassen wir zusätzlich noch mindestens zwei lange Streben über je zwei Ständer laufen und vernageln sie an Wurzelanläufen oder – viel besser – verpflocken sie, steht sie deutlich sicherer. In einigen Revieren gräbt man die Ständer auch einen Meter oder

Links: Gemeinsam gehen sie zu Werke. Das erleichtert ihnen die Arbeit wesentlich und verringert die Unfallgefahren.

Ein gefährlicher Moment beim Bau einer Kanzel ist die Arbeit auf dem Dach. Gewandt und schwindelfrei werden die Helfer dabei sein.

Nun ist es fast geschafft. Abgeschlossen wird die Kanzel nicht. Unverschlossene Türen garantieren geringe Schäden und minimalen Ärger.

tiefer in den Boden ein. Bei beiden Methoden ist jedoch zu bedenken, dass alle unbehandelten Hölzer, die unmittelbar auf dem Erdboden stehen oder eingegraben werden, recht schnell faulen, weil Feuchtigkeit ins Holz zieht. Auch eine Kesseldruckimprägnierung zögert diesen Prozess nur etwas hinaus.

Um die Kanzel wirklich optimal zu sichern, werden daher die Ständer idealerweise in gewissem Abstand zum Erdboden entweder

- an zuvor einbetonierten Winkeleisen festgeschraubt oder
- an eingegrabenen Fundamentpfählen befestigt oder
- an eingeschlagenen Erdankern befestigt.

Die Leiterholme können wir mit meterlangen Pflöcken sichern.

Ansitzleitern

Diese recht einfachen Hochsitze haben viele Vorteile: Der Materialbedarf ist gering, die Baukosten niedrig und die Leitern leicht zu handhaben. Sie passen sich meist auch unauffällig in

Auf offenen Sitzen oder Leitern nimmt der Jäger Geräusche besser wahr und kann die Waffe beweglicher handhaben.

die Landschaft ein. Dass sie nicht vor den Unbilden des Wetters schützen, ist ihr Nachteil. Sie sind eben „Gut-Wetter-Sitze“. Wir stellen im Folgenden exemplarisch eine anzulehnende Baumleiter sowie eine frei stehende Leiter vor.

Baumleiter

Eine solche Leiter kann überall dort aufgestellt werden, wo wir windfeste Bäume als Stützen benutzen können. Bei solider Bauweise können wir sie in beachtlicher Länge fertigen und aufstellen, ohne dass die Sicherheit zu kurz kommt. Unser Modell ist „naturgemäß“, denn die Verstrebung der Leiter wird rahmenartig um den lebenden Baum gelegt, so dass dieser vor Nägeln geschützt ist.

Er weiß: Wichtiger noch als Deckung sind Ausblick und Schussfeld. Und die nötige Geduld, um den Bock zu bekommen …

Als Baumaterial verwenden wir die bewährten Holzarten, also *Rotfichte*, *Douglasie* oder *Lärche*, *eventuell* auch *Tanne* oder *Sitkafichte*.

MÖGLICHST KEINE KIEFER

Kiefernstangen sind zum Bau von Leitern weniger geeignet, weil sie besonderer Pflege bedürfen. Da das junge Holz im Stangenholzstadium noch nicht verkernt und sehr pilzanfällig ist, muss es an den kritischen Stellen jährlich mit Holzschutzmittel behandelt werden, damit es nicht in kurzer Zeit abfault.

Welches und wie viel Material wir für eine fünf Meter hohe Leiter benötigen, ergibt sich aus der Materialliste (Kasten unten). Der Arbeitsaufwand beläuft sich bei zwei Personen auf einen

MATERIALBEDARF FÜR EINE BAUMLEITER

Leiter

- *zwei Leiterholme, 4,65 m lang*
- *14 Sprossen, 110 cm lang (15,4 laufende Meter), Durchmesser 7–9 cm*

Korb

- *zwei Holzstangen, 2,8 m lang (hintere Stützen)*
- *zwei Holzstangen, 2 m lang (vordere Stützen)*
- *zwei Holzstangen, 1,6 m lang (Sitzauflage)*
- *zwei Holzstangen, 1,3 m lang (Armauflage)*
- *Holzstück, 1,4 m lang (Schießauflage)*
- *Querholz, 1,6 m lang (hinter der Rückenlehne)*
- *vier Bretter, 120 cm lang*
- *zwei bis drei Bretter, 50–60 cm breit (Sitzfläche)*

Zusätzlich

- *zwei Hölzer, 4,2 m lang (Streben)*
- *zwei Hölzer, 160 cm lang (Querhölzer)*
- *80er, 100er und 120er Nägel*

knappen Tag. Das Aufstellen der stationären Leiter dauert etwa eine halbe bis eine Stunde. Das können wir zu zweit erledigen, zu dritt geht es jedoch viel leichter von der Hand.
Zunächst bauen wir die Leiter. Das Außenmaß von Holm zu Holm beträgt 80 Zentimeter. Dann wird der Sitzkorb angebaut.
Die Unterlagenhölzer für die Sitzfläche lassen wir so weit überstehen, dass sie den Stützbaum seitlich einzwängen. Sie rahmen später mit den quer aufgelegten Sitzstangen den Stamm ein. Auch die Armauflagen sollen den Stamm einzwängen (siehe Zeichnung rechts).
Wir sorgen dafür, dass die Sitzfläche waagerecht oder mit leichtem Gefälle nach hinten ausgerichtet ist. Erst dann bringen wir unten die Seitenstreben an und verrahmen oben.

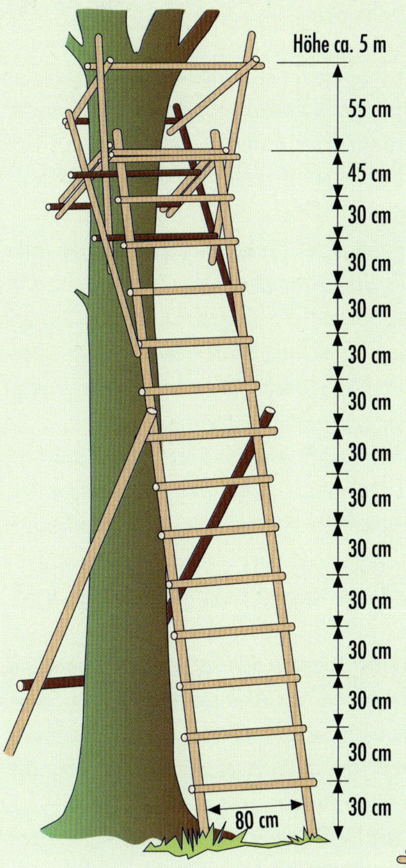

Anzulehnende Leiter mit Halterrahmen am Sitzkorb im herkömmlichen Baustil: Die Verstrebungen werden nicht mit dem lebenden Stützbaum vernagelt.

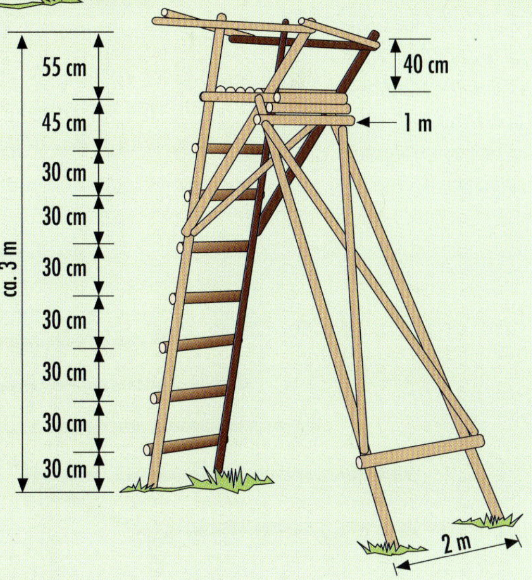

Frei stehende, zweiteilige Leiter: Einfache Sitzleiter bis etwa 2,50 Meter Sitzhöhe und unterschiebbarer Stützrahmen. Eine Ansitzleiter für Feldreviere und Stöberjagden. Zum häufigen Umstellen ist sie auch geeignet.

Frei stehende Leiter

Kurze, frei stehende Leitern sind besonders im deckungsarmen Feldrevier wertvolle Reviereinrichtungen. Wir können sie ohne große Mühen auf- und umstellen. Das erleichtert die Jagd auf den Bock während der Blattzeit, aber auch die Wildschadenseindämmung im reifenden Getreide oder Mais. Notfalls können sie von einer Person aufgestellt werden. Auf dem Gepäckträger des Autodaches lassen sie sich leicht transportieren.
Die Länge der zweiteiligen Leiter beträgt etwa drei Meter. Dafür benötigen wir acht Stangen entsprechender Länge. Die oberste Sprosse dient als Fußauflage.
Die Armauflage fertigen wir mit leichter Schräge nach oben, den Stützrahmen bauen wir separat. Die Leiterbreite beträgt etwa 80 Zentimeter, der Sprossenabstand 30 Zentimeter. Nach üblicher Faustregel gilt: Drei Sprossen pro Leiter-Meter. Schlussendlich benötigen wir 100er und 120er Nägel.
Von zwei geübten Personen wird diese Leiter in drei Stunden gebaut, wenn das Holzmaterial bereits geschlagen ist. Das Aufstellen dauert nur ein Viertelstündchen.
Zuerst bauen wir die Leiter mit dem Sitzkorb. Anschließend nageln wir das Querholz unter die überstehenden Enden der Sitzfläche und an die Leiterholme. Schließlich fertigen wir die Rahmenverstrebung. Das Kopfstück muss genau mit seinen überstehenden Enden seitlich die Schrägstützen berühren, das Querholz des Kopfstückes unter dem Querholz des Sitzkorbes liegen.

LEITERDACH LEICHT GEMACHT

Ist eine Leiter zu überdachen, wollen wir uns waghalsige Klettereien natürlich ersparen. Das können wir, indem wir ein Dach aus sich überlappenden Brettern (siehe Skizze unten) anfertigen.

An Holm und Strebe wird rechts und links jeweils ein Kantholz mit den Maßen vier mal sechs Zentimeter genagelt. Die beiden Hölzer müssen vorne und hinten weit genug überstehen. Der seitliche Überstand sollte jeweils dreißig Zentimeter betragen.

Mit dem Aufnageln der Bretter wird am hinteren Dachende begonnen. Alle folgenden Bretter werden dachziegelartig – mindestens zwei Zentimeter überlappend – aufgenagelt. Sobald das Nageln nicht mehr möglich ist, werden die Bretter links und rechts mit jeweils einer leichten Schraubzwinge fixiert und anschließend mit Akkuschrauber und Spaxschrauben von unten verschraubt. Das oberste Brett ragt etwa zwei Zentimeter über die Kanthölzer hinaus.

Weil die Dächer vom Wind trocken gehalten werden, halten sie ohne Schutzanstrich oder Pappe viele Jahre. Voraussetzung ist natürlich eine Neigung von ungefähr fünf Prozent: Dann läuft das Regenwasser schnell ab.

Auf transportable Ansitzleitern verzichtet der Praktiker nicht. Wenn der Feisthirsch oder der Platzbock einen versteckten Einstand hat, kann er ihn so erfolgreich „ersitzen“.

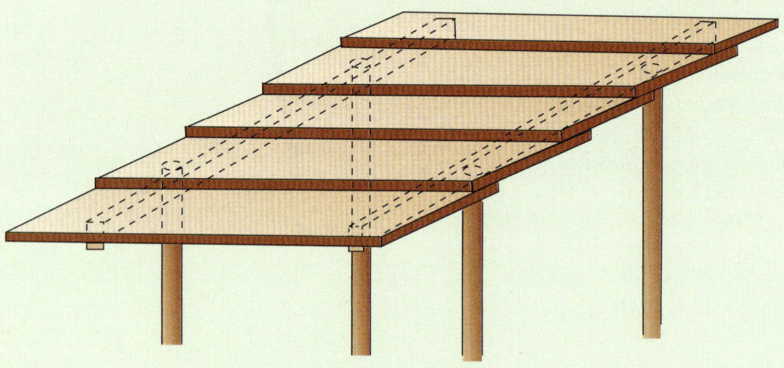

Schema für Leiterdach: Die Bretter überlappen sich und ermöglichen Luftzirkulation.

Transportable Ansitzleitern

Ansitzleitern in Leichtmetallausführung sind praktisch unbegrenzt haltbar. Sie sind nicht länger als drei bis dreieinhalb Meter, damit handlich, leicht tragbar und von nur einem Jäger einfach aufzustellen. Je nach Modell werden sie entweder frei stehend errichtet oder aber an einen Baum angelehnt. Meist bietet ihr „Sitzkorb“ nur Platz für eine Person. Im Fachhandel sind sie preisgünstig zu bekommen.

Bei der Standortwahl ist zu beachten, dass die Leiter fest und sicher steht und – wenn irgend möglich – auch dem Jäger ein wenig Deckung bietet. Kann er sich diese nicht schaffen, sitzt er wie „auf dem Präsentierteller“ und wird selbst bei langsamen Bewegungen oft vom Fuchs er-

äugt. Auch die Lichter erfahrener Alttiere richten sich schon mal nach oben.
Besonders geeignet sind solche Leitern, wenn rasches Handeln bei der Wahl des Ansitzplatzes notwendig wird. Haben wir den frischen, nächtlichen Wechsel der Sauen am Haferschlag gefunden, einen neuen, vielbelaufenen Fuchsbau entdeckt oder hat sich der Bock Ende Juli plötzlich in die Feldmark umgestellt, ist eine solche Leiter erste Wahl.
Hockt der Jäger oben, erfährt er sehr schnell die Nachteile dieser Art Leiter: Der leiseste Anschlag von Waffe, Glas oder Mantelknopf ist weithin vernehmbar. Metall ist hier dem geräuschdämpfenden Holz deutlich unterlegen. Besonders beim Erklimmen und beim In-Anschlag-Gehen werden wir darauf achten. Aber gerade der erste Ansitz auf der Leiter, deren Platz nach richtigem Beurteilen der örtlichen Verhältnisse gut gewählt ist, bringt oft den gewünschten Anblick. Noch kennt das Wild nicht die Gefahr, die vom stählernen Gerüst ausgeht.

Unfallverhütung beim Hochsitzbau

Was die Vorschriften für Sicherheit und Gesundheitsschutz (VSG 4.4 = UVV Jagd) der Landwirtschaftlichen Berufgenossenschaften vom 1. Januar 2000 zum Bau von Hochsitzen bestimmen, ist inklusive Durchführungsanweisungen im Kasten wiedergegeben.
Einige, über die UVV hinausgehende, gleichwohl grundlegende Hinweise sollen hier ergänzt werden:
1. Hochsitze verbinden wir in der Regel nicht mit Bäumen.
2. Auf Sitzhöhe müssen Leiterholme und Ständer mindestens acht Zentimeter stark sein.
3. Holme und Ständer werden grundsätzlich verankert. Dies geschieht mittels einbetonierten Winkeleisen, eingegrabenen Fundamentpfählen oder eingeschlagenen Erdankern. Einfache Holzpflöcke sind fäulnisgefährdet.
4. Streben stehen prinzipiell quer zueinander. Sie sind zudem so hoch wie möglich – keinesfalls tiefer als am Hochsitzboden – angebracht.

UVV JAGD UND HOCHSITZBAU

§ 7 Hochsitze

(1) Der Unternehmer muss sicherstellen, dass
1. Hochsitze, ihre Zugänge sowie Stege fachgerecht errichtet und mit Einrichtungen gegen das Abstürzen von Personen gesichert sind,
2. bei ortsveränderlichen Hochsitzen die Standsicherheit gewährleistet ist,
3. Hochsitze vor jeder Benutzung, mindestens jedoch einmal jährlich, geprüft werden,
4. nicht mehr benötigte Einrichtungen abgebaut werden.

Durchführungsanweisung zu Absatz 1 Ziffer 1
1. Als Absturzsicherung bei Ansitzleitern wird die Waffenauflage angesehen.
2. Auf die Unfallverhütungsvorschrift „Allgemeine Vorschriften für Sicherheit und Gesundheitsschutz“ (VSG1.1) und die Unfallverhütungsvorschrift „Arbeitsstätten, bauliche Anlagen und Einrichtungen“ (VSG 2.1) wird verwiesen.
3. Als fachgerecht hergestellt gelten Jagdeinrichtungen, wenn z. B. die Hinweise in der Broschüre „Sichere Hochsitzkonstruktion“ beachtet sind.
Durchführungsanweisung zu Absatz 1 Ziffer 2
Auf die Unfallverhütungsvorschrift „Technische Arbeitsmittel“ (VSG 3.1) wird verwiesen.

(2) Aufgenagelte Sprossen sind nur an geneigt stehenden Leitern zulässig. Sie sind mit den Leiterholmen fest zu verbinden und auf diesen nach unten hin abzustützen.

Streben laufen über zwei Stützen, damit das Oberteil nicht vibriert.
5. Sind Leiterholme länger als drei Meter, stützen wir sie über Kreuz ab.
6. Leitern mit einer Länge von mehr als fünf Metern versehen wir mit einem gründlich entasteten Handlauf.
7. Laufen Leitern nicht direkt in den Hochsitz hinein, sondern parallel zu diesem, müssen sie mindestens einen Meter über die Bodenfläche des Hochsitzes hinausragen und bis zum Ende mit Sprossen versehen sein. So haben wir beim Wechsel von der Leiter in den Hochsitz den nötigen Halt.
8. Leitersprossen dürfen niemals rund auf den Holmen aufliegen. Entweder werden stärkere

Hochsitze oder Leitern besteigen wir grundsätzlich mit entladener Waffe.

Stabil gebaut ist die Leiter, aber sie steht zu steil!

Rundhölzer halbiert oder rund belassene an beiden Enden mit Motorsäge oder Axt abgeflacht bzw. angeplattet. (Des Weiteren gelten die Vorschriften des §7 Abs. 2 der UVV.)

9. Einstiegsöffnungen belassen wir so breit, dass wir sie mit Rucksack und Waffe bequem passieren können.

10. Bodenbeläge aus Brettern sind mindestens 24 Millimeter stark. Haben die Bretter eine Länge von mehr als 80 Zentimetern, beträgt die Mindeststärke 30 Millimeter.

11. Bodenbeläge aus Rundhölzern werden entastet und entrindet. Sie liegen glatt auf. Sind die einzelnen Hölzer länger als 80 Zentimeter, liegen sie nicht bloß rechts und links, sondern auch mittig auf. Nötig ist also eine zusätzliche Unterlage. Bei unbedachten Hochsitzen dulden wir als Bodenbeläge kein feuchtigkeitsspeicherndes Material wie Teppichboden oder Laub.

12. Bei tragenden Verbindungen müssen die Nägel durch beide Hölzer durchreichen. Die Länge der Nägel ist grundsätzlich der Stärke des Holzes angepasst. Nägel werden gegen die Holzfaser umgeschlagen.

13. Beim Hochsitzbau ist stets ein Verbandskasten dabei.

Weitere Ansitzhilfen

Schirme

Leicht umstellbare Schirme sind ideal für Hochwildjagden im Wald oder als „Kommandoschirm“ für das Erlegen eines bestimmten Stück Wildes, etwa eines guten Schauflers am Brunftplatz. Pro Seitenteil, oder besser Element, benötigen wir zwei Pfähle von einem Meter Länge, deren Fußenden angespitzt sind. Außerdem braucht’s vier 20 bis 24 Millimeter starke und ein Meter lange Schalbretter, schließlich 16

Mobil: Schirmelemente von etwa einem Meter Höhe aus zwei Pfählen und vier Brettern, verwendbar für verschiedene Schirmgrößen und -formen.

DER „SCHIRM“ IM RUCKSACK

Nicht nur in der deckungsarmen Feldmark, sondern auch im Wald sind Tarnnetze oft nützlich. Ein kleines Stück von einem auf eineinhalb Metern in den Rucksack – schon lässt sich rasch ein Schirmprovisorium bauen oder eine Ansitzleiter „begrünen“.

Drückjagdböcke müssen das freie Schwingen und Schießen im Stehen erlauben. Dazu gehören eine ausreichend große Standfläche für den Schützen und idealerweise ein hochklappbares bzw. verschiebbares Sitzbrett.

Stück achtziger Nägel sowie Zweige oder Tarnnetze als Verblendmaterial.

Wir vernageln jeweils zwei Rundhölzer von 120 Zentimeter Länge oben und unten mit zwei besäumten, meterlangen Brettern, so dass die Pfahlköpfe zehn Zentimeter, die angespitzten Füße etwa zwanzig Zentimeter Überstand haben (siehe Zeichnung). Mit so entstehenden *Blenden* können wir dreieckige, quadratische oder rechteckige Schirme erstellen. Im Idealfall sind sie eher zu groß als zu klein und besitzen eine Bank sowie eine sichere Gewehrauflage. So bieten sie zwei Personen Platz. Natürlich erfüllen zwei Sitzstöcke denselben Zweck, müssen dann aber stets mitgenommen werden.

Schirme, die an bewährten Drückjagdständen errichtet werden, besitzen eine Bodenhöhe von ein bis eineinhalb Metern und weisen keine überstehenden Pfosten auf. So verfügt der Jäger über ausreichend Kugelfang und kann ungehindert und problemlos die Waffe anschlagen und mitschwingen.

Noch einfacher ist oft der Bau eines einfachen Naturschirmes. Örtlich gebunden wird er aus ringsum vorfindbarem toten oder lebenden Material erstellt. So können wir beispielsweise aus Heide- oder Torfplaggen einen Birkhahnschirm

Um solch einen Schirm zu bauen, benötigen wir insgesamt 13 Strohballen. Zwölf, um ein Karree zu schaffen, und einen Ballen, um darauf Platz zu nehmen. Die Locktauben stehen ganz in der Nähe.

Besonders bei der Lockjagd auf Ringeltauben oder Rabenkrähen sind rasch auf- und wieder abgebaute Tarnschirme meist unersetzlich.

bauen. Ihn schützen wir zusätzlich gegen Sicht „von oben". Im Hochgebirge lässt sich ein Sitzplatz aus Natursteinen fertigen.

Beim Entenstrich genügt dem Jäger eine Deckung aus trockenem Rohr am Schilfrand, die dem aufgerichteten Schützen viel Platz zum Mitschwingen gewährt. Für die Lockjagd auf Ringeltauben reichen oft schon einige Strohballen im Feld, um uns gleichzeitig Sitzgelegenheit und Sichtschutz „von allen Seiten" zu bieten.

Im Wald biegen wir nur zwei, drei Zweige herunter und binden sie fest. Oder wir stecken einige Äste vor uns in die Erde, nachdem wir uns ins Wurzelgestühl einer alten Buche eingeschoben haben. Jetzt benötigen wir nur noch eine gehörige Portion Sitzfleisch, wenn wir Anblick haben oder zum Erfolg kommen wollen.

Baumklettersitze wie der KS17 PRO der „Naturwerk GmbH" (im Bild) erlauben dem Jäger eine recht flexible Wahl des Ansitzplatzes im Wald oder am Waldrand.

Tarnnetze und -schirme

Für die Jagd auf Ringeltauben oder Krähen mit Lockattrappen (siehe Kapitel „Ringel- und Türkentaube" und „Rabenvögel") sind Tarnnetze oder ganze Tarnschirme wichtige Hilfen. Je nach Bewuchs und Jahreszeit verschaffen uns die grüne oder braune Seite herkömmlicher Plackennetze oder ein passend gemustertes Camouflagenetz ausreichend Deckung.

Hinter einem Netz bekommt aber auch der misstrauische und scharfäugige Fuchs unsere unvermeidlichen Bewegungen oft nicht mit. Für den Blattzeit-Bock oder den abends auslaufenden Hasen genügt diese Deckung allemal.

Baumklettersitze

Vergleichsweise neue Ansitzhilfen sind sogenannte Baumklettersitze aus Leichtmetall, die von Herstellern wie zum Beispiel „Naturwerk", „Summit", aber auch anderen angeboten werden. Die aus einem Fuß- und einem Sitzteil inklusive Gewehrauflage und Rückenpolster bestehenden Vorrichtungen lassen sich problemlos in einem größeren Kofferraum transportieren. Mit ihnen kann der Jäger an Baumstämmen hochsteigen und kurzfristig an wechselnden Orten im Revier ansitzen. Voraussetzungen sind das Vorhandensein geradschaftiger, im unteren Stammbereich astfreier und möglichst grobborkiger Bäume und eine gewisse körperliche Fitness.

Die Klettersitze sind etwas übungs- und gewöhnungsbedürftig und, da vergleichsweise sperrig, mit zwischen zehn und 13 Kilogramm Gewicht nicht unbedingt für lange Märsche geschaffen. Die Montage am Baumstamm und das Hinaufsteigen sind vollkommen geräuschlos schwer möglich und benötigen eine gewisse Zeit, da auch Absturzsicherungen zu befestigen sind. Wer das aber bedenkt und etwas früher als üblich den ausgeguckten Ansitzort aufsucht, hat mit den Klettersitzen eine brauchbare und wirklich flexibel einsetzbare Alternative zu ortsfesten Leitern. Auch kann der Jäger mit ihnen an fraglichen Stellen im Revier erst einmal prüfen, ob die Plätze wirklich so vielversprechend sind, wie sie aussehen, bevor dort ein festes und vielleicht aufwendiges Bauwerk entsteht. Da man sich auf dem entsprechend gesicherten Fußteil auch stehen kann, werden Klettersitze mancherorts mittlerweile auch auf Bewegungsjagden eingesetzt.

Ansitzwagen

Der mobile Ansitzwagen wandert mit den Wildschäden im Feldrevier herum. Er befindet sich immer dort, wo es Not tut. Mit Mähdrescher und Maishäcksler verschwindet der Ansitzwagen wieder aus der Landschaft. Als Luderhütte steht er während der Wintermonate im bäuerlichen Obstgarten, dort halt, wo er kurzfristig benötigt wird. Hier fällt er auch weniger auf.

Für einen Ansitzwagen benötigen wir Achse und Räderpaar – am besten die eines ausrangierten landwirtschaftlichen Hängers – und ein „Zugrohr“ (Deichsel). Der TÜV verlangt, dass Achse und Zugrohr ein Typenschild haben. Er muss unser Bauwerk abnehmen, bevor wir es in Betrieb nehmen. Anderenfalls dürfen wir den Wagen nur auf allen nicht öffentlichen Wegen benutzen.

Wir fertigen eine kleine Skizze, aus der Sinn und Zweck sowie die Maße entnommen werden können (siehe Zeichnung). Damit gehen wir dann zu einer Kfz-Werkstatt. Dort lassen wir uns auf die Achse ein solides Chassis bauen. An jedem Wageneck ist außerdem eine variable Stütze mit möglichst breiter Grundplatte erforderlich. Die Stützen können wir stufenlos feststellen.

Alle weiteren Arbeiten kann der handwerklich geschickte Jäger selber ausführen. Als Bodenbelag nehmen wir mindestens 30 Millimeter starke, gehobelte Bretter. Darauf kommt dann ein Rahmen aus Kanthölzern, über diese Schalbretter oder imprägnierte, fertig zugeschnittene Spanplatten. Wer es ganz stabil haben will, wird sich die Kanten aus gelochtem Winkeleisen ans Chassis schweißen lassen.

Die Hütte selbst braucht nicht länger als eineinhalb Meter zu sein. Darin sitzen zwei Mann bequem. Wer mit dem Wagen gleich eine „Not-Jagdhütte“ haben will, macht sie zwei Meter lang. Und wer sich vorher einmal einen Waldarbeiter-Wetterschutzwagen gründlich von innen und außen anschaut, wird dabei viele nütz-

Ansitzwagen werden im Feldrevier dort rasch eingesetzt, wo es „gerade brennt“.

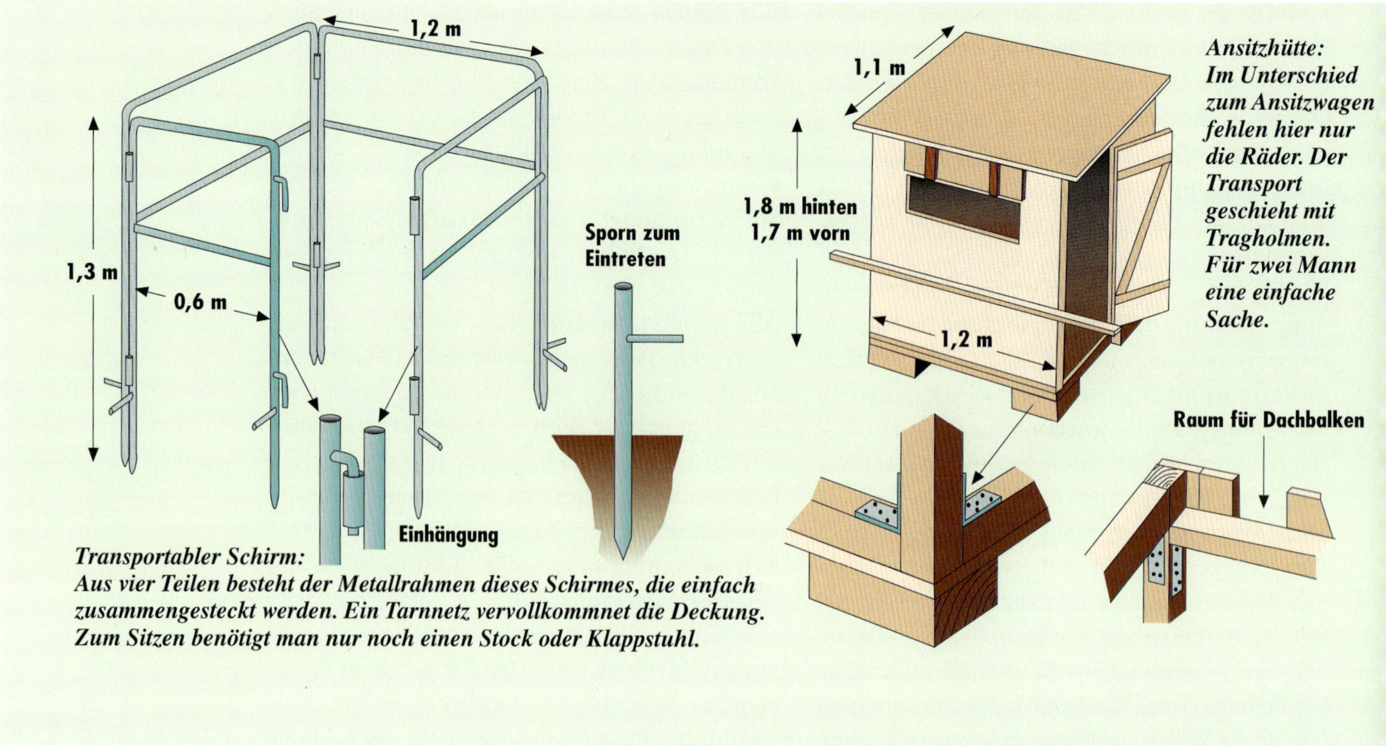

Transportabler Schirm: ***Aus vier Teilen besteht der Metallrahmen dieses Schirmes, die einfach zusammengesteckt werden. Ein Tarnnetz vervollkommnet die Deckung. Zum Sitzen benötigt man nur noch einen Stock oder Klappstuhl.***

Ansitzhütte: ***Im Unterschied zum Ansitzwagen fehlen hier nur die Räder. Der Transport geschieht mit Tragholmen. Für zwei Mann eine einfache Sache.***

Mobile Ansitzmöglichkeiten auf einen Blick.

liche Details entdecken. Ein kleiner Tipp: Je kleiner der Aufbau gehalten wird, desto weniger reizt er Dritte, ihn aufzubrechen, wenn wir ihn überhaupt abschließen wollen.

Ehe wir zum TÜV fahren, bringen wir hinten noch Rückstrahler an. Bremsen sind nicht erforderlich. Der TÜV fertigt dann einen Beschrieb.

Ist der Ansitzwagen richtig platziert, erlebt der Jäger auch in der Feldmark aus nächster Nähe beeindruckende Szenen wie diesen starken, treibenden Bock.

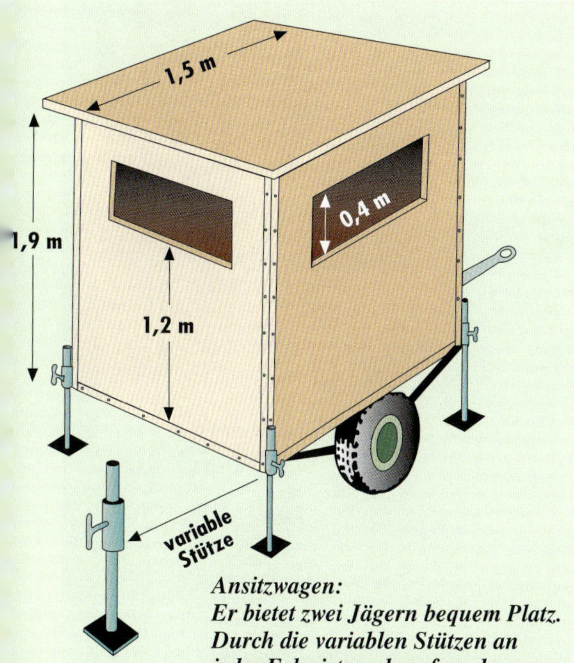

***Ansitzwagen:* Er bietet zwei Jägern bequem Platz. Durch die variablen Stützen an jeder Ecke ist auch auf unebenem Untergrund ein sicherer Stand gewährleistet.**

Pirschsteige

Solide gebaute sowie gut platzierte Kanzeln, Leitern oder Schirme zeichnen ein gepflegtes Revier aus. Diese Ansitzplätze erreichen wir auf Pirschsteigen lautlos und gedeckt. Pirschwege zählen deshalb zu den jagdlichen Einrichtungen im Revier. Es sind schmale, unauffällige, gereinigte Pfade des Jägers im Wald. Er legt sie an, um lautlos auf ihnen pirschen zu können. Seine Augen, die sonst beim Pirschen vor jedem Schritt erst den Boden abtasten müssen, sind jetzt frei, um nach Wild Ausschau zu halten.

In den meisten Fällen dienen Pirschsteige dazu, feste Wege mit Ansitzplätzen zu verbinden. Hin- und Rückweg können so geräuschlos bewältigt und damit vielfach unnötige Störungen des Wildes vermieden werden. In gepflegten Hochwildrevieren schließt dagegen ein ganzes Netz von Pirschsteigen das Revier auf. Brunftplätze, Suhlen, Mastbäume, Wiesen, Wildäcker, Äsungsschneisen oder auch nur die Feldkante kann der Jägersmann auf ihnen erreichen. Dort bietet ein Bänkchen im einfachen Schirm – bei Bewährung des Platzes auch ein Hochsitz – ein gutes Versteck und Gelegenheit zu längerer Pause während der Pirsch.

Anlage

Die Wahl der Pirschwege verlangt viel Fingerspitzengefühl. So werden sie nicht mitten durch die Einstandsdickungen führen oder dort kreuz und quer verlaufen, wo das Wild am Tage gerne äst. Vielmehr schlängeln sie sich – immer wieder gute Einblicke gewährend – in möglichst optimaler Deckung am Rande der vom Wild bevorzugten Flächen entlang. Dazu ist viel örtliche Erfahrung und Revierkenntnis notwendig. Die Hauptwindrichtung wird berücksichtigt, Verjüngungshorste werden ausgenutzt, dann wieder Mulden oder Erhebungen angesteuert. Der Kenner merkt rasch, ob hier mit Strategie gearbeitet oder nur stur der Pflanzenreihe gefolgt worden ist. Letzteres bietet sich allerdings bis-

Pirschsteige anzulegen, ist ein Baustein erfolgreicher Jagd.

Im Pulverschnee pirscht es sich auch abseits von Pfaden und Wegen gut. Doch dieser Gams war wachsam. Er hat den Jäger spitz.

weilen durchaus an. Im Laufe der Jahre werden – angepasst an das Verjüngungsgeschehen im Wald – manche Änderungen in der Linienführung erforderlich. Das herauszutüfteln macht Freude und weist den guten Jäger aus.

Erfahrene Waidmänner aus überlaufenen Urlauberregionen empfehlen, die Pirschwege möglichst nicht direkt von Hauptwegen abzweigen zu lassen. Die „Abgänge" dann morgens bei Dunkelheit zu finden, bedarf manch trickreicher Markierungen, die natürlich wenig auffallen dürfen.

Unterhaltung

Eine sachgemäße Unterhaltung der Pirschpfade ist Jahr für Jahr im Frühjahr und Herbst angesagt, wenn sie weiter ihren Zweck erfüllen sollen. Ein stabiler Laubrechen tut hier gute Dienste, um altes Laub und Äste zu beseitigen. Werden Aufastungen notwendig, sägen wir beim Nadelholz die lebenden und Trockenäste direkt am Stamm ab, ohne die Rinde zu verletzen. Bei der Buche „stummeln" wir. Das heißt, wir sägen oder schneiden die gesunden Äste so ab, daß noch ein drei Zentimeter langer Stummel am Stamm verbleibt. Immer asten wir hoch und breit genug, da sich im Laufe der Zeit die Trockenäste der Fichte nach unten krümmen und die Zweige in der sich schließenden Buchenverjüngung jeden freien Raum suchen.

Benutzung

Ein sparsames Nutzen der Pirschpfade empfiehlt sich. Eine Übernutzung muss unterbleiben. Ein bisschen Gespür hierfür wird der Jäger wohl mitbringen. Grundsätzlich begeht er seine Pirschwege lieber morgens als abends. So verstänkert er weniger. Aber von dieser Regel gibt's doch viele, viele Ausnahmen. So sind etwa unsere Spuren in der Nähe menschlicher Behausungen nichts Ungewöhnliches. Sie stören nicht weiter. Auch zur Brunft werden wir den gleichen Pirschpfad öfter benutzen, besonders dann, wenn in dieser Revierecke „etwas los ist", oder unser Jagen einem bestimmten Hirsch gilt. Jagdlich zu schulende Kinder und Enkel lassen eine solche Ausnahme ebenfalls zu. Denn für die kleinen Kerle wählen wir einige Male den Pirschweg, der zu einem bequemen

Ob quer durchs Gelände oder auf einem Pirschpfad: Langsam und leise – nur so gelingt's!

Hochsitz mit guten Beobachtungsmöglichkeiten führt.
Häufig sind auf diesen Pfaden auch die Trittsiegel von Rot- und Rehwild zu finden. Dazu kommt Losung von Fuchs und Marder. Auch das Wild nimmt diese Anlagen also gerne an. So kann der Jäger den Pirschsteig auch zum Bestätigen nutzen oder zum Fang von Raubwild. Hier ist die menschliche Wittrung so fremd nicht.

PIRSCHENSTEHEN AUCH AUF PIRSCHSTEIGEN

Eine Gefahr besteht beim Begehen von Pirschwegen immer:. Wir verlassen uns aufs lautlose Fortkommen und werden „zu schnell". Zu großes Tempo des Pirschjägers ist neben seiner Wittrung sicher die Hauptursache dafür, dass er Wild vergrämt. Deshalb laden wir uns selbst immer wieder zum Pirschenstehen ein, indem wir uns mit schönen Ausblicken oder mit einer Sitzmöglichkeit an aussichtsreichen Plätzen zu Pausen „verführen".

Natürlich ist eine Pirsch ohne Steig reizvoller, ob es nun Bock, Fuchs oder Ringeltaube gilt. Das Jagen wird schwieriger, der Erfolg teurer erkauft. Aber schon für eine Pirsch mit einem Jagdgast, den ich gerne zu Schuss bringen möchte, ist ein Pirschpfad beinahe unentbehrlich. Hier können auch vier Füße völlig geräuschlos vorankommen.

Sonstige jagdliche Einrichtungen

Suhlen und Malbäume, Salzlecken und Kirrungen erhöhen den Wert eines Hochwildrevieres.

Salzlecken

Sie werden von allem Schalenwild, Hasen, Kaninchen und auch vom Federwild, besonders von Tauben, angenommen. Dabei fällt auf, dass so manches Mal ein ganzes Rudel Rotwild an einer Salzlecke auf wenige Schritt vorbeizieht, ohne diese auch nur eines Blickes zu würdigen. Dann wiederum drängeln sich zwei, drei Stücke um die besten Plätze. Extreme Witterung – also

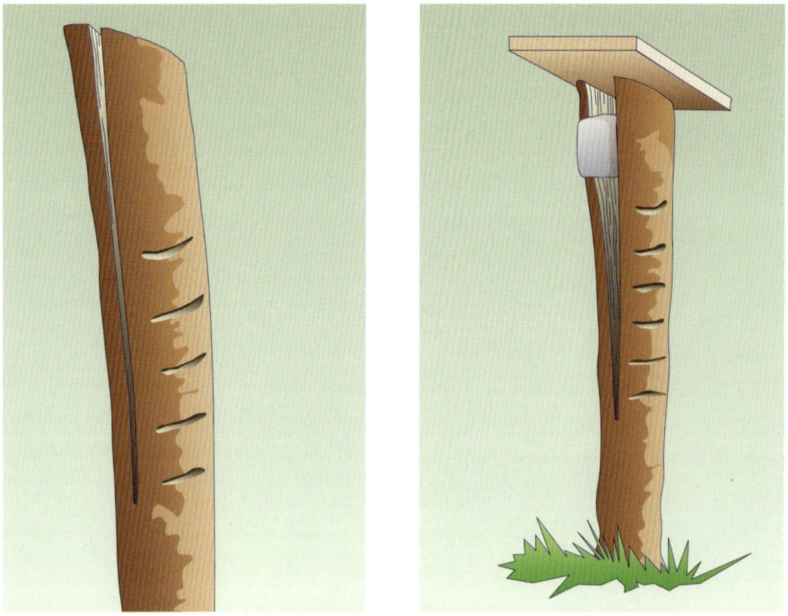

Nach schrägem Kappen des Baumes wird der Stumpf bis zur Hälfte aufgetrennt und außen mit Querkerben versehen. Das Brett fixiert als Dach den Winkel zwischen den „Halbholz-Schenkeln“ und schützt den Salzstein vor Regen.

Am Pfahl zieht das Salz nach unten und wird vom Tier durch Belecken aufgenommen.

lange Trocken- oder Regenperioden – scheinen das Salzbedürfnis der Tiere zu fördern.

Das Aufnehmen von Kochsalz fördert die Verdauung. Außerdem benötigt Wild Natrium zu seiner Gesunderhaltung. Grundsätzlich kommt Wild ohne künstliche Salzlecken aus. In vegetationsarmen Regionen dagegen ist die Nachfrage des Wildes rege. Außerdem erleichtern Sulzen das Beobachten und Bejagen des Wildes. Wir legen die Salzsteine möglichst nur in der Säuge- und Verfärbezeit des Wildes aus. Im Winter zerfallen sie.

Wir unterscheiden nach der Bauweise zwischen *Baum-* oder *Pfahl-*, *Stock-*, *Kisten-* und *Lehmsulzen*. Am zweckmäßigsten sind die Baum- oder Pfahlsulzen, denn sie können nicht durch Fuchs- oder Marderlosung verunreinigt oder vom Schwarzwild zerstört werden. Außerdem bevorzugt das Schalenwild die Aufnahme des Salzes am Holzstamm.

Baumsulzen sind einfach herzurichten. An geeigneter Stelle wählen wir einen abgestorbenen Baum aus, dessen Durchmesser in eineinhalb bis zwei Meter Höhe zwischen 15 bis 20 Zentimeter beträgt. In dieser Höhe sägen wir den Stamm ab und spalten ihn mit der Motorsäge bis zur Hälfte (siehe Zeichnung). In diesem Spalt klemmen wir den Salzstein fest. Das obenauf genagelte dicke Brettchen fixiert nicht nur den Winkel zwischen den „Halbholz-Schenkeln“, sondern schützt den Salzstein auch vor zu schneller Zersetzung durch Regen und Schnee. In der Revierpraxis hat sich Bergkernsalz bewährt.

Suhlen

Jeder versierte Schwarzwildheger weiß: Nur wenn sich *Suhlen* im Revier befinden, fühlen sich die Schwarzkittel „sauwohl“. Sind nicht genügend vorhanden, helfen wir nach, denn es gibt kaum ein Revier, in dem nicht auch tief gelegene Stellen vorkommen, die fast bis an das Grundwasser heranreichen, oder an denen wir mit geringer Nachhilfe in Gräben oder Rinnen immer feuchte Plätze schaffen können. Da einige der künstlich geschaffenen Suhlen bei lang anhaltender Dürre austrocknen werden, legen wir so viele an wie irgend möglich. Einige werden das Wasser halten.

Das Anlegen von Suhlen macht nur Sinn, wenn die Suhlen flach nach den Seiten auslaufen. Sauen suhlen nur ungern in tieferem Wasser. Wichtig ist ebenso, dass wir die Suhlen von Zeit zu Zeit von hineingefallenen Ästen säubern. Schwarzwild liebt glatten, breiigen Boden ohne Hindernisse und Widerstände.

„PLASTIKSUHLEN" SIND UNSINN

Die im Schrifttum gelegentlich gegebene Empfehlung, Kunstsuhlen mit einer Plastikfolie anzulegen und darüber Lehm anzuschütten, taugt überhaupt nichts: Die Folien werden – vor allem in Revieren, in denen auch das Rotwild die Suhlen nutzt – binnen kürzester Zeit zertreten. Es ist preiswerter, einige Suhlen mehr anzulegen und darauf zu „bauen", dass wenigstens einige von ihnen lange Trockenheit überstehen, als teure und nutzlose „Teichanlagen" zu schaffen und Plastik in den Wald zu tragen.

Auch bei hohem Wasserstand werden die Kammborsten nur selten richtig nass.

Das Bejagen von Rot- und Schwarzwild an Suhlen kann abends und morgens bei gutem Licht als Wahlabschuss erfolgen. Gerade bei schwülem Wetter wird der Jäger die frühen Morgenstunden vorziehen. Beide Wildarten nehmen jetzt gerne noch ein frisches Bad, ehe sie in ihre Tageseinstände ziehen. Bei ruhiger Lage der Suhle verhilft ein gedeckt stehender Hochsitz mit gut geharktem Pirschweg hier so manches Mal zu gutem Anblick. Wird der Jäger jetzt eine Kugel los, kann die eventuell notwendig werdende Nachsuche ohne Gefahr des Verhitzens noch am Vormittag erfolgen.

Malbäume

Künstliche Malbäume sind der Geheimtipp für jedes Schwarz- oder Rotwildrevier. Wir bestreichen geeignete, wertlose Bäume mit reinem

Nach erfrischendem Bad in der Suhle schubbert dieser Überläufer seine Schwarte am Baumstubben.

Malbäume stehen meist in der Nähe von Suhlen. Harzende Nadelbäume werden bevorzugt.

Kaffhaufen sind keine Kirrung, sondern eine Futterstelle. Hier darf kein Schuss fallen!

Buchenholzteer (siehe auch Kapitel „Schwarzwild“, S. 106). Haben wir zuvor noch etwa zwei Zentimeter tiefe, vertikal (quer) verlaufende Schnitte mit der Motorsäge eingesägt, haftet der Holzteer in diesen Schnittrillen länger. Ein Nachstreichen ist dann etwa alle sieben Wochen erforderlich. Selbst von abgelegenen Einständen werden Sauen, Hirsche und Kahlwild regelmäßig zum Malbaum ziehen.

Kirrungen

Fütterung und Kirrung sind zweierlei! Sofern nach Landesrecht zulässig, füttern Jäger das Wild bei lang anhaltender Futternot oder Schalenwild in der Zeit starker Wildschäden in der Feldmark zur Ablenkung im Wald. Regelmäßig werden dabei größere Mengen Futter an denselben Futterplätzen und oft in eigens errichteten Fütterungseinrichtungen gereicht.
Wer kirrt, will Sauen, Rehe, Enten, Füchse oder anderes Raubwild anlocken, um es zu erlegen. Deshalb bringt der Jäger nur artgerechtes und gesetzlich zugelassenes Futter in den erlaubten Mengen aus. Missbräuchliches Kirren schadet nicht zuletzt dem Ansehen der Jäger! In der Nähe von Futterstellen befinden sich keinesfalls Kirrungen. Jagd- und Ruhezonen trennen wir deutlich!
Kirrungen liegen natürlich außerhalb der Windrichtung unseres Ansitzplatzes, wozu wir meist eine hohe Kanzel gewählt haben. Außerdem werden sie nicht von hohen Bäumen beschattet. Dann können wir die Schwarzkittel auch noch bei schlechteren Lichtverhältnissen sicher ansprechen. Dies gilt vor allem bei der Mondscheinjagd.

Was das Jagen an Schwarzwildkirrungen betrifft, gibt es keine Zweifel: Wird diese Methode von den Jägern sorgfältig gehandhabt, lassen sich Zahl- und Wahlabschuss durchaus kombinieren. Aber Kirrungen werden bei stetigem Beschicken an immer demselben Ort rasch zu Futterstellen. Dann haben die angelockten Sauen wenig Chancen. „Zu wenig", meinen manche Jäger.

In der Praxis hat sich folgende Methode bei der Saukirrung sehr bewährt: In zwei bis vier mit dem Spaten gegrabene Löcher – mit einem Durchmesser von zirka 15 Zentimetern und einer Tiefe von etwa zehn Zentimetern – füllen wir Mais. Die gefüllten Löcher decken wir mit Baumstämmen (Stammdurchmesser ungefähr zehn bis 15 Zentimeter), Brettern oder flachen Steinen ab. Dieses Kirrverfahren hat den Vorteil, dass „Mitesser" wie Rotwild, Rehe oder Eichelhäher ausgeschlossen sind.

Noch besser: Wir bringen das Kirrgut linienförmig im rechten Winkel zu dem Hochsitz aus und decken es ab. An einer solchen „Streifenkirrung" (siehe Seite 100) stehen die Sauen meist breit und verdecken einander nicht, wie das an punktuellen Kirrstellen oft der Fall ist. Letztere werden oft von mehreren Sauen „umringt".

Mit Hilfe einer Wilduhr, eines „Meldehandys" beziehungsweise sonstigen Melders oder einer der zunehmend verbreiteten Wildkameras – bei deren Einsatz datenschutzrechtliche Vorgaben zu beachten sind! – stellt vielleicht der stressgeplagte Manager fest, wann eine Kirrung von den Sauen angenommen wird. Im unmittelbaren Bereich einer Kirrung am Boden befestigte Meldevorrichtungen müssen in wetter-, tritt- sowie bissfesten Gehäusen geschützt sein. Die Funktionsweisen solcher Melder sind unterschiedlich, Wilduhren und das Meldehandys reagieren auf Stöße und Erschütterungen. Jedermanns Sache sind solche Hilfsmittel freilich nicht. Immer entscheiden außerdem ja auch die Schwarzkittel selbst, wann genau sie das nächste Mal vorbeischauen.

Nicht nur der Jäger kirrt, sondern bisweilen auch der Fotograf. So gelingt mitunter eine eindrucksvolle Aufnahme.

Teil 3

Die Jagd

Jagdwaffen

Repetierbüchsen

Ein Gewehr ist technisch ein simples Gerät, das seine ursprüngliche Form und Funktion schon über zwei Jahrhunderte nahezu unverändert beibehalten hat. Damit gibt es im Waffenbau schon lange keine Innovationen mehr. Alle „neuen und fortschrittlichen Lösungen eines technischen Problems" wurden bei Bedarf schnell und größtenteils schon im vorigen Jahrhundert erfunden. Heute perfektionieren modernste Fertigungsmethoden und neue Technologien die Herstellung. Das jeweilige Endprodukt ist dennoch annähernd mit den Waffen identisch, die vor vielen Jahrzehnten hergestellt wurden.

Preiswert kann teuer werden

Daher gibt es, auch wenn die Werbung es verspricht, keine grundlegenden, für jeden Jäger positiven Neuheiten. Er sollte ohne vorgefasste Meinung und fabrikatsunabhängig herausfinden, welche Waffe für ihn optimal ist. Zu sehr bestimmen seine persönlichen Voraussetzungen die Regeln, nach denen er mit einer Flinte oder Büchse zufrieden sein und glücklich werden kann. Daher wird im Kapitel zum Thema Jagdwaffen auch nur Grundsätzliches behandelt.

Die Repetierbüchse gehört zur Grundausstattung jeden Jägers. Darauf haben sich Waffenhersteller und Handel mit einer großen Auswahl eingestellt. Zahlreiche „Verleitfährten" sind möglich, wenn wichtige Punkte vor einem Kauf nicht bedacht werden.

Häufig locken spezielle Kombinationen von Büchse und Zielfernrohr als Komplett-Angebote. Sie sollen dem Jungjäger einen Einstieg zu reduzierten Kosten ermöglichen. Doch ist ein Einstieg stets der erste Schritt. Und der kann zur Fehlentscheidung werden, wenn der zweite Schritt nach kurzer Zeit nötig wird. Das heißt im Klartext: Eine Büchse, die allein des Preises wegen gekauft wurde, kann teuer werden, falls der Jäger aus irgendeinem Grund mit ihr nicht „klarkommt". Unbefriedigende Ergebnisse, auf dem Schießstand oder der Jagd, zeigen nicht nur bei Jungjägern schnell Wirkung. Frustriert und genervt sinnt der Jäger dann auf Abhilfe. Die liegt oft, da man „zu dem Ding" kein Vertrauen mehr hat, in einem Waffenwechsel.

Jede Jägerin und jeder Jäger hat mindestens eine Büchse – ein lukrativer Markt!

Schäftung

Ärger und finanzielle Einbußen lassen sich unter Umständen umgehen, wenn wir der jeweiligen Schäftung einer Büchse, wie bei der Flinte, von vornherein mehr Beachtung schenken. Es ist unverständlich, dass diese beim Präzisionsschuss mit der Büchse oftmals gänzlich unter den Tisch fällt. Im Vergleich zur Flinte muss eine Büchse noch in zusätzlichen Punkten passen: Vorgegebene Ziellinien und Augenabstände müssen vor dem Schuss problemlos und schnell zu finden sein und exakt eingehalten werden können. In dem Zusammenhang ist erstaunlich, dass einige Büchsenhersteller immer noch nicht erkannt und umgesetzt haben, dass der Schuss über Kimme und Korn für die meisten deutschen Jäger die Ausnahme darstellt. Sie

Es kann keine Jagdwaffe geben, die beiden gleich gut passt. Zu verschieden sind ihre Körpermaße.

liefern nach wie vor Schäftungen, die für den Schuss über Kimme und Korn ideal, mit dem höher montierten Zielfernrohr dann zwangsläufig zu niedrig sind.

Für einen Jäger, der sich für eine Büchse entschieden hat, die ihm ohne Glas „phantastisch liegt", ist mit montierter Optik oft alles ganz anders. Nicht nur extrem kurzhalsige Waidmänner haben dann mit dem Blick durch ein hoch montiertes Glas ihre Probleme. Präzises Schießen wird so erschwert, schnelle Schüsse sind nahezu unmöglich.

Hier passt der Anschlag nicht! Die Schaftkappe sitzt auf dem Oberarm.

Wenn der Idealfall, das sofort freie Bild, nach erfolgtem Anschlag nicht gegeben ist, muss der Schütze die richtige Position zum Glas erst durch prüfende Schulter-, Hals- und Kopfbewegungen suchen. Dadurch verändert er seinen ursprünglichen Anschlag. So hängt die Fähigkeit zum guten Schuss vom Ausmaß der nötigen Verrenkungen ab. Derartige „Fehlpassungen" sind recht häufig. Manche Jäger behelfen sich mit Gummiblenden, die auf das Okular aufgeschoben werden. Sie schaffen sich damit einen Fixpunkt für das Auge in der richtigen Position zum Zielfernrohr. Das ermöglicht ein schnelles Wiederfinden der nötigen, vom ursprünglichen Anschlag abweichenden Veränderungen, doch das Grundproblem bleibt bestehen. Nachträgliche Korrekturen an einer schlechten Büchse-Schützen-Passung sind nur in der Längsrichtung problemlos möglich. Der Schaft kann verkürzt oder verlängert werden. Das Zielfernrohr ist in seiner Montage in einem bestimmten Umfang achsial verschiebbar. Höhenkorrekturen sind dagegen nur begrenzt über unterschiedlich „dicke" Zielfernrohre und entsprechende Montage möglich. Zu große Schaftsenkungen bleiben nahezu unveränderbar. Sie sind wegen des erwähnten Kimme-Korn-Bezuges häufig. Als preiswerteste Erhö-

Kniend angestrichen. Auch wenn die Waffe ideal passt – vier Finger gehören zwischen Baum und Schaft.

hung des Schaftrückens lassen sich aufsetzbare Backen montieren. Optisch und technisch ist das eine eher unbefriedigende Lösung.

Technik

Die Funktion der Repetierer ist im Prinzip stets gleich. Es gibt in der Technik Unterschiede, die sich beim Handhaben bemerkbar machen. Abweichend von gewohntem Schlossgang sind auch *Geradezug-Repetierer* auf dem Markt. Sie setzen neue Maßstäbe, weil sie eine schnellere Schussfolge ermöglichen. Das Funktionsprinzip ist nicht neu, kommt aber erstmalig bei Jagdwaffen zum Einsatz. Es ist äußerst interessant für jeden, der mit den bisherigen Repetierern unzufrieden war.

Durch fabrikatsabhängige Eigenheiten ist der Repetiervorgang trotz gleicher Grundtechnik bei den herkömmlichen Büchsen verschieden. Leicht und problemlos müssen die jeweiligen *Sicherungen* erreich- und bedienbar sein. Der Jäger wird vor der Kaufentscheidung herausfinden, wie ihm das alles passt und liegt. Allein die jeweilige Handgröße kann alle Beurteilungen zwischen „wunderbar“ und „geht nicht“ zur Folge haben.

Beim *Abzug* sollten, hinsichtlich seiner gut erreichbaren Position, konkrete Vorstellungen bestehen. Am Stecher scheiden sich seit langem die Geister. Auch wenn er mehrfach – zu recht oder unrecht – als überaus unfallträchtig verteufelt wurde, wollen ihn viele Jäger nicht missen. Für sie stellt sich nach wie vor die Frage, ob das, was beim stecherlosen Abzug an Feinheit für große Schussentfernungen erforderlich ist, auch für kalte Finger auf der Drückjagd gut sein kann. So ist nicht von der Hand zu weisen, dass ein *Rückstecher* beiden Situationen besser gerecht wird.

Der *Deutsche Stecher* oder *Doppelzüngelstecher* gilt bei Fachleuten als technisch überholt: Uneingestochen hat dieses System häufig einen zu hohen Abzugswiderstand. Für ein schnelles „Finger-Reinfinden“ nach dem Repetieren – etwa während einer winterlichen Drückjagd – ist der Freiraum zwischen dem vorderen Züngel und Abzugsbügel häufig zu klein. So entscheiden

Geradezug-Repetierer und Kombiabzüge mit Rückstecher haben die klassisch repetierende Büchse und den Doppelzüngelstecher zunehmend verdrängt.

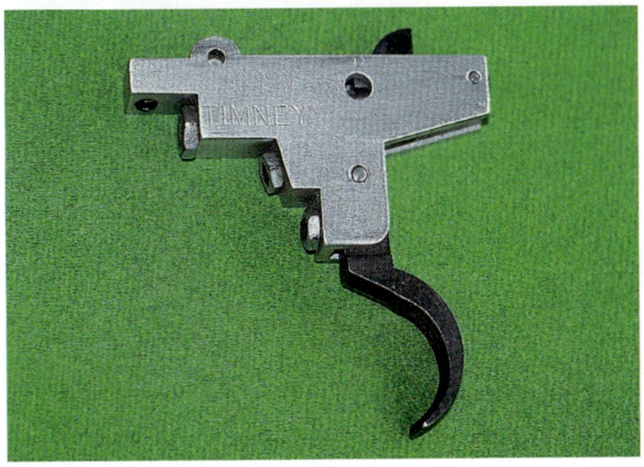

Der trocken stehende Timney-Direktabzug eignet sich auch zum Nachrüsten älterer Repetierer.

Technisch überholt. Der Doppelzüngelstecher bietet im Unterschied zum Rückstecher ungestochen keinen trocken stehenden Abzug.

Kurze Läufe schießen nicht schlechter als lange: Drei Schuss 9,3×62 (19 g TUG) aus einem Repetierstutzen.

sich immer mehr Jäger bei Repetierbüchsen für den *Flintenabzug*. Sein kurzer Weg und geringer Widerstand stellt einen guten Kompromiss für Präzisions- wie Drückjagdschüsse dar.

Stutzen

In der Regel werden kurze, relativ leichte und damit handliche Waffen als führig bezeichnet. Stutzen sind dafür das klassische Beispiel. Ihr Einsatz auf Drückjagden ist stilgerecht. Warum das so ist, weiß eigentlich niemand genau. Fast alle Schützenstände bieten längeren Büchsen genügend Raum, um ungehindert einen Schuss abgeben zu können. Hinzukommt, dass kurze Waffen nicht unbedingt für das Flüchtigschiessen gut geeignet sind. Wer sich mal mit dem kurzen Schrotlauf einer Bockbüchsflinte auf Tontauben versucht hat, vermisst das „Frontgewicht“, welches das gewohnte, gleichmäßige Schwingen unterstützt. Sei's drum – Stutzen sind wunderschöne Waffen und haben über die Handlichkeit hinaus weitere Vorteile: Es bereitet in engen Kanzeln weniger Probleme, den Lauf geräuschfrei durch die Luke zu bekommen als bei langen Waffen.

Dass kurze Büchsenläufe schlechter als lange schießen, trifft nicht zu. Das ist ein weit verbreitetes Vorurteil. In Extremfällen kann bei bestimmten Kalibern das Mündungsfeuer beim Nachtansitz stören. Dabei liegt die Mündungsgeschwindigkeit des Geschosses um ein paar Prozentpunkte unter dem Normalwert: Das vor der Mündung verflammende Pulver wird nicht zur Beschleunigung genutzt. Etwaige Abweichungen von der Norm sind so gering, dass sie für den jagdlichen Einsatz unbedeutend sind, wenn nicht Feldrehe auf weit über 200 Meter erlegt werden sollen.

Schussleistung

Repetierbüchsen gibt es in zahlreichen Varianten und Ausführungen. Die *Schussleistungen* sind nicht so unterschiedlich wie die Preise. Im Gegenteil, oft haben Standard- und Luxusausführungen des einen oder anderen Herstellers qualitativ identische Läufe. Häufig sind es optisch ansprechende Veränderungen, die richtig ins Geld gehen. Insgesamt sind die Schussleistungen sämtlicher auf dem deutschen Markt angebotenen Büchsen mit gut bis hervorragend zu beurteilen. Selbst die vermeintlich schlechteren unter ihnen sind jagdlich hundertprozentig ausreichend. In ungünstigen Fällen verteilen sie fünf Schuss in 100 Meter Entfernung auf eine faustgroße Fläche. Ursache für Fehl- und Schlumpschüsse sind sie daher niemals. Dafür ist in der Regel die Schützenstreuung verantwortlich, die im Vergleich zur Waffe riesig, nicht einkalkulierbar und situationsabhängig ist: Auf der Jagd ist daher kein Schütze so gut wie seine Büchse.

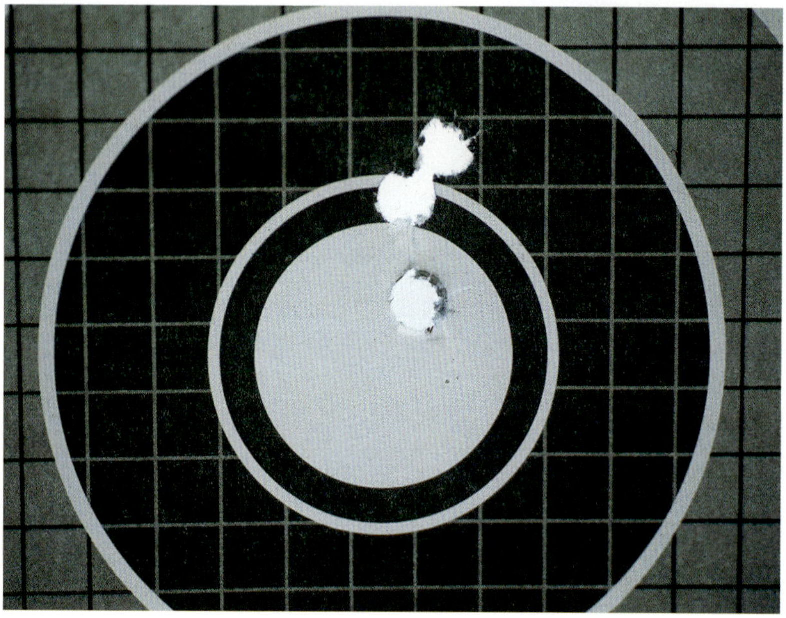

Schalldämpfer

Seit Beschluss des Bundesrats vom Dezember 2019 ist die Verwendung von Schalldämpfern für Jagdbüchsen aus Gründen der Gesundheitsvorsorge bei der Jagdausübung gestattet. Schalldämpfer reduzieren den Mündungsknall auf ein nicht mehr gehörschädigendes Niveau von unter 135 Dezibel. Neben ihrem Hauptnutzen des Gehörschutzes bieten sie weitere Vorteile wie fehlendes Mündungsfeuer, einen reduzierten Rückschlag und oft auch eine höhere Präzision der Waffe.

Varianten und Waffenarten

Die Mehrzahl der Schalldämpfer wird vor auf dem Lauf geschraubt. Das erhöht die Baulänge der Waffe merklich. Eine Waffe mit normaler Lauflänge wird inklusive Schalldämpfer doch sperrig. Abmildern lässt sich dieser Nachteil mit sogenannten Reflex-Dämpfern, auch als „Over-Barrel-“ oder Teleskop-Dämpfer bekannt. Reflexdämpfer umschließen teilweise den Lauf, sodass die Erhöhung der Waffengesamtlänge geringer ausfällt. Zusätzlich sind sie gegenüber Hebelkräften weit unempfindlicher, da sie durch einen Führungsring an ihrem Ende am Lauf abgestützt werden.

Einen Schalldämpfer am Lauf zu befestigen, erfordert ein Mündungsgewinde, Klemmvorrichtungen sind bei starken Kalibern nicht möglich. Die Dämpfer können deshalb mit vertretbarem Aufwand nur an einläufige Waffen angebaut werden.

Selbstladebüchsen mit einem Schalldämpfer zu versehen ist nicht unproblematisch, denn der Dämpfer kann sich auf die Waffenfunktion auswirken, ohne dass dies vorhersehbar ist. Merkel hat aber schon eine Selbstladebüchse im Sortiment, deren System für die Verwendung von Schalldämpfern ausgelegt ist.

Eine Alternative zur Nachrüstung mit einem Schalldämpfer sind Büchsen mit Integralschalldämpfer: Bei ihnen bilden Dämpfer und Waffenlauf eine Einheit. Meist bestimmt ein Mantelrohr aus Aluminium das äußere Bild der Waffe. In diesem Rohr liegt ein wesentlich kürzerer Lauf samt Dämpfertechnik. Äußerlich sieht die Waffe wie eine Büchse mit Match- oder Semiweight-Lauf aus.

Reflex- oder Over-Barrel-Dämpfer umschließen den Lauf teilweise und sitzen stabiler. Die Waffenlänge steigt wenig stark an.

Mündungsgewinde

Im günstigsten Fall hat eine Büchse bereits ein Mündungsgewinde, etwa für eine Mündungsbremse, moderne Büchsen werden oft schon mit Mündungsgewinde geliefert oder können mit ihm bestellt werden. Letzteres ist beim Kauf einer Neuwaffe zu empfehlen. Das nachträgliche Einschneiden eines Gewindes ist nämlich nicht unkompliziert. Es erfordert große Sorgfalt und wirklichen Sachverstand sonst ist der Schaden schnell größer als der Nutzen.

Hat eine Waffe eine offene Visierung, die weiter benutzt werden soll, muss der Kornträger weiter hinten auf den Lauf ummontiert werden. Bei einem Overbarrel-Schalldämpfer muss auf die offene Visierung verzichtet werden.

Wird die fragliche Büchse zweitweise ohne Schalldämpfer geführt, muss dann das empfindliche Gewinde unbedingt durch eine passende Abdeckkappe geschützt werden.

Treffpunktlagenveränderung

Aufschraubbare Schalldämpfer führen zu einer Veränderung der Treffpunktlage einer Waffe. Mit und ohne Dämpfer zu schießen, macht deshalb jeweils eine Verstellung der Zieloptik notwendig, will man nicht zwei Zielfernrohre benutzen.

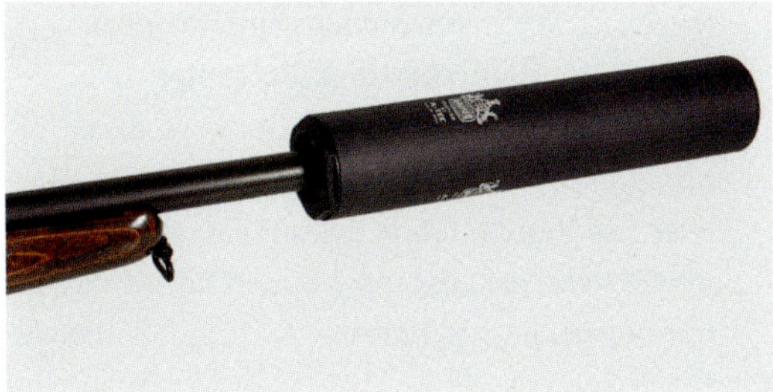

Vorn auf den Lauf geschraubte Standard-Schalldämpfer verlängern die Waffe merklich.

Wird die Waffe ohne Schalldämpfer geführt, muss das Mündungsgewinde mit einer Abdeckkappe geschützt werden.

Pflege und Aufbewahrung

Durch Überhitzung werden Schalldämpfer beschädigt. Sie dürfen maximal etwa 200 Grad heiß werden, und die sind nach etwa zehn Schüssen in kurzen Abständen mit Standardkalibern wie .308 Win. oder .30-06, zum Beispiel auf dem Schießstand, erreicht. Mit Magnum-Kalibern geht es noch schneller.

Das Gewinde muss regelmäßig geschmiert werden, und das nicht mit einfachem Waffenöl, sondern mit einem hitzebeständigen Hochleistungsfett. Die äußere Hülle des Schalldämpfers wird ab und zu mit Waffenöl vor Korrosion geschützt, auch innen schaden ein paar Tropfen nicht. Reinigung brauchen die Dämpfer nur nach einer wirklich große Anzahl von Schüssen mit ihnen, oder wenn sie bei Regen völlig nass geworden oder durch eingedrungene Fremdkörper verdreckt sind. Dann werden sie mit handwarmem Seifenwasser aus- und anschließend mit Bremsenreiniger nachgespült. Anschließend trockenen lassen und trocknen Lassen und korrosionsgefährdete Stahllamellen, so vorhanden, mit etwas Öl besprühen.

Im Waffenschrank werden Schalldämpfer nicht auf dem Lauf der Jagdbüchse aufbewahrt, da sonst die im Dämpfergehäuse beim Schießen entstehende Kondensationsfeuchtigkeit in den Waffenlauf sickert und dort Korrosion verursacht. Der Dämpfer wird daher abgeschraubt waagerecht gelagert, bis er innen wieder völlig trocken ist.

Doppelbüchsen

Eine Doppelbüchse ist unbestritten der Traum vieler Drückjagdjäger. Zu Recht, denn wer zwei Kugelschüsse schnell und ohne Nebengeräusche nacheinander „loswerden“ kann, hat in einigen Situationen eher jagdlichen Erfolg. Eine schnelle zweite Kugel auf ein krankes Stück kann leidige Nachsuchen verhindern oder denkwürdige und vielleicht einmalige Dubletten ermöglichen.

Leider hat dieser Traum einen Preis, der bei vielen Waidmännern aufgrund der wenigen Drückjagden in einem schlechten Kosten-Nutzen-Verhältnis steht. Inklusive Zielfernrohr und

Zitat eines zutiefst Überzeugten: „Im Vergleich mit der Doppelbüchse ist alles andere bloß eine Waffe.“

KORREKTUR DER DOPPELBÜCHSE

Das Korrigieren eines jagdlich nicht akzeptablen Zusammenschießens einer Doppelbüchse ist eine ebenso aufwändige wie kostspielige Angelegenheit! Denn es geht nur durch ein Demontieren und neuerliches Verlöten der Läufe. Das ist eine Arbeit, an die sich Hersteller und Büchsenmacher nur ungern herantrauen.

Montage ist für eine Doppelbüchse schnell ein kleines Vermögen ausgegeben. Bei den allermeisten Jägerhaushalten stößt das auf Grenzen. Nach vorsichtigen und fast übereinstimmenden Schätzungen verschiedener Experten können oder wollen maximal fünf Prozent der deutschen Waidmänner sich eine derartige Waffe leisten.

„Wanderschüsse"

Wenn Doppelbüchsen in der Regel elegant wirken, haben sie doch, wie alle fest verlöteten Mehrläufigen, ein technisches Problem. Immer, und das ist ein unabänderliches physikalisches Gesetz, beeinflusst die Wärmedehnung eines beschossenen Laufes die Treffpunktlage des anderen. In einer Schussentfernung von 100 Metern bewegen sich die kurzfristigen Abweichungen häufig im Bereich von einer Handbreite.

Mit frei liegenden Läufen ist dieses Manko zu umgehen. Aber die waren, vorrangig aus optischen Gründen, bei solchen Waffen lange selten. Manche Hersteller bieten mittlerweile jedoch Doppelbüchsen an, deren freiliegende Läufe in miteinander verbundenen, dann aber voluminöseren Trägerrohren verlaufen oder mit einer den Zwischenraum bedeckenden Blende ausgestattet werden können. So entsteht optisch keine Lücke zwischen den Läufen, die aber dennoch frei schwingen bzw. sich ausdehnen können.

Auf flüchtiges Wild in relativ kurzer Entfernung spielt die Abweichung der Treffpunktlage fest verlöteter Läufe keine nennenswerte Rolle. Wird aber auf Bewegungsjagden verhoffendes Wild auf größere Distanzen beschossen, kann der zweite Schuss Probleme bereiten, falls der Schütze seine Doppelbüchse nicht genau kennt. Er muss genau wissen, wo die Treffpunktlage des zweiten Laufs wann ist. Um den Bereich der Abwanderung des zweiten Laufs möglichst an und über den Zielpunkt des ersten zu bekommen, werden Doppelbüchsenläufe „schielend" zueinander montiert. Dabei kann der Büchsenmacher den Zeitpunkt des Zusammenschießens ziemlich exakt festlegen und auch Kundenwünsche berücksichtigen.

Traum vieler Jäger: Die oft als „Königin der Jagd" bezeichnete Doppelbüchse. Ihre Domäne ist die Drückjagd.

Prüfung der Abweichung

Schießen die Läufe einer Doppelbüchse nicht „Loch in Loch" – und das tun sie fast nie –bleibt

Eine prima Chance für den Jäger: Breit und freies Schussfeld. Da braucht es hoffentlich gar keinen zweiten Schuss…

dem Schützen im Normalfall nur die Möglichkeit, das Ausmaß der Wärmewanderung und den Zeitabstand des Zusammenschießens auf dem Schießstand herauszufinden. Das sollte nur unter Anleitung eines Fachmanns geschehen. Denn neben einer Waffenkühlanlage und dem Ausschalten von Schützenfehlern erfordert es das Erkennen und entsprechende Umsetzen der Ergebnisse.
Jedem Jäger sollte aber von vornherein klar sein, dass man von einer kurzfristig mehrfach geschossenen Doppelbüchse nie die Schussleistung eines heißgeschossenen Repetierers erwarten kann. Noch ein Nachteil vieler Doppelbüchsen: Um ein Doppeln zu vermeiden, stehen die Abzüge – vor allem der vordere – recht hart. Kaum ein Hersteller verringert den Abzugswiderstand unter 1,2 Kilogramm. Das führt dann leicht zum Verreißen.

Selbstladewaffen

Nicht nur wegen ihrer mangelnden Eleganz, die sie als reine Schießwerkzeuge erscheinen lassen, stoßen Selbstladewaffen – sowohl halbautomatische Büchsen als auch halbautomatische Flinten – vielerorts auf unverhohlene Ablehnung. Offensichtlich sehen einige Waidgenossen in Bewegungsjagden auf Schalenwild und Niederwildtreibjagden immer noch eine Art sportlichen Wettkampf, bei dem der Beste abends zum König ernannt wird. Aufgrund dieser Ansicht gilt es den Mitjägern gegenüber als unfair, wenn jemand mit einem „Vollernter" antritt. Das allerdings gibt niemand zu. Deshalb wird die Ablehnung anders begründet.

Übung bringt oft mehr als Maßschäftung, obwohl hier der Schaft viel zu kurz und die Backe auf der falschen Seite ist.

Die Disziplin entscheidet

„Das Wild muss eine Chance haben", dürfte dabei das dürftigste „Argument" sein. Vor der Chance des gesunden Entkommens gibt es bei jedem Kugel- und Schrotschuss den riesigen Bereich des möglichen Krankschießens. Wenn sich der Führer eines Halbautomaten diszipliniert benimmt, spricht absolut nichts gegen seine Ausrüstung. Im Gegenteil: Der zusätzliche Schuss in Reserve kann verhindern, dass Reh oder Sau schwer krank über Kilometer mit zweifelhaften Erfolgsaussichten nachgesucht werden müssen oder dass Fuchs oder Kaninchen mit Schroten den Bau erreichen oder der geständerte Fasan außer Sichtweite streicht. So sind Halbautomaten in den Händen von wesensfesten Waidmännern in zahlreichen jagdlichen Situationen eindeutig die besseren Waffen.

Erhöhter Munitionsverbrauch

Leider verführen Halbautomaten ihre Benutzer – und das ist Fakt – zu unangebrachtem und auffälligem Munitionsverbrauch. Grund dafür ist eine menschliche Schwäche, mit der die Waffe nicht ursächlich, sondern fördernd zu tun hat. Ihr häufiger Missbrauch hat dazu geführt, dass sie verpönt sind und gelegentlich auf Jagdeinladungen als unerwünscht herausgestellt werden.

Flinten

Im Unterschied zu den Büchsen, bei denen „stärker, größer und schneller" einen anhaltenden Trend darstellt, hat sich bei den Flinten seit der Umstellung von Schwarzpulver auf Nitro nur wenig geändert. Noch heute schießt der Enkel mit dem Kaliber und der Munition, die sein Großvater schon zur Verfügung hatte. Somit gibt es selbst für den Jäger, der gute Jagdmöglichkeiten auf Niederwild hat, nur wenig Anreiz für eine Neuanschaffung. Hinzukommt oft,

dass ihm der „alte Prügel so gut liegt“. Hieraus resultiert häufig die Angst, dass es bei einer neuen Flinte anders sein könnte.
„Die Läufe schießen – der Schaft trifft!“ ist eine häufig zu hörende und grundsätzlich sicher auch zutreffende Aussage. Der schnelle Flintenschuss lässt keine Anschlagkorrekturen zu.

Übung ist wichtiger als Schäftung

Weil die jeweilige Schäftung einen wesentlichen Anteil daran hat, was der Schütze leisten kann, steht prompt die Maßschäftung zur Debatte. Damit, so glauben viele, sei dann alles optimal und man treffe automatisch. Dem ist nicht so. Keine Schäftung kann mangelnde Übung oder unterlassenes Schießtraining ausgleichen. Häufig wird anders herum ein „besserer Schuh“ daraus. Es gibt viele gute Flintenschützen, die theoretisch mit dem, was sie da in der Hand haben, überhaupt nichts treffen dürften. Sie haben sich an eine unpassende Flinte, die ihnen irgendwann „zugelaufen“ ist, derartig mit viel, viel Übung ihrem Anschlag angepasst, dass regelrechte Verrenkungen erkennbar sind. Nicht selten wird dabei vom Ablauf her die Schulter unnatürlich gehoben oder der Kopf eingezogen. Mit diesem antrainierten Anpassen schießen viele Jäger mit Flinten „von der Stange“ hervorragend. Das gilt auch für gebrauchte Flinten, bei denen die jeweilige Schäftung weniger für den Erwerb ausschlaggebend war als der Preis.
Hinzukommt, dass zahlreiche Flintenhersteller ausschließlich „Zwitterschäftungen“ anbieten. Diese sind sowohl für Rechts- als auch Linksschützen geeignet und damit für keinen von beiden optimal. Mit dem schränkungslosen Schaft bekommt die Schützenwange – bei bestimmten körperlichen Voraussetzungen – häufig schmerzhaften Kontakt. Nur in geringem Umfang können nachträgliche und nicht zu kostspielige Schaftüberarbeitungen dieses Manko beheben. Daher ist es in jedem Fall ratsam, vor einer Kaufentscheidung zwei oder drei Durchgänge auf dem Trap- und Skeetstand zu schießen. Wenn nichts negativ auffällt und auf Anhieb so viele Tauben wie mit der gewohnten Flinte zersplittern, kann es nicht besser sein. Denn dann stimmen die Grundvoraussetzungen.
Hierauf können wir durch Üben aufbauen und das Schießen bei Bedarf perfektionieren.

Wechselchoke und Ejektoren

Die Zeiten der einläufigen Flinten, mit denen der Jungjäger durch bewusste Wegnahme einer zweiten Möglichkeit zurückhaltendes und kon-

Der Umwelt zuliebe verwendet er Patronen mit Papphülsen. Obendrein sammelt er sie auf, nach dem die Ejektoren sie herausgeschleudert haben.

An der Front eines guten Fasanentreibens, beim konzentrierten Enteneinfall oder, wie hier, beim Frettieren im kleinen Kreis wird der Jäger auf Ejektoren nicht verzichten wollen. Immer, wenn Niederwild in kurzen Abständen „gehäuft“ vor die Flinte kommt, sind Ejektoren von jagdlicher Bedeutung.

DER UMGANG MIT WAFFEN

Im Umgang mit seinen Jagdwaffen beweist der Jäger seine Kenntnisse über die rechtlichen Bestimmungen zur Waffenhandhabung. Dabei wird von ihm ein hohes Maß an Disziplin verlangt. Von Kindesbeinen an ist dies bei jagdlich interessierten Jugendlichen selbstverständlich.
Das Waffengetz vom 11.10.2002, zuletzt geändert durch das Dritte Waffenrechtsänderunggesetz vom 17.02.2020, enthält sechs entscheidende Regelungen, die hier auszugsweise und gestrafft (ohne Gewähr) wiedergegeben werden.
1. Schusswaffen darf nur erwerben und besitzen, wer volljährig ist. Ausnahmen bilden Jugendjagdscheininhaber auf der Jagd oder auf dem Schießstand in Begleitung eines Berechtigten.
2. Inhaber eines gültigen Jagdscheines haben ein grundsätzliches „Bedürfnis", Schusswaffen und Munition zu besitzen.
3. Jahresjagdscheininhaber können unbeschränkt Langwaffen und zwei Kurzwaffen erwerben, sowie die dazugehörige Munition.
4. Jäger dürfen Jagdwaffen zur befugten Jagdausübung einschließlich des Ein- und Anschießens im Revier, zur Ausbildung von Jagdhunden im Revier, zum Jagdschutz oder zum Forstschutz führen und mit ihnen schießen. Auf dem Weg zur und von der Jagd muss die Jagdwaffe (auch die Kurzwaffe) ungeladen sein.
5. Für das sichere Aufbewahren der Waffen gilt der Grundsatz: Wer Waffen (nicht nur Schusswaffen!) oder Munition besitzt, muss sie vor dem Zugriff Unbefugter sichern. Unbefugter ist grundsätzlich auch der eigene Ehepartner. Wer Schusswaffen besitzt, muss diese in klassifizierten Behältnissen aufbewahren. Für die Aufbewahrung im Privatbereich gilt seit dem 06.07.2017**:*

- *Langwaffen unbegrenzt, bis zu fünf Kurzwaffen plus Munition (nicht getrennt): Widerstandsgrad 0 bei Waffenschrankgewicht bis 200 kg (Sicherheitsbehältnis Widerstandsgrad 0 nach DIN/EN 1143-1) oder Waffenschrank Widerstandsgrad 1 (Sicherheits-Widerstandsgrad 1 nach DIN/EN 1143-1)*
- *Langwaffen unbegrenzt, bis zu zehn Kurzwaffen plus Munition (nicht getrennt): Widerstandsgrad 0 bei Waffenschrankgewicht über 200 kg (Sicherheitsbehältnis Widerstandsgrad 0 nach DIN/EN 1143-1) oder Waffenschrank Widerstandsgrad 1 (Sicherheits-Widerstandsgrad 1 nach DIN/EN 1143-1)*
- *Nur Munition: Stahlblechschrank ohne Klassifizierung mit Schwenkriegelschloss*
  Für die Aufbewahrung unterwegs, z. B. auf Reisen, liegt die Verantwortung nach wie vor beim Verantwortlichen selbst.

6. Jäger können Lang- und Kurzwaffen bei Bedürfnis an andere Jäger ausleihen, sofern diese Inhaber eines Jahresjagdscheines (bei Langwaffen) oder einer Waffenbesitzkarte (bei Kurzwaffen) sind.

** Für die Lagerung von Waffen in nicht dauernd bewohnten Gebäuden gelten strengere Regelungen.*
*** Es gilt Bestandsschutz: Wer bis zum 06.07.017 Waffen zulässig in Waffenschränken A oder B aufbewahrt hat, darf diese Schränke auch weiterhin benutzen.*

zentriertes Schießen üben musste, sind längst vorbei. Doppelläufe sind allerorten die Regel. Es ist vielfach eine Geschmacksfrage, ob die Läufe quer oder übereinander angeordnet sind.
Abhängig von den Wild- und Jagdarten stellt sich oft die Frage nach Wechselchokeeinsätzen und der Notwendigkeit von Ejektoren. Unterschiedliche Chokeeinsätze haben mit ihrer variierenden Streuung Sinn, wenn die Flinte sowohl beim Frettieren als auch bei der normalen Feld- oder Gänsejagd eingesetzt wird. Ejektoren sind immer von jagdlicher Bedeutung, wenn

viel Niederwild in kurzen Abständen vorkommt. Der Schütze kann dann rasch nachladen. Beim Frettieren, in der Front eines guten Fasanentreibens, beim konzentrierten Enteneinfall wird der Jäger auf sie nicht verzichten wollen. Ansonsten können sie in zweifacher Hinsicht ein Ärgernis darstellen. Zum einen sind sie „metallisch laut“, was im Wald stets stört, zum anderen müssen sie – da im hohen Bogen ausgeworfen – anschließend wieder umständlich zusammengesucht werden. Im Unterschied zu einer erst heute ordnungswidrig wegwerfbaren Zigarettenschachtel waren die überwiegend unverrottbaren Patronenhülsen in freier Natur schon immer mehr als nur eine unschöne jagdliche Hinterlassenschaft.

Kombinierte Waffen

Flinten und Büchsen sind auf ihrem jeweiligen Spezialgebiet zweifelsohne besser als eine beide Bereiche abdeckende Kombinierte.

Bei mitunter einmaligen Möglichkeiten hatte jedoch schon manch ein Waidmann gerade die falsche Waffe dabei: Es ist ärgerlich, wenn der Balg des herrlichen Winterfuchses in bester Schrotschussentfernung von der großen Kugel aus dem Repetierer zerfetzt wird. Den Büchsenträger wurmt es auch, wenn er den Marder oder das Hermelin unbehelligt laufen lassen muss und von den auf einem Graben einfallenden Enten keine „mitnehmen“ kann. Genauso ärgerlich kann es sein, wenn beim nächtlichen Fuchsansitz mit der Flinte unerwartet der Lebenskeiler am 30 Meter entfernten Luderplatz für Minuten Interesse zeigt.

Ein Drilling, ein Bockdrilling oder eine Bockbüchsflinte wird in solchen Fällen schlagartig in den Rang der „Idealwaffe“ erhoben – allzeit bereit für alles!

Andere dagegen sind der Auffassung, dass es nicht sein muss, jederzeit auf alles schießen zu können: Drilling – nein danke! Sicher ist das eine entsagungsvolle Einstellung, doch viele Niederwildrevierinhaber sehen das ganz anders und pardonieren beim Bockansitz keinen Fuchs oder anderes Raubwild.

Mehrläufige Jagdwaffen in unterschiedlichen Kalibern kombinieren verschiedene Einsatzmöglichkeiten.

Drilling

Der Drilling ist die klassische Mehrzweckwaffe, die schon im vorigen Jahrhundert genutzt wurde und heute noch in unzähligen Waffenschränken ihren Platz hat. Für die meisten Jagdscheinanwärter wird der Drilling immer wieder zum Albtraum, denn seine Handhabung ist bei der Waffenprüfung fast ein Schwerpunktthema Die jagdliche Stellung des Drillings ist einem gewissen Wandel der Zeit unterlegen. Diese Waffe war für viele Jäger früher das Universalgerät, mit dem man für jede Situation gerüstet sein wollte. Hochrasante Büchsenkaliber waren in der Vergangenheit nicht das Thema – die fehlende oder nur schwache Zieloptik erlaubte ohnehin nur kurze Schussentfernungen. In früheren Zeiten kamen durch den Drilling Bock, Hirsch und Sau ebenso zur Strecke wie Ente, Fasan, Hase oder Kaninchen.

Heute hat der Drilling einen untergeordneten Stellenwert. Viele Jäger haben mittlerweile wildartabhängige Spezialwaffen für Drückjagd, Ansitz und Pirsch. Auch bei Treibjagden auf Niederwild erscheint ein Drilling immer seltener. Aus diesem Grund lässt sich der Drilling als rein technisches Gerät objektiver ableuchten. Kritiker behaupten, dass etwas, was für alles gut ist, für nichts richtig sein kann. Das trifft auf die Schäftung zu. Da offenbart sich ein unumgäng-

Gefährlich! Bei diesem Drilling sitzt die Umschaltung da, wo bei der gewohnten Flinte die Sicherung ist.

Für den Fuchs, der unverhofft unter der Leiter auftaucht, ist der Schrotschuss aus einer kombinierten Waffe optimal.

licher Kompromiss. Die Form von Schaft und Kolbenhals sind in der Verbindung mit Senkung und Schränkung zwangsläufig eine Mischung aus Flinten- und Büchsenschäftung. Somit ist sie weder für den schnellen Schrot- noch für den präzisen Kugelschuss optimal.

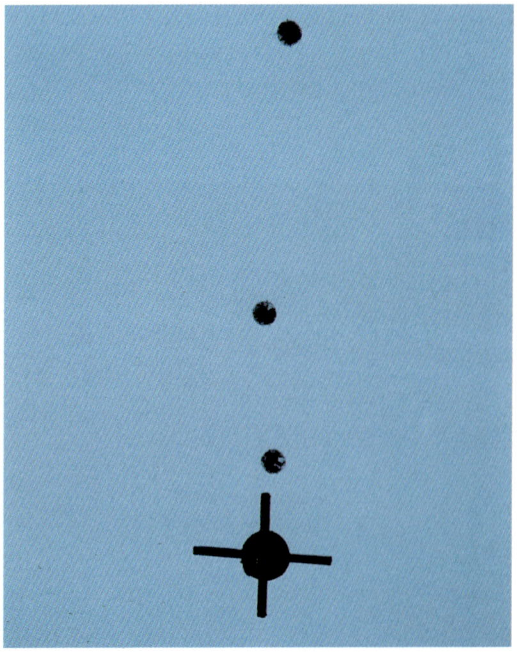

Normales Klettern einer kombinierten Waffe mit fest verlöteten Läufen bei drei Kugelschüssen in schneller Folge

Diesem vermeintlichen Negativpunkt steht die Tatsache entgegen, dass mancher Grünrock mit seinem Drilling keinerlei Probleme hat. So sind einige „Westjäger" auf den ersten Drückjagden in den neuen Bundesländern mächtig ins Grübeln geraten, als die einheimischen Waidmänner mit ihren Drillingen jede vermeintlich bessere Ausrüstung schonungslos abwerteten. Offensichtlich erreichen Übung und mehrjähriges Vertrautsein eher eine gute Mensch-Waffen-Passung, als man sie mit einer Maßschäftung von vornherein zu erreichen glaubt.

Viele Jahrzehnte galten Drillinge mit *Dreischloss-Selbstspannersystemen* und seitlicher *Greener-Sicherung* sowie *oben liegender Abzugsumschaltung* als gefährlich, weil öfter Fehlbedienungen vorkamen. Ungeachtet ihres Druckknopfs wurde die Kugel-/Schrot-Umstellung in hektischer Hand leicht als vermeintliche Sicherung betätigt. Gelegentlich wurde die aktuelle Laufzuschaltung vergessen: So ließ zum Beispiel die Hinterlandgefährdung noch einen Schrotschuss bedenkenlos zu, doch plötzlich orgelte die Kugel als Querschläger in die Ferne. Andererseits ist auch da, wo die Kugel geplant war, schon häufig eine Schrotgarbe oder die

SELBSTSPANNER ODER SEPERATE KUGELSPANNUNG

Verbreitet sind bei Drillingen Selbstspannerschlosse, die alle drei beim Abkippen der Läufe gespannt werden. Gesichert werden die Waffen zumeist über eine Abzugssicherung, die als Greener-Sicherung ausgeführt ist und über einen seitlich am Schafthals liegenden Schieber bedient wird.

Aus Sicherheitsgründen bevorzugen aber immer mehr Drillingsschützen eine oben liegende separate Kugelhandspannung. Auf einer Niederwildjagd kann so im Treiben bei vermutetem Schwarzwildvorkommen gefahrlos eine Patrone im Kugellauf geführt werden. Viele moderne Drilling sind heute von Herstellerseite damit ausgestattet.

kleine Kugel aus dem Einstecklauf in Richtung auf Rehbock, Sau oder Hirsch geflogen. Verludert aufgefundenes und nachweislich durch eine „kleine Kugel“ verendetes Schalenwild muss also nicht grundsätzlich Wilddieben zugeschrieben werden.

Das leicht mögliche Doppeln bei Drillingen kann eine fatale Angelegenheit werden. Wenn der linke Schrotlauf abgefeuert wird, während der vordere Abzug eingestochen ist, gibt es unweigerlich den berüchtigten Doppelschlag. Als Schrot-Doppel ist das unter Umständen nur schmerzhaft, doch als Schrot-Kugel-Kombination leicht eine weit reichende Angelegenheit – im wahrsten Sinne des Wortes. Seitenschlosssysteme mit Fangstangen bieten da Abhilfe.

Die Schussleistung fest verlöteter Kugelläufe unterliegt bei Doppelbüchsdrillingen wie bei der Doppelbüchse ebenfalls der veränderten Treffpunktlage durch die Wärmedehnung. Meist sind die ersten zwei bis drei Schüsse in jagdlich durchaus vertretbaren Bereichen.

Bei freiliegenden Kugelläufen ist die Treffpunktlage nach mehreren Schüssen in Folge dagegen gleichbleibend, weil sich der erwärmte Stahl in der Länge ungehindert dehnen kann. Mittlerweile ist diese Bauart, die – optisch frei liegend – nicht sehr elegant aussieht und daher nur wenig Akzeptanz fand, zumindest bei Bockbüchsflinten, durch geschickte Verblendungen auf den ersten Blick kaum erkennbar.

Bockbüchsflinte

Da *Büchsflinten* in Deutschland selten geworden sind, ist hierzulande die *Bockbüchsflinte* der Inbegriff für die Kugel-Schrot-Kombination. Die Beliebtheit dieser Waffe spiegelt der Markt – mit unzähligen Varianten in allen Preisklassen – wider.

Einige Fabrikate bieten mit Wechselläufen die Wandlungsmöglichkeit in eine Bockflinte oder Bockbüchse. Damit ist der Jäger mit ein und derselben Schäftung bei Bedarf mit drei verschiedenen Waffen unterwegs. Der absolute Idealfall – könnte man glauben. Doch dem ist nicht so. Denn die Übung und Gewöhnung, die mit der Waffe als Bockflinte auf Schießständen und Niederwildjagden möglich ist, birgt einen Fehler für den Einsatz als Bockbüchse auf der Drückjagd. Beim Schrotschuss ist der Anschlag stets so, dass die sichtbare Laufschiene zum besseren Überblick ein Aufsitzen-lassen des Wildes erlaubt. Bei guten Flintenschützen hat sich eine motorische Automatik entwickelt, die sie so gut schießen lässt. Schlüssig erklären können Profis diese Bewegungsabläufe deshalb häufig nicht.

In diesem gewohnten, für den Schrotschuss 100-prozentig richtigen und tausendfach bewährten Anschlag liegt das Problem bei der gefühlsmäßig gleichen Waffe mit Büchsläufen: Schnelligkeit erfordernde Kugelschüsse liegen regelmäßig zu hoch! Bemerkenswert ist, dass die Präzision dieser „Zu-hoch-Schüsse“ von den Fähigkeiten des Betreffenden als Flintenschüt-

Die Bockbüchsflinte hat die Büchsflinte mit quer angeordneten Läufen fast vollständig verdrängt.

Mit Zwischenstück und Schaftkappe sind mehrere, vielleicht entscheidende Zentimeter gewonnen.

Beim Einbau des Einstecklaufes wird immer ein spezieller Patronenauszieher angefertigt.

ze abhängt. Bei hochflüchtigen Sauen auf enger Schneise bewegt es sich – abhängig von der Schussentfernung – in dem Bereich von Rückgrat- und Krellschuss bis knapp darüber.

Abhilfe kann häufig eine um ein oder zwei Zentimeter dickere Schaftkappe bringen. Der verlängerte Schaft hat einen weiter nach vorne verlagerten Anschlag zur Folge. Häufig ist es von der Schaftlänge abhängig, wie viel der Schütze von der Laufschiene sieht.

Grundsätzlich sollte bei allen Schaftanpassungen ein Fachmann zu Rate gezogen werden, denn auch bei Bockbüchsflinten ist die Schäftung mit der Büchs-Flinten-Mischung ein Kompromiss. Die stete Schäftung für den Schuss ohne Zielfernrohr ist bei den flintennahen Bockbüchsflinten und Drillingen durchaus einsehbar. Daher muss eine möglichst flache Montage den optimalen Anschlag so weit wie möglich erhalten.

Bockbüchsflinten sollten generell mit variablen Zielfernrohren ausgerüstet werden. Konstant hohe Vergrößerung erschwert den schnellen Schrotschuss über das Glas oder macht ihn gar unmöglich. Damit würde die Bockbüchsflinte, zumindest auf der Pirsch, weitgehend ihren Sinn verlieren. Für den Schrotschuss über das Zielfernrohr wird der Profi die tatsächliche Lage der Garbe mit Probeschüssen ermitteln, denn ihr Zentrum ist nicht immer mit dem Zielpunkt für den Kugelschuss identisch. Interessant und aufschlussreich ist es, mit der Bockbüchsflinte über das Zielfernrohr einmal auf Tontauben zu üben. Die anfänglichen Schwierigkeiten sind behoben, sobald man gelernt hat, die Taube im Zielglas zu finden. Dann ist diese Waffe ihrem ursprünglichen Sinn entsprechend noch besser einsetzbar.

Einsteckläufe

Die Möglichkeit, einen Schrotlauf in einen Kugellauf umzuwandeln, erspart nicht nur den Erwerb einer Büchse. Der Einstecklauf erlaubt, ein zusätzliches Büchsengeschoss in Verbindung mit anderen zu nutzen. Er erweitert die Einsatzmöglichkeiten eines Drillings um den Nutzungsbereich, der zwischen dem Schrot- und Kugellauf liegt. Das am häufigsten angeführte Argument für eine Anschaffung ist der Fuchs. Da die Montage bei Drillingen im rechten Schrotlauf erfolgt, ist die Stechereinrichtung des vorderen Abzuges für den Einstecklauf weiterhin nutzbar. Präzise Schüsse auf die meist kleinen Ziele sind dadurch besser möglich.

Alles hat bekanntlich zwei Seiten. Die zusätzliche Kugel bei Selbstspannerdrillingen birgt einen kritischen Punkt. Die übliche Umschaltmöglichkeit zwischen Kugel und Schrot wird durch den Einstecklauf zur Entscheidung zwischen kleiner und großer Kugel. Damit kann es zu Handhabungsfehlern kommen, weil die eine nicht immer dort angebracht ist, wo die andere hin soll. Bei der vorher möglichen Ver-

Ein Nachrüsten ist bis zum Kaliber 9,3×74 R möglich. Damit kann eine Bockbüchsflinte zur preiswerten Doppelbüchse werden.

GROSSKALIBRIGE EINSTECKLÄUFE

Der Einbau großkalibriger Einsteckläufe erfordert eine intensive Waffenprüfung oder die Zustimmung des Herstellers. Bei leichten und filigran gebauten Bockbüchsflinten ist es möglich, dass Art und Stärke des Verschlusses nur auf die Belastung des ursprünglichen Schrotkalibers ausgelegt sind. Eine stark erhöhte Stoßbodenbelastung, an einer dafür nicht eingeplanten Stelle des Systems, kann daher Probleme bringen. Allein aus diesem Grund – genauer: wegen einer zu starken „Seitlich-oben-Belastung“ – können großkalibrige Einsteckläufe nicht in Drillingen eingebaut werden. Bei den konstruktionsbedingt vergleichsweise stabilen Bockbüchsflinten ist dagegen die Verschluss- und Systembelastung durch den mittig sitzenden Einstecklauf in der Regel bedenkenlos. Bei Bockbüchsflinten, für die es werksseitig Doppelbüchs-Wechselläufe gibt, sind derartige Bedenken ohnehin kein Thema.

wechselung war es nicht folgenschwer, wenn der 100 Meter entfernt stehende Bock oder Hirsch von Schroten berieselt wurde. Dagegen erfordert eine versehentlich abgefeuerte Kugel, zum Beispiel im Kaliber 5,6×52 R, neben dem Mut zum Geständnis fast immer einen sehr guten Schweißhund.

Beschusspflicht und Kaliber

Einsteckläufe sind nicht überall dort, wo es technisch möglich wäre, auch tatsächlich einbaubar. Die Montage erfordert einen neuen amtlichen Beschuss der Waffe in Verbindung mit dem Einstecklauf für Zentralfeuerpatronen. Diese Regelung galt übrigens nicht immer. Über lange Zeit wurde regelmäßig nur der Einstecklauf beschossen. Es interessierte weder den Hersteller noch das Beschussamt, wo er eingebaut wurde. Damit war die Montage in einer verschlussschwachen oder „ausgelutschten“ Waffe mehr oder weniger persönliches Risiko. Die Neuregelung kam, wie das Beschussamt Ulm auf Anfrage bestätigte, aus „gegebenem Anlass“. Uralte Hahnflinten hatten mit dem Gasdruck der Einsteckläufe im Kaliber 5,6×50 R Magnum so viel Dampf bekommen, dass sie als Büchsflinten – freilich nur für kurze Zeit – zu neuen Ehren gelangten.

Neben den schon lange existierenden Einsteckläufen bis hin zu den Kalibern .222 Rem. und 5,6×50 R Magnum sind seit wenigen Jahren auch Nachrüstungen im Kaliber 7×65 R und 9,3×74 R machbar. So lässt sich aus einer Bockbüchsflinte mit weniger als EUR 2000,– eine vollwertige Bockbüchse machen. Mehr noch – eine solche Nachrüstung ist den meisten Doppelbüchsen hinsichtlich der Schussleistung überlegen. Ohne Treffpunktlageveränderung verträgt der großkalibrige Einstecklauf Schussserien, die man den meisten Doppelbüchsen nicht zumuten sollte.

Extrembelastung für den Einstecklauf im Kaliber 7×65 R. Diese Munition wurde serienweise mit mehrmaligem Ein- und Ausbau des Laufes in vier Stunden verschossen. Testergebnis: Keine Probleme.

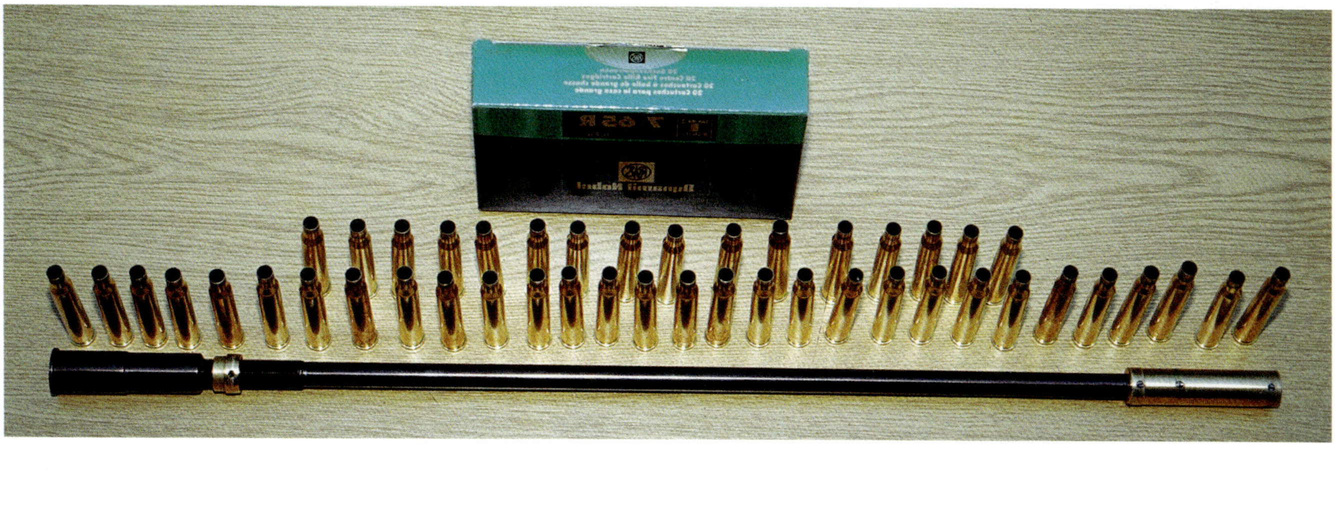

Schussleistung

Die Schussleistung der Einsteckläufe, besonders die der mündungslangen, ist bei optimaler Einpassung weit besser als angenommen. Die Lagerung in Buchsen oder flächigen Führungsteilen erbringt ihnen die Vorteile des frei liegenden Laufs mit seiner ungehinderten Wärmedehnung und unveränderten Treffpunktlage auch nach mehreren Schüssen in Folge. Eine nach Aus- und Einbau wiederkehrende Treffpunktlage bereitet bei einigen Fabrikaten keine Probleme mehr. Dennoch sollte in jedem Fall ein Kontrollschuss die erforderliche Gewissheit bringen. Bei den meisten Drillingen interessiert dieser Punkt wenig. Häufig ist der Einstecklauf dort zu einer beliebten und damit festen Einrichtung geworden. Außerdem ist diese Variante deutlich preiswerter als der Kauf eines „echten" Bockdrillings.

Zieloptik

Erste optische Zielhilfen, die als Zielfernrohre zu bezeichnen sind, gab es in den 80er-Jahren des 19. Jahrhunderts. In den darauf folgenden sechs bis sieben Jahrzehnten hat sich, wegen geringer technischer Möglichkeiten, wenig getan. Es gab schon kurz nach der Jahrhundertwende Zielfernrohre, die hinsichtlich ihrer optischen Leistung mit denen der 1950er-Jahre nahezu identisch waren. Alten Waidmännern sind die Zeiten bekannt, als ein „Zielvier" oder gar ein „Zielsechs" noch einen großen technischen Fortschritt bei der Jagdausübung bedeutete. Allerdings wurde in damaligen Zeiten, in denen ein Zielfernrohr auf einer Büchse nicht selbstverständlich war, die Möglichkeit eines präziseren Weitschusses vielfach dem Wild gegenüber als unfair angesehen. Derartiges Gedankengut, das sich vereinzelt lange aus „jagdsportlichen" Gründen gehalten hat, ist heute passé.

In den vergangenen Jahrzehnten hat die Zieloptik große Sprünge gemacht. So sind heute variable bis zwölffache Vergrößerungen und 56er-Objektive völlig normal.

Rund 100 Jahre alt und dennoch voll funktionsfähig ist diese optische Zielhilfe.

Zielfernrohre

Lichtstarke Zielfernrohre können auf kurze Entfernungen bei kleinen Zielen zu Fehlschüssen führen, wenn sich das Schützenauge nicht mittig hinter der Austrittspupille befindet. Dann wird der ohnehin schon überaus riskante Trägerschuss auf einen nahen Rehbock noch bedenklicher. Beim schiefen Einblick führt die Parallaxe zu „Wanderungen" des Absehens, die mit geringer werdenden Entfernungen zunehmen. Die Maximalabweichung kann theoretisch den halben Objektivdurchmesser betragen. Dadurch sind „Nahfehlschüsse" möglich.

Die Zielfernrohre auf dem deutschen Markt, seien es nun festvergrößernde, variable oder topmoderne Multizoom-Zielfernrohre, sind fast alle in 100 Meter Entfernung parallaxenfrei. Deshalb spielen die um zehn Millimeter möglichen Abweichungen in Schussdistanzen von über 50 Metern jagdlich kaum eine Rolle.

Die Risiken der „Ofenrohre"

Die sogenannten Ofenrohre machen bei den Händlern den Hauptumsatz auf dem Sektor Zieloptik aus. Die meisten „Aufrüster" und Jungjäger stehen auf dem Standpunkt: „Wenn schon – denn schon" oder „Viel hilft viel." Dagegen ist nichts einzuwenden, falls die tatsächlichen Fähigkeiten des Schützen der Ausrüstung weitgehend entsprechen.

Starke Gläser verleiten zu weiten Schüssen – sie täuschen über die tatsächlichen Schussentfernungen hinweg. Selbst ein Rehbock erscheint groß genug für einen vermeintlich sicheren

Schuss, wenn er 200 Meter weit weg ist. Mit vier- oder sechsfacher Vergrößerung wäre daran nicht zu denken gewesen. Die Risiken solcher Schüsse wurden mit der Winzigkeit des Zieles erkennbar. Bei größerem Wild geht der „Entfernungsbetrug“ starker Gläser häufig in die Grenzbereiche der Munition. Wer ein zierliches Reh auf 150 Meter beschießt, sieht dann beim großen Gebäude des Rottiers bei einem Schuss auf 250 Meter keine nennenswerten Probleme – die Trefferflächen erscheinen im Zielfernrohr ja annähernd gleich groß!

In solchen Bereichen sind dem Erfolg der Schüsse Grenzen gesetzt, die mit den Fähigkeiten des Schützen nicht viel zu tun haben. Steckschüsse können bei großer Körpermasse sowie weiten Schussentfernungen immer und völlig kaliberunabhängig vorkommen. Bei einigen Laborierungen sind sie sogar die Regel. Ist man sich darüber einig, dass gut getroffenes Wild nicht immer am Anschuss liegt, offenbart sich damit ein Problem. Steckschüsse verursachen nur geringe Schusszeichen und hinterlassen einen schwer auffindbaren Anschuss. In großen Entfernungen kann dieser kaum vom Schützen lokalisiert werden. Hinzukommt, dass Fehlschüsse bei Weitschüssen „leicht vorkommen können“. Deshalb wird die vergebliche Anschusssuche ohne Hund mit der Annahme „Fehlschuss“ schnell abgebrochen, obwohl das Stück am Ende seiner Todesflucht 50 Meter entfernt in der Dickung liegt.

Risikoerhöhend kommt bei Weitschüssen hinzu, dass Zielfernrohre keine Seitenwindanzeige haben. Damit ist die Treffpunktlage schon bei geringen Luftbewegungen mehr oder weniger dem Zufall überlassen. Die ballistischen Kurven und deren Anlehnung an die jeweilige GEE haben einige Schützen zwar verinnerlicht, doch werden die dabei vorkommenden Zielpunktabweichungen von den durch Seitenwind verursachten oft noch übertroffen. Die durch Entfernungsmesser unmittelbar vor dem Schuss genau feststellbare Distanz hat daher, was das Korrigieren des Haltepunktes anbelangt, nur bei Windstille einen Sinn. Schon seit mehreren Jahren hat die DEVA das unabänderliche Zusammenspiel von Seitenwind und Geschossflugbahnen für alle Kaliber, Schussentfernungen und Windstärken in einem Computerprogramm abrufbar. Interessierte Jäger können das überaus aufschlussreiche Material auf einer Diskette erwerben.

Das Risiko von Weitschüssen verringert ein Entfernungsmesser, den der Jäger – im Fernglas integriert oder als separates Gerät – vor dem Schuss benutzt, so er denn Zeit dazu findet. Auf dessen Messung können dann weitere ballistische Überlegungen aufbauen.

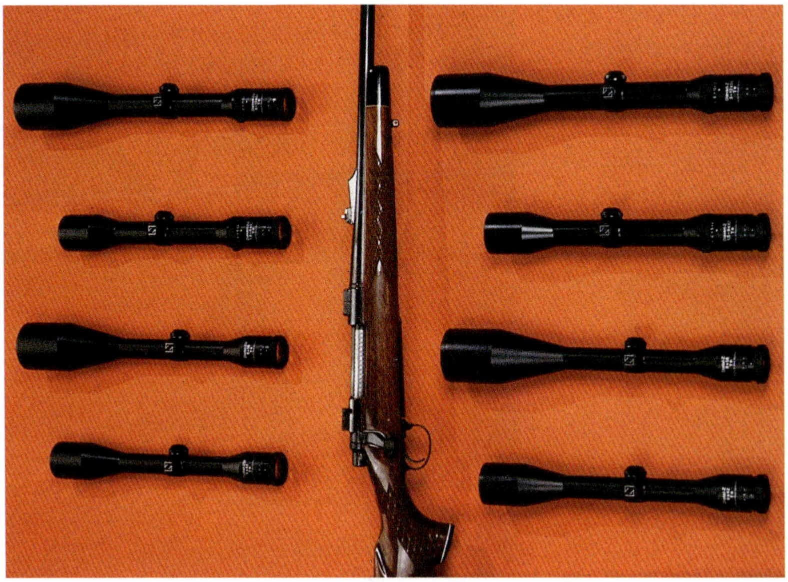

Bei riesiger Auswahl geht der Trend zu variablen und leistungsstarken Zielfernrohren.

Variable Zielfernrohre setzen sich gegenüber solchen mit Festvergrößerungen immer mehr durch.

Stark vergößernde Zielfernrohre verleiten zu weiten Schüssen. Sie täuschen manchen Jäger über die tatsächliche Entfernung hinweg. Dann ist es sinnvoll, vor dem Schuss einen Entfernungsmesser zu benutzen.

Die Frage nach dem „richtigen" Absehen eines Zielfernrohres ließ sich bis vor kurzem noch präzise beantworten. Das Absehen 4 und ähnliche waren wegen ihrer Feinheit weitgehend an gute Lichtverhältnisse gebunden, während beim Absehen 1 die groben Balken noch in dunkleren Nächten zuverlässig die Richtung anzeigten. So konnte oder musste sich jeder Waidmann in die eine oder andere Richtung entscheiden. Manch einem tat es leid, auf geliebte Feinheit verzichten zu müssen, weil der dicke Stachel mit dem nächtlichen Fuchs oft eine fehlschussträchtige Einheit bildet.

Nun gibt es beleuchtete Absehen. Damit ist vielen Waidmännern geholfen. Deren stufenlos sichtbar zu machende Feinheit wird nachts zu einem großen Vorteil. Das im Grunde vollkommen unverständlich lange anhaltende gesetzgeberische Hickhack um die Erlaubnis ist mittlerweile überstanden; hoffentlich für alle Zukunft. Bei objektiver Betrachtung ist die Absehenbeleuchtung nur eine Erfindung, die die Nachtjagd waidgerechter macht. Es entstehen für den Jäger keine zusätzlichen Möglichkeiten. Sie erreicht, dass bisher Praktiziertes besser und risikoloser machbar ist.

Leuchtpunktvisiere

Leuchtpunktvisiere eignen sich hervorragend zum Flüchtigschießen. Die vergrößerungsfreie Optik ermöglicht eine volle „Bilderhaltung" nach erfolgtem Anschlag. Dabei müssen beide Augen geöffnet bleiben. Das geht bekanntlich nur, wenn das Führungsauge auf der Seite ist, auf der sich die Waffe im Anschlag befindet.

Das Führungsauge wird unbeeinflussbar vom Gehirn vorrangig behandelt. Daher ist ihm das Bild des anderen in seiner Wahrnehmung und Wertigkeit untergeordnet.

Mit geöffneten Augen erscheint der Leuchtpunkt ohne wahrnehmbare Rahmung im Blickfeld und ermöglicht, einen im Vergleich zu dem

Beim Punktschuss auf Gams und Fuchs sind weite Schüsse manchmal allerdings unvermeidbar. Rucksack oder Lodenmantel bieten dann eine willkommene Gewehrauflage.

Schuss über Kimme und Korn viel besseren Überblick. Der Leuchtpunkt drängt sich dabei dezent auf. Er ist als Visierung und Haltepunkt stets gut erkennbar. Im Unterschied zu Kimme und Korn, bei dem – falls ein Auge geschlossen ist – das halbe Stück und der Bereich unter ihm voll abgedeckt werden, bleibt beim Leuchtpunktvisier das Ziel frei im Blickfeld. Das ermöglicht ein besseres Wahrnehmen von Schussreaktionen. Ein weiterer Vorteil bei den meisten Visieren ist, dass ihre Ziellinienhöhe mit der des Zielfernrohres identisch ist. So kann der gewohnte Anschlag beibehalten werden. Die flacheren unter ihnen erlauben andererseits bei der Montage auf Doppelbüchsen den flintenähnlicheren Anschlag.

Diese Vorteile erklären den Siegeszug der Leuchtpunktvisiere in den letzten zwei Jahrzehnten.

Zielfernrohrmontagen

Leistungsstarke Zielfernrohre und Büchsen erfordern zwangsläufig optimale Montagen. Schlechte Schussleistungen haben ihren Ursprung häufig allein in diesem Bereich. Auf dem deutschen Markt sind die unterschiedlichen Montagemöglichkeiten in drei Arten aufteilbar. Es wird eingehakt, aufgeschoben oder eingeschwenkt.

Einhakmontagen: Von den drei verschiedenen Bauarten ist die *Suhler Einhakmontage* die teuerste, komplizierteste und gleichzeitig anfälligste. Sie ist gut, wenn sie genau gearbeitet ist. Mit dieser Einschränkung offenbart sich schon der Haken: Noch weitgehend in Handarbeit eingepasst, ist die jeweilige Qualität einzig und allein eine Frage des jeweiligen handwerklichen Könnens. Mehrere Passflächen müssen in ihren jeweiligen Aufnahmen hundertprozentig und auch zueinander so gut gearbeitet sein, dass alle Füßchen gemeinsam mit jeweils gleicher Belastung die Rückstoßkräfte auf die Massenträgheit des Zielfernrohres übertragen. Auch andere, nicht einkalkulierbare mechanische Belastungen müssen ohne punktuelle oder einseitig höhere Beanspruchungen veränderungs- und verschleißfrei „verdaut" werden. Die Her-

Auch durchsichtige Schutzklappen fürs Zielfernrohr werden vor dem Schuss stets abgenommen!

DAS FÜHRUNGSAUGE BESTIMMT

Welches der beiden Augen das „Führungsauge" ist, kann man einfach feststellen: Mit beiden geöffneten Augen wird über den am gestreckten Arm hochgestellten Daumen irgendein Ziel, etwa eine Gardinenkugel, anvisiert. Dann wird wechselseitig je ein Auge geschlossen. Das Auge, bei dem der Daumen auf dem Ziel bleibt, ist das Führungsauge.

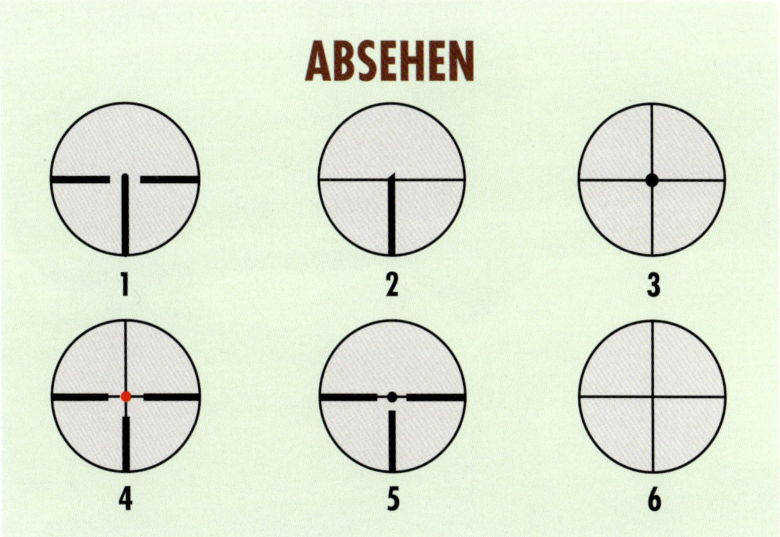

Von den Standardabsehen setzten sich vor allem Nr. 1 und Nr. 4 durch. Mittlerweile werden zahlreiche weitere, meist beleuchtete Absehen angeboten.

Leuchtpunktvisiere gibt es in den unterschiedlichsten Ausführungen.

stellung guter Einhakmontagen erfordert in hohem Maß fachliches Können.

Schwenkmontagen: Diese Montagen sind dagegen in all ihren Passteilen von computergesteuerten Präzisionsmaschinen gleichbleibend genau gefertigt, wie es einem Menschen selbst mit kleinster Feile und größter Erfahrung nicht möglich wäre. Absolut fehlerfreie Montagen sind daher von jedem Lehrling problemlos machbar. Über einen einzigen, robusten Vorderzapfen, der großflächig und verschleißfrei in seiner Aufnahme anliegt, erfolgen alle Kraftaufnahmen. Die hintere Halterung fixiert nur die Richtung und garantiert dadurch in jedem Fall Spannungsfreiheit. Bei einem Glaswechsel oder einer Doppelmontage werden zusätzliche obere Besteckteile gebraucht. Sie passen ohne Nacharbeit hundertprozentig in die vorhandenen, mitunter viele Jahre alten Aufnahmen. Besser, einfacher und preiswerter geht's wirklich nicht.

Aufschubmontagen: Diese Montagen sind hierzulande kaum noch gebräuchlich. Bei ihnen werden die Gläser auf eine an der Büchse bereits vorhandene Prismenschiene oder nachträglich montierte Gesteckteile aufgeschoben und festgeklemmt. Sie gelten im Vergleich zu anderen als weniger belastbar. Nach dem Herunternehmen und neuerlichen Aufsetzen des Zielfernrohrs ist bei ihnen die Wiederkehr der vorherigen Treffpunktlage nicht immer gegeben. Ein nochmaliges Einschießen ist erforderlich. Aus diesem Grund finden Aufschubmontagen hauptsächlich bei Waffen Verwendung, bei denen das Glas ständig drauf bleibt.

Der Büchsenschuss

Die ewige Kaliberdiskussion

Auf keinem anderen jagdlichen Gebiet wird annähernd so viel Haarspalterei betrieben wie auf dem Sektor von Kaliber, Geschoss und Wirkung – es gibt schließlich genug Material.

In Deutschland hat man mit den zur Verfügung stehenden Kalibern und deren endlosen Laborierungsvarianten mittlerweile auch an „Bleifreien“ zahllose Möglichkeiten für das Bejagen von hauptsächlich vier Schalenwildarten. Trotzdem wird unglaublich oft ein Kaliber oder Geschoss als „ideal“ oder „einzig richtig“ herausgestellt, auch wenn es technisch von der nächstliegenden höchstens Millimeter- und Grammbruchteile entfernt ist. Allerdings hält sich die Zahl derer, die sich bei diesem Thema ereifern, die Waage mit denen, die von dem „theoretischen Kram“ nichts hören wollen.

Letztere schießen häufig das Kaliber, welches sie sich als Jungjäger angeschafft haben. Da war zum Beispiel die 7×64 oder die .30-06 schon genauso „universell“ und „modern“ wie heute. Diese Jäger interessieren sich weder für ballistische Kurven noch für Geschossanfangs-

Die Suhler Einhakmontage verlangt vom Büchsenmacher viel handwerkliches Können. So erklären sich die relativ hohen Kosten für diese Montageart.

geschwindigkeiten und Auftreffenergien. Sie wissen aus Erfahrung, dass das, was sie da in Richtung Reh, Hirsch oder Sau auf die Reise schicken, bei richtigem Sitz der Kugel vollkommen ausreicht. Und damit haben sie Recht. Unter den Voraussetzungen eines vernünftigen Treffpunktes ist die für die jeweilige Wildart zugelassene Munition in jedem Fall tödlich.

Bei der Schwenkmontage sorgt ein stabiler, maschinell passgenau gefertigter Vorderzapfen für optimalen Halt. Sie ist häufig zu sehen.

Entscheidend: Der Sitz der Kugel

„Mehr oder weniger tödlich“ ist ein ausgiebiges Thema in vielen Artikeln und an zahlreichen Stammtischen. Die jeweilige Länge einer Todesflucht scheint oft der Beweis für ein besseres Kaliber oder Geschoss zu sein. Die Krönung ist häufig die Munition, bei der ohne nennenswerte Wildbretzerstörung „immer alles sofort liegt“. Das ist, salopp formuliert, absoluter Quatsch. Zaubergeschosse, die ohne mechanische Zerstörung immer augenblicklich töten, existieren nicht. Wer ein Stück Wild an den Fleck bannen will, muss dementsprechend schießen und zerstörungs- oder risikobereit sein. Der Hochblatt-Rückgratschuss bringt mit großer mechanischer Zerstörung auch viel Wildbretverlust. Dagegen birgt der ebenfalls fleckbannende Träger-, Hals- oder Sau-Kopfschuss ein hohes Risiko, von dem dringend abzuraten ist. Bei solchen Schüssen spielt die jeweilige Leistung eines Geschosses oder Kalibers nie die entscheidende Rolle.

In der Praxis angestrebt und in der Mehrheit aller Fälle auch erreicht wird der Kugelschuss unmittelbar hinters Blatt. Dort werden beim Ein- und Ausschuss bestenfalls drei oder vier Rippen zerstört. Jeder kann sich überlegen, was das eine oder andere Geschoss dazwischen Unterschiedliches bewirken kann. Ob da sechs, sieben oder acht Millimeter, neun, zehn oder zwölf Gramm mit einer Geschwindigkeit von 700 oder 800 Metern pro Sekunde hindurchpfeifen, dürfte zumindest beim Rehwild egal sein. Unwichtig ist auch, ob das Stück am Anschuss liegt oder die Todesflucht 20, 30 oder 50 Meter lang ist, denn die Gefahr des Verlorengehens entsteht dadurch fast nie. Wenn jemand in Grenznähe unbedingt Downschüsse braucht, dann muss er dementsprechend schießen oder das Verhältnis zu seinem Nachbarn verbessern.

Links: Bleifreie Kugelpatronen: Viele Jagdleiter verlangen sie schon, bald wird der Gesetzgeber sie wohl überall zur Pflicht machen.

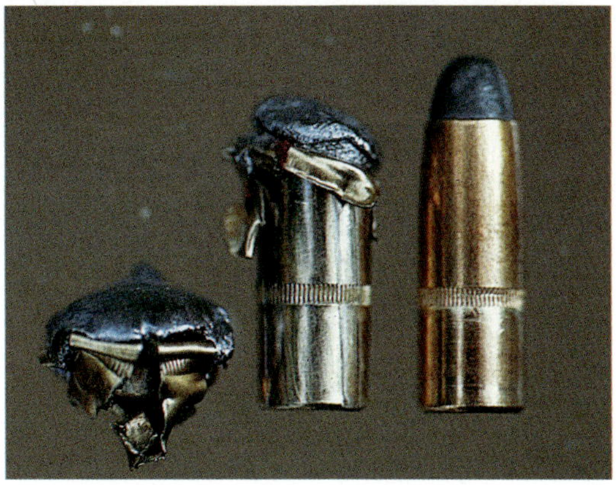

Rechts: Aufgepilzte Bleigeschosse (Teilmantel-Rundkopf). Ob bleifreie Geschosse hinsichtlich Energieabgabe Vergleichbares leisten, ist noch umstritten.

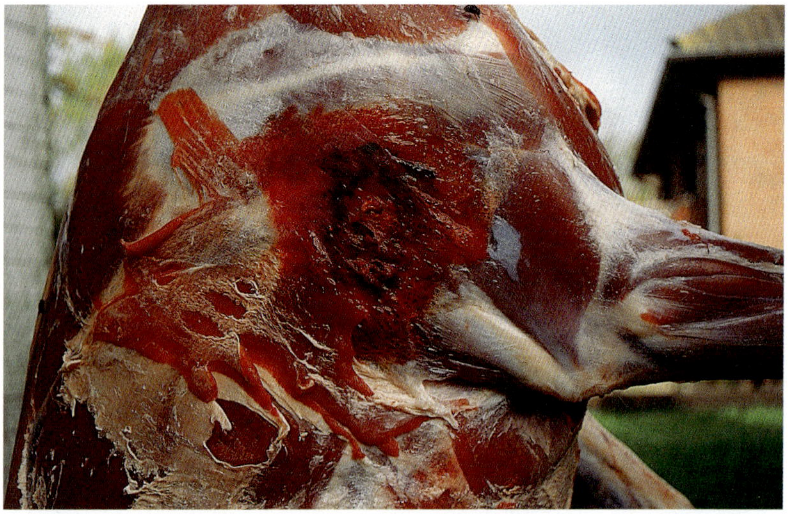

Jagdlicher Erfolg und Wildbretzerstörung gehören untrennbar zusammen. Über das Ausmaß der Entwertung entscheidet vorrangig der Sitz der Kugel. Ihn kann der Schütze bestimmen!

Schusswirkung ist situationsabhängig

Sicher, auch mit Schüssen hinter das Blatt liegen einige Stücke schockähnlich im Knall. Trotz der gewaltigen Auftreffenergien ist das weniger vom Geschoss als von der jeweiligen Situation abhängig. Somit kann es, auch wenn es einige Male vorkam, nie zur Regel erhoben werden. Diese Treffer haben bei beunruhigtem oder fluchtbereitem Wild häufig ganz andere Auswirkungen. Nicht verwunderlich ist, dass der vertraut äsende Bock meist im Feuer liegt, während der andere, der schreckend und fluchtbereit im Stechschritt durch die Wiese zog, mit dem gleichen Sitz der Kugel noch über 100 Meter flüchtet. Aus diesem Grunde haben Drückjagden mit dem, was das Wild mit guten Kammerschüssen mitunter noch bewältigen kann, ganz eigene Gesetze.

Ob das Wild – hier Tier, Schmaltier und Kalb – fluchtbereit oder vertraut ist, bestimmt die Länge der Todesflucht oft mehr als das jeweilige Geschoss.

Noch schwerer zu töten ist krankes Wild, welches durch einen Schuss oder Verkehrsunfall vorbereitet und auf eine schlimme Situation eingestellt ist. Im Taunus hatte man deshalb vor einigen Jahren überlegt, brutaler zerstörende Jagdwaffen auf den Polizeiwachen zu stationieren, weil die Vollmantelgeschosse aus den Dienstwaffen bei angefahrenen Rehen kaum Wirkung zeigten. Auf angefahrenes Rot- und Schwarzwild waren wiederholt ganze Magazine leer geschossen worden.

„Rehwildpatronen"?

Bei den unmittelbar nach dem Schuss folgenden Reaktionen kann grundsätzlich mit jedem Kaliber bei jedem Wild alles passieren. Da stellt sich die Frage nach dem Sinn von Rehwildkalibern. Hier werden kleinkalibrige und minigewichtige Geschosse dem zierlichen Rehwild nach dem „Nicht-mehr-als-nötig-Prinzip" nur gedanklich richtig zugeordnet. Ein praktischer Sinn ist selten erkennbar. Die hektischen Geschosswinzlinge verursachen die für die Hausfrau so hässlichen Blutergüsse und zerstören bei breit stehendem Wild oft mehr Wildbret als „dicke Pillen" bei gleichem Treffersitz. Zierliche Körper ermöglichen durch ihren geringen Widerstand schweren Geschossen niemals das Abgeben ihrer gewaltigen Energien. Sie zerstören immer weniger als die dem Rehwild „angepassten" Leichtgewichte.

Es gibt eigentlich keinen vernünftigen Grund, Rehwildkaliber tatsächlich auf Rehwild zu verschießen. Im Gegenteil: In Revieren, in denen auch noch anderes Schalenwild vorkommt, ist das auf eine Wildart beschränkte Kaliber unverständlich. Und überhaupt – was spricht dagegen, Rehwild „stabiler" als mit den untergewichtigen, hochgradig gras- und windempfindlichen Winzlingen zu bejagen? Eigentlich nichts, und allein der niedrigere Munitionspreis dürfte es nicht sein.

Bei anderen Schalenwildarten bekommt die Angelegenheit im Vergleich zum zierlichen Rehwild eine andere Dimension. Deshalb ist es erfreulich, dass es bei der Munition keine weiteren wildspezifischen Abstufungen mehr gibt. Hier orientiert man sich hinsichtlich der nötigen Leistung ganz nach oben – also am dicken Keiler und starken Hirsch. Damit werden spitzfindige Idealisierungen und spezielle, „einzig richtige" Laborierungen zwangsläufig zu einem Witz. Der Einsatz erfolgt auf Wildkörper, die durchaus mal einen Gewichtsunterschied von über 100 Kilogramm aufweisen können. Das relativiert die Rehwildpatronen: Viele Kälber und auch Frischlinge, die großkalibrig ohne irgendeinen Negativpunkt zur Strecke kommen, sind unwesentlich schwerer als ein Reh.

So gelingt's nicht immer. Der Frischling kam flott und roulierte im Schuss. Drückjagden haben hinsichtlich der Schusswirkung eigene Gesetze.

Ausschuss und Steckschuss

In allen Kalibern kann der Jäger zwischen vielen, in Gewicht, Eigenschaften und Aufbau unterschiedlichen, bleifreien und bleihaltigen Geschossen wählen. Wo Schwarz- und Rotwild vorkommen, sind schwere Zweikammergeschosse – auch die gibt es schon bleifrei – oder solche mit schwerem Heckteil zu bevorzugen. Schließlich soll es ja Ausschuss geben. Zweikammer- und ähnlich aufgebaute Geschosse pilzen kontrolliert auf oder zerlegen bei entsprechendem Widerstand nur das Vorderteil. Ein schweres Hinterteil sorgt für Ausschuss. Grund für solche Konstruktionen sind die häufigen und normalen Todesfluchten auch nach besten Schüssen. Bei Steckschüssen wird es kritisch. Der Schütze hat kein Zeichnen wahrgenommen und kann die Stelle, an der das Stück gestanden hat, nicht genau benennen. In solchen Situationen wird leicht ein Fehlschuss angenommen, weil ein Anschuss nicht zu finden ist. Der kalibergroße Einschuss hinterlässt kaum Schnitthaar und schweißt, wenn überhaupt, nur wenig. Damit fehlt neben den sonst üblichen Schusszeichen auch der Schweiß in der Fährte. Und – Hand aufs Herz – wer holt einen erfahrenen Schweißhund, wenn der Schütze sich nicht sicher ist und nach vergeblichem Suchen von zwei oder drei Jägern auf „glatt vorbei" entschieden wird? Dabei kann hier nur die gute Hundenase helfen.

Was für so starkes Wild an Geschossenergie ausreicht, ist für schwächere Stücke trotzdem nie zu viel. Erfreulicherweise gibt es keine Kaliberabstufungen zwischen Hirsch und Kalb.

Beim Zerwirken sieht der Jäger die Wirkung des Geschosses am besten.

Kaliberstärke auch schützenabhängig

Das beste Kaliber ist immer das, welches der Schütze ohne übermäßige mentale und physische Belastung angstfrei verschießen kann. In diesem Punkt bereiten die weit verbreiteten Kaliber wie 7×64 oder .30-06 den meisten Jägern und vor allem Jägerinnen keine Probleme. Damit sind sie für unser heimisches Schalenwild gut und vollkommen ausreichend gerüstet. Dennoch wollen einige Jäger höher hinaus. Dagegen ist absolut nichts einzuwenden, wenn ihnen der stärkere Rückschlag keine Schwierigkeiten bereitet sowie der Fähigkeit zum präzisen Schuss keinen Abbruch tut. Es kann ohnehin nichts dazu gesagt werden, denn „Nehmerqualitäten" sind individuell verschieden. Die Schützenbelastung ist abhängig von Kaliber, Waffengewicht und Schäftung. Daher sind Probeschüsse vor dem Erwerb in jedem Fall ratsam, falls jemand die allgemein verträglichen Grenzen deutlich überschreiten will.

Wer sich in die Respekt einflößenden Magnumdaten unsterblich verliebt hat, sollte die eigenen Fähigkeiten hinsichtlich einer möglichen Nutzung mit unterschiedlichen Büchsen probieren. Dabei gibt es, egal ob der Lauf mit einer Mündungsbremse versehen ist oder nicht, beträchtlich differierende Schützenbelastungen, deren Ursache nicht immer schlüssig erklärbar ist.

Jagdlich kritisch und überaus bedenklich wird großkalibrige Magnum-Munition, wenn der Schütze weiß, dass er damit nicht vernünftig schießen kann und es dennoch tut. So etwas kommt durchaus vor! In diesen Fällen wird der

Brauchen wir für unsere Rehe „Rehwildpatronen" und großflächige Blutergüsse?

MAGNUM-POWER TAUGT NICHT FÜR JEDERMANN

Extremversuche bei der Kaliberwahl sind nicht ungefährlich! Sie können nicht nur verletzen, sondern auch mental nachhaltig beeinflussen. Schlimme Erfahrungen nach Betätigen eines Abzugs werden manchmal nicht mehr „verdrängt" und machen sich dann unter Umständen sogar beim Kleinkaliberschuss durch Verkrampfen und Mucken negativ bemerkbar. In einem konkreten Fall musste ein gestandener Jäger mit großen, geistigen Anstrengungen erst wieder richtig schießen „lernen", nachdem ihn eine Großwildbüchse im Kaliber .500 NE schwer angeschlagen hatte. Sein durch reine Neugierde entstandenes Problem nannte er „Abzugs-Phobie".

Diese drei unterschiedlich schweren Geschosse wurden in der Praxis hart getestet. Keines zeigte sich weniger tauglich als die anderen.

Sitz der Kugel wohl als nebensächlich angesehen – frei nach dem Motto: „Wenn die trifft, fällt alles um." Das ist natürlich haarsträubender Unsinn. Mangelnde Schießfertigkeit lässt sich nie mit leistungsstarken Geschossen ausgleichen. Lauf-, Krell- und Streifschüsse sind grundsätzlich mit jedem Kaliber möglich. Mit einer solchen Einstellung werden sie genauso leichtfertig verursacht wie bedenkenlos in Kauf genommen.

Temperaturabhängige Treffpunktlagen?

Die Läufe unserer Büchsen sind Präzisionsteile und wie alle verbindenden Schrauben und Passungen aus Stahl gefertigt. Damit unterliegen sie temperaturabhängigen Veränderungen nach physikalischen Gesetzen.

Das bedeutet, dass ein Büchsenlauf zwischen Sommer und Winter, wenn auch nur in winzigen Millimeterbruchteilen, in all seinen Abmessungen schwankt. Das heißt auch, dass Verbindungsschrauben in einer Büchse temperaturabhängig ihre Länge und damit auch ihre Zugstärke verändern. Daraus können sich durchaus unterschiedliche Treffpunktlagen durch ein verändertes Schuss- und Schwingungsverhalten ergeben. Theoretisch kann daher jede Jagdwaffe, die im Hochsommer bei vielleicht 30 Grad ein- oder kontrollgeschossen wurde, im Winter bei minus zehn Grad die Kugel willkürlich platzieren. Allerdings gehen die

Harter Frost bestimmt das Landschaftsbild. Wirkt er sich auch auf die Schussleistung der Büchse aus?

DER TEMPERATURTEST

Zwei Waffen unterschiedlicher Bauart wurden einem Temperatur-Extremtest unterzogen. Eine Sauer 200 als Repetierbüchse im Kaliber 9,3 × 62 und eine Brünner Luxus Bockbüchsflinte mit dem Kugelkaliber 7 × 65 R verschwanden für 24 Stunden in einer –28,5 Grad kalten Tiefkühltruhe. Unmittelbar vor den Schussserien wurden die um rund 40 Grad wärmeren Zielfernrohre aufgesetzt. Das war übrigens vollkommen problemlos möglich. Allerdings hatten beide Testwaffen EAW-Schwenkmontagen, für die ja bekanntlich bauartbedingt leicht differierende Achsialmaße nie kritisch sind.

Die Sauer 200 im Kaliber 9,3 × 62 mit RWS-Munition und einem 19-Gramm-Geschoss zerstreute alle Frostbedenken. Sie schoss drei Schüsse im Abstand von zehn Sekunden in Folge in gewohnter Form zusammen, obwohl die Laufinnentemperatur vor dem ersten Schuss –22,6 Grad betrug. Später wurde bei einer anfänglichen Laufinnentemperatur von plus 16 Grad eine „warme" Dreierserie mit der kalten auf 100 Meter Entfernung sogar übereinander geschossen. Selbst dabei hatten alle sechs Schuss nur einen Streukreis von 25 Millimeter. Das ist eine wirklich überzeugende Leistung, wenn man bedenkt, dass die beiden Serien mit einem Temperaturunterschied von 38,6 Grad Celsius begonnen wurden.

Die Bockbüchsflinte zeigte auch gefroren bei den Dreierschussserien das übliche Klettern der fest verlöteten Läufe. Nur mit dem einen Unterschied, dass der –20 Grad kalte Lauf mit der „Leiter" tiefer anfing. Die Ursache dafür war offensichtlich der dünnwandigere Schrotlauf, der sich vor dem ersten Schuss schneller erwärmt und gedehnt hatte. Nach dem ersten Kugelschuss schienen dann beide Läufe dieselbe Temperatur zu haben. Die zweite Kugel saß da, wo sie hin sollte. Beim dritten Schuss war der Kugellauf schon wieder wärmer und „länger" als der Schrotlauf – also Hochschuss. Die zu tiefe „erste Leitersprosse" tritt in dieser Form natürlich nicht an frostigen Wintertagen bei der Jagd auf, denn da haben beide Läufe vor der ersten Schussabgabe exakt dieselbe Temperatur.

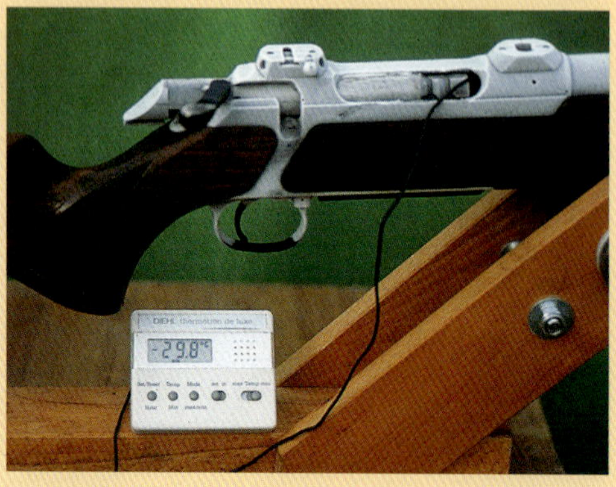

Eine tiefgefrorene Büchse im Härtetest. Ergebnis: Sommer- oder Wintertemperaturen sind schießtechnisch unbedenklich.

Rechts: Zwei Serien, 1 bis 3 und 4 bis 6, mit einem Temperaturunterschied von 38,6 Grad Celsius geschossen

Meinungen von Jägern und Fachleuten in diesem Punkt ziemlich auseinander. Denn die Frage nach möglichen Veränderungen wird etwa zu gleichen Teilen mit „Ja", „Nein" oder „Weiß nicht" beantwortet.

An einer willkürlich ausgewählten Kipplaufwaffe und Repetierbüchse wurde – stellvertretend für die gebräuchlichsten Waffenarten – einmal getestet, ob es generell temperaturbedingte Treffpunktlagenveränderungen gibt (siehe Kasten). Mehr ist in einem solchen Test auch nicht festzustellen, das ist ganz sicher. Auch wenn man eine Vielzahl verschiedener Waffen prüfen würde, könnte man nur eine prozentuale Wahrscheinlichkeit für temperaturempfindliche Waffen ermitteln und niemals pauschal sagen,

dass diese oder jene Büchse in dieser Hinsicht besser oder schlechter ist.
Ohnehin könnten Punkte ausschlaggebend sein, die nie hundertprozentig gleich sind – eine stärker angezogene Verbindungsschraube, eine etwas andere Systemeinpassung, unterschiedliches Schaftholz, Metallablagerungen im Lauf oder eine nicht optimale Montage des Zielfernrohrs. All das bedeutet schlichtweg, dass mehrere Waffen des gleichen Typs vom selben Hersteller, wenn überhaupt, unterschiedlich reagieren können.
Die beiden bauartunterschiedlichen Testwaffen stellten sich hinsichtlich der mechanischen Funktionen und Schussleistungen als vollkommen temperaturunempfindlich heraus, obwohl mit einem Temperaturunterschied zwischen Waffe und aufgesetztem Zielfernrohr von fast 40 Grad eine praxisferne Situation geschaffen wurde.
Damit ist allerdings nur der Beweis erbracht, dass es nicht generell temperaturbedingte Veränderungen gibt. Dass sie dennoch unter bestimmten Voraussetzungen möglich sind, kann nicht ausgeschlossen werden. Weil jedoch keine grundsätzliche Beeinflussung besteht, kann davon ausgegangen werden, dass sie sich bei etwaigem Vorhandensein in einem jagdlich noch vertretbaren Rahmen bewegt. Wer dennoch Befürchtungen hegt, sollte ganz einfach einen stark frostigen Wintertag für einen Kontrollschuss nutzen. Vielleicht und höchstwahrscheinlich stellt auch er dann fest, dass seine Büchse vollkommen temperaturunempfindlich ist.

Der Schrotschuss

Auf den ersten Blick mag die Behauptung verwunderlich klingen, dass der Schrotschuss vom Jäger weit mehr Disziplin und Verantwortungsbewusstsein erfordert als der Kugelschuss. In aller Regel wird eine solche Einstufung nur nach der für den Menschen ausgehenden Gefahr vorgenommen. Und da ist natürlich ein in weiter Ferne noch tödliches Büchsengeschoss viel gefährlicher als eine nur auf kurze Distanz

In sicherer Haltung erwartet sie von vorn heranstreichendes Federwild.

wirkende Schrotgarbe. Diese Tatsache ist jedoch aus einem anderen Blickwinkel auch für den jagdlichen Erfolg von entscheidender Bedeutung: Mit der Absicht, Strecke zu machen, neigt mancher Jäger zu unwaidgerechten Weitschüssen, weil er keinerlei Gefahren fürs Hinterland mehr sieht. Aber die gibt es.

Mangelnde Disziplin

Eine vernünftig treffende Kugel wirkt selbst auf große Entfernungen für Reh, Hirsch und Sau tödlich. Mit dem Schrotschuss gelingt das Töten nur auf relativ kurze Entfernung. Damit wird die Nahdistanz zu einem nötigen und unbedingt einzuhaltenden Handlungsbereich.
Obwohl oder gerade weil dieser Umstand fast jedem Jäger bewusst ist, resultiert daraus die Masse der Fehlschüsse. Überhastete Schussabgaben sind gleichermaßen erfolglos wie das oft zu beobachtende „Probieren" mit der anschließenden Feststellung, dass es „wohl doch zu weit" war. Würde man – und das kann jeder für sich selbst einmal kurz überschlagen – die Erfolgsquote des Kugelschusses mit der des

Disziplin ist ein absolutes Muss: Fotograf und Hund sind in der Schusslinie – der Flintenschaft geht selbstverständlich nicht ins Gesicht.

Schrotschusses vergleichen, offenbart sich oft ein fast katastrophales Verhältnis. Der Grund dafür ist neben geringer Größe und oft hohem Tempo des Wildes sowie mangelnder Übung auch eine häufig sehr laxe Einstellung zum Schrotschuss schlechthin. Irgendwie wird er nicht ganz „für voll" genommen. Im Unterschied zum Fehlschuss mit der Büchse ist es daher auch keine weitere Überlegung wert,

Wie viele Kügelchen von drei Millimeter Durchmesser sind's im Kaliber 16/70?

wenn die Schrote keinen sichtbaren Erfolg bringen. Gerade die technischen Grenzen des Schrotschusses erfordern Disziplin.

Für viele ungeübte Waidmänner bleibt der Schrotschuss sogar ein steter Versuch, der häufig nur klappt, wenn sie gerade mal „gut drauf" sind oder einfach nur Glück haben. Das ist zwar bedauerlich und kaum zu ändern, doch wird es kritisch, wenn „Erfolg" auch in weiten Schussentfernungen gesucht wird. Kritisch ist das insofern, da eine Schrotgarbe entfernungsabhängig rapide an Wirkung verliert und dennoch für das beschossene Wild nie vollkommen harmlos ist.

Deckung und Energie

Schrot tötet bekanntlich durch nervenlähmende Schockwirkung. Das bedeutet, dass eine genügende Anzahl Schrote mit ausreichender Energie den Wildkörper treffen müssen. Diese beiden Grundvoraussetzungen sind technisch wie ballistisch nicht gleichermaßen erreichbar. Das Volumen der Schrotpatronen bestimmt mit der Größe (Energie) der Schrote auch deren Zahl (Deckung). So geht bei feinem Schrot die Kraft genauso schnell verloren wie die Deckung bei grobem. Einzelne grobe Schrote mit hoher

Bewusstes Handeln in einer sich häufig ändernden Situation. Genau dies erfordert das Flintenschießen.

Durchschlagskraft bringen daher ebenso wenig Schockwirkung wie viele kleine mit ungenügender Kraft. Das heißt: Die Grundvoraussetzung für den tödlichen Schrotschuss ist allein eine Frage des entfernungsabhängigen Zusammenspiels von Kraft und Deckung. „Fernerfolge“ sind oft nur eine Frage der Hundearbeit, weil die zur sofortigen Tötung unfähigen Schrote nur noch zum Krankschießen reichen. Hier trifft das Wort vom unwaidmännischen Verhalten voll zu.

Mit einem Streukreisdurchmesser von zwei bis drei Metern schießen selbst die schlechtesten Schützen nur selten „glatt vorbei“. Zumal auch die weit vor einem Hasen aufsetzenden Schrote noch lange nicht daneben sind. Der für den Schocktod ausreichende Wirkungsbereich muss daher vor jedem Schrotschuss bedacht und konsequent eingehalten werden. Somit erfordert er fraglos mehr Disziplin und Verantwortungsbewusstsein der Kreatur gegenüber als der in weiter Ferne stets noch übermotorisierte Kugelschuss. In diesem Punkt können nur „Waidmänner“ anders denken und handeln, die grundsätzliche Unterschiede zwischen Krankschießen und Anschweißen machen. Jagdherren werden einen solchen „Superweitschützen“ vor versammelter Korona laut und deutlich „annehmen“. Krankschießen ist stets Tierquälerei. Geschieht sie fahrlässig, qualifiziert das besonders ab.

Magnum-Patronen

Innerhalb der gängigen Schrotkaliber sind nur geringe Leistungssteigerungen durch schwerere Ladungen möglich. Da der Gasdruck dabei, wenn überhaupt, nur in einem begrenzten Rahmen erhöht werden kann, bringt das nicht viel. Mit unterschiedlichen Chokeeinsätzen lassen sich einige Flinten zwar noch für bestimmte Jagden entsprechend den vorrangig zu erwartenden Schussentfernungen umrüsten, doch wird auch damit nur eine bessere Bündelung oder Verteilung vorhandenen Potenzials erreicht.

Eine tatsächliche Leistungssteigerung dagegen sind Magnumflinten, die mit durchschnittlich 35 Prozent höherem Gasdruck auch stärkere Ladungen verschießen. Allerdings sollte vor einer eventuellen Anschaffung in jedem Fall bedacht werden, dass solche Flinten auch nach hinten spürbar stärker losgehen. Dabei ist die Schmerzgrenze viel schneller als bei großkalibrigen Büchsen erreicht. Ursächlich dafür ist neben einer relativ „haltlosen“ Flintenschäftung der oft hastige, nicht immer optimale und wegen unterschiedlicher Schussrichtungen auch stark variierende Anschlag. Das ist bei normalen Schrotkalibern mitunter schon unangenehm. Eine Magnum kann im ungünstigen Fall eine wahre Schützenbestrafung zur Folge haben. Darum empfiehlt sich der Einsatz von Magnumflinten auch nur auf wirklich hoch

Zwischen den Kalibern 10/89 und 16/70 steht die 12/70 als das meist geschossene Kaliber.

Voll getroffen – und als Braten unverwertbar. Auf kurze Entfernungen wirken Magnum-Patronen aus Sicht des Kochs „verheerend".

streichende Gänse oder Enten, wo tatsächlich mehr Leistung angebracht erscheint und sich die Zahl der Schüsse oft in einem verträglichen Rahmen bewegt.

Bei gewöhnlichen Niederwildjagden sind Magnumflinten schon aus anderer Sicht bedenklich. In normalen Schussentfernungen machen ihre bis zu 57 Gramm schweren Ladungen bei Vollchoke-Volltreffern Enten, Fasanen und Hasen für jede weitere Verwertung unbrauchbar. Wenn daraus dann wieder resultiert, dass ein Magnumschütze glaubt, „weiter hinlangen" zu können oder gar zu müssen, ist seine Ausrüstung hinsichtlich der „Krank-Tot-Wahrscheinlichkeit" wieder keinen Deut besser als die normalkalibrige. Ein so „schweres Geschütz" tut also selten Not.

Abends wird im Hof Strecke gelegt. Sie kann sich sehen lassen. Es wurde sauber geschossen. Den Jagdherrn freut's.

Bleifreie Schrote

An und über Gewässern darf der Jäger nur noch mit bleifreien Schroten jagen. Hierdurch soll zum einen Gewässerbelastung durch Blei, zum anderen aber auch eine gesundheitliche Schädigung von Wasservögeln, insbesondere gründelnder Arten, durch die Aufnahme von Bleischrotkörnern verhindert werden.

Die Munitionshersteller haben reagiert und bieten mittlerweile eine Reihe nicht aus Blei bestehender Schrote an: Weicheisenschrote (Stahlschrote), Zink-, Tungsten- oder Bismutschrote. Für die Verwendung nicht toxischer Schrote sollte eine Flinte die „Lilie", das Zeichen für einen Stahlschrot-Beschuss, tragen, will der Jäger in der Wahl den angebotenen Laborierungen nicht nach oben beschränkt sein.

Hinsichtlich Tötungswirkung, Abprallverhalten und Umgebungsgefährdung stellen diese Varianten keinen identischen Ersatz für Bleischrote dar. Weicheisenschrote haben ein geringeres spezifisches Gewicht, so dass der Schrotschuss damit in seiner Wirkung beträchtlich reduziert wird. Einem Test zufolge erbringt das Kaliber 12/89 Magnum mit Eisenschrot auf 35 Metern Schussentfernung nur etwa die Leistung einer Bleiladung im Kaliber 12/70. Mit Stahlschroten und Zinkschroten muss sich der Jäger auf eine Schussentfernung von maximal 30 Meter beschränken und stärkere Ladungen als bei Bleischroten wählen.

Stahl-, Zink- und Tungstenschrote sind hart und deformieren deutlich weniger als Blei. In seiner Wirkung dem Blei am nächsten kommen Bismutschrote. Bismut (auf Deutsch auch Wismut) ist nur unwesentlich leichter als Blei, so dass die gleichen oder nur um eine Stufe höhere Schrotstärken gewählt werden können. Bismutschrote sind allerdings sehr teuer.

Jagdausrüstung

Jagdoptik

Nicht nur die Wahl der richtigen Waffe und des richtigen Hundes verlangt gründliche Überlegung. Auch von der übrigen Ausrüstung „am Mann" hängen Jagderfolg und Naturgenuss auf Pirsch, Anstand oder Ansitz entscheidend ab. Doch die Angebotspalette an Ferngläsern, Messern, Ziel- oder Sitzstöcken, Rucksäcken, Jacken und Stiefeln wirkt erdrückend. Hier einige Anschaffungstips.

Ferngläser

Ob im Sommerglast, bei Wolkenbruch oder Winterfrost: Das unentbehrliche Fernglas hilft uns, ein Reh als Knopfbock anzusprechen und den heimlichen Hirsch im letzten Licht zu bestätigen.

Es gibt gut schießende Waffen, die trotzdem wenig kosten. Bei der Anschaffung von Optik wird der erfahrene Waidmann aber Billigangebote meiden.

Gute Markengläser haben ihren Preis: Brillantes, ermüdungsfreies Sehen und technische Reife vereinen sich in langlebigen Geräten. Das bezeugen oft Garantiespannen von 20 Jahren und mehr. Von äußeren Gebrauchsspuren im rauen Jagdbetrieb einmal abgesehen: Selbst der Berufsjäger wird nach langer Zeit keine Nutzeneinbuße feststellen.

Anders beim Billigglas: Schlag oder Stoß führen früher oder später zu dejustierter (verschobener) Optik. Mangelnde Abdichtung ermöglicht Innenbeschlag durch schleichende Nässe. Anstrengendes Sehen und Kopfschmerzen sind die Folge. Am Ende erwirbt der enttäuschte Jäger ein anderes Fernglas, unnötiges Lehrgeld wurde gezahlt.

Beim Kauf wird oft eine besonders hohe *Dämmerungsleistung* des Glases angestrebt. Dabei sind andere Eigenschaften ebenso wichtig: Viele Jäger können nur ein Glas mit sieben- oder höchstens achtfacher Vergrößerung freihändig benutzen, ohne zu verwackeln. Ein breiteres Gesichtsfeld durch Weitwinkelokulare ermöglicht flinkes, jagdliches Handeln.

Ferngläser mit Mitteltriebeinstellung lassen sich schnell scharf stellen. Einige Fernglasmodelle weisen Okulareinzelverstellung auf, die ab einer gewissen Entfernung ein unverändert scharfes Bild bietet. Stößt der Jäger mit solch

Sein Markenglas beschert ihm manch guten Anblick. Der hohe Kaufpreis reut ihn deshalb nicht.

Plötzlich taucht unerwartet Rehwild nah vor uns auf. Schnell ansprechen? Hat unser Fernglas eine Okulareinzelverstellung, gelingt das Scharfstellen nur langsam.

einem Glas aber überraschend im Nahbereich auf Wild, geht zwangsläufig eine „elende Schrauberei" an beiden Okularen los. Das kostet unnötig Zeit und ist lästig.

Gummiarmierung und *Brillenträgerokulare* gehören längst zur sinnvollen Standardausstattung. Denn das Glas soll geräuscharm sein. Wer kann schon damit rechnen, dass er nie eine Brille brauchen wird?

Der Kasten gibt einige klassischen Fernglasmodelle und deren vorrangige Aufgabenbereiche wieder.

Hat sich der Jäger für eine optische Formel entschieden, leiht er als Stammkunde bei seinem Büchsenmacher übers Wochenende zwei bis drei Fernglasmodelle aus. Bei Tageslicht und fortschreitender Dämmerung vergleicht er im Revier optische Leistung und Handhabungskomfort. Erst dann trifft er die Kaufentscheidung. Zubehör ist kaum nötig. Schwere Ferngläser können wir mit *breitem Tragriemen* auch auf langer Pirsch ohne ein Verspannen des Nackens tragen. Der *Regenschutzdeckel* schont die Okulare. Klappert oder quietscht er, beklebt der Jäger die Innenseite mit dünnem Wildleder. *Abnehmbare Objektivschutzdeckel* bewähren sich auf Reisen. Dann schlagen wir Fernglas und

FERNGLASMODELLE UND VORRANGIGE EINSATZGEBIETE

7×42: Leichtes Glas mit großem Blickfeld, geeignet für Pirsch und Bewegungsjagd, weniger für den Ansitz in der Dämmerung

7×50: Der größere Objektivdurchmesser zeichnet dies immer noch leichte Dämmerungsglas aus. Ein beliebtes Vielzweckglas.

8×56: Klassisches Ansitzglas mit satter Leistungsreserve. Wer das höhere Gewicht bei Pirschgängen nicht scheut, stuft es ebenfalls als Universalglas ein.

10×40: Das handliche Glas der Bergjäger vereint hohe Vergrößerung mit guter Dämmerungsleistung. In ruhigen Händen ist es ideal für Feld- und Auslandsjagd.

20×60: Wer gern das letzte kleine Kronenende in der Rothirschkrone zählen oder ornithologische Feldstudien betreiben will, schätzt diesen schweren Brocken. Auflegen oder Anstreichen ist unerlässlich. Die überragende Dämmerungsleistung wird bei Nebel schnell getrübt.

ZIELFERNROHRMODELLE UND VORRANGIGE EINSATZGEBIETE

	Drückjagd	Tagpirsch und Ansitz	Bergjagd	Ansitz in der Dämmerung	Nachtansitz
4 × 32		×			
6 × 42 10 × 42		×	×		
7 × 56 8 × 56				×	×
1-4 × 20 1-6 × 24 1-8 × 30	×				
1,5-6 × 42 2-12 × 50 3,5-28 × 50		×	×	×	
2,5-15 × 56 3-12 × 56 6-24 × 56				×	×

Links unten: Wer haargenau ansprechen will, greift bei der Ansitzjagd zum 15 oder 20 × 60-Spezialfernglas. Dann entgeht ihm kein noch so kleines Kronenende.

Rechts unten: Diesem glücklichen Jäger umhäkelte seine Tochter das belederte Fernglas. Trotz fehlender Gumminarmierung macht das „alte Schätzchen“ bei versehentlichem Anstoßen keinen Lärm.

Zielfernrohr in Pullover ein und packen sie ins Handgepäck. Der Kauf teurer Köcher wird dadurch überflüssig. Optikpinsel und Wildleder- oder Mikrofasertuch ermöglichen schonende Linsenpflege.

Zielfernrohre

Beim *Zielfernrohrkauf* verfahren wir ähnlich wie beim Fernglas. Zentriertes Absehen und Klickrastenverstellung sind heute gängiger Standard. Die optische Leistung des angestrebten Modells kann uns noch so beeindrucken – im großen Kreis der Mitjäger erfragen wir die mechanische Verlässlichkeit der Herstellerfirma. Geschichten über Probleme mit der Absehenverstellung sollten sich nicht häufen.

Grundsätzlich werden variable Gläser eher unterschiedlichen Jagdarten und schnell wechselnden Situationen gerecht. Sie schlucken konstruktionsbedingt aber etwas Licht und bieten im Vergleich zu konstant vergrößernden Gläsern ein schmaleres Gesichtsfeld. Außerdem gewöhnt sich der Jäger bei ständiger Übung an ein fest vergrößerndes Zielfernrohr.

Waffen mit mehreren verlöteten Kugelläufen reagieren auf die Montage eines Zweitglases oft negativ. Verändertes Schwingungsverhalten kann ein Zusammenschießen der Läufe vereiteln. In der Tabelle auf Seite 426 sind einige Zielfernrohre und ihre jagdlichen Einsatzmöglichkeiten aufgeführt.

Was im Zusammenhang mit „Ofenrohren“ mit 56 Millimetern Objektivdurchmesser noch interessant ist: Während wir durch *beidäugiges* Sehen mit einem Durchschnittsfernglas den Lebenskeiler im letzten Licht noch ausmachen, lässt der Zielversuch durchs „Ofenrohr“ der Büchse vielleicht keinen waidgerechten Schuss mehr zu. Auch moderne Technik hat halt ihre Grenzen.

Ein Zielfernrohr 3–12×56 – damit wird der Jäger vielen Situationen gerecht.

Spektive

Die ursprüngliche Domäne der Spektive, wie Ausziehfernrohre meist genannt werden, ist die Gebirgsjagd. Auch im Flachland gewinnen die hochvergrößernden Rohre immer mehr Anhänger: Ohne störend nah heran zu müssen, kann der Beständer einer Feldjagd im Getreidemeer Böcke ansprechen. Zwar gibt es auch starre, kurze Fernrohre, die auf dem Schießstand beim Einschießen gute Dienste leisten.

TIPP AUS DER PRAXIS

Wie leicht geht ein Zielfernrohr in turbulentem Jagdgeschehen verloren, wie schnell muss es manchmal verstaut werden. Hat sich der kranke Überläufer ins Schilf geschoben, nehmen wir spätestens jetzt das Zielfernrohr von der Büchse. Auch beim Angehen des meldenden Brunfthirsches in unübersichtlichem Gelände gehört das Glas vom Stutzen. Aber wohin mit dem Zielfernrohr?

Ganz einfach: Wir lassen vom Schneider das Futter einer äußeren Schubtasche der Jagdjacke oder des Jagdmantels gegen ein 40 Zentimeter tiefes, recht schmales Inlet aus Segeltuch ersetzen. Dort ist das Zielfernrohr geschützt und immer dabei. Und wir brauchen uns nicht mit einem zusätzlichen, teuren, herumschlackernden Zielfernrohrfutteral zu ärgern.

Ein Spektiv hilft beim Ansprechen weit entfernten Wildes – bei der Gebirgsgams genauso wie beim Rotwild in den Schottischen Highlands.

Naturgenuss pur. Ermüdungsfreies Beobachten mit dem Spektiv will jedoch geübt sein. Auflegen oder Anstreichen ist unerlässlich.

Geschlossen sind Ausziehfernrohre jedoch ebenso bequem zu transportieren. Zum Durchblick auf volle Baulänge ausgezogen, lassen sie sich zudem verwacklungsärmer handhaben als Scheibenfernrohre.

Dämmerungsleistung der Optik hin oder her – vom Sehvermögen des Uhus bei Nacht können passionierte Ansitzjäger nur träumen.

Baum, Weidezaun, Hochsitzbrüstung, Autodach oder Zielstock – Möglichkeiten zum unerlässlichen Anstreichen haben wir genug. Zum Anpeilen des Wildes blicken wir über das Rohr wie über eine Flintenschiene.

Wer bis in die hereinbrechende Dämmerung beobachten will, wählt einen Objektivdurchmesser zwischen 70 und 85 Millimeter. Als „starre" Vergrößerung hat sich die 30fache bewährt: Sie vereint genügend Bildhelligkeit und relative Verwacklungsfreiheit. Benutzer variabler Okulare mit bis zu 60facher Vergrößerung werden diese optischen Leistungen auf der Jagd hingegen kaum ausreizen können. Auch hier gilt: Markenqualität geht vor Superdaten auf Katalogpapier.

Nachtsichttechnik

Zur frühzeitigen Erkennung von Wild und genauem Ansprechen liefert gibt die moderne Nachtsichttechnik dem verantwortungsbewussten Jäger ein wertvolles Hilfsmittel in die Hand. Diese Technik hat in den letzten Jahren gewaltige Fortschritte gemacht.

Bei Nachtsichtgeräten unterscheiden wir Restlichtverstärker, die mit einer Bildverstärkerröhre arbeiten, digitale Nachtsichtgeräte, die einen hochempfindlichen CCD-Chip, wie er auch in Videokameras mit Nachtmodus-Funktion benutzt wird, verwenden, sowie Wärmebildkameras, die Temperaturunterschiede messen und visualisieren.

Restlichtverstärker mit Röhre

Ein moderner Restlichtverstärker verstärkt das überall im Freien vorhandene Restlicht. Die komplizierte Elektronik wandelt das gesammelte und verstärkte Licht in einfarbig grüne, heute auch schon oft schwarz-weiße Bilder um, die auf einem dem Benutzer zugewandten Bildschirm dargestellt werden. Restlicht ist selbst in scheinbar stockdunkler Nacht fast immer vorhanden. Restlichtverstärker sind nicht nur auf den Teil des Lichtes angewiesen, der für das Auge sichtbar ist, sondern verwerten auch den Infrarotbereich.

Ob dennoch eine Zusatzbeleuchtung notwendig und wie gut das Bild überhaupt ist, hängt hauptsächlich von der verbauten Bildverstärkerröhre ab, obwohl natürlich die Qualität des Objektives auch eine Rolle spielt. Grundsätzlich gilt: Je besser die Röhre ist, umso höher die Reichweite und Qualität des Bildes, soweit keine Zusatzbeleuchtung verwendet wird. Das ist letztlich auch eine Preisfrage.

Infrarot-Aufheller

Unter Zusatzbeleuchtung versteht man die Verwendung einer Lichtquelle – eines Lasers oder einer LED-Lampe –, die Infrarotlicht ausstrahlt. Solche Leuchten sind heute sehr klein und leistungsstark. Infrarotlicht ist für Wild unsichtbar, wenn es eine bestimmte Wellenlänge hat. Bei Rotwild sollte die über 850 Nannometer liegen. Ein solcher Zusatzaufheller erhöht die Leistungsfähigkeit guter Bildverstärkerröhren (GEN 2+, Supergen oder GEN3) deutlich (s. aber Kasten S. 430). Nachteilig ist eine zusätzliche Infrarotlichtquelle nur bei leichtem Nebel oder Regen, weil das Licht dann reflektiert wird.

Digitale Nachtsichtgeräte

Nachtsichtgeräte mit Digitaltechnik benötigen keine Bildverstärkerröhre, sondern benutzen einen hochempfindlichen CCD-Chip. Diese Technik ist wesentlich einfacher, robuster und vor allem preisgünstiger. Hier ist allerdings auch viel „Spielzeug" auf dem Markt, das für Jäger nicht brauchbar ist. Ein digitales Nachtsichtgerät zum Schnäppchenpreis beim Discounter ist hinausgeworfenes Geld. Hier macht die Technik aber gewaltige Fortschritte und manche Hersteller haben heute schon digitale Nachtsichtgeräte im Programm, die Restlichtverstärkern mit GEN 2+-Röhren nicht nachstehen. Auch bei digitalen Nachtsichtgeräten ist ein zusätzlicher Infrarot-Aufheller notwendig (s. auch hier Kasten S. 430). Bei der Digitaltechnik ist sicher noch einiges zu erwarten.

„Dual-Use": Der Restlichtverstärker allein kann zum Beobachten benutzt und für den Schuss vor das Zielfernrohr gesetzt werden.

Wärmebildkameras

Wärmebildkameras messen Temperaturunterschiede und visualisieren sie. Vereinfacht aus-

Das Bild dieses Restlichtaufhellers ist grün. Manche Geräte bilden aber auch in Schwarzweiß ab.

Hochwertige Wärmebildkameras stellen Temperaturunterschiede dar – bei Dunkelheit und am Tag.

gedrückt, macht eine Wärmebildkamera Infrarotstrahlen sichtbar, die von allen Objekten ausgehen, egal ob bei Tag oder Nacht. Da es für die Kamera unerheblich ist, welche Lichtverhältnisse im normalen Lichtbereich herrschen, bietet sie sich als Nachtsichtgerät geradezu an. Militär und Behörden benutzen die Wärmebildtechnik daher schon lange dazu, um zum Beispiel bei Rettungsaktionen menschliche Körper schnell zu finden.

Wärmebildkameras bilden gegenüber ihrer Umgebung deutlich wärmere Wildkörper ab. Ein scharfes, deutliches Bild wie ein Nachtsichtgerät liefern sie aber nicht. Sie sind dem Nachtsichtgerät beim Aufspüren von Wild überlegen, und erlauben auch eine Bestimmung der Wildart anhand der Konturen. Exaktes Ansprechen ist aber schwierig, denn Knochen, wie etwa Geweihe oder Gehörne, sind kaum zu erkennen.

Dual-Use-Geräte

Wie die Bezeichnung sagt, können Dual-Use-Geräte auf verschiedene Weise verwendet werden. Bei Nachtsichtgeräten versteht man darunter, dass sie sowohl zur reinen Beobachtung eingesetzt, aber auch als Vorschaltgerät vor eine Primäroptik, also ein Fernglas, Spektiv oder Zielfernrohr montiert werden können.

Mittlerweile erlauben nach dem Waffengesetz des Bundes auch alle Länder diese Geräte bei der Nachtjagd auf Schwarzwild, und nur Nordrhein-Westfalen beschränkt die zulässige Technik auf Restlichtverstärker mit Röhre. Wer sich ein Nachtsichtgerät zulegt, wählt sinnvollerweise also gleich ein Dual-Use-Gerät.

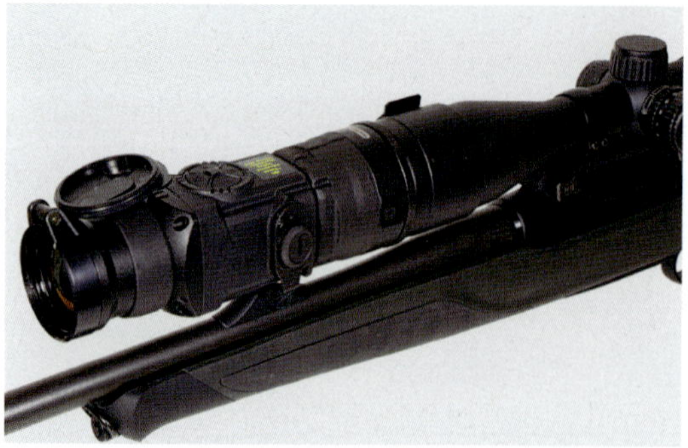

Wärmebild-Vorsatzgerät. Bei der bestehenden Rechtslage ist der Kauf eines Dual-Use-Geräts sinnvoll.

VORSICHT MIT INFRAROT

Beim Einsatz von Infrarotlicht ist das Gesetz zu beachten! Nach dem bei Drucklegung des Buchs geltenden Recht sind mit der Waffe verbundene Zielscheinwerfer verboten. Wird mit einem Nachtsichtgerät nur beobachtet, darf es mit Infrarotlicht genutzt werden – wird das Gerät aber für den Schuss ans Zielfernrohr montiert, ist der Einsatz von Infrarotlicht verboten! Dann reduziert sich die Reichweite von digitalen Nachtsichtgeräten und von Röhrengeräten recht deutlich.

Weiteres Zubehör

Jagdstöcke

Auf Treib- und Drückjagden schätzen nicht nur ältere Jäger den Sitzstock. Er bewährt sich eben-

TIPP AUS DER PRAXIS

Wer kennt das nicht? Sitzstöcke sinken unter unserem Gewicht bei lockerem Boden immer wieder ein, wenngleich sich über der metallenen Gehspitze eine tellerartige Erweiterung aus Plastik oder Metall befindet. Ein einfacher Trick schafft Abhilfe: Wir schneiden einen Y-förmigen Stock zurecht und klemmen ihn als zusätzliches Hemmstück unter den Teller.

Bastelfreude zahlt sich aus. So erlauben zwei Haselstecken eine gute Auflage für die Büchse.

so als Gehhilfe wie zum ermüdungsfreien Verweilen auf einem Stand.

Der Sitzstock wird gelegentliche Pflege der Gelenke mit Waffenöl und Einreiben der Sitzfläche mit Lederfett mit längerer Lebensdauer danken. Das Schießen vom Sitzstock aus ist gewöhnungsbedürftig. Nicht nur der Jungjäger sollte es „trocken" üben. Flüchtig schießen werden wir eh besser im Stehen.

Während der klassische *Bergstock* etwa 20 bis 30 Zentimeter über seinen Benutzer hinausragt, begnügt sich der Jäger in der Ebene meist mit Zielstöcken, die oft nicht länger als 160 Zentimeter sind. Mit Schraubgewinde versehen, lassen sich diese Zielhilfen einfach im Koffer verstauen. Mit einem Set aus Metall- und Gummispitze ausgestattet, eignet sich der Stock für schwieriges Gelände und zum leisen Anpirschen. Im Frühling schneidet sich der Jäger im Revier selbst einen *Nussbaumstecken* nach eigener Wahl. Dann versieht er ihn mit je einer Rille an den Enden. Ans obere Ende kommt eine kräftige Schnur zum Aufhängen an einen Balken, ans untere eine Schnur mit einem schweren Stein: Beim Trocknen auf dem Dachboden zieht sich so der Stecken gerade. Nach einem halben Jahr bestückt der Jäger den Stock mit den gekauften Spitzen. Nun wird er ihm zum fast täglichen Revierbegleiter. Bei der Feisthirschpirsch werden dem Jäger allerdings schon Arme und Hände fast zu viel sein ...

Wer auf Kunstspitzen verzichtet und dünne Stecken wählt, kann sich mit zweien oder dreien ein regelrechtes Schießgestell bauen. Weckglas-Gummiringe halten die schulterhohen Stöcke scharnierartig zusammen.

Zu den traditionellen Ausrüstungsgegenständen des Jägers zählt der Sitzstock. Alte wie junge Waidmänner schätzen Bequemlichkeit auf dem Stand.

TIPP AUS DER PRAXIS

Ob Ansitz oder Anstand, ob Sitz- oder Zielstock – wir platzieren uns immer vor, nicht hinter einen Baum. So haben wir mehr Sicht- und damit Schussfeld. Außerdem können wir uns bequem anlehnen. Zügig schneiden wir in der Umgebung einige ausreichend lange wie dichte Äste ab. Vor und neben uns in den Boden gesteckt, verwischen sie unsere Konturen.

Es ist immer wieder erstaunlich, wie nah Wild dann – natürlich nur, wenn auch der Wind stimmt – an uns vorüberzieht, ohne uns wahrzunehmen.

Klappmesser oder Standmesser mit unterschiedlicher Klingenlänge – der Markt lässt kaum Wünsche offen.

Wer ungern selbst bastelt, kann natürlich auch ein fix und fertiges Ein-, Zwei- oder Dreibein, oft aus leichtem Aluminium, im Handel kaufen.

Messer

Das Abfangen mit der *kalten Waffe* verlangt Geschick und Übung. Es wird in unseren Breiten zumeist nur von Berufsjägern und Nachsuchen-Führern praktiziert. Bei Drück- und Stöberjagden hat jeder Hundeführer ein *Standmesser* mit mindestens 15 Zentimeter Klingenlänge griffbereit rechts am Gürtel.

Wer das Abfangen praktizieren will, übt vorher mehrfach an toten Stücken. Beim anschließenden Aufbrechen verfolgt er den Wundkanal seiner Klinge. Angeschossenes Wild ist kein Experimentiergut!

Für die meisten Niederwildjäger existiert freilich kaum ein Grund, mit „Mädchenwinkern“, wie große Standmesser schon früher bespöttelt wurden, herumzulaufen. Sie sind mit einem *Klappmesser* hinreichend ausgerüstet. Die feststellbare Hauptklinge vermindert die Verletzungsgefahr. Eine Säge zum Öffnen des Schlosses bei Schalenwild ist nützlich. Verjüngt sie sich von den Zähnen zum Rücken, verhindert dies ein Festkeilen im Knochen.

Wer beim Aufschärfen der Bauchdecke die Messerklinge gefühlvoll zwischen Zeige- und Mittelfinger führt, läuft kaum Gefahr, versehentlich das Gescheide zu öffnen. Eine spezielle Aufbruchklinge macht das Messer nur unhandlicher, schwerer und teurer.

Je vielteiliger ein Klappmesser ist, umso schwieriger lässt es sich nach der roten Arbeit reinigen. Da die Federn konstruktionsbedingt nicht rostfrei sind, ölen wir sie gelegentlich. Auch für Klappmesser gibt es Gürteletuis. So beulen wir keine Hosentaschen aus oder vermissen das

Trotz aller Messervielfalt – das Aufbrechen eines Rothirsches ist Arbeit. Freundliche Unterstützung wird gern angenommen. Manch aufmunternder Satz fällt.

Messer beim fern abgelegten Rucksack. Am Rande: Nagelfeilen auf Diamantsplitterbasis eignen sich prima zum Messerschärfen „zwischendurch“ im Revier oder auch rasch mal vor dem Aufbruch zur Jagd.

Der Jagdgürtel

Schon unsere Altvorderen schätzten das *Waidgehänge*: Ein zusätzlicher Gürtel, der je nach Witterung und Bewegungsbedarf über oder unter der Joppe getragen wird, erspart oft Jagdtasche oder Rucksack.

Der Jagdgürtel ist aus strapazierfähigem Kernleder breit geschnitten und hat einen stabilen Verschluss. An ihm bringen wir Nicker oder Klappmesser unter. Er nimmt überdies Patronenetuis auf, am besten ohne Klappdeckel, damit schneller Zugriff gewährleistet ist. Lampen von Kugelschreiber- bis Schlagstockgröße lassen sich durch Köcher oder Schlaufen gleichfalls einbinden. Wir befestigen ebenso Taschenjagdhörner mittels Schnallriemchen oder spritzwassergeschützte Kleinbildkameras per Etui am Jagdgürtel.

Auf der Jagdhütte oder bei Pausen entledigen wir uns mit einem Griff der ganzen Last. Und wenn wir etwas suchen, brauchen wir nicht alle Kleidungs- oder Rucksacktaschen zu durchfahnden.

Die Nachsuche verlief erfolgreich und der Weg zum Auto ist jetzt weit. Da hilft der Rucksack beim Bergen des versorgten Wildes.

Der Rucksack

Er nimmt nicht nur Thermoskanne und „Hasenbrot“ auf. Mit herausnehmbarer Schweißplane erleichtert er das Bergen von Bock, Frischling oder Fuchs. Und er birgt nützliches Zubehör: Ein Unterhemd zum Wechseln, Tollwut-Schutzhandschuhe, Aufbruchsack, Aufbruchschere, Metallhaken zum Auskühlen erlegten Wildes

Auch zur Auflage für den Stutzen oder das Spektiv eignet sich der Rucksack vorzüglich.

am Baum, Unfallbinde und Alu-Rettungsdecke. Perfektionisten nehmen sogar Ersatzbatterien für ihre Stablampe mit. Nur die sprichwörtliche Last der eigenen Phantasie setzt Grenzen.

Ob aus Leinen oder Loden – ein moderner Rucksack ist geräuscharm und verzichtet weitgehend auf Metallschnallen. Alt- und Billigmodelle bergen eine ungeahnte Gefahr in sich: Wer einmal durch die unteren Metallschließen der Rucksacktragriemen einen edlen Maserschaft zerkratzt hat, wird diese Zeilen gewiss nur zähneknirschend lesen.

Bekleidung

Ist die Kleidung bequem, schießt es sich leichter. Dabei muss es nicht unbedingt „Jagdgrün" sein.

„Es gibt kein schlechtes Wetter, höchstens falsche Bekleidung." – Recht haben die Schotten mit ihrem Sprichwort. Zuweilen mangelt es dem Waidmann zwar nicht an dieser Erkenntnis, allerdings an ihrer Umsetzung. So kann er sich manches Jagderlebnis unnötig erschweren oder vermiesen. Dabei gibt es ebenso praktische wie preiswerte Ware von der Stange.

Oberbekleidung

Besonders Loden hat sich in Mitteleuropa als klassischer Jagdstoff hervorragend bewährt. Er ist geräuschlos und wasserabweisend. Hat er sich jedoch einmal richtig mit Regen voll gesogen, trocknet er nur langsam. Beim Kauf achten wir stets darauf, dass seine Farbgebung nicht zu düster wirkt. Selbst im Wald fallen wir dem Wild sonst leicht als dunkler Fleck auf. Loden ist reißfester als andere marktgängige Materialien, was nicht nur in dornigen Buschlandschaften vorteilhaft ist.

Auf der Bockpirsch im Mai oder der Streife im Frühherbst werden wir wohl kaum den warmen Lodenmantel tragen. Eine weit geschnittene Jacke aus Leinen oder Baumwolle, gegebenenfalls gegen Nässe imprägniert, ist zweckmäßiger.

Wer keine jagdliche Modenschau veranstalten will, trägt Armeejacken und dazu passende Hosen. Sie sind preiswert in einschlägigen Ausrüstungsgeschäften erhältlich. Vor allem ist ihre Farbgebung meist nicht so dunkel wie unser „Jagdgrün". In der wärmeren Jagdzeit tun auch Kombinationen aus Schilfleinen gute Dienste. Ein zusätzliches Regencape und ein warmer Pullover im Rucksack wiegen nicht viel.

Überhaupt ist es zweckmäßig, sich nach dem Zwiebelschalenprinzip zu kleiden: Wird es dem Jäger auf einem anstrengenden Marsch zum Ansitz zu warm, wandert das eine oder andere Bekleidungsstück in den Rucksack. Ist er am Zielpunkt dennoch verschwitzt, muss er trotz steifer Brise keine lauernde Grippe fürchten: Schließlich hat er in kluger Vorsorge ein trockenes Unterhemd zum Wechseln mitgenommen.

Längst haben sich moderne Materialien aus dem Bereich der sogenannten Funktions-Wandermode auch im Jagdbereich durchgesetzt. Teddyplüschartige Kunstfasern – Fleecestoffe – sind geräuschlos, atmungsaktiv, wasserabweisend und äußerst schnell trocknend. Gern wird dies Material in Kombination mit darunterliegenden Goretex- oder Sympatex-Membranen zu Jagdanzügen verarbeitet. Die sind ebenfalls

Sind die beiden erst einmal groß, werden sie ebenso prompt auf das Rascheln lauter Jagdjacken reagieren wie ihre Mutter.

Auch im Schneehemd ein erfreulicher Anblick. Dem Fuchs „zuliebe" sollten allerdings Handschuhe und Wintermütze von gleicher Farbe sein.

atmungsaktiv, jedoch äußerlich absolut wind- und wasserdicht. Andererseits können sie zuweilen leichte Knittergeräusche verursachen. Der Fuchs reagiert darauf empfindlich. Dornenhecken sind ihr größter Feind. Erfreulich, dass die relativ vielseitigen Jagdanzüge bereits in unterschiedlichen, dezenten Tarnmustern angeboten werden. Wer diese neuen Kleidungstypen mit entsprechender atmungsaktiver Synthetikunterwäsche kombiniert, gerät auf der Fährte des Winterkeilers und beim Ausgehen der Marderspur im Neuschnee nicht mehr so leicht ins Schwitzen.

Ein Jäger ohne Hut ist aus Gründen des Brauchtums kaum denkbar. Es muss nicht gleich der Fürst-Pless-Hut für Bläser sein. Beim Enteneinfall oder einem Treiben mit turmhohen Fasanen bieten sich flache Mützen im englischen Stil geradezu an. Und im Winter werden einem die Ohren für eine warme Fellmütze dankbar sein. Der Hut hält mehr als nur Witterungsunbilden ab. Seine möglichst breite Krempe verhilft zu blendfreiem Beobachten. Das helle Gesicht des Jägers wird abgeschirmt. Will der ganz auf Nummer sicher gehen, zieht er eine Sturmhaube über, die nur die Augenpartie frei lässt. Das sieht zwar gefährlich nach Überfall aus, aber selbst alterfahrenen Leittieren fehlt dann oft der Überblick.

Trägt der Waidmann im Winter *Handschuhe*, sollten diese am Schießfinger geschlitzt sein, damit der Gewehrabzug feinfühlig mit blankem Schießfinger betätigt werden kann.

HANDSCHUHE NICHT NUR IM WINTER

Pirschen wir auf Bock oder Feisthirsch, tragen wir leichte Wildleder- oder feine Baumwollhandschuhe. Die kaufen wir preiswert als weiße Tanzhandschuhe beim Herrenausstatter und färben sie einfach mit Pflanzenfarben in gewünschter Farbnuance ein. Das hat nichts mit vermeintlichem Herrenjägertum zu tun: Gerade im Wald leuchten Gesicht und Hände bei hereinbrechender Dämmerung erstaunlich weit. Deren Tarnung verbessert die Chance auf Jagderfolg nachhaltig.

Schuhwerk

Gummistiefel gehören zur Grundausstattung des Jägers. Folgen wir einer Jagdeinladung, nehmen wir sie ungefragt mit auf die Reise. Denn Gräben und nasse Stellen gibt es in vielen Revieren, von schlechtem Wetter ganz abgesehen. Wir kaufen die Stiefel lieber in höherer Konfektionsgröße. Dann passen unsere Füße auch mit zusätzlichen dicken Socken oder Rosshaarfüßlingen hinein. Die nehmen wir am besten zur Kaufanprobe mit.

Eine Fütterung – zum Beispiel aus Neopren – sorgt für zusätzliche Wärmedämmung. Auch gibt es Wintergummistiefel mit herausnehmbarer Gewebe-Isolierung.

Wer auf der Suchjagd mal ein taunasses Rübenfeld durchquert, sehnt sich nach PVC-Beinlingen. Weit geschnitten, lassen sie sich zur Ergänzung der Gummistiefel problemlos überstreifen. Fix werden sie am Hosengürtel festgeschnallt.

Im Winter auf dem Stand bei der Drückjagd oder dem Nachtansitz auf Sau und Fuchs – den Kauf knöchelhoher Stiefel mit fingerdicker *Filzisolierung* wird niemand bereuen. Dies aus Ka-

Besonders bei der Entenjagd lernen wir Gummistiefel schätzen. Läuft das Wasser von oben rein, war unsere Passion zu groß. Ein fröhliches Gelächter der Mitjäger bleibt sicher nicht aus.

nada stammende Schuhwerk ist sogar annähernd wasserdicht. Eine längere Pirsch ist damit allerdings arg beschwerlich.

Zumindest wasserabweisend ist auch unser *Lederpirschschuh* bei guter Pflege mit Lederfett oder -öl. Wir wählen eine knöchelhohe Variante. Sie bewahrt unsere Fußgelenke vor der Gefahr des Verstauchens.

Beim Kauf dieser Schuhe sparen wir nicht: Gehkomfort hat seinen Preis, ist jedoch leider nicht auf den ersten Blick oder bei schneller Anprobe im Laden festzustellen. Im Unterschied zur Kleidung scheint eine eingearbeitete Goretex- oder Sympatex-Membrane nur bedingt von Nutzen. Schweißfüße sind das Resultat, sofern das Schuhobermaterial die Innenfeuchtigkeit nicht schnell genug nach außen abstoßen kann. Wir bauen lieber auf gute Imprägniermittel.

Übrigens: Gamaschen aus Walkloden mögen altmodisch erscheinen, bieten aber zusätzlichen Nässe- und schwachen Steinschlagschutz.

Wasserdichte Überhosen oder Beinlinge schützen nicht nur bei Regenwetter, sondern auch bei der Suche im Rübenfeld.

Wer beim Schuhkauf spart, spart am falschen Ende. Ein gutes Fußbett erleichtert langes Gehen. Reißverschlüsse an Stiefeln ermöglichen bequemes An- und Ausziehen wie auch ein Innenschaftfutter aus Glattleder.

Jagdarten

Jäger contra Wind

Zu den treuesten Verbündeten des Wildes gegenüber dem Waidmann zählt der Wind. „Wenn der Wind jagt, jagt der Jäger nicht“, lautet ein alter Sinnspruch. Die Willkür der Naturgewalt lässt sich halt nicht als berechenbare Größe unserer Jagdstrategie unterordnen.

Bei einer leichten Brise oder etwas Luftzug werden wir jedoch nicht in der Stube hocken bleiben, wenn der winterliche Ansitz oder die sommerliche Blattzeit lockt. Noch schnell einen Blick auf den Wetterhahn der Dorfkirche, und wir haben eine erste Groborientierung, welche Kanzeln heute für uns tabu sind.

Zur Feinabstimmung im Revier schwören viele Jäger auf ihr Rezept: Der eine favorisiert „ganz klassisch“ *Bovisten*. Die lassen auf Handdruck ihre Pilzsporen in den Lufthauch entgleiten. Ein anderer zaubert Wolle von der Bauchdecke eines Hasen oder Daunenfedern zum gleichen Zweck hinterm Hutband hervor. Auch Flugasche im Leinenbeutelchen, Seifenblasenpuster, Konfetti, ein angefeuchteter Finger, nicht zuletzt ein Mücken verscheuchendes Zigarillo sind nützlich.

Guter Wind strömt uns ins Gesicht. Er kommt aus der Hauptrichtung, in die wir pirschen, oder von der Lichtung, auf der beim Ansitz das Wild anwechselt. Bei der Suche, dem Buschieren oder der Wasserjagd nutzen wir guten Wind unserem vierbeinigen Helfer zuliebe. Mit hoher Nase wird er das Wild suchen.

Halber Wind wiegt uns manchmal in falscher Sicherheit. Er weht uns von der Seite an, während vor uns ein Sprung Rehe äst. Haben sie eine verräterische Bewegung bemerkt, werden sie in Richtung unserer Wittrung wechseln, um festzustellen, ob eine Gefahr droht. Strömt halber Wind bei unserem Anmarsch zu einer Kanzel in einen Rotwildeinstand, ist hier für heute alle Mühe vergebens. Im Übrigen macht sich Rotwild beim Ein- und Auswechseln gerade halben Wind gern zunutze.

Schlechter Wind sitzt uns im Nacken und trägt unsere Wittrung zum roten Bock vor uns. Für diesen Wind hat der Jäger noch einen weit weniger feinen Ausdruck ...

Küsel- oder Flatterwind: Abweichend von seiner Hauptrichtung verfängt sich der Wind zum Beispiel auf Waldlichtungen, die mit dichtem Baumbestand umfasst sind. Anders als der einfache Nackenwind ist er unberechenbar.

Überkippender Wind wird am wenigsten bedacht. Der über Landrücken und dichte Waldkanten strömende Wind breitet sich entgegen seiner Hauptrichtung zum Teil auch in Richtung des Windschattens aus. Erfahrene Ansitzjäger werden dies bei der Wahl der Kanzel berücksichtigen.

Machen wir uns stets die Windverhältnisse zunutze, können wir vermehrt auf ein Lächeln der Diana hoffen.

Einzeljagdarten

Das folgende Kapitel stellt die Jagdarten mit Ausnahme der Gesellschaftsjagd und der Fangjagd vor. Letztere werden anschließend in jeweils eigenen Kapiteln behandelt.

Der Ansitz

Hochsitz, Leiter oder Schirm werden immer unter Berücksichtigung von Wind und Wetter besetzt. Wenn der Ansitz nicht in einer geschlossenen Kanzel stattfindet, können wir das Ticken des Rotkehlchens, das weit entfernte Kjau, Kjau des Fuchses, das Pwitt-oak, Oak des

Im Wald wie im Feld gilt: Der Ansitz beunruhigt das Wild weit weniger als die Pirsch.

Die enge Besiedlung unseres Landes erfordert einen sehr besonnenen Umgang mit der Waffe. Vom Hochsitz ist wegen des steilen Winkels meist Kugelfang durch den Erdboden gegeben.

Schnepfenhahnes hören und deren Richtung ausmachen ohne uns in der Schießluke den Hals zu verrenken. Nur in Verbindung von Hören und Sehen lernen wir, diese Geräusche überhaupt zu deuten.

Morgens und abends werden wir bevorzugt ansitzen. Fast alles Wild sucht am Abend seine Äsungsplätze auf. Am Morgen wechselt es wieder zurück, um im Tageseinstand zu ruhen. Dies Verhalten ist unter dem Druck des Menschen in unseren heimatlichen Revieren nun mal die Regel. Also gilt es, die örtlichen und zeitlichen Gewohnheiten des Wildes zu erkunden. In Ergänzung zum Abspüren bietet dabei keine Jagdart so gute Gelegenheiten wie der Ansitz. Vorsichtig angewendet, erlaubt er vor allem ein störungsarmes Beobachten. Nur dann bleibt Wild vertraut.

Der verbissene Daueransitz ist nicht jedermanns Sache: Tag und Nacht wird immer derselbe Platz bezogen und stundenlang verteidigt. Was in diesem Raum menschliche Wittrung bei vielen Wildarten anrichtet, berücksichtigen Jäger mit viel Sitzfleisch oft nicht. Damit soll nichts gegen einen Mittagsansitz auf Schalenwild gesagt sein. Viel häufiger als angenommen geschieht hier der sogenannte dumme Gang. Man muss nur erahnen, wo er stattfindet. Instinkt, Geduld und eine gehörige Portion Dusel des Jägers gehören hierbei zum guten Anblick.

Nachts ansitzen ist für viele Jäger heute Pflicht. Es gilt, Wildschäden zu mindern. Bei hoch stehendem Mond und einer Schneedecke lassen die Bedingungen tadelloses Jagen zu. Im Juli, wenn der Mond am Horizont klebt, am milchigen Haferschlag wird es kritischer, aber eben notwendiger. Diese Sommermondperioden nennen Schweißhundführer „Arbeitgeberwetter“. Es schießt sich halt saumäßig trotz bester Auflage. Gerade das ist es aber, was nicht nur Jungjäger am Ansitz so schätzen. Sobald sie die Waffe gut auflegen können, und auch der rechte Ellbogen Halt findet, fühlen sie sich wie auf dem Schießstand. Wenn, ja wenn nicht das Jagdfieber wäre. Schon ein heranhoppelnder Hase, der anschnürende Fuchs lässt das Flintenkorn erheblich schwanken. Ist es gar der ersehnte erste Rehbock – und sei das Stangenpaar auch noch so klein – oder der herantrollende Überläufer, ist die Hochsitzbrüstung oft letzte Rettung für eine saubere Kugel.

Dank einer transportablen Leiter, die er am mühsam ausgemachten Wechsel des Heimlichen platzierte, kam er doch noch in den Besitz der lang begehrten Rehkrone.

DIE HÜTTENJAGD

Der Ansitz in der Luderhütte ist heute weitgehend unbekannt. Geräumige, abgedichtete Kanzeln werden vorgezogen. Dabei ist die Luderhütte bei starken Minus-Graden wärmer als jeder Hochsitz, denn Letzterer ist immer dem Wind ausgesetzt. Außerdem fällt er viel stärker ins Auge, nicht immer zum Wohlwollen des Betrachters.
Ist die Hütte in einen Hang eingelassen, hält der Jäger im Winter manche Vollmondnacht wohl verpackt problemlos in ihr aus. Gleiten Fuchs oder Marder im Schnee heran, schlägt das Herz höher. Mit stockendem Atem wird der Drillingslauf aus der Luke geschoben.
Noch viel seltener bejagen wir heute mit dem künstlichen Uhu von der Krähenhütte aus Elster oder Krähe. Ihre Bejagung ist – wenn überhaupt – nur noch sehr besckränkt möglich (siehe Kapitel „Rabenvögel“). Dabei kann im Herbst und im Winter so herrlich am hellichten Tag angesessen werden. Für den Jungjäger ist der geübte Schrotschuss nun auch auf die hassende, hereinschwenkende Krähe möglich, und manch saubere Kugel aus dem Kleinkaliber findet vor sicherem Kugelfang ihr Ziel.
Zu beiden Arten der Hüttenjagd sollte der Jäger viel Zeit mitbringen. Es gibt immer wieder Stunden, in denen wenig los ist, Stunden, in denen man herrlich sinnieren kann. Gewiss keine verlorene Zeit!

Das hohe Lied auf die Vorteile des Ansitzes erhält beim Bejagen der Rehe in den vergangenen Jahren einen Misston. Überall bei uns bauen die Forstleute ihre Wälder um. Vielfältigkeit, Stabilität, kleinflächige Naturverjüngungen sind erklärte Ziele. Gelingt dies Schritt für Schritt, nimmt die Deckung im Wald zu, die freien Abtriebsflächen nehmen hingegen ab. Rehe vermögen nun noch besser wegzutauchen. Der Ansitz reicht zum hinlänglichen Bejagen nicht mehr aus. Unschön für alle die Jäger, die Jagd in beschaulicher Form lieben. Denn ein Kurzhalten der Rehe wird weiterhin überall dort zwingend erforderlich, wo waldbauliche Ziele hoch gesteckt sind.

Die Pirsch

Für Ferdinand von Raesfeld, einst Forstmeister auf dem Darß, war die Pirsch die „Krone der Jagd“. Darüber mag man streiten. Aber ein Jäger, der zu pirschen versteht, ist keiner, der nur „auf die Jagd geht“. „Langsam und leise“, lautet die Parole. Augen und Füße tragen die Verantwortung für gutes Gelingen. Alles, was da nicht hingehört, was anders ist als sonst, will der Jäger so früh wie möglich erfassen – hier die weißgraue, aus dem Schilf ragende Stange eines Kolbenhirsches, dort das große Auge der fest auf dem Gelege sitzenden Schnepfenhenne.
Die Füße tapsen nicht, rollen auch nicht auf dem Boden ab, nein, sie schieben sich fast tastend nach vorn. Schon das bedingt ein geruhsames Tempo. Auf Wegen und Pirschsteigen kennt das Wild unsere Spur. Wir verlassen sie also nur selten, um querbeet zu pirschen. Immer mal wieder verhoffen wir, meist dort, wo wir Ausblick haben oder Anblick erhoffen. Die plötzlich vor uns loszeternde Amsel zwingt uns zu einem solchen Stopp. Bricht wenige Sekunden später im Dichten ein Trockenast, streift irgendetwas an im Mais oder Schilf, sind wir „dran“. Jetzt braucht es ein bisschen Deckung, viel Geduld und oft Glück, das Jäger zum Erfolg einfach benötigen. Plötzlich bläst uns der Küselwind in den Nacken, oder der Gewehrlauf streift den Trockenast einer Fichte. Schon war's eine klassische Fehlpirsch. Oft genug müssen wir uns dann einen Dummkopf nennen.

Die Hüttenjagd ermöglicht manch sauberen Nahschuss auf den zustehenden Freibeuter.

Immer wieder glaste er das Gelände ab, bevor er sich langsam unter guter Deckung vorwärts schob und zu Schuss kam.

Ausreichendes Licht ist Vorbedingung für eine gute Pirsch. Die Zeit nach dem Frühansitz ist meist empfehlenswerter als die Abendpirsch. Dann pirscht der Jäger oft mit dem letzten Licht um die Wette. Nieselt es vor sich hin, will fast alles Wild morgens noch nicht in die nasse Deckung zurück wechseln. Rot-, Dam-, Rehwild und Füchse bleiben länger auf den Läufen und bummeln ein bisschen herum. Dabei sind sie zu finden.

Es wird sich zeigen, ob er gewitzter als der Bock ist…

Je deckungsreicher das Gelände, umso chancenreicher ist die Pirsch für den Jäger, umso größer jedoch auch die Gefahr des Auflaufens. Jetzt erreicht der Jäger nicht mehr die nächste Anstreichmöglichkeit. Es muss schnell gehen. Die Waffe kommt gleitend an die Schulter. Stehend freihändig fällt der Schuss. Das haben wir sorgfältig auf dem Schießstand geübt und zugleich erfahren, bei welcher Entfernung unsere Leistungsgrenze liegt.

Eine ausreichend große Jagdfläche vorausgesetzt, zählt die *Mondscheinpirsch* zu den besonders reizvollen Jagdarten. Haben wir am Vortag abgefährtet, wo die Sauen nachts Fraß suchen, stellen wir – wie bei der Tagpirsch – einen Pirschplan auf: Wie gehen wir gegen den Wind vor? Wo versprechen längere Zwischenstopps Vorteile? Schon dies Planen und Hoffen bereitet Freude.

Bleiben die Sauen zur Rauschzeit im Wald, lohnt bei ausreichendem Mondschein die Nachtpirsch auch dort. Aber finden Sie mal den dicken Keiler heraus aus der Rotte, ohne zu dicht aufzurücken. Dieses Abwägen bei der Pirsch – gehst du noch ein bisschen näher ran

oder wartest du besser hier ab – macht ihren Reiz aus.
Oft scheitert das Unternehmen zwischen „Lipp- und Kelchesrand“. Treten wir aber an ein erlegtes Stück nach mühsamer Pirsch, erweckt dies tiefe Genugtuung in uns. Wir haben gejagt, nicht kunstlos vom Hochsitz aus geschossen. Übrigens: Nach langem Dranbleiben am Rudel oder Einzelstück, nach konzentrierter Lösungssuche, nach vielen kleinen Entscheidungen aus Verstand und Instinkt heraus fühlt man sich oft ziemlich „leer“. Egal, ob ein Bruch am Hut prangt oder nicht. Der Jäger weiß um die Gefahren seiner Bewegungen, vor allem seiner Wittrung. Diese Gefahren so klein wie möglich zu halten, kostet Kraft.

Bei der Abendpirsch sitzt uns der Faktor Zeit unerbittlich im Nacken.

PIRSCHENFAHREN

Unsere – häufig sehr kleinen – Reviere lassen ein Pirschenfahren kaum noch sinnvoll zu. Eigentlich gehört die Pferdekutsche oder der Pferdeschlitten dazu.
Auf großen Truppenübungsplätzen an schießfreien Tagen und Revieren, in denen weitgehend Ruhe herrscht, sind die Erfolgschancen besonders hoch. Ist wiederholt vom Wagen aus geschossen worden, sieht der Gastjäger oft jedoch nur wippende Spiegel ...
Die Autopirsch ist nicht jedermanns Sache. Respekt vor Jägern, die sie ablehnen. Wenn aber im November nach einer Woche Nebel, Nieselregen oder Sturm mittags die Sonne durchbricht, greifen einige Jäger gerne zu Büchse und Autoschlüssel – nun ist jedes Reh auf den Läufen und sucht die Wärme. Über das Verdeck, beide Ellbogen fest eingemauert, schießt es sich auf den Punkt. Dann sind Strecken möglich, die in einem großen Waldrevier in möglichst kurzer Zeit auf irgendeine Weise geliefert werden müssen. Warum soll man sich genieren, so eine saubere Dublette auf Kitz und Ricke zu schießen, wenn der Abschuss noch nicht erfüllt ist?
Wie viel Ansitzstunden wären dafür notwendig gewesen? Und: Wie viele Jäger fahren wirklich bei solchen Gelegenheiten an dem ausgewählten Reh vorbei, um dann zurückzupirschen? Da sollten wir ehrlich bleiben. Keine vornehme Art zu jagen und sicher nicht jedermanns Sache, aber zur rechten Zeit erfolgreich.

Links: Beim Pirschenfahren fällt kein Schuss vom Wagen aus. Das Wild bleibt vertraut.

Die Autopirsch bei winterlicher Mittagssonne hat nichts mit Romantik zu tun, gestattet aber effektiv Reduktionsabschüsse.

Nicht zu unterschätzen: Der „Auerhahn des kleinen Mannes“

Lockjagd

Erste Erfahrungen mit der Lockjagd wird der Jungjäger meist mit der Rufjagd auf den Ringeltauber machen. Der Monat März ist genau der richtige Zeitpunkt dazu, doch leider ist die Jagd auf die Ringeltaube dann verboten. Da die Art aber nur noch Teilzieher ist und bei unseren milden Wintern vielfach schon im Februar, ja teilweise sogar Ende Januar balzt, besteht immer noch Gelegenheit zur Lockjagd auf den Tauber.

Jeder kann die Strophe des Taubers rasch erlernen. Die Stimme des Jägers genügt zum Nachahmen. So hat er beide Hände zum Führen der Waffe frei. Nun rucksen wir den Tauber an, der vor uns im Altholz seine Stimme ertönen lässt. Nicht immer wird er zustehen, vielleicht aber reger und öfter rufen. Dann pirschen wir ihn an. Oft genug schlägt es fehl, denn der Tauber hat „auf jeder Feder ein Auge“.

Manchmal steht er aber mit klatschendem Flügelschlag zu. Sein Imponierflug zeigt ein wunderschönes Auf- und Abgleiten. Ihn dabei zu treffen, fällt sehr schwer. Also lassen wir ihn einfallen und wissen nun endlich um seinen genauen Standplatz. Fällt er nach dem Schuss vor uns in die Nadelstreu, war es gutes Jagen.

Wild durch seine eigene Stimme oder die Laute anderer Tiere heranzulocken, ist hohe Kunst. Um den richtigen Ton zu finden, muss der Jäger diese Tierstimmen möglichst oft gehört haben. Heute gibt es ein reichliches Angebot an künstlichen Geräten, von der Taubenlocke über die Hasenquäke bis zum Rehblatter. Unsere Altvorderen hätten nur verächtlich abgewinkt. Ein Buchenblatt, ein Grashalm oder die Stimme, verstärkt durch Muschel oder die Faust, genügten ihnen zur Nachahmung.

Immer entscheidet der Jäger, wann und wo er die Lockrufe ertönen lässt. Viel Können, Erfahrung, Revierkenntnis und eine Portion Glück gehören zum Erfolg. Nicht immer steht das angestrebte Wild zu. Es gibt Tage, da klappt es prima, dann wiederum scheinen alle Tiere taub zu sein. Aus Erfahrung sei die Behauptung gewagt, dass in scharf bejagten Rehwildrevieren

Wenn auch der Fachhandel vorzügliche Lockinstrumente bereithält, nehmen einige Waidmänner das Blatten gern noch wörtlich.

Blatterfolge selbst für den Könner immer seltener werden.
Bei allem Wild fällt auf, wie metergenau sie die Stelle ansteuern, wo die verheißungsvollen Töne zu hören waren. Wenn dies beim Fuchs noch kombiniert wird mit lautlosem Herangleiten in guter Deckung, steht er dem Jäger auf einmal „auf den Stiefelspitzen" – allerdings nicht lange ...
Rehbock und Rothirsch zeigen dies leise Kommen manchmal in ähnlicher Weise, obwohl beide auch gelegentlich „wie die Feuerwehr" durch Busch und Dorn daherbrausen. Vorhersagen kann man dies nicht.
Faszinierende Bilder bietet die Lockjagd häufig. Die vorher gut ausgewählte Deckung des Jägers verhilft dazu. In greifbare Nähe hat er das Stück gelockt. Darin liegt eine große Gefahr – nun will man das Stück auch haben. Oft ist der Entschluss zum Schuss in Sekundenschnelle zu treffen. Da ist der Finger oft zu fix am Abzug. Der werfe den ersten Stein, dem es so noch nicht ergangen ist. Zu zweit vermeidet man diesen Fehler schon eher, wenn auch nicht immer.

Erdjagd

Erdjagd ist eine herrliche Jagdart. „Ursprünglich" ist eine treffende Charakterisierung. Sie wird entscheidend von unseren vierbeinigen Helfern bestimmt: Hund oder Frett. Immer sind Überraschungen möglich, denn in die Baue schauen können wir nicht.
Immer auch ist ein gewisses Risiko für unseren Helfer gegeben. Zum einen gibt es Dachs- und Fuchsbauten, die steilwandige, felsige oder – noch gefährlicher – sandige, nachrutschende Röhrenwände haben. Zum anderen können sie uralte, weit verzweigte Stammburgen darstellen. Auch der erfahrenste Hund hat in den vielen Etagen erhebliche Schwierigkeiten. Unter den Erdbewohnern gibt es durchaus wehrhafte Gesellen, die nicht gewillt sind, überirdisch das Weite zu suchen. Auch das Frett kann im Kaninchenbau auf Iltis, Marder oder Katze stoßen und wird beim Kampf vielfach zweiter Sieger bleiben.

Nisten seltene Bodenbrüter im Revier, wird auch Schmalzmann scharf bejagt.

Dachsgraben

Das Dachsgraben wird heute nur noch vereinzelt praktiziert, wenn etwa dringend ein Schliefendachs benötigt wird. Kennen wir eine befahrene Burg, besteht eine gute Chance, an den Dachs heranzukommen. Tagsüber steckt der Bursche nämlich regelmäßig im Bau. Relativ oft herrscht sogar Familienbetrieb, da die Jungdachse bis in den Herbst hinein die Nähe der Eltern suchen.
Selten lassen sich die Träger der dicken Schwarte sprengen. Der Jäger wird stets das geeignete Schanzzeug und einen erfahrenen, geschickten Helfer mitnehmen. Der Erdhund sollte nicht zu übertriebener Schärfe neigen, sondern ausdauernd und zäh den Dachs baulaut vorliegen. *Stehertypen* sind gesucht.

Während Raubautz schneidig vorlag, musste Herrchen schweißtreibend die Spitzhacke schwingen. Der Erfolg gehört ihnen gemeinsam.

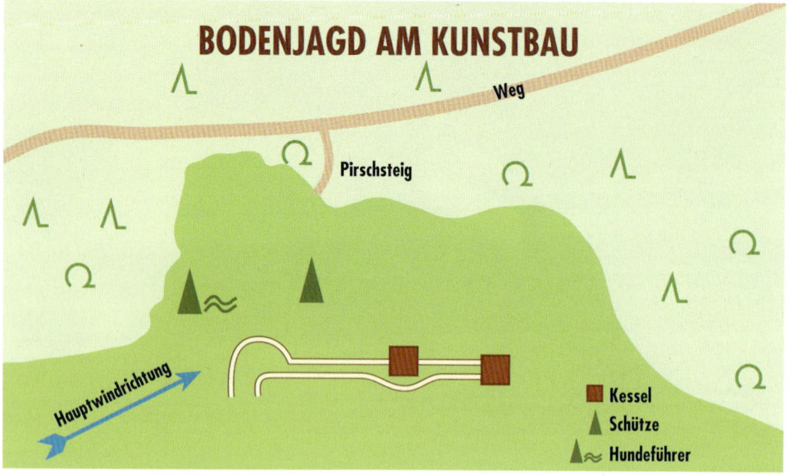

Stehen die Jäger so gedeckt, wird sie der ausfahrende Rotrock nicht mitkriegen.

Auch für die Menschen bedeutet das Dachsgraben immer Arbeit. Der Einschlag führt auf den Hundelaut zu: zur Röhre mit Hund und Dachs – wenn alles klappt. Das einfallende Licht in den bis dahin stockdunklen Gang bringt die Entscheidung. Der Dachs will nun die ungastliche Stätte verlassen. Dachsgabel oder Kurzwaffe helfen abschließend beim Erlegen. Die Blessuren des Hundes werden, soweit notwendig, versorgt. Viele Jäger sind sich nicht bewusst, welch gewaltige Anstrengung für den Erdhund eine mehrstündige Arbeit am Dachs darstellt.

In guten Kaninchenrevieren kommt das Iltis-Frett häufig zum Einsatz.

Fuchssprengen

Einfacher und leichter als die Arbeit am Dachs verläuft zumeist das Fuchssprengen für den Hund. Dabei wird der scharfe und harte Erdhund, der *Fliegertyp*, verlangt. Seine Aggressivität wird den Fuchs mehr oder weniger zügig zum Verlassen des Baus zwingen. Manche Beißerei – vor allem das Fang-in-Fang-Halten – hinterlässt hierbei deutliche Spuren.

Lautloses Verhalten auf dem Stand zahlt sich für den Jäger aus. Die Röhren hat er ständig im Blick. Möglichst früh bemerkt er den sich langsam herausschiebenden Fuchskopf oder den hochflüchtigen, flachwerdenden, roten Strich. Besonders dann bedarf es etwas Platz zum Schießen. Immer nutzt der Rote bei der Flucht gern jede auch noch so geringe Deckung.

In Revieren mit wenigen Naturbauten ist die Anlage von Kunstbauen besonders sinnvoll. Das ermöglicht kontrollierte, ermüdungsfreie Erdjagd. Lange Wartezeiten und aufwändige Schanzarbeiten entfallen. Hat der junge Hund im Prüfungsbau sein Können unter Beweis gestellt, wird er im Kunstbau erste Meriten in der Praxis leichter erwerben können.

Der Kunstbau wird bald vielleicht ohnehin die einzige Möglichkeit für den klassischen Einsatz des Erdhundes sein. Baden-Württemberg hat die Baujagd am Naturbau „aus tierschutzrechtlichen Gründen" bereits verboten, und Forderungen nach einem Totalverbot der Baujagd stehen im Raum.

Das Frettieren

Will man Kaninchen nicht lebend in Netzen fangen, spielt die Schießfertigkeit der Jägersleut' beim Frettieren eine ganz entscheidende Rolle. Das Schießen ist immer wieder reizvolle Aufgabe, die hohe Konzentration verlangt. Kurze Wege in die nächste Deckung und ein in der Regel flottes Tempo der Kanin verlangen offen gebohrte Flintenläufe (Zylinder- oder Skeetbohrung) und 2,5 mm Schrotstärke. Besonders bei schwierigen Geländeabschnitten ist das so.

Stehen Sie mal beim Frettieren mit dem Rücken an der Leitplanke einer stark befahrenen Autobahn. Rumpeln hört man nur die vielen Autos hinter sich, die grauen Flitzer sind auf einmal da. Ist es wirklich kalt oder trübe und windig, sitzen die Kaninchen auch im Bau. Dann ist das Zusammenwirken von Frettchenführer und seinen Helfern entscheidende Voraussetzung für gutes Gelingen. Das ganze Jahr über haben diese Jagdgefährten ihre Frettchen betreut und trainiert. So gebührt ihnen am Abend des Jagdtags Lob und Dank.

Mit dem Hund in Feld und Wald

Bei fünf Jagdarten bestimmt die Arbeit unseres Hundes den Tag. Mit ein, zwei Mitjägern erleben wir Stunden, die uns fest im Gedächtnis bleiben.

Die Suche

Von Raesfeld schrieb bereits vor rund 100 Jahren: „Bei der Hühnersuche ist der Hund die Seele des Ganzen: Die Freude an der Arbeit eines guten Hundes ist viel schöner als alles Schießen." In heutiger Zeit gibt es bei uns jedoch nur noch wenige Reviere, in denen eine solche Hühnersuche vertretbar ist. Immer sind es intensiv betreute Reviere. Ausgesprochene Profis der Niederwildhege sind dort am Werk.

Jedem Jäger sollte einmal das Herzklopfen vermittelt werden, wenn es den Vorstehhund aus flotter Suche herumreißt, er festgemauert vorsteht, die Hühner in der Nase. In der Rübenreihe schiebt man sich vor, genießt das Bild. Wird die Kette mit hartem Schwingenschlagen hoch, ist der Schuss oft recht leicht. Schlüge doch bloß nicht der Puls so viel schneller.

Es gibt kaum etwas Schöneres als leicht führige Vorstehhunde, die ausdauernd und weit suchen. Zumal, wenn Übung sie zu Spitzenhunden gemacht hat und es gilt, geflügelte Hühner zu finden.

Dies ist der enorme Vorteil der Solojagd. Kein Dritter treibt. Ohne Zeitdruck werden erfolgreiche Nachsuchen zum beglückenden Erlebnis für Hund und Führer. Die Pause am Wasser oder unterm Zwetschgenbaum bestimmt das eigene Ermessen. Wir berücksichtigen dabei immer die Kondition des Hundes.

Das Buschieren

Vielseitiger wird's beim Buschieren: Im deckungsreichen, aber noch übersichtlichen Gelände können Fasan, Schnepfe, Bekassine, Hase, Kanin sowie auch schon mal ein Fuchs vorkommen.

Auch diesen Hasen apportiert er mit tadellosem Griff. Jetzt wird Frauchen zwei schwere Krumme tragen müssen.

Erfahrene Führer erkennen an der Haltung ihres vorstehenden Hundes, welches Wild er markiert.

Möglichst „unter der Flinte" in Kontakt zum Führer wird der Hund das Wild suchen. Gebrauchshunde werden es vorstehen, soweit das Wild dies zulässt.
Schon an der Art des Vorstehens seines Hundes erkennt der Führer, ob es sich um Haar- oder Flugwild handelt, das angezeigt wird. Führige Stöber- und Erdhunde eignen sich ebenfalls gut zum Buschieren. Nach dem Finden geht hier natürlich alles ein bisschen schneller, denn Teckel „Moritz" oder Jagdterrier „Igor" stehen schließlich generell nicht vor. Einsetzender Spurlaut löst dann Alarm aus.
Vor Jahren führte der Verfasser einen Wachtelrüden, der beim Buschieren kurz abstoppte, wenn er gefunden hatte. Dann wendete er seinen Kopf zurück, bevor er – fast bedächtig – weiter vordrang. Kein Führerverdienst, sondern viel Erfahrung des vierbeinigen Freundes, die stets zu erhöhter Schusskonzentration verhalf.

TIPP AUS DER PRAXIS

Beim Buschieren sollte der Gewehrriemen im Auto bleiben. Hier hält eine Brombeerranke zäh an Hose und Hemd fest, dort muss ein bewachsener Graben überwunden oder ein niedriger Ast einer Baumgruppe untertaucht werden. Das verlangt Beweglichkeit. Ein unverhofftes Stolpern ist oft unvermeidlich, da die Augen doch immer beim Hund sind. So wird der Gewehrriemen zum Hindernis. Also: runter damit. Auch wenn die Altvorderen unwillig den Kopf schütteln und den Hinweis auf Trap- und Skeetschießen als „ganz etwas anderes" abtun.

Das Stöbern

Beim Stöbern verlangt der Jäger von seinem Hund gänzlich andere Arbeit. Während der eigentlichen Arbeit besteht kein Kontakt mehr zwischen den beiden. Selbstständig sucht der Hund Dickungen, Schilfpartien oder Mais- und Getreideschläge ab. Er macht das Wild ohne Einwirkung des Herrn hoch. Haarwild wird anhaltend spurlaut verfolgt, bis es die Deckung verlassen hat. Gut ausgebildete Vorstehhunde beweisen dabei ihre Vielseitigkeit. Gestern im Feld mussten sie ja den gleichen Fasan, den sie jetzt hoch kehren, noch vorstehen. Stöberhunde sind in ihrem Element, Erdhunde leisten teilweise auch Vorzügliches.
Meistens geht es nicht nur darum, Niederwild zu aktivieren. Oft wird der Hundeführer eines erfahrenen Stöberhundes des Schalenwilds und besonders häufig der Sauen wegen gerufen.
Hunde jeder Rasse, die nur einen Funken Passion verspüren, verfolgen bereits flüchtig gemachte Sauen fährtenlaut. Der wirkliche Könner zeigt sich aber erst, wenn sich der Keiler immer wieder einschiebt und hartnäckig im Schwarzdornbusch die Stellung hält. Bei einem Ausfall aus so prächtiger Deckung wird es für jeden Stöberhund kritisch. 70 bis 80 Kilogramm blasen in einem Höllentempo zum Gegenangriff. Auch beim flinksten Hund kommt es dabei zum Überrennen. Weichen muss er in jedem Fall.
Hunde, die nach solchen Attacken ohne Hilfe ihres Herrn immer wieder von alleine weiterarbeiten, sind Diamanten. Die erfahrenen, schon etwas langsameren unter ihnen stehen mit gehörigem Abstand am Oberhang. Ihr Standlaut ruft um Hilfe. So leben sie länger ohne gefährliche Schmisse.

Im scharfen Troll ins Altholz gebracht: Eine feine Leistung des Stöberhundes.

Nun ist's Zeit für die Terrier. Wendigkeit, Schärfe und Härte im Nehmen sind gefragt. Leider ist damit oft auch blindes Zupacken verknüpft. Ganz wenige dieser Hunde werden wirklich alt. Erstreckt sich aber ihre Arbeitszeit bis ins sechste oder siebente Lebensjahr, sind sie unbezahlbar. Besonders Schweißhundführer wissen diese Eigenschaften zu schätzen und führen Terrier deshalb gern als Zweithund bei Nachsuchen auf kranke Sauen mit.

Das Überjagen der Stöberhunde beim Stöbern wird von manchen Jägern gerne bemäkelt. Sollen sie es tun. Beim Hasen und Kanin ist es selbstverständlich störend, wenn die Reise lauthals lustig ins Nachbartreiben weitergeht. Aber die Sau, die nun endlich in Bewegung gebracht ist, nur bis zur Dickungskante verfolgen?

Da verlangst Du vom Hundeherz etwas zu viel, lieber Jägersmann. Erstreckt sich das Ausbleiben über zwei Stunden, wird es natürlich ärgerlich, zumal die Kondition dann doch zum Teufel geht. Aber die schlechtesten Hunde sind dies meist nicht.

Das Brackieren

Zum Brackieren fehlt es heute zumeist an Revieren, die in gesetzlich ausreichender Größe derart traditionsmäßig bejagt werden können. Das Brackieren ist extrem weites und langes Stöbern.

Hochläufige Hunde mit lockerem Hals verfolgen die Spur von Hase oder Fuchs über Berg und Tal. Spurwille und Spurtreue sind ausgeprägt. Sie lassen ein kurzfristiges Verlassen der einmal aufgenommenen Spur nicht zu. Ziel dabei ist, durch das ausdauernde, spurlaute Verfolgen des Einzelstücks dieses in sein Einstandsgebiet zurückzubringen. Dort wird es dann von den Jägern erwartet. Das dauert oft lange, noch öfter ist es vergeblich. Spannend ist es aber fast immer.

Wendigkeit, Schneid und Härte im Nehmen zeichnen den Deutschen Jagdterrier aus. Man sieht's ihm an.

Beim Brackieren erlegt, geht Meister Lampe in Streckenstatistiken nicht als bloße Zahl unter.

Heimwärts geht es. Ein Hase „nur", aber beide sind zufrieden.

Kein Zweifel, auch hier ist die Hundearbeit – meist nur mit dem Ohr zu verfolgen – das A und O. Der Jäger steht nur mit viel Geduld am Rückpass. Ein Hase „nur" oder gar ein Fuchs, das ist die ganze Strecke. Doch ein jeder von ihnen bleibt uns ein Jägerleben lang im Gedächtnis.

Das Lancieren

Die Schweißhundführer mögen mir verzeihen, aber wie viele Jäger außer ihnen kennen heute noch diese anspruchsvolle Jagdart? Walter Frevert soll im Oktober 1944 den „Leutnant" in der Rominter Heide so erlegt haben.

Nur ältere, erfahrene Schweißhunde werden zu solcher Herausforderung herangezogen. Eine einzelne Gesundfährte – zum Beispiel die eines hochgeweihten Hirsches – wird am langen Riemen bis an den Rand des vermuteten Einstands verfolgt. Dann wird der Hund ein paar Schritte abgetragen und mit ihm die Dickung umschlagen. Fällt der Hund erst am Einwechsel die Fährte wieder an, steckt der Hirsch. Der Geweihte ist bestätigt.

Nun wird der bevorzugte Schütze dahin postiert, wo der Hirsch hoffentlich die Deckung verlässt. Diese Standauswahl ist eine schwierige Entscheidung. Nur Jäger von Format werden das beherrschen. Auf diesen Platz eingewiesen, bleibt der Schütze ebenso still wie aufmerksam stehen, auch über einen längeren Zeitraum. Den benötigt der Schweißhundführer nämlich in der Regel bei größeren Einständen.

Am Einwechsel lässt er seinen Hund erneut die kalte Fährte aufnehmen und folgt ihr jetzt durch Dick und Dünn. Irgendwann erreichen die beiden nun das Bett des Hirsches, wo dieser ja eigentlich in Ruhe übertagen wollte. Jetzt wird die Fährte brühwarm. Der Hund hält sie eisern und wird manch zeitraubenden Widergang, manchen Kreisbogen ausarbeiten müssen. Wird es dem Hirsch zu viel, verlässt er seinen Einstand. Oft recht langsam, manchmal im Troll, immer aber äußerst aufmerksam. Nimmt er den Auswechsel nun wirklich dort, wo es die Jäger geplant haben, ist die Portion Glück hinzugekommen, die zur erfolgreichen Jagd gehört. Keine Frage: Lancieren liest sich leichter, als es sich in die Tat umsetzen lässt. Das Gespann von Hund und Führer leistet die jagdliche Arbeit. Der vorgestellte Jäger ist nur Schütze. Der braucht einzig und allein nur still zu stehen, aufzupassen und zu treffen. Das können recht viele, die Fährtenarbeit ganz wenige.

Wasserjagd

Hurra, die Enten. Wasserjagden als Gemeinschaftsjagden sind stets fröhliche Jagden. Gleichgesinnte Jäger sind zusammen. Oft ist es noch sommerlich warm. Ewig lange „herumzusitzen“ brauchen die Jäger auch nicht. In der Luft ist viel zu sehen. Langeweile kommt nicht auf. Die guten Schrotschützen kommen auf ihre Rechnung: Die hoch und schnell streichende Ente stellt hohe Anforderungen an ihre schießtechnischen Fähigkeiten. Oft schaut dir dein Nachbar bei deiner Patzerei zu. Ein Scherzwort fliegt herüber. Anschließend kann er es doppelrohrig auch nicht besser.

Grundsätzliches

Die erste Forderung an eine gute Entenjagd liegt auf der Hand: Anfang September sind gewiss alle Jungenten aus den Erstgelegen voll beflogen. Die Jungenten aus den Zweitgelegen sind noch deutlich kleiner. Sie haben noch Mühe beim Start aus dem Schilf. Diese „späten“ Jungenten werden geschont. Egal, ob mit Treibern am Seeufer oder ob mit Kähnen auf eingeschnittenen Schilfschneisen getrieben wird, oder mehrere, kleine Teiche und Tümpel nacheinander gemeinsam angegangen werden.
Ein gleicher Schutz gilt der Mutterente. Ihre späte Mauser zieht sich in unseren Breiten bis in den September hinein. Da sie dann flugunfähig ist, bringt sie recht häufig der Wasserhund lebend. Der gute Jäger weiß um die Herbstmauser und schenkt ihr das Leben.
Den dritten und vierten Wunsch äußert der Jagdherr morgens meist in einem Satz: „Schießt in erster Linie die Grünköpfigen, und schießt vor allem nicht zu weit!“ Recht hat er. Der Überhang an Erpeln ist überall – auch in den städtischen Parkanlagen – zu beobachten. Zur Paa-

Nur äußerst selten kommt der faule Feisthirsch bei so gutem Büchsenlicht in Anblick.

Das Lancieren ist eine Kunst, die nur von wenigen Gespannen praktiziert wird.

Zügig und souverän, die Ente im Fang – da lacht das Hundeführerherz.

Mausernde, flugunfähige Mutterenten und Jungenten der Zweitgelege schoss er nicht.

rungszeit wird er für die Ente oft zur Drangsal. Man möchte ihr fast helfen gegen die Zudringlichkeit mehrerer Erpel. Es ist unstrittig: Bei kaum einer Jagdart wird so häufig zu weit geschossen wie bei der Entenjagd. Da muss bereits während der Jagd schon mal ein dumpfes Grollen des Jagdleiters ertönen.

Hundearbeit bei der Entenjagd ist stets anstrengend. Im schnell fließenden Wasser wird sie ebenso Schwerstarbeit wie in der Dünung an den Küsten. Das Stöbern im Schilf ist meist die Einleitung der Jagd.

Der Schwerpunkt der Hundearbeit liegt jedoch eindeutig nach dem Schuss. Die geflügelte Ente stellt hohe Anforderungen an Nase, Finderwille,

Kondition und Erfahrung. Hat es lange gedauert und kommt unser Freund doch noch mit dem Erpel im Fang schnaufend angeschwommen, gibt es viel Lob und eine kleine Pause. Müssen wir ihn ins eiskalte Winterwasser schicken – solche Pannen entstehen –, gibt es anschließend nur eines: Abrubbeln mit dem Handtuch, frei zum Auto laufen lassen, Heizung auf Volldampf und ab nach Hause. Es ist durch nichts gerechtfertigt oder zu entschuldigen, den Hund „noch eine Weile" auf dem Stand zu halten. Seine Gesundheit geht vor.

Verhalten im Kahn

Das Streben nach Sicherheit für alle Jagdteilnehmer bestimmt das Verhalten des Jägers im Kahn. Er sitzt stets vorn im Boot. Ein Schießen im Stehen über den Kopf des stakenden Kahnführers hinweg unterbleibt generell. Zu groß ist die Unfallgefahr. Je schmaler und wackeliger der Kahn, je glitschiger der Boden, je unruhiger das Wasser, umso größere Bedeutung hat das disziplinierte Verhalten. Natürlich fällt das Schießen im Sitzen schwerer. Das Mitschwingen des ganzen Körpers gelingt selten, aber nach ein wenig Gewöhnung klappt's.

Ankirren

Noch ein offenes Wort zum Ankirren der Enten. Es ist heute gang und gäbe, dass Enten dort, wo sie gemeinsam bejagt werden sollen, vorher angekirrt werden. Das ist bei der Standorttreue der Enten kein großer Aufwand. Oft wächst ihre Zahl rasch an. Äsung und Ruhe sprechen sich bei ihnen rum.

Am Jagdtag sind dann mit einem Schlag Hunderte von Enten in der Luft. Ein tolles Bild. Aber nicht die reine Freude, obwohl die weitaus höhere Zahl von ihnen entkommt. Denn selbst geübte Tontaubenschützen drehen bei so massiertem Anflug leicht durch. Die erste Dublette vermasseln sie, hasten mit den nächsten beiden Patronen eine weite Ente vorbei, verpassen dabei günstig näheren Anflug und stehen auf einmal inmitten von sechs leeren Hülsen. Wer hat so etwas noch nicht erlebt?

Zurück zum Kirren. Ob es die Sauen sind, die unter den Steinen Tag für Tag ihre Maisportion finden, die Rehe, im Verjüngungsgatter von Apfeltrester angelockt, oder die Enten, an Futtertische gewöhnt: *gejagt* haben wir sie nicht, nur erschossen. In den vergangenen Jahrzehnten haben sich die Jäger in Deutschland daran gewöhnt, so zur Jagd zu gehen. Eine traurige Entwicklung.

Nach etwas Gewöhnung klappt auch das Schießen im Sitzen aus dem Boot heraus.

Gesellschaftsjagden

1. Planung einer Gesellschaftsjagd

Gesellschaftsjagden stehen und fallen mit ihrer Organisation. Die folgenden Seiten veranschaulichen, wie der Jagdleiter und seine Helfer solche Jagden fachlich vorbereiten und durchführen. Jeder Jagdgast fiebert dann am Jagdtag dem Erlebnis entgegen, Wild im Treiben zu beobachten. Reaktionsvermögen und Erfahrung, Schnelligkeit und Wehrhaftigkeit, aber auch List und Eleganz des Wildes erfreuen.

Den einzelnen Abschnitten werden im Folgenden Ziffern vorangestellt, um den folgerichtigen Ablauf der Tätigkeiten und Maßnahmen zu verdeutlichen.

Die verschiedenen Formen gemeinsamen Jagens sind wildartenspezifisch in Teil I des Buches behandelt worden. Dazu zählen zum Beispiel Vorstehtreiben, Stöberjagden, Feldstreifen oder das gemeinschaftliche Bejagen von Sauen bei Schnee nach morgendlichem Kreisen.

Der Schütze hat seinen Stand bezogen, der Hund wartet darauf, geschnallt zu werden. Bei beiden steigt die Spannung…

Die vorstehend genannten Gesellschaftsjagden sind abgestimmt auf eine Jagdausübung mehrerer Jäger. Der Gesetzgeber schreibt dafür mindestens vier Jagdscheininhaber vor. Gesellschaftsjagden stehen in einem räumlichen und zeitlichen Zusammenhang. Deren Planung und Durchführung sind Aufgaben des Jagdleiters. Die Unfallverhütungsvorschriften der Berufsgenossenschaften (siehe Seite 455 ff.) legen in §4 fest, dass für jede Gesellschaftsjagd ein Jagdleiter zu bestimmen ist. Dieser steht dafür gerade, dass die Jagd möglichst gefahrlos abläuft. Seinen Anordnungen ist strikt Folge zu leisten. Anders ist eine Jagd, an der neben den Schützen vielfach auch Treiber teilnehmen, nicht sicher durchzuführen.

Im Folgenden werden den Aufgaben des Jagdleiters, deren Aufzählung einen Anhalt geben soll, Ziffern vorangestellt, um den denkbaren Ablauf zu verdeutlichen. Je nach örtlichen und zeitlichen Gegebenheiten bedarf die Aufzählung sicher mancher Variation.

1.1 Gründliche Vorbereitung

Eine erste, eiserne Regel guter Gesellschaftsjagden besteht darin, sie möglichst gründlich vorzubereiten. Das kann gar nicht sorgfältig genug geschehen. Improvisieren müssen wird der Jagdleiter auf solchen Jagden ohnehin genug. Mit der Organisation steht oder fällt jede Jagd.

CHECKLISTE GESELLSCHAFTSJAGDEN

1. Planung einer Gesellschaftsjagd
- 1.1 Gründliche Vorbereitung
- 1.2 Frühzeitige Terminplanung, Jagdeinladungen
- 1.3 Wildbestand und sinnvolle Bejagungsform
- 1.4 Areal und Revierkarte
- 1.5 Zeitlicher Rahmen, Zahl der Treiben
- 1.6 Anzahl der Jagdteilnehmer (Schützen, Treiber, Hundeführer)
- 1.7 Sicherheitsmaßnahmen
- 1.8 Transportmittel und Wege
- 1.9 Gruppeneinteilung der Jäger

2. Durchführung einer Gesellschaftsjagd
- 2.1 Zu Beginn des Jagdtages
  - 2.1.1 Sicherheitsmaßnahmen
  - 2.1.2 Jagdscheinkontrolle
  - 2.1.3 Ansprache des Jagdleiters
- 2.2 Während der Jagd
- 2.3 Nach der Jagd
  - 2.3.1 Organisation der Nachsuche
  - 2.3.2 Streckelegen
  - 2.3.3 Wildversorgung
  - 2.3.4 Schüsseltreiben

Berücksichtigt der Jagdleiter die Checkliste in sämtlichen Punkten, kann nicht mehr viel schief laufen.

1.2 Frühzeitige Terminplanung, Jagdeinladungen

Stets von Vorteil ist eine frühzeitige Terminplanung. Dann können alle Beteiligten ihre beruflichen Aufgaben darauf einstellen. Außerdem werden so Terminüberschneidungen mit Nachbarrevieren vermieden. Und schließlich können wir die vorbereitenden Arbeiten im Revier bei geeignetem Wetter und ohne Zeitdruck durchführen.

Jagdeinladungen sind möglichst einige Wochen im Voraus zu verschicken. Aus ihnen sind Termin, Anfahrtsstrecke, Sammelplatz, freigegebene Wildarten, Art der Jagd, ihre Dauer sowie das Schüsseltreiben klar erkennbar. Außerdem enthalten sie einen Hinweis darauf, ob draußen Verpflegung gereicht wird oder ob sich der Jagdgast aus dem Rucksack verpflegen muss. Eine der Einladung beigefügte Antwortkarte hat sich bewährt.

So – oder ähnlich – ist eine mustergültige Jagdeinladung gestaltet.

Einladung zur Jagd im Forstamt XY

Das Forstamt XY lädt Sie herzlich zu einer großen Stöberjagd ein. Wir jagen im Revier Fuchsbergen und gemeinsam mit den Pächtern und ihren Jagdfreunden in den Waldteilen der angrenzenden Jagdbezirke Hirschbach, Saufang und Rehhausen.
Zeitpunkt: 19.11.2022 um 8.30 Uhr
Treffpunkt: Die „blaue Pfütze“. Ein Anfahrtsskizze finden Sie anbei.

Freigegeben werden:

- Rothirsche der Klasse III, Schaltiere und Alttiere nach Maßgabe der vorherigen mündlichen Erläuterung
- Frischlinge und älteres Schwarzwild außer im Verband mit Frischlingen kommende Bachen (grundsätzlich Klein vor Groß!)
- Kitze, weibliches Rehwild (kein Schuss auf hochflüchtige Rehe!).
- Fuchs, Marder, Waschbär, Marderhund
- Hase

Jagdgäste, die am Vorabend der Jagd anreisen, und einheimische Jäger treffen sich am 18.11. ab 19.00 Uhr im Hotel Schloss Waidmannslust

Zeitplan am 19.11.2022

10.30 Uhr	Beginn des Treibens, Schnallen der Hunde
13.30 Uhr	Ende des Treibens
ab 14.00 Uhr	wird ein einfacher Imbiss am Feuer gegen Kostenerstattung gereicht
gegen 16.00 Uhr	Streckelegen an der „blauen Pfütze“
19.00 Uhr	Schüsseltreiben im Gasthaus Landesfeind in Malsfeld, Ortsmitte

Bis zum 24.10.2022 wird um eine verbindliche, schriftliche Zu-/Absage gebeten, ferner um die Angabe, welche bzw. wie viele Hunde ggf. zum Einsatz kommen. Bitte beachten Sie die Hinweise auf der Rückseite. Die gültigen Jagdscheine werden zu Beginn des Jagdtages kontrolliert. Die Beamten des Forstamts XY freuen sich auf einen erfolgreichen, gemeinsamen Jagdtag.

Mit Waidmannsheil

gez. Wohlgemut, FD

Wichtige Bestimmungen

1. Alle Jäger führen einen gültigen (gelösten) Jagdschein mit sich.
2. Hunde bitte bei der Begrüßung im Auto lassen.
3. Alle Jäger tragen signalfarbene Warnkleidung (Weste oder Jacke und Hutband)
4. Nach dem Anstellen darf geschossen werden. Nach dem Ende des Treibens gilt „Hahn in Ruh'“.
5. Bitte das Wild sorgfältig ansprechen und nicht überhastet schießen.
6. Jeder ist für seinen Schuss verantwortlich! Achten Sie stets auf sicheren Kugelfang!
7. Es darf grundsätzlich in das Treiben geschossen werden. Besonderheiten teilen die Ansteller jedem Schützen an seinem Stand mit.
8. Die Stände dürfen während der Jagd unter keinen Umständen verlassen werden. Ausnahmen für Hundeführer auf begrenzter Fläche werden im Einzelfall bekannt gegeben und per Skizze erläutert.
9. Nach dem Treiben gilt:
a) Sollte ein beschossenes Stück Wild nicht in Sichtweite verendet sein, melden bzw. verbrechen Sie den Anschuss.
b) Versorgen Sie das erlegte Wild unter Beachtung der Hygienevorschriften, melden Sie evtl. festgestellte Anomalien dem Ansteller und informieren Sie ihn über Anlauf und abgegebene Schüsse.
c) Warten Sie am Stand auf den Ansteller.
10. Sammeln Sie jeden Hund ein, der Ihnen nach Ende des Treibens begegnet, und bringen Sie ihn mit zum Sammelplatz.
11. Dienstbereite Tierärzte werden vor Beginn der Jagd bekannt gegeben.
12. Die erforderlichen Nachsuchen werden nur von der Jagdleitung veranlasst.

Eine weiträumig angelegte Stöberjagd hilft beim Kahlwildabschuss. Die Revierbeunruhigung durch ständige Einzeljagd entfällt.

Je nach Zahl der Gäste wird ausreichender Parkplatz zur Verfügung stehen. Am Tag der Jagd werden dann vor Ort Fahrgemeinschaften gebildet, damit möglichst wenige Autos durch den Wald brummen.

1.3 Wildbestand und sinnvolle Bejagungsform

Die Voraussetzung für jede Gesellschaftsjagd besteht darin, dass genügend Wild vorhanden ist. Zu einer Niederwildjagd werden wir nur einladen, wenn durchschnittlich ein bis zwei Stück Wild pro Jäger abends auf der Strecke liegen. Ältere Revierinhaber von sehr gepflegten Niederwildrevieren veranstalten nur dann eine Gesellschaftsjagd, wenn der Durchschnitt bei zehn Stück pro Schützen liegt.

Bei kleineren Hochwildjagden ist für sie ein Stück Schalenwild pro Gast – wieder im Durchschnitt – ein Anhalt. Bei Waldjagden wird der Jagdherr sich besonders bemühen, eine wildbiologisch sinnvolle Bejagungsform zu finden. So darf eine Stöberjagd beispielsweise nicht zur Hetzjagd ausarten. Ihr Ziel ist es, das Schalenwild in möglichst übersichtlichen Beständen langsam vor die Büchsen zu bringen. Der Abschussplan beim Kahlwild wird an diesem Tag energisch angegangen. Gelingt das, wird örtlich wieder eine längere Ruhezeit einsetzen.

1.4 Areal und Revierkarte

Der Jagdleiter legt auch das zu bejagende Areal fest. Je nach Jagdart wird eine Mindestgröße erforderlich sein. Mehrere kleine Vorstehtreiben auf Hasen und Fasanen in der Feldmark sind etwas anderes als ein großes Treiben von drei Stunden Dauer auf Rotwild und Sauen im Wirtschaftswald.

Im Revier werden Stände (siehe Zeichnungen), Schirme, im Felde auch die Mittelpunkte von

TREIBENVERLAUF

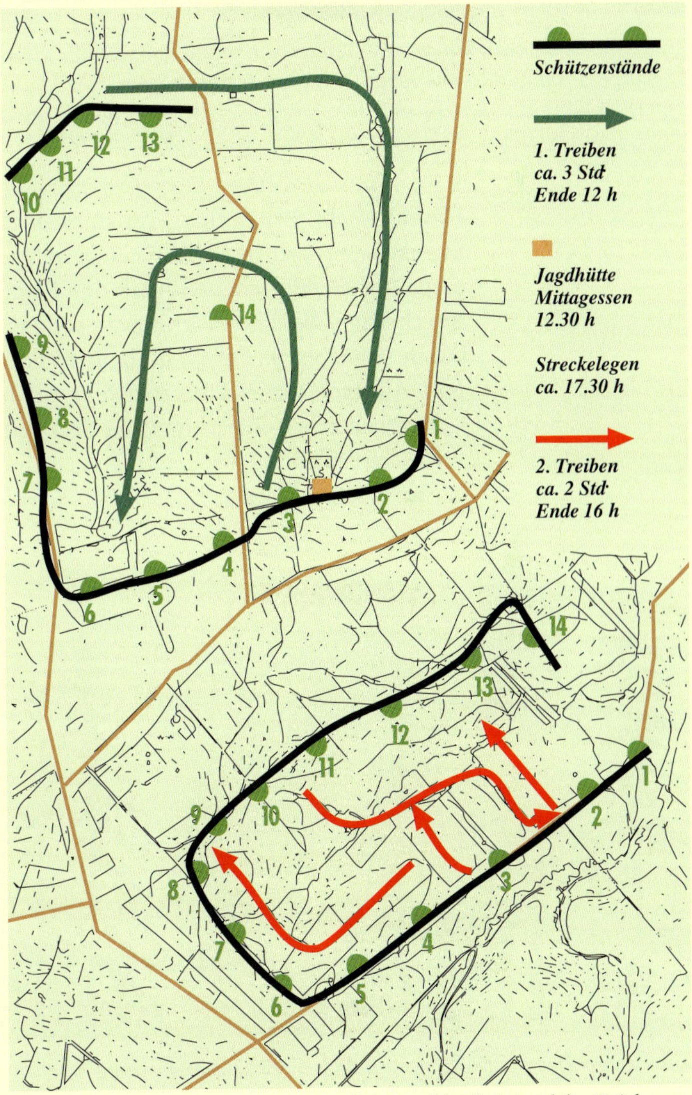

Bekommt jeder Jagdgast vor Beginn der Drückjagd eine solche Zeichnung mit dem Verlauf der Treiben ausgehändigt, findet er dort auch seinen ausgelosten Schützenstand.

In Althölzern mit dichtem Unterstand werden vom Stand aus schmale Linien („Krähenfüße“) von mindestens doppelter Saubreite aufgehauen. Sobald anwechselndes Wild in eine der Linien tritt, schreckt oder fiept der Jäger es an, damit es verhofft. Dann erlauben „Krähenfüße“ sauberes Ansprechen und Schießen.

Hasenkesseln, Plätze fürs Frühstück oder das Streckelegen sachverständig ausgewählt und eindeutig gekennzeichnet. Auch den Platz fürs Streckelegen werden wir im Revier wählen. Dadurch entstehen kurze Wege beim Wildtransport. Außerdem erleichtert es den Hunden, die sich verjagt haben, ihren Herrn wiederzufinden. Für diese örtlichen Entscheidungen ist eine Revierkarte sehr hilfreich.

Schneisen zwischen zwei Dickungen sind als Schützenstände wenig tauglich. Es sind „Lichtbrücken“, die das Wild meist schnell überfällt. Besser sind Stände im Dunkeln: Dort, wo flüchtiges Wild wieder langsam wird, befindet sich unser Stand, auch wenn das Schussfeld gering ist. Besetzt wird möglichst der Durchgang zur nächsten Deckung.

1.5 Zeitlicher Rahmen, Treibenzahl

Der zeitliche Rahmen wird so geplant, dass möglichst früh begonnen werden kann, keine Hast zwischen den Treiben notwendig wird und nicht in die Nacht hinein gejagt werden muss. Nachsuchen – beim Schalenwild wenigstens ein Ansuchen – sind so noch bei Helligkeit machbar.

Wir planen eine Frühstücks- oder Aufbrechpause ein, die insbesondere bei der Schalenwildbejagung aus hygienerechtlichen Gründen oft notwendig wird. Aufbrechen werden in der Regel die Schützen. Nur in Ausnahmefällen springt ein geübter „Profi“ ein. Zentrales Aufbrechen bietet darüber hinaus den Vorteil, dass die Aufbrüche an Ort und Stelle gesammelt vergraben werden können.

1.6 Anzahl der Jagdteilnehmer (Schützen, Treiber, Hundeführer)

Aus den vorstehenden Überlegungen resultiert die Zahl der notwendigen Gastjäger, „Ansteller“, Bläser, Treiber, Hunde und ihrer Führer. Alle Gäste werden wir hoffentlich eher nach ihren jagdlichen Qualitäten auswählen. Jagdnachbarn sind stets dabei. Bei den Hunden und ihren Führern ist ebenfalls Qualität gefragt. Das gilt gleichermaßen für deren Arbeit vor und nach dem Schuss.

1.7 Sicherheitsmaßnahmen

Möglichst frühzeitig wird der Jagdleiter die Jagd optimal gegen Spaziergänger und vor allem Fahrzeugverkehr absichern lassen. Dies geschieht per Information der zuständigen Behörden und Ämter, vielleicht auch mit Hilfe der örtlichen Presse.

In Erholungsgebieten verbieten sich Jagden an Wochenenden oder Feiertagen. Der Jagdleiter beantragt die Sperrung des zu bejagenden Gebietes rechtzeitig und hält entsprechende Hinweisschilder bereit.

Im Vorfeld sind Warnkleidung für die Treiber, Signalhalsbänder für die Hunde sowie leuchtende Hutbänder für die Schützen als Leihgabe für den Jagdtag zu beschaffen. Besser noch tragen auch die Schützen signalfarbene Westen oder Jacken, wie das auf Jagden der öffentlichen

Hand und vielen Privatjagden bereits vorgeschrieben wird.
Bei Hasen- und anderen Niederwildjagden benötigen die Treiber Klappern. Auch die baulichen Einrichtungen, welche bei der Gesellschaftsjagd benutzt werden sollen, werden auf Sicherheit und Tauglichkeit überprüft.

Am Dickungsrand sitzen wir nicht, weil dort die Rehe „fliegen". Wenigstens 150 Meter weit in den Altbestand hinein ist es viel sinnvoller. Dort verhofft das Rehwild gerne oder wird zumindest langsamer, zumal wenn es etwas „Deckung" um die Läufe hat.

1.9 Gruppeneinteilung der Jäger

Jagdlich erfahrene „Ansteller" werden in ihren örtlichen Wirkungsbereich und ihre Aufgaben genau eingewiesen. Am Jagdtag betreuen sie möglichst kleine Gruppen von fünf bis acht Gästen.
Die Gruppenleiter weisen die Schützen vor Ort ein. Sie sorgen dafür, dass sich die Nachbarschützen miteinander verständigen. Und sie erläutern den Gästen, wie das Treiben verläuft, in welche Richtung (wie lange) geschossen werden darf und wie die Folge ist. Grundsätzlich bleibt

Für Jäger von altem Schrot und Korn sicher gewöhnungsbedürftig. Aber bei großen Wildjagden hat sich der Einsatz von Funkgeräten bewährt.

Eine große „Mannschaft". Sie wird sinnvollerweise auf kleine Anstellgruppen aufgeteilt.

1.8 Transportmittel und Wege

Für Jäger, Treiber und erlegtes Wild werden Transportfahrzeuge bereitgestellt. Geländegängige, robuste Wagen zeichnen sich dabei aus. Wildwagen können mit Grün geschmückt werden.
Schützen oder Treiber dürfen auf landwirtschaftlichen Hängern nur von Treiben zu Treiben transportiert werden, wenn dort Sitzgelegenheiten vorhanden sind. Strohballen genügen bereits. Außerdem muss eine kurze Leiter oder eine Treppe mitgeführt werden, die sich abrutschsicher am Hänger befestigen lässt. Eine Treppe in Art von Hühnerstiegen ist prima, weil dann auch unsere vierläufigen Gefährten leichter „aufsitzen" können.

jeder Jäger allerdings für seinen Schuss verantwortlich.
Bei Wildjagden werden wir die Stände der Hundeführer – soweit die Hunde geschnallt werden sollen – gesondert auswählen. Als Richtschnur gilt: die besten Hunde an die besten Wildeinstände.
Für die Hundeführer werden Listen vorbereitet, aus denen Anschriften, Telefon- und Funknummern der nächstgelegenen Tierärzte und Förstereien ersichtlich sind, denn deren schnelle Hilfe tut oft Not.

2. Durchführung einer Gesellschaftsjagd

2.1 Zu Beginn des Jagdtages

2.1.1 Sicherheitsmaßnahmen

Am Morgen des Jagdtages lässt der Jagdleiter – in Abstimmung mit Polizei und Straßenverkehrsamt – öffentliche, vor allem aber verkehrsreiche Straßen sichern.
Die Hinweisschilder werden erst abgebaut, wenn sämtliche Hunde wieder eingetroffen und die Nachsuchen beendet sind.

2.1.2 Jagdscheinkontrolle

Aus rechtlichen Gründen ist eine Kontrolle der Jagdscheine aller Jäger vor Beginn der gemeinschaftlichen Hoch- oder Niederwildjagd unerlässlich.

2.1.3 Ansprache des Jagdleiters

In seiner Ansprache begrüßt der Jagdleiter alle Beteiligten mit Signal und Wort. Er erläutert die Zeitplanung, nennt die Zahl der Treiben und weist auf die Einzelheiten zu den freigegebenen Wildarten hin. Außerdem wird er die Sicherheitsvorschriften klar herausstellen. Schließlich gibt er bekannt, ab wann geschossen werden darf: nach einer vereinbarten Zeit, nach dem Anblasen oder nach dem Einnehmen des Standes. Besonders auffordern wird er zur sicheren Handhabung der Waffen während der Jagd und zwischen den Treiben. Auch auf das Verhalten auf dem Stand wird er genauer eingehen. Schließlich appelliert er an die Jäger, Schussdisziplin zu zeigen. Der Jagdleiter formuliert diese Notwendigkeiten klar und deutlich, auch wenn sie auf der „Jagdeinladung“ und der „Standkarte“ detailliert vermerkt sind. Nur so hält er sich rechtlich den Rücken frei.

Jagdscheinkontrolle ist Pflicht! In einem improvisierten „Jagdbüro“ kann sie gleich zu Beginn des Jagdtages erledigt werden.

Die Ricke kam alleine, steht breit. Ist das Kitz bloß versprengt oder schon erlegt? Nur bei starken Verbissschäden in der Verjüngung lassen wir fliegen.

Anschließend teilt er die Schützen in vorher festgelegte Gruppen mit je einem „Ansteller" ein, der namentlich vorgestellt wird. – Es folgt: „Das Ganze. – Aufbruch zur Jagd!" mit Signal und Wort.

2.2 Während der Jagd

Während der Treiben ist der Jagdleiter auf die jagdliche Qualität seiner Gäste angewiesen. Sie sprechen hoffentlich vor dem Schuss sauber an und beschießen nicht um jeden Preis auf jede Entfernung jedes Stück Wild. Sie ersparen dem Wild Qualen durch saubere Schüsse. Sie richten sich gewissenhaft nach den Anweisungen des „Anstellers", halten den Stand eisern ein, schwadronieren nicht vor dem Anblasen und melden beziehungsweise markieren nach dem Treiben ohne langes Umhertreten die Anschüsse. Der gern gesehene Jagdgast versorgt erlegtes Wild sachgemäß und ist unaufgefordert hilfsbereit beim Bergen von stärkeren Stücken oder einer größeren Strecke anderer Jäger.

Es zeugt von gutem Stil, wenn der Jagdleiter bei Drückjagden die Treiberwehr „in vorderster Front" selber anführt. Außerdem erhöht dies den Jagderfolg, da er sein Revier am besten kennt und die Treiber entsprechend anweisen kann. Guter Stil ist zudem, wenn sich der Jagdleiter selbst auf ein Stück Schalenwild beschränkt.

2.3 Nach der Jagd

2.3.1 Organisation der Nachsuchen

Nach dem Ende der Treiben ist der Jagdleiter wieder gefordert. Die Rückführung von Schützen sowie Treibern und der Wildtransport zum Sammelplatz verlaufen planmäßig. Aber in enger Zusammenarbeit mit den „Anstellern" gilt es, die Nachsuchen anhand der „Standkarten" (siehe Zeichnung) zu optimieren. Bei Wildjagden strebt der Jagdleiter an: Die vermutlich schwerste Arbeit entfällt auf das beste Schweißhundgespann. Ein nicht immer lösbares Problem. Oft fällt die Entscheidung zur Arbeit auf den nächsten Morgen. Bei Niederwildjagden sind die Nachsuchen weitgehend getätigt. Aber einigen „komplizierteren Fällen" kann jetzt noch einmal in Ruhe nachgegangen werden.

Bei Lauf- oder Krellschüssen kann es zu revierübergreifenden Nachsuchen kommen. Deshalb wird der Jagdleiter schon im Vorfeld für den Jagdtag und den darauffolgenden Tag eine Nachsuchenerlaubnis für die Nachbarreviere einholen, falls die Nachbarn nicht dabei sein können. Anderenfalls steht mancher Nachsuchenerfolg in Frage.

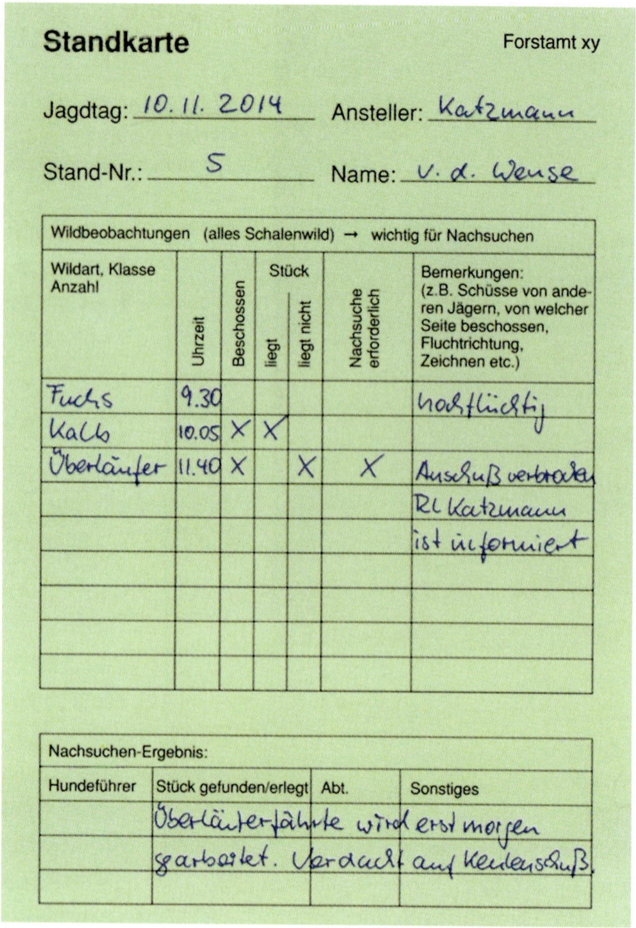

Standkarte Forstamt xy

Jagdtag: 10.11.2014 Ansteller: Katzmann

Stand-Nr.: 5 Name: v. d. Wense

Wildbeobachtungen (alles Schalenwild) → wichtig für Nachsuchen						
Wildart, Klasse Anzahl	Uhrzeit	Beschossen	Stück liegt	Stück liegt nicht	Nachsuche erforderlich	Bemerkungen: (z.B. Schüsse von anderen Jägern, von welcher Seite beschossen, Fluchtrichtung, Zeichnen etc.)
Fuchs	9.30					hochflüchtig
Kalb	10.05	X	X			
Überläufer	11.40	X		X	X	Anschuß verbrochen
						RL Katzmann
						ist informiert

Nachsuchen-Ergebnis:			
Hundeführer	Stück gefunden/erlegt	Abt.	Sonstiges
	Überläuferfährte wird erst morgen		
	gearbeitet. Verdacht auf Keulenschuß.		

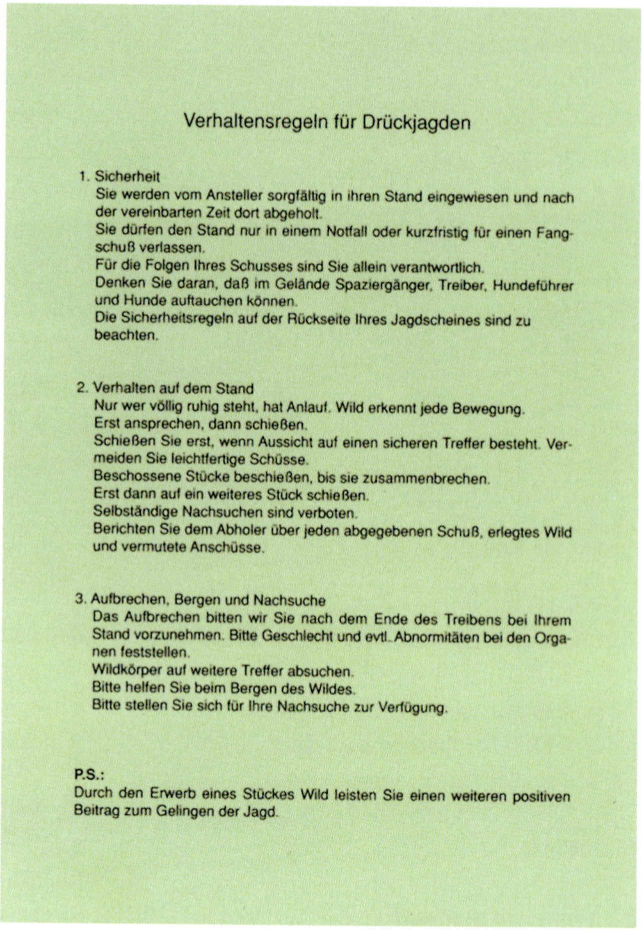

Verhaltensregeln für Drückjagden

1. Sicherheit
Sie werden vom Ansteller sorgfältig in ihren Stand eingewiesen und nach der vereinbarten Zeit dort abgeholt.
Sie dürfen den Stand nur in einem Notfall oder kurzfristig für einen Fangschuß verlassen.
Für die Folgen Ihres Schusses sind Sie allein verantwortlich.
Denken Sie daran, daß im Gelände Spaziergänger, Treiber, Hundeführer und Hunde auftauchen können.
Die Sicherheitsregeln auf der Rückseite Ihres Jagdscheines sind zu beachten.

2. Verhalten auf dem Stand
Nur wer völlig ruhig steht, hat Anlauf. Wild erkennt jede Bewegung.
Erst ansprechen, dann schießen.
Schießen Sie erst, wenn Aussicht auf einen sicheren Treffer besteht. Vermeiden Sie leichtfertige Schüsse.
Beschossene Stücke beschießen, bis sie zusammenbrechen.
Erst dann auf ein weiteres Stück schießen.
Selbständige Nachsuchen sind verboten.
Berichten Sie dem Abholer über jeden abgegebenen Schuß, erlegtes Wild und vermutete Anschüsse.

3. Aufbrechen, Bergen und Nachsuche
Das Aufbrechen bitten wir Sie nach dem Ende des Treibens bei Ihrem Stand vorzunehmen. Bitte Geschlecht und evtl. Abnormitäten bei den Organen feststellen.
Wildkörper auf weitere Treffer absuchen.
Bitte helfen Sie beim Bergen des Wildes.
Bitte stellen Sie sich für Ihre Nachsuche zur Verfügung.

P.S.:
Durch den Erwerb eines Stückes Wild leisten Sie einen weiteren positiven Beitrag zum Gelingen der Jagd.

Standkarten erleichtern das Organisieren von Nachsuchen. Gründlich ausgewertet, liefern sie manchen Hinweis für kommende große Jagden.

2.3.2 Streckelegen

Unabhängig von den Nachsuchen wird unter Wahrung des Brauchtums die Strecke gelegt (siehe Kapitel „Brauchtum“, Seite 500 ff.) und verblasen. Der Jagdleiter überreicht die Schützenbrüche und lässt zum Abschluss die beiden Signale, „Jagd vorbei!“ und „Halali“, blasen.

2.3.3 Wildversorgung

Planmäßig und zügig wird nun die Wildversorgung verlaufen. Die Wildkammer nimmt die Stücke auf. Bei bescheidener Stückzahl teilen die Gäste die Beute vielleicht auch unter sich auf.

Wir wissen: Wird erlegtes, aufgebrochenes Wild Temperaturen unter plus zehn Grad ausgesetzt, kann es zu einem Muskelfaserschock kommen, der das Wildbret zäh macht. Dann hilft auch kein Abhängen mehr. Deshalb werden wir die Stücke nach dem Aufbrechen schnellstmöglich in einen Temperaturbereich zwischen zwölf bis vierzehn Grad verbringen. Hier verbleiben sie bis zum Anlaufen der Totenstarre. Bei gesundem, gut geschossenem Wild ist dies nach spätestens vier Stunden der Fall. Mit anderen Worten sollte das Wildbret vor dem Durchlaufen der Fleischreifung keinesfalls Frosttemperaturen ausgesetzt werden, da sie den Reifeprozess verhindern und das Wildbret ebenfalls zäher werden lassen. Um die Vermehrung von Bakterien zu stoppen, kühlen wir erst dann, wenn Säuerung und damit Totenstarre angelaufen sind.

2.3.4 Schüsseltreiben

Beim Schüsseltreiben wird der Jagdleiter einen kurzen Rückblick auf den zurückliegenden Tag geben, vielleicht auch einige örtliche Probleme anschneiden, um die Diskussion zu beleben, und möglicherweise einen Jagdkönig benen-

Fachgerecht und sauber bricht er „seine Sau“ auf. Jäger, die tatkräftig zupacken, einen brauchbaren Hund führen und eine saubere Kugel schießen, sind gern gesehene Gäste.

nen, wenn es denn hier so üblich ist. Erst dann – beim zweiten Glas Bier – kann er die Beine strecken und entspannen. Der Tag ist hoffentlich gut verlaufen.

Treiber

Der versierte Jagdleiter wird seine Treiber sorgfältig auswählen. Zwar hängt eine erfolgreiche Jagd immer auch von der Qualität der Schützen ab. Aber diese können ihre Fähigkeiten nur dann unter Beweis stellen, wenn die Treiberwehr diszipliniert, fachgerecht und besonnen vorgeht.
Brauchbare Treiber sind solche, die mitdenken. Eine Obergefreitenmentalität nutzt während einer Gesellschaftsjagd nichts. So sind die Treiber erwachsen und im Idealfall auch ortskundig. Kinder unter 14 Jahren sollten auf einer Gesellschaftsjagd die Ausnahme sein.
Nasse Knie und Nadeln im Hemdkragen machen guten Treibern nichts aus. Sie durchdringen auch noch nach der dritten Stunde dichte Fichtenhorste oder triefnasse Buchenrauschen. Brauchbare Treiber sind auch pünktlich. Sie tragen wetterfeste Kleidung in auffallend heller Farbe und kräftiges Schuhwerk. Eine fest sitzende Mütze ermöglicht ihnen auch bei schlechtem Wetter erfolgreiches Tun.

Die Treiberwehr wird so aufgestellt, dass sich Ortskundige und Fremde abwechselnd in die Treiberkette einfügen. Aufgrund der Anweisungen des „Obertreibers“ stellt sie sich vor Beginn des Treibens in gleichmäßigen Abständen auf. Sie befolgt die Kommandos des „Obertreibers“ strikt. Seine Anordnungen werden von Treiber zu Treiber weitergegeben.

Ohne gute Hunde sind Gesellschaftsjagden auf Hase und Kanin, auf Ente und Fasan eine Farce.

Jedes Jahr ist er wieder dabei: ein „alter Hase". Das Ausdrücken des Kaninchens erledigt er routinemäßig, quasi nebenbei.

baum- und strauchloser Feldmark verwenden sie sogenannte Hasenklappern.
Treiber halten außerdem Linie und richten sich auf Schneisen oder anderen übersichtlichen Stellen immer wieder neu aus.

WILD ANSAGEN

Die Treiber tragen wesentlich zum Jagderfolg bei, wenn sie hochgemachtes Wild nach Art und Fluchtrichtung deutlich ansagen: „Sauen nach vorn", „Hase nach rechts" oder „Henne nach links". Solche Ansagen machen es dem Schützen leichter, im rechten Moment vorbereitet zu sein und Beute zu machen, oder er kann – im Fall der Henne – entspannt bleiben.

Während des Treibens bleiben die Treiber möglichst im ständigen Kontakt untereinander, bei Vorstehtreiben durch Zuruf, bei Drückjagden durch Räuspern. Sie treiben langsam und bleiben von Zeit zu Zeit immer wieder still stehen. Dies veranlasst das Wild nämlich am ehesten, auf die Schützen zuzuwechseln. Sie schreien und johlen keinesfalls, sondern klopfen mit einem Knüppel auf Büsche und gegen Bäume. In

Seit Jahren ist er mit seinen im Stöbern erfahrenen Hunden ein verlässlicher Erfolgsgarant.

Nicht verendetes Niederwild töten erfahrene Treiber rasch und schmerzlos. Hasen und Kaninchen erhalten einen kräftigen Stock- oder Handkantenschlag ins Genick. Fasanen werden am Kopf gepackt und der Körper einmal herumgewirbelt, so dass das Genick sofort bricht. Bei krankem Schalenwild werden die Treiber den nächsten Schützen herbeirufen. Der fängt dann das Stück ab oder trägt den Fangschuss an. Nur in Ausnahmefällen werden hier erfahrene, ältere Treiber mit der Saufeder tätig. Häufig sind dies dann auch selbst Rüdemänner.
Natürlich veranstalten die Treiber keine Nachsuchen auf eigene Faust. Auch apportierende Hunde stören sie nicht, indem sie ihnen etwa den Hasen gewaltsam aus dem Fang reißen.
Gestrecktes Wild bringen die Treiber zum Wildwagen. Hase und Kanin werden an den Hinterläufen getragen, Flugwild am Kopf. Bei Hase und Kanin wird zuerst die Blase ausgedrückt. Gestrecktes Schalenwild tragen oder ziehen mehrere Personen gemeinsam. Dabei werden die Vorderläufe angefasst, um das Stück nicht gegen den Haarstrich zu ziehen.
In vielen Revieren finden wir unter den Treibern das eine oder andere Original. Jagdlich sehr erfahren und Kummer gewöhnt, „treffen" sie in örtlicher Mundart manche Schwachstelle

der Jäger. Das fördert die Stimmung auch beim abendlichen Schüsseltreiben, an dem die Treiber selbstverständlich teilnehmen, wenn sie es denn wollen.

Der Jagdgast bei Niederwildtreiben

Jagdgäste, die gerne gesehen sind, bedanken sich für eine Einladung zu einer Niederwild- oder Drückjagd und sagen rechtzeitig zu oder ab. Wie bei allen Briefen gilt auch hier der Satz: Schreib gleich! Umso früher kann die Planung des Jagdleiters einsetzen.

Am Morgen der Jagd ist der Gast pünktlich am Treffpunkt, führt seinen gültigen Jagdschein mit sich und trägt Kipplaufwaffen immer gebrochen, den Repetierer mit offenem Verschluss. Auch zwischen den Treiben und nach

SCHUSSDISZIPLIN UND FAIRNESS

Der gern gesehene Jagdgast weiß immer um die Grenzen seines tödlichen Schusses! Zu weit wird es bei ihm nie. Auch mit dem zweiten Schuss ist er schnell bei der Hand, ohne dabei seinem Standnachbarn Wild vor der Nase „wegzuputzen“. Fällt ein Kompanieschuss auf einen Hasen, ist der Zuruf „Ihr Hase“ für ihn selbstverständlich. Gäste, die nach dem Treiben erregt um die Erlegung eines gemeinsam beschossenen Hasen diskutieren, merkt sich der Jagdherr.

dem Abblasen hält er es so. Die Hunde liegen am Sammelplatz „abgelegt“ ein paar Schritte abseits im Bestand, wenn sie es so gelernt haben, oder sitzen bei Fuß. Die ganz wilden Streithähne bleiben besser im Wagen. Das gilt auch beim Streckelegen.

Während der *Treiben auf Niederwild* haben die Gäste meist Sichtverbindung untereinander. Eine Wohltat, einen Standnachbarn neben sich zu wissen, dessen Umgang mit der Waffe Vertrauen einflößt. Immer zeigt die Mündung seiner geladenen Flinte nach oben. Ein eisernes Gebot! Bei einem Ausrutscher auf glitschiger Ackerfurche dirigiert seine Hand am Pistolengriff unverändert die Laufmündung gen Himmel.

Auch beim Schuss erweist sich unser Freund als Könner. Gleitend flüssig – nie hastig – ist sein Anschlag, sein Auge nimmt über das Korn das Tempo des Wildes auf und lässt die Mündung je nach Entfernung vorschwingen. Sein Schuss fällt schnell. Alles ein harmonisches Tun. Schon das Zuschauen bereitet Freude.

Schießt unser vorbildlicher Jagdgast doch einmal Wild krank, wird er es während oder nach dem Treiben möglichst schnell einem Hundeführer melden. Je früher die Spur eines Hasen aufgenommen werden kann, sei sie nun Wundspur oder nicht, desto größer ist die Erfolgschance des Hundes.

Bei dieser fahrlässigen Waffenhandhabung wird der Jagdleiter ein deutliches Wort finden. Bleibt zu hoffen, dass der Schütze während der Jagd wenigstens ein Signalhutband trug.

Der Jagdgast auf Drückjagden

Bei Drückjagden im Wald ist Ruhe „erste Bürgerpflicht". Autotüren müssen nicht ins Schloss fallen, ein Repetierer wird beim Laden nicht klappern wie ein Leiterwagen, Konferenzen während des Treibens müssen nun wirklich nicht sein. Standdisziplin ist eine Selbstverständlichkeit. Ausnahmen für die Hundeführer sind vorher genau festgelegt. Im Idealfall ist ihr Aufgabengebiet per Skizze festgehalten.

Kommt das Wild, spricht der Jagdgast sauber an – beim geringsten Zweifel lässt er passieren –, versucht mit Konzentration eine saubere Kugel anzutragen, lädt schnell nach und ist erneut zum Schuss bereit. Nur so ist oft ein Fangschuss, der dem Wild Qualen erspart, oder gar eine Dublette möglich. Geht die Reise des beschossenen Stückes weiter, prägt er sich Anschuss und Fluchtrichtung ein und markiert beides nach dem Abblasen deutlich. Bestehen Zweifel, trampelt er nicht in der Gegend umher, sondern wartet geduldig, bis der „Ansteller" ihn abholt. Der veranlasst das Erforderliche. Es ist Ehrensache, dass der Jagdgast sich zur Nachsuche zur Verfügung stellt, soweit der Hundeführer es wünscht.

Liegt das beschossene Stück in Sichtweite, bricht der Gast nach dem Treiben – oder in der Aufbrechpause – sachgemäß auf und zieht es zum nächsten Weg, wenn der Jagdleiter nicht zentrales Aufbrechen angeordnet hat. Auch dem Nachbarn hilft er dabei ohne viele Worte. Dieses eigentlich selbstverständliche Verhalten findet stets Anerkennung.

Beim Streckelegen freut sich jeder Jagdleiter, wenn ein junger Jäger seine Waffe an einen Baum stellt, beim Abladen und Herrichten der

ÜBUNG IST PFLICHT

Die Waffe des Jagdgastes muss immer mit den Patronen eingeschossen sein – am besten von ihm selbst –, die er am Jagdtag mitführt! Ob er die offene Visierung oder das Zielfernrohr wählt, entscheidet der Gast selbst. Aber geübt muss er ihn haben, den Schuss auf flüchtiges Wild im Schießkino oder auf dem Schießstand. Sonst handelt er unwaidmännisch. Selbstverständlichkeiten? – Die Praxis lehrt anderes ...

Die geringe Größe und die braune Schwarte lassen keinen Zweifel: Der passt!

Strecke mit zupackt, beim brauchtumsgerechten Verbrechen hilft und sich dann wieder einreiht. Hat er sich zudem tagsüber als Hundeführer oder Bläser bewährt, ist die Jagdeinladung fürs nächste Jahr bereits in seiner Tasche.

Unfallverhütung bei Gesellschaftsjagden

Gemeinsames Jagen zwingt zu besonderer Vorsicht, vom ältesten bis zum jüngsten Jagdscheininhaber. Fehlt dieses Verhalten, muss der Jagdleiter in angemessener Form tätig werden. Der Auszug aus den Vorschriften für Sicherheit und Gesundheitsschutz VSG 4.4 = UVV Jagd) der Landwirtschaflichen Berufgenossenschaften vom 1. Januar 2000 ruft jedem Leser das Notwendige noch einmal ins Gedächtnis:

§ 1 Grundsätze

Diese Unfallverhütungsvorschrift gilt für den Umgang mit Waffen und Munition sowie für die Ausübung der Jagd.

§ 2 Waffen und Munition

(1) Es dürfen nur Schusswaffen verwendet werden, die den Bestimmungen des Waffengesetzes entsprechen und nach dem Bundesjagdgesetz für jagdliche Zwecke zugelassen sind. Die Waffen müssen funktionssicher sein und dürfen nur bestimmungsgemäß verwendet werden.

Durchführungsanweisung zu Absatz 1

1. Eine Waffe ist z. B. funktionssicher, wenn sie zuverlässig gesichert werden kann, ihr Verschluss dicht ist und wenn sie keine Laufaufbauchungen, Laufdellen oder die Funktionssicherheit beeinträchtigende Rostnarben aufweist.

2. Keine bestimmungsgemäße Verwendung ist z. B. die Benutzung der Waffe zum

- *Niederhalten von Zäunen beim Übersteigen,*
- *Aufstoßen von Hochsitzluken,*
- *Erschlagen des Wildes.*

3. Auf die einschlägigen Bestimmungen

- *des Waffengesetzes (WaffG),*
- *der Verordnungen zum Waffengesetz (WaffV),*
- *der Verwaltungsvorschrift zum Waffengesetz (Waff VwV),*
- *des Bundesjagdgesetzes (BJG)*

wird hingewiesen.

Auch ein Überläufer ist zur Strecke gekommen. Von zupackenden Jagdgästen wird er als erstes Stück der Strecke nach vorne gewuchtet.

(2) Es darf nur die für die jeweilige Schusswaffe bestimmte Munition in einwandfreiem Zustand verwendet werden.

Durchführungsanweisung zu Absatz 2

1. Hinweise auf die verwendbare Munition geben z. B. die Angaben auf der Schusswaffe.

2. In nicht einwandfreiem Zustand ist z. B. feucht gewordene Munition, selbst wenn sie getrocknet wurde.

(3) Auch nicht gewerbsmäßig hergestellte Munition muss den gesetzlichen Bestimmungen entsprechen.

Durchführungsanweisung zu Absatz 3

1. Hierzu gehört z. B. wiedergeladene Munition.

2. Auf die einschlägigen Bestimmungen des Waffengesetzes und des Sprengstoffgesetzes wird hingewiesen.

(4) Flintenlaufgeschosspatronen müssen so mitgeführt werden, dass Verwechslungen mit Schrotpatronen ausgeschlossen sind.

§ 3 Ausübung der Jagd

(1) Schusswaffen dürfen nur während der tatsächlichen Jagdausübung geladen sein. Die Laufmündung ist stets – unabhängig vom Ladezustand – in eine Richtung zu halten, in der niemand gefährdet wird. Nach dem Laden ist die Waffe zu sichern.

(2) Eine gestochene Waffe ist sofort zu sichern und zu entstechen, falls der Schuss nicht abgegeben wurde.

(3) Beim Besteigen von Fahrzeugen und während der Fahrt muss die Schusswaffe entladen sein. Beim Besteigen oder Verlassen eines Hochsitzes, beim Überwinden von Hindernissen oder in ähnlichen Gefahrlagen müssen die Läufe (Patronenlager) entladen sein.

(4) Ein Schuss darf erst abgegeben werden, wenn sich der Schütze vergewissert hat, dass niemand gefährdet wird.
Durchführungsanweisung zu Absatz 4
Eine Gefährdung ist z. B. dann gegeben, wenn
- *Personen durch Geschosse oder Geschossteile verletzt werden können, die an Steinen, gefrorenem Boden, Ästen, Wasserflächen oder am Wildkörper abprallen oder beim Durchschlagen des Wildkörpers abgelenkt werden,*
- *beim Schießen mit Einzelgeschossen kein ausreichender Kugelfang vorhanden ist.*

(5) Von Wasserfahrzeugen aus darf im Stehen nur geschossen werden, wenn das Fahrzeug gegen Umschlagen und der Schütze gegen Stürzen gesichert sind.

(6) Bei einer mit besonderen Gefahren verbundenen Jagdausübung ist ein Begleiter zur Hilfeleistung mitzunehmen.
Durchführungsanweisung zu Absatz 6
Besondere Gefahren können sich ergeben z. B. durch Witterungs-, Gelände- und Bodenverhältnisse, vor allem im Hochgebirge, auf Gewässern und in Mooren oder bei der Nachsuche auf wehrhaftes Wild.

[(7) ...]

[(8) ...]

§ 4 Besondere Bestimmungen für Gesellschaftsjagden
(1) Bei Gesellschaftsjagden muss der Unternehmer einen Jagdleiter bestimmen, wenn er nicht selbst diese Aufgabe wahrnimmt. Die Anordnungen des Jagdleiters sind zu befolgen.
Durchführungsanweisung zu Absatz 1
Zur Gesellschaftsjagd gehören z. B. Treibjagden und Drückjagden.

(2) Der Jagdleiter hat den Schützen und Treibern die erforderlichen Anordnungen für den gefahrlosen Ablauf der Jagd zu geben. Er hat insbesondere die Schützen und Treiber vor Beginn der Jagd zu belehren und ihnen die Signale bekannt zu geben.
Durchführungsanweisung zu Absatz 2
Zur Belehrung gehört insbesondere der Hinweis auf die Vorschriften in Absatz 3 sowie in den Absätzen 6 bis 11.

(3) Sofern der Jagdleiter nichts anderes anordnet, ist die Waffe erst auf dem Stand zu laden und nach Beendigung des Treibens sofort zu entladen.

(4) Der Jagdleiter hat Personen, die infolge mangelnder geistiger und körperlicher Eignung besonders unfallgefährdet sind, die Teilnahme an der Jagd zu untersagen.

(5) Der Jagdleiter kann für einzelne Aufgaben Beauftragte einsetzen.
Durchführungsanweisung zu Absatz 5
Zu den Aufgaben des Beauftragten können z. B. das Einweisen der Schützen in die Schützenstände und das Führen der Treiberwehr gehören.

(6) Bei Standtreiben haben der Jagdleiter oder die von ihm zum Anstellen bestimmten Beauftragten den Schützen ihre jeweiligen Stände anzuweisen und den jeweils einzuhaltenden Schussbereich genau zu bezeichnen. Nach Einnehmen der Stände haben sich die Schützen mit den jeweiligen Nachbarn zu verständigen; bei fehlender Sichtverbindung hat der Jagdleiter diese Verständigung sicherzustellen. Sofern der Jagdleiter nichts anderes bestimmt, darf der Stand vor Beendigung des Treibens weder verändert noch verlassen werden. Verändert oder verlässt ein Schütze mit Zustimmung des Jagdleiters seinen Stand, so hat er sich vorher mit seinen Nachbarn zu verständigen.

(7) Wenn sich Personen in gefahrbringender Nähe befinden, darf in diese Richtung weder angeschlagen noch geschossen werden. Ein Durchziehen mit der Schusswaffe durch die Schützen- oder Treiberlinie ist unzulässig.

(8) Mit Büchsen- oder Flintenlaufgeschossen darf nicht in das Treiben hineingeschossen werden. Ausnahmen kann der Jagdleiter nur unter besonderen Verhältnissen zulassen, sofern hierdurch eine Gefährdung ausgeschlossen ist.

Durchführungsanweisung zu Absatz 8

Besondere Verhältnisse können z. B. gegeben sein durch die Geländeform oder bei Ansitzdrückjagden.

(9) Bei Kesseltreiben bestimmt der Jagdleiter, ab wann nicht mehr in den Kessel geschossen werden darf; spätestens darf jedoch nach dem Signal „Treiber rein" nicht mehr in den Kessel geschossen werden.

(10) Die Waffe ist außerhalb des Treibens stets ungeladen, mit geöffnetem Verschluss und mit der Mündung nach oben oder abgeknickt, zu tragen. Bei besonderen Witterungsverhältnissen kann der Jagdleiter zulassen, dass Waffen geschlossen und mit der Mündung nach unten getragen werden, wenn sie entladen sind.

(11) Durchgeh- oder Treiberschützen dürfen während des Treibens nur entladene Schusswaffen mitführen. Dies gilt nicht für Feldstreifen und Kesseltreiben.

Durchführungsanweisung zu Absatz 11

1. Als Feldstreife kann nach Entscheidung des Jagdleiters auch eine Streife mit flankierenden und vorgestellten Schützen in sonstigem übersichtlichen Gelände gelten.

2. Das Mitführen der Schusswaffe mit entladenen Läufen (Patronenlagern) ist ausnahmsweise für den Durchgeh- und Treiberschützen zulässig

- *für den Eigenschutz,*
- *für den Fangschuss,*
- *für den Schuss auf vom Hund gestelltes Wild.*

(12) Bei Gesellschaftsjagden müssen sich alle an der Jagd unmittelbar Beteiligten deutlich farblich von der Umgebung abheben.

Durchführungsanweisung zu Absatz 12

Als deutlich farbliche Abhebung eignen sich bei Treibern, Treiber- und Durchgehschützen z. B. gelbe Regenbekleidung oder Brustumhänge in orangeroter Signalfarbe, bei Schützen z. B. ein orangerotes Signalband am Hut.

(13) Bei schlechten Sichtverhältnissen hat der Jagdleiter die Jagd einzustellen.

Durchführungsanweisung zu Absatz 13

Schlechte Sichtverhältnisse liegen z. B. vor bei dichtem Nebel, einsetzender Dunkelheit oder Schneetreiben.

„Auf geht's, die Hundeführer folgen mir bitte!" UVV-konform sind die Warnwesten der Zweibeiner und vorbildlich auch die Warnhalsungen der Vierläufer in Alarmfarben.

Fangjagd

Grundsätze des Fangrechts

Rechtliche Grundlage von allen Ausführungsbestimmungen der Bundesländer zur Fangjagd ist §19 Abs. 1 Nr. 5 des Bundesjagdgesetzes. Danach ist es verboten, „Vogelleim, Fallen, Angelhaken, Netze, Reusen oder ähnliche Einrichtungen beim Fang und Erlegen von Federwild zu verwenden“, „Schlingen jeder Art, in denen sich Wild fangen kann, herzustellen, feilzubieten, zu erwerben oder aufzustellen“ und auch, „Fanggeräte, die nicht unversehrt fangen oder nicht sofort töten, sowie Selbstschussgeräte zu verwenden“. Außerdem ist es untersagt, „Saufänge, Fang- oder Fallgruben ohne Genehmigung der zuständigen Behörde anzulegen“.

Nun differieren die gesetzlichen Bestimmungen in den Bundesländern aber erheblich. Die Bestrebungen gehen eindeutig dahin, Totfangfallen zu verbieten. Baden-Württemberg und das Saarland zum Beispiel haben dies bereits getan. Wer die Fallenjagd ausüben möchte, muss also die örtlich geltenden Vorschriften studieren:

- Welche Fallentypen sind erlaubt?
- Welche Anforderungen werden gestellt an die Maße der zugelassenen Fallen, an ihre Funktion und Druck- bzw. Klemmkraft?
- Welche Fallenbauart ist zulassungspflichtig?
- Besteht eine Kennzeichnungspflicht bei Inbetriebnahme der Falle?
- Ist vor Beginn der Fallenjagd die Teilnahme an einem Fallenlehrgang Pflicht?

In der Praxis sorgen dann *Lebendfallen* für unversehrten Fang der Beute. Bei der Kontrolle der Falle gebietet der Tierschutz entweder ein unverzügliches Töten oder ein Freilassen der Beute. Täglich wird generell zweimal kontrolliert. Das ist zwar zeitraubend, aber tierschutzgerecht.

Bei *Totschlagfallen*, sofern überhaupt noch erlaubt, muss der sofortige Tod des gefangenen Tieres gewährleistet sein. Darum ist das auf Tritt auslösende Tellereisen, das in der Regel nur den Lauf des Tieres fasst, zu Recht seit langem verboten. Beim Aufstellen von Totschlagfallen ist in der Nähe menschlicher Anwesen eine Schutzzone von 200 bis 500 Metern zu beachten. Außerdem sind diese Fallen dem Zugriff Unbefugter durch den Bau von Fangbunkern und Fanggärten zu entziehen. Ein Platzieren fern von Ansiedlungen oder Spazierwegen, gutes Verblenden und Warnschilder sind zusätzliche sichernde Maßnahmen. Nicht jagende Helfer ohne Jagdschein sind nur zu Sichtkontrollen und zum Abtransport toter Beutetiere berechtigt.

So gebieten es das Gesetz, sofern es Totfang noch erlaubt, und die Waidgerechtigkeit: Blitzschnell und schmerzlos hat das sachkundig gestellte Eiabzugseisen den Steinmarder getötet.

Jagdschutz und Hege

Jagdstatistiken sprechen eine klare Sprache: Während in den vergangenen drei Jahrzehnten die Streckenzahlen bei Hase, Fasan und Rebhuhn drastisch zurückgingen, explodierten sie bei Fuchs und Steinmarder. Konnten vor 35 Jahren deutsche Jäger rein statistisch auf der Strecke noch einem erbeuteten Fuchs viereinhalb erlegte Hasen gegenüberstellen, herrscht heute ein krasses Missverhältnis. Auf einen gestreckten Krummen kommen mehr als eineinhalb Füchse. Bei den Rebhuhn- und Fasanenstrecken geht's noch deutlicher bergab.

Müßig, ausschließlich die Tollwutschluckimpfung als Ursache der Fuchsvermehrung ins Feld zu führen. Mit dem romantisch verklärten Vollmondansitz auf den Winterfuchs wird man Reinecke allein nicht in den Griff bekommen. Mehr noch: Wer macht sich heute schon die Mü-

Wo Menschen wohnen, kann so etwas nur mit der Falle abgestellt werden.

Die Grafik sagt mehr als tausend Worte. Sie veranschaulicht, wie wir die Besätze von Rebhuhn und Fasan, von Hase und Kaninchen erhöhen können.

he, sein Revier bei Neuschnee einmal gründlich abzuspüren? Er wird erstaunt sein, wie viele Marder es beheimatet, wie viele verwilderte Katzen streunen. Wo aber die Raubwildbejagung hinkt, ist es mit der Bejagung dieser zusätzlichen Geißeln des Niederwildes ebenso wenig weit her.

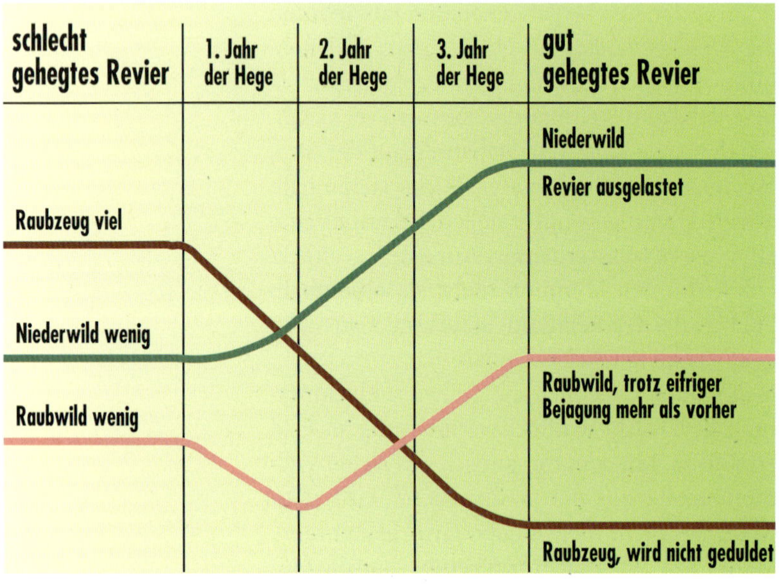

Nur Äsung und Deckung schaffende Biotopverbesserung retten Hase, Fasan oder Rebhuhn bei aller hegerischen Motivation nicht. Und mit Schrot und Kleinkaliber zügeln wir – selbst bei hohem Zeitaufwand – die Besatzhöhe der behaarten und gefiederten Räuber keineswegs ausreichend. Aus diesen Erfahrungswerten heraus stellen ihnen Berufsjäger und Jagdaufseher mit der Falle nach.

An Hindernissen mangelt es nicht: ein zusammengebrochener Rauchwarenmarkt, die „kostenmindernde" Entlassung unzähliger Berufsjäger und der ächtende Druck selbsternannter Ökologen.

Dabei bietet waidgerecht ausgeübte Fangjagd mit tierschutzgemäßen Fallenkonstruktionen dem Friedwild und unter Artenschutz stehenden Tieren ebenso unbestreitbaren Nutzen wie dem Jäger innere Genugtuung. Gerade revierfern lebende, zeitarme Beständer sollten ortsansässigen Jungjägern dies Aufgabenfeld zugestehen, statt es aus Bequemlichkeit zu verdrängen, was oft geschieht.

Fallenjagd – ein Glied in Jagdschutz und Hege – beileibe kein Buch mit sieben Siegeln: Sie

Streunende Katzen sind nicht nur eine Geißel des Niederwildes, sondern greifen auch empfindlich in das Brutgeschäft der Singvogelwelt ein. Selbst Höhlenbrüter sind gefährdet! Hauskatzen sollten während dieser Zeit keinen Auslauf haben.

ist erlernbar wie andere Jagdpraktiken auch. Nur die Fangjagd kann diese Beutegreifer entscheidend eindämmen. Büchse und Flinte schaffen es nicht. Der Umgang mit Schwanenhals, Marderschlagbaum und Eiabzugseisen ist gar nicht so schwer, wie manche denken. Er muss selbstverständlich vom Gesetzgeber gestattet sein.

Bei Beachtung der strengen gesetzlichen Vorschriften ist Fangjagd unabdingbarer Jagdschutz und damit Hege im besten Sinn des Wortes. Hege, die nicht nur dem Friedwild, sondern auch geschützten Tierarten wie zum Beispiel Singvögeln zugute kommt. Die Achtung vor der Schöpfung, viel Fleiß und etwas handwerkliches Geschick sind Eigenschaften, die der Fänger dabei unter Beweis stellen wird.

Die Revierkarte

Die Revierkarte ist ein unentbehrliches Hilfsmittel für den Fallensteller. Topographische Karten im Maßstab 1:25000, auch Messtischblätter genannt, oder weit besser noch die von den jeweils zuständigen Katasterämtern für wenig Geld erhältlichen Karten 1:5000 eignen sich. Auf weiche Pappe geklebt und mit einem Rahmen versehen, schmücken sie jedes Jagdzimmer. Alle Hecken, natürliche oder begradigte Bachläufe, Feldscheunen, sogar jede kleine Anpflanzung sind dort eingezeichnet.

Aus der Karte ersehen wir zum Beispiel, woher wildernde Hunde und Katzen kommen können. Dies sind meistens Feldwege, die von umliegenden Orten ins Revier führen. Bevor sich Katzen oder Hunde im Revier verteilen, sollten sie nach Möglichkeit schon weggefangen werden. In Baden-Württemberg ist das nur unter klar definierten Voraussetzungen gestattet. Hierfür bieten sich Schonungen, Remisen, Hecken, Knicks oder Bachläufe an.

Die beste Möglichkeit, Einrichtungen auf der Revierkarte festzuhalten, sind Stecknadeln mit großen, verschiedenfarbigen Plastikköpfen. Ihre Symbolik wird am unteren Kartenrand schriftlich erläutert. Manche Jäger legen lieber ein gesondertes Heft an, in dem die abgesteckten Reviereinrichtungen näher beschrieben werden. Dies hat den Vorteil, dass Unbefugte die Karte nicht lesen können. Welcher Fänger lässt sich schon gern „in die Karten sehen". So oder so – nötige „Änderungsmeldungen" sind mit den Nadeln problemlos durchzuführen.

Die Revierkarte ist für den Jagdschutzberechtigten ein unerlässliches Hilfsmittel. Sämtliche Fallen, die er im Revier aufstellt, markiert er hier.

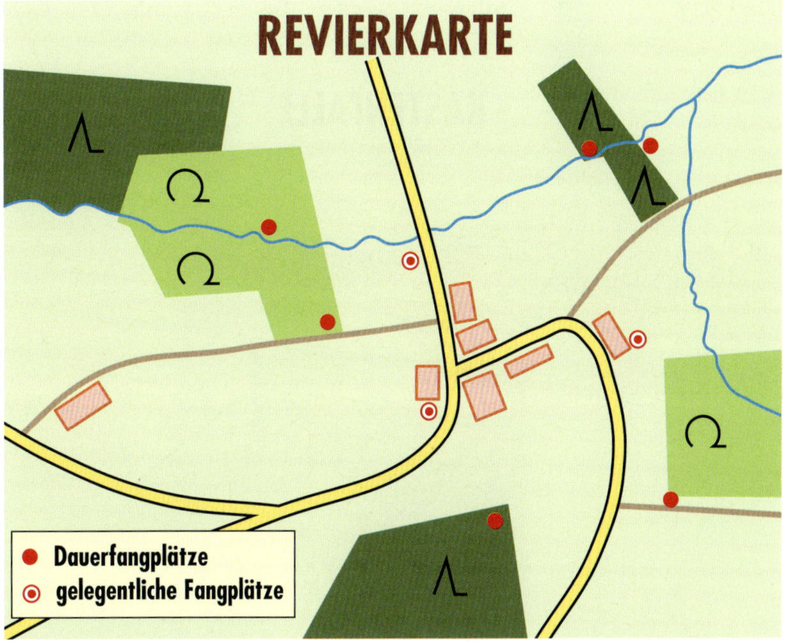

DIE REVIERKARTE: WAS UND WIE WIRD EINGETRAGEN?

- *Die Reviergrenze wird mit Filzstift dauerhaft eingetragen*
- *Verschiedenfarbige Stecknadeln kennzeichnen: Gute Fangplätze, Fallenstandorte, Schütten, Fütterungen, Salzlecksteine, Hochsitze, Ansitzleitern, Luderplätze, Dachs- und Fuchsbaue, Krähen- und Elsternnester, Greifvogelhorste (wohlgemerkt nur für statistische Zwecke), Suhlen und Kirrungen*
- *Durch Wollfäden verbundene Stecknadeln symbolisieren Wechsel und Pässe des Schalen- und Raubwildes.*
- *Die Flächen von Wildäckern, Remisen und Brachflächen auf der Karte überträgt man auf ein Stück grüne Pappe, schneidet es aus und heftet es mit einer Nadel fest.*

Allein das Vermerken der Standorte eingesetzter Fallen ist für den Revierbetreuer eine große Kontrollhilfe. Leicht kann zum Beispiel bei einer Vielzahl von Wieselfallen die Übersicht verloren gehen, besonders dann, wenn sie oftmals umgesetzt werden. Dabei kristallisieren sich gute Fangplätze verschiedener Fallenarten rasch heraus. Spätestens nach zwei bis drei Jahren verschaffen die gewonnenen Erfahrungen dem Fallensteller anhand der Revierkarte einen aufschlussreichen Überblick. Leicht kann dieser so auch Jagdfreunden vermittelt werden. Bis dahin rätselhafte Vorgänge im Revier werden leichter verständlich.

Stellbrett (1), Auslösedorn (2), Stellzunge (3), Haltestift (4), Fallbrett (5), Fallbolzen (6) und Kontrolldeckel (7) sind die beweglichen Teile dieser Falle.

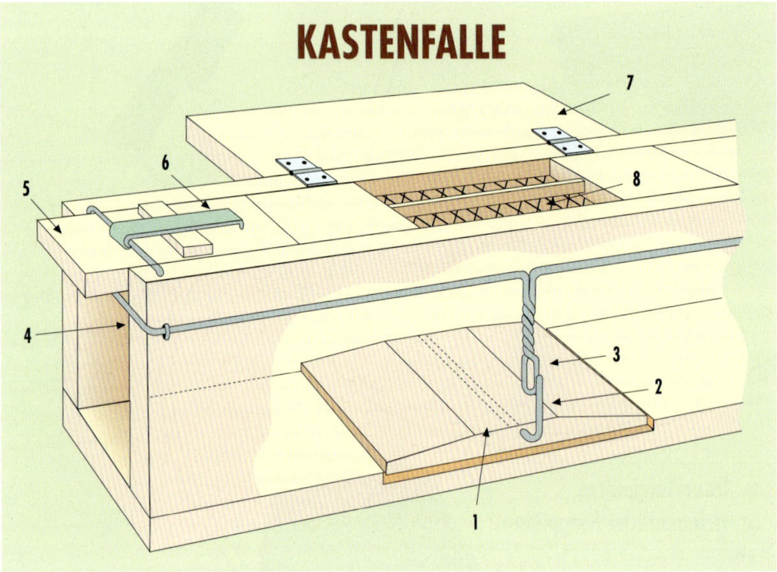

Lebendfallen

Noch einmal: Vor dem Einsatz der hier vorgestellten gängigsten Fallenarten für Raubwild muss jeder Jäger die Zulässigkeit der Fallen nach geltendem Landesrecht und etwaige rechtliche Restriktionen bei ihrer Verwendung prüfen! In jedem Bundesland gelten andere Vorschriften für die Fallenjagd!

Die Kastenfalle

Kastenfallen zählen zu den meistgebräuchlichen Fallen. In ihnen fangen sich Haarraubwild wie Jungfuchs, Waschbär, Dachs, Marder, Iltis, Großwiesel, aber auch Katze oder Ratte.

Als Lebendfangfalle kann die Kastenfalle ganzjährig im Revier stehen, auch innerhalb der 200- bzw. 300-Meter-Schutzzone für Katzen. Geschontes oder geschütztes Wild, das sich gefangen hat, entlassen wir selbstverständlich wieder in die Freiheit. Bei Bedarf kann es zuvor markiert werden.

Soll größeres Raubwild bis hin zum Fuchs erbeutet werden, empfehlen sich als Mindestmaße der Kastenfalle laut einem Positionspapier des Bundesverbands Deutscher Berufsjäger e. V. 130 Zentimeter Länge sowie jeweils 25 Zentimeter Breite und Höhe.

Fangplätze: Die Kastenfalle gehört mit wenigen Ausnahmen auf den Zwangspass. Gute Fangplätze befinden sich zum Beispiel an oder über Bachläufen, in Hecken oder Knicks, an Gatterzäunen, in Randfurchen der Getreidefelder oder Wildäcker, in großen Durchlässen, auf alten Gemäuern oder Steinmauern. Das Schotterbett neben Bahngleisen, Windschutzstreifen im Feld, Strohhaufen, Volierenzäune, Staudammkronen von Teichen und Feuchtbiotopen, aber auch Durchstiche von Wallhecken: Der einfallsreiche Fallensteller wird die Standortfrage ständig neu suchen und beantworten.

In Feldscheunen bringt die Kastenfalle direkt vor einem Mauerdurchbruch hervorragende Fangergebnisse. Gilt der Fang speziell dem Waschbär oder der Katze, braucht die Falle nicht auf den Zwangspass gestellt zu werden. Der optimale Fangplatz für Waschbären liegt in einer Dickung oder Schonung in der Nähe von Teichanlagen, Bachläufen oder im Sumpfgelände.

Für Katzen wird der Fangplatz so ausgesucht, dass sie möglichst schon am Rand des Reviers weggefangen werden. Dies geschieht, soweit rechtlich möglich, in der Nähe der Ortschaft an Wegkreuzungen, in trockenen Feldscheunen und Reisighaufen.

Kastenfallen wird der Profi vor dem ersten Einsatz verwittern. Hierzu stellt er eine Mischung aus frischer Erde sowie Wildschweiß zusammen und reibt damit die Fallen ein. Faustregel: Pro 100 Hektar wird mindestens eine Kastenfalle aufgestellt.

Beködern: Auf dem Zwangspass braucht der Heger die Kastenfalle als reine Durchlauffalle nicht zu beködern. Zum Anlocken streunender Katzen wird in einen Kaffeefilter ein Teelöffel Baldrianpulver gefüllt und zugeheftet. Baldrianpulver ist in jeder Apotheke erhältlich. Ein Aufguss mit Wasser verstärkt den Baldriangeruch enorm. Die Filtertüte wird entweder unter das Wippbrett geschoben oder auf den Schieber unter den Deckel gelegt. Die Beköderung besteht aus einem Ei, Wildbret oder, speziell für Waschbären, frischem Obst.

Verblenden: Zuerst legt der Jäger eine Astgabel oder ein Stück Drahtgeflecht auf die Kastenfalle, mit deren Hilfe er die gesamte Verblendung auf einmal abnehmen kann. Darauf schichtet er Fichtenzweige, die dann das ortsübliche Material aufnehmen. Das Ganze ist der Umwelt angepasst, zum Beispiel als Schilf- oder Reisighaufen getarnt.

Die Wahl des Fangplatzes ist stets von großer Bedeutung. Auf einen Kreuzwechsel gestellt, wird die Kastenfalle Erfolg bringen.

Waschbären lassen sich besser in Dickungen und an Gewässern fangen als an Pässen. Wir beködern die Fallen mit Obst.

KEINE DRAHTGITTERFALLEN

Kastenfallen aus Draht sind in einigen Bundeländern ganz verboten oder nur zum Jungfuchsfang in der Bauausfahrt zugelassen. Das hat einen vernünftigen Grund: Während sich gefangenes Raubwild in dunklen Holzkastenfallen in aller Regel ruhig verhält, hat es in der Drahtgitterfalle bei Tageslicht die Freiheit sozusagen vor Augen und wird deshalb verzweifelt versuchen, sich zu befreien. Dabei kommt es oft zu Verletzungen des Gebisses oder des Fanges. Der tierschutzbewusste Jäger verzichtet deshalb auch dort auf Kastenfallen aus Draht, wo sie noch verwendet werden dürfen.

Weil sie sich einfach handhaben lassen, eignen sich Durchlauffallen besonders für den Anfänger.

Kontrolle: Da die Kastenfalle eine Lebendfangfalle ist, muss sie täglich kontrolliert werden. Zeit und Fleiß des Fallenstellers sind gefordert. Kontrolliert wird bevorzugt in den frühen Morgenstunden, damit gefangenes Wild früh erlöst oder wieder in die Freiheit gesetzt werden kann.

Auf den Rand des Fallbretts platziert, gibt der Fallstock von weitem Auskunft über etwaigen Fangerfolg. Ist er umgekippt, hat sich die Falle geschlossen.

Nach einer Sichtkontrolle durch Hochheben des Deckels tötet der Fallensteller größeres gefangenes Raubwild durch gezielten Kopfschuss mit einer kleinkalibrigen Waffe.

Fachgerechter lässt sich mit dem Fangschusskasten arbeiten: Dann wird die eigentliche Falle und deren Mechanik auf Dauer nicht von austretenden Geschossen beschädigt.

Kleineres Wild wird in einen Sack aufgenommen. Der Fänger schiebt die Falle in den Sack und öffnet die Klappe. Durch Klopfen auf den Fallendeckel treibt er das gefangene Wild in den Fangsack. Steht ein Helfer zur Verfügung, hebt er den hinteren Fallenteil schräg an. Ein durch das Griffloch des Fallendeckels eingeführter Stock ist auch ein nützliches Hilfsmittel. Ist ein Marder im Sack, bewirkt ein kräftiger Schlag auf den Erdboden den sofortigen Tod der gefangenen Kreatur.

Effektivität: Die Kastenfalle ist, sofern nicht gut verblendet, besonders diebstahls- und zerstörungsgefährdet, vor allem, wenn sie auf einem Brett einen Bach überbrückt. Vor allem beim Fangen streunender Katzen hat sie sich bestens bewährt. Als Lebendfangfalle eignet sie sich zudem als „Einstiegsmodell" für den Anfänger. Mit ihr kann er unproblematisch erste Erfahrungen sammeln.

Betonrohrfalle

In Abwandlung gilt das bei der Kastenfalle Ausgeführte. Die Betonrohrfalle ist jedoch eine stationäre Falle. Sie besteht aus rund 130 bis 200 Zentimeter langen Abwasserbetonröhren. Der Innenquerschnitt beträgt etwa 25 Zentimeter. Fallenbeschläge und Fanggestänge aus verzinktem Metall sind im Fachhandel erhältlich.

Einbau: Natürlich bauen wir diese Fallen wiederum selbst ein. Je nach Bodenbeschaffenheit und Geländeformation benötigen wir zu zweit einen bis eineinhalb Arbeitstage.

Beim Ausheben des Fallenbetts planen wir ein leichtes Gefälle ein. Ebenso unterfüttern wir den Grund mit einem Kiesbett: Der Fallenbereich bleibt so leichter trocken. Das erhöht die Erfolgsrate. Der ausgehobene Raum im Erdreich – der sogenannte Fangraum – nimmt die eigentliche Falle auf. Damit der empfindliche

Wird die Kastenfalle über einen Graben gestellt, fängt sie effektiv, aber auffällig.

Fangmechanismus nicht durch Erdrutsche behindert wird, kleiden wir den Fangraum mit Bretterwänden aus.

Eine abnehmbare, flache Brettverkleidung von oben ermöglicht leichtes Fängisch-Stellen. Aufgenagelte Dachpappe sorgt für Regenschutz. Auf alle Fälle muss dieser Teil sorgfältig vor „Uneingeweihten" verblendet werden. Dazu tragen auch zusätzliche Betonrohre im Anschluss an die Falltüren bei. Sie verblenden aber nicht nur diese Fangtüren. Erfahrene Fänger bestätigen, dass die größere Länge der Rohrsysteme den Füchsen Argwohn nimmt: Die Fangquote steigt.

Fangplätze: Auch wenn ein späteres Umsetzen der im Erdreich einzulassenden Falle möglich ist, wird der Jagdschutzberechtigte aufgrund des Arbeitsaufwands die Standortfrage sorgfältig prüfen. Besonders eignen sich trockene Gräben. Berufsjäger gliedern diese Fallenart auch in Fuchskunstbauten ein. Überhaupt spricht erfahrungsgemäß gerade der Fuchs gut auf Betonrohrfallen an.

Der Fallentyp eignet sich auch als Anschluss einer Drainagemündung. Künstliche oder natürliche Zwangspässe, aber auch Randbereiche von Gehegen und Volieren bieten sich ebenfalls an. Lange Hecken und Waldkanten verheißen Erfolg. Hügel weisen gegenüber Senken Vorteile auf: Zum einen nutzt sie das Haarraubwild gern als Aussichtspunkte. Zum anderen sind sie trockener – abfließendes Wasser hemmt

Die Betonrohrfalle wird der Jäger später gut im Erdreich verbergen.

ELEKTRONISCHE FANGMELDER

Für fast alle Typen Lebendfallen gibt es heute moderne elektronische Fangmelder. Einige melden einen Fang sofort per SMS ans Mobiltelefon, andere sind umgebaute Mobiltelefone, die bei einem Fang eine voreingestellte Telefonnummer anwählen. Solche Meldesysteme ersparen zum einen „grundlose" Kontrollgänge ins Jagdrevier, ermöglichen zum anderen aber, das gefangene Raubwild nicht stundenlang in der Falle eingesperrt zu lassen.

nicht die „Besucherfrequenz" der Fallen. Nicht nur wir, auch Raubwild und Katzen haben es gerne trocken.

Wie bei der Kastenfalle nutzen wir die Pässe der erstrebten Beute, soweit möglich, zum Einbau der Falle. Ist das zum Beispiel wegen zu harter Bodenbeschaffenheit nicht machbar, kann man sie unter Beachtung der Hauptwindrichtung auch in deren Nähe platzieren. Dann empfielt sich das Anbringen von Wittrung.

Hierzu sammelt der Fallensteller den Urin soeben getöteter Marder durch Ausdrücken der Blase in ein verschraubbares Fläschchen. Das führt der Praktiker auf seinen Kontrollgängen stets bei sich. Stöcke in unmittelbarer Fallennähe werden mit dem Urin benetzt. Günstige Nebenwirkung: Bei Kaninchen sind trockene Plätze ebenso beliebt. Sie werden durch das ausgebrachte Fuchs- oder Marderurin ferngehalten. So sind Fehlfänge vermeidbar.

Kontrolle: Im Unterschied zu den Kastenfallen löst die Betonrohrfalle mit einem Haarabzug aus. Dies ist zumeist ein dünner KunststoffFaden. Als Durchlauffalle wird sie nicht beködert. Zudem schätzt das Raubwild diese Röhren als Tagesunterschlupf. Als nützlich erweist sich eine Sandspürbahn im Eingangsbereich der Röhren. Profis ergänzen diese sogar durch zusätzlich aufgestellte Schilf- oder Grashalme. Signalstäbe, die aus der Fangraumabdeckung herausschauen, zeigen dem Fänger die Position der mit ihnen verbundenen Falltüren an. Gefangene Kreaturen werden in den vorgestellten Fangschusskasten nach Öffnen der entsprechenden Falltür abgedrängt. Ein von der anderen Seite in die Falle eingeführter Stab dient der „Nachhilfe".

Ein wesentlicher Vorteil der Betonrohrfalle liegt in der langen Lebensdauer der einzelnen Bauteile, die kaum einer Pflege bedürfen.

Bewertung: Die Betonrohrfalle ist aufgrund ihrer Materialien sehr lange haltbar und bedarf kaum einer Pflege. In die Holzkastenfalle kann ein Marder unter Umständen während einer Nacht ein Loch nagen, um wieder die Freiheit zur erlangen. Das ist hier unmöglich.

Allerdings ist diese Falle wegen ihres Einbaus im Erdreich ortsgebunden. Auf wechselnde Situationen im Revier kann daher nur mit zusätz-

Der Fangschusskasten nimmt beim Lebendfang die Beute auf. Nun kann der Jäger sie mit der Faustfeuerwaffe töten.

lichen mobilen Fallen bei Bedarf zügig reagiert werden. Weiterer Nachteil: Der Fänger benötigt einen Fangschusskasten, will er sich nicht auf Bauhund und Flinte verlassen.

Arenshorster Rohrfalle

Einbau: Diese Rohrfalle verbindet die uns von der gewöhnlichen Betonrohrfalle her bekannten Vorteile mit der Möglichkeit schnellen Positionswechsels. Bei einem Durchmesser des Klappensystems von etwa 20 bis 30 Zentimeter und einer Länge von 120 Zentimeter einschließlich der Auslöserstange lässt sich das Gerät leicht im Auto transportieren. Es kann von einem einzelnen Jäger schnell und ohne größere Vorbereitungen in ein Betonrohr eingeschoben werden. Dabei fungiert die Falle, sofern ein mitgelieferter Rohrdeckel am anderen Rohrausgang angebracht wird, als Einlauffalle. Das wird von Fuchs, Katze und Mardern meist akzeptiert. Eine Durchlauffalle entsteht mit Hilfe je eines Fangsystems an beiden Rohrenden.

Fangplätze: Wie bei der herkömmlichen Betonrohrfalle ziehen wir möglichst trockene Plätze in Betracht. Höher gelegenes Gelände kommt dabei bevorzugt in Frage. Bei Grabendurchlässen unter Feldwegen sollten etwaige Regenüberschwemmungen möglichst auszuschließen sein. Zwar ist die aus Stahlblech hergestellte Falle nicht nur stabil, sondern auch mit Rostschutzanstrich versehen, doch wird eine pflegliche Behandlung ihre Lebensdauer verlängern und Funktionsfähigkeit sichern.

Als sinnvolles Zubehör bieten sich zwei Meter lange Kunststoffröhren an. So kann der Benutzer von Arenshorster Rohrfallen die Systeme auch ohne Betonrohre verwenden.

Verblenden: Bei Verwendung in Grabenrohren wird der Spaziergänger den Einbau kaum wahrnehmen. Wie bei den anderen Lebendfangfallen für Haarraubwild gefährdet auch diese Konstruktion spielende Kinder oder Neugierige nicht. Mutwillige Zerstörer hält der Fallensteller durch zusätzliche Grasverblendung im Bereich der Rohreingänge ab. Auch Schilf empfiehlt sich als Tarnmaterial. Der Jagdschutzbeauftragte versichert sensiblen Feldeigentümern zuvor im Gespräch, dass er darauf achtet, die Vorflut nicht zu beeinträchtigen. Gutes Einvernehmen zwischen Jäger und Landwirt zahlt sich immer aus, nicht zuletzt für das Wild.

Ansonsten tarnt der Jäger die Falle im Stein- oder Holzstapel, als Reisig-, Stroh- oder gar Misthaufen. Apropos Stroh: Mit Druschabfällen kombiniert, zieht es magnetisch Mäuse an. Das freut die Füchse. Andere Lebendfangkonstruktionen sind durch ihre zum Teil empfindlich eingestellten Wippauslöser für Mäuse- und Rattenfehlfänge anfällig. Das kann hier außer Acht gelassen werden.

Beködern: Zwar braucht diese Lebendfangfalle als Durchlauffalle nicht beködert zu werden, doch bietet sich der Auslösependel zum Anbringen eines Köders an. Die Erfolgsrate wird sicher nicht geschmälert. Köpfe von Hase, Flugwild und Gescheide tun gute Dienste.

Kontrolle: Sie erfolgt zweimal täglich. Wird das Klappensystem nicht völlig im Rohr versenkt, können wir einen Stock als Signalmittel auf dem etwas überstehenden oberen Klappenrand platzieren. So brauchen wir uns der Falle nicht direkt zu nähern. Beim Entnehmen von Wild verwendet der Jäger einen Fangschusskorb. Will das Wild nicht springen, öffnet er die hintere Rohrschlussklappe oder -mechanik und stochert mit einem Stab. Profis verwenden dabei einen tellerförmigen Aufsatz an der Spitze, mit der sich die Beute regelrecht schieben lässt.

Unter dem Niederwild, aber auch nicht jagdbaren Bodenbrütern können wildernde Katzen spürbaren Schaden anrichten.

Hermelin im Sommerhaar. Sehr wertvoll ist der weiße Winterbalg.

Zu den wesentlichen Bestandteilen der Falle für das Großwiesel gehören: Gehäuse (1), Wippbrett, (2), Wippachse (3), Schiebverschluss (4), Luftlöcher (5) und Haltedorn (6). Beim Bau wird am besten verzugsfreies Kiefernholz verwendet. So behält die Wippe Bewegungsfreiheit.

Andererseits ist ein gewöhnlicher Zielstock ebenfalls brauchbar. Immer mehr Flachlandjäger erkennen seine vielseitige Nützlichkeit. Auch Klappern kann helfen.

Effektivität: Wie die Betonrohrfalle besticht die Arenshorster Rohrfalle durch Robustheit. Auch braucht sie kaum gewartet zu werden. Da leicht zu versetzen, ist sie vielseitiger, vor allem, wenn es an Helfern mangelt. Unberechtigte werden nur schwer auf sie aufmerksam. Durch eine ergänzende Plastikröhre wird sie noch vielseitiger: Ohne vorhandene Betonröhrenläufe kann sie wie eine herkömmliche Kastenfalle unter entsprechender Verblendung ins Revier gestellt werden. Begnügt man sich mit einseitigem Fangmechanismus, halten sich die Anschaffungskosten mit einer herkömmlichen Holzkastenfalle die Waage. Auch hier gilt die Regel: Mindestens eine Falle pro 100 Hektar.

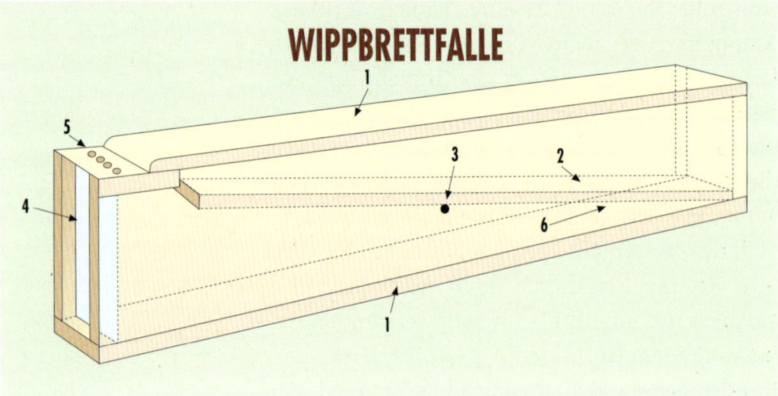

Die Wiesel-Wippbrettfalle

Das Großwiesel, eins der häufigsten und mutigsten Raubwildarten, kann nur mit der Falle effektiv bejagt werden. Durch ständigen Einsatz der Wieselwippbrettfalle wird es in Niederwildrevieren auf ein erträgliches Maß reduziert. Die Wieselfähe wirft im Jahr meist acht oder neun Junge. Es können aber auch bis zu 13 sein.

Aufstellen: Um gute Fangerfolge zu erzielen, kommt es auf die richtige Wahl der Fangplätze und eine hohe Fallenzahl an: Die Erfolgswahrscheinlichkeit steigt mit der Zahl der Fallen. Mindestens 15 pro 100 Hektar sollten es schon sein. Um bei der Kontrolle Zeit zu sparen, werden die Fallen konzentriert aufgestellt. Sofern über einen längeren Zeitraum hinweg nichts gefangen wird, setzt der Jagdschutzbeauftragte die Wippbrettfallen in einen anderen Revierteil um. Die Wieselfalle ist eine reine Durchlauffalle, wird also nie beködert. Stehen die Fallen in der Nähe seines gewohnten Aufenthaltsorts, wird das Wiesel Opfer seiner natürlichen Neugier. Wo das Mauswiesel ganzjährig geschont ist, müssen Wippbrettfallen mit einem entsprechend dimensionierten Loch versehen sein, das dem Mauswiesel das Entkommen ermöglicht.

Fangplätze: Einer der besten Fangplätze ist der trockene *Grabendurchlauf.* Je eine Falle wird rechts und links in den Durchlass geschoben, bis sie vor den Blicken Unbefugter verborgen ist. Neben und oberhalb der Falle verschließt der Jäger den freien Raum mit je einem Grasbüschel. Damit verhindert er ein Überspringen und seitliches Vorbeilaufen des Wiesels an der Falle. Führen die Gräben Wasser, werden die Wieselfallen in die Grabenkante eingebaut. In der Nähe der Durchlässe legen wir von der angrenzenden Ackerfurche bis zur Grabensohle einen etwa 20 Zentimeter tiefen und spatenbreiten Pass an. Die Falle wird – Eingang im rechten Winkel zum Pass – auf der Grabenkante in ein Fallenbett eingelassen und mit abgestochenen Grasplaggen verblendet. Das Fallenbett

leerung laufen wesentlich einfacher ab. Das jeweilige Entfernen der Steine unterbleibt und damit auch das erneute Verblenden der Falle. Direkt um den Steinhaufen herum wird die Grasnarbe spatenbreit entfernt.

Die Wieselwippbrettfalle wird im rechten Winkel zur äußersten Ackerfurche ebenerdig eingebaut. Der Zugang wird geglättet.

Dieser Steinhaufen bietet sich zum verdeckten Einbau einer Wippbrettfalle an. Wer ihn mit einem Holztunnel versieht, hat es bei der Fallenwartung leichter.

muss etwa zehn Zentimeter länger als die Falle sein, damit Luft in der Falle zirkulieren kann. Je nach Geländegegebenheiten plant der engagierte Jagdschutzbeauftragte schon nach 30 bis 50 Metern die nächste Falle ein.

In alten Fallenbüchern ist zu lesen, dass Wieselfallen einfach in *Ackerfurchen* gestellt wurden. Dies hat zwei entscheidende Nachteile: Erstens wird die Falle von Unbefugten schnell entdeckt, und zweitens kann das Wiesel nur von einer Seite in die Falle gelangen. Der Fangerfolg ist höher und das Verblenden der Falle einfacher, wenn sie im rechten Winkel zur Ackerfurche in den Feldrain eingebaut wird. Das Fallenbett wird so weit ausgehoben, bis der Fallenboden in gleicher Höhe liegt wie der Boden der Ackerfurche. Abgestochene Grasplaggen verblenden die Falle von oben. Auch hier muss an die Luftzirkulation gedacht werden.

Aufgelesene Feldsteine, zu einem *Steinhaufen* zusammengetragen, bieten ebenfalls einen guten Fangplatz. Die Falle wird ebenerdig in den Steinhaufen eingebaut und mit Steinen verblendet. Berufsjäger nehmen sich etwas mehr Zeit und legen durch den Steinhaufen einen ebenerdigen Holztunnel in ausreichender Größe an. Dieser Aufwand zahlt sich aus: Aufstellen und Entnehmen der Wieselfalle zwecks Ent-

Gerade bei der Fallenjagd auf das Wiesel hat sich der alte Fallenstellerspruch „Glatter Gang, glatter Fang“ bewahrheitet. Durch kleine Pässe leitet der Jäger die Wiesel zu den Fallen, damit sie diese künstlichen Höhlen untersuchen und dabei gefangen werden.

Mäuse blockieren als Fehlfänge oft Wieselwippbrettfallen. Ein kleines Bleigewicht am vorderen Wippenende kann das verhindern.

Nur selten ergibt sich für den Jagdschutzbeauftragten eine solche Chance. Die Schonzeitwaffe kommt zum Einsatz. Wir verlassen uns lieber auf die Falle. Sie arbeitet nachhaltiger erfolgreich.

Die Rückseiten *alter Feldscheunen* bieten für Wieselfallen immer gute Einsatzmöglichkeiten. Etwa 50 Zentimeter von der Schuppenecke wird die Falle mit dem Eingang zur Ecke an die Rückwand gestellt. Mit alten Dachziegeln, Ziegelsteinen oder Brettern verblendet der Jäger die Falle. Dann wird ein kleiner Trichter angelegt, damit das Wiesel, das um die Schuppenecke läuft, in die Falle geleitet wird.

Nach der Ernte sind große *Stroh-Rundballen* aus der Feldflur längst nicht mehr wegzudenken. In die Zwischenräume können ebenerdig Wieselfallen eingeschoben werden. Denn in diesen Rundballen halten sich Mäuse besonders gern auf. Und dort stellen ihnen die Wiesel nach.

Kontrolle: Gefangene Wiesel verenden meist in den ersten Stunden ihres Aufenthalts in der Falle. Dennoch muss die Kontrolle aus Gründen des Tierschutzes und der Effektivität zweimal täglich erfolgen. Das Wiesel ist ein Tag- und Feldjäger. Die Fallen werden das erste Mal in den frühen Morgenstunden kontrolliert. Denn nicht selten blockieren Mäuse als Fehlfänge die Falle.

Wer den Fang von Mäusen von vornherein ausschließen will, bringt an der Wippe ein Gewicht von 50 Gramm an. Dazu verwendet er zum Beispiel gebrauchte Bleigewichte, die beim Reifenauswuchten an die Felge geklemmt wurden, oder Angelblei. Diese Maßnahme ist anzuraten, da die Jagdzeit auf Wiesel sehr kurz ist.

Die beste Fangzeit ist von August bis Oktober. Danach stehen Zeit und Arbeitsaufwand nicht mehr im Verhältnis zum Fangergebnis. Berufsjäger holen diese Fallen dann ein. Außerdem wirkt sich das regnerische, windige Herbstwetter auf den Fangerfolg sehr negativ aus.

FANGMELDER „LIGHT“

Bevor wir Wieselfallen im Revier aufstellen, bringen wir auf den Böden der Fallen unter den Wippen im Einlauf einen etwa fingerlangen und -breiten weißen oder roten Farbstrich an. Steht die Falle fängisch, wird dieser Strich von der Wippe abgedeckt. Ist dieser Farbstrich zu sehen, signalisiert er dem Fallensteller schon von weitem, dass etwas gefangen wurde. Dies ist besonders hilfreich, wenn die Falle im dunklen Grabendurchlass steht!

Ein roter Farbstrich am Fallenboden. Auch bei schlechter Beleuchtung ist er ein deutlich sichtbarer Hinweis, dass sich etwas gefangen hat.

Beim Entnehmen und Töten des Wiesels unterlässt der Waidmann aus Gründen des Tierschutzes jegliche Experimente. Am besten verwendet er einen 60 bis 70 Zentimeter langen Fallensack aus Leinen. Dieser kann bequem über die Falle gezogen werden. Nach dem Aufziehen des Schiebers lässt sich das Wiesel in den Fallensack schütteln. Es wird mit einem kräftigen Schlag auf den Erdboden getötet. Die Wippe im Einlauf ist dabei geschlossen, damit das Wiesel nicht nach oben entweichen kann. Ein Grasbüschel, das zwischen Wippe und Bodenbrett geschoben wird und somit das unbeabsichtigte Öffnen der Falle verhindert, ist dabei nützlich. So hat der Fänger beim Entnehmen des Wiesels beide Hände frei.
Effektivität: Zur Wieselwippbrettfalle gibt es keine sinnvolle Alternative. Auch der Anfänger kann sich mit ihr hegerisch verdient machen.

Mit Holz und Kaninchendraht lässt sich diese Falle preiswert erstellen. Wo erlaubt, ist sie ein zuverlässiges Mittel gegen Elstern. Beködert wird mit Hühnereiern.

Dreiecksfalle für Krähen und Elstern

Hier beachten wir erst einmal peinlich genau die eng gefassten Vorschriften der Länder: Haben diese Rabenvögel überhaupt eine Jagdzeit? Dürfen sie gefangen werden und unter welchen Voraussetzungen? Ist das geklärt, bietet sich unter anderem die dreieckige Lebendfalle an. Mit einer Schenkellänge von etwa 80 Zentimetern fertigen wir zwei Dreiecke aus genügend starken Rundhölzern an und bespannen sie mit engmaschigem Draht. Im hinteren Teil der Falle wird ein Gelege auf Gras gebettet. Lässt sich ein Vogel auf der Trittleiste nieder, löst er den Deckelmechanismus aus. Ansonsten brauchen wir diese Falle nur vor dem Anblick Unbefugter zu tarnen. Das ist erstrangig eine Frage des Standortes. Auch bei dieser Falle empfiehlt sich ein vorangehendes Kirren. Sobald sie fängisch gestellt ist, wird täglich kontrolliert!

Der Habichtfangkorb

Der Fang von Habichten ist nur mit einer Ausnahmegenehmigung der Unteren Jagdbehörde in Abstimmung mit den Naturschutzbehörden gestattet! Die Überwachung des Fanges muss in der Hand eines Falkners liegen. Und nur ein Falkner darf gefangene Vögel übernehmen.
Funktionsweise: Der Habichtfangkorb ist zurzeit die einzige Falle, die mit einem lebenden Köder bestückt werden darf. Der Fangraum oben muss mit einem weichen Netz bespannt sein. Fester Draht ist wegen der Verletzungsgefahr für den Greifvogel nicht zulässig. Eine helle Brieftaube wird in den vom Fangraum getrennten Köderraum gesetzt. Löst die Falle aus, öffnet sich automatisch eine Fluchtklappe, durch die die Taube fliehen kann.
Dass der Habichtfangkorb kaum noch eingesetzt wird, liegt neben den strengen Genehmigungsvoraussetzungen wohl auch an der zeitintensiven, handwerklichen Vorbereitung seines korrekten Einsatzes.

Ob Igel oder Junghase: In der Agrarsteppe lässt die Elster jeder erspähten Beute kaum eine Chance zum Überleben.

Der Lebendfang des Habichts setzt eine Sondergenehmigung der Unteren Jagd- und gegebenenfalls Naturschutzbehörde voraus.

Zulässiger Habichtsfangkorb, der Fangbereich ist mit einem weichen Netz umspannt. Das schützt die Fänge des Greifvogels vor Verletzungen.

Fangplätze: Der Habichtsfangkorb kann sowohl an der Erde als auch erhöht aufgestellt werden. In Schwarzwildrevieren ist es erforderlich, ihn so zu positionieren und zu sichern, dass ihn die Schwarzkittel nicht umstoßen können. Um das Risiko eines Diebstahls oder der Zerstörung des Fangkorbs zu minimieren, sollten die Fangplätze für Unbefugte unzugänglich und deren Blicken entzogen sein. Nicht überschirmte Verjüngungsflächen und lichte Schonungen, deren Bäumchen eine Höhe von etwa ein bis eineinhalb Metern aufweisen und an Altholzbestände angrenzen, eignen sich hervorragend als Fangplätze. In unübersichtlichem Buschgelände, noch nicht zu hoch gewachsenen Sukzessionsflächen, in der Nähe von Hecken und Knicks oder innerhalb von Schilfpartien lässt sich die Falle ebenfalls mit gutem Erfolg aufstellen. Da der Habichtfangkorb vom Habicht natürlich leicht entdeckt werden soll, entfällt ein entsprechendes Verblenden.

Kontrolle: Der Habicht fängt sich als Dämmerungs- und Überraschungsjäger am besten in den frühen Morgenstunden und am späten Nachmittag. Der Habichtfangkorb wird möglichst mehrmals am Tag kontrolliert. Die Erfahrung hat gelehrt, dass innerhalb weniger Tage mit einem Fang zu rechnen ist.

Sonstiges: Es ist darauf zu achten, dass der Taube immer frisches Wasser und Futter zur Verfügung stehen. Durch ihre Rückkehr zum heimatlichen Taubenschlag zeigt sie ihrem Besitzer an, dass der Fangmechanismus ausgelöst worden ist.

Totschlagfallen

Der Fang mit sofort tötenden Fallen ist in einzelnen Bundesländern bereits verboten. In den meisten Bundesländern sind die Fanggeräte noch erlaubt, ihr Einsatz ist aber an strenge Voraussetzungen gebunden (s. Kasten Seite 491). Diese sind in der Jagdgesetzgebung oder in Fangjagdverordnungen zahlreicher Bundesländer geregelt. So sehr man das bedauern mag: Die Zukunft der Totfangfallen ist ungewiss.

Eisen

Tellereisen sind schon lange verboten – zu Recht: Auf Tritt oder Druck auslösend, führten sie oft zu Branten- oder Fangfängen.

Der *Schwanenhals*, das sind sich Experten einig, gehört nur in die Hand des Berufs- oder wirklich kundigen Jägers! Der „Große" – das größte Abzugseisen überhaupt – dient dem Fuchsfang, der „Mittlere" und der „Kleine" dem Fang kleineren Raubwilds. Wo diese Eisen aufgestellt werden dürfen, ist gesetzlich stark eingegrenzt. Die Anforderungen an die Weite der Bügel und deren Klemmkraft sind vielfach im Jagdrecht oder in Fangjagdverordnungen definiert. Wie alle Totschlagfallen darf der Schwanenhals nur in Fangbunkern, Fangkisten oder -gärten eingesetzt werden. Wo Wildkatzen oder sogar Otter vorkommen, scheidet der Schwanenhals aus!

Eiabzugseisen

Das Eiabzugseisen ist deshalb heute das meistverbreitete Eisen. Es ist deutlich kleiner als der Schwanenhals. Die handelsüblichen Modelle weisen eine Bügelweite von 37 beziehungsweise 47 Zentimetern auf, bei denen 150 beziehungsweise 175 Newton Mindest-Klemmkraft aus Gründen des Tierschutzes erforderlich sind. Entsprechende Prüfgeräte werden mittlerweile von mehreren Firmen angeboten. Mit dem größeren, zumal zweifedrigen Eisen stellen wir dem Marder sicher nach. Mit Dusel erbeuten wir auch mal einen Iltis. Der Fang erfolgt über die Federachse, nicht über den losen Bügel! Sonst könnte das Wild beim Zuschnellen aus der Falle herauskatapultiert werden.

Das Eiabzugseisen wird aus Sicherheitsgründen nur im Fangbunker (siehe Seite 488) gestellt. Einige Tropfen Knochenöl an Sicherungen und Gelenken dieser Fanggeräte sind von Zeit zu Zeit nötig, um einwandfreies Funktionieren zu gewährleisten. Wir kaufen dies geruchslose Öl in der Apotheke.

Befestigung des Ködereis: Das Befestigen des Eies bereitet weniger erfahrenen Jägern oft Kopfzerbrechen. Ein Gipsei mit daran montierter Öse ist abzulehnen. Das Ei, möglichst frisch aus einem Hühnerstall geholt, hat die stärkste Witterung. An seiner flachen Seite wird mit einem geeigneten Gegenstand ein kleines Loch in die Schale gestochen. Nachdem von einem Streichholz etwa ein Viertel der Länge entfernt wurde, befestigt der Fallensteller am verbliebenen Teil in der Mitte ein etwa 20 Zentimeter langes, haardünnes Stück Litzendraht. Wir gewinnen solch ein Stück Draht aus einem der Länge nach aufgetrennten Elektrokabel.

Nach dem Befestigen am Streichholz schiebt der geduldige Jäger das Streichholz der Länge nach ganz durch die kleine Schalenöffnung in das Ei hinein und zieht den Draht leicht an.

AUSLAUFMODELL TOTFANGFALLE ?

Der Widerstand vor allem von Jagdgegnern und radikalen Tierschützern gegen die Jagd mit Fallen hat in den letzten Jahren deutlich zugenommen. Vor allem die Verwendung sofort tötender Fallen steht massiv in der Diskussion. Die Bundesländer Baden-Württemberg und Saarland beispielsweise haben diese Fallentypen in ihren Landesjagdgesetzen bereits verboten. Es ist zu erwarten, dass immer mehr Bundesländer in näherer Zukunft ebenso verfahren.

Derart ungeschützt ausgelegte Fangeisen gefährden unter Umständen im Wald spielende Kinder und herumstreifende Spaziergänger, von Schwarzwild ganz abgesehen. Das darf nicht sein!

„Klettermaxe" par excellence sind unsere Marder. Deshalb sind auch erhöht – und den Sicherheitsvorschriften entsprechend – positionierte Fallen erfolgversprechend.

Ein schönes, aber doch eher seltenes Bild: Ein Marder wurde mit der Flinte erlegt. Effektiver ist die Jagd mit Fallen.

So stellt sich das Streichholz im Ei quer. Das Prinzip gleicht der Wirkungsweise eines Kippdübels. Endlich kann das Ei auf dem Stellmechanismus befestigt werden. Hierbei achten wir darauf, dass das Ei lose auf dem Köderteller liegt. Der Fangmechanismus soll erst dann ausgelöst werden, wenn das Ei etwa ein bis zwei Zentimeter angehoben wurde. Das Litzenkabel hat den Vorteil, dass Mäuse es nicht durchnagen können. Das ist bei einem Zwirnsfaden dagegen möglich.

Scharfstellen: Jegliches Hantieren mit dem gespannten Eisen gebietet größte Vorsicht. So spannen wir es erst direkt am Fangort nach Anbringen des Ködereies. Schon eine kleine Unachtsamkeit kann schmerzliche Folgen haben. Das kann bis zum Armbruch gehen. Beim Fängisch-Stellen wird der normale Jäger grundsätzlich mit dem hierfür entwickelten Spanner arbeiten. Das Eisen wird außerhalb des Fangbunkers (siehe rechts) auf das Spanngerät gelegt. Bei heruntergedrückter Feder wird die Federsicherung vorwärts geschwenkt. Dann entnimmt der Fallensteller das Eisen dem Spanngerät. Er drückt nun die Bügel in ihre Bereitschaftsposition nieder. Die Bügelsicherung kommt zusätzlich zum Einsatz. Letzter entscheidender Schritt: Auf festem Untergrund drückt er die Bügel des Eisens ganz hernieder und positioniert die Stellzunge unter die Nase des Löffels, bis ein Einrasten erfolgt. Endlich wird das Eisen vorsichtig im Fangbunker eingebettet.

Die intensive Marderbejagung mit der Falle kommt dem Niederwild zugute.

Nicht nur der Anfänger bedient sich zum Spannen von Abzugseisen eines solchen Bügels. Die Arbeit geht damit leichter von der Hand. Vor allem aber ist es wesentlich ungefährlicher.

Erschütterungen vermeidet der erfahrene Fänger. Abgesehen davon, dass er den Sicherungen seiner Fallen so wenig traut wie denen seiner Waffen: Denn unnötiges Auslösen führt aufgrund der Bügelkraft zu zermürbendem Verschleiß. Ist das Eisen im Fangbunker (siehe unten) eingebaut, werden die Sicherungen nur noch mit einem geeigneten Gegenstand betätigt: Zum Beispiel einem kleinen Stock, der an einem Ende eine gewachsene Gabelung besitzt.

Effizienz: Wer die Ausführungen zum Eiabzugseisen und die folgenden zum Marderfangbunker beachtet, wird seine Marderstrecke in einer Fangperiode wesentlich erhöhen: Zehn bis zwanzig gefangene Marder sind in einem Revier von rund 500 Hektar Größe keine Seltenheit. Das intensive Bejagen des Marders kommt dem Niederwild deutlich zugute. Zudem fließt noch ein kleiner Betrag durch den Verkauf der Marderbälge oder des Marders im Kern in die Jagdkasse.

MARDERFANGBUNKER – WERKZEUGE UND MATERIAL

- *25–30 angespitzte Rundhölzer, 70–80 cm lang, Durchmesser ca. 10 cm*
- *zwei Rundhölzer, 25 cm lang, Durchmesser ca. 10 cm*
- *Spaten, Vorschlaghammer, leichter Hammer, Zange*
- *stabiler Binde-/Spanndraht und Krampen*
- *Hand- oder Motorsäge*
- *drei Backsteine*
- *Verblendmaterial*

Das benötigte Material für den Bau eines Marderfangbunkers. Gängiges Werkzeug wie Bügelsäge, Hammer und Spaten zählen eh zur Grundausstattung des Revierbetreuers.

Marderfangbunker

Viele Reviere liegen heute im Einzugsbereich Erholung suchender Stadtmenschen. Wegen der Spaziergänger, die häufig von den Wegen abweichen, ist es unverantwortlich, ein Abzugseisen ohne die nötigen Sicherheitsvorkehrungen frei im Revier aufzustellen. Auch besteht der Gesetzgeber darauf, dass Fangeisen nur dort aufgestellt werden dürfen, wo eine Gefahr für Mensch und Haustiere auszuschließen ist. Eine solche Sicherheitsvorkehrung stellt der Marderfangbunker dar.

Bau des Fangbunkers: Für das Erstellen eines Fangbunkers werden etwa 25 bis 30 Rundhölzer benötigt, die eine Länge von 70 bis 80 Zentimetern und einen Durchmesser von etwa zehn Zentimetern haben. Zwei Rundhölzer weisen ebenfalls zehn Zentimeter Durchmesser auf, aber nur 25 Zentimeter Länge. Alle Hölzer werden zum leichteren Einschlagen in den Boden an einer Seite angespitzt. Beim Einschlagen des Holzes für diese Fanganlagen wird aus Gründen der Arbeitszeitersparnis so viel Holz vorbereitet, dass es für mindestens zehn Bunker reicht. Das ist auch etwa die Zahl an Bunkern, die in einem Revier von ungefähr 500 Hektar optimal eingesetzt wird.

Nachdem der Fangplatz ausgesucht und die Hölzer zugeschnitten sind, beginnt der eigentliche Anlagenbau. Der Zeitaufwand beträgt für einen geübten Einzelarbeiter pro Fangplatz etwa eineinhalb Stunden. Das bedeutet, dass spätestens nach drei Tagen sämtliche Fangbunker errichtet sein können und somit für das Bekirren bereit stehen.

Eine Fläche von etwa 80 Zentimetern Durchmesser wird so tief ausgehoben, dass drei Backsteine, nachdem sie eingebettet wurden, mit ihrer Oberseite etwa vier bis fünf Zentimeter unterhalb des Bodenniveaus liegen. Dieser Höhenunterschied gewährleistet, dass der Abzugsmechanismus, nachdem das Eisen auf den Steinen einen festen Platz gefunden hat, mit dem umliegenden Erdreich in gleicher Höhe liegt. Die Steine dienen zum einen als feste Unterlage auf der das Eisen nicht wackelt, und zum anderen als Widerlager auf, um beim Auslösen ein Hochschnellen der Falle zu begünstigen.

Die ausgehobene Mulde wird jetzt mit losem Erdreich bis zur Oberkante der drei Backsteine angefüllt und dieses fest angedrückt. Das Eisen bleibt beim Einschlagen der Pfähle in gespanntem – und aus Gründen der Unfallverhütung gesichertem – Zustand auf den Steinen liegen. Die Rundhölzer werden in fünf Zentimeter Abstand zum Eisen um dieses herum in die Erde geschlagen.

Zuerst werden die beiden Eingänge angelegt. Hierbei beachten wir, dass die lichte Weite im Eingang nicht mehr als zehn Zentimeter beträgt. Hunde von Spaziergängern können so nicht in den Fangbunker gelangen.

Grundsätzlich wird die Falle mit der Achse zu den Eingängen eingebaut. Gelangt nämlich der Marder über die Bügelseite in das Eisen, schlägt der Bügel beim Auslösen unter den Marder und wirft ihn aus dem Eisen heraus: Es kommt zu Fehlfängen. Im Bunker kann ein Sichern durch Kette und Anker entfallen. Auch bei einem eventuellen Brantenfang kann das Raubwild nicht entkommen.

Fangplätze: An ausgesuchten Stellen, wie zum Beispiel in kleinen Feldgehölzen, Fichtenschonungen, Hecken oder Knicks, an Teichanlagen, Bachläufen und hinter Feldscheunen sowie in Reisighaufen und im Hochwald an Bestandsgrenzen werden Fangplätze angelegt. Beim Aufstellen wird die Hauptwindrichtung berücksichtigt, da die Wittrung vom Köder zum Marderpass stehen sollte. Der Fallensteller verteilt seine Fanganlagen möglichst auf das ganze Revier, um eine großflächige Fangwirkung zu erzielen. So vermeidet er außerdem, dass ein Marder zu dicht zusammenliegende Fanganlagen nacheinander besucht. Sonst erhält der Fallensteller bei der Kontrolle des Spurenbildes ein verzerrtes Bild über das Mardervorkommen.

Verwittern: Etwa zwei Wochen nach dem Zurichten sind die Fangbunker verwittert. Fangeisen werden von Praktikern übrigens gern mehrere Wochen in Misthaufen zum gleichen Zweck vergraben – natürlich ungespannt. Der Jäger kann mit dem Bekirren beginnen. Dies geschieht mindestens einen Monat vor dem Reifwerden der Marderbälge, also etwa Mitte Oktober. Je früher damit begonnen wird, umso besser ist der Fangerfolg. Bis Ende September muss der Fallensteller die schon bestehenden Fangbunker säubern und sie für die Jagdzeit auf den Marder vorbereiten.

Der Marderfang wird in zwei Phasen eingeteilt: In der *passiven Phase* wird lediglich angekirrt. Das Eisen wird nicht eingesetzt. Erst wenn der Marder die ausgelegten Eier in einzelnen Bunkern regelmäßig angenommen hat und die Fangzeit gekommen ist, beginnt die zweite Phase, die *Fangphase*.

Ankirren: Zu Beginn des Ankirrens wird ein Hühnerei über dem Fangbunker zerschlagen und ein zweites in ihm ausgelegt. Bei regelmäßiger Kontrolle, in der ersten Zeit etwa alle zwei bis drei Tage, ersetzt man fehlende Eier durch neue. Je näher die Fangzeit heranrückt, umso kürzer werden die Abstände zwischen den Kontrollen.

Sonstiges: Auf keinen Fall vergisst der Fallensteller bei jedem Auslegen eines frischen Eies die Oberfläche des Torfmull-Sägespäne-Gemischs mit der blanken Hand aufzurauen und wieder

Der Abstand vom Eiabzugseisen zu den es umgebenden Rundhölzern des Marderfangbunkers beträgt etwa fünf Zentimeter.

Das Verblendmaterial aus einem Gemisch von Torfmull und Sägespänen hat einen starken Eigengeruch. Es kann nicht so leicht gefrieren wie feuchte Erde, die dann den Fallengang hemmt.

Die Achse der Feder des Eiabzugseisens zeigt stets zu den Eingängen des Fangbunkers. So wird richtig gefangen.

anzudrücken. Mancher Anfänger hat die unerfreuliche Erfahrung gemacht, dass der Marder, nachdem er die ausgelegten Hühnereier zuvor regelmäßig angenommen hatte, nach dem Einbau des Eisens verprellt wurde. Dabei wurde das ständige Aufrauen und Andrücken des Abdeckmaterials vergessen. Da beim Einbau des Mardereisens der Boden stark verwundet wird, ändert sich der Geruch im Innern des Bunkers. Durch das stetige Aufrauen und Andrücken gewöhnen wir den Marder an diesen Geruch. Die

Feldgehölze oder Dickungen in der Nähe von Wasserläufen sind ideale Standorte für das Errichten von Marderfangbunkern.

menschliche Wittrung spielt beim Marderfang eine untergeordnete Rolle. Der Marder nimmt sie deutlich weniger übel als der Fuchs. Gewöhnliches Erdreich zur Tarnung des Eisens eignet sich kaum. Trotz Überdachung kann es durch Feuchtigkeit leicht verklumpen und gefrieren.

Ist der Tag gekommen, an dem die Eisen fängisch gestellt werden, schlägt jedem „Trapper" das Herz höher. Obwohl etwa zehn Bunker im Revier angelegt wurden, arbeitet er nur mit zwei bis drei Eisen. Sie werden gezielt und nur dort eingesetzt, wo der Marder die Eier regelmäßig angenommen hat. Meistens fängt sich der Marder in der ersten Nacht. Stürmisches Wetter begünstigt den Fangerfolg.

Hat sich ein Marder gefangen, wird das Eisen wieder mit nach Hause genommen oder an einem anderen aussichtsreichen Platz eingebaut. Das Beködern wird am alten Platz jedoch weiter durchgeführt. Die Falle kommt erst dann wieder zum Einsatz, wenn die ausgelegten Eier erneut regelmäßig angenommen sind. Da die Fangeisen so nur an wenigen Tagen im Bunker stehen, wird die Gefahr des Diebstahls erheblich gemindert. Zudem lässt so die Federkraft des Mardereisens wesentlich langsamer nach, als bei ständiger Nutzung während der gesamten Fangperiode.

Auch das Eichhörnchen gehört in das Beutespektrum des Steinmarders. Längst sind beide in der Stadt als Kulturfolger heimisch geworden.

KLÄREN VOR FANGJAGD

Wer die Fangjagd ausüben möchte, muss sich vorher genau über die geltenden Vorschriften erkundigen und insbesondere folgende Fragen klären:
Berechtigt der Jagdschein zur Ausübung der Fangjagd oder ist die Teilnahme an einem Sachkundelehrgang erforderlich?
Muss die Fangjagd/der Totfang im Revier der Behörde gemeldet werden?
Müssen die eingesetzten Fallen technisch überprüft oder zugelassen werden?
Müssen die Fallen registriert oder dauerhaft gekennzeichnet werden?
Sind die Mindestabmessungen für Kasten-, Wieselwippbrett- und Rohrfallen definiert?
Sind Drahtgitterfallen zulässig?
Ist der Totfang zulässig?
Welche Totfanggeräte sind erlaubt (zum Beispiel auch Fallen nach Conibear-Bauart)?
Sind die Anforderungen an Bügelweite und Klemmkraft verwendeter Eisen (Schwanenhals, Eiabzugeisen) definiert?
Wie oft müssen Lebendfangfallen kontrolliert werden, wie oft Totfangfallen?
Welche Bestimmungen gelten für die Fangjagd in befriedeten Bezirken?

Die Rasenfalle war unter den „Alten“ sehr beliebt, genügt aber nicht mehr den heutigen Anforderungen an sichere, tierschutzkonforme Fangjagd.

Fallen vergangener Tage

Nur noch ein Relikt aus den Zeiten unserer Väter sind Knüppelfallen, Prügel- und Rasenfallen, Marderschlagbäume und Scherenfallen, die in den Rechtsvorschriften vieler Länder ausdrücklich genannt und verboten werden. Die Gründe hierfür sind eine zu große Gefährdung für Menschen und/oder die Unmöglichkeit eines selektiven Fangs nur bestimmter Raubwildarten.

Der Baummarder wird laut Statistik längst nicht mehr so häufig erbeutet wie der Steinmarder. Der scheue Waldbewohner ist in seinem Besatz jedoch keineswegs gefährdet.

Revierübergreifende „Fuchstage" oder „-wochen" führen mitunter zu bemerkenswerten Strecken. Ganz ohne Fallenjagd ist effektive Raubwildregulierung aber nicht denkbar.

Jagdliches Brauchtum

Waidgerechtigkeit

So alt wie die Jagd, so alt ist jagdliches Brauchtum. Seit jeher unterliegt es einem beständigen Wandel. Die Jäger bestimmen und pflegen ihre Bräuche bei der Jagd. Es sind – oft örtlich geprägte – Gewohnheiten und Verhaltensweisen, die sich bei der Jagd bewähren, unserem ästhetischen Empfinden entsprechen und auf Außenstehende vielleicht ein wenig ungewohnt, aber nicht abstoßend wirken. Jagdliches Brauchtum steckt voll Leben, es darf in keinem Einzelfall zu leerem Gehabe werden, nie erstarren. *Waidgerechtigkeit* ist ein häufig verwendeter Begriff, heute für viele schon veraltet, abgenutzt und überstrapaziert. Auch im Bundesjagdgesetz ist er aufgenommen, im dritten Absatz des ersten Paragraphen. Anders als sonst bei Gesetzgebung und Rechtsprechung üblich, ist Waidgerechtigkeit bislang nicht präzise definiert oder verbindlich ausgelegt worden. Das fällt auch mit wenigen Worten schwer. Subjektive, eigene Auffassungen kommen zum Ausdruck.

Der Jäger bejagt wild lebende Tiere in freier Wildbahn. Zum einen bestimmt der Beutetrieb sein Handeln, zum anderen aber die Liebe zum Tier. Es ist fast unmöglich, Außenstehenden diesen scheinbaren Widerspruch mit Worten zu erklären. Der Jäger muss es vorleben, bei der Jagd unter Beweis stellen. Nicht immer wird dies überzeugend gelingen.

Waidgerechtes Handeln bezieht sich primär auf das *Verhalten des Jägers zum Wild*. Beide genannten Faktoren bestimmen das Verhalten. Das Verfolgen frei lebender Tiere, mit dem Ziel, sie zu erbeuten, muss ihnen eine Chance des Entkommens einräumen, mit vom Jäger sicher beherrschten Waffen, von gut ausgebildeten Hunden unterstützt werden und den Landesgesetzen entsprechen.

Der Jäger, von Passion getrieben – oft auch, seien wir ehrlich, verführt –, folgt also dabei nicht ungehemmt seinem angeborenen Beutetrieb. In ihm verlangt seine Tierliebe, seine Ehrfurcht vor allem Leben in der Natur, weit über das geschriebene Gesetz hinaus waidgerechtes Handeln.

Der bekannte Jagdhistoriker Kurt Lindner nennt dies den „moralischen Imperativ“, dem sich der Jäger mit Selbstdisziplin unterwirft. Lindner schließt in dieses Gebot die Verantwortung des Jägers gegenüber seinem jagdverbundenen Mitmenschen und gegenüber der Umwelt mit ein. Zweifellos gelingt dies in der Stille der Einzeljagd oder alleine mit seinem Hund bei der Nachsuche am ehesten. Bei Treiberlärm am Kopf der Remise mit flinker Flinte ist solches Besinnen sicher nicht gegeben. Aber „zurückfinden“ wird der Jäger nach einem solchen Jagdtag.

Noch eines fällt auf: Schon der blutjunge, wirkliche Jäger handelt waidgerecht, in allen Ländern der Welt, selbst dann, wenn er den Begriff

Ein Bergjäger von „altem Schrot und Korn“. Voll Stolz trägt er den braven Bock zu Tal. Da schmeckt das Pfeifchen.

gar nicht kennt. Es steckt eben drin. Jeder von ihnen empfindet es als unwaidmännisch, bei unzureichendem Licht den Finger krumm zu machen, an der regelmäßig und reichlich beschickten Futterstelle Wild zu „erschießen" oder die wirklich zu weiten Enten mit der Flinte zu befunken. In Anlehnung an Ortega y Gasset: „Jäger töten, um waidmännisch gejagt zu haben, nicht aber, um beutelüstern auf der Jagd gewesen zu sein."

Jägersprache und Jagdsignale

Die Jägersprache und im engeren Sinne die Jagdsignale dienen vor allem der Verständigung der Jäger untereinander.

Jägersprache

Die Jägersprache ist ein altes Kulturgut. Erste Belege datieren aus dem achten Jahrhundert. Sie dient in der Praxis dem schnellen und unmissverständlichen gegenseitigen Verstehen. Von den Anfängen bis zur Gegenwart ist der jagdliche Wortschatz auf etwa 13 000 Ausdrücke mit zirka 40 000 definierten Bedeutungen angewachsen. Im jagdlichen Alltag verwenden wir nur 2 000 bis 3 000 dieser Fachwörter. Wer sich genauer über sie informieren will, lese zum Beispiel in Walter Freverts Standardwerk „Jagdliches Brauchtum und Jägersprache" (Kosmos Verlag), das unter anderem ein Verzeichnis aller jagdlicher Ausdrücke enthält.

Jagdsignale

Reinhold Stief unterscheidet drei Gruppen von Jagdsignalen: die Jagdleit-, die Allgemeinen und die Wild- oder Totsignale. Jagdleitsignale sind Verständigungssignale während der Jagd, die solistisch geblasen werden. Beispiele sind „Das Ganze, langsam treiben" oder „Hahn in Ruh". Allgemeine Signale sind Gruppensignale. Sie erklingen, wenn die Jagdgesellschaft versammelt ist, sei es nach der Jagd, „Jagd vorbei", oder vor dem Schüsseltreiben, „Zum Essen".
Wild- oder Totsignale sind Fanfaren, die jeweils den einzelnen Wildarten zugeordnet sind. Sie ertönen am erlegten Einzelstück vor dem Aufbrechen und Streckelegen. Bei einer Gesellschaftsjagd aber nach dem Streckelegen in der Reihenfolge, in der die Wildarten auf der Strecke liegen. Das melodische „Damhirsch tot" oder muntere „Fuchs tot" sind Beispiele.

Um ihn Kollegen und Freunden gut zu präsentieren, hat er den Hirsch gerecht verbrochen. Jetzt wird „auf Jägersprache" gefachsimpelt.

Anblasen! – Ein Vorstehtreiben im Wald ist ohne Jagdsignale nicht denkbar.

Das sind die wichtigsten Jagdsignale. Sie werden vor, während und nach der Jagd geblasen.

Die Noten der gebräuchlichen Jagdsignale sind oben abgedruckt.

Üblich in der Jagdpraxis ist das „Fürst-Pless-Horn in B“, kurz Plesshorn genannt. Brauchtumsgerecht wird es über der rechten Schulter des Bläsers getragen. Das Mundstück zeigt nach vorne unten.

Daneben finden das kleine, handliche Clewingsche Taschenhorn, die großen Parforcehörner in B und C und der Sauerländer Halbmond Verwendung. Letzteres ist das traditionelle Jagdhorn der westfälischen Brackenjäger und wird links getragen.

Bräuche auf und nach der Jagd

Bruchzeichen

Brüche sind nach traditionellem Verständnis abgebrochene, in der Regel grüne Zweige bestimmter Baumarten.

Seit den dreißiger Jahren dieses Jahrhunderts gelten Eiche, Erle, Tanne, Fichte und Kiefer – auch Latsche und Zirbelkiefer – als bruchgerechte Holzarten. In weiter zurückliegenden Zeiten war das noch anders. So galt beispielsweise die Rotbuche im 18. Jahrhundert als eine bruchgerechte Baumart.

BRUCHGERECHT

Nach heutiger Auffassung können grundsätzlich die Zweige aller am Ort der Erlegung greifbaren Bäume oder Sträucher bruchgerecht sein. Der Jäger weicht aber in aller Regel nur dann von den bruchgerechten Baumarten ab, wenn diese erst mühsam gesucht werden müssen. Wer zum Beispiel einen Bock in einem Weizenschlag streckt, kann ihn auch mit Ähren gerecht verbrechen. Das symbolische Handeln ist hier höherwertig als das Verwenden der gerechten Baumart.

Brüche dienen der stillen Nachrichtenübermittlung zwischen Jägern oder haben symbolischen beziehungsweise ästhetischen Charakter. Etwa von 1600 bis 1848 unterschied sich der waidgerechte Jäger, in der Regel Berufsjäger an einem der zahlreichen deutschen oder österreichischen Fürstenhöfe, vom Nichteingeweihten dadurch, dass er die Bruchzeichen richtig anwenden konnte. Im Laufe des 20. Jahrhunderts haben diese stark an Bedeutung verloren. Der Fortschritt der Technik sowie der Niedergang des Berufsjägertums ließen sie vielfach außer Anwendung kommen.

So werden Haupt-, Folge-, Anschuss- und Wartebruch von Fachleuten nur noch recht selten zur stummen Verständigung benutzt. Dagegen finden Inbesitznahmebruch, Letzter Bissen und Schützenbruch in jagdlicher Praxis noch häufig Verwendung.

Inbesitznahmebruch: Dieser Bruch ist ungefähr spann- bis unterarmlang, bei Frischling und Kitz zirka 15, bei Hirsch und Keiler etwa 25 Zentimeter. Er wird gestrecktem Schalenwild auf das linke Blatt gelegt. Bei weiblichen Stücken zeigt die gewachsene Spitze zum Haupt, bei männlichen das abgebrochene Ende. Dieser Bruch wird auch als Wild- oder Streckenbruch bezeichnet. Er wird heute überwiegend beim Streckelegen verwendet. Aber auch beim ersten Stück Schalenwild oder aber beim „dicken Ia-Hirsch" ist er üblich. Der Revierleiter, der Kitz und Ricke als Nummer 207 und 208 seines Lebens schießt, wird darauf verzichten.

Letzter Bissen: Der Letzte Bissen wird erlegtem männlichen Schalenwild, in Bayern und Österreich auch Auer-, Birk-, Haselhahn sowie Murmeltier in den Äser, das Gebrech oder den Schnabel gesteckt. Heute wird der Letzte Bissen meist nicht auf männliches Wild beschränkt bleiben. Andernfalls müssten Jäger zwischen männlichen und weiblichen Kälbern, Kitzen und Frischlingen trennen, was in der Praxis jedoch nicht geschieht.

Schützenbruch: Diesen Bruch wird demjenigen Jäger überreicht, der Schalenwild gestreckt hat. Dies geschieht örtlich auch bei Fuchs, Murmeltier, Auer-, Birk- oder Haselwild. Bei Gesellschaftsjagden macht dies entweder der Jagdherr oder der Jagdleiter beim Verblasen der Strecke. Den Schützenbruch benetzt der Jagdherr oder Jagdleiter mit dem Schweiß des erlegten Stückes. Danach überreicht er ihn mit Waidmannsheil dem Schützen zumeist auf dem abgenommenen Hut, selten auf dem Waidblatt oder

Gerecht gestreckt und verbrochen, fasst ihn das Eichenlaub ein. Eine würdige Ehrung des alten Recken.

Beim Überreichen des Schützenbruches freuen sich beide: Erlegerin und Jagdherr.

Nicker. Der Erleger nimmt den Bruch, steckt ihn – üblicherweise rechts – auf seinen Jagdhut. Er dankt mit Waidmannsdank und Händedruck.

Nach einer erfolgreichen Nachsuche übergibt der Hundeführer – nicht der eventuell anwesende Jagdherr – dem Schützen einen mit Schweiß benetzten Schützenbruch. Der Erleger bricht einen Zweig von diesem Bruch ab, um ihn mit Waidmannsdank an den Hundeführer zu reichen. Der steckt diesen Zweig seinem Hund an die Halsung. Dies ist auch eine bei Hundeprüfungen übliche Auszeichnung des Hundes, wenn er eine Fährte erfolgreich gearbeitet hat.

Beim Schützenbruch gilt – frei nach Walter Bachmann – „Nacht bricht Bruch“: Schütze und Hund tragen mit anderen Worten den Erlegerbruch am nächsten Tag nicht mehr. Wenn der Jäger mag, wird er diesen Bruch so lange hinter das Gehörn stopfen, bis er vertrocknet ist.

Hauptbruch: Ein Hauptbruch ist ein armlanger, mit dem Jagdmesser beidseitig befegter, also blank gemachter Zweig. Weil die Mittelrinde entfernt ist, „leuchtet sein Holz“. Deshalb ist er auf den Boden gesteckt oder aber aufgehängt schon von weitem sichtbar. Und so soll es ja auch sein. Wir verwenden ihn, den auffälligen Bruch, häufig in Verbindung mit anderen Brüchen, damit ein Warte- oder ein Folgebruch nicht übersehen wird. Ein Hauptbruch bedeutet für uns immer: „Achtung! Hier ist was los“.

Den Bruch hat sich der Langhaar verdient. Ohne ihn wäre das Stück verludert.

Folge- oder **Leitbruch:** Dieser Bruch sagt uns: „Folge bitte der gewachsenen Spitze!“ Er ist halbarmlang und möglichst ebenfalls beidseitig befegt, um ihn von Zweigen zu unterscheiden, welche abgebrochen sind und zufällig auf dem Waldboden liegen. Folgebrüche werden so ausgelegt, dass der Jäger, der ihnen nachgeht, dabei keine Probleme bekommt. Also ist der Abstand zwischen ihnen auf Wegen weit, im Gelände dagegen recht eng.

Anschussbruch: Unerlässlich ist es, den Anschuss beschossenen Wildes zu kennzeichnen. Das geschieht mit Hilfe des Anschussbruches. Senkrecht in die Erde gesteckt, kennzeichnet er die Stelle des Anschusses. Das genügt bei Hase, Fuchs oder Fasanenhahn, die an dieser Stelle vielleicht Wolle oder Federchen gelassen haben. Hier wird der Hund geschnallt, sobald das zeitlich möglich ist.

Beim Schalenwild wird der Anschussbruch durch den Fährtenbruch ergänzt. Er ist spannlang, als einziger Bruch mit dem Nicker angespitzt und ebenfalls unbefegt. Er liegt in der Richtung aus, in welche das beschossene Stück floh. Bei einem weiblichen Stück wird das gewachsene Ende in die Fluchtrichtung gelegt, bei einem männlichen Stück das angespitzte. Damit wir das unterscheiden können, wird der Fährtenbruch geäftert, das heißt hinter ihm befindet sich ein kleiner Querbruch. Ist die Fluchtrichtung unbekannt, wird der Fährtenbruch doppelt geäftert.

In der Regel sind Brüche auf dem Waldboden nur schlecht auszumachen. Deshalb hat es sich insbesondere auf Drück- oder Ansitzdrückjagden eingebürgert, dass der Anschuss mittels gelber oder rot-weißer Signalbänder markiert wird. Der eine empfindet dies als grausam stillos, ein anderer hält es für praktisch. In unübersichtlichem Gelände sind sie jedoch sicher zulässig und zweckmäßig.

Während der Nachsuchenführer früher einen Packen Brüche dabei hatte, um den Fährtenverlauf zu kennzeichnen, nutzen erfahrene Schweißhundführer heute immer öfter Watteflocken oder farblich auffallendes Papier. Auf diese Weise wird sichtbar markiert. Aber es bleibt beispielsweise offen, wohin die Richtung beim Überschneiden, also beim Kreuzen der eigenen Fährte, geht.

Wartebruch: Nach der Frühpirsch zum Beispiel bildet der Wartebruch eine prima Information an den zweiten Jäger. Er besteht aus zwei gekreuzt übereinander gelegten, armlangen Brüchen und fordert zum Warten auf. Hat der zweite Jäger das Warten nach einiger Zeit aufgegeben, entfernt er die unteren Zweige bis zu zwei Drittel. Die gewachsene Spitze lässt er eng zusammengelegt in die Abmarschrichtung zeigen. Drei nebeneinander liegende Wartebrüche bezeichnen einen Sammelplatz. Dieser Sammelplatzbruch ist etwa zwischen zwei Treiben sinnvoll, damit sich hier alle Jägersleut' zusammenfinden.

Brüche dienen der stummen Verständigung zwischen Jägern. Manche sind derzeit „aus der Mode gekommen“. Warum eigentlich? Sonst handeln wir doch auch möglichst naturnah.

Ein guter Bock. Mit Letztem Bissen und Inbesitznahmebruch ist er gerecht gestreckt. Unter kräftigem Lautgeben bewacht der Teckel „seinen Bock" vor Fremden: „Zutritt erlaubt, anfassen verboten!"

Standplatzbruch und *Warnbruch* sind im jagdlichen Alltag bedeutungslos geworden. Sie werden deshalb hier nicht berücksichtigt.

Schmuckbrüche: Bei den Schmuckbrüchen handelt es sich um Eichen-, Fichten- oder Tannengrün, welches wir zum Schüsseltreiben oder anderen geselligen Anlässen benutzen, um etwas zu dekorieren. Auch das zur Strecke gelegte Wild liegt auf Schmuckbrüchen oder ist von solchen umrahmt.

Streckelegen

Ist eine Jagd beendet, wird das erlegte Wild gerecht gestreckt, wir legen *Strecke*.

Ein einzelnes Stück Schalenwild, etwa ein Bock, der während der Blattzeit erlegt wurde, wird auf die rechte Seite – Herzseite nach oben – gebettet. Bei männlichem Schalenwild stellt mancher Jäger das Haupt mit Hilfe eines Astes aufrecht, damit die Trophäe besser zu sehen ist. Das Stück erhält den Letzten Bissen (siehe Seite 497).

Der *Inbesitznahmebruch* (siehe Seite 497) wird bei auf der Einzeljagd erlegtem Schalenwild heute nur noch selten benutzt. Gelegentlich wird er noch verwendet, wenn das Stück abholbereit im Wald oder aber auf dem Hof beziehungsweise Rasen liegt, wenn es noch einmal zum „Begucken" gestreckt ist.

In der Jagdpraxis verbrechen oder verblasen nur sehr wenige Waidmänner weibliches Schalenwild, wenn es etwa nach einer Pirsch oder vom Hochstand aus erlegt wurde.

Ein auf der Einzeljagd erlegtes Stück wird erst verblasen und dann aufgebrochen – frei nach dem Motto: „Ich hab's und freue mich darüber, und nun an die Arbeit". So ist es Brauch. Immer aber bleibt dabei zu beachten: Die fleischhygienerechtlichen Bestimmungen verlangen beim Aufbrechen ein „So-schnell-wie-möglich"!

Nach Gesellschaftsjagden wird das gestreckte Wild in Reihen auf Schmuckbrüchen oder „Tannengrün" ausgelegt. Bevor wir Strecke legen, ist jedes Stück Wild natürlich fachgerecht versorgt worden: Schalenwild ist einwandfrei aufgebrochen. Aus wildbrethygienischen Gründen wird der Platz, auf dem Strecke gelegt wird, trocken und sauber sein.

Das Wild liegt einheitlich, auf der rechten Seite sowie mit dem Haupt beziehungsweise Kopf in Richtung des Jagdherrn. Jedes zehnte Stück Wild ist eine halbe Wildlänge vorgezogen.

Schalenwildstrecke: Bei einer Schalenwildstrecke mit Füchsen gehen wir wie folgt vor: Zunächst verbrechen wir nur das Schalenwild traditionell gerecht, mit *Inbesitznahmebruch* und *Letztem Bissen* (siehe Seite 497). Dann werden – wenn erlegt – Rot-, Dam-, Muffel-, schließlich Schwarz- und Rehwild aufgereiht. Den Abschluss beziehungsweise den rechten Flügel bilden Füchse.

Beim Schalenwild liegt das stärkste Stück als erstes Stück am rechten Flügel, männliche vor weiblichen. Wegen ihrer Stärke sind Alttiere, Schafe, Geißen oder Ricken vor Kälbern, Lämmern oder Kitzen platziert. Falls eine Strecke nicht sehr hoch ausgefallen ist, wird die Trennung nach Geschlechtern und/oder Alter unterbleiben. Bei Hasen gilt: Der erste Hase „hat den Rücken frei". Schon der zweite Mümmelmann auf der Strecke liegt mit seinem Rücken innerhalb der Läufe des ersten Hasen (siehe Zeichnung rechts).

Niederwildstrecke: Hier liegen Füchse – wenn kein Rehwild gestreckt wurde – mit hochgebogener Lunte zuvorderst. Es folgen Hasen, Kaninchen, Fasanen und übriges Flugwild – soweit möglich der Größe nach geordnet. Um das Bild bunter zu machen, können wir zum Beispiel Erpel und Enten einander abwechselnd in eine Reihe legen. Raubwild liegt in der Reihe der Füchse. Bei großen Strecken werden wir nicht mehr als einhundert Stück Wild in eine Reihe legen. Eine dünne Schnur kann helfen, um derart gewaltige Strecken ganz exakt auszurichten.

Gemischte Strecken: Hier liegt Hochwild stets vor Niederwild und Haarwild vor Federwild. Sind von einer Wildart nur wenige Stücke erlegt worden, so können wir auch verschiedene Wildarten in einer Reihe zusammenfassen. Denn es gilt der Grundsatz: Jede Strecke sollte nicht tiefer als breit sein, also möglichst ein Rechteck bilden. Nur Füchse und anderes Raubwild werden grundsätzlich in eine eigene Reihe gelegt. Entscheidend beim Streckelegen ist, dass dies übersichtlich und ordentlich geschieht. Die Achtung vor dem erlegten Wild muss erkennbar sein. Wenn ein Jagdherr die „Ecken" der Strecke durch Zweige mit roten Beeren dekoriert, ist das nicht üblich, gleichwohl in Ordnung.

Aufstellung: Jagdherr und Schützen stehen traditionell vor der Strecke, die Jagdhornbläser hinter der Strecke. Hinter den Bläsern befinden sich die Treiber. Hundeführer mit Hunden

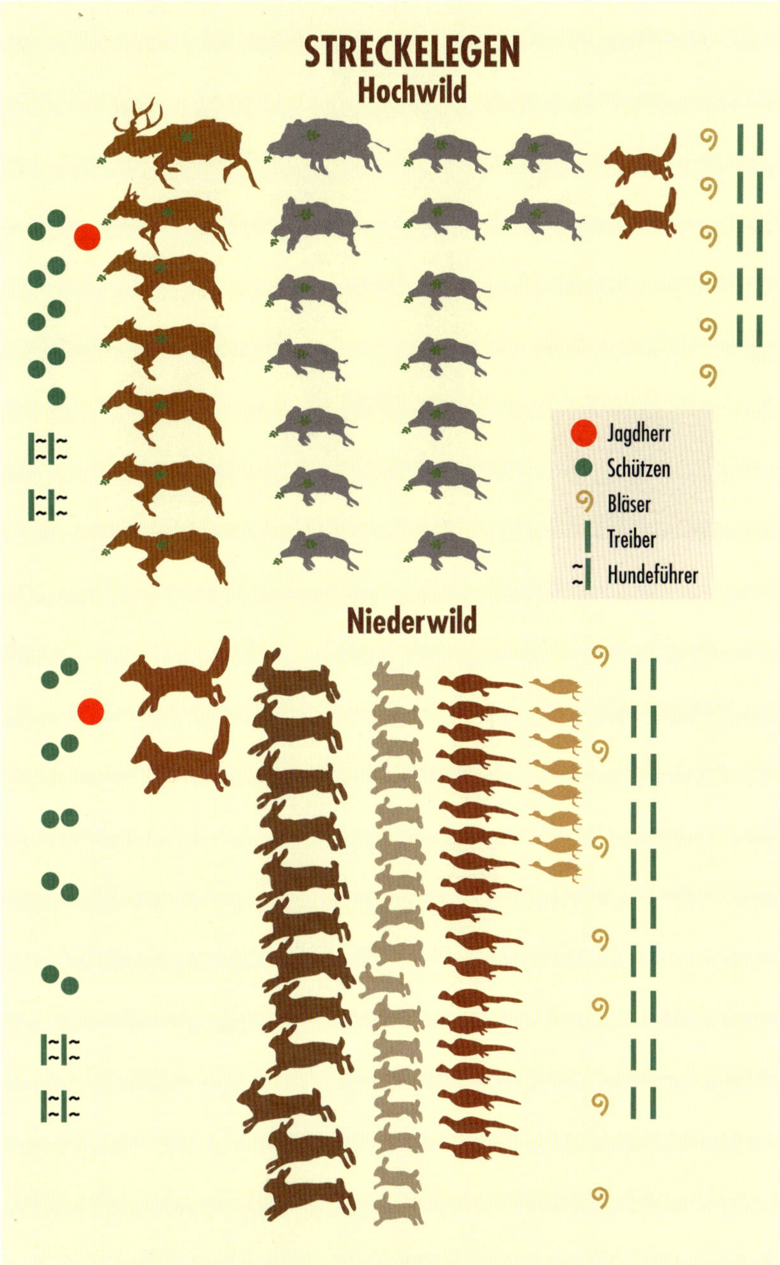

So werden Hochwild und Niederwild brauchtumsgerecht zur Strecke gelegt.

Die ganze Strecke ist auf Fichtenzweige ebettet. Ein würdiger Rahmen zum Abschluss der Drückjagd.

Es dauert stets eine ganze Weile, bis alle erlegten Stücke einer großen Stöberjagd herangefahren sind.

stehen brauchtumsgerecht am linken Flügel hinter der Strecke, sofern sie keine Schützen sind. Heute zählen die Hundeführer allerdings durchweg zu den Jägern. Zudem lassen viele von ihnen ihre Hunde nach harter Arbeit bei Nässe und Kälte gerne schon im warmen sowie trockenen Auto und ersparen ihnen die Zeremonie.

Erfolgt das Streckelegen bei einsetzender Dämmerung erhöhen brennende Fackeln oder Kienfeuer den Reiz dieses Brauches. Es verstößt gegen alten Brauch, über zur Strecke gelegtes Wild zu steigen oder zu springen. Beim Verblasen der Strecke finden sich die Schützen in voller Ausrüstung ein, also mit entladener, gebrochener Waffe.

Streckenmeldung: Haben alle Jagdteilnehmer ihre Plätze eingenommen, gibt der Jagdherr das Gesamtergebnis der Strecke bekannt. War der Jagdherr nicht selber Jagdleiter, kann der Jagdleiter ihm die Strecke auch melden. Das Streckemelden mutet heute allerdings etwas altertümlich an. Viel passender sind Worte wie: „Wir haben erlegt: ..."

Verblasen und Bruchübergabe: Nachdem die Strecke verkündet worden ist, wird sie in der Reihenfolge verblasen, in der die Wildarten zur Strecke gelegt worden sind, also erstes Signal gleich erste Reihe. Zunächst ertönt das erste Totsignal. Ist Schalenwild gefallen, überreicht der Jagdleiter zum Beispiel die Brüche für das Rotwild. Dann lässt er das Schwarzwild verblasen und überreicht wieder die entsprechenden Brüche. Beim Überreichen von Schützenbrüchen gilt folgende Regel: Selbst wenn ein Jäger mehrere Stücke Schalenwild geschossen hat, erhält er nur einen Bruch. Ein „Wald" am Jägerhut ist unschön. Er wirkt protzig.

Nach sämtlichen Totsignalen bedankt sich der Jagdherr bei Schützen, Hundeführern, Bläsern sowie Treibern. Schließlich lässt der Jagdherr „Jagd vorbei" und „Halali" blasen. Dann wird die Strecke hygienegerecht versorgt. Das Motto lautet jetzt: Schnell und luftig in die Wildkammer.

Weitere Bräuche nach dem Schuss

Nach dem Schuss beziehungsweise abseits des eigentlichen Jagdgeschehens sind neben einzelnen Bruchzeichen und dem Streckelegen (siehe Seiten 494 bis 500) weitere Bräuche unter Jägern üblich. Dazu zählen *Jägerrecht* und *Jagdkönig, Jagdgericht, Jägerschlag, Totenwacht* und *Hubertusgottesdienste*. Das Aufbrechen und Zerwirken, das Aufsetzen von Rehkrone oder Gamskrucke rechnet man traditionell ebenfalls zum jagdlichen Brauchtum. Dies wird in einem eigenen Kapitel behandelt (S. 622 ff.).

So stattlich ist die Zahl der Bläser nicht oft. Brauchtumsgerecht verblasen sie die Strecke.

Jägerrecht

Das *Große Jägerrecht* war einst die an den Jägerhöfen übliche Naturalentlohnung der Berufsjäger. Heute kennen wir im jagdlichen Alltag nur noch das *Kleine Jägerrecht* (siehe Kasten).

Das Kleine Jägerrecht steht grundsätzlich dem Erleger zu. Bricht er allerdings das Stück nicht selber auf, fallen Pansen, Geräusch und der mit den Fingern abpflückbare Feist dem Aufbrechenden zu. Muss aus hygienerechtlichen Gründen eine Fleischbeschau erfolgen, verbleiben alle Innereien jedoch beim Stück.

Wer aber gilt als Erleger und wem steht damit das Kleine Jägerrecht zu, wenn zwei Kugeln ein Rotkalb oder einen Überläufer zur Strecke brachten? Fielen die Schüsse à tempo, also gleichzeitig, gilt der Jäger als Erleger, dessen Kugel besser sitzt. Maßstab hierbei ist die Zehn

DAS KLEINE JÄGERRECHT

Das Geräusch

- *Herz*
- *Lunge*
- *Leber*
- *Milz*
- *Nieren*

Sonstiges

- *Feist (soweit mit den Fingern ablösbar)*
- *Trophäe*
- *Lecker*
- *Hirn (nach Abschlagen der Trophäe freigelegt)*
- *Pansen (Hundefutter)*

Das Kleine Jägerrecht steht grundsätzlich dem Erleger zu. Bricht jemand anderes auf, gehören Pansen, Geräusch und das abpflückbare Weiße dem Aufbrechenden.

auf der jeweiligen DJV-Scheibe, die wir vom Schießstand her kennen. Sonst gehört das Kleine Jägerrecht demjenigen, der die erste Kugel erfolgreich platzierte. Dies allerdings unter der Voraussetzung, dass der Überläufer oder das Rotkalb unter den zeitlich-örtlichen Gegebenheiten erfahrungsgemäß zur Strecke gekommen wäre.

Rouliert ein Kanin nach zwei zeitgleichen Schrotschüssen, werden sich die Schützen untereinander einigen. Das verlangt jagdlichen Anstand. Schussneid spielt dabei hoffentlich keine Rolle. Der Gentleman gönnt dem Jagdfreund das Kanin.

Im Übrigen gilt bei Niederwildjagden: Schrotschuss gleich Totschuss. Also wird der Jäger zum Erleger, dessen Schuss das Stück Wild verenden lässt. Nur wenn der heranhoppelnde, schwerkranke Hase lediglich einen erlösenden, raschen Fangschuss benötigt, werden wir diesen Hasen nicht für uns verbuchen.

Mancher Jäger lässt sich am gestreckten Stück in aller Stille gern noch einmal das Erlebte durch den Kopf gehen – er hält Totenwacht. Aber bitte erst nach dem Aufbrechen!

WER IST ERLEGER?

Einige Jagdleiter vertreten im Falle des Kugelschusses eine andere Auffassung als die herkömmliche und sprechen wie beim Schrotschuss auch demjenigen Jäger ein Stück Wild zu, der das Stück wirklich tödlich traf.

Erhält also ein Stück Schalenwild von Schütze A einen Waidwund- oder Keulendurchschuss – mit dem es vor einem erfahrenen Schweißhund aller Wahrscheinlichkeit nach zur Strecke gekommen wäre – und wird es dann von Schütze B mit einem Blattschuss zur Strecke gebracht, bekommt Letzterer den Bruch.

Eine durchaus vertretbare Einzelregelung: Hat doch Schütze B dem Wild länger anhaltende Schmerzen erspart und eine kräftezehrende Nachsuche überflüssig gemacht.

Jagdkönig, Jagdgericht und Totenwacht

Mancherorts wird nach einer Gesellschaftsjagd derjenige Jäger zum Jagdkönig ernannt, der die zahlen- oder wertmäßig höchste Strecke erzielt hat. Guter Stil will es, dass ein Jäger keinesfalls Jagdkönig werden kann, wenn er ein nicht freigegebenes Stück geschossen hat. Je nach Schwere der Missachtung führt das bei manchen Jagdleitern sogar dazu, dass er diesem Schützen bei Versendung der Einladungen im nächsten Jahr eine Denkpause verordnet ...

Dem Jagdkönig obliegt es, beim Schüsseltreiben auf die Rede des Jagdleiters oder Revierinhabers zu antworten. Er dankt im Namen aller Gäste für den Jagdtag, würdigt ihn nochmals aus seiner Sicht und spendiert für sämtliche Jagdteilnehmer die eine oder andere „lüttje Lage“. Ist kein Jagdkönig ernannt, übernimmt ein redegewandter, älterer Jäger diese Aufgabe.

Jagdgerichte sind selten geworden. Hier werden von einem Laien-„Gericht“ beim Schüsseltreiben Verstöße gegen Jagdregeln oder Brauchtum humorvoll geahndet. Als „Strafen“ folgen beispielsweise das Spendieren von Getränken oder kleine Geldbußen für die Revierkasse. Aber

Achtung: Wirklich schwerwiegendes Fehlverhalten – etwa das Durchziehen durch die Schützenreihe mit geladener Waffe – erfordert ein ernstes Gespräch zwischen dem Jagdleiter und dem Missetäter. Notfalls wird der Jagdleiter Konsequenzen ziehen, die bei frischer, schwerwiegender Tat bis zum Ausschluss von der Jagd führen können.

Hat ein Jäger während der Einzeljagd besonderes Waidmannsheil gehabt, etwa einen uralten Achter gestreckt oder sein erstes Stück Schalenwild erlegt, dann wird er das Bedürfnis haben, in einer besinnlichen Stunde – alleine oder in Gesellschaft – alles nachzuerleben. Dazu gehört natürlich ein guter Tropfen. Dem verdankt das „Tottrinken“ seinen Namen.

Mancher Jäger verharrt gerne noch eine Weile allein am gestreckten Stück, nachdem er es aufgebrochen hat. Seine Gedanken werden dem jagdlichen Erleben um dieses Stück nachhängen, vielleicht aber auch andere, eigene Wege gehen. Diese „Totenwacht“ unterliegt also der freien Entscheidung jedes Einzelnen.

Jägerschlag

In den vergangenen Jahrhunderten sind Berufsjäger nach Abschluss ihrer dreijährigen Lehre von ihrem Lehrprinzen zum Jäger geschlagen worden. Nach einer feierlichen Ansprache ohrfeigte der Lehrprinz den jungen Berufsjäger ein letztes Mal. Damals durfte man das noch. Anschließend überreichte er ihm feierlich den Hirschfänger. Nur der fertig ausgebildete Jäger war berechtigt, ihn zu tragen. Heute wird ein Jungjäger sinnvollerweise per Handschlag und mit einigen feierlichen Worten stilvoll in den Kreis der Jäger aufgenommen.

Hubertusmessen

Ein letztes Wort zum Brauchtum: Am 3. November jeden Jahres ist das Fest des Heiligen Hubertus. Er gilt in Deutschland als Schutzpatron der Jäger und soll sie – der Legende nach – vor ungezügeltem, zu wildem Jagen bewahren. An diesem Tage werden vielerorts Gesellschaftsjagden, die sogenannten Hubertusjagden, abgehalten. Sie führen häufig viele örtliche Jäger zusammen.

Regional sind zudem Hubertusgottesdienste üblich. Sie wurden ursprünglich vor größeren Jagden abgehalten. Heute werden sie vielfach von Bläsergruppen mit eigens komponierten Jagdmessen oder melodischen Jagdsignalen begleitet. Diese Musik beeindruckt nicht nur Jäger.

PFUNDE-GEBEN MUSS NICHT SEIN!

Im vorigen Jahrhundert entstand der Brauch, die jungen Jäger nach bestandener Prüfung zum Jäger zu schlagen. Dabei ist unsinnigerweise die veraltete Sitte des Pfunde-Gebens eingeflossen. Das Pfunde-Geben – mehr oder minder kräftige Schläge auf den Allerwertesten – war einst eine Strafe für jagdliches Fehlverhalten. Üblich war dies vor allem bei den großen höfischen Jagden. Das heutige „Pfunde-Geben“ ist Firlefanz!

Mit Hubertusmessen danken Jäger dem Schöpfer. Der melodische Klang von Jagdhörnern bildet den Rahmen.

Wildbrethygiene

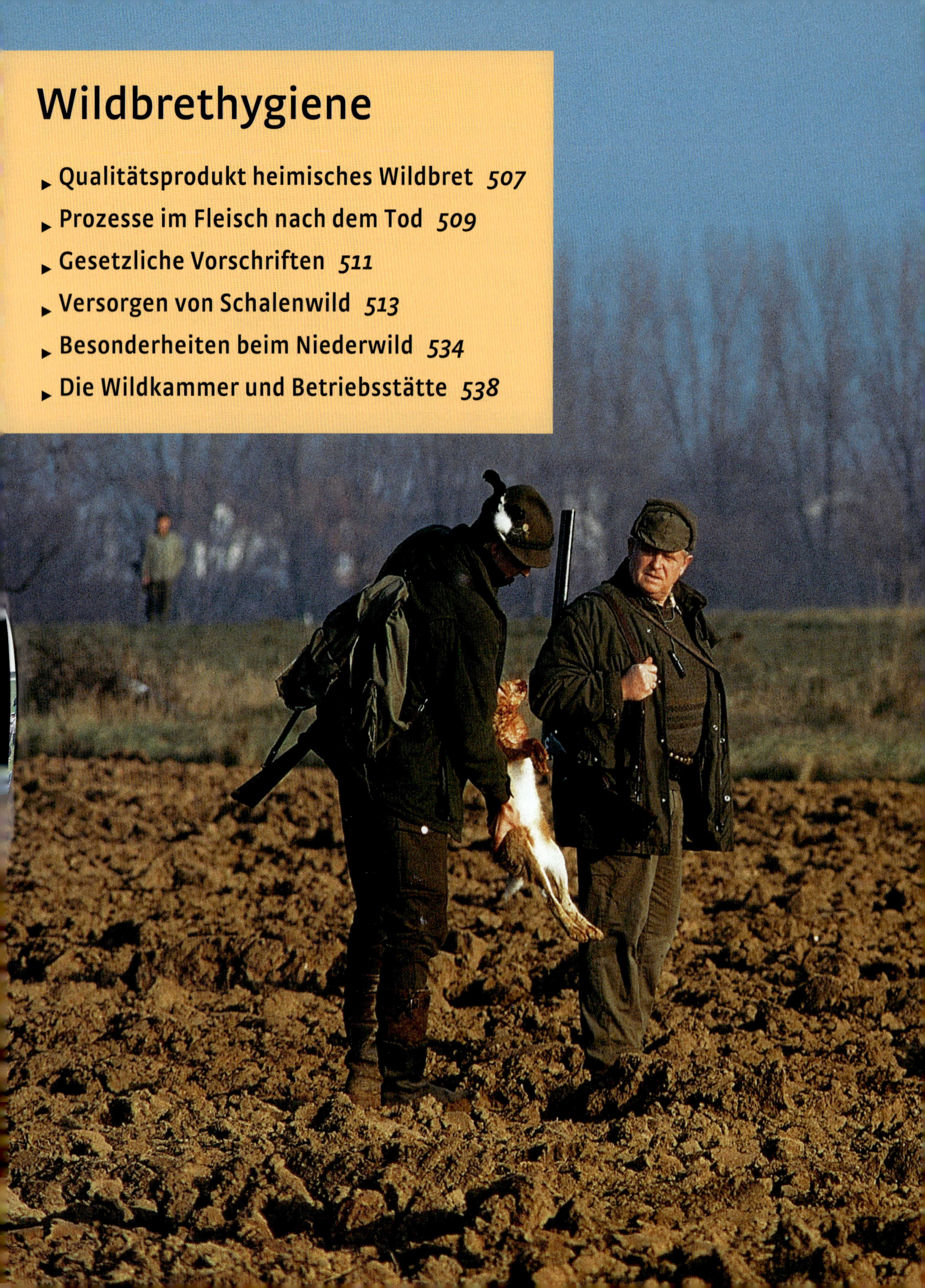

Qualitätsprodukt heimisches Wildbret

Noch ist es die Regel und damit sehr erfreulich, dass erlegtes Wild gesund ist und unbedenklich zum Verzehr für Menschen freigegeben werden kann. Sobald beim Jäger allerdings geringste Zweifel aufkommen, wird eine amtliche tierärztliche Untersuchung zwingend erforderlich. Das folgende Kapitel zeigt die möglichen Verdachtsgründe auf, weist auf die gesetzlichen Bestimmungen hin und gibt praktische Tipps, wie Jäger ihr Wildbret fachlich einwandfrei behandeln und in guter Qualität erhalten können.

Wildbret – ein hochwertiges Nahrungsmittel

Fleisch von erlegtem Wild ist ein hochwertiges Nahrungsmittel. Sein Eiweißgehalt ist hoch, der Fettgehalt niedrig. Allerdings bestehen, vor allem hinsichtlich des aufgelagerten Fettgewebes, tierartspezifische und saisonbedingte Unterschiede. Auch der Eisengehalt liegt hoch. Wildbret ist von hell- bis dunkelroter Farbe, je nach Alter und Wildart. Einwandfrei gewonnen, zeigt es einen artspezifischen, angenehmen Geruch. Der Verzehr von Wildfleisch spielt mit etwa einem Prozent am Gesamtfleischverbrauch der Bevölkerung nur eine geringe Rolle. Dennoch kann die Nachfrage aus dem Eigenaufkommen der Bundesrepublik nicht abgedeckt werden. Importe sind nötig, etwa aus Polen, Ungarn oder Neuseeland. Einen erheblichen Anteil des erlegten Wildes verbrauchen die Jäger selbst oder aber sie vermarkten das Wildbret direkt.
Wildbret wird allerdings immer beliebter, weil die Verbraucher Haustierfleisch aus Massentierhaltung zunehmend kritisch gegenüberstehen. Dazu führt vor allem, dass die Medien ausführlich über das Verfüttern von Tiermehl sowie das Verabreichen von Antibiotika an schlachtbare Haustiere bericht(et)en. Rückstände von Pflanzenschutzmitteln und Schwermetallen, also Blei oder Cadmium, geben bei Wildbret allgemein keinen Anlass zu Bedenken. Allerdings wird empfohlen, die Nieren sämtlicher Wildtiere sowie die Leber des Hasen wegen des hohen Cadmium- oder Quecksilbergehaltes nicht zu verzehren. Erwähnenswert ist in diesem Zusammenhang eine in Schweden erlassene Empfehlung. Demnach gelten als unbedenklich der Verzehr der Leber junger Wiederkäuer ein- bis zweimal wöchentlich und der von ausgewachsenem Schalenwild ein- bis zweimal monatlich.

Schon Könige wussten: Wildbret – hier ein gespickter Rehrücken – macht die Tafel zur Festtafel.

JÄGER UND WILDBRETHYGIENE

Jeder Jagdausübende hat eine herausragende Rolle, was das hygienische Behandeln und Gewinnen von Wildfleisch betrifft. „Hygiene" bedeutet in der Praxis: Ständig sind eine Vielzahl wirksamer Einzelmaßnahmen anzuwenden, um gesundes und haltbares Wildbret zu gewinnen. In der jagdlichen Praxis beginnt die Wildbrethygiene bereits mit dem Ansprechen des Wildes.

Wildbrethygiene beginnt schon vor dem Schuss: beim sorgfältigen Beobachten und Ansprechen des Wildes.

Was den Befall mit Parasiten, Bakterien und Viren anlangt, bestehen häufig Wechselbeziehungen zwischen Haus- und Wildtieren einer Region. Allerdings müssen Wildtiere im Fall einer Erkrankung diese ohne Behandlung überstehen. Andernfalls verenden sie. Bei Untersuchungen von Proben, die aus der Tiefe der Keulen- beziehungsweise Rückenmuskulatur entnommen wurden, konnten keine Salmonellen und Listerien nachgewiesen werden. Beide können für den Verbraucher gesundheitsschädlich sein. Die Proben stammten von erlegtem Rehwild, welches als gesund befunden wurde. Es muss allerdings darauf hingewiesen werden, dass der Jäger aufgrund seines Umgangs mit erlegtem Wild durch die allgegenwärtigen Zecken gefährdet ist. Zecken sind mögliche Krankheitsüberträger (siehe dazu Kapitel „Wildkrankheiten“, Seite 286, 289, 301 f.).

Ansprechen des Wildes

Der Jäger beobachtet vor Abgabe des Schusses das Wild sorgfältig. Nur so kann er feststellen, ob sich zum Beispiel Bock oder Schmaltier normal oder abnorm verhalten. Abnorme Verhaltensweisen machen als „bedenkliche Merkmale“ stets eine amtliche Fleischuntersuchung erforderlich.

BEDENKLICHE MERKMALE DES LEBENDEN WILDES

- *Unzeitgemäßes Verfärben*
- *Unnatürliches Verhalten (fehlende Scheu vor dem Menschen)*
- *Unnatürliche Körperhaltung oder Lautäußerungen*
- *Verletzungen*
- *Durchfall*
- *Schlechter Ernährungszustand*
- *Struppiges Haarkleid*

„Lebendbeschau“: Benehmen sich alle Rottenmitglieder normal? Oder zeigt der Frischling, der gestreckt werden soll, ein auffälliges Verhalten?

Die mit dem Ansprechen beginnende Wildbrethygiene setzt sich mit dem Schuss fort. Der verantwortungsvolle Jäger schießt nach Möglichkeit nur auf breit stehendes Wild – dann also, wenn die Kugel am ehesten tödlich wirken kann und nur eine geringe Wildbretentwertung zu erwarten ist. Dies ist bei der Einzeljagd gut möglich. Bei Bewegungsjagden wird jeder waidgerechte Schütze seine Schießfertigkeit selbst einschätzen, um Weidwund- und Keulenschüsse nach Kräften zu vermeiden.

Es ist wohl an der Zeit, bei Bewegungsjagden neben das Hauptziel „Strecke machen" als zweiten Schwerpunkt die „Schuss- und Versorgungshygiene" zu stellen. Dies ist deshalb wichtig, weil die Muskulatur eines gesunden, mit sauberem Schuss gestreckten Stückes praktisch keimfrei ist. Haltbarkeit und Wohlgeschmack solchen Wildbrets sind gewährleistet.

Prozesse im Fleisch nach dem Tod

Verendet ein Stück Wild, beginnt in dessen Muskulatur die Fleischreifung. Lebensvorgänge wie der Sauerstofftransport über Atmung und Blutkreislauf werden abgebrochen. Die Zufuhr von Nährstoffen und der Abtransport von Stoffwechselprodukten über den Blutweg entfallen.

Fleischreifung

Allerdings laufen bestimmte biochemische Vorgänge, wenn auch unter anderen Voraussetzungen, zunächst weiter, erschöpfen sich aber bald. Bei diesen für die Fleischreifung, also die Aromabildung und das Zartwerden, wichtigen Vorgängen spielen die Inhaltsstoffe der Muskulatur, nämlich Glykogen oder „Muskelzucker" und energiereiche Phosphate, eine entscheidende Rolle.

Beim Abbau von *Glykogen* entsteht Energie und Milchsäure. Letztere bleibt in der Muskulatur „liegen" und bewirkt deren zunehmende Säuerung.

Die *Phosphatverbindungen* nehmen die Energie auf und leiten sie für die Muskelfunktion weiter. Solange die energiereichen Phosphate, wenn auch in abnehmendem Maß, wirken, bleibt das Muskelfleisch weich.

Sind diese Verbindungen schließlich nicht mehr funktionsfähig, kommt es zur *Totenstarre*. Sie entwickelt sich in der Regel ein bis zwei Stunden nach dem Erlegen. Die Totenstarre beginnt bei Herz, Zwerchfell, Kopf- und Halsmuskulatur und ist nach drei bis sechs Stunden an den Brust- und Beckengliedmaßen feststellbar. Innerhalb von etwa drei Tagen – meist jedoch schon nach 24 Stunden – ist die Totenstarre gelöst.

Die Säuerung der Muskulatur des Schalenwildes erfolgt schnell, tief und anhaltend. Das geht aus umfangreichen Untersuchungen an einer

Nach sorgfältigem Ansprechen folgt Schritt 2 der Wildbrethygiene: Eine saubere Kugel erhält der Bock.

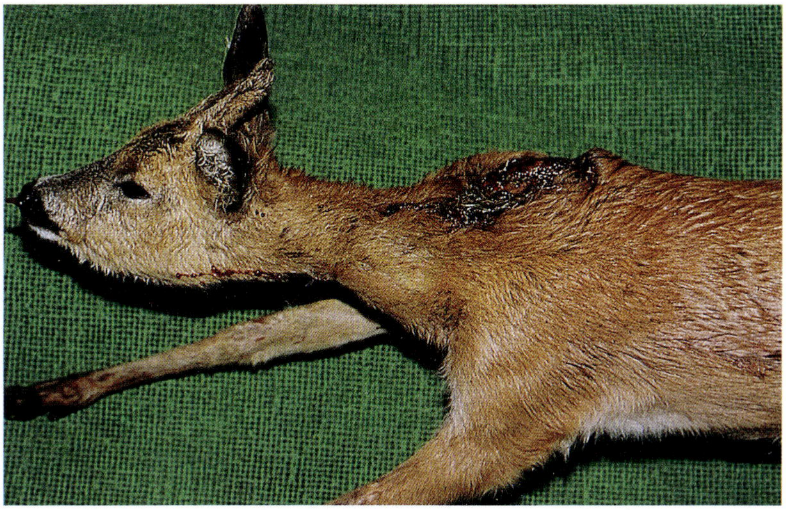

Starke Schmerzen hat des Geschoss verursacht. Die Wunde war für den Lecker nicht erreichbar. Erst nach vier Tagen kam der Bock zur Strecke. Sein Wildbret ist zum Genuss für Menschen nicht geeignet.

größeren Zahl auf dem Ansitz erlegten Reh- sowie Schwarzwildes und einer insgesamt geringeren Zahl gestreckten Rot-, Dam-, Muffel- und Gamswildes hervor. Der messbare Säuerungsgrad, ausgedrückt als sogenannter pH-Wert, erreicht in der Keulen- und Rückenmuskulatur innerhalb von neun bis zwölf Stunden seinen tiefsten Wert um pH 5,5. Dieser Wert bleibt für etwa 96 Stunden nahezu unverändert bestehen. Zum besseren Verständnis ist hinzuzufügen, dass während des Lebens der pH-Wert ab dem Neutralwert von 7,0 gerechnet wird.
Dies gilt auch für Schalenwild aus Bewegungsjagden – wenn niederläufige, brauchbare, in der Regel einzeln stöbernde Jagdhunde eingesetzt werden. Allerdings mit dem Unterschied, dass der pH-Wert aufgrund der erhöhten Bewegungsaktivität des Wildes während der jagdlichen Beunruhigung anfänglich schneller und tiefer abfällt.

BEWEGUNGSJAGD UND WILDBRETQUALITÄT

Beim Einsatz einzeln stöbernder und fährtenlaut jagender Hunde ist Wildbret aus Bewegungsjagden aufgrund des hohen Glykogenvorrates, entsprechend dem messbaren Qualitätskriterium pH-Wert, in seiner Beschaffenheit nicht generell beeinträchtigt. Anders ist dies bei Wildbret von Schalenwild, das von einer Hundemeute oder weit jagenden Jagdhunden auf Sicht anhaltend gehetzt worden ist. Und auch bei Wild, welches nach lang dauernder Nachsuche erlegt oder verendet aufgefunden wird.

Um das Thema Fleischreifung – die vom Zeitpunkt des Erlegens über das Aufbrechen des Wildes und während der Lagerung des Wildbrets abläuft – abschließend zu behandeln, ist noch Folgendes auszuführen: Die Totenstarre löst sich, weil sich die Eiweißstrukturen des Muskelfleisches lockern. Das Zartwerden des Wildbrets beruht auf vielschichtigen Vorgängen in der Muskulatur. Sie führen unter anderem dazu, dass lockeres Bindegewebe quillt, Eiweißbestandteile löslich und teilweise enzymatisch abgebaut werden. Spaltprodukte aus dem Eiweiß-, aber auch dem Fettabbau, bedingen schließlich die Aromatisierung des Fleisches.

Verhitzen und Fäulnis

Erste Anzeichen dafür, dass Wildbret verdorben ist, treten oft in dem Bereich der Schussverletzung auf. Bei Weidwundschüssen ist insbesondere der Ausschuss belastet. Schließlich sind all diejenigen Wildbretpartien gefährdet, die während des Aufbrechens verschmutzt worden sind. In der Praxis kommt es vornehmlich zu zwei Formen des Verderbs: zum Verhitzen oder zur Fäulnis.
Kennzeichen des *Verhitzens* („stickige Reifung") sind: Das Wildbret ist kupferrot, auch bräunlich gelb gefärbt. Es riecht „deutlich", insbesondere säuerlich, bisweilen süßlich stechend. Mögliche Ursachen sind
1. verspätetes Aufbrechen bei warmem Wetter:
2. langer Transport unter ungeeigneten Bedingungen (auch bei aufgebrochenen Stücken). Dies geschieht, wenn Wildkörper übereinanderliegend transportiert oder Kunststoffsäcke und Rucksackeinlagen verwendet werden;
3. zu spät einsetzende Kühlung, insbesondere bei stärkeren Stücken.

Bei der *Fäulnis* wird zwischen *Oberflächen-* und *Tiefenfäulnis* unterschieden. Letztere führt zu „anbrüchigem" Wildbret. Kennzeichen der Oberflächenfäulnis sind: Brust- und Bauchhöhlenauskleidung sowie Muskulatur oder Muskel-

Trotz eines guten Schusses kam dieser Hirsch erst am nächsten Morgen nach kurzer Suche zur Strecke. Ob er schon verhitzt ist?

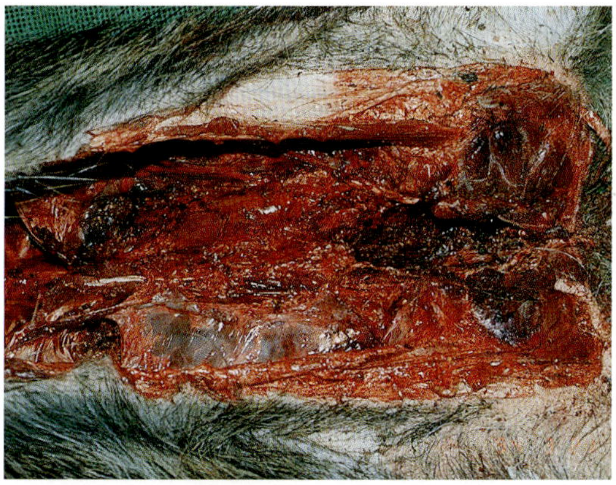

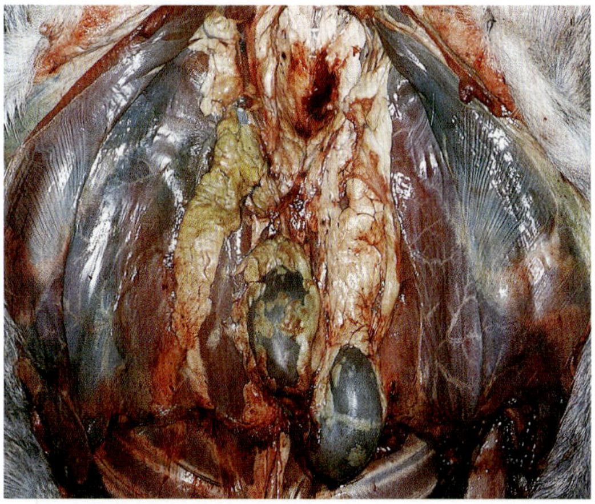

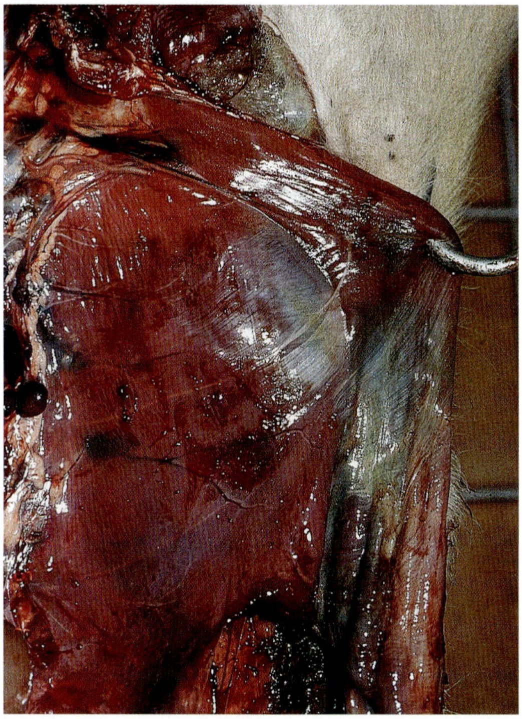

schnittflächen weisen einen feucht schimmernden, schmierigen Belag auf. Farbabweichungen sind zunächst kaum erkennbar. Das Wildbret riecht charakteristisch dumpf-muffig, in fortgeschrittenen Stadien zunehmend stechend. Mögliche Ursachen der Fäulnis sind:

1. Verunreinigung der freigelegten Wildkörperteile durch Haare, Laub oder Erde beim Aufbrechen oder durch Schlund- und Darminhalt bei Weidwundschüssen;
2. nachteilige Bedingungen beim Bergen im Revier oder Transportieren bis zur Wildkammer.

Oberflächenfäulnis tritt – selbst bei Kühlung – besonders schnell ein, wenn zum Beispiel die freigelegten Muskelflächen feucht sind. Hier müssen wir darauf achten, dass diese Teile gut abgetrocknet sind. Das vor allem dann, wenn der Wildkörper mit Trinkwasser ausgespült worden ist.

Tiefenfäulnis macht sich je nach den beteiligten Bakterienarten und den Temperaturverhältnissen unterschiedlich schnell bemerkbar. Kennzeichen der Tiefenfäulnis sind: Das Muskelgewebe und insbesondere das Bindegewebe sind auch in der Tiefe gelblich- bis bläulich-grün verfärbt. Das Muskelgewebe ist weich, tief eindrückbar, „anbrüchig" eben. Das Wildbret riecht faulig bis faulig-stechend.

Tiefenfäulnis kann auftreten:

1. wenn Wild oder Nachsuchenwild mit Weidwund-, Lauf- oder Krellschuss mit geöffnetem Knochen verspätet aufgefunden wird;
2. ein bis zwei Tage nach dem Erlegen und zwar während der Kühllagerung.

Nebenbei bemerkt ist der sogenannte Hautgout oder „starke Wildgeschmack" nichts anderes als die beginnende, mitunter auch schon fortschreitende Fäulnis. Den Liebhaber dieser Art der „Haut Cuisine" wird das nicht stören. Denn in seiner eigenen Küche gilt freilich: Über Geschmack lässt sich nicht streiten.

Gesetzliche Vorschriften

Anfang 2005 trat die Basis-Verordnung (VO) der EU, die VO (EG) Nr. 178/2002 zur Festlegung einheitlicher Grundsätze des Lebensmit-

Sau mit Weidwundschuss, Bauchhöhle-, Beckenhöhle und Keulen sind stark verunreinigt. Je nachdem, wie viel Zeit zwischen Schuss, Aufbrechen und Gesundschneiden vergangen ist, muss das Stück zur Fleischuntersuchung.

Mitte und unten links: Bauchwand, Nierenfett bzw. Kniefalte dieses am Tag nach dem Schuss nachgesuchten Rehs sind vergrünt: Fleischuntersuchung!

Unten: Nicht unverzüglich aufgebrochen, Bauchwände bläulich grün verfärbt: Auch hier muss amtlich untersucht werden.

telrechts und der Lebensmittelsicherheit in Kraft. Weitere EU-Verordnungen – sowohl mit unmittelbarer Bedeutung für den Jäger als auch nicht direkt an ihn adressiert – folgten, wichtig darunter vor allem die VO (EG) 852/2004 – Allgemeine Lebensmittelhygiene und VO (EG) 853/2004 – Spezielle Hygienevorschriften für Lebensmittel tierischen Ursprungs.

In Deutschland wurde das „Lebensmittelhygienepaket" der EU mit der Verordnung zur Durchführung von Vorschriften des gemeinschaftlichen Lebensmittelhygienerechts im August 2007 durch den Bund umgesetzt. Für den Jäger sind die ersten beiden Artikel dieser Durchführungsverordnung (DVO) entscheidend (siehe Kasten):

Haarwild

Haarwild kann sowohl „Großwild" (alles Schalenwild und Dachs) als auch „Kleinwild" (übriges Haarwild) nach Anhang I der VO (EG) Nr. 853/2004 sein. Nach der EU-Verordnung in Verbindung mit der nationalen Tierischen Lebensmittel-Hygieneverordnung (Tier-LMHV)

Definitionsgemäß ist auch der Dachs „Großwild". Soll er zu Schinken verarbeitet werden, ist er auf Trichinen zu untersuchen.

LEBENSMITTEL-DVO DES BUNDES

Artikel 1: Verordnung über Anforderungen an die Hygiene beim Herstellen, Behandeln und Inverkehrbringen von Lebensmitteln (Lebensmittelhygiene-Verordnung – LMHV)
Artikel 2: Verordnung über Anforderungen an die Hygiene beim Herstellen, Behandeln und Inverkehrbringen von bestimmten Lebensmitteln tierischen Ursprungs (Tierische Lebensmittelhygieneverordnung – Tier-LMHV).

unterliegt Haarwild in jedem Fall der amtlichen Fleischuntersuchung, wenn bedenkliche Merkmale festgestellt wurden. Was neben auffälligem Verhalten des lebenden Stücks (S. 508) darunter fällt, listet Anlage 4 der Tier-LMHV auf. Der Jäger – bei Abgabe von Wild an Dritte in den Rang eines „Lebensmittelunternehmers" erhoben – hat hier also eine große Verantwortung: Nach der Gesundheitsbeurteilung vor dem Schuss muss er beim Aufbrechen auch das Wildbret und alle Organe des erlegten Stücks gewissenhaft auf Abweichungen von der Norm prüfen. Der hohen Bedeutung der Gesundheitsbeurteilung von Wild durch den Jäger vor und nach dem Schuss hat der Gesetzgeber Rechnung getragen:

- Soll Wild in „kleinen Mengen" – das kann auch die Strecke eines Drückjagdtages sein – an Endverbraucher oder an örtliche Einzelhandelsunternehmer zur direkten Abgabe an den Endverbraucher (Restaurants, Metzgereien) abgegeben werden, muss der untersuchende Jäger „ausreichend geschult" im Sinne von § 4 Tier-LMHV sein. Diese Sachkunde unterstellt die Verordnung allen Jägern, die nach dem 1. Februar 1987 die Jägerprüfung abgelegt haben.
- Soll Wild an einen „zugelassenen Wildbearbeitungsbetrieb" abgeben werden, muss der untersuchende Jäger „Kundige Person" im Sinne der VO (EG) Nr. 853/2004 sein. „Kundige Personen" sind Jäger, die an einer entsprechenden Schulung teilgenommen haben.

„GROSSWILD" – „KLEINWILD"

Anhang I der VO (EG) Nr. 853/2004 definiert:
Kleinwild: frei lebendes Federwild und frei lebende Hasentiere (Kaninchen, Hasen und Nagetiere)
Großwild: frei lebende Landsäugetiere, die nicht unter die Begriffsbestimmung für Kleinwild fallen. Die heimischen Schalenwildarten und der Dachs sind also „Großwild" im Sinne der VO, alle übrigen Wildarten „Kleinwild".

Federwild

Federwild ist „Kleinwild" im Sinne der VO (EG) Nr. 853/2004. Es unterliegt grundsätzlich den gleichen Lebensmittelhygienevorschriften wie Haarwild.

Die Untersuchung auf bedenkliche Gesundheitsmerkmale hat der Jäger ebenfalls mit größter Akribie durchzuführen. Bei Abgabe an Endverbraucher oder einen örtlichen Einzelhandelsunternehmer muss er „ausreichend geschult", bei Abgabe an zugelassene Wildbearbeitungsbetriebe „Kundige Person" sein.

Versorgen von Schalenwild

Unter dem Versorgen des Wildes sind sämtliche Verrichtungen zu verstehen, die dazu dienen, das Wildbret und den verwertbaren Aufbruch – Zunge, Herz, Lunge, Leber, Milz und Nieren – so hygienisch einwandfrei wie möglich zu gewinnen und bis zum Verbrauch vor dem Verderb zu bewahren.

Es dient auch dazu, sämtliche Organe, Gescheide sowie Geschlechtsorgane dem Jagdausübenden, gegebenenfalls auch dem amtlichen Tierarzt oder dem zugelassenen Wildbearbeitungsbetrieb „ordnungsgemäß" zur Verfügung zu stellen.

Große Bedeutung hat dabei der erste Schritt – das fachgerechte Aufbrechen.

Aufbrechen

„Großwild", also Schalenwild, ist „so schnell wie möglich" nach dem Erlegen „aufzubrechen und auszuweiden". So schreibt es die Tier-LMHV vor. Diese allgemein gehaltene, zeitlich nicht exakt bestimmte Angabe berücksichtigt die jagdliche Praxis. Den zugestandenen Freiraum darf der Jäger aber nicht überdehnen. Selbstverständlich wird er Rehbock oder Sau unmittelbar nach dem Erlegen oder spätestens nach dem kurzen Transport in der Wildkammer aufbrechen. Und auch die Ente oder den Hasen – als „Kleinwild" nach Tier-LMHV „spätestens bei der Abgabe" auszuweiden – wird er nicht drei Tage unberührt herumhängen lassen, weil er sie erst dann an einen Dritten abgibt. Maximal eine Stunde bis zum Aufbrechen/Ausweiden ist ein vernünftiger Richtwert, bei länger dauernden Bewegungsjagden und niedrigen Außentemperaturen sind etwa zwei Stunden noch vertretbar. Dauert das Treiben länger, ist währenddessen eine Aufbrechpause einzulegen.

Früher war das „Lüften" der Blätter oder des Bauchraums durch Schnitte entlang der Rippen beziehungsweise Aufschärfen der Bauchdecke vom Schloss bis zur Brustbeinspitze üblich, wenn das komplette Aufbrechen etwas warten musste. Diese Methoden sind heute

Rasches und sauberes Aufbrechen ist wichtig für die Gewinnung einwandfreien Wildbrets. Besser wäre noch, den Bock hängend oder auf einem Schragen liegend aufzubrechen.

durchaus umstritten, da dadurch Eintrittspforten für Keime geschaffen werden.
Zum Standard wird zunehmend das Aufbrechen des kopfunter hängenden Stückes nach der sogenannten „Schlachtermethode“ (siehe Seite 280, 515 bis 520). Auf vielen Bewegungsjagden stehen dafür am Streckenplatz entsprechende Gestelle bereit. Aufgebrochen wird dann zentral in der Nähe des Streckenplatzes, nicht selten von eigens hinzugebeten Vollprofis. Vor allem auf Staats- beziehungsweise Verwaltungsjagden wird das Wild immer häufiger auch gleich unmittelbar nach Treiben zur weiteren Versorgung in die Wildkammer transportiert – es taucht dann gar nicht mehr auf der Strecke auf. Dem Nachteil des unter Umständen etwas größeren Zeitverlusts infolge Transports bietet das Aufbrechen in der Wildkammer – so vorhanden – auch nach der Einzeljagd durchaus Vorteile: ausreichende Verfügbarkeit von Wasser (in Trinkwasserqualität), optimale Beleuchtung, Flaschenzug oder ähnliche Zugvorrichtungen und ein geringes Verunreinigungsrisiko zählen dazu.
Ist ein Aufbrechen im Hängen nicht möglich, leisten Aufbrechgestelle oder -schragen im Revier gute Dienste. Das erlegte Stück kommt nicht mehr mit dem Erdreich in Berührung und – der Rücken des Aufbrechenden wird geschont!
Wer immer noch am Boden aufbricht, muss den Platz dafür sorgfältig wählen: Das Wildbret darf nicht durch Erde, Sand, Laub oder anderweitig verschmutzt werden.

SCHLACHTERMETHODE AUCH IM REVIER

Auch im Revier lässt sich Wild mit dem Haupt nach unten hängend aufbrechen. Im Fachhandel gibt es nützliche „Kleiderbügel“- oder ähnliche Aufbrechhilfen dafür. Es geht auch anders: An zwei Zimmermannsnägeln, die im richtigen Abstand an die Leiterholme oder den Kanzelunterbau genagelt werden, leisten gute Dienste. Die Hinterläufe des erlegten Wildes können daran fixiert und das Stück dann sauber aufgebrochen werden.

Aufbrechgestelle wie dieses erlauben die hygienisch einwandfreie Erstversorgung des Wildes und entlasten „das Kreuz“.

Wie er beim Aufbrechen vorgeht, ist natürlich jedem Waidmann freigestellt, solange er den Erfordernissen an die Wildbret- und Lebensmittelhygiene stets gerecht wird. Der Könner wird dabei drei Gesichtspunkte berücksichtigen:

1. Das (endgültige) Öffnen des Tierkörpers und saubere Entnehmen aller Organe geschieht so, dass der „ausreichend geschulte" Jäger oder die „Kundige Person"– bei Abgabe des Wildbrets an Dritte – und gegebenenfalls der amtliche Tierarzt, das Stück auch untersuchen kann.
2. Ein Verunreinigen sowie eine Wertminderung des Wildbrets muss ausgeschlossen sein. Immer mehr Jäger verzichten daher zum Schutz der besonders wertvollen Keulenmuskulatur auf ein Durchtrennen der Beckennaht und wenden die sogenannte Ringelmethode an.
3. Bei der Sau verbleibt der Zwerchfellpfeiler zur Trichinenprobenahme im Wildkörper. Nur ersatzweise kann anstelle des Zwerchfellpfeilers das Zwerchfell selbst oder auch der Lecker zu Probenahme herangezogen werden.

Das Aufbrechen des kopfunter hängenden Stücks gilt heute als das hygienischste Verfahren. Nicht von ungefähr weiden professionelle Schlachter so auch das Schlachtvieh aus. Es wird im Folgenden inklusive Ringeln am Beispiel eines Rehbocks beschrieben und in den zugehörigen Fotoseiten 514 bis 517 dargestellt:

1: Das Stück wird an den gespreizten Hinterläufen und mit dem Haupt nach unten aufgehängt. Darunter stellen wir sinnvollerweise einen Auffangbehälter für Schweiß, Gescheide und Geräusch. Der Behälter schützt nicht nur die Hofeinfahrt oder den Wildkammerboden vor Verschmutzung, sondern dient auch der hygienischen und leichteren späteren Entsorgung des nicht verwertbaren Aufbruchs. Wanne ins Auto und ab damit.

2/3: Kurzwildbret und Pinsel mit Brunftrute werden großzügig um- und dann komplett abgeschärft. Beim Keiler ist muss dabei auch der Sekretbeutel an der Brunftrute, beim Brunfthirsch möglichst auch der Brunftfleck mit entfernt werden. Der helle Harnleiter wird nicht achtlos irgendwo abgeschärft, sondern langgezogen und dicht am Durchgang durch den Schlossknochen durchtrennt.

4: Beim Ringeln kann der Darm ausgelöst werden, in dem die Decke um das Weidloch herum durchstochen wird. Alternativ schärft man sie im nächsten Schritt über der Beckennaht behutsam auf – lässt die Beckennaht selbst aber geschlossen und ...

5/6: ... löst sie vorsichtig mit dem Messer ums Weidloch herum von der Keulenmuskulatur ab.

7–9: Dann wird der Enddarm im Beckenbereich abgelöst. Bei Jungwild geht das problemlos stumpf mit den Fingern. Um Wildbretverschmutzung beim späteren Herausziehen sicher zu vermeiden, streichen wir die letzten Losungsbeeren aus dem Enddarm und schärfen den Schließmuskel mit Deckenresten ab.

10: Nur ein kurzer Rest des Harnleiters schaut noch nach innen zwischen den Keulen hervor.

11: Jetzt schärfen wir die Bauchdecke nach unten bis zum Brustbein auf. Auch das geschieht äußerst vorsichtig, damit der oft prall gefüllte Pansen beziehungsweise Weidsack nicht beschädigt wird und „Grünes" austritt. Idealerweise kommt ein Messer mit abgerundeter Spitze zum Einsatz (Foto Seite 520 o.).

12: Der hervorquelle Pansen (Weidsack) inklusive Gescheide werden mit einer Hand zurückgedrückt, mit der anderen durchtrennen wir dann das Brustbein und ...

13/14: ... durchschärfen Decke und Muskulatur an der Unterseite des Trägers bis zum Kinnwinkel, so dass Drossel, Schlund und Drosselknopf des Stücks freiliegen.

15: Anschließend werden die Harnblase samt Harnleiterrest vorsichtig nach innen aus dem Becken gezogen und die noch im Stück befindlichen Nieren entnommen.

16. Zuletzt können nun der Enddarm nach innen gezogen und anschließend das gesamte Gescheide mit Pansen und Geräusch noch unten aus dem Wildkörper gezogen und in den Auffangbehälter „entlassen" werden. Das Zwerchfell schärfen wir dabei entlang der Rippenbögen und bei Wiederkäuern der Wirbelsäule mit dem Messer ab. Bei Schwarzwild lassen wir aber an der Wirbelsäule den Zwerchfellpfeiler für die Trichinenprobe stehen (!), lösen das Zwerchfell also gleichsam herzförmig aus.

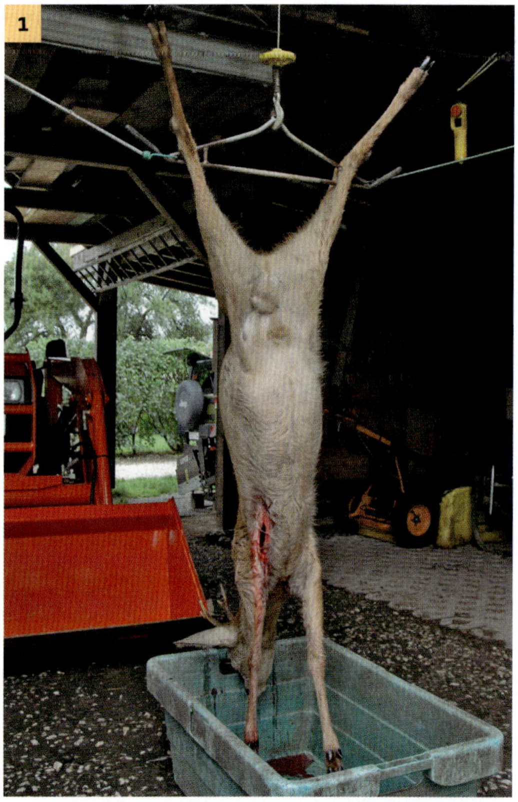
1

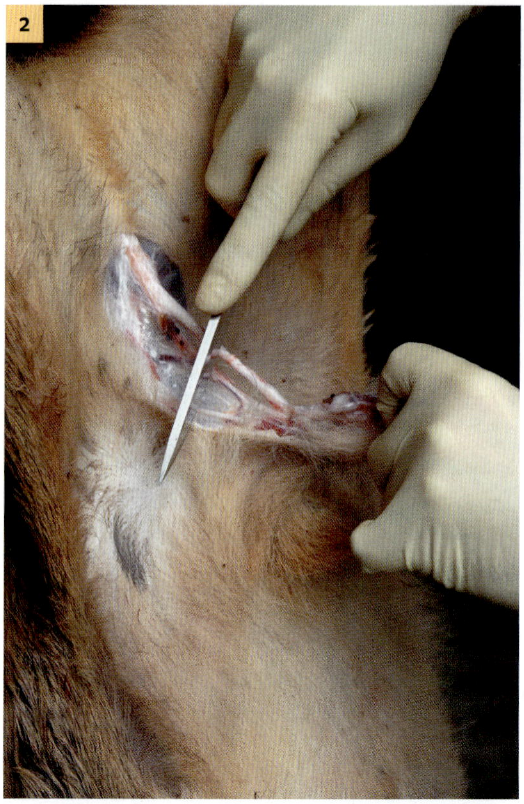
2

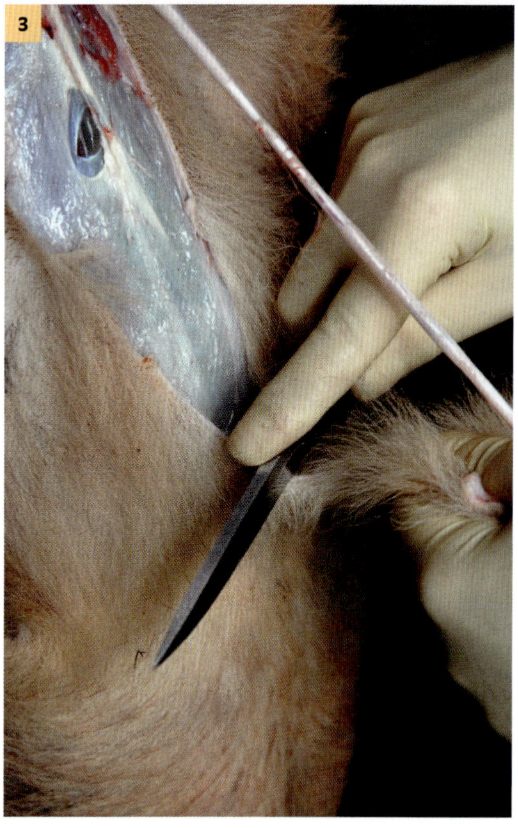
3

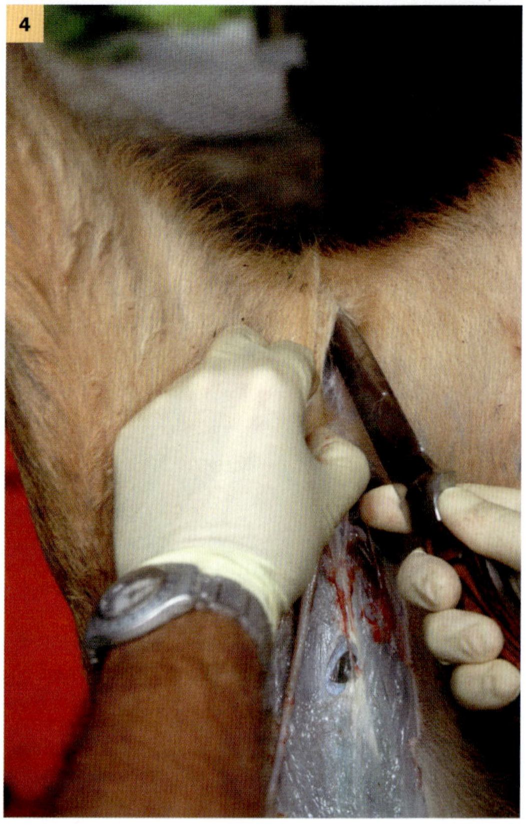
4

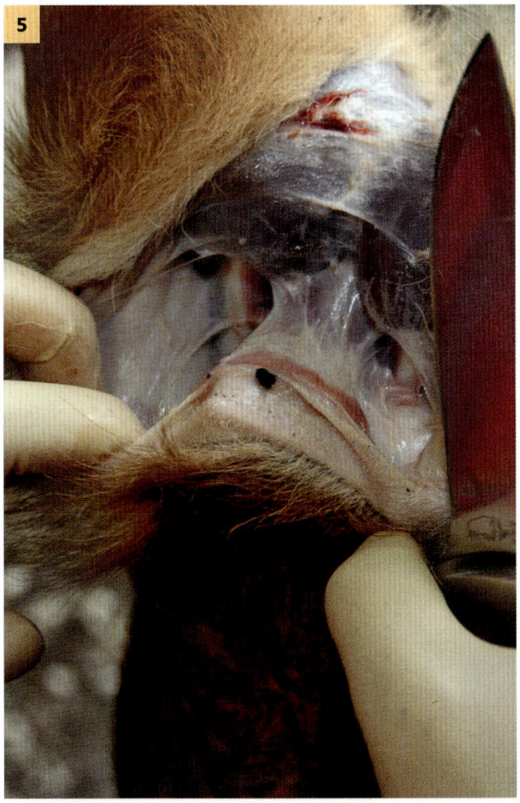
5

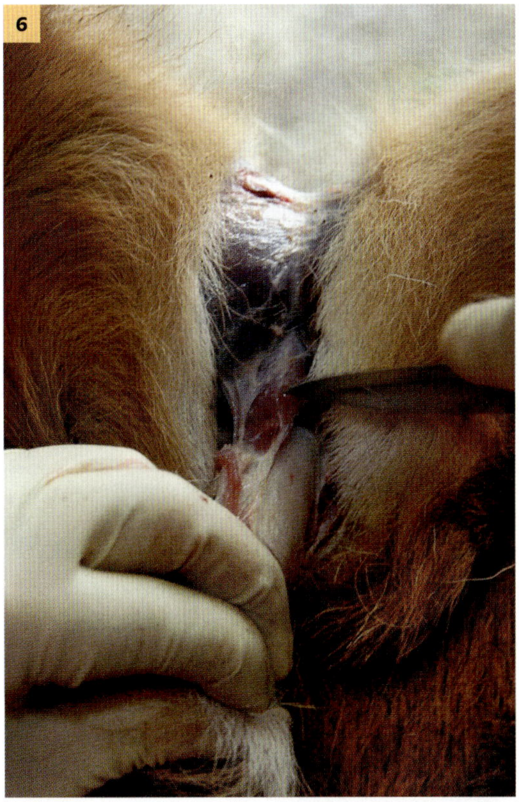
6

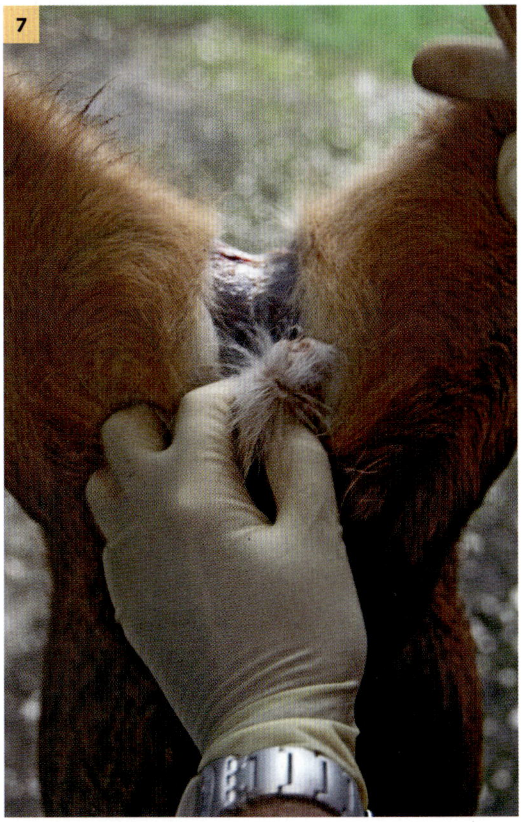
7

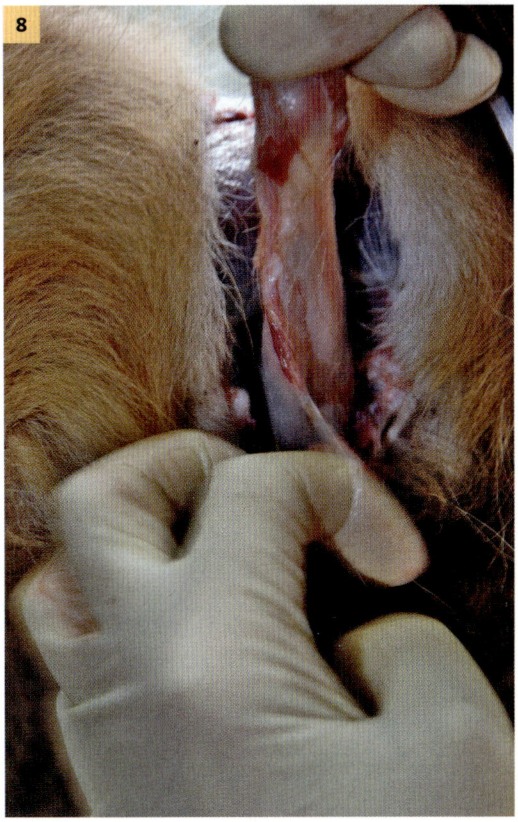
8

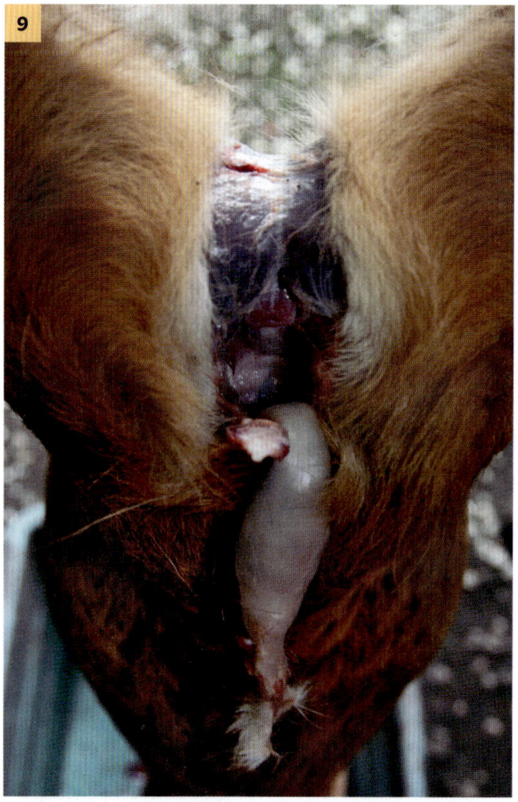
9

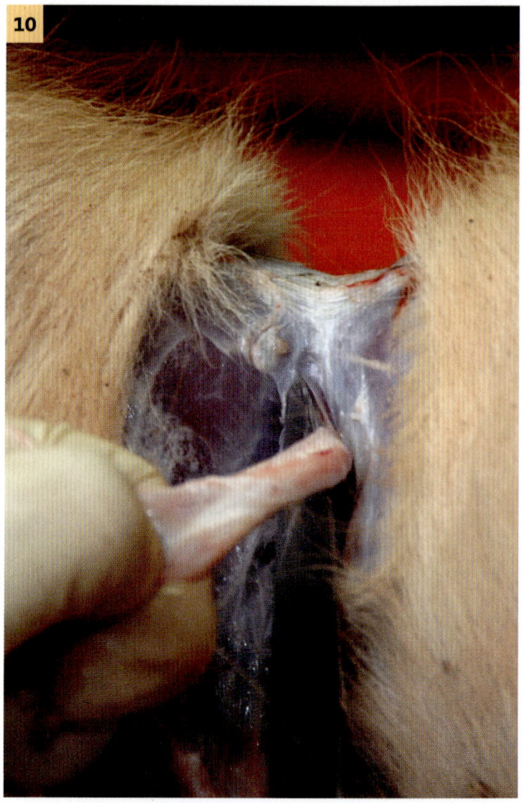
10

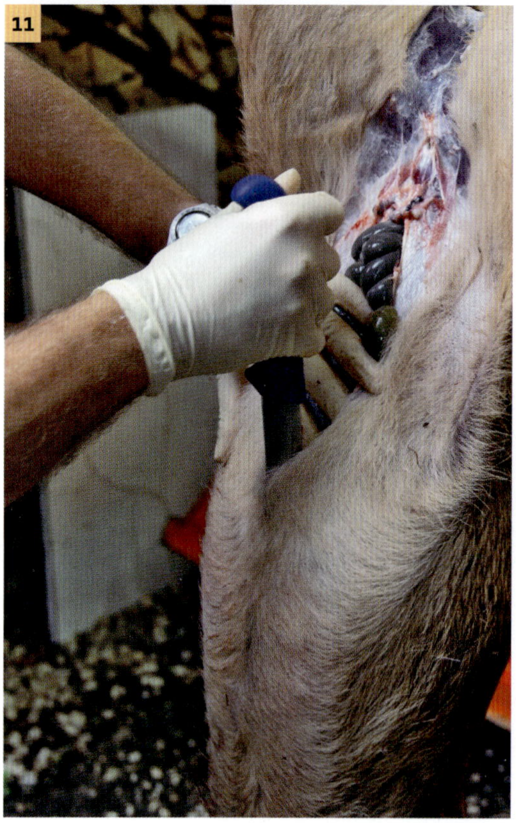
11

12

13
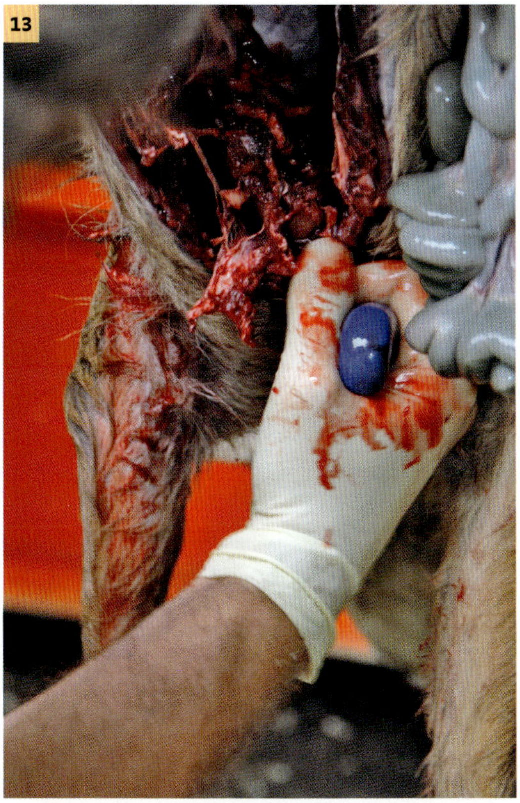

14
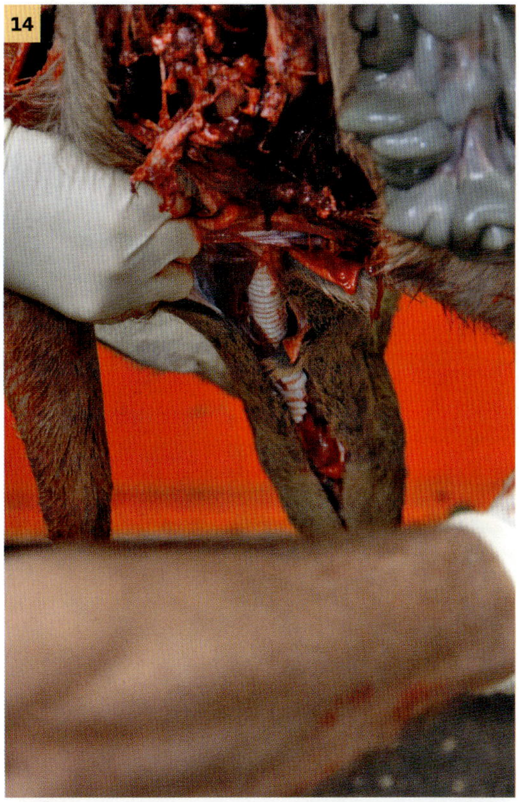

15
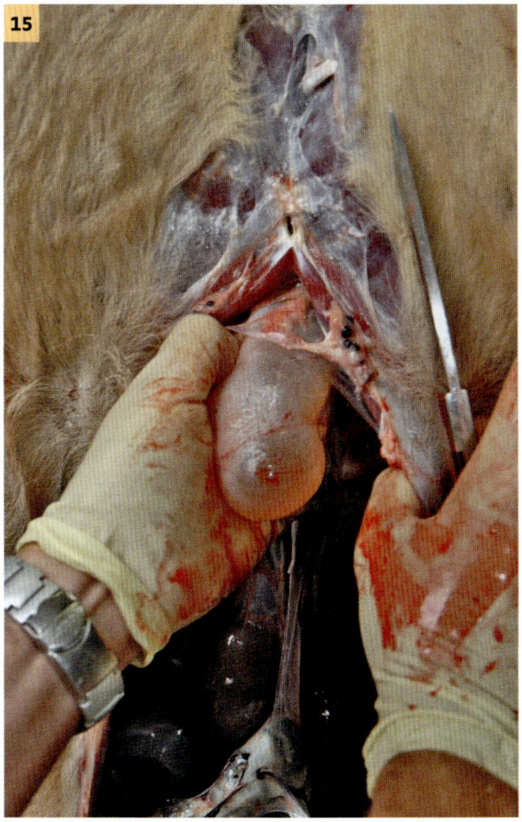

16
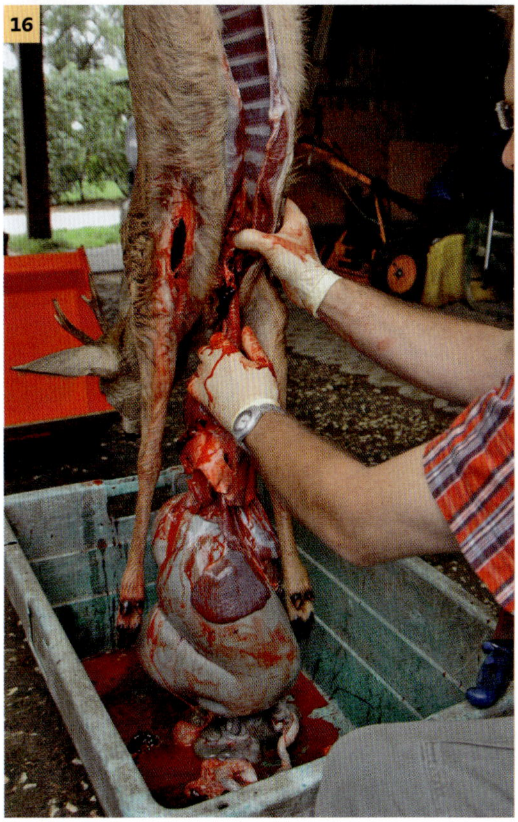

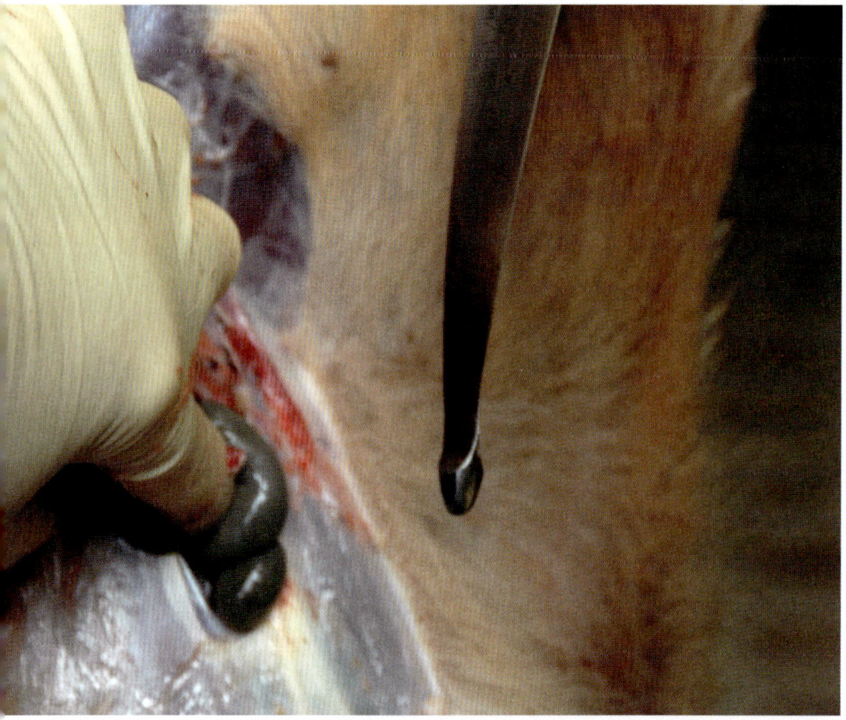

Ein Messer mit abgerundeter Spitze ist zum Aufschärfen der Bauchdecke ideal.

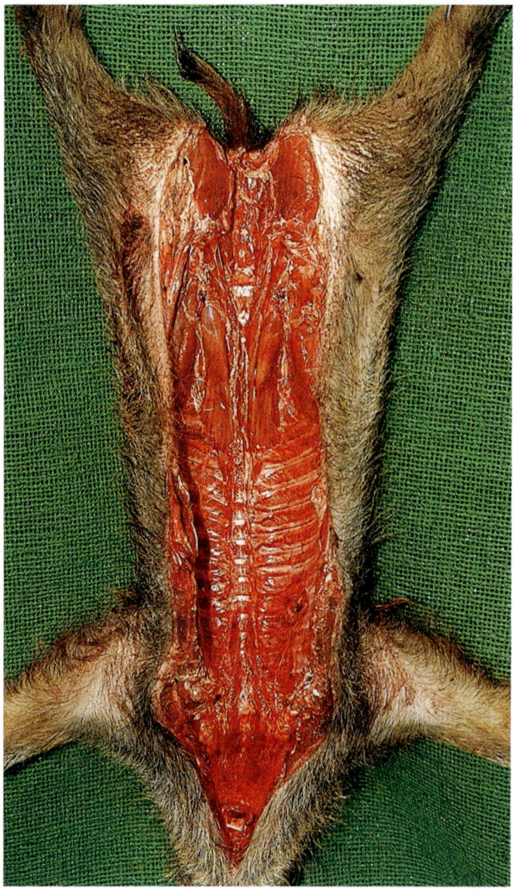

Mit gutem Schuss erlegter und sauber aufgebrochener Frischling. Manko: Das Bauchfell wurde über die Filets hinweggezogen. Wäre er hängend aufgebrochen worden, wäre das nicht passiert.

Organuntersuchung

Nach dem Aufbrechen des Wildes folgt der nächste wichtige Schritt zur Gewinnung von Wildbret als hygienisch einwandfreiem und sicheren Lebensmittel: Die Untersuchung des Fleisches und der Organe auf „bedenkliche Merkmale“, wie sie Anlage 4 der Tier-LMHV näher definiert sind (Kasten).

Diese Untersuchung hat unabhängig vom weiteren Vermarktungsweg des Wildfleisches zu erfolgen. Bei Direktabgabe an Endverbraucher oder örtliche Einzelhandelsunternehmer ist der „ausreichend geschulte“ im Sinne der Tier-LMHV (§ 4) Jäger für eine gewissenhafte Untersuchung verantwortlich, bei Abgabe an einen zugelassenen Wildbearbeitungsbetrieb die kun-

SCHWERER FEHLER MIT LANGER TRADITION

Es ist eine entsetzliche Unsitte, die bis vor gar nicht so langer Zeit praktiziert wurde, Verunreinigungen der Körperhöhle, etwa bei Weichschüssen oder Verletzungen der Bauchorgane, mit Laub, Gras, Heu oder Stroh zu beseitigen. Die Körperhöhlen werden immer mit Wasser, und zwar mit einem scharfen Strahl, ausgewaschen! Trinkwasserqualität ist allerdings Voraussetzung.

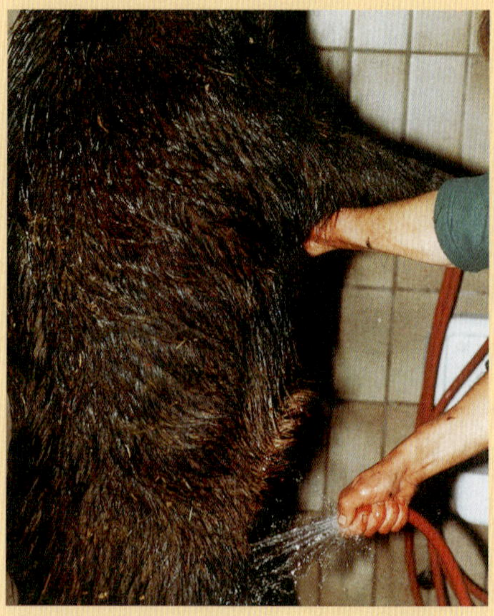

BEDENKLICHE MERKMALE (ANLAGE 4 TIER-LMHV)

1. *Abnorme Verhaltensweisen oder Störung des Allgemeinbefindens;*
2. *Fehlen von Anzeichen äußerer Gewalteinwirkung (Fallwild);*
3. *Geschwülste oder Abszesse, wenn sie zahlreich oder verteilt in inneren Organen oder in der Muskulatur vorkommen;*
4. *Schwellung der Gelenke oder Hoden, Hodenvereiterung, Leber oder Milzschwellung, Darm- oder Nabelentzündung, bei Federwild Entzündung des Herzens, des Drüsen- oder Muskelmagens;*
5. *Fremder Inhalt in den Körperhöhlen, insbesondere Magen- und Darminhalt oder Harn, wenn Brust und Bauchfell verfärbt sind;*
6. *Erhebliche Gasbildung im Magen und Darmkanal mit Verfärbung der inneren Organe;*
7. *Erhebliche Abweichung der Muskulatur oder der Organe in Farbe, Konsistenz oder Geruch;*
8. *Offene Knochenbrüche, soweit sie nicht unmittelbar mit dem Erlegen in Zusammenhang stehen;*
9. *Erhebliche Abmagerung;*
10. *Frische Verklebungen oder Verwachsungen von Organen mit Brust- und Bauchfell;*
11. *Geschwülste oder Wucherungen im Kopfbereich oder an den Ständern bei Federwild;*
12. *Verklebte Augenlider, Anzeichen von Durchfall, insbesondere im Bereich der Kloake sowie Verklebungen und sonstige Veränderung der Befiederung, Haut- und Kopfanhänge sowie Ständer bei Federwild;*
13. *Sonstige erhebliche sinnfällige Veränderungen außer Schussverletzungen.*

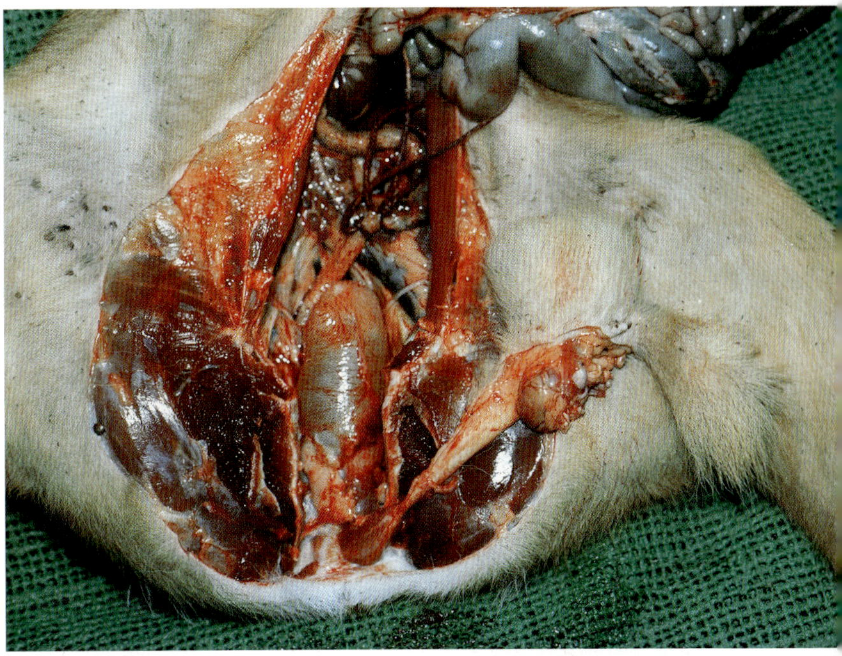

Rehbock mit geöffnetem Schloss. Enddarm (1), gefüllte Blase (2) und Brunftrute (3) sind gut sichtbar

dige Person gemäß VO (EG) Nr. 853/2004. Dass es auch bei geplantem Eigenverzehr erforderlich ist, das erlegte Wild auf gesundheitsbedenkliche Merkmale zu untersuchen, bedarf wohl keiner näheren Erläuterung.

Bei der Untersuchung trägt der Jäger immer Einmalhandschuhe, um sich selbst zu schützen. Soweit einzelne Organe ebenfalls verzehrt werden sollen, müssen umgekehrt auch diese vor einer Keimübertragung durch die Jägerhände geschützt werden. Steht sauberes Wasser nicht in ausreichender Menge zur Verfügung, kann dieser Nachteil durch einen Wechsel der verschmutzten Handschuhe behoben werden. Auf Folgendes ist bei der Untersuchung von Organen zu achten:

Lunge: Ihre Oberfläche muss glatt und glänzend sein. Schussbedingte Veränderungen (Zerreißung und Blutschwämme) sind keine bedenklichen Merkmale. Auf Abszesse oder Auflagerungen muss geachtet werden.

Herz: Nach dem Auslösen aus dem Herzbeutel wird geprüft, ob die Oberfläche normal, also glatt und glänzend ist. Sie darf keine Auflage rungen, Farbabweichungen oder Parasiten irgendwelcher Art aufweisen.

Das Herz wird dann aufgeschärft. Die Herzklappen müssen auch frei von Auflagen sein

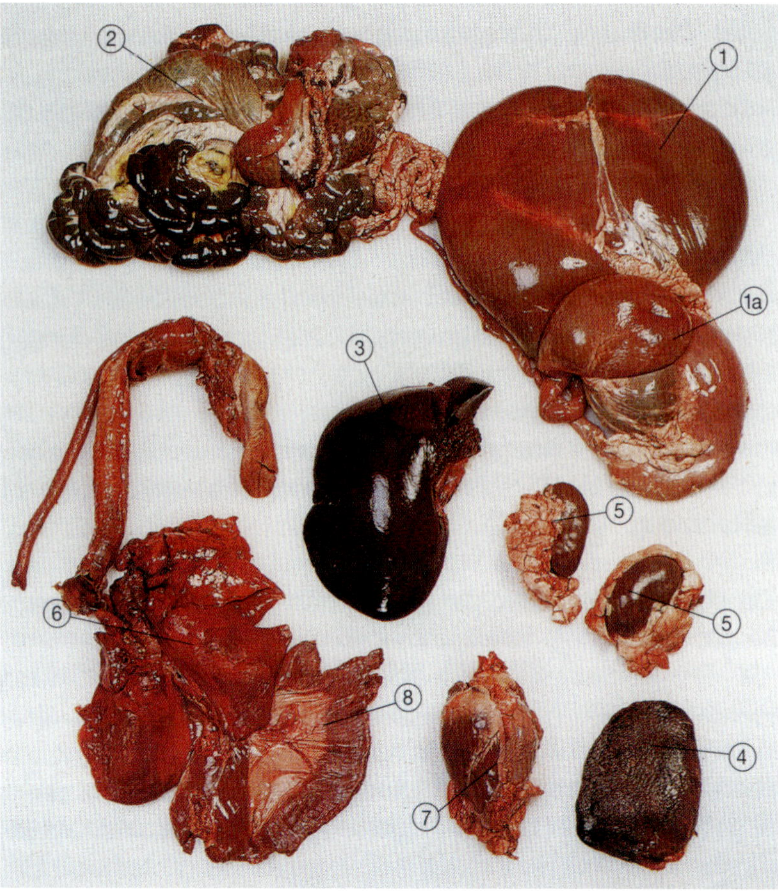

(Bakterien setzen sich gerne an die Herzklappen und verursachen dort Wucherungen).

Leber: Die Oberfläche muss glatt und glänzend sein, die Farbe organtypisch. Die Ränder der Leber müssen scharf verlaufen dürfen also keine Schwellungen aufweisen. Die Leber muss außerdem auf Leberegel bzw. sonstige Parasiten untersucht werden.

Nieren: Sie werden aus der Kapsel gelöst. Es wird geprüft, ob Farbe und Form organtypisch sind. Der Jäger achtet vor allem auf Blutpunkte (bei Sauen vielleicht Hinweis auf Schweinepest) und Zysten, d. h. wassergefüllte Blasen!

Milz: Die Milz wird auf eine Größenveränderung, Schwellung und Farbveränderungen untersucht. Solche Abweichungen sind immer wichtige Warnzeichen für unter Umständen auf den Menschen übertragbare Infektionskrankheiten (Zoonosen). Das Organ ist zuständig für die Vermehrung der Lymphozyten, die zu den weißen Blutkörperchen gehören und der Abwehr körperfremder Stoffe dienen. Werden verstärkt Lymphozyten gebildet, vergrößert sich die Milz.

Gescheide: Das Gescheide prüft der Jäger auf Rötungen (Entzündungen) und, vor allem auch das Netz, auf Parasiten (z. B. Bandwurmfinnen).

Organe und Gescheide: 1 Weidsack (Pansen), 1a Drüsenmagen (Labmagen), 2 Kleines Gescheide (Darm mit Gekröse), 3 Leber, 4 Milz, 5 Nieren, 6 Lunge mit Drossel (Luftröhre), 7 Herz und 8 Zwerchfell.

Wurde dieser Jährling vom Auto getötet, muss er verworfen werden. Wurde er nach der Kollision noch per Fangschuss „erlegt“, kann er theoretisch abgegeben werden, muss dann aber vorher wohl zur Fleischuntersuchung.

UNFALLWILD – EIN SONDERFALL

Ein besonderer, aber kein seltener Fall ist Unfallwild. Immerhin starben bereits vor 15 Jahren nach Schätzungen des ADAC durchschnittlich 23 Rehe pro Stunde auf den Straßen Deutschlands, Tendenz steigend.
Bei einem Unfall mit Wildbeteiligung sind zwei Fälle denkbar:
1. Das Stück wird bereits verendet aufgefunden: Es darf als Lebensmittel nicht abgegeben werden.
2. Das noch lebende Stück wird vom Jäger getötet: Sein Wildbret muss vor einer Abgabe einer amtlichen Fleischuntersuchung unterzogen werden! Das macht Sinn, denn Unfallwild zeigt nach einer Kollision mit Fahrzeugen in aller Regel massive Veränderungen des Körpers und der Organe. In der Regel wird es dann wohl auch als „genussuntauglich" eingestuft.

Amtliche Fleischuntersuchung

Wurden bedenkliche Merkmale an erlegtem Wild festgestellt, muss es grundsätzlich zur amtlichen Fleischuntersuchung angemeldet und darf vorerst nicht an den Endverbraucher oder Einzelhandelsbetrieben abgegeben werden. Der Wildkörper muss zusammen mit den veränderten, aber auch den nicht veränderten Organen bei der Untersuchungsstelle abgegeben werden. Die zuständige Behörde am Erlegerort oder Wohnort ist der amtliche Tierarzt, das Veterinäramt oder das Lebensmittelüberwachungsamt.
Grundsätzlich der Fleischuntersuchung muss Wild unterzogen werden, das an zugelassene und potenziell EU-weit vermarktende Wildbearbeitungsbetriebe, also nicht für den Eigenbedarf oder Endverbraucher beziehungsweise den örtlichen Einzelhandel vorgesehen ist. Die Fleischuntersuchung veranlasst der abnehmende Betrieb. Die Untersuchung auf bedenkliche Merkmale muss in diesem Fall eine „Kundige Person" durchgeführt haben.
Hat diese Person keine bedenklichen Merkmale festgestellt, hat sie dies im Falle von „Großwild" auf einer Erklärung zu bescheinigen, die zusammen mit dem Wildkörper an den abnehmenden Betrieb abgegeben wird. Haupt/Kopf und Innereien müssen dem Betrieb dann nicht mitgeliefert werden. Eine solche „Unbedenklichkeitsbescheinigung" muss bei als unbedenklich eigestuften „Kleinwild" nicht ausgestellt werden
Hat die „Kundige Person" aber bedenkliche Merkmale festgestellt, müssen dem zugelassenen Betrieb neben dem Wildkörper und seine Organen außerdem „der Kopf (ausgenommen Hauer, Geweih und Hörner) sowie alle Eingeweide mit Ausnahme des Magens und der Gedärme" für die amtliche Fleischuntersuchung mitgeliefert werden. Das gilt auch, wenn für die Untersuchung auf bedenkliche Merkmale keine „Kundige Person" zur Verfügung stand.

Trichinenprobenentnahme

Auf Trichinen müssen untersucht werden: Schwarzwild, Dachs, Sumpfbiber (Nutria) und andere fleischfressende Tiere, also potenzielle Trichinenträger, wenn ihr Fleisch zum Genuss für Menschen verwendet werden soll. Während über Jahrzehnte die Trichinenprobenahme nur von „amtlichem Personal" genommen werden durfte, hat der Gesetzgeber den Anforderungen der Praxis mittlerweile Rechnung getragen. Unter bestimmten engen Voraussetzungen darf es auch der Jäger tun, nämlich wenn:
- er von der Behörde geschult ist;
- er von der Behörde beauftragt ist;
- das Wild für den eigenen Verbrauch bestimmt ist oder in kleinen Mengen an den Endverbraucher bzw. örtlichen Einzelhandel (Restaurant, Metzgerei) abgegeben wird;
- die Zuverlässigkeit des Jägers für diese Tätigkeit nicht infrage steht.

Werden diese Voraussetzungen nicht eingehalten, ist dies eine Straftat. Dann droht unter anderem der Entzug des Jagdscheins! Der „beauftragte" Jäger darf überdies Trichinenproben nur bei Schwarzwild und Dachs entnehmen.
Wird – im Regelfall – Schwarzwild, über Wildbearbeitungsbetriebe vermarktet, muss dagegen nach wie vor immer der zugelassene amtliche

Bei geplanter Abgabe an zugelassene Wildbearbeitungsbetriebe muss eine „Kundige Person" im Begleitschein die Unbedenklichkeit bescheinigen oder aber bedenkliche Merkmale festhalten.

Nummer:........../Jahr.........

Bescheinigung

Nach Verordnung (EG) Nr. 853/2004 Angang III Abschnitt IV
Untersuchende kundige Person

(Name, Anschrift)

....

....

....

Feststellung der kundigen Person:

Wildart	Nr.	Erlegungsdatum:	Jagdrevier:

Feststellungen (zutreffende ankreuzen):

☐ Für die Tiere mit Nr.: ________________________________ wurden
- vor dem Erlegen vom Erleger keine Verhaltensstörungen des Tieres beobachtet.
- bei der Untersuchung des Wildkörpers und aller Eingeweide von mir keine auffälligen Merkmale beobachtet, die darauf schließen lassen, dass das Fleisch gesundheitlich bedenklich sein könnte.
- besteht kein Verdacht auf Umweltkontamination.

☐ Folgende auffällige Merkmale / Verhaltensstörung / Verdacht auf Umweltkontamination Wurde von mir festgestellt (jeweils Nr. des Tieres und genaue Beschreibung):

....
....
....

Folgende Teile sind beigefügt:
Kopf, außer Hauer, Geweih und Hörner, sowie alle Eingeweide außer Magen und Gedärme

______________________ ______________________
(Ort/Datum) (Unterschrift der kundigen Person)

Betrieb die Proben nehmen! Eine Probenahme durch den Jäger in diesem Fall nicht anerkannt und muss ggf. wiederholt werden.
In den anderen Fällen – auch hier ist nach wie vor natürlich das „amtliche Verfahren" möglich – muss der Wildkörper bei der Probenahme mit einer Wildmarke an Bauch oder Brust gekennzeichnet werden. Ein Wildursprungsschein wird und mit der Probe bei der vom Veterinäramt genannten Untersuchungsstelle abgegeben.
Die eindeutige Zuordnung der entnommenen Proben zum Wildkörper ist Pflicht: Der Tierkörper, die davon genommene Probe und die dazugehörigen Dokumentation (Wildursprungsschein) sind einheitlich und durchgehend zu kennzeichnen.
Die Probe kann am Ort der Erlegung oder am Wohnsitzort des Jägers genommen und zur Untersuchung bei der Untersuchungsstelle abgegeben werden. Der Untersucher quittiert die Annahme. Die Freigabe muss nicht aktiv erfolgen. Der Untersucher vermerkt in der Regel auf dem Wildursprungsschein, ab wann über das Stück verfügt werden darf. Erfolgt bis zu diesem Zeitpunkt keine Befundmitteilung, ist das Stück freigegeben – aber erst dann!

Gleich nach dem Verblasen der Strecke wird die Sau gewogen. Danach steht zwingend die Trichinellenprobe an.

Neben der obligatorischen Trichinellenuntersuchung des Allesfressers Schwarzwild ergibt sich beim rauschigen Keiler meist noch die Pflicht zur amtlichen Fleischuntersuchung, da Organe und Muskulatur im Geruch erheblich von der Norm abweichen. Dagegen gibt es noch kein Mittel …

Nur eine Wildwanne für zwei erlegte Sauen. Ein wirklich kniffliges Transportproblem.

Transport und Kühlung

Soweit aufgebrochenes Wild nach einer Bewegungsjagd noch einige Zeit am Streckenplatz bleibt, bis es in die Wildkammer abtransportiert wird, wird es möglichst an entsprechenden, bereits vor Jagdbeginn errichteten Gestellen aufgehängt. So kann es zum einen besser Auskühlen, zum anderen ist die Gefahr einer Verschmutzung der eröffneten Bauchhöhle geringer als bei liegendem Wild.

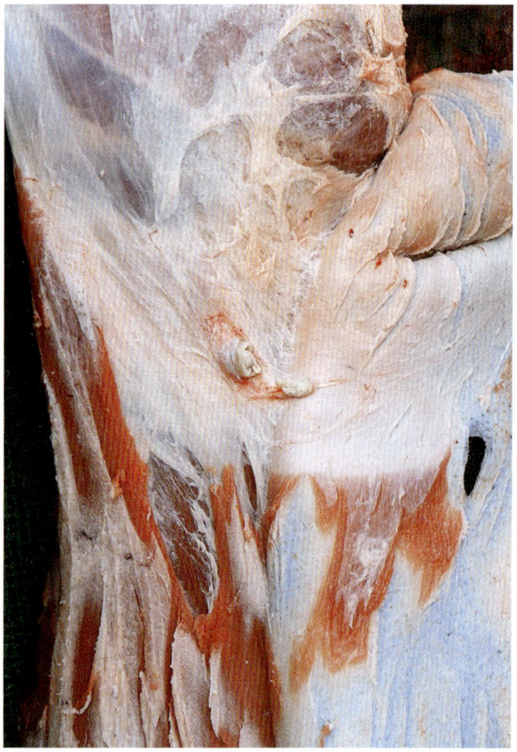

Beim Abschwarten zeigen sich kleine eitrige Stellen bei den Kniefaltenlymphknoten. Kommen sie nur vereinzelt vor, werden sie großzügig herausgeschnitten. Fehlen weitere Veränderungen, ist das Wildbret genusstauglich. Ganz auf Nummer sicher geht, wer das Stück zur Fleischuntersuchung anmeldet.

Beim Transport von bereits aufgebrochenem Wild zur Wildkammer darf ebenso wenig wie beim Aufbrechen zu Verschmutzungen kommen. Sie können zum Beispiel durch Hundehaare im Kofferraum oder auch durch Wildhaare infolge zu enger Lagerung im Anhänger entstehen.

Eine solche zu dichte Lagerung verhindert zudem das weitere rasche Auskühlen des Wildes. Idealerweise kann das Wild mithilfe entsprechender Vorrichtung auch im Hängen transportiert werden.

Die Tier-LMHV bestimmt in Anlage 4, auf welche Kern- bzw. Innentemperaturen Wildbret und Innereien „alsbald nach dem Erlegen" herunterzukühlen sind:

- „Großwild" auf maximal +7 ° C
- „Kleinwild" auf maximal +4 ° C,
- Nebenprodukte allen Wildes (Innereien), soweit sie zum Verzehr vorgesehen sind, auf maximal +3 ° C.

Nein, so bitte nicht. Die Stücke sind bereits aufgebrochen, ihre Bauchhöhlen also geöffnet. Sie liegen zu dicht bei- und teilweise aufeinander.

An der Strecke ohne Wild?

Immer mehr Jagdleiter, vor allem auf Jagden der öffentlichen Hand, gehen dazu über, das erlegte Wild gleich nach den Treiben oder zumindest dem ersten zur Wildkammer abfahren und dort zentral und unter besten hygienischen Bedingungen versorgen zu lassen. Auf die Strecke gelangt das Wild am Ende des Jagdtages dann gar nicht mehr. Fleischhygienetechnisch ist ein solches Vorgehen sicher optimal, aber vor einer Strecke mit nur wenigen „Symbolstücken" zu stehen oder die Strecke sogar nur noch verbal mitgeteilt zu bekommen, ist sicher nicht jedermanns Sache.

Deutlich besser: Vorbildlich wird das Schalenwild in die nächste Wildkammer transportiert: Die erlegten Stücke hängen.

Aus hygienischen Gründen baumelt der Fuchs außenbords.

Aus-der-Decke-Schlagen und Abschwarten

Beim *Aus-der-Decke-Schlagen* beziehungsweise *Abschwarten* gibt es verschiedene Methoden. Möglich und verbreitet ist das Enthäuten des liegenden oder des mit dem Haupt bzw. Kopf nach oben aufgehängten Stückes. Im letzten Fall beginnt der Jäger unmittelbar hinter den Lauschern oder Tellern mit dem Ablösen.

Sehr praktikabel ist aber das Enthäuten des kopfunter hängenden Stücks. Nachfolgend wird daher dieses Vorgehen beschrieben und in Fotos dargestellt:

1/2: Bei dem an den Hintergliedmaßen aufgehängten Tierkörper wird an den jeweils wechselseitig freihängenden Hintergliedmaßen die äußere Haut vom Sprunggelenk an bis zum Weidlochbereich hin durchtrennt.

3: Die Decke oder Schwarte wird zunächst am Innenschenkel bis zum Bauchwandbereich und danach am Außenschenkel bis zum Rückenbereich gelöst. Die Enden der Gliedmaßen werden im Gelenkspalt abgetrennt und verbleiben an Decke oder Schwarte.

4: Nun wird die Decke oder Schwarte in der Bauch-, Brustwand- und Rückengegend rundherum abgelöst und zwar unter ständigem Zug mit unterstützenden, vorsichtigen Schnitten im Unterhautbindegewebe beziehungsweise wiegendem Druck mit der Faust an der Grenze zwischen Tierkörper und gelöster Haut. Die Schwarte der Sauen sitzt dagegen so fest, dass sie überwiegend nur Schnitt für Schnitt vom Wildkörper gelöst werden kann. Das dauert entsprechend lange.

WANN AUS DER DECKE SCHLAGEN?

Am leichtesten lässt sich zwar frisch erlegtes Wild aus der Decke schlagen beziehungsweise abschwarten oder enthäuten, wie der Fleischer es nennt. Allerdings machen das Alter des erlegten Stückes und der erwünschte Reifegrad des Fleisches es jedoch notwendig, dass das Stück erst einige Zeit abhängt. In der Praxis brauchen jüngere Stücke dazu einen Zeitraum von etwa drei Tagen und ältere von etwa sechs Tagen – eine kontinuierlich gehaltene Innentemperatur des Fleisches von plus sieben Grad Celsius vorausgesetzt.

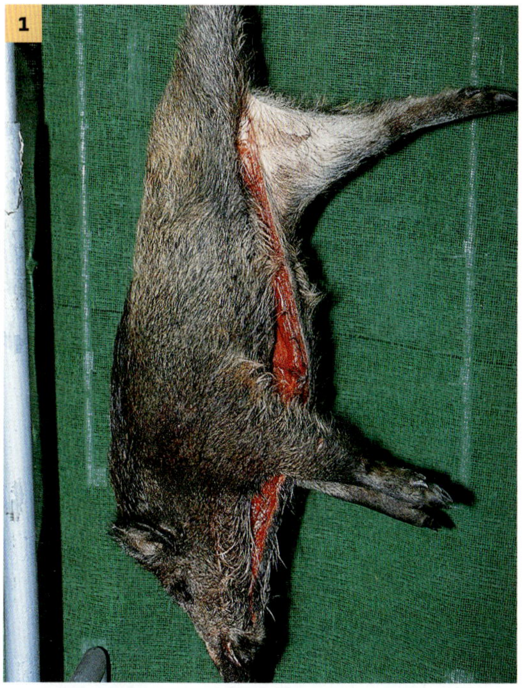

Ein hängendes Stück lässt sich leichter abschwarten als ein liegendes.

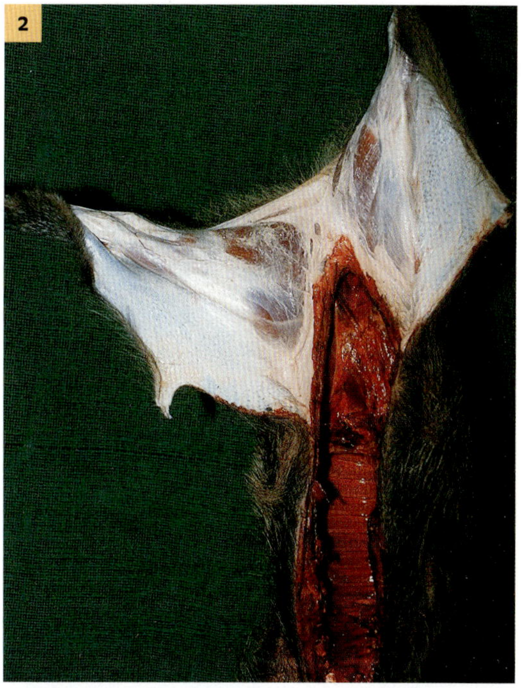

Die Schwarte wird am Innenschenkel bis zum Bauchwandbereich gelöst.

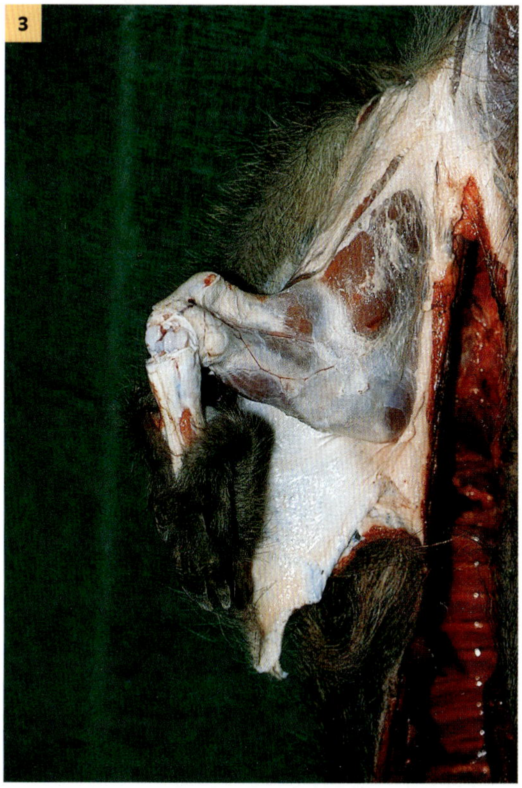

Vorder- und Hinterläufe werden im Gelenk durchtrennt.

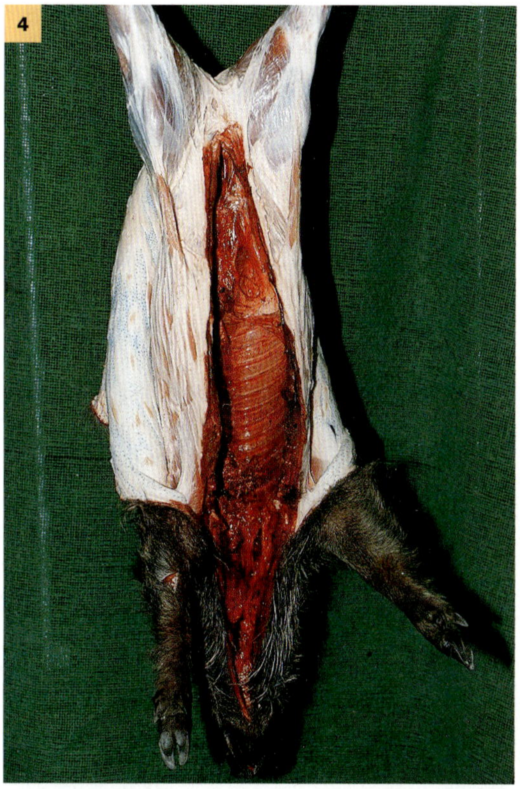

Schnitt für Schnitt wird die Schwarte sauber und vorsichtig gelöst.

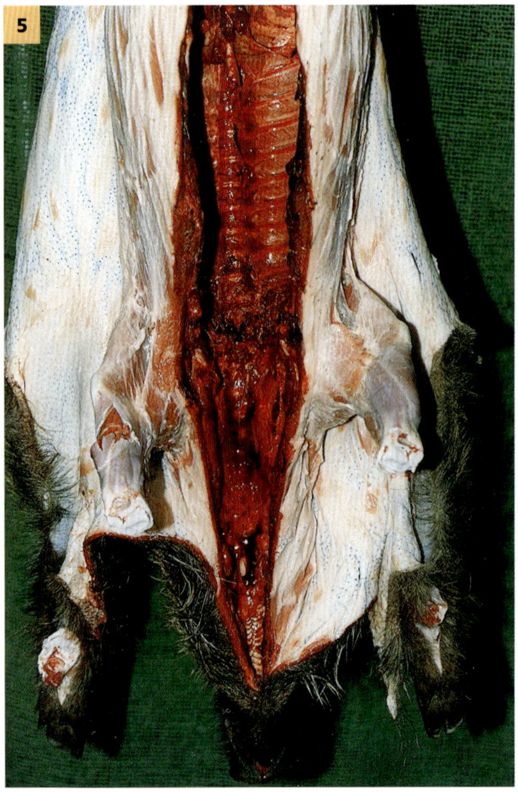
5

Das Weiß bleibt am Wildbret. Die Schwarte hängt herunter ...

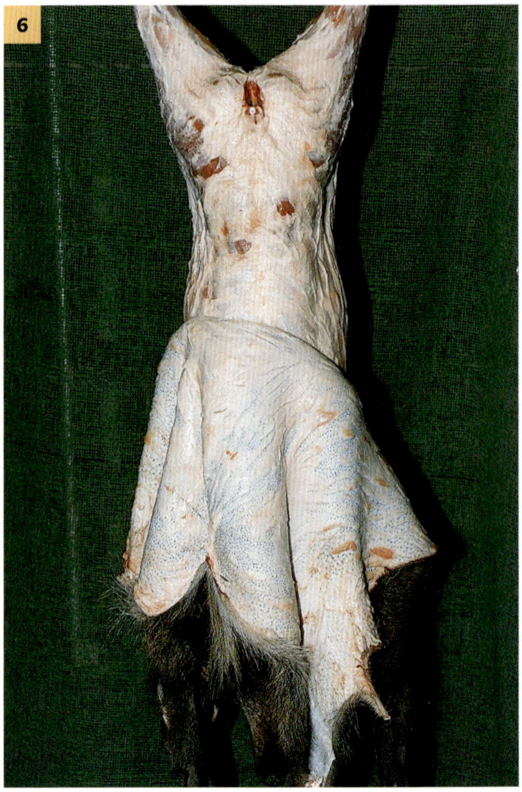
6

... so kann das Wildbret nicht mehr verunreinigt werden.

Das Wildschwein ist abgeschwartet. Nun wird der Jäger es sorgfältig zerwirken.

5/6: In Höhe der Schultern wird die Decke oder Schwarte von der Innenseite des Vorderfußwurzelgelenkes her über das Ellbogengelenk bis zur Schnittlinie am Brustbein durchtrennt. Die Vordergliedmaßen werden allseits von Decke oder Schwarte befreit und im Spalt des Vorderfußwurzelgelenkes abgetrennt.

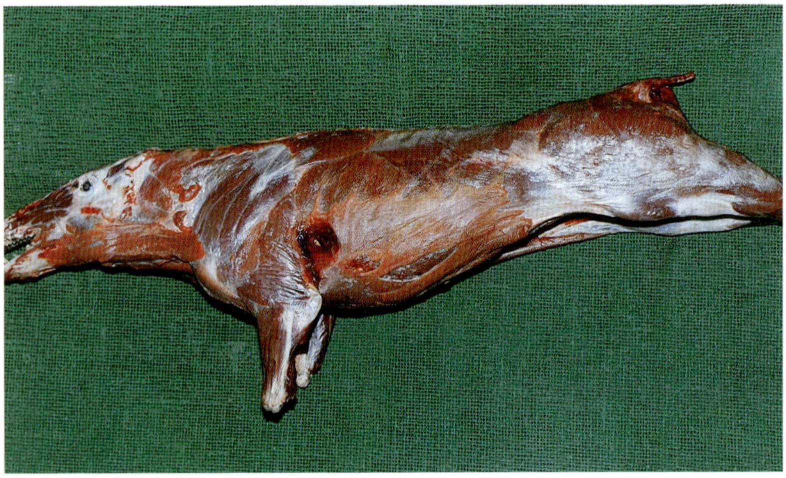

Anschließend wird die Decke oder Schwarte an Hals und Kopf abgelöst. Beim Enthäuten achten wir natürlich aufmerksam auf mögliche Veränderungen in der Decke oder Schwarte und auf der Körperoberfläche.

Beim Aus-der-Decke-Schlagen, Abschwarten und Zerwirken ist auch dafür zu sorgen, dass die dafür benutzten Räumlichkeiten sowie die Personalhygiene den fleischhygienerechtlichen Anforderungen genügen (siehe Kapitel „Die Wildbretkammer“).

Zerwirken

Zum Zerwirken bietet sich folgende Vorgehensweise an:

- Am hängenden Tierkörper werden bei einer gängigen Zerlegemethode für den Eigenbedarf zunächst die Vordergliedmaßen im Schulterbereich von der Brustwand gelöst.
- Anschließend trennt der Jäger beidseitig die Bauchlappen von der Kniefalte an entlang der Rückenmuskulatur mit einem Messer ab.

1

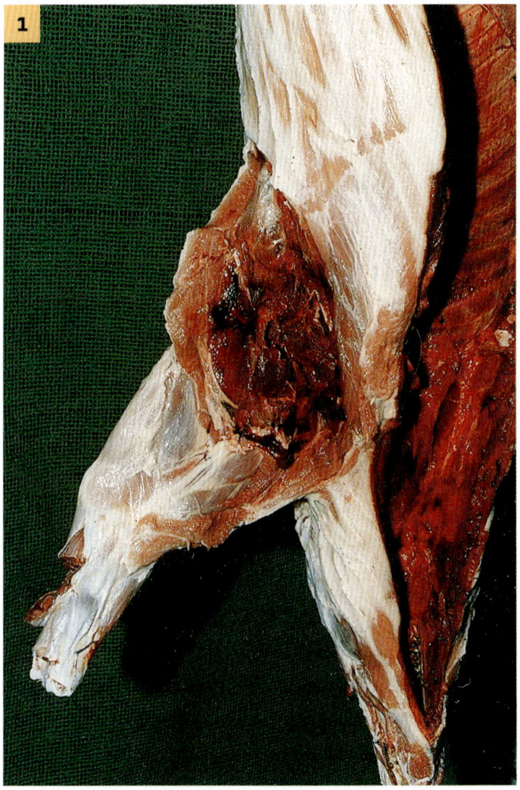

Beim Abtrennen des Blattes schärft das Messer „in den Bläschen“. Die Rückenmuskulatur bleibt unverletzt.

2

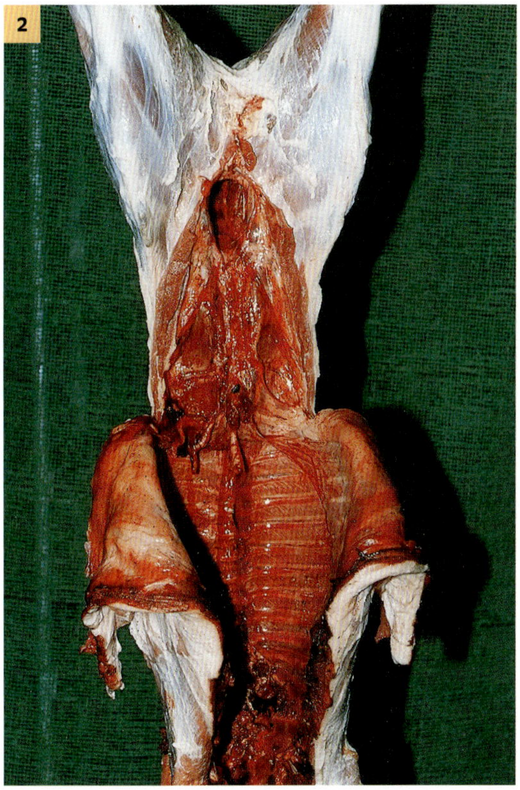

Bis zu den Rippen sind die Bauchlappen bereits abgeschärft.

3

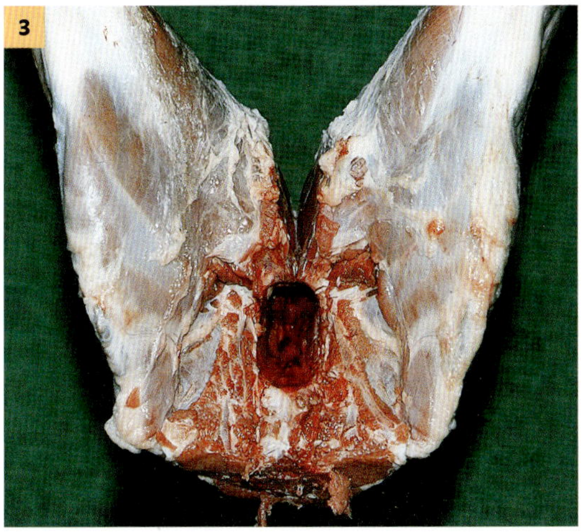

Oben: So präsentieren sich die beiden Keulen, wenn das Schloss nicht schon beim Aufbrechen geöffnet wurde.

Rechts: Das Kreuzbein verbindet die beiden Keulen miteinander. Es wird mit Hilfe einer Säge oder eines Beils durchtrennt.

4

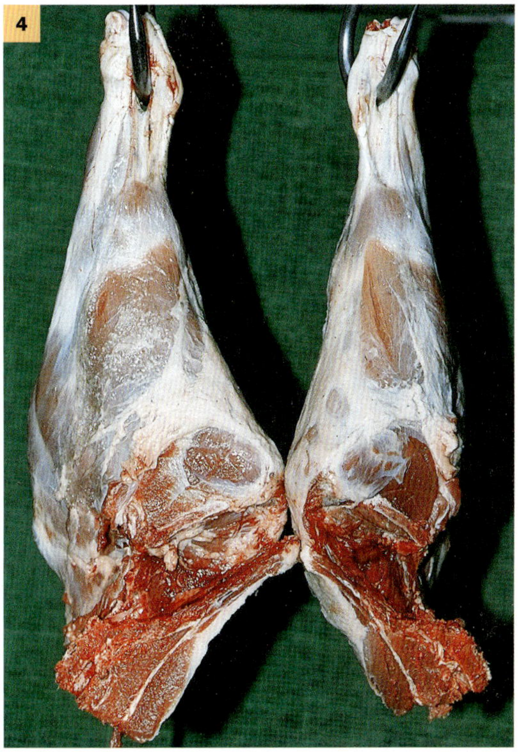

5

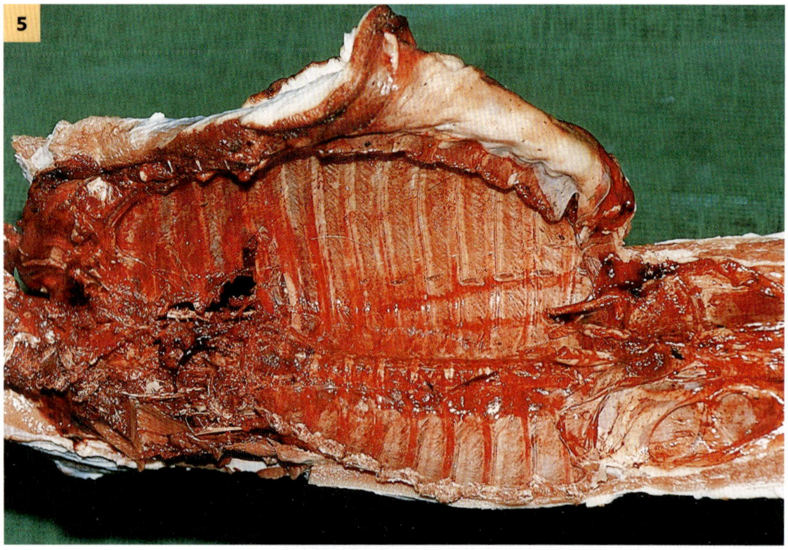

6

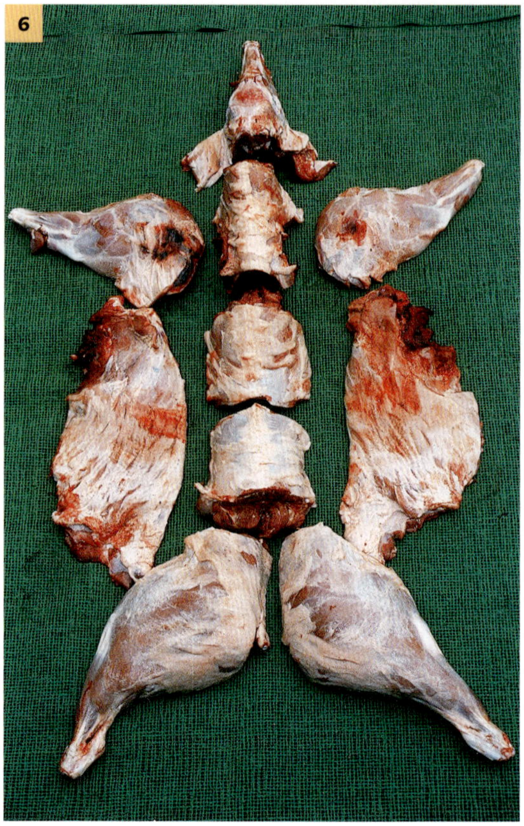

Oben: Auf der einen Seite sind die Rippen bereits durchgesägt. Auf der anderen ist die Säglinie mit dem Messer markiert.

Rechts: Küchenfertig zerwirkt. Ob der Jägersmann den Rücken teilt oder im Ganzen belässt, richtet sich nach den Wünschen der Hausfrau.

- Für die weitere Arbeit an der Brustwand ist zum Durchtrennen der Rippen die Benutzung einer kräftigen Schere oder Zange, besser noch einer Knochensäge, sinnvoll. Letztere garantiert, dass keine Rippenteile absplittern.
- Nach beidseitiger Schnittsetzung entlang der aufsteigenden Kieferäste, am geschicktesten so, dass die Ohrspeicheldrüsen am Kopf verbleiben, wird der Kopf im Gelenk abgesetzt.
- Je nach Verwendungszweck wird der Hals vor der ersten oder zwischen der zweiten und dritten Rippe mit Hilfe einer Knochensäge abgeschnitten. Wenn man den Vorderrücken ablösen will, wird vor der vorletzten Rippe getrennt.
- Vor dem Trennen des Hinterrückens von den Keulen hinter oder vor dem letzten Lendenwirbel im Zwischenwirbelbereich schält der Profi die Filetköpfe heraus und klappt sie so herunter, dass sie beim weiteren Arbeitsgang nicht angeschnitten werden können.
- Die Rückenmuskulatur wird dann vor dem Kreuz-Darmbeingelenk bis zu den Wirbeln durchtrennt.
- Abschließend werden die beiden Keulen im Kreuzbeinbereich voneinander geschieden.

Die hergerichteten Teilstücke können dann je nach Geschick und Bedarf entbeint und küchengerecht zugeschnitten werden. Unter Berücksichtigung der vorangegangenen Abhängezeit und des gewünschten Reifegrades – zum Beispiel entweder säuerlich-aromatischer oder vollaromatischer Geruch und Geschmack des Fleisches – kann das Wildbret, bereits verpackt, unter Kühlung bei plus vier Grad Celsius noch für etwa zwei Tage vor dem Tiefgefrieren gelagert werden.

Lagern von Wildbret

Wer, wie heute üblich, Wildbret in seine Tiefkühltruhe packen will, wird zunächst für eine geeignete Verpackung sorgen. Er wird nur Folienmaterial verwenden, welches für die Frischfleischverpackung zugelassen und für das Tiefgefrieren geeignet ist. Das ist ein gegenüber tiefen Temperaturen und mechanischer Beanspruchung widerstandsfähiges Material. Das

Das zerwirkte Wildbret wird verpackt, beschriftet und dann tiefgefroren.

Verpacken des Wildbrets wird unter Vakuum mit Hilfe eines leistungsstarken Gerätes vorgenommen. Auf die Verpackung gehört eine dauerhafte Kennzeichnung von Erlegungsdatum und Inhalt.

Der Gefriervorgang muss schnell und mit tiefen Temperaturen unter minus 20 Grad Celsius erfolgen. Wichtig ist, dass das vorgekühlte Gefriergut dabei zunächst nicht dicht aneinander gelagert wird. Je schneller und tiefer der Einfriervorgang verläuft, desto geringer ist der Austritt von Fleischsaft beim Auftauen. Erneutes Einfrieren von aufgetautem Gefrierfleisch schadet der Fleischqualität. Nach einer Verarbeitung – nach Erhitzen – kann es jedoch erneut eingefroren werden. Gefrorenes Wildbret kann bei minus 18 Grad Celsius bis zu zwölf Monate, speziell Schwarzwild bis zu sechs Monate gelagert werden. Wichtig: Auf oder in das Wildbret gelangte Bakterien werden durch Gefriertemperaturen nicht völlig getötet.

Kühlen und Gefrieren

Damit das Auskühlen von erlegtem Schalenwild möglichst bald und wirksam beginnen kann, hat der Jäger es unverzüglich aufgebrochen beziehungsweise ausgeweidet. Um die von der Tier-LMHV für Schalenwild geforderte Innentemperatur der Muskulatur von höchstens plus sieben Grad Celsius während der folgenden 24 bis 36 Stunden – je nach Größe des Stückes – zu erreichen, wird das Wild anschließend innerhalb von maximal zwölf Stunden in eine geeignete Kühleinrichtung beziehungsweise Wildsammelstelle oder einen zugelassenen Wildbearbeitungsbetrieb gebracht.

Der Gesetzgeber räumt die Möglichkeit ein, die Außentemperatur für eine Kühlung zu nutzen. Deswegen darf aber erlegtes Wild an einem strengen Frosttag nicht den tiefen Außentemperaturen dauerhaft ausgesetzt bleibt. Der Profi wird den Zeitraum nicht überschreiten, der für den jagdlichen Ablauf – Bergen, Transport und Versorgen – erforderlich ist.

Aus hygienischen Gründen dürfen weder aus der Decke geschlagenes oder abgeschwartetes Wild und Wild in Decke oder Schwarte gemeinsam in einem Raum gekühlt werden, noch darf Wild in Decke, Schwarte oder Balg eingefroren werden. Letzteres verhindert, dass das Wildbret, insbesondere im Bereich der Schusseinwirkung, durch Verunreinigungen in seinem Geruch, Geschmack und seiner Haltbarkeit während des Lagerns und beim Auftauen nachhaltig beeinflusst wird. Ein weiterer Grund besteht darin, dass ein erneutes Einfrieren von Teilstücken nach dem Zerwirken eine Qualitätseinbuße mit sich bringt. Die Qualität leidet unter anderem aufgrund des erhöhten Auftauverlustes, also des auslaufenden Fleischsaftes.

WILD-KÜHLZELLEN SIND KEINE WILDKAMMERN

„Eine Schwalbe macht noch keinen Sommer", genauso macht eine Wild-Kühlzelle allein noch keine Wildkammer aus. Wie eine solche gestaltet sein muss, bestimmen VO (EG) Nr. 852/2004, LMHV und Tier-LMHV. Aus diesem Regelwerk abgeleitet, sind bestimmte Standards für die Beschaffenheit von Böden, Fenstern und Türen sowie weitere Ausstattungsmerkmale (S. 538) als bindend anzusehen. Wer eine Wildkammer einrichten möchte und/oder muss, weil er Wild be- oder verarbeiten und an Dritte abgeben möchte, muss sich genau informieren.

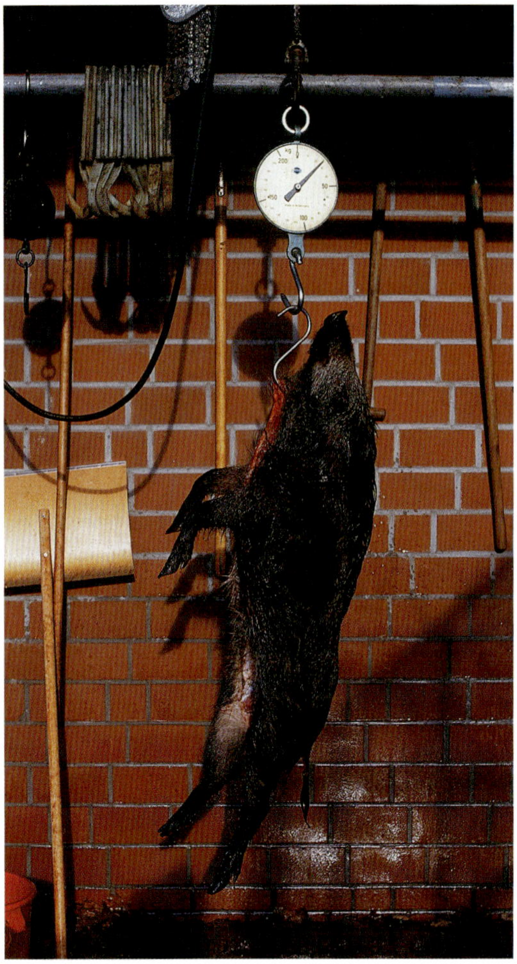

Kühl und luftig hängt die Sau an der Waage im Vorraum der Wildkammer.

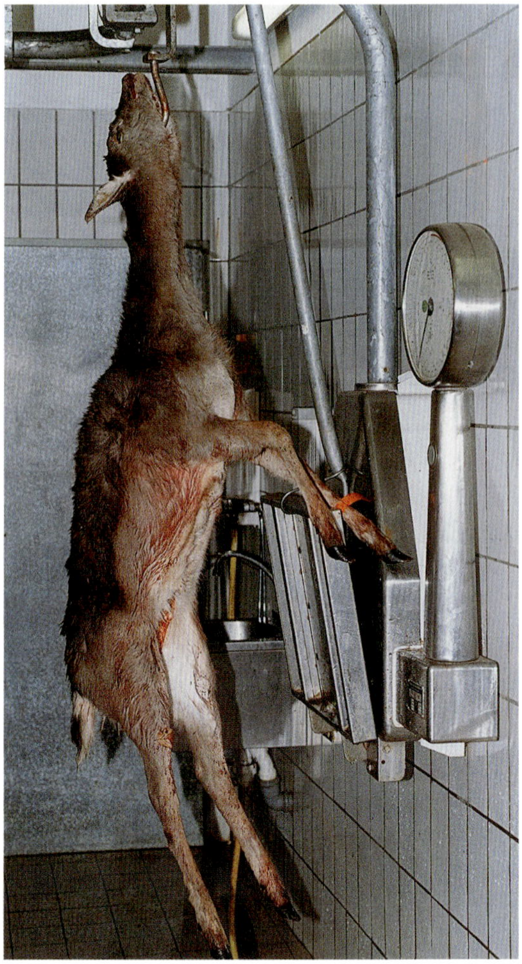

Damtier in der Wildkammer

Besonderheiten beim Niederwild

Feldhase und Wildkaninchen

Für das Gewinnen gesunden und hygienisch einwandfreien Wildbrets von Feldhase und Wildkaninchen gelten grundsätzlich auch die Bemerkungen, die zum Schalenwild bereits ausgeführt worden sind. Jedoch sind einige Besonderheiten zu berücksichtigen. Wird ein erlegter Mümmelmann oder ein Kanin aufgenommen, drückt der Treiber oder Schütze sofort die Harnblase aus, um sie zu entleeren. Das ist das erste Gebot.

Je nach Sitz der Schrote ist die Muskulatur stark verunreinigt und bakteriell belastet. Beim Durchschlagen des Balges reißen die Schrote Wolle mit sich. Das kann – vor allem wenn der Magen-Darm-Trakt verletzt ist – zu einem Keimgehalt von 10 000 bis 1 000 000 pro Gramm Muskulatur führen.

Auch dieses Haarwild wird möglichst unmittelbar nach dem Erlegen ausgeweidet. Der Gesetzgeber lässt allerdings zu, dass dies spätestens bei der Anlieferung in den Betrieben geschieht. Bei nicht ausgeweideten Hasen und Kaninchen

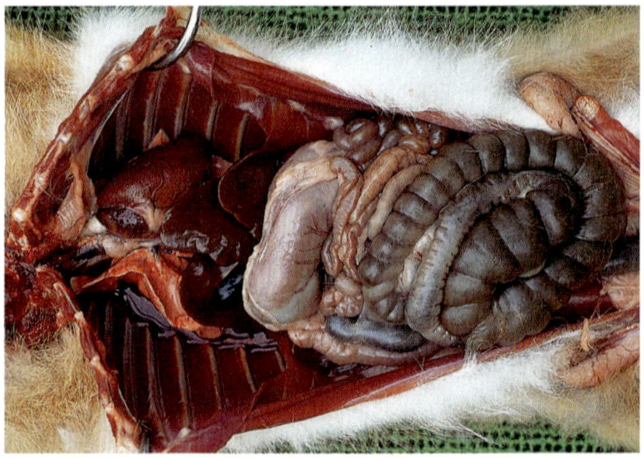

So liegen die Organe in Bauch- und Brusthöhle des Hasen.

kann es je nach Temperatur schnell dazu kommen, dass die Bauchwand vergrünt und dadurch Geruchs- und Geschmacksabweichungen besonders im Filetbereich auftreten.

Beim Ausweiden von Kaninchen achtet der erfahrene Jäger auf die sogenannten Inguinaldrüsen, die beidseits des Weidloches liegen. Beim Ausweiden von Hasen wird er die sekrethaltigen Hauttaschen beidseits am Übergang der Innenseite des Hinterlaufes zum Beckenbereich „im Auge haben". Sie sind ohne Verletzung zu entfernen, da sich ihr jeweils strenger artspezifischer Geruch sonst auf die Muskulatur überträgt.

Die ausgeweideten Tierkörper sind spätestens nach zwölf Stunden auf eine Innentemperatur von höchstens plus vier Grad Celsius abzukühlen. Werden Hasen oder Kaninchen an einen zugelassenen Wildbearbeitungsbetrieb abgegeben, sind sie binnen zwölf Stunden direkt anzuliefern. Werden sie an eine Wildsammelstelle geliefert, geschieht dies innerhalb von 24 Stunden, jeweils nach dem Erlegen.

FEHLER VERMEIDEN!

Es war lange Zeit eine oft praktizierte Unsitte, den unausgeweideten Hasen mehrere Tage lang hängen zu lassen. Auch das heute noch gelegentlich zu beobachtende Übereinanderstapeln von Wildkörpern, so bei guten Niederwildjagden mit größerem Wildanfall, ist eine „Todsünde". Bei größeren Strecken werden die Hasen, Kaninchen, Fasanen und Enten ***frei hängend*** *auf dem Wildwagen transportiert. So ist Luftzutritt gewährleistet.*

Bei einer Innentemperatur von plus vier Grad Celsius sind die Tierkörper etwa zehn Tage haltbar. Das geht nur, wenn die Auskleidungen der Körperhöhlen von Anfang an abgetrocknet sind. Der Säuregrad der Muskulatur erreicht offensichtlich nicht so tiefe Werte wie beim Schalenwild. Innerhalb der ersten 24 Stunden wurden bei „Treibjagdhasen" pH-Werte zwischen 6,4 und 5,8 und bei „Ansitzkaninchen" zwischen 6,2 und 5,7 gemessen. Da das Fettgewebe schnell ranzig wird, eignen sich die Vorderläufe nicht für ein Lagern in der Gefriertruhe.

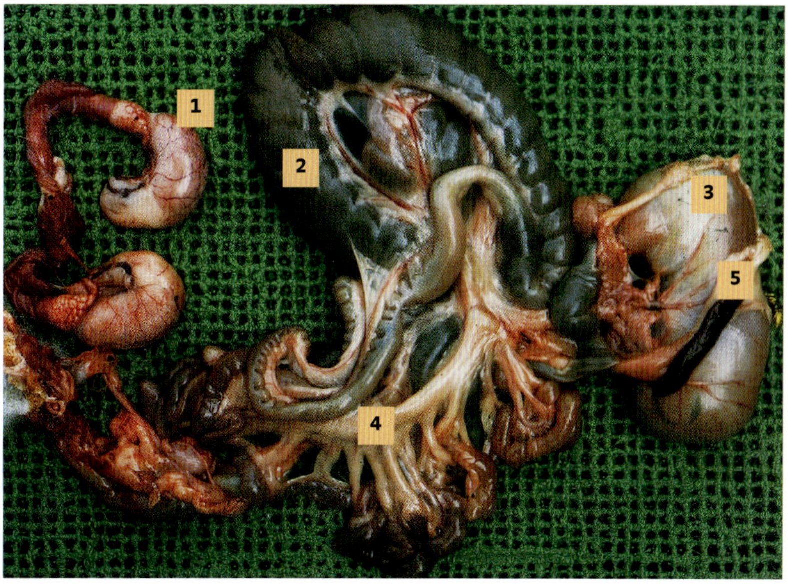

Die Organe von Bauch- und Beckenhöhle eines Rammlers, nämlich
1. Kurzwildbret,
2. Dickdarm,
3. Magen,
4. Dünndarm und
5. Milz. Nieren und Leber sind bereits entnommen.

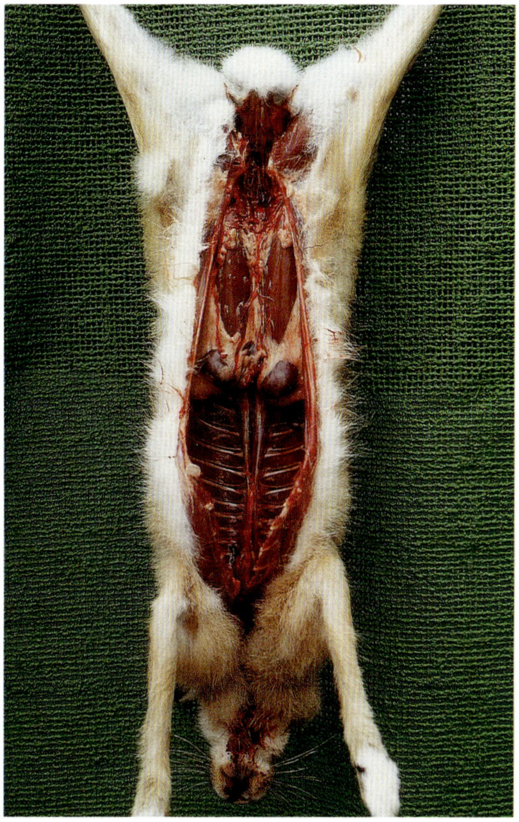

Dieser Mümmelmann ist vom Schloss bis zum Kinnwinkel „aufgebrochen" und ausgeweidet. Die Filets sind vom Bauchfell abgedeckt. Die Nieren müssen noch entfernt werden.

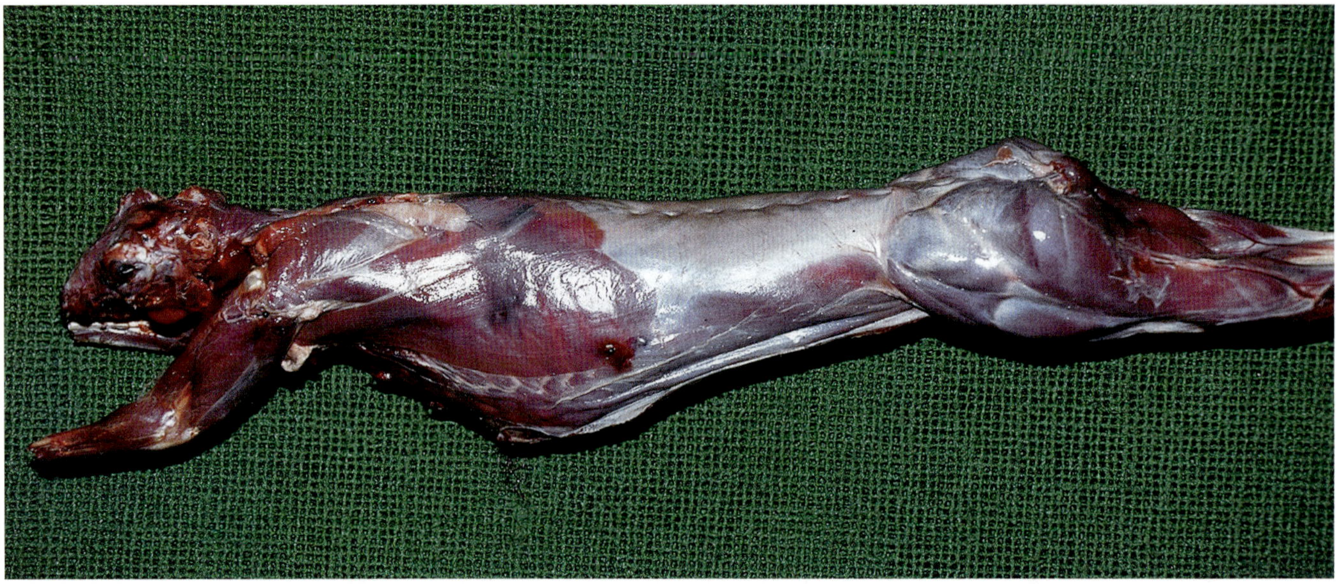

Sauber abgebalgt, wird der Feldhase gleich ausgeweidet. Die rotbraunen Bauchwände beweisen das alles rechtzeitig geschieht. Charakteristisch ist seine dunkle Muskulatur. Beim Kaninchen wäre sie blass rosa.

Federwild

Ente, Taube oder Fasan können wir ausnehmen, nachdem wir über der Kloake einen kurzen Schnitt gemacht haben. Die Kloake wird dabei sauber umschnitten. Außerdem muss der Kropf aus dem Hals gelöst werden. Sein Inhalt gärt rasch.

Beim Federwild reißen die Schrote ebenfalls Federteile und Bakterien mit in den Wildkörper. Dadurch wird die Haltbarkeit des Muskelfleisches beeinträchtigt. Es ist deshalb von Wichtigkeit, Federwild nach dem Erlegen unverzüglich auszuweiden und auf plus vier Grad Celsius herabzukühlen.

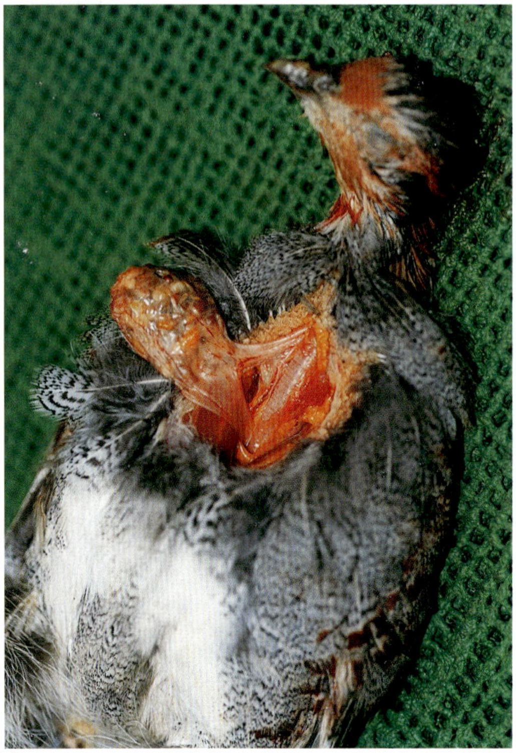

Rebhuhn mit freigelegtem Kropf

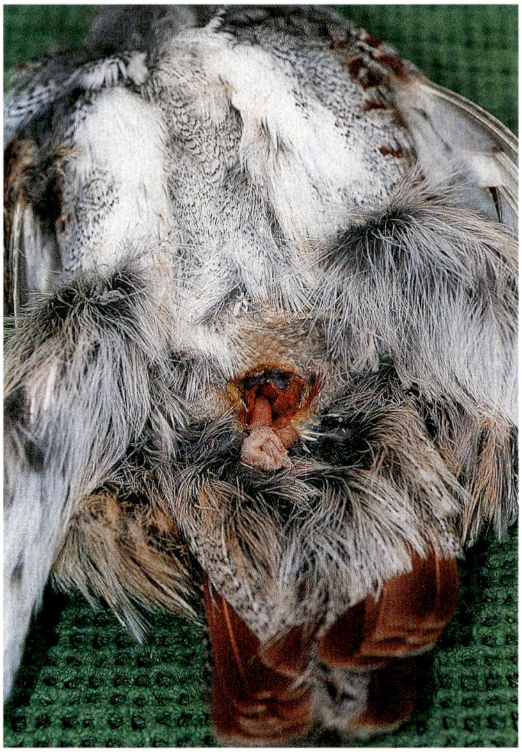

Rechts: Zunächst wird das Rebhuhn rund um das Weidloch gerupft. Dann lässt sich dieses sauber umschneiden. Anschließend werden die Innereien entnommen.

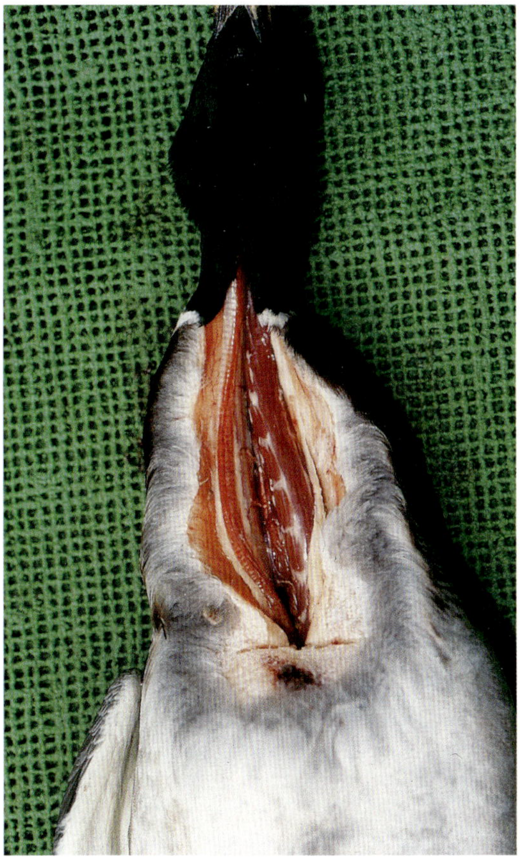

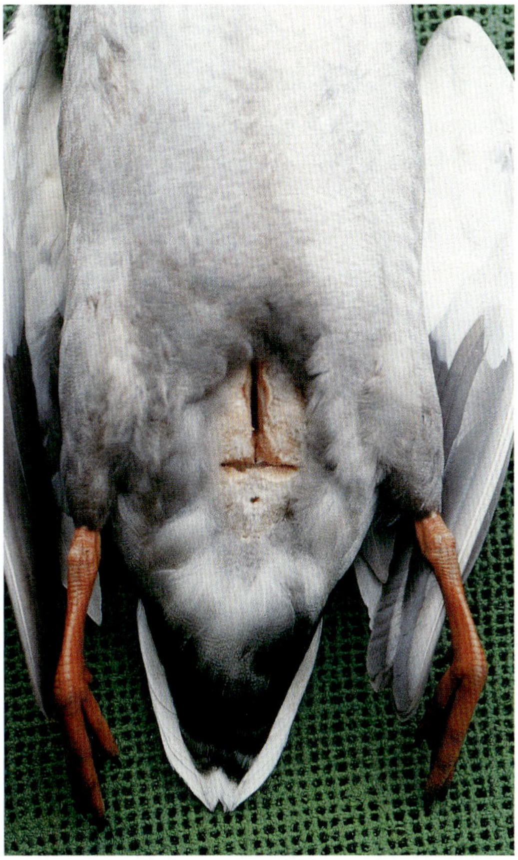

Links: Schlund und Luftröhre dieses Stockerpels sind freigelegt. Wildenten haben keinen Kropf.

Auch Stockenten müssen rasch „aufgebrochen“ werden. Um die Organe der Leibeshöhle zu entnehmen, werden über dem Weidloch Schnitte angesetzt.

Auch Federwild wird während des Transportes keinesfalls übereinandergelegt! Bei größeren Strecken werden Fasanen oder Enten frei hängend auf dem Wildwagen transportiert.

Beseitigen von Tierkörpern

Immer wieder einmal kommt es vor, dass der Jäger Fallwild findet. Um schnell und sicher an die Diagnose zu gelangen, senden wir das Stück an das nächste staatliche Veterinäruntersuchungsamt oder an ein tierärztliches Hochschulinstitut für Pathologie.

Keinesfalls packen wir solche Stücke einfach sofort auf den Luderplatz. Fallwild mit Verdacht auf eine auf den Menschen übertragbare Krankheit (Zoonose) muss ebenso in einer Tierkörperbeseitigungsanstalt entsorgt werden wie erlegtes Wild mit solchen Verdachtsmerkmalen.

Diesbezüglich unverdächtiges Fallwild, zum Beispiel Verkehrsunfallwild, kann der Jäger gemeinwohlverträglich durch Vergraben beseitigen. Fachgerecht geschieht dies, wenn das Stück dabei von mindestens 50 Zentimetern, besser einem Meter Erdreich bedeckt wird. Dann gräbt auch der Fuchs es nicht mehr aus. Um eine rasche Verwesung nicht zu verhindern, packen wir das Stück keinesfalls in Folie.

So schaut es in der Leibeshöhle eines Stockerpels aus: 1. Lunge, 2. Hoden, 3. Nieren.

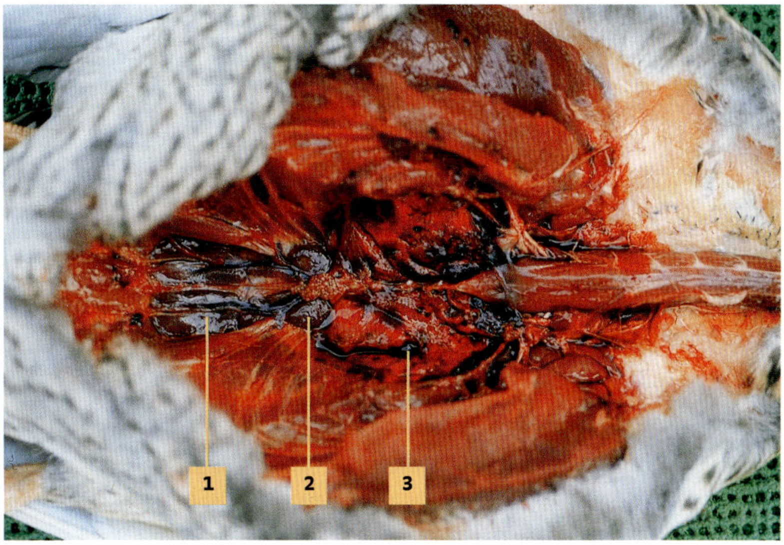

Hier ist an alles gedacht worden.

Will der Jäger Wild vermarkten und zuvor be- oder verarbeiten, ist eine Wildkammer mit strengen Anforderungen Pflicht. An den meisten Verwaltungsjagden kann er sich ein Beispiel nehmen.

Wildkammer und Betriebsstätte

Der Jäger, der Wild zur Weitergabe an Dritte häutet, rupft oder zerwirkt, muss über eine Wildkammer verfügen und sich unter Angabe dieser Wildkammer als Betriebsstätte registrieren lassen. So bestimmt es die VO (EG) Nr. 852/2004.

Verarbeitet ein Jäger Wild und/oder kauft er Wild (aus anderen Revieren oder zugelassenen Wildbearbeitungsbetrieben) zu, muss er sich darüber hinaus als Lebensmitteleinzelhändler registrieren lassen. Zugekauftes Wildfleisch darf aber nur direkt an Endverbraucher abgegeben werden.

Wie eine Wildkammer zur Bearbeitung oder Verarbeitung von Wild ausgestattet sein muss, ergibt sich wie erwähnt ebenfalls aus VO (EG) Nr. 852/2004, der LMHV und der Tier-LMHV. Obwohl in diesen Rechtsnormen nachstehende Anforderungen nicht ausnahmslos wörtlich genannt und vorgeschrieben sind, muss sie der Jäger als allgemeingültige Standards betrachten und mit seiner Wildkammer erfüllen:

- Wände und Decken der Wildkammer müssen hell, glatt und abwaschbar sein.
- Ihr Boden muss leicht zu reinigen sein.
- Fenster und Türen müssen leicht zu reinigen sein und einen Insektenschutz aufweisen.
- Eine ausreichende Beleuchtung muss gegeben sein.
- Ein Handwaschbecken mit Warmwasser, Seifen- und Handtuchspender muss installiert sein.

Neben den vorstehenden Anforderungen an die Wildkammer und weiteren an die verwendeten Arbeitsgeräte muss eine registrierte Betriebsstätte für den hygienischen Umgang mit dem Lebensmittel Wild weitere Voraussetzung erfüllen. Hierzu zählen:

- die Möglichkeit, Wild, das bereits aus der Decke geschlagen beziehungsweise abgeschwartet ist, oder auch zerlegte Wildkörper getrennt von Wild in der Decke, Schwarte oder Balg zu lagern,
- hygienische Lagerbedingungen und natürlich
- ausreichende Kühlmöglichkeiten.

Nach dem Erlegen noch ein rascher Rundblick über die Wildwiese. Der Bock ist für den Transport schon praktisch „geschürzt“, der Heimweg mit ihm ist so „ein Leichtes“, darf aber nicht zu lang dauern.

Teil 4

Die Jagdhunde

Rassen, Zucht und Haltung

Einteilung nach Einsatzgebieten

So unterschiedlich die Landschaften zwischen Nordseeinseln und Alpen, so verschieden sind auch die jagdlichen Verhältnisse in Deutschland. Ein Spiegelbild dieser Vielfalt sind unsere Jagdhunderassen. Die wichtigsten werden kurz und bündig vorgestellt.

Der älteste Begleiter des Menschen ist der Hund. Anfangs dienten Hunde unseren Vorfahren vermutlich als Nahrungsreserve und Wächter. Schon sehr früh hat sie der Mensch auch als Jagdgehilfen eingesetzt. Durch die Jahrhunderte wurde er dem Waidmann unentbehrlich. „Ein Jäger ohne Hund ist wie ein Schreiber ohne Feder", formulierte der Salzburger Oberstjägermeister Martin Strasser von Kollnitz Anfang des 17. Jahrhunderts.

Nach ihren Verwendungsmöglichkeiten werden unsere Jagdhunde heute in sechs Gruppen eingeteilt:

1. Bracken
2. Erdhunde
3. Stöberhunde
4. Schweißhunde
5. Vorstehhunde
6. Apportierhunde

Nachfolgend werden diese Gruppen kurz und bündig charakterisiert:

Bracken: Die Bracken sind die ältesten Jagdhunde. Aus ihnen sind nahezu alle anderen Jagdhunderassen entstanden. Durch den Wandel der Jagd sowie des Jagdrechts gab es für den Stellenwert der Bracken ein „Auf und Ab". Ihre ursprüngliche Arbeit, die eine überaus feine Nase, Spurlaut und Spurwillen erfordert, ist das Brackieren des Hasen. Anstelle des eigentlichen Brackierens sind heute vielfach und mit gutem Erfolg die Stöberarbeit an Schalenwild und die Schweißarbeit getreten.

Erdhunde: Ursprünglich wurden die Erdhundrassen für die Baujagd gezüchtet und hierbei verwendet. Der geringe Bodenabstand und Brustumfang ihrer Rassevertreter bezeugen dies. Die Erdhunde leisten aber auch beim Stöbern und der Schweißarbeit gute Dienste. Leider werden Teckel und Foxterrier heute vielfach nach „Schönheit" und nicht auf jagdliche Leistung hin gezüchtet. Bei der Wahl seines zukünftigen Jagdbegleiters wird sich der Jäger also immer für einen Welpen aus jagdlicher Leistungszucht entscheiden.

Stöberhunde: Die Vertreter dieser Gruppe sind überwiegend Waldhunde. Weiträumig und selbstständig suchen sie auch unter schwierigen Bedingungen dichteste Dornenverhaue nach Wild ab, machen es hoch und verfolgen es spurlaut. Ihre Vielseitigkeit wird im Wasser, beim Verlorenbringen sowie bei der Schweißarbeit erkennbar.

Schweißhunde: Die Schweißhundrassen sind als absolute „Spezialisten" gezogen. Sie folgen auch unter extrem schwierigen Bedingungen dem kranken Schalenwild, hetzen und stellen es, wenn es noch nicht verendet ist. Die Arbeit vor dem Schuss, etwa das „Lancieren", spielt demgegenüber heute so gut wie keine Rolle mehr.

Vorstehhunde: Die *deutschen* und *französischen* Vorstehhunde sind vielseitige „Mädchen für alles". Ihr ursprüngliches Arbeitsgebiet war die Niederjagd im Feld: die weite, flotte Suche, das sichere Vorstehen und Bringen erlegten Wildes. Der Rückgang des Niederwildes führte zu anderen Schwerpunkten im Einsatzspektrum der Vorstehhunde: Schweißarbeit, Wasserarbeit und Stöbern, wobei Letzteres zwingend erfordert, dass der Spurlaut züchterisch stärker berücksichtigt wird.

Die *britischen* Vorstehhunde sind in ihrem Ursprungsland reine Vorstehspezialisten. Sie arbeiten in England nur vor dem Schuss. Zum Apportieren hatten und haben die Briten eigene Apportierhunde, die Retriever. In Deutschland werden die britischen Vorstehhunde vielseitiger gezüchtet und eingesetzt.

Apportierhunde: Die Apportierhunde oder Retriever gehören zu den wenigen Jagdhunderassen, die ihre Wurzeln nicht bei den Bracken haben. Ihre Ahnen sind im Wesentlichen Neufundländer und eine kleinere Urform der uns heute bekannten Rasse. Retriever sind auf Spur und Fährte absolut stumm, apportieren aber „alles, was sich nicht wehrt". Sie sind der ideale Hund für den Entenjäger.

Die Jagdhundrassen

Innerhalb der vorstehend charakterisierten sechs Jagdhundgruppen haben sich in Mitteleuropa eine Vielzahl von Jagdhunderassen entwickelt. Für jede von ihnen wurden seit Ende des vergangenen Jahrhunderts „Rassestandards" entwickelt. Um die Unterschiede der einzelnen in Deutschland häufig geführten Jagdhunderassen kurz und bündig aufzuzeigen, veranschaulichen nachfolgende Abbildungen und Tabellen die wichtigsten Beurteilungskriterien ihrer Erscheinungsform, ihre Eigenschaften und Einsatzschwerpunkte:

Die Westfälische Dachsbracke ist eine seltene Jagdhunderasse.

Die Bracken

Anette von Droste-Hülshoff charakterisierte die Deutschen Bracken treffend als „lebendige Glocken". Sie sind locker spurlaut, zudem spurwillig und feinnasig.

Der Slovensky Kopov, auch Slowakische Schwarzwildbracke genannt, ist auf Stöberjagden immer häufiger zu sehen.

Brandlbracken sind zu beachtlichen Nachsucheleistungen fähig. Die Brandl ist der leichte, sprungstarke und vielseitige Hund des Bergjägers.

Rechts: Bei ausgeprägter Passion ist die Tiroler Bracke ein angenehmer Pirschbegleiter und Hausgenosse.

BRACKEN

Rassenname	Abkürzung	Farbe	Größe	Wissenswertes in Kurzform
Deutsche Bracke	DBr	schwarz-weiß-rot	40–53 cm	Das spurlaute Jagen ist genetisch fixiert, stumm jagende Deutsche Bracken sind äußerst selten. Es sind keine „Rambos", sondern Hunde, die eine einfühlsame Führerhand benötigen.
Westfälische Dachsbracke	WDBr	wie vorstehend	30–38 cm	wie vorstehend
Brandl-Bracke	BrBr	schwarz rote Abzeichen	48–56 cm	Der Spurlaut scheint derzeit nicht ganz so fest im Erbgut verankert zu sein wie bei den Deutschen Brackenschlägen. Auch die Brandl bedarf einer feinfühligen Führerhand und ist bei entsprechender Einarbeitung zu hohen Leistungen auf der Schweißfährte fähig.
Steirische Rauhhaarbracke	StBr	rot bis fahlgelb	45–53 cm	wie vorstehend
Tiroler Bracke	TBr	schwarz, mit weißen und roten Abzeichen oder einfarbig hirschrot	44–48 cm	Der Spurlaut scheint zuverlässig fixiert zu sein, im Übrigen wie Brandl-Bracke.
Kopov	Kop	wie Brandl	40–50 cm	Sie ist von allen Brackenschlägen wohl die mit der zuverlässigsten Härte und Schärfe an Sauen. Spurlaut wie Brandl-Bracke.
Beagle	Bg	zwei- oder dreifarbig schwarz-weiß-rot	33–40 cm	Der Spurlaut ist – abgesehen von sehr seltenen Ausnahmen – vorhanden. Gelegentlich fehlt die Wildschärfe oder ist nur „unterentwickelt". Achtung: Im Beagle-Club-Deutschland dominiert die „Schönheitszucht", im Verein Jagd-Beagle wird ausschließlich jagdlich gezüchtet.

Tabelle: Die Bracken sind fraglos die ältesten Jagdhunde, quasi die „Urjagdhunde". In der Schweiz heißen sie Laufhunde, in Österreich Wildbodenhunde. Bracken haben von Hause aus das beste „Kleid" aller Jagdhunde: Sie sind stockhaarig.

Die Stärke des Beagles ist sein verlässlicher Spurlaut. Die Wildschärfe ist in der Regel nicht sehr stark ausgeprägt.

Die Steirische Rauhaarige Hochgebirgsbracke heißt nach ihrem „Erfinder" auch „Peintinger Bracke".

Die Erdhunde

Ein „Flieger": Der Rauhaarteckel attackierte – ohne langwierige Beißereien – den Fuchs mutig aus verschiedenen Richtungen.

Schwarz-roter Kurzhaarteckel. Er ist die „Urform" aller Teckel.

ERDHUNDE

Rassenname	*Abkürzung*	*Farbe*	*Größe/Gewicht*	*Wissenswertes in Kurzform*
Teckel: **Kurzhaarteckel** **Rauhhaarteckel** **Langhaarteckel**	 KT RT LT	schwarz mit rotem Brand, rot dürrlaubfarben, saufarben, getigert	4–9 kg	Wir erwerben bloß Hunde aus „jagdlicher Leistungszucht" des Deutschen Teckelclubs oder des Vereins für Jagdteckel. Wer Teckel aus reiner „Formzucht" ersteht, riskiert den Kauf jagdlicher Nieten. Bei entsprechender Veranlagung sind sie sehr gute „Bauarbeiter", Stöberer und Schweißarbeiter. Die kurzen Läufe setzen ihrer Arbeit Grenzen.
Foxterrier **Drahthaar** **Kurzhaar**	FT	weiß mit schwarzen und lohfarbenen Abzeichen	bis 39 cm	Der „Urterrier", der leider überwiegend in die „Schönheitszucht" abgeglitten ist. Hier ist unbedingt auf jagdliche Abstammung zu achten. Schneidiger „Rambo" unter wie über der Erde (Fuchs, Dachs bzw. Sauen). Auch als Stöberer und im Wasser sowie bei „normalen" Schweißarbeiten einsetzbar.
Deutscher Jagdterrier	DJT	schwarz mit roten Abzeichen, dunkelbraun	bis 40 cm	Wie Foxterrier, jedoch sind alle guten Eigenschaften bei ihm ausgeprägter. Ein nicht immer leicht zu führender Hund, der einer konsequenten Führerhand bedarf, dann aber ein „kleiner Vollgebrauchshund" sein kann. Schönheitszucht gibt es nicht, er wird ausschließlich in jagdlicher Leistungszucht gezüchtet.
Jack Russell Terrier	JRT	weiß mit Abzeichen	ca. 35 cm	Wie Foxterrier. Auch hier gibt es Schönheits- und Leistungszucht. Auf die Abstammung achten!

Wendig, hart und scharf ist an Fuchs und Sau der Deutsche Jagdterrier.

Langhaarteckel sind in aller Regel sehr vielseitig, nur leider oft zum „Stadt-“ und „Familienhund“ geworden.

Dem Wesen nach ist der Foxterrier freundlich und furchtlos.

Jack Russell Terrier und Parson Russell Terrier sind gute Bauhunde. Auch als Saufinder und Rotten-Sprenger haben sie sich bewährt.

Die Stöberhunde

Links: Sie rechnen zu den Stöberhunden, doch liegt die Stärke der Springer Spaniels im Buschieren. Sie sind fast so groß wie Wachtelhunde und farblich auffällig.

Oben: Der Deutsche Wachtelhund ist der Hund des Waldjägers, bevorzugt des Berufsjägers oder Forstmannes. Lockerer Spurlaut, ausgeprägter Spurwille und eine feine Nase zeichnen ihn aus.

Cockerspaniel finden wir häufiger in Parkanlagen von Großstädten als im Jagdrevier. Schade, denn sie sind sehr gute Buschierer in reich besetzten Fasanen- oder Kaninchenrevieren.

STÖBERHUNDE

Rassenname	Abkürzung	Farbe	Größe	Wissenswertes in Kurzform
Deutscher Wachtelhund	DW	braun, braunschimmel	45–54 cm	Er ist der Waldhund schlechthin, ein verlässlicher, spurlauter, weiträumig jagender Stöberer mit ebenfalls guten Leistungen im Wasser, im Bringen und auf der Wundfährte (bei entsprechendem Einarbeiten).
Cockerspaniel	CSp	alle Farben erlaubt, außer gestromt	38–41 cm	Der sehr gute, meist auch spurlaute Stöberer oder Buschierer (Fasanen!) sucht in der Regel kürzer als der Wachtelhund. Im Rahmen seiner konstitutionellen Möglichkeiten apportiert er fleißig.
Springer-Spaniel	SpSp	braun-weiß schwarz-weiß	ca. 45–50 cm	Wie Cocker – jedoch ist bei ihm der Spurlaut noch ein züchterisches Problem und keineswegs genetisch fixiert.

Die Schweißhunde

Oben: Die Stärke des Hannoverschen Schweißhundes ist die Riemenarbeit, typisch dabei seine ausgeprägte Fährtentreue.

Oben: Die Alpenländische Dachsbracke gehört zu den ältesten Jagdhundrassen des Kontinents. Urheimat sind die Alpenländer und das Erzgebirge. Bei Nachsuche und Hetze ist sie schnell, spurlaut und beweglich. Zudem ist sie verlässlich wildscharf. Und den Waldhasen brackiert sie obendrein.

Brackenblut macht den Bayerischen Gebirgsschweißhund leicht, schnell und beweglich.

SCHWEISSHUNDE

Rassenname	Abkürzung	Farbe	Größe	Wissenswertes in Kurzform
Hannoverscher Schweißhund	HS	hirschrot mit und ohne Maske, gestromt mit und ohne Maske	48–55 cm	Er ist ein reiner Nachsuchenspezialist für die Arbeit auf der Hochwild-Wundfährte (Riemenarbeit, Hetze und scharfes Stellen).
Bayerisch. Gebirgs-schweißhund	BGS	rot bis fahlgelb	47–52 cm	Er wird ebenso eingesetzt wie der HS, jedoch auch auf der Rehwild-Wundfährte.
Alpenländische Dachsbracke	ADBr	hirschrot oder schwarz mit rotem Brand	34–42 cm	Dritte anerkannte Schweißhundrasse! Sie wird nicht so ausschließlich auf der Wundfährte eingesetzt. Der Jäger nutzt sie auch als spurlauten Stöberer und Brackierer.

Die Vorstehhunde

Ein Bild von geballter Energie und majestätischer Eleganz: Vorstehender Pointer.

English Setter sind zweifellos „lupenreine" Vorstehspezialisten.

VORSTEHHUNDE

Rassenname	Abkürzung	Farbe	Größe	Wissenswertes in Kurzform
Pointer	P	nahezu alle Farben erlaubt	61–69 cm	**Pointer und Setterrassen:** Sie sind exzellente Vorstehspezialisten, die in Deutschland vielseitiger gezüchtet werden. Auf Spur und Fährte sind sie meist stumm. Weil sie in der Regel reine „Hochwindsucher" sind, eignen sie sich für jede Arbeit mit tiefer Nase nur beschränkt. Auch bei diesen Rassen dominiert die Formzucht. Beim Kauf unbedingt darauf achten, dass der Hund aus jagdlicher Anlagen- oder Leistungszucht stammt.
English-Setter	ES	Grundfarbe weiß, mit nahezu allen Farben erlaubt	61–68 cm	
Irish-Setter	IS	mahagonirot weiß mit mahagonirot (Red & White Setter)	57–66 cm	
Gordon-Setter	GS	schwarz mit roten Abzeichen	62–66 cm	
Magyar Vizsla, Kurzhaar und Drahthaar	MV	semmelgelb	52–61 cm	Er ist ein leicht führiger, manchmal „weicher" Gebrauchshund, dem leider oft der Spurlaut fehlt.
Deutsch-Kurzhaar	DK	braun, braun-schimmel schwarz-schimmel	58–66 cm	**Alle deutschen und französischen Vorstehhunde:** Es sind Vollgebrauchshunde mit nur in Nuancen unterschiedlichen anlagebedingten Schwerpunkten. Der Spurlaut ist zum Beispiel beim großen Münsterländer relativ sicher vorhanden, beim Weimaraner fehlt er nahezu durchweg. Das Einsatzspektrum unterliegt derzeit einem erheblichen Wandel: Infolge des immer weniger werdenden Niederwildes werden die Vorstehhunde weniger im Feld und vermehrt im Wald (Stöbern, Schweißarbeit) eingesetzt. Für den Einsatz im Wald ist Spurlaut unabdingbar. Züchterische Konsequenzen sind daher zwingend notwendig. Auch tierschutzrelevante Aspekte beim Einsatz stummer, scharfer und schneller Vorstehhunde als Stöberer auf Schalenwild müssen bedacht werden.
Weimaraner, Kurz- und Langhaar	W	silber-mausgrau	57–70 cm	
Deutsch-Langhaar	DL	braun, braun-schimmel	60–66 cm	
Großer Münsterländer	GM	schwarz-schimmel	58–65 cm	
Kleiner Münsterländer	KM	braun-schimmel	50–56 cm	
Deutsch-Stichelhaar	DSt	braun, braun-schimmel	bis 66 cm	
Pudelpointer	PP	braun, schwarz	55–68 cm	
Griffon	Gr	blaugrau, braun, weiß mit braun	50–60 cm	
Deutsch-Drahthaar	DD	braun, braun-schimmel schwarz-schimmel	57–68 cm	
Epagneul breton	EB	weiß mit nahezu allen Farben	46–51 cm	

Von Haus aus sind Irish Setter Vorstehspezialisten und treue Familenhunde.

Der Gordon oder Schottische Setter ist bei entsprechender Ausbildung wie alle Vorstehhunde vielseitig einsetzbar.

Als Apporteur ist der Deutsch-Kurzhaar Spitzenklasse. Er wird überwiegend im Feld eingesetzt.

Ein kurzhaariger ungarischer Vorstehhund. In Deutschland werden auch Vizslas „mit rauer Jacke" geführt.

Deutsch-Langhaar sind elegante und robuste Gebrauchshunde. Vor und nach dem Schuss leisten sie Vorzügliches.

Die silbergraue Farbe und bernsteingelbe Augen sind typisch für Weimaraner – egal ob es wie hier der kurzhaarige oder der langhaarige Schlag ist.

Den Großen Münsterländer zeichnen häufig Wild- und Raubwildschärfe aus.

Die Qualitäten des Kleinen Münsterländers liegen auch in der Arbeit nach dem Schuss.

Pudelpointer sind Vollgebrauchshunde, die in Wald, Feld und Wasser vorzügliche Arbeit leisten.

Der Deutsch-Stichelhaar ist die seltenste Vorstehhundrasse mit „wetterfester Jacke“.

Deutsch-Drahthaar mit sieben Wochen altem Welpen.

Der Epagneul breton ist der kleinste, aber weltweit häufigste Vorstehhund.

Die Apportierhunde

Golden Retriever sind leistungsstark im Wasser. Doch auch diese Rasse läuft Gefahr, ein auf Schönheit gezüchteter Familienhund zu werden.

Ob schwarz oder blond ist Geschmackssache. Labrador-Retriever sind die Hunde des Entenjägers.

APPORTIERHUNDE

Rassenname	*Abkürzung*	*Farbe*	*Größe*	*Wissenswertes in Kurzform*
Labrador-Retriever	LR	schwarz, gelb, braun	54–57 cm	Es sind nahezu reine Apportierspezialisten im Wasser wie an Land. Da sie immer Stummjäger sind, ist ein Einsatz darüberhinaus kaum möglich. Allenfalls können wir sie noch auf die Schweißfährte bei sicheren Totsuchen verwenden. Achtung: Erhebliche Formzucht – also auch hier auf klar deklarierte jagdliche Abstammung achten!
Golden-Retriever	GR	gold- bis cremefarben	51–61 cm	

Der Jagdgebrauchshundverband

Der Jagdgebrauchshundverband (JGHV) ist die Dach- und Spitzenorganisation für das gesamte Jagdgebrauchshundwesen in Deutschland, der Verband für das Deutsche Hundewesen (VDH) diejenige aller anderen Hunderassen.

Der JGHV und die in ihm zusammengeschlossenen Jagdhund-Zuchtvereine verfolgen – alle gemeinsam – das Ziel, die jagdlichen Qualitäten ihrer Rasse(n) bei Wahrung des Rassestandards zu erhalten und zu verbessern. Der JGHV ist eine weltweit nahezu einmalige Institution, die bereits einhundert Jahre besteht. In ihm sind die Jagdhund-Zuchtvereine vereint, deren Rassen in Deutschland waidgerechtem Jagen dienen. Mitglieder sind unter anderem auch die Landesjagdverbände und zahlreiche Jagdgebrauchshundvereine, die sich die Förderung des Jagdhund-Prüfungswesens zur Sicherung eines vergleichbaren, hohen Leistungsniveaus der Jagdhundrassen zur Aufgabe gestellt haben.

Das „Markenzeichen“ des Jagdgebrauchshundverbandes ist der „Sperlingshund“, ein Deutsch-Kurzhaar, der einen Fuchs apportiert. Der Aufdruck des Sperlingshundes auf einer Jagdhund-Ahnentafel dokumentiert, dass der ausstellende Zuchtverein Mitglied im JGHV ist.

Die aktuellen Kontaktadressen der im JGHV zusammengeschlossenen Zucht- und Jagdgebrauchshundvereine sind auf der Internet-Seite des JGHV (www.jghv.de) unter dem Menüpunkt „Vereine“ abrufbar.

Hochträchtig ist die Deutsch-Drahthaar-Hündin: Ihr Bauchumfang ist stärker geworden, das Gesäuge angeschwollen.

Jagdhundzucht und -gesundheit

Über Fortpflanzung, Zucht und Hundekrankheiten gibt es Dutzende von dünn- und dickleibigen Fachbüchern. Wesentliches für den „ganz normalen" Hundehalter wird auf den folgenden Seiten kurz und bündig dargestellt. Einen Schwerpunkt bildet dabei die Erste Hilfe für unseren vierläufigen Freund.

Fortpflanzung und Welpenentwicklung

Hündinnen werden mit sechs bis acht Monaten, Rüden mit einem Jahr geschlechtsreif. Die Hündin wird zweimal pro Jahr hitzig, meist im Frühjahr und im Spätsommer. Rüden sind das gesamte Jahr über zeugungsfähig. Verhängnisvoll ist es, wenn eine Hündin während ihrer ersten Hitze gedeckt wird, denn zu diesem Zeitpunkt ist sie körperlich noch nicht voll ausgewachsen. Deshalb schreiben die meisten Zuchtvereine ein Mindestalter von 15 bis 24 Monaten beim ersten Deckakt vor (Zuchtreife). Hat die Hündin das achte Lebensjahr vollendet, setzen wir sie zur Zucht nicht mehr ein. Die *Hitze* der Hündin dauert bis zu 24 Tage. Sie verläuft in drei Phasen (siehe Kasten).

DIE PHASEN DER HITZE

1. Vorhitze, 1.–9. Tag: *Die Schnalle der Hündin schwillt an. Anschließend färbt die Hündin. Sie duldet in dieser Phase noch keine Rüden.*

2. Hauptthitze, 10.–15. Tag: *Das Färben lässt nach. Die Hündin nimmt nun Rüden an. Der Deckakt dauert zwischen zehn und 45 Minuten. Nach dem Aufreiten des Rüdens folgt das „Hängen". Dabei gibt der Rüde seinen Samen ab.*

Eine Hündin kann in dieser Zeit von verschiedenen Rüden gedeckt werden. Dies vermeiden wir, indem wir sie nach dem Deckakt vor anderen Rüden abschirmen.

3. Nachhitze, ab 16. Tag: *Die Hündin wird ruhiger. Spätestens ab dem zwanzigsten Tag ist sie nicht mehr paarungsbereit.*

Nach dem Aufreiten „hängen" Rüde und Hündin länger aneinander. Dabei erfolgt die Samenabgabe.

Je nach Rasse und Individuum ist die Zeit der *Trächtigkeit* verschieden. Im Mittel liegt sie bei 63 Tagen. Die Geburt kündigt sich an, wenn die Hündin verstärkt „Nester baut".

Das *Wölfen* – die Geburt der Welpen – zieht sich zwischen drei bis 24 Stunden hin. Nach der Geburt jedes Welpen beißt die Hündin die Nabelschnur ab und frisst die Nachgeburt auf. Außerdem leckt sie die Welpen unmittelbar nach der Geburt trocken.

Die Welpen suchen bald nach einer freien Zitze. Ihre Augenlider sind ab dem neunten Tag geöffnet. Volle Sehkraft besitzen sie mit etwa drei Wochen. Die Hündin säugt ihre Welpen in der Regel, bis diese sechs oder sieben Wochen alt sind. Dann können wir sie absetzen.

Wir melden den Wurf unverzüglich dem Zuchtbuchamt unseres Jagdhundevereins. Gleichzeitig beantragen wir die Ahnentafeln der Welpen. Die Rufnamen der Welpen beginnen grundsätzlich mit demselben Buchstaben.

In der siebten Woche lassen wir die Welpen gegen *Staupe, Hepatitis, Parvovirose* und *Leptospiro-*

se impfen. Die *Tollwutimpfung* erfolgt, wenn die Welpen etwa drei Monate alt sind. Mit acht bis zwölf Wochen können wir sie abgeben.

Jagdhundzucht

Will ein Rassehundbesitzer züchten, wird er sich zunächst an seinen zuständigen Zuchtverein wenden. Hier wird er fachlich beraten und über die Zuchtbestimmungen informiert.

Generelle Voraussetzung fürs Züchten ist, dass sowohl Rüde als auch Hündin eingetragen sind und eine *Zuchteignungsprüfung* abgelegt haben. Ziel ist nämlich, nur körperlich und wesensmäßig taugliche Hunde zur Zucht zuzulassen. Um die entsprechenden Voraussetzungen hierfür beurteilen zu können, braucht es eine langjährige Erfahrung. Der Laie kann in aller Regel nicht entscheiden, ob ein Tier frei von Erbfehlern ist und darüber hinaus über gute Anlagen verfügt, kurz und knapp, ob der Hund *zuchttauglich* ist. Eine Beratung durch den zuständigen Zuchtwart ist immer geboten.

Die Abstammung eines Hundes wird durch seine Ahnentafel nachgewiesen. In ihr sind neben Name, Geschlecht, Geburtsdatum, Kennzeichen und Zuchtbuchnummer auch die Vorfahren des Hundes, deren und seine Prüfungen, Züchter und bisheriger Besitzer verzeichnet.

Der verantwortungsvolle Züchter sorgt dafür, dass seine Hündin nur einmal pro Jahr wölft und zwischendurch aussetzt (Wurfpause). Er bietet ihr in einem leicht abgedunkelten, zugfreien und warmen Raum eine Wurfkiste. Außerdem überwacht er das Wölfen, um jede unnötige Störung zu unterbinden. Kommen Welpen im Frühjahr zur Welt, wachsen sie in die warme Jahreszeit hinein. Dies strebt jeder versierte Züchter an.

Gesundheitsvorsorge

Vorbeugende Maßnahmen zur Versorgung kranker Jagdhunde sind ein Muss, wenn unsere Hunde hart zu arbeiten haben. Baujagden – vor allem, wenn einmal der Dachs steckt – oder Stöberjagden auf Sauen sind solche Fälle. Eine vorherige Terminabsprache mit den örtlichen Tierärzten sollte selbstverständlich sein. Noch schnellere Hilfe kann ein Tierarzt unter den Jagdteilnehmern leisten, der das tiermedizinisch Notwenige in einem Allrad mit sich führt. Handyverständigung noch während der Jagd hat schon manchen geschlagenen Hund vor dem Schlimmsten bewahrt.

Den Stöber- und den Bauhund mit einem Sender auszustatten, um ihn notfalls rasch orten zu können, gehört heute auch dazu. Ebenso wie eine schlagfeste Schutzweste für schwarzwild-

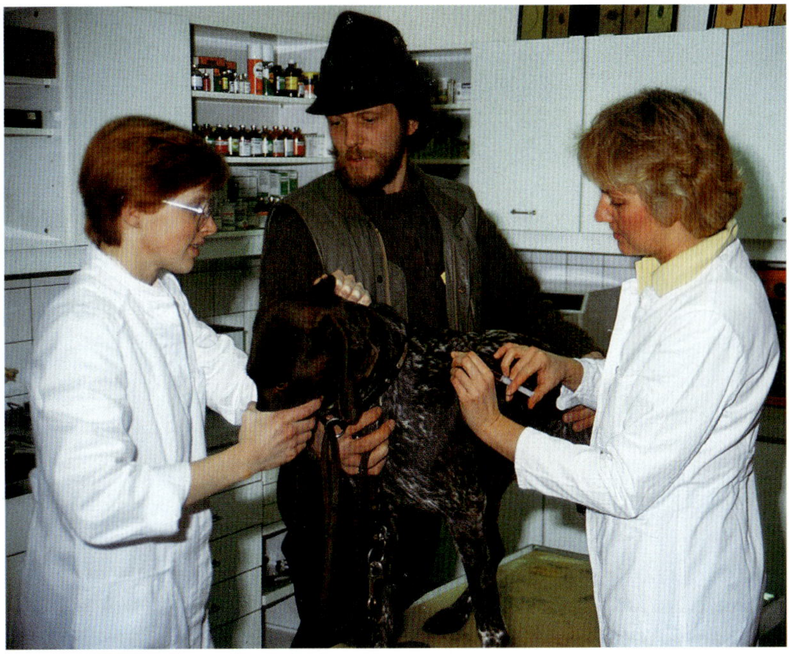

Ob Hund oder Mensch: Dem Betroffenen fällt der Gang zum Arzt nicht leicht. Aber was hilft's? Gegen Tollwut müssen unsere vierläufigen Gefährten jährlich geimpft werden.

Sein Blick ist klar und versprüht Unternehmungslust. Dieser Welpe ist kerngesund …

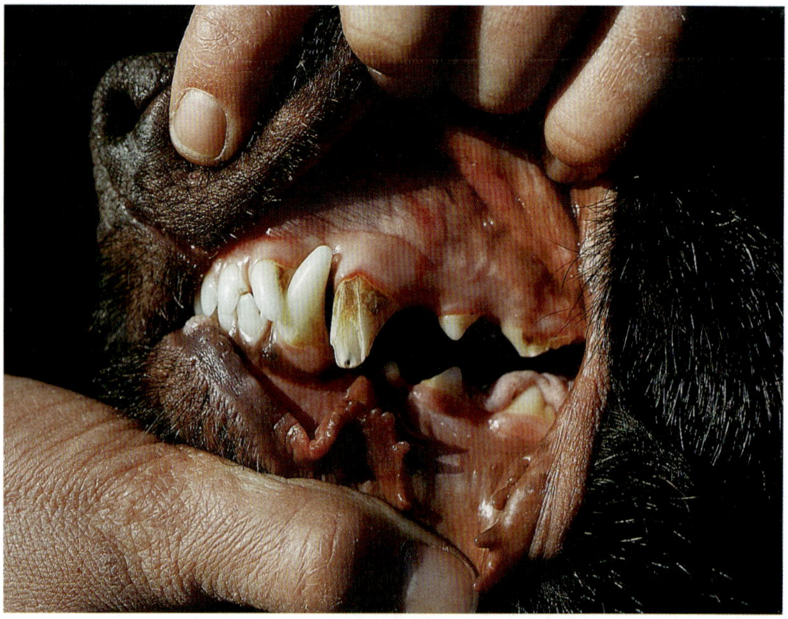

Der obere Fangzahn ist „faul“. Sofortige tierärztliche Behandlung tut Not.

scharfe Hunde und die unmissverständliche Ansage, dass niemals die Schusswaffe, sondern nur die kalte Waffe eingesetzt werden darf, wenn Hunde Wild hart bedrängen oder gar binden.

Bei gesunden Hunden ist der Nasenspiegel meist feucht. Ein trockener Nasenspiegel allein bedeutet noch kein Alarmsignal. Gesunde Hunde haben bei ausgewogener Kost gleichbleibenden Appetit. Ihr Blick ist klar, ihr Fell bei richtiger Pflege glänzend sowie glatt. Im Normalfall ist ihre Losung wurstförmig, braun gefärbt und dick pastös. Kotet der Hund nur vorübergehend dünnbreiig, ist das ungefährlich. Durchfall müssen wir allerdings unverzüglich behandeln lassen.

Bei Krankheitsanzeichen messen wir die Körpertemperatur unseres Hundes. Dazu führen wir für drei bis fünf Minuten ein angefeuchtetes Fieberthermometer zur Hälfte in das Weidloch hinein.

Eckpfeiler für jede Gesundheitsvorsorge ist ein sicherer Impfschutz (siehe dazu Seite 554 f.). Die Impfungen werden in einen internationalen Impfpass eingetragen, der bei Auslandsreisen stets mitzuführen ist. Wird ein Auffrischen der Impfungen notwendig, haben Hundehalter und Tierarzt den Wiedervorlagetermin im Kalender notiert.

Bei allen ernsten Krankheiten, etwa *verstopften Analdrüsengängen* (Symptom: „Schlittenfahren“), *Zwingerhusten* (Symptom: Fieberhafte Entzündung der Atmungsorgane mit Husten), *Hepatitis* (Symptome: Erbrechen, blutiger Durchfall und hohes Fieber) oder der zunehmend auftretenden, von Zecken übertragenen, akuten *Babesiose* (Symptome: Fieber, Fressunlust, Gewichtsverlust und Abgeschlagenheit)

Beim Stöbern in dichtem Schilf verletzte sich dieser Rüde. Hier helfen eine Wundsalbe und Ruhe.

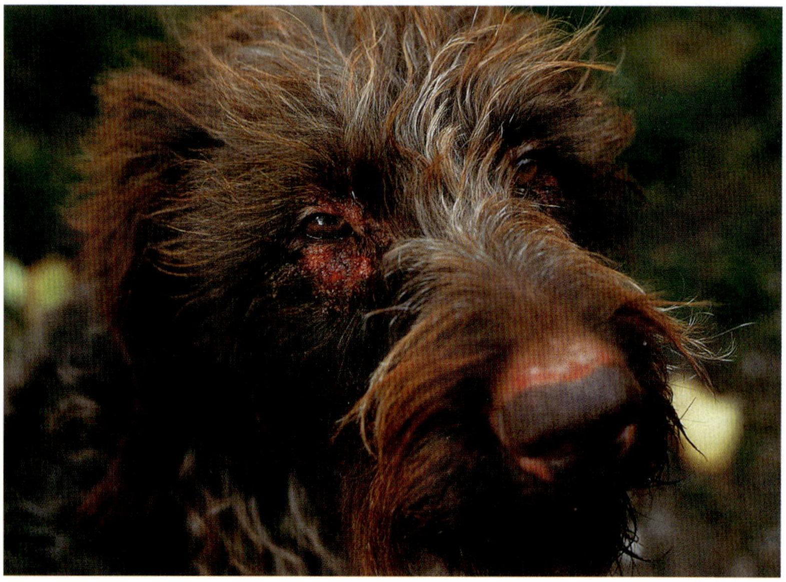

TEMPERATUR, ATMUNG, PULS

Körpertemperatur: *Sie liegt bei ausgewachsenen Hunden zwischen 37,5 und 39,4 Grad Celsius. Sind die Werte deutlich niedriger oder höher als der Durchschnitt von 38,2 Grad Celsius, ist der ausgewachsene Hund krank. Dann muss der Tierarzt aufgesucht werden.*

Atemfrequenz: *Im Ruhezustand machen Hunde – bei geschlossenem Fang – zwischen 14 und 26 Atemzüge pro Minute. Bei hechelnden Hunden lässt sich die Atmung kaum beurteilen.*

Pulsfrequenz: *Bei ruhenden kleinen Hunden schlägt der Puls 100- bis 130-, bei großen Rassen 70- bis 100-mal pro Minute. Bei hechelnden Hunden lässt sich auch der Puls kaum beurteilen.*

Wälzt sich unser Hund in Kot oder Aas, baden wir ihn mit Spezialseife. Sie greift den Fettschutz des Fells nicht an.

eilen wir mit unserem vierläufigen Freund zum Tierarzt. Wir selber sorgen dafür, dass unsere Hunde ein- bis zweimal pro Jahr entwurmt werden. Dafür empfiehlt sich ein Kombinationspräparat gegen Rund- und Bandwürmer. Flöhen, Zecken und Milben können wir mit Schutz(hals)bändern, Tabletten oder im „Pur-On-Verfahren“ (über die Haut wirkende Medikamente) vorbeugen.

Im Sommer suchen wir den Hund, vor allem nach der Arbeit im Wald, abends nach den „Holzböcken“ ab. Mit einer speziellen Zeckenzange drehen wir gefundene Zecken heraus.

Des Öfteren werden wir das Haarkleid unseres Hundes mit Kamm und Bürste von Schmutz, Grannen und Kletten reinigen. „Baden“ zerstört den natürlichen Fettschutz des Haarkleides. Wir baden also unseren Hund nur mit einer Spezialseife, die den Fettschutz des Fells nicht angreift, und so wenig wie möglich, etwa wenn er sich in Aas oder Kot gewälzt hat.

Erste Hilfe für Jagdhunde

Offene, größere Wunden decken wir mit sauberen Tüchern oder Verbandsmaterial ab. Blutungen stillen wir mit Druckverbänden. Das Reinigen der Wunden und Aufbringen von Medikamenten überlassen wir dem Profi, dem Tierarzt also.

Knochenbrüche an den Läufen stellen wir – wenn der Hund es zulässt – ruhig. Dazu verwenden wir Stöcke oder andere starre Hilfsmittel, die abgepolstert werden. Es ist gut, dem Hund etwas Wasser zu reichen, bevor es schnell zum Tierarzt geht. Wir können auch Lefzen und Zunge anfeuchten. Unter Stress trocknen sie rasch und lösen beim Hund ein starkes Hungergefühl aus. Eine Vorabinfo des Tierarztes per Telefon oder über Funk ist zweckmäßig.

Das sind Passion und Härte des Deutschen Jagdterriers. Nur mit Mühe konnte er eingefangen werden, obwohl ihm ein grober Basse die Seite aufriss. Jetzt bringt ihn sein Führer rasch zum nächsten Tierarzt, um die Wunde fachgerecht versorgen zu lassen.

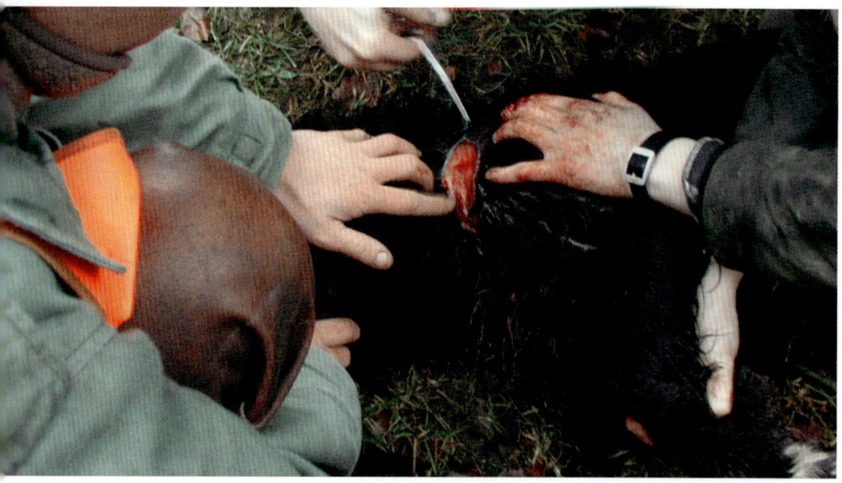

Passion und Härte auch beim Deutschen Wachtelhund: Ist ein Tierarzt mit der notwendigen Ausrüstung unter den Jagdteilnehmern, kann der „Schmiss" durch den Keiler gleich vor Ort fachgerecht versorgt werden. Eine Nachkontrolle ist natürlich unverzichtbar.

Drahthaar oder Teckel, Terrier oder Pointer? Die Einsatzmöglichkeiten und an zweiter Stelle die persönliche Vorliebe bestimmen die Rasse.

Kleinere Verletzungen behandelt der Hundeführer natürlich selbst. Schnittwunden, Risse oder Abschürfungen tupfen wir sauber ab. Fremdkörper wie Dornen oder groben Dreck entfernen wir mit Hilfe einer Pinzette. Anschließend wird die Wunde mit flüssigem Wundverband, Wundsalbe oder einem Verband abgedeckt. Als Wundsalben eignen sich gut abdeckende Lebertranzinkpasten, antibiotische Wundsalben oder auch Ringelblumenpaste. Den Verband fixieren wir mit Heftpflaster. Er muss unbedingt trocken gehalten sowie gewechselt werden. Damit der Hund den Verband nicht „abreißt", bestreichen wir diesen mit Bittersalbe oder Holzteer. Besser ist ein Kragen, der dem Hund an der Halsung befestigt wird. Der verhindert, dass der Hund mit Zunge und Zähnen an den Wundschutz gelangt.

Leidet der Hund an Prellungen, Verstauchungen oder Zerrungen, behandeln wir den Lauf – möglichst rasch – mit kühlenden Umschlägen oder Salben. Wir gönnen unserem Gefährten natürlich Ruhe und belasten ihn wenig. Im Zweifelsfall prüft unser Tierarzt immer den Grad der Verletzung.
Bei Schock – durch Unfall, plötzlichen Blutverlust, völliger Überanstrengung bei großer Hitze oder Vergiftung – bricht der Hund plötzlich zusammen. Seine Gliedmaßen fühlen sich kalt an. Die Schleimhäute am Kopf sind blass und meist bläulich gefärbt. Schock bedeutet immer höchste Lebensgefahr – rasche tierärztliche Hilfe tut Not! Bis dahin wickeln wir den Hund in wärmende Wolldecken, halten seine Lefzen aber feucht. Außerdem bleiben wir bei ihm und beruhigen ihn.

Anschaffung, Unterbringung und Ernährung

Wie erwerbe ich einen Welpen? Halte ich meinen Jagdhund im Zwinger oder in der Wohnung? Wie ernähre ich ihn? Antworten auf diese und andere Fragen sollen die folgenden Zeilen liefern.

Welpenauswahl

Sicherlich ist unter der Vielzahl der vorgestellten Jagdhunderassen die eine oder andere, die uns interessiert, wenn wir einen Hund erwerben wollen. Im Vorfeld werden wir abwägen, ob die von uns bevorzugte Rasse nicht nur den persönlichen Wünschen entspricht, sondern auch rassegerecht gehalten, ausgebildet und eingesetzt werden kann. Es nützt weder uns noch dem Hund, wenn wir einen Pointer in die Berge holen oder umgekehrt eine Bracke in ein klassisches Niederwildrevier mit Fasanen und Rebhühnern verfrachten.
Ob wir eine Hündin oder einen Rüden, einen Welpen oder einen älteren Hund wählen, gilt es jeweils individuell zu entscheiden. Hilfreich hierfür ist es, wenn wir frühzeitig Prüfungen besuchen, bei denen die bevorzugte Rasse geführt wird. Hier können wir entweder ein El-

ternteil beobachten oder vielleicht sogar einen Hund auswählen, dessen Arbeit und Äußeres uns besonders zusagt.

Die Verordnungen zum Landesjagdgesetz regeln, ob in unserem Bundesland auch ein Hund ohne Papiere zur Brauchbarkeitsprüfung zugelassen ist. Im Vorfeld werden wir allerdings bedenken, dass nur die „kontrollierte Zucht" der anerkannten Jagdhundezuchtverbände die uns bekannte Qualität der Jagdhunde erbracht hat. Ein Hund ohne Papiere bleibt also die Ausnahme beim Kauf!

Beim Welpenkauf ist stets empfehlenswert, sich den Wurf bereits vor der Abgabe des Junghundes, in der Regel in der neunten oder zehnten Woche, anzusehen. Wir beobachten die Welpen möglichst mehrmals über längere Zeit beim Spiel sowie am Futternapf und treffen unsere Wahl. Wir werden einen Welpen aus einem Frühjahrswurf bevorzugen, damit er in die warme Jahreszeit wächst.

Bevor wir den Hund mit in sein neues Heim nehmen, treffen wir nach den Informationen des Züchters noch letzte Vorbereitungen: Wir besorgen das richtige Futter, damit nicht Trennung und Futterumstellung den Kleinen doppelt belasten.

„AUSSERJAGDLICHE" FRAGEN KLÄREN

Bei der Entscheidung für einen Jagdhundhund sind nicht nur Fragen der jagdlichen Verwendung von Bedeutung. Der Hund ist 24 Stunden in unserer Obhut. Frühzeitig müssen deshalb auch folgende Fragen beantwortet werden:

- *Dürfen und können wir einen Hund in unserer Wohnung überhaupt halten (Mietvertrag, Hausordnung)?*
- *Ist eine Zwingerhaltung möglich und sinnvoll?*
- *Was geschieht mit unserem Hund während der Arbeitszeit, im Urlaub oder wenn er einmal krank ist?*

Sind auch alle diese Punkte mit der Familie, dem Vermieter und am Arbeitsplatz zu unserer Zufriedenheit geklärt, steht dem Kauf eines Welpens nichts mehr entgegen.

Acht Wochen alt sind diese Welpen der Kleinen Münsterländer Vorstehhündin und alle „putzmunter". Da fällt die Wahl nicht leicht.

Eingewöhnung

Abholtag ist idealerweise ein Urlaubstag oder besser noch ein Sonnabend. So haben wir ein ganzes Wochenende Zeit, um den Welpen bei uns einzugewöhnen. Je mehr wir uns jetzt mit dem Welpen beschäftigen, um so eher wird er den Kontakt zu uns suchen und die verlorene Bindung zu Mutter und Geschwistern überwinden.

Spätestens bei der Übergabe des Welpen unterrichtet uns der Züchter über Wurmkur und Impfungen. Außerdem händigt er uns die Ahnentafel – der Eigentümerwechsel wird vom Züchter oder Zuchtwart eingetragen – und den Impfpass aus.

Nach jeder Mahlzeit lassen wir ihn ins Freie. So wird er rasch stubenrein. Auch auf sein Winseln reagieren wir sofort.

So häufig wie möglich nehmen wir die Junghunde mit ins Revier.

Im Verlauf der nächsten Tage werden wir den Welpen zu Hause sehr genau beobachten. Wir erziehen den Kleinen zur Stubenreinheit (siehe Kapitel „Jagdhundausbildung"), sind ihm aber keinesfalls böse, wenn doch noch – auch nach geraumer Zeit – das eine oder andere Malheur passiert. Oft geschieht dies nämlich bei großer Freude oder wenn er sich erschrocken hat. Welpen aus den Frühjahrswürfen werden leichter stubenrein als solche aus Herbstwürfen, welche mit elf Wochen vielleicht schon in den Schnee hinaus müssen. Immer braucht der kleine Kerl da ein wenig Geduld seines Herrn. Jeder Hund wird auch ohne Strafen stubenrein.

VORGESCHRIEBENE MINDESTBODENFLÄCHEN DES HUNDEZWINGERS

Widerristhöhe Hund	*Uneingeschränkt nutzbarer Mindestboden*
bis 50 cm	*6 m²*
über 50 bis 65 cm	*8 m²*
über 65 cm	*10 m²*

Außerdem muss die Länge jeder Zwingerseite mindestens der doppelten Körperlänge des Hundes entsprechen und darf keine Seite kürzer als zwei Meter sein.

Für jeden weiteren in demselben Zwinger gehaltenen Hund sowie für jede Hündin mit Welpen muss zusätzlich die Hälfte der für einen Hund der jeweiligen Größe vorgeschriebenen Bodenfläche zur Verfügung stehen.

Auch bei bester Vorbereitung durch Züchter und Welpenkäufer bildet die Trennung von Hündin und Welpen stets einen harten Einschnitt im Leben des jungen Hundes. Außerdem fehlen ihm die gleichaltrigen Spielgefährten. Hier können wir Abhilfe schaffen: Bei dem Züchter oder Zuchtverband beziehungsweise dem Hundeobmann des Kreisjagdverbandes erkundigen wir uns, wann und wo *Welpenspieltage* durchgeführt werden. Hier kommt unser Welpe mit anderen Hunden gleichen Alters oder gleicher Größe zusammen und kann sich austoben.

In Haus und Zwinger

Ob Stadtwohnung oder Gutshof in ländlicher Idylle – immer stellt sich die Frage, ob wir den Hund im Haus oder Zwinger halten. Ideal ist sicher eine „gemischte Haltung" des Hundes: Stundenweise hält er sich also im Zwinger auf und erwirbt dort nicht zuletzt die notwendige Widerstandsfähigkeit gegenüber wechselnden Witterungsbedingungen. Täglich holen wir ihn aber auch zumindest stundenweise ins Haus, damit der Hund sein Bedürfnis nach sozialem Kontakt stillen kann und sich insbesondere der Kontakt zum Führer festigt. Eine reine Zwingerhaltung untersagt auch die im Jahre 2001 in Kraft getretene Tierschutz-Hundeverordnung, die zumindest für den einzeln gehaltenen Hund vorschreibt, dass ihm „täglich mehrmals die Möglichkeit zum länger dauernden Umgang mit Betreuungspersonen zu gewähren" ist, „um das Gemeinschaftsbedürfnis des Hundes zu befriedigen."

Der Zwinger ist ausreichend groß. Die Tierschutz-Hundeverordnung trifft hier klare Vorgaben (siehe Tabelle).

Der Boden des Zwingers ist teilweise naturbelassen, damit der Hund auch „buddeln" kann. Er muss allerdings außerhalb der Schutzhütte dem Hund auch einen schattigen, windgeschützten und wärmegedämmten Liegeplatz bieten.

Die Schutzhütte muss aus wärmedämmendem und gesundheitsunschädlichem Material hergestellt und so beschaffen sein, dass der Hund sich daran nicht verletzen und trocken liegen

HÜTTE UND ZWINGERANLAGE FÜR TECKEL ODER TERRIER

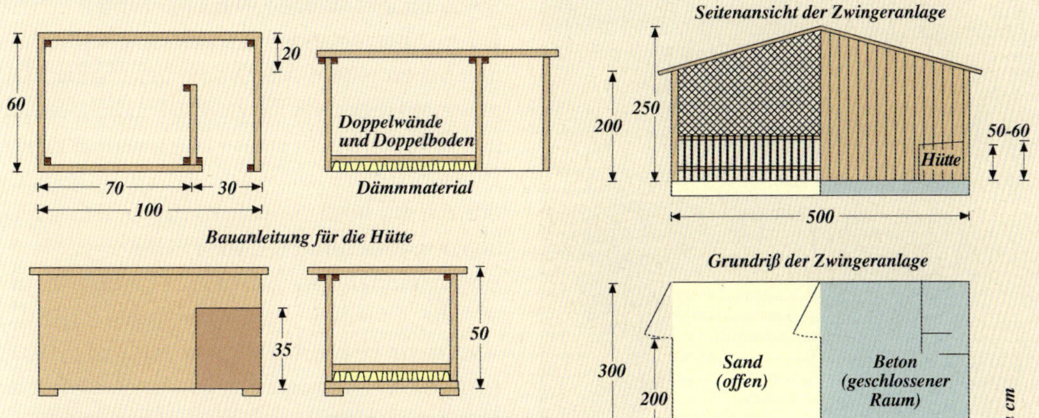

Ein Schutzraum im Zwinger ist Pflicht. Die Grundfläche des Zwingers beträgt – ohne Schutzraum – sechs Quadratmeter pro mittelgroßem Hund. Für jeden weiteren im selben Zwinger kommen drei Quadratmeter hinzu.

kann. Sie muss überdies so bemessen sein, dass der Hund

1. sich darin verhaltensgerecht bewegen und hinlegen und
2. den Innenraum mit seiner Körperwärme warm halten kann, sofern die Schutzhütte nicht beheizbar ist.

Sie steht am besten wetterfest unter einem Vordach und hat der Kälte wegen Doppelwände. Sie ist einerseits so groß, dass sich unser vierläufiger Freund darin bequem ausstrecken kann, andererseits ist sie nicht überdimensioniert, weil der Hund sie dann nicht mehr mit seiner eigenen Körperwärme „aufheizen“ kann.

Jede gute Hütte besitzt einen Vor- und einen Schlafraum. So ist die Hütte zugfrei. Die offene Seite des Vorraumes setzen wir nicht ungeschützt der Hauptwindrichtung aus. Am besten ist sie der Wetterseite abgewandt.

Eine tägliche Zwingerreinigung ist selbstverständlich.

Halten wir unseren Dackel oder Kleinen Münsterländer im Haus, weil wir in einer Großstadt leben, gewöhnen wir ihn beizeiten an einen bestimmten Platz. Der befindet sich in einer zugfreien Zimmerecke, keinesfalls aber in unmittelbarer Nähe von Öfen, Heizkörpern oder dem Kamin. Das führt nur dazu, dass unser Freund kälteempfindlich wird.

„Bewegung und frische Luft, juchee, ersparen Arzt und Fliedertee.“

TIPP AUS DER PRAXIS

Als Bodendeckung für den Schlafraum der Schutzhütte im Hundzwinger haben sich alte Decken oder Teppichreste bewährt, denn sie lassen sich einfach reinigen. Von Stroh ist abzuraten: Es kann durch Staubbildung zu Augenentzündungen führen, die rasch auch einen chronischen Verlauf nehmen!

Pansen verfüttern wir abgebrüht. So sind Bandwurmfinnen kein Problem und die Vitaminversorgung bleibt gesichert.

Hunde, die in Wohnungen gehalten werden, benötigen täglichen Auslauf. Ein „Gassi-Gehen" an der Leine reicht nicht aus! Denn ein Jagdhund ohne gut entwickelte Muskeln, Herz und Lunge taugt im Jagdbetrieb nichts. Natürlich benötigt aber auch der zeitweise im Zwinger gehaltene Hund täglich Auslauf.

Ernährung

Zunächst nimmt uns die Hündin alle Arbeit ab. Sie säugt ihre Welpen. Nach der dritten Lebenswoche füttern wir den Welpen zu. Bei Junghunden bis zu einem Alter von einem halben Jahr geschieht dies zwei- bis dreimal täglich, bei jungen Hunden bis zu einem Jahr zweimal täglich. Danach füttern wir unseren vierläufigen Gefährten nur noch einmal pro Tag, und dies möglichst spätnachmittags, vor 17 Uhr.

Als Grundnahrung haben sich Fertigfuttermittel, die in jedem Kaufmannsladen erhältlich sind, sehr bewährt. Denn sie sind so „zusammengesetzt", dass sie den gesamten Bedarf des Hundeorganismus abdecken. „Abwechslung erfreut", wussten schon die Römer. Deshalb geben wir dem Hund bisweilen abgebrühten Blättermagen sowie Pansen, rohe oder gekochte Innereien. *Kalbsknochen* erhält er bloß in *kleinen Portionen*, um Verstopfungen zu vermeiden.

Niemals verfüttern wir gewürzte Küchenabfälle, Saucen, Kartoffeln oder Geflügelknochen. Die Innereien von Schweinen werden stets gekocht, bevor sie in den Fressnapf wandern. Andernfalls könnte sich unser Jagdhund mit der Pseudowut oder Aujeszkyschen Krankheit (siehe

Knorpelige oder stumpfe Knochen verfüttern wir von Zeit zu Zeit. Schon Welpen brauchen sie, um ihre „Zähne zu benutzen".

Schon für den kleinen Kerl gilt: Wasser ist wichtiger als Nahrung.

hierzu Kapitel „Wildkrankheiten“ Seite 279) infizieren. Wasser hat unser Hund selbstverständlich stets ausreichend zur Verfügung.

Die Menge der Nahrung richtet sich nach der Größe der Rasse, nach der Tätigkeit des Hundes sowie nach den Außentemperaturen. Bei starker Kälte und körperlicher Belastung frisst der Hund mehr.

Das Futter reichen wir ihm lauwarm. Futter aus dem Kühlschrank gehört also nicht in den Hundenapf.

Nach der Mahlzeit braucht der Hund Ruhe. Wir gönnen sie ihm und arbeiten dann nicht mit ihm. Dazu hätte er auch wenig Lust, denn mit vollem Bauch arbeiten weder Herr noch Hund gerne.

ÜBERGEWICHT VERMEIDEN

Beim Füttern müssen wir immer daran denken, dass der gesunde Hund bis zur Hälfte mehr „verschlingen“ würde, als er unter den heutigen Haltungsbedingungen braucht. Dieses Verhalten ist ein Erbe seines Urahnen Wolf: Da das Einzeltier in Konkurrenz zu den Rudelmitgliedern steht und in der Wildnis überdies die zukünftige Versorgung mit Beute immer unsicher ist, wird „auf Vorrat“ gefressen. Es ist deshalb unsere Aufgabe, die Futtermenge des Vierläufers auf seinen tatsächlichen Bedarf abzustimmen.

Jagdhundausbildung

Welpe, Junghund und erwachsener Hund

So strittig wie die Erziehungsmethoden der Menschen, so unterschiedlich die Wege der Abrichtung von Jagdhunden. Ziel aber ist immer entweder der Vollgebrauchshund als „Mädchen für alles“ in Wald, Feld und Wasser oder der Spezialist für Schweiß- oder Bauarbeit. Das folgende Kapitel soll Wege und Kniffe zeigen, wie wir einen Gebrauchshund schrittweise ausbilden können, ohne ihn zu überfordern.

Welpenfrüherziehung und Junghundausbildung

Es gibt viele Wege nach Rom, so auch zur Abrichtung des Junghundes. Vor rund hundert Jahren setzte Oberländer das Maß mit den strengen Regeln der Parforce-Dressur. Im 20. Jahrhundert setzten sich – angepasst an die verschiedenen Jagdhunderassen und deren Aufgaben – aufgrund neuer kynologischer Erkenntnisse eine Vielzahl anderer Ansichten durch. So sind mehrere Abrichtewege entstanden. Jeder von ihnen ist zu respektieren, wenn er aus dem Junghund einen brauchbaren Jagdhund formt. Die Ausbildungslehrgänge für Hund und Führer werden sich also unterscheiden.

Die nachstehenden Anregungen zeigen nur einen möglichen Ausbildungsweg auf. Er toleriert, insbesondere in zeitlicher Hinsicht, eine andere Reihenfolge der Ausbildungsschritte, wenn dies der Abrichter bei seinem Hund für richtig hält.

Mit keinem anderen Tier spricht der Mensch so viel wie mit dem Hund. Jeder Hund ist eine Persönlichkeit für sich. Er entwickelt im Umgang mit Menschen bestimmte Eigenschaften, je nachdem wie er veranlagt ist und vom Menschen behandelt wird. Wer schon einen Hund ausgebildet hat, weiß darum und auch um die Entwicklungsphasen des Welpen und des Junghundes sowie deren Bedeutung (siehe Kasten).

Mit dem Ende der *Rudelordnungsphase* ist die Welpenentwicklung weitgehend abgeschlossen, es folgt die *Pubertätsphase* des Junghundes.

Bis *zum zehnten Monat* haben wir die *Erziehung des Junghundes* abgeschlossen. Sie verlief spie-

DIE ENTWICKLUNGSPHASEN DES HUNDEWELPEN

*1. **Vegetative Phase:** Sie erleben die Welpen passiv. Säugen und Milchtreten werden vegetativ gesteuert. Die Phase dauert bis zu zwei Wochen.*

*2. **Übergangsphase:** Die sogenannte Phase dauert bis zur dritten Woche. Die Welpen öffnen nun Augen und Ohren. Sie nehmen ihre Umwelt wahr.*

*3. **Prägungsphase:** Sie beginnt in der dritten Woche. Der Welpe wird auf und durch die Umwelt geprägt. Im Spiel mit seinen Geschwistern – anfangs in der Wurfkiste, später im freien Gelände – übt er Knurren und Bellen, das Sträuben der Haare, Angriff und Verteidigung. In dieser Phase ist auch ein häufiger Umgang mit dem Menschen wichtig.*

*4. **Sozialisierungsphase:** In diese Phase fällt der Wechsel in einen neuen Familienverband. Künftig ist der Jäger „Artgenosse“ und Rudelführer des Hundes. In dieser bis zu zwölf Wochen dauernden Phase benötigt der Hund viel Kontakt im Spiel sowie geregelte Futterzeiten. Die Erziehung beginnt langsam, und zwar ab der achten Woche. Wir versuchen, den Hund stubenrein zu bekommen. Das gelingt am besten, wenn wir dem Junghund die letzte Mahlzeit gegen 17 Uhr reichen und ihn nach jeder Fütterung sowie nach seinen Ruhephasen sofort ins Freie lassen. Auch sein Winseln werden wir beachten. Schläge oder andere körperliche Strafen sind für den Kleinen tabu! Der Griff ins Nackenfell, begleitet von harten Worten, verdeutlicht dem Welpen unseren Unwillen. Nicht anders macht's der Leithund im Rudel.*

*5. **Rangordnungsphase:** In dieser Phase lernt der Hund seine soziale Stellung kennen. Die Rangordnung seines Herrn muss für ihn unmissverständlich klar werden. Diese Phase erstreckt sich von der zwölften bis zur 16. Woche.*

*6. **Rudelordnungsphase:** In dieser nun folgenden Phase ist der Junghund sehr lernbegierig und äußerst aufmerksam. Wir nutzen dies, um unsern vierläufigen Gefährten ohne starken Druck in die von uns gewünschte Richtung zu lenken. Wir sind der „Kopfhund“, die Autorität. Unsere Forderungen setzen wir konsequent durch. Ist eine Strafe angesagt, handeln wir unverzüglich, aber nicht mit Schlägen. Unser „böser“ Ton genügt. Nur so bringt der Hund sein Fehlverhalten mit ihr in Verbindung. Er begleitet uns nun ins Revier. Auch andere Lebensbereiche des Menschen lernt er kennen.*

Wer setzt sich durch? Munter toben die beiden Welpen. Sie sind in der Sozialisierungsphase.

Von der Mutter lernt der Welpe das Buddeln. Später wird er so manchen Knochen vergraben.

lerisch, jedoch konsequent. Anschließend beginnt das eigentliche Abrichten. Wir berücksichtigen dabei die Psyche unseres Hundes und bereiten ihn schrittweise auf die einzelnen Arbeitsgebiete vor.

Bis zum Eintritt in die *Erwachsenenphase* – im 18. bis 30. Monat – ist die Abrichtung abgeschlossen. Unser Hund ist dann hoffentlich ausgeglichen, beständig und belastbar. Wir beanspruchen ihn dauernd und bereiten ihn auf seine Spezialaufgaben vor.

Das Abrichten des Jagdhundes ist natürlich von der jeweiligen Rasse abhängig. Ausschlaggebend sind körperliche Leistungsfähigkeit und Eignung für bestimmte Arbeiten sowie den jagdlichen Bedarf beziehungsweise für die Prüfungsanforderungen (siehe Kapitel „Prüfungswesen und Nachsuchenpraxis", Seite 591 ff.).

Je eher wir Welpen mit erlegtem Wild – hier einem Frischling – vertraut machen, desto besser.

Ausbildungsplan

Wir erstellen einen sogenannten *Ausbildungsplan*. Er dient lediglich als „roter Faden", um die Ausbildungsabschnitte und -ziele, abhängig von der Jahreszeit, zu stecken. „Rückschläge" können wir darin ausgleichen.

Jede einzelne Lektion beginnen wir mit geringen Anforderungen an den jungen Hund. Später steigern wir dann die Schwierigkeitsgrade. Das Ganze ist dem Profil eines Sägeblattes vergleichbar. Wir verzahnen mit mehreren Lektionen ein Ausbildungsziel.

Bei der Jagdhundabrichtung unterscheiden wir zwischen einer *Grundausbildung* sowie der *jagdlichen Ausbildung*.

Die Grundausbildung

Unser Hund ist stubenrein und mit geregelten Futterzeiten vertraut (siehe oben). Deshalb beginnt der Ausbildungsplan damit, den Hund an Halsung und Leine zu gewöhnen. Nachfolgend wird die Ausbildung eines Vorstehhundes verdeutlicht.

Leinenführigkeit

1. **Lernschritt:** Der Hund wird an die Führungsleine genommen. Sie läuft durch die linke Faust, die der Ausbilder gegen seine Hüfte drückt. So wird ein Vorprellen des Hundes unterbunden. Der Hund hat stets links neben seinem Herrn zu gehen.

2. **Lernschritt:** Will der Hund seitlich ausweichen, ziehen wir ihn zurück. Am Vorprellen hindern wir den Vierbeiner durch Querstellen des Fußes. Einem Unbelehrbaren drücken wir dabei auf die Pfoten. Das steigert die Lernbereitschaft. Immer wieder hört er: „Fuß!"

3. **Lernschritt:** Nach einiger Zeit gehen wir mit dem angeleinten Hund um Hindernisse herum, zum Beispiel um Bäume. Dabei lernt unser vierläufiger Freund, dicht bei Fuß zu bleiben. Mit Hunden, die dazu neigen, vom Führer wegzustreben, üben wir im Stangenholz.

4. **Lernschritt:** Abschließend geht's mit dem Hund durch unterwuchsreiche Bestände. Ein Helfer versucht, den Hund abzulenken. Der

Hilfsmittel für die Ausbildung sind:
1. Apportierböcke (z. B. aus Holz) möglichst mit Balg von Hase oder Kanin umwickelt;
2. + 3. Apportierböcke mit auswechselbaren Eisen- und Eisenkopfscheiben;
4. + 5. Zwangshalsungen mit Stacheln (nur bei sehr harten Hunden nötig);
6. Feldleine aus Perlon;
7. Flaches Würgehalsband;
8. + 9. Umhängeleinen.

Führer achtet darauf, dass sein Gefährte immer links bei Fuß bleibt.
Sitzen diese und die nächste Übung, wird das Ganze später frei bei Fuß wiederholt, bis der Hund ohne stete Einwirkungen mit uns geht.

Bald wird der Junghund begriffen haben, „wo es langgeht“: Dann bleibt er dicht bei Fuß und ist leinenführig.

Das „Sitz!“

Das Setzen begreifen die meisten Hunde in wenigen Tagen! Setzt sich unser Vierbeiner bereits ohne Einwirkung der Leine, geben wir dem Hund mit Stimme und erhobenem Zeigefinger das Kommando „Sitz!“. Später wird er sich allein auf dieses Handzeichen hin setzen und im fortschreitenden Alter ganz von selbst, zum Beispiel dann, wenn er seinem Herrn Beute zugetragen hat.

1. Lernschritt: Der Führer nimmt seinen Hund an Halsung und Führungsleine. Unter dem Befehl „Sitz!“ zieht er die Leine nach hinten und hält sie straff. Mit der anderen Hand greift er über die Kruppe des Hundes und drückt ihn bestimmt nach unten.

2. Lernschritt: Unter der Anweisung „Sitz!“ entfernt sich der Führer einen Schritt vom Hund. Will der Vierbeiner ihm folgen, wiederholt er das Kommando „Sitz!“ und drückt dem Hund die Keulen runter. Anschließend gehen wir einige Schritte vom Hund weg und lassen ihn erst eine, später dann auch bis zu fünf Minuten ruhig sitzen.

3. Lernschritt: Der Führer geht mit seinem Hund ein paar Schritte und hält dann an. Mit

Ohne Kommando sitzt der Langhaar selbstständig, sobald sein Herr verhofft.

dem Befehl „Sitz!“ drückt er die Keulen des Hundes auf den Boden. Wir üben so lange, bis sich der Hund selbstständig neben uns setzt, sobald wir stehen bleiben.

4. Lernschritt: Wir winken dem Hund, berühren unsere Oberschenkel und rufen: „Hier!“. Bei uns angekommen, muss der Hund sich setzen und erhält einen Leckerbissen. Dann wird das Sitzen nach Herbeirufen über den Doppelpfiff geübt.

Selbstbewusst und aufmerksam, aber auch folgsam – so lieben wir unseren Hund.

Kommen auf Befehl

Je jünger der Hund ist, desto leichter wird diese Übung für ihn und seinen Ausbilder. Wir müssen dem Hund wiederholt klar machen, dass es sich lohnt, spornstreichs zum Meuteführer zu eilen, sobald er ein Zeichen dafür gibt.

1. Phase: Wir befinden uns im Freien. Dem Hund wird eine längere Leine an die Halsung geknüpft. Dann lassen wir ihn sich setzen, wobei wir lobend und beruhigend auf ihn einreden. Erst wenn er still sitzt und sich ganz auf den Abrichter konzentriert, geht dieser in Position zu Phase zwei.

2. Phase: Der Ausbilder tritt vor den Hund und geht langsam zurück, wobei er den Lehrling ständig im Auge behält. Versucht dieser auszurücken, gibt's einen Ruck an der Leine. Der Ausbilder korrigiert das Sitzen des Hundes. Schließlich geht er auf Leinendistanz in Warteposition, um den Hund herbeirufen zu können.

3. Phase: Unter kurzem Rucken an der verlängerten Leine und gleichzeitigem Klatschen mit der Hand auf ein Knie – als zusätzlichem Anreiz – kommt der Vierbeiner zu seinem Abrichter. Der lobt den Hund und belohnt ihn mit einem Leckerbissen. Nach spätestens einer Woche wird der Hund das begriffen haben: Er eilt auf Zeichen seines Herrn zu diesem – und zwar mit Freude. Denn da gibt's ja was Gutes.

Gehen frei bei Fuß

Sobald der Hund leinenführig ist, überhaupt die wichtigsten Grundübungen beherrscht, zu denen auch Sitz, Down und das Apportieren gehören, ist es an der Zeit, das Gehen „frei bei Fuß“ zu üben. Es knüpft an die Leinenführigkeit an und wird am sinnvollsten in der Grundausbildung – abwechselnd mit den anderen Übungen – systematisch eingearbeitet.

Prinzipiell geht der Hund an der linken Seite. Das ist für den mit der rechten Hand die Waffe handhabenden Jäger bequemer und beim Begehen von Straßen für den Hund sicherer, ob angeleint oder frei. Geht der Vierbeiner an der Leine locker bei Fuß, lernt er, frei auf Kniehöhe oder, was etliche Hundeführer bevorzugen, sich eine Kopflänge voraus neben seinem Abrichter vorwärts zu bewegen.

1. Lernschritt: Der Hund läuft neben seinem Ausbilder. Prellt er vor, setzt es einen kräftigen Ruck an der Halsung, oder, wenn gar nichts anderes hilft, auch mal etwas Druck auf die Vorderpfote.

2. Lernschritt: Nach „Hierher!" und anschließendem „Sitz!" schreiten wir unter „Bei Fuß!" voran. Dann muss sich der Lehrling wieder setzen, wiederum frei bei Fuß gehen und darf anschließend umhertollen. Nun wird er für einen erneuten Übungsversuch herbeigerufen oder -gepfiffen.

3. Lernschritt: Um das Gehen frei und nah bei Fuß zu festigen, bewegt sich der Abrichter an Straßenlaternen oder Parkbäumen vorbei, oder er geht mit seinem Hund in Schlangenlinien und Kreisen durchs Stangenholz. Dabei hat der Vierbeiner selbstverständlich eng am Fuß zu bleiben. Immer wieder hält ihn das „Fuß!" dazu an.

4. Lernschritt: Abschließend wird mal gegangen, mal gelaufen, zwischendurch stehen geblieben. Kurzum, wir bauen alle bis aufs Apportieren erlernten Grundübungen mit ein. Das schafft Abwechslung.

Jagd vorbei – der Vollgebrauchshund läuft korrekt frei bei Fuß.

Auch beim Abklappern des Baches nach Stockenten geht der Hund frei bei Fuß, solange er keinen Suchbefehl erhält.

Das „Down!"

Nach dem „Sitz!" und „Gehen bei Fuß" ist die wichtige Übung „Down!" an der Reihe. Nur wenn der Hund das beherrscht, kann der Hundeführer auch in kritischen Situationen die Oberhand über seinen Hund behalten.

1. Lernschritt: Dem Hund wird eine Hand auf die Kruppe und die andere auf den Hals gelegt. So drücken wir ihn auf den Boden und zeigen ihm das korrekte Down. Der Kopf des Hundes berührt zwischen den Vorderläufen die Erde. Zunächst halten wir ihn etwa eine Minute lang so (siehe aber Kasten nächste Seite).

2. Lernschritt: Zum Befehl „Down!" nimmt der Führer den rechten Arm nach oben. Parallel wird der Hund per Abrichtehalsband und Leine, die unter dem Fuß des Abrichters durchgeht, in die Downlage gezogen.

3. Lernschritt: Jetzt wird das „Down!" gesichert. Dazu entfernen wir uns einige Schritte vom Hund, steigen über ihn hinweg oder trampeln auf den Boden. Unser Vierbeiner darf dabei kei-

Die Hände auf Vorderläufen und Hinterhand hindern den Hund am Aufstehen. So lernt er es. Ob der Kopf zwischen die Vorderläufe an die Erde muss – darüber streiten die „Gelehrten".

KOPF RUNTER?

Über die Notwendigkeit, in Downlage auch den Kopf auf die Erde zu legen, gehen die Meinungen der Jagdhundausbilder auseinander. Die einen sehen darin einen unnötigen „Kadavergehorsam" und verweisen darauf, dass die natürliche Unterordnungshaltung des Hundes eine ganz andere ist. Manche Befürworter argumentieren unter anderem auch damit, dass der zum Beispiel am Hasen heruntergetrillerte Hund bei gesenktem Kopf nicht mehr dem starken Reiz einer Sichthetze ausgesetzt ist.

nesfalls den Kopf heben. Lässt er sich trotzdem verleiten, wird er mit hartem Ton eines Besseren belehrt.

4. Lernschritt: Wenn der Herr den Arm hebt oder der Trillerpfiff ertönt, muss der Vierbeiner schlagartig in Downlage zusammenfallen. Das soll auch beim Gehen funktionieren. Bei Verweigerung wenden wir konsequent Zwangsmittel an. Eines Tages kann ihm dieses wirklich „eiserne Down" im Straßenverkehr das Leben retten.

Am Riemen nimmt er die Downlage ein. Dann wird ihn nichts mehr verleiten. Erst auf Kommando ist er wieder auf den Läufen.

5. Lernschritt: Zunächst nehmen wir den Hund noch an die lange Leine und üben das Down aus einiger Entfernung. Den Abstand erweitern wir von Übungstag zu Übungstag. Unser „Auszubildender" darf sich von nichts ablenken lassen.

Das Ablegen

Als nächstes beschäftigen wir uns mit dem Ablegen. Diese Übung findet im Revier statt. Schließlich beherrscht unser Lehrling bereits Leinenführigkeit, Sitz, Down, das Herankommen und auch die Grundzüge des Apportierens.

1. Lernschritt: An einem Platz, an dem der Hund angeleint werden kann, wird der Vierbeiner unter dem Kommando „Platz!" zum Niedertun aufgefordert. Die Hand wird wie beim Down zur Unterstützung des Platz-Kommandos erhoben.

2. Lernschritt: Der Hund hat sich bequem niedergetan. Er darf durchaus dem Führer nachschauen, der sich langsam etwa 20 Schritte entfernt, dabei aber den Vierbeiner ständig aus den Augenwinkeln beobachtet. Denn den jungen Hund wird es nicht lange am Platz halten.

3. Lernschritt: Schon ist es so weit, der Vierbeiner will seinem Führer nachsetzen und erhebt sich. Der Ausbilder dreht sich spontan herum und ruft mit erhobener Hand dem Hund ein donnerndes „Platz!" zu. Das korrigiert den Lehrling meist auf Anhieb. Falls nicht, geht der

Führer auf den Zögling zu und wiederholt das Kommando.

4. Lernschritt: Erst wenn die ersten drei Lernschritte vom Hund beherrscht werden, geht der Ausbilder zum freien Ablegen über. Der Vierbeiner wird zum Beispiel am Rucksack zum Ablegen aufgefordert. Der Führer entfernt sich anfangs nur 20 bis 30 Meter, um sofort auf den Lehrling einwirken zu können, falls er sich erheben sollte.

Weicht der Vierbeiner vom Platz, rufen wir ihn heran und legen ihn in aller Ruhe wieder ab. Der Hund muss bis zu 30 Minuten am Platz bleiben, ohne seinen Herrn eräugen zu können.

ABLEGEN UND DOWN

Im Unterschied zum „Down!" oder „Halt!" wird der Hund nach dem Ablegen immer wieder abgeholt. Aus dem „Halt!" kann er abgepfiffen oder abgerufen werden. Diesen grundsätzlichen Unterschied werden wir beachten, sonst kommt es zu unerwünschtem, überschneidendem Verhalten zwischen „Down!" und „Ablegen"!

Ablegen unter dem Hochsitz: Auf der Decke liegt der Hund trocken und warm.

Sitz und Kommen auf Pfiff

Unser Hund beherrscht alle Grundübungen, ja wir haben schon weiterführend mit ihm gearbeitet: Er legt beispielsweise ab und apportiert unter erschwerten Bedingungen. Alle diese Übungen festigten den Gehorsam. Doch mittlerweile hat er die Verlockung durch Wild kennen gelernt. Kombinierte Gehorsamslektionen im freien Feld sind deshalb angebracht, und zwar regelmäßig. Unser Vierbeiner ist so weit, dass ohne Feldleine gearbeitet werden kann.

1. Lernschritt: Der Hund ist ins „Sitz!" befohlen. Der Führer entfernt sich auf etwa 50 Schritte. Er passt dabei auf, dass sich der Vierbeiner nicht von seinem Platz fortbewegt oder gar heimlich folgt.

2. Lernschritt: Auf doppelten Einfachpfiff wird der Hund in Richtung Führer zitiert und auf halbem Wege mit kurzem Triller wieder zum Sitzen gebracht. Das erfordert höchste Konzentration des Hundes und genaue Befehlsgebung des Führers. Der Hund soll ja aus dem Galopp stoppen und sich setzen oder aber Down machen. Kein einfaches Unterfangen!

Konsequent geübt: Auf den Doppelpfiff kommt sein DK-Rüde brav herangestürmt.

3. Lernschritt: Nach zwei bis drei Minuten wird der Hund erneut per Kommpfiff und zwar endgültig „gerufen".
Zwei weitere Übungsbeispiele:
1. freies Ablegen – Abholen des Hundes nach fünf bis zehn Minuten – Sitz und Weggehen des Führers außer Sichtweite des Hundes – abschließend Herbeipfeifen des Vierbeiners.
2. Hund ins Down legen – außer Sichtweite entfernen – herbeipfeifen – anschließend ein Stück frei bei Fuß gehen –sitzen lassen – wieder herbeipfeifen

Gewöhnung ans Wasser

Der August ist der Monat, um den Hund endgültig mit dem nassen Element vertraut zu machen. Es ist warm und das junge Wasserwild so weit gewachsen, dass es durch die Hundearbeit nicht empfindlich gestört werden kann. Von den Reviergängen her weiß der Führer, ob sein Hund das Wasser immer noch zögernd oder bereits beherzt annimmt. Üben müssen wir in jedem Fall, um seinen Schwimmstil zu verbessern und Kondition anzuarbeiten.

1. Lernschritt: Um dem noch zögernden Vierbeiner das nötige Sicherheitsgefühl zu geben, geht der Führer mit dem angeleinten Junghund ins Wasser. Zuerst nur so weit, dass der Lehrling noch festen Grund unter den Läufen hat. Dann zurück ans Ufer, ein wenig umhergetollt, und wieder geht's zusammen in den Teich.

2. Lernschritt: Beim jetzt folgenden Schwierigkeitsgrad schreitet der Führer mit dem angeleinten Hund ins tiefere Wasser. Der Hund muss eine kurze Strecke schwimmen. Der Führer zieht ihn sanft hinter sich her und lobt ihn tüchtig! Zeigt der Vierbeiner Freude, wird anschließend auf die Leine verzichtet.

Hund und Führer zeigen gemeinsam „Wasserfreude", Herrchen allerdings nur im Sommer ...

Das ist Passion. Mit schnellen, weiten Sätzen „hechtet" dieser Labrador ins kühle Nass.

3. Lernschritt: Der Hund wird jetzt dazu aufgefordert, allein das Wasser anzunehmen. Nimmt er es nicht zielstrebig an, geht der Führer wieder voran. Diese Übungen können zwei- bis dreimal am Tag abgehalten werden, ohne den Vierbeiner zu überfordern. Länger als jeweils etwa zehn Minuten üben wir jedoch nicht.

4. Lernschritt: Hat der Hund soviel Sicherheit erreicht, dass er gut schwimmt und Freude dabei zeigt, wird die Übung auf 15 bis 20 Minuten ausgedehnt. Der Führer beginnt, seinen Hund durch Handzeichen im Wasser zu dirigieren. Systematisch und mit Nachdruck festigt er jetzt auch das Annehmen und Kommen aus tiefem Wasser auf Ruf oder Pfiff. Sind Hunde sehr wasserpassioniert, verlassen sie oft auf Befehl das nasse Element nicht. Wir arbeiten dann mit ihnen an kleinen Gewässern und langer Feldleine, lassen ihnen aber immer die Freude an der Wasserarbeit.

„Apport!“

Wer bereits spielerisch mit dem Welpen das Kommando „Apport!“ geübt hat, ist schon einen kleinen Schritt bei dieser Übung vorangekommen. Doch nun beginnt der Ernst. Auch dieser Lernabschnitt wird systematisch eingeübt. Dem Vierbeiner muss klar werden, dass er bestimmte Gegenstände auf Befehl zu apportieren hat. Geschickte Abrichter erhalten dabei dem Hund die Freude oder steigern sie sogar. Das Ganze gipfelt in der sogenannten *Bringfreude*. Sie ist wichtig für die spätere Arbeit in der Praxis, vor allem dann, wenn der Hund, vorübergehend auf sich allein gestellt, Wild findet. Dann zeigt sich die Bringtreue eines guten Jagdhundes, schließlich auch das Verlorenbringen von krankem Wild, auf dessen Wundspur der Hund zu arbeiten hat, bis er an das zu arbeitende Wild herangekommen ist. Der bringfreudige Hund nimmt es auf und trägt sicher zu. Am Anfang stehen die Grundvoraussetzungen.

1. Lernschritt: Der Führer öffnet mit einer Hand den Fang des Hundes. Dann schiebt der Ausbilder die andere Hand in den Fang und gibt dazu das Kommando „Apport!“. Nach etwa zehn Sekunden wird die Hand unter der Anweisung „Aus!“ wieder aus dem Fang gezogen.

2. Lernschritt: Wieder heißt es „Apport!“. Dazu schieben wir dem Hund einen Balg oder Strohbock in den Fang. Auf das Kommando „Gib aus!“ oder nur „Aus!“ hat er ihn wieder herzugeben. Damit der Lehrling nicht verunsichert wird, sind die Phasen zwischen dem Reichen des Apportels, dem Aufnahmebefehl, dem Zurückziehen der Hand, dem erneuten Fassen des Apportels und der Ausgabeanweisung zeitlich klar abgegrenzt.

3. Lernschritt: Nun wird der Hund, den Apportiergegenstand im Fang, mit der Leine an den Führer herangezogen. Wir unterstützen diese Übung mit dem Befehl „Hier!“. Zur Sicherheit greifen wir mit der Hand unter den Balg. Das Apportel darf nur im Sitzen genommen beziehungsweise ausgegeben werden.

4. Lernschritt: Unser Vierbeiner hat Balg oder Bock jetzt selbständig aufzunehmen. In einer Hand halten wir dem Hund das Apportel vor. Mit der anderen üben wir Druck auf die Lefzen aus, wenn der Hund den Fang nicht öffnen will. Greift der Hund zu, wird er gelobt. Auf das Kommando „Aus!“ muss er den Balg hergeben.

5. Lernschritt: Allmählich senken wir das Apportel bis auf den Boden. Um das Aufnehmen zu erleichtern, liegt es beispielsweise auf zwei Ziegelsteinen, die oberkant, breitkant und

„Fliegende Apportierböcke“ eignen sich für Apportierübungen im tiefen Wasser. Die Bringgegenstände schwimmen nämlich. Nachdem der „Teleboc“ (im Bild) seine Zulassungsfähigkeit verlor, kamen neue Geräte wie der „Rapid Launcher“ und der „Range Launcher“ auf den Markt.

Er lernt unter Anleitung der Führerin den Apportierbock kennen. Hält der Hund schön fest, lobt sie anhaltend.

Bis zu sechs, manchmal sogar neun Kilogramm kann man den Apportierbock je nach Hund schwer machen.

schließlich flachkant stehen. Mit dem Zeigefinger weisen wir auf den Apportierbock und sagen „Apport!". Im Sitzen muss der Hund wieder ausgeben.

6. Lernschritt: Der nur wenige Schritte entfernt liegende Apportierbock ist jetzt unter dem Befehl „Verloren apport!" zu bringen. Langsam erweitern wir die Bringentfernung.

7. Lernschritt: An den Oberländer-Apportierbock schrauben wir nach und nach Gewichte, bis er – bei Vorstehhunden – etwa sechs Kilogramm wiegt. Das Tragen schwerer Bringgegenstände festigt die Nackenmuskeln des Hundes. Er darf auch über Hindernisse springen. Am schweren „Fuchsbalg" soll unser Jagdkamerad das Ausbalancieren der Last üben, und an einem geschossenen Kanin oder einer erlegten Rabenkrähe lernt er das Apportieren von warmem Wild beziehungsweise von Tieren, die er nicht so mag.

An die Stelle des Apportierbocks tritt Wild: „So ist's brav, mein Hund." Erst nach dem Lob erfolgt wieder das klare Kommando: „Aus!"

8. Lernschritt: Die Zeit ist gekommen, dass der Hund verstecktes Wild nach einigen Stunden sucht. Das „freie Bringen" muss sehr gewissenhaft geschult werden. Hier braucht es Zeit und viel Gelegenheit. Der Hund hat seinem Herrn alles Kleinwild zuzutragen, das er findet und tragen kann. Bei gutem Erfolg ertönt lautes Lob.

Bringen aus dem Wasser

Wir haben das korrekte Bringen durchexerziert, bevor es mit dem bald jagdeinsatzfähigen Hund ans Wasserwild geht. Drei, vier Übungen in der Woche – selten mehr – sollten beweisen: Unser Vierbeiner ist soweit. Freudig und sicher bringt er ein Apportel oder sogar schon eine erlegte Ente aus dem Wasser. Apportierholz oder Dummy und erlegte Ente, deren Schwingen gegebenenfalls fest an den Körper gebunden werden, sind diesmal die wichtigsten Hilfsmittel.

1. Lernschritt: Analog zu den ersten Übungen „Gewöhnung ans Wasser" geht der Führer mit angeleintem Hund ins Flachwasser – jetzt auf das dort befindliche Apportierholz oder den Dummy zu. Natürlich wird der Vierbeiner dabei mit Lob aufgemuntert und auf den Bringgegenstand aufmerksam gemacht.

2. Lernschritt: Am Apportel angekommen, fasst der Hund hoffentlich beherzt zu. Zögert er, wird er in bestimmendem Ton zum „Apport!" aufgefordert. Notfalls helfen wir ohne Gewaltanwendung. Am Ufer muss sich der Vierbeiner korrekt setzen, ohne das Apportel fallen zu lassen. Da ist es doch ratsam, ihn vorerst noch an der Leine zu haben. Gegebenenfalls üben wir das „Sitz" des nassen Hundes mit sicherem Halten des Apportels so lange, bis das fehlerfrei klappt.

3. Lernschritt: Verlief alles wunschgemäß, darf der Hund nun frei ins Wasser. Das steigert seine Arbeitsfreude. Der Führer wirft das Bringholz oder eine erlegte Ente – neben ihm sitzt der Hund frei. Dabei ist es anfänglich einerlei, ob der Vierbeiner sofort nachsetzt oder erst auf Befehl das Wasser annimmt.

4. Lernschritt: Weiß der Hund, dass er aus dem Wasser apportieren soll und es auch etwas zu Bringen gibt, gehen wir zum Verlorenbringen aus dem Schilfwasser über. Dabei steigern wir langsam den Schwierigkeitsgrad bis zum Apportieren aus dichtem, tiefem Schilf. Beherrscht er diese Aufgabe, ist er reif für die Arbeit am Wasserwild. Gerade bei der Wasserarbeit bedarf es bei manchen Hunden vieler Übungsstunden, die vom Führer viel Geduld erfordern.

Auch das Bringen aus dem Wasser will – zunächst mit einem Dummy oder Apportierholz – schrittweise geübt werden.

Weiterführende Apportierausbildung

Das Arbeitsfach Apportieren trainieren wir besonders gut, bevor der Hund ernsthaft an das Tragen von Wild gewöhnt wird. So tut's Hund und Führer gut, wenn an einem schönen Tag weiterführend geübt wird. Eine solche Trainingsstunde schaut vielgestaltig aus. Beispielsweise wird das Bringen auf der Führerfährte, anschließend das Frei-Verloren-Suchen und zum Abschluss das Bringen aus tiefem Wasser geübt.

Ist das Wetter kühl, beginnen wir zuerst am Wasser, damit der Hund sich bei der späteren Arbeit auf dem Festen wieder trocken laufen kann. Viele Kombinationen sind möglich. Sie ergeben sich aus dem Einfallsreichtum bei der Ausbildung und den Schwächen, die auf dem Gebiet des Apportierens noch auszubügeln sind.

1. Lernschritt: Ein mittelschwerer Apportierbock gehört schon dazu. Der Hund erlernt jetzt, schwerere Gegenstände aufzufinden und sicher zu bringen. Dazu eignet sich für größere Hunde ein selbst gefertigtes Bringholz aus einem Fichten-Rundholzabschnitt von 12 bis 15 Zentimetern Durchmesser und etwa 40 Zentimetern Länge.

2. Lernschritt: Der Apportierbock ist ausgelegt. Der junge Hund wird auf der Führerfährte zum Apportiergegenstand mit dem Kommando „Zurück apport!" geschickt. Dabei kann ihn der Führer unterstützen, indem er ein Stück mitgeht.

3. Lernschritt: In Sichtweite kommt der Hund zum Apportiergegenstand. Der Führer behält das Aufnehmen des Apportels ganz genau im Auge. Er ist bereit, augenblicklich korrigierend einzugreifen.

4. Lernschritt: Der Hund hat korrekt aufgenommen, doch bleibt er auf halber Strecke stehen. Der Führer muss jetzt eingreifen, dem Hund Hilfe geben. Es kommt darauf an, dass der Vierbeiner nicht ausweicht.

5. Lernschritt: Anschließend wird der Hund erneut zum Bringen geschickt. Um ihm die nötige Sicherheit zu geben, ist halber Weg angesagt.

6. Lernschritt: Am Ausgangspunkt macht der Junghund brav „Sitz!". Der Führer lobt ihn dafür – er streichelt den Hund und greift erst dann

Die Festigung des „Apport!" hat begonnen: „Rückwärts auf der Führerfährte" bringt er den schweren Apportierbock.

mit einer Hand zum Apportierbock. Der Vierbeiner soll das Bringholz noch festhalten.

7. Lernschritt: Behutsam greift jetzt der Führer mit beiden Händen zum Apportel und nimmt dem Lehrling unter dem Kommando „Aus!" langsam das Bringholz aus dem Fang. Je ruhiger sich der Führer dabei verhält, desto weniger neigt der Hund zum Nachfassen oder frühzeitigem Fallenlassen. Somit wird dem Knautschen von Wild vorgebeugt.

8. Lernschritt: Nach der Arbeit auf dem Trockenen geht es zur Erfrischung ans Wasser. Besitzt der Hund ausgeprägte Wasserpassion, genügt es, das Apportierholz vor seinen Augen ins Wasser zu werfen und unseren Zögling zum sofortigen Bringen aufzufordern.

9. Lernschritt: Gerne bringt der Passionierte das Apportel mehrere Male aus dem warmen, nassen Element. Vor jedem Ausgeben wird er sich brav setzen. Zum Abschluss jeder Arbeit im Wasser darf er sich austollen.

Die Ausbildung im Feld und am Wasser

Einüben der Quersuche

Soll der junge Gebrauchshund als Jährling auf einer Verbands-Jugendprüfung laufen, um dort seine *„Anlagen"*, vor allem in *Nasenleistung*, *Suche* und *Vorstehen*, zu zeigen, wird es Zeit, mit ihm die systematische Suche, die Quersuche, zu üben. Hierbei wählen wir zunächst ein Gelände aus, in dem der Hund möglichst noch keinen Kontakt mit Wild bekommt, da er zunächst nur die „Suchtechnik" erlernen soll. Insofern kann dieser Schritt auch noch der Grundausbildung zugerechnet werden. Bei der Suche kommt es auf guten Kontakt zum Führer an.

1. Lernschritt: Auf einer übersichtlichen Fläche lassen wir den an der Umhängeleine geführten Hund sich neben uns setzen. Das ist der Ausgangspunkt für das Schnallen. Die Suche verläuft in Schlangenlinien in eine bestimmte Richtung, mehr oder minder gegen den Wind.

2. Lernschritt: Auf das Kommando „Such voran!" schickt der Führer seinen Hund nach rechts oder links. Der Hund läuft anfangs meist noch mit tiefer Nase, geht aber bald mit erhobenem Kopf zur freien Suche über.

3. Lernschritt: Hat sich der Vierbeiner etwa 50 Meter entfernt, kommt das Signal zum Wenden. Der Führer pfeift (Doppelpfiff), setzt auffällige Sichtzeichen durch abrupte Körperdrehung sowie ausgestreckten Arm und geht in die entgegengesetzte Richtung.

4. Lernschritt: Schon hat es beim Hund gezündet – im Galopp folgt er in Richtung seines Meisters. Der lässt ihn wiederum nach etwa 50 Metern wenden. Beim Wenden achtet er darauf, dass der Hund mit der Nase in Suchrichtung schwenkt und nicht hinter dem Führer in die neu angegebene Richtung läuft. Gelangt er hinter ihn, geht dieser zügig um 90 Grad schwenkend nach vorn. Weit suchende, schnelle Hunde werden auf optisch abgegrenztem Feld zwischen Viehzäunen oder Hecken eingearbeitet. Schießt er über die Wendemarke hinaus, bremsen wir den Hund durch Triller.

Konzentriert sucht der Hund kurz „unter der Flinte" – so, wie sein Herr es wünscht.

Suche und Vorstehen

Der Jagdhund weiß jetzt, dass er in Zickzacklinien Feldgelände vor seinem Führer absuchen soll. Die Deckung auf Wintersaaten und Rapsfeldern ist nun so hoch, dass sich Flugwild bereits in dem Bewuchs drückt. Auf solchen Flächen und auch auf Altgrasparzellen wird der Vierbeiner in der Suche nach Federwild vervollkommnet.

1. Lernschritt: Der Führer fordert mit Rufkommando und Sichtzeichen seinen Hund auf, in eine bestimmte Richtung zu suchen. Der Hund soll gegen den Wind laufen, damit er nicht ohne Wittrung ins Wild „hineinstürmt“ und es aus dem Lager wirft. Die Quersuchen des Vierläufers unterstützen wir, indem wir beim Vorangehen systematisch von einer Feldseite zur anderen wechseln. So zeigen wir dem Bewegungsseher Hund die jeweilige Richtung an. Mit fortschreitender Übung werden wir immer weniger Kommandos geben.

Pointer und Deutsch-Kurzhaar üben gemeinsam das angewölfte Vorstehen.

Erst stand der Drahthaar vor. Auf Befehl sprang er ein. Laut gockend steigt der Hahn auf.

2. Lernschritt: Plötzlich verlangsamt der Vierbeiner seine Gangart, stoppt, zieht nach: Er hat Wildwittrung in der Nase! Wir gehen zügig – nicht hastig – auf ihn zu und bedeuten ihm mit gedehnt gesprochenem „Laaangsam!“, bedächtig nachzuziehen.

3. Lernschritt: Der Hund steht. Sein Führer lobt und beruhigt ihn durch Streicheln. Bis auf mehrere Minuten dehnen wir solche Vorstehphasen aus. Dann heißt es ermahnend „Halt!“.

4. Lernschritt: Jetzt kommt für den jungen Hund die erregendste Phase – wir treten das Wild vor ihm heraus! Unter jetzt energischem „Halt!“ gehen wir vor den Lehrling und machen das Wild hoch. Entscheidend ist dabei, dass der Hund stehend, sitzend oder liegend am Platz bleibt. Tut er dies zum ersten Mal, wird tüchtig gelobt und nach einer Beruhigungspause die Suche fortgesetzt. – Wer so zwei- bis dreimal wöchentlich üben kann, hat nach etwa 14 Tagen den nahtlosen Übergang zum systematischen Quersuchen, Wildmarkieren, Vorstehen und Halten hinter dem flüchtenden Wild erreicht.

Einarbeiten auf der Hasenspur

Die Arbeit auf der Hasenspur erzieht die Hunde fast aller Rassen zum Gebrauch ihrer Nase, zu Spurtreue und -wille, was in der Praxis beim Verlorenbringen kranken Wildes ganz besonders wichtig ist.

1. Lernschritt: Wir suchen zusammen mit einem Helfer und dem angeleinten Hund in Linie, um einen Hasen im Bereich von etwa 50 Metern hoch zu machen. Je näher wir am

Auf der warmen Hasenspur wird der Hund angesetzt. Geschnallt wird er sie hoffentlich mit tiefer Nase flott, spurlaut und weit arbeiten.

Hasen sind, desto größer ist die Chance, den Hund genau auf der Spur ansetzen zu können.

2. Lernschritt: Ist der Hase außer Sicht, ohne dass ihn der Hund bemerkt hat, geht's zur Sasse. An einer langen, glatten Lederleine, deren Enden der Führer in der Hand hält, setzt er den Hund auf der Spur hinter der Sasse an. Mit tiefer Nase wird der sich auf der Spur festsaugen.

3. Lernschritt: Je nach Temperament sprechen wir dem Hund aufmunternd oder beruhigend zu. In Fluchtrichtung des Hasen gehen wir einige Schritte mit, wobei wir das Riemenende loslassen. So kann der Hund ungehindert immer flotter werden und die Hasenspur solange wie möglich ausarbeiten. Spurwille, -treue und -laut sind im Feld meist gut zu beobachten. Auch hierbei macht Übung den Meister.

Halt am Hasen

Voraussetzung für diese Feldübung ist, dass bei unserem Vierbeiner das Kommando „Halt!" beziehungsweise das „Down!" in Fleisch und Blut übergegangen ist.

1. Lernschritt: Der Führer begibt sich morgens in die Feldmark, um einen der herumhoppelnden Hasen ausfindig zu machen. Im Wald sind die Langohren in aller Frühe am leichtesten auf Wegen anzutreffen. Ist ein Hase entdeckt, geht's unauffällig so nah wie möglich mit angeleintem Hund an dieses Wild heran. Oder wir lassen ihn Lampe in der Sasse vorstehen.

2. Lernschritt: Sobald der Hund den Hasen wahrnimmt – ob durch Wittern oder Eräugen –, wird er ins „Halt!" befohlen. Dabei kann schon ein auffälliges Sichtzeichen gegeben werden. Dann wird Lampe vor dem Hund hochgemacht. Bleibt unser Freund am Platz, wird er gelobt und beruhigt. Prellt oder hetzt er nach, wird er zurückgepfiffen. Nutzt das nichts, warten wir,

Zum Üben der „Hasenreinheit" treten wir nun mit energischem „Halt!" vor den vorstehenden Hund und machen den Hasen hoch. Entscheidend ist, dass der Hund am Platz bleibt und nicht nachprellt.

bis der Auszubildende von seiner „Hasenreise" zurückgekehrt ist.

3. Lernschritt: Der Hasenhetzer wird zur Sasse oder zu jener Stelle geführt, an der Lampe gesessen hat, und muss dort ins Halt. Jedes Aufmucken wird mit scharfem Kommando geahndet. Auch an jedem in Anblick kommenden Hasen lassen wir den Hund auf Sicht halten. Diese Übungen dehnen wir so weit aus, bis der Hund sich auf Handzeichen und schließlich von selbst beim Anblick eines sich bewegenden Hasen setzt oder Halt macht. Das dauert – je nach Temperament.

4. Lernschritt: Der jetzt Gehorsam am Hasen zeigende Hund darf wieder im Feld suchen. Steht er einen Hasen vor, geht der Führer heran, macht das Wild hoch und geht dabei in Anschlag: Das Zeichen für den Hund, Halt zu machen.

Auch bei der Einarbeitung des Hundes auf der Schleppspur muss sich der Führer voll auf die Arbeit des Vierläufers konzentrieren.

Hochflüchtig geht Meister Lampe ab. Unser Hund folgt ihm nicht, sondern geht ins Halt. Klappt das erstmals ohne Kommando, haben wir gewonnen. Das aber braucht seine Zeit!

Einarbeiten auf der Federwildschleppe

Beim Einarbeiten des Hundes beginnen wir mit kürzeren Strecken, erweitern sie nach und nach und legen mehrere Schlenker sowie Haken ein.

1. Lernschritt: Von einem Fasan, einem Huhn oder einer Ente lassen wir einige Federn am Ausgangspunkt liegen. Außerdem drücken wir das Wild an den Boden, um den „Anschuss" intensiv mit Wittrung zu markieren. Der Hund ist außer Sichtweite abgelegt.

2. Lernschritt: An einer Schnur wird nun das Federwild anfangs 30 bis 50 Meter, später bis zur vollen Länge von 150 Metern über bewachsenen Boden gezogen. Ans Ende der Schleppe wird eine saubere Ente gelegt. Der Führer geht so zurück, dass der Hund nicht auf seine Spur stoßen kann oder lässt die Schleppe durch einen Helfer legen.

3. Lernschritt: An einer knoten- und hakenlosen Leine führen wir den Hund zum Anschuss und legen ihn unter „Such verloren, apport!" zur Schleppspur. Wir gehen einige Meter mit und geben dann die Leine aus einer Hand frei. Der Hund kann ungehindert ablaufen.

4. und 5. Lernschritt: Der Vierbeiner arbeitet mit der Nase die Spur aus, findet und bringt. Beim Führer angekommen, hat er sich wie bei den vorausgegangenen Apportierübungen zu setzen und das Wild so lange festzuhalten, bis der Führer es ihm mit „Aus!" abnimmt. Ein „Bröckchen" belohnt ihn.

Arbeit auf der Kanin- oder Hasenschleppe

Die Kanin- oder Hasenschleppe ist doppelt so lang wie die Federwildschleppe. Je nach Rasse wird bei Herbstzuchtprüfungen sogar eine Länge bis zu 500 Schritt verlangt, zum Beispiel bei Deutsch-Kurzhaar. Doch vorerst wird auf kürzere Distanz geübt. Im Apportieren sicher und bereits auf der kürzeren Federwildschleppe sattelfest, können wir mit einer Schleppenlänge von 100 bis 150 Metern beginnen.

Am Ende der Schleppe liegt entweder ein geschlepptes oder ein sauberes Kaninchen. Der Deutsch-Langhaar bringt es flott mit sauberem Kreuzgriff. Das anschließende Lob steigert seine Arbeitsfreude.

1. Lernschritt: Der Schleppenleger, möglichst ein Helfer, zieht nach Markieren des „Anschusses" das kleine Haarwild durch unterschiedlichen Bewuchs, teils in Schlangenlinien mit vorerst nur einem rechtwinkligen Haken bis zu 200 Metern. Dort legt er für den Hund außer Wind das geschleppte Wild ab. Dann begibt er sich in Deckung und gibt dem Hundeführer über Funk ein Zeichen zu beginnen.

2. Lernschritt: Der Führer setzt jetzt seinen Vierbeiner am Anschuss an. Hat sich sein Zögling auf der Schleppspur mit „tiefer" Nase festgesogen, gibt er ein Ende der „Zuckerstrippe" – der einfachen Führungsschnur – frei, und der Hund kann nun ungehindert auf der Schleppe zum Kanin beziehungsweise Hasen finden.

3. Lernschritt: Das ausgelegte Kaninchen soll der Vierbeiner zügig aufnehmen. Zögert der Kandidat oder gibt es Schwierigkeiten beim Aufnehmen des Wildes, berichtet der Helfer über Funk. Die Schleppenlänge ist auf 40 bis 50 Meter zu verkürzen. Nun kann der Führer helfend eingreifen. Am Nachmittag folgt ein neuer Versuch.

4. Lernschritt: Bringt der Hund das Kanin anstandslos, gibt der Führer dem das Wild mit sauberem Bauch-/Rückengriff herantragenden Vierläufer rechtzeitig ein Sichtzeichen, damit er ihn erkennt und sich zum Ausgeben der „Beute" korrekt setzen kann.

Die Kanin- oder Hasenschleppe wird nach und nach bis auf die Prüfungsdistanz erweitert.

Stöbern auf der Schwimmspur

Der ans Wasser gewöhnte Hund hat im Sommer gelernt, sicher aus dem nassen Element zu apportieren. Jetzt erlernt er die jagdpraktische Arbeit.

1. Lernschritt: Der Vierbeiner wird zum Stöbern im tiefen Schilfwasser aufgefordert. Dabei kann

Mit Tempo und Arbeitsfreude auf der Schwimmspur

Am Ende der Arbeit auf der Schwimmspur wurde die Ente erlegt. Voll Stolz trägt er sie nun.

er ohne weiteres durchs Blankwasser zur Schilfdeckung geschickt werden. Er sollte jedoch möglichst schnell an Wasserwild gelangen. Das fördert seine Einsatzfreudigkeit.

2. Lernschritt: Hunde, denen es an Passion mangelt, lassen wir zuerst auf Sicht an Enten arbeiten. Sie wissen dann schnell, worum es geht. Ihre Arbeitsfreude bei der schweren Wasserarbeit steigt.

3. Lernschritt: In der Folge der Einarbeitung kommt es bei weiteren Übungen entscheidend darauf an, dass wir den Hund dazu anleiten, seine Nase bei der Wasserarbeit zu gebrauchen. Er soll abschließend sicher auf der Schwimmspur, ob im tiefen Blank- oder flachen Schilfwasser, vor allem kranken Enten folgen können. Dabei wird er seine Erfahrungen mit vor ihm wegtauchenden Enten sammeln. Nur mit guter Nasenleistung und Arbeitswillen kommt er in deckungsreichen Gewässern wieder an solche Breitschnäbel heran.

4. Lernschritt: Belohnt wird die Arbeit des Hundes durch das Erlegen einer Ente. Er soll zum Erfolg kommen! Selbstverständlich lassen wir beim Schuss auf die vom Hund gearbeitete Ente die Vorsicht nicht außer Acht. Je sicherer der Vierbeiner bei diesen Arbeiten wird, desto schwieriger soll das dem Bringen vorangehende Verlorensuchen des erlegten Wasserwildes sein. Wer diesen Grundsatz der Einarbeitung beherzigt, formt seinen vierbeinigen Gefährten zum firmen Vollgebrauchshund im Wasser.

Die Fuchsfächer

Fuchsapport

Es zeigt sich sehr schnell, ob ein Hund, der weiß, was das Kommando „Apport!“ bedeutet, den Fuchs bringen will oder nicht. Zögert er, hilft bisweilen schon unser energischer Zuspruch. Nützt dieser nichts, wenden wir angemessenen Zwang an. Denn fast jeder Vorstehhund ist dazu in der Lage, einen Fuchs zu tragen.

1. Lernschritt: Der Hund wird grundsätzlich angeleint – denn nur zu gern möchte mancher von ihnen bei den folgenden Übungen ausweichen. Unter dem unmissverständlichen Kommando „Sitz!“ muss sich der Hund erst einmal vor seinem Abrichter setzen. Der Führer hält den Fuchs bereits in der Hand.

Hält der Hund den Fuchs so sicher, ist der erste Schritt getan.

Rasch hat der Weimaraner den Fuchs gefunden. Nun nimmt er ihn auf, um ihn seinem Herrn zu bringen.

2. Lernschritt: Mit der linken Hand hält der Hundeführer den Hund an der Leine kurz unter der Halsung und schiebt mit der Rechten dem sich sträubenden Vierbeiner den Rotrock in den Fang.

Will der Hund nicht fassen, wird hart an der Leine geruckt. Notfalls treten wir auf die Führleine und drücken den Fuchs mit beiden Händen in den Hundefang.

3. Lernschritt: Wir belohnen jeden Fass- und Halteversuch. Alle Register von Lob und Tadel ziehen wir, um klar zu machen, dass der Hund den Fuchs zu halten hat. Immer wieder fordern wir: „Sitz, apport!"

4. Lernschritt: Der erste Schwierigkeitsgrad wurde überwunden. Der Hund hält den Fuchs. Dabei loben wir ihn tüchtig. Der Führer achtet darauf, dass sein „Sorgenkind" das Raubwild nicht fallen lässt. Er ist bereit, sofort helfend einzugreifen.

Ganz hartnäckige Racker gehören bei solchen Übungen an die Koralle. Der erfahrene Ausbilder wird Einfallsreichtum, Ausdauer und Einsicht walten lassen. Rückschläge sind bei jeder Art der Einarbeitung des Hundes immer wieder zu verkraften. Oft genügt es dann, einmal drei bis vier Tage ganz mit dieser speziellen Arbeit auszusetzen.

Bringen des Fuchses auf der Schleppe

Wir gehen davon aus, dass das „Apport!" dem Hund in Fleisch und Blut übergegangen ist, er den Fuchs auf Befehl vom Boden aufnimmt sowie auf einige Meter sicher und ohne Widerwillen bringt. Und da er bereits die Schleppenarbeit kennt, beginnen wir mit der Fuchsschleppe, bevor die anderen schwierigen Fuchsfächer durchgearbeitet werden.

1. Lernschritt: Unser Vierbeiner wird so abgelegt, dass er zumindest den Endverlauf der Fuchsschleppe nicht mit den Blicken verfolgen kann. Doch er soll wissen, worum es geht. Besteht die Gefahr, dass er sich der für ihn vielleicht noch zu unangenehmen Aufgabe entziehen will, leint man ihn besser an.

2. Lernschritt: Um den ja nahezu fertigen VGP-Lehrling auf die erst etwa 100, letztlich mindestens 300 Meter lange Raubwildschleppe einzustellen, geht es vorerst an der langen Leine zum Fuchs. So verhindern wir, dass der Hund vielleicht doch die Schleppspur verlässt, um sich aus dem Staub zu machen. Am Fuchs angekommen, loben wir ihn gewaltig. Beim Aufnehmen des Fuchses ermuntern wir ihn durch Zuspruch. Notfalls unterstützen wir mit der Hand das zügige Aufnehmen und Halten des Fuchses.

Haben diese beiden Lernschritte keine nennenswerten Schwierigkeiten bereitet, geht es zur freien Arbeit auf der Fuchsschleppe über, wobei die Länge der Schleppe nur allmählich gesteigert wird.

Fuchs über Hindernis

Wir beginnen mit dem Bringen über ein zaunähnliches Hindernis. Wer mit der Arbeit am Graben anfangen will, dem sei das freigestellt. Entscheidend ist, dass der Hund an möglichst vielen Geländehindernissen im Fuchsbringen durchgearbeitet wird.

1. Lernschritt: Der Hund muss mit einem Fuchs ein bis zu achtzig Zentimeter hohes Hindernis überwinden, ohne das mindestens „hasenschwere" Raubwild fallen zu lassen. Das gelingt nur, wenn der Haltegriff fest sitzt und der Hund im Schwerapportieren geübt ist. Bevor das Hindernis genommen wird, wird zunächst eine Tra-

Mit sicherem Griff hat er den Fuchs im Fang. Und nun geht's in einem Satz über den Graben.

geübung zur Überprüfung des Griffs durchgeführt. Das gilt vor allem für Hunde, die den Fuchs ungern bringen.

2. **Lernschritt:** Mit aufmunterndem Zuruf geht's anfangs gemeinsam über das Holzstangenhindernis, zum Beispiel eine Wegsperre im Wald. Der Hund ist angeleint. Wichtig dabei ist, dass sich der Hund nicht verletzen kann. Hält der Vierbeiner den Fuchs, soll er anschließend allein ohne Leine das Wild über die Hürde hinweg bringen.

3. **Lernschritt:** Gräben sind vom Jagdgebrauchshund häufiger als Hindernisse zu überwinden. Daher ist es für den Jagdbetrieb wichtig, dass der Vierbeiner lernt, auch breite Gräben zu meistern. Nach dem Befehl „Platz!" wird vor ihm der Fuchs über einen breiten Graben geworfen.

4. **Lernschritt:** Auf das zwingende Kommando „Apport!" bringt der Hund den Übungsfuchs. Wir achten darauf, dass er schmale Gräben überspringt, ohne seine Last fallen zu lassen. Nimmt er dann von selbst wieder auf, ist das kein Fehler. Aber hinsichtlich sicheren Haltens und Tragens können wir nicht sorgfältig genug vorgehen. Zwei bis drei Übungen pro Tag, ein- bis zweimal pro Woche, sind angebracht, bis diese Arbeit sitzt.

Bringtreue-Prüfung am Fuchs

Das ist ein härterer Brocken, als manch junger Hundeführer annimmt. Bei der Bringtreue am Fuchs scheiden sich die Geister. Ein Hund, dem das Apportieren des Fuchses an sich zuwider ist, wird ungern Bringtreue am Fuchs zeigen. Aber er soll es ja lernen.

1. **Lernschritt:** Durch einen Helfer lassen wir anfänglich einen Fuchs nur im Nahbereich von

Körperlich topfit zeigt er absolute Bringtreue auch am Fuchs.

etwa 15 bis 20 Metern auslegen – grundsätzlich in dichter Deckung. Nach einer Wartezeit von zwei Stunden fordern wir den Hund vom Dickungsrand aus zum Suchen beziehungsweise Stöbern in der Dickung auf.

2. Lernschritt: Wir steigern die Entfernung zum ausgelegten Fuchs auf das Doppelte bis Dreifache. Dabei wird das Kommando „Voran!" durch ein Handzeichen ersetzt.

3. Lernschritt: Jetzt soll die in der Prüfung geforderte 100-Meter-Marke vom Hund gemeistert werden. Wir denken daran, dass das Bringen des Fuchses aus einer Dickung auf größere Entfernung Schwerstarbeit für ihn bedeutet. Nur körperlich gut trainierte Hunde vermögen sie verlässlich zu verrichten.

Schweißarbeit

Legen von Übungsfährten

Um die Einarbeitung auf Schweiß, die Vorstufe der Nachsuche auf krankes Schalenwild, zu üben, muss eine künstliche Wundfährte gelegt werden. Sie wird getupft, getropft, gespritzt oder getreten und soll zum Schluss der Einarbeitung rund 1200 Meter lang sein. Seit einigen Jahren gibt es neben Prüfungen auf rein mit Schweiß gelegten Fährten auch eine Verbands-Fährtenschuhprüfung (VSP), deren Fährten mit Fährtenschuhen unter minimalem Einsatz von Schweiß getreten werden. Die Anforderungen an die jeweiligen Fährten (Stehzeit, Schwierigkeitsgrad, Distanz, verwendete Schweißmenge etc.) sind in den Prüfungsordnungen geregelt. Da auf den meisten Prüfungen immer noch mit Schweiß gelegte Fährten üblich sind, wollen wir uns im Folgenden auf sie beschränken.

Bis zum Profi ist es ein weiter Weg. Das verlangt Üben und nochmals Üben und – Praxiserfahrung!

MIT SCHWEISS ODER FÄHRTENSCHUH?

Im Jahre 2003 hat der JGHV auch eine Prüfungsordnung für eine Verbandsfährtenschuhprüfung erlassen (siehe auch Seite 584 u. 600). Bei dieser Prüfung wird die Kunstfährte mit Fährtenschuhen getreten, Schweiß (insgesamt nur 0,1 Liter) kommt nur zu Beginn und an den Wundbetten zum Einsatz. Auf diese Prüfung wird der Hund natürlich entsprechend auch mit dem Fährtenschuh vorbereitet.
Dennoch kommt wohl kaum ein Hundeführer um die Einarbeitung seines Hundes auf der „reinen" Schweißfährte herum: Auf den Brauchbarkeits- und den Verbands- bzw. Zuchtvereinsprüfungen wird nach wie vor auf der Tupf- oder Tropffährte geprüft.

Wir beginnen die Übung mit maximal einem Viertelliter Schweiß auf 200 bis 400 Metern bei einer Stehzeit von fünf bis sechs Stunden. Besser ist ein Achtelliter auf 200 Metern. Die Schwierigkeit steigern wir langsam. In den Fährten kommen Haken und mindestens zwei Wundbetten vor.

1. Schritt: Zunächst stellen wir einen einfachen Tupfstock her: ein etwa eineinhalb Meter langer Stiel, an dessen Ende ein zirka drei Mal drei Zentimeter dickes Stück Schaumgummi genagelt wird. In einen Plastikbehälter mit Schweiß – auch Hammel- und Rinderblut können hier durchaus benutzt werden – wird das Tupfende des Stockes leicht eingetaucht. Danach lassen wir den Schwamm abtropfen.

2. Schritt: Der Anschuss wird durch Wildhaar und viel Schweiß markiert, ebenso die Wundbetten, die der Hund verweisen soll. Hierzu fischen wir uns die dicken Blutfetzen aus dem Behälter oder vertupfen mehr Schweiß.

Die künstliche Schweißfährte wird gespritzt oder, wie hier, mit dem Tupfstock getupft.

3. Schritt: Mal nach einem, mal nach zwei Schritten wird ein Tupfer Schweiß auf den Bodenbewuchs gedrückt. Die Fährte verläuft mit Haken und Wundbetten. Im ersten Drittel vertupfen wir mehr Schweiß als im restlichen Teil. Der Fährtenverlauf wird für die Kontrolle markiert: mit an Bäume gestellten Ästen, Kreidestrichen an Stämmen oder Markierungsbändern, die wir wieder benutzen können.

4. Schritt: Das Ende der Fährte markieren wir deutlich. Als Ersatz für Wild legen wir möglichst eine Wilddecke aus. Sie wird mit Schweiß betupft. Unter die Decke legen wir in jedem Fall einen besonders schmackhaften Belohnungshappen für den Hund. Manchem Hundeführer genügt eine derartige Belohnung am Ende der Wundfährte auch ohne Wilddecke.

Die Arbeit auf der künstlichen Rotfährte

Die Schweißfährte ist gelegt, an ihrem Ende für „Ersatz"-Wild gesorgt: eine mit Schweiß betupfte Wilddecke. Die Stehzeit beträgt fünf bis sechs Stunden, so dass die Wittrung des Fährtenlegers längst verflogen ist. Das ist wichtig, denn der Hund soll allein dem Schweißduft folgen. Bei dieser und den folgenden erschwerten Arbeiten (hinsichtlich Stehzeit und Länge bei geringerer Schweißmenge) lernt der künftige Vollgebrauchshund, sich auf geringste Wittrungsspuren zu konzentrieren, ihrem Duftverlauf zielstrebig zu folgen und dabei Durchhaltewillen sowie Riemensicherheit zu entwickeln. Ausrüstung: breite Halsung mit Wirbel und ein zirka drei Zentimeter breiter, möglichst zehn Meter langer Schweißriemen.

1. Lernschritt: Der Hund wird mit abgedocktem oder auch schon lang ausgeworfenem Schweißriemen in der Nähe des „Anschusses" abgelegt, den der Führer untersucht. Dabei wird das Interesse des Hundes bereits geweckt. Er schiebt sich schon langsam näher.

2. Lernschritt: Danach weist der Führer den Hund bedächtig auf dem „Anschuss" ein. Der Hund soll sich hier mit tiefer Nase an der Wittrung festsaugen. Dann heißt es: „Such verwundt, mein Hund!"

3. Lernschritt: Dem der Fährte jetzt langsam folgenden Hund gibt der Führer nach und nach mehr Riemen. Er kann zwischen den Läufen verlaufen, was die Nase des Hundes nach unten zwingt. Der Führer spricht dem Hund ermunternd zu.

4. Lernschritt: Kommt der Hund von der Fährte ab oder bleibt er stehen, verhält der Führer, greift am Riemen zum Hund vor und spricht

Nach einer Stehzeit von fünf bis sechs Stunden wird der Teckel angesetzt.

Nach der Fährtenarbeit gibt es viel Lob und einen Leckerbissen für den Hund. So erhalten wir seine Arbeitsfreude.

ihm gut zu: „Zur Fährte, mein Hund!“. Gelegentlich gönnt er dem Vierbeiner eine kurze Ruhepause. Das stärkt seine Konzentration.

5. **Lernschritt:** Ermüdet der Hund auf der Fährte, kann der Führer ihn abtragen, um die Arbeit zu unterbrechen, wie es später auf der natürlichen Wundfährte praktiziert wird.

6. **Lernschritt:** Am Ersatzwild angekommen, gibt es für den Schweißarbeiter viel Lob und einen Leckerbissen. Danach wird er auch hier „abgetragen“.

Schusshitzigkeit taugt nicht. Sie zu beherrschen, setzt manche Trainingseinheit voraus.

Gehorsam und Leistungszeichen

Halt beim Schuss!

Unser Hund ist so weit, dass er verstärkt im Feld geführt werden kann. Er ist schussfest. Doch trotz Dressur kann er am Wild zu heftiges Temperament entwickeln. Das kann bei der späteren Jagdausübung leicht in Schusshitzigkeit umschlagen. Also testen wir, ob er ausreichende Schussruhe besitzt. Treten Mängel auf, tragen vier Übungen dazu bei, Temperament oder Ungehorsam in den Griff zu kriegen.

1. **Lernschritt:** Der Schütze stellt sich mit Waffe in Wilderwartungshaltung neben seinen Hund und lässt den Vierbeiner neben sich Platz machen. Der soll durchaus das Tun seines Führers mit den Blicken verfolgen. Nachdem der Führer in Anschlag gegangen ist, hat der Hund seine Lage nicht verändert. So weit, so gut!

2. **Lernschritt:** Wir steigern den Verleitungsgrad: Flinte hoch und – Schuss! Da springt der Hund auf. Jetzt müssen wir korrigieren. Denn gerade das Nachprellen beim Schuss ist für den Schützen lästig. Hilft bei der Wiederholung kein donnerndes „Platz!“ oder „Down!“, greifen wir zur Notbremse.

3. **Lernschritt:** Diese Bremse besteht aus Zughalsung (bei ganz harten Fällen vielleicht auch mit Korallen) und festgebundener Umhängeleine. Wir wiederholen die Schussübung. Und schon wird der Vierbeiner in seinem Drang nach vorn abrupt gestoppt, ohne unmittelbare Einwirkung des Führers. Prellt der Hund wiederholt zu stürmisch vor, wird die Leine verlängert oder eine Feldleine benutzt. Die gibt dem Hund mehr Spielraum, bremst ihn allerdings noch vehementer.

4. **Lernschritt:** Die Probe aufs Exempel erfolgt wieder unangeleint. Schon beim Anschlagen der Waffe liegt der Hund im Down. Das Ziel ist erreicht. Vor allem für ausgesprochene Temperamentsbündel ist diese Endübung gedacht, damit sie bei der späteren Jagdausübung beschossenem Wild nicht nachhetzen. Ruhige Hunde dürfen den Kopf anheben. Selbst bei diesen benötigen wir manche Trainingseinheit. Jagdpassion soll sein, bedarf aber der Beherrschung. Nicht nur beim Hund.

Halt beim Schuss auf Wild

Sehr passionierte, temperamentvolle und bringfreudige Hunde neigen nun einmal dazu, beim Schuss auf Wild einzuspringen, wenn sie die ersten Treibjagden erleben oder zu früh und zu stark „bejagt“ werden.

Eine gute Vorübung war die vorherige Übung. Doch Jagd auf Niederwild übt weitaus stärkere Reize auf den vierbeinigen Jagdhelfer aus. So ist auch hier zu testen und gegebenenfalls nachzuhelfen.

1. **Lernschritt:** Der Führer wirft vor dem Hund ein Stück Übungswild weg, wartet, geht dann in Anschlag und schießt. Hält der Hund durch, ist viel gewonnen. Nach einer Wartepause wird so lange wiederholt, bis diese „Lektion“ sitzt.

2. **Lernschritt:** Die Herausforderung wird größer. Wir lassen den Hund ein Stück Wild suchen und vorstehen, treten es heraus, gehen in Anschlag und schießen. Ist kein Vorstehwild vorhanden, wirft ein Helfer das Übungswild über Hund und Führer hinweg, wobei der Führer einen Schuss abgibt. Springt der Vierbeiner ein, erfolgt eine scharfe Korrektur.

3. **Lernschritt:** Nach Einlegen einer Pause und Stellungswechsel werden dem Draufgänger Zughalsband oder Koralle und lange Leine angelegt. Die Leine wird angebunden, damit der Hund nicht entweichen kann.

Der Helfer wirft jetzt völlig überraschend das Übungswild so weit wie möglich vor Führer und Hund, wobei der Führer noch vor dem Aufprall des Wildes schießt. Der heftig einspringende Hund wird abrupt durch den scharfen Leinenruck gestoppt.

4. **Lernschritt:** Sobald der Vierbeiner eingesehen hat, dass Einspringen nichts einbringt, wird die Übung mit unangeleintem Hund wiederholt: Wegwerfen des Übungswildes, Halt und abschließend möglichst Schuss auf Wild, das wieder vor dem Hund herausgetreten wird.

Das Endziel ist: Der temperamentvolle Hund liegt am Platz, der ruhigere bleibt sitzen. Das kostet manche Trainingseinheit.

Der Verlorenbringer

Bei jeder Niederwildjagd fällt das Verlorenbringen für den Jagdhund an. Gute Verlorenbringer sind wertvoller als die fleißigsten Apporteure, die auf Sicht so gut wie jedes verendete Stück Niederwild bringen und darüber hinaus allenfalls nach freier Suche gefundenes Kleinwild herantragen. Sie überlaufen im Unterschied zum „spurtreuen“ Verlorenbringer zu leicht das häufig noch weit entkommene Wild, welches sich am Ende oft in dichtester Deckung drückt.

Um den so gut wie fertigen Vollgebrauchshund zum zuverlässigen Verlorenbringer zu erziehen, bietet sich folgendes Rezept an:

1. **Lernschritt:** Nach dem Schleppelegen mit kaltem Wild arbeiten wir mit frisch erlegtem, noch warmem Fasan, Kanin oder Hasen.

Eisern steht der Rüde vor. Auch nach dem Schuss auf Hase oder Fasan springt er nicht ein.

Der geflügelte Gockel wird verlässlich gebracht. Bei Hunden solch einer Qualität geht kaum ein Fasan verloren.

2. Lernschritt: Die damit gezogenen Schleppen legen wir erheblich schwieriger an: mehrere Haken, Schlenker sowie verschiedene Bodenbeschaffenheiten beziehen wir ein. Mal geht's über Gras, durch Krautnester, Gräben oder auch über befestigte Feldwege. Das Wild legen wir in dichter Deckung ab.
3. Lernschritt: Wir jagen so oft wie möglich mit dem Hund. Dabei nehmen wir uns viel Zeit für die Nachsuche, das Ansetzen des Hundes auf Geläuf oder aber auf der Krankspur des Hasen.

Ausbildung zum Bringselverweiser

Vollgebrauchshunde, die häufig Schalenwild nachsuchen, können Bringselverweiser sein. Jeder Jagdhund kann das werden – das Abrichten ist leicht.
1. Lernschritt: Zuerst lernt unser Hund, von einer Wilddecke das Bringsel aufzunehmen, um es dann seinem Herrn zuzutragen.
2. Lernschritt: Es wird so lange geübt, bis der Hund das Bringsel nach dem Kommando „Zum Stück!" sicher aufnimmt und auf größere Entfernung zum Führer zurückkehrt. Anschließend rückt der Abrichter dem erneut zum Bringselverweisen geschickten Hunde 20 bis 30 Meter nach, um ihn nach Ausnehmen des Bringsels wiederum zu „schicken". Diese Lektion muss in Fleisch und Blut übergehen.
3. und 4. Lernschritt: Aufbauend auf Schritt zwei wird jetzt am Wild geübt. Dabei nimmt der Hund oft schon das Bringsel dann in den Fang, wenn er das Wild in der Nase hat. Ein Helfer kontrolliert den Vierbeiner am Übungswild, um Fehler auszuräumen. Nach drei bis vier Wochen kann der Hund bereits ein sicherer Bringselverweiser sein.

Ein Bringselverweiser: Mit dem Bringsel im Fang eilt der Langhaar vom verendet gefundenen Stück Schalenwild zu seinem Führer zurück.

Totverbeller

Entscheidend ist, dass zum Totverbellen abgerichtete Hunde auch in der Praxis durchhalten und ihren Meutekumpan zum Stück „rufen"! Die Gefahr beim Totverbeller ist stets die, dass der Führer den Ruf seines Hundes nicht hört. Zu weit vom Anschuss liegt das Stück. Ein im Jagdbetrieb brauchbarer Totverbeller gibt also wenigstens eine halbe Stunde Laut, damit der Führer zu ihm und dem Stück finden kann. Der einfachste Abrichtungsweg ist der über die Futterschüssel.
1. Lernschritt: Der in der Schweißarbeit ausgebildete Vierbeiner erhält mehrere Tage sein Futter an einer Wilddecke oder Sauschwarte, wobei er zum Lautgeben ermuntert wird.
2. Lernschritt: Gibt er auf das geringste Kommando oder Zeichen Laut, stellen wir die Futterschüssel unter die Decke. Das reizt ihn zum selbstständigen Lautgeben, zumal er sich erst nach minutenlangem Verbellen sättigen darf. Der fressfreudige, kluge Vierbeiner lernt dabei sehr schnell und erhält viel Lob beim ersten Lautgeben.
3. Lernschritt: Sobald der Kandidat an beziehungsweise auf der Wilddecke steht, soll er von selbst verbellen. Ist diese Lernschwelle erreicht, werden die Futterschüssel entfernt und der künftige Totverbeller nur noch mit Happen belohnt, jedoch nach jeder Übung. Letztlich üben wir mit ihm am erlegten Wild und dehnen das Laut-geben-lassen bis auf eine Dreiviertelstunde aus.
Der Grundstein für sicheres Totverbellen ist damit gelegt. Der Rest der Einarbeitung ist viel Übung im Revier. Wir schicken den Hund zum ausgelegten Stück auf unterschiedliche Distan-

Weithin ist sein Laut hörbar. Mit lockerem Hals ruft er seinen Herrn zum Stück.

zen, lassen ihn verbellen, gehen hinzu und loben ihn. Das alles beruht auf vertrauensvoller Bindung zwischen Führer und Hund.

4. **Lernschritt:** Bewährungsprobe nach Nachsuche mit Hetze und Niederziehen: Erst jetzt zeigt sich, ob der vielseitig ausgebildete Vollgebrauchshund totverbellend so lange durchhält, bis der Führer am Stück ist. Anfangserfolge sind wichtig, daher riskieren wir keine Fehlhetzen. Ständiges Training erhält die meisterliche Leistung. Nur selten gibt es zuverlässige Totverbeller aus Veranlagung – ein Geschenk der Natur.

Bauarbeit

Gute Bauhunde haben den *Willen zum Einschliefen*, einen *lockeren Hals* und eine gehörige Portion *Schneid*. Aber nicht zuviel davon, denn unter Tage sind Dachs, Waschbär und auch Fuchs ernst zu nehmende Gegner. Das gilt vor allem im Naturbau. Je felsiger und größer – damit oft auch älter – er ist, umso schwerer fällt die Arbeit für unseren Erdhund aus. Immer wieder sei es dem jungen oder vielleicht ein wenig zu forschen Jäger klar gesagt: Bauarbeit ist Schwerstarbeit!

Viele Erdhundeführer werden die nachstehenden Vorschläge ein wenig belächeln. Die Zucht der letzten 100 Jahre hat halt die Anlagen zu guter Bauarbeit bei Teckeln und Terriern stetig gefördert. Wenn's aber doch einmal hapert oder Junghunde eingearbeitet werden, empfiehlt sich folgendes Vorgehen:

1. **Lernschritt:** Wir ziehen eine Futterschleppe bis in den Kessel eines Kunstbaus. Den ersten Fleischbrocken legen wir etwa 20 Zentimeter in die Röhre hinein. Dann erweitern wir den

Der Einsatz von Erdhunden am Naturbau birgt immer ein Risiko für Terrier oder Teckel. Unsere Hilfsmöglichkeiten sind beschränkt. Wie vorteilhaft und elegant ist da doch der Kunstbau.

Trotz harter, erfolgreicher Arbeit sind die beiden selbst „am Strick" kaum zu halten – Deutsche Jagdterrier eben! Der nächstgelegene Bau mit neuen „Unter-Tage-Abenteuern" ist sicher gar nicht weit.

Abstand zwischen den Fleischstücken auf einen halben und schließlich einen Meter. Wir animieren den Junghund mit dem Zuspruch „Such vorwärts!". Den einschliefenden Hund loben wir mit „So recht, mein Hund!".

2. Lernschritt: Im Kessel befindet sich, soweit es das Landesjagdgesetz zulässt, ein eingeschieberter Fuchs. Wir lassen den Hund unter Anhetzen in den Bau einfahren. Gibt der Hund am Schieber vor dem Kessel laut, wird er von uns gelobt und angehetzt. Hat der Hund zehn Minuten Laut gegeben, decken wir den Bauabschnitt über ihm auf und tragen den Hund unter Lob ab. Das üben wir mehrmals. Später soll er bis zu einer halben Stunde Laut geben.

3. Lernschritt: Sind wir mit seiner Arbeit im Kunstbau zufrieden, beginnen wir mit einem kleinen, flachen Bau, der nicht mehr als zwei bis vier Röhren aufweist. Im Idealfall hilft uns eine Neue, um den Bau als „heute befahren" zu erkennen. Leise, wirklich leise, beziehen wir unseren Stand, den Erdhund im Arm. Die Halsung wird gelöst. Je nach Temperament stimmen wir – flüsternd direkt an seinen Behängen – unseren jungen Freund ein. Der Ernstfall wird geprobt. Er schlieft ein. Erster Laut dringt gedämpft zu uns herauf. Der Rote springt, rouliert. Nun darf der Junghund würgen und zausen, solange er will. „Ich bin der Größte!" – Recht hat der kleine Kerl.

SENDER FÜR DEN BAUHUND

Technik kann auch bei der Jagd sinnvoll sein: Sofern noch am Naturbau gejagt werden darf und wird, sollten ein Sender am Hund und ein Empfänger in der Hand des Führers selbstverständlich sein. So weiß der „Chef", wie es „unter Tage" vorangeht und kann im Notfall leichter helfen oder den Hund sogar retten.

Prüfungswesen und Nachsuchenpraxis

Brauchbarkeit

Im Bundesjagdgesetz werden der Einsatz von Jagdhunden und die an sie gestellten Anforderungen an keiner Stelle erwähnt.

Brauchbarkeit und Recht

Die *Landesjagdgesetze* sowie deren Ausführungs- und Zusatzverordnungen regeln dagegen den Einsatz und die zu erbringenden Brauchbarkeitsvoraussetzungen detailliert. Leider bestehen von Bundesland zu Bundesland unterschiedliche Bestimmungen darüber, wann ein Jagdhund im Sinne des Gesetzes brauchbar ist.

Überall zwingend vorgeschrieben ist, dass brauchbare Jagdhunde bei jeder Such-, Drück-, Riegel- oder Treibjagd, bei jeder Jagdart auf Wasserwild sowie der Nachsuche dabei zu sein haben. Wie viel Hunde beispielsweise bei der Wasserjagd „mit von der Partie" sein sollen, wird nicht festgelegt. In vielen Gesetzestexten heißt es dazu lapidar: „in genügender Zahl".

Je nach Bundesland kann die Jagdbehörde den Revierinhaber zur Haltung eines zur Nachsuche brauchbaren Jagdhundes verpflichten. Oder der Jagdausübungsberechtigte muss nachweisen, dass ihm brauchbare Jagdhunde anderer Hundehalter bei Bedarf zur Verfügung stehen.

Brauchbarkeit und Versicherungen

Voraussetzung für das Erteilen oder Verlängern eines Jagdscheines ist eine *Jagdhaftpflichtversicherung*. Diese deckt, je nach Versicherungsgesellschaft, ein oder zwei brauchbare – oder auch nicht geprüfte – Jagdhunde ab. Wenn wir uns entschließen, einen Jagdhund anzuschaffen, prüfen wir, ob die Haftpflichtversicherung nur auf den jagdlichen Einsatz beschränkt ist. Dann ist es dringend geboten, zusätzlich eine *Tier-* oder *Hundehalter-Haftpflichtversicherung* abzuschließen.

Für Züchter gibt es darüber hinaus noch die sogenannte Zwinger-Haftpflichtversicherung. Dadurch sind in der Regel bis zu fünf Stammhunde und alle selbstgezüchteten Welpen bis zu einem Alter von drei Monaten pauschal mitversichert.

Seit einigen Jahren werden auch *Tierkranken-* oder *Tierarztkosten-/Unfallversicherungen* angeboten. Dabei werden Tierarzt- und Arzneimittelkosten ganz beziehungsweise anteilig übernommen. Sie decken meist sämtliche Unfallfolgen, innere und äußere Verletzungen, ab. Zu prüfen ist generell, ob das uns vorliegende Angebot auch Verletzungen und Schäden abdeckt, die während der Jagdausübung entstanden sind. Wie bei allen Verträgen gilt grund-

„Jagen ohne Hund ist Schund!" – Das gilt im Grundsatz immer, aber ganz besonders beim Waidwerk auf Enten. Im Sinne der Landesjagdgesetze brauchbar muss der Hund allerdings sein.

„BRAUCHBAR" IM VERSICHERUNGSRECHT

Während einige Jagdhaftpflicht-Versicherer zur Mitabsicherung des Jagdhundes dessen – durch Prüfung nachgewiesene – Brauchbarkeit im Sinne des Jagdgesetzes voraussetzen, genügt es anderen – um JGHV-Ehrenpräsident Heinrich Uhde aus „Hegendorf/Uhde: Der Gebrauchshund" zu zitieren, „wenn ein Hund einer Jagdhundrasse angehört und seinen ‚Chef' ab und zu begleitet, wenn der einen grünen Rock anhat".

Jeder Jäger muss sich also genau erkundigen, welche „Brauchbarkeit" der Träger seiner Jagdhaftpflichtversicherung verlangt!

sätzlich: Auch die kleingedruckten Zeilen sind sorgfältig zu lesen. Sonst kann es später zu unerfreulichen Überraschungen kommen. Insbesondere im Zusammenhang mit dem Einsatz von Hunden auf Bewegungsjagden ist die Möglichkeit interessant, das Unfallrisiko des Hundes während der Jagdausübung abzudecken. Hier haben einzelne Landesjagdverbände oder auch Zuchtvereine mit Versicherungsträgern Rahmenverträge abgeschlossen, die ihren Mitgliedern günstige Konditionen einräumen.

Nachweis der Brauchbarkeit

Die Brauchbarkeit im Sinne der Landesjagdgesetze können unsere Jagdhunde zum einen mit dem Bestehen einer vom Landesjagdverband bzw. seinen Kreisvereinen durchgeführten Brauchbarkeits- oder Jagdeignungsprüfung unter Beweis stellen. Nachweisen können sie die Brauchbarkeit aber auch auf einer Zuchtvereinsprüfung, die alle dazu notwendigen Fächer (also vor allem Arbeiten nach dem Schuss) auch abprüft!

Jagdeignungs- und Brauchbarkeitsprüfungen

Jagdhundprüfungen sind überdies unverzichtbar für die Zucht. Denn nur durch sie sind vergleichbare Aussagen über Anlagen und Leistungsvermögen der jeweiligen Rasse möglich. Dem Jäger geben sie Auskunft über Leistungsvermögen und Marktwert eines Hundes. Dem Welpenkäufer helfen sie bei der Wahl des Zuchtzwingers.

Bei den Prüfungen ist also grundsätzlich zu unterscheiden zwischen den durch das Jagdrecht vorgeschriebenen Brauchbarkeits- oder Jagdeignungsprüfungen einerseits und den Verbandsprüfungen der Zuchtverbände (siehe Seite 594 f.) andererseits.

Der Gesetzgeber verpflichtet die Jäger, für die Arbeit nach dem Schuss „brauchbare“ Jagdhunde einzusetzen. Es gilt, krankgeschossenes Wild möglichst schnell zur Strecke zu bringen. Die Brauchbarkeit des Hundes, die der Gesetzgeber fordert, ist auf Prüfungen nachzuweisen.

Entspannte Hunde, strahlende Hundeführer, zufriedene Richter: Brauchbarkeitsprüfung bestanden!

Auf den Jagdeignungs- (JEP) oder Brauchbarkeitsprüfungen (BP) werden diese gesetzlichen Mindestanforderungen an einen Jagdhund geprüft. Die Untere Jagdbehörde führt sie durch. Sie bestellt auch die Richter, die erfahrene Hundeführer, aber nicht unbedingt Verbandsrichter sind. Jeder Jagdhund, auch der ohne Ahnentafel eines Zuchtvereins, ist zugelassen.

UNTERSCHIEDE VON BUNDESLAND ZU BUNDESLAND

Die Anforderungen an die jagdliche Brauchbarkeit, ja selbst die Zulassungsvoraussetzungen zur Prüfung variieren von Bundesland zu Bundesland. Eine einheitliche Regelung wäre wünschenswert. Da entsprechend die Brauchbarkeitsprüfungen sehr verschieden sind, kann auf die länderbezogenen Unterschiede hier nicht detailliert eingegangen werden. Die aktuellen Prüfungskriterien und Zulassungsvoraussetzungen sind über den Obmann für das Hundewesen bei der jeweiligen Kreisgruppe oder beim Landesjagdverband zu erfragen.

Arbeiten nach dem Schuss

In erster Linie werden genügende Leistungen des Hundes auf der Schweißfährte und beim Bringen von Haar- und Federwild, also *Arbeiten nach dem Schuss,* verlangt. Das Prüfungsergebnis lautet brauchbar oder nicht brauchbar. Eine nicht bestandene Prüfung kann problemlos wiederholt werden.

Schneller geht's nicht. Mit wehenden Behängen bringt er seinem Führer die Stockente. Ob es auf der Prüfung weiter so prima läuft?

Künstliche Rotfährten: Schweißfährten können bei der JEP gespritzt oder getupft werden. Sie müssen mindestens eine und dürfen höchstens fünf Stunden stehen. Bei 400 beziehungsweise 300 Meter Länge wird nicht mehr als ein Vierteliter Schweiß verwendet. Die ersten 50 Meter der Fährte werden in annähernd gleicher Richtung gelegt. Insgesamt weist sie zwei Haken auf und ist möglichst mit Nackenwind gelegt. Nach ungefähr 200 beziehungsweise 150 Metern ist ein Wundbett angelegt und mit einem Fährtenbruch (siehe Seite 499, 594 u. 606) markiert. Am Ende der künstlichen Rotfährte liegt ein Stück Schalenwild oder die Decke beziehungsweise Schwarte eines Stückes. Während der Riemenarbeit muss der Schweißriemen eine Länge von wenigstens sechs Metern aufweisen und in ganzer Länge abgedockt sein.

Selbstständiges Bringen: Dieses Fach prüfen die Richter wie folgt: In unübersichtlichem Gelände oder im Wald soll der Hund eine *Haarwildschleppe* von Hase oder Kanin arbeiten. Sie ist mit Nackenwind unter Einlegen von zwei Haken 300 Meter lang gelegt. Die *Federwildschleppe* wird mit Rebhuhn, Fasan oder Taube über Feldstoppel oder Wiese gezogen. Sie erstreckt sich über eine Länge von 100 bis 150 Meter. Das Flugwild ist möglichst frisch geschossen. Gewünscht ist *williges, selbstständiges* und *schnelles Finden, rasches Aufnehmen* und *freudiges Bringen.* Das genaue Halten der Schleppe wird nicht verlangt. Entscheidend ist, dass der Hund *bringt.* Wir dürfen unseren Hund dreimal ansetzen. *Im Wasser* soll der Hund eine wenigstens zehn Meter weit geworfene Ente *schwimmend bringen.*

Gehorsam

Daneben wird bei der Jagdeignungsprüfung ein Mindestmaß an Gehorsam gefordert. Denn nur so ist eine erfolgreiche Arbeit nach dem Schuss gewährleistet. Absoluter Wildgehorsam wird nicht verlangt. Ist der Hund nicht an Wild, muss er auf Pfiff herankommen.

Jagdeignungsprüfungen verlangen also keine Spitzenleistungen von den Hunden. Sie beinhalten Minimalforderungen, die im täglichen Jagdbetrieb sitzen müssen. Sobald erschwerte Bedingungen bei der Arbeit nach dem Schuss vorliegen, werden wir stets den „Spezialisten" rufen. Das sind wir dem Wild schuldig.

Verbandsprüfungen

Für Gebrauchshunde werden Verbandsprüfungen nach einer einheitlichen *Prüfungsordnung des Jagdgebrauchshundverbandes* abgehalten.

Bei den Verbandsprüfungen erkennen wir ein dreiteiliges Schema:

1. Die *Jugendprüfung* (JP), die im Frühjahr die Anlagen eines Jährlings zu erfassen sucht.
2. Die *Herbstzuchtprüfung* (HZP), bei der neben den Anlagefächern die ersten Abrichtefächer zum Tragen kommen.
3. Die *Verbands-Gebrauchsprüfung* (VGP), in der ein fertig ausgebildeter Jagdhund seine Fähigkeiten im vielseitigen Jagdbetrieb unter Beweis stellt.

Vergleichsweise können sie als Lehrlings-, Gesellen- und Meisterprüfung bezeichnet werden. Dieses dreiteilige Schema wird auch bei den Prüfungsordnungen anderer Jagdhunde benutzt. Bei diesen werden natürlich deren „Spezialgebiete" – zum Beispiel die Bauarbeit – besonders berücksichtigt, ihre Prüfungen sind meist auch anders bezeichnet. Teilweise, so zum Beispiel beim Verein für Deutsche Wachtelhunde, decken sich aber die Prüfungsinhalte auf weiten Strecken mit denen der Verbandsprüfungen.

Die Bewertung der Hunde erfolgt auf den Verbandsgebrauchsprüfungen nach einem *Punktesystem*, das – wie in der Schule – sich aus *Prädikaten/Leistungsziffern* von „hervorragend" bis „ungenügend" und *Fachwertziffern* errechnet. Außerdem tragen die Richter in die Zensurentafeln ein, ob der Hund schussfest, leicht schussempfindlich, schussempfindlich oder gar schussscheu ist. Diese einzelnen Abstufungen sind präzise definiert. Schussempfindliche oder -scheue Hunde fallen aus der Zucht, da diese Wesensmängel in aller Regel vererbt werden und so der Rasse schaden.

Ferner trifft die Zensurentafel Aussagen über *die körperliche Entwicklung* des Hundes, also das Gebiss, die Augen, die Geschlechtsteile des Rüden, eventuelle *Wesensmängel* sowie den *Laut*.

Auf Verbandsprüfungen werden die Wasserfächer nach der Prüfungsordnung Wasser (PO Wasser) des JGHV geprüft. Sie wurde zwischenzeitlich in die meisten betreffenden Prüfungsordnungen eingearbeitet.

NOTENSYSTEM BEI JAGDHUNDPRÜFUNGEN

Anlagen und Leistungen des Hundes werden in der Regel nach einem Notensystem bewertet:

4 h = hervorragend
4 = sehr gut
3 = gut
2 = ausreichend
1 = mangelhaft
0 = ungenügend

Die Arbeitspunkte werden mit den jeweiligen Fachwertziffern der einzelnen Prüfungsfächer multipliziert. Das ergibt Punktzahlen, nach denen die Hunde in den meisten Prüfungen in drei Bewertungsklassen (I, II, III) eingestuft werden.

Bei einigen Prüfungen wie etwa VJP und HZP werden die Leistungen von vornherein nach einem Punktesystem von 0 bis 12, bei den Deutschen Wachtelhunden beispielsweise mit Noten von 0 bis 8 und Fachwertziffern bewertet.

LAUTARTEN DES JAGDHUNDES

Bei der Lautfeststellung werden auf der Verbandsprüfung fünf Lautarten der Jagdhunde unterschieden:

- *sichtlaut: Der Hund wird nur bei Sichtkontakt zum Wild laut.*
- *spurlaut: Der Hund gibt auf der warmen Spur Laut.*
- *waidlaut: Der Hund gibt nur aus Passion und ohne Wildwittrung laut.*
- *stumm: Der Hund jagt weder spur- noch sichtlaut.*
- *fraglich: Der Laut des Hundes konnte nicht zweifelsfrei festgestellt werden.*

Wird der Hund nur bei Sichtkontakt zum Wild, nicht aber auf der warmen Spur laut, ist er sichtlaut.

Interessiert beobachtet die „Corona" die Feldarbeit, die gute Einblicke in das Verhalten des Prüflings ermöglicht.

Jugendprüfungen

Sie werden bei den Jährlingen im Frühjahr abgehalten. Besonderes Augenmerk legen die Richter darauf, die Nasenleistung des Junghundes zu beurteilen. Den *Gebrauch seiner Nase* weist der Vorstehhund vor allem bei der Suche im Feld und beim Halten der *Hasenspur* auch unter schwierigen Bedingungen nach, also bei wenig Bewuchs, staubtrockenem Boden oder längerer Stehzeit der Spur.

Hat der Jagdgebrauchshund im Feld seinen *Finderwillen* bei der Suche nach Huhn oder Fasan unter Beweis gestellt, wobei noch keine planmäßige, weite Quersuche gefordert ist, soll er festliegendes Wild vorstehen und gegebenenfalls hinter laufendem Federwild nachziehen. Das Durchstehen des Hundes wird noch nicht verlangt, ein Nachprellen gilt nicht als Fehler.

Bei *Stöberhunden* lässt die Arbeit auf der Spur des für den Hund nicht sichtigen Hasens Spurlaut und Spurwille erkennen. Hierfür ist übersichtliches Gelände erforderlich. Dahingegen wird die Stöberanlage in einer Dickung und die Wasserfreude unseres jungen Freundes an einem tiefen Gewässer geprüft.

Die *Führigkeit*, die nicht mit dem Gehorsam zu verwechseln ist, zeigt sich darin, ob der Hund Kontakt mit seinem Herrn hält oder sich unbeeinflussbar aus dessen Einwirkungsbereich entfernt. Ist der Jagdhund bei der Suche oder dem Stöbern lenkbar, und orientiert er sich immer wieder an seinem Führer, zeugt dieses von guter Führigkeit.

Für alle Jugendprüfungen gilt generell: Es werden die *Anlagen des Junghundes* beurteilt. Ein Führer wird seinen Hund auf diese Prüfung also vorbereiten, indem er ihm in Feld und Flur möglichst viel Gelegenheit gibt, seine Anlagen zu entwickeln. Die frische Hasenspur des hochgemachten Mümmelmanns, den unser Junghund nicht gesehen hat, gibt dazu gute Übungsmöglichkeiten.

Auch ans nasse Element werden wir unseren jungen Freund rechtzeitig gewöhnen.

Herbstzuchtprüfungen

Etwa ein halbes Jahr nach der Jugendprüfung kann beim jungen Jagdhund im Herbst getestet werden, wie sich seine Anlagen unter dem Einfluss der inzwischen eingesetzten Abrichtung weiter entwickelt haben. Zu den reinen Anlagefächern der Jugendprüfung treten also bei der Herbstzuchtprüfung die ersten *Abrichtefächer*. Auf drei Gebieten stellt sie der Hund unter Beweis:

- Bringen auf der Haar- und Federwildschleppe
- Wasserarbeit
- Gehorsam

Zügig arbeitet der Kleine Münsterländer die Schleppe aus …

… und ebenso zügig trägt er den gefundenen Fasan zu. Genau das wollen die Prüfer sehen.

Hase und Kanin werden über eine Schleppenlänge von 300 Meter gezogen. Bei Huhn, Fasan oder Taube halbiert sich die Strecke. Die Richter bewerten bei der Arbeit des Hundes *auf der Schleppe Finder-* und *Bringwillen*, außerdem den *Griff*, das *Tragen* und schließlich das *Ausgeben*. Da die Arbeit an der lebenden Ente zur Zeit umstritten und in einigen Bundesländern verboten ist, wird heute meist eine frisch erlegte Ente so im Schilf ausgelegt, dass unser Hund das Ausbringen nicht mitverfolgen kann. Aus mindestens 30 Meter Entfernung über eine freie Wasserfläche losgeschickt, soll er das Wild finden und ohne weiteres Kommando bringen. Der Junghund soll möglichst bei all diesen Aufgaben Arbeitswillen und -freude erkennen lassen.

Gehorsam ist jetzt Pflicht. Der Hund muss den Befehlen seines Führers sofort und willig Folge leisten. Den ganzen Prüfungstag über verfolgen ihn hierbei die kritischen Augen der Richter.

Um die körperliche Weiterentwicklung zu begutachten, erfolgt auch auf dieser Prüfung wieder eine *Formwertbeurteilung*. So kann von den Leistungen und dem Erscheinungsbild des jungen Hundes auf den Erbwert seiner Eltern geschlossen werden.

DER FORMWERT

Bei der Formwertbeurteilung wird die körperliche Verfassung des Hundes betrachtet. Der Hund muss dem vorgegebenen „Rassestandard" entsprechen und frei von körperlichen Mängeln sein. Bei einigen lang- und rauhaarigen Rassen wird getrennt davon der „Haarwert" begutachtet. Folgende Prädikate sind üblich:

v = vorzüglich
sg = sehr gut
g = gut
gn/gen = genügend
m = mangelhaft
ugd/disq = ungenügend/disqualifiziert

Zur Formwertbeurteilung gehört auch die Begutachtung des Gebisses. Fehler wie Vor- oder Rückbiss, bei manchen Rassen auch Zangengebiss, werden im Zeugnis vermerkt.

Auf den Verbandsprüfungen wird auch beurteilt, ob der Hund dem Rassestandard entspricht und ohne körperliche Mängel ist. Dies findet in der Formwertnote seinen Niederschlag.

„Bringen der Ente aus tiefem Wasser“ wird auch bei der Gebrauchsprüfung (GP) für Deutsche Wachtelhunde, der „Meisterprüfung“ dieser Rasse, geprüft.

Gebrauchsprüfungen

Die Verbands-Gebrauchsprüfung ist eine anspruchsvolle Leistungsprüfung eines fertig abgerichteten Hundes, also eine wirkliche Meisterprüfung. Der Hund ist jetzt zu einem belastbaren, arbeitsfreudigen, nervenfesten und gehorsamen Jagdhund herangewachsen und hat die notwendigen Voraussetzungen für die vielfältige Arbeit in Wald, Feld und Wasser.

Deshalb werden wir unseren Hund erst im zweiten Feld – also mit etwa zweieinhalb Jahren – auf dieser Prüfung vorstellen. Dann verfügt er bereits über eine gewisse Erfahrung im praktischen Jagdbetrieb. Dies ist sinnvoll und erwünscht. Wer seinen Hund bereits im ersten Feld auf der VGP führt, ist meist von falschem sportlichen Ehrgeiz geleitet.

Die Prüfung verlangt echtes Allroundkönnen. Die Anforderungen sind hoch. Bei Vorstehhunden werden geprüft:

- Arbeiten vor dem Schuss: *Suche mit Vorstehen, Buschieren, Stöbern* und *Wasserarbeit*
- Arbeiten nach dem Schuss: *Schweißarbeit* auf künstlicher Fährte – gegebenenfalls mit *Totverbellen* oder *Totverweisen* als Zusatz – *Verlorenbringen* von Haar- und Federwild sowie das *Bringen* der *Ente aus tiefem Schilfwasser.*

Schweißarbeit: Gerade die *Riemenarbeit* auf der künstlichen Rotfährte erweist sich für viele Hunde als die entscheidende Klippe der Prüfung. Die gespritzte oder getupfte Schweißfährte für die Riemenarbeit über 400 Meter Länge wird nach 100 und 300 Metern je mit einem Haken und nach 200 und 400 Meter mit einem Wundbett gelegt. Für die freie Arbeit des Verweisers oder Verbellers wird die Fährte vom zweiten Wundbett aus um 200 Meter verlängert und am Ende mit einem dritten Wundbett versehen. Am jeweiligen Ende der Schweißfährte liegt ein Stück Schalenwild. Bei Totverbellern oder Verweisern werden wir dort kein Kitz finden, da diese Hunde so unnötig zum Apportieren verleitet würden. Die Richter achten darauf, dass der Hund die Schweißfährte ruhig, konzentriert und dennoch zügig arbeitet, und darauf, dass er starken Finderwillen zeigt. Hat der Hund beispielsweise die Fährte verloren, muss er sie durch Bogenschlagen wiederfinden.

Totverbellen oder -verweisen: Nachdem der Totverbeller oder -verweiser das zweite Wundbett gefunden hat, werden die letzten 200 Meter der Fährte gelegt. Die arbeitet unser Hund dann frei. Als *Totverbeller* wird er am gefundenen Stück bleiben und hier ungefähr zehn Minuten Laut geben. Hat dagegen ein *Totverweiser* das Stück erreicht, muss er das vom Führer im Vorfeld beschriebene Verhalten eindeutig zeigen. Beim *Bringselverweiser* kommt der Hund mit dem Bringsel im Fang zu seinem Führer zurück, beim „freien Verweisen“ pendelt der Hund zwischen Stück und Führer hin und her, zupft diesen eventuell auch mal am Ärmel und zeigt so an: Ich hab's gefunden! Wie sich der

Am Stück gibt er anhaltend Laut – Totverbeller-Nachweis ist erbracht!

Totverbeller oder der Verweiser am Stück verhält, wird von einem Richter beobachtet, der sich in dessen Nähe, aber für den Hund nicht sichtig aufhält. Auch reine Riemenarbeiter werden auf ihr Verhalten am Stück geprüft. Hunde, die *anschneiden*, sind durchgefallen.

Gehorsam: Besonderer Wert wird bei der Verbands-Gebrauchsprüfung auf den *Gehorsam* unseres Hundes gelegt, und zwar mit und ohne Wildberührung. Der Hund besteht, wenn er sich jederzeit an flüchtigem Wild halten lässt, leinenführig ist, frei bei Fuß folgt, sich ablegen lässt und auf dem Stand Schussruhe zeigt. Außerdem muss er bei sämtlichen (!) Arbeiten seinen Gehorsam demonstrieren. Während der Prüfung legt der Führer seinen vierläufigen Gefährten auch frei oder am Rucksack, Sitzstock etc. ab. Dann entfernt er sich, ohne sich nach dem Hund umzusehen. Er versteckt sich so, dass ihn der Hund nicht mehr eräugen kann. Daraufhin schießt er – auf Richterkommando – im Abstand von etwa zehn Sekunden zweimal in die Luft. Der Hund muss dabei auf der Stelle verharren, ohne zu miefen, zu winseln oder zu jaulen. Weder aufgrund von Schüssen noch von Treiberlärm darf er seinen Platz verlassen.

Fuchsfächer: Jagdgebrauchshunde werden auf der Verbands-Gebrauchsprüfung (VGP) auch in den sogenannten Fuchsfächern geprüft. Hier muss unser Hund zunächst eine 300 Meter lange Fuchsschleppe arbeiten. Das ist für manchen unserer vierläufigen Freunde deshalb keine einfache Aufgabe, weil der Fuchs mindestens sieben Pfund auf die Waage bringen muss. Zweitens muss der Hund den Fuchs über eine Hürde oder einen Graben apportieren. Das leistet nur ein gut durchtrainierter Hund, denn der Fuchs ist groß und seine Läufe sowie seine Lunte schlackern umher.

Wesensfestigkeit und Formwert: Und zum Dritten werden die Hunde auf Ängstlichkeit, Schussempfindlichkeit und körperliche Fehler überprüft.

Hat ein Hund die Verbands-Gebrauchsprüfung mit Erfolg abgelegt, wird er ins Gebrauchshundstammbuch (DGStB) eingetragen. Seine Vielseitigkeit hat er mit Bestehen der Prüfung unter Beweis gestellt. Hierzu hat er bei der VGP eindeutig wesentlich höhere Anforderungen erfüllt, als die JEP sie stellt. Er gilt damit selbstverständlich auch vor dem Gesetz als „brauchbar“.

Neben diesen vier Standardprüfungen gibt es noch eine Reihe von Sonderprüfungen, bei denen ausgesprochen hohe Anforderungen auf Spezialgebieten zu erfüllen sind. Drei von ihnen werden nachfolgend vorgestellt.

Bei dem Griff bereitet das Bringen keine Probleme.

Eisern bleibt der Hund beim Schuss frei sitzen. Über die Beurteilung seiner Schussruhe gibt's keinen Zweifel.

Verbandsschweiß- und Verbandsfährtenschuhprüfung

Bei diesen besonders schwierigen Prüfungen wird eine Schweißfährte im Falle der *Verbandsschweißprüfung* mit einem Viertelliter Schalenwildschweiß im Wald getupft oder getropft. Die Fährte – mit einer Länge von nicht unter tausend Metern – muss über Nacht, mindestens zwanzig Stunden gestanden haben. Nur Jagdhunde, die am Prüfungstag wenigstens 24 Monate alt und im Zuchtbuch eines vom Jagdgebrauchshundverband (JGHV) anerkannten Zuchtvereins oder -verbandes eingetragen sind, können in der Zeit vom 16. Mai bis zum 15. November zugelassen werden. Die Fährte wird mit je einem rechten Winkel nach 200, 400 und 800 Metern gelegt. Zudem ist die Fährte mit zwei Wundbetten – verstärkte Schweißmenge und Risshaarbüschel – versehen. Die lange Stehzeit dieser Fährten hat beispielsweise in den Hochwildrevieren des Vogelsberges oder Pfälzerwaldes eine große Zahl von Verleitungen zur Folge. Das wirkt sich besonders auf die 40-Stunden-Fährte aus. In zwei Nächten wird sie von manchem Stück Wild gekreuzt. Nur gut eingearbeitete Hunde dürfen hier gemeldet werden. Besteht der Hund die VSwP, erhält er das Leistungsabzeichen Sw I (sehr gut), Sw II (gut) oder Sw III (ausreichend). Erbrachte er die Leistung auf einer über vierzig Stunden alten Fährte, wird nach dem Leistungszeichen ein Schrägstrich (/) angefügt.

Mit Fährtenschuhen wird die Fährte bei der im Jahre 2003 eingeführten Verbandsfährtenschuhprüfung (VFSPO) getreten.

Zuverlässig bringt er den noch lebenden Hasen. Das Leistungszeichen Vbr ist fällig.

Im Falle der im Jahre 2003 eingeführten *Verbandsfährtenschuhprüfung* wird eine Fährte mit Fährtenschuhen und darin eingeklemmten Schalen getreten. Die Fährtenschuhe müssen so konstruiert sein, dass der Schuh des Fährtenlegers den Boden nicht berühren kann. Die verwendete Schweißmenge ist auf 0,1 Liter begrenzt. Der Schweiß wird nach der Prüfungsordnung bei der Herstellung des Anschusses nur auf den ersten 50 Metern der Fährte und dann bei der späteren Herstellung von vier Tropfbetten verwendet.

Bringtreueprüfung

Die Bringtreueprüfung erfolgt am erlegten Fuchs, der mindestens zwei Stunden vor dem Schnallen des Hundes in einer Dickung ausgelegt wurde. Beim Stöbern soll der Hund selbstständig, ohne Befehl und ohne dass er der Spur folgen kann, den Fuchs finden, bringen und ausgeben.

Verlorenbringerprüfung

Hier wird der Hund während einer Jagd auf die Wundspur eines kranken Hasen oder Fuchses gesetzt. Er hat der Spur so lange zu folgen, bis er entweder das verendete Stück findet oder das

LEISTUNGSZEICHEN DES JAGDGEBRAUCHSHUNDVERBANDES

Leistungszeichen stehen vor oder nach dem Namen des Hundes und werden in der Ahnentafel eingetragen. Gebräuchliche Leistungszeichen sind:

/	=	*Härtenachweis abgelegt*
Vbr	=	*Verlorenbringer auf natürlicher Wundspur*
Btr	=	*Bringtreueprüfung bestanden*
Sw	=	*Verbandsschweißprüfung bestanden, z. B. Sw II = zweiter Preis auf 20-stündiger Fährte, Sw/I = erster Preis auf 40-stündiger Fährte*
A.H.	=	*Armbruster-Haltabzeichen (Hund lässt sich bei der Hetze eines Hasen durch Trillerpfiff stoppen)*
\	=	*Lautjagerstrich (vor dem Namen des Hundes)*
—	=	*Totverbeller (vor dem Namen des Hundes)*
		=	*Totverweiser (vor dem Namen des Hundes)*
\	=	*Vater im DGStB (hinter dem Namen des Hundes)*
/	=	*Mutter im DGStB (hinter dem Namen des Hundes)*
CACIB	=	*Internationales Schönheitschampionat*
CACIT	=	*Internationales Arbeitschampionat*

kranke packt. Anschließend muss er es seinem Führer zutragen. Wurde unser Hund mit dem Leistungszeichen VBr ausgezeichnet, so hat er diese Arbeit während der Jagd zweimal erfolgreich geleistet, und zwar jeweils über eine Strecke von mindestens 300 Metern. Außerdem sind diese Arbeiten von Verbandsrichtern bezeugt beziehungsweise bestätigt worden. Weitere Leistungszeichen unserer Jagdhunde sind im Kasten aufgeführt.

Ausleseprüfungen

Einige Zuchtvereine führen noch besondere Ausleseprüfungen durch. Dabei handelt es sich um den Herbstzucht- oder Verbands-Gebrauchsprüfungen vergleichbare Prüfungen mit erschwerten Zulassungsbedingungen. Zu nennen sind die *Hegewald-Zuchtprüfung* für Deutsch-Drahthaar, *Kleemann-* und *Diana-Ausleseprüfung* für Deutsch-Kurzhaar, *Schorlemer-HZP* für Deutsch-Langhaar, *Vorm-Waldes-HZP* für Große Münsterländer, *Bundes-HZP* und *Bundes-VGP* für Kleine Münsterländer, *Edgar Heyne-HZP* für Pudelpointer, *Prüfung nach dem Schuss* für Deutsche Wachtelhunde – sie ist für alle Jagdhunderassen offen –, *Bundessiegersuche* auf künstlicher Schweißfährte des Deutschen Teckelklubs und andere mehr. Auch internationale Wettbewerbe werden zunehmend durchgeführt, so beispielsweise die *Internationale Kurzhaarprüfung* (IKP), die *Internationale Schweißhundverbandssuche, internationale Stöberhundprüfungen* und *Bauleistungsprüfungen*. Der Leistungsstand der hier vorgestellten Hunde ist stets überdurchschnittlich.

Zur Pfostenschau präsentieren die Hunde nur ihr Äußeres. Bei der Besprechung werden Stärken und Schwächen der „Form“ vorgestellt.

Die Arbeit auf der natürlichen Wundfährte

Zu den wichtigsten und für den Hundeführer zugleich auch befriedigendsten Aufgaben des ausgebildeten Jagdhundes zählt zweifellos die Arbeit auf der natürlichen Wundfährte.
Nirgendwo lassen sich Beispiele für unwaidmännisches Verhalten dem wild lebenden Tier gegenüber so leicht finden wie auf dem Gebiet des Kugelschusses und der Arbeit auf der Wundfährte.

Wie viele Stücke würden ohne einen guten Schweißhund verludern?

Die zehn Gebote

Um solche jagdlichen Fehlleistungen zu vermeiden, sollen nachfolgend zehn eherne Gebote zu Kugelschuss und Nachsuche vorgestellt, für manchen wohl nur in Erinnerung gebracht werden.

1. Die Büchse

Es ist halt so: Die Nachsuche beginnt schon vor dem Schuss. Die Jagdwaffe, die wir in Wald und Feld führen, muss uns vertraut sein, vertraut wie unser bester Freund. Dieses Vertrauen basiert auf dem Einschießen. Mit und ohne Zielfernrohr, auf 50 und auf 150 Meter wird die Treffpunktlage mit Patronen der eigenen Wahl ermittelt. Entweder sind sie selbst geladen oder stammen aus einer Serie. Die Fabrikationsnummer zeigt es an. Auch auf Fangschussentfernungen von zwei bis fünf Metern ermitteln wir den Haltepunkt. Beim ersten Gegenangriff einer gröberen Sau danken uns das unsere Hinterläufe.
Das zentimetergenaue Einschießen tätigen wir auf dem Schießstand. Kontrollieren wir nur die Treffpunktlage während der Jagdsaison, geschieht dies unter Revierbedingungen. Selbstverständlich optimieren wir die durch festen Griff und gute Auflage für die Waffe. So will es auch der Gesetzgeber gehandhabt wissen. Schon das harte Anschlagen eines Zielfernrohrs an die Autotür oder ein gemeinsamer Sturz von Waffe und Jäger auf vereisten Untergrund fordern diesen Kontrollschuss. Zeigen sich echte technische Probleme, wohnt überall in unserem Land ein Büchsenmacher in der Nähe.
Noch ein Wort zur Laborierung: Für alle Kaliber wird eine breite Palette angeboten. So ist die Wahl nicht einfach. Ein Ideal für das Kitz von neun und den starken Ungarnhirsch von 200 Kilogramm, für die Gams auf 250 Meter und den Schuss ins Dichte auf 50 Meter gibt es nicht. Kompromisse sind notwendig. Wir wählen die Laborierung, die für unser Revier oder für die meisten Gelegenheiten am besten geeignet erscheint. Deren Eignung beurteilen wir aber nicht nach dem fünften geschossenen Stück Wild. Das Zehnfache sollte es schon sein. Interessante Fachartikel in den Jagdzeitschriften weisen hier manchen Weg.

TIPP AUS DER PRAXIS

Wir sind sicher alle keine Biathlonläufer, bei denen sich quasi von selbst Puls- und Atemfrequenz nach großer körperlicher Anstrengung in kürzester Zeit beruhigen. Dennoch können wir uns mit Hilfe entsprechender Atemtechniken auf den Schuss vorbereiten. Das nützt uns dann, wenn uns das viel beschriebene „Bock- oder Hirschfieber" befällt. Sind wir von ihm geschüttelt und berühren trotzdem den Abzug … ist oft genug eine Nachsuche angesagt.

3. Im Schuss
Unser Abkommen im Schuss vermögen wir sicher zu beurteilen. Das ist auf dem Schießstand geübt. Bei der deutschen Wehrmacht wurde diese Meldung selbst beim Schuss auf Klappscheiben verlangt. Schwieriger ist es gelegentlich, das Zeichnen des beschossenen Stückes zu beobachten oder den Kugelschlag zu hören. Oft gelingt gerade dies dem jagdlich erfahrenen Begleiter besser. Bleibt aber das Schießauge im Schuss offen – haben wir also nicht ganz zum Schluss doch noch „gemuckt" – können wir später dem Hundeführer manch guten Tipp mit auf den Weg geben. Das tun wir aber nur, wenn wir es auch wirklich beobachtet haben!

Ohne das versierte Nachsuchengespann wäre dieses Stück mit hohem Hinterlaufschuss einem jämmerlichen Ende entgegengegangen.

2. Vor dem Schuss
Vor Abgabe des Schusses auf ein Stück Wild überprüfen wir den Kugelfang – auch dies verlangt der Gesetzgeber mit Fug und Recht. Und immer gilt: Nur der gewachsene Boden ist ein echter Kugelfang! Außerdem prägen wir uns den Anschuss und die Stellung des Wildes ein. Das ist nicht immer einfach. Eine stichgerade, lange Schneise, ein großer abgeernteter Maisschlag, Nebel und Dunst oder auch nur der Zwang zum schnellen Schuss erschweren es oft. Jeder Hundeführer weiß das aus der rauen Praxis aber auch und wird viel Verständnis zeigen.

Der schwächere Damspießer steht breit. Der Zielstachel fährt „drei Finger breit" hinters Blatt. Muckt der Schütze jetzt nicht, dürfte allenfalls eine kurze Totsuche anstehen.

Angestrichen und hochkonzentriert im Schuss. Da wird die Kugel sauber sitzen.

Bewegungsjagden erfordern häufig Nachsuchen. Oft sind es vermeintlich „nur“ Kontrollsuchen. Aber gerade die sind wichtig: Nicht selten wird daraus doch eine handfeste Nachsuche.

4. Nach dem Schuss

Erstes Gebot nach dem Schuss ist schnellstmögliches Nachladen. Auch das haben wir bei jedem Schuss geübt. Nur so wird die zweite Kugel aus Drilling oder Repetierer zum erlösenden Fangschuss. Hier zeigen sich die „Könner“ bei Kugel- und Schrotschuss. In rauer Praxis hat sich dabei der Grundsatz bewährt: Solange das kranke Stück noch auf den Läufen ist, wird weiter geschossen. Natürlich sitzen dann Kugel oder Schrote vielfach auf der Keule. Das entwertet Wildbret. Sei's drum. Wichtiger – viel wichtiger – ist das Erlösen des Stückes so schnell wie möglich. Außerdem hilft der Hundenase auch der Schweiß aus der Keule.

Im Regelfall lassen wir nun ein Viertelstündchen verstreichen. Dabei nutzen wir die Zeit zum Lauschen und Einprägen von Anschuss und Fluchtrichtung des beschossenen Stückes. Das fällt – zugegeben – manchmal verflixt schwer. Aber aus dem Brechen von Ästen, dem Verhalten der restlichen Rotte oder dem ängstlichen Ticken des Rotkehlchens können wir manchen Hinweis auf das Weitere entnehmen. Schon die Angabe des Schützen: „Das Stück hat sich von der Rotte abgetan“, wird beim Hundeführer erfreuliches Kopfnicken bewirken. Die Chancen für seinen Hund steigen.

Nur in Ausnahmefällen werde ich sofort bis auf sichere Fangschussentfernung heranlaufen. Dann nämlich, wenn die Gefahr eines Krellschusses gegeben ist, oder wenn das Stück minutenlang im hohen Gras herum schlegelt und sein Haupt immer mal wieder hebt, also einfach nicht verenden will. Höchste Schusskonzentration ist jetzt verlangt und entscheidet oft über „Haben“ oder „Nicht-mehr-zu-kriegen“. Je unübersichtlicher das Gelände bei derartigen Situationen ist, umso dringlicher wird das richtige Verhalten des Jägers, des wirklichen Jägers.

Hundeführer, die sich konsequent der Nachsuchenarbeit verschrieben haben, werden zu fast jeder Tages- und Nachtzeit angefordert.

5. Anschussuntersuchung

Mit einer ruhigen, gründlichen Anschussuntersuchung beginnt jede Nachsuche.

Es gilt erst einmal, den Standort des beschossenen Wildes zu finden, an dem es die Kugel erhalten hat. Nach Eingriffen, Schnitthaaren, Kugelriss, Wildbretfetzen, manchmal auch schon erstem Schweiß sucht das Jägerauge, langsam den Boden abtastend.

Je schwieriger die örtlichen und oft auch zeitlichen Bedingungen, umso größer ist die Gefahr des Vertrampelns. Bei hereinbrechender Dämmerung oder bei langen, hochvergrasten Schneisen ist jeder Hundeführer dankbar, wenn der Jäger erst gar nicht zum Anschuss gepilgert ist, sondern ihn – den Hundeführer – von seinem Hochsitz aus einweist. Auch Hund und

FEHLER UND EHRLICHKEIT

Ein grober, immer wieder zu beobachtender Fehler ist es, wenn der Schütze mit Hilfe eines „Suchscheinwerfers" – und vom nächstbesten Hund begleitet – versucht, den Anschuss zu finden. Gerade zu unverzeihlich ist es, wenn er, da schon auf den Beinen, gleich auch die nächste Dickung vom Hund durchstöbern lässt. Nur – hat er dies aus welchen Gründen auch immer getan, dann habe er auch den Mut, dem Hundeführer dieses am nächsten Morgen zu beichten. Der wird versuchen, aus diesem Fährtensalat möglichst rasch herauszukommen, sobald sein Hund weiß, nach was er suchen soll.

Führer machen am Anschusss gelegentlich Fehler. Nur sind deren Fehler erheblich seltener als bei vielen von uns. Es sind halt Profis.

Als *Pirschzeichen* können wir, wie oben angedeutet, am Anschuss je nach Sitz der Kugel Folgendes finden: Schnitthaare, Deckenfetzen, Schweiß, Knochensplitter, Pansen- und Darminhalt, Zähne oder deren Splitter, Speichel sowie Teile von Milz, Leber, Lunge oder kleinem Gescheide. Was die Pirschzeichen anlangt, gilt unverändert das Wort des Altmeisters Hans Lux: „Bedingt durch unsere jagdliche Lehre, geistert der Schweiß als Hauptschusszeichen in den Vorstellungen der Jäger herum. Immer wird nur von Schweiß geredet. Kein Wunder also, dass der Jäger nach dem Schuss zu allererst – manchmal auch ausschließlich – nach Schweiß sucht. Ist das Wild getroffen, dann muss am Anschuss auch Schweiß zu finden sein, heißt es immer wieder. Diesen ‚Schweiß-Traum' aber sollten wir endgültig aufgeben. Zwar liegt häufig Schweiß am Anschuss, aber das ist keinesfalls die Regel! Die Untersuchung eines Anschusses darf sich niemals darauf beschränken, nach Schweiß allein zu fahnden!" – Klare, praxisnahe Worte.

Zu bedenken ist darüber hinaus, dass die Pirschzeichen, abgesehen von den Eingriffen des flüchtenden Wildes, nicht unbedingt am Standort des Wildes zu finden sind, sondern durch Wind und den durchschlagenden Restgeschossteil durchaus einige Meter dahinter liegen können. Also Augen auf!

Oben: Eine sorgfältige Untersuchung des Anschusses ist eisernes Gebot.

Auf einer von Schwarzdorn umsäumten Wiese wird sich schwerlich eine bruchgerechte Baumart finden. Aber auch sonst hat es sich bewährt, den Anschuss mit verrottbarem Markierband zu kennzeichnen.

Schweiß am Anschuss ist wichtig, aber nicht das einzige auswertbare Pirschzeichen. Oft fehlt er auch.

DIE SCHNITTHAARSAMMLUNG

Die Bestimmung von Schnitthaaren kann jeder Jäger üben, indem er sich ein sogenanntes Schnitthaarbuch der Wildarten anlegt, die er vornehmlich bejagt. Umfangreich wird diese Sammlung nicht nur, weil von vielen verschiedenen Körperteilen Haare gesammelt werden. Zu bedenken ist auch, dass sich bei jeder Wildart nicht nur Sommer- und Winterdecke, sondern auch die Geschlechter sowie die Jugend- und Altersklassen unterscheiden.

Über die Art der Anschussmarkierung streiten sich manche „Gelehrte" noch heute. Die meisten Schweißhundführer schätzen es aber, wenn ihnen auffällige Markierungsbänder pragmatisch Anschuss und Fluchtrichtung weisen – das muss nicht der traditionelle Anschussbruch mit geäftertem Fährtenbruch (siehe Seite 499) sein. Wichtiger ist, sich am Anschuss richtig zu verhalten. Der – vermeintliche – Anschuss wird für die anstehende Nachsuche verbrochen, aber nicht zertrampelt. Alle Pirschzeichen werden genutzt, um den Nachsuchenführer mit Informationen zu versorgen.

Zeit ist genug verstrichen, Hund und Repetierer sind bereit: Es kann losgehen!

6. Die Wartezeit

Bis zum Beginn der Nachsuche sollten getrost mindestens vier Stunden verstreichen. Auch eine drei- bis sechsfache Stehzeit der Wundfährte bereitet einer Hundenase in der Regel keine Schwierigkeiten. In der Regel! Denn bisweilen scheint das Stück einfach davongeflogen zu sein. Das führt dann zu Fehlsuchen, die beim besten Gespann vorkommen.

Hat sich das kranke Stück nicht weit vom Anschuss eingeschoben, kann es dort in Ruhe verenden und wird da meist leicht gefunden. Wie viel schwieriger aber wird's, wenn der Schütze „nur mal ein paar Schritte nachgegangen" ist. Zur Entschuldigung werden dann oft die Hygienevorschriften angeführt. So unangenehm feuchtwarme Witterung für die Verwertung des Wildbrets auch ist – der Tierschutz geht vor! Jedes zu frühe Aufmüden ohne Chance auf Erfolg ist Tierquälerei, daran besteht kein Zweifel! Einmal aufgemüdet, will das Stück nur noch fort. Jetzt hat es verknüpft, wer ihm die Schmerzen verursacht hat.

Verkürzen können wir die Wartezeit nur dann, wenn der Steuermann seiner Kugel absolut sicher ist, die Pirschzeichen dies bestätigen, also eine einfache Totsuche mit an Sicherheit grenzender Wahrscheinlichkeit zu erwarten ist.

7. Die Wahl des Hundes

Der Anschuss mit seinen Pirschzeichen bestimmt auch die Wahl des Hundes. Grundsätzlich und unbedingt wird bei allen Zweifelsfällen ein erfahrener Schweißhund herangezogen. Den jungen, noch einzuarbeitenden Hund oder den mit weniger Erfahrung lassen wir nur dann arbeiten, wenn wir das Stück zusammenbrechen hören oder die Pirschzeichen sicher auf Lungen- oder Herzschuss hinweisen.

Die Rasse des Hundes ist bei der Nachsuchenarbeit nicht unbedingt entscheidend. Seine gute Einarbeitung ist wichtig. Dabei steht außer Zweifel, dass die drei Spezialisten, der Hannoversche Schweißhund, der Bayerische Gebirgsschweißhund und die Alpenländische Dachsbracke, durch konsequente Zucht bei wirklich schwierigen Arbeiten bevorzugt herangezogen werden sollten. Laufschüsse und vor allem Ge-

Mit tiefere Nase liegt er im Riemen. Die Konzentration ist förmlich zu spüren.

brechschüsse sind Schwerstarbeit. Bisweilen zieht sich eine solche Nachsuche über zwei Tage hin. Das erfordert Kondition von Hund und Führer. Geben die beiden dann auf, ist das Stück wirklich nicht mehr zu bekommen. Alle Beteiligten haben ihr Möglichstes getan.

8. Riemenarbeit

Das A und O der Nachsuche ist die Riemenarbeit, die Nase des Hundes der entscheidende Faktor.

Bei der *Vorsuche* versucht der Führer, sich von seinem Hund den bis dahin noch nicht bekannten Anschuss zeigen zu lassen. Oder es gilt, die verloren gegangene Fährte, der schon nachgehangen wurde, wieder zu finden. Dabei kann der Schweißriemen nur zum Teil abgedockt sein.

Beim Verfolgen der Wundfährte ist er selbstverständlich ganz abgedockt. So kann der Schweißhundführer den Riemen auch mal fallen lassen und sich einen bequemeren Weg suchen: Mit ein paar schnellen Schritten ist er dann wieder am schleifenden Riemen. Im Regelfall führt die Arbeit bei „schweren" Schüssen zum verendeten Stück. Sind die Verletzungen geringfügig, wird das Stück aus dem Wundbett vor dem Nachsuchengespann hoch und flüchtig. Der Schweiß – so weit gegeben – wird frisch.

9. Schnallen

Geschnallt wird der Hund nur dann, wenn er unmittelbar am kranken Stück ist. Entweder sieht dies der Schweißhundführer oder er hört es wegpoltern und findet nun frischen Schweiß

Nach längerer Hetze hat er die Sau gestellt. Sein Standlaut ruft den Führer zum Fangschuss.

KEIN „SCHNALLEN AUF VERDACHT"!

Einer der gröbsten Fehler bei der Nachsuche ist das zu frühe Schnallen des Hundes „auf Verdacht". Allzu häufig gerät der Hund dabei an gesundes Wild, hetzt dieses über Berg und Tal und kommt erst nach längerer Zeit todmüde zum Führer zurück. Eine Fehlsuche ist programmiert. Dann liegt der Fehler nicht beim Hund!

oder der Hund zeigt ihm dies mit seinem Benehmen an: „Wir sind da, Halsung ab!" Es dient der weiteren Suche sehr, wenn der Schweißhund nun Fährtenlaut gibt. Dann weiß der Nachsuchentrupp wenigstens die Richtung, in die die Reise geht. Sonst sucht jener oft noch lange nach dem Standlaut, muss den Hund, sofern der einen Peilsender trägt (siehe unten), zeitaufwändig anpeilen oder mit dem zweiten Hund die Hetzfährte nacharbeiten.

10. Fangschuss

Den Fangschuss am gestellten, kranken Stück gibt im dicken Zeugs nur der Schweißhundführer. Diese eiserne Regel kennt zum Schutz des Hundes keine Ausnahme! Kommt dagegen das kranke Stück einem der vorgestellten Schützen, die sonst überwiegend als Beobachter dienen, so schießt er selbstverständlich, wenn der Hund dabei nicht gefährdet wird. Auch schlechtere Weidwund- und Keulenschüsse helfen dabei. Das Stück wird immer kranker, stellt sich eher und seine Leidenszeit wird verkürzt.

Die Ausrüstung des Nachsuchengespanns

Die Ausrüstung des Nachsuchenführers richtet sich einmal nach Wetter und Jahreszeit. Außerdem macht es einen Unterschied, ob er einer Schwarzwildwundfährte im Mittelgebirge nachhängt, einem Bock mit Weidwundschuss im Flachland oder der Rotfährte eines Gebirgshirsches folgt. Je nach Witterung und Gelände ändern sich Schuhwerk, Bekleidung und Kopfbedeckung. Das variiert dann von Bergstiefeln über Langschäfter bis zu Gummistiefeln.

Der kranke Bock erhält den Fangschuss. Bei Einsatz einer Kurzwaffe muss die Mündungsenergie des Geschosses mindestens 200 Joule betragen. Sicherer ist fast immer die Langwaffe.

Aus Gründen seiner eigenen Sicherheit gehören in jedem Fall Signalfarben an der Bekleidung zur Ausstattung des Schweißhundführers.

Wachsjacke und -hose sind bei triefend nassen Buchenrauschen angesagt. In Schwarzdorndickungen hat sich die Lederhose bewährt.

In der Feldmark wird der Nachsuchenführer mit dem Jagdhut noch zurechtkommen. Führt die Nachsuche aber durch bürstendichte Dickungen sind Baschlikmütze oder gar die signalfarbene Kopfbedeckung der Straßenbauer angebracht, des Weiteren auch Lederhandschuhe. Viele Schweißhundführer haben außerdem eine Schutzbrille dabei, wie sie bei der Steinbearbeitung üblich ist.

In ihrem Rucksack befinden sich nach Packliste weitere unentbehrliche Ausrüstungsgegenstände (siehe Kasten), Ersatzbekleidung für den Führer kann getrost bis zum Ende der Nachsuche im Fahrzeug verbleiben.

Für unseren Nachsuchenhund benötigen wir eine *Schweißhalsung* und den dazugehörigen *Schweißriemen*. Bei der Halsung achten wir auf gute Qualität. Sie verfügt beispielsweise über eine *eingenähte Gegenplatte* für den *Wirbel* sowie eine ordentliche *Verschraubung* beziehungsweise *Vernietung*.

Beim Riemen haben wir schon mehr Wahlmöglichkeiten. Zur Wahl stehen

- der *klassische Schweißriemen* – vorne mit Schnalle, hinten ohne Handschlaufe –, möglichst „breit" und aus einem Stück oder
- ein *Rundlederriemen*, also ein starker Treibriemen, mit Schnalle oder Hornstück versehen,
- *Kunststoff- oder Baumwollbänder*, wie sie im Reitsport oder zum Befestigen von Lkw-Planen verwendet werden oder

DER RUCKSACKINHALT DES SCHWEISSHUNDFÜHRERS

- *Feldflasche mit Wasser für Hund und Führer (auch im Winter)*
- *verrottbare Markierungsbänder in verschiedenen Farben (vom Forstausrüster)*
- *kleines Fernglas*
- *Jagdmesser*
- *Schnitthaarbuch*
- *Verbandszeug für Hund und Führer*
- *Energiespender (zum Beispiel Traubenzucker oder Schokolade)*
- *Taschenlampe*
- *weiße Taschentücher zur genauen Untersuchung von Schweißtropfen*
- *kleine Taschenlupe aus Plastik*
- *Plastiktüte zum Splittersammeln für die Auswertung*
- *Ersatzwarnhalsung für den Nachsuchenhund*
- *Autoersatzschlüssel*
- *zusätzliche Munition*

Eine Nachsuche steht an. Gelassen wartet sie auf ihren Einsatz.

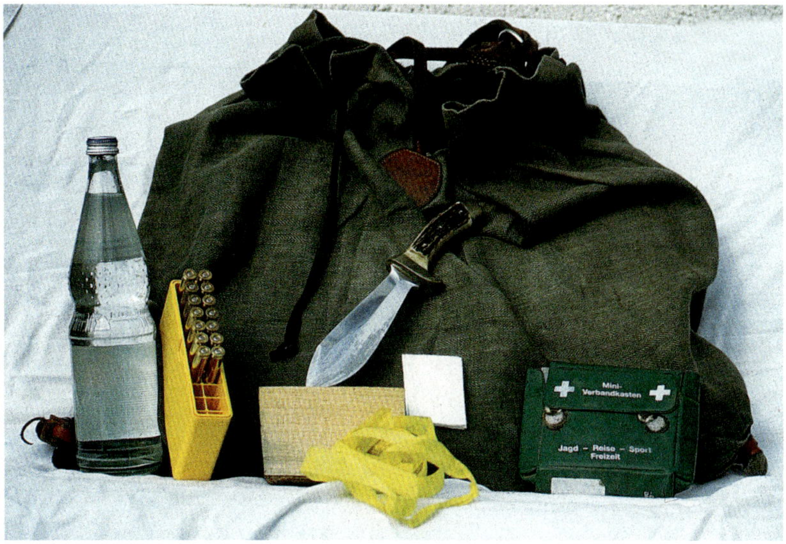

So „füllt" ein passionierter Schweißhundführer seinen Rucksack.

Weithin leuchtet das Signalband. Name und Telefonnummer des Führers sind darauf notiert.

DAS PEILGERÄT AUF DER NACHSUCHE

Peilgeräte kennen wir aus der Wildtierforschung. Bei der Nachsuche wird dem Schweißhund eine spezielle Halsung mit Sender und Antenne, die auch beim Stöber- und Bauhund zum Einsatz kommen, angelegt. Die Antenne besteht aus einem flexiblen Draht in oder an der Halsung. Der Hundeführer kann den außer Sicht hetzenden, nicht fährtenlauten oder den stellenden Schweißhund über größere Entfernungen orten und sich an Hund und Wild heranarbeiten, um die Nachsuche mit dem Fangschuss zu beenden. Wer einen Peilsender benutzt, muss eine „postalische Zulassung" haben, sonst verstößt er gegen geltendes Recht.

- ein *Bergseil*, das in verschiedenen Durchmessern und Farben im Sportgeschäft erhältlich ist.

Grundsätzlich ist ein Schweißriemen zwischen 10 und 15 Meter lang. Vor dem Ende besitzen sie ein bis drei mit Sattlerzwirn durchgenähte Markierungen. Für unseren Teckel wählen wir selbstverständlich dünnere und leichtere Riemen als für zum Beispiel den Deutschen Wachtelhund. Sonst verlangt schon das Schleppen des vielleicht noch nassen Riemens von ihm zu viel Kraft.

Viele Nachsuchenführer schwören auf den „guten, alten 98er", weil er unverwüstlich und zuverlässig ist.

Die Waffe

Nichts wird an Jägerstammtischen und in Jagdhütten heftiger diskutiert als das Thema Waffen. Es hat natürlich keinen Sinn, für Rehwildnachsuchen die großen Kaliber zu empfehlen, doch sind 7×57, .308 Winchester, eventuell 8×57 nicht fehl am Platz. Für stärkeres Wild sind dann schon die groben Klötze, 8×57 IS mit schwerem Geschossgewicht oder die 9,3×62, angesagt.

Der Repetierer hat einen kurzen Lauf, an dessen Mündungsbereich auch der vordere Riemenbügel befestigt ist. Er verfügt über eine grobe, offene Visierung, die bis zirka 50 Meter einen verlässlichen Fangschuss zulässt. Alternativ zum klassischen Nachsuchenrepetierer tauchen immer häufiger „Pump-Guns" auf. Sie sind preiswert und zeichnen sich durch eine enorme Feuerkraft aus. Geladen werden sie mit Flintenlaufgeschossen. Jäger von altem Schrot und Korn werden hier die Nase rümpfen, ebenso wie bei den *Peilgeräten*, bei fast allen Nachsuchenführern Standard sind.

Der Nachsuchenverlauf

Klingelt den Hundeführer nachts ein Schütze aus dem Bett, um ihn zur Nachsuche anzufordern, greift der auf seine Checkliste zurück. Sie liegt immer neben dem Telefon und hilft ihm, möglichst viele Informationen (siehe Kasten gegenüber) zu erhalten.

Die Nachsuche beginnt erst am nächsten Morgen – auch wenn Schütze oder Pächter noch so sehr drängeln. Es geht hier nicht um wohl verdiente Nachtruhe, denn die ist ohnehin gestört. Vielmehr sehen Jäger bei Dunkelheit keine Pirschzeichen. Eine Hetze oder ein Fangschuss während stockfinsterer Nacht sind zudem unverantwortlich.

Der Nachsuchenführer hat während der Vorbereitungsphase am Morgen in einem Gespräch mit dem Schützen und dem Revierverantwortlichen den Vorgang rekonstruiert und dabei alle für die weiteren Entscheidungen wichtigen Informationen erarbeitet. So ist es ihm möglich, im Verlauf der Schweißarbeit seinen „Teamkollegen Schweißhund" zu unterstützen.

Es werden aber durchaus Situationen entstehen, in denen der Hund einen völlig anderen Fährtenverlauf annimmt, als die Jäger sich „ausgemalt" haben. Jetzt muss zunächst das Vertrauen in den Hund siegen, getreu dem Motto: „Der Hund hat immer Recht!". Aber die Suche nach „Bestätigungen", auf der richtigen Wundfährte zu sein, wird intensiviert. Jeder Schweißtropfen oder die klar erkennbare Fluchtfährte über einen Sandweg wird im Nachsuchentrupp laut und freudig angezeigt.

Irren kann jedoch auch der beste Hund. Oft hilft dann nur das zeitraubende Zurückgreifen zur letzten Bestätigung, die hoffentlich gut markiert und leicht gefunden werden kann.

Trotz allen Bemühens gibt es auch durchaus Arbeiten, die selbst der beste Schweißhund, aus welchen Gründen auch immer, nicht zum Erfolg bringen kann. Die Statistiken über Nachsuchenarbeit weisen durchschnittlich zwischen 20 bis 30 Prozent der Arbeiten ohne erfolgreiche Beendigung aus. Kurze Totsuchen werden hierbei nicht erfasst. Ein bekannter Nachsuchenführer brachte dies einmal auf den Punkt: „Ein weiser Jäger hat mir einmal gesagt, dass es drei Dinge im Leben gebe, deren Anfang immer bekannt, deren Ende aber ebenso sicher immer ungewiss sei: Die Ehe, der Krieg und die Nachsuche." Mit diesem Wissen beginnt jede Nachsuchenarbeit.

DIE INFO-CHECKLISTE DES NACHSUCHENFÜHRERS

Verschiedene Informationen sollte jeder Schweißhundführer schon bei der telefonischen Anfrage einholen.

- *Wildart/Geschlecht/Alter/Markantes?*
- *Kaliber/Geschoss?*
- *Zeit/Entfernung/Gelände/Einstände/Anschuss?*
- *Reviergrenze/Wurde der Nachbar verständigt/Wildfolge?*
- *Werden bis zum Beginn der Nachsuche folgende Rufnummern beim Revierleiter vorliegen: Tierarzt, Verantwortlicher im Nachbarrevier, Arzt?*
- *Sind weitere Jäger zum Vorstellen mit von der Partie?*
- *Nimmt der Schütze teil (eigentlich selbstverständlich)?*
- *Treffpunkt und Uhrzeit?*
- *Besonderheiten zur Gefährdung des Hundes (Bergbaugelände, Autobahn)?*

Bewegungsjagden erfordern oft Nachsuchen: Manche sind „nur" Kontrollsuchen. „Nur" – ein fataler Gedanke! Gerade Kontrollsuchen sind wichtig und werden oft zu handfesten Nachsuchen.

Schweiß und Schnitthaar eines Rehes. Nicht immer ist der Anschuss so leicht zu finden.

Hat der Hund die Fährte angefallen und sich „festgesaugt“, erhält er mehr Riemen.

Nach dem Einweisen durch den Schützen sieht der Hundeführer sich in aller Ruhe den Anschuss genauer an. Kennt er jedoch nur Schusslinie und ungefähre Entfernung, zieht er seinen Hund zur Vorsuche heran. Hat er dann den Anschuss dank dessen guter Nase gefunden, legt der Hundeführer seinen Kameraden ab. Dessen Spannung steigt. Er weiß ja genau, worum es geht.

Bisweilen stimmen die Pirschzeichen am Anschuss nicht mit den Angaben des Schützen überein. Dann bespricht der Hundeführer dies mit dem Schützen.

Anschließend wird der Hund unter ruhigem Zureden den Anschuss prüfen und die Fährte anfallen. Er erhält mehr Riemen, um sich auf der Fährte festzusaugen. Er wird jetzt „seine“ Fährte mit ihrer individuellen Wittrung arbeiten. Die, nur die, gilt es zu halten.

Gewissenhaft ausgefüllt, enthält das Nachsuchenprotokoll alle Einzelheiten jeder Arbeit. Die Auswertung vieler Protokolle bietet interessante Einblicke in die Leistungen von Hund und Führer.

Ist der Hundeführer aufgrund der verwiesenen Pirschzeichen überzeugt, dass „alles richtig“ läuft, ermuntert er seinen Hund mit denselben Worten wie bei der Ausbildung und vielleicht schon vielen anderen Arbeiten vorher. Dies geschieht leise, ruhig, eindringlich. Der Nachsuchenführer unterstützt seine Arbeit, indem

sein Blick ständig den Boden kontrolliert. Jede Bestätigung wird mit verrottbaren Signalbändern markiert.

Dem vierläufigen Freund wird viel Zeit gelassen, wenn Widergänge oder durchwechselte Suhlen, Brunftplätze oder Kessel seinen Arbeitsfluss unterbrechen. Jetzt gilt es für alle, die Nerven zu bewahren. Notfalls wird der Hund abgelegt, um ihm eine Ruhepause zu gönnen. Dann kann er sich sammeln und ein wenig Wasser schöpfen.

Mehren sich Wundbetten und wird der Schweiß frischer, müssen wir jederzeit mit vor uns wegbrechendem Wild rechnen. Sind wir absolut sicher, dass es sich um den gesuchten Überläufer oder Achter handelt, reißen wir Funken. Ist das unmöglich, schnallen wir unseren Hund – nur mit der Warnhalsung versehen – zur Hetze.

Er wird je nach seinen rassespezifischen Möglichkeiten das Stück niederziehen und vielleicht auch abwürgen oder es so lange stellen und binden, bis der Hundeführer den Fangschuss antragen kann. Den Fangschuss gibt grundsätzlich der Hundeführer selbst ab. Für die Hetze sind zuverlässig fährtenlaute Hunde unverzichtbar, damit der Nachsuchentrupp die „Reise“ verfolgen und gegebenenfalls entsprechend abkürzen kann.

Nachsuchenprotokoll

Allgemeines

☐ Schuß ☐ Verkehrsunfall
☐ Erfolgssuche ☐ Fehlsuche
☐ Kontrollsuche ☐ Totsuche
Wildart (Alter, Geschlecht)
Revier
Wildfolge vereinbart ☐ ja ☐ nein
Schütze
weitere Teilnehmer
Nachsuchenführer
Hund (Zuchtbuch Nr.)
Vorsuche mit anderem Hund? (Rasse, Alter, Geschlecht)
Datum Uhrzeit

Abkommen

Sitz der Kugel
Kugelschlag ☐ ja ☐ nein
Zeichnen
Fluchtrichtung
Kaliber Geschoß
Andere Stücke

Anschuß

Schnitthaar
Schweiß
Wildbretteile Deckenteile
Knochenteile Organteile
Zahnsplitter Knorpel
Eingriffe
Kugelriß
Geschoßteile

Auswertung

Riemenarbeit (Meter)
Dauer der Arbeit (Stunden)
Hetze (Meter)
Wundbett (Anzahl)
☐ bereits verendet
☐ Fangschuß Kurzwaffe ☐ Blanke Waffe
☐ Fangschuß Langwaffe ☐ Hund
Alter der Fährte
Boden, Bewuchs
Wetter
Wildbretgewicht Wert
Länge der Anreise (km)
Beobachtungen beim Aufbrechen/Einzelheiten

Zeuge Unterschrift
Schütze Unterschrift
Richter Unterschrift

Liegen „Hindernisse“ wie große, undurchdringliche Himbeer- oder Brombeerschläge, Windwurfflächen oder zusammengebrochene Dickungen im Fährtenverlauf, entscheidet sich der Hundeführer für eine Vorsuche: Er umschlägt das Hindernis, sein Hund verweist den Auswechsel. Steht die Fährte nicht heraus, stellt der Hundeführer seine Begleiter ab und schnallt den Hund ohne Schweißhalsung. Erst bei anhaltendem Standlaut wird er möglichst gegen den Wind den Ball langsam angehen, um den Fangschuss anzutragen. Oft hat dazu nur zähes Durchhalten beigetragen. Das Austauschen der Brüche wird dann zum freudigen Tun, ist keineswegs bloß formelles Brauchtum.

Endlich am Stück. Die beiden haben Schwerstarbeit geleistet. Man sieht es ihnen an. Wann sind wir wieder auf ihre Hilfe angewiesen?

Schuss- und Pirschzeichen – Aussehen und Bedeutung

Ist einem Stück Schalenwild die Kugel angetragen worden, „zeichnet“ es meist. Ähnlich reagiert ein Mensch, der überraschend von einem scharf aufgewirbelten Stein hart getroffen wird. Er zuckt zusammen, weicht – viel zu spät – mit dem getroffenen Körperteil aus, schreit vielleicht auf, verlässt die gefährliche Stelle, sucht Deckung.

Vielerlei Schuss- und Pirschzeichen kann der Jäger im und nach dem Schuss auf ein Stück Schalenwild erkennen. Oft gibt ihm erst die Summe mehrerer solcher Zeichen die Chance, mit einiger Sicherheit auf den Sitz der Kugel zu schließen. Dazu bedarf es stets wohl überlegten, fachlichen Handelns, einiger Erfahrung, vor allem aber einer gründlichen, ja bedächtigen Anschussuntersuchung bei gutem Tageslicht.

Kugelschlag: Er steht zeitlich an erster Stelle der Schusszeichen. Der Kugelschlag entsteht beim Aufprall des Geschosses auf den Wildkörper. Bei modernen – also vielfach recht kleinkalibrigen, schnellfliegenden, leichten – Geschossen wird er bei kurzer Schussentfernung oft vom Schussknall überdeckt. Fliegt aber ein dicker 9,3-Millimeter-Batzen recht langsam, hören wir seinen Aufprall. Das gilt auch, wenn er zunächst eine weitere Entfernung überbrückt. Hart klingt er bei Blatt- und Keulenschuss, dumpf bei einem Treffer mitten auf dem Wildkörper. Der Widerstand, den die getroffenen Körperteile des Wildes bieten, entscheidet also neben der Geschossgeschwindigkeit und -form über Art und Stärke des Kugelschlages. Oft

„Es gibt kein gutes oder schlechtes Kaliber, nur gute oder schlechte Schützen.“

Vor dem Schuss wird erst einmal genau beobachtet.

kann ein erfahrener Jäger, der zufällig in der Nähe ist, obwohl er nicht auf den Schuss vorbereitet ist, den Kugelschlag besser beurteilen als der Schütze selbst.

Leider liefern natürlich auch Fehlschüsse, bei denen die Geschosse Holz oder Stein fassen, Kugelschläge. Die können manche Verwirrung stiften.

Zeichnen: Wie Schalenwild beim Erhalt der Kugel zeichnen „soll", dazu finden wir in manchen Fachbüchern mit viel Liebe gefertigte, typische Zeichnungen. Dem Praktiker entlocken sie häufig ein: „Schön, wenn's so wäre!" Es gibt zu viele Ausnahmen, zu unterschiedlich ist das Verhalten der Stücke bei fast gleichem Kugelsitz.

So typisch ist das Zeichnen nicht immer, meist nur beim Schuss auf stehende Stücke.

Im Prinzip gilt, dass jedes getroffene Stück der Kugel ausweicht. So erkennen wir beim Tiefblattschuss häufig eine *Steilflucht* nach vorne/oben, beim Treffer ins kleine Gescheide das *Auskeilen* der Hinterläufe nach hinten/oben.

Wie oft aber finden wir auch bei diesen Schüssen ein völlig regelwidriges Zeichnen? Oder das Wild flüchtet einfach nur mit Höchstfahrt in die nächste Deckung. Vorderlaufschüsse mit Knochentreffern erhärten diese Aussage: Mal humpelt das Stück deutlich nur auf drei Läufen davon, mal hält es den Lauf während der Flucht steif gestreckt von sich, mal erkennt selbst das geübte Jägerauge am Verhalten des Wildes nicht den Sitz dieser unschönen Kugel.

Das *Zusammenbrechen* im Schuss ist ebenfalls ein Zeichnen, welches vielerlei Deutung zulässt. Der Treffer „Neun hoch" erfreut immer als saubere Kugel. Beide Blattschaufeln verlieren ihren Halt. Jedes Geschoss, das Hals- oder Rückenwirbel voll fasst, bewirkt ebenfalls ein schlagartiges Zusammenbrechen.

Aber auch beim *Nierenschuss* wirft der offensichtlich starke Schmerz das Stück gelegentlich um. Meist wird es nach einiger Zeit wieder hoch und zieht mit krummem Rücken und ausgestrecktem Wedel zur nächsten Deckung. Kein schönes Bild.

Auch der *Krellschuss*, der schwere *Gebrech-* oder *Äserschuss* bannen das Schalenwild blitzartig an den Platz. Wie beim Boxhieb bewirken dies die Erschütterungen von Kopf beziehungsweise Wirbelsäule. Lässt diese Wirkung nach, werden die Stücke wieder hoch und flüchtig. Sie stellen sich dem Hund meist nicht, sind nur ganz selten zu bekommen. Also: Fangschuss! Jetzt, schnell, mit höchster Schusskonzentration! Die vorhergehende „Sauschießerei" ist wieder wettzumachen. Jeder Treffer zählt.

Ein gutes Zeichen ist stets, wenn das beschossene Stück laut mit Stolperfluchten davonbricht und dabei Bäume oder Sträucher anflieht. Dann geht die Reise meist nicht mehr weit. Stiehlt sich dagegen die Sau lautlos davon, nachdem sie die Deckung erreicht hat, bestätigt sich der Fehlschussverdacht oft auch bei der Anschusskontrolle.

Grundsätzlich ist das Zeichnen also nicht zu überschätzen, zumal beim Schuss auf gröbere Sauen oder Muffelwild. Beide zeichnen „von Haus aus“ schlecht. Eine Kontrollsuche bleibt Pflicht.

Klagen: Vom Klagen des Schalenwildes auf den Sitz der Kugel zu schließen, ist riskant. Vielfach ist das getroffene Stück im Fortkommen sehr stark behindert. Sind beispielsweise beide Vorderläufe hart unterm Rumpf mit „Knochenfassen“ durchschossen, klagen Rot- und Damwild oft anhaltend, besonders, wenn noch Hunde hinzukommen. Das gilt auch bei einem sehr hohen Treffer in der Bauchhöhle. Jetzt beherrsche dein Zauberzeug, Jägersmann! Fang schnell und geschickt ab, falls der Hunde wegen ein Fangschuss unmöglich ist. Jetzt unterscheidet sich der wahre Jäger von dem, „der auf die Jagd geht“.

Gelegentlich klagt auch ein Überläufer, der unter einer Masteiche bricht, nach Erhalt der Kugel kurz auf und ist nach wenigen Fluchten verendet. Da leite mal einer eine Regel ab. Sicher ist doch nur, dass Stücke bei einem tödlichen Fangschuss nicht klagen. Und das ist banal.

Hoch Vorderlauf: Ein hundsmiserabler Sitz der Kugel. Die schmerzerlösende Arbeit des Hundes kann gar nicht hoch genug bewertet werden.

Pirschzeichen: Alles, was Jäger am Anschuss eines Stück Schalenwildes finden können, bezeichnen sie als „Pirschzeichen“. Eingriffe mit Ausrissen, Kugelriss, Schnitthaar, Schweiß oder Knochensplitter zählen dazu. Seltener auch Zähne oder Splitter von Geweihen oder Gehörnen.

Eingriffe am Anschuss sind immer dann recht leicht zu entdecken, wenn schweres Schalen-

Der Führer bückt sich zum Anschuss. Sein wartender Schweißhund weiß haargenau, was jetzt kommt.

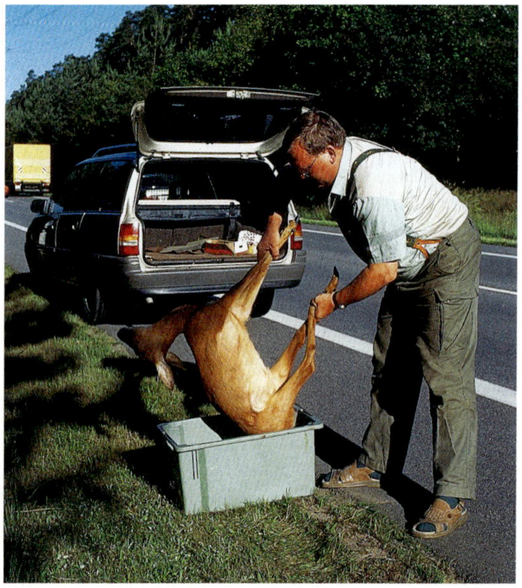

Nach einem Verkehrsunfall fehlen häufig Pirschzeichen vom Stück am Unfallort. Dies und die Straßennähe erschweren viele Nachsuchen.

wild auf weichem Boden aus dem Stand oder langsamen Ziehen im Schuss zur Flucht ansetzt. Die Schalen werfen dabei als *Ausriss* Grasbüschel oder Erdbrocken hinter sich. Selbst auf wassergebundener Waldstraßendecke finden wir bei bedächtiger Suche diese Startsignale des beschossenen Bockes. Wir stecken nun einen auffälligen Hauptbruch (siehe Seite 498 f.) ins Bankett daneben. Dann suchen wir in aller Ruhe bei gutem Licht nach weiterem Anhalt. Hat der Bock nun die Kugel oder nicht?

Spitzenhunde werden im Jahr zu mindestens 40 Nachsuchen gerufen. Oft ist es sogar die zweifache Zahl. Nur die Praxis lässt sie zu wirklichen Könnern reifen.

Den Fehlschuss bestätigt uns bisweilen auch der *Kugelriss*, den das Geschoss im Boden hinterlassen hat. Auf kurz gemähter Wiese oder einem Stoppelfeld, auch auf dem nicht hoch vergrasten Waldweg, ist er mit einiger Mühe meist zu finden. Dienten ein Dickungsrand, eine total vergraste Fichtenkultur oder gar der Gegenhang als Kugelfang, bleibt die Suche erfolglos. Gelegentlich lässt das Anpeilen des Kugelrisses vom Hochsitz aus das Urteil zu: „Klar überschossen." Dies lassen wir selbstverständlich vom Hund kontrollieren.

Da jeder Schuss auf ein Stück Schalenwild sowohl Eingriffe als auch einen Kugelriss zur Folge hat, können diese beiden Weiser nur zum Lokalisieren des Anschusses beitragen. Sie entscheiden aber keinesfalls über Fehlschuss oder „Treffer".

Schnitt- und Risshaar: Schnitthaar zu finden und zu beurteilen, lernt der junge Jäger nicht von heute auf morgen. Den Unterschied zum Risshaar erkennt er dagegen leicht. Ihm haftet noch die helle Haarwurzel an. *Schnitthaare* sind im Unterschied hierzu vom Geschoss glatt abgetrennt. Nicht immer liegen sie direkt bei den Eingriffen. Oft hat sie die Geschossenergie ein, zwei Meter mitgerissen. Vielleicht spielte auch der Wind ein wenig mit. Bei einem „Treffer" sind sie stets gegeben. Nur – seien wir ehrlich – oftmals finden wir sie nicht. Bei starker Vergrasung oder vielen, frisch abgefallenen Blättern, die der Wind in der vergangenen Nacht munter durcheinander wirbelte, wird die Angelegenheit zur Qual, oft genug aussichtslos.

Ein simpler Tipp für den weniger Erfahrenen: Hast du das erste Haar gefunden, liegt das zweite meist nicht weit. Also runter auf die Knie und geduldig – Zentimeter für Zentimeter – den Boden absuchen.

Haben wir außer Rehen noch Rot- und Damwild im Revier, ist es für den Schweißhundführer unerlässlich, sich ein Schnitthaarbuch anzulegen (siehe Seite 606). Getrennt nach Wildart, Geschlechtern, Alter sowie Sommer- und Winterdecke umfasst das Büchlein viele Seiten.

Schauen wir uns beispielsweise einmal die Haarfarbe der Bauchdecke bei Hirsch- und Wildkalb oder bei Rotspießer und Schmaltier

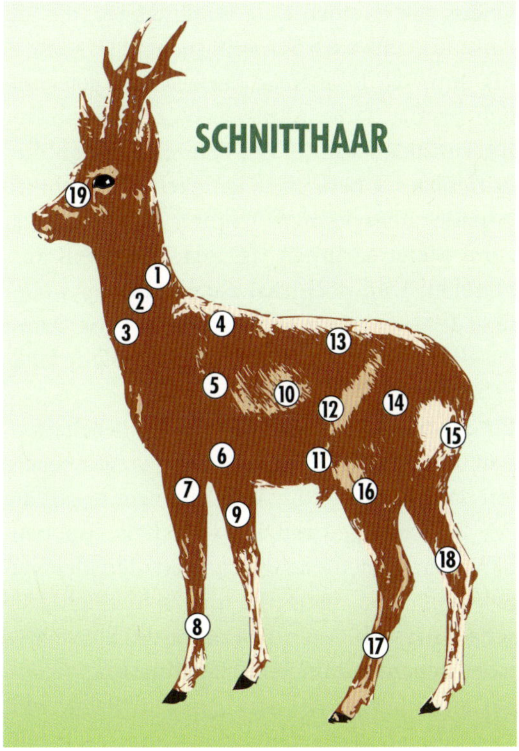

SCHNITTHAAR-FAUSTREGELN

Aussehen	*Sitz am Wildkörper*
Langes, dunkles, starkes Haar	*oben*
Gewelltes, „onduliertes" Haar	*vorne*
Kurzes, helles, schwaches Haar	*unten*
Kurzes, glattes, dunkles Haar („kurz und ohne Beule – von der Keule")	*hinten*

an. Jedem dieser Stücke reservieren wir je eine Seite für die Sommer- und Winterdecke. Nun werden von einem zerwirkten Stück aus der Decke an 19 verschiedenen Stellen vom Äser bis zum Wedel, vom Lauf bis zum Rücken Haarbüschel abgeschärft (siehe Zeichnung oben). Diese werden im Schnitthaarbuch an der entsprechenden Stelle der Wildskizze aufgeklebt. Nur im Vergleich mit diesem Haar bekommen wir Sicherheit im Beurteilen von Schnitthaar bei der Jagd. Dem jungen Jäger mögen zuerst grobe Faustregeln (siehe Tabelle) genügen. Ein wenig mehr Wissen sollte der Jäger im Laufe seines weiteren Jägerlebens aber schon anstreben. Allerdings: Von einem, der nur „zur Jagd geht", wird das kein Schweißhundführer verlangen.

Schweiß: Vom Schweiß in der Fährte geht eine fast magische Wirkung aus. Seien es die ersten Tropfen, die dem Auge das „Getroffen" anzeigen, sei es nach längerer Riemenarbeit, die dringend einer „Bestätigung" bedarf – der erlösende Zuruf des Begleiters: „Schweiß!"; und wenn es nur ein Tropfen ist, hat hohe Bedeutung, gibt neuen Mut.

Von 19 verschiedenen Stellen benötigen wir „Material", um ein Schnitthaarbuch anzulegen.

1

2

3

1 – Wildbret und Sehne stammen vom Vorderlauf.
2 – Weit verspritzt findet sich Lungenschweiß.
3 – Der Damhirsch wurde aufgemüdet. Der Wildbretschweiß im Wundbett ist tiefrot, geronnen.

1 – Lungenschweiß und Panseninhalt. Der Bock liegt nicht weit.
2 – Vorderlauf zerschossen, Brustkern gestreift.
3 – Krümeliger Leberschweiß.
4 – Ein Röhrenknochensplitter mit Knochenmark – kleine, weiße, fette Kugeln

Leider gibt es noch viele Waidmänner, die am Anschuss nur nach Schweiß suchen. Das ist wenig sinnvoll. Eine Neue beweist dies gelegentlich prima. Trotz schneeweißer, unberührter Decke finden wir auf der Schneise in den Eingriffen des Überläufers lediglich drei Schnittborsten, aber keinen Tropfen Schweiß. Erst zehn Meter „drinnen" ist erster Schweiß ausgetreten. Und noch mal zwanzig Meter weiter liegt der Kujel mausetot mit guter Kugel. Damit ist klar: Der Schweiß ist nicht das allein Maßgebende.

Finden wir ihn, geben seine Farbe, Beschaffenheit und Geschmack gute Hinweise. Wir beachten natürlich, dass dunkle Fichtenrinde, auf die der Schweiß getropft ist, oder helle Buchenblätter, an denen er abgestreift ist, den gleichen Schweiß fürs Jägerauge unterschiedlich ausschauen lassen. Auch die Frische des Schweißes ist entscheidend für seine Bestimmung. Je länger er eingetrocknet oder gar vom Regen verwaschen ist, desto schwieriger wird's. Oft hilft dann nur das Abtupfen, um überhaupt Schweiß zu erkennen.

Kräftiges Rot oder *Hellrot* und *blasig* deuten auf einen *Kammerschuss*. Herz oder Lunge sind getroffen. Bisweilen sind auch Lungenstückchen vom Geschoss mitgerissen, deren Gewebesubstanz mit den Fingern recht gut „errieben" werden kann. Wir werden bald am Stück stehen.

Leicht zu verwechseln ist Lungenschweiß mit dem von *hohen Laufschüssen*. Auch hier ist die Schweißfarbe *hellrot*, die Menge vom Anschuss her zunächst reichlich gegeben. Die kleinen und weißen Kügelchen im Schweiß sind aber ausgetretenes *Knochenmark*, das zwischen den Fingern *fettet*. Schon Frevert warnt davor, sie mit den hellen Bläschen beim Lungen- oder gar Drosselschuss zu verwechseln.

Dunkler, körniger, durch winzige Partikelchen von Pansen-, Magen- oder Darminhalt „schmutziger" Schweiß, der auch entsprechend schmeckt, zeigt *Bauchhöhlentreffer* an. Lieber Jäger, geniere dich nicht: Rieche und schmecke! Körnige, tiefdunkle Leber- oder Milzteile mit etlichen Tropfen Schweiß verbunden sind so zu bestimmen, wenn denn der Schuss nicht allzu lange her ist. Konsequenz: Warten! Zwei Stunden sind wenig, vier besser. Vor einer Stehzeit der Wundfährte von zehn oder zwölf Stunden brauchen wir keine Bedenken zu haben. Jeder Junghund – gleich welcher Rasse, aber aus guter Zucht – von sieben, acht Monaten fällt eine Übernachtwundfährte an. Selbst wenn er bis dahin seine Nase nur auf der Futterschleppe oder Führerfährte gebraucht hat. Riechzellen hat er genug. So gibt ein solcher Zeitraum dem dreimal so alten, eingearbeiteten Schweißhund keine Probleme auf, wenn nicht extreme Trockenheit oder überfrorener Tauschnee dagegen stehen. Der vielen Worte kurzer Sinn: Das durch unser „Saugeschieße" kranke Stück wird so nicht vorzeitig aufgemüdet. Vielleicht reicht die lange Wartezeit sogar, dass das Stück verendet. Ein Trost für den jungen Jäger, der zum ersten Mal versucht, den Schweiß eines beschossenen Schmaltieres zu bestimmen: Es gibt „farblich neutralen" Schweiß, der sich später vielleicht auch in Tropfbetten oder abgestreift an Buchenrauschen wiederfindet. Aus ihm können selbst Spitzenleute nicht auf den Sitz der Kugel schließen. Dieser „Wildbretschweiß" verlangt geradezu nach einem wirklich erfahrenen Schweißhund. Dem krankgeschossenen Stück zu Liebe ist auf Experimente zu verzichten. Dann lassen diese Männer nicht locker, bis sie am Anschuss die ersten Schnitthaare aufklauben können.

Knochensplitter, Zähne: Knochensplitter sind stets ein handfester Beweis für einen „Treffer". Teile von Röhrenknochen zeigen gut erkennbar den Laufschuss an. Flache, breite Splitter können von den Rippen stammen, besonders starkknochige vom Unterkiefer oder auch von der Keule, grusige Kleinstsplitter von Gelenken der Läufe. Auch hier braucht's Erfahrung. Ein Anschussseminar kann nur einführen, die Praxis aber nicht ersetzen.

Sobald Knochensplitter oder gar Zähne auf Kiefer- oder Lauftreffer hinweisen, ziehen wir einen erfahrenen Schweißhund heran. Denn das Schlimmste, was Wild und Schütze widerfahren kann, sind *Äser-* oder *Gebrechschüsse.* Sie sind nicht sofort tödlich. Aber das Wild wird an der Nahrungsaufnahme gehindert und verendet nach Tagen oder Wochen elendig – meist in der Nähe von Gewässern.

Bei einem Vorderlaufschuss lassen wir das Stück auch erst richtig krank werden. Der Hund wird keinesfalls sofort geschnallt, wie es früher häufig empfohlen wurde.

Je nach Schwere des Schusses liegt das Schalenwild im Knall. Dann wird es taumelnd wieder hoch. Jetzt ist der Fangschuss dringend geboten. Schalenwild mit Äser- oder Gebrechschüssen stellt sich nicht. So zählen diese Nachsuchen zu den schwersten und zumeist auch hoffnungslosesten.

Sehr übel sind auch *Laufschüsse.* Bisweilen zeichnet das Stück wie auf den tiefen Blattschuss. Andere Stücke knicken nach der Seite ein, wo ihnen die „Stütze" fortgerissen wurde und gehen dann auf drei Läufen ab. Oft werden wir das nicht beobachten können, weil das Stück zu schnell wird. Am Anschuss finden wir kurzes, helles Schnitthaar und Knochensplitter. Diese liegen erst nach zwei, drei Fluchten in der Fährte. Sitzt die Kugel recht hoch, ist am Anschuss viel mittelroter Schweiß. Auch auf drei Läufen ist Schalenwild noch flott. Die Nachsuche ist schwierig. Dennoch ist das Stück nach Meinung vieler Hundeführer zu bekommen.

LAUFSCHUSS: SOFORTIGES SCHNALLEN VERBOTEN!

Keinesfalls wird unser Hund unmittelbar nach einem Laufschuss geschnallt! Das ist ein wirklich alter Zopf, der abgeschnitten gehört! Jedes Stück mit Laufschuss bekommt Wundfieber. Wir lassen es also wie bei anderen Schüssen auch krank werden, um es erst nach mehreren Stunden oder am nächsten Tag nachzusuchen.

Rotwild
05.10.04
Silber
Rotwild
Bronze

TEIL 5

Jagdtrophäen

Aufbereitung von Trophäen

Geweih und Gehörn

Sauber hergerichtete Trophäen an der Jagdzimmerwand belegen die Freude des Waidmanns an seinen Erfolgen, spiegeln aber auch seine Achtung vor dem erbeuteten Wild wider. Mit etwas Geschick und Geduld lassen sich Geweih, Gehörn und Gewaff leicht herrichten.

Nach dem Erlegen eines Rehbocks oder Damschauflers, nach roter Arbeit, Verblasen und besinnlicher Totenwacht ist die Jagd für manche Schützen bereits beendet, aber nicht für alle: Wer schon als Mädchen oder Bub erlebt hat, wie heimatliche Rehkronen aufgebrettet wurden, möchte dies später oft auch selbst tun. Beim Aufbereiten des Gehörns lebt manche Geschichte um einen Bock wieder in uns auf, lässt uns nachdenklich und dankbar werden.

Abschlagen und Abkochen

Das Abschlagen des Geweihs führten unsere Altvorderen mit dem Standhauer durch. Wie leicht kann da die hintere Hirnschale in Mitleidenschaft gezogen werden! Wir greifen lieber zum kräftigen Nicker und setzen die Klinge zwischen Hinterhaupt und erstem Trägerwirbel an, um das Haupt frei zu schärfen. Säge oder gar Axt haben hierbei nichts zu suchen. Dann drehen wir das Haupt so weit wie möglich in der Trägerlängsachse, dabei muss es „gefährlich knacken". Noch ein, zwei Schnitte, und wir haben es geschafft.

Nach dem Abschlagen des Hauptes lösen wir zunächst den Unterkiefer aus. Mit dem Messer entfernen wir die Decke von ihm und lösen den Lecker von den Innenseiten der Kieferäste. Den Lecker ziehen wir nach hinten weg. Nach Durchtrennen aller erreichbarer Muskeln und Sehnen hebeln wir den Unterkiefer aus dem Schädel und schärfen ihn vollständig ab.

Nun kommt das gesamte Haupt ohne jede weitere Vorbereitung und ohne vorheriges Wässern „mit Haut und Haar" in einen passenden Topf. Zum Abkochen eines Rehschädels ist ein Topf von 20 Zentimetern Durchmesser und 15 Zentimetern Höhe ausreichend. Es genügt, den Topf nur zur Hälfte mit Wasser zu füllen, das Haupt muss nicht vollständig von Wasser bedeckt sein.

Entnahme des Unterkiefers: Die Decke ist entfernt, der Lecker wird abgelöst.

Der Unterkiefer wird aus dem Schädel gehebelt und vollständig ausgelöst

Das Wasser beginnt rasch zu sieden, wenn man den Topf mit einer Alu-Folie abdeckt und diese an den Topfrand sowie die Gehörnstangen anpresst. Damit die Folie nicht von überschüssigen, kräftigen Dämpfen angehoben wird, erhält sie an beliebiger Stelle eine kleine Öffnung.

Beim Jährling dauert die Kochzeit zirka 30, bei älteren Böcken bis zu 45 Minuten. Das genügt, denn bei zu langem Kochen lösen sich schnell das Nasenbein oder die Stirnnaht jüngerer Böcke oder Hirsche.

Abkochen des Schädels: Eine Stanniolfolie dämpft zusätzlich.

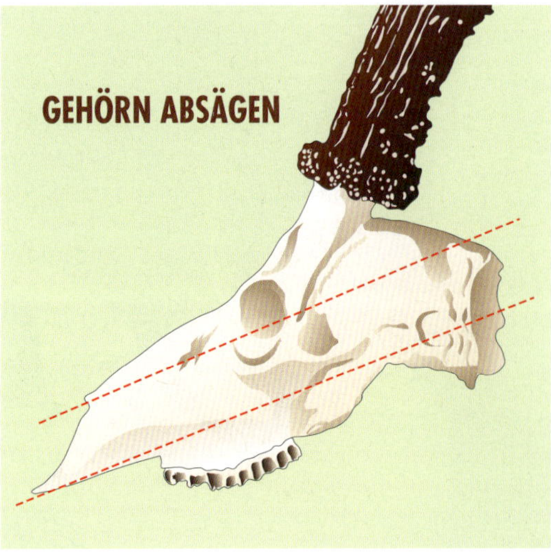

„Kleiner" oder „großer" Schädel, mit schmalem oder großem Nasenbein – Geschmackssache!

Diese Zeiten gelten für den Rehbock. Zum Vergleich: Ältere Rothirschtrophäen müssen oft bis zu eineinhalb Stunden abgekocht werden.

Nach dem Kochen tauchen wir das Haupt in ein Gefäß mit eiskaltem Wasser – das treibt noch in den Knochenporen verbliebenes Fett nach draußen – und lassen es darin vollständig abkühlen. Das dauert etwa eine halbe Stunde, dann können wir weiterarbeiten.

Freilegen und Absägen des Schädels

Vom abgekühlten Schädel lässt sich die Decke mühelos abziehen. Andernfalls wird mit dem Messer nachgeholfen. Mit dem Fingern werden die Augäpfel nach unten herausgedrückt und mit scharfer Klinge rundherum vom Augenhöhlenrand gelöst. Der Sehnerv wird abgetrennt.

Je nach Erfahrung und Selbstvertrauen sägen wir nun den Oberkiefer mit einer Sägevorrichtung oder frei Hand ab. Wir sägen in der Regel vom Hinterkopf in Richtung Windfang oder von einer Schädelseite zur anderen. Und lieber anfangs „etwas mehr" dranlassen als zu knapp absägen. Nachsägen oder Abschleifen kann man nämlich immer noch, „anflicken" jedoch so gut wie nie.

Mit dem Messer oder einem Löffel entfernen wir nun das freigelegte Hirn. Dann schaben und brüsten wir mit einem Messer und einer steifborstigen Nagelbürste sorgfältig noch anhaftende Fleisch-, Knorpel- und Sehnenreste vom Oberhaupt. Auch letzte störende Nasenknorpel werden entfernt. Ist der Schädel sauber geht, es ans Bleichen.

Bleichen

Lange Zeit war es üblich, Gehörne und Geweihe mit 30%iger Wasserstoffsuperoxidlösung zu bleichen. Dazu wurden sie gänzlich mit Watte umwickelt und diese Watte anschließend mir der Bleichlösung getränkt. Sorgfältig musste darauf geachtet werden, dass die eigene Haut und die Rosenstöcke nicht mir der Watte bzw. der ätzenden Lösung in Berührung kamen. Der Bezug von mehr als 12%iger Wasserstoffsuperoxidlösung ist seit 2017 aber nur noch mit Gewerbeschein, z. B. also Präparatoren, und

Berufsjägern möglich. An Privatjäger wird sie nicht mehr abgegeben. Daher wird heute auf verschiedene andere Bleichmethoden zurückgegriffen. Dazu zählen zum Beispiel ein zweites Abkochen unter Zugabe von Weiß- oder Kochwäsche-Waschmitteln, Spülmaschinen-Tabs oder Chlorreinigern. Möglich ist auch das Bestreichen des Schädels mit handelsüblichen Bleichpasten.

Abschlussarbeiten

Nach dem Bleichen erhält das Gehörn den letzten Schliff. Zunächst wortwörtlich: Feines Schmirgelpapier glättet raue Sägekanten und die Schädeloberfläche abschließend. Stark mit Wasser verdünnter Holzleim, mit einem Pinsel aufgetragen, versiegelt die Knochenporen nachhaltig vor Staub.

Bei jungen Rehkronen, besonders aber bei Hirschgeweihen, driftet nach dem Absägen das Nasenbein häufig auseinander. In diesem Fall zwängen wir das Nasenbein durch Umwickeln mit festem Garn zeitweilig zusammen und bestreichen es innen mit Tischlerleim. Kleiden wir das Nasenbein unterseits mit Watte – beim Hirsch Glasfasergewebe – ein, hält das ewig. Bei Schädelreparaturen benutzen wir immer nur Holzleim – Kunstkleber werden im Lauf der Zeit hässlich braun. Das Ganze lassen wir einige Tage trocknen. Wer dieses Verfahren vorbeugend immer anwendet, erspart sich Enttäuschungen.

VARIANTEN: SÄGEN IM ROHZUSTAND

Manche Jäger wählen beim Herrichten des Gehörns auch eine etwas andere Reihenfolge: Sie entfernen die Decke vom Schädel und sägen zuerst den Oberkiefer ab, nachdem sie den Unterkiefer herausgehebelt haben. So müssen sie vor dem Abkochen die Fleischreste nur noch von der oberen Hälfte des Schädels lösen. Das freigelegte Hirn entfernen sie dann ebenfalls vor dem Abkochen (und verspeisen es, je nach persönlichem Geschmack, wenn das Stück frisch erlegt wurde). Weiterer Vorteil: Der abzukochende Schädel ist dann relativ klein.

Manche Jäger sägen den Oberkiefer auch „im Rohzustand“ ab, ohne zuvor die Decke zu entfernen, um auch diese nur noch vom Schädeloberteil lösen zu müssen. Nachteile dieses Verfahrens: Das Sägen fällt schwerer, weil die Haare die Sägezähne verstopfen. Wo genau der Sägeschnitt am nicht sichtbaren Schädelknochen verläuft, bleibt dann ein wenig dem Zufall überlassen. Unregelmäßigkeiten können allerdings später am trockenen Schädel mit einem Bandschleifer wieder „ausgebügelt“ werden.

Wer für so ein Frei-Hand-Absägen des Oberkiefers zu wenig Erfahrung hat, nimmt besser eine Säge mit Gehörnhalterung aus dem Handel zu Hilfe.

Nun bessern wir mit einem feinen Pinsel und Möbelbeize oder Kaliumpermanganat-Lösung die Rosen farblich aus, denn Abkochen und Bleichen hinterlassen trotz aller Vorsicht hier und da weiße Stellen an ihnen. Stellen wir das Gehörn und beim Trocknen „auf den Kopf“, geht das leichter und verhindert, dass Beize oder Kaliumpermanganat-Lösung auch auf den Schädel laufen. Von dort lässt sie nämlich nur äußerst schwer wieder entfernen.

Aufbretten

Es ist Geschmacksache, ob man (überhaupt) mit großem oder schmalem Nasenbein aufbretten will. In jedem Fall wirkt eine schwache Trophäe mit großem Schädel noch schwächer. Auch bei der Wahl des Trophäenbrettchens ist Schlichtheit gefragt. Gerade bei schwächeren

Der „Mehl-Trick" verrät, wo gebohrt werden muss.

Sauber abgesägt oder unterseits nachträglich plangeschliffen lässt sich das Gehörn passgenau aufs Brett setzen.

Trophäen kann ein maschinengefrästes Eichenlaub-Prunkschild übertrieben wirken. Weniger ist halt manchmal mehr.

Zum Aufschrauben der Rehkrone auf ein passendes Brettchen verwenden viele Jäger im Handel erhältliche Metallhalterungen. Preiswerter geht's, indem wir die Rosenstöcke von unten mit der Bohrmaschine anbohren. Dann bringen wir Bohrstaub oder Mehl ein und setzen den Schädel mit leichtem Klopfen passend aufs liegende Brettchen. Dort zeichnen sich nun die ebenfalls erforderlichen Bohrlöcher weiß ab. Sind auch diese Löcher gebohrt, verschraube ich von der Brettchenrückseite her Schädel und Holz.

Keilerwaffen

Auch Keilerwaffen können wir selbst herrichten. Da die Gewehre zu zwei Dritteln im Unterkiefer ruhen, sägen wir das Gebrech des Bassen hinter dem vierten Backenzahn durch. Den vorderen Teil kochen wir schonend ohne Sodazusätze etwa eine halbe Stunde.

Auslösen und Abkochen

Zwischendurch prüfen wir, ob sich schon Gewehre und Haderer herausziehen lassen. Bei alten Keilern geht das nach vorn. Bei jüngeren öffnen wir vorsichtig das Zahnbett des Unterkiefers, um das Gewehr von hinten zu greifen. Wollen wir die Waffen doch einem Präparator anvertrauen, packen wir sie mit feuchter Watte in eine Plastiktüte, damit sie nicht reißen. Das gilt ebenso für den Transport auf Jagdreisen. Ansonsten legen wir das vorsichtig mit einer Bürste gereinigte Gewaff zwei Tage in ein Azetonbad. Das entzieht den Waffen Feuchtigkeit und Fett.

TIPP AUS DER PRAXIS

Keilerwaffen dürfen nie der Sonne ausgesetzt oder zum Trocknen auf die Heizung gelegt werden! Trocknen sie nämlich zu rasch, reißen sie! Das Gewaff wird auch niemals mit Wasserstoffsuperoxyd gebleicht. Allzu rasch werden dann nämlich auch die dunklen Enden der Gewehre und Haderer schneeweiß.

Links: In Sand stabilisiert, werden die Keilerwaffen verfüllt. Ein besseres Füllmittel als Leim ist aber Epoxidharz.

Mit Klammern und Schmuckblättern werden Gewehre und Haderer auf dem Brettchen befestigt.

Beim Anblick des Gewaffs steht dem Erleger der erfolgreiche Ansitz noch Jahrzehnte später lebendig vor Augen. Anderen offenbart die sachgemäß hergerichtete Trophäe seine Achtung vor dem Wild.

Ausgießen

Nach Entnahme aus dem Azetonbad lassen wir die Trophäe kurz trocknen. Unterdessen haben wir eine Schale mit Sand bereitgestellt. Darin „pflanzen" wir Gewehre und Haderer mit den Zahnöffnungen nach oben ein. Im Unterschied zu Holzkitt und Polyesterharzen hat sich Epoxidharz zum anschließenden Ausgießen der Zahninnenräume gut bewährt. Holzleim taugt ebenfalls.

Der jeweilige Zahnmund wird mit Tesafilm eng umwickelt. So können wir später einen geraden Abschlussrand schnitzen. Dann lassen wir das unterdessen gemixte Zweikomponenten-Harz einfließen. Beim Anrühren werden Luftblasen vermieden. Um diese auch in der Zahnspitze zu verhindern, stochern wir mit einem feinen Draht im soeben voll gegossenen Zahn umher.

Nun lassen wir das Gewaff ohne Wärmezufuhr in Ruhe – das heißt mindestens einen halben Tag lang – aushärten. Manche Jäger überziehen die äußeren Gewaff-Flächen mit Klarlack als zusätzlichem Schutz, andere lehnen das als entstellend ab.

Endlich binden wir das Gewaff in Halterungen ein, die im Jagdfach- oder Präparatorenhandel erhältlich sind. Je nach Geschmack mit oder ohne Brettchen präsentiert, erinnert uns die Trophäe an einen Mondansitz in klirrend kalter Winternacht oder eine turbulente Drückjagd. Hand auf's Herz: Längst haben wir für die lang ersehnte Trophäe einen Platz an der Jagdzimmerwand auserkoren, nun wird zügig der passende Haken in die Wand geschlagen. Bei Kerzenschein und einem kühlen Tropfen freuen wir uns erneut und merken beiläufig, wie sehr doch bei der Jagd Passion und Handwerk verschmelzen.

Trophäenbewertung

Jagdtrophäen und Trophäenjagd

Erst der Erinnerungswert für den Erleger macht aus dem Geweih oder Gewaff die Trophäe. Die Erinnerung an erfolgreiches Jagen, an ein Kräftemessen mit den Sinnen des Wildes ist der Grund, weshalb wir einen Schädel stundenlang abkochen, ihn bleichen, auspunkten und dieses alles mit Freuden tun. Nicht anders ist es bei den Erpellocken, die wir uns aus Freude an einem guten Schuss hinter das Hutband stopfen. Gegen die Wertschätzung und das Aufbewahren jagdlicher Trophäen ist nichts einzuwenden. Sie erfreuen den Erleger. Diese Freude stört niemanden. Da Trophäen weder einen materiellen noch einen künstlerischen Wert darstellen, ist ihnen in der Regel kein langes „Nachleben" beschieden. Denn Trophäen verlieren ihren Wert, wenn ihr Erleger nicht mehr lebt. Zunächst werden sie von den Erben nicht entfernt, weil sie nunmehr zur Erinnerung an den Vater oder Großvater geworden sind. Mit der Zeit verblasst diese Erinnerung. Die Trophäen werden zu lästigen Staubfängern und wandern in die Knopffabrik.

Die Wertschätzung und die Freude an Trophäen ist das eine. Ist aber die Jagd nach Trophäen auch wildgerecht? Oder anders formuliert: Inwieweit ist die Trophäenjagd für das Wild schädlich oder aber zuträglich? Die Antwort auf diese Frage lässt sich nach Dietrich Stahl auf einen kurzen Nenner bringen: Die Gier nach möglichst vielen kapitalen Trophäen wirkt sich nachteilig auf die Wildbestände aus. Denn derartige Wünsche ziehen zwangsläufig überhöhte Wildbestände oder unnatürliche Fütterungsmaßnahmen und überdies zu starke Eingriffe in die mittleren Altersklassen nach sich. Dennoch kommt die Trophäenjagd in den meisten Revieren einer biologisch fundierten Wildhege entgegen, weil der Jäger weiß, dass die örtliche Population einer Wildart nur eine zahlenmäßig begrenzte Ausbeute an ausgereiften Trophäen zulässt. Entsprechend waidwerkt und hegt die Mehrzahl der Revierinhaber.

Das Bewerten von Trophäen nach Formeln und Punkten, aber auch das Prämieren der stärksten Geweihe, Gehörne, Schnecken, Krucken und Keilerwaffen wird sogar von manchen Waidmännern mit Skepsis und Misstrauen verfolgt. Und es sind nicht die schlechtesten Jäger, die es ablehnen, ihre Trophäen vermessen und zur Schau stellen zu lassen, weil dadurch der unverfälschte persönliche Erlebniswert gefährdet würde.

Andere vertreten dagegen die Auffassung, dass auf eine formelmäßige Bewertung von Trophäen nicht verzichtet werden kann. Nur so ist ein objektiver Vergleich ihrer Stärke möglich. Dem stimmen namhafte Wildbiologen zu.

Der eine heftet sich Poster an die Wand, ein anderer schmückt sein Heim mit Geweihen. Beiden macht ihr Tun Freude.

Geschichte und Rekordbücher

Katalogisieren und Messen ist eine urmenschliche Eigenart. Erst das Vermessen von Trophäen ermöglicht es, Geweihe, Gehörne, Schnecken, Krucken und Gewaffe nicht nur heimischen Wildes auf annähernd objektive Weise international miteinander zu vergleichen.

Rowland Ward

Die Ursprünge der Trophäenvermessung gehen bis in die zweite Hälfte des 19. Jahrhunderts zurück. Der Londoner Präparator Rowland Ward gab das erste Rekordbuch heraus. Die in seinem „Buch" erwähnten Trophäen mussten ein gewisses Niveau erreichen, um überhaupt auf-

genommen zu werden, so wie später auch bei allen anderen Rekordbüchern Minimalforderungen gestellt wurden. Bei Rowland Ward wird „Rekord“ oder „record“ im Englischen nicht im Sinne des Maximums in einem Wettbewerb verstanden, sondern einfach als „to record“, was nichts anderes heißt, als die Maße einer Trophäe im Verzeichnis einzutragen.
Die Erstausgabe von Rowland Wards „Records of Big Game“ erschien 1892. Sie enthielt die Trophäen aller Kontinente, allerdings mit dem Schwerpunkt auf afrikanischem Wild. Dieses Werk nimmt auch heute noch, speziell für afrikanische Trophäen, eine herausragende Stellung ein. Mittlerweile liegt die 30. Ausgabe , die nächste ist für November 2023 angekündigt vor. Bei Rowland Ward wird der Besitzer der Trophäe aufgeführt, nicht der Erleger. Es geht den Machern des Buches darum, das Wild zu ehren und nicht den Jäger.
Es gibt strikte Regeln zu den zulässigen Einträgen. Die Trophäen müssen legal und gemäß den Auffassungen über „Fair Chase“ und Jagdethik des betreffenden Landes erbeutet worden sein. Vom Auto aus erlegte Tiere sowie Hybridzüchtungen u. Ä. werden nicht angenommen. Für Trophäen, die in eingezäunten Gebieten erlegt wurden, gelten strenge Voraussetzungen.

Der „Gigant“ – das Geweih verdient diese Bezeichnung wahrlich.

CIC-Formel

Im deutschsprachigen Raum wurden die ersten Trophäenschauen mit Prämierung der besten Exponate Ende des 19. Jahrhunderts organisiert. Zum Leidwesen vieler Beteiligter aber bewertete man damals ohne feste Regeln nach rein ästhetischen Gesichtspunkten, oft recht subjektiv gefärbt. 1894 führte Graf Meran auf einer steirischen Trophäenschau in Graz erstmalig eine Punktbewertung der Trophäen ein, bei der Längen- und Umfangmessungen angestellt wurden. Unter anderem auf der Basis dieses Systems entwickelte Herbert Nadler, begeisterter Karpatenjäger und Direktor des Budapester Zoos, die berühmte „Nadlerformel“. Es dauerte allerdings noch bis zum Ende des Ersten Weltkrieges, erst dann setzte sich in Deutschland langsam ein durch Formeln gestütztes Bewerten von Trophäen durch.
Vom 1. Mai 1927, anlässlich einer Trophäenschau in Budapest, bis 1936 bewerteten die Fachleute schließlich sämtliche Hirschgeweihe nach der Nadlerformel.
Im Mai 1937 beschloss der CIC (= Conseil International de la Chasse/Internationaler Jagdrat zur Erhaltung des Wildes, heute Conseil International de la Chasse et de la Conservation du Gibier) die sogenannte „Prager Formel“ als verbindlich – gerade rechtzeitig zur Jagdausstellung 1937 in Berlin. Damit führte er ein „subjektives“ Maß für die Kronen ein, indem die Schönheitspunkte von vier auf zehn erhöht wurden. Darüber hinaus galt eine neue Messanleitung zur Längenermittlung der Mittelsprosse.
Gegen diesen Beschluss opponierte in Wort und Schrift insbesondere Walter Frevert, Oberforstmeister des damaligen Staatsjagdrevieres Rominter Heide in Ostpreußen, obwohl in seinem Beritt Hirsche ihre Fährte zogen, deren Geweihe sich eben durch wuchtige Kronen auszeichneten. Er bewertete übrigens auch nach der Berliner Ausstellung alle Rominter Hirsche in seinem berühmten Hirschlagerbuch weiter nach der Nadlerformel.
Auf einer Tagung in Kopenhagen beschloss der CIC dann 1955, dass bei internationalen Ausstellungen auch nach der Nadlerformel be-

Dieser polnische Bock (191,58 Punkte) war von 1910 bis 1967 Weltrekord.

Ein guter Gams. Wie hoch mögen seine Krucken sein?

wertet und beide Wertziffern in das Bewertungsformular eingetragen werden sollten. Die ehemalige Prager Formel war zu diesem Zeitpunkt schon in „Madrider Formel" umgetauft, da der CIC 1952 in Madrid noch eine geringfügige Änderung an der Bewertungsformel für den Rothirsch vorgenommen hatte.
Auf dieser Konferenz erhielten auch die Bewertungsrichtlinien für anderes Trophäenwild – mit Ausnahme der für Elchgeweihe – ein neues Gesicht.
Im Jahr 2014 wurden die CIC-Formeln überarbeitet. Seither muss das Alter der erlegten Trophäe bestimmt beziehungsweise geschätzt und in den Bewertungsbogen mit aufgenommen werden. Das Alter hat jedoch nur bei der Gams Einfluss auf die Gesamtpunktzahl der bewerteten Trophäe.
Teil offiziellen CIC-Bewertung sind seit der letzten Überarbeitung außerdem Zusatzangaben zum Ort der Erlegung etc. und darüber hinaus eine Bestätigung, dass das erlegte Wild aus der freien Wildbahn stammt und nicht im Gatter erlegt wurde. Diese Bestätigung muss vom Erleger unterschrieben werden.

Das Bewertungssystem des CIC ist von großer internationaler Bedeutung. Alle Länder Europas einschließlich der ehemaligen Ostblockstaaten wenden, speziell in internationalen Vergleichen, ausschließlich dieses System an.

Boone & Crockett Club

1932 publizierte der nordamerikanische Boone & Crockett Club sein erstes Rekordbuch unter dem Namen „Records of North American Big Game". Es enthielt ein sehr einfaches Bewertungssystem für nordamerikanisches Trophäenwild. In der Praxis jedoch stellte sich schon bald heraus, dass die einfachen Bewertungsparameter der Komplexität verschiedener Trophäen nicht genügend Rechnung trugen. Parallel entstanden deshalb zwei neue Bewertungssysteme. Aber erst 1949 war man in der Lage, sie zu einer heute noch aktuellen Messanleitung zusammenzufassen. Die erste Publikation erfolgte 1952. 2011 erschien die 13. Ausgabe des „Records of North American Big Game" im Boone & Crockett Club.
1952 übernahm der CIC die Formeln des Boone & Crockett Club, New York, für nordamerikani-

CIC, Rowland Ward oder SCI? Der Erleger entscheidet, nach welchem System er seinen Widder auspunktet.

sche Trophäen. Es gibt in diesen Formeln keine Zuschläge und Abzüge, ebenso keine Umrechnungsfaktoren.

Anwendung von Rowland Ward und CIC

Die Rowland-Ward-Formeln für europäisches Wild, insbesondere Rot- und Rehwild sowie Sauen, haben sich nicht durchgesetzt. Gleiches gilt für die CIC-Formeln und afrikanisches Wild. Der CIC lässt damit faktisch kein afrikanisches Wild nach seinen Formeln bewerten, während alle Trophäen aus Europa und Asien, die nach CIC vermessen wurden, ab Bronzemedaille im Rowland Ward Buch eingetragen werden können.

Safari Club International

Eine weitere Institution für die Bewertung von Trophäen ist – last but not least – der SCI *(Safari Club International)*. Er ist die jüngste der genannten Organisationen, aber die mit den größten Zuwachsraten an Mitgliedern. 2014 waren es 55000, davon 80 Prozent US-Bürger. So gewinnt das SCI-Bewertungssystem immer mehr an Bedeutung, speziell in den von Amerikanern besuchten Jagdländern.

1971 gründete der Texaner C. J. McElroy den SCI. 1977 erschien die erste Ausgabe des „Record Book of Trophy Animals“. Es brachte einige Neuerungen: Erstmals wurde neben dem Erleger auch der Jagdführer im Eintrag für die Trophäe erwähnt. Bei den Einträgen wurde darüber hinaus berücksichtigt, mit welcher Art von Waffe das Stück zur Strecke kam. So gibt es Extralisten für mit Faustfeuerwaffen, Vorderladern oder Pfeil und Bogen erlegte Trophäenträger.

Außerdem bot das Buch die Möglichkeit, Trophäen aus Südamerika, Neuseeland, Australien und Indonesien aufzunehmen. Bei Rowland Ward gab es so etwas nicht, und für Neuseeland und Australien existierte bis dato das relativ komplizierte Bewertungssystem von Douglas.

Nicht nur das machte den SCI sehr populär. Es waren darüber hinaus die – im Unterschied zu den CIC-Formeln – sehr einfachen Messvorschriften. Von 1972 bis 2014 erschienen über 40 Trophäenbücher, die jährlich aufeinanderfolgend für die Erdteile Afrika, Nordamerika und übrige Länder erscheinen. Seit 2011 betreibt der SCI ein „Online Record Book“, das täglich um die neu zertifizierten Vermessungen ergänzt wird.

Die Nachteile der Bewertungssysteme

Abschließend ein paar knappe Anmerkungen zu den Schwachstellen der einzelnen Bewertungssysteme:

Bei europäischen Trophäen wie Rothirsch und Rehbock hat es sich – will man sie exakt bewerten – als Nachteil herausgestellt, dass bei Rowland Ward die Gesamtpunktzahl keine große Rolle spielt, sondern für die Rangfolge im Rekordbuch zum Beispiel nur die längste Geweihstange, der längste Schlauch einer Schnecke oder das längste Gewehr eines Keilergewaffes etc. zählt. Bei afrikanischem Wild reichen die Vermessungsmethoden jedoch aus. Dabei bestechen sie mit ihrer einfachen Durchführung und der guten Vergleichbarkeit der Trophäen.

Die CIC-Formeln sind recht umständlich, weil sehr unterschiedliche Parameter – wie zum Beispiel Längenmaße, Gewicht und Volumen – zu berücksichtigen sind. Nachteilig sind außerdem die Schönheitspunkte aufgrund ihrer Subjektivität. Ein weiteres Manko ist die Tatsache, dass sich Parameter wie etwa das Gewicht drastisch ändern können, so dass erst nach 30 Tagen eine

annähernd exakte Bewertung durchgeführt werden kann.
Das SCI-System hat wiederum den Nachteil, dass danach zum Beispiel nicht reife Büffel die höchste Punktzahl bekommen können.

Allgemeine Messanleitungen

Nachfolgend werden verschiedene Systeme vergleichend nebeneinander gestellt, mit denen der Jäger ein starkes Hirschgeweih oder eine kapitale Rehkrone bewerten kann. Sie eignen sich jeweils dafür, dass der Erleger sich ein objektives Bild über die Stärke seiner Trophäe machen kann. Der Geschmack des einzelnen Jägers wird dagegen sehr unterschiedlich sein. Der eine liebt beispielsweise lange, weit ausladende Geweihe, der andere kürzere, die dafür in der Stangenstärke knuffiger sind.
Behandelt werden die Formeln von Rowland Ward, dem CIC und dem SCI, die unter anderem auch zum Bewerten der Trophäen von Rot-, Dam-, Sikahirsch, Rehbock, Gams, Muffelwidder und Keiler dienen.
Wer Trophäen bewerten will, muss nicht nur die zu messenden Größen kennen, sondern auch die Bedingungen für die Messung.

Conseil International de la Chasse (CIC)

- Alle Messungen werden mit einem Stahlmaßband, Zirkel und einer Schublehre beziehungsweise Kluppe durchgeführt.
- Bei Messungen in Zentimetern ist eine Genauigkeit von 0,1 Zentimetern, bei Messungen in Millimetern eine Genauigkeit von 0,1 Millimetern erforderlich.
- Bei Gewichtsermittlungen sind Wägungen in Kilogramm auf zehn Gramm, in Gramm auf ein Gramm genau durchzuführen.
- Abnorme Trophäen werden je nach Art bzw. Ausprägung der Abnormität nicht offiziell nach der CIC-Formel bewertet.

Die CIC-Vermessung darf nur durch ausgebildete, offizielle Vermesser durchgeführt werden. Diese Personen verfügen über umfangreiches Vergleichsmaterial, um Punkte für Färbung, Perlung etc. auf gemeinsamer Grundlage zu vergeben. Wildartenspezifische Hinweise zur exakten Bewertung werden im Folgenden bei den entsprechenden Formeln aufgeführt.

Natürlich interessiert den Schützen auch die Punktzahl seines Hirsches. Zuvor aber erzählt er seinen Jagdfreuden begeistert, wie der Hirsch zur Strecke kam.

Ihm sind die verschiedenen Bewertungssytеme ziemlich schnuppe …

Die Zeichnung unten und die Tabelle auf Seite 635 verdeutlichen, wie ein Rothirschgeweih nach CIC ausgepunktet wird. Zu berücksichtigen sind: A = Auslage, St.L. = Stangenlänge, St.U.u., o. = Stangenumfang unten, oben, A.L. = Länge der Augsprossen, M.L. = Länge der Mittelsprossen und R.U. = Umfang der Rosen.

Auf nähere Fragen zur CIC-Vermessung, die nachfolgend nur in ihren Grundzügen dargestellt werden kann, gibt die zuständige Stelle des CIC (trophaeenbewertung@cic-wildlife.de) Auskunft.

Rowland Ward

- Alle Längenmessungen werden mit einem Stahlmaßband oder mit einem von Rowland Ward entwickelten Stahlkabel durchgeführt.
- Für die oben genannten Trophäen wird mindestens eine Zeit von 60 Tagen zwischen Erlegung und Bewertung eingehalten, um der natürlichen Schrumpfung, zum Beispiel des Kopfschmuckes, Rechnung zu tragen.
- Alle Messungen werden auf das nächste Achtel-Inch (ein Inch = 2,54 Zentimeter, ein Achtel-Inch = 0,32 Zentimeter) hin exakt gemessen. Liegt die Messung genau dazwischen oder tendiert zum nächsten Achtel-Inch, wird auf das nächsthöhere Achtel aufgerundet. Messungen in Zentimetern sind zulässig. Sie werden entsprechend umgerechnet, um Vergleiche zu ermöglichen.
- Trophäen mit beschädigtem Schädel werden erst dann für den Eintrag in das Buch akzeptiert, nachdem sie von einem offiziellen Rowland-Ward-Vermesser ausgepunktet und mit Bemerkungen versehen worden sind. So will man verhindern, dass der Schaden zu einer erhöhten Punktzahl führt.
- Trophäen, die eine ungewöhnliche Abweichung zwischen den beiden Stangen, Schläuchen oder Gewehren etc. aufweisen, erhalten einen entsprechenden Vermerk im Bewertungsblatt und sollten mit einem Foto eingereicht werden.

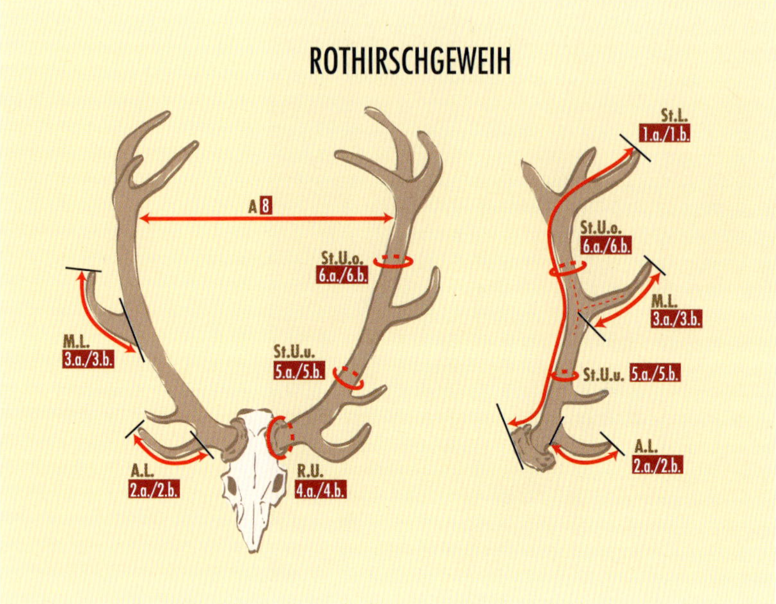

Safari Club International (SCI)

- Alle Messungen werden mit einem Stahlkabel oder flexiblen Stahlmaßband durchgeführt. Die Messungen erfolgen auf ein Achtel-Inch genau (wie bei Rowland Ward).
- Jede Trophäe darf sofort nach ihrer Erlegung gemessen werden. Ausnahmen bilden Trophäen, die unter die ersten 20 einer Rangliste kommen. Hier führt ein Komitee frühestens 60 Tage nach Erlegung die Messung durch oder bestätigt sie.
- Zu jeder Trophäe, die ins Buch eingetragen werden soll, ist ein technisch einwandfreies Foto beizulegen.
- Mit beschädigten Trophäen wird wie bei Rowland Ward verfahren.

Rothirschgeweih

CIC-Formel

Die Geschichte der Internationalen Rothirschformel ist bereits auf den Seiten 628 und 629 ausführlich dargestellt worden.

Praktische Tipps zu Messung und Bewertung:

Zu 1. a. und b.: Bei Messung der Stangenlängen bei vielendigen Kronen wird dasjenige Kronenende als Verlängerung der Stange betrachtet, welches den größten Wert ergibt.

Zu 7.: Zur Ermittlung des Geweihgewichtes dient der kurzgekappte Schädel mit Nasenbein. Ist der gesamte Schädel mit Oberkiefer und Zähnen vorhanden, werden 0,7 Kilogramm abgezogen, ohne Oberkieferzähne 0,5.

Zu 8.: Die Auslage ist die größte innere Entfernung zwischen den beiden Stangen. (Ist die Auslage kleiner als 60, zwischen 60 bis 69,9, zwischen 70 bis 70,9 oder größer als 80 Prozent der durchschnittlichen Stangenlänge, ergibt dieses keinen, ein, zwei beziehungsweise drei Punkte.)

Medaillenbewertung: Beim Rothirsch werden nach den ökologisch-genetischen Unterschieden in der Geweihbildung neun Bewertungsklassen unterschieden: Schwedischer, Norwegischer, Zentraleuropäischer, Karpaten-Rothirsch, Schottischer, Spanischer/Iberischer, Tyrrhenischer, Nordafrikanischer und Ausgewilderter Rothirsch. Nachfolgende Medaillenränge gelten unter anderem auch für unseren zentraleuropäischen Rothirsch. Vergeben wird:

- eine Bronzemedaille ab 170,
- eine Silbermedaille ab 190 und
- eine Goldmedaille ab 210 Internationalen Punkten.

Rowland-Ward-Formel

Das Auspunkten des Rothirschgeweihs geschieht nach der sogenannten Methode 2 mit sechs Messungen:

1. Länge der längsten Stange, gemessen an der Außenseite vom niedrigsten Punkt der Rose bis zur Spitze des längsten Kronenendes (A bis B).
2. Geringster Umfang der längsten Stange zwischen Eis- und Mittelsprosse (C).
3. Endenzahl (zwei oder mehr Zentimeter).
4. Größte Auslage (als längste Strecke zwischen entsprechenden Enden beider Stangen, im rechten Winkel zur Schädelachse [D]).

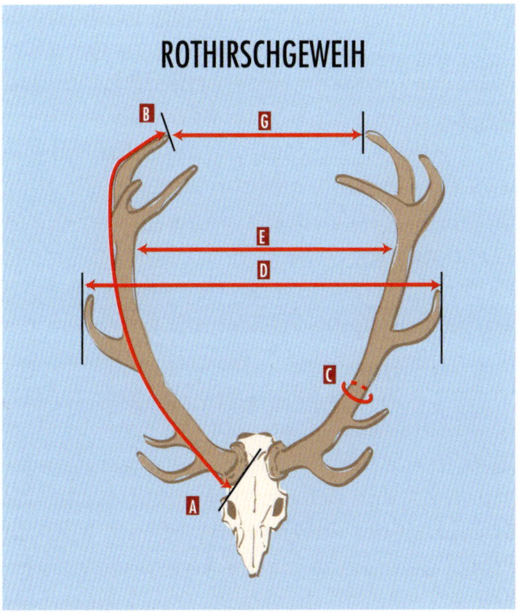

CIC-FORMEL ROTHIRSCHGEWEIH

I. Messungen		*Punkte*
1. a Länge der linken Stange *1. b Länge der rechten Stange*	*Durchschnitt (cm) × 0,5*	
2. a Länge der linken Augsprosse *2. b Länge der rechten Augsprosse*	*Durchschnitt (cm) × 0,25*	
3. a Länge der linken Mittelsprosse *3. b Länge der rechten Mittelsprosse*	*Durchschnitt (cm) × 0,25*	
4. a Umfang der linken Rose *4. b Umfang der rechten Rose*	*Durchschnitt (cm) × 1*	
5. a Umfang der linken Stange zwischen Aug- und Mittelsprosse	*(cm) × 1*	
5. b Umfang der rechten Stange zwischen Aug- und Mittelsprosse	*(cm) × 1*	
6. a Umfang der linken Stange zwischen Mittelsprosse und Krone	*(cm) × 1*	
6. b Umfang der rechten Stange zwischen Mittelsprosse und Krone	*(cm) × 1*	
7. a Masse des trockenen Geweihes	*(kg) × 2*	
8. Innere Auslage	*0 bis 3 Punkte*	
9. Endenzahl	*1 Ende = 1 Punkt*	
II. Zuschläge		
a. Farbe	*0 bis 2 Punkte*	
b. Perlung	*0 bis 2 Punkte*	
c. Spitzen der Enden	*0 bis 2 Punkte*	
d. Eissprossen	*0 bis 2 Punkte*	
e. Krone	*0 bis 10 Punkte*	
	Summe I. und II.	
III. Abzüge (Begründung)		
	0 bis 3 Punkte	
	Endsumme	

5. Größte „innere Auslage“ als längste Strecke zwischen beiden Stangen im rechten Winkel zur Schädelachse (E).
6. Direkter Abstand zwischen den Hauptkronenenden beider Stangen (G).
7. Die Ranglisteneinstufung im Buch erfolgt aber nur nach der Länge der längeren Stange.

Zeichnung links: Bei Rowland Ward genügen sechs Messungen, um ein Geweih auszupunkten.

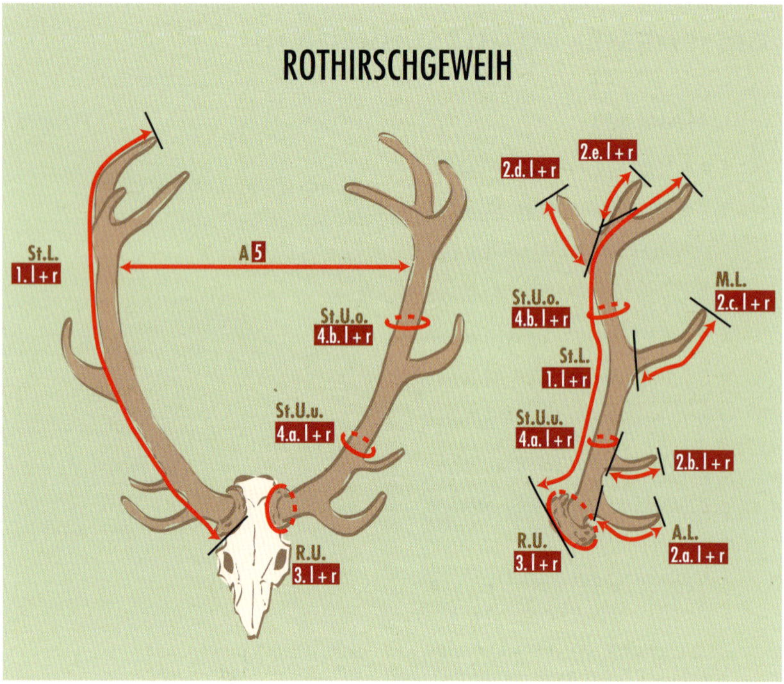

SCI-FORMEL ROTHIRSCHGEWEIH

I. Messungen (Anzahl Inch = Zoll)	*Linke Stange* (Anzahl Inch = Punkte)	*Rechte Stange* (Anzahl Inch = Punkte)
1. Stangenlängen		
2. Länge aller Enden		
2. a Augsprossen		
2. b Eissprossen		
2. c Mittelsprossen		
2. d–n Kronen oder andere Enden (mit Ausnahme der beiden Kronenenden, die für die Stangenlänge verwendet wurden)		
3. Rosenumfänge		
4. Stangenumfänge		
4. a zwischen Aug- und Mittelsprossen		
5. Innere Auslage		
Gesamtpunktzahl		

Zeichnung und Tabelle: Der SCI hat sein Bewertungssystem für Rothirschtrophäen 1972 verabschiedet. „Schönheitspunkte", etwa für Perlung oder Stangenfarbe, gibt es – anders als beim CIC – nicht.

SCI-Formel

Rothirschgeweihe punktet der SCI nach der sogenannten Methode 20 aus. 1972 eingeführt, erfuhr sie 1993 eine Änderung. Aus Gründen der Vergleichbarkeit maß man anschließend alle vor 1993 bewerteten Hirsche noch einmal nach.

Damhirschgeweih

CIC-Formel

Die Grundlagen der heute gültigen Damhirschformel stammen aus Ungarn und wurden nach Wild abgeändert und ergänzt. Diese Wild-Formel wurde vom CIC im Mai 1937 offiziell international bestätigt. Nach ihr bewertete man im Herbst 1937 in Berlin. Bis heute erfolgte – mit Ausnahme der Behebung eines Druckfehlers sowie der Aufnahme der Altersschätzung – keine Änderung.

Praktische Tipps zu Messung und Bewertung:

Zu 1. a. und b.: Am unteren Rosenrand und der Mitte des Rosenstocks beginnend, wird parallel zur Vorderkante der Schaufel entlang des äußeren Schaufelbogens bis zum höchsten Punkt der geschlossenen Schaufel gemessen. Der Winkel zwischen Rose und Stange wird dabei mit drei Zentimetern straff überspannt. Schaufelartige Fortsetzungen kommen nur dann für die Längenmessung in Betracht, wenn ihre größte Breite wenigstens das halbe Maß der größten vollen Schaufelbreite aufweist.

Zu 4. a. und b.: Zur Messung der Schaufelbreite wird der Umfang an der breitesten Stelle ohne Enden und Auswüchse ermittelt und durch zwei dividiert.

Zu 8.: Zur Ermittlung des Geweihgewichtes ist der kurz gekappte Schädel mit Nasenbein die Norm. Bei ganzem Schädel mit Oberkiefer werden 0,25, bei fehlenden Oberkieferzähnen 0,1 Kilogramm abgezogen.

Zu III. a.: Abzüge erfolgen bei ungenügender Auslage. Wenn sich die Auslage auf weniger als 85 Prozent der Stangenlänge beläuft, wird ein Punkt, wenn sie kleiner als 80 Prozent ist, werden zwei Punkte abgezogen. Ist sie kleiner als

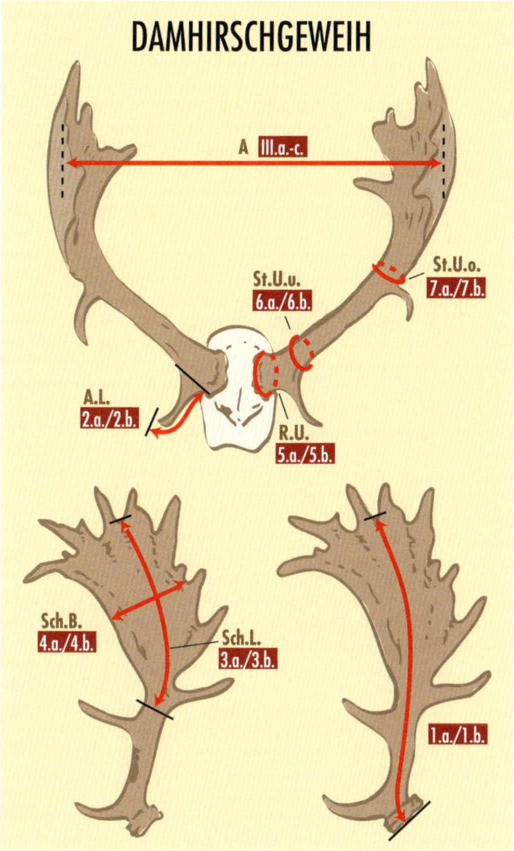

75, 70, 65 oder 60 Prozent, sind drei, vier, fünf beziehungsweise sechs Punkte abzuziehen.

Medaillenbewertung: Beim Damhirsch hat der CIC darauf verzichtet, Aufteilung in geographische Rassen bei der Medaillenvergabe zu berücksichtigen. Es gibt:

Ganz jung ist er nicht mehr, rekordverdächtig sind seine Schaufeln allerdings nicht.

CIC-FORMEL DAMHIRSCHGEWEIH

I. Messungen		*Punkte*
1. a Länge der linken Stange	*Durchschnitt (cm) × 0,5*	
1. b Länge der rechten Stange		
2. a Länge der linken Augsprosse	*Durchschnitt (cm) × 0,25*	
2. b Länge der rechten Augsprosse		
3. a Länge der linken Schaufel	*Durchschnitt (cm) × 1*	
3. b Länge der rechten Schaufel		
4. a Breite der linken Schaufel	*Durchschnitt (cm) × 1,5*	
4. b Breite der rechten Schaufel		
5. a Umfang der linken Rose	*Durchschnitt (cm) × 1*	
5. b Umfang der rechten Rose		
6. a Umfang der linken Stange zwischen Aug- und Mittelsprosse	*(cm) × 1*	
6. b Umfang der rechten Stange zwischen Aug- und Mittelsprosse	*(cm) × 1*	
7. a Umfang der linken Stange zwischen Mittelsprosse u. Schaufel	*(cm) × 1*	
7. b Umfang der rechten Stange zwischen Mittelsprosse u. Schaufel	*(cm) × 1*	
8. Geweihgewicht (trocken)	*(kg) × 2*	
II. Zuschläge		
a. Farbe	*0 bis 2 Punkte*	
b. Enden an den Schaufeln	*0 bis 6 Punkte*	
c. Wucht, Form u. Regelmäßigkeit	*0 bis 5 Punkte*	
	Summe I. und II.	
III. Abzüge (Fehler)		
a. Ungenügende Auslage	*0 bis 6 Punkte*	
b. Unerwünschte Schaufelform	*0 bis 10 Punkte*	
c. Unerwünschte Schaufelkanten	*0 bis 2 Punkte*	
d. Mangelnde Ebenmäßigkeit	*0 bis 6 Punkte*	
	Summe III.	
	Endsumme	

Zeichnung und Tabelle: So werden Damschaufler nach CIC vermessen und ausgepunktet. Gemessen werden auch Schaufellänge (Sch.L.) und -breite (Sch.B.).

Zeichnung rechts: Vermessung des Damhirschgeweihs nach Rowland Ward

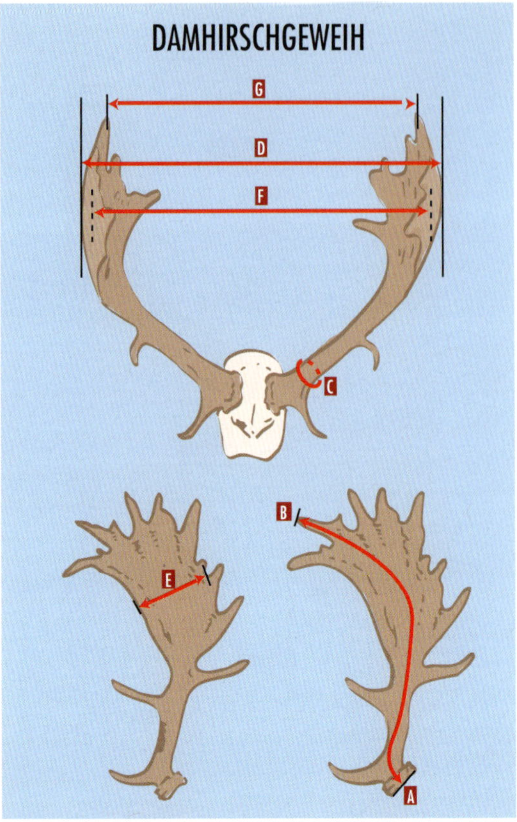

Zeichnung links und Tabelle: Wer eine Schaufel nach SCI auspunkten will, muss eine Reihe von Einzelmessungen durchführen.

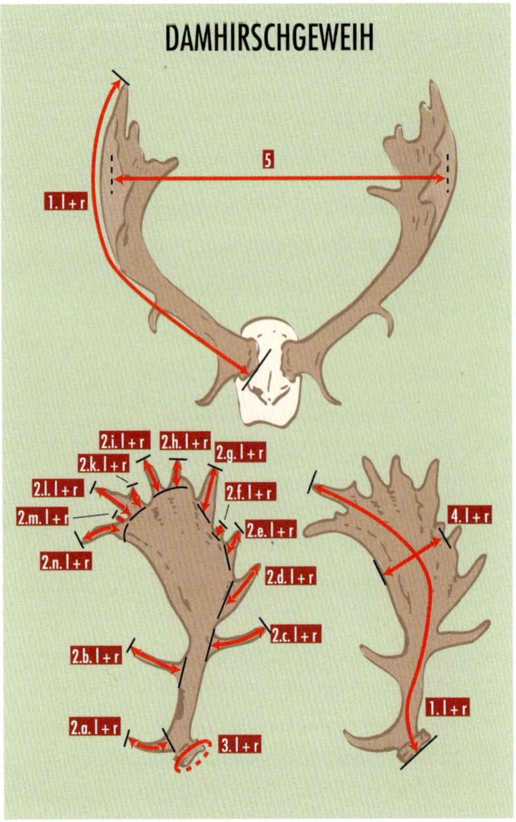

SCI-FORMEL DAMHIRSCHGEWEIH

I. Messungen *(in Inch = Zoll)*	***Linke Stange*** *(Anzahl Inch = Punkte)*	***Rechte Stange*** *(Anzahl Inch = Punkte)*
1. Stangenlängen		
2. a–n Länge aller Enden einschließlich der Schaufelenden		
3. Rosenumfänge		
4. Schaufelumfänge	*(Umfang linke Schaufel) + (Umfang rechte Schaufel) × 3 = Punktzahl*	
5. Größte innere Auslage		
Gesamtpunktzahl		

- eine Bronzemedaille ab 160 Internationalen Punkten,
- eine Silbermedaille ab 170 Internationalen Punkten,
- eine Goldmedaille ab 180 Internationalen Punkten.

Rowland-Ward-Formel

Die Auspunktung des Geweihs eines Damhirsches geschieht nach der sogenannten Methode 3 mit sieben Messungen:

1. Länge der längsten Stange an der Außenseite vom untersten Punkt der Rose bis zur äußersten Spitze des längsten Schaufelendes (A bis B).

2. Geringster Umfang der längsten Stange zwischen Aug- und Mittelsprosse (C).

3. Anzahl der Enden gleich oder größer zwei Zentimeter.

4. Größte Breite der breitesten Schaufel zwischen eventuellen Enden. Die Messung sollte im rechten Winkel zur Schaufelachse erfolgen (E).

5. Die größte Auslage (über alles), gemessen im rechten Winkel zur Schädelachse (D).

6. Größte „innere Auslage" zwischen den Stangen im rechten Winkel zur Schädelachse (F).

7. Entfernung zwischen den höchsten Enden beider Stangen (G).

8. Die Rangfolge im Rekordbuch erfolgt nicht nach der Gesamtpunktzahl, sondern ausschließlich nach der Länge der längeren Stange.

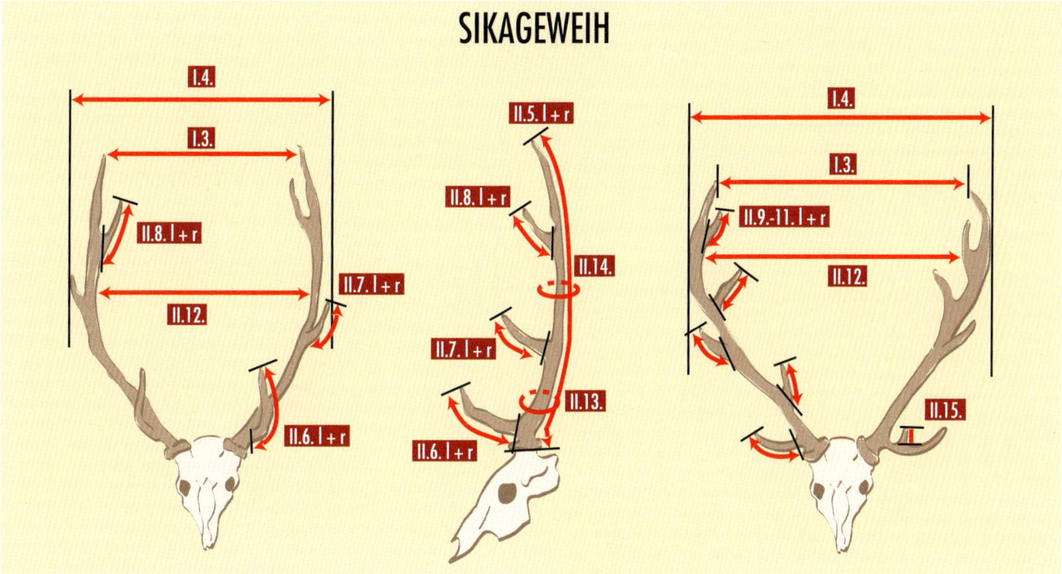

Zeichnung und Tabelle: So wird das Geweih eines Sikahirsches nach den Richtlinien des CIC ausgepunktet. Die Medaillenvergabe ist dagegen eine Wissenschaft für sich. Denn oft kann selbst ein Experte die sechs unterschiedenen Phänotypen des Sikas nicht eindeutig voneinander unterscheiden.

SCI-Formel

Ausgepunktet wird nach der sogenannten Methode 24, die 1972 in Kraft trat.

Sikageweih

CIC-Formel

Erst 1974 beschloss der CIC auf einer Tagung in Athen, die Formel zur Auspunktung von Sikageweihen dem System von Boone & Crockett anzupassen und ihr das heute noch aktuelle Gesicht zu geben. Sie unterscheidet sich ein wenig von den Bewertungsformeln der heimischen Cerviden, besonders im Hinblick darauf, dass die Gleichartigkeit der beiden Stangen stark hervorgehoben wird.

Praktische Tipps zu Messung und Bewertung: Ein Geweihende wird als solches angerechnet, falls es mindestens eine Länge von zwei Zentimetern aufweist und seine Basis an der Hauptstange länger als breit ist.

Zur Differenz: Zwischen den Messungen, bei denen die Werte auf jeder Stange separat ermittelt werden (1., 5. bis 11., 13., 14.) wird auch der Differenzbetrag festgestellt, in der entsprechenden Spalte eingetragen, addiert und später von der restlichen Punktzahl abgezogen.

Zur Innenauslage: Der Betrag „innere Auslage" wird zur Gesamtpunktzahl hinzugefügt. Über-

CIC-FORMEL SIKAGEWEIH

I. Messungen*	***a) Linke Stange***	***b) Rechte Stange***	***c) Differenz***
1. Endenzahl			
2. Gewicht in kg			
3. Auslage (von Stangenende zu Stangenende)			
4. Größte innere Auslage			
II. Messungen für Punktbewertung			
5. Stangenlängen	*a)*	*b)*	*c)*
6. Augsprossenlängen			
7. Mittelsprossenlängen			
8. Obersprossenlängen			
9. Längen erster zusätzlicher Kronenenden			
10. Längen zweiter zusätzlicher Kronenenden			
11. Längen dritter zusätzlicher Kronenenden			
12. Innenauslage (Hauptstangen)			
13. Unterer Stangenumfang			
14. Oberer Stangenumfang			
15. Gesamtlängen aller anormalen Enden zwischen Aug- und Übersprossen) werden unter Differenz eingetragen			
Summe a) und b)			
minus Summe c)			
Endsumme			

**Diese Messungen beeinflussen die Punktwertung nicht*

Die Geweihe von Rot- und Sikahirschen werden bei Rowland Ward auf dieselbe Weise ausgepunktet.

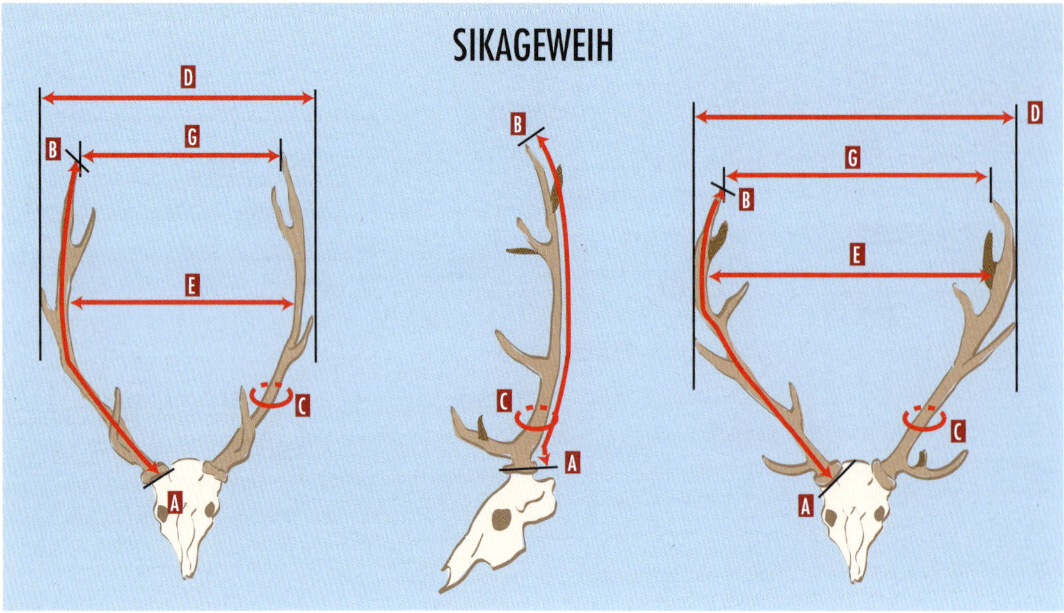

trifft dieser Wert den der längsten Stange, wird die Differenz dieser beiden Messungen in die Spalte Differenz eingetragen und später subtrahiert (siehe Tabelle).

Medaillenbewertung: Der CIC teilt die Unterarten des Cervus nippon in zwei Gruppen auf: in den *Japanischen Sika* und in die restlichen Unterarten mit *Chinesischem* beziehungsweise *Mandschurischem Sika* etc. Zu dieser Gruppe zählt auch der *Dybowski-Hirsch*. Die Unterscheidung der sechs Phänotypen wird dadurch erschwert, dass viele geographische Rassen aufgrund von Farmhaltung (China, Russland) und Einbürgerung in neue Lebensräume bereits vermischt worden sind. Folgende Punktstaffelungen zum Erreichen entsprechender Medaillen sind jeweils festgelegt.

Es erhält der *Japanische Sikahirsch*

- ab 225 Punkten eine Bronzemedaille,
- ab 240 eine Silbermedaille,
- ab 255 eine Goldmedaille,

der *Mandschurische* oder *Chinesische Sikahirsch*

- ab 300 Punkten eine Bronzemedaille,
- ab 350 eine Silbermedaille,
- ab 400 eine Goldmedaille.

So kommt er gerade recht.

Rowland-Ward-Formel

Für die Auspunktung des Sikageweihes wird, wie beim Rothirsch (siehe Seite 635), die sogenannte Methode 2 verwendet.

SCI-Formel

Beim Auspunkten des Sikageweihes finden – wie auch beim Rehbockgehörn – die Methoden 21-T und 21-NT Verwendung (siehe Seite 643). Beim Sika werden – im Unterschied zum Rehbock – neben dem Hauptende, das zur Ermittlung der Stangenlänge dient, statt zwei weiterer Enden lediglich drei als „typisch" (typical) betrachtet, da beim Sika die Achterstufe als „normal" angesehen wird. Sämtliche zusätzlichen Enden werden als „nontypical" betrachtet (siehe dazu noch einmal Seite 643).

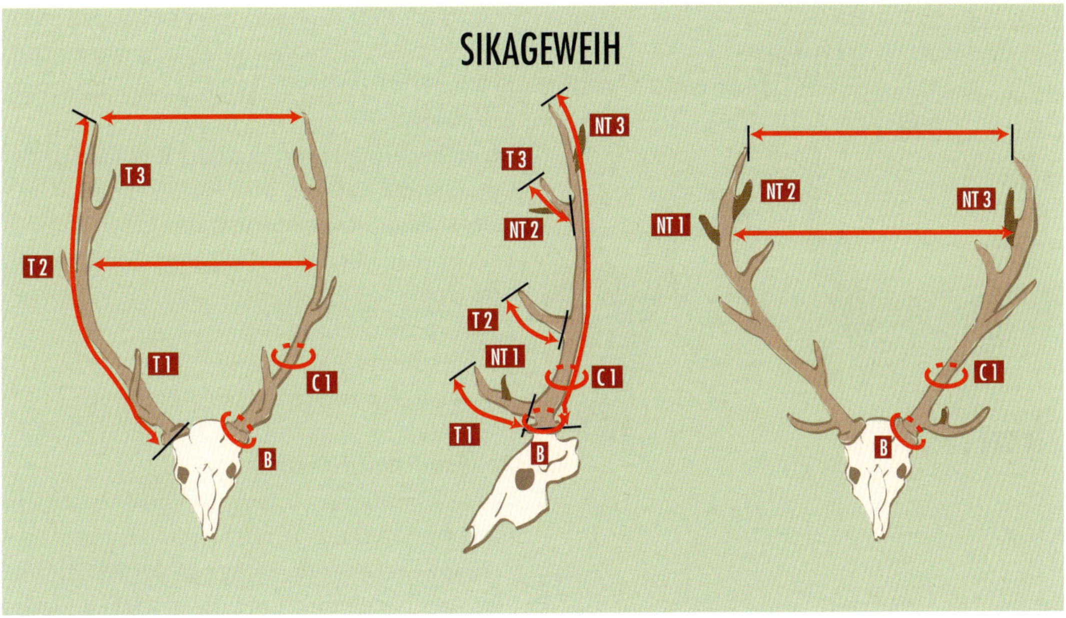

Der SCI unterscheidet zwischen „typischen“ (links) und „nicht typischen“ Sikatrophäen (rechts).

Rehgehörn

CIC-Formel

Die ersten Vorschläge für eine „Rehwildformel“ stammen von Bieger aus dem Jahre 1927. Sie wurden nur unwesentlich (Zuschläge) geändert und vom CIC 1952 als international gültig beschlossen: eine Festlegung, die bis heute unverändert besteht.

Praktische Tipps zu Messung und Bewertung:

Zu 1. a. und *b.*: Für den Endpunkt der Messung ist der längste Spross maßgebend.

Zu 2.: Norm ist das kurzgekappte Gehörn mit Nasenbein. Bei ganzem Schädel mit Oberkiefer-Zahnreihe werden 90, bei ganzem Schädel ohne die Zahnreihe 65 Gramm abgezogen.

Zu 3.: Eine relativ einfache Methode zur näherungsweisen Selbstermittlung des Gehörnvolumens ist die mittels einer Briefwaage. Die Waage wird über den Spalt zweier aneinander gerückter Tische gestellt. An den Arm der Briefwaage wird ein dünner Bindfaden befestigt, der am Ende mit einer Schlinge versehen ist. In den Freiraum zwischen den Tischen unter die Waage stellt man ein möglichst durchsichtiges Gefäß mit Wasser.

Das Gehörn wird nun so an dem Bindfaden ins Wasser gehängt, dass es bis einschließlich der Rosen von der Flüssigkeit bedeckt wird (bei nach unten gezogenen Dachrosen müssen 50 Prozent der Rosen aus dem Wasser ragen). Die nötige Wasserhöhe kann durch Abschöpfen und vorsichtiges Zugießen reguliert werden. Danach wird das Gewicht abgelesen und von dem vorher mit derselben Waage festgestellten trockenen Gehörngewicht subtrahiert. Die Differenz ist dann das Gehörnvolumen in Kubikzentimetern.

Für Trophäen unter der Goldmedaillenbewertung (130 Internationale Punkte, siehe unten) ist es zulässig, auf die recht aufwändige Feststellung des Gehörnvolumens zu verzichten und stattdessen das Gehörngewicht mit dem Koeffizienten 0,23 zu multiplizieren. Sollte das Gehörn noch kein Jahr ausgetrocknet sein, ist der Koeffizient 0,225 zu verwenden.

Zu 4.: Sehr enge Auslage (kleiner 30 Prozent der durchschnittlichen Stangenlänge) und abnorme Auslagen (größer 75 Prozent der mittleren Stangenlängen) erhalten keinen Punkt. 30 bis 34,9 Prozent bedeuten einen Punkt, 35 bis 39,9 Prozent zwei, 40 bis 44,9 Prozent drei und 45 bis 75 Prozent vier Punkte. Zur Berechnung wird die Auslage (in Zentimetern) mit 100 multipliziert und durch die durchschnittliche Stangenlänge dividiert.

Bei der hohen Anzahl der weltweit erlegten Rehböcke liegt die Dunkelziffer sehr starker, aber in

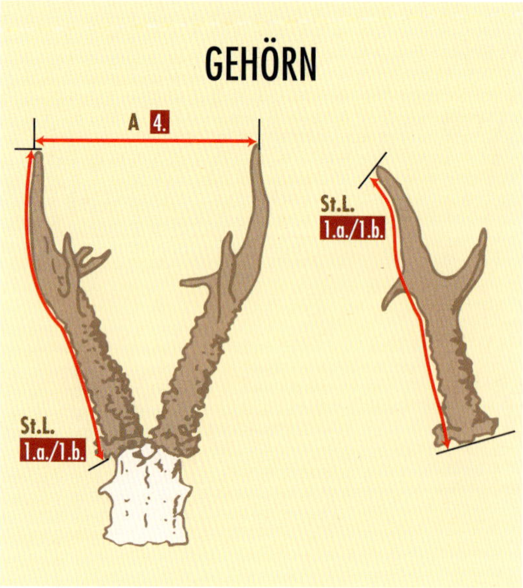

Zeichnung rechts und Tabelle: Beim Auspunkten des Rehbockgehörns nach CIC sind auch Auslage (= A) und Stangenlänge (St.L.) zu berücksichtigen.

CIC-FORMEL REHGEHÖRN

I. Messungen		***Punkte***
1. a Länge der linken Stange	*Durchschnitt (cm) × 0,5*	
1. b Länge der rechten Stange		
2. Gewicht des Gehörns (trocken)	*(g) × 0,1*	
3. Gehörnvolumen	*(cm³) × 0,3*	
4. Größte innere Auslage	*0 bis 4 Punkte*	
II. Zuschläge		
a. Farbe	*0 bis 4 Punkte*	
b. Perlung	*0 bis 4 Punkte*	
c. Rosen	*0 bis 4 Punkte*	
d. Spitzen der Enden	*0 bis 2 Punkte*	
e. Regelmäßigkeit, Symmetrie und Form	*0 bis 3 Punkte*	
	Summe I. und II.	
III. Abzüge (Begründung)		
Vereckung	*0 bis 2 Punkte*	
Unregelm., Asymmetrie	*0 bis 3 Punkte*	
	Endsumme	

Zeichnung rechts: Einfach lässt sich ein Gehörn nach Rowland Ward auspunkten.

den Listen nicht geführter Trophäen bei diesem Wild vermutlich höher als bei anderen Wildarten. Das ist gewissermaßen eine Schwäche von CIC, aber auch Rowland Ward oder SCI hinsichtlich des angestrebten internationalen Vergleichs: In den jeweiligen Listen tauchen natürlich nur offiziell begutachtete und bewertete Trophäen auf.

Medailleneinteilung: Für den Rehbock unterscheidet der CIC die drei Phänotypen *europäisches, andalusisches* sowie *italienisches* Rehwild bei der Medaillenbewertung von Gehörnen. Es gibt eine:

- Bronzemedaille ab 105,
- Silbermedaille ab 115 und
- Gold ab 130 Internationalen Punkten.

Rowland-Ward-Formel

Die Auspunktung eines Gehörns geschieht nach der „Methode 1“ mit vier Messungen:

1. Länge der längsten Stange an der Außenseite vom untersten Punkt der Rose bis zum Ende der Stange (A bis B).
2. Umfang der Rose der längsten Stange (C).
3. Auslage (Abstand zwischen den höchsten Enden beider Stangen [D bis B]).
4. Anzahl der Enden (gleich oder größer zwei Zentimeter).
5. Die Rangfolge im Rekordbuch erfolgt nicht nach der Gesamtpunktzahl, sondern ausschließlich nach der Länge der längeren Stange.

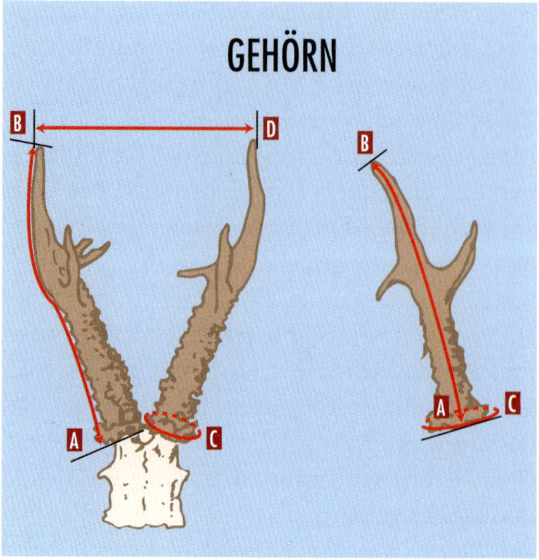

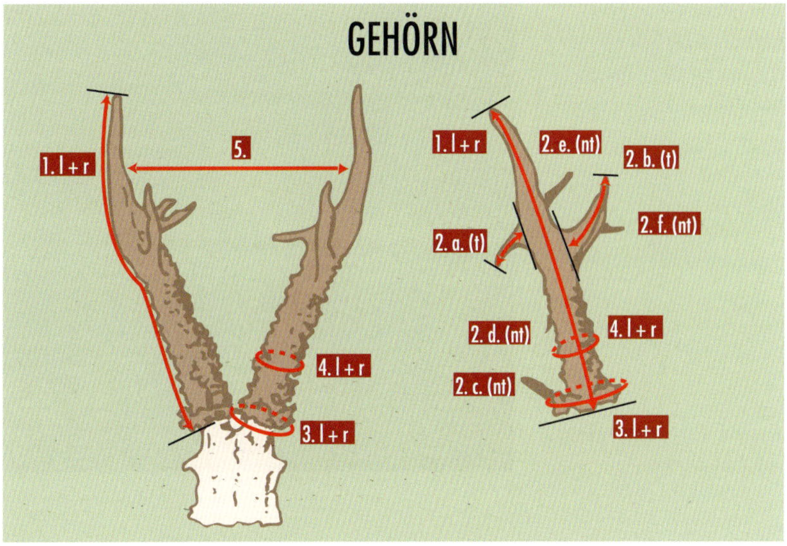

Foto links: Sicher ein Gehörn der Goldmedaillenklasse. Hoffentlich stellt er sich breit …

Zeichnung oben und Tabelle: Nach SCI ist das Auspunkten der Rehkrone noch komplizierter.

SCI-Formel

Die Auspunktung wird nach den Methoden 21-T („typical“) und 21-NT (für unregelmäßige – „nontypical“ – Gehörne) vorgenommen. In der Einzelmessung werden zuerst die Enden vermessen, die einem normalen Rehbock-Sechsergehörn entsprechen („typical“), anschließend werden die Enden aufgeführt, die von der Norm eines regelmäßigen Sechsers abweichen („nontypical“).

Gamskrucken

Eine starke Gamstrophäe ist ein Traum vieler Jäger. Drei verschiedene Bewertungsmethoden ermöglichen einen Vergleich kapitaler Krucken.

CIC-Formel

Der CIC übernahm die deutsch-österreichische Einheitsformel und erklärte sie als international offiziell. 1937 wurde schon nach dieser heute noch gültigen Formel bewertet. Lediglich in Bezug auf die Vergabe der Alterspunkte gab es zwischendurch einige Änderungen. Von 1938 bis 1952 sind gar keine Punkte für das Alter berechnet worden. Die CIC-Formel für Gamskrucken beinhaltet als *einzige Formel* das *Alter* bei den Zuschlagspunkten.

Praktische Tipps zu Messung und Bewertung:

Zu 2.: Die Kruckenhöhe ist die Strecke von der Schädelnaht zwischen den Schlauchansätzen bis zur Verbindungslinie der beiden höchsten Punkte der Schlauchkrümmung (siehe Zeichnung Seite 644).

Zu 4.: Gemessen wird die Entfernung der höchsten Punkte der Schlauchkrümmung zueinander von Schlauchmitte zu Schlauchmitte. Die Auslage darf nicht höher bewertet werden als die Kruckenhöhe.

Zu II.: Zuschläge (Alterspunkte): Sechs bis zehn Jahre ergeben einen, elf bis zwölf Jahre zwei, mehr als zwölf Jahre drei Punkte.

SCI-FORMEL REHGEHÖRN

I. Messungen *(in Inch = Zoll)*	***Linke Stange*** *(Anzahl Inch = Punkte)*	***Rechte Stange*** *(Anzahl Inch = Punkte)*
1. Stangenlängen		
2. Längen aller Enden		
2. a–n (mit Ausnahme der beiden Enden, die für die Stangenlängen verwendet wurden)		
3. Rosenumfänge		
4. Stangenumfänge (geringster Umfang zwischen Rose und erstem Ende)		
5. Innere Auslage		
Gesamtpunktzahl		

Der brave Gamsbock sichert. Jetzt gilt es, rasch und überlegt zu handeln.

Rechts: Brunftiger Bock im Tiefschnee

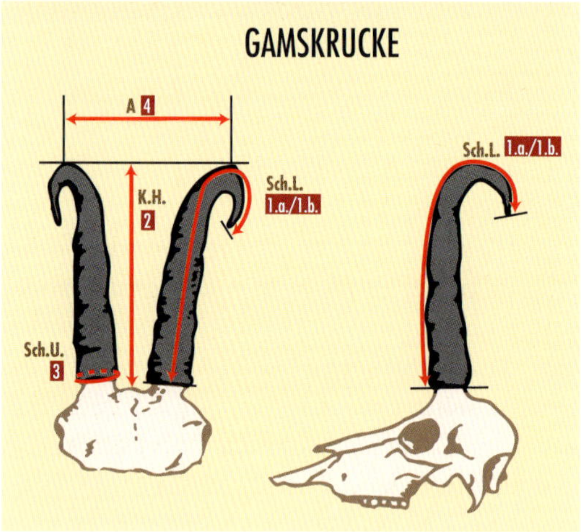

Zeichnung und Tabelle: Beim Auspunkten nach CIC bedeuten A = Auslage, K.H. = Höhe der Krucke, Sch.L. und Sch.U. = Länge und Umfang der Schläuche.

CIC-FORMEL GAMSKRUCKEN

I. Messungen		*Punkte*
1.a Länge des linken Schlauches	*Durchschnitt (cm) × 1,5*	
1.b Länge des rechten Schlauches		
2. Höhe der Krucke	*(cm) × 1*	
3. Umfang d. stärksten Schlauches	*(cm) × 4*	
4. Auslage der Krucke	*(cm) × 1*	
II. Zuschläge		
Alter	*0 bis 3 Punkte*	
	Summe I. und II.	
III. Abzüge (Begründung)		
für Pechbelag	*0 bis 5 Punkte*	
	Endsumme	

Zu III.: Abzüge für Pechbelag: Die Punktzahl des Schlauchumfanges wird mit Pechbelag und ohne Pechbelag ermittelt. Von der Differenz beider Messungen wird die Zahl 1 subtrahiert. Maximal werden fünf Punkte abgezogen.

Medaillenbewertung: Der CIC unterscheidet zehn geografische Rassen: Pyrenäen-, Kantabrien-, Apenninen-, Alpen-, Chartreuse-Gams sowie Tatra-, Balkan-, Karpaten-, Kaukasus- und Anatolische Gams. Außerdem differenziert er bei der Medaillenbewertung zwischen Gais und Bock. Für die heimische Alpine Gams werden verliehen die

- Bronzemedaille: beim Bock ab 100, bei der Gais ab 95 Internationalen Punkten,
- Silbermedaille: beim Bock ab 105, bei der Gais ab 100 Internationalen Punkten,
- Goldmedaille: beim Bock ab 110, bei der Gais ab 105 Internationalen Punkten.

Rowland-Ward-Formel

Gamskrucken werden nach der Methode 7 mit drei Messungen ausgepunktet:

1. Länge des längsten Schlauches von vorne (von der unteren Kante der Basis bis zur Spitze des Schlauches, A bis B).
2. Umfang der Basis des längsten Schlauches im rechten Winkel zur Achse der Krucke (C).
3. Auslage (Entfernung von Schlauchspitze zu Schlauchspitze, D bis B).
4. Die Rangfolge im Rekordbuch erfolgt nicht nach der Gesamtpunktzahl, sondern ausschließlich anhand der Länge des längeren Schlauches.

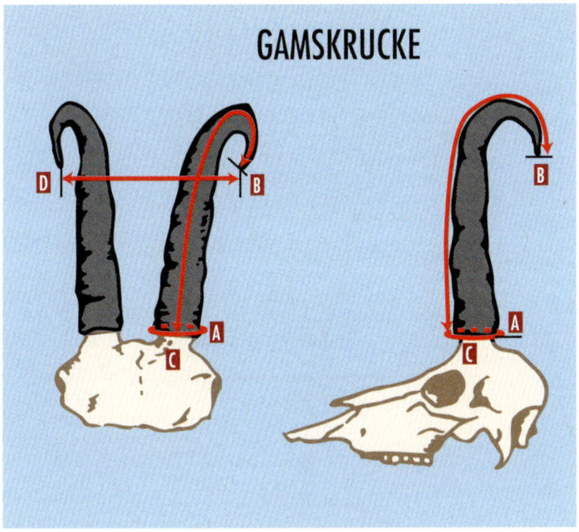

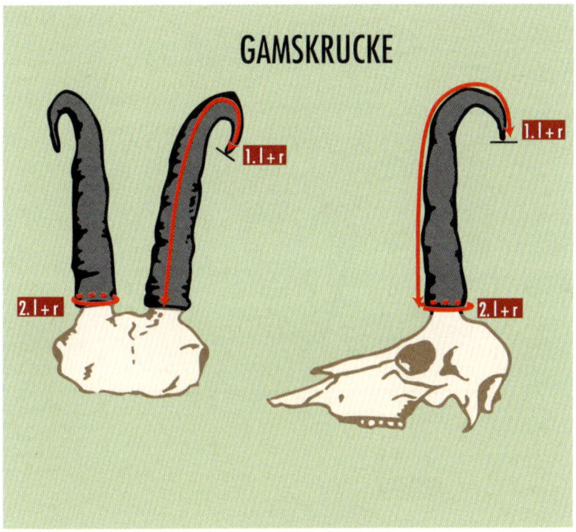

Links: Trotz dreier Messungen entscheidet bei Rowland Ward allein der längste Schlauch über die Rangfolge im Buch.

Zeichnung rechts und Tabelle veranschaulichen das Auspunkten nach SCI: Kruckenlänge und -umfang werden vermessen.

SCI-Formel

Ausgepunktet werden Gamskrucken nach der sogenannten Methode 1.

SCI-FORMEL GAMSKRUCKEN

I. Messungen *(in Inch = Zoll)*	***Linke Krucke*** *(Anzahl Inch = Punkte)*	***Rechte Krucke*** *(Anzahl Inch = Punkte)*
1. Kruckenlänge		
2. Kruckenumfang		
Gesamtpunktzahl		

Muffelschnecken

Auch von starken Muffelwidderschnecken träumt so mancher Jäger. Wer sich den Traum erfüllt hat, kann seine Trophäe nach drei Methoden auspunkten.

CIC-Formel

Die ersten Ideen zur Bewertung der Mufflonschnecke stammen, wie zum Beispiel auch für das Damwild, aus Ungarn. Dyk entwickelte sie 1932 und 1934 weiter.

Im Mai 1937 wurden sie als Prager Formel vom CIC anerkannt und 1952 in Madrid in bezug auf die Dickenmessung der Schläuche noch einmal geändert: Anstelle des durchschnittlichen Umfanges beider Schläuche – an der dicksten Stelle gemessen und mit dem Faktor drei multipliziert – traten nun Messungen an drei Stellen (siehe Punkte 2 bis 4 der Formel).

Kritisiert wird an dieser Formel, dass bei so starker Berücksichtigung des Schneckenvolumens Widder mit Fremdbluteinkreuzung und luxurierenden Schnecken im Vergleich zu den „Original-Typen“ (siehe „Kapitel Muffelwild, Seite 75) zu hoch bewertet werden. Des Weiteren bemängeln Experten die Messung der Auslage an den Spitzen der Schläuche, falls diese durch Drehung nach außen die größte Auslage darstellen. Hierdurch erzielen weit nach außen gedrehte Schnecken vom Argali- und Zackel-Typ (siehe Seite 81) Rekordpunktzahlen, obwohl ein solches Phänomen häufig nur durch Fremdeinkreuzungen entstand. Darüber hinaus werden – wie beim Gams – immer wieder auch Alterspunkte gefordert.

Die Schneckenlänge jagdbarer Widder kann über 90 Zentimeter betragen. Wie lang sind wohl die Schläuche dieses Mufflons?

Rechts: So läuft es beim Muffelwidder nach Rowland Ward.

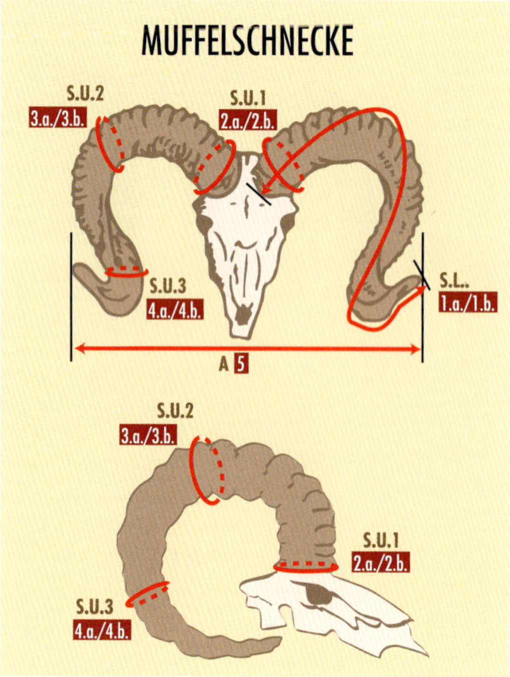

Zeichnung links und Tabelle: Auspunkten nach SCI. S.L. und S.U. stehen für Schlauchlänge und -umfang.

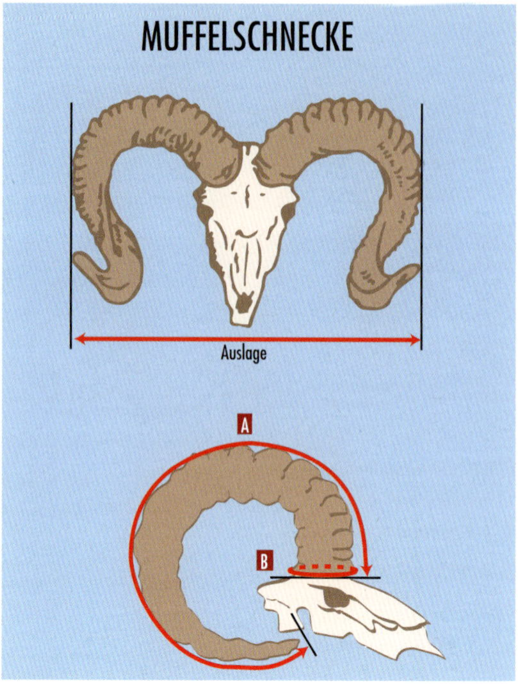

CIC-FORMEL MUFFELSCHNECKE

I. Messungen		***Punkte***
1.a Schlauchlänge, links	*Durchschnitt (cm) × 1*	
1.b Schlauchlänge, rechts		
2.a Umfang linker Schlauch, 1. Drittel	*Durchschnitt (cm) × 1*	
2.b Umfang rechter Schlauch, 1. Drittel		
3.a Umfang linker Schlauch, 2. Drittel	*Durchschnitt (cm) × 1*	
3.b Umfang rechter Schlauch, 2. Drittel		
4.a Umfang linker Schlauch, 3. Drittel	*Durchschnitt (cm) × 1*	
4.b Umfang rechter Schlauch, 3. Drittel		
5. Auslage Schläuche	*(cm) × 1*	
II. Zuschläge		
a. Farbe	*0 bis 3 Punkte*	
b. Rillung	*0 bis 3 Punkte*	
c. Drehung der Schläuche (um die Längsachse)	*0 bis 5 Punkte*	
	Summe I. und II.	
III. Abzüge		
C-Index (Einwachser)	*0 bis 3 Punkte*	
Asymmetrie	*0 bis 2 Punkte*	
	Endsumme	

Der sogenannte C-Index, aus dem sich Abzugspunkte für Einwachser ergeben, ist das Verhältnis der Auslage – sie wird an den Außenkanten der Schnecken gemessenen – zur Entfernung der Schlauchenden zueinander. Bei abgestoßenen oder -gebrochenen Schlauchspitzen wird ersatzweise von Schlauchmitte zu Schlauchmitte gemessen.

Der C-Index ist dann Auslage dividiert durch Schlauchspitzenabstand. Abzüge gibt es wie folgt:

- 0 Punkte: C-Index 0,7 bis 2,49
- 1 Punkt: C-Index 2,5 bis 2,69
- 2 Punkte: C-Index 2,7 bis 2,89
- 3 Punkte: C-Index 2,9 und mehr.

Widderschnecken mit einem C-Index unter 0,7 gelten als atypisch und fallen aus der Bewertung.

Medaillenbewertung: Beim Muffelwidder werden keine geografischen Rassen unterschieden. Verliehen wird:

- eine Bronzemedaille ab 185 Internationalen Punkten,
- eine Silbermedaille ab 195 Internationalen Punkten und
- eine Goldmedaille ab 205 Internationalen Punkten.

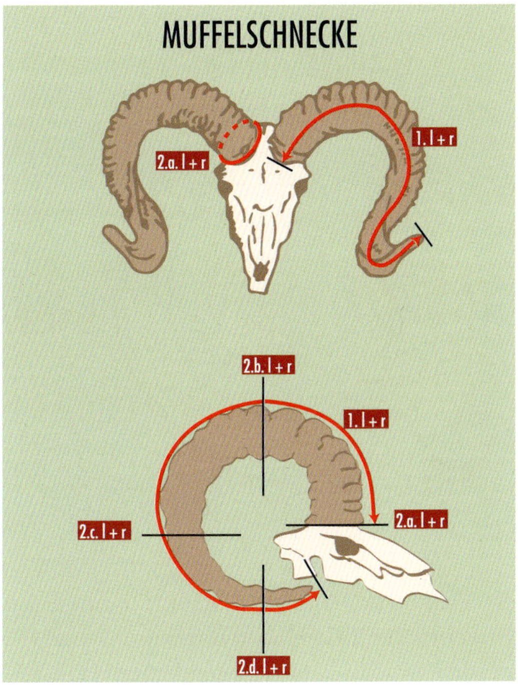

SCI-FORMEL MUFFELSCHNECKE

I. Messungen *(in Inch = Zoll)*	***Linker Schlauch*** *(Anzahl Inch = Punkte)*	***Rechter Schlauch*** *(Anzahl Inch = Punkte)*
1. Schlauchlängen		
2. Schlauchumfänge		
2.a an der Basis		
2.b nach dem 1. Viertel		
2.c nach dem 2. Viertel		
2.d nach dem 3. Viertel		
Gesamtpunktzahl		

Rowland-Ward-Formel

Das Auspunkten von Muffelschnecken wird nach der sogenannten Methode 14 durchgeführt, die drei Messungen erfordert:

1. Länge des längsten Schlauches (A) Siehe hierzu auch Punkt 4.
2. Basisumfang des längsten Schlauches (B).
3. Auslage (gemessen wird von Schlauchspitze zu Schlauchspitze).
4. Die Rangfolge im Buch erfolgt nicht nach der Gesamtpunktzahl, sondern ausschließlich nach der Länge des längsten Schlauches.

SCI-Formel

Die Auspunktung der Muffelwidderschnecke nach SCI findet nach der sogenannten Methode 11 statt.

Keilerwaffen

Noch Ende des 19. Jahrhunderts beachtete man Keilerwaffen kaum. Mit wachsender Wertschätzung dieser Trophäen wurde auch der Wunsch stärker, sie vergleichen zu können. Drei unterschiedliche Systeme der Bewertung haben sich international durchgesetzt.

CIC-Formel

Die von Hübner entwickelte Formel für Keilergewaffe wurde 1937 in Prag vom CIC akzeptiert. In Madrid erhielt die Formel 1952 nach einigen geringfügigen Änderungen bei Zuschlägen und Abzügen ihr bis heute aktuelles Gesicht.

Praktische Tipps zu Messung und Bewertung (siehe Tabelle):

zu 1.a. und *b.:* Bei abgebrochenen Gewehren zählt nur die tatsächliche Länge.

Stubbe und *Lockow* haben eine Schnellmethode zur ziemlich genauen Schätzung der Internationalen Punktzahl entwickelt. Sie beruht auf

Zeichnung und Tabelle: Beim SCI muss das Maßband fest sitzen, darf aber nicht in die Ringe eingedrückt werden. Die Summe der in die Tabelle eingetragenen Daten entscheidet über den Platz im SCI-Rekordbuch.

Seit 1988 nehmen diese Keilerwaffen aus Bulgarien Platz 1 der Weltrangliste ein.

Rechts: Nach Rowland Ward lassen sich die Waffen eines groben Bassen leicht auspunkten. Entscheidend ist das längere Gewehr.

Zeichnung links und Tabelle: Vermessen und Auspunkten nach CIC. Gemessen werden Gewehrlänge (G.L.), Gewehrbreite (G.B.) sowie die Umfänge der Haderer (H.U.).

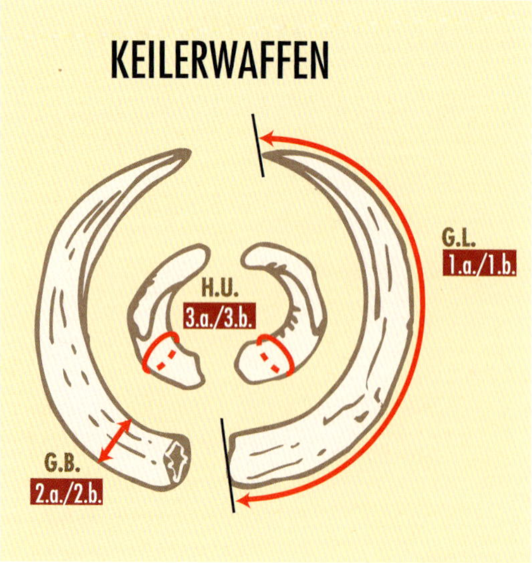

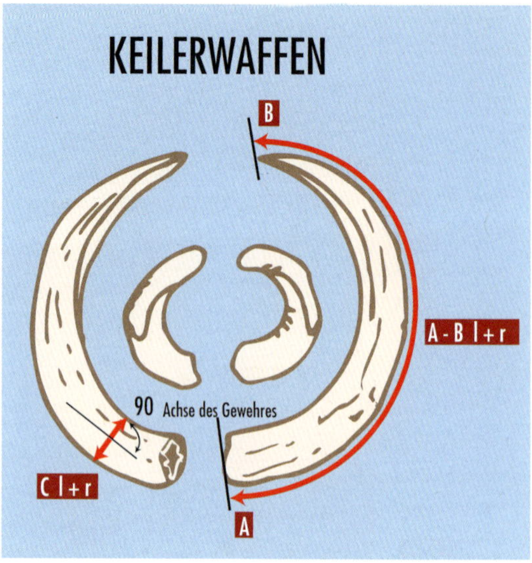

CIC-FORMEL KEILERWAFFEN

I. Messungen		*Punkte*
1.a Gewehrlänge, links	*Durchschnitt (cm) × 1*	
1.b Gewehrlänge, rechts		
2.a Gewehrbreite, links	*Durchschnitt (mm) × 3*	
2.b Gewehrbreite, rechts		
3.a Hadererumfang, links	*Summe (cm) × 1*	
3.b Hadererumfang, rechts		
II. Zuschläge		
für Gewehre (Färbung Schleifecken, Krümmung, Wölbung etc.)	*0 bis 2 Punkte*	
für Haderer (Färbung Schleifflächen, Form, Schloss)	*0 bis 3 Punkte*	
	Summe I. und II.	
III. Abzüge		
für Gewehre (Abschliff, Asymmetrie in Länge, Breite, Form)	*0 bis 6 Punkte*	
für Haderer (Asymmetrie in Länge Wucht, Form)	*0 bis 3 Punkte*	
Missverhältnis Gewehre/Haderer	*0 bis 1 Punkt*	
	Endsumme	

der starken Abhängigkeit der CIC-Formel von Gewehrbreite und Hadererumfang. Gemessen werden jeweils beide Gewehre und Haderer. Anhand der Mittelwerte beider Messungen wird die Punktzahl in einem Nomogramm abgelesen. **Medaillenbewertung:** Der CIC unterscheidet Westliche und Östliche Phänotypen, lässt das aber nicht in das Auspunkten für Medaillen einfließen. Es gibt:

- 648 eine Bronzemedaille ab 110,
- 648 eine Silbermedaille ab 115 und
- 648 eine Goldmedaille ab 120 Internationalen Punkten.

Rowland-Ward-Formel

Keilerwaffen werden nach der sogenannten Methode 5 mit zwei Messungen bewertet:

1. Länge der beiden Gewehre (außen gemessen, A bis B).
2. Größter Umfang beider Gewehre (C, gemessen im rechten Winkel zur Achse des Gewehres).
3. Die Rangfolge im Rekordbuch richtet sich nicht nach der Gesamtpunktzahl, sondern ausschließlich nach der Länge des längeren der beiden Gewehre.

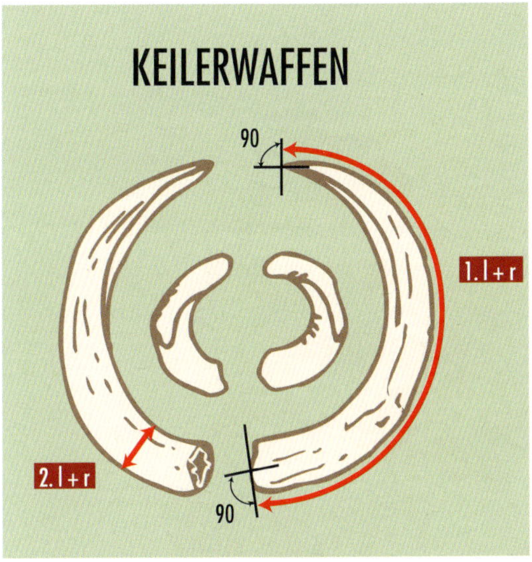

SCI-FORMEL KEILERWAFFEN

I. Messungen *(in Inch = Zoll)*	***Linkes Gewehr*** *(Anzahl Inch = Punkte)*	***Rechtes Gewehr*** *(Anzahl Inch = Punkte)*
1. Gewehrlängen		
2. Größter Gewehrumfang		
Gesamtpunktzahl		

SCI-Formel

Ausgepunktet wird nach der sogenannten Methode 12. Es werden wie bei Rowland Ward allein die Gewehre berücksichtigt. Seit 1993 wird bei dieser Formel auf ein 1/16-Inch genau gemessen.

Zeichnung und Tabelle: Entscheidend bei SCI sind Gewehrlänge und -umfang, Haderer werden nicht vermessen. In Europa ist diese Methode gegenüber der CIC-Methode unbedeutend.

Saujagd in verschneiter Winterlandschaft. Wiegt das Erlebnis mehr als die Trophäe?

Die Karte der Deutschen Wildtier Stiftung zeigt die Rotwildverbreitung in Deutschland (Stand 2018), differenziert nach Dichte je 1 000 Hektar

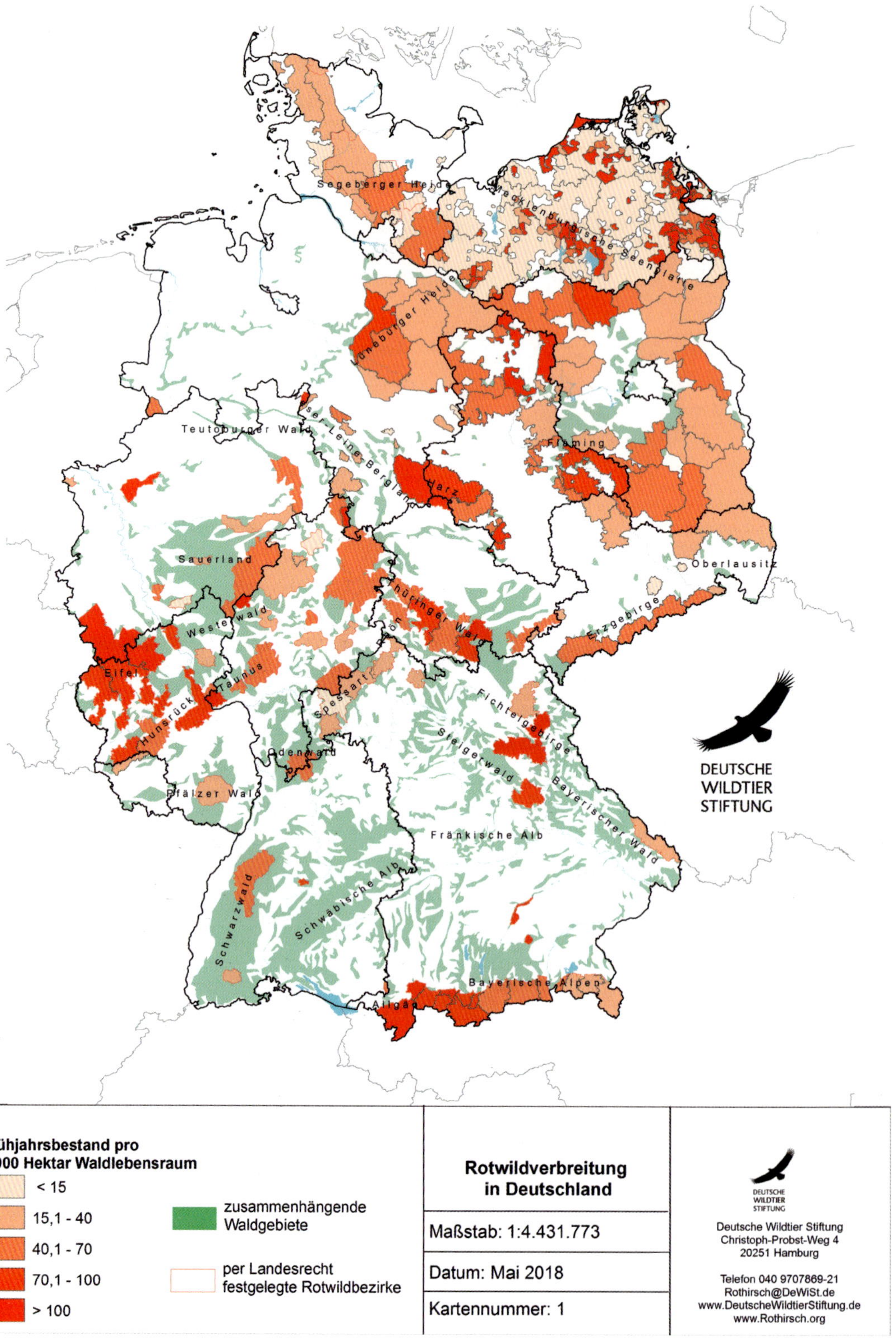

Abbildungsnachweis

Fotografien (777)

K. Andrews (2): S. 50, 493 – S. Arjes: S. 607 u. – H. Arndt (32): S. 16, 20 M., 21 o., 37, 55 u., 80, 118 u., 147 u., 177 o. l., 187 u. l. und r., 188, 195 o., 219, 234, 240, 286 u., 297 o., 304 o., 311 u., 315, 330 o., 385, 387 beide, 415 u., 422 u., 467, 523 u., 528, 600 u., 643 – S.-E. Arndt (4): S. 305, 326, 339, 363 – P. Bachmann (5): S. 17, 276 o., 278 u., 469, 495 o. – F. Bagyi (5): S 89 o., 90, 106 M., 389, 399 u. – C. M. Bahr (3): S. 248, 252, 322 o. – W. Bajohr: S. 198 o. – I. Barth: S. 428 u. – E. F. Bauer: S. 233 o. – A. Behmann: S. 547 u. r. – R. Bender (6): S. 183, 548 o. l., 595, 596 u., 603 u., 613 o. – Dr. K.-H. Betz (23): S. 73, 86 o., 125, 218, 232 u., 288 u., 323, 325 o., 331 o., 348 u., 379 u., 443 u. l., 448, 449 u., 547 o. l., 553 r., 560, 575 u., 587 o., 606, 629, 630 u., 647 – J. Blume: S. 599 o. – J. Borris (6): S. 296, 432 u., 497, 498 o., 526 o., 574 o., – Dr. A. von Braunschweig: S. 301 o. l. – M. Breuer (22): S. 146, 155 u., 309 u., 321, 415 o., 459 o., 469, 506, 523 o., 551 o. l., 564, 570 u., 572 beide, 573 beide, 574 u., 579 o., 582, 586 u., 594, 616 o. – B. Brosette (2): S. 259 u., 382 – T. Buchholz (2): S. 571 u., 580 u. – A. Busch: 201 o. – Bußmann: S. 579 u. – G. Claußen: S. 167 u. – I. Czimmeck: S. 165 – M. Danegger (39): S. 40, 42 o. und u. l., 61, 68 o., 69 u., 71, 74, 92, 93 l., 114, 116 o., 117 beide, 120, 123, 126, 133, 137 u., 138 u., 145, 163, 177 u., 186 o. l., 197 o., 211, 213, 226, 230, 239 u., 257 beide, 258 u., 265, 282 o., 286 o., 316, 491 u., 631 o. r., 644 – J. H. Darchinger: S. 209 u. – J. Darling: S. 452 o. – E. Daucher: S. 104 – H. Dudden (5): S. 366, 373 alle drei, 478 M. – Dr. E. Eisenbarth (3): S. 503 beide, 558 o. – H. Eisl (5): S. 72, 351 o., 433 u., 451 o., 494 – Flain Fotografie: S. 35 – Gerlach: S. 588 – Graul (2): S. 563, 566 o. – D. T. Grewcock: S. 587 u. – U. Grimm (4): S. 193, 304 u., 376, 533 – E. Haarstrick: S. 227 o. – J. Hackländer: 545 l. – Prof. Dr. r. M. Hadlok (32): S. 509 u., 511 alle vier, 520 u. l. und u. r., 521 o., 526 u., 529 alle vier, 530 alle drei, 531 alle vier, 532 beide, 534 o. r. und u., 535 beide, 536 alle drei, 537 alle drei – M. W. Hardt: S. 576 – N. Happ: S. 627 o. l. – U. Hausen (6): S. 222 beide, 264 u., 268, 313, 478 o. – F. Hecker (3): S. 148, **181**, **229** – W. Henkel (5): S. 15, 99, 303 o., 325 u., 341 u. – G. Henrici (2): S. 184, 253 o. – U. Herbst (5): S. 623 beide, 624, 625, 368 – H. Hess (5): S. 138 o., 141, 319 o., 320, 331 u. – K. von Hippel (3): S. 55 o., 60 u. – Dr. F. Hirsch (5): S. 246 l., 260 u., 569 o., 583 u., 592 – M. Hölzel (16): S. 449 o., 546 l., 552 o. l., 552 M. r., 552 u. l., 554 beide, 556 o., 557 o., 559 beide, 562 u., 565, 568 u., 577 u., 611 o. – D. Hopf (4): S. 167 o., 272, 276 u., 482 o. – Hubertia Jagd (2): S. 429 o., 430 o. – W. Irsch: S. 258 o. – Archiv JÄGER-Archiv (71): S. 14, 77 o., 91, 109, 111, 130, 136, 157, 158, 176, 178, 189, 192 u., 232 o., 245, 264 o., 281 beide, 282 u. l., 283 beide, 284 beide, 287, 288 o., 289 beide, 293 beide, 294 beide, 295, 297 u., 299, 300, 301 u., 343 o., 351 u., 352, 367, 378 u., 381 u., 414 u., 422 o., 427 o., 437 beide, 440 u., 445 o., 446, 453, 464 o., 507, 509 o., 544 u. l., 546 r., 547 o. r., 552 u. r., 562 o., 602, 603 M., 604 o., 613 u., 617 alle drei, 618 alle vier, 619 – A. Jahr: S. 259 o. – H. Jegen (2): S. 247, 327 – JPH-Foto: S. 253 u. – G. Kalden (7): S. 118 o., 122, 206 u., 224, 271 beide, 388 u. – H. Kelle: S. 615 o. – K. Kellermann: S. 556 u. – H. J. Kerkau: S. 388 o. – A. Kieling: S. 261 – A. Klees: S. 479 – E. Klettner: S. 59 – R. Klotz: S. 557 u. – N. Klups (6): S. 397 beide, 398 o., 412 o., 429 u., 430 u. – G. Koller: S. 583 o. – P. Konrad (4): S. 411, 419, 421 o., 435 u. – J. Krasnodebski (3): S. 108 o., 442 o., 649 – O. Graf Kujawski: S. 522 o. – W. Lange: S. 578 o. – W. Lapinski (4): S. 243 r., 390/391, 440 o., 439 – W. Layer: S. 256 u. – H. Lehmann (2): S. 241 o., 328 u. – K. Leßmann (2): S. 242/243, 436 – R. Lodzig: S. 318 – J. Lorenzen: S. 214 u. – F. Magyer: S. 432 – H.-J. Markmann (20): S. 108 u., 154 o., 278 o., 354, 433 o., 444 o., 447, 498 u., 551 u. l., 567 beide, 568 o., 570 o., 571 o., 578 u., 580 o., 584, 583 o., 598 u., 599 u. – F. Martini (17): S. 516 bis 519 alle, 520 o. – H. Mayr: S. 319 u. – M. Mehner: S. 152 – R. Melchior: S. 544 M. r. – Dr. M. Merker (2): S. 115, 302 o. – Dr. R. von Meurers: S. 98 o. – Dr. P. Meyer: S. 129 – S. Meyers (14): S. 19, 24, 66 o., 78, 81, 83 beide, 84, 149, 180 u., 314, 347 u., 551 o. r., 633 u. – Minsen (2): S. 555 o., 561 – Mohn: S. 384 – B. Moldehn (2): S. 338 o., 553 l. – C. Morerod: S. 66 u. – W. Nagel (40): S. 47, 85, 96 u., 106 r., 131, 143, 144, 150, 151, 169 u., 203, 207, 208, 209 o., 285 u., 301 o. r., 310, 328 o., 335 u., 386, 410 o., 450 u., 452 u., 500, 505, 512, 513, 534 o. l, 549 u., 551 M. l., 581 u., 589 beide, 590, 589, 605 o. und u., 616 u., 640 – Naturwerk Jagd / Navanta GmbH: S. 380 u. – H. Norgren: S. 444 u. – E. Ophoven (35): S. 23, 100, 235, 250, 309 o., 337 u., 378 o., 379, 380 o., 383, 395 M., 409 u., 413 u., 423, 427 u., 431 u., 459 u., 460, 490 u., 492, 510, 538 beide, 542, 544 M l., 548 o. r., 549 o. r., 555 u., 593, 600 o., 601, 609 o., 610 u., 612 o., 615 u. – W. Osgyan (7): S. 166, 465, 485 beide, 545 u. r., 614, 631 o. l. – Dr. Otte: S. 583 u. – J. Poll: S. 154 – H: Pum (2): S. 334, 483– G. Quedens (4): S. 153, 256 o. l., o. r. und M. r. – W. Radenbach (5): S. 18, 317 u., 338 u., 343 u., 416 o. – J. Rahn: S. 106 l. – Rainwolf: S. 342 – A. Rautenstrauch: S. 119 – H. Reichl (2): S. 70, 341 o. – H. Reinhard (19): S. 20 o., 25, 77 u., 79, 96 o., 97, 161, 162, 174, 177 o. r., 186 o. r., 204, 206 o., 349 u., 443 o., 450 o., 457, 558 u., 645 – J. Rietz: S. 550 r. – R. Roeloffs: S. 473 – M. Rogl (8): S. 63, 64, 65, 68 u., 175, 198 u., 279, 472 – W. Rohdich: S. 480 – H. Rohleder (21): S. 331 182 o., 191, 398 u., 399 o., 400, 401 o., 404 o., 410 u., 420 u., 421 u., 426 u. l.., 431 o., 432 o., 442 u., 451 u., 476, 487 o., 608, 622, 628 – W. Rolfes (2): S. 124, 437 – I. Roosen (6): S. 31, 94 beide, 116 u., 201 u., 303 u. – R. Roosen (2): S. 192 o., 364 u. – G. Rüter: S. 544 o. – Sagorski (2): S. 202, 552 M. l. – W. Sailer (5): S. 263 beide, 266, 267 beide – R. Sander: S. 632 – I. Sawicki (2): S. 48, 254 – K. Schendel (11): S. 75, 132, 139, 205, 285 o., 329, 332 u., 445 u., 481 u., 490 u., 552 o. r. – J. Schiersmann (6): S. 54, 89 u., 185, 347 o., 370, 508 u. – A. Schilling (4): S. 42 u. r., 137 o., 348 o., 581 o. – K. Schneider (5): S. 197 u., 215, 277, 340 o., 601 u. – S. Schneider: S. 21 u. – W. Schulte: S. 227 u. – H. Schulz (8): S. 39, 260 o., 317 o., 322 u., 340 u., 346, 435 o., 632 – F. Seidel (2): S. 244, 569 u. – Shutterstock/K. Jakeman: S. 52 – M. Stadtfeld: S. 34 – D. Stiefel: S. 374 u. – E. Studnicka: S. 337 o. – M: Tandler (3): S. 605 M., 609 u., 610 o. – S. Thomas (4): S. 349 o., 353, 477 u., 478 u. – K. Tönges: S. 101 – T. Trede: S. 466– H. Trenkwalder (2): S. 69 o., 633 o. – F. Trippler-Berning: S. 311 o. – K. Urbschat (24): S. 394 beide, 395 o. und u., 396 beide, 401 u., 403 u., 404 beide, 405 beide, 406 beide, 407, 408, 412 u., 413 o. und u., 414 o., 417 o., 417 u., 418 beide – B. Vater: S. 426 u. r. – S. Völkel: S. 335 o. – K.-H. Volkmar (89): S. 1, 8/9, 10, 32, 36, 41 beide, 44, 45, 49 beide, 51, 54, 56, 57, 60, 86 u., 87, 93 o., 95, 98 u., 102, 110, 113, 134, 135, 147 o., 156, 159, 160, 168, 169 o., 170, 171, 172, 194, 199, 200, 210, 212, 214 o., 220, 221 o., 223, 225, 228, 233 u., 269, 280, 306/307, 308, 312, 330 u., 332 o., 336, 362, 345, 364 o., 371, 374 o., 392, 393, 416 u., 420 o., 424 u., 434, 438, 443 u. r., 454, 455, 463 beide, 464 u., 470, 484 o., 486 beide, 495 u., 504, 508 o., 514, 522 u., 527 o., 539 u., 540/541, 604 u., 607 o., 620/621, 637 – B. Volmer: S. 324 – U. Walz (2): S. 164, 196 – G. Wandel (2): S. 103, 195 u. – Weiermeyer: S. 350 – D. Wendt: S. 251 – M. Werk (2): S. 180 o., 292 o. – K. Wernicke (2): S. 256 M. l., 428 o. – A. Westerkamp: S. 484 u. – K. H. Wetter: S. 239 o. – H. Wichmann (12): S. 475, 477 o., 481 o. l. und o. r., 482 u., 487 u., 488, 489 alle drei, 490 o., 491 o – P. Wickmann: S. 586 o. – K.-H. Widmann (12): S. 182 u., 231, 549 o. l., 551 M. l., 551 u. r., 566 u., 575 o., 596 o., 597 alle drei, 598 o. – W. Wiesner (2): S. 423, 547 u. l. – M. Willemeit: S. 461– S. M. Williams: S. 577 o. – K. Wilmes: S. 544 u. r. – - B. Winsmann-Steins: 112 – W. Witters: S. 221 u. – K. Wolff: S. 550 l. – Carl Zeiss AG: S. 409 o. – Dr. Zettl/Dr. Bröhmel: S. 282 u. r. – aus K. Kellermann: Trophäen- und Tierpräparation; Jahr Top Special, Hamburg/Kosmos, Stuttgart 1995 (5): S. 626 beide, 627 o. r., M. und u.

Illustrationen (163)

L. Deinzer (21): S. 634, 635, 636, 637, 638 beide, 639, 640, 641, 642 beide, 643, 644, 645 beide, 646 beide, 647, 648 beide, 649 – Deutsche Wildtier Stiftung: S. 650 – aus Brandt/Behnke/David: Fährten- und Spurenkunde, Kosmos, Stuttgart 2002: S. 11
Alle weiteren 124 Zeichnungen wurden von J. Bindseil angefertigt.

Umschlaggestaltung von Büro Jorge Schmidt, München unter Verwendung eines Farbfotos von Karl-Heinz Volkmar, einer Illustration aus dem Verlagsarchiv (Titel) und einer Illustration von Ekkehard Ophoven (Rückseite). Das Titelfoto zeigt einen Muffelwidder.

Mit 789 Farbfotos, 145 Farbzeichnungen und 2 Schwarzweißzeichnung

FSC www.fsc.org MIX Papier | Fördert gute Waldnutzung FSC® C014138

Gedruckt auf chlorfrei gebleichtem Papier

ISBN: 978-3-440-16924-7
Text- und Bildredaktion: Ekkehard Ophoven
Produktion: Ralf Paucke
Satz: typopoint GbR, Ostfildern
Druck und Bindung: Finidr, s.r.o., Český Těšín
Printed in Czech Republic / Imprimé en République tchéque